小波与量子小波

(第三卷)

调频小波与量子小波

冉启文　冉　冉　著

科学出版社
北　京

内 容 简 介

《小波与量子小波》系统论述多尺度小波理论、线性调频小波理论和量子小波理论. 全书共十章，分为三卷.

第一卷介绍小波简史与小波基础理论，由第 1—5 章构成.

第二卷介绍图像小波与小波应用，由第 6—8 章组成.

第三卷介绍调频小波与量子小波，由第 9 章和第 10 章以及包含 296 个练习题的四个习题集构成，核心内容包含调频小波理论、量子态小波理论和量子比特小波理论等.

本书适合数学、统计学、物理学、力学、信息科学、生命科学和医学、计算机科学、化学、天文学、材料科学、能源科学、测绘科学、电子学、机械学、环境科学、农学、林学、经济学和管理学等相关领域科学研究人员和工程技术人员参考，也适合高等院校相关学科专业高年级本科生和研究生作为学习与研究小波的教材或教学参考书.

图书在版编目（CIP）数据

小波与量子小波. 第三卷，调频小波与量子小波/冉启文，冉冉著. —北京：科学出版社，2019.3

ISBN 978-7-03-060915-1

Ⅰ. ①小… Ⅱ. ①冉… ②冉… Ⅲ. ①小波理论 Ⅳ.①O174.22

中国版本图书馆 CIP 数据核字（2019）第 050959 号

责任编辑：李静科 田轶静 / 责任校对：邹慧卿

责任印制：吴兆东 / 封面设计：无极书装

科学出版社 出版

北京东黄城根北街 16 号

邮政编码：100717

http://www.sciencep.com

北京虎彩文化传播有限公司 印刷

科学出版社发行 各地新华书店经销

*

2019 年 3 月第 一 版 开本：720×1000 B5

2019 年 3 月第一次印刷 印张：28 1/2

字数：572 000

定价：188.00 元

（如有印装质量问题，我社负责调换）

献给我深爱的妻子

——冉启文

将此书献给我的母亲

因为她一直以来的支持与爱，这本书才得以完成

——冉　冉

前　言

小波的出现是历史的必然，也是科学思想发展的必然.

小波是什么？这个问题已经在很多文献中被提出而且给出了各自的回答，其中典型代表应该是20世纪90年代初法国数学家迈耶(Meyer Y)在《小波与算子》中和比利时数学家朵蓓琪丝(Daubechies I)在《小波十讲》中给出的回答. 经过最近二十几年的快速发展以及对小波思想产生和发展历程的追溯，在“小波”名义下的各种研究无论是深度还是广度，都已经出现了十分显著的变化，重新“定义”小波正当其时.

《小波与量子小波》的小波包含丰富的逻辑内涵，体现为多尺度小波、线性调频小波和量子小波. 这样的小波具有将近两百年的历史渊源和传承，它是从20世纪80年代才得以真正兴起的深邃科学思想和方法，其产生、发展、完善和应用得益于数学、物理学、量子力学、计算机科学、信息科学、生物学和医学等广泛科学技术研究领域众多科学家和工程师们的卓越智慧和共同努力，小波的发展史淋漓尽致地展现出它是现代数学、现代物理学与现代科学技术研究交互推动的完美典范. 小波的思想简单、优美且普适，其数学理论是从一个或少数几个特别的函数出发，经过简单的“伸缩”和/或“平移”构造函数空间的规范正交基，其科学理念一脉相承于显微镜的思想精华，以任意的伸缩倍数聚焦于研究对象的任意局部位置，获得任意层次相互独立的局部细节. 小波在科学界享有“数学显微镜”的美誉.

《小波与量子小波》系统论述多尺度小波理论、线性调频小波理论和量子小波理论. 全书由十章和四个习题集(共296个练习题)构成，分为相对独立的三卷，它们分别是《小波与量子小波(第一卷)：小波简史与小波基础理论》，《小波与量子小波(第二卷)： 图像小波与小波应用》和《小波与量子小波(第三卷)：调频小波与量子小波》.

本书是《小波与量子小波》的第三卷，由全书的第9章、第10章以及四个习题集(共296个练习题)构成. 本书重点研究小波思想和方法的两类延伸，第一类是利用线性调频函数以及线性调频函数线性组合构造能量有限信号(平方可积函数)空间的规范正交基，这构成了线性调频小波理论；第二类是利用基本的量子态和量子比特，根据量子力学理论构造量子系统态空间和量子计算机之量子比特空间的规范正交基，以及根据量子计算理论构造量子比特按照量子比特小波演化的量子算法，这构成了量子小波理论.

线性调频小波的“尺度参数”表现为“调频率”或者“控制调频率的参数”，形式上可以选择任意实数，实际上可以限制在正实数范围内，甚至完全可以限制在一个有限区间内，比如，经常选择三角函数的一个完整周期$\left[0,2\pi\right]$，再或者经过约定倍数的伸缩选择为整数区间$\left[0,4\right]$，当然这些尺度参数发挥作用的最终形式是“三角函数线性的”，其中具体涉及“余切函数线性”和“余割函数线性”，这决定了线性调频小波构成函数空间规范正交基的方式有别于多尺度小波，每当决定“调频率”数值的参数确定之后，线性调频小波就提供函数空间的一组规范正交小波基. 除此之外，考虑到线性调频小波算子的可交换性以及“调频率”控制参数的可加性要求，需要函数空间的线性调频小波规范正交基之间或者线性调频小波算子之间必须满足“阿贝尔群限制”，即由“调频率”控制参数决定的线性调频小波算子集合构成一个阿贝尔群，这样，线性调频小波理论本质上就是利用调频类函数或者调频类函数组合构造函数空间规范正交基族的一般理论.

线性调频小波表现为多个等间隔调频参数决定的线性调频函数系按照统一的线性组合模式构造平方可积函数空间的规范正交基，为此要求组合模式的系数函数系满足一组给定的公理，以保证相应的线性调频小波算子族构成一个连续阿贝尔群. 在这种线性组合模式中，对参与组合的酉算子列并没有严格的限制，可以采用递归方式利用已经构造获得的酉算子群产生酉算子列，重复这种模式再次构造新的酉算子群. 本书仔细论述了这种递归构造模式的特点和相关问题，并将这种构造方法延伸应用最终获得耦合线性调频小波函数系，在通常条件下，这种耦合线性调频小波函数系将不再重现参与线性组合的已知酉算子列，这个显得稍微有些奇怪的性质，为耦合线性调频小波函数系或者小波算子在光学图像信息安全研究中的应用奠定了关键的理论基础.

量子小波包含了量子态小波和量子比特小波两种形式，其物理本质是将(连续和离散形式的)规范正交量子小波态作为基本量子态，给出量子系统量子态的规范正交(积分的或者级数的)叠加描述，或者将任何量子系统理解为多个相互正交的共同的小波量子系统的叠加，其数学本质与多尺度小波和线性调频小波是一样的，利用量子小波给出量子态空间函数表示或者量子态表示的规范正交基. 首先，量子态小波体现为量子力学系统的特殊量子态，它的压缩态产生一系列相互正交的基本量子态，可以将量子力学系统的任意量子态表达为这些基本量子态的“态叠加”. 这里需要强调的是，这些相互正交的基本量子态具有普遍的通用功能，任何量子力学系统的任意量子态都能够被这组“基本态”正交地表达，无论是什么样的量子力学系统，而且无论这个量子力学系统采用何种“表象”(坐标系)方法，比如位置表象，或者动量表象，或者任何其他合适的表象，这个结论都是成立的！这个特征很容易联想到量子力学狄拉克符号体系的作用，即用专门的符号和符号形式演算系统，表达量子力学的运算和规律(定律)，而不论量子力学系统采用何种表象，同一个运算或者同一种规律(定律)始终表现为相同的形式符号或者形式符号演算关系. 从这个意义上说，量子态小波理论体系与量子力学狄拉克符号体系处于同样的“抽象程度”或者“普适程度”. 其次，量子比特小波本质上是量子比特运算酉算子，是量子小波的另一类表现形式，可以大致理解为离散形式的量子态小波. 量子计算机和量子计算理论是 20 世纪 90 年代末量子力学与计算机理论以及计算科学理论的融合，在此基础上产生的量子比特小波出现比较晚，时至今日也只有将近二十年的发展时间，虽然已经得到了一些重要的研究成果，但理论体系尚未十分完善. 考虑到量子计算机和量子计算理论未来可能对人类科技和社会带来不可估量的巨大推动作用以及小波思想和理论独特的方法论优势，有充足的理由相信，量子比特小波理论研究必将迎来小波理论与应用研究的又一个高潮.

关于量子小波理论的研究，本书详细回顾了在量子力学理论研究过程中，量子态小波经历相干态量子小波和压缩态量子小波并最终发展成为具有现代小波形式的量子小波的过程. 此外，利用量子光学压缩态的方法重点研究了量子态“伸缩-平移”算子按照狄拉克符号体系的表示问题，最终将量子力学系统任意量子态或者波函数的量子态小波变换表示为量子态伸缩-平移算子矩阵表达式中的矩阵元素. 作为示范，在书中详细演算并具体给出了几个量子态小波的表达形式以及波函数的量子态小波变换，在这个过程中，顺便计算得到了线性调频形式的量子态小波以及它与伸缩平移量子态小波联合实现波函数量子态小波变换的演算实例. 关于量子比特小波的研究，在量子计算机和量子计算理论基础上，将量子比特小波作为量子比特运算酉算子，重点研究这类酉算子的(矩阵直和、矩阵乘积或者克罗内克矩阵乘积)分解表达形式以及量子计算实现所需要的量子线路和网络的构造问题. 考虑到量子比特小波计算的通用性要求，按照克罗内克矩阵乘积或者算子乘积方法以及矩阵或者算子直和的方法，尽量将小波包算法和金字塔算法需要的量子计算问题和量子计算实现问题转化为一些简单的量子比特运算酉算子的组合，比如在量子哈尔小波和量子朵蓓琪丝小波的小波包量子算法以及金字塔量子算法实现过程中，利用包括量子比特傅里叶算子、量子比特交叠置换算子、量子比特翻转置换算子等在内的已知量子比特运算酉算子，经过克罗内克算子乘积和算子直和，最终获得能够高效、物理可行量子计算实现小波包算法和金字塔算法的量子计算线路和线路网络，同时获得量子计算效率为量子比特位数多项式的综合评估结果.

本书内容除了线性调频小波理论和量子小波理论外，还包括 296 个关于小波理论与应用的练习题，内容涵盖了傅里叶级数基本性质、傅里叶变换基本性质、离散或者有限傅里叶变换的基本性质、多分辨率分析、小波基本理论、时频分析理论、小波链理论、小波包理论以及金字塔理论，图像小波理论、图像小波链理论、图像小波包理论、图像金字塔理论、超级图像小波理论、超级图像小波链理论、超级图像小波包理论以及超级图像金字塔算法理论、有限数字图像小波算法和小波包算法以及金字塔算法理论等.

在撰写本书的过程中，第 9 章线性调频小波理论和第 10 章量子小波理论由冉启文和冉冉共同撰写成稿，其中线性调频小波理论相关内容由冉启文主笔、冉冉辅助完成，量子小波理论的相关内容由冉冉主笔、冉启文辅助撰写完成，出现在第三卷最后部分的 296 个练习题由冉冉和冉启文共同完成. 全书由冉启文统稿.

感谢已故洪家荣教授和冯英浚教授，正是两位教授的支持与帮助坚定了第一作者在 20 世纪 90 年代选择多尺度小波与分数傅里叶变换(线性调频小波)相关关系的研究工作. 感谢舒文豪教授以及第二作者在哈尔滨工业大学学习期间的导师刘树田教授，与他们的广泛讨论启迪作者研究并逐渐认识到多尺度小波与分数傅里叶变换(线性调频小波)的相似性.

感谢已故中国科学院院士马祖光教授、作为第一作者在博士后研究期间合作导师的王骐教授和马晶教授，与三位教授的学术交流和学术讨论如沐春风、受益匪浅，开启了第一作者系统构造线性调频小波和耦合调频小波的研究方向；同时感谢马晶和谭立英夫妇，与两位教授从 20 世纪 90 年代开始的友谊以及在光学、小波光学、分数傅里叶光学和卫星激光通信等领域的全面深入合作研究，深度影响了《小波与量子小波》的写作风格，特别是长期无私的讨论和争论形成的小波波前滤波思想和分数傅里叶光学调频域滤波思想，深深影响了本书图像小波理论、小波光场理论和线性调频小波理论的论述风格.

感谢已故中国工程院院士张乃通教授，他生前大力推动小波理论在通信理论和技术研究中的应用，积极组织团队加强小波方法与超宽带无线通信方法和技术的融合、多尺度小波和线性调频小波方法与多域协同通信理论和方法的交叉联合研究，在他生前的最后几年，还特别鼓励和推荐第一作者将这些交叉融合研究成果撰写并公开出版，虽然因为各种原因未能完成这些成果的独立出版，但其中部分成果已经融入本书的相关章节，希望对相关领域研究者和学生有所裨益，告慰辞世不久的张乃通院士.

感谢沙学军教授针对小波方法在通信理论和技术研究中应用的有益建议和无私讨论，特别是在基于加权分数傅里叶变换域的多分量多天线通信方法研究和异构网络协同信号处理理论与方法研究过程中深入的、全方位的交流和探索，启发第一作者在本书的撰写过程中重新考虑并采用更恰当的方式阐述多尺度小波理论和线性调频小波理论的某些问题.

感谢严质彬教授，第一作者和他三十多年的友谊一直伴随着小波、分形和混沌、随机过程和随机计算算法等理论的发展以及关于这些理论应用的长期、广泛而且深入的讨论和争论，受益良多，深刻影响着第一作者在《小波与量子小波》中对小波理论以及小波应用某些专题研究的理解和诠释.

除此之外，张海莹博士、赵辉博士、魏德运博士、杨中华博士、赵铁宇博士、袁琳博士、陈冰冰硕士和在读博士研究生王玲参与了部分文献资料的搜集整理工作，在“小波与科学”慕课课程建设过程中，张海莹博士、肖宇博士、杨占文博士、李莉博士和袁腊梅博士部分参与了将《小波与量子小波》中多尺度小波理论的部分内容转换成线上课程内容的工作，在此一并表示感谢.

《小波与量子小波》能够顺利出版，感谢哈尔滨工业大学研究生院和本科生院的资助和大力支持！ 特别感谢“973”计划课题“资源复用与抗干扰机理(2007CB310606)”和“异构网络协同信号处理理论与方法(2013CB329003)”的资助和大力支持！感谢国家自然科学基金项目“基于加权分数傅里叶变换域的多分量多天线通信方法(61671179)”的资助和大力支持！

最后，感谢吕春玲女士，不仅因为她对作者长期在工作、生活等多方面的关心和照顾，更因为她在《小波与量子小波》的成书过程中付出了大量的时间和精力，完成了十分繁重的相关资料整理、文字编辑排版以及巨量的数学公式和符号编排工作，同时，在将《小波与量子小波》的部分早期内容以“小波理论与应用”的课程名称在‘超星学术网’上公开授课过程中，以及在按照‘学堂在线’要求将《小波与量子小波》中多尺度小波理论的部分内容和习题转换、处理、编辑和整理成为在线慕课课程“小波与科学”的过程中，她完成了超出想象的大量繁琐复杂工作，深得相关网站工作人员的好评和赞赏. 作者再次感谢她，唯愿《小波与量子小波》的出版能够对相关领域科学技术研究人员和学生理解及应用小波有所助益，以此回馈和报答她的辛勤付出！

冉启文
2018 年 4 月于中国哈尔滨
冉 冉
2018 年 4 月于加拿大多伦多

目　录

第三卷　调频小波与量子小波

前言
第 9 章　线性调频小波理论 ……1
9.1　对角化傅里叶变换与调频小波 ……2
9.1.1　傅里叶积分变换及其对角化 ……2
9.1.2　线性调频小波函数 ……7
9.2　傅里叶变换与调频小波理论 ……12
9.2.1　傅里叶变换及其特征性质 ……12
9.2.2　经典线性调频小波及多样性 ……20
9.2.3　组合线性调频小波及多样性 ……34
9.3　任意项数组合线性调频小波理论 ……53
9.3.1　4 倍组合线性调频小波 ……53
9.3.2　多项组合线性调频小波理论 ……78
9.3.3　双重组合线性调频小波理论 ……111
9.3.4　耦合线性调频小波理论 ……155
9.3.5　耦合线性调频小波理论的评述 ……165
参考文献 ……165
第 10 章　量子小波理论 ……171
10.1　量子小波导言 ……171
10.2　量子力学与量子态小波 ……173
10.2.1　量子态小波雏形 ……174
10.2.2　现代量子态小波 ……179
10.3　量子计算与量子比特酉算子 ……201
10.3.1　引言 ……201
10.3.2　广义克罗内克乘积 ……204
10.3.3　广义克氏乘积的量子计算 ……210
10.3.4　群论方法与量子傅里叶算子 ……215
10.3.5　循环群量子傅里叶算子 ……217
10.3.6　群表示与量子傅里叶变换 ……221
10.3.7　量子纠错与量子傅里叶变换 ……230

10.3.8 酉算子的量子计算讨论……233
10.4 量子比特小波……234
10.4.1 量子比特小波与量子线路……235
10.4.2 置换矩阵量子计算网络……239
10.4.3 量子比特小波算法……248
10.4.4 Daubechies 小波的高效量子计算……254
10.4.5 量子小波算法注释……264
参考文献……265
小波与量子小波 习题一……272
习题 1.1 傅里叶级数及相关性质……272
习题 1.2 傅里叶变换及相关性质……273
习题 1.3 有限或离散傅里叶变换的性质……274
习题 1.4 多分辨率分析的尺度空间和尺度函数……277
习题 1.5 多分辨率分析小波空间和小波函数……279
习题 1.6 多分辨率分析小波函数和尺度函数……282
小波与量子小波 习题二……286
习题 2.1 正交小波充分条件……286
习题 2.2 正交小波充要条件……288
习题 2.3 正交镜像带通滤波器构造……288
习题 2.4 正交镜像滤波器组脉冲响应的关系……289
习题 2.5 正交小波频域构造……289
习题 2.6 正交小波时域构造……289
习题 2.7 带通滤波器构造……289
习题 2.8 正交镜像滤波器组脉冲响应的关系……290
习题 2.9 正交小波频域构造多样性……290
习题 2.10 正交小波时域构造多样性……290
习题 2.11 Shannon 多分辨率分析和 Shannon 小波……291
习题 2.12 时频分析与测不准原理……299
习题 2.13 小波时频特性与测不准原理……302
习题 2.14 小波、小波包与测不准原理的关系……307
小波与量子小波 习题三……308
习题 3.1 小波 Mallat 算法基础……308
习题 3.2 尺度方程和小波方程的逆……312
习题 3.3 尺度子空间的两类规范正交基……312
习题 3.4 函数正交投影坐标变换……314

习题 3.5　尺度投影与小波投影的正交性 ······ 315
习题 3.6　小波分解勾股定理 ······ 315
习题 3.7　函数与正交投影坐标小波链 ······ 315
习题 3.8　有限维空间小波 Mallat 算法基础 ······ 321
习题 3.9　多分辨率分析小波包理论 ······ 331
习题 3.10　空间和函数的正交分解小波包 ······ 350
习题 3.11　小波包方程的逆 ······ 353
习题 3.12　规范正交基小波包链 ······ 354
习题 3.13　函数投影坐标小波包链 ······ 355
习题 3.14　小波包矩阵合成正交性 ······ 356
习题 3.15　小波包矩阵合成勾股定理 ······ 356
习题 3.16　小波包金字塔 ······ 357
习题 3.17　有限维空间小波包金字塔 ······ 366
小波与量子小波　习题四 ······ 378
习题 4.1　二维多分辨率分析构造 ······ 378
习题 4.2　图像尺度子空间的规范正交基 ······ 380
习题 4.3　图像小波子空间构造 ······ 380
习题 4.4　图像小波子空间列的正交性 ······ 381
习题 4.5　图像尺度方程和图像小波方程 ······ 381
习题 4.6　图像尺度函数和图像小波函数正交性 ······ 382
习题 4.7　图像尺度子空间的正交直和分解 ······ 382
习题 4.8　图像尺度子空间的规范正交基 ······ 382
习题 4.9　图像尺度子空间的完全小波子空间分解 ······ 383
习题 4.10　图像尺度子空间的小波规范正交基 ······ 383
习题 4.11　图像空间的混合正交直和分解 ······ 383
习题 4.12　图像空间的混合规范正交基 ······ 383
习题 4.13　图像空间的正交小波子空间分解 ······ 383
习题 4.14　图像空间的正交小波规范正交基 ······ 383
习题 4.15　图像小波包理论 ······ 384
习题 4.16　图像正交投影及勾股定理 ······ 386
习题 4.17　图像小波链正交投影 ······ 387
习题 4.18　图像小波链勾股定理 ······ 387
习题 4.19　图像小波链投影正交级数 ······ 387
习题 4.20　图像小波链投影勾股定理 ······ 388
习题 4.21　图像小波投影坐标变换 ······ 388

习题 4.22　图像小波投影及其正交性……389
习题 4.23　图像小波包投影及其正交级数表示……392
习题 4.24　图像小波包分解及其正交性……393
习题 4.25　图像小波包分解与合成算法……393
习题 4.26　图像尺度方程和小波方程的逆……396
习题 4.27　超级数字图像的小波分解……396
习题 4.28　超级数字图像的小波合成……397
习题 4.29　超级数字图像的小波包分解与合成……398
习题 4.30　有限数字图像的小波分解与合成……398
习题 4.31　超级数字图像小波链……402
习题 4.32　图像小波矩阵链……403
习题 4.33　有限数字图像小波链……410
习题 4.34　图像小波包金字塔……417
习题 4.35　有限数字图像小波包金字塔……434

第一卷　小波简史与小波基础理论

第 1 章　小波与小波简史
第 2 章　线性算子与狄拉克符号体系
第 3 章　小波基本理论
第 4 章　多分辨率分析与小波
第 5 章　小波链理论与小波包理论

第二卷　图像小波与小波应用

第 6 章　图像小波与图像小波包理论
第 7 章　多分辨率分析理论应用
第 8 章　小波理论与应用

第 9 章　线性调频小波理论

线性调频小波函数最早出现在 Namias(1980a, 1980b)建立的"分数阶傅里叶变换(the fractional order Fourier transform)算子"中，具体方式是作为这种线性积分变换算子的(变换)核函数. 利用这些算子能够建立一种简便方法，便于求解出现在经典二次哈密顿(量)函数量子力学系统中的常微分方程和偏微分方程. 线性调频小波在自由和受限量子力学调和振荡器研究中的应用实例详细说明了如何使用这类线性变换算子. 除此之外，这种变换算子在三维函数空间的普遍形式被用于研究定磁场电子运动量子力学特征(电动力学特征)，建立在通用算子演算规则上的线性调频小波变换算子可以十分方便地刻画定态、能量跃迁态和初始波包的演化过程，以及求解刻画时变磁场电子量子动力学的具有时间依赖系数的二阶偏微分方程. 这些成果意味着这类变换算子理论将会被广泛用于科学技术研究的各个领域.

在此之前，Weyl(1927)和 Wiener(1929)研究揭示埃尔米特(Hermite)多项式、埃尔米特-高斯(Hermite-Gauss)正交函数系以及傅里叶变换特征值问题之间的关联关系，在群论与量子力学研究过程中，他们虽然没有命名这种积分变换算子，但确实把与傅里叶变换特征性质相关的一些重要成果推广到了这种积分变换算子类中.

Condon(1937)通过把傅里叶变换算子嵌入函数变换连续群的方式建立了傅里叶变换的一种推广形式，此后 Kober(1939)、Bargmann(1961)和 Wolf(1979)在构造各种各样的积分变换和正则变换的过程中，都涉及或初步建立了非常接近线性调频小波变换的线性积分变换算子，这些在早期研究中初步显现出线性调频小波函数的雏形.

McBride 和 Kerr(1987)统一刻画了此前文献中出现的多种分数阶傅里叶变换算子的积分核函数，这些核函数就是以变换幂次作为参数的线性调频函数，正因为这样，这类线性变换的核函数被称为线性调频小波函数，相应的线性变换或积分变换被称为线性调频小波变换. Lohmam(1993)发现并证明在维格纳(Wigner, 1932)分布时频平面上线性调频小波变换与平面旋转算子是等价的，从而开启了线性调频小波和线性调频小波变换在光学和光学工程、信号处理和图像信息安全等学科领域的研究和应用.

Almeida(1994)在线性调频小波函数基础上建立了线性调频小波变换的时移、频移以及尺度性质，奠定了线性调频小波在滤波器设计以及信号滤波理论中应用的方法基础, 从此开启了线性调频小波和线性调频小波变换在信号最优滤波、雷达信号识别等领域的研究和应用.

此后相继出现了以一些线性调频小波函数有限项级数和为核函数的线性积分变换算子, 开启了以“组合线性调频小波函数系”为规范正交基函数的时代, 为函数空间 $\mathcal{L}^2(\mathbb{R})$ 以及其中函数的表达和研究提供大量的形式统一而且转换关系简单的规范正交基, 取得了丰硕的理论和应用研究成果, 为线性调频小波理论在图像信息安全和光信息安全等研究领域的应用奠定了坚实的理论基础.

本章的主要研究内容包括采用两种完全不同的理论方法建立线性调频小波理论, 即对角化傅里叶积分变换算子的特征化方法和以简单线性调频函数有限项级数和为核函数的“组合和/或耦合线性调频小波”构造方法.

在这里特别说明, 为了行文简便只在本章范围内, 将函数空间 $\mathcal{L}^2(\mathbb{R})$ 的规范正交傅里叶变换基选择为 $\{\varepsilon_\omega(x)=e^{2\pi i\omega x};\omega\in\mathbb{R}\}$, 这和全书除本章之外的其他各章略有不同.

9.1 对角化傅里叶变换与调频小波

自从 Weyl(1927)和 Wiener(1929)研究并获得 Hermite 多项式、Hermite-Gauss 正交函数系与傅里叶变换特征值问题之间的关联关系之后, 傅里叶变换算子的特征值问题得到了广泛深入的研究, 由傅里叶积分变换算子特征值的本质多重性决定的规范正交特征函数系的多样性以及多样性的刻画得到了充分表达, 这些研究成果奠定了线性调频小波函数构造的特征化方法的理论基础.

9.1.1 傅里叶积分变换及其对角化

(α) 傅里叶变换

在非周期能量有限信号空间或平方可积函数空间 $\mathcal{L}^2(\mathbb{R})$ 中, 考虑傅里叶变换基 $\{\varepsilon_\omega(x)=e^{2\pi i\omega x};\omega\in\mathbb{R}\}$, 它是 $\mathcal{L}^2(\mathbb{R})$ 的规范正交基.

任意 $f(x)\in\mathcal{L}^2(\mathbb{R})$ 在平凡规范正交基 $\{\delta(x-\omega);\omega\in\mathbb{R}\}$ 下的“坐标”写成

$$f(\omega)=\int_{-\infty}^{+\infty}f(x)\delta(x-\omega)dx$$

它在这个平凡规范正交基下的表示为

$$f(x)=\int_{-\infty}^{+\infty}f(\omega)\delta(x-\omega)d\omega$$

定义 $\mathscr{F}:\mathcal{L}^2(\mathbb{R})\to\mathcal{L}^2(\mathbb{R})$ 将 $\mathcal{L}^2(\mathbb{R})$ 的平凡规范正交基 $\{\delta(x-\omega);\omega\in\mathbb{R}\}$ 变换为

规范正交基 $\{\varepsilon_{\omega}(x)=e^{2\pi i\omega x};\omega\in\mathbb{R}\}$ 如下:

$$\mathscr{F}:\delta(x-\omega)\mapsto\varepsilon_{\omega}(x)=e^{2\pi i\omega x},\quad \omega\in\mathbb{R}$$

于是 $f(x)$ 在傅里叶变换基 $\{\varepsilon_{\omega}(x)=e^{2\pi i\omega x};\omega\in\mathbb{R}\}$ 之下的“坐标”为

$$\mathscr{F}f=\mathscr{f}:\ \mathscr{f}(\omega)=\int_{-\infty}^{+\infty}f(x)e^{-2\pi i\omega x}dx$$

此即 $f(x)$ 的傅里叶变换 $\mathscr{f}(\omega)$. 在傅里叶变换基 $\{\varepsilon_{\omega}(x)=e^{2\pi i\omega x};\omega\in\mathbb{R}\}$ 之下, $f(x)$ 可以表示为

$$f(x)=\int_{-\infty}^{+\infty}\mathscr{f}(\omega)e^{2\pi i\omega x}d\omega$$

这正好是 $\mathscr{f}(\omega)$ 的傅里叶逆变换 $f(x)$.

(β) 傅里叶变换的酉性

任意 $f(x)\in\mathcal{L}^2(\mathbb{R})$, 其傅里叶变换

$$\mathscr{F}f=\mathscr{f}:\ \mathscr{f}(\omega)=\int_{-\infty}^{+\infty}f(x)e^{-2\pi i\omega x}dx$$

是一个酉变换, 即任给 $f(x),g(x)\in\mathcal{L}^2(\mathbb{R})$, Parseval 恒等式或 Plancherel 能量守恒定理成立:

$$\begin{aligned}\left\langle f(x),g(x)\right\rangle_{\mathcal{L}^2(\mathbb{R})}&=\int_{-\infty}^{+\infty}f(x)\overline{g}(x)dx\\&=\int_{-\infty}^{+\infty}\mathscr{f}(\omega)\overline{\mathscr{g}}(\omega)d\omega\\&=\left\langle\mathscr{f}(\omega),\overline{\mathscr{g}}(\omega)\right\rangle_{\mathcal{L}^2(\mathbb{R})}\end{aligned}$$

或者

$$\|f(x)\|_{\mathcal{L}^2(\mathbb{R})}^2=\|\mathscr{f}(\omega)\|_{\mathcal{L}^2(\mathbb{R})}^2$$

(γ) Hermite-Gauss 函数系

规范正交的 Hermite-Gauss 函数系定义如下:

$$\varphi_n(x)=\frac{1}{\sqrt{2^m n!\sqrt{\pi}}}h_n(x)\exp(-0.5x^2),\quad n\in\mathbb{N}$$

其中 $\mathbb{N}=\{0,1,2,\cdots\}$, $h_n(x)=(-1)^n e^{x^2}d^n e^{-x^2}/dx^n$ 是 n 阶 Hermite 多项式. 容易验证 Hermite-Gauss 函数系 $\{\varphi_n(x);n\in\mathbb{N}\}$ 满足

$$\int_{-\infty}^{+\infty}\varphi_m(x)\varphi_n^*(x)dx=\delta_{m,n}=\begin{cases}1, & m=n\\0, & m\neq n\end{cases}$$

(δ) 傅里叶变换算子的规范正交特征函数系

将傅里叶变换算子 $\mathscr{F}:\mathcal{L}^2(\mathbb{R})\to\mathcal{L}^2(\mathbb{R})$ 表示如下:

$$\begin{aligned}\mathscr{F}:\ \mathscr{F}[f(x)](\omega)&=\mathscr{F}(\omega)\\&=\int_{-\infty}^{+\infty}f(x)e^{-2\pi i\omega x}dx\end{aligned}$$

容易验证傅里叶变换算子 $\mathscr{F}$ 具有如下特征关系:

$$\begin{aligned}\mathscr{F}[\varphi_n(x)](\omega)&=\lambda_n\varphi_n(\omega)\\\lambda_n&=\exp(-2\pi ni/4)\\n&=0,1,2,\cdots\end{aligned}$$

即 Hermite-Gauss 函数系 $\{\varphi_n(x);n\in\mathbb{N}\}$ 是傅里叶变换算子 $\mathscr{F}$ 的规范正交特征函数系,而 $\lambda_n=\exp(-2\pi ni/4),n=0,1,2,\cdots$ 是傅里叶变换算子的特征值序列.

可以证明,$\{\varphi_n(x);n\in\mathbb{N}\}$ 是函数空间 $\mathcal{L}^2(\mathbb{R})$ 的规范正交基.

(ε) 傅里叶变换算子的对角化形式

利用傅里叶积分变换算子 $\mathscr{F}:\mathcal{L}^2(\mathbb{R})\to\mathcal{L}^2(\mathbb{R})$ 的完全规范正交特征函数系 $\{\varphi_n(x);n\in\mathbb{N}\}$ 构成的函数空间 $\mathcal{L}^2(\mathbb{R})$ 的规范正交基,可以把傅里叶变换算子表示为对角化的形式.

函数空间 $\mathcal{L}^2(\mathbb{R})$ 上的任何函数 $f(x)$ 具有如下形式的级数展开:

$$\begin{aligned}f(x)&=\sum_{n=0}^{\infty}f_n\varphi_n(x)\\f_n&=\int_{\mathbb{R}}f(x)\varphi_n^*(x)dx\\n&=0,1,2,\cdots\end{aligned}$$

因为,$\mathscr{F}[\varphi_n(x)](\omega)=\lambda_n\varphi_n(\omega),n=0,1,2,\cdots$,由此导出算子 $\mathscr{F}$ 的分解形式;

$$\mathscr{F}[f(x)](\omega)=\sum_{n=0}^{\infty}f_n\lambda_n\varphi_n(\omega)=\sum_{n=0}^{\infty}\varphi_n(\omega)\lambda_n\int_{\mathbb{R}}f(x)\varphi_n^*(x)dx$$

按照如下方式定义 3 个酉算子:

$$\begin{cases}\mathcal{U}^*:\quad f(x)\mapsto\{f_n\}_{n\in\mathbb{N}}, & f_n=\int_{\mathbb{R}}f(x)\varphi_n^*(x)dx\\\mathcal{D}:\quad \{f_n\}_{n\in\mathbb{N}}\mapsto\{g_n\}_{n\in\mathbb{N}}, & g_n=\lambda_nf_n\\\mathcal{U}:\quad \{g_n\}_{n\in\mathbb{N}}\mapsto\mathscr{G}(\omega), & \mathscr{G}(\omega)=\sum_{n\in\mathbb{N}}g_n\varphi_n(\omega)\end{cases}$$

那么

$$\mathscr{F}=\mathcal{UDU}^*$$

另外，因为

$$\mathscr{G}(\omega)=\mathscr{f}(\omega)=\mathscr{F}[f(x)](\omega)=\int_{-\infty}^{+\infty}f(x)\left[\sum_{n=0}^{\infty}\varphi_n(\omega)\lambda_n\varphi_n^*(x)\right]dx$$

所以，算子 $\mathscr{F}$ 的核函数 $\mathcal{K}(\omega,x)$ 可以按照“标准二次型”写成

$$\mathcal{K}(\omega,x)=\sum_{n=0}^{\infty}\varphi_n(\omega)\lambda_n\varphi_n^*(x)=\left(\varphi_0(\omega),\cdots,\varphi_n(\omega),\cdots\right)\begin{pmatrix}\lambda_0&\cdots&0&\\ \vdots&\ddots&\vdots&\vdots\\ 0&\cdots&\lambda_n&\\ &\cdots&&\ddots\end{pmatrix}\begin{pmatrix}\varphi_0^*(x)\\ \vdots\\ \varphi_n^*(x)\\ \vdots\end{pmatrix}$$

容易证明，

$$\mathcal{K}(\omega,x)=\sum_{n=0}^{\infty}\varphi_n(\omega)\lambda_n\varphi_n^*(x)=e^{-2\pi i\omega x}$$

这样，傅里叶变换可以形式化写成“对角算子”：

$$\begin{aligned}\mathscr{f}(\omega)&=\mathscr{F}[f(x)](\omega)\\&=\int_{-\infty}^{+\infty}f(x)\mathcal{K}(\omega,x)dx\\&=\sum_{n=0}^{\infty}\varphi_n(\omega)\lambda_n\int_{-\infty}^{+\infty}f(x)\varphi_n^*(x)dx\end{aligned}$$

或者

$$\begin{aligned}\mathscr{f}(\omega)&=\mathscr{F}[f(x)](\omega)=\int_{-\infty}^{+\infty}f(x)\mathcal{K}(\omega,x)dx\\&=\left(\varphi_0(\omega),\cdots,\varphi_n(\omega),\cdots\right)\begin{pmatrix}\lambda_0&\cdots&0&\\ \vdots&\ddots&\vdots&\vdots\\ 0&\cdots&\lambda_n&\\ &\cdots&&\ddots\end{pmatrix}\begin{pmatrix}\int_{-\infty}^{+\infty}f(x)\varphi_0^*(x)dx\\ \vdots\\ \int_{-\infty}^{+\infty}f(x)\varphi_n^*(x)dx\\ \vdots\end{pmatrix}\end{aligned}$$

(ζ) 对角型傅里叶积分变换算子

根据线性变换或者矩阵的对角化方法，将傅里叶变换算子 $\mathscr{F}$ 的规范正交特征函数(特征向量)系作为函数空间或者信号空间 $\mathcal{L}^2(\mathbb{R})$ 的规范正交基，在这个规范正交基之下，傅里叶变换算子 $\mathscr{F}$ 就是一个对角算子或者对角化酉型线性变换. 这种对角化形式的傅里叶变换算子 $\mathscr{F}$ 本质上建立了平方可和序列空间 $\ell^2(\mathbb{N})$ 到自己的正交变换或者酉变换对应关系，其中，

$$\ell^2(\mathbb{N}) = \left\{ c = (c_0, c_1, \cdots)^{\mathrm{T}}; c_j \in \mathbb{C}, j \in \mathbb{N}, \sum_{j\in\mathbb{N}} \left| c_j \right|^2 < +\infty \right\}$$

$$\left\langle a, b \right\rangle_{\ell^2(\mathbb{N})} = \sum_{j\in\mathbb{N}} a_j b_j^*$$

$$\left\langle a, a \right\rangle_{\ell^2(\mathbb{N})} = ||a||^2_{\ell^2(\mathbb{N})} = \sum_{j\in\mathbb{N}} |a_j|^2 < +\infty$$

定义线性变换 $\mathbb{T}$：$\mathcal{L}^2(\mathbb{R}) \to \ell^2(\mathbb{N})$ 如下:

$$\mathbb{T}\text{：} \mathcal{L}^2(\mathbb{R}) \to \ell^2(\mathbb{N})$$

$$\varphi_k(x) \mapsto \delta_k = \{\delta(n-k); n \in \mathbb{N}\}^{\mathrm{T}},\quad k \in \mathbb{N}$$

这样，线性变换 $\mathbb{T}$；$\{\varphi_k(x); k \in \mathbb{N}\} \mapsto \{\delta_k; k \in \mathbb{N}\}$ 把函数空间 $\mathcal{L}^2(\mathbb{R})$ 的 Hermite-Gauss 函数系规范正交基 $\left\{\varphi_k(x); k \in \mathbb{N}\right\}$ 变换成平方可和序列空间 $\ell^2(\mathbb{N})$ 的平凡规范正交基 $\{\delta_k; k \in \mathbb{N}\}$，从而，经过线性变换 $\mathbb{T}$ 之后，出现如下关系;

$$\boxed{f(x) = \sum_{n=0}^{\infty} f_n \varphi_n(x)} \mapsto \boxed{\mathfrak{f} = \{f_k; k \in \mathbb{Z}\}^{\mathrm{T}} = \sum_{k=0}^{\infty} f_k \delta_k}$$

$$\boxed{\begin{aligned} \mathscr{G}(\omega) &= \mathscr{F}(f)(\omega) \\ &= \sum_{n=0}^{\infty} \lambda_n x_n \varphi_n(\omega) \\ &= \sum_{n=0}^{\infty} g_n \varphi_n(\omega) \end{aligned}} \mapsto \boxed{\begin{aligned} \mathfrak{g} &= \mathscr{F}(\mathfrak{f}) \\ &= \sum_{k=0}^{\infty} \lambda_k x_k \delta_k \\ &= \sum_{k=0}^{\infty} g_k \delta_k \end{aligned}}$$

或者更直观地，在序列空间 $\ell^2(\mathbb{N})$ 中写成矩阵-向量乘积形式;

$$\mathfrak{g} = \begin{pmatrix} g_0 \\ \vdots \\ g_n \\ \vdots \end{pmatrix} = \begin{pmatrix} \lambda_0 & \cdots & 0 & \\ \vdots & \ddots & \vdots & \vdots \\ 0 & \cdots & \lambda_n & \\ & \cdots & & \ddots \end{pmatrix} \begin{pmatrix} f_0 \\ \vdots \\ f_n \\ \vdots \end{pmatrix} = \mathscr{F}(\mathfrak{f})$$

因此，

$$\mathscr{F} = \begin{pmatrix} \lambda_0 & \cdots & 0 & \\ \vdots & \ddots & \vdots & \vdots \\ 0 & \cdots & \lambda_n & \\ & \cdots & & \ddots \end{pmatrix}$$

也就是说，在序列空间 $\ell^2(\mathbb{N})$ 的平凡规范正交基 $\{\delta_k; k \in \mathbb{N}\}$ 之下，傅里叶变换算子 $\mathscr{F}$ 本质上是对角算子 $\mathscr{F} = \mathrm{Diag}(\lambda_0, \lambda_1, \cdots, \lambda_n, \cdots)$，其中，$\lambda_n = \exp(-2\pi ni/4)$，$n = 0,1,2,\cdots$ 是傅里叶变换算子 $\mathscr{F}$ 的特征值序列.

9.1.2 线性调频小波函数

在这里通过傅里叶变换核函数的对角化表示方法以及傅里叶变换算子特征值序列的特殊性质，引入并研究随着某个自由实数参数变化的线性调频函数系，即经典的线性调频小波函数系.

(α) 傅里叶变换核的对角化形式

傅里叶变换算子 $\mathscr{F}$ 可以写成对角形式：$\forall f(x)\in \mathcal{L}^2(\mathbb{R})$，将它写成正交级数展开形式，

$$f(x)=\sum_{m=0}^{\infty} f_m\varphi_m(x),\ \ f_m=\int_{x\in\mathbb{R}} f(x)\varphi_m^*(x)dx,\quad m=0,1,2,\cdots$$

那么，$f(x)$ 的傅里叶变换可以表示如下：

$$\begin{aligned}\mathscr{f}(\omega)=(\mathscr{F}f)(\omega)&=\int_{\mathbb{R}} f(x)[e^{-2\pi i\omega x}]dx\\&=\sum_{m=0}^{\infty} f_m(\mathscr{F}\varphi_m)(\omega)=\sum_{m=0}^{\infty} f_m\lambda_m\varphi_m(\omega)\\&=\int_{x\in\mathbb{R}} f(x)\left[\sum_{m=0}^{\infty}\lambda_m\varphi_m(\omega)\varphi_m^*(x)\right]dx\end{aligned}$$

由此可知，在函数空间 $\mathcal{L}^2(\mathbb{R})$ 的规范正交基 $\{\varphi_m(x);m=0,1,2,3,\cdots\}$ 之下，如果函数 $f(x)$ 被转换为序列 $\{f_m;m=0,1,2,3,\cdots\}$，那么，函数 $f(x)$ 的傅里叶变换 $(\mathscr{F}f)(\omega)=\mathscr{f}(\omega)$ 所对应的平方可和序列就是 $\{f_m\lambda_m;m=0,1,2,3,\cdots\}$，而且傅里叶变换算子积分核能够写成可分变量乘积型无穷级数展开式或者“标准二次型”：

$$\begin{aligned}e^{-2\pi i\omega x}&=\sum_{m=0}^{\infty}\lambda_m\varphi_m(\omega)\varphi_m^*(x)\\&=\left(\varphi_0(\omega),\cdots,\varphi_n(\omega),\cdots\right)\begin{pmatrix}\lambda_0 & \cdots & 0 & \\ \vdots & \ddots & \vdots & \vdots\\ 0 & \cdots & \lambda_n & \\ & \cdots & & \ddots\end{pmatrix}\begin{pmatrix}\varphi_0^*(x)\\ \vdots\\ \varphi_n^*(x)\\ \vdots\end{pmatrix}\end{aligned}$$

(β) 经典线性调频小波函数系

利用这些记号和公式，Namias(1980a, 1980b)将变换参数为α的线性调频小波变换或者变换幂次或变换阶数为α的分数阶傅里叶变换记为 $(\mathscr{F}^{\alpha}f)(\omega)=\mathscr{f}^{\alpha}(\omega)$ 并定义如下：

$$\begin{aligned}(\mathscr{F}^{\alpha}f)(\omega) &= \mathscr{f}^{\alpha}(\omega) \\ &= \sum_{m=0}^{\infty} f_m \lambda_m^{\alpha} \varphi_m(\omega) \\ &= \int_{x\in\mathbb{R}} f(x)\left[\sum_{m=0}^{\infty} \lambda_m^{\alpha}\varphi_m(\omega)\varphi_m^*(x)\right]dx \\ &= \int_{x\in\mathbb{R}} f(x)\mathscr{K}_{\mathscr{F}^{\alpha}}(\omega,x)dx\end{aligned}$$

其中，这个积分变换的核函数表示为

$$\mathscr{K}_{\mathscr{F}^{\alpha}}(\omega,x) = \sum_{m=0}^{\infty} \lambda_m^{\alpha}\varphi_m(\omega)\varphi_m^*(x)$$

称为经典线性调频小波函数系，其中参数 α 可以取任意实数. Mcbride 和 Kerr(1987) 发现并证明，经典线性调频小波函数系 $\mathscr{K}_{\mathscr{F}^{\alpha}}(\omega,x)$ 可以表示为无穷级数展开形式:

$$\mathscr{K}_{\mathscr{F}^{\alpha}}(\omega,x) = \rho(\alpha)e^{i\pi\chi(\alpha,\omega,x)} = \sum_{m=0}^{\infty} \lambda_m^{\alpha}\varphi_m(\omega)\varphi_m^*(x)$$

其中

$$\rho(\alpha) = \sqrt{1 - i\cot(0.5\alpha\pi)}$$

而且

$$\begin{aligned}\chi(\alpha,\omega,x) &= \frac{(\omega^2+x^2)\cos(0.5\alpha\pi) - 2\omega x}{\sin(0.5\alpha\pi)} \\ &= \omega^2\cot\left(\frac{\alpha\pi}{2}\right) - 2\omega x\csc\left(\frac{\alpha\pi}{2}\right) + x^2\cot\left(\frac{\alpha\pi}{2}\right)\end{aligned}$$

其中 $\alpha \in \mathbb{R}$ 不是偶整数. 当 α 是偶数时，$\mathscr{K}_{\mathscr{F}^{\alpha}}(\omega,x) = \delta(\omega - (-1)^{0.5\alpha}x)$.

容易证明，线性调频小波变换或分数阶傅里叶变换的特征方程满足

$$(\mathscr{F}^{\alpha}\varphi_m)(\omega) = \lambda_m^{\alpha}\varphi_m(\omega) = \exp\left(-\frac{m\alpha\pi i}{2}\right)\varphi_m(\omega),\quad m = 0,1,2,\cdots$$

即特征值序列是 $\lambda_m^{\alpha} = (-i)^{m\alpha} = \exp(-0.5m\alpha\pi i), m = 0,1,2,\cdots$，而特征函数系是完备规范正交 Hermite-Gauss 函数系 $\{\varphi_m(x); m = 0,1,2,3,\cdots\}$. 显然，当 $\alpha = 1$时，线性调频小波变换就退化为经典的傅里叶变换.

(γ) 组合线性调频小波函数系

另一方面，$\forall f(x) \in \mathcal{L}^2(\mathbb{R})$，容易验证:

$$(\mathscr{F}^{0}f)(\omega) = \mathscr{f}^{0}(\omega) = f(\omega)$$
$$(\mathscr{F}^{1}f)(\omega) = \mathscr{f}^{1}(\omega) = \mathscr{f}(\omega)$$

$$
\begin{aligned}
(\mathscr{F}^{2}f)(\omega) &= \mathscr{f}^{2}(\omega) = f(-\omega) \\
(\mathscr{F}^{3}f)(\omega) &= \mathscr{f}^{3}(\omega) = \mathscr{f}(-\omega) \\
(\mathscr{F}^{4}f)(\omega) &= \mathscr{f}^{4}(\omega) = f(\omega) \\
(\mathscr{F}^{5}f)(\omega) &= \mathscr{f}^{5}(\omega) = \mathscr{f}(\omega) \\
&\vdots
\end{aligned}
$$

利用经典线性调频小波变换的符号可以把这种规律表示如下:

$$\mathscr{f}^{\alpha}(\omega) = \mathscr{F}^{\alpha}[f(x)](\omega) = \mathscr{F}^{\operatorname{mod}(\alpha,4)}[f(x)](\omega) = \mathscr{f}^{\operatorname{mod}(\alpha,4)}(\omega), \quad \alpha \in \mathbb{N}$$

Shih(1995a, 1995b)利用上述规律定义一种“傅里叶变换的分数化形式”的线性变换 $\mathscr{F}_{\mathcal{S}}^{\alpha}[f(x)](\omega)$，具有如下形式:

$$
\begin{aligned}
\mathscr{F}_{\mathcal{S}}^{\alpha}[f(x)](\omega) &= \mathscr{f}_{\mathcal{S}}^{\alpha}(\omega) \\
&= \sum_{s=0}^{3} p_s(\alpha)\mathscr{f}^{s}(\omega) \\
&= p_0(\alpha)\mathscr{f}^{0}(\omega) + p_1(\alpha)\mathscr{f}^{1}(\omega) + p_2(\alpha)\mathscr{f}^{2}(\omega) + p_3(\alpha)\mathscr{f}^{3}(\omega)
\end{aligned}
$$

满足如下算子运算规则:

$$
\begin{aligned}
[\mathscr{F}_{\mathcal{S}}^{\alpha}(\varsigma f + \upsilon g)](\omega) &= \varsigma(\mathscr{F}_{\mathcal{S}}^{\alpha} f)(\omega) + \upsilon(\mathscr{F}_{\mathcal{S}}^{\alpha} g)(\omega) \\
\lim_{f\to g}(\mathscr{F}_{\mathcal{S}}^{\alpha} f)(\omega) &= (\mathscr{F}_{\mathcal{S}}^{\alpha} g)(\omega) \\
\lim_{\alpha'\to\alpha}(\mathscr{F}_{\mathcal{S}}^{\alpha'} f)(\omega) &= (\mathscr{F}_{\mathcal{S}}^{\alpha} f)(\omega) \\
(\mathscr{F}_{\mathcal{S}}^{\alpha+\tilde{\alpha}} f)(\omega) &= [\mathscr{F}_{\mathcal{S}}^{\tilde{\alpha}}(\mathscr{F}_{\mathcal{S}}^{\alpha} f)](\omega) = [\mathscr{F}_{\mathcal{S}}^{\alpha}(\mathscr{F}_{\mathcal{S}}^{\tilde{\alpha}} f)](\omega) \\
(\mathscr{F}_{\mathcal{S}}^{\alpha} f)(\omega) &= (\mathscr{F}^{m} f)(\omega), \quad \alpha = m \in \mathbb{Z}
\end{aligned}
$$

这样的算子运算规则说明组合系数函数系 $p_0(\alpha), p_1(\alpha), p_2(\alpha), p_3(\alpha)$ 必须满足“下标卷积”函数方程组:

$$
\begin{cases}
p_0(\alpha+\beta) = p_0(\alpha)p_0(\beta) + p_1(\alpha)p_3(\beta) + p_2(\alpha)p_2(\beta) + p_3(\alpha)p_1(\beta) \\
p_1(\alpha+\beta) = p_0(\alpha)p_1(\beta) + p_1(\alpha)p_0(\beta) + p_2(\alpha)p_3(\beta) + p_3(\alpha)p_2(\beta) \\
p_2(\alpha+\beta) = p_0(\alpha)p_2(\beta) + p_1(\alpha)p_1(\beta) + p_2(\alpha)p_0(\beta) + p_3(\alpha)p_3(\beta) \\
p_3(\alpha+\beta) = p_0(\alpha)p_3(\beta) + p_1(\alpha)p_2(\beta) + p_2(\alpha)p_1(\beta) + p_3(\alpha)p_0(\beta)
\end{cases}
$$

也可以把这个关于组合系数的函数系 $p_0(\alpha), p_1(\alpha), p_2(\alpha), p_3(\alpha)$ 的函数方程组集中撰写为

$$p_\ell(\alpha+\beta) = \sum_{\substack{0\leqslant m,n\leqslant 3 \\ m+n\equiv \ell \ \operatorname{mod}(4)}} p_m(\alpha)p_n(\beta), \quad \ell = 0,1,2,3$$

Shih(1995a, 1995b)得到了这个函数方程组的“最简单的”解

$$p_\ell(\alpha) = \cos\frac{\pi(\alpha-\ell)}{4}\cos\frac{2\pi(\alpha-\ell)}{4}\exp\left[-\frac{3\pi i(\alpha-\ell)}{4}\right], \quad \ell = 0,1,2,3$$

同时，“傅里叶变换的分数化形式”线性变换 $(\mathscr{F}_{\mathcal{S}}^{\alpha}f)(\omega)$ 作为一种线性调频小波变换，对应的线性调频小波函数系 $\mathscr{K}_{\alpha}^{(\mathcal{S})}(\omega,x)$ 可以写成

$$\mathscr{K}_{\alpha}^{(\mathcal{S})}(\omega,x)=\sum_{s=0}^{3}p_s(\alpha)\mathscr{K}_{\mathscr{F}^{s}}(\omega,x)$$

其中

$$\mathscr{K}_{\mathscr{F}^0}(\omega,x)=\delta(\omega-x),\quad \mathscr{K}_{\mathscr{F}^1}(\omega,x)=\exp(-2\pi i\omega x)$$
$$\mathscr{K}_{\mathscr{F}^2}(\omega,x)=\delta(\omega+x),\quad \mathscr{K}_{\mathscr{F}^3}(\omega,x)=\exp(+2\pi i\omega x)$$

这种类型的线性调频小波函数系 $\{\mathscr{K}_{\alpha}^{(\mathcal{S})}(\omega,x);\alpha\in\mathbb{R}\}$ 被称为组合线性调频小波函数系. 前述分析可以看出，当参数 α 取值为 0,1,2 和 3 以及与这些数值相差为 4 的整数倍数时，组合线性调频小波函数系与经典线性调频小波函数系是重合的，容易证明，只有参数 α 取值在这些特殊数值时，这两类线性调频小波函数函数系才是重合的，当参数 α 的取值不是这些特殊数值时，这两类线性调频小波函数系是完全不同的，比如通过比较两类线性调频小波函数系对应的线性变换的特征值序列即可直接完成这个证明.

(δ) 耦合线性调频小波函数系

一般地，设 $\boldsymbol{\Theta}$ 是一个自然数，$\boldsymbol{\Theta}$ 个耦合函数 $q_s^{(\gamma)}(\alpha),s=0,1,\cdots,(\boldsymbol{\Theta}-1)$ 定义为如下形式的实数参数 α 的 $\boldsymbol{\Theta}$ 个函数:

$$\begin{aligned}q_s^{(\gamma)}(\alpha)&=\frac{1}{\boldsymbol{\Theta}}\sum_{k=0}^{(\boldsymbol{\Theta}-1)}\exp\{(-2\pi i/\boldsymbol{\Theta})[\alpha(k+\gamma_k)-sk]\}\\ \gamma&=(\gamma_0,\gamma_1,\cdots,\gamma_{(\boldsymbol{\Theta}-1)})\\ s&=0,1,2,\cdots,(\boldsymbol{\Theta}-1)\end{aligned}$$

其中，$\gamma=(\gamma_0,\gamma_1,\cdots,\gamma_{(\boldsymbol{\Theta}-1)})\in\mathbb{R}^{\boldsymbol{\Theta}}$ 是一个 $\boldsymbol{\Theta}$ 维实数向量. 定义函数系:

$$\begin{aligned}\mathscr{K}_{\alpha}^{(\gamma)}(\omega,x)&=\sum_{s=0}^{(\boldsymbol{\Theta}-1)}q_s^{(\gamma)}(\alpha)\mathscr{K}_{\mathscr{F}^{4s/\boldsymbol{\Theta}}}(\omega,x)\\ &=\frac{1}{\boldsymbol{\Theta}}\sum_{s=0}^{(\boldsymbol{\Theta}-1)}\sum_{k=0}^{(\boldsymbol{\Theta}-1)}\exp\{(-2\pi i/\boldsymbol{\Theta})[\alpha(k+\gamma_k)-sk]\}\mathscr{K}_{\mathscr{F}^{4s/\boldsymbol{\Theta}}}(\omega,x)\end{aligned}$$

称为耦合参数为 $\gamma=(\gamma_0,\gamma_1,\cdots,\gamma_{(\boldsymbol{\Theta}-1)})$ 的耦合线性调频小波函数系，它满足如下的叠加运算规则:

$$\mathscr{K}_{\alpha+\beta}^{(\gamma)}(\omega,x)=\int_{-\infty}^{+\infty}\mathscr{K}_{\alpha}^{(\gamma)}(\omega,z)\mathscr{K}_{\beta}^{(\gamma)}(z,x)dz=\int_{-\infty}^{+\infty}\mathscr{K}_{\beta}^{(\gamma)}(\omega,z)\mathscr{K}_{\alpha}^{(\gamma)}(z,x)dz$$

或者形式化表示为

$$\mathscr{K}_{\alpha+\beta}^{(\gamma)}(\omega,x)=(\mathscr{K}_{\alpha}^{(\gamma)}*\mathscr{K}_{\beta}^{(\gamma)})(\omega,x)=(\mathscr{K}_{\beta}^{(\gamma)}*\mathscr{K}_{\alpha}^{(\gamma)})(\omega,x)$$

定义函数 $f(x)$ 在耦合线性调频小波 $\mathscr{K}_{\alpha}^{(\gamma)}(\omega,x)$ 下的耦合线性调频小波变换 $\mathscr{F}_{(\gamma)}^{\alpha}$ 具有如下表达式:

$$
\begin{aligned}
(\mathscr{F}_{(\gamma)}^{\alpha}f)(\omega) = \mathscr{f}_{(\gamma)}^{\alpha}(\omega) &= \int_{-\infty}^{+\infty} f(x)\mathscr{K}_{\alpha}^{(\gamma)}(\omega,x)dx \\
&= \frac{1}{\Theta}\sum_{s=0}^{(\Theta-1)}\sum_{k=0}^{(\Theta-1)} e^{(-2\pi i/\Theta)[\alpha(k+\gamma_k)-sk]}\int_{-\infty}^{+\infty} f(x)\mathscr{K}_{\mathscr{F}^{4s/\Theta}}(\omega,x)dx \\
&= \sum_{s=0}^{(\Theta-1)} q_s^{(\gamma)}(\alpha)(\mathscr{F}^{4s/\Theta}f)(\omega) \\
&= \sum_{s=0}^{(\Theta-1)} q_s^{(\gamma)}(\alpha)\mathscr{f}^{4s/\Theta}(\omega)
\end{aligned}
$$

其中,

$$
\begin{aligned}
\mathscr{f}^{4s/\Theta}(\omega) &= (\mathscr{F}^{4s/\Theta}f)(\omega) \\
&= \int_{x\in\mathbb{R}} f(x)\mathscr{K}_{\mathscr{F}^{4s/\Theta}}(\omega,x)dx \\
&= \int_{x\in\mathbb{R}} f(x)\left[\sum_{m=0}^{\infty}\lambda_m^{4s/\Theta}\varphi_m(\omega)\varphi_m^*(x)\right]dx, \quad s=0,1,2,\cdots,(\Theta-1)
\end{aligned}
$$

这样定义的耦合线性调频小波变换具有如下性质(酉的逆算子):

$$
\begin{aligned}
f(x) &= \int_{-\infty}^{+\infty}(\mathscr{F}_{(\gamma)}^{\alpha}f)(\omega)\mathscr{K}_{-\alpha}^{(\gamma)}(\omega,x)d\omega \\
&= \sum_{t=0}^{(\Theta-1)}\sum_{s=0}^{(\Theta-1)} q_t^{(\gamma)}(-\alpha)q_s^{(\gamma)}(\alpha)\mathscr{f}^{(4(s+t)/\Theta)}(x)
\end{aligned}
$$

其中,

$$
\begin{aligned}
\mathscr{f}^{(4(s+t)/\Theta)}(x) &= (\mathscr{F}^{4(s+t)/\Theta}f)(x) \\
&= \int_{y\in\mathbb{R}} f(y)\mathscr{K}_{\mathscr{F}^{4(s+t)/\Theta}}(x,y)dy \\
&= \int_{y\in\mathbb{R}} f(y)\left[\sum_{m=0}^{\infty}\lambda_m^{4(s+t)/\Theta}\varphi_m(x)\varphi_m^*(y)\right]dy, \quad t,s=0,1,2,\cdots,(\Theta-1)
\end{aligned}
$$

同时，耦合线性调频小波变换的叠加满足参数 α 的“加法规则”:

$$
[\mathscr{F}_{(\gamma)}^{\alpha}(\mathscr{F}_{(\gamma)}^{\beta}f)](\omega) = [\mathscr{F}_{(\gamma)}^{\beta}(\mathscr{F}_{(\gamma)}^{\alpha}f)](\omega) = (\mathscr{F}_{(\gamma)}^{(\alpha+\beta)}f)(\omega)
$$

或者形式化表示为

$$
\mathscr{F}_{(\gamma)}^{\alpha}\mathscr{F}_{(\gamma)}^{\beta} = \mathscr{F}_{(\gamma)}^{\beta}\mathscr{F}_{(\gamma)}^{\alpha} = \mathscr{F}_{(\gamma)}^{(\alpha+\beta)}
$$

也可以利用耦合系数函数系全体 $\{q_s^{(\gamma)}(\alpha);s=0,1,2,\cdots,(\Theta-1)\}$ 表示为(卷积关系)

$$q_u^{(\gamma)}(\alpha+\beta)=\sum_{s=0}^{(\boldsymbol{\Theta}-1)} q_s^{(\gamma)}(\alpha)q_{\mathrm{mod}(u-s,\boldsymbol{\Theta})}^{(\gamma)}(\beta)$$
$$u=0,1,\cdots,(\boldsymbol{\Theta}-1)$$

或者改写为(卷积方程组)

$$\begin{cases} q_0^{(\gamma)}(\alpha+\beta)=q_0^{(\gamma)}(\alpha)q_0^{(\gamma)}(\beta) & +q_1^{(\gamma)}(\alpha)q_{(\boldsymbol{\Theta}-1)}^{(\gamma)}(\beta) & +\cdots+ & q_{(\boldsymbol{\Theta}-1)}^{(\gamma)}(\alpha)q_1^{(\gamma)}(\beta) \\ q_1^{(\gamma)}(\alpha+\beta)=q_0^{(\gamma)}(\alpha)q_1^{(\gamma)}(\beta) & +q_1^{(\gamma)}(\alpha)q_0^{(\gamma)}(\beta) & +\cdots+ & q_{(\boldsymbol{\Theta}-1)}^{(\gamma)}(\alpha)q_2^{(\gamma)}(\beta) \\ \qquad\vdots & \qquad\vdots & \ddots & \vdots \\ q_{(\boldsymbol{\Theta}-1)}^{(\gamma)}(\alpha+\beta)=q_0^{(\gamma)}(\alpha)q_{(\boldsymbol{\Theta}-1)}^{(\gamma)}(\beta) & +q_1^{(\gamma)}(\alpha)q_{(\boldsymbol{\Theta}-2)}^{(\gamma)}(\beta) & +\cdots+ & q_{(\boldsymbol{\Theta}-1)}^{(\gamma)}(\alpha)q_0^{(\gamma)}(\beta) \end{cases}$$

或者引入$\boldsymbol{\Theta}\times\boldsymbol{\Theta}$矩阵记号:

$$\mathscr{Q}_{(\gamma)}^{\alpha}=\begin{pmatrix} q_0^{(\gamma)}(\alpha) & q_{(\boldsymbol{\Theta}-1)}^{(\gamma)}(\alpha) & \cdots & q_1^{(\gamma)}(\alpha) \\ q_1^{(\gamma)}(\alpha) & q_0^{(\gamma)}(\alpha) & \cdots & q_2^{(\gamma)}(\alpha) \\ \vdots & \vdots & \ddots & \vdots \\ q_{(\boldsymbol{\Theta}-1)}^{(\gamma)}(\alpha) & q_{(\boldsymbol{\Theta}-2)}^{(\gamma)}(\alpha) & \cdots & q_0^{(\gamma)}(\alpha) \end{pmatrix}$$

将“加法规则”表示为

$$\mathscr{Q}_{(\gamma)}^{\alpha}\mathscr{Q}_{(\gamma)}^{\beta}=\mathscr{Q}_{(\gamma)}^{\beta}\mathscr{Q}_{(\gamma)}^{\alpha}=\mathscr{Q}_{(\gamma)}^{\alpha+\beta}$$

在上述讨论中，当$\gamma=(\gamma_0,\gamma_1,\cdots,\gamma_{(\boldsymbol{\Theta}-1)})=(0,0,\cdots,0)\in\mathbb{R}^{\boldsymbol{\Theta}}$时，如果组合或耦合项数参数$\boldsymbol{\Theta}=4m,m\in\mathbb{N}$，耦合线性调频小波函数系$\{\mathscr{K}_\alpha^{(\gamma)}(\omega,x);\ \alpha\in\mathbb{R}\}$就返回到Liu 等(1997a)和 Liu(1997b)建立的组合项数为$4\ell,\ell\in\mathbb{N}$的组合线性调频小波函数系. 除此之外，当组合项数$\boldsymbol{\Theta}=4$且耦合参数向量$\gamma=(\gamma_0,\gamma_1,\gamma_2,\gamma_3)=(0,0,0,0)\in\mathbb{R}^4$时，耦合线性调频小波函数系$\{\mathscr{K}_\alpha^{(\gamma)}(\omega,x);\ \alpha\in\mathbb{R}\}$就返回到组合线性调频小波函数系$\{\mathscr{K}_\alpha^{(\boldsymbol{S})}(\omega,x);\ \alpha\in\mathbb{R}\}$.

9.2 傅里叶变换与调频小波理论

在这里将深入研究傅里叶变换算子与经典线性调频小波函数、组合线性调频小波函数构造以及各种线性调频小波函数系之间的关系. 本节的主要研究内容是线性调频小波函数系的多样性理论.

9.2.1 傅里叶变换及其特征性质

(α) 傅里叶变换的核与特征子空间

在非周期能量有限信号空间或平方可积函数空间$\mathcal{L}^2(\mathbb{R})$中，规范正交傅里叶

变换基选择为 $\{\varepsilon_{\omega}(x)=e^{2\pi i\omega x};\omega\in\mathbb{R}\}$，傅里叶变换算子 $\mathscr{F}:\mathcal{L}^2(\mathbb{R})\to\mathcal{L}^2(\mathbb{R})$ 重新表示如下:

$$\begin{aligned}\mathscr{F}:\mathcal{L}^2(\mathbb{R})&\to\mathcal{L}^2(\mathbb{R})\\ f(x)&\mapsto \mathcal{F}(\omega)=\mathscr{F}[f(x)](\omega)=(\mathscr{F}f)(\omega)\\ \mathcal{F}(\omega)=(\mathscr{F}f)(\omega)&=\int_{-\infty}^{+\infty}f(x)e^{-2\pi i\omega x}dx\end{aligned}$$

因为傅里叶变换算子 $\mathscr{F}$ 具有如下特征关系:

$$\mathscr{F}[\varphi_m(x)](\omega)=\lambda_m\varphi_m(\omega)$$

其中 $\lambda_m=\exp(-2\pi mi/4), m=0,1,2,\cdots$ 是傅里叶变换算子 $\mathscr{F}$ 的特征值序列，所以算子 $\mathscr{F}$ 的规范正交特征函数系即 Hermite-Gauss 函数系 $\{\varphi_m(x);m\in\mathbb{N}\}$ 构成函数空间 $\mathcal{L}^2(\mathbb{R})$ 的一个规范正交基.

这样傅里叶变换算子 $\mathscr{F}:\mathcal{L}^2(\mathbb{R})\to\mathcal{L}^2(\mathbb{R})$ 可以按算子谱方法表示如下:

$$\mathcal{F}(\omega)=(\mathscr{F}f)(\omega)=\sum_{m=0}^{+\infty}f_m\lambda_m\varphi_m(\omega)=\sum_{m=0}^{\infty}\mathcal{F}_m\varphi_m(\omega)$$

其中

$$\begin{cases}f(x)=\sum\limits_{m=0}^{\infty}f_m\varphi_m(x), & f_m=\int_{\mathbb{R}}f(x)\varphi_m^*(x)dx\\ \mathcal{F}(\omega)=\sum\limits_{m=0}^{\infty}\mathcal{F}_m\varphi_m(\omega), & \mathcal{F}_m=\int_{\mathbb{R}}\mathcal{F}(\omega)\varphi_m^*(\omega)d\omega\\ \mathcal{F}_m=\lambda_m f_m, & m=0,1,2,\cdots\\ \lambda_m=\exp(-2\pi mi/4), & m=0,1,2,\cdots\end{cases}$$

而且，傅里叶变换算子 $\mathscr{F}$ 的特征子空间 $\mathcal{W}_h$ 可以表述为

$$\mathcal{W}_h=\text{Closespan}\{\varphi_{4m+h}(x);\ m=0,1,2,3,\cdots\},\quad h=0,1,2,3$$

这样，函数空间 $\mathcal{L}^2(\mathbb{R})$ 具有如下正交直和分解关系:

$$\begin{aligned}\mathcal{L}^2(\mathbb{R})&=\bigoplus_{h=0}^{3}\mathcal{W}_h\\ &=\bigoplus_{h=0}^{3}\text{Closespan}\{\varphi_{4m+h}(x);\ m=0,1,2,3,\cdots\}\end{aligned}$$

按照如下方式重新表述此前引入的 3 个酉算子:

$$\begin{cases} \mathcal{U}^*: & f(x)\mapsto \{f_m\}_{m\in\mathbb{N}}, & f_m=\int_{\mathbb{R}} f(x)\varphi_m^*(x)dx \\ \mathcal{D}: & \{f_m\}_{m\in\mathbb{N}}\mapsto \{\mathscr{f}_m\}_{m\in\mathbb{N}}, & \mathscr{f}_m=\lambda_m f_m \\ \mathcal{U}: & \{\mathscr{f}_m\}_{m\in\mathbb{N}}\mapsto \mathscr{f}(\omega), & \mathscr{f}(\omega)=\sum_{m=0}^{\infty}\mathscr{f}_m\varphi_m(\omega) \end{cases}$$

那么, 傅里叶变换算子 $\mathscr{F}$ 的酉的对角分解或者谱分解

$$\mathscr{F}=\mathcal{U}\mathcal{D}\mathcal{U}^*$$

可以表述为如下的链式规则:

$$\begin{array}{ccc} \mathcal{L}^2(\mathbb{R}) & \xrightarrow{\mathscr{F}} & \mathcal{L}^2(\mathbb{R}) \\ \Downarrow \mathcal{U}^* & & \mathcal{U}\Uparrow \\ \ell^2(\mathbb{N}) & \xrightarrow{\mathcal{D}} & \ell^2(\mathbb{N}) \end{array}$$

或者利用算子乘积方式写成

$$\begin{aligned} [\mathscr{F}:\mathcal{L}^2(\mathbb{R})\to\mathcal{L}^2(\mathbb{R})]=&[\mathcal{U}:\ \ell^2(\mathbb{N})\to\mathcal{L}^2(\mathbb{R})] \\ &\circ[\mathcal{D}:\ \ell^2(\mathbb{N})\to\ell^2(\mathbb{N})] \\ &\circ[\mathcal{U}^*:\mathcal{L}^2(\mathbb{R})\to\ell^2(\mathbb{N})] \end{aligned}$$

这对应于如下“对角算子”的计算结构:

$$\begin{aligned} \mathscr{f}(\omega)&=\mathscr{F}[f(x)](\omega) \\ &=\int_{-\infty}^{+\infty} f(x)\mathcal{K}(\omega,x)dx \\ &=\sum_{m=0}^{\infty}\varphi_m(\omega)\lambda_m\int_{-\infty}^{+\infty} f(x)\varphi_m^*(x)dx \end{aligned}$$

或者

$$\begin{aligned} \mathscr{f}(\omega)=\mathscr{F}[f(x)](\omega)&=\int_{-\infty}^{+\infty} f(x)\mathcal{K}(\omega,x)dx \\ &=\left(\varphi_0(\omega),\cdots,\varphi_m(\omega),\cdots\right)\begin{pmatrix}\lambda_0 & \cdots & 0 & \\ \vdots & \ddots & \vdots & \vdots \\ 0 & \cdots & \lambda_m & \\ & \cdots & & \ddots\end{pmatrix}\begin{pmatrix}\int_{-\infty}^{+\infty} f(x)\varphi_0^*(x)dx \\ \vdots \\ \int_{-\infty}^{+\infty} f(x)\varphi_m^*(x)dx \\ \vdots\end{pmatrix} \end{aligned}$$

其中, 傅里叶变换算子 $\mathscr{F}$ 的积分核 $\mathcal{K}(\omega,x)$ 可以按照“标准二次型”表示为

$$\mathcal{K}(\omega,x)=e^{-2\pi i\omega x}=\sum_{m=0}^{\infty}\varphi_m(\omega)\lambda_m\varphi_m^*(x)$$

$$= \left(\varphi_0(\omega),\cdots,\varphi_m(\omega),\cdots\right)\begin{pmatrix} \lambda_0 & \cdots & 0 & \\ \vdots & \ddots & \vdots & \vdots \\ 0 & \cdots & \lambda_m & \\ & \cdots & & \ddots \end{pmatrix}\begin{pmatrix} \varphi_0^*(x) \\ \vdots \\ \varphi_m^*(x) \\ \vdots \end{pmatrix}$$

或者抽象地写成

$$\mathcal{K}(\omega,x) = [\mathscr{R}(\omega)]\mathscr{D}[\mathscr{R}(x)]^*$$

其中

$$\begin{cases} [\mathscr{R}(\omega)] = (\varphi_m(\omega); m = 0,1,2,\cdots) \\ \qquad \mathscr{D} = \mathrm{Diag}(\exp(-2\pi mi/4); m = 0,1,2,\cdots) \\ [\mathscr{R}(x)]^* = (\varphi_m^*(x); m = 0,1,2,\cdots)^{\mathrm{T}} \end{cases}$$

实际上，$\mathscr{R}(\omega)$ 是由 Hermite-Gauss 函数系 $\{\varphi_m(\omega); m = 0,1,2,\cdots\}$ 构成的行向量. $[\mathscr{R}(x)]^*$ 是行向量 $\mathscr{R}(x)$ 的复共轭转置，是一个列向量.

此外，傅里叶变换算子 $\mathscr{F}: \mathcal{L}^2(\mathbb{R}) \to \mathcal{L}^2(\mathbb{R})$ 的特征值序列具有如下性质:

$$\lambda_{4m+h} = \exp[-2\pi i(4m+h)/4] = \exp(-2\pi ih / 4) = \lambda_h$$

其中 $m = 0,1,2,\cdots, h = 0,1,2,3$. 这说明傅里叶变换算子 $\mathscr{F}: \mathcal{L}^2(\mathbb{R}) \to \mathcal{L}^2(\mathbb{R})$ 的特征值序列 $\{\lambda_m = \exp(-2\pi im/4); m = 0,1,2,\cdots\}$ 具有周期为 4 的周期性，它的一个完整的周期是

$$\{\lambda_0,\lambda_1,\lambda_2,\lambda_3\} = \{1,-i,-1,i\} = \{(-i)^m; m = 0,1,2,3\}$$

因此，傅里叶变换算子核 $\mathcal{K}(\omega,x)$ 又可以写成

$$\begin{aligned} \mathcal{K}(\omega,x) &= \sum_{m=0}^{\infty} \varphi_m(\omega)\exp(-2\pi mi / 4)\varphi_m^*(x) \\ &= \sum_{h=0}^{3} \exp(-2\pi hi / 4)\sum_{m=0}^{+\infty} \varphi_{4m+h}(\omega)\varphi_{4m+h}^*(x) \\ &= \sum_{h=0}^{3} (-i)^h \sum_{m=0}^{+\infty} \varphi_{4m+h}(\omega)\varphi_{4m+h}^*(x) \end{aligned}$$

利用傅里叶变换算子特征值序列具有的周期为 4 的周期性，可以将傅里叶变换算子核 $\mathcal{K}(\omega,x)$ 重新表述为如下的抽象对角化形式:

$$\mathcal{K}(\omega,x) = [\mathscr{B}(\omega)]\mathfrak{D}[\mathscr{B}(x)]^*$$

其中

$$\begin{cases}[\mathscr{B}(\omega)]=(\mathscr{B}_0(\omega),\mathscr{B}_1(\omega),\mathscr{B}_2(\omega),\mathscr{B}_3(\omega))\\ \mathscr{B}_h(\omega)=(\varphi_{4m+h}(\omega);m=0,1,2,\cdots),\quad h=0,1,2,3\end{cases}$$

而且

$$\begin{cases}[\mathscr{B}(x)]^*=(\overline{[\mathscr{B}_0(x)]},\overline{[\mathscr{B}_1(x)]},\overline{[\mathscr{B}_2(x)]},\overline{[\mathscr{B}_3(x)]})^{\mathrm{T}}\\ \overline{[\mathscr{B}_h(x)]}=[\bar{\varphi}_{4m+h}(x);m=0,1,2,\cdots],\quad h=0,1,2,3\\ [\mathscr{B}_h(x)]^*=[\varphi^*_{4m+h}(x);m=0,1,2,\cdots]^{\mathrm{T}},\ h=0,1,2,3\end{cases}$$

而且

$$\begin{cases}\mathscr{Q}=\mathrm{Diag}(\mathscr{Q}_0,\mathscr{Q}_1,\mathscr{Q}_2,\mathscr{Q}_3)\\ \mathscr{Q}_h=\mathrm{Diag}(\lambda_{4m+h};m=0,1,\cdots)=(-i)^h\mathscr{I},\quad h=0,1,2,3\end{cases}$$

其中 $\mathscr{I}$ 是无穷序列空间 $\ell^2(\mathbb{N})$ 上的单位算子或者单位矩阵.

注释: Hermite-Gauss 函数构成的行向量

$$\begin{aligned}[\mathscr{B}(\omega)]&=(\mathscr{B}_0(\omega),\mathscr{B}_1(\omega),\mathscr{B}_2(\omega),\mathscr{B}_3(\omega))\\&=[(\varphi_{4m+h}(\omega);m=0,1,2,\cdots),h=0,1,2,3]\end{aligned}$$

是 4 分块行向量, 由 Hermite-Gauss 函数系 $\{\varphi_m(\omega);m=0,1,2,\cdots\}$ 构成, 只不过这些函数的排列顺序有一些变化, 相同特征值对应的特征函数被连续排列. 另外, $[\mathscr{B}(x)]^*$ 是行向量 $[\mathscr{B}(x)]$ 的复共轭转置, 是一个 4 分块列向量.

注释: $\mathscr{Q}$ 是一个 4×4 分块对角矩阵, 采用分块形式表示为

$$\mathscr{Q}=\mathrm{Diag}(\mathscr{Q}_0,\mathscr{Q}_1,\mathscr{Q}_2,\mathscr{Q}_3)$$

其对角线上的第 h 个分块是 $\mathscr{Q}_h=(-i)^h\mathscr{I}$, 它是单位矩阵 $\mathscr{I}$ 与第 h 个特征值 $(-i)^h$ 的乘积, $h=0,1,2,3$.

这样, 傅里叶变换算子核 $\mathcal{K}(\omega,x)$ 的对角形式可以重新改写如下:

$$\begin{aligned}\mathcal{K}(\omega,x)&=[\mathscr{B}(\omega)]\mathscr{Q}[\mathscr{B}(x)]^*=\sum_{h=0}^{3}[\mathscr{B}_h(\omega)]\mathscr{Q}_h[\mathscr{B}_h(x)]^*\\&=([\mathscr{B}_0(\omega)],[\mathscr{B}_1(\omega)],[\mathscr{B}_2(\omega)],[\mathscr{B}_3(\omega)])\begin{pmatrix}\mathscr{Q}_0&\mathscr{O}&\mathscr{O}&\mathscr{O}\\ \mathscr{O}&\mathscr{Q}_1&\mathscr{O}&\mathscr{O}\\ \mathscr{O}&\mathscr{O}&\mathscr{Q}_2&\mathscr{O}\\ \mathscr{O}&\mathscr{O}&\mathscr{O}&\mathscr{Q}_3\end{pmatrix}\begin{pmatrix}[\mathscr{B}_0(x)]^*\\ [\mathscr{B}_1(x)]^*\\ [\mathscr{B}_2(x)]^*\\ [\mathscr{B}_3(x)]^*\end{pmatrix}\end{aligned}$$

或者具体写成

$$\mathcal{K}(\omega,x)=\sum_{h=0}^{3}[\mathscr{B}_h(\omega)](-i)^h\mathscr{I}[\mathscr{B}_h(x)]^*$$

$$= \sum_{h=0}^{3} (-i)^h [\mathscr{B}_h(\omega)] \mathscr{I} [\mathscr{B}_h(x)]^*$$
$$= \sum_{h=0}^{3} (-i)^h [\mathscr{B}_h(\omega)] [\mathscr{B}_h(x)]^*$$
$$= \sum_{h=0}^{3} (-i)^h \sum_{m=0}^{+\infty} \varphi_{4m+h}(\omega) \varphi_{4m+h}^*(x)$$

其中 $\mathscr{O}$ 是无穷序列空间 $\ell^2(\mathbb{N})$ 上的零算子或者零矩阵.

(β) 傅里叶变换核表示多样性

在这里讨论傅里叶变换核表示的多样性.

与分块对角矩阵 $\mathscr{D}$ 类似, 按照 4×4 分块对角方式定义矩阵或者算子 $\mathscr{A}$:

$$\mathscr{A} = \mathrm{Diag}(\mathscr{A}_0, \mathscr{A}_1, \mathscr{A}_2, \mathscr{A}_3)$$

其中 $\mathscr{A}_h$ 是傅里叶变换算子 $\mathscr{F}$ 的特征子空间 $\mathcal{W}_h$:

$$\mathcal{W}_h = \mathrm{Closespan}\{\varphi_{4m+h}(x);\ m = 0,1,2,3,\cdots\}$$

上的酉算子, 即它满足

$$\mathscr{A}_h [\mathscr{A}_h]^* = [\mathscr{A}_h]^* \mathscr{A}_h = \mathscr{I}$$

这里 $h = 0,1,2,3$. 显然 $\mathscr{A}$ 是无穷序列空间 $\ell^2(\mathbb{N})$ 上的酉算子或者酉矩阵, 这样的酉算子称为 4×4 分块对角酉矩阵, 将这样的酉矩阵全体记为 $\mathscr{U}_4$.

设 $\mathscr{A} = \mathrm{Diag}(\mathscr{A}_0, \mathscr{A}_1, \mathscr{A}_2, \mathscr{A}_3) \in \mathscr{U}_4$, 那么, $\mathscr{A}$ 将诱导得到平方可积函数空间 $\mathcal{L}^2(\mathbb{R})$ 上的一个线性算子 $\mathcal{A} : \mathcal{L}^2(\mathbb{R}) \to \mathcal{L}^2(\mathbb{R})$

$$\begin{aligned} \mathcal{A} : \mathcal{L}^2(\mathbb{R}) &\to \mathcal{L}^2(\mathbb{R}) \\ s(x) &\mapsto \mathfrak{S}(\omega) = \mathcal{A}[s(x)](\omega) = (\mathcal{A}s)(\omega) \end{aligned}$$

$$\begin{aligned} \mathfrak{S}(\omega) &= \mathcal{A}[s(x)](\omega) \\ &= \sum_{h=0}^{3} (\mathscr{A}_h s_h)(\omega) \\ &= \sum_{h=0}^{3} (-i)^h s_h(\omega) \end{aligned}$$

其中

$$s(x) = \sum_{h=0}^{3} s_h(x)$$

而且 $s_h(x)$ 是 $s(x)$ 在傅里叶变换算子 $\mathscr{F}$ 的特征子空间 $\mathcal{W}_h$ 上的正交投影, $h = 0, 1,2,3$. 把这样的算子 $\mathcal{A} : \mathcal{L}^2(\mathbb{R}) \to \mathcal{L}^2(\mathbb{R})$ 记为对角矩阵形式:

$$\mathscr{A} = \mathrm{Diag}(\mathscr{A}_0, \mathscr{A}_1, \mathscr{A}_2, \mathscr{A}_3) = \begin{pmatrix} \mathscr{A}_0 & \mathscr{O} & \mathscr{O} & \mathscr{O} \\ \mathscr{O} & \mathscr{A}_1 & \mathscr{O} & \mathscr{O} \\ \mathscr{O} & \mathscr{O} & \mathscr{A}_2 & \mathscr{O} \\ \mathscr{O} & \mathscr{O} & \mathscr{O} & \mathscr{A}_3 \end{pmatrix}$$

按照如下方式定义函数序列 $\{\psi_m(x); m = 0,1,2,\cdots\}$:

$$\left(\psi_{4n+h}(x); n = 0,1,2,\cdots\right) = \left(\varphi_{4m+h}(x); m = 0,1,2,\cdots\right)\mathscr{A}_h$$

其中 $h = 0,1,2,3$. 那么, 显然可知, 算子 $\mathscr{A}: \mathcal{L}^2(\mathbb{R}) \to \mathcal{L}^2(\mathbb{R})$ 是酉算子, 而且, 傅里叶变换算子 $\mathscr{F}$ 具有如下特征关系:

$$\mathscr{F}[\psi_m(x)](\omega) = \lambda_m \psi_m(\omega)$$

其中 $\lambda_m = \exp(-2\pi mi / 4), m = 0,1,2,\cdots$ 是傅里叶变换算子 $\mathscr{F}$ 的特征值序列, 而函数系 $\{\psi_m(x); m \in \mathbb{N}\}$ 是傅里叶变换算子 $\mathscr{F}$ 的规范正交特征函数系, 而且这个规范正交特征函数系 $\{\psi_m(x); m \in \mathbb{N}\}$ 构成函数空间 $\mathcal{L}^2(\mathbb{R})$ 的一个规范正交基.

仿照此前关于傅里叶变换算子 $\mathscr{F}$ 积分核 $\mathcal{K}(\omega, x)$ 表达形式的讨论方法, 可以按照如下"标准二次型"形式表示积分核 $\mathcal{K}(\omega, x)$ 为

$$\begin{aligned}\mathcal{K}(\omega, x) &= (\psi_0(\omega), \cdots, \psi_m(\omega), \cdots)\begin{pmatrix} \lambda_0 & \cdots & 0 & \\ \vdots & \ddots & \vdots & \vdots \\ 0 & \cdots & \lambda_m & \\ & \cdots & & \ddots \end{pmatrix}\begin{pmatrix} \psi_0^*(x) \\ \vdots \\ \psi_m^*(x) \\ \vdots \end{pmatrix} \\ &= \sum_{m=0}^{\infty} \psi_m(\omega)\lambda_m \psi_m^*(x) \\ &= \sum_{h=0}^{3} (-i)^h \sum_{m=0}^{+\infty} \psi_{4m+h}(\omega)\psi_{4m+h}^*(x) \\ &= e^{-2\pi i\omega x}\end{aligned}$$

或者抽象地写成

$$\mathcal{K}(\omega, x) = [\mathscr{P}(\omega)]\mathscr{D}[\mathscr{P}(x)]^*$$

其中

$$\begin{cases} [\mathscr{P}(\omega)] = (\psi_m(\omega); m = 0,1,2,\cdots) \\ \mathscr{D} = \mathrm{Diag}(\exp(-2\pi mi / 4); m = 0,1,2,\cdots) \\ [\mathscr{P}(x)]^* = (\psi_m^*(x); m = 0,1,2,\cdots)^{\mathrm{T}} \end{cases}$$

或者

$$\mathcal{K}(\omega,x)=[\mathcal{Q}(\omega)]\mathfrak{S}[\mathcal{Q}(x)]^*$$

其中

$$\begin{cases}[\mathcal{Q}(\omega)]=(\mathcal{Q}_0(\omega),\mathcal{Q}_1(\omega),\mathcal{Q}_2(\omega),\mathcal{Q}_3(\omega))\\ \mathcal{Q}_h(\omega)=(\psi_{4m+h}(\omega);m=0,1,2,\cdots),\quad h=0,1,2,3\end{cases}$$

而且

$$\begin{cases}\overline{[\mathcal{Q}(x)]^*}=(\overline{[\mathcal{Q}_0(x)]},\overline{[\mathcal{Q}_1(x)]},\overline{[\mathcal{Q}_2(x)]},\overline{[\mathcal{Q}_3(x)]})^{\mathrm{T}}\\ \overline{[\mathcal{Q}_h(x)]}=[\bar\psi_{4m+h}(x);m=0,1,2,\cdots],\quad h=0,1,2,3\\ [\mathcal{Q}_h(x)]^*=[\bar\psi_{4m+h}(x);m=0,1,2,\cdots]^{\mathrm{T}},\ h=0,1,2,3\end{cases}$$

另外，由傅里叶变换特征值序列组成的对角矩阵 $\mathfrak{S}=\mathrm{Diag}\left(\mathfrak{S}_0,\mathfrak{S}_1,\mathfrak{S}_2,\mathfrak{S}_3\right)$ 和前述刻画的完全一样.

这样，傅里叶变换算子核 $\mathcal{K}(\omega,x)$ 的对角形式可以重新改写如下:

$$\begin{aligned}\mathcal{K}(\omega,x)&=[\mathcal{Q}(\omega)]\mathfrak{S}[\mathcal{Q}(x)]^*=\sum_{h=0}^{3}[\mathcal{Q}_h(\omega)]\mathfrak{S}_h[\mathcal{Q}_h(x)]^*\\ &=([\mathcal{Q}_0(\omega)],[\mathcal{Q}_1(\omega)],[\mathcal{Q}_2(\omega)],[\mathcal{Q}_3(\omega)])\begin{pmatrix}\mathfrak{S}_0&\mathcal{O}&\mathcal{O}&\mathcal{O}\\ \mathcal{O}&\mathfrak{S}_1&\mathcal{O}&\mathcal{O}\\ \mathcal{O}&\mathcal{O}&\mathfrak{S}_2&\mathcal{O}\\ \mathcal{O}&\mathcal{O}&\mathcal{O}&\mathfrak{S}_3\end{pmatrix}\begin{pmatrix}[\mathcal{Q}_0(x)]^*\\ [\mathcal{Q}_1(x)]^*\\ [\mathcal{Q}_2(x)]^*\\ [\mathcal{Q}_3(x)]^*\end{pmatrix}\end{aligned}$$

或者具体写成

$$\begin{aligned}\mathcal{K}(\omega,x)&=\sum_{h=0}^{3}[\mathcal{Q}_h(\omega)](-i)^h\mathfrak{T}[\mathcal{Q}_h(x)]^*\\ &=\sum_{h=0}^{3}(-i)^h[\mathcal{Q}_h(\omega)]\mathfrak{T}[\mathcal{Q}_h(x)]^*\\ &=\sum_{h=0}^{3}(-i)^h[\mathcal{Q}_h(\omega)][\mathcal{Q}_h(x)]^*\\ &=\sum_{h=0}^{3}(-i)^h\sum_{m=0}^{+\infty}\psi_{4m+h}(\omega)\psi_{4m+h}^*(x)\\ &=\sum_{h=0}^{3}(-i)^h\sum_{m=0}^{+\infty}\varphi_{4m+h}(\omega)\varphi_{4m+h}^*(x)\end{aligned}$$

其中最后一个等号成立，是因为

$$\begin{aligned}[\mathcal{Q}_h(x)]&=(\psi_{4n+h}(x);n=0,1,2,\cdots)\\ &=(\varphi_{4m+h}(x);m=0,1,2,\cdots)\mathcal{A}_h\\ &=[\mathcal{B}_h(x)]\mathcal{A}_h\end{aligned}$$

而且

$$\begin{aligned}\sum_{m=0}^{+\infty}\psi_{4m+h}(\omega)\psi_{4m+h}^{*}(x)&=\left[\mathscr{Q}_h(\omega)\right]\left[\mathscr{Q}_h(x)\right]^{*}\\&=\left\{\left[\mathscr{B}_h(\omega)\right]\mathscr{A}_h\right\}\left\{\left[\mathscr{B}_h(x)\right]\mathscr{A}_h\right\}^{*}\\&=\left[\mathscr{B}_h(\omega)\right]\mathscr{A}_h\left[\mathscr{A}_h\right]^{*}\left[\mathscr{B}_h(x)\right]^{*}\\&=\left[\mathscr{B}_h(\omega)\right]\left[\mathscr{B}_h(x)\right]^{*}\\&=\sum_{m=0}^{+\infty}\varphi_{4m+h}(\omega)\varphi_{4m+h}^{*}(x)\end{aligned}$$

其中 $h=0,1,2,3$.

显然，酉矩阵或者酉算子 $\mathscr{A}=\mathrm{Diag}(\mathscr{A}_0,\mathscr{A}_1,\mathscr{A}_2,\mathscr{A}_3)\in\mathscr{U}_4$ 决定了傅里叶变换算子核 $\mathcal{K}(\omega,x)$ 的具体表达形式. 这类酉算子或者酉矩阵决定了傅里叶变换算子核 $\mathcal{K}(\omega,x)$ 表达的多样性. 这是线性调频小波函数系多样性的一个重要源泉.

9.2.2 经典线性调频小波及多样性

在这里将研究经典线性调频小波函数的多种表达形式，其中包括积分核函数形式、变量分离二元函数无穷函数级数表达形式和 Wigner 分布函数旋转三种基本形式.

(α) 经典线性调频小波变换与“旋转”

按照 Namias(1980a, 1980b)的定义，经典线性调频小波函数系可以表述为

$$\mathscr{K}_{\mathscr{F}^{\alpha}}(\omega,x)=\sum_{m=0}^{\infty}\lambda_m^{\alpha}\varphi_m(\omega)\varphi_m^{*}(x)=\rho(\alpha)e^{i\pi\chi(\alpha,\omega,x)}$$

其中

$$\rho(\alpha)=\sqrt{1-i\cot(0.5\alpha\pi)}$$

而且

$$\chi(\alpha,\omega,x)=\frac{(\omega^2+x^2)\cos(0.5\alpha\pi)-2\omega x}{\sin(0.5\alpha\pi)}$$

或者

$$\chi(\alpha,\omega,x)=\omega^2\cot\left(\frac{\alpha\pi}{2}\right)-2\omega x\csc\left(\frac{\alpha\pi}{2}\right)+x^2\cot\left(\frac{\alpha\pi}{2}\right)$$

其中 $\alpha\in\mathbb{R}$ 不是偶数. 当 α 是偶数时，$\mathscr{K}_{\mathscr{F}^{\alpha}}(\omega,x)=\delta(\omega-(-1)^{0.5\alpha}x)$.

如果 $f(x)$ 属于平方可积函数空间 $\mathcal{L}^2(\mathbb{R})$，那么对于任意的实数参数 $\alpha\in\mathbb{R}$，在

$\mathcal{L}^2(\mathbb{R})$ 的线性调频小波函数基 $\{\mathscr{K}_{\mathscr{F}^\alpha}(\omega,x)=\rho(\alpha)e^{i\pi\chi(\alpha,\omega,x)};\omega\in\mathbb{R}\}$ 之下，函数 $f(x)$ 的线性调频小波变换 $(\mathscr{F}^\alpha f)(\omega)=\mathscr{f}^\alpha(\omega)$ 或者线性调频小波变换算子 $\mathscr{F}^\alpha$：$\mathcal{L}^2(\mathbb{R})\to\mathcal{L}^2(\mathbb{R})$ 可以表示如下:

$$\mathscr{F}^\alpha:\mathcal{L}^2(\mathbb{R})\to\mathcal{L}^2(\mathbb{R})$$

$$f(x)\mapsto\mathscr{f}^\alpha(\omega)=(\mathscr{F}^\alpha f)(\omega)=(\mathscr{F}^\alpha[f(x)])(\omega)$$

$$\begin{aligned}\mathscr{f}^\alpha(\omega)&=\int_{-\infty}^{+\infty}f(x)\mathscr{K}_{\mathscr{F}^\alpha}(\omega,x)dx\\&=\rho(\alpha)\int_{-\infty}^{+\infty}f(x)e^{i\pi\chi(\alpha,\omega,x)}dx\\&=\sum_{m=0}^{\infty}\lambda_m^\alpha\varphi_m(\omega)\int_{-\infty}^{+\infty}f(x)\varphi_m^*(x)dx\end{aligned}$$

因为 $\lambda_m=\exp(-2\pi mi/4),m=0,1,2,\cdots$ 是傅里叶变换算子 $\mathscr{F}$ 的特征值序列，而函数系 $\{\varphi_m(x);m\in\mathbb{N}\}$ 是傅里叶变换算子 $\mathscr{F}$ 的规范正交特征函数系，简单演算可以证明，线性调频小波变换算子 $\mathscr{F}^\alpha$ 的特征方程是

$$(\mathscr{F}^\alpha\varphi_m)(\omega)=\lambda_m^\alpha\varphi_m(\omega)=\exp\left(-\frac{m\alpha\pi i}{2}\right)\varphi_m(\omega),\quad m=0,1,2,\cdots$$

即算子 $\mathscr{F}^\alpha$ 的特征值序列是 $\lambda_m^\alpha=(-i)^{m\alpha}=\exp(-0.5m\alpha\pi i),m=0,1,2,\cdots$，而特征函数系是完备规范正交 Hermite-Gauss 函数系 $\{\varphi_m(x);m=0,1,2,3,\cdots\}$. 由此顺便说明，当 $\alpha=1$ 时，线性调频小波算子 $\mathscr{F}^\alpha$ 就退化为傅里叶算子 $\mathscr{F}$.

回顾 Wigner 分布函数的定义，一元函数 $f(x)$ 的 Wigner 变换或者 Wigner 分布函数 $\mathscr{W}_f(x,\omega)$ 是如下的二元函数:

$$\mathscr{W}_f(x,\omega)=\int_{-\infty}^{+\infty}f(x+\xi/2)f^*(x-\xi/2)\exp(-2\pi i\xi\omega)d\xi$$

Wigner 变换或者 Wigner 分布函数具有许多优良的理论性质并蕴藏明确的物理意义，这种时频分析理论在物理学、数学和信号处理等研究领域得到了广泛的应用.

十分意外的是，Lohmam(1993)建立了经典线性调频小波算子 $\mathscr{F}^\alpha$ 与 Wigner 分布函数 $\mathscr{W}_f(x,\omega)$ 之间的直接依赖关系，阐述了经典线性调频小波算子 $\mathscr{F}^\alpha$ 在光学图像处理中的光学意义，即经典线性调频小波变换 $(\mathscr{F}^\alpha f)(\omega)=\mathscr{f}^\alpha(\omega)$ 相当于 Wigner 分布时频平面中的一个旋转，而且，平面旋转被经典线性调频小波函数系的实数参数 α 唯一确定，平面旋转的角度恰好为 $\pi\alpha/2$. 具体表示如下:

$$\mathscr{W}_{\mathscr{F}^\alpha}\begin{pmatrix}x\\ \omega\end{pmatrix}=\mathscr{W}_{\mathscr{F}^\alpha f}\begin{pmatrix}x\\ \omega\end{pmatrix}=\mathscr{W}_f\left(\boldsymbol{\mathcal{R}}(\alpha)\begin{pmatrix}x\\ \omega\end{pmatrix}\right)$$

其中

$$\boldsymbol{\mathcal{R}}(\alpha)=\begin{pmatrix}\cos(\pi\alpha/2) & -\sin(\pi\alpha/2)\\ \sin(\pi\alpha/2) & \cos(\pi\alpha/2)\end{pmatrix}$$

是角度为 $\pi\alpha/2$ 的平面旋转矩阵.

(β) 经典线性调频小波对角表示

在 $\boldsymbol{\mathcal{L}}^2(\mathbb{R})$ 的经典线性调频小波函数基 $\{\mathscr{K}_{\mathscr{F}^\alpha}(\omega,x)=\rho(\alpha)e^{i\pi\chi(\alpha,\omega,x)};\omega\in\mathbb{R}\}$ 之下,函数 $f(x)$ 的线性调频小波变换 $(\mathscr{F}^\alpha f)(\omega)=\mathscr{F}^\alpha(\omega)$ 或者线性调频小波变换算子 $\mathscr{F}^\alpha:\boldsymbol{\mathcal{L}}^2(\mathbb{R})\to\boldsymbol{\mathcal{L}}^2(\mathbb{R})$ 可以按照算子谱表示方法给出如下:

$$\mathscr{F}^\alpha(\omega)=(\mathscr{F}^\alpha f)(\omega)=\sum_{m=0}^{\infty}\lambda_m^\alpha f_m\varphi_m(\omega)=\sum_{m=0}^{\infty}\mathscr{F}_m^\alpha\varphi_m(\omega)$$

其中

$$\begin{cases}\mathscr{F}_m^\alpha=f_m\lambda_m^\alpha\\ \lambda_m^\alpha=\exp(-2\pi\alpha m i/4), & m=0,1,2,\cdots\\ f_m=\int_{\mathbb{R}}f(x)\varphi_m^*(x)dx, & m=0,1,2,\cdots\\ f(x)=\sum_{m=0}^{\infty}f_m\varphi_m(x)\end{cases}$$

利用这些记号, 经典线性调频小波算子 $\mathscr{F}^\alpha:\boldsymbol{\mathcal{L}}^2(\mathbb{R})\to\boldsymbol{\mathcal{L}}^2(\mathbb{R})$ 可以按照对角形式给出如下:

$$\begin{aligned}\mathscr{F}^\alpha(\omega)&=(\mathscr{F}^\alpha f)(\omega)\\ &=\sum_{m=0}^{\infty}\lambda_m^\alpha\varphi_m(\omega)\int_{\mathbb{R}}f(x)\varphi_m^*(x)dx\\ &=\int_{\mathbb{R}}f(x)\left[\sum_{m=0}^{\infty}\varphi_m(\omega)\lambda_m^\alpha\varphi_m^*(x)\right]dx\end{aligned}$$

这个对角化计算形式可以抽象表示为算子乘积对角化形式

$$\mathscr{F}^\alpha=\boldsymbol{\mathcal{U}}\mathscr{D}^\alpha\boldsymbol{\mathcal{U}}^*$$

其中涉及的 3 个算子含义如下而且都是酉算子:

$$\begin{cases}\boldsymbol{\mathcal{U}}^*: & f(x)\mapsto\{f_m\}_{m\in\mathbb{N}}, & f_m=\int_{\mathbb{R}}f(x)\varphi_m^*(x)dx\\ \mathscr{D}^\alpha: & \{f_m\}_{m\in\mathbb{N}}\mapsto\{\mathscr{F}_m^\alpha\}_{m\in\mathbb{N}}, & \mathscr{F}_m^\alpha=\lambda_m^\alpha f_m\\ \boldsymbol{\mathcal{U}}: & \{\mathscr{F}_m^\alpha\}_{m\in\mathbb{N}}\mapsto\mathscr{F}^\alpha(\omega), & \mathscr{F}^\alpha(\omega)=\sum_{m=0}^{\infty}\mathscr{F}_m^\alpha\varphi_m(\omega)\end{cases}$$

这个酉算子分解公式的链式规则可以表述如下:

$$\begin{array}{ccc}\boldsymbol{\mathcal{L}}^2(\mathbb{R}) & \xrightarrow{\mathscr{F}^\alpha} & \boldsymbol{\mathcal{L}}^2(\mathbb{R})\\ \Downarrow\boldsymbol{\mathcal{U}}^* & & \boldsymbol{\mathcal{U}}\Uparrow\\ \ell^2(\mathbb{N}) & \xrightarrow{\mathscr{D}^\alpha} & \ell^2(\mathbb{N})\end{array}$$

或者利用算子连乘方式写成

$$\begin{aligned}[\mathscr{F}^\alpha:\ \boldsymbol{\mathcal{L}}^2(\mathbb{R})\to\boldsymbol{\mathcal{L}}^2(\mathbb{R})]=&[\boldsymbol{\mathcal{U}}:\ \ell^2(\mathbb{N})\to\boldsymbol{\mathcal{L}}^2(\mathbb{R})]\\ &\circ[\mathscr{D}^\alpha:\ \ell^2(\mathbb{N})\to\ell^2(\mathbb{N})]\\ &\circ[\boldsymbol{\mathcal{U}}^*:\ \boldsymbol{\mathcal{L}}^2(\mathbb{R})\to\ell^2(\mathbb{N})]\end{aligned}$$

这对应于经典线性调频小波算子 $\mathscr{F}^\alpha:\boldsymbol{\mathcal{L}}^2(\mathbb{R})\to\boldsymbol{\mathcal{L}}^2(\mathbb{R})$ 如下形式的“对角算子”的计算结构:

$$\begin{aligned}\mathscr{F}^\alpha(\omega)&=(\mathscr{F}^\alpha f)(\omega)=\int_{-\infty}^{+\infty}f(x)\mathscr{K}_{\mathscr{F}^\alpha}(\omega,x)dx\\ &=(\varphi_0(\omega),\cdots,\varphi_m(\omega),\cdots)\begin{pmatrix}\lambda_0^\alpha & \cdots & 0 & \\ \vdots & \ddots & \vdots & \vdots\\ 0 & \cdots & \lambda_m^\alpha & \\ & \cdots & & \ddots\end{pmatrix}\begin{pmatrix}\int_{-\infty}^{+\infty}f(x)\varphi_0^*(x)dx\\ \vdots\\ \int_{-\infty}^{+\infty}f(x)\varphi_m^*(x)dx\\ \vdots\end{pmatrix}\end{aligned}$$

而且经典线性调频小波算子 $\mathscr{F}^\alpha$ 的积分核 $\{\mathscr{K}_{\mathscr{F}^\alpha}(\omega,x);\omega\in\mathbb{R}\}$ 或者经典线性调频小波函数系可以按照“标准二次型”表示为

$$\begin{aligned}\mathscr{K}_{\mathscr{F}^\alpha}(\omega,x)&=\sum_{m=0}^{\infty}\varphi_m(\omega)\lambda_m^\alpha\varphi_m^*(x)\\ &=(\varphi_0(\omega),\cdots,\varphi_m(\omega),\cdots)\begin{pmatrix}\lambda_0^\alpha & \cdots & 0 & \\ \vdots & \ddots & \vdots & \vdots\\ 0 & \cdots & \lambda_m^\alpha & \\ & \cdots & & \ddots\end{pmatrix}\begin{pmatrix}\varphi_0^*(x)\\ \vdots\\ \varphi_m^*(x)\\ \vdots\end{pmatrix}\end{aligned}$$

或者抽象地写成

$$\mathscr{K}_{\mathscr{F}^{\alpha}}(\omega,x)=[\mathscr{R}(\omega)]\mathscr{D}^{\alpha}[\mathscr{R}(x)]^*$$

其中

$$\begin{cases}[\mathscr{R}(\omega)]=(\varphi_m(\omega);m=0,1,2,\cdots)\\ \mathscr{D}^{\alpha}=\mathrm{Diag}(\exp(-2\pi\alpha mi/4);m=0,1,2,\cdots)\\ [\mathscr{R}(x)]^*=(\varphi_m^*(x);m=0,1,2,\cdots)^{\mathrm{T}}\end{cases}$$

而且，$\mathscr{R}(\omega)$ 是由傅里叶变换算子的规范正交特征函数系同时也是经典线性调频小波算子 $\mathscr{F}^{\alpha}$ 的规范正交特征函数系 $\{\varphi_m(\omega),m=0,1,2,\cdots\}$ 构成的行向量. 此外，列向量 $[\mathscr{R}(x)]^*$ 是行向量 $\mathscr{R}(x)$ 的复共轭转置.

利用 Mehler 公式:

$$\begin{aligned}\sum_{m=0}^{+\infty}[\varphi_m(\omega)][\varphi_m(x)]^*\rho^m&=\sqrt{\frac{2}{1-\rho^2}}\exp\left\{\pi(\omega^2+x^2)-\frac{2\pi}{1-\rho^2}[(\omega^2+x^2)-2\rho\omega x]\right\}\\&=\sqrt{\frac{2}{1-\rho^2}}\exp\left\{\frac{\pi}{1-\rho^2}[4\rho\omega x-(1+\rho^2)(\omega^2+x^2)]\right\}\end{aligned}$$

经过简单的转化可以得到如下公式:

$$\sum_{m=0}^{+\infty}[\varphi_m(\omega)][\varphi_m(x)]^*\rho^m=\sqrt{\frac{2}{1-\rho^2}}\exp\left\{(-\pi)\left[(\omega-x)^2\frac{1+\rho^2}{1-\rho^2}+2\omega x\frac{1-\rho}{1+\rho}\right]\right\}$$

特别地，选定 $\rho=\lambda^{\alpha}=\exp(-2\pi\alpha i/4)=(-i)^{\alpha}$，那么，

$$\rho^m=\lambda_m^{\alpha}=\exp(-2\pi\alpha mi/4)=(-i)^{\alpha m},\quad m=0,1,2,\cdots$$

这样，经典线性调频小波函数系 $\{\mathscr{K}_{\mathscr{F}^{\alpha}}(\omega,x);\alpha\in\mathbb{R}\}$ 可以表述为：当 $\alpha\in\mathbb{R}$ 不是偶数时，

$$\mathscr{K}_{\mathscr{F}^{\alpha}}(\omega,x)=\rho(\alpha)e^{i\pi\chi(\alpha,\omega,x)}=\sum_{m=0}^{\infty}\lambda_m^{\alpha}\varphi_m(\omega)\varphi_m^*(x)$$

其中

$$\rho(\alpha)=\sqrt{1-i\cot(0.5\alpha\pi)}$$

而且

$$\chi(\alpha,\omega,x)=\frac{(\omega^2+x^2)\cos(0.5\alpha\pi)-2\omega x}{\sin(0.5\alpha\pi)}$$

当 α 是偶数时，$\mathscr{K}_{\mathscr{F}^{\alpha}}(\omega,x)=\delta(\omega-(-1)^{0.5\alpha}x)$.

仿照经典傅里叶变换核函数的分块形式，经典线性调频小波函数 $\mathscr{K}_{\mathscr{F}^{\alpha}}(\omega,x)$ 可以按照分块形式重新改写如下:

$$\begin{aligned}\mathscr{K}_{\mathscr{F}^{\alpha}}(\omega,x)&=\sum_{m=0}^{\infty}\varphi_m(\omega)\exp(-2\pi\alpha mi/4)\varphi_m^*(x)\\&=\sum_{h=0}^{3}\sum_{m=0}^{+\infty}\exp[-2\pi\alpha(4m+h)i/4]\varphi_{4m+h}(\omega)\varphi_{4m+h}^*(x)\\&=\sum_{h=0}^{3}\sum_{m=0}^{+\infty}(-i)^{\alpha(4m+h)}\varphi_{4m+h}(\omega)\varphi_{4m+h}^*(x)\end{aligned}$$

在这里需要特别注意，根据复变函数理论，如下演算不成立：

$$(-i)^{\alpha(4m+h)}=[(-i)^4]^{m\alpha}(-i)^{\alpha h}=1^{m\alpha}(-i)^{\alpha h}=(-i)^{\alpha h}$$

因此，经典线性调频小波函数 $\mathscr{K}_{\mathscr{F}^{\alpha}}(\omega,x)$ 不可以写成如下表达式：

$$\mathscr{K}_{\mathscr{F}^{\alpha}}(\omega,x)=\sum_{h=0}^{3}(-i)^{\alpha h}\sum_{m=0}^{+\infty}\varphi_{4m+h}(\omega)\varphi_{4m+h}^*(x)$$

虽然如此，经典线性调频小波函数 $\mathscr{K}_{\mathscr{F}^{\alpha}}(\omega,x)$ 还是具有抽象的 4×4 分块对角矩阵表达形式：

$$\mathscr{K}_{\mathscr{F}^{\alpha}}(\omega,x)=[\mathscr{B}(\omega)]\mathscr{D}^{\alpha}[\mathscr{B}(x)]^*$$

其中

$$\begin{cases}[\mathscr{B}(\omega)]=(\mathscr{B}_0(\omega),\mathscr{B}_1(\omega),\mathscr{B}_2(\omega),\mathscr{B}_3(\omega))\\ \mathscr{B}_h(\omega)=(\varphi_{4m+h}(\omega);m=0,1,2,\cdots),\quad h=0,1,2,3\end{cases}$$

而且

$$\begin{cases}\overline{[\mathscr{B}(x)]}^*=(\overline{[\mathscr{B}_0(x)]},\overline{[\mathscr{B}_1(x)]},\overline{[\mathscr{B}_2(x)]},\overline{[\mathscr{B}_3(x)]})^{\mathrm{T}}\\ \overline{[\mathscr{B}_h(x)]}=[\overline{\varphi}_{4m+h}(x);m=0,1,2,\cdots],\quad h=0,1,2,3\\ [\mathscr{B}_h(x)]^*=[\varphi_{4m+h}^*(x);m=0,1,2,\cdots]^{\mathrm{T}},\ h=0,1,2,3\end{cases}$$

都和此前的意义一样，但是，4×4 分块对角矩阵 $\mathscr{D}^{\alpha}$ 发生了变化：

$$\begin{cases}\mathscr{D}^{\alpha}=\mathrm{Diag}(\mathscr{D}_0^{\alpha},\mathscr{D}_1^{\alpha},\mathscr{D}_2^{\alpha},\mathscr{D}_3^{\alpha})\\ \mathscr{D}_h^{\alpha}=\mathrm{Diag}(\lambda_{4m+h}^{\alpha}=(-i)^{\alpha(4m+h)};m=0,1,\cdots),\quad h=0,1,2,3\end{cases}$$

注释：$\mathscr{D}^{\alpha}$ 是一个 4×4 分块对角矩阵，采用分块形式表示为

$$\mathscr{D}^{\alpha}=\mathrm{Diag}(\mathscr{D}_0^{\alpha},\mathscr{D}_1^{\alpha},\mathscr{D}_2^{\alpha},\mathscr{D}_3^{\alpha})$$

其对角线上的第 h 个分块是 $\mathscr{D}_h^{\alpha}=\mathrm{Diag}((-i)^{\alpha(4m+h)};m=0,1,\cdots)$，作为对比回顾，在傅里叶变换算子对角化表达式中($\alpha=1$)，相应的分块 $\mathscr{D}_h$ 是单位矩阵 $\mathscr{I}$ 与第 h 个特征值 $(-i)^h$ 的乘积，$h=0,1,2,3$. 两者在形式上存在显著差异.

这样，经典线性调频小波函数 $\mathscr{K}_{\mathscr{F}^{\alpha}}(\omega,x)$ 的对角形式可以改写如下:

$$\mathscr{K}_{\mathscr{F}^{\alpha}}(\omega,x)=[\mathscr{B}(\omega)]\mathscr{D}^{\alpha}[\mathscr{B}(x)]^{*}=\sum_{h=0}^{3}[\mathscr{B}_h(\omega)]\mathscr{D}_h^{\alpha}[\mathscr{B}_h(x)]^{*}$$

$$=(\mathscr{B}_0(\omega),\mathscr{B}_1(\omega),\mathscr{B}_2(\omega),\mathscr{B}_3(\omega))\begin{pmatrix}\mathscr{D}_0^{\alpha} & \mathscr{O} & \mathscr{O} & \mathscr{O}\\ \mathscr{O} & \mathscr{D}_1^{\alpha} & \mathscr{O} & \mathscr{O}\\ \mathscr{O} & \mathscr{O} & \mathscr{D}_2^{\alpha} & \mathscr{O}\\ \mathscr{O} & \mathscr{O} & \mathscr{O} & \mathscr{D}_3^{\alpha}\end{pmatrix}\begin{pmatrix}[\mathscr{B}_0(x)]^{*}\\ [\mathscr{B}_1(x)]^{*}\\ [\mathscr{B}_2(x)]^{*}\\ [\mathscr{B}_3(x)]^{*}\end{pmatrix}$$

或者具体写成

$$\begin{aligned}\mathscr{K}_{\mathscr{F}^{\alpha}}(\omega,x)&=[\mathscr{B}(\omega)]\mathscr{D}^{\alpha}[\mathscr{B}(x)]^{*}\\&=\sum_{h=0}^{3}[]\mathscr{B}_h(\omega)\mathscr{D}_h^{\alpha}[\mathscr{B}_h(x)]^{*}\\&=\sum_{h=0}^{3}\sum_{m=0}^{+\infty}(-i)^{\alpha(4m+h)}\varphi_{4m+h}(\omega)\varphi_{4m+h}^{*}(x)\end{aligned}$$

其中 $\mathscr{O}$ 是无穷序列空间 $\ell^2(\mathbb{N})$ 上的零算子或者零矩阵.

(γ) 经典线性调频小波的多样性

回顾按照 4×4 分块对角方式定义的矩阵或者算子 $\mathscr{A}$:

$$\mathscr{A}=\mathrm{Diag}(\mathscr{A}_0,\mathscr{A}_1,\mathscr{A}_2,\mathscr{A}_3)=\begin{pmatrix}\mathscr{A}_0 & \mathscr{O} & \mathscr{O} & \mathscr{O}\\ \mathscr{O} & \mathscr{A}_1 & \mathscr{O} & \mathscr{O}\\ \mathscr{O} & \mathscr{O} & \mathscr{A}_2 & \mathscr{O}\\ \mathscr{O} & \mathscr{O} & \mathscr{O} & \mathscr{A}_3\end{pmatrix}$$

其中 $\mathscr{A}_h$ 是傅里叶变换算子 $\mathscr{F}$ 的特征子空间 $\mathcal{W}_h$:

$$\mathcal{W}_h=\mathrm{Closespan}\{\varphi_{4m+h}(x);\ m=0,1,2,3,\cdots\}$$

上的酉算子，即它满足

$$\mathscr{A}_h[\mathscr{A}_h]^{*}=[\mathscr{A}_h]^{*}\mathscr{A}_h=\mathscr{I}$$

其中 $\mathscr{I}$ 是算子 $\mathscr{F}$ 的特征子空间 $\mathcal{W}_h$ 上的单位算子或者矩阵，这里 $h=0,1,2,3$.

按照如下方式定义函数序列 $\{\psi_m(x);m=0,1,2,\cdots\}$:

$$(\psi_{4n+h}(x);n=0,1,2,\cdots)=(\varphi_{4m+h}(x);m=0,1,2,\cdots)\mathscr{A}_h$$

其中 $h=0,1,2,3$，那么，算子 $\mathscr{A}:\mathcal{L}^2(\mathbb{R})\to\mathcal{L}^2(\mathbb{R})$ 是酉算子，而且，傅里叶变换算子 $\mathscr{F}$ 具有如下特征关系:

$$\mathscr{F}[\psi_m(x)](\omega) = \lambda_m \psi_m(\omega)$$
$$\lambda_m = \exp(-2\pi m i/4)$$
$$m = 0,1,2,\cdots$$

其中 $\lambda_m = \exp(-2\pi mi/4), m = 0,1,2,\cdots$ 是傅里叶变换算子 $\mathscr{F}$ 的特征值序列，而函数系 $\{\psi_m(x); m \in \mathbb{N}\}$ 是傅里叶变换算子 $\mathscr{F}$ 的规范正交特征函数系，而且这个规范正交特征函数系 $\{\psi_m(x); m \in \mathbb{N}\}$ 构成函数空间 $\mathcal{L}^2(\mathbb{R})$ 的一个规范正交基.

在这里修正傅里叶变换算子 $\mathscr{F}$ 的特征值序列表示方法

$$\mathscr{F}[\psi_m(x)](\omega) = \mu_m \psi_m(\omega)$$
$$\mu_m = \exp\left[-\frac{\pi i}{2}(m + 4\boldsymbol{q}_m)\right]$$
$$m = 0,1,2,\cdots$$

其中 $\mathscr{Q} = \{\boldsymbol{q}_m; m \in \mathbb{Z}\} \in \mathbb{Z}^\infty$ 是一个任意的整数序列. 这种表示方法的合理性在于:

$$\mu_m = \exp\left[-\frac{\pi i}{2}(m + 4\boldsymbol{q}_m)\right] = \lambda_m$$

其中 $m = 0,1,2,\cdots$.

遵循此前“完全规范正交特征函数系不变，而特征值序列各项 α 次幂”的构造经典线性调频小波函数系的方法，利用傅里叶变换算子 $\mathscr{F}$ 的完全规范正交特征函数系 $\{\psi_m(x); m \in \mathbb{N}\}$ 以及相应的特征值序列:

$$\{\mu_m = \exp[-2\pi i(m + 4\boldsymbol{q}_m)/4]; m \in \mathbb{Z}\}$$

构造获得如下一般形式的“经典线性调频小波函数系”:

$$\begin{aligned}
\mathscr{K}_{\mathscr{F}^{\alpha}_{(\mathscr{A},\mathscr{Q})}}(\omega, x) &= \sum_{m=0}^{\infty} \psi_m(\omega)\mu_m^\alpha \psi_m^*(x) \\
&= \sum_{m=0}^{\infty} \exp[-2\pi\alpha i(m + 4\boldsymbol{q}_m)/4]\psi_m(\omega)\psi_m^*(x) \\
&= \sum_{m=0}^{\infty} (-i)^{\alpha(m+4\boldsymbol{q}_m)}\psi_m(\omega)\psi_m^*(x) \\
&= \sum_{h=0}^{3}\sum_{n=0}^{+\infty} (-i)^{\alpha(4n+h+4\boldsymbol{q}_{4n+h})}\psi_{4n+h}(\omega)\psi_{4n+h}^*(x)
\end{aligned}$$

因此，一般形式的“经典线性调频小波函数系”:

$$\left\{\mathscr{K}_{\mathscr{F}^{\alpha}_{(\mathscr{A},\mathscr{Q})}}(\omega, x); \mathscr{A} \in \mathscr{U}_4, \mathscr{Q} \in \mathbb{Z}^\infty, \alpha \in \mathbb{R}\right\}$$

作为二元函数的函数集合，它依赖于三个参数，即实数参数 $\alpha \in \mathbb{R}$，4×4 分块对角

酉矩阵 $\mathscr{A} \in \mathscr{U}_4$ 以及整数构成的无穷序列 $\mathscr{Q} = \left\{q_m; m \in \mathbb{Z}\right\} \in \mathbb{Z}^\infty$.

在函数空间 $\mathcal{L}^2(\mathbb{R})$ 中，根据一般形式的“经典线性调频小波函数系”：

$$\{\mathscr{K}_{\mathscr{F}^\alpha_{(\mathscr{A},\mathscr{Q})}}(\omega,x); \mathscr{A} \in \mathscr{U}_4, \mathscr{Q} \in \mathbb{Z}^\infty, \alpha \in \mathbb{R}\}$$

函数 $f(x) \in \mathcal{L}^2(\mathbb{R})$ 的经典线性调频小波变换 $(\mathscr{F}^\alpha_{(\mathscr{A},\mathscr{Q})}f)(\omega) = \mathscr{S}^\alpha_{(\mathscr{A},\mathscr{Q})}(\omega)$ 或者经典线性调频小波算子 $\mathscr{F}^\alpha_{(\mathscr{A},\mathscr{Q})}: \mathcal{L}^2(\mathbb{R}) \to \mathcal{L}^2(\mathbb{R})$ 可以按照算子核形式表示为

$$\begin{aligned}
\mathscr{F}^\alpha_{(\mathscr{A},\mathscr{Q})}: \mathcal{L}^2(\mathbb{R}) &\to \mathcal{L}^2(\mathbb{R}) \\
f(x) &\mapsto \mathscr{S}^\alpha_{(\mathscr{A},\mathscr{Q})}(\omega) = (\mathscr{F}^\alpha_{(\mathscr{A},\mathscr{Q})}f)(\omega) \\
\mathscr{S}^\alpha_{(\mathscr{A},\mathscr{Q})}(\omega) &= \int_{-\infty}^{+\infty} f(x)\mathscr{K}_{\mathscr{F}^\alpha_{(\mathscr{A},\mathscr{Q})}}(\omega,x)dx \\
&= \sum_{m=0}^{\infty} \mu_m^\alpha \psi_m(\omega)\int_{-\infty}^{+\infty} f(x)\psi_m^*(x)dx \\
&= \sum_{m=0}^{\infty} (-i)^{\alpha(m+4q_m)} \psi_m(\omega)\int_{-\infty}^{+\infty} f(x)\psi_m^*(x)dx
\end{aligned}$$

经典线性调频小波变换 $(\mathscr{F}^\alpha_{(\mathscr{A},\mathscr{Q})}f)(\omega) = \mathscr{S}^\alpha_{(\mathscr{A},\mathscr{Q})}(\omega)$ 也可以等价地按照算子谱表示方法写成如下形式:

$$\mathscr{S}^\alpha_{(\mathscr{A},\mathscr{Q})}(\omega) = (\mathscr{F}^\alpha_{(\mathscr{A},\mathscr{Q})}f)(\omega) = \sum_{m=0}^{\infty} \mu_m^\alpha f_m \psi_m(\omega) = \sum_{m=0}^{\infty} \mathscr{S}^\alpha_{(\mathscr{A},\mathscr{Q},m)}\psi_m(\omega)$$

其中

$$\begin{cases}
\mathscr{S}^\alpha_{(\mathscr{A},\mathscr{Q},m)} = \mu_m^\alpha f_m, & m = 0,1,2,\cdots \\
\mu_m^\alpha = \exp\left(-2\pi i\alpha(m + 4q_m) / 4\right), & m = 0,1,2,\cdots \\
f_m = \int_{\mathbb{R}} f(x)\psi_m^*(x)dx, & m = 0,1,2,\cdots \\
f(x) = \sum_{m=0}^{\infty} f_m \psi_m(x) &
\end{cases}$$

利用这些记号，经典线性调频小波变换 $(\mathscr{F}^\alpha_{(\mathscr{A},\mathscr{Q})}f)(\omega) = \mathscr{S}^\alpha_{(\mathscr{A},\mathscr{Q})}(\omega)$ 可以按照对角形式给出如下:

$$\begin{aligned}
\mathscr{S}^\alpha_{(\mathscr{A},\mathscr{Q})}(\omega) &= (\mathscr{F}^\alpha_{(\mathscr{A},\mathscr{Q})}f)(\omega) \\
&= \sum_{m=0}^{\infty} \mu_m^\alpha \psi_m(\omega)\int_{\mathbb{R}} f(x)\psi_m^*(x)dx \\
&= \int_{\mathbb{R}} f(x)\left[\sum_{m=0}^{\infty} \psi_m(\omega)\mu_m^\alpha \psi_m^*(x)\right]dx
\end{aligned}$$

这个对角化计算形式可以抽象地表示为算子乘积对角化形式:

$$\mathscr{F}^{\alpha}_{(\mathcal{A},\mathcal{Q})} = \mathcal{V}\mathcal{D}^{\alpha}_{\mathcal{Q}}\mathcal{V}^*$$

其中涉及的 3 个算子含义如下而且都是酉算子:

$$\begin{cases} \mathcal{V}^*: & f(x) \mapsto \{f_m\}_{m\in\mathbb{N}}, & f_m = \int_{\mathbb{R}} f(x)\psi_m^*(x)dx \\ \mathcal{D}^{\alpha}_{\mathcal{Q}}: & \{f_m\}_{m\in\mathbb{N}} \mapsto \{\mathscr{f}^{\alpha}_{(\mathcal{A},\mathcal{Q},m)}\}_{m\in\mathbb{N}}, & \mathscr{f}^{\alpha}_{(\mathcal{A},\mathcal{Q},m)} = \mu_m^{\alpha} f_m \\ \mathcal{V}: & \{\mathscr{f}^{\alpha}_{(\mathcal{A},\mathcal{Q},m)}\}_{m\in\mathbb{N}} \mapsto \mathscr{f}^{\alpha}_{(\mathcal{A},\mathcal{Q})}(\omega), & \mathscr{f}^{\alpha}_{(\mathcal{A},\mathcal{Q})}(\omega) = \sum_{m=0}^{\infty} \mathscr{f}^{\alpha}_{(\mathcal{A},\mathcal{Q},m)}\psi_m(\omega) \end{cases}$$

这个酉算子分解公式的链式规则可以表述如下:

$$\begin{array}{ccc} \mathcal{L}^2(\mathbb{R}) & \xrightarrow{\mathscr{F}^{\alpha}_{(\mathcal{A},\mathcal{Q})}} & \mathcal{L}^2(\mathbb{R}) \\ \Downarrow \mathcal{V}^* & & \mathcal{V} \Uparrow \\ \ell^2(\mathbb{N}) & \xrightarrow{\mathcal{D}^{\alpha}_{\mathcal{Q}}} & \ell^2(\mathbb{N}) \end{array}$$

或者利用算子连乘方式写成

$$\begin{aligned} [\mathscr{F}^{\alpha}_{(\mathcal{A},\mathcal{Q})}:\ \mathcal{L}^2(\mathbb{R}) \to \mathcal{L}^2(\mathbb{R})] = & [\mathcal{V}: \ell^2(\mathbb{N}) \to \mathcal{L}^2(\mathbb{R})] \\ & \circ [\mathcal{D}^{\alpha}_{\mathcal{Q}}: \ell^2(\mathbb{N}) \to \ell^2(\mathbb{N})] \\ & \circ [\mathcal{V}^*:\ \mathcal{L}^2(\mathbb{R}) \to \ell^2(\mathbb{N})] \end{aligned}$$

注释: 上述这种链式规则成功建立的基础是以傅里叶变换算子 $\mathscr{F}$ 的完全规范正交特征函数系 $\{\psi_m(x); m\in\mathbb{N}\}$ 作为平方可积函数空间 $\mathcal{L}^2(\mathbb{R})$ 的规范正交基. 如果平方可积函数空间 $\mathcal{L}^2(\mathbb{R})$ 的规范正交基坚持选择为傅里叶变换算子 $\mathscr{F}$ 的完全规范正交特征函数系 $\{\varphi_m(x); m\in\mathbb{N}\}$, 那么, 上述链式规则可以等价表示为如下两种形式.

如果 4×4 分块对角酉矩阵 $\mathcal{A} = \mathrm{Diag}(\mathcal{A}_0, \mathcal{A}_1, \mathcal{A}_2, \mathcal{A}_3) \in \mathscr{U}_4$ 理解为函数空间 $\mathcal{L}^2(\mathbb{R})$ 的酉算子 $\mathcal{A}: \mathcal{L}^2(\mathbb{R}) \to \mathcal{L}^2(\mathbb{R})$:

$$(\psi_{4n+h}(x); n = 0,1,2,\cdots) = (\varphi_{4m+h}(x); m = 0,1,2,\cdots)\mathcal{A}_h, \quad h = 0,1,2,3$$

其中 $\mathcal{A}_h$ 是傅里叶变换算子 $\mathscr{F}$ 的特征子空间 $\mathcal{W}_h$:

$$\mathcal{W}_h = \mathrm{Closespan}\{\varphi_{4m+h}(x);\ m = 0,1,2,3,\cdots\}$$

上的酉算子, 即它满足

$$\mathcal{A}_h[\mathcal{A}_h]^* = [\mathcal{A}_h]^*\mathcal{A}_h = \mathscr{I}, \quad h = 0,1,2,3$$

那么, 上述酉算子分解公式的链式规则可以表述如下:

$$
\begin{array}{|c|}
\hline
\begin{array}{|ccc|}
\hline
\mathcal{L}^2(\mathbb{R}) & \xrightarrow{\mathscr{F}^{\alpha}_{(\mathscr{A},\mathscr{Q})}} & \mathcal{L}^2(\mathbb{R}) \\
\Downarrow \mathscr{A}^{*} & & \mathscr{A} \Uparrow \\
\mathcal{L}^2(\mathbb{R}) & \xrightarrow{\mathscr{F}^{\alpha}_{(\mathscr{G},\mathscr{Q})}} & \mathcal{L}^2(\mathbb{R}) \\
\hline
\end{array} \\
\begin{array}{ccc}
\Downarrow [\mathcal{U}]^{*} & \qquad\qquad & \mathcal{U} \Uparrow \\
\ell^2(\mathbb{N}) & \xrightarrow{\mathscr{D}^{\alpha}_{\mathscr{Q}}} & \ell^2(\mathbb{N})
\end{array} \\
\hline
\end{array}
$$

或者

$$
\begin{aligned}
[\mathscr{F}^{\alpha}_{(\mathscr{A},\mathscr{Q})}:\mathcal{L}^2(\mathbb{R})\to\mathcal{L}^2(\mathbb{R})] = & [\mathscr{A}\ \ :\mathcal{L}^2(\mathbb{R})\to\mathcal{L}^2(\mathbb{R})] \\
& \circ[\mathcal{U}\ \ :\ell^2(\mathbb{N})\to\mathcal{L}^2(\mathbb{R})] \\
& \circ[\mathscr{D}^{\alpha}_{\mathscr{Q}}:\ell^2(\mathbb{N})\to\ell^2(\mathbb{N})] \\
& \circ[\mathcal{U}^{*}\ :\mathcal{L}^2(\mathbb{R})\to\ell^2(\mathbb{N})] \\
& \circ[\mathscr{A}^{*}\ :\mathcal{L}^2(\mathbb{R})\to\mathcal{L}^2(\mathbb{R})]
\end{aligned}
$$

另一方面，如果 4×4 分块对角酉矩阵 $\mathscr{A}=\mathrm{Diag}(\mathscr{A}_0,\mathscr{A}_1,\mathscr{A}_2,\mathscr{A}_3)\in\mathscr{U}_4$ 理解为无穷维序列空间 $\ell^2(\mathbb{N})$ 上的酉算子 $\mathscr{A}:\ell^2(\mathbb{N})\to\ell^2(\mathbb{N})$，那么，上述酉算子分解公式的链式规则可以表述如下:

$$
\begin{array}{|c|}
\hline
\begin{array}{|ccc|}
\hline
\mathcal{L}^2(\mathbb{R}) & \xrightarrow{\mathscr{F}^{\alpha}_{(\mathscr{A},\mathscr{Q})}} & \mathcal{L}^2(\mathbb{R}) \\
\Downarrow [\mathcal{U}]^{*} & & \mathcal{U} \Uparrow \\
\ell^2(\mathbb{N}) & \xrightarrow{\mathscr{A}\,\mathscr{D}^{\alpha}_{\mathscr{Q}}\mathscr{A}^{*}} & \ell^2(\mathbb{N}) \\
\hline
\end{array} \\
\begin{array}{ccc}
\Downarrow \mathscr{A}^{*} & \qquad\qquad & \mathscr{A} \Uparrow \\
\ell^2(\mathbb{N}) & \xrightarrow{\mathscr{D}^{\alpha}_{\mathscr{Q}}} & \ell^2(\mathbb{N})
\end{array} \\
\hline
\end{array}
$$

或者

$$
\begin{aligned}
[\mathscr{F}^{\alpha}_{(\mathscr{A},\mathscr{Q})}:\mathcal{L}^2(\mathbb{R})\to\mathcal{L}^2(\mathbb{R})] = & [\mathcal{U}\ \ :\ell^2(\mathbb{N})\to\mathcal{L}^2(\mathbb{R})] \\
& \circ[\mathscr{A}\ \ :\ell^2(\mathbb{N})\to\ell^2(\mathbb{N})] \\
& \circ[\mathscr{D}^{\alpha}_{\mathscr{Q}}:\ell^2(\mathbb{N})\to\ell^2(\mathbb{N})] \\
& \circ[\mathscr{A}^{*}\ :\ell^2(\mathbb{N})\to\ell^2(\mathbb{N})] \\
& \circ[\mathcal{U}^{*}\ :\mathcal{L}^2(\mathbb{R})\to\ell^2(\mathbb{N})]
\end{aligned}
$$

实际上，把 4×4 分块对角酉矩阵 $\mathscr{A}=\mathrm{Diag}(\mathscr{A}_0,\mathscr{A}_1,\mathscr{A}_2,\mathscr{A}_3)\in\mathscr{U}_4$ 理解为无穷维序列空间 $\ell^2(\mathbb{N})$ 上的酉算子 $\mathscr{A}:\ell^2(\mathbb{N})\to\ell^2(\mathbb{N})$ 是一种更自然的理解，这是由 $\mathscr{A}=\mathrm{Diag}(\mathscr{A}_0,\mathscr{A}_1,\mathscr{A}_2,\mathscr{A}_3)\in\mathscr{U}_4$ 的矩阵定义形式本身决定的.

这对应于经典线性调频小波算子 $\mathscr{F}^{\alpha}:\mathcal{L}^2(\mathbb{R})\to\mathcal{L}^2(\mathbb{R})$ 如下形式的“对角算

子”的计算结构:

$$\mathscr{F}^{\alpha}_{(\mathcal{A},\mathcal{Q})}(\omega)=(\mathscr{F}^{\alpha}_{(\mathcal{A},\mathcal{Q})}f)(\omega)=\int_{-\infty}^{+\infty}f(x)\mathscr{K}_{\mathscr{F}^{\alpha}_{(\mathcal{A},\mathcal{Q})}}(\omega,x)dx$$

$$=(\psi_0(\omega),\cdots,\psi_m(\omega),\cdots)\begin{pmatrix}\mu_0^{\alpha} & \cdots & 0 & \\ \vdots & \ddots & \vdots & \vdots \\ 0 & \cdots & \mu_m^{\alpha} & \\ & \cdots & & \ddots\end{pmatrix}\begin{pmatrix}\int_{-\infty}^{+\infty}f(x)\psi_0^*(x)dx \\ \vdots \\ \int_{-\infty}^{+\infty}f(x)\psi_m^*(x)dx \\ \vdots\end{pmatrix}$$

仿照此前关于傅里叶变换算子 $\mathscr{F}$ 积分核 $\mathcal{K}(\omega,x)$ 表达形式的讨论方法，可以按照如下“标准二次型”形式表示一般形式的经典线性调频小波算子 $\mathscr{F}^{\alpha}_{(\mathcal{A},\mathcal{Q})}$ 的积分核 $\mathscr{K}_{\mathscr{F}^{\alpha}_{(\mathcal{A},\mathcal{Q})}}(\omega,x)$ 为

$$\mathscr{K}_{\mathscr{F}^{\alpha}_{(\mathcal{A},\mathcal{Q})}}(\omega,x)=(\psi_0(\omega),\cdots,\psi_m(\omega),\cdots)\begin{pmatrix}\mu_0^{\alpha} & \cdots & 0 & \\ \vdots & \ddots & \vdots & \vdots \\ 0 & \cdots & \mu_m^{\alpha} & \\ & \cdots & & \ddots\end{pmatrix}\begin{pmatrix}\psi_0^*(x) \\ \vdots \\ \psi_m^*(x) \\ \vdots\end{pmatrix}$$

$$=\sum_{m=0}^{\infty}\psi_m(\omega)\mu_m^{\alpha}\psi_m^*(x)$$

$$=\sum_{h=0}^{3}\sum_{n=0}^{+\infty}(-i)^{\alpha(4n+h+4q_{4n+h})}\psi_{4n+h}(\omega)\psi_{4n+h}^*(x)$$

或者抽象地写成

$$\mathscr{K}_{\mathscr{F}^{\alpha}_{(\mathcal{A},\mathcal{Q})}}(\omega,x)=[\mathscr{P}(\omega)]\mathscr{D}^{\alpha}_{\mathcal{Q}}[\mathscr{P}(x)]^*$$

其中

$$\begin{cases}[\mathscr{P}(\omega)]=(\psi_m(\omega);m=0,1,2,\cdots) \\ \mathscr{D}^{\alpha}_{\mathcal{Q}}=\mathrm{Diag}(\exp(-2\pi i\alpha(m+4q_m)/4);m=0,1,2,\cdots) \\ [\mathscr{P}(x)]^*=(\psi_m^*(x);m=0,1,2,\cdots)^{\mathrm{T}}\end{cases}$$

另外一种表示方法是按照 4×4 分块对角方式，将一般形式的经典线性调频小波算子 $\mathscr{F}^{\alpha}_{(\mathcal{A},\mathcal{Q})}$ 的积分核 $\mathscr{K}_{\mathscr{F}^{\alpha}_{(\mathcal{A},\mathcal{Q})}}(\omega,x)$ 表示为

$$\mathscr{K}_{\mathscr{F}^{\alpha}_{(\mathcal{A},\mathcal{Q})}}(\omega,x)=[\mathcal{Q}(\omega)]\mathscr{O}^{\alpha}_{\mathcal{Q}}[\mathcal{Q}(x)]^*$$

其中

$$\begin{cases}[\mathcal{Q}(\omega)]=(\mathcal{Q}_0(\omega),\mathcal{Q}_1(\omega),\mathcal{Q}_2(\omega),\mathcal{Q}_3(\omega)) \\ \mathcal{Q}_h(\omega)=(\psi_{4m+h}(\omega);m=0,1,2,\cdots),\quad h=0,1,2,3\end{cases}$$

而且

$$\begin{cases}[\mathscr{Q}(x)]^* = (\overline{[\mathscr{Q}_0(x)]}, \overline{[\mathscr{Q}_1(x)]}, \overline{[\mathscr{Q}_2(x)]}, \overline{[\mathscr{Q}_3(x)]})^{\mathrm{T}} \\ \overline{[\mathscr{Q}_h(x)]} = [\bar{\psi}_{4m+h}(x); m = 0,1,2,\cdots], \quad h = 0,1,2,3 \\ [\mathscr{Q}_h(x)]^* = [\bar{\psi}_{4m+h}(x); m = 0,1,2,\cdots]^{\mathrm{T}}, \ h = 0,1,2,3\end{cases}$$

都和此前的意义一样，但是，4×4 分块对角矩阵 $\mathscr{O}_{\mathscr{Q}}^{\alpha}$ 发生了深刻变化:

$$\begin{cases}\mathscr{O}_{\mathscr{Q}}^{\alpha} = \mathrm{Diag}(\mathscr{O}_{\mathscr{Q},0}^{\alpha}, \mathscr{O}_{\mathscr{Q},1}^{\alpha}, \mathscr{O}_{\mathscr{Q},2}^{\alpha}, \mathscr{O}_{\mathscr{Q},3}^{\alpha}) \\ \mathscr{O}_{\mathscr{Q},h}^{\alpha} = \mathrm{Diag}(\mu_{4n+h+4q_{4n+h}}^{\alpha} = (-i)^{\alpha(4n+h+4q_{4n+h})}; n = 0,1,\cdots) \\ \quad h = 0,1,2,3\end{cases}$$

注释: $\mathscr{O}_{\mathscr{Q}}^{\alpha}$ 是一个 4×4 分块对角矩阵，采用分块形式表示为

$$\mathscr{O}_{\mathscr{Q}}^{\alpha} = \mathrm{Diag}(\mathscr{O}_{\mathscr{Q},0}^{\alpha}, \mathscr{O}_{\mathscr{Q},1}^{\alpha}, \mathscr{O}_{\mathscr{Q},2}^{\alpha}, \mathscr{O}_{\mathscr{Q},3}^{\alpha})$$

其对角线上的第 h 个分块是

$$\mathscr{O}_{\mathscr{Q},h}^{\alpha} = \mathrm{Diag}(\mu_{4n+h+4q_{4n+h}}^{\alpha} = (-i)^{\alpha(4n+h+4q_{4n+h})}; n = 0,1,\cdots), \quad h = 0,1,2,3$$

回顾在傅里叶变换算子对角化表达式中($\alpha = 1$)，相应的分块 $\mathscr{D}_h$ 是单位矩阵 $\mathscr{I}$ 与第 h 个特征值 $(-i)^h$ 的乘积，$h = 0,1,2,3$. 由此看出两者在形式上存在显著差异.

按照这种表示方法，一般形式的经典线性调频小波函数 $\mathscr{K}_{\mathscr{F}_{(\mathscr{A},\mathscr{Q})}^{\alpha}}(\omega,x)$ 形式地表示为如下 4×4 分块对角矩阵“二次型”:

$$\mathscr{K}_{\mathscr{F}_{(\mathscr{A},\mathscr{Q})}^{\alpha}}(\omega,x) = [\mathscr{Q}(\omega)]\mathscr{O}_{\mathscr{Q}}^{\alpha}[\mathscr{Q}(x)]^* = \sum_{h=0}^{3}[\mathscr{Q}_h(\omega)]\mathscr{O}_{\mathscr{Q},h}^{\alpha}[\mathscr{Q}_h(x)]^*$$

$$= (\mathscr{Q}_0(\omega), \mathscr{Q}_1(\omega), \mathscr{Q}_2(\omega), \mathscr{Q}_3(\omega))\begin{pmatrix}\mathscr{O}_{\mathscr{Q},0}^{\alpha} & \mathscr{O} & \mathscr{O} & \mathscr{O} \\ \mathscr{O} & \mathscr{O}_{\mathscr{Q},1}^{\alpha} & \mathscr{O} & \mathscr{O} \\ \mathscr{O} & \mathscr{O} & \mathscr{O}_{\mathscr{Q},2}^{\alpha} & \mathscr{O} \\ \mathscr{O} & \mathscr{O} & \mathscr{O} & \mathscr{O}_{\mathscr{Q},3}^{\alpha}\end{pmatrix}\begin{pmatrix}[\mathscr{Q}_0(x)]^* \\ [\mathscr{Q}_1(x)]^* \\ [\mathscr{Q}_2(x)]^* \\ [\mathscr{Q}_3(x)]^*\end{pmatrix}$$

或者具体写成

$$\begin{aligned}\mathscr{K}_{\mathscr{F}_{(\mathscr{A},\mathscr{Q})}^{\alpha}}(\omega,x) &= \sum_{h=0}^{3}[\mathscr{Q}_h(\omega)]\mathscr{O}_{\mathscr{Q},h}^{\alpha}[\mathscr{Q}_h(x)]^* \\ &= \sum_{h=0}^{3}\sum_{n=0}^{+\infty}\mu_{4n+h+4q_{4n+h}}^{\alpha}\psi_{4n+h}(\omega)\psi_{4n+h}^*(x) \\ &= \sum_{h=0}^{3}\sum_{n=0}^{+\infty}(-i)^{\alpha(4n+h+4q_{4n+h})}\psi_{4n+h}(\omega)\psi_{4n+h}^*(x)\end{aligned}$$

显然，除实数参数 $\alpha\in\mathbb{R}$ 之外，整数构成的无穷序列 $\mathscr{Q}=\{q_m;m\in\mathbb{Z}\}\in\mathbb{Z}^\infty$ 以及 4×4 分块对角酉矩阵或者算子 $\mathscr{A}=\mathrm{Diag}(\mathscr{A}_0,\mathscr{A}_1,\mathscr{A}_2,\mathscr{A}_3)\in\mathscr{U}_4$ 共同决定一般形式的经典线性调频小波函数 $\mathscr{K}_{\mathscr{F}^{\alpha}_{(\mathscr{A},\mathscr{Q})}}(\omega,x)$．这就是经典线性调频小波函数系的多样性理论.

在傅里叶变换算子 $\mathscr{F}$ 积分核 $\mathcal{K}(\omega,x)$ 多样性表示方法研究中，因为

$$\begin{aligned}\sum_{m=0}^{+\infty}\psi_{4m+h}(\omega)\psi^*_{4m+h}(x)&=[\mathscr{Q}_h(\omega)][\mathscr{Q}_h(x)]^*\\&=\{[\mathscr{B}_h(\omega)]\mathscr{A}_h\}\{[\mathscr{B}_h(x)]\mathscr{A}_h\}^*\\&=[\mathscr{B}_h(\omega)]\mathscr{A}_h[\mathscr{A}_h]^*[\mathscr{B}_h(x)]^*\\&=[\mathscr{B}_h(\omega)][\mathscr{B}_h(x)]^*\\&=\sum_{m=0}^{+\infty}\varphi_{4m+h}(\omega)\varphi^*_{4m+h}(x)\end{aligned}$$

其中 $h=0,1,2,3$，所以,

$$\begin{aligned}\mathcal{K}(\omega,x)&=\sum_{h=0}^{3}[\mathscr{Q}_h(\omega)](-i)^h\mathscr{O}[\mathscr{Q}_h(x)]^*\\&=\sum_{h=0}^{3}(-i)^h\sum_{m=0}^{+\infty}\psi_{4m+h}(\omega)\psi^*_{4m+h}(x)\\&=\sum_{h=0}^{3}(-i)^h\sum_{m=0}^{+\infty}\varphi_{4m+h}(\omega)\varphi^*_{4m+h}(x)\end{aligned}$$

这说明 4×4 分块对角酉矩阵或者算子 $\mathscr{A}=\mathrm{Diag}(\mathscr{A}_0,\mathscr{A}_1,\mathscr{A}_2,\mathscr{A}_3)\in\mathscr{U}_4$ 的任意选取都不会影响傅里叶变换算子 $\mathscr{F}$ 的积分核 $\mathcal{K}(\omega,x)$.

但是，在一般形式的经典线性调频小波函数 $\mathscr{K}_{\mathscr{F}^{\alpha}_{(\mathscr{A},\mathscr{Q})}}(\omega,x)$ 的多样性理论中，利用此前研究的结果:

$$\mathscr{K}_{\mathscr{F}^{\alpha}_{(\mathscr{A},\mathscr{Q})}}(\omega,x)=\sum_{h=0}^{3}\sum_{n=0}^{+\infty}(-i)^{\alpha(4n+h+4q_{4n+h})}\psi_{4n+h}(\omega)\psi^*_{4n+h}(x)$$

可知，在 4×4 分块对角酉矩阵 $\mathscr{A}=\mathrm{Diag}(\mathscr{A}_0,\mathscr{A}_1,\mathscr{A}_2,\mathscr{A}_3)\in\mathscr{U}_4$ 以及整数构成的无穷序列 $\mathscr{Q}=\{q_m;m\in\mathbb{Z}\}\in\mathbb{Z}^\infty$ 两者任意选取的前提下，一般形式的经典线性调频小波函数 $\mathscr{K}_{\mathscr{F}^{\alpha}_{(\mathscr{A},\mathscr{Q})}}(\omega,x)$ 不再保持傅里叶算子 $\mathscr{F}$ 积分核 $\mathcal{K}(\omega,x)$ 的前述性质. 也就是说，如果 $\mathscr{A}\in\mathscr{U}_4$ 和 $\mathscr{Q}=\{q_m;m\in\mathbb{Z}\}\in\mathbb{Z}^\infty$ 任意选择，那么，如下形式的算子核函数恒等式将不再成立:

$$\sum_{h=0}^{3}\sum_{n=0}^{+\infty}(-i)^{\alpha(4n+h+4q_{4n+h})}\psi_{4n+h}(\omega)\psi_{4n+h}^{*}(x)=\sum_{h=0}^{3}\sum_{n=0}^{+\infty}(-i)^{\alpha(4n+h+4q_{4n+h})}\varphi_{4n+h}(\omega)\varphi_{4n+h}^{*}(x)$$

9.2.3 组合线性调频小波及多样性

在这里将研究组合线性调频小波函数及其多样性理论，借助循环群或者置换群理论给出组合线性调频小波函数系的表示方法.

(α) 组合线性调频小波与"置换"

在函数空间 $\mathcal{L}^2(\mathbb{R})$ 中，傅里叶变换算子 $\mathscr{F}$ 的多次重复作用具有如下性质: $\forall f(x)\in\mathcal{L}^2(\mathbb{R})$，容易验证

$$\begin{aligned}
(\mathscr{F}^0 f)(\omega)&=\mathscr{f}^0(\omega)=f(\omega)\\
(\mathscr{F}^1 f)(\omega)&=\mathscr{f}^1(\omega)=\mathscr{f}(\omega)\\
(\mathscr{F}^2 f)(\omega)&=\mathscr{f}^2(\omega)=f(-\omega)\\
(\mathscr{F}^3 f)(\omega)&=\mathscr{f}^3(\omega)=\mathscr{f}(-\omega)\\
(\mathscr{F}^4 f)(\omega)&=\mathscr{f}^4(\omega)=f(\omega)\\
(\mathscr{F}^5 f)(\omega)&=\mathscr{f}^5(\omega)=\mathscr{f}(\omega)\\
&\vdots
\end{aligned}$$

利用经典线性调频小波算子符号可以把这种规律表示如下:

$$\mathscr{f}^{\alpha}(\omega)=\mathscr{F}^{\alpha}[f(x)](\omega)=\mathscr{F}^{\mathrm{mod}(\alpha,4)}[f(x)](\omega)=\mathscr{f}^{\mathrm{mod}(\alpha,4)}(\omega),\quad \alpha\in\mathbb{N}$$

从公理化思想出发, Shih(1995a, 1995b)利用上述规律定义一种"傅里叶变换的分数化形式"的线性变换 $\mathscr{F}_{\mathcal{S}}^{\alpha}[f(x)](\omega)$，具有如下形式:

$$\begin{aligned}
\mathscr{F}_{\mathcal{S}}^{\alpha}[f(x)](\omega)=\mathscr{f}_{\mathcal{S}}^{\alpha}(\omega)&=\sum_{s=0}^{3}p_s(\alpha)\mathscr{f}^{s}(\omega)\\
&=p_0(\alpha)\mathscr{f}^0(\omega)+p_1(\alpha)\mathscr{f}^1(\omega)+p_2(\alpha)\mathscr{f}^2(\omega)+p_3(\alpha)\mathscr{f}^3(\omega)
\end{aligned}$$

满足如下算子运算规则:

$$\begin{aligned}
&[\mathscr{F}_{\mathcal{S}}^{\alpha}(\varsigma f+\upsilon g)](\omega)=\varsigma(\mathscr{F}_{\mathcal{S}}^{\alpha}f)(\omega)+\upsilon(\mathscr{F}_{\mathcal{S}}^{\alpha}g)(\omega)\\
&\lim_{f\to g}(\mathscr{F}_{\mathcal{S}}^{\alpha}f)(\omega)=(\mathscr{F}_{\mathcal{S}}^{\alpha}g)(\omega)\\
&\lim_{\alpha'\to\alpha}(\mathscr{F}_{\mathcal{S}}^{\alpha'}f)(\omega)=(\mathscr{F}_{\mathcal{S}}^{\alpha}f)(\omega)\\
&(\mathscr{F}_{\mathcal{S}}^{\alpha+\tilde{\alpha}}f)(\omega)=[\mathscr{F}_{\mathcal{S}}^{\tilde{\alpha}}(\mathscr{F}_{\mathcal{S}}^{\alpha}f)](\omega)=[\mathscr{F}_{\mathcal{S}}^{\alpha}(\mathscr{F}_{\mathcal{S}}^{\tilde{\alpha}}f)](\omega)\\
&(\mathscr{F}_{\mathcal{S}}^{\alpha}f)(\omega)=(\mathscr{F}^{m}f)(\omega)\\
&\alpha=m\in\mathbb{Z}
\end{aligned}$$

采用另一种方法表达对线性算子 $\mathscr{F}_{\mathcal{S}}^{\alpha}:\mathcal{L}^2(\mathbb{R})\to\mathcal{L}^2(\mathbb{R})$ 的公理化要求:

❶ 连续性公理: 对全部实数参数 $\alpha\in\mathbb{R}$，算子 $\mathscr{F}_{\mathcal{S}}^{\alpha}$ 是连续的;

❷ 边界性公理: $\mathscr{F}_{\mathcal{S}}^{\alpha} = \mathscr{F}, \alpha = 1$;

❸ 周期性公理: $\mathscr{F}_{\mathcal{S}}^{\alpha} = \mathscr{F}_{\mathcal{S}}^{\alpha+4}, \alpha \in \mathbb{R}$;

❹ 可加性公理: $\mathscr{F}_{\mathcal{S}}^{\alpha}\mathscr{F}_{\mathcal{S}}^{\beta} = \mathscr{F}_{\mathcal{S}}^{\beta}\mathscr{F}_{\mathcal{S}}^{\alpha} = \mathscr{F}_{\mathcal{S}}^{\alpha+\beta}, (\alpha,\beta) \in \mathbb{R}\times\mathbb{R}$.

注释: 利用线性变换 $\mathscr{F}_{\mathcal{S}}^{\alpha}[f(x)](\omega)$ 的定义形式和上述 4 个公理, 这些要求转化为线性变换 $\mathscr{F}_{\mathcal{S}}^{\alpha}[f(x)](\omega)$ 定义中组合系数 $p_0(\alpha), p_1(\alpha), p_2(\alpha), p_3(\alpha)$ 的要求:

① 连续性公理: $p_\ell(\alpha), \ell = 0,1,2,3$ 是实数参数 $\alpha \in \mathbb{R}$ 的连续函数;

② 边界性公理: $p_\ell(m) = \delta(m-\ell), \ell = 0,1,2,3, m = 0,1,2,3$;

③ 周期性公理: $p_\ell(\alpha) = p_\ell(\alpha+4), \ell = 0,1,2,3, \alpha \in \mathbb{R}$;

④ 可加性公理: $(\alpha,\beta) \in \mathbb{R}\times\mathbb{R}$,

$$p_\ell(\alpha+\beta) = \sum_{\substack{0\leqslant m,n\leqslant 3\\ m+n\equiv \ell \mod(4)}} p_m(\alpha)p_n(\beta), \quad \ell = 0,1,2,3$$

或者表达如下:

$$\begin{cases} p_0(\alpha+\beta) = p_0(\alpha)p_0(\beta) + p_1(\alpha)p_3(\beta) + p_2(\alpha)p_2(\beta) + p_3(\alpha)p_1(\beta) \\ p_1(\alpha+\beta) = p_0(\alpha)p_1(\beta) + p_1(\alpha)p_0(\beta) + p_2(\alpha)p_3(\beta) + p_3(\alpha)p_2(\beta) \\ p_2(\alpha+\beta) = p_0(\alpha)p_2(\beta) + p_1(\alpha)p_1(\beta) + p_2(\alpha)p_0(\beta) + p_3(\alpha)p_3(\beta) \\ p_3(\alpha+\beta) = p_0(\alpha)p_3(\beta) + p_1(\alpha)p_2(\beta) + p_2(\alpha)p_1(\beta) + p_3(\alpha)p_0(\beta) \end{cases}$$

Shih(1995a, 1995b)给出这个函数方程组的如下“最简单的”特殊解:

$$p_\ell(\alpha) = \cos\frac{\pi(\alpha-\ell)}{4}\cos\frac{2\pi(\alpha-\ell)}{4}\exp\left[-\frac{3\pi i(\alpha-\ell)}{4}\right], \quad \ell = 0,1,2,3$$

这样, “傅里叶变换的分数化形式”线性变换 $(\mathscr{F}_{\mathcal{S}}^{\alpha}f)(\omega)$ 或者组合线性调频小波变换的核函数, 即组合线性调频小波函数系 $\mathscr{K}_{\alpha}^{(\mathcal{S})}(\omega,x)$ 可以写成

$$\begin{aligned} \mathscr{K}_{\alpha}^{(\mathcal{S})}(\omega,x) &= \sum_{s=0}^{3} p_s(\alpha)\mathscr{K}_{\mathscr{F}^s}(\omega,x) \\ &= \sum_{s=0}^{3} \cos\frac{\pi(\alpha-s)}{4}\cos\frac{2\pi(\alpha-s)}{4}\exp\left[-\frac{3\pi i(\alpha-s)}{4}\right]\mathscr{K}_{\mathscr{F}^s}(\omega,x) \end{aligned}$$

相应地, 组合线性调频小波算子或者小波变换可以写成

$$\begin{aligned} \mathscr{F}_{\mathcal{S}}^{\alpha}[f(x)](\omega) &= \mathscr{f}_{\mathcal{S}}^{\alpha}(\omega) = \sum_{s=0}^{3} p_s(\alpha)\mathscr{f}^{s}(\omega) = \int_{-\infty}^{+\infty} f(x)\mathscr{K}_{\alpha}^{(\mathcal{S})}(\omega,x)dx \\ &= \sum_{s=0}^{3} \cos\frac{\pi(\alpha-s)}{4}\cos\frac{2\pi(\alpha-s)}{4}\exp\left[-\frac{3\pi i(\alpha-s)}{4}\right]\mathscr{f}^{s}(\omega) \end{aligned}$$

注释: 组合线性调频小波变换$(\mathscr{F}_{\mathcal{S}}^{\alpha}f)(\omega)$的表达公式表明，在实数参数$\alpha\in\mathbb{R}$给定的条件下，$(\mathscr{F}_{\mathcal{S}}^{\alpha}f)(\omega)$就是函数$f(\omega)$及其傅里叶变换$\mathscr{f}(\omega)$，以及它们的“反射”$f(-\omega)$和$\mathscr{f}(-\omega)$共同构成的线性组合，这4个组合分量在最终组合中的作用大小由依赖于实数参数$\alpha\in\mathbb{R}$的组合系数函数系$\{p_{\ell}(\alpha);\ell=0,1,2,3\}$所决定.

回顾经典线性调频小波函数系的光学意义可知，对于任意实数参数$\alpha\in\mathbb{R}$，在函数空间$\mathcal{L}^2(\mathbb{R})$的经典线性调频小波函数基$\{\mathscr{K}_{\mathscr{F}^{\alpha}}(\omega,x);\omega\in\mathbb{R}\}$之下，函数$f(x)$的线性调频小波变换$(\mathscr{F}^{\alpha}f)(\omega)=\mathscr{f}^{\alpha}(\omega)$或者线性调频小波变换算子$\mathscr{F}^{\alpha}$相当于Wigner分布时频平面$\mathscr{W}_f(x,\omega)$中的一个旋转，而且，平面旋转被经典线性调频小波函数系的实数参数α唯一确定，平面旋转的角度恰好为$\pi\alpha/2$.

在这里为了研究组合线性调频小波函数系$\{\mathscr{K}_{\alpha}^{(\mathcal{S})}(\omega,x);\alpha\in\mathbb{R}\}$以及对应的组合线性调频小波算子$\{\mathscr{F}_{\mathcal{S}}^{\alpha};\alpha\in\mathbb{R}\}$的几何性质，引入如下的$4\times4$矩阵$\mathscr{P}^{\alpha}$:

$$\mathscr{P}^{\alpha}=\begin{pmatrix}p_0(\alpha)&p_3(\alpha)&p_2(\alpha)&p_1(\alpha)\\p_1(\alpha)&p_0(\alpha)&p_3(\alpha)&p_2(\alpha)\\p_2(\alpha)&p_1(\alpha)&p_0(\alpha)&p_3(\alpha)\\p_3(\alpha)&p_2(\alpha)&p_1(\alpha)&p_0(\alpha)\end{pmatrix}$$

显然，这是一个依赖于实数参数$\alpha\in\mathbb{R}$的“循环矩阵”或者“置换矩阵”. 当实数参数$\alpha\in\mathbb{R}$选取$\alpha=0,1,2,3$这样特殊的整数时，可得

$$\mathscr{P}^{0}=\begin{pmatrix}1&0&0&0\\0&1&0&0\\0&0&1&0\\0&0&0&1\end{pmatrix},\quad \mathscr{P}^{1}=\begin{pmatrix}0&0&0&1\\1&0&0&0\\0&1&0&0\\0&0&1&0\end{pmatrix}$$

$$\mathscr{P}^{2}=\begin{pmatrix}0&0&1&0\\0&0&0&1\\1&0&0&0\\0&1&0&0\end{pmatrix},\quad \mathscr{P}^{3}=\begin{pmatrix}0&1&0&0\\0&0&1&0\\0&0&0&1\\1&0&0&0\end{pmatrix}$$

这就是 0-步、1-步、2-步和 3-步的标准置换矩阵，此外，$\mathscr{P}^4=\mathscr{P}^0=\mathcal{I}$是单位矩阵.

由此还可以进一步得到关系，当实数参数$\alpha\in\mathbb{R}$选取整数时，

$$\mathscr{P}^{m}=\mathscr{P}^{m+4},\quad m\in\mathbb{Z}$$

事实上，函数矩阵系$\{\mathscr{P}^{\alpha};\alpha\in\mathbb{R}\}$满足如下4个公理:

⟦1⟧ 连续性公理: 对全部实数参数 $\alpha \in \mathbb{R}$, 矩阵 $\mathscr{P}^{\alpha}$ 是连续的;

⟦2⟧ 边界性公理: $\mathscr{P}^{\alpha} = \mathscr{P}^{1}, \alpha = 1$;

⟦3⟧ 周期性公理: $\mathscr{P}^{\alpha} = \mathscr{P}^{\alpha+4}, \alpha \in \mathbb{R}$;

⟦4⟧ 可加性公理: $(\alpha, \beta) \in \mathbb{R} \times \mathbb{R}$,

$$\mathscr{P}^{\alpha}\mathscr{P}^{\beta} = \mathscr{P}^{\beta}\mathscr{P}^{\alpha} = \mathscr{P}^{\alpha+\beta}$$

实际上容易证明, 函数矩阵系 $\{\mathscr{P}^{\alpha}; \alpha \in \mathbb{R}\}$ 是一个关于实数参数 $\alpha \in \mathbb{R}$ 的置换矩阵群. 这表明组合线性调频小波算子 $\{\mathscr{F}_{\mathcal{S}}^{\alpha}; \alpha \in \mathbb{R}\}$ 本质上是一个置换群, 任意实数参数 $\alpha \in \mathbb{R}$ 对应的 $\mathscr{F}_{\mathcal{S}}^{\alpha}$ 相当于一个置换.

(β) 组合线性调频小波多样性

定义 4-点规范正交有限傅里叶变换矩阵 $\mathscr{F}$ 如下:

$$\mathscr{F} = \frac{1}{\sqrt{4}}\begin{pmatrix} w^{0\times 0} & w^{0\times 1} & w^{0\times 2} & w^{0\times 3} \\ w^{1\times 0} & w^{1\times 1} & w^{1\times 2} & w^{1\times 3} \\ w^{2\times 0} & w^{2\times 1} & w^{2\times 2} & w^{2\times 3} \\ w^{3\times 0} & w^{3\times 1} & w^{3\times 2} & w^{3\times 3} \end{pmatrix}$$

其中 $w = \exp(-2\pi i / 4)$. 作如下的 4-点有限傅里叶变换:

$$\begin{pmatrix} q_0(\alpha) \\ q_1(\alpha) \\ q_2(\alpha) \\ q_3(\alpha) \end{pmatrix} = \sqrt{4}\mathscr{F}\begin{pmatrix} p_0(\alpha) \\ p_1(\alpha) \\ p_2(\alpha) \\ p_3(\alpha) \end{pmatrix} = \begin{pmatrix} w^{0\times 0} & w^{0\times 1} & w^{0\times 2} & w^{0\times 3} \\ w^{1\times 0} & w^{1\times 1} & w^{1\times 2} & w^{1\times 3} \\ w^{2\times 0} & w^{2\times 1} & w^{2\times 2} & w^{2\times 3} \\ w^{3\times 0} & w^{3\times 1} & w^{3\times 2} & w^{3\times 3} \end{pmatrix}\begin{pmatrix} p_0(\alpha) \\ p_1(\alpha) \\ p_2(\alpha) \\ p_3(\alpha) \end{pmatrix}$$

并定义对角矩阵:

$$\mathscr{Q}^{\alpha} = \mathrm{Diag}\big(q_h(\alpha), h = 0,1,2,3\big) = \begin{pmatrix} q_0(\alpha) & 0 & 0 & 0 \\ 0 & q_1(\alpha) & 0 & 0 \\ 0 & 0 & q_2(\alpha) & 0 \\ 0 & 0 & 0 & q_3(\alpha) \end{pmatrix}$$

简单计算可得

$$\mathscr{Q}^{\alpha} = [\mathscr{F}]\mathscr{P}^{\alpha}[\mathscr{F}]^{*}$$

具体写出如下:

$$\begin{pmatrix} q_0(\alpha) & 0 & 0 & 0 \\ 0 & q_1(\alpha) & 0 & 0 \\ 0 & 0 & q_2(\alpha) & 0 \\ 0 & 0 & 0 & q_3(\alpha) \end{pmatrix} = [\mathscr{F}] \begin{pmatrix} p_0(\alpha) & p_3(\alpha) & p_2(\alpha) & p_1(\alpha) \\ p_1(\alpha) & p_0(\alpha) & p_3(\alpha) & p_2(\alpha) \\ p_2(\alpha) & p_1(\alpha) & p_0(\alpha) & p_3(\alpha) \\ p_3(\alpha) & p_2(\alpha) & p_1(\alpha) & p_0(\alpha) \end{pmatrix} [\mathscr{F}]^*$$

其中

$$[\mathscr{F}]^* = \frac{1}{\sqrt{4}} \begin{pmatrix} v^{0\times 0} & v^{0\times 1} & v^{0\times 2} & v^{0\times 3} \\ v^{1\times 0} & v^{1\times 1} & v^{1\times 2} & v^{1\times 3} \\ v^{2\times 0} & v^{2\times 1} & v^{2\times 2} & v^{2\times 3} \\ v^{3\times 0} & v^{3\times 1} & v^{3\times 2} & v^{3\times 3} \end{pmatrix}$$

其中 $v = \exp(2\pi i / 4) = \overline{w}$. 容易验证对角矩阵系 $\{\mathscr{Q}^\alpha; \alpha \in \mathbb{R}\}$ 满足如下公理:

1) 连续性公理: 对全部实数参数 $\alpha \in \mathbb{R}$, 矩阵 $\mathscr{Q}^\alpha$ 是连续的;

2) 边界性公理: $\mathscr{Q}^\alpha = \mathscr{Q}^1, \alpha = 1$;

3) 周期性公理: $\mathscr{Q}^\alpha = \mathscr{Q}^{\alpha+4}, \alpha \in \mathbb{R}$;

4) 可加性公理: $(\alpha, \beta) \in \mathbb{R} \times \mathbb{R}$,

$$\mathscr{Q}^\alpha \mathscr{Q}^\beta = \mathscr{Q}^\beta \mathscr{Q}^\alpha = \mathscr{Q}^{\alpha+\beta}$$

比如

$$\begin{aligned} \mathscr{Q}^{\alpha+\beta} &= [\mathscr{F}] \mathscr{P}^{\alpha+\beta} [\mathscr{F}]^* \\ &= [\mathscr{F}] \mathscr{P}^\alpha \mathscr{P}^\beta [\mathscr{F}]^* \\ &= [\mathscr{F}] \mathscr{P}^\alpha [\mathscr{F}]^* [\mathscr{F}] \mathscr{P}^\beta [\mathscr{F}]^* \\ &= \mathscr{Q}^\alpha \mathscr{Q}^\beta \\ &= \mathscr{Q}^\beta \mathscr{Q}^\alpha \end{aligned}$$

容易证明, 对角函数矩阵系 $\{\mathscr{Q}^\alpha; \alpha \in \mathbb{R}\}$ 构成实数参数 $\alpha \in \mathbb{R}$ 的"加法"矩阵群.

这样, 函数系 $\{q_h(\alpha); h = 0,1,2,3\}$ 应该满足如下几个公理:

a) 连续性公理: $q_h(\alpha), h = 0,1,2,3$ 是实数参数 $\alpha \in \mathbb{R}$ 的连续函数;

b) 边界性公理: $q_h(\alpha) = \exp(-2\pi nhi / 4), h = 0,1,2,3,\ \alpha = n = 0,1,2,3$;

c) 周期性公理: $q_h(\alpha) = q_h(\alpha + 4),\ h = 0,1,2,3,\ \alpha \in \mathbb{R}$;

d) 可加性公理: $(\alpha, \beta) \in \mathbb{R} \times \mathbb{R}$,

$$q_h(\alpha) q_h(\beta) = q_h(\beta) q_h(\alpha) = q_h(\alpha + \beta), \quad h = 0,1,2,3$$

或者表达如下:

$$\begin{cases} q_0(\alpha+\beta)=q_0(\alpha)q_0(\beta) \\ q_1(\alpha+\beta)=q_1(\alpha)q_1(\beta) \\ q_2(\alpha+\beta)=q_2(\alpha)q_2(\beta) \\ q_3(\alpha+\beta)=q_3(\alpha)q_3(\beta) \end{cases}$$

从上述公理可得到如下函数方程组:

$$\begin{cases} q_h(\alpha+\beta)=q_h(\alpha)q_h(\beta), & h=0,1,2,3, \\ q_h(\alpha)=q_h(\alpha+4), & h=0,1,2,3, \\ q_h(n)=\exp(-2\pi nhi/4), & h,n=0,1,2,3. \end{cases}$$

显然，这个关于 4 个未知函数系 $\{q_h(\alpha);h=0,1,2,3\}$ 的方程组，在所述周期条件和边界条件下，存在无穷多组合法的解. 比如:

$$q_h(\alpha)=\exp\left[-\frac{2\pi i\alpha(h+4n_h)}{4}\right],\quad h=0,1,2,3$$

其中 $\overline{n}=(n_0,n_1,n_2,n_3)\in\mathbb{Z}^4$ 是任意的 4 维整数向量. 利用有限傅里叶逆变换关系可得

$$\begin{pmatrix} p_0(\alpha) \\ p_1(\alpha) \\ p_2(\alpha) \\ p_3(\alpha) \end{pmatrix}=\frac{1}{4}\begin{pmatrix} v^{0\times0} & v^{0\times1} & v^{0\times2} & v^{0\times3} \\ v^{1\times0} & v^{1\times1} & v^{1\times2} & v^{1\times3} \\ v^{2\times0} & v^{2\times1} & v^{2\times2} & v^{2\times3} \\ v^{3\times0} & v^{3\times1} & v^{3\times2} & v^{3\times3} \end{pmatrix}\begin{pmatrix} q_0(\alpha) \\ q_1(\alpha) \\ q_2(\alpha) \\ q_3(\alpha) \end{pmatrix}$$

具体写出如下:

$$p_h(\alpha)=\frac{1}{4}\sum_{k=0}^{3}\exp\left\{-\frac{2\pi i\left[\alpha(k+4n_k)-hk\right]}{4}\right\},\quad h=0,1,2,3$$

这样，相应的组合线性调频小波函数系 $\mathscr{K}_\alpha^{(\boldsymbol{S})}(\omega,x)$ 可以写成

$$\begin{aligned} \mathscr{K}_\alpha^{(\boldsymbol{S})}(\omega,x) &= \sum_{s=0}^{3}p_s(\alpha)\mathscr{K}_{\mathscr{F}^s}(\omega,x) \\ &= \frac{1}{4}\sum_{s=0}^{3}\sum_{k=0}^{3}\exp\{(-2\pi i/4)[\alpha(k+4n_k)-sk]\}\mathscr{K}_{\mathscr{F}^s}(\omega,x) \end{aligned}$$

相应地，组合线性调频小波算子或者小波变换可以写成

$$\begin{aligned} \mathscr{F}_{\boldsymbol{S}}^{\alpha}[f(x)](\omega) &= \mathscr{f}_{\boldsymbol{S}}^{\alpha}(\omega) \\ &= \int_{-\infty}^{+\infty}f(x)\mathscr{K}_\alpha^{(\boldsymbol{S})}(\omega,x)dx \\ &= \sum_{s=0}^{3}p_s(\alpha)\mathscr{f}^s(\omega) \end{aligned}$$

$$= \frac{1}{4}\sum_{s=0}^{3}\sum_{k=0}^{3}\exp\{(-2\pi i / 4)[\alpha(k+4n_k)-sk]\}\mathscr{F}^s(\omega)$$

注释: 这些研究结果表明, 在实数参数 $\alpha \in \mathbb{R}$ 给定的条件下, 组合线性调频小波函数系 $\mathscr{K}_{\alpha}^{(\boldsymbol{S})}(\omega,x)$ 以及对应组合线性调频小波变换 $(\mathscr{F}_{\boldsymbol{S}}^{\alpha}f)(\omega)$ 还与任意的 4 维整数向量 $\overline{n}=(n_0,n_1,n_2,n_3)\in \mathbb{Z}^4$ 有关, 这就是组合线性调频小波的多样性理论. 正因为这样, 在实数参数 $\alpha \in \mathbb{R}$ 而且 4 维整数向量 $\overline{n}=(n_0,n_1,n_2,n_3)\in \mathbb{Z}^4$ 给定的条件下, 相应的组合线性调频小波表示为 $\mathscr{K}_{\overline{n},\alpha}^{(\boldsymbol{S})}(\omega,x)$, 同时, 组合线性调频小波变换表示为 $(\mathscr{F}_{\boldsymbol{S}}^{(\overline{n},\alpha)}f)(\omega)$, 以便于与文献中使用的符号相区别, 而且, 也便于表示组合线性调频小波多样性的源泉.

这样, 组合线性调频小波函数 $\mathscr{K}_{\overline{n},\alpha}^{(\boldsymbol{S})}(\omega,x)$:

$$\begin{aligned}\mathscr{K}_{\overline{n},\alpha}^{(\boldsymbol{S})}(\omega,x) &= \sum_{s=0}^{3}p_s(\overline{n},\alpha)\mathscr{K}_{\mathscr{F}^s}(\omega,x)\\ &= \frac{1}{4}\sum_{s=0}^{3}\sum_{k=0}^{3}\exp\{(-2\pi i / 4)[\alpha(k+4n_k)-sk]\}\mathscr{K}_{\mathscr{F}^s}(\omega,x)\end{aligned}$$

最终表现为如下 4 个极为特殊的“多重傅里叶变换核函数”:

$$\begin{aligned}\mathscr{K}_{\mathscr{F}^0}(\omega,x) &= \delta(\omega-x)\\ \mathscr{K}_{\mathscr{F}^1}(\omega,x) &= \exp(-2\pi i\omega x)\\ \mathscr{K}_{\mathscr{F}^2}(\omega,x) &= \delta(\omega+x)\\ \mathscr{K}_{\mathscr{F}^3}(\omega,x) &= \exp(+2\pi i\omega x)\end{aligned}$$

的线性组合, 而组合系数函数系:

$$\left\{p_h(\overline{n},\alpha)=\frac{1}{4}\sum_{k=0}^{3}\exp\{-2\pi i[\alpha(k+4n_k)-hk]/4\};h=0,1,2,3\right\}$$

依赖于实数参数 $\alpha \in \mathbb{R}$ 和一个 4 维整数向量 $\overline{n}=(n_0,n_1,n_2,n_3)\in \mathbb{Z}^4$.

回顾和对比傅里叶算子核函数、经典线性调频小波函数(包括多样性)、文献中罗列的组合线性调频小波函数以及此处给出的组合线性调频小波函数多样性可知, 当实数参数 $\alpha \in \mathbb{R}$ 取值为 0,1,2 和 3 以及与这些数值相差为 4 的整数倍数时, 这些核函数、组合线性调频小波函数系以及经典线性调频小波函数系是重合的, 容易证明, 只有实数参数 $\alpha \in \mathbb{R}$ 取值为整数这样的特殊数值时, 这几类线性调频小波函数系才是完全重合的; 当实数参数 $\alpha \in \mathbb{R}$ 的取值不是这些特殊数值时, 这几类线性调频小波函数系绝大多数是不同的; 当实数参数 $\alpha \in \mathbb{R}$ 取值为无理数时, 这几类线性调频小波函数系是完全不同的函数系, 一种类型的例外. 这种例外情形读者稍微思考即可在这里分析发现并表示出来, 同时, 耐心的读者也可以在后续研究中找到明确的解答.

(γ) 组合线性调频小波算子的特征关系

在这里研究组合线性调频小波算子或者小波变换的特征性质并顺便阐明文献中出现的几种变化形式之间的关系. 这些结果深刻地说明组合线性调频小波算子比经典线性调频小波算子更多地继承了傅里叶变换算子的特征性质.

将组合线性调频小波算子或者小波变换 $(\mathscr{F}_{\mathcal{S}}^{(\overline{n},\alpha)}f)(\omega)$ 改写成

$$
\begin{aligned}
(\mathscr{F}_{\mathcal{S}}^{(\overline{n},\alpha)}f)(\omega) &= \mathscr{f}_{\mathcal{S}}^{(\overline{n},\alpha)}(\omega) \\
&= \int_{-\infty}^{+\infty} f(x)\mathscr{K}_{\overline{n},\alpha}^{(\mathcal{S})}(\omega,x)dx \\
&= \sum_{s=0}^{3} p_s(\overline{n},\alpha)\mathscr{f}^s(\omega) \\
&= \frac{1}{4}\sum_{s=0}^{3}\sum_{k=0}^{3}\exp\{(-2\pi i/4)[\alpha(k+4n_k)-sk]\}\mathscr{f}^s(\omega)
\end{aligned}
$$

利用组合线性调频小波变换 $(\mathscr{F}_{\mathcal{S}}^{(\overline{n},\alpha)}f)(\omega)$ 的上述表达公式通过直接计算, 建立并确认它的规范正交特征函数系以及相应的特征值序列.

因为傅里叶变换算子 $\mathscr{F}$ 具有如下特征关系:

$$
\mathscr{F}[\varphi_m(x)](\omega) = \lambda_m\varphi_m(\omega)
$$

其中 $\lambda_m = \exp(-2\pi mi/4), m = 0,1,2,\cdots$ 是傅里叶变换算子 $\mathscr{F}$ 的特征值序列, 而算子 $\mathscr{F}$ 的规范正交特征函数系, 即 Hermite-Gauss 函数系 $\{\varphi_m(x); m\in\mathbb{N}\}$ 构成函数空间 $\mathcal{L}^2(\mathbb{R})$ 的一个规范正交基.

因此, 当 $m = 0,1,2,\cdots$, 而且函数 $f(x) = \varphi_m(x)$ 时, 如下演算过程成立:

$$
\begin{aligned}
\mathscr{f}^s(\omega) &= (\mathscr{F}^s\varphi_m)(\omega) = \lambda_m^s\varphi_m(\omega) \\
\lambda_m^s &= \exp(-2\pi smi/4)
\end{aligned}
$$

其中 $s = 0,1,2,\cdots$, 这些计算结果说明, 傅里叶变换算子 $\mathscr{F}$ 的整数次幂或者多重傅里叶变换算子 $\mathscr{F}^s$ 的特征值序列 $\{\lambda_m^s = \exp(-2\pi smi/4); m = 0,1,2,\cdots\}$ 具有如下的双重 4 周期性:

$$
\lambda_m^s = \lambda_{m+4}^s = \lambda_m^{s+4} = \lambda_{m+4}^{s+4}
$$

其中 $s = 0,1,2,\cdots$, $m = 0,1,2,\cdots$.

将傅里叶变换算子 $\mathscr{F}$ 的整数次幂或者多重傅里叶变换算子 $\mathscr{F}^s$ 的特征值序列

计算结果代入$(\mathscr{F}_{\mathcal{S}}^{(\bar{n},\alpha)}f)(\omega)$的表达公式并利用双重 4 周期性质计算可得

$$\begin{aligned}(\mathscr{F}_{\mathcal{S}}^{(\bar{n},\alpha)}\varphi_m)(\omega)&=\sum_{s=0}^{3}p_s(\bar{n},\alpha)\mathscr{F}^s(\omega)\\&=\sum_{s=0}^{3}p_s(\bar{n},\alpha)\lambda_m^s\varphi_m(\omega)\\&=\frac{1}{4}\sum_{s=0}^{3}\sum_{k=0}^{3}\exp\{(-2\pi i/4)[\alpha(k+4n_k)-sk]\}\lambda_m^s\varphi_m(\omega)\\&=\lambda_m^{(\bar{n},\alpha)}\varphi_m(\omega)\end{aligned}$$

其中

$$\lambda_m^{(\bar{n},\alpha)}=\frac{1}{4}\sum_{s=0}^{3}\sum_{k=0}^{3}\exp\{(-2\pi i/4)[\alpha(k+4n_k)-sk]\}\lambda_m^s$$

这个计算结果说明，$\lambda_m^{(\bar{n},\alpha)}$是组合线性调频小波算子$\mathscr{F}_{\mathcal{S}}^{(\bar{n},\alpha)}$的特征值，而且相应的特征函数是$\varphi_m(x)$，这里$m=0,1,2,\cdots$. 因为，函数系$\{\varphi_m(x);m\in\mathbb{N}\}$构成函数空间$\mathcal{L}^2(\mathbb{R})$的一个规范正交基，故$\{\varphi_m(x);m\in\mathbb{N}\}$是组合线性调频小波算子$\mathscr{F}_{\mathcal{S}}^{(\bar{n},\alpha)}$的一个完全规范正交特征函数系.

为了得到组合线性调频小波算子$\mathscr{F}_{\mathcal{S}}^{(\bar{n},\alpha)}$的特征值序列的简洁表达公式，进行如下简化演算：

$$\begin{aligned}\lambda_m^{(\bar{n},\alpha)}&=\frac{1}{4}\sum_{s=0}^{3}\sum_{k=0}^{3}\exp\{(-2\pi i/4)[\alpha(k+4n_k)-sk]\}\lambda_m^s\\&=\frac{1}{4}\sum_{s=0}^{3}\sum_{k=0}^{3}\exp\{(-2\pi i/4)[\alpha(k+4n_k)-sk]\}\exp(-2\pi smi/4)\\&=\frac{1}{4}\sum_{k=0}^{3}\exp[(-2\pi i/4)\alpha(k+4n_k)]\sum_{s=0}^{3}\exp[(-2\pi i/4)s(m-k)]\\&=\frac{1}{4}\sum_{k=0}^{3}\exp[(-2\pi i/4)\alpha(k+4n_k)]\cdot 4\delta(\operatorname{mod}(m,4)-k)\\&=\exp[(-2\pi i/4)\alpha(\operatorname{mod}(m,4)+4n_{\operatorname{mod}(m,4)})]\\m&=0,1,2,\cdots\end{aligned}$$

如果将$m=0,1,2,\cdots$表示为$m=4n+h,h=\operatorname{mod}(m,4)$，那么，利用上述计算结果中的公式

$$\lambda_m^{(\bar{n},\alpha)}=\exp[(-2\pi i/4)\alpha(\operatorname{mod}(m,4)+4n_{\operatorname{mod}(m,4)})],\quad m=0,1,2,\cdots$$

可以罗列组合线性调频小波算子$\mathscr{F}_{\mathcal{S}}^{(\bar{n},\alpha)}$的特征值序列如下:

$$\begin{aligned}
\lambda_{4n+0}^{(\bar{n},\alpha)} &= \exp[(-2\pi i/4)\alpha(0+4n_0)] \\
\lambda_{4n+1}^{(\bar{n},\alpha)} &= \exp[(-2\pi i/4)\alpha(1+4n_1)] \\
\lambda_{4n+2}^{(\bar{n},\alpha)} &= \exp[(-2\pi i/4)\alpha(2+4n_2)] \\
\lambda_{4n+3}^{(\bar{n},\alpha)} &= \exp[(-2\pi i/4)\alpha(3+4n_3)] \\
n &= 0,1,2,\cdots
\end{aligned}$$

根据这个罗列结果可以得到如下公式:

$$\lambda_{4n+h}^{(\bar{n},\alpha)} = q_h(\alpha) = \exp\left[-\frac{2\pi i\alpha(h+4n_h)}{4}\right], \quad h=0,1,2,3, \quad n=0,1,2,\cdots$$

或者表示为

$$\begin{pmatrix} \lambda_{4n+0}^{(\bar{n},\alpha)} \\ \lambda_{4n+1}^{(\bar{n},\alpha)} \\ \lambda_{4n+2}^{(\bar{n},\alpha)} \\ \lambda_{4n+3}^{(\bar{n},\alpha)} \end{pmatrix} = \begin{pmatrix} q_0(\alpha) \\ q_1(\alpha) \\ q_2(\alpha) \\ q_3(\alpha) \end{pmatrix} = \begin{pmatrix} \exp[-2\pi i\alpha(0+4n_0)/4] \\ \exp[-2\pi i\alpha(1+4n_1)/4] \\ \exp[-2\pi i\alpha(2+4n_2)/4] \\ \exp[-2\pi i\alpha(3+4n_3)/4] \end{pmatrix}, \quad n=0,1,2,\cdots$$

这样得到关于组合线性调频小波算子 $\mathscr{F}_{\mathcal{S}}^{(\bar{n},\alpha)}$ 特征问题十分重要的结果.

组合线性调频小波算子 $\mathscr{F}_{\mathcal{S}}^{(\bar{n},\alpha)}$ 具有如下特征关系:

$$\mathscr{F}_{\mathcal{S}}^{(\bar{n},\alpha)}[\varphi_m(x)](\omega) = \lambda_m^{(\bar{n},\alpha)}\varphi_m(\omega)$$

其中 $\lambda_m^{(\bar{n},\alpha)} = \exp[(-2\pi i/4)\alpha(\text{mod}(m,4)+4n_{\text{mod}(m,4)})]$, $m=0,1,2,\cdots$ 是组合线性调频小波算子 $\mathscr{F}_{\mathcal{S}}^{(\bar{n},\alpha)}$ 的特征值序列, 空间 $\mathcal{L}^2(\mathbb{R})$ 的规范正交基 $\{\varphi_m(x); m\in\mathbb{N}\}$ 是组合线性调频小波算子 $\mathscr{F}_{\mathcal{S}}^{(\bar{n},\alpha)}$ 的规范正交特征函数系. 除此之外, 组合线性调频小波算子 $\mathscr{F}_{\mathcal{S}}^{(\bar{n},\alpha)}$ 的特征值序列 $\{\lambda_m^{(\bar{n},\alpha)}; m=0,1,2,\cdots\}$ 还使如下双重 4 周期性成立:

$$\lambda_m^{(\bar{n},\alpha)} = \lambda_{m+4}^{(\bar{n},\alpha)} = \lambda_m^{(\bar{n},\alpha+4)} = \lambda_{m+4}^{(\bar{n},\alpha+4)}$$

其中 $m=0,1,2,\cdots$, 而且实数参数 $\alpha\in\mathbb{R}$.

上述研究结果表明, 组合线性调频小波算子 $\mathscr{F}_{\mathcal{S}}^{(\bar{n},\alpha)}$ 与傅里叶变换算子 $\mathscr{F}$ 以及 $\mathscr{F}$ 的整数次幂或者多重傅里叶变换算子 $\mathscr{F}^s$ 有相同的完全规范正交特征函数系 $\{\varphi_m(x); m\in\mathbb{N}\}$; 另外, 组合线性调频小波算子 $\mathscr{F}_{\mathcal{S}}^{(\bar{n},\alpha)}$ 特征值序列的双重 4 周期性质与傅里叶变换算子 $\mathscr{F}$ 的整数次幂或者多重傅里叶变换算子 $\mathscr{F}^s$ 特征值序列的双重 4 周期性质是一样的, 只不过二者完整周期不同而已, $\mathscr{F}_{\mathcal{S}}^{(\bar{n},\alpha)}$ 的特征值序列

$\{\lambda_m^{(\overline{n},\alpha)}; m=0,1,2,\cdots\}$ 关于序号 m 的完整周期是

$$\begin{pmatrix}\lambda_0^{(\overline{n},\alpha)}\\ \lambda_1^{(\overline{n},\alpha)}\\ \lambda_2^{(\overline{n},\alpha)}\\ \lambda_3^{(\overline{n},\alpha)}\end{pmatrix}=\begin{pmatrix}q_0(\alpha)\\ q_1(\alpha)\\ q_2(\alpha)\\ q_3(\alpha)\end{pmatrix}=\begin{pmatrix}\exp[-2\pi i\alpha(0+4n_0)/4]\\ \exp[-2\pi i\alpha(1+4n_1)/4]\\ \exp[-2\pi i\alpha(2+4n_2)/4]\\ \exp[-2\pi i\alpha(3+4n_3)/4]\end{pmatrix},\quad \alpha\in\mathbb{R}$$

而 $\mathscr{F}^s$ 的特征值序列 $\{\lambda_m^s=\exp(-2\pi smi/4); m=0,1,2,\cdots\}$ 关于序号 m 的完整周期是

$$\begin{pmatrix}\lambda_0^s\\ \lambda_1^s\\ \lambda_2^s\\ \lambda_3^s\end{pmatrix}=\begin{pmatrix}\exp(-2\pi is\times 0/4)\\ \exp(-2\pi is\times 1/4)\\ \exp(-2\pi is\times 2/4)\\ \exp(-2\pi is\times 3/4)\end{pmatrix}=\begin{pmatrix}(-i)^{s\times 0}\\ (-i)^{s\times 1}\\ (-i)^{s\times 2}\\ (-i)^{s\times 3}\end{pmatrix}=\begin{pmatrix}(-i)^{s\times 0}\\ (-i)^{s\times 1}\\ (-i)^{s\times 2}\\ (-i)^{s\times 3}\end{pmatrix}=\begin{pmatrix}(+1)^s\\ (-i)^s\\ (-1)^s\\ (+i)^s\end{pmatrix},\quad s\in\mathbb{Z}$$

特征值序列 $\{\lambda_m^{(\overline{n},\alpha)}; m=0,1,2,\cdots\}$ 关于序号 m 的完整周期的差异最终简洁准确地区分不同的组合线性调频小波函数系 $\mathscr{K}_{\overline{n},\alpha}^{(\mathcal{S})}(\omega,x)$ 或者组合线性调频小波算子 $\mathscr{F}_{\mathcal{S}}^{(\overline{n},\alpha)}$.

作为这个重要结果的应用，首先，当 $\alpha=s\in\mathbb{Z}$ 时，$\mathscr{F}_{\mathcal{S}}^{(\overline{n},\alpha)}=\mathscr{F}^s$，无论其中的 4 维整数参数向量 $\overline{n}=(n_0,n_1,n_2,n_3)\in\mathbb{Z}^4$ 怎么取值，都不会影响这个等式；其次，当 $\alpha=1$ 时，$\mathscr{F}_{\mathcal{S}}^{(\overline{n},\alpha)}=\mathscr{F}$，无论其中的 4 维整数参数向量 $\overline{n}=(n_0,n_1,n_2,n_3)\in\mathbb{Z}^4$ 怎么取值，都不会影响这个等式.

另一个非常有趣的应用与一般形式的经典线性调频小波函数系 $\mathscr{K}_{\mathscr{F}_{(\mathcal{A},\mathcal{Q})}^{\alpha}}(\omega,x)$ 的多样性理论有关.

除实数参数 $\alpha\in\mathbb{R}$ 之外，整数构成的无穷序列 $\mathcal{Q}=\{q_m; m\in\mathbb{Z}\}\in\mathbb{Z}^\infty$ 以及 4×4 分块对角西矩阵或者算子 $\mathcal{A}=\mathrm{Diag}\left(\mathcal{A}_0,\mathcal{A}_1,\mathcal{A}_2,\mathcal{A}_3\right)\in\mathscr{U}_4$ 共同决定一般形式的经典线性调频小波函数 $\mathscr{K}_{\mathscr{F}_{(\mathcal{A},\mathcal{Q})}^{\alpha}}(\omega,x)$.

在傅里叶变换算子 $\mathscr{F}$ 积分核 $\mathcal{K}(\omega,x)$ 多样性表示方法研究中，对于任意的 4×4 分块对角西矩阵或者算子 $\mathcal{A}=\mathrm{Diag}(\mathcal{A}_0,\mathcal{A}_1,\mathcal{A}_2,\mathcal{A}_3)\in\mathscr{U}_4$，因为

$$\begin{aligned}\sum_{m=0}^{+\infty}\psi_{4m+h}(\omega)\psi_{4m+h}^*(x)&=[\mathscr{Q}_h(\omega)][\mathscr{Q}_h(x)]^*=\{[\mathscr{B}_h(\omega)]\mathcal{A}_h\}\{[\mathscr{B}_h(x)]\mathcal{A}_h\}^*\\&=[\mathscr{B}_h(\omega)][\mathscr{B}_h(x)]^*=\sum_{m=0}^{+\infty}\varphi_{4m+h}(\omega)\varphi_{4m+h}^*(x)\end{aligned}$$

其中 $h=0,1,2,3$，所以，

$$\begin{aligned}\mathcal{K}(\omega,x)&=\sum_{h=0}^{3}(-i)^{h}\sum_{m=0}^{+\infty}\psi_{4m+h}(\omega)\psi_{4m+h}^{*}(x)\\&=\sum_{h=0}^{3}(-i)^{h}\sum_{m=0}^{+\infty}\varphi_{4m+h}(\omega)\varphi_{4m+h}^{*}(x)\end{aligned}$$

所以 4×4 分块对角西矩阵 $\mathcal{A}$ 不会影响傅里叶变换算子 $\mathscr{F}$ 的积分核 $\mathcal{K}(\omega,x)$.

但是，在一般形式经典线性调频小波函数 $\mathscr{K}_{\mathscr{F}_{(\mathcal{A},\mathcal{Q})}^{\alpha}}(\omega,x)$ 多样性理论中，因为

$$\mathscr{K}_{\mathscr{F}_{(\mathcal{A},\mathcal{Q})}^{\alpha}}(\omega,x)=\sum_{h=0}^{3}\sum_{n=0}^{+\infty}(-i)^{\alpha(4n+h+4q_{4n+h})}\psi_{4n+h}(\omega)\psi_{4n+h}^{*}(x)$$

因此，在 4×4 分块对角西矩阵 $\mathcal{A}=\mathrm{Diag}(\mathcal{A}_0,\mathcal{A}_1,\mathcal{A}_2,\mathcal{A}_3)\in\mathscr{U}_4$ 以及整数构成的无穷序列 $\mathcal{Q}=\{q_m;m\in\mathbb{Z}\}\in\mathbb{Z}^{\infty}$ 两者任意选取的前提下，一般形式的经典线性调频小波函数 $\mathscr{K}_{\mathscr{F}_{(\mathcal{A},\mathcal{Q})}^{\alpha}}(\omega,x)$ 不再保持傅里叶算子 $\mathscr{F}$ 积分核 $\mathcal{K}(\omega,x)$ 的前述性质. 也就是说，在通常条件下，即如果 $\mathcal{A}\in\mathscr{U}_4$ 和 $\mathcal{Q}=\{q_m;m\in\mathbb{Z}\}\in\mathbb{Z}^{\infty}$ 任意选择，那么，如下形式的算子核函数恒等式将不再成立：

$$\begin{aligned}&\sum_{h=0}^{3}\sum_{n=0}^{+\infty}(-i)^{\alpha(4n+h+4q_{4n+h})}\psi_{4n+h}(\omega)\psi_{4n+h}^{*}(x)\\=&\sum_{h=0}^{3}\sum_{n=0}^{+\infty}(-i)^{\alpha(4n+h+4q_{4n+h})}\varphi_{4n+h}(\omega)\varphi_{4n+h}^{*}(x)\end{aligned}$$

经过简单的演算可知，小波算子 $\mathscr{F}_{(\mathcal{A},\mathcal{Q})}^{\alpha}$ 具有如下特征关系公式：

$$\begin{gathered}\mathscr{F}_{(\mathcal{A},\mathcal{Q})}^{\alpha}[\psi_m(x)](\omega)=\mu_m^{\alpha}(\mathcal{Q})\psi_m(\omega)\\\mu_m^{\alpha}(\mathcal{Q})=\exp[-2\pi i\alpha(m+4q_m)/4]\\m=0,1,2,\cdots\end{gathered}$$

其中 $\mathcal{Q}=\{q_m;m\in\mathbb{Z}\}\in\mathbb{Z}^{\infty}$ 是一个任意的整数序列. 由此得到一般形式的经典线性调频小波函数 $\mathscr{K}_{\mathscr{F}_{(\mathcal{A},\mathcal{Q})}^{\alpha}}(\omega,x)$ 决定的小波算子 $\mathscr{F}_{(\mathcal{A},\mathcal{Q})}^{\alpha}$ 的特征值序列

$$\{\mu_m^{\alpha}(\mathcal{Q})=\exp[-2\pi i\alpha(m+4q_m)/4];m=0,1,2,\cdots\}$$

正是 $\mathcal{Q}=\{q_m;m\in\mathbb{Z}\}\in\mathbb{Z}^{\infty}$ 的任意性导致：

$$\begin{aligned}\mu_{4n+h}^{\alpha}(\mathcal{Q})&=\exp[-2\pi i\alpha(4n+h+4q_{4n+h})/4]\\&\neq\exp[-2\pi i\alpha\cdot\xi(h)/4],\quad n=0,1,2,\cdots\end{aligned}$$

其中 $h=0,1,2,3$，而且 $\xi(h)\in\mathbb{Z}$，这样最终导致

$$\begin{aligned}&\sum_{h=0}^{3}\sum_{n=0}^{+\infty}(-i)^{\alpha(4n+h+4q_{4n+h})}\psi_{4n+h}(\omega)\psi_{4n+h}^{*}(x)\\ \neq&\sum_{h=0}^{3}\sum_{n=0}^{+\infty}(-i)^{\alpha(4n+h+4q_{4n+h})}\varphi_{4n+h}(\omega)\varphi_{4n+h}^{*}(x)\end{aligned}$$

但是，如果整数序列 $\mathscr{Q}=\{q_m;m\in\mathbb{Z}\}\in\mathbb{Z}^{\infty}$ 定义如下：

$$q_m=-\left\lfloor\frac{m-\operatorname{mod}(m,4)}{4}\right\rfloor\in\mathbb{Z},\quad m=0,1,2,\cdots$$

其中 $\lfloor x\rfloor$ 表示不超过 x 的最大整数，那么，当 $m=0,1,2,\cdots$ 时，

$$m+4q_m=\operatorname{mod}(m,4)$$

从而，当 $n=0,1,2,\cdots$ 时，可以得到如下特殊的特征值序列：

$$\begin{aligned}\mu_{4n+h}^{\alpha}(\mathscr{Q})&=\exp[-2\pi i\alpha(4n+h+4q_{4n+h})/4]\\&=\exp(-2\pi i\alpha h/4),\quad h=0,1,2,3\end{aligned}$$

或者简洁地表示为

$$\mu_m^{\alpha}(\mathscr{Q})=\exp[(-2\pi i/4)\alpha\operatorname{mod}(m,4)]$$

在整数序列 $\mathscr{Q}=\{q_m=-\lfloor(m-\operatorname{mod}(m,4))/4\rfloor;m\in\mathbb{Z}\}\in\mathbb{Z}^{\infty}$ 的条件下，一般形式经典线性调频小波函数 $\mathscr{K}_{\mathscr{F}_{(\mathscr{A},\mathscr{Q})}^{\alpha}}(\omega,x)$ 可以改写如下：

$$\begin{aligned}\mathscr{K}_{\mathscr{F}_{(\mathscr{A},\mathscr{Q})}^{\alpha}}(\omega,x)&=\sum_{m=0}^{+\infty}\mu_m^{\alpha}(\mathscr{Q})\psi_m(\omega)\psi_m^{*}(x)\\&=\sum_{m=0}^{+\infty}\exp[(-2\pi i/4)\alpha\operatorname{mod}(m,4)]\psi_m(\omega)\psi_m^{*}(x)\\&=\sum_{h=0}^{3}\exp[(-2\pi i/4)\alpha h]\sum_{n=0}^{+\infty}\psi_{4n+h}(\omega)\psi_{4n+h}^{*}(x)\\&=\sum_{h=0}^{3}\exp[(-2\pi i/4)\alpha h]\sum_{n=0}^{+\infty}\varphi_{4n+h}(\omega)\varphi_{4n+h}^{*}(x)\\&=\sum_{m=0}^{+\infty}\mu_m^{\alpha}(\mathscr{Q})\varphi_m(\omega)\varphi_m^{*}(x)\end{aligned}$$

由此可知，任意选择 4×4 分块对角酉矩阵 $\mathscr{A}=\operatorname{Diag}(\mathscr{A}_0,\mathscr{A}_1,\mathscr{A}_2,\mathscr{A}_3)$ 将不会影响这种一般形式经典线性调频小波函数 $\mathscr{K}_{\mathscr{F}_{(\mathscr{A},\mathscr{Q})}^{\alpha}}(\omega,x)$，从而也不会影响这种特殊的一般形式经典线性调频小波算子 $\mathscr{F}_{(\mathscr{A},\mathscr{Q})}^{\alpha}$.

更让人吃惊的是，如果 $\overline{n}=(n_0,n_1,n_2,n_3)\in\mathbb{Z}^4$ 是任意的 4 维整数向量，按照如

下方式定义整数序列 $\mathscr{Q}=\{q_m;m\in\mathbb{Z}\}\in\mathbb{Z}^\infty$：

$$q_m=n_{\mathrm{mod}(m,4)}-\left|\frac{m-\mathrm{mod}(m,4)}{4}\right|\in\mathbb{Z},\quad m=0,1,2,\cdots$$

那么，对于任意的 4×4 分块对角西矩阵 $\mathscr{A}=\mathrm{Diag}(\mathscr{A}_0,\mathscr{A}_1,\mathscr{A}_2,\mathscr{A}_3)$，一般形式经典线性调频小波算子 $\mathscr{F}^{\alpha}_{(\mathscr{A},\mathscr{Q})}$ 的特征值序列是

$$\begin{aligned}\mu^{\alpha}_m(\mathscr{Q})&=\exp[-2\pi i\alpha(m+4q_m)/4]\\&=\exp\{(-2\pi i/4)\alpha[\mathrm{mod}(m,4)+4n_{\mathrm{mod}(m,4)}]\},\quad m=0,1,2,\cdots\end{aligned}$$

这时，因为一般形式的经典线性调频小波函数系 $\mathscr{K}_{\mathscr{F}^{\alpha}_{(\mathscr{A},\mathscr{Q})}}(\omega,x)$ 可以写成

$$\begin{aligned}\mathscr{K}_{\mathscr{F}^{\alpha}_{(\mathscr{A},\mathscr{Q})}}(\omega,x)&=\sum_{m=0}^{+\infty}\mu^{\alpha}_m(\mathscr{Q})\psi_m(\omega)\psi^*_m(x)\\&=\sum_{m=0}^{+\infty}\exp\Big\{(-2\pi i/4)\alpha[\mathrm{mod}(m,4)+4n_{\mathrm{mod}(m,4)}]\Big\}\psi_m(\omega)\psi^*_m(x)\\&=\sum_{h=0}^{3}\exp[(-2\pi i/4)\alpha(h+4n_h)]\sum_{n=0}^{+\infty}\psi_{4n+h}(\omega)\psi^*_{4n+h}(x)\\&=\sum_{h=0}^{3}\exp[(-2\pi i/4)\alpha(h+4n_h)]\sum_{n=0}^{+\infty}\varphi_{4n+h}(\omega)\varphi^*_{4n+h}(x)\\&=\sum_{m=0}^{+\infty}\mu^{\alpha}_m(\mathscr{Q})\varphi_m(\omega)\varphi^*_m(x)\end{aligned}$$

经过简单的演算可知，小波算子 $\mathscr{F}^{\alpha}_{(\mathscr{A},\mathscr{Q})}$ 具有如下特征关系公式：

$$\begin{aligned}\mathscr{F}^{\alpha}_{(\mathscr{A},\mathscr{Q})}[\psi_m(x)](\omega)&=\mu^{\alpha}_m(\mathscr{Q})\psi_m(\omega)\\\mu^{\alpha}_m(\mathscr{Q})&=\exp\{(-2\pi i/4)\alpha[\mathrm{mod}(m,4)+4n_{\mathrm{mod}(m,4)}]\}\\m&=0,1,2,\cdots\end{aligned}$$

而且同时满足特征关系公式

$$\begin{aligned}\mathscr{F}^{\alpha}_{(\mathscr{A},\mathscr{Q})}[\varphi_m(x)](\omega)&=\mu^{\alpha}_m(\mathscr{Q})\varphi_m(\omega)\\\mu^{\alpha}_m(\mathscr{Q})&=\exp\{(-2\pi i/4)\alpha[\mathrm{mod}(m,4)+4n_{\mathrm{mod}(m,4)}]\}\\m&=0,1,2,\cdots\end{aligned}$$

即 $\left\{\mu^{\alpha}_m(\mathscr{Q})=\exp[(-2\pi i/4)\alpha(\mathrm{mod}(m,4)+4n_{\mathrm{mod}(m,4)})];m=0,1,2,\cdots\right\}$ 是一般的经典线性调频小波算子 $\mathscr{F}^{\alpha}_{(\mathscr{A},\mathscr{Q})}$ 的特征值序列，$\{\varphi_m(x);m\in\mathbb{N}\}$ 和 $\{\psi_m(x);m\in\mathbb{N}\}$ 都是算子 $\mathscr{F}^{\alpha}_{(\mathscr{A},\mathscr{Q})}$ 的完全规范正交特征函数系，从而得到最终结果 $\mathscr{F}^{\alpha}_{(\mathscr{A},\mathscr{Q})}=\mathscr{F}^{(\bar{n},\alpha)}_{\mathscr{S}}$．也就是

说，组合线性调频小波算子 $\mathscr{F}_{\mathcal{S}}^{(\bar{n},\alpha)}$ 仅仅是一般经典线性调频小波算子 $\mathscr{F}_{(\mathcal{A},\mathcal{Q})}^{\alpha}$ 的特例. 这个结果还顺便说明，4×4 分块对角酉矩阵 $\mathcal{A}=\mathrm{Diag}(\mathcal{A}_0,\mathcal{A}_1,\mathcal{A}_2,\mathcal{A}_3)$ 的任意选择不会影响组合线性调频小波算子 $\mathscr{F}_{\mathcal{S}}^{(\bar{n},\alpha)}$.

进一步仔细思考可得，在前述这样的特殊条件下，组合线性调频小波算子 $\mathscr{F}_{\mathcal{S}}^{(\bar{n},\alpha)}$ 和一般的经典线性调频小波算子 $\mathscr{F}_{(\mathcal{A},\mathcal{Q})}^{\alpha}$ 与傅里叶变换算子 $\mathscr{F}$ 具有相同的特征子空间:

$$
\begin{aligned}
\mathcal{W}_h &= \mathrm{Closespan}\{\varphi_{4m+h}(x);\ m=0,1,2,3,\cdots\}\\
&= \mathrm{Closespan}\{\psi_{4m+h}(x);\ m=0,1,2,3,\cdots\}\\
&= \{\zeta(\omega);\mathscr{F}_{(\mathcal{A},\mathcal{Q})}^{\alpha}[\zeta(x)](\omega)=\mu_h^{\alpha}(\mathcal{Q})\zeta(\omega)\}\\
&= \{\xi(\omega);\mathscr{F}_{\mathcal{S}}^{(\bar{n},\alpha)}[\xi(x)](\omega)=\lambda_h^{(\bar{n},\alpha)}\xi(\omega)\},\quad h=0,1,2,3
\end{aligned}
$$

(δ) 组合线性调频小波历史回顾

在 Shih 于 1995 年发表的文献中建立的组合线性调频小波函数系，相当于前述自由的 4 维整数向量取值为 $\bar{n}=(n_0,n_1,n_2,n_3)=(0,0,0,0)$，而且当 $h=0,1,2,3$ 时

$$
q_h(\alpha)=\exp(-2\pi i\alpha h/4)
$$

与此相应的组合系数函数系 $\{p_h(\alpha);h=0,1,2,3\}$ 表示为

$$
\begin{pmatrix} p_0(\alpha)\\ p_1(\alpha)\\ p_2(\alpha)\\ p_3(\alpha)\end{pmatrix}=\frac{1}{4}\begin{pmatrix} v^{0\times 0} & v^{0\times 1} & v^{0\times 2} & v^{0\times 3}\\ v^{1\times 0} & v^{1\times 1} & v^{1\times 2} & v^{1\times 3}\\ v^{2\times 0} & v^{2\times 1} & v^{2\times 2} & v^{2\times 3}\\ v^{3\times 0} & v^{3\times 1} & v^{3\times 2} & v^{3\times 3}\end{pmatrix}\begin{pmatrix} q_0(\alpha)\\ q_1(\alpha)\\ q_2(\alpha)\\ q_3(\alpha)\end{pmatrix}
$$

或者具体写出如下:

$$
\begin{aligned}
p_h(\alpha) &= \frac{1}{4}\sum_{k=0}^{3}\exp(2\pi hki/4)q_k(\alpha)=\frac{1}{4}\sum_{k=0}^{3}\exp(2\pi hki/4)\exp(-2\pi i\alpha k/4)\\
&= \frac{1}{4}\sum_{k=0}^{3}\exp(-2\pi i(\alpha-h)k/4)\\
&= \frac{1}{4}\frac{1-\exp(-2\pi i(\alpha-h))}{1-\exp[(-2\pi i/4)(\alpha-h)]}\\
&= \cos\frac{\pi(\alpha-h)}{4}\cos\frac{2\pi(\alpha-h)}{4}\exp\left[-\frac{3\pi i(\alpha-h)}{4}\right],\quad h=0,1,2,3
\end{aligned}
$$

这样，“傅里叶变换的分数化形式”线性变换 $(\mathscr{F}_{\mathcal{S}}^{\alpha}f)(\omega)$ 或者组合线性调频小波变换的核函数，即组合线性调频小波函数系 $\mathscr{K}_{\alpha}^{(\mathcal{S})}(\omega,x)$ 可以写成

$$\begin{aligned}\mathscr{K}_{\alpha}^{(\mathcal{S})}(\omega,x)&=\sum_{s=0}^{3}p_s(\alpha)\mathscr{K}_{\mathscr{F}^{s}}(\omega,x)\\&=\frac{1}{4}\sum_{s=0}^{3}\sum_{k=0}^{3}\exp(-2\pi i(\alpha-s)k/4)\mathscr{K}_{\mathscr{F}^{s}}(\omega,x)\\&=\frac{1}{4}\sum_{s=0}^{3}\frac{1-\exp(-2\pi i(\alpha-s))}{1-\exp[(-2\pi i/4)(\alpha-s)]}\mathscr{K}_{\mathscr{F}^{s}}(\omega,x)\end{aligned}$$

对应的组合线性调频小波算子 $\mathscr{F}_{\mathcal{S}}^{\alpha}$ 可以写成

$$\begin{aligned}\mathscr{F}_{\mathcal{S}}^{\alpha}[f(x)](\omega)=\mathscr{f}_{\mathcal{S}}^{\alpha}(\omega)&=\int_{-\infty}^{+\infty}f(x)\mathscr{K}_{\alpha}^{(\mathcal{S})}(\omega,x)dx\\&=\sum_{s=0}^{3}p_s(\alpha)\mathscr{f}^{s}(\omega)\\&=\frac{1}{4}\sum_{s=0}^{3}\sum_{k=0}^{3}\exp(-2\pi i(\alpha-s)k/4)\mathscr{f}^{s}(\omega)\\&=\frac{1}{4}\sum_{s=0}^{3}\frac{1-\exp(-2\pi i(\alpha-s))}{1-\exp[(-2\pi i/4)(\alpha-s)]}\mathscr{f}^{s}(\omega)\end{aligned}$$

组合线性调频小波算子 $\mathscr{F}_{\mathcal{S}}^{\alpha}$ 具有如下特征关系:

$$\mathscr{F}_{\mathcal{S}}^{\alpha}[\varphi_m(x)](\omega)=\lambda_m^{\alpha}\varphi_m(\omega)$$

其中 $\lambda_m^{\alpha}=\exp[(-2\pi i/4)\alpha\bmod(m,4)]$, $m=0,1,2,\cdots$ 是组合线性调频小波算子 $\mathscr{F}_{\mathcal{S}}^{\alpha}$ 的特征值序列, 空间 $\mathcal{L}^2(\mathbb{R})$ 的规范正交基 $\{\varphi_m(x);m\in\mathbb{N}\}$ 是组合线性调频小波算子 $\mathscr{F}_{\mathcal{S}}^{\alpha}$ 的规范正交特征函数系. 除此之外, 组合线性调频小波算子 $\mathscr{F}_{\mathcal{S}}^{\alpha}$ 的特征值序列 $\{\lambda_m^{\alpha};m=0,1,2,\cdots\}$ 还使如下双重 4 周期性成立:

$$\lambda_m^{\alpha}=\lambda_{m+4}^{\alpha}=\lambda_m^{\alpha+4}=\lambda_{m+4}^{\alpha+4}$$

其中 $m=0,1,2,\cdots$, 而且实数参数 $\alpha\in\mathbb{R}$.

回顾前述按照 4×4 分块对角方式定义的矩阵或者算子 $\mathscr{A}\in\mathscr{U}_4$:

$$\mathscr{A}=\mathrm{Diag}(\mathscr{A}_0,\mathscr{A}_1,\mathscr{A}_2,\mathscr{A}_3)=\begin{pmatrix}\mathscr{A}_0&\mathscr{O}&\mathscr{O}&\mathscr{O}\\\mathscr{O}&\mathscr{A}_1&\mathscr{O}&\mathscr{O}\\\mathscr{O}&\mathscr{O}&\mathscr{A}_2&\mathscr{O}\\\mathscr{O}&\mathscr{O}&\mathscr{O}&\mathscr{A}_3\end{pmatrix}$$

其中 $\mathscr{A}_h$ 是傅里叶变换算子 $\mathscr{F}$ 的特征子空间 $\mathcal{W}_h$:

$$\mathcal{W}_h=\mathrm{Closespan}\{\varphi_{4m+h}(x);\ m=0,1,2,3,\cdots\},\quad h=0,1,2,3$$

上的酉算子, 即它满足

$$\mathcal{A}_h[\mathcal{A}_h]^* = [\mathcal{A}_h]^* \mathcal{A}_h = \mathcal{I},\quad h = 0,1,2,3$$

其中 $\mathcal{I}$ 是算子 $\mathscr{F}$ 的特征子空间 $\mathcal{W}_h$ 上的单位算子或者单位矩阵, $h = 0,1,2,3$.

按照如下方式定义规范正交函数序列 $\{\psi_m(x); m = 0,1,2,\cdots\}$:

$$(\psi_{4n+h}(x); n = 0,1,2,\cdots) = (\varphi_{4m+h}(x); m = 0,1,2,\cdots)\mathcal{A}_h$$

其中 $h = 0,1,2,3$, 那么, 算子 $\mathcal{A}: \mathcal{L}^2(\mathbb{R}) \to \mathcal{L}^2(\mathbb{R})$ 是酉算子, 而且, 组合线性调频小波算子 $\mathscr{F}_{\mathcal{S}}^{\alpha}$ 具有如下特征关系:

$$\mathscr{F}_{\mathcal{S}}^{\alpha}[\psi_m(x)](\omega) = \lambda_m^{\alpha}\psi_m(\omega)$$

其中 $\lambda_m^{\alpha} = \exp[(-2\pi i / 4)\alpha \bmod(m,4)]$, $m = 0,1,2,\cdots$ 是组合线性调频小波算子 $\mathscr{F}_{\mathcal{S}}^{\alpha}$ 的特征值序列, 空间 $\mathcal{L}^2(\mathbb{R})$ 的规范正交基 $\{\psi_m(x); m = 0,1,2,\cdots\}$ 是组合线性调频小波算子 $\mathscr{F}_{\mathcal{S}}^{\alpha}$ 的规范正交特征函数系.

最后, 容易看出, 文献中出现的这种组合线性调频小波算子 $\mathscr{F}_{\mathcal{S}}^{\alpha}$ 与傅里叶变换算子 $\mathscr{F}$ 具有相同的特征子空间:

$$\begin{aligned}\mathcal{W}_h &= \text{Closespan}\{\varphi_{4m+h}(x);\ m = 0,1,2,3,\cdots\}\\ &= \text{Closespan}\{\psi_{4m+h}(x);\ m = 0,1,2,3,\cdots\}\\ &= \{\xi(\omega); \mathscr{F}_{\mathcal{S}}^{\alpha}[\xi(x)](\omega) = \exp[(-2\pi i / 4)\alpha h]\xi(\omega)\},\ h = 0,1,2,3\end{aligned}$$

另外, Santhanam B 和 McClellan H 在 1996 年的文献中声明定义了离散分数傅里叶变换, 作为具体例子计算得到的离散分数傅里叶变换, 它所对应的连续分数傅里叶变换, 其实不应该是经典分数傅里叶变换, 而是本书此前建立的组合线性调频小波变换或者"傅里叶变换分数化形式"线性变换 $(\mathscr{F}_{\mathcal{S}}^{\alpha}f)(\omega)$.

利用这里定义的记号, 它就是自由参数为 $\overline{n} = (n_0, n_1, n_2, n_3) = (0,0,-1,-1)$ 的组合线性调频小波算子或者小波变换 $(\mathscr{F}_{\mathcal{S}}^{(\overline{n},\alpha)}f)(\omega) = (\mathscr{F}_{\mathcal{S}}^{((0,0,-1,-1),\alpha)}f)(\omega)$, 为了保持一致, 只需要注意, 把原文献中幂次 α 替换成 $0.5\pi\alpha$, 就可以得到如下的各种具体公式.

前述分析知, 组合线性调频小波算子 $(\mathscr{F}_{\mathcal{S}}^{(\overline{n},\alpha)}f)(\omega) = (\mathscr{F}_{\mathcal{S}}^{((0,0,-1,-1),\alpha)}f)(\omega)$ 的特征值序列 $\{\kappa_m^{\alpha}; m = 0,1,2,\cdots\}$ 具有双重 4 周期性, 经过简单计算可以得到它的特征值序列的一个完整周期:

$$\begin{pmatrix}\kappa_0^\alpha\\ \kappa_1^\alpha\\ \kappa_2^\alpha\\ \kappa_3^\alpha\end{pmatrix}=\begin{pmatrix}\kappa_{4m+0}^\alpha\\ \kappa_{4m+1}^\alpha\\ \kappa_{4m+2}^\alpha\\ \kappa_{4m+3}^\alpha\end{pmatrix}=\begin{pmatrix}q_0(\alpha)\\ q_1(\alpha)\\ q_2(\alpha)\\ q_3(\alpha)\end{pmatrix}=\begin{pmatrix}\exp[(-2\pi i/4)\alpha(0+4\times 0)]\\ \exp[(-2\pi i/4)\alpha(1+4\times 0)]\\ \exp[(-2\pi i/4)\alpha(2+4\times(-1))]\\ \exp[(-2\pi i/4)\alpha(3+4\times(-1))]\end{pmatrix}$$

而且

$$\kappa_m^\alpha=\kappa_{\mathrm{mod}(m,4)}^\alpha=\exp[(-2\pi i/4)\alpha(\mathrm{mod}(m,4)+4n_{\mathrm{mod}(m,4)})],\quad m=0,1,2,\cdots$$

另外，组合线性调频小波算子 $\mathscr{F}_{\boldsymbol{S}}^{(\bar{n},\alpha)}=\mathscr{F}_{\boldsymbol{S}}^{((0,0,-1,-1),\alpha)}$ 核函数即组合线性调频小波 $\mathscr{K}_{\bar{n},\alpha}^{(\boldsymbol{S})}(\omega,x)$ 表达式中的组合系数函数系是

$$\begin{pmatrix}p_0(\bar{n},\alpha)\\ p_1(\bar{n},\alpha)\\ p_2(\bar{n},\alpha)\\ p_3(\bar{n},\alpha)\end{pmatrix}=\frac{1}{2}\begin{pmatrix}[1+\exp(\pi\alpha i/2)]\cos(\pi\alpha/2)\\ [1-i\exp(\pi\alpha i/2)]\sin(\pi\alpha/2)\\ -[1-\exp(\pi\alpha i/2)]\cos(\pi\alpha/2))\\ -[1+i\exp(\pi\alpha i/2)]\sin(\pi\alpha/2)\end{pmatrix}$$

相应的组合线性调频小波 $\mathscr{K}_{\bar{n},\alpha}^{(\boldsymbol{S})}(\omega,x)$ 可以详细表示如下：

$$\begin{aligned}\mathscr{K}_{\bar{n},\alpha}^{(\boldsymbol{S})}(\omega,x)&=\sum_{s=0}^{3}p_s(\bar{n},\alpha)\mathscr{K}_{\mathscr{F}^s}(\omega,x)\\&=\frac{1}{4}\sum_{s=0}^{3}\sum_{k=0}^{3}\exp\{(-2\pi i/4)[\alpha(k+4n_k)-sk]\}\mathscr{K}_{\mathscr{F}^s}(\omega,x)\\&=\frac{1}{2}[1+\exp(\pi\alpha i/2)]\cos(\pi\alpha/2)\delta(\omega-x)\\&\quad+\frac{1}{2}[1-i\exp(\pi\alpha i/2)]\sin(\pi\alpha/2)\exp(-2\pi i\omega x)\\&\quad-\frac{1}{2}[1-\exp(\pi\alpha i/2)]\cos(\pi\alpha/2)\delta(\omega+x)\\&\quad-\frac{1}{2}[1+i\exp(\pi\alpha i/2)]\sin(\pi\alpha/2)\exp(+2\pi i\omega x)\end{aligned}$$

最终表现为如下 4 个极为特殊的“多重傅里叶变换核函数”：

$$\begin{aligned}\mathscr{K}_{\mathscr{F}^0}(\omega,x)&=\delta(\omega-x)\\ \mathscr{K}_{\mathscr{F}^1}(\omega,x)&=\exp(-2\pi i\omega x)\\ \mathscr{K}_{\mathscr{F}^2}(\omega,x)&=\delta(\omega+x)\\ \mathscr{K}_{\mathscr{F}^3}(\omega,x)&=\exp(+2\pi i\omega x)\end{aligned}$$

的线性组合，而组合系数函数系就是 $\{p_h(\bar{n},\alpha);h=0,1,2,3\}$.

这时，相应的组合线性调频小波算子 $\mathscr{F}_{\boldsymbol{S}}^{(\bar{n},\alpha)}=\mathscr{F}_{\boldsymbol{S}}^{((0,0,-1,-1),\alpha)}$ 可以表示为傅里

叶变换算子 $\mathscr{F}$ 的各次幂 $\mathscr{F}^0=\mathscr{I},\mathscr{F},\mathscr{F}^2,\mathscr{F}^3$ 的如下线性组合:

$$\begin{aligned}
\mathscr{F}_{\mathcal{S}}^{(\bar{n},\alpha)} &= \mathscr{F}_{\mathcal{S}}^{((0,0,-1,-1),\alpha)} = \sum_{s=0}^{3} p_s(\bar{n},\alpha)\mathscr{F}^s \\
&= \frac{1}{4}\sum_{s=0}^{3}\sum_{k=0}^{3}\exp\{(-2\pi i/4)[\alpha(k+4n_k)-sk]\}\mathscr{F}^s \\
&= \frac{1}{2}\left[1+\exp(\pi\alpha i/2)\right]\cos(\pi\alpha/2)\mathscr{F}^0 \\
&\quad +\frac{1}{2}\left[1-i\exp(\pi\alpha i/2)\right]\sin(\pi\alpha/2)\mathscr{F}^1 \\
&\quad -\frac{1}{2}\left[1-\exp(\pi\alpha i/2)\right]\cos(\pi\alpha/2)\mathscr{F}^2 \\
&\quad -\frac{1}{2}\left[1+i\exp(\pi\alpha i/2)\right]\sin(\pi\alpha/2)\mathscr{F}^3
\end{aligned}$$

最后需要注意的是：只需要把 $\mathscr{F}_{\mathcal{S}}^{(\bar{n},\alpha)}=\mathscr{F}_{\mathcal{S}}^{((0,0,-1,-1),\alpha)}$ 的表达式中出现的傅里叶变换算子 $\mathscr{F}$ 的各次幂 $\mathscr{F}^0=\mathscr{I},\mathscr{F},\mathscr{F}^2,\mathscr{F}^3$ 相应地替换为原始文献中的离散(有限)傅里叶变换矩阵 W 的各次幂 $\mathrm{W}^0=\mathrm{I},\mathrm{W},\mathrm{W}^2,\mathrm{W}^3$，那么这个公式就变成了文献中给出的所谓“离散分数傅里叶变换”.

在一般情况下，将原始文献中的方程组:

$$\begin{pmatrix}1&1&1&1\\1&-1&1&-1\\1&i&-1&-i\\1&-i&-1&i\end{pmatrix}\begin{pmatrix}a_0(\alpha)\\a_1(\alpha)\\a_2(\alpha)\\a_3(\alpha)\end{pmatrix}=\begin{pmatrix}\exp[i\alpha(4k_1+0)]\\\exp[i\alpha(4k_3+2)]\\\exp[i\alpha(4k_4+1)]\\\exp[i\alpha(4k_5-1)]\end{pmatrix}$$

等价地改写如下形式，并将幂次 α 替换成 $0.5\pi\alpha$，可得

$$\begin{aligned}
\begin{pmatrix}1&1&1&1\\1&-i&-1&i\\1&-1&1&-1\\1&i&-1&-i\end{pmatrix}\begin{pmatrix}p_0(\alpha)\\p_1(\alpha)\\p_2(\alpha)\\p_3(\alpha)\end{pmatrix}
&=\begin{pmatrix}\exp[(-2\pi\alpha i/4)(0-4k_1)]\\\exp[(-2\pi\alpha i/4)(1-4k_5)]\\\exp[(-2\pi\alpha i/4)(2-4(k_3+1))]\\\exp[(-2\pi\alpha i/4)(3-4(k_4+1))]\end{pmatrix}\\
&=\begin{pmatrix}\exp[(-2\pi i/4)\alpha(0+4n_0)]\\\exp[(-2\pi i/4)\alpha(1+4n_1)]\\\exp[(-2\pi i/4)\alpha(2+4n_2)]\\\exp[(-2\pi i/4)\alpha(3+4n_3)]\end{pmatrix}
\end{aligned}$$

上述研究结果表明，原文献特征值序列中的自由参数向量 $\bar{k}=(k_1,k_5,k_3,k_4)$ 与本书符号系统中的自由参数向量 $\bar{n}=(n_0,n_1,n_2,n_3)$ 之间存在如下对应关系;

$$(n_0,n_1,n_2,n_3)=-(k_1,k_5,k_3,k_4)+(0,0,-1,-1)$$

或者表示为

$$\begin{aligned} n_0 &= -k_1 \\ n_1 &= -k_5 \\ n_2 &= -k_3 - 1 \\ n_3 &= -k_4 - 1 \end{aligned}$$

在前述计算特例中，相当于自由参数向量 $\overline{k} = (k_1, k_5, k_3, k_4) = (0,0,0,0)$，这时本书符号系统中的自由参数向量是 $\overline{n} = (n_0, n_1, n_2, n_3) = (0,0,-1,-1)$.

9.3　任意项数组合线性调频小波理论

在这里将深入研究任意项数的组合项线性调频小波理论以及它与经典线性调频小波之间的相互关系.

9.3.1　4 倍组合线性调频小波

本小节建立并重点研究组合项数为 4 的整数倍的组合线性调频小波函数的构造方法以及主要性质. 这类组合线性调频小波被称为 4 倍组合线性调频小波.

(α) 4 倍组合线性调频小波函数的构造方法

在非周期能量有限信号空间或平方可积函数空间 $\mathcal{L}^2(\mathbb{R})$ 中，规范正交傅里叶变换基选择为 $\{\varepsilon_\omega(x) = e^{2\pi i\omega x}; \omega \in \mathbb{R}\}$，任意函数 $f(x) \in \mathcal{L}^2(\mathbb{R})$，傅里叶变换算子 $\mathscr{F} : \mathcal{L}^2(\mathbb{R}) \to \mathcal{L}^2(\mathbb{R})$ 重新表示为

$$\mathscr{F} f = \mathscr{f} : \mathscr{f}(\omega) = \int_{-\infty}^{+\infty} f(x) e^{-2\pi i\omega x} dx$$

对于实数参数 $\alpha \in \mathbb{R}$，函数 $f(x)$ 的经典线性调频小波变换 $(\mathscr{F}^\alpha f)(\omega) = \mathscr{f}^\alpha(\omega)$ 或者经典线性调频小波变换算子 $\mathscr{F}^\alpha$: $\mathcal{L}^2(\mathbb{R}) \to \mathcal{L}^2(\mathbb{R})$ 表示如下:

$$\begin{aligned} \mathscr{F}^\alpha &: \mathcal{L}^2(\mathbb{R}) \to \mathcal{L}^2(\mathbb{R}) \\ & \qquad f(x) \mapsto \mathscr{f}^\alpha(\omega) = (\mathscr{F}^\alpha f)(\omega) = (\mathscr{F}^\alpha [f(x)])(\omega) \\ \mathscr{f}^\alpha(\omega) &= \int_{-\infty}^{+\infty} f(x) \mathscr{K}_{\mathscr{F}^\alpha}(\omega, x) dx \end{aligned}$$

其中

$$\mathscr{K}_{\mathscr{F}^\alpha}(\omega, x) = \rho(\alpha) e^{i\pi\chi(\alpha,\omega,x)} = \sum_{m=0}^{\infty} \lambda_m^\alpha \varphi_m(\omega) \varphi_m^*(x)$$

而且，$\lambda_m^\alpha = \exp(-2\pi\alpha m i / 4)$，$m = 0,1,2,\cdots$.

经典线性调频小波变换算子 $\mathscr{F}^{\alpha}$ 的特征方程是

$$(\mathscr{F}^{\alpha}\varphi_m)(\omega)=\lambda_m^{\alpha}\varphi_m(\omega)=\exp\left(-\frac{m\alpha\pi i}{2}\right)\varphi_m(\omega),\quad m=0,1,2,\cdots$$

即算子 $\mathscr{F}^{\alpha}$ 的特征值序列是 $\lambda_m^{\alpha}=(-i)^{m\alpha}=\exp(-0.5m\alpha\pi i), m=0,1,2,\cdots$，而特征函数系是完备规范正交 Hermite-Gauss 函数系 $\{\varphi_m(x); m=0,1,2,3,\cdots\}$.

当 $\alpha\in\mathbb{R}$ 时，经典线性调频小波函数系 $\{\mathscr{K}_{\mathscr{F}^{\alpha}}(\omega,x)=\rho(\alpha)e^{i\pi\chi(\alpha,\omega,x)};\omega\in\mathbb{R}\}$ 构成平方可积函数空间 $\mathcal{L}^2(\mathbb{R})$ 的一个规范正交基，因此，当实数参数 $\alpha\in\mathbb{R}$ 选择不同数值时，就得到函数空间 $\mathcal{L}^2(\mathbb{R})$ 的许多规范正交基，从而利用函数空间 $\mathcal{L}^2(\mathbb{R})$ 的这些规范正交基就可以构造满足其他特定要求的规范正交基，4 倍组合线性调频小波函数系就是其中非常典型的规范正交小波基.

假设 $\mathcal{M}\geqslant 2$ 是一个任意的自然数，利用经典线性调频小波变换算子 $\mathscr{F}^{\alpha}$ 构造一个特殊算子 $\mathcal{R}=\mathscr{F}^{1/\mathcal{M}}$，

$$\begin{aligned}\mathcal{R}=\mathscr{F}^{1/\mathcal{M}}:\mathcal{L}^2(\mathbb{R})&\to\mathcal{L}^2(\mathbb{R})\\ f(x)&\mapsto\mathfrak{f}(\omega)=(\mathscr{F}^{1/\mathcal{M}}f)(\omega)=(\mathcal{R}f)(\omega)\\ \mathfrak{f}(\omega)&=\int_{-\infty}^{+\infty}f(x)\mathscr{K}_{\mathscr{F}^{1/\mathcal{M}}}(\omega,x)dx\\ &=\int_{-\infty}^{+\infty}f(x)\mathscr{K}_{\mathcal{R}}(\omega,x)dx\end{aligned}$$

其中

$$\begin{aligned}\mathscr{K}_{\mathcal{R}}(\omega,x)=\mathscr{K}_{\mathscr{F}^{1/\mathcal{M}}}(\omega,x)&=\rho(1/\mathcal{M})e^{i\pi\chi(1/\mathcal{M},\omega,x)}\\ &=\sum_{m=0}^{\infty}\lambda_m^{1/\mathcal{M}}\varphi_m(\omega)\varphi_m^*(x)\\ &=\sum_{m=0}^{\infty}\kappa_m\varphi_m(\omega)\varphi_m^*(x)\end{aligned}$$

而且

$$\kappa_m=\lambda_m^{1/\mathcal{M}}=\exp\left(-\frac{2\pi mi}{4\mathcal{M}}\right),\quad m=0,1,2,\cdots$$

根据经典线性调频小波变换算子 $\mathscr{F}^{\alpha}$ 的性质以及算子整数幂次运算性质，可以得到如下的算子运算结果:

$$\begin{aligned}\mathcal{R}^0&=\mathscr{I}\\ \mathcal{R}^1&=\mathcal{R}=\mathscr{F}^{1/\mathcal{M}}\\ &\vdots\end{aligned}$$

$$\mathcal{R}^{(4\mathcal{M}-1)} = \mathscr{F}^{(4\mathcal{M}-1)/4}$$
$$\mathcal{R}^{(4\mathcal{M})} = \mathscr{F}^{(4\mathcal{M})/\mathcal{M}} = \mathscr{F}^{4} = \mathscr{I}$$

而且，对于任意的整数 $k \in \mathbb{Z}$，

$$\mathcal{R}^{k+(4\mathcal{M})} = \mathcal{R}^{k} = \mathscr{F}^{k/\mathcal{M}}$$

其中 $\mathscr{I}$ 是单位(恒等)算子.

仿照 Shih(1995a, 1995b)的组合线性调频小波算子定义方法，按照如下形式构造平方可积函数空间 $\mathcal{L}^2(\mathbb{R})$ 的 4 倍组合线性调频小波算子 $\mathcal{R}^{\alpha}$：对于实数参数 $\alpha \in \mathbb{R}$，

$$\begin{aligned}
&\mathcal{R}^{\alpha} : \mathcal{L}^2(\mathbb{R}) \to \mathcal{L}^2(\mathbb{R}) \\
&\qquad f(x) \mapsto \mathfrak{f}^{\alpha}(\omega) = (\mathcal{R}^{\alpha} f)(\omega) \\
&\qquad \mathfrak{f}^{\alpha}(\omega) = (\mathcal{R}^{\alpha} f)(\omega) = \sum_{\ell=0}^{(4\mathcal{M}-1)} p_{\ell}(\alpha)(\mathcal{R}^{\ell} f)(\omega) \\
&\qquad = \sum_{\ell=0}^{(4\mathcal{M}-1)} p_{\ell}(\alpha) \int_{-\infty}^{+\infty} f(x) \mathscr{K}_{\mathscr{F}^{-\ell/\mathcal{M}}}(\omega, x) dx \\
&\qquad = \int_{-\infty}^{+\infty} f(x) \sum_{\ell=0}^{(4\mathcal{M}-1)} p_{\ell}(\alpha) \mathscr{K}_{\mathscr{F}^{-\ell/\mathcal{M}}}(\omega, x)\, dx \\
&\qquad = \int_{-\infty}^{+\infty} f(x) \mathscr{K}_{\mathcal{R}^{\alpha}}(\omega, x) dx
\end{aligned}$$

其中

$$\mathscr{K}_{\mathcal{R}^{\alpha}}(\omega, x) = \sum_{\ell=0}^{(4\mathcal{M}-1)} p_{\ell}(\alpha) \mathscr{K}_{\mathscr{F}^{-\ell/\mathcal{M}}}(\omega, x)$$

被称为 4 倍组合线性调频小波函数系，是空间 $\mathcal{L}^2(\mathbb{R})$ 的 4 倍组合线性调频小波算子 $\mathcal{R}^{\alpha}$ 的核函数，要求组合系数函数系 $\{p_{\ell}(\alpha); \ell = 0,1,\cdots,(4\mathcal{M}-1)\}$ 保证 4 倍组合线性调频小波算子族 $\{\mathcal{R}^{\alpha}; \alpha \in \mathbb{R}\}$ 满足如下算子运算规则:

$$\begin{aligned}
&[\mathcal{R}^{\alpha}(\varsigma f + \upsilon g)](\omega) = \varsigma(\mathcal{R}^{\alpha} f)(\omega) + \upsilon(\mathcal{R}^{\alpha} g)(\omega) \\
&\lim_{f \to g}(\mathcal{R}^{\alpha} f)(\omega) = (\mathcal{R}^{\alpha} g)(\omega) \\
&\lim_{\alpha' \to \alpha}(\mathcal{R}^{\alpha'} f)(\omega) = (\mathcal{R}^{\alpha} f)(\omega) \\
&(\mathcal{R}^{\alpha+\tilde{\alpha}} f)(\omega) = [\mathcal{R}^{\tilde{\alpha}}(\mathcal{R}^{\alpha} f)](\omega) = [\mathcal{R}^{\alpha}(\mathcal{R}^{\tilde{\alpha}} f)](\omega) \\
&(\mathcal{R}^{\alpha} f)(\omega) = (\mathcal{R}^{m} f)(\omega), \quad \alpha = m \in \mathbb{Z}
\end{aligned}$$

采用另一种方法表达对线性算子 $\mathcal{R}^{\alpha} : \mathcal{L}^2(\mathbb{R}) \to \mathcal{L}^2(\mathbb{R})$ 的公理化要求，即 4 倍组合线性调频小波算子族 $\{\mathcal{R}^{\alpha}; \alpha \in \mathbb{R}\}$ 遵循如下几个公理:

❶ 连续性公理：对全部实数参数 $\alpha \in \mathbb{R}$，算子 $\mathcal{R}^{\alpha}$ 是连续的;

❷ 边界性公理: $\mathcal{R}^\alpha=\mathcal{R},\alpha=1$;

❸ 周期性公理: $\mathcal{R}^\alpha=\mathcal{R}^{\alpha+4},\alpha\in\mathbb{R}$;

❹ 可加性公理: $\mathcal{R}^\alpha\mathcal{R}^\beta=\mathcal{R}^\beta\mathcal{R}^\alpha=\mathcal{R}^{\alpha+\beta},(\alpha,\beta)\in\mathbb{R}\times\mathbb{R}$.

注释: 利用线性变换 $\mathcal{R}^\alpha[f(x)](\omega)$ 的定义形式和上述4个公理, 这些要求转化为线性变换 $\mathcal{R}^\alpha[f(x)](\omega)$ 定义中组合系数函数系 $\{p_\ell(\alpha);\ell=0,1,\cdots,(4\mathcal{M}-1)\}$ 的要求:

① 连续性公理: $p_\ell(\alpha),\ell=0,1,\cdots,(4\mathcal{M}-1)$ 是 $\alpha\in\mathbb{R}$ 的连续函数;

② 边界性公理: $p_\ell(m)=\delta(m-\ell);\ \ell,m=0,1,\cdots,(4\mathcal{M}-1)$;

③ 周期性公理: $p_\ell(\alpha)=p_\ell(\alpha+4\mathcal{M}),\ \ell=0,1,\cdots,(4\mathcal{M}-1),\alpha\in\mathbb{R}$;

④ 可加性公理: $(\alpha,\beta)\in\mathbb{R}\times\mathbb{R}$,

$$p_\ell(\alpha+\beta)=\sum_{\substack{0\leqslant m,n\leqslant(4\mathcal{M}-1)\\ m+n\equiv\ell\ \mathrm{mod}(4\mathcal{M})}}p_m(\alpha)p_n(\beta),\quad \ell=0,1,\cdots,(4\mathcal{M}-1)$$

或者表达如下:

$$\begin{cases}p_0(\alpha+\beta)=p_0(\alpha)p_0(\beta)+p_1(\alpha)p_{(4\mathcal{M}-1)}(\beta)+\cdots+p_{(4\mathcal{M}-1)}(\alpha)p_1(\beta)\\ p_1(\alpha+\beta)=p_0(\alpha)p_1(\beta)+p_1(\alpha)p_0(\beta)+\cdots+p_{(4\mathcal{M}-1)}(\alpha)p_2(\beta)\\ \qquad\vdots\qquad\qquad\vdots\qquad\qquad\vdots\\ p_{(4\mathcal{M}-1)}(\alpha+\beta)=p_0(\alpha)p_{(4\mathcal{M}-1)}(\beta)+p_1(\alpha)p_{(4\mathcal{M}-2)}(\beta)+\cdots+p_{(4\mathcal{M}-1)}(\alpha)p_0(\beta)\end{cases}$$

实际上, Shih(1995a, 1995b)和 Liu 等(1997a, 1997b)先后给出这个函数方程组的如下“最简单的”一个解函数系:

$$\left\{p_\ell(\alpha)=\frac{1}{4\mathcal{M}}\frac{1-\exp[(-2\pi i)(\alpha-\ell)]}{1-\exp[(-2\pi i)(\alpha-\ell)/(4\mathcal{M})]};\ell=0,1,\cdots,(4\mathcal{M}-1)\right\}$$

或者表示为

$$\left\{p_\ell(\alpha)=\frac{1}{4\mathcal{M}}\sum_{k=0}^{(4\mathcal{M}-1)}\exp[(-2\pi i)k(\alpha-\ell)/(4\mathcal{M})];\ell=0,1,\cdots,(4\mathcal{M}-1)\right\}$$

这时, 所得到的 4 倍组合线性调频小波算子 $\mathcal{R}^\alpha$ 可以表示如下:

$$\begin{aligned}(\mathcal{R}^\alpha f)(\omega)&=\sum_{\ell=0}^{(4\mathcal{M}-1)}p_\ell(\alpha)(\mathcal{R}^\ell f)(\omega)\\ &=\frac{1}{4\mathcal{M}}\sum_{\ell=0}^{(4\mathcal{M}-1)}\sum_{k=0}^{(4\mathcal{M}-1)}\exp[(-2\pi i)k(\alpha-\ell)/(4\mathcal{M})](\mathcal{R}^\ell f)(\omega)\\ &=\frac{1}{4\mathcal{M}}\sum_{\ell=0}^{(4\mathcal{M}-1)}\frac{1-\exp[(-2\pi i)(\alpha-\ell)]}{1-\exp[(-2\pi i)(\alpha-\ell)/(4\mathcal{M})]}(\mathcal{R}^\ell f)(\omega)\end{aligned}$$

或者利用抽象的算子符号表示为

$$\begin{aligned}\boldsymbol{\mathcal{R}}^{\alpha} &= \sum_{\ell=0}^{(4\mathcal{M}-1)} p_{\ell}(\alpha)\boldsymbol{\mathcal{R}}^{\ell} \\ &= \frac{1}{4\mathcal{M}}\sum_{\ell=0}^{(4\mathcal{M}-1)}\sum_{k=0}^{(4\mathcal{M}-1)} \exp\Big[(-2\pi i)k(\alpha-\ell)\,/\,(4\mathcal{M})\Big]\boldsymbol{\mathcal{R}}^{\ell} \\ &= \frac{1}{4\mathcal{M}}\sum_{\ell=0}^{(4\mathcal{M}-1)} \frac{1-\exp\Big[(-2\pi i)(\alpha-\ell)\Big]}{1-\exp\Big[(-2\pi i)(\alpha-\ell)\,/\,(4\mathcal{M})\Big]}\boldsymbol{\mathcal{R}}^{\ell}\end{aligned}$$

此时, 4 倍组合线性调频小波函数系 $\mathscr{K}_{\boldsymbol{\mathcal{R}}^{\alpha}}(\omega,x)$ 可以表示为

$$\begin{aligned}\mathscr{K}_{\boldsymbol{\mathcal{R}}^{\alpha}}(\omega,x) &= \sum_{\ell=0}^{(4\mathcal{M}-1)} p_{\ell}(\alpha)\mathscr{K}_{\mathscr{F}^{\ell/\mathcal{M}}}(\omega,x) \\ &= \frac{1}{4\mathcal{M}}\sum_{\ell=0}^{(4\mathcal{M}-1)}\sum_{k=0}^{(4\mathcal{M}-1)} \exp[(-2\pi i)k(\alpha-\ell)/(4\mathcal{M})]\mathscr{K}_{\mathscr{F}^{\ell/\mathcal{M}}}(\omega,x) \\ &= \frac{1}{4\mathcal{M}}\sum_{\ell=0}^{(4\mathcal{M}-1)} \frac{1-\exp[(-2\pi i)(\alpha-\ell)]}{1-\exp\Big[(-2\pi i)(\alpha-\ell)/(4\mathcal{M})\Big]}\mathscr{K}_{\mathscr{F}^{\ell/\mathcal{M}}}(\omega,x)\end{aligned}$$

回顾经典线性调频小波变换算子 $\mathscr{F}^{\alpha}$ 的特征方程:

$$(\mathscr{F}^{\alpha}\varphi_m)(\omega) = \lambda_m^{\alpha}\varphi_m(\omega) = \exp\left(-\frac{m\alpha\pi i}{2}\right)\varphi_m(\omega),\quad m=0,1,2,\cdots$$

其中 $\mathscr{F}^{\alpha}$ 的特征值序列是 $\lambda_m^{\alpha} = (-i)^{m\alpha} = \exp(-0.5m\alpha\pi i), m=0,1,2,\cdots$, 而完备规范正交 Hermite-Gauss 函数系 $\{\varphi_m(x); m=0,1,2,3,\cdots\}$ 是 $\mathscr{F}^{\alpha}$ 的特征函数系.

由此得到经典线性调频小波算子 $\boldsymbol{\mathcal{R}} = \mathscr{F}^{1/\mathcal{M}}$ 的特征方程:

$$(\boldsymbol{\mathcal{R}}\varphi_m)(\omega) = \kappa_m\varphi_m(\omega) = \lambda_m^{1/\mathcal{M}}\varphi_m(\omega) = \exp\big(-2\pi mi/(4\mathcal{M})\big)\varphi_m(\omega),\quad m=0,1,2,\cdots$$

即算子 $\boldsymbol{\mathcal{R}}$ 的特征值序列是 $\kappa_m = \exp(-2\pi mi/(4\mathcal{M})), m=0,1,2,\cdots$, 而 $\boldsymbol{\mathcal{R}}$ 的完备规范正交特征函数系是 $\{\varphi_m(x); m=0,1,2,3,\cdots\}$.

直接演算完备规范正交特征函数系 $\{\varphi_m(x); m=0,1,2,3,\cdots\}$ 的 4 倍组合线性调频小波变换 $\boldsymbol{\mathcal{R}}^{\alpha}[\varphi_m(x)](\omega)$:

$$\begin{aligned}\boldsymbol{\mathcal{R}}^{\alpha}[\varphi_m(x)](\omega) &= \sum_{\ell=0}^{(4\mathcal{M}-1)} p_{\ell}(\alpha)\boldsymbol{\mathcal{R}}^{\ell}[\varphi_m(x)](\omega) \\ &= \frac{1}{4\mathcal{M}}\sum_{\ell=0}^{(4\mathcal{M}-1)}\sum_{k=0}^{(4\mathcal{M}-1)} \exp\left[-\frac{2\pi ik(\alpha-\ell)}{4\mathcal{M}}\right]\kappa_m^{\ell}\varphi_m(\omega) \\ &= \frac{1}{4\mathcal{M}}\sum_{\ell=0}^{(4\mathcal{M}-1)}\sum_{k=0}^{(4\mathcal{M}-1)} \exp\left[-\frac{2\pi ik(\alpha-\ell)}{4\mathcal{M}}\right]\exp\left[-\frac{2\pi im\ell}{4\mathcal{M}}\right]\varphi_m(\omega)\end{aligned}$$

$$
\begin{aligned}
&= \frac{1}{4\mathcal{M}} \sum_{k=0}^{(4\mathcal{M}-1)} \exp\left(-\frac{2\pi i k\alpha}{4\mathcal{M}}\right) \sum_{\ell=0}^{(4\mathcal{M}-1)} \exp\left[-\frac{2\pi i(m-k)\ell}{4\mathcal{M}}\right] \varphi_m(\omega) \\
&= \sum_{k=0}^{(4\mathcal{M}-1)} \exp\left(-\frac{2\pi i k\alpha}{4\mathcal{M}}\right) \delta\left[\operatorname{mod}(m, 4\mathcal{M}) - k\right] \varphi_m(\omega) \\
&= \exp\left(-\frac{2\pi i \operatorname{mod}(m, 4\mathcal{M})\alpha}{4\mathcal{M}}\right) \varphi_m(\omega) \\
&= \kappa_m^{(\alpha)} \varphi_m(\omega), \quad m=0,1,2,\cdots
\end{aligned}
$$

其中

$$
\kappa_m^{(\alpha)} = \exp\left(-\frac{2\pi i \operatorname{mod}(m, 4\mathcal{M})\alpha}{4\mathcal{M}}\right), \quad m = 0,1,2,\cdots
$$

是 4 倍组合线性调频小波算子 $\mathcal{R}^\alpha$ 的特征值序列. 这些简单的演算结果表明, 4 倍组合线性调频小波算子 $\mathcal{R}^\alpha$ 具有如下特征关系公式:

$$
\begin{aligned}
\mathcal{R}^\alpha[\varphi_m(x)](\omega) = \kappa_m^{(\alpha)} \varphi_m(\omega) \\
\kappa_m^{(\alpha)} &= \exp\left[-2\pi i\alpha \operatorname{mod}(m, 4\mathcal{M})/(4\mathcal{M})\right] \\
&= \exp\left[(-2\pi i/(4\mathcal{M}))\alpha \operatorname{mod}(m, 4\mathcal{M})\right] \\
m &= 0,1,2,\cdots
\end{aligned}
$$

即 $\{\kappa_m^{(\alpha)} = \exp[(-2\pi i/(4\mathcal{M}))\alpha \operatorname{mod}(m, 4\mathcal{M})]; m = 0,1,2,\cdots\}$ 是 4 倍组合线性调频小波算子 $\mathcal{R}^\alpha$ 的特征值序列, $\{\varphi_m(x); m \in \mathbb{N}\}$ 是算子 $\mathcal{R}^\alpha$ 的完全规范正交特征函数系.

利用 4 倍组合线性调频小波算子 $\mathcal{R}^\alpha$ 的特征值序列公式, 容易验证:

$$
\kappa_m^{(\alpha)} = \kappa_{m+4\mathcal{M}}^{(\alpha)} = \kappa_m^{(\alpha+4\mathcal{M})} = \kappa_{m+4\mathcal{M}}^{(\alpha+4\mathcal{M})}
$$

其中 $m = 0,1,2,\cdots$, 而且实数参数 $\alpha \in \mathbb{R}$. 也就是说, 4 倍组合线性调频小波算子 $\mathcal{R}^\alpha$ 的特征值序列 $\{\kappa_m^{(\alpha)}; m = 0,1,2,\cdots\}$ 具有双重的 $4\mathcal{M}$ 周期性质.

根据 4 倍组合线性调频小波算子 $\mathcal{R}^\alpha$ 的特征值序列 $\{\kappa_m^{(\alpha)}; m = 0,1,2,\cdots\}$ 具有的双重 $4\mathcal{M}$ 周期性质可知, 对于全部实数参数 $\alpha \in \mathbb{R}$, 4 倍组合线性调频小波算子族 $\{\mathcal{R}^\alpha; \alpha \in \mathbb{R}\}$ 具有相同的特征子空间序列 $\{\mathscr{W}_\ell; \ell = 0,1,\cdots,(4\mathcal{M}-1)\}$:

$$
\begin{aligned}
\mathscr{W}_\ell &= \operatorname{Closespan}\{\varphi_{4\mathcal{M}m+\ell}(x);\ m = 0,1,2,3,\cdots\} \\
&= \{\xi(\omega); \mathcal{R}^\alpha[\xi(x)](\omega) = \kappa_\ell^{(\alpha)} \xi(\omega)\}
\end{aligned}
$$

其中 $\ell = 0,1,\cdots,(4\mathcal{M}-1)$. 容易证明特征子空间序列 $\{\mathscr{W}_\ell; \ell = 0,1,\cdots,(4\mathcal{M}-1)\}$ 是相互正交的, 而且, 满足如下正交直和分解关系:

$$\begin{aligned}\mathcal{L}^2(\mathbb{R}) &= \bigoplus_{\ell=0}^{(4\mathcal{M}-1)} \mathscr{W}_\ell \\ &= \bigoplus_{\ell=0}^{(4\mathcal{M}-1)} \text{Closespan}\{\varphi_{4\mathcal{M}m+\ell}(x);\ m=0,1,2,3,\cdots\}\end{aligned}$$

(β) 4 倍组合线性调频小波多样性理论

在这里研究 4 倍组合线性调频小波算子 $\mathcal{R}^\alpha$:

$$\mathcal{R}^\alpha = \sum_{\ell=0}^{(4\mathcal{M}-1)} p_\ell(\alpha)\mathcal{R}^\ell, \quad \alpha \in \mathbb{R}$$

或者

$$(\mathcal{R}^\alpha f)(\omega) = \sum_{\ell=0}^{(4\mathcal{M}-1)} p_\ell(\alpha)(\mathcal{R}^\ell f)(\omega)$$

以及 4 倍组合线性调频小波函数系:

$$\mathscr{K}_{\mathcal{R}^\alpha}(\omega,x) = \sum_{\ell=0}^{(4\mathcal{M}-1)} p_\ell(\alpha)\mathscr{K}_{\mathscr{F}^{\ell/\mathcal{M}}}(\omega,x)$$

定义表达式中出现的组合系数函数系 $\{p_\ell(\alpha);\ell=0,1,\cdots,(4\mathcal{M}-1)\}$ 的多样性表示问题. 在前述罗列的 4 倍组合线性调频小波算子族 $\{\mathcal{R}^\alpha;\alpha\in\mathbb{R}\}$ 需要满足的算子运算规则或者 4 个公理的要求下, 组合系数函数系 $\{p_\ell(\alpha);\ell=0,1,\cdots,(4\mathcal{M}-1)\}$ 存在无穷多种合法的具体表达形式.

本小节将尝试建立组合系数函数系 $\{p_\ell(\alpha);\ell=0,1,\cdots,(4\mathcal{M}-1)\}$ 全部合法的表达公式.

引入如下的 $(4\mathcal{M})\times(4\mathcal{M})$ 矩阵 $\mathscr{P}^\alpha$:

$$\mathscr{P}^\alpha = \begin{pmatrix} p_0(\alpha) & p_{(4\mathcal{M}-1)}(\alpha) & \cdots & p_1(\alpha) \\ p_1(\alpha) & p_0(\alpha) & \cdots & p_2(\alpha) \\ \vdots & \vdots & \ddots & \vdots \\ p_{(4\mathcal{M}-1)}(\alpha) & p_{(4\mathcal{M}-2)}(\alpha) & \cdots & p_0(\alpha) \end{pmatrix}$$

形式上, 这是一个依赖于实数参数 $\alpha\in\mathbb{R}$ 的 “循环矩阵” 或者 “置换矩阵”, 称之为广义置换矩阵. 当实数参数 $\alpha\in\mathbb{R}$ 选取 $\alpha=0,1,2,\cdots$ 这样特殊的整数时, 容易验证如下的矩阵整数幂次运算规律:

$$\mathscr{P}^m = \mathscr{P}^1\mathscr{P}^{m-1} = \mathscr{P}^{m-1}\mathscr{P}^1 = [\mathscr{P}^1]^m, \quad m\in\mathbb{Z}$$

比如罗列几个特例如下:

$$\mathscr{P}^0=\begin{pmatrix}1&0&\cdots&\cdots&0\\0&1&&&\\\vdots&\ddots&\ddots&&\\\vdots&&\ddots&1&0\\0&\cdots&\cdots&0&1\end{pmatrix},\quad \mathscr{P}^1=\begin{pmatrix}0&0&\cdots&\cdots&1\\1&0&&&\\\vdots&\ddots&\ddots&&\\\vdots&&\ddots&0&0\\0&\cdots&\cdots&1&0\end{pmatrix},\cdots,$$

$$\mathscr{P}^{(4\mathcal{M}-1)}=\begin{pmatrix}0&1&\cdots&\cdots&0\\0&0&\ddots&&\\\vdots&\ddots&\ddots&\ddots&\\\vdots&&\ddots&0&1\\1&\cdots&\cdots&0&0\end{pmatrix}$$

这就是 0-步, 1-步, ⋯, $(4\mathcal{M}-1)$-步标准置换矩阵, 此外, $\mathscr{P}^{4\mathcal{M}}=\mathscr{P}^0=\mathcal{I}$ 是单位矩阵.

由此还可以进一步得到如下关系, 当实数参数 $\alpha=m$ 是整数时,

$$\mathscr{P}^{4\mathcal{M}}=\mathscr{P}^0=\mathscr{I},\quad \mathscr{P}^m=\mathscr{P}^{m+4\mathcal{M}},\quad m\in\mathbb{Z}$$

其中 $\mathscr{I}$ 是 $(4\mathcal{M})\times(4\mathcal{M})$ 的单位矩阵.

这些简单的演算结果表明, 4 倍组合线性调频小波算子群 $\{\mathcal{R}^m;m\in\mathbb{Z}\}$ 与标准置换矩阵群 $\{\mathscr{P}^m;m\in\mathbb{Z}\}$ 是两个等价的"加法群".

上述结果说明了当实数参数 $\alpha\in\mathbb{R}$ 只选择 $\alpha=m$ 是整数时 4 倍组合线性调频小波算子的性质.

在参数 $\alpha\in\mathbb{R}$ 是任意实数的通常条件下, 4 倍组合线性调频小波算子族 $\{\mathcal{R}^\alpha;\alpha\in\mathbb{R}\}$ 需要满足的算子运算规则或者公理转化为函数矩阵系 $\{\mathscr{P}^\alpha;\alpha\in\mathbb{R}\}$ 满足如下 4 个公理:

⟦1⟧ 连续性公理: 对全部实数参数 $\alpha\in\mathbb{R}$, 矩阵 $\mathscr{P}^\alpha$ 是连续的;

⟦2⟧ 边界性公理: $\mathscr{P}^\alpha=\mathscr{P}^1,\alpha=1$;

⟦3⟧ 周期性公理: $\mathscr{P}^\alpha=\mathscr{P}^{\alpha+4\mathcal{M}},\alpha\in\mathbb{R}$;

⟦4⟧ 可加性公理: $(\alpha,\beta)\in\mathbb{R}\times\mathbb{R}$,

$$\mathscr{P}^\alpha\mathscr{P}^\beta=\mathscr{P}^\beta\mathscr{P}^\alpha=\mathscr{P}^{\alpha+\beta}$$

利用这 4 个公理容易证明, 函数矩阵系 $\{\mathscr{P}^\alpha;\alpha\in\mathbb{R}\}$ 是一个关于实数参数 $\alpha\in\mathbb{R}$ 的置换矩阵群, 而且, 矩阵群 $\{\mathscr{P}^\alpha;\alpha\in\mathbb{R}\}$ 与算子群 $\{\mathcal{R}^\alpha;\alpha\in\mathbb{R}\}$ 是等价的"加法群". 这表明 4 倍组合线性调频小波算子群 $\{\mathcal{R}^\alpha;\alpha\in\mathbb{R}\}$ 本质上是一个广义置换群, 任意实数参数 $\alpha\in\mathbb{R}$ 对应的 $\mathcal{R}^\alpha$ 相当于一个广义置换或者广义置换矩阵 $\mathscr{P}^\alpha$.

定义 $4\mathcal{M}$-点有限傅里叶变换矩阵 $\mathscr{F}$ 如下:

$$\mathscr{F}=\frac{1}{\sqrt{4\mathcal{M}}}\begin{pmatrix} w^{0\times 0} & w^{0\times 1} & \cdots & w^{0\times(4\mathcal{M}-1)} \\ w^{1\times 0} & w^{1\times 1} & \cdots & w^{1\times(4\mathcal{M}-1)} \\ \vdots & \vdots & \ddots & \vdots \\ w^{(4\mathcal{M}-1)\times 0} & w^{(4\mathcal{M}-1)\times 1} & \cdots & w^{(4\mathcal{M}-1)\times(4\mathcal{M}-1)} \end{pmatrix}$$

其中 $w=\exp(-2\pi i/(4\mathcal{M}))$. 作如下的 $4\mathcal{M}$-点离散傅里叶变换:

$$\begin{pmatrix} q_0(\alpha) \\ q_1(\alpha) \\ \vdots \\ q_{(4\mathcal{M}-1)}(\alpha) \end{pmatrix}=\begin{pmatrix} w^{0\times 0} & w^{0\times 1} & \cdots & w^{0\times(4\mathcal{M}-1)} \\ w^{1\times 0} & w^{1\times 1} & \cdots & w^{1\times(4\mathcal{M}-1)} \\ \vdots & \vdots & \ddots & \vdots \\ w^{(4\mathcal{M}-1)\times 0} & w^{(4\mathcal{M}-1)\times 1} & \cdots & w^{(4\mathcal{M}-1)\times(4\mathcal{M}-1)} \end{pmatrix}\begin{pmatrix} p_0(\alpha) \\ p_1(\alpha) \\ \vdots \\ p_{(4\mathcal{M}-1)}(\alpha) \end{pmatrix}$$

并定义矩阵:

$$\mathscr{Q}^{\alpha}=\mathrm{Diag}(q_\ell(\alpha),\ell=0,1,2,\cdots,4\mathcal{M}-1)=\begin{pmatrix} q_0(\alpha) & & & \\ & q_1(\alpha) & & \\ & & \ddots & \\ & & & q_{(4\mathcal{M}-1)}(\alpha) \end{pmatrix}$$

简单计算可得

$$\mathscr{Q}^{\alpha}=[\mathscr{F}]\mathscr{P}^{\alpha}[\mathscr{F}]^*$$

具体写出如下:

$$\begin{pmatrix} q_0(\alpha) & & & \\ & q_1(\alpha) & & \\ & & \ddots & \\ & & & q_{(4\mathcal{M}-1)}(\alpha) \end{pmatrix}=[\mathscr{F}]\begin{pmatrix} p_0(\alpha) & p_{(4\mathcal{M}-1)}(\alpha) & \cdots & p_1(\alpha) \\ p_1(\alpha) & p_0(\alpha) & \cdots & p_2(\alpha) \\ \vdots & \vdots & \ddots & \vdots \\ p_{(4\mathcal{M}-1)}(\alpha) & p_{(4\mathcal{M}-2)}(\alpha) & \cdots & p_0(\alpha) \end{pmatrix}[\mathscr{F}]^*$$

其中

$$[\mathscr{F}]^*=\frac{1}{\sqrt{4\mathcal{M}}}\begin{pmatrix} u^{0\times 0} & u^{0\times 1} & \cdots & u^{0\times(4\mathcal{M}-1)} \\ u^{1\times 0} & u^{1\times 1} & \cdots & u^{1\times(4\mathcal{M}-1)} \\ \vdots & \vdots & \ddots & \vdots \\ u^{(4\mathcal{M}-1)\times 0} & u^{(4\mathcal{M}-1)\times 1} & \cdots & u^{(4\mathcal{M}-1)\times(4\mathcal{M}-1)} \end{pmatrix}$$

其中 $u=\exp\left(2\pi i/(4\mathcal{M})\right)=\overline{w}$.

因为 $4\mathcal{M}$-点有限傅里叶变换矩阵 $\mathscr{F}$ 是一个酉矩阵, 这样, 前述由 4 个公理表达的函数矩阵系$\{\mathscr{P}^{\alpha};\alpha\in\mathbb{R}\}$应该满足的要求可以等价转换为要求这里定义的对角形式的函数矩阵系$\{\mathscr{Q}^{\alpha};\alpha\in\mathbb{R}\}$满足如下公理:

1) 连续性公理: 对全部实数参数$\alpha\in\mathbb{R}$, 矩阵$\mathscr{Q}^{\alpha}$是连续的;

2) 边界性公理: $\mathscr{Q}^{\alpha}=\operatorname{Diag}(q_{\ell}(1)=w^{\ell\times 1},\ell=0,1,2,\cdots,4\boldsymbol{\mathcal{M}}-1)$, $\alpha=1$;

3) 周期性公理: $\mathscr{Q}^{\alpha}=\mathscr{Q}^{\alpha+4\boldsymbol{\mathcal{M}}},\alpha\in\mathbb{R}$;

4) 可加性公理: $(\alpha,\beta)\in\mathbb{R}\times\mathbb{R}$,

$$\mathscr{Q}^{\alpha}\mathscr{Q}^{\beta}=\mathscr{Q}^{\beta}\mathscr{Q}^{\alpha}=\mathscr{Q}^{\alpha+\beta}$$

比如

$$\begin{aligned}\mathscr{Q}^{\alpha+\beta}&=[\mathscr{F}]\mathscr{P}^{\alpha+\beta}[\mathscr{F}]^{*}\\&=[\mathscr{F}]\mathscr{P}^{\alpha}\mathscr{P}^{\beta}[\mathscr{F}]^{*}\\&=[\mathscr{F}]\mathscr{P}^{\alpha}[\mathscr{F}]^{*}[\mathscr{F}]\mathscr{P}^{\beta}[\mathscr{F}]^{*}\\&=\mathscr{Q}^{\alpha}\mathscr{Q}^{\beta}\\&=\mathscr{Q}^{\beta}\mathscr{Q}^{\alpha}\end{aligned}$$

容易证明, 对角函数矩阵系$\{\mathscr{Q}^{\alpha};\alpha\in\mathbb{R}\}$构成实数参数$\alpha\in\mathbb{R}$的“加法”矩阵群.

这样, 函数系$\{q_{\ell}(\alpha);\ell=0,1,2,\cdots,(4\boldsymbol{\mathcal{M}}-1)\}$应该满足如下几个公理:

a) 连续性公理: $q_{\ell}(\alpha),\ell=0,1,2,\cdots,(4\boldsymbol{\mathcal{M}}-1)$是参数$\alpha\in\mathbb{R}$的连续函数;

b) 边界性公理: $q_{\ell}(n)=\exp(-2\pi n\ell i/(4\boldsymbol{\mathcal{M}}));\ell,n=0,1,2,\cdots,(4\boldsymbol{\mathcal{M}}-1)$;

c) 周期性公理: $q_{\ell}(\alpha)=q_{\ell}(\alpha+4\boldsymbol{\mathcal{M}}),\ \ell=0,1,2,\cdots,(4\boldsymbol{\mathcal{M}}-1),\ \alpha\in\mathbb{R}$;

d) 可加性公理: $(\alpha,\beta)\in\mathbb{R}\times\mathbb{R}$, $\ell=0,1,2,\cdots,(4\boldsymbol{\mathcal{M}}-1)$,

$$q_{\ell}(\alpha)q_{\ell}(\beta)=q_{\ell}(\beta)q_{\ell}(\alpha)=q_{\ell}(\alpha+\beta)$$

或者表达如下:

$$\begin{cases}q_{0}(\alpha+\beta)=q_{0}(\alpha)q_{0}(\beta)\\q_{1}(\alpha+\beta)=q_{1}(\alpha)q_{1}(\beta)\\\quad\vdots\\q_{(4\boldsymbol{\mathcal{M}}-1)}(\alpha+\beta)=q_{(4\boldsymbol{\mathcal{M}}-1)}(\alpha)q_{(4\boldsymbol{\mathcal{M}}-1)}(\beta)\end{cases}$$

从上述公理可得到如下函数方程组:

$$\begin{cases}q_{\ell}(\alpha+\beta)=q_{\ell}(\alpha)q_{\ell}(\beta), & \ell=0,1,2,\cdots,(4\boldsymbol{\mathcal{M}}-1)\\q_{\ell}(\alpha)=q_{\ell}(\alpha+4\boldsymbol{\mathcal{M}}), & \ell=0,1,2,\cdots,(4\boldsymbol{\mathcal{M}}-1)\\q_{\ell}(n)=\exp(-2\pi n\ell i/(4\boldsymbol{\mathcal{M}})), & n,\ell=0,1,2,\cdots,(4\boldsymbol{\mathcal{M}}-1)\end{cases}$$

显然, 这个关于未知函数系$\{q_{\ell}(\alpha);\ell=0,1,2,\cdots,(4\boldsymbol{\mathcal{M}}-1)\}$的方程组, 在所述周

期条件和边界条件下, 存在无穷多组合法的解. 比如,

$$q_\ell(\overline{n},\alpha)=\exp\left[-\frac{2\pi i\alpha(\ell+4\mathcal{M}n_\ell)}{4\mathcal{M}}\right],\quad \ell=0,1,2,\cdots,(4\mathcal{M}-1)$$

其中 $\overline{n}=(n_0,n_1,\cdots,n_{(4\mathcal{M}-1)})\in\mathbb{Z}^{4\mathcal{M}}$ 是任意的 $4\mathcal{M}$ 维整数向量. 利用有限傅里叶逆变换关系可得

$$\begin{pmatrix} p_0(\overline{n},\alpha)\\ p_1(\overline{n},\alpha)\\ \vdots\\ p_{(4\mathcal{M}-1)}(\overline{n},\alpha)\end{pmatrix}=\frac{1}{4\mathcal{M}}\begin{pmatrix} u^{0\times 0} & u^{0\times 1} & \cdots & u^{0\times(4\mathcal{M}-1)}\\ u^{1\times 0} & u^{1\times 1} & \cdots & u^{1\times(4\mathcal{M}-1)}\\ \vdots & \vdots & \ddots & \vdots\\ u^{(4\mathcal{M}-1)\times 0} & u^{(4\mathcal{M}-1)\times 1} & \cdots & u^{(4\mathcal{M}-1)\times(4\mathcal{M}-1)}\end{pmatrix}\begin{pmatrix} q_0(\overline{n},\alpha)\\ q_1(\overline{n},\alpha)\\ \vdots\\ q_{(4\mathcal{M}-1)}(\overline{n},\alpha)\end{pmatrix}$$

具体写出如下:

$$p_\ell(\overline{n},\alpha)=\frac{1}{4\mathcal{M}}\sum_{k=0}^{(4\mathcal{M}-1)}\exp\left\{-\frac{2\pi i\left[\alpha(k+4\mathcal{M}n_k)-\ell k\right]}{4\mathcal{M}}\right\},\quad \ell=0,1,2,\cdots,(4\mathcal{M}-1)$$

这时, 当实数参数 $\alpha\in\mathbb{R}$ 时, 得到相应的 4 倍组合线性调频小波算子并改用符号 $\mathcal{R}^{(\overline{n},\alpha)}$:

$$\begin{aligned}\mathcal{R}^{(\overline{n},\alpha)}&=\sum_{\ell=0}^{(4\mathcal{M}-1)}p_\ell(\overline{n},\alpha)\mathcal{R}^\ell\\&=\frac{1}{4\mathcal{M}}\sum_{\ell=0}^{(4\mathcal{M}-1)}\sum_{k=0}^{(4\mathcal{M}-1)}\exp\{-2\pi i[\alpha(k+4\mathcal{M}n_k)-\ell k]/(4\mathcal{M})\}\mathcal{R}^\ell\end{aligned}$$

或者

$$\begin{aligned}(\mathcal{R}^{(\overline{n},\alpha)}f)(\omega)&=\sum_{\ell=0}^{(4\mathcal{M}-1)}p_\ell(\overline{n},\alpha)(\mathcal{R}^\ell f)(\omega)\\&=\frac{1}{4\mathcal{M}}\sum_{\ell=0}^{(4\mathcal{M}-1)}\sum_{k=0}^{(4\mathcal{M}-1)}\exp\left\{-2\pi i[\alpha(k+4\mathcal{M}n_k)-\ell k]/(4\mathcal{M})\right\}\mathfrak{f}^\ell(\omega)\end{aligned}$$

其中, $\ell=0,1,2,\cdots,(4\mathcal{M}-1)$,

$$\begin{aligned}\mathfrak{f}^\ell(\omega)=(\mathcal{R}^\ell f)(\omega)&=\int_{-\infty}^{+\infty}f(x)\mathscr{K}_{\mathcal{R}^\ell}(\omega,x)dx\\&=\int_{-\infty}^{+\infty}f(x)\mathscr{K}_{\mathscr{F}^{\ell/\mathcal{M}}}(\omega,x)dx\end{aligned}$$

另外, 还得到相应的 4 倍组合线性调频小波函数系 $\mathscr{K}_{\mathcal{R}^{(\overline{n},\alpha)}}(\omega,x)$ 的表达式:

$$\begin{aligned}\mathscr{K}_{\mathcal{R}^{(\overline{n},\alpha)}}(\omega,x)&=\sum_{\ell=0}^{(4\mathcal{M}-1)}p_\ell(\overline{n},\alpha)\mathscr{K}_{\mathscr{F}^{\ell/\mathcal{M}}}(\omega,x)\\&=\frac{1}{4\mathcal{M}}\sum_{\ell=0}^{(4\mathcal{M}-1)}\sum_{k=0}^{(4\mathcal{M}-1)}\exp\left\{-\frac{2\pi i[\alpha(k+4\mathcal{M}n_k)-\ell k]}{4\mathcal{M}}\right\}\mathscr{K}_{\mathscr{F}^{\ell/\mathcal{M}}}(\omega,x)\end{aligned}$$

注释: 回顾与对比. 在组合线性调频小波函数 $\mathscr{K}_{\bar{n},\alpha}^{(\mathcal{S})}(\omega,x)$ 构造中, 这种组合线性调频小波函数最终表现为如下 4 个极为特殊的“多重傅里叶变换核函数”:

$$\begin{aligned}
\mathscr{K}_{\mathscr{F}^0}(\omega,x) &= \delta(\omega-x)\\
\mathscr{K}_{\mathscr{F}^1}(\omega,x) &= \exp(-2\pi i\omega x)\\
\mathscr{K}_{\mathscr{F}^2}(\omega,x) &= \delta(\omega+x)\\
\mathscr{K}_{\mathscr{F}^3}(\omega,x) &= \exp(+2\pi i\omega x)
\end{aligned}$$

的线性组合, 而组合系数函数系是

$$\left\{p_\ell(\bar{n},\alpha)=\frac{1}{4}\sum_{k=0}^{3}\exp\{-2\pi i[\alpha(k+4n_k)-\ell k]/4\};\ell=0,1,2,3\right\}$$

依赖于实数参数 $\alpha\in\mathbb{R}$ 和一个 4 维整数向量 $\bar{n}=(n_0,n_1,n_2,n_3)\in\mathbb{Z}^4$. 此时, 组合线性调频小波函数 $\mathscr{K}_{\bar{n},\alpha}^{(\mathcal{S})}(\omega,x)$ 的具体表达式是

$$\mathscr{K}_{\bar{n},\alpha}^{(\mathcal{S})}(\omega,x)=\frac{1}{4}\sum_{\ell=0}^{3}\sum_{k=0}^{3}\exp\left\{-\frac{2\pi i[\alpha(k+4n_k)-\ell k]}{4}\right\}\mathscr{K}_{\mathscr{F}^\ell}(\omega,x)$$

但是, 在 4 倍组合线性调频小波函数系 $\mathscr{K}_{\mathcal{R}^{(\bar{n},\alpha)}}(\omega,x)$ 的表达式中, 不仅要出现如下 4 个极为特殊的“多重傅里叶变换核函数”:

$$\begin{aligned}
\mathscr{K}_{\mathscr{F}^0}(\omega,x) &= \delta(\omega-x)\\
\mathscr{K}_{\mathscr{F}^1}(\omega,x) &= \exp(-2\pi i\omega x)\\
\mathscr{K}_{\mathscr{F}^2}(\omega,x) &= \delta(\omega+x)\\
\mathscr{K}_{\mathscr{F}^3}(\omega,x) &= \exp(+2\pi i\omega x)
\end{aligned}$$

除此之外, 还会出现如下的另外 $4(\mathcal{M}-1)$ 个“多重经典线性调频小波函数”:

$$\begin{aligned}
\mathscr{K}_{\mathcal{R}^\ell}(\omega,x)=\mathscr{K}_{\mathscr{F}^{\ell/\mathcal{M}}}(\omega,x) &= \rho(\ell/\mathcal{M})e^{i\pi\chi(\ell/\mathcal{M},\omega,x)}\\
&=\sum_{m=0}^{\infty}\lambda_m^{\ell/\mathcal{M}}\varphi_m(\omega)\varphi_m^*(x)\\
&=\sum_{m=0}^{\infty}\kappa_m^{\ell}\varphi_m(\omega)\varphi_m^*(x)
\end{aligned}$$

其中 $\{\kappa_m^\ell=\lambda_m^{\ell/\mathcal{M}}=\exp[-2\pi\ell mi/(4\mathcal{M})];m=0,1,2,\cdots\}$ 是“多重经典线性调频小波算子” $\mathcal{R}^\ell$ 的特征值序列, 这里 $\ell\in\{0,1,2,\cdots,(4\mathcal{M}-1)\}-\{0,\mathcal{M},2\mathcal{M},3\mathcal{M}\}$, 换句话说, $\ell=0,1,2,\cdots,(4\mathcal{M}-1)$ 而且 ℓ 不是 $\mathcal{M}$ 的倍数.

为了更直观地说明问题, 这里完整罗列构造 $\mathscr{K}_{\mathcal{R}^{(\bar{n},\alpha)}}(\omega,x)$ 的 $4\mathcal{M}$ 个“多重经典线性调频小波函数系” $\{\mathscr{K}_{\mathcal{R}^\ell}(\omega,x);\ell=0,1,2,\cdots,(4\mathcal{M}-1)\}$:

$$\begin{aligned}
&\delta(\omega-x); &&\rho(\ell/\mathcal{M})e^{i\pi\chi(\ell/\mathcal{M},\omega,x)},\quad \ell=0,1,2,\cdots,(\mathcal{M}-1);\\
&\exp(-2\pi i\omega x); &&\rho(\ell/\mathcal{M})e^{i\pi\chi(\ell/\mathcal{M},\omega,x)},\quad \ell=(\mathcal{M}+1),\cdots,(2\mathcal{M}-1);\\
&\delta(\omega+x); &&\rho(\ell/\mathcal{M})e^{i\pi\chi(\ell/\mathcal{M},\omega,x)},\quad \ell=(2\mathcal{M}+1),\cdots,(3\mathcal{M}-1);\\
&\exp(+2\pi i\omega x); &&\rho(\ell/\mathcal{M})e^{i\pi\chi(\ell/\mathcal{M},\omega,x)},\quad \ell=(3\mathcal{M}+1),\cdots,(4\mathcal{M}-1).
\end{aligned}$$

这个完整的“多重经典线性调频小波函数系” $\{\mathscr{K}_{\mathcal{R}^\ell}(\omega,x);\ell=0,1,2,\cdots,(4\mathcal{M}-1)\}$ 本质上就是如下 5 项“最特殊的经典线性调频小波函数序列”：

$$\delta(\omega-x),\quad \exp(-2\pi i\omega x),\quad \delta(\omega+x),\quad \exp(+2\pi i\omega x),\quad \delta(\omega-x)$$

相邻两项之间“均匀”插入了 $(\mathcal{M}-1)$ 个“中间状态项”(放弃最后一项)的插值序列.

综合前述分析可知, 4 倍组合线性调频小波函数系 $\mathscr{K}_{\mathcal{R}^{(\bar{n},\alpha)}}(\omega,x)$ 的多样性直接来源于自然数 $\mathcal{M}$ 的任意性以及 $4\mathcal{M}$ 维整数向量 $\bar{n}=(n_0,n_1,\cdots,n_{(4\mathcal{M}-1)})\in\mathbb{Z}^{4\mathcal{M}}$ 的任意性. 在自然数 $\mathcal{M}$ 以及 $4\mathcal{M}$ 维整数向量 $\bar{n}=(n_0,n_1,\cdots,n_{(4\mathcal{M}-1)})\in\mathbb{Z}^{4\mathcal{M}}$ 已知的前提条件下, 4 倍组合线性调频小波变换算子族 $\{\mathcal{R}^{(\bar{n},\alpha)};\alpha\in\mathbb{R}\}$ 与广义置换矩阵群 $\{\mathscr{P}^{(\bar{n},\alpha)};\alpha\in\mathbb{R}\}$ (注意: 因向量 $\bar{n}\in\mathbb{Z}^{4\mathcal{M}}$ 的出现而将 $\mathscr{P}^{\alpha}$ 改写为 $\mathscr{P}^{(\bar{n},\alpha)}$)是等价的“加法群”.

根据经典线性调频小波算子 $\mathcal{R}^\ell$ 的特征方程

$$(\mathcal{R}^\ell\varphi_m)(\omega)=\kappa_m^\ell\varphi_m(\omega)=\lambda_m^{\ell/\mathcal{M}}\varphi_m(\omega)=\exp\left(-2\pi\ell mi/(4\mathcal{M})\right)\varphi_m(\omega),\quad m=0,1,2,\cdots$$

其中 $\{\kappa_m^\ell=\lambda_m^{\ell/\mathcal{M}}=\exp[-2\pi\ell mi/(4\mathcal{M})];m=0,1,2,\cdots\}$ 是经典线性调频小波算子 $\mathcal{R}^\ell$ 的特征值序列, 算子 $\mathcal{R}^\ell$ 的规范正交特征函数系是 $\{\varphi_m(x);m=0,1,2,3,\cdots\}$, 这里 $\ell=0,1,2,\cdots,(4\mathcal{M}-1)$.

直接演算完备规范正交特征函数系 $\{\varphi_m(x);m=0,1,2,3,\cdots\}$ 的 4 倍组合线性调频小波变换 $\mathcal{R}^{(\bar{n},\alpha)}[\varphi_m(x)](\omega)$:

$$\begin{aligned}
&\mathcal{R}^{(\bar{n},\alpha)}[\varphi_m(x)](\omega)\\
&=\sum_{\ell=0}^{(4\mathcal{M}-1)}p_\ell(\bar{n},\alpha)\mathcal{R}^\ell[\varphi_m(x)](\omega)\\
&=\frac{1}{4\mathcal{M}}\sum_{\ell=0}^{(4\mathcal{M}-1)}\sum_{k=0}^{(4\mathcal{M}-1)}\exp\left\{-\frac{2\pi i\left[\alpha(k+4\mathcal{M}n_k)-\ell k\right]}{4\mathcal{M}}\right\}\kappa_m^\ell\varphi_m(\omega)\\
&=\frac{1}{4\mathcal{M}}\sum_{k=0}^{(4\mathcal{M}-1)}\exp\left[-\frac{2\pi i\alpha(k+4\mathcal{M}n_k)}{4\mathcal{M}}\right]\sum_{\ell=0}^{(4\mathcal{M}-1)}\exp\left[-\frac{2\pi i(m-k)\ell}{4\mathcal{M}}\right]\varphi_m(\omega)\\
&=\sum_{k=0}^{(4\mathcal{M}-1)}\exp\left[-\frac{2\pi i\alpha(k+4\mathcal{M}n_k)}{4\mathcal{M}}\right]\delta\left[\mathrm{mod}(m,4\mathcal{M})-k\right]\varphi_m(\omega),\quad m=0,1,2,\cdots
\end{aligned}$$

最后得到

$$\begin{aligned}\mathcal{R}^{(\bar{n},\alpha)}[\varphi_m(x)](\omega)&=\exp\left\{-\frac{2\pi i\alpha[\mathrm{mod}(m,4\mathcal{M})+4\mathcal{M}n_{\mathrm{mod}(m,4\mathcal{M})}]}{4\mathcal{M}}\right\}\varphi_m(\omega)\\&=\kappa_m^{(\bar{n},\alpha)}\varphi_m(\omega)\end{aligned}$$

其中，$m=0,1,2,\cdots$

$$\kappa_m^{(\bar{n},\alpha)}=\exp\left\{-\frac{2\pi i\alpha[\mathrm{mod}(m,4\mathcal{M})+4\mathcal{M}n_{\mathrm{mod}(m,4\mathcal{M})}]}{4\mathcal{M}}\right\}$$

是 4 倍组合线性调频小波算子 $\mathcal{R}^{(\bar{n},\alpha)}$ 的特征值序列. 这些简明的演算结果表明, 4 倍组合线性调频小波算子 $\mathcal{R}^{(\bar{n},\alpha)}$ 具有如下特征关系公式:

$$\begin{aligned}\mathcal{R}^{(\bar{n},\alpha)}[\varphi_m(x)](\omega)&=\kappa_m^{(\bar{n},\alpha)}\varphi_m(\omega)\\\kappa_m^{(\bar{n},\alpha)}&=\exp\{-2\pi i\alpha[\mathrm{mod}(m,4\mathcal{M})+4\mathcal{M}n_{\mathrm{mod}(m,4\mathcal{M})}]/(4\mathcal{M})\}\\m&=0,1,2,\cdots\end{aligned}$$

即 $\{\kappa_m^{(\bar{n},\alpha)};m=0,1,2,\cdots\}$ 是 4 倍组合线性调频小波算子 $\mathcal{R}^{(\bar{n},\alpha)}$ 的特征值序列，算子 $\mathcal{R}^{(\bar{n},\alpha)}$ 的完全规范正交特征函数系是 $\{\varphi_m(x);m\in\mathbb{N}\}$.

利用 4 倍组合线性调频小波算子 $\mathcal{R}^{(\bar{n},\alpha)}$ 的特征值序列公式，容易验证:

$$\kappa_m^{(\bar{n},\alpha)}=\kappa_{m+4\mathcal{M}}^{(\bar{n},\alpha)}=\kappa_m^{(\bar{n},\alpha+4\mathcal{M})}=\kappa_{m+4\mathcal{M}}^{(\bar{n},\alpha+4\mathcal{M})}$$

其中 $m=0,1,2,\cdots$，而且实数参数 $\alpha\in\mathbb{R}$. 也就是说，4 倍组合线性调频小波算子 $\mathcal{R}^{(\bar{n},\alpha)}$ 的特征值序列 $\{\kappa_m^{(\bar{n},\alpha)};m=0,1,2,\cdots\}$ 具有双重的 $4\mathcal{M}$ 周期性质.

根据 4 倍组合线性调频小波算子 $\mathcal{R}^{(\bar{n},\alpha)}$ 的特征值序列 $\{\kappa_m^{(\bar{n},\alpha)};m=0,1,2,\cdots\}$ 具有的双重 $4\mathcal{M}$ 周期性质可知，对于全部实数参数 $\alpha\in\mathbb{R}$，4 倍组合线性调频小波算子族 $\{\mathcal{R}^{(\bar{n},\alpha)};\alpha\in\mathbb{R}\}$ 具有相同的特征子空间序列 $\{\mathscr{W}_\ell;\ell=0,1,\cdots,(4\mathcal{M}-1)\}$:

$$\begin{aligned}\mathscr{W}_\ell&=\mathrm{Closespan}\{\varphi_{4\mathcal{M}m+\ell}(x);\ m=0,1,2,3,\cdots\}\\&=\{\xi(\omega);\mathcal{R}^{(\bar{n},\alpha)}[\xi(x)](\omega)=\kappa_\ell^{(\bar{n},\alpha)}\xi(\omega)\}\end{aligned}$$

其中 $\ell=0,1,\cdots,(4\mathcal{M}-1)$. 显然，特征子空间序列 $\{\mathscr{W}_\ell;\ell=0,1,\cdots,(4\mathcal{M}-1)\}$ 与整数向量 $\bar{n}=(n_0,n_1,\cdots,n_{(4\mathcal{M}-1)})\in\mathbb{Z}^{4\mathcal{M}}$ 无关，相互正交而且满足如下正交直和分解关系:

$$\begin{aligned}\mathcal{L}^2(\mathbb{R})&=\bigoplus_{\ell=0}^{(4\mathcal{M}-1)}\mathscr{W}_\ell\\&=\bigoplus_{\ell=0}^{(4\mathcal{M}-1)}\mathrm{Closespan}\{\varphi_{4\mathcal{M}m+\ell}(x);\ m=0,1,2,3,\cdots\}\end{aligned}$$

回顾傅里叶变换算子 $\mathscr{F}$ 的特征子空间 $\mathcal{W}_h$：

$$\mathcal{W}_h = \mathrm{Closespan}\{\varphi_{4m+h}(x);\ m = 0,1,2,3,\cdots\}$$

其中 $h = 0,1,2,3$. 因此，4 倍组合线性调频小波算子族 $\{\mathcal{R}^{(\overline{n},\alpha)};\alpha \in \mathbb{R}\}$ 的特征子空间序列 $\{\mathscr{W}_\ell;\ell = 0,1,\cdots,(4\mathcal{M}-1)\}$ 与傅里叶变换算子 $\mathscr{F}$ 的特征子空间 $\mathcal{W}_h$ ，$h = 0,1,2,3$ 之间具有如下正交直和分解关系：

$$\begin{aligned}\mathcal{W}_h &= \mathrm{Closespan}\{\ \varphi_{4m+h}(x);\ m = 0,1,2,3,\cdots\} \\ &= \bigoplus_{\gamma=0}^{(\mathcal{M}-1)} \mathscr{W}_{4\gamma+h} \\ &= \bigoplus_{\gamma=0}^{(\mathcal{M}-1)} \mathrm{Closespan}\{\varphi_{4\mathcal{M}m+4\gamma+h}(x);\ m = 0,1,2,3,\cdots\}\end{aligned}$$

其中 $h = 0,1,2,3$.

这个正交直和分解关系的基本意义是，将傅里叶变换算子 $\mathscr{F}$ 的 4 个特征子空间 $\mathcal{W}_0,\mathcal{W}_1,\mathcal{W}_2,\mathcal{W}_3$ 都“均匀地”“相互正交地”分裂为 $\mathcal{M}$ 个子空间：

$$\begin{aligned}\mathcal{W}_0 &\to \mathscr{W}_{4\gamma+0},\quad \gamma = 0,1,2,\cdots,(\mathcal{M}-1) \\ \mathcal{W}_1 &\to \mathscr{W}_{4\gamma+1},\quad \gamma = 0,1,2,\cdots,(\mathcal{M}-1) \\ \mathcal{W}_2 &\to \mathscr{W}_{4\gamma+2},\quad \gamma = 0,1,2,\cdots,(\mathcal{M}-1) \\ \mathcal{W}_3 &\to \mathscr{W}_{4\gamma+3},\quad \gamma = 0,1,2,\cdots,(\mathcal{M}-1)\end{aligned}$$

这样分裂完成后即可得到 4 倍组合线性调频小波算子族 $\{\mathcal{R}^{(\overline{n},\alpha)};\alpha \in \mathbb{R}\}$ 的特征子空间序列 $\{\mathscr{W}_\ell;\ell = 0,1,\cdots,(4\mathcal{M}-1)\}$.

回顾 Shih(1995a, 1995b), Liu 等(1997a, 1997b)的定义，他们在文献中给出的组合系数函数系 $\{p_\ell(\alpha);\ell = 0,1,\cdots,(4\mathcal{M}-1)\}$ 就是 $\overline{n} = (n_0,n_1,\cdots,n_{(4\mathcal{M}-1)}) = (0,0,\cdots,0)$ 时的函数系 $\{p_\ell(\overline{n},\alpha);\ell = 0,1,\cdots,(4\mathcal{M}-1)\}$，而且，此时，如下演算成立：

$$\begin{aligned}p_\ell(\overline{n},\alpha) &= \frac{1}{4\mathcal{M}}\sum_{k=0}^{(4\mathcal{M}-1)} \exp\{-2\pi i[\alpha(k+4\mathcal{M}n_k)-\ell k]/(4\mathcal{M})\} \\ &= \frac{1}{4\mathcal{M}}\sum_{k=0}^{(4\mathcal{M}-1)} \exp[-2\pi i(\alpha-\ell)k/(4\mathcal{M})] \\ &= \frac{1}{4\mathcal{M}}\frac{1-\exp[-2\pi i(\alpha-\ell)]}{1-\exp[-2\pi i(\alpha-\ell)/(4\mathcal{M})} \\ &= p_\ell(\alpha)\end{aligned}$$

其中 $\ell = 0,1,2,\cdots,(4\mathcal{M}-1)$.

(γ) 4 倍组合线性调频小波算子对角化

利用 4 倍组合线性调频小波算子 $\boldsymbol{\mathcal{R}}^{(\bar{n},\alpha)}$ 的特征性质可以给出 $\boldsymbol{\mathcal{R}}^{(\bar{n},\alpha)}$ 或者它的核函数系 $\{\mathscr{K}_{\boldsymbol{\mathcal{R}}^{(\bar{n},\alpha)}}(\omega,x);\bar{n}=(n_0,n_1,\cdots,n_{(4\boldsymbol{\mathcal{M}}-1)})\in\mathbb{Z}^{4\boldsymbol{\mathcal{M}}},\alpha\in\mathbb{R}\}$，即 4 倍组合线性调频小波函数系的“对角化”表示或者“二次型”表示.

4 倍组合线性调频小波算子族 $\boldsymbol{\mathcal{R}}^{(\bar{n},\alpha)}$ 可以表示为

$$
\begin{aligned}
\boldsymbol{\mathcal{R}}^{(\bar{n},\alpha)}:\boldsymbol{\mathcal{L}}^2(\mathbb{R})&\to\boldsymbol{\mathcal{L}}^2(\mathbb{R})\\
f(x)&\mapsto\mathfrak{f}^{(\bar{n},\alpha)}(\omega)=(\boldsymbol{\mathcal{R}}^{(\bar{n},\alpha)}f)(\omega)\\
\mathfrak{f}^{(\bar{n},\alpha)}(\omega)&=(\boldsymbol{\mathcal{R}}^{(\bar{n},\alpha)}f)(\omega)\\
&=\sum_{\ell=0}^{(4\boldsymbol{\mathcal{M}}-1)}p_\ell(\bar{n},\alpha)(\boldsymbol{\mathcal{R}}^\ell f)(\omega)
\end{aligned}
$$

化简可得

$$
\begin{aligned}
\mathfrak{f}^{(\bar{n},\alpha)}(\omega)&=\sum_{\ell=0}^{(4\boldsymbol{\mathcal{M}}-1)}p_\ell(\bar{n},\alpha)\int_{-\infty}^{+\infty}f(x)\mathscr{K}_{\mathscr{F}^{\ell/\boldsymbol{\mathcal{M}}}}(\omega,x)dx\\
&=\int_{-\infty}^{+\infty}f(x)\sum_{\ell=0}^{(4\boldsymbol{\mathcal{M}}-1)}p_\ell(\bar{n},\alpha)\mathscr{K}_{\mathscr{F}^{\ell/\boldsymbol{\mathcal{M}}}}(\omega,x)dx\\
&=\int_{-\infty}^{+\infty}f(x)\mathscr{K}_{\boldsymbol{\mathcal{R}}^{(\bar{n},\alpha)}}(\omega,x)dx
\end{aligned}
$$

或者抽象地

$$
\boldsymbol{\mathcal{R}}^{(\bar{n},\alpha)}=\sum_{\ell=0}^{(4\boldsymbol{\mathcal{M}}-1)}p_\ell(\bar{n},\alpha)\boldsymbol{\mathcal{R}}^\ell
$$

而且

$$
\mathscr{K}_{\boldsymbol{\mathcal{R}}^{(\bar{n},\alpha)}}(\omega,x)=\sum_{\ell=0}^{(4\boldsymbol{\mathcal{M}}-1)}p_\ell(\bar{n},\alpha)\mathscr{K}_{\mathscr{F}^{\ell/\boldsymbol{\mathcal{M}}}}(\omega,x)
$$

其中

$$
p_\ell(\bar{n},\alpha)=\frac{1}{4\boldsymbol{\mathcal{M}}}\sum_{k=0}^{(4\boldsymbol{\mathcal{M}}-1)}\exp\left\{-\frac{2\pi i\left[\alpha(k+4\boldsymbol{\mathcal{M}}n_k)-\ell k\right]}{4\boldsymbol{\mathcal{M}}}\right\}
$$

这里 $\ell=0,1,2,\cdots,(4\boldsymbol{\mathcal{M}}-1)$.

利用这些记号, 4 倍组合线性调频小波算子 $\boldsymbol{\mathcal{R}}^{(\bar{n},\alpha)}$ 的特征方程是

$$
\begin{aligned}
\boldsymbol{\mathcal{R}}^{(\bar{n},\alpha)}[\varphi_m(x)](\omega)&=\kappa_m^{(\bar{n},\alpha)}\varphi_m(\omega)\\
\kappa_m^{(\bar{n},\alpha)}&=\exp\{-2\pi i\alpha[\mathrm{mod}(m,4\boldsymbol{\mathcal{M}})+4\boldsymbol{\mathcal{M}}n_{\mathrm{mod}(m,4\boldsymbol{\mathcal{M}})}]/(4\boldsymbol{\mathcal{M}})\}
\end{aligned}
$$

其中 $m=0,1,2,\cdots$，算子 $\boldsymbol{\mathcal{R}}^{(\bar{n},\alpha)}$ 的完全规范正交特征函数系是 $\{\varphi_m(x);m\in\mathbb{N}\}$，其特

征值序列是 $\{\kappa_m^{(\overline{n},\alpha)};m=0,1,2,\cdots\}$，它具有如下双重 $4\boldsymbol{\mathcal{M}}$ 周期性质：

$$\kappa_m^{(\overline{n},\alpha)}=\kappa_{m+4\boldsymbol{\mathcal{M}}}^{(\overline{n},\alpha)}=\kappa_m^{(\overline{n},\alpha+4\boldsymbol{\mathcal{M}})}=\kappa_{m+4\boldsymbol{\mathcal{M}}}^{(\overline{n},\alpha+4\boldsymbol{\mathcal{M}})}$$

这里，$m=0,1,2,\cdots$，而且实数参数 $\alpha\in\mathbb{R}$.

根据定义，算子 $\boldsymbol{\mathcal{R}}=\mathscr{F}^{1/\boldsymbol{\mathcal{M}}}$ 而且它的核函数可以表示为

$$\begin{aligned}\mathscr{K}_{\boldsymbol{\mathcal{R}}}(\omega,x)&=\mathscr{K}_{\mathscr{F}^{1/\boldsymbol{\mathcal{M}}}}(\omega,x)\\&=\rho(1/\boldsymbol{\mathcal{M}})e^{i\pi\chi(1/\boldsymbol{\mathcal{M}},\omega,x)}\\&=\sum_{m=0}^{\infty}\lambda_m^{1/\boldsymbol{\mathcal{M}}}\varphi_m(\omega)\varphi_m^*(x)\\&=\sum_{m=0}^{\infty}\kappa_m\varphi_m(\omega)\varphi_m^*(x)\end{aligned}$$

其中

$$\kappa_m=\lambda_m^{1/\boldsymbol{\mathcal{M}}}=\exp\left(-\frac{2\pi mi}{4\boldsymbol{\mathcal{M}}}\right),\quad m=0,1,2,\cdots$$

当 $\ell=0,1,2,\cdots,(4\boldsymbol{\mathcal{M}}-1)$ 时，

$$\begin{aligned}\mathscr{K}_{\boldsymbol{\mathcal{R}}^\ell}(\omega,x)&=\mathscr{K}_{\mathscr{F}^{\ell/\boldsymbol{\mathcal{M}}}}(\omega,x)\\&=\rho(\ell/\boldsymbol{\mathcal{M}})e^{i\pi\chi(\ell/\boldsymbol{\mathcal{M}},\omega,x)}\\&=\sum_{m=0}^{\infty}\lambda_m^{\ell/\boldsymbol{\mathcal{M}}}\varphi_m(\omega)\varphi_m^*(x)\\&=\sum_{m=0}^{\infty}\kappa_m^{\ell}\varphi_m(\omega)\varphi_m^*(x)\end{aligned}$$

其中 $\{\kappa_m^\ell=\lambda_m^{\ell/\boldsymbol{\mathcal{M}}}=\exp[-2\pi\ell mi/(4\boldsymbol{\mathcal{M}})];m=0,1,2,\cdots\}$ 是算子 $\boldsymbol{\mathcal{R}}^\ell$ 的特征值序列，算子 $\boldsymbol{\mathcal{R}}^\ell$ 的完全规范正交特征函数系是 $\{\varphi_m(x);m\in\mathbb{N}\}$.

综合上述结果可以得到如下的演算：

$$\begin{aligned}\mathscr{K}_{\boldsymbol{\mathcal{R}}^{(\overline{n},\alpha)}}(\omega,x)&=\sum_{\ell=0}^{(4\boldsymbol{\mathcal{M}}-1)}p_\ell(\overline{n},\alpha)\mathscr{K}_{\mathscr{F}^{\ell/\boldsymbol{\mathcal{M}}}}(\omega,x)\\&=\sum_{\ell=0}^{(4\boldsymbol{\mathcal{M}}-1)}p_\ell(\overline{n},\alpha)\sum_{m=0}^{\infty}\kappa_m^\ell\varphi_m(\omega)\varphi_m^*(x)\\&=\sum_{\ell=0}^{(4\boldsymbol{\mathcal{M}}-1)}p_\ell(\overline{n},\alpha)\sum_{m=0}^{\infty}\exp[-2\pi\ell mi/(4\boldsymbol{\mathcal{M}})]\varphi_m(\omega)\varphi_m^*(x)\\&=\sum_{m=0}^{\infty}\kappa_m^{(\overline{n},\alpha)}\varphi_m(\omega)\varphi_m^*(x)\end{aligned}$$

$$\kappa_m^{(\bar{n},\alpha)} = \exp\{-2\pi i\alpha[\operatorname{mod}(m,4\mathcal{M}) + 4\mathcal{M}n_{\operatorname{mod}(m,4\mathcal{M})}]/(4\mathcal{M})\}$$

或者表示为如下的“对角化”形式或者“二次型”形式:

$$\begin{aligned}\mathscr{K}_{\boldsymbol{\mathcal{R}}^{(\bar{n},\alpha)}}(\omega,x) &= \sum_{n=0}^{\infty}\kappa_n^{(\bar{n},\alpha)}\varphi_n(\omega)\varphi_n^*(x)\\ &= \left(\varphi_0(\omega),\cdots,\varphi_n(\omega),\cdots\right)\begin{pmatrix}\kappa_0^{(\bar{n},\alpha)} & \cdots & 0 & \cdots\\ \vdots & \ddots & \vdots & \vdots\\ 0 & \cdots & \kappa_n^{(\bar{n},\alpha)} & \cdots\\ \vdots & \cdots & \vdots & \ddots\end{pmatrix}\begin{pmatrix}\varphi_0^*(x)\\ \vdots\\ \varphi_n^*(x)\\ \vdots\end{pmatrix}\end{aligned}$$

或者抽象地写成

$$\mathscr{K}_{\boldsymbol{\mathcal{R}}^{(\bar{n},\alpha)}}(\omega,x) = [\mathscr{R}(\omega)]\mathscr{D}^{(\bar{n},\alpha)}[\mathscr{R}(x)]^*$$

其中

$$\begin{cases}[\mathscr{R}(\omega)] = (\varphi_m(\omega); m = 0,1,2,\cdots)\\ \mathscr{D}^{(\bar{n},\alpha)} = \operatorname{Diag}(\kappa_m^{(\bar{n},\alpha)} = (-i)^{\alpha[4n_{\operatorname{mod}(m,4\mathcal{M})}+\operatorname{mod}(m,4\mathcal{M})/\mathcal{M}]}, m = 0,1,2,\cdots)\\ [\mathscr{R}(x)]^* = (\varphi_m^*(x); m = 0,1,2,\cdots)^{\mathrm{T}}\end{cases}$$

这里$\mathscr{R}(\omega)$是由 4 倍组合线性调频小波变换算子$\boldsymbol{\mathcal{R}}^{(\bar{n},\alpha)}$的完全规范正交特征函数系$\{\varphi_m(\omega); m = 0,1,2,\cdots\}$构成的行向量. $[\mathscr{R}(x)]^*$是行向量$\mathscr{R}(x)$的复共轭转置, 是一个列向量.

这样, 4 倍组合线性调频小波算子$\boldsymbol{\mathcal{R}}^{(\bar{n},\alpha)}$可以形式化写成“对角算子”:

$$\begin{aligned}\mathbf{f}^{(\bar{n},\alpha)}(\omega) &= (\boldsymbol{\mathcal{R}}^{(\bar{n},\alpha)}f)(\omega)\\ &= \int_{-\infty}^{+\infty} f(x)\mathscr{K}_{\boldsymbol{\mathcal{R}}^{(\bar{n},\alpha)}}(\omega,x)dx\\ &= \sum_{n=0}^{\infty}\varphi_n(\omega)\kappa_n^{(\bar{n},\alpha)}\int_{-\infty}^{+\infty} f(x)\varphi_n^*(x)dx\\ &= (\varphi_0(\omega),\cdots,\varphi_n(\omega),\cdots)\begin{pmatrix}\kappa_0^{(\bar{n},\alpha)} & \cdots & 0 & \cdots\\ \vdots & \ddots & \vdots & \vdots\\ 0 & \cdots & \kappa_n^{(\bar{n},\alpha)} & \cdots\\ \vdots & \cdots & \vdots & \ddots\end{pmatrix}\begin{pmatrix}\int_{-\infty}^{+\infty} f(x)\varphi_0^*(x)dx\\ \vdots\\ \int_{-\infty}^{+\infty} f(x)\varphi_n^*(x)dx\\ \vdots\end{pmatrix}\end{aligned}$$

除此之外, 因为小波算子$\boldsymbol{\mathcal{R}}^{(\bar{n},\alpha)}$的特征值序列$\{\kappa_m^{(\bar{n},\alpha)}; m = 0,1,2,\cdots\}$具有双重$4\mathcal{M}$周期性质:

$$\kappa_m^{(\bar{n},\alpha)} = \kappa_{m+4\mathcal{M}}^{(\bar{n},\alpha)} = \kappa_m^{(\bar{n},\alpha+4\mathcal{M})} = \kappa_{m+4\mathcal{M}}^{(\bar{n},\alpha+4\mathcal{M})},\quad m = 0,1,2,\cdots,\ \alpha\in\mathbb{R}$$

因此, 4 倍组合线性调频小波函数系 $\{\mathscr{K}_{\mathcal{R}^{(\overline{n},\alpha)}}(\omega,x);\overline{n}\in\mathbb{Z}^{4\mathcal{M}},\alpha\in\mathbb{R}\}$ 可以改写为如下 $4\mathcal{M}$ 项的有限组合形式:

$$\begin{aligned}\mathscr{K}_{\mathcal{R}^{(\overline{n},\alpha)}}(\omega,x)&=\sum_{m=0}^{\infty}\kappa_m^{(\overline{n},\alpha)}\varphi_m(\omega)\overset{*}{\varphi}_m(x)\\&=\sum_{\zeta=0}^{(4\mathcal{M}-1)}\kappa_\zeta^{(\overline{n},\alpha)}\sum_{n=0}^{\infty}\varphi_{4\mathcal{M}n+\zeta}(\omega)\overset{*}{\varphi}_{4\mathcal{M}n+\zeta}(x)\\&=\sum_{\zeta=0}^{(4\mathcal{M}-1)}e^{-2\pi i\alpha[\zeta+4\mathcal{M}n_\zeta]/(4\mathcal{M})}\sum_{n=0}^{\infty}\varphi_{4\mathcal{M}n+\zeta}(\omega)\overset{*}{\varphi}_{4\mathcal{M}n+\zeta}(x)\\&=\sum_{\zeta=0}^{(4\mathcal{M}-1)}(-i)^{\alpha(4n_\zeta+\zeta/\mathcal{M})}\sum_{n=0}^{\infty}\varphi_{4\mathcal{M}n+\zeta}(\omega)\overset{*}{\varphi}_{4\mathcal{M}n+\zeta}(x)\end{aligned}$$

为了在 $\mathscr{K}_{\mathcal{R}^{(\overline{n},\alpha)}}(\omega,x)$ 的表达式中突出“$4\mathcal{M}$ 项有限组合”的特征, 回顾傅里叶变换算子谱表示理论以及组合线性调频小波函数系的4-项表示理论, 将上述表达式形式化表示如下:

$$\mathscr{K}_{\mathcal{R}^{(\overline{n},\alpha)}}(\omega,x)=[\mathscr{B}(\omega)]\mathfrak{D}^{(\overline{n},\alpha)}[\mathscr{B}(x)]^*$$

其中

$$\begin{cases}[\mathscr{B}(\omega)]=(\mathscr{B}_0(\omega),\mathscr{B}_1(\omega),\cdots,\mathscr{B}_{(4\mathcal{M}-1)}(\omega))\\\mathscr{B}_\zeta(\omega)=(\varphi_{4\mathcal{M}m+\zeta}(\omega);m=0,1,2,\cdots),\quad\zeta=0,1,\cdots,(4\mathcal{M}-1)\end{cases}$$

而且

$$\begin{cases}\overline{[\mathscr{B}(x)]^*}=(\overline{[\mathscr{B}_0(x)]},\overline{[\mathscr{B}_1(x)]},\cdots,\overline{[\mathscr{B}_{(4\mathcal{M}-1)}(x)]})^{\mathrm{T}}\\\overline{[\mathscr{B}_\zeta(x)]}=[\overline{\varphi}_{4\mathcal{M}m+\zeta}(x);m=0,1,2,\cdots],\quad\zeta=0,1,\cdots,(4\mathcal{M}-1)\\{[\mathscr{B}_\zeta(x)]^*}=[\overset{*}{\varphi}_{4\mathcal{M}m+\zeta}(x);m=0,1,2,\cdots]^{\mathrm{T}},\quad\zeta=0,1,\cdots,(4\mathcal{M}-1)\end{cases}$$

此外

$$\begin{cases}\mathfrak{D}^{(\overline{n},\alpha)}=\mathrm{Diag}(\mathfrak{D}_0^{(\overline{n},\alpha)},\mathfrak{D}_1^{(\overline{n},\alpha)},\cdots,\mathfrak{D}_{(4\mathcal{M}-1)}^{(\overline{n},\alpha)})\\\mathfrak{D}_\zeta^{(\overline{n},\alpha)}=\mathrm{Diag}(\kappa_{4\mathcal{M}n+\zeta}^{(\overline{n},\alpha)};n=0,1,\cdots)=(-i)^{\alpha(4n_\zeta+\zeta/\mathcal{M})}\mathfrak{I}\\\qquad\zeta=0,1,\cdots,(4\mathcal{M}-1)\end{cases}$$

其中 $\mathfrak{I}$ 是无穷序列空间 $\ell^2(\mathbb{N})$ 上的单位算子或者单位矩阵.

注释: 按照特定方法重新排列 4 倍组合线性调频小波变换算子 $\mathcal{R}^{(\overline{n},\alpha)}$ 的完全规范正交特征函数系 $\{\varphi_m(\omega);m\in\mathbb{N}\}$ 构成如下的行向量:

$$\begin{aligned}[\mathscr{B}(\omega)]&=(\mathscr{B}_0(\omega),\mathscr{B}_1(\omega),\cdots,\mathscr{B}_{(4\mathcal{M}-1)}(\omega))\\&=[(\varphi_{4\mathcal{M}m+\zeta}(\omega);m=0,1,2,\cdots),\zeta=0,1,\cdots,(4\mathcal{M}-1)]\end{aligned}$$

上式是一个 $4\mathcal{M}$ 分块行向量，与 $\mathscr{R}(\omega)$ 相比只不过这些特征函数的排列顺序有一些变化，按照 $\mathcal{R}^{(\overline{n},\alpha)}$ 的相同特征值对应的特征函数被连续排列在一起. $[\mathscr{B}(x)]^*$ 是行向量 $[\mathscr{B}(x)]$ 的复共轭转置，是一个 $4\mathcal{M}$ 分块列向量.

另外，$\mathscr{D}^{(\overline{n},\alpha)}$ 是一个 $(4\mathcal{M})\times(4\mathcal{M})$ 分块对角矩阵，采用分块形式表示为

$$\begin{cases}\mathscr{D}^{(\overline{n},\alpha)}=\mathrm{Diag}(\mathscr{D}_0^{(\overline{n},\alpha)},\mathscr{D}_1^{(\overline{n},\alpha)},\cdots,\mathscr{D}_{(4\mathcal{M}-1)}^{(\overline{n},\alpha)})\\ \mathscr{D}_\zeta^{(\overline{n},\alpha)}=\mathrm{Diag}(\kappa_{4\mathcal{M}n+\zeta}^{(\overline{n},\alpha)};n=0,1,\cdots)=(-i)^{\alpha(4n_\zeta+\zeta/\mathcal{M})}\mathscr{I}\\ \qquad\zeta=0,1,\cdots,(4\mathcal{M}-1)\end{cases}$$

其对角线上的第 ζ 个分块是 $\mathscr{D}_\zeta^{(\overline{n},\alpha)}=(-i)^{\alpha(4n_\zeta+\zeta/\mathcal{M})}\mathscr{I}$，它是单位矩阵 $\mathscr{I}$ 与第 ζ 个特征值 $\kappa_\zeta^{(\overline{n},\alpha)}=(-i)^{\alpha(4n_\zeta+\zeta/\mathcal{M})}$ 的乘积，$\zeta=0,1,\cdots,(4\mathcal{M}-1)$.

这样, 4 倍组合线性调频小波函数 $\mathscr{K}_{\mathcal{R}^{(\overline{n},\alpha)}}(\omega,x)$ 可以表达如下:

$$\begin{aligned}&\mathscr{K}_{\mathcal{R}^{(\overline{n},\alpha)}}(\omega,x)\\&=[\mathscr{B}(\omega)]\mathscr{D}^{(\overline{n},\alpha)}[\mathscr{B}(x)]^*\\&=\sum_{\zeta=0}^{(4\mathcal{M}-1)}[\mathscr{B}_\zeta(\omega)]\mathscr{D}_\zeta^{(\overline{n},\alpha)}[\mathscr{B}_\zeta(x)]^*\\&=(\mathscr{B}_0(\omega),\mathscr{B}_1(\omega),\cdots,\mathscr{B}_{(4\mathcal{M}-1)}(\omega))\begin{pmatrix}\mathscr{D}_0^{(\overline{n},\alpha)}&\mathscr{O}&\cdots&\mathscr{O}\\\mathscr{O}&\mathscr{D}_1^{(\overline{n},\alpha)}&\cdots&\mathscr{O}\\\vdots&\vdots&\ddots&\vdots\\\mathscr{O}&\mathscr{O}&\cdots&\mathscr{D}_{(4\mathcal{M}-1)}^{(\overline{n},\alpha)}\end{pmatrix}\begin{pmatrix}[\mathscr{B}_0(x)]^*\\{}[\mathscr{B}_1(x)]^*\\\vdots\\{}[\mathscr{B}_{(4\mathcal{M}-1)}(x)]^*\end{pmatrix}\end{aligned}$$

或者具体写成

$$\begin{aligned}\mathscr{K}_{\mathcal{R}^{(\overline{n},\alpha)}}(\omega,x)&=\sum_{\zeta=0}^{(4\mathcal{M}-1)}[\mathscr{B}_\zeta(\omega)]\mathscr{D}_\zeta^{(\overline{n},\alpha)}[\mathscr{B}_\zeta(x)]^*\\&=\sum_{\zeta=0}^{(4\mathcal{M}-1)}[\mathscr{B}_\zeta(\omega)](-i)^{\alpha(4n_\zeta+\zeta/\mathcal{M})}\mathscr{I}[\mathscr{B}_\zeta(x)]^*\\&=\sum_{\zeta=0}^{(4\mathcal{M}-1)}(-i)^{\alpha(4n_\zeta+\zeta/\mathcal{M})}[\mathscr{B}_\zeta(\omega)]\mathscr{I}[\mathscr{B}_\zeta(x)]^*\\&=\sum_{\zeta=0}^{(4\mathcal{M}-1)}(-i)^{\alpha(4n_\zeta+\zeta/\mathcal{M})}[\mathscr{B}_\zeta(\omega)][\mathscr{B}_\zeta(x)]^*\\&=\sum_{\zeta=0}^{(4\mathcal{M}-1)}(-i)^{\alpha(4n_\zeta+\zeta/\mathcal{M})}\sum_{n=0}^{\infty}\varphi_{4\mathcal{M}n+\zeta}(\omega)\varphi_{4\mathcal{M}n+\zeta}^*(x)\end{aligned}$$

其中 $\mathscr{O}$ 是无穷序列空间 $\ell^2(\mathbb{N})$ 上的零算子或者零矩阵.

按照 $(4\mathcal{M})\times(4\mathcal{M})$ 分块对角方式定义矩阵或者算子 $\mathscr{A}$:

$$\mathcal{A} = \mathrm{Diag}(\mathcal{A}_0, \mathcal{A}_1, \cdots, \mathcal{A}_{(4\mathcal{M}-1)})$$

其中 $\mathcal{A}_\zeta$ 是 4 倍组合线性调频小波算子 $\mathcal{R}^{(\overline{n},\alpha)}$ 的特征子空间 $\mathscr{W}_\zeta$：

$$\begin{aligned}\mathscr{W}_\zeta &= \mathrm{Closespan}\{\varphi_{4\mathcal{M}m+\zeta}(x);\ m = 0,1,2,3,\cdots\}\\ &= \{\xi(\omega); \mathcal{R}^{(\overline{n},\alpha)}[\xi(x)](\omega) = \kappa_\zeta^{(\overline{n},\alpha)}\xi(\omega)\}\end{aligned}$$

上的酉算子，即它满足

$$\mathcal{A}_\zeta[\mathcal{A}_\zeta]^* = [\mathcal{A}_\zeta]^*\mathcal{A}_\zeta = \mathscr{T}$$

这里 $\zeta = 0,1,\cdots,(4\mathcal{M}-1)$．显然，$\mathcal{A}$ 是无穷序列空间 $\ell^2(\mathbb{N})$ 上的酉算子或者酉矩阵，这样的酉算子称为 $(4\mathcal{M})\times(4\mathcal{M})$ 分块对角酉矩阵，将这样的酉矩阵 $\mathcal{A}$ 全体记为 $\mathscr{U}_{4\mathcal{M}}$．

设 $\mathcal{A} = \mathrm{Diag}(\mathcal{A}_0, \mathcal{A}_1, \cdots, \mathcal{A}_{(4\mathcal{M}-1)}) \in \mathscr{U}_{4\mathcal{M}}$，那么，$\mathcal{A}$ 将诱导得到平方可积函数空间 $\mathcal{L}^2(\mathbb{R})$ 上的一个线性算子 $\mathcal{A}: \mathcal{L}^2(\mathbb{R}) \to \mathcal{L}^2(\mathbb{R})$

$$\begin{aligned}\mathcal{A}: \mathcal{L}^2(\mathbb{R}) &\to \mathcal{L}^2(\mathbb{R})\\ s(x) &\mapsto \mathcal{S}(\omega) = \mathcal{A}[s(x)](\omega) = (\mathcal{A}s)(\omega)\end{aligned}$$

$$\begin{aligned}\mathcal{S}(\omega) &= \mathcal{A}[s(x)](\omega)\\ &= \sum_{\zeta=0}^{(4\mathcal{M}-1)} (\mathcal{A}_\zeta s_\zeta)(\omega)\\ &= \sum_{\zeta=0}^{(4\mathcal{M}-1)} (-i)^{\alpha(4n_\zeta+\zeta/\mathcal{M})} s_\zeta(\omega)\end{aligned}$$

其中

$$s(x) = \sum_{\zeta=0}^{(4\mathcal{M}-1)} s_\zeta(x)$$

而且 $s_\zeta(x)$ 是 $s(x)$ 在 4 倍组合线性调频小波算子 $\mathcal{R}^{(\overline{n},\alpha)}$ 的特征子空间 $\mathscr{W}_\zeta$ 上的正交投影，$\zeta = 0,1,\cdots,(4\mathcal{M}-1)$．把这样的算子 $\mathcal{A}: \mathcal{L}^2(\mathbb{R}) \to \mathcal{L}^2(\mathbb{R})$ 记为对角矩阵形式:

$$\mathcal{A} = \mathrm{Diag}(\mathcal{A}_0, \mathcal{A}_1, \cdots, \mathcal{A}_{(4\mathcal{M}-1)}) = \begin{pmatrix} \mathcal{A}_0 & \mathcal{O} & \cdots & \mathcal{O}\\ \mathcal{O} & \mathcal{A}_1 & \cdots & \mathcal{O}\\ \vdots & \vdots & \ddots & \vdots\\ \mathcal{O} & \mathcal{O} & \cdots & \mathcal{A}_{(4\mathcal{M}-1)}\end{pmatrix}$$

按照如下方式定义函数序列 $\{\psi_m(x); m = 0,1,2,\cdots\}$：

$$(\psi_{4\mathcal{M}n+\zeta}(x); n = 0,1,2,\cdots) = (\varphi_{4\mathcal{M}m+\zeta}(x); m = 0,1,2,\cdots)\mathcal{A}_\zeta$$

其中 $\zeta = 0,1,\cdots,(4\mathcal{M}-1)$. 那么, 线性算子 $\mathscr{A}: \mathcal{L}^2(\mathbb{R}) \to \mathcal{L}^2(\mathbb{R})$ 是酉算子, 而且, 4 倍组合线性调频小波算子 $\mathcal{R}^{(\overline{n},\alpha)}$ 具有如下特征关系:

$$\mathcal{R}^{(\overline{n},\alpha)}[\psi_m(x)](\omega) = \kappa_m^{(\overline{n},\alpha)}\psi_m(\omega)$$

其中 $\kappa_m^{(\overline{n},\alpha)} = \exp\{-2\pi i\alpha[\operatorname{mod}(m,4\mathcal{M}) + 4\mathcal{M}n_{\operatorname{mod}(m,4\mathcal{M})}]/(4\mathcal{M})\}$, $m = 0,1,2,\cdots$ 是 4 倍组合线性调频小波算子 $\mathcal{R}^{(\overline{n},\alpha)}$ 的特征值序列, 而函数系 $\{\psi_m(x); m\in\mathbb{N}\}$ 是 4 倍组合线性调频小波算子 $\mathcal{R}^{(\overline{n},\alpha)}$ 的规范正交特征函数系, 而且这个规范正交特征函数系 $\{\psi_m(x); m\in\mathbb{N}\}$ 构成函数空间 $\mathcal{L}^2(\mathbb{R})$ 的一个规范正交基.

综合上述结果可知, 4 倍组合线性调频小波函数系 $\mathscr{K}_{\mathcal{R}^{(\overline{n},\alpha)}}(\omega,x)$ 能够表示为如下的“对角化”形式或者“二次型”形式:

$$\begin{aligned}
\mathscr{K}_{\mathcal{R}^{(\overline{n},\alpha)}}(\omega,x) &= (\psi_0(\omega),\cdots,\psi_n(\omega),\cdots)\begin{pmatrix} \kappa_0^{(\overline{n},\alpha)} & \cdots & 0 & \cdots \\ \vdots & \ddots & \vdots & \vdots \\ 0 & \cdots & \kappa_n^{(\overline{n},\alpha)} & \cdots \\ \vdots & \cdots & \vdots & \ddots \end{pmatrix}\begin{pmatrix} \psi_0^*(x) \\ \vdots \\ \psi_n^*(x) \\ \vdots \end{pmatrix} \\
&= \sum_{n=0}^{\infty} \kappa_n^{(\overline{n},\alpha)}\psi_n(\omega)\psi_n^*(x) \\
&= \sum_{\zeta=0}^{(4\mathcal{M}-1)} \kappa_\zeta^{(\overline{n},\alpha)} \sum_{n=0}^{\infty} \psi_{4\mathcal{M}n+\zeta}(\omega)\psi_{4\mathcal{M}n+\zeta}^*(x) \\
&= \sum_{\zeta=0}^{(4\mathcal{M}-1)} e^{-2\pi i\alpha[\zeta+4\mathcal{M}n_\zeta]/(4\mathcal{M})} \sum_{n=0}^{\infty} \psi_{4\mathcal{M}n+\zeta}(\omega)\psi_{4\mathcal{M}n+\zeta}^*(x) \\
&= \sum_{\zeta=0}^{(4\mathcal{M}-1)} (-i)^{\alpha(4n_\zeta+\zeta/\mathcal{M})} \sum_{n=0}^{\infty} \psi_{4\mathcal{M}n+\zeta}(\omega)\psi_{4\mathcal{M}n+\zeta}^*(x)
\end{aligned}$$

或者抽象地写成

$$\mathscr{K}_{\mathcal{R}^{(\overline{n},\alpha)}}(\omega,x) = [\mathscr{P}(\omega)]\mathscr{D}^{(\overline{n},\alpha)}[\mathscr{P}(x)]^*$$

其中

$$\begin{cases} [\mathscr{P}(\omega)] = (\psi_m(\omega); m = 0,1,2,\cdots) \\ \mathscr{D}^{(\overline{n},\alpha)} = \operatorname{Diag}(\kappa_m^{(\overline{n},\alpha)} = (-i)^{\alpha[4n_{\operatorname{mod}(m,4\mathcal{M})}+\operatorname{mod}(m,4\mathcal{M})/\mathcal{M}]}, m = 0,1,2,\cdots) \\ [\mathscr{P}(x)]^* = (\psi_m^*(x); m = 0,1,2,\cdots)^{\mathrm{T}} \end{cases}$$

或者

$$\mathscr{K}_{\boldsymbol{\mathcal{R}}^{(\overline{n},\alpha)}}(\omega,x)=[\mathscr{Q}(\omega)]\mathscr{D}^{(\overline{n},\alpha)}[\mathscr{Q}(x)]^*$$

其中

$$\begin{cases}[\mathscr{Q}(\omega)]=(\mathscr{Q}_0(\omega),\mathscr{Q}_1(\omega),\cdots,\mathscr{Q}_{(4\boldsymbol{\mathcal{M}}-1)}(\omega))\\ \mathscr{Q}_\zeta(\omega)=(\psi_{4\boldsymbol{\mathcal{M}}m+\zeta}(\omega);m=0,1,2,\cdots),\quad \zeta=0,1,\cdots,(4\boldsymbol{\mathcal{M}}-1)\end{cases}$$

而且

$$\begin{cases}[\mathscr{Q}(x)]^*=(\overline{[\mathscr{Q}_0(x)]},\overline{[\mathscr{Q}_1(x)]},\cdots,\overline{[\mathscr{Q}_{(4\boldsymbol{\mathcal{M}}-1)}(x)]})^{\mathrm{T}}\\ \overline{[\mathscr{Q}_\zeta(x)]}=[\overline{\psi}_{4\boldsymbol{\mathcal{M}}m+\zeta}(x);m=0,1,2,\cdots],\quad \zeta=0,1,\cdots,(4\boldsymbol{\mathcal{M}}-1)\\ [\mathscr{Q}_\zeta(x)]^*=[\psi^*_{4\boldsymbol{\mathcal{M}}m+\zeta}(x);m=0,1,2,\cdots]^{\mathrm{T}},\quad \zeta=0,1,\cdots,(4\boldsymbol{\mathcal{M}}-1)\end{cases}$$

此外，4 倍组合线性调频小波算子 $\boldsymbol{\mathcal{R}}^{(\overline{n},\alpha)}$ 的特征值序列按照如下规则构成对角矩阵 $\mathscr{D}^{(\overline{n},\alpha)}$：

$$\begin{cases}\mathscr{D}^{(\overline{n},\alpha)}=\mathrm{Diag}(\mathscr{D}_0^{(\overline{n},\alpha)},\mathscr{D}_1^{(\overline{n},\alpha)},\cdots,\mathscr{D}_{(4\boldsymbol{\mathcal{M}}-1)}^{(\overline{n},\alpha)})\\ \mathscr{D}_\zeta^{(\overline{n},\alpha)}=\mathrm{Diag}(\kappa_{4\boldsymbol{\mathcal{M}}n+\zeta}^{(\overline{n},\alpha)};n=0,1,\cdots)=(-i)^{\alpha(4n_\zeta+\zeta/\boldsymbol{\mathcal{M}})}\mathscr{I}\\ \qquad\zeta=0,1,\cdots,(4\boldsymbol{\mathcal{M}}-1)\end{cases}$$

其中 $\mathscr{I}$ 是无穷序列空间 $\ell^2(\mathbb{N})$ 上的单位算子或者单位矩阵.

这样, 4 倍组合线性调频小波函数系 $\mathscr{K}_{\boldsymbol{\mathcal{R}}^{(\overline{n},\alpha)}}(\omega,x)$ 可以改写如下:

$$\begin{aligned}&\mathscr{K}_{\boldsymbol{\mathcal{R}}^{(\overline{n},\alpha)}}(\omega,x)\\ =&[\mathscr{Q}(\omega)]\mathscr{D}^{(\overline{n},\alpha)}[\mathscr{Q}(x)]^*\\ =&(\mathscr{Q}_0(\omega),\mathscr{Q}_1(\omega),\cdots,\mathscr{Q}_{(4\boldsymbol{\mathcal{M}}-1)}(\omega))\begin{pmatrix}\mathscr{D}_0^{(\overline{n},\alpha)}&\mathscr{O}&\cdots&\mathscr{O}\\ \mathscr{O}&\mathscr{D}_1^{(\overline{n},\alpha)}&\cdots&\mathscr{O}\\ \vdots&\vdots&\ddots&\vdots\\ \mathscr{O}&\mathscr{O}&\cdots&\mathscr{D}_{(4\boldsymbol{\mathcal{M}}-1)}^{(\overline{n},\alpha)}\end{pmatrix}\begin{pmatrix}[\mathscr{Q}_0(x)]^*\\ [\mathscr{Q}_1(x)]^*\\ \vdots\\ [\mathscr{Q}_{(4\boldsymbol{\mathcal{M}}-1)}(x)]^*\end{pmatrix}\\ =&\sum_{\zeta=0}^{(4\boldsymbol{\mathcal{M}}-1)}[\mathscr{Q}_\zeta(\omega)]\mathscr{D}_\zeta^{(\overline{n},\alpha)}[\mathscr{Q}_\zeta(x)]^*\end{aligned}$$

或者具体写成

$$\begin{aligned}\mathscr{K}_{\boldsymbol{\mathcal{R}}^{(\overline{n},\alpha)}}(\omega,x)&=[\mathscr{Q}(\omega)]\mathscr{D}^{(\overline{n},\alpha)}[\mathscr{Q}(x)]^*\\ &=\sum_{\zeta=0}^{(4\boldsymbol{\mathcal{M}}-1)}[\mathscr{Q}_\zeta(\omega)]\mathscr{D}_\zeta^{(\overline{n},\alpha)}[\mathscr{Q}_\zeta(x)]^*\\ &=\sum_{\zeta=0}^{(4\boldsymbol{\mathcal{M}}-1)}e^{-2\pi i\alpha[\zeta+4\boldsymbol{\mathcal{M}}n_\zeta]/(4\boldsymbol{\mathcal{M}})}[\mathscr{Q}_\zeta(\omega)][\mathscr{Q}_\zeta(x)]^*\end{aligned}$$

$$
\begin{aligned}
&= \sum_{\zeta=0}^{(4\mathcal{M}-1)} (-i)^{\alpha(4n_\zeta+\zeta/\mathcal{M})} \sum_{n=0}^{\infty} \psi_{4\mathcal{M}n+\zeta}(\omega)\psi^*_{4\mathcal{M}n+\zeta}(x) \\
&= \sum_{\zeta=0}^{(4\mathcal{M}-1)} (-i)^{\alpha(4n_\zeta+\zeta/\mathcal{M})} \sum_{n=0}^{\infty} \varphi_{4\mathcal{M}n+\zeta}(\omega)\varphi^*_{4\mathcal{M}n+\zeta}(x)
\end{aligned}
$$

其中最后一个等号成立，是因为

$$
\begin{aligned}
[\mathcal{Q}_\zeta(x)] &= (\psi_{4\mathcal{M}m+\zeta}(x); m = 0,1,2,\cdots) \\
&= (\varphi_{4\mathcal{M}m+\zeta}(x); m = 0,1,2,\cdots)\mathcal{A}_\zeta \\
&= [\mathcal{B}_\zeta(x)]\mathcal{A}_\zeta
\end{aligned}
$$

这里，$\zeta = 0,1,\cdots,(4\mathcal{M}-1)$，而且

$$
\begin{aligned}
\sum_{m=0}^{+\infty} \psi_{4m+\zeta}(\omega)\psi^*_{4m+\zeta}(x) &= [\mathcal{Q}_\zeta(\omega)][\mathcal{Q}_\zeta(x)]^* \\
&= \{[\mathcal{B}_\zeta(\omega)]\mathcal{A}_\zeta\}\{[\mathcal{B}_\zeta(x)]\mathcal{A}_\zeta\}^* \\
&= [\mathcal{B}_\zeta(\omega)]\mathcal{A}_\zeta[\mathcal{A}_\zeta]^*[\mathcal{B}_\zeta(x)]^* \\
&= [\mathcal{B}_\zeta(\omega)][\mathcal{B}_\zeta(x)]^* \\
&= \sum_{m=0}^{+\infty} \varphi_{4m+\zeta}(\omega)\varphi^*_{4m+\zeta}(x)
\end{aligned}
$$

其中 $\zeta = 0,1,\cdots,(4\mathcal{M}-1)$.

总之, 4 倍组合线性调频小波算子族:

$$\{\mathcal{R}^{(\bar{n},\alpha)}; \bar{n} = (n_0, n_1, \cdots, n_{(4\mathcal{M}-1)}) \in \mathbb{Z}^{4\mathcal{M}}, \alpha \in \mathbb{R}\}$$

和 4 倍组合线性调频小波函数系:

$$\{\mathcal{K}_{\mathcal{R}^{(\bar{n},\alpha)}}(\omega, x); \bar{n} = (n_0, n_1, \cdots, n_{(4\mathcal{M}-1)}) \in \mathbb{Z}^{4\mathcal{M}}, \alpha \in \mathbb{R}\}$$

在多个方面继承了傅里叶变换算子及其核函数系、组合线性调频小波算子族及组合线性调频小波函数系的性质，比如特征值序列的双重周期性质，特制子空间序列或者小波函数系在比较广泛的分块对角酉算子或者矩阵作用下的不变性等. 这几个方面与经典线性调频小波算子族及经典线性调频小波函数系之间存在显著差异.

虽然 4 倍组合线性调频小波算子族 $\{\mathcal{R}^{(\bar{n},\alpha)}; \bar{n} \in \mathbb{Z}^{4\mathcal{M}}, \alpha \in \mathbb{R}\}$ 以及 4 倍组合线性调频小波函数系 $\{\mathcal{K}_{\mathcal{R}^{(\bar{n},\alpha)}}(\omega, x); \bar{n} \in \mathbb{Z}^{4\mathcal{M}}, \alpha \in \mathbb{R}\}$ 从整体性质上与经典线性调频小波算子族和经典线性调频小波函数系之间存在显著差异，但一个意外的研究结果表明，前者仅仅是一般形式的经典线性调频小波算子族:

$$\{\mathcal{F}^\alpha_{(\mathcal{A},\mathcal{Q})}; \mathcal{A} = \mathrm{Diag}(\mathcal{A}_0, \mathcal{A}_1, \cdots, \mathcal{A}_{(4\mathcal{M}-1)}) \in \mathcal{U}_{4\mathcal{M}}, \mathcal{Q} = \{q_m; m \in \mathbb{Z}\} \in \mathbb{Z}^\infty, \alpha \in \mathbb{R}\}$$

和一般形式的经典线性调频小波函数系:

$$\{\mathscr{K}_{\mathscr{F}^{\alpha}_{(\mathcal{A},\mathcal{Q})}}(\omega,x);\mathcal{A}\in\mathscr{U}_{4\mathcal{M}},\mathcal{Q}=\{q_m;m\in\mathbb{Z}\}\in\mathbb{Z}^{\infty},\alpha\in\mathbb{R}\}$$

中的一部分！

实际上，如果 $\overline{n}=(n_0,n_1,\cdots,n_{(4\mathcal{M}-1)})\in\mathbb{Z}^{4\mathcal{M}}$ 是任意的 $4\mathcal{M}$ 维整数向量，按照如下方式定义整数序列 $\mathcal{Q}=\{q_m;m\in\mathbb{Z}\}\in\mathbb{Z}^{\infty}$：

$$q_m=n_{\mathrm{mod}(m,4\mathcal{M})}-\left|\frac{m-\mathrm{mod}(m,4\mathcal{M})}{4\mathcal{M}}\right|\in\mathbb{Z},\quad m=0,1,2,\cdots$$

那么，当 $(4\mathcal{M})\times(4\mathcal{M})$ 分块对角酉矩阵 $\mathcal{A}=\mathrm{Diag}(\mathcal{A}_0,\mathcal{A}_1,\cdots,\mathcal{A}_{(4\mathcal{M}-1)})\in\mathscr{U}_{4\mathcal{M}}$ 时，一般形式经典线性调频小波算子 $\mathscr{F}^{\alpha/\mathcal{M}}_{(\mathcal{A},\mathcal{Q})}$ 的特征值序列是

$$\begin{aligned}\mu_m^{\alpha/\mathcal{M}}(\mathcal{Q})&=\exp\left[-2\pi i(\alpha/\mathcal{M})(m+4\mathcal{M}q_m)/4\right]\\&=\exp\{(-2\pi i/4)(\alpha/\mathcal{M})[\mathrm{mod}(m,4\mathcal{M})+4\mathcal{M}n_{\mathrm{mod}(m,4\mathcal{M})}]\}\\&=\exp\{-2\pi i\alpha[\mathrm{mod}(m,4\mathcal{M})+4\mathcal{M}n_{\mathrm{mod}(m,4\mathcal{M})}]/(4\mathcal{M})\}\\&=\kappa_m^{(\overline{n},\alpha)},\quad m=0,1,2,\cdots\end{aligned}$$

这时，因为一般形式的经典线性调频小波函数系 $\mathscr{K}_{\mathscr{F}^{\alpha/\mathcal{M}}_{(\mathcal{A},\mathcal{Q})}}(\omega,x)$ 可以写成

$$\begin{aligned}\mathscr{K}_{\mathscr{F}^{\alpha/\mathcal{M}}_{(\mathcal{A},\mathcal{Q})}}(\omega,x)&=\sum_{m=0}^{+\infty}\mu_m^{\alpha/\mathcal{M}}(\mathcal{Q})\psi_m(\omega)\psi_m^*(x)\\&=\sum_{m=0}^{+\infty}\kappa_m^{(\overline{n},\alpha)}\psi_m(\omega)\psi_m^*(x)=\mathscr{K}_{\mathcal{R}^{(\overline{n},\alpha)}}(\omega,x)\\&=\sum_{\zeta=0}^{(4\mathcal{M}-1)}\kappa_\zeta^{(\overline{n},\alpha)}\sum_{n=0}^{\infty}\psi_{4\mathcal{M}n+\zeta}(\omega)\psi^*_{4\mathcal{M}n+\zeta}(x)\\&=\sum_{\zeta=0}^{(4\mathcal{M}-1)}\kappa_\zeta^{(\overline{n},\alpha)}\sum_{n=0}^{\infty}\varphi_{4\mathcal{M}n+\zeta}(\omega)\varphi^*_{4\mathcal{M}n+\zeta}(x)\\&=\sum_{\zeta=0}^{(4\mathcal{M}-1)}\mu_m^{\alpha/\mathcal{M}}(\mathcal{Q})\sum_{n=0}^{\infty}\varphi_{4\mathcal{M}n+\zeta}(\omega)\varphi^*_{4\mathcal{M}n+\zeta}(x)\end{aligned}$$

经过简单的演算可知，小波算子 $\mathscr{F}^{\alpha/\mathcal{M}}_{(\mathcal{A},\mathcal{Q})}$ 具有如下特征关系公式：

$$\mathscr{F}^{\alpha/\mathcal{M}}_{(\mathcal{A},\mathcal{Q})}[\psi_m(x)](\omega)=\mu_m^{\alpha/\mathcal{M}}(\mathcal{Q})\psi_m(\omega)$$

$$\begin{aligned}\mu_m^{\alpha/\mathcal{M}}(\mathcal{Q})&=\kappa_m^{(\overline{n},\alpha)}\\&=(-i)^{\alpha\left[4n_{\mathrm{mod}(m,4\mathcal{M})}+\mathrm{mod}(m,4\mathcal{M})/\mathcal{M}\right]}\\&=\exp\{-2\pi i\alpha[\mathrm{mod}(m,4\mathcal{M})+4\mathcal{M}n_{\mathrm{mod}(m,4\mathcal{M})}]/(4\mathcal{M})\}\\m&=0,1,2,\cdots\end{aligned}$$

而且同时满足特征关系公式:

$$\begin{aligned}\mathscr{F}_{(\mathcal{A},\mathcal{Q})}^{\alpha/\mathcal{M}}[\varphi_m(x)](\omega) &= \mu_m^{\alpha/\mathcal{M}}(\mathcal{Q})\varphi_m(\omega)\\ \mu_m^{\alpha/\mathcal{M}}(\mathcal{Q}) &= \kappa_m^{(\bar{n},\alpha)}\\ &= (-i)^{\alpha\left[4n_{\mathrm{mod}(m,4\mathcal{M})}+\mathrm{mod}(m,4\mathcal{M})/\mathcal{M}\right]}\\ &= \exp\{-2\pi i\alpha[\mathrm{mod}(m,4\mathcal{M})+4\mathcal{M}n_{\mathrm{mod}(m,4\mathcal{M})}]/(4\mathcal{M})\}\\ m &= 0,1,2,\cdots\end{aligned}$$

即一般的经典线性调频小波算子 $\mathscr{F}_{(\mathcal{A},\mathcal{Q})}^{\alpha/\mathcal{M}}$ 的特征值序列是

$$\begin{aligned}\mu_m^{\alpha/\mathcal{M}}(\mathcal{Q}) &= \kappa_m^{(\bar{n},\alpha)}\\ &= (-i)^{\alpha\left[4n_{\mathrm{mod}(m,4\mathcal{M})}+\mathrm{mod}(m,4\mathcal{M})/\mathcal{M}\right]}\\ &= \exp\left\{-2\pi i\alpha[\mathrm{mod}(m,4\mathcal{M})+4\mathcal{M}n_{\mathrm{mod}(m,4\mathcal{M})}]/(4\mathcal{M})\right\}\\ m &= 0,1,2,\cdots\end{aligned}$$

而且两个函数系 $\{\varphi_m(x);m\in\mathbb{N}\}$ 和 $\{\psi_m(x);m\in\mathbb{N}\}$ 都是算子 $\mathscr{F}_{(\mathcal{A},\mathcal{Q})}^{\alpha/\mathcal{M}}$ 的完全规范正交特征函数系, 从而最终得到结果 $\mathscr{F}_{(\mathcal{A},\mathcal{Q})}^{\alpha/\mathcal{M}}=\mathcal{R}^{(\bar{n},\alpha)}$.

9.3.2 多项组合线性调频小波理论

本小节将研究组合项数不局限于 4 的整数倍的组合线性调频小波函数的构造理论以及主要性质. 这种组合类型的线性调频小波函数系被称为多项组合线性调频小波或者小波函数系.

(α) 多项组合线性调频小波函数构造方法

在经典线性调频小波函数系的多样性理论中, 4×4 分块对角酉矩阵或者算子 $\mathcal{A}=\mathrm{Diag}(\mathcal{A}_0,\mathcal{A}_1,\mathcal{A}_2,\mathcal{A}_3)\in\mathscr{U}_4$ 和整数无穷序列 $\mathcal{Q}=\{q_m;m\in\mathbb{Z}\}\in\mathbb{Z}^\infty$ 共同决定了一般形式的经典线性调频小波函数系 $\mathscr{K}_{\mathscr{F}_{(\mathcal{A},\mathcal{Q})}^{\alpha}}(\omega,x)$, 实数参数 $\alpha\in\mathbb{R}$.

按照如下方式定义函数序列 $\{\psi_m(x);m=0,1,2,\cdots\}$:

$$(\psi_{4n+h}(x);n=0,1,2,\cdots)=(\varphi_{4m+h}(x);m=0,1,2,\cdots)\mathcal{A}_\zeta$$

其中 $\zeta=0,1,2,3$, 那么, 一般形式的经典线性调频小波函数系 $\mathscr{K}_{\mathscr{F}_{(\mathcal{A},\mathcal{Q})}^{\alpha}}(\omega,x)$ 可以表示为

$$\begin{aligned}\mathscr{K}_{\mathscr{F}^{\alpha}_{(\mathcal{A},\mathcal{Q})}}(\omega,x) &= \sum_{m=0}^{\infty}\psi_m(\omega)\mu_m^{\alpha}(\mathcal{Q})\psi_m^*(x)\\ &= \sum_{m=0}^{\infty}\exp\Big[-2\pi\alpha i(m+4\boldsymbol{q}_m)/4\Big]\psi_m(\omega)\psi_m^*(x)\\ &= \sum_{m=0}^{\infty}(-i)^{\alpha(m+4\boldsymbol{q}_m)}\psi_m(\omega)\psi_m^*(x)\end{aligned}$$

其中

$$\mu_m^{\alpha}(\mathcal{Q}) = \exp(-2\pi i\alpha(m+4\boldsymbol{q}_m)/4),\quad m=0,1,2,\cdots$$

而且，一般形式的经典线性调频小波变换或者算子 $\mathscr{F}^{\alpha}_{(\mathcal{A},\mathcal{Q})}$ 可以表示为

$$\begin{aligned}(\mathscr{F}^{\alpha}_{(\mathcal{A},\mathcal{Q})}f)(\omega) &= \int_{-\infty}^{+\infty} f(x)\mathscr{K}_{\mathscr{F}^{\alpha}_{(\mathcal{A},\mathcal{Q})}}(\omega,x)dx\\ &= \sum_{m=0}^{\infty}\mu_m^{\alpha}(\mathcal{Q})\psi_m(\omega)\int_{-\infty}^{+\infty} f(x)\psi_m^*(x)dx\\ &= \sum_{m=0}^{\infty}(-i)^{\alpha(m+4\boldsymbol{q}_m)}\psi_m(\omega)\int_{-\infty}^{+\infty} f(x)\psi_m^*(x)dx\end{aligned}$$

满足如下的特征方程:

$$\begin{aligned}\mathscr{F}^{\alpha}_{(\mathcal{A},\mathcal{Q})}[\psi_m(x)](\omega) &= \mu_m^{\alpha}(\mathcal{Q})\psi_m(\omega)\\ \mu_m^{\alpha}(\mathcal{Q}) &= \exp[-2\pi i\alpha(m+4\boldsymbol{q}_m)/4]\\ m &= 0,1,2,\cdots\end{aligned}$$

其中 $\mathcal{Q}=\{\boldsymbol{q}_m; m\in\mathbb{Z}\}\in\mathbb{Z}^{\infty}$ 是一个任意的整数序列. 这样，一般形式的经典线性调频小波函数 $\mathscr{K}_{\mathscr{F}^{\alpha}_{(\mathcal{A},\mathcal{Q})}}(\omega,x)$ 决定的小波算子 $\mathscr{F}^{\alpha}_{(\mathcal{A},\mathcal{Q})}$ 的特征值序列是

$$\{\mu_m^{\alpha}(\mathcal{Q}) = \exp[-2\pi i\alpha(m+4\boldsymbol{q}_m)/4]=(-i)^{\alpha(m+4\boldsymbol{q}_m)}; m=0,1,2,\cdots\}$$

而且，算子 $\mathscr{F}^{\alpha}_{(\mathcal{A},\mathcal{Q})}$ 的规范正交特征函数系是 $\{\psi_m(x); m=0,1,2,\cdots\}$.

假设 $\mathcal{L}\geqslant 2$ 是一个任意的自然数，利用一般形式的经典线性调频小波变换算子 $\mathscr{F}^{\alpha}_{(\mathcal{A},\mathcal{Q})}$ 构造一个算子 $\mathcal{R}=\mathscr{F}^{4/\mathcal{L}}_{(\mathcal{A},\mathcal{Q})}$,

$$\begin{aligned}\mathcal{R}=\mathscr{F}^{4/\mathcal{L}}_{(\mathcal{A},\mathcal{Q})}:\mathcal{L}^2(\mathbb{R})&\to\mathcal{L}^2(\mathbb{R})\\ f(x)&\mapsto\mathfrak{f}(\omega)=(\mathscr{F}^{4/\mathcal{L}}_{(\mathcal{A},\mathcal{Q})}f)(\omega)=(\mathcal{R}f)(\omega)\\ \mathfrak{f}(\omega)&=\int_{-\infty}^{+\infty} f(x)\mathscr{K}_{\mathscr{F}^{4/\mathcal{L}}_{(\mathcal{A},\mathcal{Q})}}(\omega,x)dx\\ &=\int_{-\infty}^{+\infty} f(x)\mathscr{K}_{\mathcal{R}}(\omega,x)dx\end{aligned}$$

其中

$$\begin{aligned}\mathscr{K}_{\mathcal{R}}(\omega,x)=\mathscr{K}_{\mathscr{F}^{4/\mathcal{L}}_{(\mathcal{A},\mathcal{Q})}}(\omega,x)&=\sum_{m=0}^{\infty}\mu_m^{4/\mathcal{L}}(\mathcal{Q})\psi_m(\omega)\psi_m^*(x)\\&=\sum_{m=0}^{\infty}e^{-2\pi i(m+4q_m)/\mathcal{L}}(\mathcal{Q})\psi_m(\omega)\psi_m^*(x)\\&=\sum_{m=0}^{\infty}(-i)^{4(m+4q_m)\mathcal{L}}\psi_m(\omega)\psi_m^*(x)\\&=\sum_{m=0}^{\infty}\kappa_m\psi_m(\omega)\psi_m^*(x)\end{aligned}$$

而且

$$\kappa_m=\mu_m^{4/\mathcal{L}}(\mathcal{Q})=e^{-2\pi i(m+4q_m)/\mathcal{L}}=(-i)^{4(m+4q_m)/\mathcal{L}}$$

根据一般形式的经典线性调频小波变换算子 $\mathcal{R}=\mathscr{F}^{4/\mathcal{L}}_{(\mathcal{A},\mathcal{Q})}$ 的性质以及算子整数幂次运算性质，可以得到如下的算子演算结果：

$$\begin{aligned}\mathcal{R}^0&=\mathcal{J}\\\mathcal{R}^1&=\mathcal{R}=\mathscr{F}^{4/\mathcal{L}}_{(\mathcal{A},\mathcal{Q})}\\&\vdots\\\mathcal{R}^{(\mathcal{L}-1)}&=\mathscr{F}^{4(\mathcal{L}-1)/\mathcal{L}}_{(\mathcal{A},\mathcal{Q})}\\\mathcal{R}^{\mathcal{L}}&=\mathscr{F}^{(4\mathcal{L})/\mathcal{L}}_{(\mathcal{A},\mathcal{Q})}=\mathscr{F}^{4}_{(\mathcal{A},\mathcal{Q})}=\mathcal{J}\end{aligned}$$

而且，对于任意的整数 $k\in\mathbb{Z}$，

$$\mathcal{R}^{k+\mathcal{L}}=\mathcal{R}^{k}=\mathscr{F}^{4k/\mathcal{L}}_{(\mathcal{A},\mathcal{Q})}$$

其中 $\mathcal{J}$ 是单位(恒等)算子.

仿照组合线性调频小波算子定义方法，按照如下线性组合形式构造平方可积函数空间 $\mathcal{L}^2(\mathbb{R})$ 的组合类型线性调频小波算子 $\mathcal{R}^{\alpha}$，对于实数参数 $\alpha\in\mathbb{R}$，

$$\begin{aligned}\mathcal{R}^{\alpha}:\mathcal{L}^2(\mathbb{R})&\to\mathcal{L}^2(\mathbb{R})\\f(x)&\mapsto\mathfrak{f}^{\alpha}(\omega)=(\mathcal{R}^{\alpha}f)(\omega)\end{aligned}$$

$$\begin{aligned}\mathfrak{f}^{\alpha}(\omega)=(\mathcal{R}^{\alpha}f)(\omega)&=\sum_{\ell=0}^{(\mathcal{L}-1)}p_\ell(\alpha)(\mathcal{R}^{\ell}f)(\omega)\\&=\sum_{\ell=0}^{(\mathcal{L}-1)}p_\ell(\alpha)\int_{-\infty}^{+\infty}f(x)\mathscr{K}_{\mathscr{F}^{4\ell/\mathcal{L}}_{(\mathcal{A},\mathcal{Q})}}(\omega,x)dx\\&=\int_{-\infty}^{+\infty}f(x)\sum_{\ell=0}^{(\mathcal{L}-1)}p_\ell(\alpha)\mathscr{K}_{\mathscr{F}^{4\ell/\mathcal{L}}_{(\mathcal{A},\mathcal{Q})}}(\omega,x)dx\\&=\int_{-\infty}^{+\infty}f(x)\mathscr{K}_{\mathcal{R}^{\alpha}}(\omega,x)dx\end{aligned}$$

其中

$$\mathscr{K}_{\boldsymbol{\mathcal{R}}^{\alpha}}(\omega,x)=\sum_{\ell=0}^{(\boldsymbol{\mathcal{L}}-1)}p_{\ell}(\alpha)\mathscr{K}_{\mathscr{F}_{(\mathcal{A},\mathcal{B})}^{4\ell/\boldsymbol{\mathcal{L}}}}(\omega,x)$$

被称为多项组合线性调频小波函数系，以此作为变换核函数的线性变换 $\boldsymbol{\mathcal{R}}^{\alpha}$ 被称为多项组合线性调频小波变换算子.

为了定义多项组合线性调频小波算子族 $\{\boldsymbol{\mathcal{R}}^{\alpha};\alpha\in\mathbb{R}\}$，要求其定义形式中出现的组合系数函数系 $\{p_{\ell}(\alpha);\ell=0,1,\cdots,(\boldsymbol{\mathcal{L}}-1)\}$ 能够保证多项组合线性调频小波算子族 $\{\boldsymbol{\mathcal{R}}^{\alpha};\alpha\in\mathbb{R}\}$ 满足如下算子运算规则:

$$\begin{aligned}
&[\boldsymbol{\mathcal{R}}^{\alpha}(\varsigma f+\upsilon g)](\omega)=\varsigma(\boldsymbol{\mathcal{R}}^{\alpha}f)(\omega)+\upsilon(\boldsymbol{\mathcal{R}}^{\alpha}g)(\omega)\\
&\lim_{f\to g}(\boldsymbol{\mathcal{R}}^{\alpha}f)(\omega)=(\boldsymbol{\mathcal{R}}^{\alpha}g)(\omega)\\
&\lim_{\alpha'\to\alpha}(\boldsymbol{\mathcal{R}}^{\alpha'}f)(\omega)=(\boldsymbol{\mathcal{R}}^{\alpha}f)(\omega)\\
&(\boldsymbol{\mathcal{R}}^{\alpha+\tilde{\alpha}}f)(\omega)=[\boldsymbol{\mathcal{R}}^{\tilde{\alpha}}(\boldsymbol{\mathcal{R}}^{\alpha}f)](\omega)=[\boldsymbol{\mathcal{R}}^{\alpha}(\boldsymbol{\mathcal{R}}^{\tilde{\alpha}}f)](\omega)\\
&(\boldsymbol{\mathcal{R}}^{\alpha}f)(\omega)=(\boldsymbol{\mathcal{R}}^{m}f)(\omega),\quad \alpha=m\in\mathbb{Z}
\end{aligned}$$

采用另一种方法表达对线性算子 $\boldsymbol{\mathcal{R}}^{\alpha}:\boldsymbol{\mathcal{L}}^{2}(\mathbb{R})\to\boldsymbol{\mathcal{L}}^{2}(\mathbb{R})$ 的公理化要求，即多项组合线性调频小波算子族 $\{\boldsymbol{\mathcal{R}}^{\alpha};\alpha\in\mathbb{R}\}$ 遵循如下几个公理:

❶ 连续性公理: 对全部实数参数 $\alpha\in\mathbb{R}$，算子 $\boldsymbol{\mathcal{R}}^{\alpha}$ 是连续的;

❷ 边界性公理: $\boldsymbol{\mathcal{R}}^{\alpha}=\boldsymbol{\mathcal{R}},\alpha=1$;

❸ 周期性公理: $\boldsymbol{\mathcal{R}}^{\alpha}=\boldsymbol{\mathcal{R}}^{\alpha+\boldsymbol{\mathcal{L}}},\alpha\in\mathbb{R}$;

❹ 可加性公理: $\boldsymbol{\mathcal{R}}^{\alpha}\boldsymbol{\mathcal{R}}^{\beta}=\boldsymbol{\mathcal{R}}^{\beta}\boldsymbol{\mathcal{R}}^{\alpha}=\boldsymbol{\mathcal{R}}^{\alpha+\beta},(\alpha,\beta)\in\mathbb{R}\times\mathbb{R}$.

注释: 利用线性变换 $\boldsymbol{\mathcal{R}}^{\alpha}[f(x)](\omega)$ 的定义形式和上述4个公理，这些要求转化为线性变换 $\boldsymbol{\mathcal{R}}^{\alpha}[f(x)](\omega)$ 定义中组合系数函数系 $\{p_{\ell}(\alpha);\ell=0,1,\cdots,(\boldsymbol{\mathcal{L}}-1)\}$ 的如下要求:

① 连续性公理: $p_{\ell}(\alpha),\ell=0,1,\cdots,(\boldsymbol{\mathcal{L}}-1)$ 是 $\alpha\in\mathbb{R}$ 的连续函数;

② 边界性公理: $p_{\ell}(m)=\delta(m-\ell);\ \ell,m=0,1,\cdots,(\boldsymbol{\mathcal{L}}-1)$;

③ 周期性公理: $p_{\ell}(\alpha)=p_{\ell}(\alpha+\boldsymbol{\mathcal{L}}),\ell=0,1,\cdots,(\boldsymbol{\mathcal{L}}-1),\alpha\in\mathbb{R}$;

④ 可加性公理: $(\alpha,\beta)\in\mathbb{R}\times\mathbb{R}$,

$$p_{\ell}(\alpha+\beta)=\sum_{\substack{0\leqslant m,n\leqslant(\boldsymbol{\mathcal{L}}-1)\\ m+n\equiv\ell\ \bmod(\boldsymbol{\mathcal{L}})}}p_{m}(\alpha)p_{n}(\beta),\quad \ell=0,1,\cdots,(\boldsymbol{\mathcal{L}}-1)$$

或者表达如下:

$$\begin{cases} p_0(\alpha+\beta)=p_0(\alpha)p_0(\beta) & +p_1(\alpha)p_{(\boldsymbol{\mathcal{L}}-1)}(\beta) & +\cdots+ & p_{(\boldsymbol{\mathcal{L}}-1)}(\alpha)p_1(\beta) \\ p_1(\alpha+\beta)=p_0(\alpha)p_1(\beta) & +p_1(\alpha)p_0(\beta) & +\cdots+ & p_{(\boldsymbol{\mathcal{L}}-1)}(\alpha)p_2(\beta) \\ \qquad\vdots & \qquad\vdots & & \qquad\vdots \\ p_{(\boldsymbol{\mathcal{L}}-1)}(\alpha+\beta)=p_0(\alpha)p_{(\boldsymbol{\mathcal{L}}-1)}(\beta) & +p_1(\alpha)p_{(\boldsymbol{\mathcal{L}}-2)}(\beta) & +\cdots+ & p_{(\boldsymbol{\mathcal{L}}-1)}(\alpha)p_0(\beta) \end{cases}$$

实际上，这个函数方程组存在如下“最简单的”一个解函数系：

$$\left\{p_\ell(\alpha)=\frac{1}{\boldsymbol{\mathcal{L}}}\frac{1-\exp[(-2\pi i)(\alpha-\ell)]}{1-\exp[(-2\pi i)(\alpha-\ell)/\boldsymbol{\mathcal{L}}]};\ell=0,1,\cdots,(\boldsymbol{\mathcal{L}}-1)\right\}$$

或者表示为

$$\left\{p_\ell(\alpha)=\frac{1}{\boldsymbol{\mathcal{L}}}\sum_{k=0}^{(\boldsymbol{\mathcal{L}}-1)}\exp[(-2\pi i)k(\alpha-\ell)/\boldsymbol{\mathcal{L}}];\ell=0,1,\cdots,(\boldsymbol{\mathcal{L}}-1)\right\}$$

这时，所得到的多项组合线性调频小波算子 $\boldsymbol{\mathcal{R}}^\alpha$ 可以表示如下：

$$\begin{aligned}(\boldsymbol{\mathcal{R}}^\alpha f)(\omega)&=\sum_{\ell=0}^{(\boldsymbol{\mathcal{L}}-1)}p_\ell(\alpha)(\boldsymbol{\mathcal{R}}^\ell f)(\omega)\\&=\frac{1}{\boldsymbol{\mathcal{L}}}\sum_{\ell=0}^{(\boldsymbol{\mathcal{L}}-1)}\sum_{k=0}^{(\boldsymbol{\mathcal{L}}-1)}\exp\big[(-2\pi i)k(\alpha-\ell)/\boldsymbol{\mathcal{L}}\big](\boldsymbol{\mathcal{R}}^\ell f)(\omega)\\&=\frac{1}{\boldsymbol{\mathcal{L}}}\sum_{\ell=0}^{(\boldsymbol{\mathcal{L}}-1)}\frac{1-\exp\big[(-2\pi i)(\alpha-\ell)\big]}{1-\exp\big[(-2\pi i)(\alpha-\ell)/\boldsymbol{\mathcal{L}}\big]}(\boldsymbol{\mathcal{R}}^\ell f)(\omega)\end{aligned}$$

或者利用抽象的算子符号表示为

$$\begin{aligned}\boldsymbol{\mathcal{R}}^\alpha&=\sum_{\ell=0}^{(\boldsymbol{\mathcal{L}}-1)}p_\ell(\alpha)\boldsymbol{\mathcal{R}}^\ell\\&=\frac{1}{\boldsymbol{\mathcal{L}}}\sum_{\ell=0}^{(\boldsymbol{\mathcal{L}}-1)}\sum_{k=0}^{(\boldsymbol{\mathcal{L}}-1)}\exp\big[(-2\pi i)k(\alpha-\ell)/\boldsymbol{\mathcal{L}}\big]\boldsymbol{\mathcal{R}}^\ell\\&=\frac{1}{\boldsymbol{\mathcal{L}}}\sum_{\ell=0}^{(\boldsymbol{\mathcal{L}}-1)}\frac{1-\exp\big[(-2\pi i)(\alpha-\ell)\big]}{1-\exp\big[(-2\pi i)(\alpha-\ell)/\boldsymbol{\mathcal{L}}\big]}\boldsymbol{\mathcal{R}}^\ell\end{aligned}$$

此时，多项组合线性调频小波函数系 $\mathscr{K}_{\boldsymbol{\mathcal{R}}^\alpha}(\omega,x)$ 可以表示为

$$\begin{aligned}\mathscr{K}_{\boldsymbol{\mathcal{R}}^\alpha}(\omega,x)&=\sum_{\ell=0}^{(\boldsymbol{\mathcal{L}}-1)}p_\ell(\alpha)\mathscr{K}_{\mathscr{F}^{4\ell/\boldsymbol{\mathcal{L}}}_{(\mathcal{A},\mathcal{B})}}(\omega,x)\\&=\frac{1}{\boldsymbol{\mathcal{L}}}\sum_{\ell=0}^{(\boldsymbol{\mathcal{L}}-1)}\sum_{k=0}^{(\boldsymbol{\mathcal{L}}-1)}\exp\big[(-2\pi i)k(\alpha-\ell)/\boldsymbol{\mathcal{L}}\big]\mathscr{K}_{\mathscr{F}^{4\ell/\boldsymbol{\mathcal{L}}}_{(\mathcal{A},\mathcal{B})}}(\omega,x)\\&=\frac{1}{\boldsymbol{\mathcal{L}}}\sum_{\ell=0}^{(\boldsymbol{\mathcal{L}}-1)}\frac{1-\exp\big[(-2\pi i)(\alpha-\ell)\big]}{1-\exp\big[(-2\pi i)(\alpha-\ell)/\boldsymbol{\mathcal{L}}\big]}\mathscr{K}_{\mathscr{F}^{4\ell/\boldsymbol{\mathcal{L}}}_{(\mathcal{A},\mathcal{B})}}(\omega,x)\end{aligned}$$

根据一般形式的经典线性调频小波算子 $\mathscr{F}^{\alpha}_{(\mathcal{A},\mathcal{Q})}$ 的特征方程:

$$\begin{aligned}\mathscr{F}^{\alpha}_{(\mathcal{A},\mathcal{Q})}[\psi_m(x)](\omega) &= \mu^{\alpha}_m(\mathcal{Q})\psi_m(\omega)\\ \mu^{\alpha}_m(\mathcal{Q}) &= \exp\left[-2\pi i\alpha(m+4q_m)/4\right]\\ m &= 0,1,2,\cdots\end{aligned}$$

其中 $\mathcal{Q}=\{q_m;m\in\mathbb{Z}\}\in\mathbb{Z}^{\infty}$ 是一个任意的整数序列, 对于任意的整数 $\ell\in\mathbb{Z}$, 可以得到算子 $\mathcal{R}^{\ell}=\mathscr{F}^{4\ell/\mathcal{L}}_{(\mathcal{A},\mathcal{Q})}$ 的特征方程:

$$\begin{aligned}\mathcal{R}^{\ell}[\psi_m(x)](\omega) &= \mathscr{F}^{4\ell/\mathcal{L}}_{(\mathcal{A},\mathcal{Q})}[\psi_m(x)](\omega)\\ &= \mu^{4\ell/\mathcal{L}}_m(\mathcal{Q})\psi_m(\omega)\\ &= \kappa^{\ell}_m\psi_m(\omega)\\ \kappa^{\ell}_m &= \mu^{4\ell/\mathcal{L}}_m(\mathcal{Q}) = e^{-2\pi i\ell(m+4q_m)/\mathcal{L}}\\ m &= 0,1,2,\cdots\end{aligned}$$

直接演算完备规范正交特征函数系 $\{\psi_m(x);m=0,1,2,3,\cdots\}$ 的多项组合线性调频小波变换 $\mathcal{R}^{\alpha}[\psi_m(x)](\omega)$:

$$\begin{aligned}\mathcal{R}^{\alpha}[\psi_m(x)](\omega) &= \sum_{\ell=0}^{(\mathcal{L}-1)} p_{\ell}(\alpha)\mathcal{R}^{\ell}[\psi_m(x)](\omega)\\ &= \left[\sum_{\ell=0}^{(\mathcal{L}-1)} p_{\ell}(\alpha)\kappa^{\ell}_m\right]\psi_m(\omega)\\ &= \kappa^{(\alpha)}_m\psi_m(\omega)\end{aligned}$$

其中, $m=0,1,2,\cdots$.

$$\begin{aligned}\kappa^{(\alpha)}_m &= \sum_{\ell=0}^{(\mathcal{L}-1)} p_{\ell}(\alpha)\kappa^{\ell}_m\\ &= \frac{1}{\mathcal{L}}\sum_{\ell=0}^{(\mathcal{L}-1)}\sum_{k=0}^{(\mathcal{L}-1)}\exp\left[-\frac{2\pi ik(\alpha-\ell)}{\mathcal{L}}\right]\exp\left[-\frac{2\pi i\ell(m+4q_m)}{\mathcal{L}}\right]\\ &= \frac{1}{\mathcal{L}}\sum_{k=0}^{(\mathcal{L}-1)}\exp\left(-\frac{2\pi ik\alpha}{\mathcal{L}}\right)\sum_{\ell=0}^{(\mathcal{L}-1)}\exp\left[-\frac{2\pi i(m+4q_m-k)\ell}{\mathcal{L}}\right]\\ &= \sum_{k=0}^{(\mathcal{L}-1)}\exp\left(-\frac{2\pi ik\alpha}{\mathcal{L}}\right)\delta[\operatorname{mod}(m+4q_m,\mathcal{L})-k]\\ &= \exp\left(-\frac{2\pi i\operatorname{mod}(m+4q_m,\mathcal{L})\alpha}{\mathcal{L}}\right)\end{aligned}$$

是多项组合线性调频小波算子 $\mathcal{R}^{\alpha}$ 的特征值序列. 这同时说明, $\{\psi_m(x);m\in\mathbb{N}\}$ 是多项组合线性调频小波算子 $\mathcal{R}^{\alpha}$ 的完全规范正交特征函数系.

利用多项组合线性调频小波算子 $\mathcal{R}^{\alpha}$ 的特征值序列公式，容易验证:

$$\kappa_m^{(\alpha)} = \kappa_m^{(\alpha+\mathcal{L})}, \quad \kappa_m^{(\alpha)} \neq \kappa_{m+\mathcal{L}}^{(\alpha)}$$

其中 $m = 0,1,2,\cdots$，而且，实数参数 $\alpha \in \mathbb{R}$，也就是说，小波算子 $\mathcal{R}^{\alpha}$ 的特征值序列 $\{\kappa_m^{(\alpha)}; m = 0,1,2,\cdots\}$ 关于实数参数 α 具有 $\mathcal{L}$ 周期性质，不过，关于特征值序列的序号或者下标未必具有 $\mathcal{L}$ 周期性质. 如果整数序列 $\{q_m; m = 0,1,2,\cdots\}$ 满足

$$q_m = q_{m+\mathcal{L}}, \quad m = 0,1,2,\cdots$$

那么，小波算子 $\mathcal{R}^{\alpha}$ 的特征值序列 $\{\kappa_m^{(\alpha)}; m = 0,1,2,\cdots\}$ 关于实数参数 α 以及特征值序列的序号或者下标具有双重 $\mathcal{L}$ 周期性质，即如下等式成立:

$$\kappa_m^{(\alpha)} = \kappa_m^{(\alpha+\mathcal{L})} = \kappa_{m+\mathcal{L}}^{(\alpha)} = \kappa_{m+\mathcal{L}}^{(\alpha+\mathcal{L})}$$

其中 $m = 0,1,2,\cdots$，而且实数参数 $\alpha \in \mathbb{R}$. 在 $q_m = 0, m = 0,1,2,\cdots$ 这种最特殊的情况下，小波算子 $\mathcal{R}^{\alpha}$ 的特征值序列 $\{\kappa_m^{(\alpha)}; m = 0,1,2,\cdots\}$ 自然具有双重 $\mathcal{L}$ 周期性质.

在小波算子 $\mathcal{R}^{\alpha}$ 的特征值序列 $\{\kappa_m^{(\alpha)}; m = 0,1,2,\cdots\}$ 具有双重 $\mathcal{L}$ 周期性质的条件下，多项组合线性调频小波算子族 $\{\mathcal{R}^{\alpha}; \alpha \in \mathbb{R}\}$ 具有共同的特征子空间序列，全部特征子空间序列 $\{\mathcal{W}_\ell; \ell = 0,1,\cdots,(\mathcal{L}-1)\}$ 可以表示如下:

$$\begin{aligned}\mathcal{W}_\ell &= \text{Closespan}\{\psi_{\mathcal{L}m+\ell}(x);\ m = 0,1,2,3,\cdots\} \\ &= \{\xi(\omega); \mathcal{R}^{\alpha}[\xi(x)](\omega) = \kappa_\ell^{(\alpha)}\xi(\omega)\}\end{aligned}$$

其中 $\ell = 0,1,\cdots,(\mathcal{L}-1)$. 容易证明特征子空间序列 $\{\mathcal{W}_\ell; \ell = 0,1,\cdots,(\mathcal{L}-1)\}$ 是相互正交的，而且，满足如下正交直和分解关系:

$$\begin{aligned}\mathcal{L}^2(\mathbb{R}) &= \bigoplus_{\ell=0}^{(\mathcal{L}-1)} \mathcal{W}_\ell \\ &= \bigoplus_{\ell=0}^{(\mathcal{L}-1)} \text{Closespan}\{\psi_{\mathcal{L}m+\ell}(x);\ m = 0,1,2,3,\cdots\}\end{aligned}$$

在这里组合系数函数系的计算表达形式和某些性质. 当 $\ell = 0,1,\cdots,(\mathcal{L}-1)$ 时，组合系数函数系可以改写为

$$p_\ell(\alpha) = \frac{1}{\mathcal{L}} \frac{\sin \pi(\alpha - \ell)}{\sin[\pi(\alpha - \ell) / \mathcal{L}]} \exp[-\pi i(\mathcal{L}-1)(\alpha - \ell)/\mathcal{L}]$$

特别地，如果自然数 $\mathcal{L} = 2^s$，其中 s 是某个自然数，那么，$p_\ell(\alpha)$ 的表达式可以进一步转化为

$$p_\ell(\alpha)=\frac{1}{\mathcal{L}}\frac{\sin\pi(\alpha-\ell)}{\sin[\pi(\alpha-\ell)/\mathcal{L}]}\exp\left[-\pi i(\mathcal{L}-1)(\alpha-\ell)/\mathcal{L}\right]$$
$$=\exp[-2^{-s}\pi i(\alpha-\ell)(2^s-1)]\prod_{\zeta=0}^{(s-1)}\cos[2^{\zeta-s}\pi(\alpha-\ell)]$$

或者，如果 $2^{s-1}<\mathcal{L}\leqslant 2^s$，其中 s 是某个自然数，那么

$$p_\ell(\alpha)=\frac{1}{\mathcal{L}}\frac{\sin\pi(\alpha-\ell)}{\sin\left[\pi(\alpha-\ell)/\mathcal{L}\right]}\exp\left[-\pi i(\mathcal{L}-1)(\alpha-\ell)/\mathcal{L}\right]$$
$$=\left(\frac{2^s}{\mathcal{L}}\right)\frac{\sin[\pi(\alpha-\ell)/2^s]}{\sin[\pi(\alpha-\ell)/\mathcal{L}]}\exp\left[-\pi i(\mathcal{L}-1)(\alpha-\ell)/\mathcal{L}\right]\prod_{\zeta=0}^{(s-1)}\cos[2^{\zeta-s}\pi(\alpha-\ell)]$$

比如，当 $\mathcal{L}=8=2^3$ 时，组合系数函数系特殊化为

$$p_\ell(\alpha)=\frac{1}{8}\sum_{k=0}^{7}\exp[(-2\pi i/8)(\alpha-\ell)k]$$
$$=\frac{1}{8}\frac{1-\exp[(-2\pi i)(\alpha-\ell)]}{1-\exp[(-2\pi i/8)(\alpha-\ell)]}$$
$$=\frac{1}{8}\frac{\sin\pi(\alpha-\ell)}{\sin[\pi(\alpha-\ell)/8]}e^{-7\pi i(\alpha-\ell)/8}$$
$$=\cos[\pi(\alpha-\ell)/8]\cos[2\pi(\alpha-\ell)/8]\cos[4\pi(\alpha-\ell)/8]e^{-7\pi i(\alpha-\ell)/8}$$

再比如，当 $\mathcal{L}=4$ 时，组合系数函数系特殊化为

$$p_\ell(\alpha)=\frac{1}{4}\frac{1-\exp[(-2\pi i)(\alpha-\ell)]}{1-\exp[(-2\pi i/4)(\alpha-\ell)]}$$
$$=\frac{1}{4}\frac{\sin\pi(\alpha-\ell)}{\sin[\pi(\alpha-\ell)/4]}e^{-3\pi i(\alpha-\ell)/8}$$
$$=\cos[\pi(\alpha-\ell)/4]\cos[2\pi(\alpha-\ell)/4]e^{-3\pi i(\alpha-\ell)/8}$$

这就是 Shih(1995a, 1995b)最早给出的组合系数函数系的表达公式.

另一方面，经过直接演算可以得到组合系数函数系的和:

$$\sum_{\ell=0}^{(\mathcal{L}-1)}p_\ell(\alpha)=\frac{1}{\mathcal{L}}\sum_{\ell=0}^{(\mathcal{L}-1)}\sum_{k=0}^{(\mathcal{L}-1)}\exp\left[-\frac{2\pi ik(\alpha-\ell)}{\mathcal{L}}\right]$$
$$=\frac{1}{\mathcal{L}}\sum_{k=0}^{(\mathcal{L}-1)}\exp\left(-\frac{2\pi ik\alpha}{\mathcal{L}}\right)\sum_{\ell=0}^{(\mathcal{L}-1)}\exp\left(\frac{2\pi ik\ell}{\mathcal{L}}\right)$$
$$=\sum_{k=0}^{(\mathcal{L}-1)}\exp\left(-\frac{2\pi ik\alpha}{\mathcal{L}}\right)\delta(k)$$
$$=1$$

由此得到组合系数函数系的和恒等于 1，即 $\sum_{\ell=0}^{(\mathcal{L}-1)}p_\ell(\alpha)=1$. 因此，对于任意的实数参数 α，在复数平面内的 $\mathcal{L}$ 个点 $\{p_\ell(\alpha);\ell=0,1,\cdots,(\mathcal{L}-1)\}$ 总在一条直线上，这

些随实数参数 α 变化的直线经过一个固定点 $(\mathcal{L}^{-1},0)$.

多项组合线性调频小波函数的组合系数函数系在复数平面上共线，现在研究这些直线的斜率. 将组合系数函数系按照实部和虚部表示如下:

$$p_\ell(\alpha)=\frac{1}{\mathcal{L}}\sum_{k=0}^{(\mathcal{L}-1)}\exp\left[-\frac{2\pi ik(\alpha-\ell)}{\mathcal{L}}\right]=\mathrm{Re}_\ell(\alpha)+i\,\mathrm{Im}_\ell(\alpha)$$

那么,

$$\begin{cases}\mathrm{Re}_\ell(\alpha)=\dfrac{1}{\mathcal{L}}\displaystyle\sum_{k=0}^{(\mathcal{L}-1)}\cos[(2\pi/\mathcal{L})k(\alpha-\ell)]\\ \mathrm{Im}_\ell(\alpha)=-\dfrac{1}{\mathcal{L}}\displaystyle\sum_{k=0}^{(\mathcal{L}-1)}\sin[(2\pi/\mathcal{L})k(\alpha-\ell)]\end{cases}$$

或者写成紧凑的格式

$$\begin{cases}\mathrm{Re}_\ell(\alpha)=\cos((\mathcal{L}-1)\pi(\alpha-\ell)/\mathcal{L})\dfrac{\sin(\pi(\alpha-\ell))}{\mathcal{L}\sin(\pi(\alpha-\ell)/\mathcal{L})}\\ \mathrm{Im}_\ell(\alpha)=-\sin((\mathcal{L}-1)\pi(\alpha-\ell)/\mathcal{L})\dfrac{\sin(\pi(\alpha-\ell))}{\mathcal{L}\sin(\pi(\alpha-\ell)/\mathcal{L})}\end{cases}$$

最终得到如下的演算结果:

$$\hbar(\alpha)=\frac{\mathrm{Im}_\ell(\alpha)}{\mathrm{Re}_\ell(\alpha)-1/\mathcal{L}}=\tan(-\alpha\pi)$$

这个计算结果表明，对于任意的实数参数 $\alpha\in\mathbb{R}$，在复数平面内，组合系数函数系对应的 $\mathcal{L}$ 个点 $\{p_\ell(\alpha);\ell=0,1,\cdots,(\mathcal{L}-1)\}$ 总在一条直线上，所有这些随着实数参数 $\alpha\in\mathbb{R}$ 变化的直线都经过一个固定点 $(\mathcal{L}^{-1},0)$，直线的斜率可以表示为 $\hbar(\alpha)=\tan(-\alpha\pi)$，即当实数参数 $\alpha\in\mathbb{R}$ 时，多项组合线性调频小波函数构造中的组合系数函数系对应的 $\mathcal{L}$ 个点 $\{p_\ell(\alpha);\ell=0,1,\cdots,(\mathcal{L}-1)\}$ 在一条直线上，这条直线相当于 $\alpha=0$ 时的直线围绕固定点 $(\mathcal{L}^{-1},0)$ 顺时针旋转角度 $(\alpha\pi)$.

(β) 多项组合线性调频小波的特例

在这里仔细研究三个特例，对应于定义中 $\mathcal{L}=4$，$\mathcal{L}=3$ 和 $\mathcal{L}=8$.

在经典线性调频小波函数系的多样性理论中，4×4 分块对角酉矩阵或者算子 $\mathscr{A}=\mathrm{Diag}(\mathscr{A}_0,\mathscr{A}_1,\mathscr{A}_2,\mathscr{A}_3)\in\mathscr{U}_4$ 和整数无穷序列 $\mathscr{Q}=\{q_m;m\in\mathbb{Z}\}\in\mathbb{Z}^\infty$ 共同决定一般形式的经典线性调频小波函数系 $\mathscr{K}_{\mathscr{F}^\alpha_{(\mathscr{A},\mathscr{Q})}}(\omega,x)$，实数参数 $\alpha\in\mathbb{R}$.

假设 $\mathcal{L}\geqslant2$ 是一个自然数而且选择算子 $\mathcal{R}=\mathscr{F}^{4/\mathcal{L}}_{(\mathscr{A},\mathscr{Q})}$ 是 $\alpha=4/\mathcal{L}$ 的一般形式的经典线性调频小波变换算子 $\mathscr{F}^\alpha_{(\mathscr{A},\mathscr{Q})}$，那么，当 $\mathcal{L}=4$，$\mathscr{A}\in\mathscr{U}_4$ 是单位矩阵或者算

子，$\mathcal{Q}=\{q_m=0;m\in\mathbb{Z}\}$ 时，多项组合线性调频小波算子族 $\{\mathcal{R}^\alpha;\alpha\in\mathbb{R}\}$ 就是组合线性调频小波算子族 $\{\mathscr{F}_{\mathcal{S}}^{\alpha};\alpha\in\mathbb{R}\}$，$\mathcal{R}^\alpha=\mathscr{F}_{\mathcal{S}}^{\alpha},\alpha\in\mathbb{R}$.

这时，组合线性调频小波函数系 $\mathscr{K}_\alpha^{(\mathcal{S})}(\omega,x)$ 的闭合解析表达式:

$$\begin{aligned}\mathscr{K}_\alpha^{(\mathcal{S})}(\omega,x)&=\sum_{s=0}^{3}p_s(\alpha)\mathscr{K}_{\mathscr{F}^{-s}}(\omega,x)\\&=\sum_{s=0}^{3}\cos\frac{\pi(\alpha-s)}{4}\cos\frac{2\pi(\alpha-s)}{4}\exp\left[-\frac{3\pi i(\alpha-s)}{4}\right]\mathscr{K}_{\mathscr{F}^{-s}}(\omega,x)\end{aligned}$$

当 $\alpha=0,1,2,3$ 时，得到多重傅里叶变换核函数的闭合解析表达式:

$$\mathscr{K}_{\mathscr{F}^0}(\omega,x)=\delta(\omega-x),\quad \mathscr{K}_{\mathscr{F}^1}(\omega,x)=\exp(-2\pi i\omega x)$$
$$\mathscr{K}_{\mathscr{F}^2}(\omega,x)=\delta(\omega+x),\quad \mathscr{K}_{\mathscr{F}^3}(\omega,x)=\exp(+2\pi i\omega x)$$

以及

$$\mathscr{K}_{\mathscr{F}^\ell}(\omega,x)=\sum_{m=0}^{\infty}\varphi_m(\omega)(-i)^{m\times\ell}\varphi_m^*(x),\quad \ell=0,1,2,\cdots$$

具体写出如下 4 个等式:

$$\sum_{m=0}^{\infty}(-i)^{m\times 0}\varphi_m(\omega)\varphi_m^*(x)=\sum_{m=0}^{\infty}(+1)^m\varphi_m(\omega)\varphi_m^*(x)=\delta(\omega-x)$$

$$\begin{aligned}\sum_{m=0}^{\infty}(-i)^{m\times 1}\varphi_m(\omega)\varphi_m^*(x)&=\sum_{m=0}^{\infty}(-i)^m\varphi_m(\omega)\varphi_m^*(x)=\exp(-2\pi i\omega x)\\\sum_{m=0}^{\infty}(-i)^{m\times 2}\varphi_m(\omega)\varphi_m^*(x)&=\sum_{m=0}^{\infty}(-1)^m\varphi_m(\omega)\varphi_m^*(x)=\delta(\omega+x)\\\sum_{m=0}^{\infty}(-i)^{m\times 3}\varphi_m(\omega)\varphi_m^*(x)&=\sum_{m=0}^{\infty}(+i)^m\varphi_m(\omega)\varphi_m^*(x)=\exp(+2\pi i\omega x)\end{aligned}$$

将上述第二和第四两式相加或者相减得到

$$\begin{cases}\cos(2\pi\omega x)=\displaystyle\sum_{m=0}^{\infty}(\varphi_{4m}(\omega)\varphi_{4m}^*(x)-\varphi_{4m+2}(\omega)\varphi_{4m+2}^*(x))\\\sin(2\pi\omega x)=\displaystyle\sum_{m=0}^{\infty}(\varphi_{4m+1}(\omega)\varphi_{4m+1}^*(x)-\varphi_{4m+3}(\omega)\varphi_{4m+3}^*(x))\end{cases}$$

之后再将上述的第一和第三两式相加或者相减得到

$$\begin{cases}\dfrac{\delta(\omega-x)+\delta(\omega+x)}{2}=\displaystyle\sum_{m=0}^{\infty}(\varphi_{4m}(\omega)\varphi_{4m}^*(x)+\varphi_{4m+2}(\omega)\varphi_{4m+2}^*(x))\\\dfrac{\delta(\omega-x)-\delta(\omega+x)}{2}=\displaystyle\sum_{m=0}^{\infty}(\varphi_{4m+1}(\omega)\varphi_{4m+1}^*(x)+\varphi_{4m+3}(\omega)\varphi_{4m+3}^*(x))\end{cases}$$

综合这些公式得到如下四个函数项级数的求和公式:

$$\begin{cases}\dfrac{\delta(\omega-x)+\delta(\omega+x)}{2}+\cos(2\pi\omega x)=2\sum\limits_{m=0}^{\infty}\varphi_{4m}(\omega)\varphi_{4m}^{*}(x)\\ \dfrac{\delta(\omega-x)+\delta(\omega+x)}{2}-\cos(2\pi\omega x)=2\sum\limits_{m=0}^{\infty}\varphi_{4m+2}(\omega)\varphi_{4m+2}^{*}(x)\\ \dfrac{\delta(\omega-x)-\delta(\omega+x)}{2}+\sin(2\pi\omega x)=2\sum\limits_{m=0}^{\infty}\varphi_{4m+1}(\omega)\varphi_{4m+1}^{*}(x)\\ \dfrac{\delta(\omega-x)-\delta(\omega+x)}{2}-\sin(2\pi\omega x)=2\sum\limits_{m=0}^{\infty}\varphi_{4m+3}(\omega)\varphi_{4m+3}^{*}(x)\end{cases}$$

回顾组合线性调频小波算子 $\mathscr{F}_{\boldsymbol{S}}^{(\bar{n},\alpha)}$ 与傅里叶变换算子 $\mathscr{F}$ 具有相同的特征子空间序列

$$\begin{aligned}\mathcal{W}_h&=\text{Closespan}\{\varphi_{4m+h}(x);\ m=0,1,2,3,\cdots\}\\&=\{\zeta(\omega);\mathscr{F}[\zeta(x)](\omega)=(-i)^h\zeta(\omega)\}\\&=\{\xi(\omega);\mathscr{F}_{\boldsymbol{S}}^{(\bar{n},\alpha)}[\xi(x)](\omega)=\lambda_h^{(\bar{n},\alpha)}\xi(\omega)\},\ \ h=0,1,2,3\end{aligned}$$

利用刚才获得的四个函数项级数的求和公式可以写出从空间 $\mathcal{L}^2(\mathbb{R})$ 到各个特征子空间 $\mathcal{W}_h$ 的正交投影算子 $\mathcal{P}_h:\mathcal{L}^2(\mathbb{R})\to\mathcal{W}_h$

$$\begin{aligned}&\mathcal{P}_h:\mathcal{L}^2(\mathbb{R})\to\mathcal{W}_h\\&\qquad s(x)\mapsto\mathcal{S}_h(\omega)=(\mathcal{P}_hs)(\omega)=\int_{-\infty}^{+\infty}s(x)\mathscr{K}_{\mathcal{P}_h}(\omega,x)dx\\&\mathcal{S}_h(\omega)=(\mathcal{P}_hs)(\omega)=\sum_{m=0}^{\infty}\varphi_{4m+h}(\omega)\int_{-\infty}^{+\infty}s(x)\varphi_{4m+h}^{*}(x)dx\\&\qquad h=0,1,2,3\end{aligned}$$

而且，这样定义的四个正交投影算子 $\mathcal{P}_h:\mathcal{L}^2(\mathbb{R})\to\mathcal{W}_h$ 的核函数 $\mathscr{K}_{\mathcal{P}_h}(\omega,x)$ 具有如下表示:

$$\mathscr{K}_{\mathcal{P}_h}(\omega,x)=\begin{cases}\dfrac{1}{4}[\delta(\omega-x)+\delta(\omega+x)+2\cos(2\pi\omega x)],&h=0\\ \dfrac{1}{4}[\delta(\omega-x)-\delta(\omega+x)+2\sin(2\pi\omega x)],&h=1\\ \dfrac{1}{4}[\delta(\omega-x)+\delta(\omega+x)-2\cos(2\pi\omega x)],&h=2\\ \dfrac{1}{4}[\delta(\omega-x)-\delta(\omega+x)-2\sin(2\pi\omega x)],&h=3\end{cases}$$

因此，对于平方可积函数空间 $\mathcal{L}^2(\mathbb{R})$ 上的任意函数 $s(x)$，它在各个特征子空间 $\mathcal{W}_h$ 的正交投影 $\mathcal{S}_h(\omega)=(\mathcal{P}_hs)(\omega)$ 可以如下计算:

$$\mathfrak{S}_h(\omega) = (\mathcal{P}_h s)(\omega) = \begin{cases} \dfrac{1}{4}\left[s(x) + s(-x) + 2\displaystyle\int_{-\infty}^{+\infty} s(x)\cos(2\pi\omega x)dx\right], & h = 0 \\ \dfrac{1}{4}\left[s(x) - s(-x) + 2\displaystyle\int_{-\infty}^{+\infty} s(x)\sin(2\pi\omega x)dx\right], & h = 1 \\ \dfrac{1}{4}\left[s(x) + s(-x) - 2\displaystyle\int_{-\infty}^{+\infty} s(x)\cos(2\pi\omega x)dx\right], & h = 2 \\ \dfrac{1}{4}\left[s(x) - s(-x) - 2\displaystyle\int_{-\infty}^{+\infty} s(x)\sin(2\pi\omega x)dx\right], & h = 3 \end{cases}$$

因为，$\{\varphi_m(x);\ m = 0,1,2,3,\cdots\}$ 是组合线性调频小波算子族 $\{\mathscr{F}_{\mathcal{S}}^{\alpha};\alpha \in \mathbb{R}\}$ 的规范正交特征函数系，而且构成平方可积函数空间 $\mathcal{L}^2(\mathbb{R})$ 的规范正交基，因此成立如下的正交直和分解公式：

$$\mathcal{L}^2(\mathbb{R}) = \bigoplus_{h=0}^{3} \mathcal{W}_h = \bigoplus_{h=0}^{3} \text{Closespan}\{\varphi_{4m+h}(x);\ m = 0,1,2,3,\cdots\}$$

由此得 $\mathcal{L}^2(\mathbb{R})$ 的单位算子 $\mathcal{I}$ 的相互正交的正交投影算子系 $\{\mathcal{P}_h;h = 0,1,2,3\}$ 的分解表达式

$$\mathcal{I} = \sum_{h=0}^{3} \mathcal{P}_h$$

或者等价地表达为：对于 $s(x) \in \mathcal{L}^2(\mathbb{R})$，

$$s(\omega) = (\mathcal{I}s)(\omega) = \sum_{h=0}^{3} (\mathcal{P}_h s)(\omega) = \sum_{h=0}^{3} \mathfrak{S}_h(\omega)$$

利用组合线性调频小波算子 $\mathscr{F}_{\mathcal{S}}^{(\bar{n},\alpha)}$ 具有的如下特征关系：

$$\begin{aligned} \mathscr{F}_{\mathcal{S}}^{(\bar{n},\alpha)}[\varphi_m(x)](\omega) &= \lambda_m^{(\bar{n},\alpha)} \varphi_m(\omega) \\ \lambda_m^{(\bar{n},\alpha)} &= \exp[(-2\pi i / 4)\alpha(\text{mod}(m,4) + 4n_{\text{mod}(m,4)})] \\ m &= 0,1,2,\cdots \end{aligned}$$

当 $s(x) \in \mathcal{L}^2(\mathbb{R})$ 时，它的组合线性调频小波变换 $(\mathscr{F}_{\mathcal{S}}^{(\bar{n},\alpha)} s)(\omega)$ 可以如下计算：

$$\begin{aligned} (\mathscr{F}_{\mathcal{S}}^{(\bar{n},\alpha)} s)(\omega) &= \sum_{h=0}^{3} \lambda_h^{(\bar{n},\alpha)} (\mathcal{P}_h s)(\omega) \\ &= \sum_{h=0}^{3} \lambda_h^{(\bar{n},\alpha)} \mathfrak{S}_h(\omega) \\ &= \sum_{h=0}^{3} e^{(-2\pi i/4)\alpha(h+4n_h)} \mathfrak{S}_h(\omega) \\ &= \sum_{h=0}^{3} (-i)^{\alpha(h+4n_h)} \mathfrak{S}_h(\omega) \end{aligned}$$

这个特殊实例的研究方法实际上建立了相当广泛的多项组合类线性调频小波算子的计算方法，只要相应的组合类线性调频小波算子的特征值序列关于序号具有

周期性即可.

现在研究 $\mathcal{L}=3$ 而且 $\mathcal{A}\in\mathcal{U}_4$ 是单位矩阵或者算子，$\mathcal{Q}=\{q_m=0;m\in\mathbb{Z}\}$ 时，多项组合线性调频小波算子族 $\{\mathcal{R}^\alpha;\alpha\in\mathbb{R}\}$ 的计算问题.

这时, 组合系数函数系是如下“最简单的”一个函数系:

$$p_\ell(\alpha)=\frac{1}{3}\sum_{k=0}^{2}\exp[(-2\pi i)k(\alpha-\ell)/3]=\frac{1}{3}\frac{1-\exp[(-2\pi i)(\alpha-\ell)]}{1-\exp[(-2\pi i)(\alpha-\ell)/3]},\quad \ell=0,1,2$$

这时, 相应的多项组合线性调频小波算子 $\mathcal{R}^\alpha$ 可以表示如下:

$$\begin{aligned}(\mathcal{R}^\alpha f)(\omega)&=\sum_{\ell=0}^{2}p_\ell(\alpha)(\mathcal{R}^\ell f)(\omega)\\&=\frac{1}{3}\sum_{\ell=0}^{2}\sum_{k=0}^{2}\exp[(-2\pi i)k(\alpha-\ell)/3](\mathcal{R}^\ell f)(\omega)\\&=\frac{1}{3}\sum_{\ell=0}^{2}\frac{1-\exp[(-2\pi i)(\alpha-\ell)]}{1-\exp[(-2\pi i)(\alpha-\ell)/3]}(\mathcal{R}^\ell f)(\omega)\end{aligned}$$

或者利用抽象的算子符号表示为

$$\mathcal{R}^\alpha=\frac{1}{3}\sum_{\ell=0}^{2}\sum_{k=0}^{2}\exp[(-2\pi i)k(\alpha-\ell)/3]\mathcal{R}^\ell=\frac{1}{3}\sum_{\ell=0}^{2}\frac{1-\exp[(-2\pi i)(\alpha-\ell)]}{1-\exp[(-2\pi i)(\alpha-\ell)/3]}\mathcal{R}^\ell$$

此时, 多项组合线性调频小波函数系 $\mathscr{K}_{\mathcal{R}^\alpha}(\omega,x)$ 可以表示为

$$\begin{aligned}\mathscr{K}_{\mathcal{R}^\alpha}(\omega,x)&=\sum_{\ell=0}^{2}p_\ell(\alpha)\mathscr{K}_{\mathscr{F}^{4\ell/3}_{(\mathcal{A},\mathcal{Q})}}(\omega,x)\\&=\frac{1}{3}\sum_{\ell=0}^{2}\sum_{k=0}^{2}\exp[(-2\pi i)k(\alpha-\ell)/3]\mathscr{K}_{\mathscr{F}^{4\ell/3}_{(\mathcal{A},\mathcal{Q})}}(\omega,x)\\&=\frac{1}{3}\sum_{\ell=0}^{2}\frac{1-\exp[(-2\pi i)(\alpha-\ell)]}{1-\exp[(-2\pi i)(\alpha-\ell)/3]}\mathscr{K}_{\mathscr{F}^{4\ell/3}_{(\mathcal{A},\mathcal{Q})}}(\omega,x)\end{aligned}$$

根据一般形式的经典线性调频小波算子 $\mathscr{F}^\alpha_{(\mathcal{A},\mathcal{Q})}$ 的特征方程

$$\begin{aligned}\mathscr{F}^\alpha_{(\mathcal{A},\mathcal{Q})}[\psi_m(x)](\omega)&=\mu^\alpha_m(\mathcal{Q})\psi_m(\omega)\\\mu^\alpha_m(\mathcal{Q})&=\exp[-2\pi i\alpha(m+4q_m)/4]\\m&=0,1,2,\cdots\end{aligned}$$

其中 $\mathcal{A}=\mathcal{I}$，$\mathcal{Q}=\{q_m=0;m\in\mathbb{Z}\}$，对于任意的整数 $\ell\in\mathbb{Z}$，可以得到算子 $\mathcal{R}^\ell=\mathscr{F}^{4\ell/3}_{(\mathcal{A},\mathcal{Q})}$ 的特征方程

$$\begin{aligned}\mathcal{R}^\ell[\psi_m(x)](\omega)&=\mathscr{F}^{4\ell/3}_{(\mathcal{A},\mathcal{Q})}[\psi_m(x)](\omega)=\mu^{4\ell/3}_m(\mathcal{Q})\psi_m(\omega)=\kappa^\ell_m\psi_m(\omega)\\\kappa^\ell_m&=\mu^{4\ell/3}_m(\mathcal{Q})=e^{-2\pi i\ell m/3}=(-i)^{4\ell m/3}\\m&=0,1,2,\cdots\end{aligned}$$

直接演算完备规范正交特征函数系 $\{\psi_m(x); m=0,1,2,3,\cdots\}$ 的多项组合线性调频小波变换

$$\mathscr{R}^{\alpha}[\psi_m(x)](\omega)=\sum_{\ell=0}^{2}p_\ell(\alpha)\mathscr{R}^{\ell}[\psi_m(x)](\omega)=\left[\sum_{\ell=0}^{2}p_\ell(\alpha)\kappa_m^{\ell}\right]\psi_m(\omega)=\kappa_m^{(\alpha)}\psi_m(\omega)$$

其中，$m=0,1,2,\cdots$，

$$\begin{aligned}\kappa_m^{(\alpha)}&=\sum_{\ell=0}^{2}p_\ell(\alpha)\kappa_m^{\ell}=\frac{1}{3}\sum_{\ell=0}^{2}\sum_{k=0}^{2}e^{-2\pi ik(\alpha-\ell)/3}e^{-2\pi i\ell m/3}\\&=\frac{1}{3}\sum_{k=0}^{2}e^{-2\pi ik\alpha/3}\sum_{\ell=0}^{2}e^{-2\pi i\ell(m-k)/3}\\&=\sum_{k=0}^{2}e^{-2\pi ik\alpha/3}\delta[\mathrm{mod}(m,3)-k]\\&=e^{-2\pi i\,\mathrm{mod}(m,3)\alpha/3}\end{aligned}$$

是多项组合线性调频小波算子 $\mathscr{R}^{\alpha}$ 的特征值序列，而且 $\{\psi_m(x); m\in\mathbb{N}\}$ 以及函数系 $\{\varphi_m(x); m\in\mathbb{N}\}$ 是多项组合线性调频小波算子 $\mathscr{R}^{\alpha}$ 的规范正交特征函数系.

在这里的特定条件下，一般形式的经典线性调频小波算子 $\mathscr{F}^{\alpha}_{(\mathcal{A},\mathcal{Q})}$ 满足:

$$\mathscr{F}^{\alpha}_{(\mathcal{A},\mathcal{Q})}=\mathscr{F}^{\alpha},\quad \alpha\in\mathbb{R}$$

或者

$$\mathscr{K}_{\mathscr{F}^{\alpha}_{(\mathcal{A},\mathcal{Q})}}(\omega,x)=\mathscr{K}_{\mathscr{F}^{\alpha}}(\omega,x),\quad \alpha\in\mathbb{R}$$

所以，一般形式的经典线性调频小波函数系可以表述如下：当 $\alpha\in\mathbb{R}$ 不是偶数时，

$$\begin{aligned}\mathscr{K}_{\mathscr{F}^{\alpha}_{(\mathcal{A},\mathcal{Q})}}(\omega,x)&=\mathscr{K}_{\mathscr{F}^{\alpha}}(\omega,x)\\&=\rho(\alpha)e^{i\pi\chi(\alpha,\omega,x)}\\&=\sum_{m=0}^{\infty}(-i)^{\alpha m}\varphi_m(\omega)\varphi_m^{*}(x)\end{aligned}$$

其中

$$\rho(\alpha)=\sqrt{1-i\cot(0.5\alpha\pi)}$$

而且

$$\chi(\alpha,\omega,x)=\frac{(\omega^2+x^2)\cos(0.5\alpha\pi)-2\omega x}{\sin(0.5\alpha\pi)}$$

当 α 是偶数时，$\mathscr{K}_{\mathscr{F}^{\alpha}}(\omega,x)=\delta(\omega-(-1)^{0.5\alpha}x)$. 当 $\alpha=4\ell/3, \ell=0,1,2$ 时，得到如下三个一般形式的经典线性调频小波函数:

$$\begin{aligned}\mathscr{K}_{\mathscr{F}_{(\mathcal{A},\mathcal{Q})}^{4\ell/3}}(\omega,x)&=\mathscr{K}_{\mathscr{F}^{4\ell/3}}(\omega,x)=\rho(4\ell\,/\,3)e^{i\pi\chi(4\ell/3,\omega,x)}\\&=\sum_{m=0}^{\infty}(-i)^{4\ell m/3}\varphi_m(\omega)\varphi_m^*(x)\\&=[1-i\cot(2\pi\ell\,/\,3)]^{0.5}e^{[(\omega^2+x^2)\cot(2\pi\ell/3)-2\omega x\csc(2\pi\ell/3)]\pi i}\end{aligned}$$

具体地

$$\begin{cases}\mathscr{K}_{\mathscr{F}_{(\mathcal{A},\mathcal{Q})}^{4\times0/3}}(\omega,x)=\delta(\omega-x)\\\mathscr{K}_{\mathscr{F}_{(\mathcal{A},\mathcal{Q})}^{4\times1/3}}(\omega,x)=\dfrac{2}{\sqrt[4]{12}}e^{\pi i/12}e^{(\omega^2+x^2+4\omega x)(-\sqrt{3}/3)\pi i}\\\mathscr{K}_{\mathscr{F}_{(\mathcal{A},\mathcal{Q})}^{4\times2/3}}(\omega,x)=\dfrac{2}{\sqrt[4]{12}}e^{-\pi i/12}e^{(\omega^2+x^2+4\omega x)(\sqrt{3}/3)\pi i}\end{cases}$$

这样，多项组合线性调频小波函数系 $\mathscr{K}_{\mathcal{R}^\alpha}(\omega,x)$ 有如下谱表示:

$$\begin{aligned}\mathscr{K}_{\mathcal{R}^\alpha}(\omega,x)&=\sum_{m=0}^{\infty}\varphi_m(\omega)\kappa_m^{(\alpha)}\varphi_m^*(x)\\&=\sum_{m=0}^{\infty}e^{-2\pi i\,\mathrm{mod}(m,3)\alpha/3}\varphi_m(\omega)\varphi_m^*(x)\\&=\sum_{h=0}^{2}e^{-2\pi ih\alpha/3}\sum_{m=0}^{\infty}\varphi_{3m+h}(\omega)\varphi_{3m+h}^*(x)\end{aligned}$$

在前述条件下，多项组合线性调频小波算子 $\mathcal{R}^\alpha$ 的特征子空间列是

$$\begin{aligned}\mathcal{W}_\ell&=\mathrm{Closespan}\{\varphi_{3m+\ell}(x);\ m=0,1,2,3,\cdots\}\\&=\{\xi(\omega);\mathcal{R}^\alpha[\xi(x)](\omega)=\kappa_\ell^{(\alpha)}\xi(\omega)\}\end{aligned}$$

其中 $\kappa_\ell^{(\alpha)}=e^{-2\pi i\ell\alpha/3}$, $\ell=0,1,2$ 是 $\mathcal{R}^\alpha$ 的特征值序列的第一个完整周期，显然特征子空间序列 $\{\mathcal{W}_\ell;\ell=0,1,2\}$ 是相互正交的，而且，满足如下正交直和分解关系:

$$\begin{aligned}\mathcal{L}^2(\mathbb{R})&=\bigoplus_{\ell=0}^{2}\mathcal{W}_\ell\\&=\bigoplus_{\ell=0}^{2}\mathrm{Closespan}\{\varphi_{3m+\ell}(x);\ m=0,1,2,3,\cdots\}\end{aligned}$$

如果从函数空间 $\mathcal{L}^2(\mathbb{R})$ 向特征子空间序列 $\{\mathcal{W}_\ell;\ell=0,1,2\}$ 的正交投影算子序列记为 $\{\mathcal{P}_\ell\colon\ \mathcal{L}^2(\mathbb{R})\to\mathcal{W}_\ell;\ell=0,1,2\}$，那么，从上式可以得到 $\mathcal{L}^2(\mathbb{R})$ 的单位算子 $\mathcal{I}$ 的相互正交的正交投影算子系 $\{\mathcal{P}_\ell;\ell=0,1,2\}$ 的分解表达式:

$$\mathcal{I}=\sum_{\ell=0}^{2}\mathcal{P}_\ell$$

或者等价地表达为

$$s(x)=(\mathcal{J}s)(x)=\sum_{\ell=0}^{2}(\mathcal{P}_\ell s)(x)=\sum_{\ell=0}^{2}\mathcal{S}_\ell(x)$$
$$s(x)\in\mathcal{L}^2(\mathbb{R})$$

利用多项组合线性调频小波算子 $\mathcal{R}^\alpha$ 的特征方程

$$\mathcal{R}^\alpha[\varphi_m(x)](\omega)=\kappa_m^{(\alpha)}\varphi_m(\omega)=e^{-2\pi i\bmod(m,3)\alpha/3}\varphi_m(\omega),\quad m=0,1,2,\cdots$$

当 $s(x)\in\mathcal{L}^2(\mathbb{R})$ 时，它的多项组合线性调频小波变换 $(\mathcal{R}^\alpha s)(\omega)$ 可以如下计算:

$$\begin{aligned}(\mathcal{R}^\alpha s)(\omega)&=\sum_{\ell=0}^{2}\kappa_\ell^{(\alpha)}(\mathcal{P}_\ell s)(\omega)\\&=\sum_{\ell=0}^{2}\kappa_\ell^{(\alpha)}\mathcal{S}_\ell(\omega)\\&=\sum_{\ell=0}^{2}e^{-2\pi i\bmod(\ell,3)\alpha/3}\mathcal{S}_\ell(\omega)\end{aligned}$$

现在给出从函数空间 $\mathcal{L}^2(\mathbb{R})$ 向特征子空间序列 $\{\mathcal{W}_\ell;\ell=0,1,2\}$ 的正交投影算子序列 $\{\mathcal{P}_\ell$: $\mathcal{L}^2(\mathbb{R})\to\mathcal{W}_\ell;\ell=0,1,2\}$ 的算子核函数 $\mathscr{K}_{\mathcal{P}_\ell}(\omega,x)$，$\ell=0,1,2$．显然可以得到 $\mathscr{K}_{\mathcal{P}_\ell}(\omega,x)$ 的如下的直观表达形式:

$$\mathscr{K}_{\mathcal{P}_\ell}(\omega,x)=\sum_{m=0}^{\infty}\varphi_{3m+\ell}(\omega)\varphi_{3m+\ell}^*(x),\quad \ell=0,1,2$$

这样，多项组合线性调频小波函数系 $\mathscr{K}_{\mathcal{R}^\alpha}(\omega,x)$ 有如下表达形式:

$$\mathscr{K}_{\mathcal{R}^\alpha}(\omega,x)=\sum_{\ell=0}^{2}e^{-2\pi i\ell\alpha/3}\sum_{m=0}^{\infty}\varphi_{3m+\ell}(\omega)\varphi_{3m+\ell}^*(x)=\sum_{\ell=0}^{2}e^{-2\pi i\ell\alpha/3}\mathscr{K}_{\mathcal{P}_\ell}(\omega,x)$$

根据定义可知，当 $h=0,1,2$ 时，可以定义记号 $\mathscr{E}_h(\omega,x)$:

$$\mathscr{E}_h(\omega,x)=\mathscr{K}_{\mathcal{R}^h}(\omega,x)=\mathscr{K}_{\mathscr{F}_{(\mathcal{A},\mathcal{Q})}^{4\times h/3}}(\omega,x)$$

或者详细罗列如下:

$$\begin{cases}\mathscr{E}_0(\omega,x)=\mathscr{K}_{\mathcal{R}^0}(\omega,x)=\mathscr{K}_{\mathscr{F}_{(\mathcal{A},\mathcal{Q})}^{4\times 0/3}}(\omega,x)=\delta(\omega-x)\\ \mathscr{E}_1(\omega,x)=\mathscr{K}_{\mathcal{R}^1}(\omega,x)=\mathscr{K}_{\mathscr{F}_{(\mathcal{A},\mathcal{Q})}^{4\times 1/3}}(\omega,x)=\dfrac{2}{\sqrt[4]{12}}e^{\pi i/12}e^{(\omega^2+x^2+4\omega x)(-\sqrt{3}/3)\pi i}\\ \mathscr{E}_2(\omega,x)=\mathscr{K}_{\mathcal{R}^2}(\omega,x)=\mathscr{K}_{\mathscr{F}_{(\mathcal{A},\mathcal{Q})}^{4\times 2/3}}(\omega,x)=\dfrac{2}{\sqrt[4]{12}}e^{-\pi i/12}e^{(\omega^2+x^2+4\omega x)(\sqrt{3}/3)\pi i}\end{cases}$$

或者按照 $\mathscr{K}_{\mathcal{R}^\alpha}(\omega,x)$ 的谱分解形式将上式转换为

$$\begin{cases}\mathscr{E}_0(\omega,x)=\sum_{\ell=0}^{2}\exp[-(2\pi i/3)\times 0\times \ell]\mathscr{K}_{\boldsymbol{p}_\ell}(\omega,x)\\ \mathscr{E}_1(\omega,x)=\sum_{\ell=0}^{2}\exp[-(2\pi i/3)\times 1\times \ell]\mathscr{K}_{\boldsymbol{p}_\ell}(\omega,x)\\ \mathscr{E}_2(\omega,x)=\sum_{\ell=0}^{2}\exp[-(2\pi i/3)\times 2\times \ell]\mathscr{K}_{\boldsymbol{p}_\ell}(\omega,x)\end{cases}$$

或者表示为有限傅里叶变换关系:

$$\begin{pmatrix}\mathscr{E}_0(\omega,x)\\ \mathscr{E}_1(\omega,x)\\ \mathscr{E}_2(\omega,x)\end{pmatrix}=\begin{pmatrix}w^{0\times 0} & w^{0\times 1} & w^{0\times 2}\\ w^{1\times 0} & w^{1\times 1} & w^{1\times 2}\\ w^{2\times 0} & w^{2\times 1} & w^{2\times 2}\end{pmatrix}\begin{pmatrix}\mathscr{K}_{\boldsymbol{p}_0}(\omega,x)\\ \mathscr{K}_{\boldsymbol{p}_1}(\omega,x)\\ \mathscr{K}_{\boldsymbol{p}_2}(\omega,x)\end{pmatrix}$$

其中 $w=\exp(-2\pi i/3)$．利用 3-点有限离散傅里叶逆变换关系可得

$$\begin{pmatrix}\mathscr{K}_{\boldsymbol{p}_0}(\omega,x)\\ \mathscr{K}_{\boldsymbol{p}_1}(\omega,x)\\ \mathscr{K}_{\boldsymbol{p}_2}(\omega,x)\end{pmatrix}=\frac{1}{3}\begin{pmatrix}v^{0\times 0} & v^{0\times 1} & v^{0\times 2}\\ v^{1\times 0} & v^{1\times 1} & v^{1\times 2}\\ v^{2\times 0} & v^{2\times 1} & v^{2\times 2}\end{pmatrix}\begin{pmatrix}\mathscr{E}_0(\omega,x)\\ \mathscr{E}_1(\omega,x)\\ \mathscr{E}_2(\omega,x)\end{pmatrix}$$

其中 $v=\exp(2\pi i/3)$，这样详细写出如下:

$$\begin{cases}\mathscr{K}_{\boldsymbol{p}_0}(\omega,x)=\dfrac{1}{3}\sum_{k=0}^{2}\exp[(2\pi i/3)\times 0\times k]\mathscr{E}_k(\omega,x)\\ \mathscr{K}_{\boldsymbol{p}_1}(\omega,x)=\dfrac{1}{3}\sum_{k=0}^{2}\exp[(2\pi i/3)\times 1\times k]\mathscr{E}_k(\omega,x)\\ \mathscr{K}_{\boldsymbol{p}_2}(\omega,x)=\dfrac{1}{3}\sum_{k=0}^{2}\exp[(2\pi i/3)\times 2\times k]\mathscr{E}_k(\omega,x)\end{cases}$$

或者,

$$\mathscr{K}_{\boldsymbol{p}_h}(\omega,x)=\frac{1}{3}\sum_{k=0}^{2}\exp(2\pi hki/3)\mathscr{E}_k(\omega,x),\quad h=0,1,2$$

将 $\left\{\mathscr{E}_k(\omega,x);k=0,1,2\right\}$ 的如下表达式:

$$\mathscr{E}_k(\omega,x)=[1-i\cot(2\pi k/3)]^{0.5}e^{\pi i[(\omega^2+x^2)\cot(2\pi k/3)-2\omega x\csc(2\pi k/3)]}$$

以及 $\mathscr{K}_{\boldsymbol{p}_h}(\omega,x)$ 的定义公式代入上式可得

$$\mathscr{K}_{\boldsymbol{p}_h}(\omega,x)=\sum_{m=0}^{\infty}\varphi_{3m+h}(\omega)\varphi_{3m+h}^{*}(x)$$

$$=\frac{1}{3}\sum_{k=0}^{2}e^{2\pi hki/3}\mathscr{E}_k(\omega,x)$$

$$=\frac{1}{3}\sum_{k=0}^{2}e^{2\pi hki/3}[1-i\cot(2\pi k/3)]^{0.5}e^{\pi i[(\omega^2+x^2)\cot(2\pi k/3)-2\omega x\csc(2\pi k/3)]}$$

将 3-点有限离散傅里叶逆变换矩阵表示为

$$\mathscr{V}=\frac{1}{3}\left(e^{h\times k\times 2\pi i/3}\right)_{0\leqslant h,k\leqslant 2}=\frac{1}{3}\begin{pmatrix}1 & 1 & 1\\ 1 & e^{2\pi i/3} & e^{4\pi i/3}\\ 1 & e^{4\pi i/3} & e^{8\pi i/3}\end{pmatrix}=\frac{1}{3}\begin{pmatrix}1 & 1 & 1\\ 1 & -\frac{(1-\sqrt{3}i)}{2} & -\frac{(1+\sqrt{3}i)}{2}\\ 1 & -\frac{(1+\sqrt{3}i)}{2} & -\frac{(1-\sqrt{3}i)}{2}\end{pmatrix}$$

结合此前的两个表达式，直接演算得到如下结果：

$$\begin{cases}3\sum_{m=0}^{\infty}\varphi_{3m}(\omega)\varphi_{3m}^*(x)=\delta(\omega-x)+\frac{4}{\sqrt[4]{12}}\cos[(4\sqrt{3}(\omega^2+x^2+4\omega x)-1)\pi/12]\\ 3\sum_{m=0}^{\infty}\varphi_{3m+1}(\omega)\varphi_{3m+1}^*(x)=\delta(\omega-x)+\frac{4}{\sqrt[4]{12}}\cos[(4\sqrt{3}(\omega^2+x^2+4\omega x)-9)\pi/12]\\ 3\sum_{m=0}^{\infty}\varphi_{3m+2}(\omega)\varphi_{3m+2}^*(x)=\delta(\omega-x)+\frac{4}{\sqrt[4]{12}}\cos[(4\sqrt{3}(\omega^2+x^2+4\omega x)+7)\pi/12]\end{cases}$$

或者

$$\begin{cases}3\sum_{m=0}^{\infty}\varphi_{3m}(\omega)\varphi_{3m}^*(x)=\delta(\omega-x)+\frac{4}{\sqrt[4]{12}}\cos[(4\sqrt{3}(\omega^2+x^2+4\omega x)-1)\pi/12]\\ 3\sum_{m=0}^{\infty}\varphi_{3m+1}(\omega)\varphi_{3m+1}^*(x)=\delta(\omega-x)+\frac{4}{\sqrt[4]{12}}\sin[(4\sqrt{3}(\omega^2+x^2+4\omega x)-3)\pi/12]\\ 3\sum_{m=0}^{\infty}\varphi_{3m+2}(\omega)\varphi_{3m+2}^*(x)=\delta(\omega-x)-\frac{4}{\sqrt[4]{12}}\sin[(4\sqrt{3}(\omega^2+x^2+4\omega x)+1)\pi/12]\end{cases}$$

这些推演过程需要如下几个等式：

$$3\sum_{m=0}^{\infty}\varphi_{3m}(\omega)\varphi_{3m}^*(x)$$

$$=\delta(\omega-x)+\frac{2}{\sqrt[4]{12}}e^{\pi i/12}e^{(\omega^2+x^2+4\omega x)(-4\sqrt{3}/12)\pi i}+\frac{2}{\sqrt[4]{12}}e^{-\pi i/12}e^{(\omega^2+x^2+4\omega x)(4\sqrt{3}/12)\pi i}$$

$$=\delta(\omega-x)+\frac{4}{\sqrt[4]{12}}\cos[(4\sqrt{3}(\omega^2+x^2+4\omega x)-1)\pi/12]$$

以及

$$3\sum_{m=0}^{\infty}\varphi_{3m+1}(\omega)\varphi_{3m+1}^*(x)$$

$$=\delta(\omega-x)+\frac{2e^{2\pi i/3}}{\sqrt[4]{12}}e^{\pi i/12}e^{(\omega^2+x^2+4\omega x)(-4\sqrt{3}/12)\pi i}$$

$$+\frac{2e^{-2\pi i/3}}{\sqrt[4]{12}}e^{-\pi i/12}e^{(\omega^2+x^2+4\omega x)(4\sqrt{3}/12)\pi i}$$
$$=\delta(\omega-x)+\frac{4}{\sqrt[4]{12}}\cos\left[(4\sqrt{3}(\omega^2+x^2+4\omega x)-9)\pi/12\right]$$

而且

$$3\sum_{m=0}^{\infty}\varphi_{3m+2}(\omega)\varphi_{3m+2}^{*}(x)$$
$$=\delta(\omega-x)+\frac{2e^{4\pi i/3}}{\sqrt[4]{12}}e^{\pi i/12}e^{(\omega^2+x^2+4\omega x)(-4\sqrt{3}/12)\pi i}$$
$$+\frac{2e^{2\pi i/3}}{\sqrt[4]{12}}e^{-\pi i/12}e^{(\omega^2+x^2+4\omega x)(4\sqrt{3}/12)\pi i}$$
$$=\delta(\omega-x)+\frac{4}{\sqrt[4]{12}}\cos\left[(4\sqrt{3}(\omega^2+x^2+4\omega x)+7)\pi/12\right]$$

这样，对于从函数空间 $\mathcal{L}^2(\mathbb{R})$ 向特征子空间序列 $\{\mathcal{W}_\ell;\ell=0,1,2\}$ 的正交投影算子序列 $\{\mathcal{P}_\ell:\ \mathcal{L}^2(\mathbb{R})\to\mathcal{W}_\ell;\ell=0,1,2\}$，其核函数 $\mathscr{K}_{\mathcal{P}_\ell}(\omega,x)$，$\ell=0,1,2$ 就可以按照闭合解析表达式进行计算，所以对于任意的 $s(x)\in\mathcal{L}^2(\mathbb{R})$，可以简便得到它在特征子空间列 $\{\mathcal{W}_\ell;\ell=0,1,2\}$ 上正交投影的正交分解表达式:

$$s(x)=(\mathcal{I}s)(x)=\sum_{\ell=0}^{2}(\mathcal{P}_\ell s)(x)=\sum_{\ell=0}^{2}\mathcal{S}_\ell(x)$$

最终得到它的多项组合线性调频小波变换 $(\mathcal{R}^\alpha s)(\omega)$ 的简洁计算方法:

$$(\mathcal{R}^\alpha s)(\omega)=\sum_{\ell=0}^{2}\kappa_\ell^{(\alpha)}\mathcal{S}_\ell(\omega)=\sum_{\ell=0}^{2}e^{-2\pi i\ell\alpha/3}\mathcal{S}_\ell(\omega)$$

现在研究 $\mathcal{L}=8$ 而且 $\mathcal{A}\in\mathscr{U}_4$ 是单位矩阵或者算子，$\mathcal{Q}=\{q_m=0;m\in\mathbb{Z}\}$ 时，多项组合线性调频小波算子族 $\{\mathcal{R}^\alpha;\alpha\in\mathbb{R}\}$ 的计算问题.

这时，组合系数函数系是如下"最简单的"一个函数系:

$$p_\ell(\alpha)=\frac{1}{8}\sum_{k=0}^{7}\exp[(-2\pi i)k(\alpha-\ell)/8]=\frac{1}{8}\frac{1-\exp[(-2\pi i)(\alpha-\ell)]}{1-\exp[(-2\pi i)(\alpha-\ell)/8]},\quad \ell=0,1,\cdots,7$$

这时，相应的多项组合线性调频小波算子 $\mathcal{R}^\alpha$ 可以表示如下:

$$(\mathcal{R}^\alpha f)(\omega)=\sum_{\ell=0}^{7}p_\ell(\alpha)(\mathcal{R}^\ell f)(\omega)$$
$$=\frac{1}{8}\sum_{\ell=0}^{7}\sum_{k=0}^{7}\exp[(-2\pi i)k(\alpha-\ell)/8](\mathcal{R}^\ell f)(\omega)$$

$$=\frac{1}{8}\sum_{\ell=0}^{7}\frac{1-\exp\left[(-2\pi i)(\alpha-\ell)\right]}{1-\exp\left[(-2\pi i)(\alpha-\ell)/8\right]}(\boldsymbol{\mathcal{R}}^{\ell}f)(\omega)$$

或者利用抽象的算子符号表示为

$$\boldsymbol{\mathcal{R}}^{\alpha}=\frac{1}{8}\sum_{\ell=0}^{7}\sum_{k=0}^{7}\exp[(-2\pi i)k(\alpha-\ell)/8]\boldsymbol{\mathcal{R}}^{\ell}=\frac{1}{8}\sum_{\ell=0}^{7}\frac{1-\exp[(-2\pi i)(\alpha-\ell)]}{1-\exp[(-2\pi i)(\alpha-\ell)/8]}\boldsymbol{\mathcal{R}}^{\ell}$$

此时，多项组合线性调频小波函数系 $\mathscr{K}_{\boldsymbol{\mathcal{R}}^{\alpha}}(\omega,x)$ 可以表示为

$$\begin{aligned}\mathscr{K}_{\boldsymbol{\mathcal{R}}^{\alpha}}(\omega,x)&=\frac{1}{8}\sum_{\ell=0}^{7}\sum_{k=0}^{7}\exp[(-2\pi i)k(\alpha-\ell)/8]\mathscr{K}_{\mathscr{F}_{(\mathcal{A},\mathcal{B})}^{4\ell/8}}(\omega,x)\\&=\frac{1}{8}\sum_{\ell=0}^{7}\frac{1-\exp[(-2\pi i)(\alpha-\ell)]}{1-\exp[(-2\pi i)(\alpha-\ell)/8]}\mathscr{K}_{\mathscr{F}_{(\mathcal{A},\mathcal{B})}^{4\ell/8}}(\omega,x)\end{aligned}$$

直接演算完备规范正交特征函数系 $\{\varphi_m(x);m=0,1,2,3,\cdots\}$ 的多项组合线性调频小波变换 $\boldsymbol{\mathcal{R}}^{\alpha}[\varphi_m(x)](\omega)$：

$$\boldsymbol{\mathcal{R}}^{\alpha}[\varphi_m(x)](\omega)=\sum_{\ell=0}^{(\boldsymbol{\mathcal{L}}-1)}p_{\ell}(\alpha)\boldsymbol{\mathcal{R}}^{\ell}[\varphi_m(x)](\omega)=\left[\sum_{\ell=0}^{(\boldsymbol{\mathcal{L}}-1)}p_{\ell}(\alpha)\kappa_m^{\ell}\right]\varphi_m(\omega)=\kappa_m^{(\alpha)}\varphi_m(\omega)$$

其中，$m=0,1,2,\cdots$，

$$\kappa_m^{(\alpha)}=\exp\left(-\frac{2\pi i\,\mathrm{mod}(m,8)\alpha}{8}\right)$$

是多项组合线性调频小波算子 $\boldsymbol{\mathcal{R}}^{\alpha}$ 的特征值序列，这同时说明，$\{\varphi_m(x);m\in\mathbb{N}\}$ 是多项组合线性调频小波算子 $\boldsymbol{\mathcal{R}}^{\alpha}$ 的完全规范正交特征函数系. 这些计算结果直接表明小波算子 $\boldsymbol{\mathcal{R}}^{\alpha}$ 的特征值序列 $\{\kappa_m^{(\alpha)};m=0,1,2,\cdots\}$ 关于实数参数 α 以及特征值序列的序号或者下标具有双重 $\boldsymbol{\mathcal{L}}$ 周期性质，即如下等式成立：

$$\kappa_m^{(\alpha)}=\kappa_m^{(\alpha+8)}=\kappa_{m+8}^{(\alpha)}=\kappa_{m+8}^{(\alpha+8)}$$

其中 $m=0,1,2,\cdots$，而且实数参数 $\alpha\in\mathbb{R}$.

在小波算子 $\boldsymbol{\mathcal{R}}^{\alpha}$ 的特征值序列 $\{\kappa_m^{(\alpha)};m=0,1,2,\cdots\}$ 具有双重 **8** 周期性质的条件下，多项组合线性调频小波算子族 $\{\boldsymbol{\mathcal{R}}^{\alpha};\alpha\in\mathbb{R}\}$ 具有共同的特征子空间序列，全部特征子空间序列 $\{\boldsymbol{\mathcal{W}}_{\ell};\ell=0,1,\cdots,7\}$ 可以表示如下：

$$\begin{aligned}\boldsymbol{\mathcal{W}}_{\ell}&=\mathrm{Closespan}\{\varphi_{\boldsymbol{\mathcal{L}}m+\ell}(x);\ m=0,1,2,3,\cdots\}\\&=\{\xi(\omega);\boldsymbol{\mathcal{R}}^{\alpha}[\xi(x)](\omega)=\kappa_{\ell}^{(\alpha)}\xi(\omega)\}\end{aligned}$$

其中 $\ell=0,1,\cdots,7$. 显然，特征子空间序列 $\{\boldsymbol{\mathcal{W}}_{\ell};\ell=0,1,\cdots,7\}$ 是相互正交的，而且，

满足如下正交直和分解关系:

$$\begin{aligned}\mathcal{L}^2(\mathbb{R}) &= \bigoplus_{\ell=0}^{7} \mathcal{W}_\ell \\ &= \bigoplus_{\ell=0}^{7} \text{Closespan}\{\varphi_{\mathcal{L}m+\ell}(x);\ m=0,1,2,3,\cdots\}\end{aligned}$$

由此得 $\mathcal{L}^2(\mathbb{R})$ 的单位算子 $\mathcal{I}$ 的相互正交的正交投影算子系 $\{\mathcal{P}_h; h=0,1,\cdots,7\}$ 的分解表达式:

$$\mathcal{I} = \sum_{h=0}^{7} \mathcal{P}_h$$

或者等价地表达为: 对于 $s(x)\in\mathcal{L}^2(\mathbb{R})$,

$$s(\omega) = (\mathcal{I}s)(\omega) = \sum_{h=0}^{7} (\mathcal{P}_h s)(\omega) = \sum_{h=0}^{7} \mathfrak{S}_h(\omega)$$

最终得到它的多项组合线性调频小波变换 $(\mathcal{R}^\alpha s)(\omega)$ 的简洁计算方法:

$$(\mathcal{R}^\alpha s)(\omega) = \sum_{\ell=0}^{7} \kappa_\ell^{(\alpha)} \mathfrak{S}_\ell(\omega) = \sum_{\ell=0}^{7} e^{-2\pi i\ell\alpha/8} \mathfrak{S}_\ell(\omega)$$

现在研究从函数空间 $\mathcal{L}^2(\mathbb{R})$ 到特征子空间序列 $\{\mathcal{W}_\ell; \ell=0,1,\cdots,7\}$ 的正交投影算子系 $\{\mathcal{P}_\ell; \ell=0,1,\cdots,7\}$ 的核函数系 $\{\mathscr{K}_{\mathcal{P}_\ell}(\omega,x), \ell=0,1,\cdots,7\}$ 表达方法. 显然可以得到 $\mathscr{K}_{\mathcal{P}_\ell}(\omega,x)$ 如下的直观表达形式:

$$\mathscr{K}_{\mathcal{P}_\ell}(\omega,x) = \sum_{m=0}^{\infty} \varphi_{8m+\ell}(\omega)\varphi_{8m+\ell}^{*}(x),\quad \ell=0,1,\cdots,7$$

在前述假设条件下, 多项组合线性调频小波函数系 $\mathscr{K}_{\mathcal{R}^\alpha}(\omega,x)$ 可以表示为

$$\begin{aligned}\mathscr{K}_{\mathcal{R}^\alpha}(\omega,x) &= \frac{1}{8}\sum_{\ell=0}^{7}\sum_{k=0}^{7} \exp[(-2\pi i)k(\alpha-\ell)/8]\mathscr{K}_{\mathscr{F}^{4\ell/8}}(\omega,x) \\ &= \frac{1}{8}\sum_{\ell=0}^{7} \frac{1-\exp[(-2\pi i)(\alpha-\ell)]}{1-\exp[(-2\pi i)(\alpha-\ell)/8]}\mathscr{K}_{\mathscr{F}^{4\ell/8}}(\omega,x)\end{aligned}$$

其中 $\mathscr{F}_{(\mathcal{A},\mathcal{Q})}^{4\ell/8} = \mathscr{K}_{\mathscr{F}^{4\ell/8}}(\omega,x), \ell=0,1,\cdots,7$ 是经典线性调频小波函数, 而且, 利用小波算子 $\mathcal{R}^\alpha$ 的特征性质还可以得到 $\mathscr{K}_{\mathcal{R}^\alpha}(\omega,x)$ 的"谱表示方法":

$$\begin{aligned}\mathscr{K}_{\mathcal{R}^\alpha}(\omega,x) &= \sum_{\ell=0}^{7} e^{-2\pi i\ell\alpha/8} \sum_{m=0}^{\infty} \varphi_{8m+\ell}(\omega)\varphi_{8m+\ell}^{*}(x) \\ &= \sum_{\ell=0}^{7} e^{-2\pi i\ell\alpha/8}\mathscr{K}_{\mathcal{P}_\ell}(\omega,x)\end{aligned}$$

根据定义可知，当 $\alpha = h = 0,1,\cdots,7$ 时，可以定义记号 $\mathscr{C}_h(\omega,x)$：

$$\mathscr{C}_h(\omega,x) = \mathscr{K}_{\mathscr{R}^h}(\omega,x) = \mathscr{K}_{\mathscr{F}^{4\times h/3}_{(\mathscr{A},\mathscr{B})}}(\omega,x) = \mathscr{K}_{\mathscr{F}^{h/2}}(\omega,x)$$

或者详细罗列如下(利用经典线性调频小波函数系的闭合解析公式)：

$$\begin{cases}
\mathscr{C}_0(\omega,x) = \delta(\omega - x), & \mathscr{C}_4(\omega,x) = \delta(\omega + x) \\
\mathscr{C}_1(\omega,x) = \sqrt[4]{2}e^{-\pi i/8}e^{(\omega^2+x^2-2\sqrt{2}\omega x)\pi i}, & \mathscr{C}_5(\omega,x) = \sqrt[4]{2}e^{-\pi i/8}e^{(\omega^2+x^2+2\sqrt{2}\omega x)\pi i} \\
\mathscr{C}_2(\omega,x) = e^{-2\pi i\omega x}, & \mathscr{C}_6(\omega,x) = e^{2\pi i\omega x} \\
\mathscr{C}_3(\omega,x) = \sqrt[4]{2}e^{\pi i/8}e^{-(\omega^2+x^2+2\sqrt{2}\omega x)\pi i}, & \mathscr{C}_7(\omega,x) = \sqrt[4]{2}e^{\pi i/8}e^{-(\omega^2+x^2-2\sqrt{2}\omega x)\pi i}
\end{cases}$$

或者按照 $\mathscr{K}_{\mathscr{R}^\alpha}(\omega,x)$ 的谱分解形式将上式转换为

$$\begin{cases}
\mathscr{C}_0(\omega,x) = \sum_{\ell=0}^{7} e^{-(2\pi i/8)\times 0\times\ell}\mathscr{K}_{\mathscr{P}_\ell}(\omega,x), & \mathscr{C}_4(\omega,x) = \sum_{\ell=0}^{7} e^{-(2\pi i/8)\times 4\times\ell}\mathscr{K}_{\mathscr{P}_\ell}(\omega,x) \\
\mathscr{C}_1(\omega,x) = \sum_{\ell=0}^{7} e^{-(2\pi i/8)\times 1\times\ell}\mathscr{K}_{\mathscr{P}_\ell}(\omega,x), & \mathscr{C}_5(\omega,x) = \sum_{\ell=0}^{7} e^{-(2\pi i/8)\times 5\times\ell}\mathscr{K}_{\mathscr{P}_\ell}(\omega,x) \\
\mathscr{C}_2(\omega,x) = \sum_{\ell=0}^{7} e^{-(2\pi i/8)\times 2\times\ell}\mathscr{K}_{\mathscr{P}_\ell}(\omega,x), & \mathscr{C}_6(\omega,x) = \sum_{\ell=0}^{7} e^{-(2\pi i/8)\times 6\times\ell}\mathscr{K}_{\mathscr{P}_\ell}(\omega,x) \\
\mathscr{C}_3(\omega,x) = \sum_{\ell=0}^{7} e^{-(2\pi i/8)\times 3\times\ell}\mathscr{K}_{\mathscr{P}_\ell}(\omega,x), & \mathscr{C}_7(\omega,x) = \sum_{\ell=0}^{7} e^{-(2\pi i/8)\times 7\times\ell}\mathscr{K}_{\mathscr{P}_\ell}(\omega,x)
\end{cases}$$

或者表示为有限傅里叶变换关系：

$$\begin{pmatrix} \mathscr{C}_0(\omega,x) \\ \mathscr{C}_1(\omega,x) \\ \vdots \\ \mathscr{C}_7(\omega,x) \end{pmatrix} = \begin{pmatrix} w^{0\times 0} & w^{0\times 1} & \cdots & w^{0\times 7} \\ v^{1\times 0} & w^{1\times 1} & \cdots & w^{1\times 7} \\ \vdots & \vdots & \ddots & \vdots \\ w^{7\times 0} & w^{7\times 1} & \cdots & w^{7\times 7} \end{pmatrix} \begin{pmatrix} \mathscr{K}_{\mathscr{P}_0}(\omega,x) \\ \mathscr{K}_{\mathscr{P}_1}(\omega,x) \\ \vdots \\ \mathscr{K}_{\mathscr{P}_7}(\omega,x) \end{pmatrix}$$

其中 $w = \exp(-2\pi i/8)$，或者利用 8-点有限离散傅里叶逆变换关系可得

$$\begin{pmatrix} \mathscr{K}_{\mathscr{P}_0}(\omega,x) \\ \mathscr{K}_{\mathscr{P}_1}(\omega,x) \\ \vdots \\ \mathscr{K}_{\mathscr{P}_7}(\omega,x) \end{pmatrix} = \frac{1}{8} \begin{pmatrix} v^{0\times 0} & v^{0\times 1} & \cdots & v^{0\times 7} \\ v^{1\times 0} & v^{1\times 1} & \cdots & v^{1\times 7} \\ \vdots & \vdots & \ddots & \vdots \\ v^{7\times 0} & v^{7\times 1} & \cdots & v^{7\times 7} \end{pmatrix} \begin{pmatrix} \mathscr{C}_0(\omega,x) \\ \mathscr{C}_1(\omega,x) \\ \vdots \\ \mathscr{C}_7(\omega,x) \end{pmatrix}$$

其中 $v = \exp(2\pi i / 8)$，或者利用如下 8-点离散傅里叶变换的逆变换矩阵：

$$\mathscr{V} = \frac{1}{8}(e^{h\times k\times 2\pi i/8})_{0\leqslant h,k\leqslant 7}$$

$$=\frac{1}{8}\begin{pmatrix}1&1&1&1&1&1&1&1\\1&\frac{(1+i)}{\sqrt{2}}&i&-\frac{(1-i)}{\sqrt{2}}&-1&-\frac{(1+i)}{\sqrt{2}}&-i&\frac{(1-i)}{\sqrt{2}}\\1&i&-1&-i&1&i&-1&-i\\1&-\frac{(1-i)}{\sqrt{2}}&-i&\frac{(1+i)}{\sqrt{2}}&-1&\frac{(1-i)}{\sqrt{2}}&i&-\frac{(1+i)}{\sqrt{2}}\\1&-1&1&-1&1&-1&1&-1\\1&-\frac{(1+i)}{\sqrt{2}}&i&\frac{(1-i)}{\sqrt{2}}&-1&\frac{(1+i)}{\sqrt{2}}&-i&-\frac{(1-i)}{\sqrt{2}}\\1&-i&-1&i&1&-i&-1&i\\1&\frac{(1-i)}{\sqrt{2}}&-i&-\frac{(1+i)}{\sqrt{2}}&-1&-\frac{(1-i)}{\sqrt{2}}&i&\frac{(1+i)}{\sqrt{2}}\end{pmatrix}$$

得到正交投影算子系 $\{\mathscr{P}_\ell;\ell=0,1,\cdots,7\}$ 的核函数系 $\{\mathscr{K}_{\mathscr{P}_\ell}(\omega,x),\ell=0,1,\cdots,7\}$ 表达方法:

$$\mathscr{K}_{\mathscr{P}_h}(\omega,x)=\frac{1}{8}\sum_{k=0}^{7}\exp(2\pi hki/8)\mathscr{E}_k(\omega,x),\quad h=0,1,\cdots,7$$

将 $\mathscr{E}_k(\omega,x)$ 的如下表达式:

$$\mathscr{E}_k(\omega,x)=\sqrt{1-i\cot(2\pi k/8)}e^{\pi i[(\omega^2+x^2)\cot(2\pi k/8)-2\omega x\csc(2\pi k/8)]},\quad k=0,1,\cdots,7$$

以及 $\mathscr{K}_{\mathscr{P}_h}(\omega,x)$ 的定义公式代入上式可得

$$\begin{aligned}\mathscr{K}_{\mathscr{P}_h}(\omega,x)&=\sum_{m=0}^{\infty}\varphi_{8m+h}(\omega)\varphi_{8m+h}^{*}(x)\\&=\frac{1}{8}\sum_{k=0}^{7}e^{2\pi khi/8}\mathscr{E}_k(\omega,x)\\&=\frac{1}{8}\sum_{k=0}^{7}\sqrt{1-i\cot(2\pi k/8)}e^{2\pi hki/8}e^{\pi i[(\omega^2+x^2)\cot(2\pi k/8)-2\omega x\csc(2\pi k/8)]}\end{aligned}$$

$$h=0,1,2,\cdots,7$$

详细解出并化简这些表达式可得

$$\begin{aligned}&8\sum_{m=0}^{\infty}\varphi_{8m}(\omega)\varphi_{8m}^{*}(x)\\&=\delta(\omega-x)+\delta(\omega+x)+4\sqrt[4]{2}\cos[(\omega^2+x^2-1/8)\pi]\cos(2\sqrt{2}\pi\omega x)+2\cos(2\pi\omega x)\end{aligned}$$

$$\begin{aligned}&8\sum_{m=0}^{\infty}\varphi_{8m+1}(\omega)\varphi_{8m+1}^{*}(x)\\&=\delta(\omega-x)-\delta(\omega+x)+4\sqrt[4]{2}\sin[(\omega^2+x^2+1/8)\pi]\sin(2\sqrt{2}\pi\omega x)+2\sin(2\pi\omega x)\end{aligned}$$

$$\begin{aligned}&8\sum_{m=0}^{\infty}\varphi_{8m+2}(\omega)\varphi_{8m+2}^{*}(x)\\&=\delta(\omega-x)+\delta(\omega+x)-4\sqrt[4]{2}\sin[(\omega^2+x^2-1/8)\pi]\cos(2\sqrt{2}\pi\omega x)-2\cos(2\pi\omega x)\end{aligned}$$

$$8\sum_{m=0}^{\infty}\varphi_{8m+3}(\omega)\varphi_{8m+3}^{*}(x)$$
$$=\delta(\omega-x)-\delta(\omega+x)+4\sqrt[4]{2}\cos[(\omega^2+x^2+1/8)\pi]\sin(2\sqrt{2}\pi\omega x)-2\sin(2\pi\omega x)$$

$$8\sum_{m=0}^{\infty}\varphi_{8m+4}(\omega)\varphi_{8m+4}^{*}(x)$$
$$=\delta(\omega-x)+\delta(\omega+x)-4\sqrt[4]{2}\cos[(\omega^2+x^2-1/8)\pi]\cos(2\sqrt{2}\pi\omega x)+2\cos(2\pi\omega x)$$

$$8\sum_{m=0}^{\infty}\varphi_{8m+5}(\omega)\varphi_{8m+5}^{*}(x)$$
$$=\delta(\omega-x)-\delta(\omega+x)-4\sqrt[4]{2}\sin[(\omega^2+x^2+1/8)\pi]\sin(2\sqrt{2}\pi\omega x)+2\sin(2\pi\omega x)$$

$$8\sum_{m=0}^{\infty}\varphi_{8m+6}(\omega)\varphi_{8m+6}^{*}(x)$$
$$=\delta(\omega-x)+\delta(\omega+x)+4\sqrt[4]{2}\sin[(\omega^2+x^2-1/8)\pi]\cos(2\sqrt{2}\pi\omega x)-2\cos(2\pi\omega x)$$

$$8\sum_{m=0}^{\infty}\varphi_{8m+7}(\omega)\varphi_{8m+7}^{*}(x)$$
$$=\delta(\omega-x)-\delta(\omega+x)-4\sqrt[4]{2}\cos[(\omega^2+x^2+1/8)\pi]\sin(2\sqrt{2}\pi\omega x)-2\sin(2\pi\omega x)$$

这组公式还可以等价转化为如下形式:

$$8\sum_{m=0}^{\infty}\varphi_{8m}(\omega)\varphi_{8m}^{*}(x)$$
$$=\delta(\omega-x)+\delta(\omega+x)+4\sqrt[4]{2}\cos[(\omega^2+x^2-1/8)\pi]\cos(2\sqrt{2}\pi\omega x)+2\cos(2\pi\omega x)$$

$$8\sum_{m=0}^{\infty}\varphi_{8m+1}(\omega)\varphi_{8m+1}^{*}(x)$$
$$=\delta(\omega-x)-\delta(\omega+x)+4\sqrt[4]{2}\cos[(\omega^2+x^2-3/8)\pi]\sin(2\sqrt{2}\pi\omega x)+2\sin(2\pi\omega x)$$

$$8\sum_{m=0}^{\infty}\varphi_{8m+2}(\omega)\varphi_{8m+2}^{*}(x)$$
$$=\delta(\omega-x)+\delta(\omega+x)-4\sqrt[4]{2}\sin[(\omega^2+x^2-1/8)\pi]\cos(2\sqrt{2}\pi\omega x)-2\cos(2\pi\omega x)$$

$$8\sum_{m=0}^{\infty}\varphi_{8m+3}(\omega)\varphi_{8m+3}^{*}(x)$$
$$=\delta(\omega-x)-\delta(\omega+x)+4\sqrt[4]{2}\cos[(\omega^2+x^2+1/8)\pi]\sin(2\sqrt{2}\pi\omega x)-2\sin(2\pi\omega x)$$

$$8\sum_{m=0}^{\infty}\varphi_{8m+4}(\omega)\varphi_{8m+4}^{*}(x)$$
$$=\delta(\omega-x)+\delta(\omega+x)-4\sqrt[4]{2}\cos[(\omega^2+x^2-1/8)\pi]\cos(2\sqrt{2}\pi\omega x)+2\cos(2\pi\omega x)$$

$$8\sum_{m=0}^{\infty}\varphi_{8m+5}(\omega)\varphi_{8m+5}^{*}(x)$$
$$=\delta(\omega-x)-\delta(\omega+x)+4\sqrt[4]{2}\cos[(\omega^2+x^2+5/8)\pi]\sin(2\sqrt{2}\pi\omega x)+2\sin(2\pi\omega x)$$

$$8\sum_{m=0}^{\infty}\varphi_{8m+6}(\omega)\varphi_{8m+6}^{*}(x)$$
$$=\delta(\omega-x)+\delta(\omega+x)+4\sqrt[4]{2}\cos[(\omega^2+x^2+11/8)\pi]\cos(2\sqrt{2}\pi\omega x)-2\cos(2\pi\omega x)$$

$$8\sum_{m=0}^{\infty}\varphi_{8m+7}(\omega)\varphi_{8m+7}^{*}(x)$$
$$=\delta(\omega-x)-\delta(\omega+x)+4\sqrt[4]{2}\cos[(\omega^2+x^2+9/8)\pi]\sin(2\sqrt{2}\pi\omega x)-2\sin(2\pi\omega x)$$

这样，关于从函数空间 $\mathcal{L}^2(\mathbb{R})$ 到特征子空间序列 $\{\mathcal{W}_\ell;\ell=0,1,\cdots,7\}$ 的正交投影算子系 $\{\mathcal{P}_\ell;\ell=0,1,\cdots,7\}$ 的核函数系 $\{\mathscr{K}_{\mathcal{P}_\ell}(\omega,x),\ell=0,1,\cdots,7\}$，上述公式给出了除“谱表示方法”之外的两种等价表达形式.

(γ) 多项组合线性调频小波多样性理论

在多项组合线性调频小波函数构造方法中，组合系数函数系存在无穷多种可能的合法的解，此前的研究只利用了表达形式最简单的组合系数函数系，在这里将研究并刻画组合系数函数系的完整表达方法.

利用多项组合线性调频小波函数构造过程中的组合系数函数系，构造如下形式的 $\mathcal{L}\times\mathcal{L}$ 矩阵 $\mathscr{P}^\alpha$：

$$\mathscr{P}^\alpha=\begin{pmatrix} p_0(\alpha) & p_{(\mathcal{L}-1)}(\alpha) & \cdots & p_1(\alpha)\\ p_1(\alpha) & p_0(\alpha) & \cdots & p_2(\alpha)\\ \vdots & \vdots & \ddots & \vdots\\ p_{(\mathcal{L}-1)}(\alpha) & p_{(\mathcal{L}-2)}(\alpha) & \cdots & p_0(\alpha)\end{pmatrix}$$

其中 $\{p_\ell(\alpha);\ell=0,1,\cdots,(\mathcal{L}-1)\}$ 是组合系数函数系. 形式上，这是一个依赖于实数参数 $\alpha\in\mathbb{R}$ 的“循环矩阵”或者“置换矩阵”，称之为 $\mathcal{L}$ 阶广义置换矩阵. 当实数参数 $\alpha\in\mathbb{R}$ 选取 $\alpha=0,1,2,\cdots$ 这样特殊的整数时，容易验证如下的矩阵整数幂次运算规律：

$$\mathscr{P}^m=\mathscr{P}^1\mathscr{P}^{m-1}=\mathscr{P}^{m-1}\mathscr{P}^1=[\mathscr{P}^1]^m,\quad m\in\mathbb{Z}$$

比如示范罗列几个特例如下：

$$\mathscr{P}^0=\begin{pmatrix} 1 & 0 & \cdots & \cdots & 0\\ 0 & 1 & & & \\ \vdots & \ddots & \ddots & & \\ \vdots & & \ddots & 1 & 0\\ 0 & \cdots & \cdots & 0 & 1\end{pmatrix},\quad \mathscr{P}^1=\begin{pmatrix} 0 & 0 & \cdots & \cdots & 1\\ 1 & 0 & & & \\ \vdots & \ddots & \ddots & & \\ \vdots & & \ddots & 0 & 0\\ 0 & \cdots & \cdots & 1 & 0\end{pmatrix},\cdots,$$

$$\mathscr{P}^{(\mathcal{L}-1)}=\begin{pmatrix}0&1&\cdots&\cdots&0\\0&0&\ddots&&\\\vdots&\ddots&\ddots&\ddots&\\\vdots&&\ddots&0&1\\1&\cdots&\cdots&0&0\end{pmatrix}$$

这就是 0-步, 1-步, $\cdots$, $(\mathcal{L}-1)$-步的标准置换矩阵, 此外, $\mathscr{P}^{\mathcal{L}}=\mathscr{P}^{0}=\mathcal{I}$ 是单位矩阵.

由此还可以进一步得到如下关系, 当实数参数 $\alpha=m$ 是整数时,

$$\mathscr{P}^{\mathcal{L}}=\mathscr{P}^{0}=\mathscr{I},\quad \mathscr{P}^{m}=\mathscr{P}^{m+\mathcal{L}},\quad m\in\mathbb{Z}$$

其中 $\mathscr{I}$ 是 $\mathcal{L}\times\mathcal{L}$ 的单位矩阵.

这些简单的演算结果表明, 多项组合线性调频小波算子群 $\{\boldsymbol{\mathcal{R}}^{m};m\in\mathbb{Z}\}$ 与标准置换矩阵群 $\{\mathscr{P}^{m};m\in\mathbb{Z}\}$ 是两个等价的“加法群”.

上述结果说明了当实数参数 $\alpha\in\mathbb{R}$ 只选择 $\alpha=m$ 是整数时多项组合线性调频小波算子的性质.

在参数 $\alpha\in\mathbb{R}$ 是任意实数的通常条件下, 多项组合线性调频小波算子族 $\{\boldsymbol{\mathcal{R}}^{\alpha};\alpha\in\mathbb{R}\}$ 需要满足的算子运算规则或者公理转化为函数矩阵系 $\{\mathscr{P}^{\alpha};\alpha\in\mathbb{R}\}$ 满足如下 4 个公理:

⟦1⟧ 连续性公理: 对全部实数参数 $\alpha\in\mathbb{R}$, 矩阵 $\mathscr{P}^{\alpha}$ 是连续的;

⟦2⟧ 边界性公理: $\mathscr{P}^{\alpha}=\mathscr{P}^{1},\alpha=1$;

⟦3⟧ 周期性公理: $\mathscr{P}^{\alpha}=\mathscr{P}^{\alpha+\mathcal{L}},\alpha\in\mathbb{R}$;

⟦4⟧ 可加性公理: $(\alpha,\beta)\in\mathbb{R}\times\mathbb{R}$,

$$\mathscr{P}^{\alpha}\mathscr{P}^{\beta}=\mathscr{P}^{\beta}\mathscr{P}^{\alpha}=\mathscr{P}^{\alpha+\beta}$$

利用这 4 个公理容易证明, 函数矩阵系 $\{\mathscr{P}^{\alpha};\alpha\in\mathbb{R}\}$ 是一个关于实数参数 $\alpha\in\mathbb{R}$ 的置换矩阵群, 而且, 矩阵群 $\{\mathscr{P}^{\alpha};\alpha\in\mathbb{R}\}$ 与算子群 $\{\boldsymbol{\mathcal{R}}^{\alpha};\alpha\in\mathbb{R}\}$ 是等价的“加法群”. 这表明多项组合线性调频小波算子群 $\{\boldsymbol{\mathcal{R}}^{\alpha};\alpha\in\mathbb{R}\}$ 本质上是一个广义置换群, 任意实数参数 $\alpha\in\mathbb{R}$ 对应的 $\boldsymbol{\mathcal{R}}^{\alpha}$ 相当于一个广义置换或者广义置换矩阵 $\mathscr{P}^{\alpha}$.

定义 $\mathcal{L}$-点有限傅里叶变换矩阵 $\mathscr{F}$ 如下:

$$\mathscr{F}=\frac{1}{\sqrt{\mathcal{L}}}\begin{pmatrix}w^{0\times0}&w^{0\times1}&\cdots&w^{0\times(\mathcal{L}-1)}\\w^{1\times0}&w^{1\times1}&\cdots&w^{1\times(\mathcal{L}-1)}\\\vdots&\vdots&\ddots&\vdots\\w^{(\mathcal{L}-1)\times0}&w^{(\mathcal{L}-1)\times1}&\cdots&w^{(\mathcal{L}-1)\times(\mathcal{L}-1)}\end{pmatrix}$$

其中 $w=\exp(-2\pi i/\mathcal{L})$. 作如下的 $\mathcal{L}$ -点离散傅里叶变换:

$$\begin{pmatrix} q_0(\alpha) \\ q_1(\alpha) \\ \vdots \\ q_{(\mathcal{L}-1)}(\alpha) \end{pmatrix}=\begin{pmatrix} w^{0\times 0} & w^{0\times 1} & \cdots & w^{0\times(\mathcal{L}-1)} \\ w^{1\times 0} & w^{1\times 1} & \cdots & w^{1\times(\mathcal{L}-1)} \\ \vdots & \vdots & \ddots & \vdots \\ w^{(\mathcal{L}-1)\times 0} & w^{(\mathcal{L}-1)\times 1} & \cdots & w^{(\mathcal{L}-1)\times(\mathcal{L}-1)} \end{pmatrix}\begin{pmatrix} p_0(\alpha) \\ p_1(\alpha) \\ \vdots \\ p_{(\mathcal{L}-1)}(\alpha) \end{pmatrix}$$

并定义矩阵:

$$\mathscr{Q}^{\alpha}=\mathrm{Diag}(q_{\ell}(\alpha),\ell=0,1,2,\cdots,(\mathcal{L}-1))=\begin{pmatrix} q_0(\alpha) & & & \\ & q_1(\alpha) & & \\ & & \ddots & \\ & & & q_{(\mathcal{L}-1)}(\alpha) \end{pmatrix}$$

简单计算可得

$$\mathscr{Q}^{\alpha}=[\mathscr{F}]\mathscr{P}^{\alpha}[\mathscr{F}]^*$$

具体写出如下:

$$\begin{pmatrix} q_0(\alpha) & & & \\ & q_1(\alpha) & & \\ & & \ddots & \\ & & & q_{(\mathcal{L}-1)}(\alpha) \end{pmatrix}=[\mathscr{F}]\begin{pmatrix} p_0(\alpha) & p_{(\mathcal{L}-1)}(\alpha) & \cdots & p_1(\alpha) \\ p_1(\alpha) & p_0(\alpha) & \cdots & p_2(\alpha) \\ \vdots & \vdots & \ddots & \vdots \\ p_{(\mathcal{L}-1)}(\alpha) & p_{(\mathcal{L}-2)}(\alpha) & \cdots & p_0(\alpha) \end{pmatrix}[\mathscr{F}]^*$$

其中

$$[\mathscr{F}]^*=\frac{1}{\sqrt{\mathcal{L}}}\begin{pmatrix} u^{0\times 0} & u^{0\times 1} & \cdots & u^{0\times(\mathcal{L}-1)} \\ u^{1\times 0} & u^{1\times 1} & \cdots & u^{1\times(\mathcal{L}-1)} \\ \vdots & \vdots & \ddots & \vdots \\ u^{(\mathcal{L}-1)\times 0} & u^{(\mathcal{L}-1)\times 1} & \cdots & u^{(\mathcal{L}-1)\times(\mathcal{L}-1)} \end{pmatrix}$$

其中 $u=\exp\left(2\pi i/\mathcal{L}\right)=\bar{w}$.

因为 $\mathcal{L}$ -点有限傅里叶变换矩阵 $\mathscr{F}$ 是一个酉矩阵, 这样, 前述由 4 个公理表达的函数矩阵系 $\{\mathscr{P}^{\alpha};\alpha\in\mathbb{R}\}$ 应该满足的要求可以等价转换为要求这里定义的对角形式的函数矩阵系 $\{\mathscr{Q}^{\alpha};\alpha\in\mathbb{R}\}$ 满足如下公理:

1) 连续性公理: 对全部实数参数 $\alpha\in\mathbb{R}$, 矩阵 $\mathscr{Q}^{\alpha}$ 是连续的;

2) 边界性公理: $\mathscr{Q}^{\alpha}=\mathrm{Diag}(q_{\ell}(1)=w^{\ell\times 1},\ell=0,1,2,\cdots,\mathcal{L}-1),\alpha=1$;

3) 周期性公理: $\mathscr{Q}^{\alpha}=\mathscr{Q}^{\alpha+\mathcal{L}},\alpha\in\mathbb{R}$;

4) 可加性公理: $(\alpha,\beta)\in\mathbb{R}\times\mathbb{R}$,

$$\mathscr{Q}^{\alpha}\mathscr{Q}^{\beta}=\mathscr{Q}^{\beta}\mathscr{Q}^{\alpha}=\mathscr{Q}^{\alpha+\beta}$$

比如，可加性公理可以演算如下:

$$\begin{aligned}\mathscr{Q}^{\alpha+\beta}&=[\mathscr{F}]\mathscr{P}^{\alpha+\beta}[\mathscr{F}]^{*}\\&=[\mathscr{F}]\mathscr{P}^{\alpha}\mathscr{P}^{\beta}[\mathscr{F}]^{*}\\&=[\mathscr{F}]\mathscr{P}^{\alpha}\left[\mathscr{F}\right]^{*}[\mathscr{F}]\mathscr{P}^{\beta}[\mathscr{F}]^{*}\\&=\mathscr{Q}^{\alpha}\mathscr{Q}^{\beta}\\&=\mathscr{Q}^{\beta}\mathscr{Q}^{\alpha}\end{aligned}$$

容易证明, 对角函数矩阵系 $\{\mathscr{Q}^{\alpha};\alpha\in\mathbb{R}\}$ 构成实数参数 $\alpha\in\mathbb{R}$ 的“加法”矩阵群. 这样, 函数系 $\{q_{\ell}(\alpha);\ell=0,1,2,\cdots,(\boldsymbol{\mathcal{L}}-1)\}$ 应该满足如下几个公理:

a) 连续性公理: $q_{\ell}(\alpha),\ell=0,1,2,\cdots,(\boldsymbol{\mathcal{L}}-1)$ 是参数 $\alpha\in\mathbb{R}$ 的连续函数;

b) 边界性公理: $q_{\ell}(n)=\exp(-2\pi n\ell i/\boldsymbol{\mathcal{L}});\ell,n=0,1,2,\cdots,(\boldsymbol{\mathcal{L}}-1)$;

c) 周期性公理: $q_{\ell}(\alpha)=q_{\ell}(\alpha+\boldsymbol{\mathcal{L}}),\ \ell=0,1,2,\cdots,(\boldsymbol{\mathcal{L}}-1),\alpha\in\mathbb{R}$;

d) 可加性公理: $(\alpha,\beta)\in\mathbb{R}\times\mathbb{R}$, $\ell=0,1,2,\cdots,(\boldsymbol{\mathcal{L}}-1)$,

$$q_{\ell}(\alpha)q_{\ell}(\beta)=q_{\ell}(\beta)q_{\ell}(\alpha)=q_{\ell}(\alpha+\beta)$$

或者表达如下:

$$\left\{\begin{aligned}q_0(\alpha+\beta)&=q_0(\alpha)q_0(\beta)\\q_1(\alpha+\beta)&=q_1(\alpha)q_1(\beta)\\&\ \ \vdots\\q_{(\boldsymbol{\mathcal{L}}-1)}(\alpha+\beta)&=q_{(\boldsymbol{\mathcal{L}}-1)}(\alpha)q_{(\boldsymbol{\mathcal{L}}-1)}(\beta)\end{aligned}\right.$$

从上述公理可得到如下函数方程组:

$$\begin{cases}q_{\ell}(\alpha+\beta)=q_{\ell}(\alpha)q_{\ell}(\beta), & \ell=0,1,2,\cdots,(\boldsymbol{\mathcal{L}}-1)\\q_{\ell}(\alpha)=q_{\ell}(\alpha+\boldsymbol{\mathcal{L}}), & \ell=0,1,2,\cdots,(\boldsymbol{\mathcal{L}}-1)\\q_{\ell}(n)=\exp(-2\pi n\ell i/\boldsymbol{\mathcal{L}}), & n,\ell=0,1,2,\cdots,(\boldsymbol{\mathcal{L}}-1)\end{cases}$$

显然, 这个关于未知函数系 $\{q_{\ell}(\alpha);\ell=0,1,2,\cdots,(\boldsymbol{\mathcal{L}}-1)\}$ 的方程组, 在所述周期条件和边界条件下, 存在无穷多组合法的解. 比如,

$$q_{\ell}(\gamma,\alpha)=\exp\left[-\frac{2\pi i\alpha(\ell+\boldsymbol{\mathcal{L}}\gamma_{\ell})}{\boldsymbol{\mathcal{L}}}\right],\quad \ell=0,1,2,\cdots,(\boldsymbol{\mathcal{L}}-1)$$

其中 $\gamma=(\gamma_0,\gamma_1,\cdots,\gamma_{(\boldsymbol{\mathcal{L}}-1)})\in\mathbb{Z}^{\boldsymbol{\mathcal{L}}}$ 是任意的 $\boldsymbol{\mathcal{L}}$ 维整数向量. 利用有限傅里叶逆变换关系可得

$$\begin{pmatrix} p_0(\gamma,\alpha) \\ p_1(\gamma,\alpha) \\ \vdots \\ p_{(\mathcal{L}-1)}(\gamma,\alpha) \end{pmatrix} = \frac{1}{\mathcal{L}} \begin{pmatrix} u^{0\times 0} & u^{0\times 1} & \cdots & u^{0\times(\mathcal{L}-1)} \\ u^{1\times 0} & u^{1\times 1} & \cdots & u^{1\times(\mathcal{L}-1)} \\ \vdots & \vdots & \ddots & \vdots \\ u^{(\mathcal{L}-1)\times 0} & u^{(\mathcal{L}-1)\times 1} & \cdots & u^{(\mathcal{L}-1)\times(\mathcal{L}-1)} \end{pmatrix} \begin{pmatrix} q_0(\gamma,\alpha) \\ q_1(\gamma,\alpha) \\ \vdots \\ q_{(\mathcal{L}-1)}(\gamma,\alpha) \end{pmatrix}$$

具体写出如下:

$$p_\ell(\gamma,\alpha) = \frac{1}{\mathcal{L}} \sum_{k=0}^{(\mathcal{L}-1)} \exp\left\{-\frac{2\pi i[\alpha(k+\mathcal{L}\gamma_k)-\ell k]}{\mathcal{L}}\right\},\quad \ell = 0,1,2,\cdots,(\mathcal{L}-1)$$

这时, 当实数参数 $\alpha \in \mathbb{R}$ 时, 得到相应的多项组合线性调频小波算子并改用符号 $\mathcal{R}^{(\gamma,\alpha)}$ 表示:

$$\begin{aligned}\mathcal{R}^{(\gamma,\alpha)} &= \sum_{\ell=0}^{(\mathcal{L}-1)} p_\ell(\gamma,\alpha)\mathcal{R}^\ell \\ &= \frac{1}{\mathcal{L}} \sum_{\ell=0}^{(\mathcal{L}-1)} \sum_{k=0}^{(\mathcal{L}-1)} \exp\{-2\pi i[\alpha(k+\mathcal{L}\gamma_k)-\ell k]/\mathcal{L}\}\mathcal{R}^\ell\end{aligned}$$

或者

$$\begin{aligned}(\mathcal{R}^{(\gamma,\alpha)}f)(\omega) &= \sum_{\ell=0}^{(\mathcal{L}-1)} p_\ell(\gamma,\alpha)(\mathcal{R}^\ell f)(\omega) \\ &= \frac{1}{\mathcal{L}} \sum_{\ell=0}^{(\mathcal{L}-1)} \sum_{k=0}^{(\mathcal{L}-1)} \exp\{-2\pi i[\alpha(k+\mathcal{L}\gamma_k)-\ell k]/\mathcal{L}\}\mathfrak{f}^\ell(\omega)\end{aligned}$$

其中,

$$\begin{aligned}\mathfrak{f}^\ell(\omega) = (\mathcal{R}^\ell f)(\omega) &= \int_{-\infty}^{+\infty} f(x)\mathcal{K}_{\mathcal{R}^\ell}(\omega,x)dx \\ &= \int_{-\infty}^{+\infty} f(x)\mathcal{K}_{\mathcal{F}^{4\ell/\mathcal{L}}_{(\mathcal{A},\mathcal{Q})}}(\omega,x)dx,\quad \ell = 0,1,2,\cdots,(\mathcal{L}-1)\end{aligned}$$

另外, 还得到相应的多项组合线性调频小波函数系 $\mathcal{K}_{\mathcal{R}^{(\gamma,\alpha)}}(\omega,x)$ 的表达式

$$\begin{aligned}\mathcal{K}_{\mathcal{R}^{(\gamma,\alpha)}}(\omega,x) &= \sum_{\ell=0}^{(\mathcal{L}-1)} p_\ell(\gamma,\alpha)\mathcal{K}_{\mathcal{F}^{4\ell/\mathcal{L}}_{(\mathcal{A},\mathcal{Q})}}(\omega,x) \\ &= \frac{1}{\mathcal{L}} \sum_{\ell=0}^{(\mathcal{L}-1)} \sum_{k=0}^{(\mathcal{L}-1)} \exp\left\{-\frac{2\pi i[\alpha(k+\mathcal{L}\gamma_k)-\ell k]}{\mathcal{L}}\right\}\mathcal{K}_{\mathcal{F}^{4\ell/\mathcal{L}}_{(\mathcal{A},\mathcal{Q})}}(\omega,x)\end{aligned}$$

根据一般形式的经典线性调频小波算子 $\mathcal{F}^\alpha_{(\mathcal{A},\mathcal{Q})}$ 的特征方程

$$\begin{aligned}\mathcal{F}^\alpha_{(\mathcal{A},\mathcal{Q})}[\psi_m(x)](\omega) &= \mu^\alpha_m(\mathcal{Q})\psi_m(\omega) \\ \mu^\alpha_m(\mathcal{Q}) &= \exp[-2\pi i\alpha(m+4\boldsymbol{q}_m)/4] \\ m &= 0,1,2,\cdots\end{aligned}$$

其中 $\mathcal{Q}=\{q_m;m\in\mathbb{Z}\}\in\mathbb{Z}^\infty$，是一个任意的整数序列，对于任意的整数 $\ell\in\mathbb{Z}$，可以得到算子 $\mathcal{R}^\ell=\mathscr{F}^{4\ell/\mathcal{L}}_{(\mathcal{A},\mathcal{Q})}$ 的特征方程

$$
\begin{aligned}
\mathcal{R}^\ell[\psi_m(x)](\omega)=\mathscr{F}^{4\ell/\mathcal{L}}_{(\mathcal{A},\mathcal{Q})}[\psi_m(x)](\omega)=\mu_m^{4\ell/\mathcal{L}}(\mathcal{Q})\psi_m(\omega)=\kappa_m^\ell\psi_m(\omega)\\
\kappa_m^\ell=\mu_m^{4\ell/\mathcal{L}}(\mathcal{Q})=e^{-2\pi i\ell(m+4q_m)/\mathcal{L}}=(-i)^{4\ell(m+4q_m)/\mathcal{L}}\\
m=0,1,2,\cdots
\end{aligned}
$$

直接演算完备规范正交特征函数系 $\{\psi_m(x);m=0,1,2,3,\cdots\}$ 的多项组合线性调频小波变换 $\mathcal{R}^{(\gamma,\alpha)}[\psi_m(x)](\omega)$：

$$
\begin{aligned}
\mathcal{R}^{(\gamma,\alpha)}[\psi_m(x)](\omega)&=\sum_{\ell=0}^{(\mathcal{L}-1)}p_\ell(\gamma,\alpha)\mathcal{R}^\ell[\psi_m(x)](\omega)\\
&=\left[\sum_{\ell=0}^{(\mathcal{L}-1)}p_\ell(\gamma,\alpha)\kappa_m^\ell\right]\psi_m(\omega)=\kappa_m^{(\gamma,\alpha)}\psi_m(\omega),\quad m=0,1,2,\cdots
\end{aligned}
$$

其中，当 $m=0,1,2,\cdots$ 时，特征值序列 $\kappa_m^{(\gamma,\alpha)}$ 的表达式演算如下：

$$
\begin{aligned}
\kappa_m^{(\gamma,\alpha)}&=\sum_{\ell=0}^{(\mathcal{L}-1)}p_\ell(\gamma,\alpha)\kappa_m^\ell\\
&=\frac{1}{\mathcal{L}}\sum_{\ell=0}^{(\mathcal{L}-1)}\sum_{k=0}^{(\mathcal{L}-1)}\exp\left\{-\frac{2\pi i[\alpha(k+\mathcal{L}\gamma_k)-\ell k]}{\mathcal{L}}\right\}\exp\left[-\frac{2\pi i\ell(m+4q_m)}{\mathcal{L}}\right]\\
&=\frac{1}{\mathcal{L}}\sum_{k=0}^{(\mathcal{L}-1)}\exp\left(-\frac{2\pi i(k+\mathcal{L}\gamma_k)\alpha}{\mathcal{L}}\right)\sum_{\ell=0}^{(\mathcal{L}-1)}\exp\left[-\frac{2\pi i(m+4q_m-k)\ell}{\mathcal{L}}\right]\\
&=\sum_{k=0}^{(\mathcal{L}-1)}\exp\left(-\frac{2\pi i(k+\mathcal{L}\gamma_k)\alpha}{\mathcal{L}}\right)\delta\left[\operatorname{mod}(m+4q_m,\mathcal{L})-k\right]\\
&=e^{-2\pi i\left[\operatorname{mod}(m+4q_m,\mathcal{L})+\mathcal{L}\gamma_{\operatorname{mod}(m+4q_m,\mathcal{L})}\right]\alpha/\mathcal{L}}
\end{aligned}
$$

这就是多项组合线性调频小波算子 $\mathcal{R}^{(\gamma,\alpha)}$ 的特征值序列，同时 $\{\psi_m(x);m\in\mathbb{N}\}$ 是多项组合线性调频小波算子 $\mathcal{R}^{(\gamma,\alpha)}$ 的完全规范正交特征函数系.

据此演算可以得到，多项组合线性调频小波函数系 $\mathscr{K}_{\mathcal{R}^{(\gamma,\alpha)}}(\omega,x)$ 能够表示为如下的“对角化”形式或者“二次型”形式：

$$
\mathscr{K}_{\mathcal{R}^{(\gamma,\alpha)}}(\omega,x)=\left(\psi_0(\omega),\cdots,\psi_n(\omega),\cdots\right)\begin{pmatrix}\kappa_0^{(\gamma,\alpha)}&\cdots&0&\cdots\\ \vdots&\ddots&\vdots&\vdots\\ 0&\cdots&\kappa_n^{(\gamma,\alpha)}&\cdots\\ \vdots&\cdots&\vdots&\ddots\end{pmatrix}\begin{pmatrix}\psi_0^*(x)\\ \vdots\\ \psi_n^*(x)\\ \vdots\end{pmatrix}
$$

$$= \sum_{m=0}^{\infty} \kappa_m^{(\gamma,\alpha)} \psi_m(\omega)\psi_m^*(x)$$
$$= \sum_{m=0}^{\infty} e^{-2\pi i[\operatorname{mod}(m+4q_m,\mathcal{L})+\mathcal{L}\gamma_{\operatorname{mod}(m+4q_m,\mathcal{L})}]\alpha/\mathcal{L}} \psi_m(\omega)\psi_m^*(x)$$

或者抽象地写成

$$\mathscr{K}_{\mathcal{R}^{(\gamma,\alpha)}}(\omega,x) = [\mathscr{P}(\omega)]\mathcal{D}^{(\gamma,\alpha)}[\mathscr{P}(x)]^*$$

其中

$$\begin{cases} [\mathscr{P}(\omega)] = \left(\psi_m(\omega); m=0,1,2,\cdots\right) \\ \mathcal{D}^{(\gamma,\alpha)} = \operatorname{Diag}\left(\kappa_m^{(\gamma,\alpha)} = e^{-2\pi i[\operatorname{mod}(m+4q_m,\mathcal{L})+\mathcal{L}\gamma_{\operatorname{mod}(m+4q_m,\mathcal{L})}]\alpha/\mathcal{L}}, m=0,1,2,\cdots\right) \\ [\mathscr{P}(x)]^* = (\psi_m^*(x); m=0,1,2,\cdots)^{\mathrm{T}} \end{cases}$$

利用多项组合线性调频小波算子 $\mathcal{R}^{(\gamma,\alpha)}$ 的特征值序列公式, 容易验证:

$$\kappa_m^{(\gamma,\alpha)} = \kappa_m^{(\gamma,\alpha+\mathcal{L})}, \quad \kappa_m^{(\gamma,\alpha)} \neq \kappa_{m+\mathcal{L}}^{(\gamma,\alpha)}$$

其中 $m=0,1,2,\cdots$, 而且, 实数参数 $\alpha\in\mathbb{R}$, 也就是说, 小波算子 $\mathcal{R}^{(\gamma,\alpha)}$ 的特征值序列 $\{\kappa_m^{(\gamma,\alpha)}; m=0,1,2,\cdots\}$ 关于实数参数 α 具有 $\mathcal{L}$ 周期性质, 不过, 关于特征值序列的序号或者下标未必具有 $\mathcal{L}$ 周期性质.

这就是多项组合线性调频小波函数的多样性理论. 这些理论成果表明, 多项组合线性调频小波算子族 $\{\mathcal{R}^{(\gamma,\alpha)}; \alpha\in\mathbb{R}\}$ 取决于组合项数参数 $\mathcal{L}$, 4×4 分块对角酉矩阵 $\mathcal{A} = \operatorname{Diag}(\mathcal{A}_0,\mathcal{A}_1,\mathcal{A}_2,\mathcal{A}_3)\in\mathscr{U}_4$, 整数序列 $\mathcal{Q}=\{q_m; m\in\mathbb{Z}\}\in\mathbb{Z}^\infty$ 以及自由的任意 $\mathcal{L}$ 维整数向量 $\gamma=(\gamma_0,\gamma_1,\cdots,\gamma_{(\mathcal{L}-1)})\in\mathbb{Z}^{\mathcal{L}}$. 多项组合线性调频小波算子 $\mathcal{R}^{(\gamma,\alpha)}$ 的特征值序列 $\{\kappa_m^{(\gamma,\alpha)}; m=0,1,2,\cdots\}$ 不再具有双重周期性质, 特别是关于特征值序列的序号不再具有周期性质.

但是, 如果一般形式的经典线性调频小波算子 $\mathscr{F}_{(\mathcal{A},\mathcal{Q})}^{\alpha}$ 构造中整数序列

$$\mathcal{Q} = \{q_m; m\in\mathbb{Z}\}\in\mathbb{Z}^\infty$$

具有 $\mathcal{L}$ 周期性质

$$q_m = q_{m+\mathcal{L}}, \quad m=0,1,2,\cdots$$

那么, 小波算子 $\mathcal{R}^{(\gamma,\alpha)}$ 的特征值序列 $\{\kappa_m^{(\gamma,\alpha)}; m=0,1,2,\cdots\}$ 关于实数参数 α 以及特征值序列的序号或者下标将具有双重 $\mathcal{L}$ 周期性质, 即如下等式成立:

$$\kappa_m^{(\gamma,\alpha)} = \kappa_m^{(\gamma,\alpha+\mathcal{L})} = \kappa_{m+\mathcal{L}}^{(\gamma,\alpha)} = \kappa_{m+\mathcal{L}}^{(\gamma,\alpha+\mathcal{L})}$$

其中 $m=0,1,2,\cdots$ 而且实数参数 $\alpha\in\mathbb{R}$. 在 $\boldsymbol{q}_m=0, m=0,1,2,\cdots$ 这种最特殊的情况下，多项组合线性调频小波算子 $\boldsymbol{\mathscr{R}}^{(\gamma,\alpha)}$ 的特征值序列 $\{\kappa_m^{(\gamma,\alpha)}; m=0,1,2,\cdots\}$ 自然具有双重 $\boldsymbol{\mathcal{L}}$ 周期性质.

在这样的周期性条件下，多项组合线性调频小波函数系 $\mathscr{K}_{\boldsymbol{\mathscr{R}}^{(\gamma,\alpha)}}(\omega,x)$ 能够表示为如下的有限分组表达形式:

$$
\begin{aligned}
\mathscr{K}_{\boldsymbol{\mathscr{R}}^{(\gamma,\alpha)}}(\omega,x) &= \sum_{m=0}^{\infty}\kappa_m^{(\gamma,\alpha)}\psi_m(\omega)\psi_m^*(x)\\
&= \sum_{m=0}^{\infty} e^{-2\pi i[\mathrm{mod}(m+4\boldsymbol{q}_m,\boldsymbol{\mathcal{L}})+\boldsymbol{\mathcal{L}}\gamma_{\mathrm{mod}(m+4\boldsymbol{q}_m,\boldsymbol{\mathcal{L}})}]\alpha/\boldsymbol{\mathcal{L}}}\psi_m(\omega)\psi_m^*(x)\\
&= \sum_{\zeta=0}^{(\boldsymbol{\mathcal{L}}-1)}\kappa_\zeta^{(\gamma,\alpha)}\sum_{m=0}^{\infty}\psi_{\boldsymbol{\mathcal{L}}m+\zeta}(\omega)\psi_{\boldsymbol{\mathcal{L}}m+\zeta}^*(x)\\
&= \sum_{\zeta=0}^{(\boldsymbol{\mathcal{L}}-1)} e^{-2\pi i[\mathrm{mod}(\zeta+4\boldsymbol{q}_\zeta,\boldsymbol{\mathcal{L}})+\boldsymbol{\mathcal{L}}\gamma_{\mathrm{mod}(\zeta+4\boldsymbol{q}_\zeta,\boldsymbol{\mathcal{L}})}]\alpha/\boldsymbol{\mathcal{L}}}\sum_{m=0}^{\infty}\psi_{\boldsymbol{\mathcal{L}}m+\zeta}(\omega)\psi_{\boldsymbol{\mathcal{L}}m+\zeta}^*(x)
\end{aligned}
$$

或者形式地表示为“有限对角化”

$$
\mathscr{K}_{\boldsymbol{\mathscr{R}}^{(\gamma,\alpha)}}(\omega,x) = [\mathscr{Q}(\omega)]\mathscr{D}^{(\gamma,\alpha)}[\mathscr{Q}(x)]^*
$$

其中

$$
\begin{cases}
[\mathscr{Q}(\omega)] = (\mathscr{Q}_0(\omega),\mathscr{Q}_1(\omega),\cdots,\mathscr{Q}_{(\boldsymbol{\mathcal{L}}-1)}(\omega))\\
\mathscr{Q}_\zeta(\omega) = (\psi_{\boldsymbol{\mathcal{L}}m+\zeta}(\omega); m=0,1,2,\cdots),\quad \zeta=0,1,\cdots,(\boldsymbol{\mathcal{L}}-1)
\end{cases}
$$

而且

$$
\begin{cases}
[\mathscr{Q}(x)]^* = (\overline{[\mathscr{Q}_0(x)]},\overline{[\mathscr{Q}_1(x)]},\cdots,\overline{[\mathscr{Q}_{(\boldsymbol{\mathcal{L}}-1)}(x)]})^{\mathrm{T}}\\
\overline{[\mathscr{Q}_\zeta(x)]} = [\bar{\psi}_{\boldsymbol{\mathcal{L}}m+\zeta}(x); m=0,1,2,\cdots],\quad \zeta=0,1,\cdots,(\boldsymbol{\mathcal{L}}-1)\\
[\mathscr{Q}_\zeta(x)]^* = [\psi_{\boldsymbol{\mathcal{L}}m+\zeta}^*(x); m=0,1,2,\cdots]^{\mathrm{T}},\ \zeta=0,1,\cdots,(\boldsymbol{\mathcal{L}}-1)
\end{cases}
$$

此外，多项组合线性调频小波算子 $\boldsymbol{\mathscr{R}}^{(\gamma,\alpha)}$ 的特征值序列按照如下规则构成对角矩阵 $\mathscr{D}^{(\gamma,\alpha)}$:

$$
\begin{cases}
\mathscr{D}^{(\gamma,\alpha)} = \mathrm{Diag}(\mathscr{D}_0^{(\gamma,\alpha)},\mathscr{D}_1^{(\gamma,\alpha)},\cdots,\mathscr{D}_{(\boldsymbol{\mathcal{L}}-1)}^{(\gamma,\alpha)})\\
\mathscr{D}_\zeta^{(\gamma,\alpha)} = \mathrm{Diag}(\kappa_{\boldsymbol{\mathcal{L}}n+\zeta}^{(\gamma,\alpha)}; n=0,1,\cdots)\\
\qquad = e^{-2\pi i[\mathrm{mod}(\zeta+4\boldsymbol{q}_\zeta,\boldsymbol{\mathcal{L}})+\boldsymbol{\mathcal{L}}\gamma_{\mathrm{mod}(\zeta+4\boldsymbol{q}_\zeta,\boldsymbol{\mathcal{L}})}]\alpha/\boldsymbol{\mathcal{L}}}\mathscr{I}\\
\qquad \zeta=0,1,\cdots,(\boldsymbol{\mathcal{L}}-1)
\end{cases}
$$

其中 $\mathscr{I}$ 是无穷序列空间 $\ell^2(\mathbb{N})$ 上的单位算子或者单位矩阵.

这样，多项组合线性调频小波函数系 $\mathscr{K}_{\mathcal{R}^{(\gamma,\alpha)}}(\omega,x)$ 可以改写如下:

$$\mathscr{K}_{\mathcal{R}^{(\gamma,\alpha)}}(\omega,x)$$

$$=(\mathcal{Q}_0(\omega),\mathcal{Q}_1(\omega),\cdots,\mathcal{Q}_{(\mathcal{L}-1)}(\omega))\begin{pmatrix}\mathcal{D}_0^{(\gamma,\alpha)} & \mathcal{O} & \cdots & \mathcal{O}\\ \mathcal{O} & \mathcal{D}_1^{(\gamma,\alpha)} & \cdots & \mathcal{O}\\ \vdots & \vdots & \ddots & \vdots\\ \mathcal{O} & \mathcal{O} & \cdots & \mathcal{D}_{(\mathcal{L}-1)}^{(\gamma,\alpha)}\end{pmatrix}\begin{pmatrix}[\mathcal{Q}_0(x)]^*\\ [\mathcal{Q}_1(x)]^*\\ \vdots\\ [\mathcal{Q}_{(\mathcal{L}-1)}(x)]^*\end{pmatrix}$$

或者

$$\begin{aligned}\mathscr{K}_{\mathcal{R}^{(\gamma,\alpha)}}(\omega,x)&=[\mathcal{Q}(\omega)]\mathcal{D}^{(\gamma,\alpha)}[\mathcal{Q}(x)]^*\\&=\sum_{\zeta=0}^{(\mathcal{L}-1)}[\mathcal{Q}_\zeta(\omega)]\mathcal{D}_\zeta^{(\gamma,\alpha)}[\mathcal{Q}_\zeta(x)]^*\end{aligned}$$

或者具体写成

$$\begin{aligned}\mathscr{K}_{\mathcal{R}^{(\gamma,\alpha)}}(\omega,x)&=[\mathcal{Q}(\omega)]\mathcal{D}^{(\gamma,\alpha)}[\mathcal{Q}(x)]^*\\&=\sum_{\zeta=0}^{(\mathcal{L}-1)}[\mathcal{Q}_\zeta(\omega)]\mathcal{D}_\zeta^{(\gamma,\alpha)}[\mathcal{Q}_\zeta(x)]^*\\&=\sum_{\zeta=0}^{(\mathcal{L}-1)}e^{-2\pi i[\mathrm{mod}(\zeta+4q_\zeta,\mathcal{L})+\mathcal{L}\gamma_{\mathrm{mod}(\zeta+4q_\zeta,\mathcal{L})}]\alpha/\mathcal{L}}[\mathcal{Q}_\zeta(\omega)][\mathcal{Q}_\zeta(x)]^*\\&=\sum_{\zeta=0}^{(\mathcal{L}-1)}e^{-2\pi i[\mathrm{mod}(\zeta+4q_\zeta,\mathcal{L})+\mathcal{L}\gamma_{\mathrm{mod}(\zeta+4q_\zeta,\mathcal{L})}]\alpha/\mathcal{L}}\sum_{m=0}^{\infty}\psi_{\mathcal{L}m+\zeta}(\omega)\psi^*_{\mathcal{L}m+\zeta}(x)\end{aligned}$$

在多项组合线性调频小波算子 $\mathcal{R}^{(\gamma,\alpha)}$ 的特征值序列 $\{\kappa_m^{(\gamma,\alpha)};m=0,1,2,\cdots\}$ 具有双重 $\mathcal{L}$ 周期性质的条件下，线性调频小波算子族 $\{\mathcal{R}^{(\gamma,\alpha)};\alpha\in\mathbb{R}\}$ 具有共同的特征子空间序列，全部特征子空间序列 $\{\mathcal{W}_\ell;\ell=0,1,\cdots,(\mathcal{L}-1)\}$ 可以表示如下:

$$\begin{aligned}\mathcal{W}_\ell&=\mathrm{Closespan}\{\psi_{\mathcal{L}m+\ell}(x);\ m=0,1,2,3,\cdots\}\\&=\{\xi(\omega);\mathcal{R}^{(\gamma,\alpha)}[\xi(x)](\omega)=e^{-2\pi i[\mathrm{mod}(\ell+4q_\ell,\mathcal{L})+\mathcal{L}\gamma_{\mathrm{mod}(\ell+4q_\ell,\mathcal{L})}]\alpha/\mathcal{L}}\xi(\omega)\}\end{aligned}$$

其中 $\ell=0,1,\cdots,(\mathcal{L}-1)$．容易证明特征子空间序列 $\{\mathcal{W}_\ell;\ell=0,1,\cdots,(\mathcal{L}-1)\}$ 是相互正交的，而且，满足如下正交直和分解关系:

$$\begin{aligned}\mathcal{L}^2(\mathbb{R})&=\bigoplus_{\ell=0}^{(\mathcal{L}-1)}\mathcal{W}_\ell\\&=\bigoplus_{\ell=0}^{(\mathcal{L}-1)}\mathrm{Closespan}\{\psi_{\mathcal{L}m+\ell}(x);\ m=0,1,2,3,\cdots\}\end{aligned}$$

将从函数空间 $\mathcal{L}^2(\mathbb{R})$ 到特征子空间序列 $\{\mathcal{W}_\ell;\ell=0,1,\cdots,(\mathcal{L}-1)\}$ 的正交投影算

子系记为$\left\{\boldsymbol{\mathcal{P}}_h; h=0,1,\cdots,(\mathcal{L}-1)\right\}$，那么，由此得到函数空间$\mathcal{L}^2(\mathbb{R})$上单位算子$\mathcal{J}$的相互正交的正交投影算子分解表达式:

$$\mathcal{J}=\sum_{h=0}^{(\mathcal{L}-1)}\boldsymbol{\mathcal{P}}_h$$

或者等价地表达为: 对于$s(x)\in\mathcal{L}^2(\mathbb{R})$,

$$s(\omega)=(\mathcal{J}s)(\omega)=\sum_{h=0}^{(\mathcal{L}-1)}(\boldsymbol{\mathcal{P}}_h s)(\omega)=\sum_{h=0}^{(\mathcal{L}-1)}\mathfrak{S}_h(\omega)$$

容易证明，当$\zeta=0,1,\cdots,(\mathcal{L}-1)$时，从函数空间$\mathcal{L}^2(\mathbb{R})$到特征子空间序列$\boldsymbol{\mathcal{W}}_\zeta$的正交投影算子$\boldsymbol{\mathcal{P}}_\zeta$的核函数$\mathscr{K}_{\boldsymbol{\mathcal{P}}_\zeta}(\omega,x)$可以表示为

$$\mathscr{K}_{\boldsymbol{\mathcal{P}}_\zeta}(\omega,x)=\sum_{m=0}^{\infty}\psi_{\mathcal{L}m+\zeta}(\omega)\psi^*_{\mathcal{L}m+\zeta}(x)$$

最终得到它的多项组合线性调频小波变换$(\boldsymbol{\mathcal{R}}^{(\gamma,\alpha)}s)(\omega)$的简洁计算方法:

$$(\boldsymbol{\mathcal{R}}^{(\gamma,\alpha)}s)(\omega)=\sum_{\ell=0}^{(\mathcal{L}-1)}\kappa_\ell^{(\gamma,\alpha)}\mathfrak{S}_\ell(\omega)=\sum_{\ell=0}^{(\mathcal{L}-1)}e^{-2\pi i[\mathrm{mod}(m+4\boldsymbol{q}_m,\mathcal{L})+\mathcal{L}\gamma_{\mathrm{mod}(m+4\boldsymbol{q}_m,\mathcal{L})}]\alpha/\mathcal{L}}\mathfrak{S}_\ell(\omega)$$

注释: 回顾组合线性调频小波算子族的构造方法和多样性理论，对比 4 倍组合线性调频小波理论和多项组合线性调频小波理论，从某个算子出发进行的这些组合类型的线性调频小波函数系和小波算子族的构造，当其中的实数参数$\alpha\in\mathbb{R}$选择整数数值时，构造产生的线性调频小波函数系或者线性调频小波算子族总会返回到作为出发点的算子或者算子的核函数以及这个算子的整数次重复得到的算子，这个事实是被这类线性调频小波函数系和小波算子族的构造公理决定的. 这正是称这样构造得到的线性调频小波函数系和小波算子为“组合”线性调频小波函数系和“组合”线性调频小波算子的理由所在. 但是，稍后的研究方法表明，重复这种构造方法将破坏这个浅显的事实. 这些研究就是双重组合线性调频小波理论和耦合线性调频小波理论.

9.3.3　双重组合线性调频小波理论

本小节将研究重复使用多项组合线性调频小波函数系和多项组合线性调频小波算子族的构造方法怎样产生得到形式上的组合类型线性调频小波函数系和小波算子族.

(α) 双重组合线性调频小波算子构造方法

回顾多项组合线性调频小波函数系和小波算子族的构造方法，构造过程中假设$\mathcal{L}\geqslant 2$是一个任意的自然数，选择算子$\boldsymbol{\mathcal{R}}=\mathscr{F}^{4/\mathcal{L}}_{(\mathcal{A},\mathcal{Q})}:\mathcal{L}^2(\mathbb{R})\to\mathcal{L}^2(\mathbb{R})$是一般形式

的经典线性调频小波变换算子 $\mathscr{F}^{\alpha}_{(\mathcal{A},\mathcal{Q})}$ 当 $\alpha = 4/\mathcal{L}$ 时的特殊状态:

$$\mathcal{R} = \mathscr{F}^{4/\mathcal{L}}_{(\mathcal{A},\mathcal{Q})} : \mathcal{L}^2(\mathbb{R}) \to \mathcal{L}^2(\mathbb{R})$$
$$f(x) \mapsto \mathfrak{f}(\omega) = (\mathscr{F}^{4/\mathcal{L}}_{(\mathcal{A},\mathcal{Q})} f)(\omega) = (\mathcal{R} f)(\omega)$$
$$\mathfrak{f}(\omega) = \int_{-\infty}^{+\infty} f(x) \mathscr{K}_{\mathscr{F}^{4/\mathcal{L}}_{(\mathcal{A},\mathcal{Q})}}(\omega, x) dx = \int_{-\infty}^{+\infty} f(x) \mathscr{K}_{\mathcal{R}}(\omega, x) dx$$

其中

$$\mathscr{K}_{\mathcal{R}}(\omega, x) = \sum_{m=0}^{\infty} \kappa_m \psi_m(\omega) \psi_m^*(x)$$

而且

$$\kappa_m = \mu_m^{4/\mathcal{L}}(\mathcal{Q}) = e^{-2\pi i (m + 4q_m)/\mathcal{L}} = (-i)^{4(m+4q_m)/\mathcal{L}}$$

另外，$\mathcal{A} = \mathrm{Diag}(\mathcal{A}_0, \mathcal{A}_1, \mathcal{A}_2, \mathcal{A}_3) \in \mathscr{U}_4$ 是一个 4×4 分块对角酉矩阵或者算子，$\mathcal{Q} = \{q_m; m \in \mathbb{Z}\} \in \mathbb{Z}^\infty$ 是一个整数无穷序列，$\{\psi_m(x); m = 0,1,2,\cdots\}$ 按照如下方式从傅里叶变换算子的规范正交特征函数系 $\{\varphi_m(x); m = 0,1,2,\cdots\}$ 定义的函数系:

$$(\psi_{4n+h}(x); n = 0,1,2,\cdots) = (\varphi_{4m+h}(x); m = 0,1,2,\cdots)\mathcal{A}_\zeta$$

其中 $\zeta = 0,1,2,3$，在这些条件下，

$$\mathscr{K}_{\mathscr{F}^{\alpha}_{(\mathcal{A},\mathcal{Q})}}(\omega, x) = \sum_{m=0}^{\infty} \psi_m(\omega) \mu_m^\alpha(\mathcal{Q}) \psi_m^*(x)$$
$$= \sum_{m=0}^{\infty} \exp[-2\pi\alpha i (m + 4q_m)/4] \psi_m(\omega) \psi_m^*(x)$$

其中

$$\mu_m^\alpha(\mathcal{Q}) = \exp(-2\pi i \alpha (m + 4q_m)/4), \quad m = 0,1,2,\cdots$$

而且，$\mathscr{F}^{\alpha}_{(\mathcal{A},\mathcal{Q})}$ 的特征方程可以表示为

$$\mathscr{F}^{\alpha}_{(\mathcal{A},\mathcal{Q})}[\psi_m(x)](\omega) = \mu_m^\alpha(\mathcal{Q}) \psi_m(\omega)$$
$$\mu_m^\alpha(\mathcal{Q}) = \exp[-2\pi i \alpha (m + 4q_m)/4]$$
$$m = 0,1,2,\cdots$$

这样，当实数参数 $\alpha \in \mathbb{R}$ 时，多项组合线性调频小波函数系 $\mathscr{K}_{\mathcal{R}^{(\gamma,\alpha)}}(\omega, x)$ 和小波算子族 $\mathcal{R}^{(\gamma,\alpha)}$ 被构造如下:

$$\mathcal{R}^{(\gamma,\alpha)} = \sum_{\ell=0}^{(\mathcal{L}-1)} p_\ell(\gamma, \alpha) \mathcal{R}^\ell$$
$$= \frac{1}{\mathcal{L}} \sum_{\ell=0}^{(\mathcal{L}-1)} \sum_{k=0}^{(\mathcal{L}-1)} \exp\{-2\pi i [\alpha(k + \mathcal{L}\gamma_k) - \ell k]/\mathcal{L}\} \mathcal{R}^\ell$$

而且

$$\begin{aligned}\mathscr{K}_{\mathcal{R}^{(\gamma,\alpha)}}(\omega,x)&=\sum_{\ell=0}^{(\mathcal{L}-1)}p_\ell(\gamma,\alpha)\mathscr{K}_{\mathscr{F}^{4\ell/\mathcal{L}}_{(\mathscr{A},\mathscr{Q})}}(\omega,x)\\&=\frac{1}{\mathcal{L}}\sum_{\ell=0}^{(\mathcal{L}-1)}\sum_{k=0}^{(\mathcal{L}-1)}\exp\left\{-\frac{2\pi i[\alpha(k+\mathcal{L}\gamma_k)-\ell k]}{\mathcal{L}}\right\}\mathscr{K}_{\mathscr{F}^{4\ell/\mathcal{L}}_{(\mathscr{A},\mathscr{Q})}}(\omega,x)\end{aligned}$$

其中，上述表达式中出现的组合系数函数系 $\{p_\ell(\gamma,\alpha);\ell=0,1,\cdots,(\mathcal{L}-1)\}$ 可按照如下有限和形式表示为

$$p_\ell(\gamma,\alpha)=\frac{1}{\mathcal{L}}\sum_{k=0}^{(\mathcal{L}-1)}\exp\{-2\pi i[\alpha(k+\mathcal{L}\gamma_k)-\ell k]/\mathcal{L}\}$$

其中 $\gamma=(\gamma_0,\gamma_1,\cdots,\gamma_{(\mathcal{L}-1)})\in\mathbb{Z}^{\mathcal{L}}$ 是任意的 $\mathcal{L}$ 维整数向量.

多项组合线性调频小波算子 $\mathcal{R}^{(\gamma,\alpha)}$ 的特征方程是

$$\begin{aligned}\mathcal{R}^{(\gamma,\alpha)}[\psi_m(x)](\omega)&=\kappa_m^{(\gamma,\alpha)}\psi_m(\omega)\\\kappa_m^{(\gamma,\alpha)}&=e^{-2\pi i[\mathrm{mod}(m+4q_m,\mathcal{L})+\mathcal{L}\gamma_{\mathrm{mod}(m+4q_m,\mathcal{L})}]\alpha/\mathcal{L}}\\m&=0,1,2,\cdots\end{aligned}$$

即 $\{\kappa_m^{(\gamma,\alpha)};m=0,1,2,\cdots\}$ 是多项组合线性调频小波算子 $\mathcal{R}^{(\gamma,\alpha)}$ 的特征值序列，而且同时 $\{\psi_m(x);m\in\mathbb{N}\}$ 是算子 $\mathcal{R}^{(\gamma,\alpha)}$ 的完全规范正交特征函数系，因此，多项组合线性调频小波函数系 $\mathscr{K}_{\mathcal{R}^{(\gamma,\alpha)}}(\omega,x)$ 可以表示如下:

$$\begin{aligned}\mathscr{K}_{\mathcal{R}^{(\gamma,\alpha)}}(\omega,x)&=\sum_{m=0}^{\infty}\kappa_m^{(\gamma,\alpha)}\psi_m(\omega)\psi_m^*(x)\\&=\sum_{m=0}^{\infty}e^{-2\pi i[\mathrm{mod}(m+4q_m,\mathcal{L})+\mathcal{L}\gamma_{\mathrm{mod}(m+4q_m,\mathcal{L})}]\alpha/\mathcal{L}}\psi_m(\omega)\psi_m^*(x)\end{aligned}$$

显然，多项组合线性调频小波算子 $\mathcal{R}^{(\gamma,\alpha)}$ 的特征值序列 $\{\kappa_m^{(\gamma,\alpha)};m=0,1,2,\cdots\}$ 关于实数参数 α 具有 $\mathcal{L}$ 周期性质，不过，关于特征值序列的序号或者下标未必具有 $\mathcal{L}$ 周期性质，即

$$\kappa_m^{(\gamma,\alpha)}=\kappa_m^{(\gamma,\alpha+\mathcal{L})},\quad \kappa_m^{(\gamma,\alpha)}\neq\kappa_{m+\mathcal{L}}^{(\gamma,\alpha)}$$

其中 $m=0,1,2,\cdots$，而且，实数参数 $\alpha\in\mathbb{R}$.

容易发现，特征值序列 $\{\kappa_m^{(\gamma,\alpha)};m=0,1,2,\cdots\}$ 关于序列序号或者下标的非周期性来源于整数序列 $\mathscr{Q}=\{q_m;m\in\mathbb{Z}\}\in\mathbb{Z}^\infty$. 实际上，如果

$$q_m=q_{m+\mathcal{L}},\quad m=0,1,2,\cdots$$

即整数序列 $\mathscr{Q}=\{q_m;m\in\mathbb{Z}\}$ 具有 $\mathcal{L}$ 周期性质，那么，小波算子 $\mathcal{R}^{(\gamma,\alpha)}$ 的特征值序

列 $\{\kappa_m^{(\gamma,\alpha)}; m=0,1,2,\cdots\}$ 关于实数参数 α 以及特征值序列的序号或者下标将具有双重 $\mathcal{L}$ 周期性质，即如下等式成立：

$$\kappa_m^{(\gamma,\alpha)} = \kappa_m^{(\gamma,\alpha+\mathcal{L})} = \kappa_{m+\mathcal{L}}^{(\gamma,\alpha)} = \kappa_{m+\mathcal{L}}^{(\gamma,\alpha+\mathcal{L})}$$

其中 $m=0,1,2,\cdots$，而且实数参数 $\alpha\in\mathbb{R}$．比如在 $q_m=0, m=0,1,2,\cdots$ 这种最特殊的情况下，多项组合线性调频小波算子 $\mathcal{R}^{(\gamma,\alpha)}$ 的特征值序列 $\{\kappa_m^{(\gamma,\alpha)}; m=0,1,2,\cdots\}$ 自然具有双重 $\mathcal{L}$ 周期性质．

在这些回顾和准备之后，现在将要研究的问题是，利用已经获得的多项组合线性调频小波函数系或者小波算子族，重复前述多项组合线性调频小波算子族的构造过程，这种构造将产生什么样的算子族？无论如何，将这样构造产生的算子族称为双重组合线性调频小波算子族，其算子核函数称为双重组合线性调频小波函数系．

具体地，仿照多项组合线性调频小波算子族的构造方法，对于任意的自然数 $\mathcal{N}\geqslant 2$，选择算子 $\mathcal{Q}=\mathcal{R}^{(\gamma,\mathcal{L}/\mathcal{N})}$ 是实数参数 $\alpha=\mathcal{L}/\mathcal{N}$ 时多项组合线性调频小波算子 $\mathcal{R}^{(\gamma,\alpha)}$ 的特殊状态，那么，容易验证：

$$\begin{aligned}\mathcal{Q}^0 &= \mathcal{R}^{(\gamma,0)} = \mathcal{J}\\ \mathcal{Q}^1 &= \mathcal{R}^{(\gamma,\mathcal{L}/\mathcal{N})} = \mathcal{Q}\\ &\ \vdots\\ \mathcal{Q}^{(\mathcal{N}-1)} &= \mathcal{R}^{(\gamma,\mathcal{L}(\mathcal{N}-1)/\mathcal{N})}\end{aligned}$$

而且，对于任意的整数 $k\in\mathbb{Z}$，

$$\begin{aligned}\mathcal{Q}^{\mathcal{N}} &= \mathcal{R}^{(\gamma,\mathcal{L}\mathcal{N}/\mathcal{N})} = \mathcal{R}^{(\gamma,\mathcal{L})} = \mathcal{J}\\ \mathcal{Q}^{(k+\mathcal{N})} &= \mathcal{R}^{(\gamma,\mathcal{L}(k+\mathcal{N})/\mathcal{N})} = \mathcal{R}^{(\gamma,\mathcal{L}k/\mathcal{N})}\mathcal{R}^{(\gamma,\mathcal{L})} = \mathcal{Q}^k\end{aligned}$$

其中 $\mathcal{J}$ 是单位(恒等)算子．

首先，仿照多项组合线性调频小波算子族和小波函数系的构造过程和结果，容易得到如下结果．对于任意的 $\mathcal{N}$ 维整数向量 $\theta=(\theta_0,\theta_1,\cdots,\theta_{(\mathcal{N}-1)})\in\mathbb{Z}^{\mathcal{N}}$，按照如下有限和形式选择组合系数函数系 $\{\mathfrak{q}_\ell(\theta,\alpha); \ell=0,1,\cdots,(\mathcal{N}-1)\}$：

$$\mathfrak{q}_\ell(\theta,\alpha) = \frac{1}{\mathcal{N}}\sum_{k=0}^{(\mathcal{N}-1)}\exp\{-2\pi i[\alpha(k+\mathcal{N}\theta_k)-\ell k]/\mathcal{N}\}$$

当实数参数 $\alpha\in\mathbb{R}$ 时，多项组合线性调频小波函数系 $\mathscr{K}_{\mathcal{Q}^{(\theta,\alpha)}}(\omega,x)$ 和小波算子族 $\mathcal{Q}^{(\theta,\alpha)}$ 被构造如下：

$$\begin{aligned}\mathcal{Q}^{(\theta,\alpha)} &= \sum_{\ell=0}^{(\mathcal{N}-1)}\mathfrak{q}_\ell(\theta,\alpha)\mathcal{Q}^\ell\\ &= \frac{1}{\mathcal{N}}\sum_{\ell=0}^{(\mathcal{N}-1)}\sum_{k=0}^{(\mathcal{N}-1)}\exp\{-2\pi i[\alpha(k+\mathcal{N}\theta_k)-\ell k]/\mathcal{N}\}\mathcal{Q}^\ell\end{aligned}$$

而且

$$\begin{aligned}\mathscr{K}_{\boldsymbol{Q}^{(\theta,\alpha)}}(\omega,x)&=\sum_{\ell=0}^{(\mathcal{N}-1)}\mathfrak{q}_\ell(\theta,\alpha)\mathscr{K}_{\boldsymbol{\mathcal{R}}^{(\gamma,\mathcal{L}\ell/\mathcal{N})}}(\omega,x)\\&=\frac{1}{\mathcal{N}}\sum_{\ell=0}^{(\mathcal{N}-1)}\sum_{k=0}^{(\mathcal{N}-1)}\exp\{-2\pi i[\alpha(k+\mathcal{N}\theta_k)-\ell k]/\mathcal{N}\}\mathscr{K}_{\boldsymbol{\mathcal{R}}^{(\gamma,\mathcal{L}\ell/\mathcal{N})}}(\omega,x)\end{aligned}$$

这样构造得到的小波算子族 $\boldsymbol{Q}^{(\theta,\alpha)}$ 被称为双重组合线性调频小波算子族，而且，多项组合线性调频小波函数系 $\mathscr{K}_{\boldsymbol{Q}^{(\theta,\alpha)}}(\omega,x)$ 被称为双重组合线性调频小波函数系. 容易验证上述组合系数函数系 $\{\mathfrak{q}_\ell(\theta,\alpha);\ell=0,1,\cdots,(\mathcal{N}-1)\}$ 保证双重组合线性调频小波算子族 $\{\boldsymbol{Q}^{(\theta,\alpha)};\alpha\in\mathbb{R}\}$ 满足如下算子运算规则:

$$\begin{aligned}&[\boldsymbol{Q}^{(\theta,\alpha)}(\varsigma f+\upsilon g)](\omega)=\varsigma(\boldsymbol{Q}^{(\theta,\alpha)}f)(\omega)+\upsilon(\boldsymbol{Q}^{(\theta,\alpha)}g)(\omega)\\&\lim_{f\to g}(\boldsymbol{Q}^{(\theta,\alpha)}f)(\omega)=(\boldsymbol{Q}^{(\theta,\alpha)}g)(\omega)\\&\lim_{\alpha'\to\alpha}(\boldsymbol{Q}^{(\theta,\alpha')}f)(\omega)=(\boldsymbol{Q}^{(\theta,\alpha)}f)(\omega)\\&(\boldsymbol{Q}^{(\theta,\alpha+\tilde{\alpha})}f)(\omega)=[\boldsymbol{Q}^{(\theta,\tilde{\alpha})}(\boldsymbol{Q}^{(\theta,\alpha)}f)](\omega)=[\boldsymbol{Q}^{(\theta,\alpha)}(\boldsymbol{Q}^{(\theta,\tilde{\alpha})}f)](\omega)\\&(\boldsymbol{Q}^{(\theta,\alpha)}f)(\omega)=(\boldsymbol{Q}^{(\theta,m)}f)(\omega),\quad\alpha=m\in\mathbb{Z}\end{aligned}$$

采用另一种方法表达线性算子 $\boldsymbol{Q}^{(\theta,\alpha)}:\mathcal{L}^2(\mathbb{R})\to\mathcal{L}^2(\mathbb{R})$ 具有的运算性质，即双重组合线性调频小波算子族 $\{\boldsymbol{Q}^{(\theta,\alpha)};\alpha\in\mathbb{R}\}$ 遵循如下几个公理:

❶ 连续性公理: 对全部实数参数 $\alpha\in\mathbb{R}$，算子 $\boldsymbol{Q}^{(\theta,\alpha)}$ 是连续的;

❷ 边界性公理: $\boldsymbol{Q}^{(\theta,\alpha)}=\boldsymbol{Q},\alpha=1$;

❸ 周期性公理: $\boldsymbol{Q}^{(\theta,\alpha)}=\boldsymbol{Q}^{(\theta,\alpha+\mathcal{N})},\alpha\in\mathbb{R}$;

❹ 可加性公理: $\boldsymbol{Q}^{(\theta,\alpha)}\boldsymbol{Q}^{(\theta,\beta)}=\boldsymbol{Q}^{(\theta,\beta)}\boldsymbol{Q}^{(\theta,\alpha)}=\boldsymbol{Q}^{(\theta,\alpha+\beta)}$, $(\alpha,\beta)\in\mathbb{R}\times\mathbb{R}$.

实际上，对于任意的 $\mathcal{N}$ 维整数向量 $\theta=(\theta_0,\theta_1,\cdots,\theta_{(\mathcal{N}-1)})\in\mathbb{Z}^{\mathcal{N}}$，双重组合线性调频小波算子族 $\{\boldsymbol{Q}^{(\theta,\alpha)};\alpha\in\mathbb{R}\}$ 满足的上述性质，可以等价转化为按照有限和形式表达的组合系数函数系 $\left\{\mathfrak{q}_\ell(\theta,\alpha);\ell=0,1,\cdots,(\mathcal{N}-1)\right\}$ 的如下性质:

① 连续性公理: $\mathfrak{q}_\ell(\theta,\alpha);\ell=0,1,\cdots,(\mathcal{N}-1)$ 是 $\alpha\in\mathbb{R}$ 的连续函数;

② 边界性公理: $\mathfrak{q}_\ell(\theta,m)=\mathfrak{q}_\ell(\theta,m-\ell);\ell,m=0,1,\cdots,(\mathcal{N}-1)$;

③ 周期性公理: $\mathfrak{q}_\ell(\theta,\alpha)=\mathfrak{q}_\ell(\theta,\alpha+\mathcal{N});\ell=0,1,\cdots,(\mathcal{N}-1),\alpha\in\mathbb{R}$;

④ 可加性公理: $(\alpha,\beta)\in\mathbb{R}\times\mathbb{R}$,

$$\mathfrak{q}_\ell(\theta,\alpha+\beta)=\sum_{\substack{0\leqslant m,n\leqslant(\mathcal{N}-1)\\m+n\equiv\ell\bmod(\mathcal{N})}}\mathfrak{q}_m(\theta,\alpha)\mathfrak{q}_n(\theta,\beta),\quad\ell=0,1,\cdots,(\mathcal{N}-1)$$

其次，双重组合线性调频小波算子族 $\{\boldsymbol{Q}^{(\theta,\alpha)};\alpha\in\mathbb{R}\}$ 具有类似于多项组合线性

调频小波算子族的特征性质.

对于任意的整数 $\ell\in\mathbb{Z}$，算子 $\mathcal{Q}$ 的整数次幂 $\mathcal{Q}^{\ell}=\mathcal{R}^{(\gamma,\mathcal{L}\ell/\mathcal{N})}$ 的特征方程是

$$\begin{aligned}\mathcal{Q}^{\ell}[\psi_m(x)](\omega)=\mathcal{R}^{(\gamma,\mathcal{L}\ell/\mathcal{N})}[\psi_m(x)](\omega)&=\kappa_m^{(\gamma,\mathcal{L}\ell/\mathcal{N})}\psi_m(\omega)\\ \kappa_m^{(\gamma,\mathcal{L}\ell/\mathcal{N})}&=e^{-2\pi i[\operatorname{mod}(m+4q_m,\mathcal{L})+\mathcal{L}\gamma_{\operatorname{mod}(m+4q_m,\mathcal{L})}]\ell/\mathcal{N}}\\ m&=0,1,2,\cdots\end{aligned}$$

这样，函数空间 $\mathcal{L}^2(\mathbb{R})$ 上的完全规范正交函数系 $\{\psi_m(x);m\in\mathbb{N}\}$ 的双重组合线性调频小波变换 $\mathcal{Q}^{(\theta,\alpha)}[\psi_m(x)](\omega)$ 可以演算如下:

$$\begin{aligned}\mathcal{Q}^{(\theta,\alpha)}[\psi_m(x)](\omega)&=\sum_{\ell=0}^{(\mathcal{N}-1)}\mathfrak{q}_\ell(\theta,\alpha)\mathcal{Q}^{\ell}[\psi_m(x)](\omega)\\ &=\sum_{\ell=0}^{(\mathcal{N}-1)}\mathfrak{q}_\ell(\theta,\alpha)\kappa_m^{(\gamma,\mathcal{L}\ell/\mathcal{N})}\psi_m(\omega)\\ &=\chi_m^{(\theta,\alpha)}\psi_m(\omega),\quad m=0,1,2,\cdots\end{aligned}$$

而且

$$\begin{aligned}\chi_m^{(\theta,\alpha)}&=\sum_{\ell=0}^{(\mathcal{N}-1)}\mathfrak{q}_\ell(\theta,\alpha)\kappa_m^{(\gamma,\mathcal{L}\ell/\mathcal{N})}\\ &=\frac{1}{\mathcal{N}}\sum_{\ell=0}^{(\mathcal{N}-1)}\sum_{k=0}^{(\mathcal{N}-1)}e^{-2\pi i[\alpha(k+\mathcal{N}\theta_k)-\ell k]/\mathcal{N}}\kappa_m^{(\gamma,\mathcal{L}\ell/\mathcal{N})}\\ &=\frac{1}{\mathcal{N}}\sum_{\ell=0}^{(\mathcal{N}-1)}\sum_{k=0}^{(\mathcal{N}-1)}e^{-2\pi i[\alpha(k+\mathcal{N}\theta_k)-\ell k]/\mathcal{N}}e^{-2\pi i[\operatorname{mod}(m+4q_m,\mathcal{L})+\mathcal{L}\gamma_{\operatorname{mod}(m+4q_m,\mathcal{L})}]\ell/\mathcal{N}}\\ &=\frac{1}{\mathcal{N}}\sum_{k=0}^{(\mathcal{N}-1)}e^{-2\pi i\alpha(k+\mathcal{N}\theta_k)/\mathcal{N}}\sum_{\ell=0}^{(\mathcal{N}-1)}e^{-2\pi i[\operatorname{mod}(m+4q_m,\mathcal{L})+\mathcal{L}\gamma_{\operatorname{mod}(m+4q_m,\mathcal{L})}-k]\ell/\mathcal{N}}\\ &=\sum_{k=0}^{(\mathcal{N}-1)}e^{-2\pi i\alpha(k+\mathcal{N}\theta_k)/\mathcal{N}}\delta(\tilde{m}-k)\\ &=e^{-2\pi i\alpha(\tilde{m}+\mathcal{N}\theta_{\tilde{m}})/\mathcal{N}}\end{aligned}$$

其中 $\tilde{m}=\operatorname{mod}[\operatorname{mod}(m+4q_m,\mathcal{L})+\mathcal{L}\gamma_{\operatorname{mod}(m+4q_m,\mathcal{L})},\mathcal{N}]$. 这样的演算结果说明，规范正交函数系 $\{\psi_m(x);m\in\mathbb{N}\}$ 是双重组合线性调频小波算子 $\mathcal{Q}^{(\theta,\alpha)}$ 的特征函数系，而且，序列 $\{\chi_m^{(\theta,\alpha)};m\in\mathbb{N}\}$ 是相应的特征值序列.

在这里简单对比多项组合线性调频小波算子 $\mathcal{R}^{(\gamma,\alpha)}$ 与双重组合线性调频小波算子 $\mathcal{Q}^{(\theta,\alpha)}$ 的异同，由于这两种线性调频小波算子具有相同的规范正交特征函数系，所以，只需比较二者的特征值序列即可.

考虑到两种线性调频小波算子定义中实数参数 $\alpha\in\mathbb{R}$ 的尺度伸缩比例差异，将线性调频小波算子 $\mathcal{Q}^{(\theta,\alpha)}$ 中的实数参数 $\alpha\in\mathbb{R}$ 按照比例关系 $\alpha\to\alpha\mathcal{N}/\mathcal{L}$ 进行转换，

把这样得到的算子记为 $\mathcal{Q}_*^{(\theta,\alpha)}=\mathcal{Q}^{(\theta,\alpha\mathcal{N}/\mathcal{L})}$，于是小波算子 $\mathcal{R}^{(\gamma,\alpha)}$ 和 $\mathcal{Q}_*^{(\theta,\alpha)}$ 关于实数参数 $\alpha\in\mathbb{R}$ 具有相同的周期 $\mathcal{L}$，即当 $\alpha\in\mathbb{R}$ 时，成立如下算子周期关系:

$$\mathcal{R}^{(\gamma,\alpha)}=\mathcal{R}^{(\gamma,\alpha+\mathcal{L})},\quad \mathcal{Q}_*^{(\theta,\alpha)}=\mathcal{Q}_*^{(\theta,\alpha+\mathcal{L})}$$

这样，前述两个线性调频小波算子 $\mathcal{R}^{(\gamma,\alpha)}$ 和 $\mathcal{Q}_*^{(\theta,\alpha)}$ 的特征值序列分别是

$$\kappa_m^{(\gamma,\alpha)}=\exp\{-2\pi i(\alpha/\mathcal{L})[\operatorname{mod}(m+4q_m,\mathcal{L})+\mathcal{L}\gamma_{\operatorname{mod}(m+4q_m,\mathcal{L})}]\}$$

和

$$\begin{aligned}\chi_m^{(\theta,\alpha\mathcal{N}/\mathcal{L})}&=e^{-2\pi i\alpha(\tilde{m}+\mathcal{N}\theta_{\tilde{m}})/\mathcal{L}}\\&=\exp\{-2\pi i(\alpha/\mathcal{L})\operatorname{mod}[\operatorname{mod}(m+4q_m,\mathcal{L})+\mathcal{L}\gamma_{\operatorname{mod}(m+4q_m,\mathcal{L})},\mathcal{N}]\}\\&\quad\times\exp\{-2\pi i(\alpha/\mathcal{L})\mathcal{N}\theta_{\operatorname{mod}[\operatorname{mod}(m+4q_m,\mathcal{L})+\mathcal{L}\gamma_{\operatorname{mod}(m+4q_m,\mathcal{L})},\mathcal{N}]}\}\end{aligned}$$

其中，$\tilde{m}=\operatorname{mod}[\operatorname{mod}(m+4q_m,\mathcal{L})+\mathcal{L}\gamma_{\operatorname{mod}(m+4q_m,\mathcal{L})},\mathcal{N}]$，$m=0,1,2,\cdots$.

下面比较线性调频小波算子 $\mathcal{R}^{(\gamma,\alpha)}$ 与线性调频小波算子 $\mathcal{Q}_*^{(\theta,\alpha)}$ 的特征值序列的异同. 如果不附加任何条件限制，那么，这两个线性调频小波算子的特征值序列显然是不同的. 因此，这里的比较主要是观察二者在一些特殊条件限制下的异同，这些条件集中体现在整数无穷序列 $\mathcal{Q}=\{q_m;m\in\mathbb{Z}\}\in\mathbb{Z}^\infty$ 以及两个整数向量 $\gamma=(\gamma_0,\gamma_1,\cdots,\gamma_{(\mathcal{L}-1)})\in\mathbb{Z}^{\mathcal{L}}$ 和 $\theta=(\theta_0,\theta_1,\cdots,\theta_{(\mathcal{N}-1)})\in\mathbb{Z}^{\mathcal{N}}$ 的特殊选择.

第一种退化情况，如果 $\gamma=(\gamma_0,\gamma_1,\cdots,\gamma_{(\mathcal{L}-1)})=(0,0,\cdots,0)\in\mathbb{Z}^{\mathcal{L}}$，那么当 $m\in\mathbb{N}$ 时，$\tilde{m}=\operatorname{mod}[\operatorname{mod}(m+4q_m,\mathcal{L}),\mathcal{N}]$，因此，双重组合线性调频小波算子 $\mathcal{Q}_*^{(\theta,\alpha)}$ 的特征值序列特殊化为如下形式:

$$\begin{aligned}\chi_m^{(\theta,\alpha\mathcal{N}/\mathcal{L})}&=\exp\{-2\pi i(\alpha/\mathcal{L})\operatorname{mod}[\operatorname{mod}(m+4q_m,\mathcal{L}),\mathcal{N}]\}\\&\quad\times\exp\{-2\pi i(\alpha/\mathcal{L})\mathcal{N}\theta_{\operatorname{mod}[\operatorname{mod}(m+4q_m,\mathcal{L}),\mathcal{N}]}\}\\m&=0,1,2,\cdots\end{aligned}$$

回顾多项组合线性调频小波算子 $\mathcal{R}^{(\gamma,\alpha)}$ 的特征值序列:

$$\kappa_m^{(\gamma,\alpha)}=\exp[-2\pi i(\alpha/\mathcal{L})\operatorname{mod}(m+4q_m,\mathcal{L})],\quad m=0,1,2,\cdots$$

由此可知，在通常条件下，双重组合线性调频小波算子构造中的自然数参数 $\mathcal{N}$ 即组合项数和自由的整数向量 $\theta=(\theta_0,\theta_1,\cdots,\theta_{(\mathcal{N}-1)})\in\mathbb{Z}^{\mathcal{N}}$ 两者决定了算子 $\mathcal{Q}_*^{(\theta,\alpha)}$ 和 $\mathcal{R}^{(\gamma,\alpha)}$ 存在显著差异.

第二种退化情况，如果 $\theta=(\theta_0,\theta_1,\cdots,\theta_{(\mathcal{N}-1)})=(0,0,\cdots,0)\in\mathbb{Z}^{\mathcal{N}}$，那么，双重组合线性调频小波算子 $\mathcal{Q}_*^{(\theta,\alpha)}$ 的特征值序列特殊化为如下形式:

$$\chi_m^{(\theta,\alpha\mathcal{N}/\mathcal{L})}=\exp\{-2\pi i(\alpha/\mathcal{L})\bmod[\bmod(m+4q_m,\mathcal{L})+\mathcal{L}\gamma_{\bmod(m+4q_m,\mathcal{L})},\mathcal{N}]\}$$
$$m=0,1,2,\cdots$$

这时多项组合线性调频小波算子 $\mathcal{R}^{(\gamma,\alpha)}$ 的特征值序列是

$$\kappa_m^{(\gamma,\alpha)}=\exp\{-2\pi i(\alpha/\mathcal{L})[\bmod(m+4q_m,\mathcal{L})+\mathcal{L}\gamma_{\bmod(m+4q_m,\mathcal{L})}]\}$$

因为 $0\leqslant\bmod(m+4q_m,\mathcal{L})\leqslant\mathcal{L}-1$，如果

$$\gamma^{\max}=\max(\gamma_0,\gamma_1,\cdots,\gamma_{(\mathcal{L}-1)}),\quad \gamma^{\min}=\min(\gamma_0,\gamma_1,\cdots,\gamma_{(\mathcal{L}-1)})$$

那么,

$$\mathcal{L}\gamma^{\min}\leqslant\bmod(m+4q_m,\mathcal{L})+\mathcal{L}\gamma_{\bmod(m+4q_m,\mathcal{L})}\leqslant\mathcal{L}(\gamma^{\max}+1)-1$$

因此，只要 $\mathcal{N}>\max(|\mathcal{L}\gamma^{\min}|,|\mathcal{L}(\gamma^{\max}+1)-1|)$，那么,

$$\bmod[\bmod(m+4q_m,\mathcal{L})+\mathcal{L}\gamma_{\bmod(m+4q_m,\mathcal{L})},\mathcal{N}]=\bmod(m+4q_m,\mathcal{L})+\mathcal{L}\gamma_{\bmod(m+4q_m,\mathcal{L})}$$

从而，得到如下等式:

$$\begin{aligned}\chi_m^{(\theta,\alpha\mathcal{N}/\mathcal{L})}&=\exp\{-2\pi i(\alpha/\mathcal{L})\bmod[\bmod(m+4q_m,\mathcal{L})+\mathcal{L}\gamma_{\bmod(m+4q_m,\mathcal{L})},\mathcal{N}]\}\\&=\exp\{-2\pi i(\alpha/\mathcal{L})[\bmod(m+4q_m,\mathcal{L})+\mathcal{L}\gamma_{\bmod(m+4q_m,\mathcal{L})}]\}\\&=\kappa_m^{(\gamma,\alpha)}\end{aligned}$$

其中，$m=0,1,2,\cdots$，实数参数 $\alpha\in\mathbb{R}$.

这个分析结果说明，在双重组合线性调频小波算子构造过程中，如果整数向量 $\theta=(\theta_0,\theta_1,\cdots,\theta_{(\mathcal{N}-1)})=(0,0,\cdots,0)\in\mathbb{Z}^{\mathcal{N}}$，那么，只要组合项数足够多，即 $\mathcal{N}$ 足够大，双重组合线性调频小波算子族 $\{\mathcal{Q}_*^{(\theta,\alpha)};\alpha\in\mathbb{R}\}$ 与多项组合线性调频小波算子族 $\{\mathcal{R}^{(\gamma,\alpha)};\alpha\in\mathbb{R}\}$ 完全重合.

这是一个非常重要的结果，它充分展示了组合类型的线性调频小波算子构造方法的特色：对周期 $\mathcal{L}$ 的多项组合线性调频小波算子群 $\{\mathcal{R}^{(\gamma,\alpha)};\alpha\in\mathbb{R}\}$，即

$$\{\mathcal{R}^{(\gamma,\alpha)};\alpha\in\mathbb{R}\}=\{\mathcal{R}^{(\gamma,\alpha)};\alpha\in[0,\mathcal{L})\}$$

存在如下的算子采样和重建定理(均匀采样定理):

存在自然数 $\mathcal{N}_0$，当 $\mathcal{N}\geqslant\mathcal{N}_0$ 时，线性调频小波算子群 $\{\mathcal{R}^{(\gamma,\alpha)};\alpha\in[0,\mathcal{L})\}$ 的如下等间隔采样算子序列:

$$\mathcal{R}^{(\gamma,0)}=\mathcal{I},\mathcal{R}^{(\gamma,\mathcal{L}/\mathcal{N})},\cdots,\mathcal{R}^{(\gamma,\mathcal{L}(\mathcal{N}-1)/\mathcal{N})}$$

能够完全重建算子群 $\{\mathcal{R}^{(\gamma,\alpha)};\alpha\in[0,\mathcal{L})\}$，插值重建公式可以表示为

$$\mathcal{R}^{(\gamma,\alpha)}=\mathcal{Q}_*^{(\theta,\alpha)}=\mathcal{Q}^{(\theta,\alpha\mathcal{N}/\mathcal{L})}$$

$$
\begin{aligned}
&= \sum_{\ell=0}^{(\mathcal{N}-1)} \mathfrak{q}_\ell(\theta, \alpha\mathcal{N} / \mathcal{L}) \mathcal{R}^{(\gamma, \ell\mathcal{L}/\mathcal{N})} \\
&= \frac{1}{\mathcal{N}} \sum_{\ell=0}^{(\mathcal{N}-1)} \sum_{k=0}^{(\mathcal{N}-1)} \exp\{-2\pi i k[(\alpha\mathcal{N} / \mathcal{L}) - \ell] / \mathcal{N}\} \mathcal{R}^{(\gamma, \ell\mathcal{L}/\mathcal{N})} \\
&= \frac{1}{\mathcal{N}} \sum_{\ell=0}^{(\mathcal{N}-1)} \frac{1 - \exp\{(-2\pi i \mathcal{N})[(\alpha / \mathcal{L})\ell / \mathcal{N}]\}}{1 - \exp\{(-2\pi i)[(\alpha / \mathcal{L})\ell / \mathcal{N}]\}} \mathcal{R}^{(\gamma, \ell\mathcal{L}/\mathcal{N})}, \quad \alpha \in \mathbb{R}
\end{aligned}
$$

其中, 插值组合系数函数系可以表示如下: 对于实数参数 $\alpha \in \mathbb{R}$

$$
\begin{aligned}
\mathfrak{q}_\ell(\theta, \alpha\mathcal{N}/\mathcal{L}) &= \frac{1}{\mathcal{N}} \sum_{k=0}^{(\mathcal{N}-1)} \exp\{-2\pi i k[(\alpha\mathcal{N} / \mathcal{L}) - \ell] / \mathcal{N}\} \\
&= \frac{1}{\mathcal{N}} \frac{1 - \exp\{(-2\pi i \mathcal{N})[(\alpha / \mathcal{L})\ell / \mathcal{N}]\}}{1 - \exp\{(-2\pi i)[(\alpha / \mathcal{L})\ell / \mathcal{N}]\}},
\end{aligned}
$$

此前的讨论过程已经完成了这个定理的证明. 建议读者写出完整的证明.

在 $\theta = (0, 0, \cdots, 0) \in \mathbb{Z}^{\mathcal{N}}$ 的限制条件下, 如果 $\gamma = (0, 0, \cdots, 0) \in \mathbb{Z}^{\mathcal{L}}$, 也就是说, 两个自由整数参数向量同时为零向量, 即

$$
\begin{aligned}
\gamma &= (\gamma_0, \gamma_1, \cdots, \gamma_{(\mathcal{L}-1)}) = (0, 0, \cdots, 0) \in \mathbb{Z}^{\mathcal{L}} \\
\theta &= (\theta_0, \theta_1, \cdots, \theta_{(\mathcal{N}-1)}) = (0, 0, \cdots, 0) \in \mathbb{Z}^{\mathcal{N}}
\end{aligned}
$$

那么, 只要 $\mathcal{N} \geqslant \mathcal{L}$, $\{\mathcal{Q}_*^{(\theta,\alpha)}; \alpha \in \mathbb{R}\} = \{\mathcal{R}^{(\gamma,\alpha)}; \alpha \in \mathbb{R}\}$ 总成立.

(β) 双重组合线性调频小波算子的特征性质

根据多项组合线性调频小波算子 $\mathcal{R}^{(\gamma,\alpha)}$ 的特征方程:

$$
\begin{aligned}
\mathcal{R}^{(\gamma,\alpha)}[\psi_m(x)](\omega) &= \kappa_m^{(\gamma,\alpha)} \psi_m(\omega) \\
\kappa_m^{(\gamma,\alpha)} &= e^{-2\pi i[\operatorname{mod}(m+4q_m, \mathcal{L}) + \mathcal{L}\gamma_{\operatorname{mod}(m+4q_m, \mathcal{L})}]\alpha/\mathcal{L}} \\
m &= 0, 1, 2, \cdots
\end{aligned}
$$

即 $\{\kappa_m^{(\gamma,\alpha)}; m = 0, 1, 2, \cdots\}$ 是多项组合线性调频小波算子 $\mathcal{R}^{(\gamma,\alpha)}$ 的特征值序列, 而且同时 $\{\psi_m(x); m \in \mathbb{N}\}$ 是算子 $\mathcal{R}^{(\gamma,\alpha)}$ 的完全规范正交特征函数系, 因此, 多项组合线性调频小波函数系 $\mathscr{K}_{\mathcal{R}^{(\gamma,\alpha)}}(\omega, x)$ 可以表示如下:

$$
\begin{aligned}
\mathscr{K}_{\mathcal{R}^{(\gamma,\alpha)}}(\omega, x) &= \sum_{m=0}^{\infty} \kappa_m^{(\gamma,\alpha)} \psi_m(\omega) \psi_m^*(x) \\
&= \sum_{m=0}^{\infty} e^{-2\pi i[\operatorname{mod}(m+4q_m, \mathcal{L}) + \mathcal{L}\gamma_{\operatorname{mod}(m+4q_m, \mathcal{L})}]\alpha/\mathcal{L}} \psi_m(\omega) \psi_m^*(x), \quad \alpha \in \mathbb{R}
\end{aligned}
$$

这样, 得到双重组合线性调频小波算子 $\mathcal{Q}^{(\theta,\alpha)}$ 的特征方程是

$$\begin{aligned}\boldsymbol{\mathcal{Q}}^{(\theta,\alpha)}[\psi_m(x)](\omega) &= \chi_m^{(\theta,\alpha)}\psi_m(\omega)\\ \chi_m^{(\theta,\alpha)} &= e^{-2\pi i\alpha(\tilde{m}+\boldsymbol{\mathcal{N}}\theta_{\tilde{m}})/\boldsymbol{\mathcal{N}}}\\ \tilde{m} &= \mathrm{mod}[\mathrm{mod}(m+4\boldsymbol{q}_m,\boldsymbol{\mathcal{L}})+\boldsymbol{\mathcal{L}}\gamma_{\mathrm{mod}(m+4\boldsymbol{q}_m,\boldsymbol{\mathcal{L}})},\boldsymbol{\mathcal{N}}]\\ m &= 0,1,2,\cdots\end{aligned}$$

根据算子谱表示方法，得到双重组合线性调频小波算子 $\boldsymbol{\mathcal{Q}}^{(\theta,\alpha)}$ 的核函数系，即双重组合线性调频小波函数系 $\mathscr{K}_{\boldsymbol{\mathcal{Q}}^{(\theta,\alpha)}}(\omega,x)$ 可以表示如下：

$$\begin{aligned}\mathscr{K}_{\boldsymbol{\mathcal{Q}}^{(\theta,\alpha)}}(\omega,x) &= \sum_{m=0}^{\infty}\chi_m^{(\theta,\alpha)}\psi_m(\omega)\psi_m^*(x)\\ &= \sum_{m=0}^{\infty}e^{-2\pi i\alpha(\tilde{m}+\boldsymbol{\mathcal{N}}\theta_{\tilde{m}})/\boldsymbol{\mathcal{N}}}\psi_m(\omega)\psi_m^*(x),\quad \alpha\in\mathbb{R}\end{aligned}$$

其中 $\tilde{m}=\mathrm{mod}[\mathrm{mod}(m+4\boldsymbol{q}_m,\boldsymbol{\mathcal{L}})+\boldsymbol{\mathcal{L}}\gamma_{\mathrm{mod}(m+4\boldsymbol{q}_m,\boldsymbol{\mathcal{L}})},\boldsymbol{\mathcal{N}}]$，这个小波函数系也可以表示为“对角化”形式或者“二次型”形式：

$$\begin{aligned}\mathscr{K}_{\boldsymbol{\mathcal{Q}}^{(\theta,\alpha)}}(\omega,x) &= (\psi_0(\omega),\cdots,\psi_n(\omega),\cdots)\begin{pmatrix}\chi_0^{(\theta,\alpha)} & \cdots & 0 & \cdots\\ \vdots & \ddots & \vdots & \vdots\\ 0 & \cdots & \chi_n^{(\theta,\alpha)} & \cdots\\ \vdots & \cdots & \vdots & \ddots\end{pmatrix}\begin{pmatrix}\psi_0^*(x)\\ \vdots\\ \psi_n^*(x)\\ \vdots\end{pmatrix}\\ &= \sum_{m=0}^{\infty}\chi_m^{(\theta,\alpha)}\psi_m(\omega)\psi_m^*(x)\\ &= \sum_{m=0}^{\infty}e^{-2\pi i\alpha(\tilde{m}+\boldsymbol{\mathcal{N}}\theta_{\tilde{m}})/\boldsymbol{\mathcal{N}}}\psi_m(\omega)\psi_m^*(x)\end{aligned}$$

或者抽象地写成

$$\mathscr{K}_{\boldsymbol{\mathcal{Q}}^{(\theta,\alpha)}}(\omega,x) = [\mathscr{P}(\omega)]\boldsymbol{\mathcal{C}}^{(\theta,\alpha)}[\mathscr{P}(x)]^*$$

上述公式中的符号含义是

$$\begin{cases}\left[\mathscr{P}(\omega)\right] = (\psi_m(\omega);m=0,1,2,\cdots)\\ \boldsymbol{\mathcal{C}}^{(\theta,\alpha)} = \mathrm{Diag}(\chi_m^{(\theta,\alpha)} = e^{-2\pi i\alpha(\tilde{m}+\boldsymbol{\mathcal{N}}\theta_{\tilde{m}})/\boldsymbol{\mathcal{N}}},m=0,1,2,\cdots)\\ \left[\mathscr{P}(x)\right]^* = (\psi_m^*(x);m=0,1,2,\cdots)^{\mathrm{T}}\end{cases}$$

其中 $\tilde{m}=\mathrm{mod}[\mathrm{mod}(m+4\boldsymbol{q}_m,\boldsymbol{\mathcal{L}})+\boldsymbol{\mathcal{L}}\gamma_{\mathrm{mod}(m+4\boldsymbol{q}_m,\boldsymbol{\mathcal{L}})},\boldsymbol{\mathcal{N}}],m=0,1,2,\cdots$.

这些研究结果说明，双重组合线性调频小波算子 $\boldsymbol{\mathcal{Q}}^{(\theta,\alpha)}$ 的特征值序列是

$$\begin{aligned}\chi_m^{(\theta,\alpha)} &= e^{-2\pi i\alpha(\tilde{m}+\boldsymbol{\mathcal{N}}\theta_{\tilde{m}})/\boldsymbol{\mathcal{N}}}\\ \tilde{m} &= \mathrm{mod}[\mathrm{mod}(m+4\boldsymbol{q}_m,\boldsymbol{\mathcal{L}})+\boldsymbol{\mathcal{L}}\gamma_{\mathrm{mod}(m+4\boldsymbol{q}_m,\boldsymbol{\mathcal{L}})},\boldsymbol{\mathcal{N}}]\end{aligned}$$

其中 $m=0,1,2,\cdots$，因此，在通常条件下，这个特征值序列对于实数参数 $\alpha\in\mathbb{R}$ 具有周期 $\mathcal{N}$，而对于特征值序列的序号 $m\in\mathbb{N}$ 未必有周期 $\mathcal{N}$，即

$$\chi_m^{(\theta,\alpha)}=\chi_m^{(\theta,\alpha+\mathcal{N})},\quad \chi_m^{(\theta,\alpha)}\neq\chi_{m+\mathcal{N}}^{(\theta,\alpha)}$$

其中 $m=0,1,2,\cdots$，而且，实数参数 $\alpha\in\mathbb{R}$.

但是，如果多项组合线性调频小波算子 $\mathcal{R}^{(\gamma,\alpha)}$ 构造和双重组合线性调频小波算子 $\mathcal{Q}^{(\theta,\alpha)}$ 构造中的自由整数参数向量同时为零向量，即

$$\gamma=(\gamma_0,\gamma_1,\cdots,\gamma_{(\mathcal{L}-1)})=(0,0,\cdots,0)\in\mathbb{Z}^{\mathcal{L}}$$
$$\theta=(\theta_0,\theta_1,\cdots,\theta_{(\mathcal{N}-1)})=(0,0,\cdots,0)\in\mathbb{Z}^{\mathcal{N}}$$

那么，双重组合线性调频小波算子 $\mathcal{Q}^{(\theta,\alpha)}$ 的特征值序列可以简化为

$$\chi_m^{(\theta,\alpha)}=\exp\{-2\pi i\alpha\,\mathrm{mod}[\mathrm{mod}(m+4q_m,\mathcal{L}),\mathcal{N}]/\mathcal{N}\}$$

在这样的假设条件下，在后续研究中，不再继续使用双重组合线性调频小波算子 $\mathcal{Q}^{(\theta,\alpha)}$，而直接考虑算子 $\mathcal{Q}_*^{(\theta,\alpha)}=\mathcal{Q}^{(\theta,\alpha\mathcal{N}/\mathcal{L})}$. 如果进一步假设在一般形式的经典线性调频小波算子 $\mathscr{F}_{(\mathcal{A},\mathcal{B})}^{-\alpha}$ 的构造中，自由的无穷整数序列 $\{q_m;m=0,1,2,\cdots\}$ 是零序列，即 $q_m=0,m=0,1,2,\cdots$，那么，多项组合线性调频小波算子 $\mathcal{R}^{(\gamma,\alpha)}$ 的特征值序列简化为

$$\kappa_m^{(\gamma,\alpha)}=\exp[-2\pi i(\alpha/\mathcal{L})\,\mathrm{mod}(m,\mathcal{L})]$$

而且，双重组合线性调频小波算子 $\mathcal{Q}_*^{(\theta,\alpha)}=\mathcal{Q}^{(\theta,\alpha\mathcal{N}/\mathcal{L})}$ 的特征值序列可表示为

$$\chi_m^{(\theta,\alpha\mathcal{N}/\mathcal{L})}=\exp\{-2\pi i(\alpha/\mathcal{L})\,\mathrm{mod}[\mathrm{mod}(m,\mathcal{L}),\mathcal{N}]\}$$

这时，多项组合线性调频小波算子 $\mathcal{R}^{(\gamma,\alpha)}$ 和双重组合线性调频小波算子 $\mathcal{Q}_*^{(\theta,\alpha)}$ 的特征值序列同时具有双重 $\mathcal{L}$ 周期性质，即

$$\kappa_m^{(\gamma,\alpha)}=\kappa_m^{(\gamma,\alpha+\mathcal{L})}=\kappa_{m+\mathcal{L}}^{(\gamma,\alpha)}=\kappa_{m+\mathcal{L}}^{(\gamma,\alpha+\mathcal{L})}$$

而且

$$\chi_m^{(\theta,\alpha\mathcal{N}/\mathcal{L})}=\chi_m^{(\theta,(\alpha+\mathcal{L})\mathcal{N}/\mathcal{L})}=\chi_{m+\mathcal{L}}^{(\theta,\alpha\mathcal{N}/\mathcal{L})}=\chi_{m+\mathcal{L}}^{(\theta,(\alpha+\mathcal{L})\mathcal{N}/\mathcal{L})}$$

其中 $m=0,1,2,\cdots$，而且实数参数 $\alpha\in\mathbb{R}$.

经过这样的处理之后，根据算子谱表示方法，双重组合线性调频小波算子 $\mathcal{Q}_*^{(\theta,\alpha)}$ 的核函数系，即双重组合线性调频小波函数系 $\mathscr{K}_{\mathcal{Q}_*^{(\theta,\alpha)}}(\omega,x)=\mathscr{K}_{\mathcal{Q}^{(\theta,\alpha\mathcal{N}/\mathcal{L})}}(\omega,x)$ 可以表示成如下的 $\mathcal{L}$ 项有限分组表示形式:

$$\begin{aligned}\mathscr{K}_{\mathcal{Q}_*^{(\theta,\alpha)}}(\omega,x)&=\mathscr{K}_{\mathcal{Q}^{(\theta,\alpha\mathcal{N}/\mathcal{L})}}(\omega,x)\\&=\sum_{m=0}^{\infty}\chi_m^{(\theta,\alpha\mathcal{N}/\mathcal{L})}\psi_m(\omega)\psi_m^*(x)\\&=\sum_{m=0}^{\infty}e^{-2\pi i(\alpha/\mathcal{L})\bmod[\bmod(m,\mathcal{L}),\mathcal{N}]}\psi_m(\omega)\psi_m^*(x)\\&=\sum_{\zeta=0}^{(\mathcal{L}-1)}e^{-2\pi i(\alpha/\mathcal{L})\bmod(\zeta,\mathcal{N})}\sum_{m=0}^{\infty}\psi_{\mathcal{L}m+\zeta}(\omega)\psi_{\mathcal{L}m+\zeta}^*(x),\quad\alpha\in\mathbb{R}\end{aligned}$$

除此之外，双重组合线性调频小波算子 $\mathcal{Q}_*^{(\theta,\alpha)}$ 特征值序列的双重 $\mathcal{L}$ 周期性质决定了双重组合线性调频小波算子族 $\{\mathcal{Q}_*^{(\theta,\alpha)};\alpha\in\mathbb{R}\}$ 具有共同的特征子空间序列，全部特征子空间序列 $\{\mathcal{V}_\ell;\ell=0,1,\cdots,(\mathcal{L}-1)\}$ 可以表示如下：

$$\mathcal{V}_\ell=\{\xi(\omega);\mathcal{Q}_*^{(\theta,\alpha)}[\xi(x)](\omega)=\chi_\ell^{(\theta,\alpha\mathcal{N}/\mathcal{L})}\xi(\omega)=e^{-2\pi i(\alpha/\mathcal{L})\bmod(\ell,\mathcal{N})}\xi(\omega)\}$$

其中 $\ell=0,1,\cdots,(\mathcal{L}-1)$．容易证明特征子空间序列 $\{\mathcal{V}_\ell;\ell=0,1,\cdots,(\mathcal{L}-1)\}$ 是相互正交的，而且，满足如下正交直和分解关系：

$$\mathcal{L}^2(\mathbb{R})=\bigoplus_{\ell=0}^{(\mathcal{L}-1)}\mathcal{V}_\ell$$

注释：根据双重组合线性调频小波算子 $\mathcal{Q}_*^{(\theta,\alpha)}$ 特征值序列 $\chi_m^{(\theta,\alpha\mathcal{N}/\mathcal{L})}$ 的公式：

$$\chi_m^{(\theta,\alpha\mathcal{N}/\mathcal{L})}=\exp\{-2\pi i(\alpha/\mathcal{L})\bmod[\bmod(m,\mathcal{L}),\mathcal{N}]\}$$

其中 $m=0,1,2,\cdots$，容易发现这个特征值序列关于序号 $m=0,1,2,\cdots$ 具有 $\mathcal{N}$ 周期性质，即

$$\begin{aligned}\chi_{m+\mathcal{N}}^{(\theta,\alpha\mathcal{N}/\mathcal{L})}&=\exp\left\{-2\pi i(\alpha/\mathcal{L})\bmod\left[\bmod(m+\mathcal{N},\mathcal{L}),\mathcal{N}\right]\right\}\\&=\exp\left\{-2\pi i(\alpha/\mathcal{L})\bmod\left[\bmod(m,\mathcal{L}),\mathcal{N}\right]\right\}\\&=\chi_m^{(\theta,\alpha\mathcal{N}/\mathcal{L})},\quad m=0,1,2,\cdots\end{aligned}$$

由此可知，按照前述方式表达的双重组合线性调频小波算子族 $\{\mathcal{Q}_*^{(\theta,\alpha)};\alpha\in\mathbb{R}\}$ 的特征子空间序列 $\{\mathcal{V}_\ell;\ell=0,1,\cdots,(\mathcal{L}-1)\}$ 关于序号 $\ell=0,1,\cdots,(\mathcal{L}-1)$ 也将具有某种意义下的“$\mathcal{N}$ 周期性质”，准确含义在后续研究中会详细论述.

根据这个注释的结果，双重组合线性调频小波算子族 $\{\mathcal{Q}_*^{(\theta,\alpha)};\alpha\in\mathbb{R}\}$ 的核函数系，即双重组合线性调频小波函数系 $\mathscr{K}_{\mathcal{Q}_*^{(\theta,\alpha)}}(\omega,x)=\mathscr{K}_{\mathcal{Q}^{(\theta,\alpha\mathcal{N}/\mathcal{L})}}(\omega,x)$ 还可以表示成如下的 $\mathcal{N}$ 项有限分组表示形式：

$$\begin{aligned}\mathscr{K}_{\boldsymbol{\mathcal{Q}}_*^{(\theta,\alpha)}}(\omega,x) &= \mathscr{K}_{\boldsymbol{\mathcal{Q}}^{(\theta,\alpha\boldsymbol{\mathcal{N}}/\boldsymbol{\mathcal{L}})}}(\omega,x)\\ &= \sum_{m=0}^{\infty}\chi_m^{(\theta,\alpha\boldsymbol{\mathcal{N}}/\boldsymbol{\mathcal{L}})}\psi_m(\omega)\psi_m^*(x)\\ &= \sum_{m=0}^{\infty}e^{-2\pi i(\alpha/\boldsymbol{\mathcal{L}})\mathrm{mod}[\mathrm{mod}(m,\boldsymbol{\mathcal{L}}),\boldsymbol{\mathcal{N}}]}\psi_m(\omega)\psi_m^*(x)\\ &= \sum_{\varsigma=0}^{(\boldsymbol{\mathcal{N}}-1)}e^{-2\pi i(\alpha/\boldsymbol{\mathcal{L}})\mathrm{mod}[\mathrm{mod}(\varsigma,\boldsymbol{\mathcal{L}}),\boldsymbol{\mathcal{N}}]}\sum_{m=0}^{\infty}\psi_{\boldsymbol{\mathcal{N}}m+\varsigma}(\omega)\psi_{\boldsymbol{\mathcal{N}}m+\varsigma}^*(x),\quad \alpha\in\mathbb{R}\end{aligned}$$

或者形式地表示为“有限对角化”：

$$\mathscr{K}_{\boldsymbol{\mathcal{Q}}_*^{(\theta,\alpha)}}(\omega,x) = [\mathscr{Q}(\omega)]\boldsymbol{\mathcal{E}}^{(\theta,\alpha)}[\mathscr{Q}(x)]^*$$

其中

$$\begin{cases}[\mathscr{Q}(\omega)] = (\mathscr{Q}_0(\omega),\mathscr{Q}_1(\omega),\cdots,\mathscr{Q}_{(\boldsymbol{\mathcal{N}}-1)}(\omega))\\ \mathscr{Q}_\zeta(\omega) = (\psi_{\boldsymbol{\mathcal{N}}m+\zeta}(\omega);m=0,1,2,\cdots),\quad \zeta=0,1,\cdots,(\boldsymbol{\mathcal{N}}-1)\end{cases}$$

而且

$$\begin{cases}[\mathscr{Q}(x)]^* = (\overline{[\mathscr{Q}_0(x)]},\overline{[\mathscr{Q}_1(x)]},\cdots,\overline{[\mathscr{Q}_{(\boldsymbol{\mathcal{N}}-1)}(x)]})^{\mathrm{T}}\\ \overline{[\mathscr{Q}_\zeta(x)]} = [\bar{\psi}_{\boldsymbol{\mathcal{N}}m+\zeta}(x);m=0,1,2,\cdots],\qquad \zeta=0,1,\cdots,(\boldsymbol{\mathcal{N}}-1)\\ \left[\mathscr{Q}_\zeta(x)\right]^* = [\psi^*_{\boldsymbol{\mathcal{N}}m+\zeta}(x);m=0,1,2,\cdots]^{\mathrm{T}},\quad \zeta=0,1,\cdots,(\boldsymbol{\mathcal{N}}-1)\end{cases}$$

此外，双重组合线性调频小波算子 $\boldsymbol{\mathcal{Q}}_*^{(\theta,\alpha)}$ 的特征值序列按照如下规则构成对角矩阵 $\boldsymbol{\mathcal{E}}^{(\theta,\alpha)}$：

$$\begin{cases}\boldsymbol{\mathcal{E}}^{(\theta,\alpha)} = \mathrm{Diag}(\boldsymbol{\mathcal{E}}_0^{(\theta,\alpha)},\boldsymbol{\mathcal{E}}_1^{(\theta,\alpha)},\cdots,\boldsymbol{\mathcal{E}}_{(\boldsymbol{\mathcal{N}}-1)}^{(\theta,\alpha)})\\ \boldsymbol{\mathcal{E}}_\zeta^{(\theta,\alpha)} = \mathrm{Diag}(\chi_{\boldsymbol{\mathcal{N}}m+\zeta}^{(\theta,\alpha\boldsymbol{\mathcal{N}}/\boldsymbol{\mathcal{L}})};m=0,1,\cdots)\\ \qquad = \exp\{-2\pi i(\alpha/\boldsymbol{\mathcal{L}})\mathrm{mod}[\mathrm{mod}(\zeta,\boldsymbol{\mathcal{L}}),\boldsymbol{\mathcal{N}}]\}\mathscr{I}\\ \quad \zeta=0,1,\cdots,(\boldsymbol{\mathcal{N}}-1)\end{cases}$$

其中 $\mathscr{I}$ 是无穷序列空间 $\ell^2(\mathbb{N})$ 上的单位算子或者单位矩阵.

这样，双重组合线性调频小波函数系 $\mathscr{K}_{\boldsymbol{\mathcal{Q}}_*^{(\theta,\alpha)}}(\omega,x)$ 可以改写如下：

$$\begin{aligned}\mathscr{K}_{\boldsymbol{\mathcal{Q}}_*^{(\theta,\alpha)}}(\omega,x) &= [\mathscr{Q}(\omega)]\boldsymbol{\mathcal{E}}^{(\theta,\alpha)}[\mathscr{Q}(x)]^* = \sum_{\zeta=0}^{(\boldsymbol{\mathcal{N}}-1)}\left[\mathscr{Q}_\zeta(\omega)\right]\boldsymbol{\mathcal{E}}_\zeta^{(\theta,\alpha)}\left[\mathscr{Q}_\zeta(x)\right]^*\\ &= (\mathscr{Q}_0(\omega),\mathscr{Q}_1(\omega),\cdots,\mathscr{Q}_{(\boldsymbol{\mathcal{N}}-1)}(\omega))\begin{pmatrix}\boldsymbol{\mathcal{E}}_0^{(\theta,\alpha)} & \mathscr{O} & \cdots & \mathscr{O}\\ \mathscr{O} & \boldsymbol{\mathcal{E}}_1^{(\theta,\alpha)} & \cdots & \mathscr{O}\\ \vdots & \vdots & \ddots & \vdots\\ \mathscr{O} & \mathscr{O} & \cdots & \boldsymbol{\mathcal{E}}_{(\boldsymbol{\mathcal{N}}-1)}^{(\theta,\alpha)}\end{pmatrix}\begin{pmatrix}[\mathscr{Q}_0(x)]^*\\ [\mathscr{Q}_1(x)]^*\\ \vdots\\ [\mathscr{Q}_{(\boldsymbol{\mathcal{N}}-1)}(x)]^*\end{pmatrix}\end{aligned}$$

(γ) 双重组合与多项组合线性调频小波的特征关系

在这里详细研究双重组合线性调频小波算子族 $\{\boldsymbol{\mathcal{Q}}_*^{(\theta,\alpha)};\alpha\in\mathbb{R}\}$ 与多项组合线性调频小波算子族 $\{\boldsymbol{\mathcal{R}}^{(\gamma,\alpha)};\alpha\in\mathbb{R}\}$ 特征子空间和特征值序列之间的“折叠”计算关系.

为了研究过程中出现的符号不要过于复杂，假设多项组合线性调频小波算子族 $\boldsymbol{\mathcal{R}}^{(\gamma,\alpha)}$ 和双重组合线性调频小波算子族 $\boldsymbol{\mathcal{Q}}^{(\theta,\alpha)}$ 构造中的自由整数参数向量都是零向量，即

$$\gamma=(\gamma_0,\gamma_1,\cdots,\gamma_{(\boldsymbol{\mathcal{L}}-1)})=(0,0,\cdots,0)\in\mathbb{Z}^{\boldsymbol{\mathcal{L}}}$$
$$\theta=(\theta_0,\theta_1,\cdots,\theta_{(\boldsymbol{\mathcal{N}}-1)})=(0,0,\cdots,0)\in\mathbb{Z}^{\boldsymbol{\mathcal{N}}}$$

而且，进一步假设在一般形式的经典线性调频小波算子 $\mathscr{F}_{(\mathcal{A},\mathcal{Q})}^{\alpha}$ 的构造中出现的自由无穷整数序列 $\{q_m;m=0,1,2,\cdots\}$ 也是零序列，即 $q_m=0,m=0,1,2,\cdots$，那么，多项组合线性调频小波算子 $\boldsymbol{\mathcal{R}}^{(\gamma,\alpha)}$ 的特征值序列简化为

$$\kappa_m^{(\gamma,\alpha)}=\exp[-2\pi i(\alpha/\boldsymbol{\mathcal{L}})\operatorname{mod}(m,\boldsymbol{\mathcal{L}})]$$

而且，双重组合线性调频小波算子 $\boldsymbol{\mathcal{Q}}_*^{(\theta,\alpha)}=\boldsymbol{\mathcal{Q}}^{(\theta,\alpha\boldsymbol{\mathcal{N}}/\boldsymbol{\mathcal{L}})}$ 的特征值序列可表示为

$$\chi_m^{(\theta,\alpha\boldsymbol{\mathcal{N}}/\boldsymbol{\mathcal{L}})}=\exp\{-2\pi i(\alpha/\boldsymbol{\mathcal{L}})\operatorname{mod}[\operatorname{mod}(m,\boldsymbol{\mathcal{L}}),\boldsymbol{\mathcal{N}}]\}$$

其中 $m=0,1,2,\cdots$，而且实数参数 $\alpha\in\mathbb{R}$.

除此之外，多项组合线性调频小波算子 $\boldsymbol{\mathcal{R}}^{(\gamma,\alpha)}$ 构造过程中的组合系数函数系 $\{p_\ell(\gamma,\alpha);\ell=0,1,\cdots,(\boldsymbol{\mathcal{L}}-1)\}$ 简化为

$$\begin{aligned}p_\ell(\gamma,\alpha)&=\frac{1}{\boldsymbol{\mathcal{L}}}\sum_{k=0}^{(\boldsymbol{\mathcal{L}}-1)}\exp\{-2\pi ik(\alpha-\ell)/\boldsymbol{\mathcal{L}}\}\\&=\frac{1}{\boldsymbol{\mathcal{L}}}\frac{1-\exp[-2\pi i(\alpha-\ell)]}{1-\exp[-2\pi i(\alpha-\ell)/\boldsymbol{\mathcal{L}}]}\end{aligned}$$

而且，双重组合线性调频小波算子 $\boldsymbol{\mathcal{Q}}_*^{(\theta,\alpha)}=\boldsymbol{\mathcal{Q}}^{(\theta,\alpha\boldsymbol{\mathcal{N}}/\boldsymbol{\mathcal{L}})}$ 构造过程中的组合系数函数系 $\{\mathfrak{q}_\ell(\theta,\alpha\boldsymbol{\mathcal{N}}/\boldsymbol{\mathcal{L}});\ell=0,1,\cdots,(\boldsymbol{\mathcal{L}}-1)\}$ 简化为

$$\begin{aligned}\mathfrak{q}_\ell(\theta,\alpha\boldsymbol{\mathcal{N}}/\boldsymbol{\mathcal{L}})&=\frac{1}{\boldsymbol{\mathcal{N}}}\sum_{k=0}^{(\boldsymbol{\mathcal{N}}-1)}\exp\{-2\pi ik(\alpha/\boldsymbol{\mathcal{L}}-\ell/\boldsymbol{\mathcal{N}})\}\\&=\frac{1}{\boldsymbol{\mathcal{N}}}\frac{1-\exp\{-2\pi i\boldsymbol{\mathcal{N}}(\alpha/\boldsymbol{\mathcal{L}}-\ell/\boldsymbol{\mathcal{N}})\}}{1-\exp\{-2\pi i(\alpha/\boldsymbol{\mathcal{L}}-\ell/\boldsymbol{\mathcal{N}})\}}\end{aligned}$$

利用特征值序列的表达式可以直接得到

$$\begin{aligned}\chi_m^{(\theta,\alpha\mathcal{N}/\mathcal{L})} &= \exp\{-2\pi i(\alpha/\mathcal{L})\operatorname{mod}[\operatorname{mod}(m,\mathcal{L}),\mathcal{N}]\}\\ &= \exp\{-2\pi i(\alpha/\mathcal{L})\operatorname{mod}(m,\mathcal{L})\}\\ &= \kappa_m^{(\gamma,\alpha)},\quad \mathcal{N}\geqslant\mathcal{L}\end{aligned}$$

而且，规范正交函数系 $\{\psi_m(\omega);m=0,1,2,\cdots\}$ 是 $\mathcal{R}^{(\gamma,\alpha)}$ 与 $\mathcal{Q}_*^{(\theta,\alpha)}=\mathcal{Q}^{(\theta,\alpha\mathcal{N}/\mathcal{L})}$ 的共同特征函数系，因此，$\mathcal{R}^{(\gamma,\alpha)}=\mathcal{Q}_*^{(\theta,\alpha)}=\mathcal{Q}^{(\theta,\alpha\mathcal{N}/\mathcal{L})}$，即从 $\mathcal{Q}=\mathcal{R}^{(\gamma,\mathcal{L}/\mathcal{N})}$ 这个特殊的多项组合线性调频小波算子出发，按照前述组合类型方法构造双重组合线性调频小波算子族 $\mathcal{Q}_*^{(\theta,\alpha)}=\mathcal{Q}^{(\theta,\alpha\mathcal{N}/\mathcal{L})}$ 本质上不会获得不同的小波算子.

从现在开始研究 $\mathcal{N}<\mathcal{L}$ 带来的影响. 假设 $\mathcal{L}=\Omega\mathcal{N}+y,0\leqslant y\leqslant(\mathcal{N}-1)$. 如果 $y=0$，那么此时必有，$\mathcal{L}=\Omega\mathcal{N},\Omega\geqslant 2$，所以，构造 $\mathcal{Q}_*^{(\theta,\alpha)}=\mathcal{Q}^{(\theta,\alpha\mathcal{N}/\mathcal{L})}$ 时实质上只利用多项组合线性调频小波算子 $\mathcal{R}^{(\gamma,\alpha)}$ 的如下几个特殊采样算子:

$$\mathcal{Q}^{\zeta}=\mathcal{R}^{(\gamma,\zeta\mathcal{L}/\mathcal{N})}=\mathcal{R}^{(\gamma,\zeta\Omega)}=[\mathcal{R}^{(\gamma,\Omega)}]^{\zeta}=[\mathscr{F}_{(\mathcal{A},\mathcal{Q})}^{-4\Omega/\mathcal{L}}]^{\zeta}=[\mathscr{F}_{(\mathcal{A},\mathcal{Q})}^{-4\zeta/\mathcal{N}}]$$

其中 $\zeta=0,1,2,\cdots,(\mathcal{N}-1)$. 这时具体的构造形式是

$$\mathcal{Q}_*^{(\theta,\alpha)}=\mathcal{Q}^{(\theta,\alpha\mathcal{N}/\mathcal{L})}=\sum_{\zeta=0}^{(\mathcal{N}-1)}\mathfrak{q}_\zeta(\theta,\alpha\mathcal{N}/\mathcal{L})\mathscr{F}_{(\mathcal{A},\mathcal{Q})}^{-4\zeta/\mathcal{N}}$$

而且

$$\begin{aligned}\mathfrak{q}_\zeta(\theta,\beta) &= \frac{1}{\mathcal{N}}\sum_{k=0}^{(\mathcal{N}-1)}\exp\{(-2\pi i/\mathcal{N})k(\beta-\zeta)\}\\ &= \frac{1}{\mathcal{N}}\frac{1-\exp\{-2\pi i(\beta-\zeta)\}}{1-\exp\{(-2\pi i/\mathcal{N})(\beta-\zeta)\}}\\ \zeta &= 0,1,\cdots,(\mathcal{N}-1)\end{aligned}$$

也就是说，双重组合线性调频小波算子族 $\mathcal{Q}_*^{(\theta,\alpha)}=\mathcal{Q}^{(\theta,\alpha\mathcal{N}/\mathcal{L})}$ 本质上就是如下类型的多项组合线性调频小波算子:

$$\sum_{\zeta=0}^{(\mathcal{N}-1)}\mathfrak{q}_\zeta(\theta,\beta)\mathscr{F}_{(\mathcal{A},\mathcal{Q})}^{-4\zeta/\mathcal{N}},\quad \beta=(\mathcal{N}/\mathcal{L})\alpha\in[0,\mathcal{N})$$

只不过 $\beta=(\mathcal{N}/\mathcal{L})\alpha=\alpha/\Omega,\alpha\in[0,\mathcal{L})$，即把参数 α 压缩 Ω 倍成为 (α/Ω). 此时，表面上 $\mathcal{Q}_*^{(\theta,\alpha)}=\mathcal{Q}^{(\theta,\alpha\mathcal{N}/\mathcal{L})}$ 与原来的算子 $\mathcal{R}^{(\gamma,\alpha)}$ 不同，但其实它是算子 $\mathcal{R}^{(\gamma,\alpha)}$ 中组合项数 $\mathcal{L}=\mathcal{N}$ 的构造结果. 所以，本质上仍然没有构造得到新的小波算子. 具体地说，此时线性调频小波算子 $\mathcal{Q}_*^{(\theta,\alpha)}=\mathcal{Q}^{(\theta,\alpha\mathcal{N}/\mathcal{L})}$ 的特征值序列满足：对于 $\alpha\in\mathbb{R}$ 有

$$\chi_m^{(\theta,\alpha\mathcal{N}/\mathcal{L})}=\exp[-2\pi i(\alpha/\mathcal{L})m],\quad m=0,1,\cdots,(\mathcal{N}-1)$$

$$\begin{aligned}\chi_{m+k\mathcal{N}}^{(\theta,\alpha\mathcal{N}/\mathcal{L})}&=\exp\{-2\pi i(\alpha/\mathcal{L})\bmod[\bmod(m+k\mathcal{N},\mathcal{L}),\mathcal{N}]\}\\&=\exp[-2\pi i(\alpha/\mathcal{L})m]\\&=\chi_m^{(\theta,\alpha\mathcal{N}/\mathcal{L})}\\k&=0,1,2,\cdots,\quad m=0,1,\cdots,(\mathcal{N}-1)\end{aligned}$$

即 $\mathcal{Q}_*^{(\theta,\alpha)}$ 的特征值序列 $\{\chi_m^{(\theta,\alpha\mathcal{N}/\mathcal{L})};m=0,1,2,\cdots\}$ 关于序号具有周期 $\mathcal{N}$：

$$\chi_{m+k\mathcal{N}}^{(\theta,\alpha\mathcal{N}/\mathcal{L})}=\chi_m^{(\theta,\alpha\mathcal{N}/\mathcal{L})},\quad m=0,1,\cdots,(\mathcal{N}-1),\quad k=0,1,2,\cdots$$

这说明，$\mathcal{Q}_*^{(\theta,\alpha)}$ 的特征值序列 $\{\chi_m^{(\theta,\alpha\mathcal{N}/\mathcal{L})};m=0,1,2,\cdots\}$ 的序号 $\mathcal{L}$ 周期中隐藏了序号的 $\mathcal{N}$ 周期，原来较长的完整的大周期 $\mathcal{L}$ 被分割成了 Ω 个较短的短周期 $\mathcal{N}$，或者说，原来一个长度为 $\mathcal{L}$ 的完整长周期被折叠成了 Ω 个长度为 $\mathcal{N}$ 的短周期，这样，不同的特征值的个数变少，原来是 $\mathcal{L}$ 个，现在减少成为 $\mathcal{N}$ 个. 具体写出为

$$\begin{array}{c}\overbrace{\kappa_0^{(\gamma,\alpha)},\kappa_1^{(\gamma,\alpha)},\cdots,\kappa_{(\mathcal{N}-1)}^{(\gamma,\alpha)};\cdots;\kappa_{(\mathcal{L}-\mathcal{N})}^{(\gamma,\alpha)},\cdots,\kappa_{(\mathcal{L}-1)}^{(\gamma,\alpha)}}^{\text{一个完整的长周期}}\\\underbrace{\chi_0^{(\theta,\alpha\mathcal{N}/\mathcal{L})},\cdots,\chi_{(\mathcal{N}-1)}^{(\theta,\alpha\mathcal{N}/\mathcal{L})}}_{\text{第 1 个小周期}};\cdots;\underbrace{\chi_0^{(\theta,\alpha\mathcal{N}/\mathcal{L})},\cdots,\chi_{(\mathcal{N}-1)}^{(\theta,\alpha\mathcal{N}/\mathcal{L})}}_{\text{第 }\Omega\text{ 个小周期}}\end{array}$$

而且，双重组合线性调频小波算子 $\mathcal{Q}_*^{(\theta,\alpha)}$ 与多项组合线性调频小波算子 $\mathcal{R}^{(\gamma,\alpha)}$ 的特征子空间之间也有这样的对应关系：

$$\begin{array}{c}\overbrace{\mathcal{W}_0,\mathcal{W}_1,\cdots,\mathcal{W}_{(\mathcal{N}-1)};\cdots;\mathcal{W}_{(\mathcal{L}-\mathcal{N})},\cdots,\mathcal{W}_{(\mathcal{L}-1)}}^{\text{完整的特征子空间列}}\\\underbrace{\mathcal{V}_0,\mathcal{V}_1,\cdots,\mathcal{V}_{(\mathcal{N}-1)}}_{\text{第 1 组特征子空间}};\cdots;\underbrace{\mathcal{V}_0,\mathcal{V}_1,\cdots,\mathcal{V}_{(\mathcal{N}-1)}}_{\text{第 }\Omega\text{ 组特征子空间}}\end{array}$$

这两个算子特征子空间之间的关系是

$$\begin{aligned}\mathcal{V}_h&=\bigoplus_{r=0}^{(\Omega-1)}\mathcal{W}_{h+\mathcal{N}r}\\&=\bigoplus_{r=0}^{(\Omega-1)}\text{Closespan}\{\psi_{\mathcal{L}m+h+\mathcal{N}r}(x);m=0,1,2,3,\cdots\}\\&=\text{Closespan}\{\psi_{\mathcal{L}m+h+\mathcal{N}r}(x);r=0,1,2,\cdots,(\Omega-1),m=0,1,2,3,\cdots\}\\&=\text{Closespan}\{\psi_{\mathcal{N}n+h}(x);n=0,1,2,3,\cdots\}\end{aligned}$$

其中 $h=0,1,\cdots,(\mathcal{N}-1)$. 因此，上述双重组合线性调频小波算子的构造过程相当于特征子空间的"均匀"合并过程. 双重组合线性调频小波算子的不同特征值个数变少，相应地，每个特征值对应的特征子空间增大，相当于 Ω 个多项组合线性调频小波算子的特征子空间的"合并".

如果 $y\neq 0$，$\mathcal{L}=\Omega\mathcal{N}+y,0<y\leqslant(\mathcal{N}-1),\Omega\geqslant 1$，容易验证双重组合线性调频小波算子 $\mathcal{Q}_*^{(\theta,\alpha)}$ 特征值序列 $\{\chi_k^{(\theta,\alpha\mathcal{N}/\mathcal{L})};k=0,1,2,\cdots\}$ 关于序号的最小正周期正好

是 $\boldsymbol{\mathcal{L}}$，即

$$\begin{aligned}\chi_k^{(\theta,\alpha\mathcal{N}/\mathcal{L})} &= \exp[-2\pi i(\alpha / \mathcal{L})\operatorname{mod}[\operatorname{mod}(k,\mathcal{L}),\mathcal{N}]] \\ &= \exp\{-2\pi i(\alpha / \mathcal{L})\operatorname{mod}[\operatorname{mod}(k+m\mathcal{L},\mathcal{L}),\mathcal{N}]\} \\ &= \chi_{k+m\mathcal{L}}^{(\theta,\alpha\mathcal{N}/\mathcal{L})} \\ k &= 0,1,\cdots,(\mathcal{L}-1),\quad m=0,1,2,\cdots\end{aligned}$$

所以，当 $k=0,1,\cdots,(\mathcal{L}-1)$ 且 $k=x^*\mathcal{N}+y^*,0\leqslant x^*\leqslant\Omega,0\leqslant y^*\leqslant(\mathcal{N}-1)$ 时，双重组合线性调频小波算子 $\mathcal{Q}_*^{(\theta,\alpha)}$ 特征值 $\chi_k^{(\theta,\alpha\mathcal{N}/\mathcal{L})}$ 满足如下运算关系:

$$\begin{aligned}\chi_k^{(\theta,\alpha\mathcal{N}/\mathcal{L})} &= \exp[-2\pi i(\alpha / \mathcal{L})\operatorname{mod}[\operatorname{mod}(k,\mathcal{L}),\mathcal{N}]] \\ &= \exp[-2\pi i(\alpha / \mathcal{L})\operatorname{mod}(x^*\mathcal{N}+y^*,\mathcal{N})] \\ &= \exp[-2\pi i(\alpha / \mathcal{L})y^*] \\ &= \exp\{-2\pi i(\alpha / \mathcal{L})\operatorname{mod}[\operatorname{mod}(y^*,\mathcal{L}),\mathcal{N}]\} \\ &= \chi_{y^*}^{(\theta,\alpha\mathcal{N}/\mathcal{L})}\end{aligned}$$

由 $\mathcal{L}=\Omega\mathcal{N}+y,0<y\leqslant(\mathcal{N}-1),\Omega\geqslant1$ 可得

$$(\mathcal{L}-1)=\Omega\mathcal{N}+(y-1),\quad 0\leqslant(y-1)\leqslant(\mathcal{N}-2),\quad \Omega\geqslant1$$

而且双重组合线性调频小波算子 $\mathcal{Q}_*^{(\theta,\alpha)}$ 特征值 $\chi_{(\mathcal{L}-1)}^{(\theta,\alpha\mathcal{N}/\mathcal{L})}$ 满足如下运算关系:

$$\begin{aligned}\chi_{(\mathcal{L}-1)}^{(\theta,\alpha\mathcal{N}/\mathcal{L})} &= \chi_{\Omega\mathcal{N}+(y-1)}^{(\theta,\alpha\mathcal{N}/\mathcal{L})} = \chi_{(y-1)}^{(\theta,\alpha\mathcal{N}/\mathcal{L})} \\ &= \exp[-2\pi i(\alpha/\mathcal{L})(y-1)] \\ &\neq \exp[-2\pi i(\alpha/\mathcal{L})(\mathcal{N}-1)]\end{aligned}$$

这样，双重组合线性调频小波算子 $\mathcal{Q}_*^{(\theta,\alpha)}$ 特征值序列 $\{\chi_k^{(\theta,\alpha\mathcal{N}/\mathcal{L})};k\in\mathbb{N}\}$ 的一个完整周期 $\{\chi_k^{(\theta,\alpha\mathcal{N}/\mathcal{L})};k=0,1,\cdots,(\mathcal{N}-1)\}$ 可以具体罗列如下:

$$\boxed{\exp\left(-\frac{2\pi i\alpha\times0}{\mathcal{L}}\right)=\chi_0^{(\theta,\alpha\mathcal{N}/\mathcal{L})}=\chi_{\mathcal{N}}^{(\theta,\alpha\mathcal{N}/\mathcal{L})}}=\cdots=\chi_{(\Omega-1)\mathcal{N}}^{(\theta,\alpha\mathcal{N}/\mathcal{L})}=\chi_{\Omega\mathcal{N}}^{(\theta,\alpha\mathcal{N}/\mathcal{L})}$$

$$\boxed{\exp\left(-\frac{2\pi i\alpha\times1}{\mathcal{L}}\right)=\chi_1^{(\theta,\alpha\mathcal{N}/\mathcal{L})}=\chi_{\mathcal{N}+1}^{(\theta,\alpha\mathcal{N}/\mathcal{L})}}=\cdots=\chi_{(\Omega-1)\mathcal{N}+1}^{(\theta,\alpha\mathcal{N}/\mathcal{L})}=\chi_{\Omega\mathcal{N}+1}^{(\theta,\alpha\mathcal{N}/\mathcal{L})}$$

$$\vdots$$

$$\boxed{\exp\left(-\frac{2\pi i\alpha(y-1)}{\mathcal{L}}\right)=\chi_{(y-1)}^{(\theta,\alpha\mathcal{N}/\mathcal{L})}=\chi_{\mathcal{N}+(y-1)}^{(\theta,\alpha\mathcal{N}/\mathcal{L})}}=\cdots=\chi_{(\Omega-1)\mathcal{N}+(y-1)}^{(\theta,\alpha\mathcal{N}/\mathcal{L})}$$

$$=\chi_{\Omega\mathcal{N}+(y-1)}^{(\theta,\alpha\mathcal{N}/\mathcal{L})}=\chi_{(\mathcal{L}-1)}^{(\theta,\alpha\mathcal{N}/\mathcal{L})}$$

$$\boxed{\exp\left(-\frac{2\pi i\alpha y}{\mathcal{L}}\right)=\chi_y^{(\theta,\alpha\mathcal{N}/\mathcal{L})}=\chi_{\mathcal{N}+y}^{(\theta,\alpha\mathcal{N}/\mathcal{L})}}=\cdots=\chi_{(\Omega-1)\mathcal{N}+y}^{(\theta,\alpha\mathcal{N}/\mathcal{L})}$$

$$\vdots$$

$$\boxed{\exp\left(-\frac{2\pi i\alpha(\mathcal{N}-1)}{\mathcal{L}}\right)=\chi_{(\mathcal{N}-1)}^{(\theta,\alpha\mathcal{N}/\mathcal{L})}=\chi_{\mathcal{N}+(\mathcal{N}-1)}^{(\theta,\alpha\mathcal{N}/\mathcal{L})}}=\cdots=\chi_{(\Omega-1)\mathcal{N}+(\mathcal{N}-1)}^{(\theta,\alpha\mathcal{N}/\mathcal{L})}$$

这个完整的特征值周期列表说明，多项组合线性调频小波算子 $\mathcal{R}^{(\gamma,\alpha)}$ 特征值序列的序号周期从原来的大周期 $\mathcal{L}$ 分割出 Ω 个小周期 $\mathcal{N}$ 之外，还会剩余一部分，同时，这个剩余部分构成不了一个完整的小周期 $\mathcal{N}$. 即原来一个长度为 $\mathcal{L}$ 的完整长周期被折叠成 Ω 个长度为 $\mathcal{N}$ 的短周期之外，剩余部分不足一个短周期. 具体写出如下:

$$\overbrace{\kappa_0^{(\gamma,\alpha)},\kappa_1^{(\gamma,\alpha)},\cdots,\kappa_{(\mathcal{N}-1)}^{(\gamma,\alpha)};\cdots;\kappa_{(\Omega-1)\mathcal{N}}^{(\gamma,\alpha)},\cdots,\kappa_{(\Omega-1)\mathcal{N}+(\mathcal{N}-1)}^{(\gamma,\alpha)};\kappa_{\Omega\mathcal{N}}^{(\gamma,\alpha)},\cdots,\kappa_{\Omega\mathcal{N}+(y-1)}^{(\gamma,\alpha)}=\kappa_{(\mathcal{L}-1)}^{(\gamma,\alpha)}}^{\text{一个完整的长周期}}$$

$$\underbrace{\chi_0^{(\theta,\alpha\mathcal{N}/\mathcal{L})},\cdots,\chi_{(\mathcal{N}-1)}^{(\theta,\alpha\mathcal{N}/\mathcal{L})}}_{\text{第 1 个小周期}};\cdots;\underbrace{\chi_0^{(\theta,\alpha\mathcal{N}/\mathcal{L})},\cdots,\chi_{(\mathcal{N}-1)}^{(\theta,\alpha\mathcal{N}/\mathcal{L})}}_{\text{第 }\Omega\text{ 个小周期}};\chi_0^{(\theta,\alpha\mathcal{N}/\mathcal{L})},\chi_1^{(\theta,\alpha\mathcal{N}/\mathcal{L})},\cdots,\chi_{(y-1)}^{(\theta,\alpha\mathcal{N}/\mathcal{L})}$$

其中，最后剩余部分只是小周期的前 y 项，因为 $1\leqslant y\leqslant(\mathcal{N}-1)$，所以，剩余部分总存在，而且还达不到由 $\mathcal{N}$ 项构成的一个完整的小周期.

与此相对应地，双重组合线性调频小波算子 $\mathcal{Q}_*^{(\theta,\alpha)}$ 与多项组合线性调频小波算子 $\mathcal{R}^{(\gamma,\alpha)}$ 的特征子空间之间也有这样的对应关系:

$$\overbrace{\mathcal{W}_0,\cdots,\mathcal{W}_{(\mathcal{N}-1)};\cdots;\mathcal{W}_{(\Omega-1)\mathcal{N}},\cdots,\mathcal{W}_{(\Omega-1)\mathcal{N}+(\mathcal{N}-1)};\mathcal{W}_{\Omega\mathcal{N}},\cdots,\mathcal{W}_{\Omega\mathcal{N}+(y-1)}=\mathcal{W}_{(\mathcal{L}-1)}}^{\text{完整的特征子空间列}}$$

$$\underbrace{\mathcal{V}_0,\cdots,\mathcal{V}_{(\mathcal{N}-1)}}_{\text{第 1 组特征子空间}};\cdots;\underbrace{\mathcal{V}_0,\mathcal{V}_1,\cdots\mathcal{V}_{(\mathcal{N}-1)}}_{\text{第 }\Omega\text{ 组特征子空间}};\mathcal{V}_0,\mathcal{V}_1,\cdots,\mathcal{V}_{(y-1)}$$

这样，双重组合线性调频小波算子 $\mathcal{Q}_*^{(\theta,\alpha)}$ 与多项组合线性调频小波算子 $\mathcal{R}^{(\gamma,\alpha)}$ 的特征子空间之间的“折叠”关系是

$$\mathcal{V}_0=\bigoplus_{\zeta=0}^{\Omega}\mathcal{W}_{\mathcal{N}\zeta+0}$$

$$\mathcal{V}_1=\bigoplus_{\zeta=0}^{\Omega}\mathcal{W}_{\mathcal{N}\zeta+1}$$

$$\vdots$$

$$\mathcal{V}_{(y-1)}=\bigoplus_{\zeta=0}^{\Omega}\mathcal{W}_{\mathcal{N}\zeta+(y-1)}$$

$$\mathcal{V}_y=\bigoplus_{\zeta=0}^{(\Omega-1)}\mathcal{W}_{\mathcal{N}\zeta+y}$$

$$\vdots$$

$$\mathcal{V}_{(\mathcal{N}-1)}=\bigoplus_{\zeta=0}^{(\Omega-1)}\mathcal{W}_{\mathcal{N}\zeta+(\mathcal{N}-1)}$$

或者写成

$$\mathcal{V}_h=\begin{cases}\bigoplus_{\zeta=0}^{\Omega}\mathcal{W}_{\mathcal{N}\zeta+h}, & 0\leqslant h\leqslant(y-1)\\ \bigoplus_{\zeta=0}^{(\Omega-1)}\mathcal{W}_{\mathcal{N}\zeta+h}, & y\leqslant h\leqslant(\mathcal{N}-1)\end{cases}$$

这样，双重组合线性调频小波算子 $\mathcal{Q}_*^{(\theta,\alpha)}$ 的构造过程相当于多项组合线性调频小波算子 $\mathcal{R}^{(\gamma,\alpha)}$ 的特征子空间的合并，只不过合并过程不是“均匀的”，因此，合并后得到的子空间序列 $\{\mathcal{V}_h; h=0,1,2,\cdots,(\mathcal{N}-1)\}$ 也不是“均匀的”．具体地说，当 $h=0,1,2,\cdots,(y-1)$ 时，

$$\begin{aligned}\mathcal{V}_h &= \bigoplus_{\zeta=0}^{\Omega} \mathcal{W}_{\mathcal{N}\zeta+h} \\ &= \bigoplus_{\zeta=0}^{\Omega} \text{Closespan}\{\psi_{\mathcal{L}m+h+\mathcal{N}\zeta}(x); m=0,1,2,3,\cdots\} \\ &= \text{Closespan}\{\psi_{\mathcal{L}m+h+\mathcal{N}\zeta}(x); \zeta=0,1,\cdots,\Omega,\ m=0,1,2,3,\cdots\} \\ &= \text{Closespan}\{\psi_{\mathcal{N}(\Omega m+\zeta)+ym+h}(x); \zeta=0,1,\cdots,\Omega,\ m=0,1,2,3,\cdots\}\end{aligned}$$

当 $h=y,\cdots,(\mathcal{N}-1)$ 时，

$$\begin{aligned}\mathcal{V}_h &= \bigoplus_{\zeta=0}^{(\Omega-1)} \mathcal{W}_{\mathcal{N}\zeta+h} \\ &= \bigoplus_{\zeta=0}^{(\Omega-1)} \text{Closespan}\{\psi_{\mathcal{L}m+h+\mathcal{N}\zeta}(x); m=0,1,2,3,\cdots\} \\ &= \text{Closespan}\{\psi_{\mathcal{L}m+h+\mathcal{N}\zeta}(x); \zeta=0,1,\cdots,(\Omega-1), m=0,1,2,3,\cdots\} \\ &= \text{Closespan}\{\psi_{\mathcal{N}(\Omega m+\zeta)+ym+h}(x); \zeta=0,1,\cdots,(\Omega-1), m=0,1,2,3,\cdots\}\end{aligned}$$

在前述假设条件下，多项组合线性调频小波算子族 $\mathcal{R}^{(\gamma,\alpha)}$ 与双重组合线性调频小波算子族 $\mathcal{Q}_*^{(\theta,\alpha)} = \mathcal{Q}^{(\theta,\alpha\mathcal{N}/\mathcal{L})}$ 的特征值序列、特征子空间之间的关系就得到了完全清楚的刻画.

现在回到更一般的情况，即多项组合线性调频小波算子族 $\mathcal{R}^{(\gamma,\alpha)}$ 和双重组合线性调频小波算子族 $\mathcal{Q}^{(\theta,\alpha)}$ 构造中的自由整数参数向量：

$$\gamma=(\gamma_0,\gamma_1,\cdots,\gamma_{(\mathcal{L}-1)})\in\mathbb{Z}^{\mathcal{L}},\quad \theta=(\theta_0,\theta_1,\cdots,\theta_{(\mathcal{N}-1)})\in\mathbb{Z}^{\mathcal{N}}$$

未必是零向量，另外，仍然假设在一般形式的经典线性调频小波算子 $\mathscr{F}_{(\mathcal{A},\mathcal{Q})}^{\alpha}$ 构造中出现的无穷整数序列 $\{q_m; m=0,1,2,\cdots\}$ 是零序列，即 $q_m=0, m=0,1,2,\cdots$，那么，多项组合线性调频小波算子 $\mathcal{R}^{(\gamma,\alpha)}$ 的特征值序列简化为

$$\kappa_m^{(\gamma,\alpha)} = \exp\{-2\pi i(\alpha/\mathcal{L})[\text{mod}(m,\mathcal{L})+\mathcal{L}\gamma_{\text{mod}(m,\mathcal{L})}]\}$$

此时，小波算子 $\mathcal{R}^{(\gamma,\alpha)}$ 的特征值序列 $\{\kappa_m^{(\gamma,\alpha)}; m=0,1,2,\cdots\}$ 关于实数参数 α 以及特征值序列的序号或者下标将具有双重 $\mathcal{L}$ 周期性质，即如下等式成立：

$$\kappa_m^{(\gamma,\alpha)} = \kappa_m^{(\gamma,\alpha+\mathcal{L})} = \kappa_{m+\mathcal{L}}^{(\gamma,\alpha)} = \kappa_{m+\mathcal{L}}^{(\gamma,\alpha+\mathcal{L})}$$

其中 $m=0,1,2,\cdots$，而且实数参数 $\alpha\in\mathbb{R}$.

在这样的条件下，双重组合线性调频小波算子 $\mathcal{Q}_*^{(\theta,\alpha)}=\mathcal{Q}^{(\theta,\alpha\mathcal{N}/\mathcal{L})}$ 的特征值序列可表示为

$$\begin{aligned}\chi_m^{(\theta,\alpha\mathcal{N}/\mathcal{L})}&=\exp[-2\pi i(\alpha/\mathcal{L})(\tilde{m}+\mathcal{N}\theta_{\tilde{m}})]\\&=\exp\{-2\pi i(\alpha/\mathcal{L})\operatorname{mod}[\operatorname{mod}(m,\mathcal{L})+\mathcal{L}\gamma_{\operatorname{mod}(m,\mathcal{L})},\mathcal{N}]\}\\&\quad\times\exp\{-2\pi i(\alpha/\mathcal{L})\mathcal{N}\theta_{\operatorname{mod}[\operatorname{mod}(m,\mathcal{L})+\mathcal{L}\gamma_{\operatorname{mod}(m,\mathcal{L})},\mathcal{N}]}\}\end{aligned}$$

其中，$\tilde{m}=\operatorname{mod}[\operatorname{mod}(m,\mathcal{L})+\mathcal{L}\gamma_{\operatorname{mod}(m,\mathcal{L})},\mathcal{N}]$，$m=0,1,2,\cdots$. 由此容易验证双重组合线性调频小波算子 $\mathcal{Q}_*^{(\theta,\alpha)}$ 的特征值序列 $\{\chi_m^{(\theta,\alpha\mathcal{N}/\mathcal{L})};m=0,1,2,\cdots\}$ 关于实数参数 α 以及特征值序列的序号或者下标将具有双重 $\mathcal{L}$ 周期性质，即如下等式成立:

$$\chi_m^{(\theta,\alpha\mathcal{N}/\mathcal{L})}=\chi_m^{(\theta,(\alpha+\mathcal{L})\mathcal{N}/\mathcal{L})}=\chi_{m+\mathcal{L}}^{(\theta,\alpha\mathcal{N}/\mathcal{L})}=\chi_{m+\mathcal{L}}^{(\theta,(\alpha+\mathcal{L})\mathcal{N}/\mathcal{L})}$$

其中 $m=0,1,2,\cdots$, 而且实数参数 $\alpha\in\mathbb{R}$.

在 $\mathcal{L}=\mathcal{N}$ 的条件下，如果小波算子族 $\mathcal{R}^{(\gamma,\alpha)}$ 和小波算子族 $\mathcal{Q}_*^{(\theta,\alpha)}$ 构造中的自由整数参数向量相同，即

$$\gamma=(\gamma_0,\gamma_1,\cdots,\gamma_{(\mathcal{L}-1)})=\theta=(\theta_0,\theta_1,\cdots,\theta_{(\mathcal{N}-1)})$$

那么，显然得到 $\mathcal{Q}_*^{(\theta,\alpha)}=\mathcal{R}^{(\gamma,\alpha)}$，但是，如果小波算子族 $\mathcal{R}^{(\gamma,\alpha)}$ 和小波算子族 $\mathcal{Q}_*^{(\theta,\alpha)}$ 构造中的自由整数参数向量不相同，即

$$\gamma=(\gamma_0,\gamma_1,\cdots,\gamma_{(\mathcal{L}-1)})\neq\theta=(\theta_0,\theta_1,\cdots,\theta_{(\mathcal{N}-1)})$$

那么，必然可得 $\mathcal{Q}_*^{(\theta,\alpha)}\neq\mathcal{R}^{(\gamma,\alpha)}$，这是因为它们的特征值序列不相同:

$$\begin{aligned}\kappa_m^{(\gamma,\alpha)}&=\exp\{-2\pi i(\alpha/\mathcal{L})[\operatorname{mod}(m,\mathcal{L})+\mathcal{L}\gamma_{\operatorname{mod}(m,\mathcal{L})}]\}\\\chi_m^{(\theta,\alpha\mathcal{N}/\mathcal{L})}&=\exp[-2\pi i(\alpha/\mathcal{L})(\tilde{m}+\mathcal{L}\theta_{\tilde{m}})]\\&=\exp\{-2\pi i(\alpha/\mathcal{L})[\operatorname{mod}(m,\mathcal{L})+\mathcal{L}\theta_{\operatorname{mod}(m,\mathcal{L})}]\}\\&=\kappa_m^{(\gamma,\alpha)}\exp\{-2\pi i\alpha[\theta_{\operatorname{mod}(m,\mathcal{L})}-\gamma_{\operatorname{mod}(m,\mathcal{L})}]\}\\\tilde{m}&=\operatorname{mod}[\operatorname{mod}(m,\mathcal{L})+\mathcal{L}\gamma_{\operatorname{mod}(m,\mathcal{L})},\mathcal{N}]\end{aligned}$$

其中 $m=0,1,2,\cdots$, 而且实数参数 $\alpha\in\mathbb{R}$.

由 $\gamma=(\gamma_0,\gamma_1,\cdots,\gamma_{(\mathcal{L}-1)})\neq\theta=(\theta_0,\theta_1,\cdots,\theta_{(\mathcal{N}-1)})$，必存在 $v,0\leqslant v\leqslant(\mathcal{L}-1)$，使得 $\gamma_v\neq\theta_v$，于是 $\gamma_v-\theta_v\neq0$，从而，存在 $\alpha\neq0$，使得 $\exp[-2\pi i\alpha(\gamma_v-\theta_v)]\neq1$，这样

$$\chi_v^{(\theta,\alpha\mathcal{N}/\mathcal{L})}=\kappa_v^{(\gamma,\alpha)}\exp\{-2\pi i\alpha(\theta_v-\gamma_v)\}\neq\kappa_v^{(\gamma,\alpha)}$$

所以，$\mathcal{Q}_*^{(\theta,\alpha)}\neq\mathcal{R}^{(\gamma,\alpha)}$.

此外，利用双重组合线性调频小波算子 $\mathcal{Q}_*^{(\theta,\alpha)}$ 特征值序列双重 $\mathcal{L}$ 周期性质可知，存在唯一的 $\mathcal{L}$ 维整数向量 $\varpi=(q_0,q_1,\cdots,q_{(\mathcal{L}-1)})$，使得

$$0 \leqslant \bmod(k + \mathcal{L}\gamma_k, \mathcal{N}) = k + \mathcal{L}\gamma_k + \mathcal{N}q_k \leqslant (\mathcal{N} - 1), \quad k = 0,1,\cdots,(\mathcal{L}-1)$$

实际上,

$$q_k = -\lfloor (k + \mathcal{L}\gamma_k) / \mathcal{N} \rfloor, \quad k = 0,1,\cdots,(\mathcal{L}-1)$$

其中, 符号 $\lfloor z \rfloor$ 表示不超过实数 z 的最大整数. 于是, 当 $m = 0,1,\cdots,(\mathcal{L}-1)$ 时,

$$\begin{aligned}
\kappa_m^{(\gamma,\alpha)} &= \exp\{-2\pi i(\alpha / \mathcal{L})[\bmod(m,\mathcal{L}) + \mathcal{L}\gamma_{\bmod(m,\mathcal{L})}]\} \\
\chi_m^{(\theta,\alpha\mathcal{N}/\mathcal{L})} &= \exp\{-2\pi i(\alpha / \mathcal{L})[\bmod(m + \mathcal{L}\gamma_m, \mathcal{N}) + \mathcal{N}\theta_{\bmod(m+\mathcal{L}\gamma_m,\mathcal{N})}]\} \\
&= \exp\{-2\pi i(\alpha / \mathcal{L})[m + \mathcal{L}\gamma_m + \mathcal{N}q_m + \mathcal{N}\theta_{m+\mathcal{L}\gamma_m+\mathcal{N}q_m}]\} \\
&= \exp\{-2\pi i(\alpha / \mathcal{L})[m + \mathcal{L}\gamma_m + \mathcal{N}(q_m + \theta_{m+\mathcal{L}\gamma_m+\mathcal{N}q_m})]\} \\
&= \exp[-2\pi i(\alpha / \mathcal{L})(m + \mathcal{L}\gamma_m)]\exp[-2\pi i(\alpha / \mathcal{L})\mathcal{N}(q_m + \theta_{m+\mathcal{L}\gamma_m+\mathcal{N}q_m})] \\
&= \kappa_m^{(\gamma,\alpha)}\exp[-2\pi i(\alpha / \mathcal{L})\mathcal{N}(q_m + \theta_{m+\mathcal{L}\gamma_m+\mathcal{N}q_m})]
\end{aligned}$$

因此, 若存在 $m, 0 \leqslant m \leqslant (\mathcal{L}-1)$, 使 $q_m + \theta_{m+\mathcal{L}\gamma_m+\mathcal{N}q_m} \neq 0$, 那么, $\mathcal{Q}_*^{(\theta,\alpha)} \neq \mathcal{R}^{(\gamma,\alpha)}$; 否则, 即 $q_m = -\theta_{m+\mathcal{L}\gamma_m+\mathcal{N}q_m}, m = 0,1,\cdots,(\mathcal{L}-1)$, 必有 $\mathcal{Q}_*^{(\theta,\alpha)} = \mathcal{R}^{(\gamma,\alpha)}$.

显然, 保证 $\mathcal{Q}_*^{(\theta,\alpha)} = \mathcal{R}^{(\gamma,\alpha)}$ 的一个必要条件是 $\mathcal{L} \leqslant \mathcal{N}$. 当 $\mathcal{L} = \mathcal{N}$ 时, 因为

$$\begin{aligned}
m &= 0,1,\cdots,(\mathcal{L}-1) \\
m + \mathcal{L}\gamma_m + \mathcal{N}q_m &= \bmod(m + \mathcal{L}\gamma_m, \mathcal{N}) = m \\
q_m &= -\theta_m
\end{aligned}$$

所以,

$$q_m = -\theta_m = -\theta_{m+\mathcal{L}\gamma_m+\mathcal{N}q_m}, \quad m = 0,1,\cdots,(\mathcal{L}-1)$$

相当于

$$\gamma_m = \theta_m, \quad m = 0,1,\cdots,(\mathcal{L}-1)$$

这和前述分析的结果是一致的.

当 $\mathcal{L} < \mathcal{N}$ 时, 为了 $\mathcal{Q}_*^{(\theta,\alpha)} = \mathcal{R}^{(\gamma,\alpha)}$, 只要满足条件

$$q_m = -\theta_{m+\mathcal{L}\gamma_m+\mathcal{N}q_m}, \quad m = 0,1,\cdots,(\mathcal{L}-1)$$

即可, 其余 $(\mathcal{N} - \mathcal{L})$ 个整数:

$$\theta_h : 0 \leqslant h \leqslant (\mathcal{N} - 1), \quad h \notin \{m + \mathcal{L}\gamma_m + \mathcal{N}q_m; m = 0,1,\cdots,(\mathcal{L}-1)\}$$

无论取怎样的数值, 最终都不影响算子 $\mathcal{Q}_*^{(\theta,\alpha)}$.

从上述分析可知, 在构造算子 $\mathcal{Q}_*^{(\theta,\alpha)}$ 时, 如果 $\mathcal{L} < \mathcal{N}$, 形式上看, $\mathcal{Q}_*^{(\theta,\alpha)}$ 依赖于由 $\mathcal{N}$ 个整数构成的向量 $\theta = (\theta_0, \theta_1, \cdots, \theta_{(\mathcal{N}-1)})$, 实际上, 由于双重组合线性调频小波算子 $\mathcal{Q}_*^{(\theta,\alpha)}$ 的特征值序列 $\{\chi_m^{(\theta,\alpha\mathcal{N}/\mathcal{L})}; m = 0,1,2,\cdots\}$ 的双重 $\mathcal{L}$ 周期性质, $\mathcal{Q}_*^{(\theta,\alpha)}$

只依赖于整数向量 $\theta=(\theta_0,\theta_1,\cdots,\theta_{(\mathcal{N}-1)})$ 中的 $\mathcal{L}$ 个分量. 具体依赖哪些分量完全由 $\mathcal{L}$ 维整数向量 $\gamma=(\gamma_0,\gamma_1,\cdots,\gamma_{(\mathcal{L}-1)})$ 确定, 直接依赖的下标集合是

$$\{\tilde{m}=\mathrm{mod}[\mathrm{mod}(m,\mathcal{L})+\mathcal{L}\gamma_{\mathrm{mod}(m,\mathcal{L})},\mathcal{N}];m=0,1,\cdots,(\mathcal{L}-1)\}$$

具体地, $\mathcal{Q}_*^{(\theta,\alpha)}$ 依赖于向量 $\theta=(\theta_0,\theta_1,\cdots,\theta_{(\mathcal{N}-1)})$ 中如下 $\mathcal{L}$ 个分量:

$$\{\theta_{\tilde{m}}=\theta_{\mathrm{mod}[\mathrm{mod}(m,\mathcal{L})+\mathcal{L}\gamma_{\mathrm{mod}(m,\mathcal{L})},\mathcal{N}]};m=0,1,\cdots,(\mathcal{L}-1)\}$$

因此, 即使 $\theta=(\theta_0,\theta_1,\cdots,\theta_{(\mathcal{N}-1)})\neq O=(O_0,O_1,\cdots,O_{(\mathcal{N}-1)})$, 但是, 如果

$$\theta_{\mathrm{mod}[\mathrm{mod}(m,\mathcal{L})+\mathcal{L}\gamma_{\mathrm{mod}(m,\mathcal{L})},\mathcal{N}]}=O_{\mathrm{mod}[\mathrm{mod}(m,\mathcal{L})+\mathcal{L}\gamma_{\mathrm{mod}(m,\mathcal{L})},\mathcal{N}]},\quad m=0,1,\cdots,(\mathcal{L}-1)$$

那么, 用 $\theta=(\theta_0,\theta_1,\cdots,\theta_{(\mathcal{N}-1)})$ 和 $O=(O_0,O_1,\cdots,O_{(\mathcal{N}-1)})$ 将构造得到相同的 $\mathcal{Q}_*^{(\theta,\alpha)}$.

这些分析结果说明, 整数向量 $\gamma=(\gamma_0,\gamma_1,\cdots,\gamma_{(\mathcal{L}-1)})$ 与 $\theta=(\theta_0,\theta_1,\cdots,\theta_{(\mathcal{N}-1)})$ 的关系决定了算子 $\mathcal{R}^{(\gamma,\alpha)}$ 与算子 $\mathcal{Q}_*^{(\theta,\alpha)}$ 的关系, 而且, 向量 $\gamma=(\gamma_0,\gamma_1,\cdots,\gamma_{(\mathcal{L}-1)})$ 与向量 $\theta=(\theta_0,\theta_1,\cdots,\theta_{(\mathcal{N}-1)})$ 的其中 $\mathcal{L}$ 个分量

$$\{\theta_{\tilde{m}}=\theta_{\mathrm{mod}[\mathrm{mod}(m,\mathcal{L})+\mathcal{L}\gamma_{\mathrm{mod}(m,\mathcal{L})},\mathcal{N}]};m=0,1,\cdots,(\mathcal{L}-1)\}$$

共同决定了算子 $\mathcal{Q}_*^{(\theta,\alpha)}$ 的最终构造结果. 这些结论是在 $\mathcal{L}\leqslant\mathcal{N}$ 的条件下获得的. 由较早前的分析可知, 如果假定 $\gamma=(\gamma_0,\gamma_1,\cdots,\gamma_{(\mathcal{L}-1)})$ 和 $\theta=(\theta_0,\theta_1,\cdots,\theta_{(\mathcal{N}-1)})$ 都是 0 向量, 那么, 只要 $\mathcal{L}\leqslant\mathcal{N}$, 则 $\mathcal{Q}_*^{(\theta,\alpha)}=\mathcal{R}^{(\gamma,\alpha)}$. 此处的分析结果表明, 如果这个假定不成立, 那么, $\mathcal{L}\leqslant\mathcal{N}$ 不能保证 $\mathcal{Q}_*^{(\theta,\alpha)}=\mathcal{R}^{(\gamma,\alpha)}$, 但是, 只要

$$\begin{aligned}q_m&=-\lfloor(m+\mathcal{L}\gamma_m)/\mathcal{N}\rfloor\\-q_m&=\theta_{\mathrm{mod}(m+\mathcal{L}\gamma_m,\mathcal{N})}\\m&=0,1,\cdots,(\mathcal{L}-1)\end{aligned}$$

那么, $\mathcal{Q}_*^{(\theta,\alpha)}=\mathcal{R}^{(\gamma,\alpha)}$ 仍然成立, 无论 $\mathcal{L}\leqslant\mathcal{N}$ 的具体数值怎样以及 $\theta=(\theta_0,\theta_1,\cdots,\theta_{(\mathcal{N}-1)})$ 的其他分量选取怎样的整数数值.

从现在开始研究 $\mathcal{N}<\mathcal{L}$ 带来的影响, 假设 $\mathcal{L}=\Omega\mathcal{N}+y,0\leqslant y\leqslant(\mathcal{N}-1)$.

如果 $y=0$, 那么此时必有 $\mathcal{L}=\Omega\mathcal{N},\Omega\geqslant 2$, 所以, 在构造双重组合线性调频小波算子 $\mathcal{Q}_*^{(\theta,\alpha)}=\mathcal{Q}^{(\theta,\alpha\mathcal{N}/\mathcal{L})}$ 时, 实质上只能出现如下罗列的多项组合线性调频小波算子 $\mathcal{R}^{(\gamma,\alpha)}$ 的特殊采样算子:

$$\mathcal{Q}^{\zeta}=\mathcal{R}^{(\gamma,\zeta\mathcal{L}/\mathcal{N})}=\mathcal{R}^{(\gamma,\zeta\Omega)}=[\mathcal{R}^{(\gamma,\Omega)}]^{\zeta}=[\mathscr{F}_{(\mathcal{A},\mathcal{Q})}^{4\Omega/\mathcal{L}}]^{\zeta}=[\mathscr{F}_{(\mathcal{A},\mathcal{Q})}^{4\zeta/\mathcal{N}}]$$

其中 $\zeta = 0,1,2,\cdots,(\mathcal{N}-1)$. 这时具体的构造形式是

$$\mathcal{Q}_*^{(\theta,\alpha)} = \mathcal{Q}^{(\theta,\alpha\mathcal{N}/\mathcal{L})} = \sum_{\zeta=0}^{(\mathcal{N}-1)} \mathfrak{q}_\zeta(\theta,\alpha\mathcal{N}/\mathcal{L})\mathscr{F}_{(\mathcal{A},\mathcal{Q})}^{4\zeta/\mathcal{N}}$$

而且，$\zeta = 0,1,2,\cdots,(\mathcal{N}-1)$,

$$\mathfrak{q}_\zeta(\theta,\beta) = \frac{1}{\mathcal{N}}\sum_{k=0}^{(\mathcal{N}-1)} \exp\{(-2\pi i/\mathcal{N})[\beta(k+\theta_k\mathcal{N})-\zeta k]\}$$

这说明，双重组合线性调频小波算子族 $\mathcal{Q}_*^{(\theta,\alpha)} = \mathcal{Q}^{(\theta,\alpha\mathcal{N}/\mathcal{L})}$ 只与 $\theta = (\theta_0,\theta_1,\cdots,\theta_{(\mathcal{N}-1)})$ 有关，而与多项组合线性调频小波算子 $\mathcal{R}^{(\gamma,\alpha)}$ 中出现的 $\gamma = (\gamma_0,\gamma_1,\cdots,\gamma_{(\mathcal{L}-1)})$ 没有任何关系，因此容易猜想认为 $\mathcal{Q}_*^{(\theta,\alpha)} \neq \mathcal{R}^{(\gamma,\alpha)}$. 事实上，小波算子 $\mathcal{Q}_*^{(\theta,\alpha)}$ 是如下形式的多项组合线性调频小波算子:

$$\sum_{\zeta=0}^{(\mathcal{N}-1)} \mathfrak{q}_\zeta(\theta,\beta)\mathscr{F}_{(\mathcal{A},\mathcal{Q})}^{4\zeta/\mathcal{N}},\quad \beta = (\mathcal{N}/\mathcal{L})\alpha \in [0,\mathcal{N})$$

只不过 $\beta = (\mathcal{N}/\mathcal{L})\alpha = \alpha/\Omega, \alpha \in [0,\mathcal{L})$ ，即把参数 α 压缩 Ω 倍成为 (α/Ω) . 此时，表面上 $\mathcal{Q}_*^{(\theta,\alpha)} = \mathcal{Q}^{(\theta,\alpha\mathcal{N}/\mathcal{L})}$ 与原来的算子 $\mathcal{R}^{(\gamma,\alpha)}$ 不同，但其实它是多项组合线性调频小波算子族 $\mathcal{R}^{(\gamma,\alpha)}$ 中组合项数是 $\mathcal{N}$ 的构造结果，此时小波算子 $\mathcal{Q}_*^{(\theta,\alpha)}$ 的特征值序列可以表述如下:

$$\chi_m^{(\theta,\alpha\mathcal{N}/\mathcal{L})} = \exp\{-2\pi i(\alpha/\mathcal{L})[\mathrm{mod}(\mathrm{mod}(m,\mathcal{L}),\mathcal{N}) + \mathcal{N}\theta_{\mathrm{mod}(\mathrm{mod}(m,\mathcal{L}),\mathcal{N})}]\}$$

容易验证这个特征值序列关于序号 m 具有 $\mathcal{N}$ 周期性:

$$\chi_{m+k\mathcal{N}}^{(\theta,\alpha\mathcal{N}/\mathcal{L})} = \chi_m^{(\theta,\alpha\mathcal{N}/\mathcal{L})} = \exp\{-2\pi i(\alpha/\mathcal{L})(m+\mathcal{N}\theta_m)\},\quad \alpha \in \mathbb{R}$$

其中 $m = 0,1,\cdots,(\mathcal{N}-1), k = 0,1,2,\cdots$. 所以，本质上，这样只是得到多项组合线性调频小波算子，没有构造得到其他类型的小波算子，只不过，$\mathcal{Q}_*^{(\theta,\alpha)}$ 的特征值序列 $\{\chi_m^{(\theta,\alpha\mathcal{N}/\mathcal{L})}; m = 0,1,2,\cdots\}$ 的序号 $\mathcal{L}$ 周期中隐藏了序号的 $\mathcal{N}$ 周期，原来较长的完整的大周期 $\mathcal{L}$ 被分割成了 Ω 个较短的短周期 $\mathcal{N}$ ，或者说，原来一个长度为 $\mathcal{L}$ 的完整长周期被折叠成了 Ω 个长度为 $\mathcal{N}$ 的短周期，这样，不同的特征值的个数变少，原来是 $\mathcal{L}$ 个，现在减少成为 $\mathcal{N}$ 个. 具体写出为(关注序号关系)

$$\overbrace{\begin{matrix}\kappa_0^{(\gamma,\alpha)},\kappa_1^{(\gamma,\alpha)},\cdots,\kappa_{(\mathcal{N}-1)}^{(\gamma,\alpha)} & ;\cdots; & \kappa_{(\mathcal{L}-\mathcal{N})}^{(\gamma,\alpha)},\cdots,\kappa_{(\mathcal{L}-1)}^{(\gamma,\alpha)}\end{matrix}}^{\text{一个完整的长周期}}$$
$$\underbrace{\chi_0^{(\theta,\alpha\mathcal{N}/\mathcal{L})},\cdots,\chi_{(\mathcal{N}-1)}^{(\theta,\alpha\mathcal{N}/\mathcal{L})}}_{\text{第 1 个小周期}};\cdots;\underbrace{\chi_0^{(\theta,\alpha\mathcal{N}/\mathcal{L})},\cdots,\chi_{(\mathcal{N}-1)}^{(\theta,\alpha\mathcal{N}/\mathcal{L})}}_{\text{第 }\Omega\text{ 个小周期}}$$

而且，双重组合线性调频小波算子 $\mathcal{Q}_*^{(\theta,\alpha)}$ 与多项组合线性调频小波算子 $\mathcal{R}^{(\gamma,\alpha)}$ 的特征子空间之间也有这样的对应关系：

$$\overbrace{\begin{matrix}\mathcal{W}_0,\mathcal{W}_1,\cdots,\mathcal{W}_{(\mathcal{N}-1)} & ;\cdots; & \mathcal{W}_{(\mathcal{L}-\mathcal{N})},\cdots,\mathcal{W}_{(\mathcal{L}-1)}\\ \underbrace{\mathcal{V}_0,\mathcal{V}_1,\cdots,\mathcal{V}_{(\mathcal{N}-1)}}_{\text{第 1 组特征子空间}} & ;\cdots; & \underbrace{\mathcal{V}_0,\ \mathcal{V}_1,\cdots,\mathcal{V}_{(\mathcal{N}-1)}}_{\text{第 }\Omega\text{ 组特征子空间}}\end{matrix}}^{\text{完整的特征子空间列}}$$

这两个算子特征子空间之间的关系是

$$\begin{aligned}\mathcal{V}_h &= \bigoplus_{r=0}^{(\Omega-1)} \mathcal{W}_{h+\mathcal{N}r}\\ &= \bigoplus_{r=0}^{(\Omega-1)} \text{Closespan}\{\psi_{\mathcal{L}m+h+\mathcal{N}r}(x); m=0,1,2,3,\cdots\}\\ &= \text{Closespan}\{\psi_{\mathcal{L}m+h+\mathcal{N}r}(x); r=0,1,2,\cdots,(\Omega-1), m=0,1,2,3,\cdots\}\\ &= \text{Closespan}\{\psi_{\mathcal{N}n+h}(x); n=0,1,2,3,\cdots\}\end{aligned}$$

其中 $h=0,1,\cdots,(\mathcal{N}-1)$. 因此，双重组合线性调频小波算子的构造过程相当于多项组合线性调频小波算子特征子空间的“均匀”合并过程. 双重组合线性调频小波算子的不同特征值个数变少，相应地，每个特征值对应的特征子空间增大，相当于 Ω 个多项组合线性调频小波算子的特征子空间的“合并”.

如果 $y\neq 0$，$\mathcal{L}=\Omega\mathcal{N}+y, 0<y\leqslant(\mathcal{N}-1), \Omega\geqslant 1$，则此时，双重组合线性调频小波算子 $\mathcal{Q}_*^{(\theta,\alpha)}$ 特征值序列 $\{\chi_m^{(\theta,\alpha\mathcal{N}/\mathcal{L})}; m=0,1,2,\cdots\}$ 可以写成

$$\begin{aligned}\chi_m^{(\theta,\alpha\mathcal{N}/\mathcal{L})} &= \exp\{-2\pi i(\alpha/\mathcal{L})\,\text{mod}[\text{mod}(m,\mathcal{L})+\mathcal{L}\gamma_{\text{mod}(m,\mathcal{L})},\mathcal{N}]\}\\ &\quad\times\exp\{-2\pi i(\alpha/\mathcal{L})\mathcal{N}\theta_{\text{mod}[\text{mod}(m,\mathcal{L})+\mathcal{L}\gamma_{\text{mod}(m,\mathcal{L})},\mathcal{N}]}\}\end{aligned}$$

其中 $m=0,1,2,\cdots$. 容易验证特征值序列 $\{\chi_m^{(\theta,\alpha\mathcal{N}/\mathcal{L})}; m=0,1,2,\cdots\}$ 关于序号的最小正周期正好是 $\mathcal{L}$，即当 $k=0,1,\cdots,(\mathcal{L}-1), m=0,1,2,\cdots$ 时，

$$\chi_{k+m\mathcal{L}}^{(\theta,\alpha\mathcal{N}/\mathcal{L})}=\chi_k^{(\theta,\alpha\mathcal{N}/\mathcal{L})}=\exp\{-2\pi i(\alpha/\mathcal{L})[\text{mod}(k+\mathcal{L}\gamma_k,\mathcal{N})+\mathcal{N}\theta_{\text{mod}(k+\mathcal{L}\gamma_k,\mathcal{N})}]\}$$

所以，当 $k=0,1,\cdots,(\mathcal{L}-1)$ 且 $k=x^*\mathcal{N}+y^*, 0\leqslant x^*\leqslant\Omega, 0\leqslant y^*\leqslant(\mathcal{N}-1)$ 时，双重组合线性调频小波算子 $\mathcal{Q}_*^{(\theta,\alpha)}$ 特征值 $\chi_k^{(\theta,\alpha\mathcal{N}/\mathcal{L})}$ 满足如下运算关系：

$$\begin{aligned}\chi_k^{(\theta,\alpha\mathcal{N}/\mathcal{L})} &= \exp\{-2\pi i(\alpha/\mathcal{L})[\text{mod}(k+\mathcal{L}\gamma_k,\mathcal{N})+\mathcal{N}\theta_{\text{mod}(k+\mathcal{L}\gamma_k,\mathcal{N})}]\}\\ &= \exp\{-2\pi i(\alpha/\mathcal{L})\left[\text{mod}(x^*\mathcal{N}+y^*+\mathcal{L}\gamma_k,\mathcal{N})+\mathcal{N}\theta_{\text{mod}(x^*\mathcal{N}+y^*+\mathcal{L}\gamma_k,\mathcal{N})}\right]\}\\ &= \exp\{-2\pi i(\alpha/\mathcal{L})[\text{mod}(y^*+y\gamma_k,\mathcal{N})+\mathcal{N}\theta_{\text{mod}(y^*+y\gamma_k,\mathcal{N})}]\}\end{aligned}$$

由 $\mathcal{L}=\Omega\mathcal{N}+y, 0<y\leqslant(\mathcal{N}-1), \Omega\geqslant 1$ 可得

$$(\mathcal{L}-1)=\Omega\mathcal{N}+(y-1),\quad 0\leqslant(y-1)\leqslant(\mathcal{N}-2),\quad \Omega\geqslant 1$$

而且双重组合线性调频小波算子 $\mathcal{Q}_*^{(\theta,\alpha)}$ 特征值 $\chi_{(\mathcal{L}-1)}^{(\theta,\alpha\mathcal{N}/\mathcal{L})}$ 满足如下运算关系:

$$\begin{aligned}\chi_{(\mathcal{L}-1)}^{(\theta,\alpha\mathcal{N}/\mathcal{L})} &= \chi_{\Omega\mathcal{N}+(y-1)}^{(\theta,\alpha\mathcal{N}/\mathcal{L})} \\ &= \exp\{-2\pi i(\alpha/\mathcal{L})[\mathrm{mod}((y-1)+y\gamma_{(\mathcal{L}-1)},\mathcal{N})+\mathcal{N}\theta_{\mathrm{mod}((y-1)+y\gamma_{(\mathcal{L}-1)},\mathcal{N})}]\}\end{aligned}$$

这样, 双重组合线性调频小波算子 $\mathcal{Q}_*^{(\theta,\alpha)}$ 特征值序列 $\chi_m^{(\theta,\alpha\mathcal{N}/\mathcal{L})}$ 的一个完整周期是 $\{\chi_k^{(\theta,\alpha\mathcal{N}/\mathcal{L})};k=0,1,\cdots,(\mathcal{L}-1)\}$, 可以罗列如下:

$$\begin{aligned}\chi_0^{(\theta,\alpha\mathcal{N}/\mathcal{L})} &= e^{-2\pi i(\alpha/\mathcal{L})[\mathrm{mod}(0+y\gamma_0,\mathcal{N})+\mathcal{N}\theta_{\mathrm{mod}(0+y\gamma_0,\mathcal{N})}]} \\ \chi_1^{(\theta,\alpha\mathcal{N}/\mathcal{L})} &= e^{-2\pi i(\alpha/\mathcal{L})[\mathrm{mod}(1+y\gamma_1,\mathcal{N})+\mathcal{N}\theta_{\mathrm{mod}(1+y\gamma_1,\mathcal{N})}]} \\ &\ \vdots \\ \chi_{(\mathcal{N}-1)}^{(\theta,\alpha\mathcal{N}/\mathcal{L})} &= e^{-2\pi i(\alpha/\mathcal{L})[\mathrm{mod}((\mathcal{N}-1)+y\gamma_{(\mathcal{N}-1)},\mathcal{N})+\mathcal{N}\theta_{\mathrm{mod}((\mathcal{N}-1)+y\gamma_{(\mathcal{N}-1)},\mathcal{N})}]} \\ \chi_{\mathcal{N}}^{(\theta,\alpha\mathcal{N}/\mathcal{L})} &= e^{-2\pi i(\alpha/\mathcal{L})[\mathrm{mod}(0+y\gamma_{\mathcal{N}},\mathcal{N})+\mathcal{N}\theta_{\mathrm{mod}(0+y\gamma_{\mathcal{N}},\mathcal{N})}]} \\ \chi_{(\mathcal{N}+1)}^{(\theta,\alpha\mathcal{N}/\mathcal{L})} &= e^{-2\pi i(\alpha/\mathcal{L})[\mathrm{mod}(1+y\gamma_{(\mathcal{N}+1)},\mathcal{N})+\mathcal{N}\theta_{\mathrm{mod}(1+y\gamma_{(\mathcal{N}+1)},\mathcal{N})}]} \\ &\ \vdots \\ \chi_{(\mathcal{L}-1)}^{(\theta,\alpha\mathcal{N}/\mathcal{L})} &= e^{-2\pi i(\alpha/\mathcal{L})[\mathrm{mod}((y-1)+y\gamma_{(\mathcal{L}-1)},\mathcal{N})+\mathcal{N}\theta_{\mathrm{mod}((y-1)+y\gamma_{(\mathcal{L}-1)},\mathcal{N})}]}\end{aligned}$$

这时未必会出现特征值序列的折叠现象.

但是, 比如 $\gamma=(\gamma_0,\gamma_1,\cdots,\gamma_{(\mathcal{L}-1)})$ 本身具有"向量内周期 $\mathcal{N}$", 即

$$\gamma_k=\gamma_{\mathrm{mod}(k+\mathcal{N},\mathcal{L})},\quad k=0,1,\cdots,(\mathcal{L}-1)$$

或者如果 $\gamma=(\gamma_0,\gamma_1,\cdots,\gamma_{(\mathcal{L}-1)})$ 中的各个分量都是 $\mathcal{N}$ 的整数倍, 即

$$\gamma=(\gamma_0,\gamma_1,\cdots,\gamma_{(\mathcal{L}-1)})\in(\mathcal{N}\mathbb{Z})^{\mathcal{L}}$$

那么, 将再次出现双重组合线性调频小波算子 $\mathcal{Q}_*^{(\theta,\alpha)}$ 特征值序列 $\chi_m^{(\theta,\alpha\mathcal{N}/\mathcal{L})}$ 关于序号的折叠现象.

前一种情况建议读者自己完成分析讨论, 这里将详细研究第二种情形.

实际上, 当 $k=0,1,\cdots,(\mathcal{L}-1)$ 且 $k=x^*\mathcal{N}+y^*,0\leqslant x^*\leqslant\Omega,0\leqslant y^*\leqslant(\mathcal{N}-1)$ 时, 双重组合线性调频小波算子 $\mathcal{Q}_*^{(\theta,\alpha)}$ 特征值 $\chi_k^{(\theta,\alpha\mathcal{N}/\mathcal{L})}$ 满足如下运算关系:

$$\begin{aligned}\chi_k^{(\theta,\alpha\mathcal{N}/\mathcal{L})} &= \exp\{-2\pi i(\alpha/\mathcal{L})[\mathrm{mod}(k+\mathcal{L}\gamma_k,\mathcal{N})+\mathcal{N}\theta_{\mathrm{mod}(k+\mathcal{L}\gamma_k,\mathcal{N})}]\} \\ &= \exp\{-2\pi i(\alpha/\mathcal{L})[\mathrm{mod}(x^*\mathcal{N}+y^*+\mathcal{L}\gamma_k,\mathcal{N})+\mathcal{N}\theta_{\mathrm{mod}(x^*\mathcal{N}+y^*+\mathcal{L}\gamma_k,\mathcal{N})}]\} \\ &= \exp[-2\pi i(\alpha/\mathcal{L})(y^*+\mathcal{N}\theta_{y^*})] \\ &= \chi_{y^*}^{(\theta,\alpha\mathcal{N}/\mathcal{L})}=\chi_{\mathrm{mod}(k,\mathcal{N})}^{(\theta,\alpha\mathcal{N}/\mathcal{L})}\end{aligned}$$

这个计算结果表明, 在双重组合线性调频小波算子 $\mathcal{Q}_*^{(\theta,\alpha)}$ 特征值序列的一个完

整周期 $\{\chi_k^{(\theta,\alpha\mathcal{N}/\mathcal{L})};k=0,1,\cdots,(\mathcal{L}-1)\}$ 内隐藏了 $\mathcal{N}$ 周期这样的较小周期. 因此，双重组合线性调频小波算子 $\mathcal{Q}_*^{(\theta,\alpha)}$ 特征值序列与 $\gamma=(\gamma_0,\gamma_1,\cdots,\gamma_{(\mathcal{L}-1)})\in(\mathcal{N}\mathbb{Z})^{\mathcal{L}}$ 不再有任何关系，算子 $\mathcal{Q}_*^{(\theta,\alpha)}$ 将被整数参数向量 $\theta=(\theta_0,\theta_1,\cdots,\theta_{(\mathcal{N}-1)})$ 唯一确定. 而算子 $\mathcal{Q}_*^{(\theta,\alpha)}$ 特征值序列的完整周期 $\{\chi_k^{(\theta,\alpha\mathcal{N}/\mathcal{L})};k=0,1,\cdots,(\mathcal{L}-1)\}$ 可以具体写成

$$\begin{aligned}
&\boxed{e^{-2\pi i\alpha(0+\mathcal{N}\theta_0)/\mathcal{L}}=\chi_0^{(\theta,\alpha\mathcal{N}/\mathcal{L})}=\chi_{\mathcal{N}}^{(\theta,\alpha\mathcal{N}/\mathcal{L})}}=\cdots=\chi_{(\Omega-1)\mathcal{N}}^{(\theta,\alpha\mathcal{N}/\mathcal{L})}=\chi_{\Omega\mathcal{N}}^{(\theta,\alpha\mathcal{N}/\mathcal{L})}\\
&\boxed{e^{-2\pi i\alpha(1+\mathcal{N}\theta_1)/\mathcal{L}}=\chi_1^{(\theta,\alpha\mathcal{N}/\mathcal{L})}=\chi_{\mathcal{N}+1}^{(\theta,\alpha\mathcal{N}/\mathcal{L})}}=\cdots=\chi_{(\Omega-1)\mathcal{N}+1}^{(\theta,\alpha\mathcal{N}/\mathcal{L})}=\chi_{\Omega\mathcal{N}+1}^{(\theta,\alpha\mathcal{N}/\mathcal{L})}\\
&\qquad\vdots\\
&\boxed{e^{-2\pi i\alpha((y-1)+\mathcal{N}\theta_{(y-1)})/\mathcal{L}}=\chi_{(y-1)}^{(\theta,\alpha\mathcal{N}/\mathcal{L})}=\chi_{\mathcal{N}+(y-1)}^{(\theta,\alpha\mathcal{N}/\mathcal{L})}}=\cdots=\chi_{(\Omega-1)\mathcal{N}+(y-1)}^{(\theta,\alpha\mathcal{N}/\mathcal{L})}\\
&\qquad=\chi_{\Omega\mathcal{N}+(y-1)}^{(\theta,\alpha\mathcal{N}/\mathcal{L})}=\chi_{(\mathcal{L}-1)}^{(\theta,\alpha\mathcal{N}/\mathcal{L})}\\
&\boxed{e^{-2\pi i\alpha(y+\mathcal{N}\theta_y)/\mathcal{L}}=\chi_y^{(\theta,\alpha\mathcal{N}/\mathcal{L})}=\chi_{\mathcal{N}+y}^{(\theta,\alpha\mathcal{N}/\mathcal{L})}}=\cdots=\chi_{(\Omega-1)\mathcal{N}+y}^{(\theta,\alpha\mathcal{N}/\mathcal{L})}\\
&\qquad\vdots\\
&\boxed{e^{-2\pi i\alpha((\mathcal{N}-1)+\mathcal{N}\theta_{(\mathcal{N}-1)})/\mathcal{L}}=\chi_{(\mathcal{N}-1)}^{(\theta,\alpha\mathcal{N}/\mathcal{L})}=\chi_{\mathcal{N}+(\mathcal{N}-1)}^{(\theta,\alpha\mathcal{N}/\mathcal{L})}}=\cdots=\chi_{(\Omega-1)\mathcal{N}+(\mathcal{N}-1)}^{(\theta,\alpha\mathcal{N}/\mathcal{L})}
\end{aligned}$$

在这种特殊条件下，特征值序列的折叠现象重新出现. 特征值序列的序号周期从原来的大周期 $\mathcal{L}$ 分割出 Ω 个小周期 $\mathcal{N}$ 之外，还会剩余一部分，同时，这个剩余部分构成不了一个完整的小周期 $\mathcal{N}$，即原来一个长度为 $\mathcal{L}$ 的完整长周期被折叠成 Ω 个长度为 $\mathcal{N}$ 的短周期之外，剩余部分不足一个短周期. 具体写出为

$$\begin{array}{c}
\overbrace{\kappa_0^{(\gamma,\alpha)},\kappa_1^{(\gamma,\alpha)},\cdots,\kappa_{(\mathcal{N}-1)}^{(\gamma,\alpha)};\cdots;\kappa_{(\Omega-1)\mathcal{N}}^{(\gamma,\alpha)},\cdots,\kappa_{(\Omega-1)\mathcal{N}+(\mathcal{N}-1)}^{(\gamma,\alpha)};\kappa_{\Omega\mathcal{N}}^{(\gamma,\alpha)},\cdots,\kappa_{\Omega\mathcal{N}+(y-1)}^{(\gamma,\alpha)}=\kappa_{(\mathcal{L}-1)}^{(\gamma,\alpha)}}^{\text{一个完整的长周期}}\\
\underbrace{\chi_0^{(\theta,\alpha\mathcal{N}/\mathcal{L})},\cdots,\chi_{(\mathcal{N}-1)}^{(\theta,\alpha\mathcal{N}/\mathcal{L})}}_{\text{第 1 个小周期}};\cdots;\underbrace{\chi_0^{(\theta,\alpha\mathcal{N}/\mathcal{L})},\cdots,\chi_{(\mathcal{N}-1)}^{(\theta,\alpha\mathcal{N}/\mathcal{L})}}_{\text{第 }\Omega\text{ 个小周期}};\chi_0^{(\theta,\alpha\mathcal{N}/\mathcal{L})},\chi_1^{(\theta,\alpha\mathcal{N}/\mathcal{L})},\cdots,\chi_{(y-1)}^{(\theta,\alpha\mathcal{N}/\mathcal{L})}
\end{array}$$

其中，最后剩余部分只是小周期的前 y 项，因为 $1\leqslant y\leqslant(\mathcal{N}-1)$，所以，剩余部分总存在，而且还达不到由 $\mathcal{N}$ 项构成的一个完整的小周期.

与此相对应地，双重组合线性调频小波算子 $\mathcal{Q}_*^{(\theta,\alpha)}$ 与多项组合线性调频小波算子 $\mathcal{R}^{(\gamma,\alpha)}$ 的特征子空间之间也有这样的对应关系：

$$\begin{array}{c}
\overbrace{\mathcal{W}_0,\cdots,\mathcal{W}_{(\mathcal{N}-1)};\cdots;\mathcal{W}_{(\Omega-1)\mathcal{N}},\cdots,\mathcal{W}_{(\Omega-1)\mathcal{N}+(\mathcal{N}-1)};\mathcal{W}_{\Omega\mathcal{N}},\cdots,\mathcal{W}_{\Omega\mathcal{N}+(y-1)}=\mathcal{W}_{(\mathcal{L}-1)}}^{\text{完整的特征子空间列}}\\
\underbrace{\mathcal{V}_0,\cdots,\mathcal{V}_{(\mathcal{N}-1)}}_{\text{第 1 组特征子空间}};\cdots;\underbrace{\mathcal{V}_0,\ \mathcal{V}_1,\cdots\mathcal{V}_{(\mathcal{N}-1)}}_{\text{第 }\Omega\text{ 组特征子空间}};\mathcal{V}_0,\ \mathcal{V}_1,\cdots,\mathcal{V}_{(y-1)}
\end{array}$$

这样，双重组合线性调频小波算子 $\mathcal{Q}_*^{(\theta,\alpha)}$ 与多项组合线性调频小波算子 $\mathcal{R}^{(\gamma,\alpha)}$ 的特征子空间之间的“折叠”关系是

$$\mathcal{V}_0 = \bigoplus_{\zeta=0}^{\Omega} \mathcal{W}_{\mathcal{N}\zeta+0}$$

$$\mathcal{V}_1 = \bigoplus_{\zeta=0}^{\Omega} \mathcal{W}_{\mathcal{N}\zeta+1}$$

$$\vdots$$

$$\mathcal{V}_{(y-1)} = \bigoplus_{\zeta=0}^{\Omega} \mathcal{W}_{\mathcal{N}\zeta+(y-1)}$$

$$\mathcal{V}_y = \bigoplus_{\zeta=0}^{(\Omega-1)} \mathcal{W}_{\mathcal{N}\zeta+y}$$

$$\vdots$$

$$\mathcal{V}_{(\mathcal{N}-1)} = \bigoplus_{\zeta=0}^{(\Omega-1)} \mathcal{W}_{\mathcal{N}\zeta+(\mathcal{N}-1)}$$

或者写成

$$\mathcal{V}_h = \begin{cases} \bigoplus_{\zeta=0}^{\Omega} \mathcal{W}_{\mathcal{N}\zeta+h}, & 0 \leqslant h \leqslant (y-1) \\ \bigoplus_{\zeta=0}^{(\Omega-1)} \mathcal{W}_{\mathcal{N}\zeta+h}, & y \leqslant h \leqslant (\mathcal{N}-1) \end{cases}$$

这样，双重组合线性调频小波算子 $\mathcal{Q}_*^{(\theta,\alpha)}$ 的构造过程相当于多项组合线性调频小波算子 $\mathcal{R}^{(\gamma,\alpha)}$ 的特征子空间的合并，只不过合并过程不是“均匀的”，因此，合并后得到的子空间序列 $\{\mathcal{V}_h; h = 0,1,2,\cdots,(\mathcal{N}-1)\}$ 也不是“均匀的”．具体地说，当 $h = 0,1,2,\cdots,(y-1)$ 时，

$$\begin{aligned} \mathcal{V}_h &= \bigoplus_{\zeta=0}^{\Omega} \mathcal{W}_{\mathcal{N}\zeta+h} \\ &= \bigoplus_{\zeta=0}^{\Omega} \mathrm{Closespan}\{\psi_{\mathcal{L}m+h+\mathcal{N}\zeta}(x); m = 0,1,2,3,\cdots\} \\ &= \mathrm{Closespan}\{\psi_{\mathcal{L}m+h+\mathcal{N}\zeta}(x); \zeta = 0,1,\cdots,\Omega, m = 0,1,2,3,\cdots\} \\ &= \mathrm{Closespan}\{\psi_{\mathcal{N}(\Omega m+\zeta)+ym+h}(x); \zeta = 0,1,\cdots,\Omega, m = 0,1,2,3,\cdots\} \end{aligned}$$

当 $h = y,\cdots,(\mathcal{N}-1)$ 时，

$$\begin{aligned} \mathcal{V}_h &= \bigoplus_{\zeta=0}^{(\Omega-1)} \mathcal{W}_{\mathcal{N}\zeta+h} \\ &= \bigoplus_{\zeta=0}^{(\Omega-1)} \mathrm{Closespan}\{\psi_{\mathcal{L}m+h+\mathcal{N}\zeta}(x); m = 0,1,2,3,\cdots\} \\ &= \mathrm{Closespan}\{\psi_{\mathcal{L}m+h+\mathcal{N}\zeta}(x); \zeta = 0,1,\cdots,(\Omega-1), m = 0,1,2,3,\cdots\} \\ &= \mathrm{Closespan}\{\psi_{\mathcal{N}(\Omega m+\zeta)+ym+h}(x); \zeta = 0,1,\cdots,(\Omega-1), m = 0,1,2,3,\cdots\} \end{aligned}$$

虽然双重组合线性调频小波算子族 $\{\mathcal{Q}_*^{(\theta,\alpha)}; \alpha \in \mathbb{R}\}$ 与多项组合线性调频小波算

子族 $\{\mathcal{R}^{(\gamma,\alpha)};\alpha\in\mathbb{R}\}$ 本质上是两类不同的组合形式的线性调频小波算子类型，但是在一些特殊情形下，它们可以是同一类型的算子族，也可能不是同一类型的算子族，在后一种情况下它们之间表现出特别的关系，比如它们的特征值序列或者特征子空间序列之间体现出“折叠”关系. 前述研究结果大致说明这种“折叠”关系出现的条件以及“折叠”的具体形式.

(δ) 双重组合与多项组合线性调频小波的构造系数

在这里详细研究双重组合线性调频小波算子族 $\{\mathcal{Q}_*^{(\theta,\alpha)};\alpha\in\mathbb{R}\}$ 与多项组合线性调频小波算子族 $\{\mathcal{R}^{(\gamma,\alpha)};\alpha\in\mathbb{R}\}$ 构造过程中的组合系数函数系之间的关系.

当实数参数 $\alpha\in\mathbb{R}$ 时，多项组合线性调频小波算子族 $\mathcal{R}^{(\gamma,\alpha)}$ 被构造如下:

$$\begin{aligned}\mathcal{R}^{(\gamma,\alpha)}&=\sum_{\ell=0}^{(\mathcal{L}-1)}p_\ell(\gamma,\alpha)\mathcal{R}^\ell\\&=\frac{1}{\mathcal{L}}\sum_{\ell=0}^{(\mathcal{L}-1)}\sum_{k=0}^{(\mathcal{L}-1)}\exp\{-2\pi i[\alpha(k+\mathcal{L}\gamma_k)-\ell k]/\mathcal{L}\}\mathcal{R}^\ell\end{aligned}$$

其中，上述表达式中出现的组合系数函数系 $\{p_\ell(\gamma,\alpha);\ell=0,1,\cdots,(\mathcal{L}-1)\}$ 可按照如下有限和形式表示为

$$p_\ell(\gamma,\alpha)=\frac{1}{\mathcal{L}}\sum_{k=0}^{(\mathcal{L}-1)}\exp\{-2\pi i[\alpha(k+\mathcal{L}\gamma_k)-\ell k]/\mathcal{L}\}$$

其中 $\gamma=(\gamma_0,\gamma_1,\cdots,\gamma_{(\mathcal{L}-1)})\in\mathbb{Z}^{\mathcal{L}}$ 是任意的 $\mathcal{L}$ 维整数向量.

此外，双重组合线性调频小波算子族 $\mathcal{Q}^{(\theta,\alpha)}$ 被构造如下:

$$\begin{aligned}\mathcal{Q}^{(\theta,\alpha)}&=\sum_{\ell=0}^{(\mathcal{N}-1)}q_\ell(\theta,\alpha)\mathcal{Q}^\ell\\&=\frac{1}{\mathcal{N}}\sum_{\ell=0}^{(\mathcal{N}-1)}\sum_{k=0}^{(\mathcal{N}-1)}\exp\{-2\pi i[\alpha(k+\mathcal{N}\theta_k)-\ell k]/\mathcal{N}\}\mathcal{Q}^\ell\end{aligned}$$

其中，上述表达式中出现的组合系数函数系 $\{q_\ell(\theta,\alpha);\ell=0,1,\cdots,(\mathcal{N}-1)\}$ 可按照如下有限和形式表示为

$$q_\ell(\theta,\alpha)=\frac{1}{\mathcal{N}}\sum_{k=0}^{(\mathcal{N}-1)}\exp\{-2\pi i[\alpha(k+\mathcal{N}\theta_k)-\ell k]/\mathcal{N}\}$$

其中 $\theta=(\theta_0,\theta_1,\cdots,\theta_{(\mathcal{N}-1)})\in\mathbb{Z}^{\mathcal{N}}$ 是任意的 $\mathcal{N}$ 维整数向量.

利用双重组合线性调频小波函数构造过程中的组合系数函数系，构造如下形式的 $\mathcal{N}\times\mathcal{N}$ 矩阵 $\mathcal{B}^{(\theta,\alpha)}$:

$$\boldsymbol{\mathcal{B}}^{(\theta,\alpha)}=\begin{pmatrix} \mathfrak{q}_0(\theta,\alpha) & \mathfrak{q}_{(\mathcal{N}-1)}(\theta,\alpha) & \cdots & \mathfrak{q}_1(\theta,\alpha) \\ \mathfrak{q}_1(\theta,\alpha) & \mathfrak{q}_0(\theta,\alpha) & \cdots & \mathfrak{q}_2(\theta,\alpha) \\ \vdots & \vdots & \ddots & \vdots \\ \mathfrak{q}_{(\mathcal{N}-1)}(\theta,\alpha) & \mathfrak{q}_{(\mathcal{N}-2)}(\theta,\alpha) & \cdots & \mathfrak{q}_0(\theta,\alpha) \end{pmatrix}$$

其中 $\{\mathfrak{q}_\ell(\theta,\alpha);\ell=0,1,\cdots,(\mathcal{N}-1)\}$ 是组合系数函数系. 形式上，这是一个依赖于实数参数 $\alpha\in\mathbb{R}$ 的“循环矩阵”或者“置换矩阵”，或者 $\mathcal{N}$ 阶广义置换矩阵. 当实数参数 $\alpha\in\mathbb{R}$ 选取 $\alpha=0,1,2,\cdots$ 这样特殊的整数时，容易验证如下的矩阵整数幂次运算规律:

$$\boldsymbol{\mathcal{B}}^{(\theta,m)}=\boldsymbol{\mathcal{B}}^{(\theta,1)}\boldsymbol{\mathcal{B}}^{(\theta,m-1)}=\boldsymbol{\mathcal{B}}^{(\theta,m-1)}\boldsymbol{\mathcal{B}}^{(\theta,1)}=\left[\boldsymbol{\mathcal{B}}^{(\theta,1)}\right]^m,\quad m\in\mathbb{Z}$$

示范罗列几个特例如下:

$$\boldsymbol{\mathcal{B}}^{(\theta,0)}=\begin{pmatrix} 1 & 0 & \cdots & \cdots & 0 \\ 0 & 1 & & & \\ \vdots & \ddots & \ddots & & \\ \vdots & & \ddots & 1 & 0 \\ 0 & \cdots & \cdots & 0 & 1 \end{pmatrix},\quad \boldsymbol{\mathcal{B}}^{(\theta,1)}=\begin{pmatrix} 0 & 0 & \cdots & \cdots & 1 \\ 1 & 0 & & & \\ \vdots & \ddots & \ddots & & \\ \vdots & & \ddots & 0 & 0 \\ 0 & \cdots & \cdots & 1 & 0 \end{pmatrix},\cdots,$$

$$\boldsymbol{\mathcal{B}}^{(\theta,(\mathcal{N}-1))}=\begin{pmatrix} 0 & 1 & \cdots & \cdots & 0 \\ 0 & 0 & \ddots & & \\ \vdots & \ddots & \ddots & \ddots & \\ \vdots & & \ddots & 0 & 1 \\ 1 & \cdots & \cdots & 0 & 0 \end{pmatrix}$$

这就是 0-步,1-步,$\cdots$,$(\mathcal{N}-1)$-步标准置换矩阵，此外，$\boldsymbol{\mathcal{B}}^{(\theta,\mathcal{N})}=\boldsymbol{\mathcal{B}}^{(\theta,0)}=\boldsymbol{\mathcal{I}}$ 是 $\mathcal{N}\times\mathcal{N}$ 单位矩阵. 由此还可以进一步得到如下关系：当实数参数 $\alpha=m$ 是整数时,

$$\boldsymbol{\mathcal{B}}^{(\theta,m)}=\boldsymbol{\mathcal{B}}^{(\theta,m+\mathcal{N})},\quad m\in\mathbb{Z}$$

当 $\alpha\in\mathbb{R}$ 是任意实数时，双重组合线性调频小波算子族 $\{\boldsymbol{\mathcal{Q}}^{(\theta,\alpha)};\alpha\in\mathbb{R}\}$ 满足的算子运算规则要求函数矩阵系 $\{\boldsymbol{\mathcal{B}}^{(\theta,\alpha)};\alpha\in\mathbb{R}\}$ 满足如下 4 个公理:

⟦1⟧ 连续性公理：对全部实数参数 $\alpha\in\mathbb{R}$，矩阵 $\boldsymbol{\mathcal{B}}^{(\theta,\alpha)}$ 是连续的;

⟦2⟧ 边界性公理：$\boldsymbol{\mathcal{B}}^{(\theta,\alpha)}=\boldsymbol{\mathcal{B}}^{(\theta,1)},\alpha=1$;

⟦3⟧ 周期性公理：$\boldsymbol{\mathcal{B}}^{(\theta,\alpha)}=\boldsymbol{\mathcal{B}}^{(\theta,\alpha+\mathcal{N})},\alpha\in\mathbb{R}$;

⟦4⟧ 可加性公理：$(\alpha,\beta)\in\mathbb{R}\times\mathbb{R}$,

$$\boldsymbol{\mathcal{B}}^{(\theta,\alpha)}\boldsymbol{\mathcal{B}}^{(\theta,\beta)}=\boldsymbol{\mathcal{B}}^{(\theta,\beta)}\boldsymbol{\mathcal{B}}^{(\theta,\alpha)}=\boldsymbol{\mathcal{B}}^{(\theta,\alpha+\beta)}$$

利用这 4 个公理容易证明，函数矩阵系 $\{\mathcal{B}^{(\theta,\alpha)};\alpha\in\mathbb{R}\}$ 是一个关于实数参数 $\alpha\in\mathbb{R}$ 的置换矩阵群，而且，矩阵群 $\{\mathcal{B}^{(\theta,\alpha)};\alpha\in\mathbb{R}\}$ 与算子群 $\{\mathcal{Q}^{(\theta,\alpha)};\alpha\in\mathbb{R}\}$ 是等价的“加法群”. 这表明双重组合线性调频小波算子群 $\{\mathcal{Q}^{(\theta,\alpha)};\alpha\in\mathbb{R}\}$ 本质上是一个广义置换群，任意实数参数 $\alpha\in\mathbb{R}$ 对应的 $\mathcal{Q}^{(\theta,\alpha)}$ 相当于一个广义置换或者广义置换矩阵 $\mathcal{B}^{(\theta,\alpha)}$.

回顾多项组合线性调频小波算子族 $\mathcal{R}^{(\gamma,\alpha)}$ 的构造表达式:

$$\begin{aligned}\mathcal{R}^{(\gamma,\alpha)}&=\sum_{\ell=0}^{(\mathcal{L}-1)}p_{\ell}(\gamma,\alpha)\mathscr{F}_{(\mathcal{A},\mathcal{Q})}^{4\ell/\mathcal{L}}\\&=\frac{1}{\mathcal{L}}\sum_{\ell=0}^{(\mathcal{L}-1)}\sum_{k=0}^{(\mathcal{L}-1)}\exp\{-2\pi i[\alpha(k+\mathcal{L}\gamma_k)-\ell k]/\mathcal{L}\}\mathscr{F}_{(\mathcal{A},\mathcal{Q})}^{4\ell/\mathcal{L}}\end{aligned}$$

得到 $\mathcal{R}^{(\gamma,\alpha)}$ 如下几个采样算子:

$$\mathcal{Q}^{\ell}=\mathcal{R}^{(\gamma,\ell\mathcal{L}/\mathcal{N})}=\sum_{\zeta=0}^{(\mathcal{L}-1)}p_{\zeta}(\gamma,\ell\Delta)\mathscr{F}_{(\mathcal{A},\mathcal{Q})}^{4\zeta/\mathcal{L}},\quad \Delta=\mathcal{L}/\mathcal{N},\quad \ell=0,1,\cdots,(\mathcal{N}-1)$$

这样，双重组合线性调频小波算子族 $\mathcal{Q}^{(\theta,\alpha)}$ 可以重新表示如下:

$$\begin{aligned}\mathcal{Q}^{(\theta,\alpha)}&=\sum_{\ell=0}^{(\mathcal{N}-1)}\mathfrak{q}_{\ell}(\theta,\alpha)\mathcal{Q}^{\ell}=\sum_{\ell=0}^{(\mathcal{N}-1)}\sum_{\zeta=0}^{(\mathcal{L}-1)}p_{\zeta}(\gamma,\ell\Delta)\mathfrak{q}_{\ell}(\theta,\alpha)\mathscr{F}_{(\mathcal{A},\mathcal{Q})}^{4\zeta/\mathcal{L}}\\&=\sum_{\zeta=0}^{(\mathcal{L}-1)}\left[\sum_{\ell=0}^{(\mathcal{N}-1)}p_{\zeta}(\gamma,\ell\Delta)\mathfrak{q}_{\ell}(\theta,\alpha)\right]\mathscr{F}_{(\mathcal{A},\mathcal{Q})}^{4\zeta/\mathcal{L}}\\&=\sum_{\zeta=0}^{(\mathcal{L}-1)}c_{\zeta}(\alpha)\mathscr{F}_{(\mathcal{A},\mathcal{Q})}^{4\zeta/\mathcal{L}}\end{aligned}$$

其中

$$c_{\zeta}(\alpha)=\sum_{\ell=0}^{(\mathcal{N}-1)}p_{\zeta}(\gamma,\ell\Delta)\mathfrak{q}_{\ell}(\theta,\alpha),\quad \Delta=\mathcal{L}/\mathcal{N},\quad \zeta=0,1,\cdots,(\mathcal{L}-1)$$

这样，线性调频小波算子 $\mathcal{Q}^{(\theta,\alpha)}$ 既可以写成多项组合线性调频小波算子的采样序列 $\{\mathcal{R}^{(\gamma,\ell\mathcal{L}/\mathcal{N})},\ell=0,1,\cdots,(\mathcal{N}-1)\}$ 按系数 $\{\mathfrak{q}_{\ell}(\theta,\alpha);\ell=0,1,\cdots,(\mathcal{N}-1)\}$ 的线性组合，也可写成经典线性调频小波算子采样序列 $\{\mathscr{F}_{(\mathcal{A},\mathcal{Q})}^{4\zeta/\mathcal{L}};\zeta=0,1,\cdots,(\mathcal{L}-1)\}$ 按照组合系数函数系 $\{c_{\zeta}(\alpha);\zeta=0,1,\cdots,(\mathcal{L}-1)\}$ 的线性组合. 只不过它们的组合系数之间存在确定的依赖关系.

下面研究组合系数 $\{c_{\zeta}(\alpha);\zeta=0,1,\cdots,(\mathcal{L}-1)\}$ 的性质以及可能的简洁表达式.

容易验证组合系数 $\{c_{\zeta}(\alpha);\zeta=0,1,\cdots,(\mathcal{L}-1)\}$ 已经不再完全满足组合系数函数

系 $\left\{\mathfrak{q}_\ell(\theta,\alpha);\ell=0,1,\cdots,(\mathcal{N}-1)\right\}$ 所遵从的系数公理，即第二组公理. 实际上，组合系数函数系 $\{c_\zeta(\alpha);\zeta=0,1,\cdots,(\mathcal{L}-1)\}$ 只满足第二组公理的第一、四公理，未必满足第二、三公理.

具体地说，利用第二组公理的边界性公理

$$\mathfrak{q}_\ell(\theta,m)=\delta(m-\ell),\quad 0\leqslant \ell,m\leqslant(\mathcal{N}-1)$$

和周期性公理

$$\mathfrak{q}_\ell(\theta,\alpha)=\mathfrak{q}_\ell(\theta,\alpha+\mathcal{N}),\ 0\leqslant\ell\leqslant(\mathcal{N}-1),\quad \alpha\in\mathbb{R}$$

可以得到系数 $\{c_\zeta(\alpha);\zeta=0,1,\cdots,(\mathcal{L}-1)\}$ 的边界性和周期性:

$$\begin{aligned}c_\zeta(\alpha+\mathcal{N})&=\sum_{\ell=0}^{(\mathcal{N}-1)}p_\zeta(\gamma,\ell\Delta)\mathfrak{q}_\ell(\theta,\alpha+\mathcal{N})\\&=\sum_{\ell=0}^{(\mathcal{N}-1)}p_\zeta(\gamma,\ell\Delta)\mathfrak{q}_\ell(\theta,\alpha)\\&=c_\zeta(\alpha)\end{aligned}$$

而且

$$\begin{aligned}c_\zeta(m)&=\sum_{\ell=0}^{(\mathcal{N}-1)}p_\zeta(\gamma,\ell\Delta)\mathfrak{q}_\ell(\theta,m)\\&=\sum_{\ell=0}^{(\mathcal{N}-1)}p_\zeta(\gamma,\ell\Delta)\delta\Big(\mathrm{mod}(m,\mathcal{N})-\ell\Big)\\&=p_\zeta(\gamma,\Delta\,\mathrm{mod}(m,\mathcal{N}))\end{aligned}$$

其中，$0\leqslant m\leqslant(\mathcal{L}-1)$，$\zeta=0,1,\cdots,(\mathcal{L}-1)$. 所以，当 $0\leqslant m\leqslant(\mathcal{N}-1)$ 时，$c_\zeta(m)=p_\zeta(\gamma,m\Delta)$.

显然，$\{c_\zeta(\alpha);\zeta=0,1,\cdots,(\mathcal{L}-1)\}$ 与 $\{\mathfrak{q}_\ell(\theta,\alpha);\ell=0,1,\cdots,(\mathcal{N}-1)\}$ 之间的关系可以用矩阵形式表示如下:

$$\begin{aligned}\begin{pmatrix}c_0(\alpha)\\c_1(\alpha)\\\vdots\\c_{(\mathcal{L}-1)}(\alpha)\end{pmatrix}&=\begin{pmatrix}p_0\big(0\cdot\Delta\big)&p_0\big(1\cdot\Delta\big)&\cdots&p_0\big((\mathcal{N}-1)\Delta\big)\\p_1\big(0\cdot\Delta\big)&p_1\big(1\cdot\Delta\big)&\cdots&p_1\big((\mathcal{N}-1)\Delta\big)\\\vdots&\vdots&\ddots&\vdots\\p_{(\mathcal{L}-1)}\big(0\cdot\Delta\big)&p_{(\mathcal{L}-1)}\big(1\cdot\Delta\big)&\cdots&p_{(\mathcal{L}-1)}\big((\mathcal{N}-1)\Delta\big)\end{pmatrix}\begin{pmatrix}\mathfrak{q}_0(\theta,\alpha)\\\mathfrak{q}_1(\theta,\alpha)\\\vdots\\\mathfrak{q}_{(\mathcal{N}-1)}(\theta,\alpha)\end{pmatrix}\\&=\mathfrak{P}\begin{pmatrix}\mathfrak{q}_0(\theta,\alpha)\\\mathfrak{q}_1(\theta,\alpha)\\\vdots\\\mathfrak{q}_{(\mathcal{N}-1)}(\theta,\alpha)\end{pmatrix}\end{aligned}$$

其中

$$\mathfrak{P}=\begin{pmatrix} p_0\left(0\cdot\Delta\right) & p_0\left(1\cdot\Delta\right) & \cdots & p_0\left((\mathcal{N}-1)\Delta\right) \\ p_1\left(0\cdot\Delta\right) & p_1\left(1\cdot\Delta\right) & \cdots & p_1\left((\mathcal{N}-1)\Delta\right) \\ \vdots & \vdots & \ddots & \vdots \\ p_{(\mathcal{L}-1)}\left(0\cdot\Delta\right) & p_{(\mathcal{L}-1)}\left(1\cdot\Delta\right) & \cdots & p_{(\mathcal{L}-1)}\left((\mathcal{N}-1)\Delta\right) \end{pmatrix}$$

这样，组合系数函数系 $\{c_\zeta(\alpha);\zeta=0,1,\cdots,(\mathcal{L}-1)\}$ 的周期条件可表示为

$$\begin{pmatrix} c_0(\alpha+\mathcal{N}) \\ c_1(\alpha+\mathcal{N}) \\ \vdots \\ c_{(\mathcal{L}-1)}(\alpha+\mathcal{N}) \end{pmatrix}=\begin{pmatrix} c_0(\alpha) \\ c_1(\alpha) \\ \vdots \\ c_{(\mathcal{L}-1)}(\alpha) \end{pmatrix}$$

而且相应的边界条件可以表示成

$$\begin{pmatrix} c_0(m) \\ c_1(m) \\ \vdots \\ c_{(\mathcal{L}-1)}(m) \end{pmatrix}=\begin{pmatrix} p_0(\gamma,\Delta\,\mathrm{mod}(m,\mathcal{N})) \\ p_1(\gamma,\Delta\,\mathrm{mod}(m,\mathcal{N})) \\ \vdots \\ p_{(\mathcal{L}-1)}(\gamma,\Delta\,\mathrm{mod}(m,\mathcal{N})) \end{pmatrix},\quad m=0,1,\cdots,(\mathcal{L}-1)$$

另外，从前述表达式演算可得如下恒等式:

$$\begin{aligned}\mathcal{Q}^{(\theta,\alpha)}\mathcal{Q}^{(\theta,\beta)}&=\sum_{r=0}^{(\mathcal{L}-1)}c_r(\alpha)\mathscr{F}_{(\mathcal{A},\mathcal{Q})}^{4r/\mathcal{L}}\sum_{k=0}^{(\mathcal{L}-1)}c_k(\beta)\mathscr{F}_{(\mathcal{A},\mathcal{Q})}^{4k/\mathcal{L}}\\&=\sum_{r=0}^{(\mathcal{L}-1)}\sum_{k=0}^{(\mathcal{L}-1)}c_r(\alpha)c_k(\beta)\mathscr{F}_{(\mathcal{A},\mathcal{Q})}^{4(r+k)/\mathcal{L}}\\&=\sum_{r=0}^{(\mathcal{L}-1)}\sum_{k=0}^{(\mathcal{L}-1)}c_r(\alpha)c_k(\beta)\mathscr{F}_{(\mathcal{A},\mathcal{Q})}^{4(r+k)/\mathcal{L}}\\&=\sum_{v=0}^{(\mathcal{L}-1)}\sum_{\substack{0\leqslant r,k\leqslant(\mathcal{L}-1)\\ \mathrm{mod}(r+k,\mathcal{L})=v}}c_r(\alpha)c_k(\beta)\mathscr{F}_{(\mathcal{A},\mathcal{Q})}^{4v/\mathcal{L}}\\&=\mathcal{Q}^{(\theta,\beta)}\mathcal{Q}^{(\theta,\alpha)}\end{aligned}$$

其中

$$\mathcal{Q}^{(\theta,\alpha)}=\sum_{r=0}^{(\mathcal{L}-1)}c_r(\alpha)\mathscr{F}_{(\mathcal{A},\mathcal{Q})}^{4r/\mathcal{L}},\quad \mathcal{Q}^{(\theta,\beta)}=\sum_{k=0}^{(\mathcal{L}-1)}c_k(\beta)\mathscr{F}_{(\mathcal{A},\mathcal{Q})}^{4k/\mathcal{L}}$$

利用双重组合线性调频小波算子族的可加性公理知:

$$\mathcal{Q}^{(\theta,\alpha)}\mathcal{Q}^{(\theta,\beta)}=\mathcal{Q}^{(\theta,\beta)}\mathcal{Q}^{(\theta,\alpha)}=\mathcal{Q}^{(\theta,\alpha+\beta)}$$

其中

$$\mathcal{Q}^{(\theta,\alpha+\beta)}=\sum_{\ell=0}^{(\mathcal{L}-1)}c_\ell(\alpha+\beta)\mathscr{F}_{(\mathcal{A},\mathcal{Q})}^{4\ell/\mathcal{L}}$$

从而最终得到组合系数函数系 $\{c_\zeta(\alpha);\zeta=0,1,\cdots,(\boldsymbol{\mathcal{L}}-1)\}$ 的“卷积”关系:

$$c_v(\alpha+\beta)=\sum_{\substack{0\leqslant r,k\leqslant(\boldsymbol{\mathcal{L}}-1)\\ \operatorname{mod}(r+k,\boldsymbol{\mathcal{L}})=v}} c_r(\alpha)c_k(\beta),\quad v=0,1,\cdots,(\boldsymbol{\mathcal{L}}-1)$$

实际上，组合系数函数系 $\{c_\zeta(\alpha);\zeta=0,1,\cdots,(\boldsymbol{\mathcal{L}}-1)\}$ 的“卷积”关系也可以直接演算获得. 比如对于 $v=0$，

$$\begin{aligned}c_0(\alpha+\beta)&=\sum_{w=0}^{(\boldsymbol{\mathcal{N}}-1)}\mathfrak{q}_w(\theta,\alpha+\beta)p_0(\gamma,w\Delta)\\&=\sum_{w=0}^{(\boldsymbol{\mathcal{N}}-1)}\sum_{\substack{0\leqslant m,n\leqslant(\boldsymbol{\mathcal{N}}-1)\\ \operatorname{mod}(m+n,\boldsymbol{\mathcal{N}})=w}}\mathfrak{q}_m(\theta,\alpha)\mathfrak{q}_n(\theta,\beta)p_0(\gamma,w\Delta)\end{aligned}$$

根据 $p_\ell(\gamma,\alpha)=p_\ell(\gamma,\alpha+\boldsymbol{\mathcal{L}}),\ell=0,1,\cdots,(\boldsymbol{\mathcal{L}}-1),\alpha\in\mathbb{R}$ 可得

$$p_0(\gamma,w\Delta)=p_0(\gamma,(w\pm\boldsymbol{\mathcal{N}})\Delta)$$

所以，当 $\operatorname{mod}(m+n,\boldsymbol{\mathcal{N}})=w$ 时，$p_0(\gamma,w\Delta)=p_0(\gamma,(m+n)\Delta)$，于是

$$\begin{aligned}c_0(\alpha+\beta)&=\sum_{w=0}^{(\boldsymbol{\mathcal{N}}-1)}\sum_{\substack{0\leqslant m,n\leqslant(\boldsymbol{\mathcal{N}}-1)\\ \operatorname{mod}(m+n,\boldsymbol{\mathcal{N}})=w}}\mathfrak{q}_m(\theta,\alpha)\mathfrak{q}_n(\theta,\beta)p_0(\gamma,w\Delta)\\
&=\sum_{w=0}^{(\boldsymbol{\mathcal{N}}-1)}\sum_{\substack{0\leqslant m,n\leqslant(\boldsymbol{\mathcal{N}}-1)\\ \operatorname{mod}(m+n,\boldsymbol{\mathcal{N}})=w}}\mathfrak{q}_m(\theta,\alpha)\mathfrak{q}_n(\theta,\beta)p_0(\gamma,(m+n)\Delta)\\
&=\sum_{w=0}^{(\boldsymbol{\mathcal{N}}-1)}\sum_{\substack{0\leqslant m,n\leqslant(\boldsymbol{\mathcal{N}}-1)\\ \operatorname{mod}(m+n,\boldsymbol{\mathcal{N}})=w}}\mathfrak{q}_m(\theta,\alpha)\mathfrak{q}_n(\theta,\beta)\sum_{\substack{0\leqslant u,v\leqslant(\boldsymbol{\mathcal{L}}-1)\\ \operatorname{mod}(u+v,\boldsymbol{\mathcal{L}})=0}}p_u(\gamma,\Delta m)p_v(\gamma,\Delta n)\\
&=\sum_{w=0}^{(\boldsymbol{\mathcal{N}}-1)}\sum_{\substack{0\leqslant m,n\leqslant(\boldsymbol{\mathcal{N}}-1)\\ \operatorname{mod}(m+n,\boldsymbol{\mathcal{N}})=w}}\sum_{\substack{0\leqslant u,v\leqslant(\boldsymbol{\mathcal{L}}-1)\\ \operatorname{mod}(u+v,\boldsymbol{\mathcal{L}})=0}}[\mathfrak{q}_m(\theta,\alpha)p_u(\gamma,\Delta m)][\mathfrak{q}_n(\theta,\beta)p_v(\gamma,\Delta n)]\\
&=\sum_{\substack{0\leqslant u,v\leqslant(\boldsymbol{\mathcal{L}}-1)\\ \operatorname{mod}(u+v,\boldsymbol{\mathcal{L}})=0}}\sum_{w=0}^{(\boldsymbol{\mathcal{N}}-1)}\sum_{\substack{0\leqslant m,n\leqslant(\boldsymbol{\mathcal{N}}-1)\\ \operatorname{mod}(m+n,\boldsymbol{\mathcal{N}})=w}}[\mathfrak{q}_m(\theta,\alpha)p_u(\gamma,\Delta m)][\mathfrak{q}_n(\theta,\beta)p_v(\gamma,\Delta n)]\\
&=\sum_{\substack{0\leqslant u,v\leqslant(\boldsymbol{\mathcal{L}}-1)\\ \operatorname{mod}(u+v,\boldsymbol{\mathcal{L}})=0}}\sum_{0\leqslant m\leqslant(\boldsymbol{\mathcal{N}}-1)}[\mathfrak{q}_m(\theta,\alpha)p_u(\gamma,\Delta m)]\sum_{0\leqslant n\leqslant(\boldsymbol{\mathcal{N}}-1)}[\mathfrak{q}_n(\theta,\beta)p_v(\gamma,\Delta n)]\\
&=\sum_{\substack{0\leqslant u,v\leqslant(\boldsymbol{\mathcal{L}}-1)\\ \operatorname{mod}(u+v,\boldsymbol{\mathcal{L}})=0}}c_u(\alpha)c_v(\beta)\end{aligned}$$

其中，当 $\operatorname{mod}(u+v,\boldsymbol{\mathcal{L}})=0$ 时，成立如下等式:

$$\sum_{0\leqslant m\leqslant(\mathcal{N}-1)}[\mathfrak{q}_m(\theta,\alpha)p_u(\gamma,\Delta m)]\sum_{0\leqslant n\leqslant(\mathcal{N}-1)}[\mathfrak{q}_n(\theta,\beta)p_v(\gamma,\Delta n)]$$
$$=\sum_{w=0}^{(\mathcal{N}-1)}\sum_{\substack{0\leqslant m,n\leqslant(\mathcal{N}-1)\\ \operatorname{mod}(m+n,\mathcal{N})=w}}[\mathfrak{q}_m(\theta,\alpha)p_u(\gamma,\Delta m)][\mathfrak{q}_n(\theta,\beta)p_v(\gamma,\Delta n)]$$

一般地，$q=0,1,\cdots,(\mathcal{L}-1)$，

$$\begin{aligned}c_q(\alpha+\beta)&=\sum_{w=0}^{(\mathcal{N}-1)}\sum_{\substack{0\leqslant m,n\leqslant(\mathcal{N}-1)\\ \operatorname{mod}(m+n,\mathcal{N})=w}}\mathfrak{q}_m(\theta,\alpha)\mathfrak{q}_n(\theta,\beta)p_q(\gamma,w\Delta)\\
&=\sum_{w=0}^{(\mathcal{N}-1)}\sum_{\substack{0\leqslant m,n\leqslant(\mathcal{N}-1)\\ \operatorname{mod}(m+n,\mathcal{N})=w}}\mathfrak{q}_m(\theta,\alpha)\mathfrak{q}_n(\theta,\beta)p_q(\gamma,(m+n)\Delta)\\
&=\sum_{w=0}^{(\mathcal{N}-1)}\sum_{\substack{0\leqslant m,n\leqslant(\mathcal{N}-1)\\ \operatorname{mod}(m+n,\mathcal{N})=w}}\mathfrak{q}_m(\theta,\alpha)\mathfrak{q}_n(\theta,\beta)\sum_{\substack{0\leqslant u,v\leqslant(\mathcal{L}-1)\\ \operatorname{mod}(u+v,\mathcal{L})=q}}p_u(\gamma,\Delta m)p_v(\gamma,\Delta n)\\
&=\sum_{w=0}^{(\mathcal{N}-1)}\sum_{\substack{0\leqslant m,n\leqslant(\mathcal{N}-1)\\ \operatorname{mod}(m+n,\mathcal{N})=w}}\sum_{\substack{0\leqslant u,v\leqslant(\mathcal{L}-1)\\ \operatorname{mod}(u+v,\mathcal{L})=q}}[\mathfrak{q}_m(\theta,\alpha)p_u(\gamma,\Delta m)][\mathfrak{q}_n(\theta,\beta)p_v(\gamma,\Delta n)]\\
&=\sum_{\substack{0\leqslant u,v\leqslant(\mathcal{L}-1)\\ \operatorname{mod}(u+v,\mathcal{L})=q}}\sum_{w=0}^{(\mathcal{N}-1)}\sum_{\substack{0\leqslant m,n\leqslant(\mathcal{N}-1)\\ \operatorname{mod}(m+n,\mathcal{N})=w}}[\mathfrak{q}_m(\theta,\alpha)p_u(\gamma,\Delta m)][\mathfrak{q}_n(\theta,\beta)p_v(\gamma,\Delta n)]\\
&=\sum_{\substack{0\leqslant u,v\leqslant(\mathcal{L}-1)\\ \operatorname{mod}(u+v,\mathcal{L})=q}}\sum_{0\leqslant m\leqslant(\mathcal{N}-1)}[\mathfrak{q}_m(\theta,\alpha)p_u(\gamma,\Delta m)]\sum_{0\leqslant n\leqslant(\mathcal{N}-1)}[\mathfrak{q}_n(\theta,\beta)p_v(\gamma,\Delta n)]\\
&=\sum_{\substack{0\leqslant u,v\leqslant(\mathcal{L}-1)\\ \operatorname{mod}(u+v,\mathcal{L})=q}}c_u(\alpha)c_v(\beta)\end{aligned}$$

其中当 $\operatorname{mod}(u+v,\mathcal{L})=q$ 时，成立

$$\sum_{0\leqslant m\leqslant(\mathcal{N}-1)}[\mathfrak{q}_m(\theta,\alpha)p_u(\gamma,\Delta m)]\sum_{0\leqslant n\leqslant(\mathcal{N}-1)}[\mathfrak{q}_n(\theta,\beta)p_v(\gamma,\Delta n)]$$
$$=\sum_{w=0}^{(\mathcal{N}-1)}\sum_{\substack{0\leqslant m,n\leqslant(\mathcal{N}-1)\\ \operatorname{mod}(m+n,\mathcal{N})=w}}[\mathfrak{q}_m(\theta,\alpha)p_u(\gamma,\Delta m)][\mathfrak{q}_n(\theta,\beta)p_v(\gamma,\Delta n)]$$

上述推导过程中，没有使用两重组合系数的具体解析表达式，只是利用了它们的周期性和幂次加性.

因此，如果利用组合系数函数系 $\{c_\zeta(\alpha);\zeta=0,1,\cdots,(\mathcal{L}-1)\}$ 定义矩阵

$$\mathscr{C}(\alpha)=\begin{pmatrix}c_0(\alpha)&c_{(\mathcal{L}-1)}(\alpha)&\cdots&c_1(\alpha)\\c_1(\alpha)&c_0(\alpha)&\cdots&c_2(\alpha)\\\vdots&\vdots&\ddots&\vdots\\c_{(\mathcal{L}-1)}(\alpha)&c_{(\mathcal{L}-2)}(\alpha)&\cdots&c_0(\alpha)\end{pmatrix}$$

那么，对于任意 $\alpha,\beta\in\mathbb{R}$，成立等式:

$$\mathscr{C}(\alpha)\mathscr{C}(\beta)=\mathscr{C}(\beta)\mathscr{C}(\alpha)=\mathscr{C}(\alpha+\beta)$$

前述分析说明，$\boldsymbol{\mathcal{L}}\times\boldsymbol{\mathcal{L}}$ 矩阵族 $\left\{\mathscr{C}(\alpha);\alpha\in\mathbb{R}\right\}$ 与双重组合线性调频小波算子族 $\{\boldsymbol{\mathcal{Q}}^{(\theta,\alpha)};\alpha\in\mathbb{R}\}$ 是等价的而且是一个“加法群”. 显然，它与多项组合线性调频小波算子族 $\{\boldsymbol{\mathcal{R}}^{(\gamma,\alpha)};\alpha\in\mathbb{R}\}$ 等价的 $\boldsymbol{\mathcal{L}}\times\boldsymbol{\mathcal{L}}$ 矩阵群 $\{\mathscr{P}^{(\gamma,\alpha)};\alpha\in\mathbb{R}\}$ 是不同的. 其中，$\gamma=(\gamma_0,\gamma_1,\cdots,\gamma_{(\boldsymbol{\mathcal{L}}-1)})\in\mathbb{Z}^{\boldsymbol{\mathcal{L}}}$ 是任意的 $\boldsymbol{\mathcal{L}}$ 维整数向量，而且，矩阵 $\mathscr{P}^{(\gamma,\alpha)}$ 的具体表示形式如下:

$$\mathscr{P}^{(\gamma,\alpha)}=\begin{pmatrix} p_0(\gamma,\alpha) & p_{(\boldsymbol{\mathcal{L}}-1)}(\gamma,\alpha) & \cdots & p_1(\gamma,\alpha) \\ p_1(\gamma,\alpha) & p_0(\gamma,\alpha) & \cdots & p_2(\gamma,\alpha) \\ \vdots & \vdots & \ddots & \vdots \\ p_{(\boldsymbol{\mathcal{L}}-1)}(\gamma,\alpha) & p_{(\boldsymbol{\mathcal{L}}-2)}(\gamma,\alpha) & \cdots & p_0(\gamma,\alpha) \end{pmatrix}$$

其中，$\{p_\ell(\gamma,\alpha);\ell=0,1,2,\cdots,(\boldsymbol{\mathcal{L}}-1)\}$ 是多项组合线性调频小波算子族 $\boldsymbol{\mathcal{R}}^{(\gamma,\alpha)}$ 构造中的组合系数函数系，具有如下表达形式:

$$p_\ell(\gamma,\alpha)=\frac{1}{\boldsymbol{\mathcal{L}}}\sum_{k=0}^{(\boldsymbol{\mathcal{L}}-1)}\exp\left\{-\frac{2\pi i\left[\alpha(k+\boldsymbol{\mathcal{L}}\gamma_k)-\ell k\right]}{\boldsymbol{\mathcal{L}}}\right\},\quad \ell=0,1,2,\cdots,(\boldsymbol{\mathcal{L}}-1)$$

现在讨论 $\{c_\zeta(\alpha);\zeta=0,1,\cdots,(\boldsymbol{\mathcal{L}}-1)\}$ 的紧凑格式表达形式. 为了简单起见，假设在多项组合线性调频小波算子族 $\boldsymbol{\mathcal{R}}^{(\gamma,\alpha)}$ 和双重组合线性调频小波算子族 $\boldsymbol{\mathcal{Q}}^{(\theta,\alpha)}$ 构造过程中的组合系数函数系为

$$\{p_\ell(\gamma,\alpha);\ell=0,1,2,\cdots,(\boldsymbol{\mathcal{L}}-1)\},\ \{\mathfrak{q}_\ell(\theta,\alpha);\ell=0,1,\cdots,(\boldsymbol{\mathcal{N}}-1)\}$$

采取最简单的形式，这相当于其中出现的自由整数参数向量都是零向量，即

$$\gamma=(\gamma_0,\gamma_1,\cdots,\gamma_{(\boldsymbol{\mathcal{L}}-1)})=(0,0,\cdots,0)\in\mathbb{Z}^{\boldsymbol{\mathcal{L}}}$$
$$\theta=(\theta_0,\theta_1,\cdots,\theta_{(\boldsymbol{\mathcal{N}}-1)})=(0,0,\cdots,0)\in\mathbb{Z}^{\boldsymbol{\mathcal{N}}}$$

这时，$\ell=0,1,\cdots,(\boldsymbol{\mathcal{L}}-1)$，

$$\begin{aligned} p_\ell(\gamma,\alpha)&=\frac{1}{\boldsymbol{\mathcal{L}}}\sum_{k=0}^{(\boldsymbol{\mathcal{L}}-1)}\exp\{(-2\pi i/\boldsymbol{\mathcal{L}})(\alpha-\ell)k\} \\ &=\frac{1}{\boldsymbol{\mathcal{L}}}\frac{1-\exp\{(-2\pi i)(\alpha-\ell)\}}{1-\exp\{(-2\pi i/\boldsymbol{\mathcal{L}})(\alpha-\ell)\}} \end{aligned}$$

而且，

$$\mathfrak{q}_v(\theta,\alpha)=\frac{1}{\boldsymbol{\mathcal{N}}}\sum_{u=0}^{(\boldsymbol{\mathcal{N}}-1)}\exp\{(-2\pi i/\boldsymbol{\mathcal{N}})(\alpha-v)u\}$$

$$=\frac{1}{\boldsymbol{\mathcal{N}}}\frac{1-\exp\{(-2\pi i)(\alpha-v)\}}{1-\exp\{(-2\pi i/\boldsymbol{\mathcal{N}})(\alpha-v)\}},\quad v=0,1,\cdots,(\boldsymbol{\mathcal{N}}-1)$$

根据有限傅里叶变换的逆变换关系，上式可以改写为

$$\begin{pmatrix}\mathfrak{q}_0(\theta,\alpha)\\ \mathfrak{q}_1(\theta,\alpha)\\ \vdots\\ \mathfrak{q}_{(\boldsymbol{\mathcal{N}}-1)}(\theta,\alpha)\end{pmatrix}=\frac{1}{\boldsymbol{\mathcal{N}}}\begin{pmatrix}e^{(2\pi i/\boldsymbol{\mathcal{N}})\times 0\times 0} & \cdots & e^{(2\pi i/\boldsymbol{\mathcal{N}})\times 0\times(\boldsymbol{\mathcal{N}}-1)}\\ e^{(2\pi i/\boldsymbol{\mathcal{N}})\times 1\times 0} & \cdots & e^{(2\pi i/\boldsymbol{\mathcal{N}})\times 1\times(\boldsymbol{\mathcal{N}}-1)}\\ \vdots & & \vdots\\ e^{(2\pi i/\boldsymbol{\mathcal{N}})\times(\boldsymbol{\mathcal{N}}-1)\times 0} & \cdots & e^{(2\pi i/\boldsymbol{\mathcal{N}})\times(\boldsymbol{\mathcal{N}}-1)\times(\boldsymbol{\mathcal{N}}-1)}\end{pmatrix}\begin{pmatrix}e^{(-2\pi i/\boldsymbol{\mathcal{N}})\cdot\alpha\cdot 0}\\ e^{(-2\pi i/\boldsymbol{\mathcal{N}})\cdot\alpha\cdot 1}\\ \vdots\\ e^{(-2\pi i/\boldsymbol{\mathcal{N}})\cdot\alpha\cdot(\boldsymbol{\mathcal{N}}-1)}\end{pmatrix}$$

用矩阵乘积形式定义矩阵 $\mathfrak{D}$:

$$\mathfrak{D}=\frac{1}{\boldsymbol{\mathcal{N}}}\mathfrak{P}\begin{pmatrix}e^{(2\pi i/\boldsymbol{\mathcal{N}})\times 0\times 0} & \cdots & e^{(2\pi i/\boldsymbol{\mathcal{N}})\times 0\times(\boldsymbol{\mathcal{N}}-1)}\\ e^{(2\pi i/\boldsymbol{\mathcal{N}})\times 1\times 0} & \cdots & e^{(2\pi i/\boldsymbol{\mathcal{N}})\times 1\times(\boldsymbol{\mathcal{N}}-1)}\\ \vdots & & \vdots\\ e^{(2\pi i/\boldsymbol{\mathcal{N}})\times(\boldsymbol{\mathcal{N}}-1)\times 0} & \cdots & e^{(2\pi i/\boldsymbol{\mathcal{N}})\times(\boldsymbol{\mathcal{N}}-1)\times(\boldsymbol{\mathcal{N}}-1)}\end{pmatrix}$$

那么，根据 $\{c_\zeta(\alpha);\zeta=0,1,\cdots,(\boldsymbol{\mathcal{L}}-1)\}$ 与 $\{\mathfrak{q}_\ell(\theta,\alpha);\ell=0,1,\cdots,(\boldsymbol{\mathcal{N}}-1)\}$ 之间的矩阵乘积形式的关系公式:

$$\begin{pmatrix}c_0(\alpha)\\ c_1(\alpha)\\ \vdots\\ c_{(\boldsymbol{\mathcal{L}}-1)}(\alpha)\end{pmatrix}=\mathfrak{P}\begin{pmatrix}\mathfrak{q}_0(\theta,\alpha)\\ \mathfrak{q}_1(\theta,\alpha)\\ \vdots\\ \mathfrak{q}_{(\boldsymbol{\mathcal{N}}-1)}(\theta,\alpha)\end{pmatrix}$$

得到 $\{c_\zeta(\alpha);\zeta=0,1,\cdots,(\boldsymbol{\mathcal{L}}-1)\}$ 的如下表达公式:

$$\begin{pmatrix}c_0(\alpha)\\ c_1(\alpha)\\ \vdots\\ c_{(\boldsymbol{\mathcal{L}}-1)}(\alpha)\end{pmatrix}=\mathfrak{D}\begin{pmatrix}e^{(-2\pi i/\boldsymbol{\mathcal{N}})\cdot\alpha\cdot 0}\\ e^{(-2\pi i/\boldsymbol{\mathcal{N}})\cdot\alpha\cdot 1}\\ \vdots\\ e^{(-2\pi i/\boldsymbol{\mathcal{N}})\cdot\alpha\cdot(\boldsymbol{\mathcal{N}}-1)}\end{pmatrix}$$

下面计算矩阵 $\mathfrak{D}=(d_{r,p})_{\boldsymbol{\mathcal{L}}\times\boldsymbol{\mathcal{N}}}$ 的各个元素 $d_{r,p}, 0\leqslant r\leqslant(\boldsymbol{\mathcal{L}}-1),\ 0\leqslant p\leqslant(\boldsymbol{\mathcal{N}}-1)$. 从矩阵 $\mathfrak{D}$ 的定义可知，矩阵元素 $p_r(k\Delta), r=0,1,\cdots,(\boldsymbol{\mathcal{L}}-1), k=0,1,\cdots,(\boldsymbol{\mathcal{N}}-1)$ 多样性的不同取值将直接影响矩阵 $\mathfrak{D}$ 的各元素 $d_{r,p}, 0\leqslant r\leqslant(\boldsymbol{\mathcal{L}}-1), 0\leqslant p\leqslant(\boldsymbol{\mathcal{N}}-1)$ 的最终表达形式. 为了简便，在下面的计算过程中，只使用最简单形式的组合系数函数系 $\{p_\ell(\gamma,\alpha);\ell=0,1,2,\cdots,(\boldsymbol{\mathcal{L}}-1)\}$ 的等间隔离散采样序列:

$$p_r(\gamma,k\Delta)=\frac{1}{\boldsymbol{\mathcal{L}}}\sum_{\zeta=0}^{(\boldsymbol{\mathcal{L}}-1)}\exp\{(-2\pi i/\boldsymbol{\mathcal{L}})(k\Delta-r)\zeta\}$$

$$=\frac{1}{\mathcal{L}}\frac{1-\exp\{(-2\pi i)(k\Delta-r)\}}{1-\exp\{(-2\pi i/\mathcal{L})(k\Delta-r)\}}$$
$$r=0,1,\cdots,(\mathcal{L}-1),\quad k=0,1,\cdots,(\mathcal{N}-1)$$

这样得到 $d_{r,p},0\leqslant r\leqslant(\mathcal{L}-1),0\leqslant p\leqslant(\mathcal{N}-1)$ 的如下表达公式:

$$\begin{aligned}d_{r,p}&=\frac{1}{\mathcal{N}}\sum_{k=0}^{(\mathcal{N}-1)}p_r(\gamma,k\Delta)e^{(2\pi i/\mathcal{N})\times p\times k}\\&=\frac{1}{\mathcal{N}}\sum_{k=0}^{(\mathcal{N}-1)}\frac{1}{\mathcal{L}}\sum_{\ell=0}^{(\mathcal{L}-1)}e^{(-2\pi i/\mathcal{L})[(\mathcal{L}/\mathcal{N})k-r]\ell}e^{(2\pi i/\mathcal{N})\times p\times k}\\&=\frac{1}{\mathcal{L}}\sum_{\ell=0}^{(\mathcal{L}-1)}e^{(2\pi i/\mathcal{L})r\ell}\frac{1}{\mathcal{N}}\sum_{k=0}^{(\mathcal{N}-1)}e^{(-2\pi i/\mathcal{N})k(\ell-p)}\\&=\frac{1}{\mathcal{L}}\sum_{\ell=0}^{(\mathcal{L}-1)}e^{(2\pi i/\mathcal{L})r\ell}\delta\Big[\operatorname{mod}(\ell-p,\mathcal{N})\Big]\end{aligned}$$

利用定义在整数上的克罗内克函数 $\delta(m)$ 的含义可得

$$\delta\Big[\operatorname{mod}(\ell-p,\mathcal{N})\Big]=1\Leftrightarrow\ell-p=\Omega\mathcal{N}$$
$$\Omega\in\mathbb{Z}\Leftrightarrow\begin{cases}\ell=p+\Omega\mathcal{N},\quad\Omega\in\mathbb{Z}\\0\leqslant x\leqslant\Big\lfloor(\mathcal{L}-1-p)/\mathcal{N}\Big\rfloor\end{cases}$$

其中函数 $\lfloor y\rfloor$ 表示 y 的整数部分. 因此

$$\begin{aligned}d_{r,p}&=\frac{1}{\mathcal{L}}\sum_{\ell=0}^{(\mathcal{L}-1)}e^{(2\pi i/\mathcal{L})r\ell}\delta[\operatorname{mod}(\ell-p,\mathcal{N})]\\&=\frac{1}{\mathcal{L}}\sum_{\Omega=0}^{\lfloor(\mathcal{L}-1-p)/\mathcal{N}\rfloor}e^{(2\pi i/\mathcal{L})r(p+\Omega\mathcal{N})}\\&=\frac{1}{\mathcal{L}}e^{(2\pi i/\mathcal{L})rp}\sum_{\Omega=0}^{\lfloor(\mathcal{L}-1-p)/\mathcal{N}\rfloor}e^{2\pi i(\mathcal{N}/\mathcal{L})r\Omega}\\&=\begin{cases}\dfrac{1}{\mathcal{L}}e^{(2\pi i/\mathcal{L})rp}\left(\Big\lfloor(\mathcal{L}-1-p)/\mathcal{N}\Big\rfloor+1\right), & \operatorname{mod}(\mathcal{N}r,\mathcal{L})=0\\\dfrac{1}{\mathcal{L}}e^{(2\pi i/\mathcal{L})rp}\dfrac{1-e^{2\pi i(\mathcal{N}/\mathcal{L})r(\lfloor(\mathcal{L}-1-p)/\mathcal{N}\rfloor+1)}}{1-e^{2\pi i(\mathcal{N}/\mathcal{L})r}}, & \operatorname{mod}(\mathcal{N}r,\mathcal{L})\neq0\end{cases}\end{aligned}$$

其中 $0\leqslant r\leqslant(\mathcal{L}-1),0\leqslant p\leqslant(\mathcal{N}-1)$. 如果在分式计算中出现不定式, 允许利用其极限值代替, 那么, 可以得到 $d_{r,p}$ 的一个统一的表达式:

$$d_{r,p}=\frac{1}{\mathcal{L}}\exp\Big[(2\pi i/\mathcal{L})rp\Big]\frac{1-\exp\Big[2\pi i(\mathcal{N}/\mathcal{L})r\left(\Big\lfloor(\mathcal{L}-1-p)/\mathcal{N}\Big\rfloor+1\right)\Big]}{1-\exp\Big[2\pi i(\mathcal{N}/\mathcal{L})r\Big]}$$
$$0\leqslant r\leqslant(\mathcal{L}-1),\quad0\leqslant p\leqslant(\mathcal{N}-1)$$

具体地，当 $d_{r,p}$ 的行标号 $r=0,1,\cdots,(\mathcal{L}-1)$ 满足 $\bmod(\mathcal{N}r,\mathcal{L})=0$ 时，

$$d_{r,p}=\begin{cases}\dfrac{y}{\mathcal{L}}e^{(2\pi i/\mathcal{L})rp}, & \boxed{\begin{array}{l}\mathcal{L}=y\mathcal{N},y\in\mathbb{Z}\\ 0\leqslant p\leqslant(\mathcal{N}-1)\end{array}}\\ \left.\begin{array}{ll}\dfrac{(y+1)}{\mathcal{L}}e^{(2\pi i/\mathcal{L})rp}, & 0\leqslant p\leqslant(m-1)\\ \dfrac{y}{\mathcal{L}}e^{(2\pi i/\mathcal{L})rp}, & m\leqslant p\leqslant(\mathcal{N}-1)\end{array}\right\} & \boxed{\begin{array}{l}\mathcal{L}=y\mathcal{N}+m\\ y\in\mathbb{Z},1\leqslant m\leqslant(\mathcal{N}-1)\end{array}}\end{cases}$$

当 $\bmod(\mathcal{N}r,\mathcal{L})\neq 0$ 时，

$$d_{r,p}=\begin{cases}0, & \boxed{\begin{array}{l}\mathcal{L}=y\mathcal{N},y\in\mathbb{Z}\\ 0\leqslant p\leqslant(\mathcal{N}-1)\end{array}}\\ \left.\begin{array}{ll}\dfrac{1}{\mathcal{L}}e^{(2\pi i/\mathcal{L})rp}\dfrac{1-e^{2\pi i(\mathcal{N}/\mathcal{L})r(y+1)}}{1-e^{2\pi i(\mathcal{N}/\mathcal{L})r}}, & 0\leqslant p\leqslant(m-1)\\ \dfrac{1}{\mathcal{L}}e^{(2\pi i/\mathcal{L})rp}\dfrac{1-e^{2\pi i(\mathcal{N}/\mathcal{L})ry}}{1-e^{2\pi i(\mathcal{N}/\mathcal{L})r}}, & m\leqslant p\leqslant(\mathcal{N}-1)\end{array}\right\} & \boxed{\begin{array}{l}\mathcal{L}=y\mathcal{N}+m\\ y\in\mathbb{Z},1\leqslant m\leqslant(\mathcal{N}-1)\end{array}}\end{cases}$$

当在分式计算中出现不定式时，允许利用其极限值代替，那么，可以得到一个统一的表达式：如果 $\mathcal{L}=y\mathcal{N}+m,y\in\mathbb{Z},0\leqslant m\leqslant(\mathcal{N}-1)$，那么，

$$d_{r,p}=\begin{cases}\dfrac{1}{\mathcal{L}}e^{(2\pi i/\mathcal{L})rp}\dfrac{1-e^{2\pi i(\mathcal{N}/\mathcal{L})r(y+1)}}{1-e^{2\pi i(\mathcal{N}/\mathcal{L})r}}, & 0\leqslant p\leqslant(m-1)\\ \dfrac{1}{\mathcal{L}}e^{(2\pi i/\mathcal{L})rp}\dfrac{1-e^{2\pi i(\mathcal{N}/\mathcal{L})ry}}{1-e^{2\pi i(\mathcal{N}/\mathcal{L})r}}, & m\leqslant p\leqslant(\mathcal{N}-1)\end{cases}$$

这样，可以得到组合系数函数系 $\{c_\zeta(\alpha);\zeta=0,1,\cdots,(\mathcal{L}-1)\}$ 的如下表达式：

$$c_r(\alpha)=\sum_{p=0}^{(\mathcal{N}-1)}d_{r,p}e^{(-2\pi i/\mathcal{N})\alpha p},\quad r=0,1,\cdots,(\mathcal{L}-1)$$

在这里给出组合系数函数系 $\{c_\zeta(\alpha);\zeta=0,1,\cdots,(\mathcal{L}-1)\}$ 表达式的计算实例.

当 $\mathcal{L}=4,\mathcal{N}=(\mathcal{L}-1)=3$ 时，在 $\mathcal{L}=y\mathcal{N}+m,y\in\mathbb{Z},0\leqslant m\leqslant(\mathcal{N}-1)$ 这样的表达式中，$y=1,m=1$，于是得到如下演算结果：

$$\begin{aligned}c_0(\alpha)&=\sum_{p=0}^{(\mathcal{N}-1)}d_{0,p}e^{(-2\pi i/\mathcal{N})\alpha p}=\frac{1}{4}\sum_{p=0}^{2}\left(\lfloor 1-p/3\rfloor+1\right)e^{(-2\pi i/3)\alpha p}\\ &=\frac{1}{4}(2+e^{(-2\pi i/3)\alpha}+e^{(-2\pi i/3)\times\alpha\times 2})\\ &=\frac{1}{4}\frac{1-e^{-2\pi i\alpha}}{1-e^{(-2\pi i/3)\alpha}}+\frac{1}{4}\end{aligned}$$

$$
\begin{aligned}
c_1(\alpha) &= \sum_{p=0}^{(\mathcal{N}-1)} d_{1,p} e^{(-2\pi i/\mathcal{N})\alpha p} = d_{1,0} + \sum_{p=1}^{2} d_{1,p} e^{(-2\pi i/3)\alpha p} \\
&= \frac{1}{4} e^{(2\pi i/4)\times 0\times 1} \frac{1-e^{(2\pi i)(3/4)\times 2}}{1-e^{(2\pi i)(3/4)}} + \sum_{p=1}^{2} \frac{1}{4} e^{(2\pi i/4)p} e^{(-2\pi i/3)\alpha p} \\
&= \frac{1}{4} \frac{1-e^{(2\pi i)(3/4)\times 2}}{1-e^{(2\pi i)(3/4)}} + \frac{1}{4} \sum_{p=1}^{2} e^{(2\pi i/4)p} e^{(-2\pi i/3)\alpha p} \\
&= \frac{1}{4} \frac{1-e^{(6\pi i)(1/4-\alpha/3)}}{1-e^{(2\pi i)(1/4-\alpha/3)}} + \frac{1}{4} e^{(2\pi i)(3/4)}
\end{aligned}
$$

$$
\begin{aligned}
c_2(\alpha) &= \sum_{p=0}^{(\mathcal{N}-1)} d_{2,p} e^{(-2\pi i/\mathcal{N})\alpha p} = d_{2,0} + \sum_{p=1}^{2} d_{2,p} e^{(-2\pi i/3)\times\alpha\times p} \\
&= \frac{1}{4}\left(1 + e^{(2\pi i)(3/4)\times 2}\right) + \frac{1}{4} \sum_{p=1}^{2} e^{(2\pi i/4)\times p\times 2} e^{(-2\pi i/3)\times\alpha\times p} \\
&= \frac{1}{4}\left[1 + e^{(2\pi i)(3/2)} + e^{(2\pi i)(1/2-\alpha/3)} + e^{(2\pi i)(1/2-\alpha/3)\times 2}\right] \\
&= \frac{1}{4}\left[1 + e^{(2\pi i)(1/2-\alpha/3)} + e^{(2\pi i)(1/2-\alpha/3)\times 2}\right] + \frac{1}{4} e^{(2\pi i)(3/2)} \\
&= \frac{1}{4} \frac{1-e^{(6\pi i)(2/4-\alpha/3)}}{1-e^{(2\pi i)(2/4-\alpha/3)}} + \frac{1}{4} e^{(2\pi i)(3/2)}
\end{aligned}
$$

$$
\begin{aligned}
c_3(\alpha) &= \sum_{p=0}^{(\mathcal{N}-1)} d_{3,p} e^{(-2\pi i/\mathcal{N})\times\alpha\times p} = d_{3,0} + \sum_{p=1}^{2} d_{3,p} e^{(-2\pi i/3)\times\alpha\times p} \\
&= \frac{1}{4} \frac{1-e^{(2\pi i)(3/4)\times 3\times 2}}{1-e^{(2\pi i)(3/4)\times 3}} + \frac{1}{4} \sum_{p=1}^{2} e^{(2\pi i/4)\times p\times 3} e^{(-2\pi i/3)\times\alpha\times p} \\
&= \frac{1}{4}\left[1 + \exp[(2\pi i)(3/4)\times 3]\right] + \frac{1}{4} \sum_{p=1}^{2} e^{(2\pi i)(3/4-\alpha/3)p} \\
&= \frac{1}{4}\left(1 + e^{(2\pi i)(3/4-\alpha/3)} + e^{(2\pi i)(3/4-\alpha/3)\times 2}\right) + \frac{1}{4} e^{(2\pi i)(3/4)\times 3} \\
&= \frac{1}{4} \frac{1-e^{(2\pi i)(3/4-\alpha/3)\times 3}}{1-e^{(2\pi i)(3/4-\alpha/3)}} + \frac{1}{4} e^{(2\pi i)(3/4)\times 3}
\end{aligned}
$$

整理得到组合系数函数系 $\{c_\zeta(\alpha);\zeta = 0,1,2,3\}$ 的如下规格化表达形式:

$$
\begin{cases}
c_0(\alpha) = \dfrac{1}{4} \dfrac{1-e^{(2\pi i)(0/4-\alpha/3)\times 3}}{1-e^{(2\pi i)(0/4-\alpha/3)}} + \dfrac{1}{4} e^{(2\pi i)(3/4)\times 0} \\
c_1(\alpha) = \dfrac{1}{4} \dfrac{1-e^{(2\pi i)(0/4-\alpha/3)\times 3}}{1-e^{(2\pi i)(0/4-\alpha/3)}} + \dfrac{1}{4} e^{(2\pi i)(3/4)\times 1} \\
c_2(\alpha) = \dfrac{1}{4} \dfrac{1-e^{(2\pi i)(2/4-\alpha/3)\times 3}}{1-e^{(2\pi i)(2/4-\alpha/3)}} + \dfrac{1}{4} e^{(2\pi i)(3/4)\times 2} \\
c_3(\alpha) = \dfrac{1}{4} \dfrac{1-e^{(2\pi i)(3/4-\alpha/3)\times 3}}{1-e^{(2\pi i)(3/4-\alpha/3)}} + \dfrac{1}{4} e^{(2\pi i)(3/4)\times 3}
\end{cases}
$$

引入记号

$$c_\zeta^*(\alpha)=c_\zeta(3\alpha/4),\quad \zeta=0,1,2,3$$

那么，得到组合系数函数系 $\{c_\zeta^*(\alpha);\zeta=0,1,2,3\}$ 的如下规格化表达形式：

$$\begin{cases} c_0^*(\alpha)=\dfrac{1}{4}\dfrac{1-e^{(-2\pi i/4)(\alpha-0)\times 3}}{1-e^{(-2\pi i/4)(\alpha-0)}}+\dfrac{1}{4}e^{(2\pi i)(3/4)\times 0} \\ c_1^*(\alpha)=\dfrac{1}{4}\dfrac{1-e^{(-2\pi i/4)(\alpha-1)\times 3}}{1-e^{(-2\pi i/4)(\alpha-1)}}+\dfrac{1}{4}e^{(2\pi i)(3/4)\times 1} \\ c_2^*(\alpha)=\dfrac{1}{4}\dfrac{1-e^{(-2\pi i/4)(\alpha-2)\times 3}}{1-e^{(-2\pi i/4)(\alpha-2)}}+\dfrac{1}{4}e^{(2\pi i)(3/4)\times 2} \\ c_3^*(\alpha)=\dfrac{1}{4}\dfrac{1-e^{(-2\pi i/4)(\alpha-3)\times 3}}{1-e^{(-2\pi i/4)(\alpha-3)}}+\dfrac{1}{4}e^{(2\pi i)(3/4)\times 3} \end{cases}$$

一般地，当组合系数 $c_r(\alpha)$ 的序号 $r=0,1,\cdots,(\mathcal{L}-1)$ 满足 $\mathrm{mod}(\mathcal{N}r,\mathcal{L})=0$ 时，

$$\begin{aligned} c_r(\alpha) &= \sum_{p=0}^{(\mathcal{N}-1)} d_{r,p}e^{(-2\pi i/\mathcal{N})\alpha p} \\ &= \sum_{p=0}^{(\mathcal{N}-1)} \frac{1}{\mathcal{L}}e^{(2\pi i)(p/\mathcal{N})r}\left(\lfloor(\mathcal{L}-1-p)/\mathcal{N}\rfloor+1\right)e^{(-2\pi i/\mathcal{N})\times\alpha\times p} \\ &= \frac{1}{\mathcal{L}}\sum_{p=0}^{(\mathcal{N}-1)}\left(\lfloor(\mathcal{L}-1-p)/\mathcal{N}\rfloor+1\right)e^{(2\pi i)(r/\mathcal{L}-\alpha/\mathcal{N})p} \\ &= \frac{1}{\mathcal{L}}\sum_{p=0}^{(\mathcal{N}-1)}\left(\lfloor(\mathcal{L}/\mathcal{N})-(p+1)/\mathcal{N}\rfloor+1\right)e^{(2\pi i)(r/\mathcal{L}-\alpha/\mathcal{N})p} \end{aligned}$$

利用整数 $\mathcal{L},\mathcal{N}$ 之间关系的展开表达公式：

$$\mathcal{L}=y\mathcal{N}+m,\quad y\in\mathbb{Z},\quad 0\leqslant m\leqslant(\mathcal{N}-1)$$

直接演算得到

$$(\mathcal{L}/\mathcal{N})-(p+1)/\mathcal{N}=y+(m-(p+1))/\mathcal{N}$$

根据 m 和 p 的不同取值，可知：

当 $m=0$ 时，$\lfloor(\mathcal{L}/\mathcal{N})-(p+1)/\mathcal{N}\rfloor+1=y$；

当 $m\neq 0$ 时，如果 $0\leqslant p\leqslant(m-1)$，则

$$\lfloor(\mathcal{L}/\mathcal{N})-(p+1)/\mathcal{N}\rfloor+1=\lfloor y+(m-(p+1))/\mathcal{N}\rfloor+1=y+1$$

如果 $m\leqslant p\leqslant(\mathcal{N}-1)$，则

$$\lfloor(\mathcal{L}/\mathcal{N})-(p+1)/\mathcal{N}\rfloor+1=\lfloor y+(m-(p+1))/\mathcal{N}\rfloor+1=y$$

因此，可以进一步得到如下结果：

$$c_r(\alpha)=\begin{cases}\dfrac{y}{\mathcal{L}}\dfrac{1-e^{(2\pi i)(r/\mathcal{L}-\alpha/\mathcal{N})\mathcal{N}}}{1-e^{(2\pi i)(r/\mathcal{L}-\alpha/\mathcal{N})}}, & \mathcal{L}=y\mathcal{N},\quad y\in\mathbb{Z}\\ \dfrac{y}{\mathcal{L}}\dfrac{1-e^{(2\pi i)(r/\mathcal{L}-\alpha/\mathcal{N})\mathcal{N}}}{1-e^{(2\pi i)(r/\mathcal{L}-\alpha/\mathcal{N})}}+\dfrac{1}{\mathcal{L}}\dfrac{1-e^{(2\pi i)(r/\mathcal{L}-\alpha/\mathcal{N})m}}{1-e^{(2\pi i)(r/\mathcal{L}-\alpha/\mathcal{N})}}, & \boxed{\begin{array}{l}\mathcal{L}=y\mathcal{N}+m\\ y\in\mathbb{Z},1\leqslant m\leqslant(\mathcal{N}-1)\end{array}}\end{cases}$$

其实，如果 $\mathcal{L}=y\mathcal{N}+m,y\in\mathbb{Z},0\leqslant m\leqslant(\mathcal{N}-1)$ 而且 $\operatorname{mod}(\mathcal{N}r,\mathcal{L})=0$，那么，组合系数函数 $c_r(\alpha)$ 可以统一给出如下:

$$c_r(\alpha)=\frac{y}{\mathcal{L}}\frac{1-e^{(2\pi i)(r/\mathcal{L}-\alpha/\mathcal{N})\mathcal{N}}}{1-e^{(2\pi i)(r/\mathcal{L}-\alpha/\mathcal{N})}}+\frac{1}{\mathcal{L}}\frac{1-e^{(2\pi i)(r/\mathcal{L}-\alpha/\mathcal{N})m}}{1-e^{(2\pi i)(r/\mathcal{L}-\alpha/\mathcal{N})}}$$

当 $\operatorname{mod}(\mathcal{N}r,\mathcal{L})\neq 0$ 时，

$$\begin{aligned}c_r(\alpha)&=\sum_{p=0}^{(\mathcal{N}-1)}d_{r,p}e^{(-2\pi i/\mathcal{N})\alpha p}\\&=\sum_{p=0}^{(\mathcal{N}-1)}\frac{1}{\mathcal{L}}e^{(2\pi i)(r/\mathcal{N})p}\frac{1-e^{(2\pi i)(\mathcal{N}/\mathcal{L})\times r\times(\lfloor(\mathcal{L}-1-p)/\mathcal{N}\rfloor+1)}}{1-e^{(2\pi i)(\mathcal{N}/\mathcal{L})\times r}}e^{(-2\pi i/\mathcal{N})\alpha p}\\&=\frac{1}{\mathcal{L}}\sum_{p=0}^{(\mathcal{N}-1)}e^{(2\pi i)(r/\mathcal{L}-\alpha/\mathcal{N})p}\frac{1-e^{(2\pi i)(\mathcal{N}/\mathcal{L})\times r\times(\lfloor(\mathcal{L}-1-p)/\mathcal{N}\ /\ \rfloor+1)}}{1-e^{(2\pi i)(\mathcal{N}/\mathcal{L})\times r}}\\&=\frac{1}{\mathcal{L}}\sum_{p=0}^{(\mathcal{N}-1)}e^{(2\pi i)(r/\mathcal{L}-\alpha/\mathcal{N})p}\frac{1-e^{(2\pi i)(\mathcal{N}/\mathcal{L})\times r\times(\lfloor(\mathcal{L}/\mathcal{N})-(p+1)/\mathcal{N}\rfloor+1)}}{1-e^{(2\pi i)(\mathcal{N}/\mathcal{L})\times r}}\end{aligned}$$

再次利用整数 $\mathcal{L},\mathcal{N}$ 之间关系的展开表达公式:

$$\mathcal{L}=y\mathcal{N}+m,\quad y\in\mathbb{Z},\quad 0\leqslant m\leqslant(\mathcal{N}-1)$$

直接演算得到

$$(\mathcal{L}/\mathcal{N})-(p+1)/\mathcal{N}=y+(m-(p+1))/\mathcal{N}$$

根据 m 和 p 的不同取值，可知:

当 $m=0$ 时，$\lfloor(\mathcal{L}/\mathcal{N})-(p+1)/\mathcal{N}\rfloor+1=y$；

当 $m\neq 0$ 时，如果 $0\leqslant p\leqslant(m-1)$，则

$$\lfloor(\mathcal{L}/\mathcal{N})-(p+1)/\mathcal{N}\rfloor+1=\lfloor y+(m-(p+1))/\mathcal{N}\rfloor+1=y+1$$

如果 $m\leqslant p\leqslant(\mathcal{N}-1)$，则

$$\lfloor(\mathcal{L}/\mathcal{N})-(p+1)/\mathcal{N}\rfloor+1=\lfloor y+(m-(p+1))/\mathcal{N}\rfloor+1=y$$

因此，可以将组合系数函数 $c_r(\alpha)$ 的表达式进一步化简如下:

在表达式 $\mathcal{L}=y\mathcal{N}+m,y\in\mathbb{Z},0\leqslant m\leqslant(\mathcal{N}-1)$ 中，如果 $m=0$，那么

$$c_r(\alpha)=0$$

如果 $m\neq 0$，即 $1\leqslant m\leqslant(\mathcal{N}-1)$，那么

$$c_r(\alpha)=\frac{1}{\mathcal{L}}\frac{1-e^{(2\pi i)(\mathcal{N}/\mathcal{L})\times r\times(y+1)}}{1-e^{(2\pi i)(\mathcal{N}/\mathcal{L})\times r}}\frac{1-e^{(2\pi i)(r/\mathcal{L}-\alpha/\mathcal{N})m}}{1-e^{(2\pi i)(r/\mathcal{L}-\alpha/\mathcal{N})}}+\frac{1}{\mathcal{L}}\frac{1-e^{(2\pi i)(\mathcal{N}/\mathcal{L})\times r\times y}}{1-e^{(2\pi i)(\mathcal{N}/\mathcal{L})\times r}}\frac{e^{(2\pi i)(r/\mathcal{L}-\alpha/\mathcal{N})m}-e^{(2\pi i)(r/\mathcal{L}-\alpha/\mathcal{N})\mathcal{N}}}{1-e^{(2\pi i)(r/\mathcal{L}-\alpha/\mathcal{N})}}$$

或者被再次化简表示为

$$c_r(\alpha)=\frac{1}{\mathcal{L}}\frac{1-e^{(2\pi i)(\mathcal{N}/\mathcal{L})\times r\times y}}{1-e^{(2\pi i)(\mathcal{N}/\mathcal{L})\times r}}\frac{1-e^{(2\pi i)(r/\mathcal{L}-\alpha/\mathcal{N})\mathcal{N}}}{1-e^{(2\pi i)(r/\mathcal{L}-\alpha/\mathcal{N})}}+\frac{1}{\mathcal{L}}e^{(2\pi i)(\mathcal{N}/\mathcal{L})\times r\times y}\frac{1-e^{(2\pi i)(r/\mathcal{L}-\alpha/\mathcal{N})m}}{1-e^{(2\pi i)(r/\mathcal{L}-\alpha/\mathcal{N})}}$$

其实，利用展开表达式 $\mathcal{L}=y\mathcal{N}+m,y\in\mathbb{Z},0\leqslant m\leqslant(\mathcal{N}-1)$，还可以将满足要求 $\mathrm{mod}(\mathcal{N}r,\mathcal{L})\neq 0$ 的组合系数函数 $c_r(\alpha)$ 统一地给出如下:

$$c_r(\alpha)=\frac{1}{\mathcal{L}}\frac{1-e^{(2\pi i)(\mathcal{N}/\mathcal{L})ry}}{1-e^{(2\pi i)(\mathcal{N}/\mathcal{L})r}}\frac{1-e^{(2\pi i)(r/\mathcal{L}-\alpha/\mathcal{N})\mathcal{N}}}{1-e^{(2\pi i)(r/\mathcal{L}-\alpha/\mathcal{N})}}+\frac{1}{\mathcal{L}}e^{(2\pi i)(\mathcal{N}/\mathcal{L})ry}\frac{1-e^{(2\pi i)(r/\mathcal{L}-\alpha/\mathcal{N})m}}{1-e^{(2\pi i)(r/\mathcal{L}-\alpha/\mathcal{N})}}$$

在分式中出现不定式时利用其极限值代替，那么，对于全部的组合系数函数 $c_r(\alpha)$，$r=0,1,\cdots,(\mathcal{L}-1)$，可以统一地表示如下:

$$c_r(\alpha)=\frac{1}{\mathcal{L}}\frac{1-e^{(2\pi i)(\mathcal{N}/\mathcal{L})ry}}{1-e^{(2\pi i)(\mathcal{N}/\mathcal{L})r}}\frac{1-e^{(2\pi i)(r/\mathcal{L}-\alpha/\mathcal{N})\mathcal{N}}}{1-e^{(2\pi i)(r/\mathcal{L}-\alpha/\mathcal{N})}}+\frac{1}{\mathcal{L}}e^{(2\pi i)(\mathcal{N}/\mathcal{L})ry}\frac{1-e^{(2\pi i)(r/\mathcal{L}-\alpha/\mathcal{N})m}}{1-e^{(2\pi i)(r/\mathcal{L}-\alpha/\mathcal{N})}}$$

其中 $\mathcal{L}=y\mathcal{N}+m,y\in\mathbb{Z},0\leqslant m\leqslant(\mathcal{N}-1)$ (这是一个重要结论！)

前述分析讨论的前提条件是

$$\gamma=(\gamma_0,\gamma_1,\cdots,\gamma_{(\mathcal{L}-1)})=(0,0,\cdots,0)\in\mathbb{Z}^{\mathcal{L}}$$
$$\theta=(\theta_0,\theta_1,\cdots,\theta_{(\mathcal{N}-1)})=(0,0,\cdots,0)\in\mathbb{Z}^{\mathcal{N}}$$

这时，线性调频小波算子构造中的组合系数函数系都具有最简单的表达形式，从而经过推演才获得组合系数函数系 $c_r(\alpha),r=0,1,\cdots,(\mathcal{L}-1)$ 的这个简洁的紧凑表达公式. 当这些条件不成立时，组合系数函数系 $c_r(\alpha),r=0,1,\cdots,(\mathcal{L}-1)$ 将具有怎样的表达公式呢？建议读者尝试研究并建立之.

为了便于比较多项组合线性调频小波算子族 $\{\mathcal{R}^{(\gamma,\alpha)};\alpha\in\mathbb{R}\}$ 和双重组合线性调频小波算子族 $\{\mathcal{Q}^{(\theta,\alpha)};\alpha\in\mathbb{R}\}$，将双重组合线性调频小波算子 $\mathcal{Q}^{(\theta,\alpha)}$ 的实数参数进行尺度伸缩 $\alpha\mapsto(\mathcal{N}/\mathcal{L})\alpha$ 以保持与多项组合线性调频小波算子 $\mathcal{R}^{(\gamma,\alpha)}$ 中实数参数具有相同的尺度，这样，$\mathcal{Q}^{(\theta,\alpha)}$ 就转化为 $\mathcal{Q}_*^{(\theta,\alpha)}=\mathcal{Q}^{(\theta,\alpha\mathcal{N}/\mathcal{L})}$，同时，双重组合线性调频小波算子族 $\{\mathcal{Q}_*^{(\theta,\alpha)};\alpha\in\mathbb{R}\}$ 构造过程中的组合系数函数系可以由如下方式产生:

$$\begin{aligned}c_\zeta^*(\alpha)&=c_\zeta(\alpha(\mathcal{N}/\mathcal{L}))\\&=\sum_{\ell=0}^{(\mathcal{N}-1)}p_\zeta(\gamma,\ell\Delta)\mathfrak{q}_\ell(\theta,\alpha(\mathcal{N}/\mathcal{L})),\quad\zeta=0,1,\cdots,(\mathcal{L}-1),\quad\Delta=\mathcal{L}/\mathcal{N}\end{aligned}$$

这样，实数参数尺度规范化的双重组合线性调频小波算子族 $\{\mathcal{Q}_*^{(\theta,\alpha)};\alpha\in\mathbb{R}\}$ 将具有如下的表达公式：

$$\begin{aligned}\mathcal{Q}_*^{(\theta,\alpha)}=\mathcal{Q}^{(\theta,\alpha\mathcal{N}/\mathcal{L})}&=\sum_{\ell=0}^{(\mathcal{N}-1)}\mathfrak{q}_\ell(\theta,\alpha\mathcal{N}/\mathcal{L})\mathcal{Q}^\ell\\&=\sum_{\ell=0}^{(\mathcal{N}-1)}\sum_{\zeta=0}^{(\mathcal{L}-1)}p_\zeta(\gamma,\ell\Delta)\mathfrak{q}_\ell(\theta,\alpha\mathcal{N}/\mathcal{L})\mathscr{F}_{(\mathcal{A},\mathcal{Q})}^{4\zeta/\mathcal{L}}\\&=\sum_{\zeta=0}^{(\mathcal{L}-1)}c_\zeta(\alpha\mathcal{N}/\mathcal{L})\mathscr{F}_{(\mathcal{A},\mathcal{Q})}^{4\zeta/\mathcal{L}}\\&=\sum_{\zeta=0}^{(\mathcal{L}-1)}c_\zeta^*(\alpha)\mathscr{F}_{(\mathcal{A},\mathcal{Q})}^{4\zeta/\mathcal{L}}\end{aligned}$$

其中组合系数函数系 $\{c_r(\alpha);r=0,1,\cdots,(\mathcal{L}-1)\}$ 转化为 $\{c_\zeta^*(\alpha);\zeta=0,1,\cdots,(\mathcal{L}-1)\}$，而且具有如下简洁的紧凑表达公式：

$$\begin{aligned}c_\zeta^*(\alpha)&=\frac{1}{\mathcal{L}}\frac{1-e^{(2\pi i)(\mathcal{N}/\mathcal{L})\zeta y}}{1-e^{(2\pi i)(\mathcal{N}/\mathcal{L})\zeta}}\frac{1-e^{(2\pi i/\mathcal{L})(\zeta-\alpha)\mathcal{N}}}{1-e^{(2\pi i/\mathcal{L})(\zeta-\alpha)}}\\&\quad+\frac{1}{\mathcal{L}}e^{(2\pi i)(\mathcal{N}/\mathcal{L})\zeta y}\frac{1-e^{(2\pi i/\mathcal{L})(\zeta-\alpha)m}}{1-e^{(2\pi i/\mathcal{L})(\zeta-\alpha)}}\\\zeta&=0,1,\cdots,(\mathcal{L}-1)\end{aligned}$$

其中，$\mathcal{L}=y\mathcal{N}+m,y\in\mathbb{Z},0\leqslant m\leqslant(\mathcal{N}-1)$ (这是一个重要结论！)

下面研究组合系数函数系 $\{c_r^*(\alpha);r=0,1,\cdots,(\mathcal{L}-1)\}$ 的周期性和边界条件.

利用 $\{c_\zeta^*(\alpha);\zeta=0,1,\cdots,(\mathcal{L}-1)\}$ 的表达公式直接计算可得

$$\begin{aligned}c_\zeta^*(\alpha+\mathcal{L})&=\frac{1}{\mathcal{L}}\frac{1-e^{(2\pi i)(\mathcal{N}/\mathcal{L})\zeta y}}{1-e^{(2\pi i)(\mathcal{N}/\mathcal{L})\zeta}}\frac{1-e^{(2\pi i/\mathcal{L})(\zeta-\alpha-\mathcal{L})\mathcal{N}}}{1-e^{(2\pi i/\mathcal{L})(\zeta-\alpha-\mathcal{L})}}\\&\quad+\frac{1}{\mathcal{L}}e^{(2\pi i)(\mathcal{N}/\mathcal{L})\zeta y}\frac{1-e^{(2\pi i/\mathcal{L})(\zeta-\alpha-\mathcal{L})m}}{1-e^{(2\pi i/\mathcal{L})(\zeta-\alpha-\mathcal{L})}}\\&=\frac{1}{\mathcal{L}}\frac{1-e^{(2\pi i)(\mathcal{N}/\mathcal{L})\zeta y}}{1-e^{(2\pi i)(\mathcal{N}/\mathcal{L})\zeta}}\frac{1-e^{(2\pi i/\mathcal{L})(\zeta-\alpha)\mathcal{N}}}{1-e^{(2\pi i/\mathcal{L})(\zeta-\alpha)}}\\&\quad+\frac{1}{\mathcal{L}}e^{(2\pi i)(\mathcal{N}/\mathcal{L})\zeta y}\frac{1-e^{(2\pi i/\mathcal{L})(\zeta-\alpha)m}}{1-e^{(2\pi i/\mathcal{L})(\zeta-\alpha)}}\\&=c_\zeta^*(\alpha)\end{aligned}$$

其中 $\zeta=0,1,\cdots,(\mathcal{L}-1)$，$\mathcal{L}=y\mathcal{N}+m,y\in\mathbb{Z},0\leqslant m\leqslant(\mathcal{N}-1)$. 这个计算结果表明，组合系数 $\{c_\zeta^*(\alpha);\zeta=0,1,\cdots,(\mathcal{L}-1)\}$ 的实数参数具有 $\mathcal{L}$ 周期性.

此外，当 $\alpha=u=0,1,\cdots,(\mathcal{L}-1)$ 取整数数值时，

$$\begin{aligned}c_\zeta^*(u)=&\frac{1}{\mathcal{L}}\frac{1-e^{(2\pi i)(\mathcal{N}/\mathcal{L})\zeta y}}{1-e^{(2\pi i)(\mathcal{N}/\mathcal{L})\zeta}}\frac{1-e^{(2\pi i/\mathcal{L})(\zeta-u)\mathcal{N}}}{1-e^{(2\pi i/\mathcal{L})(\zeta-u)}}\\&+\frac{1}{\mathcal{L}}e^{(2\pi i)(\mathcal{N}/\mathcal{L})\zeta y}\frac{1-e^{(2\pi i/\mathcal{L})(\zeta-u)m}}{1-e^{(2\pi i/\mathcal{L})(\zeta-u)}}\end{aligned}$$

其中 $\zeta=0,1,\cdots,(\mathcal{L}-1)$，$\mathcal{L}=y\mathcal{N}+m,y\in\mathbb{Z},0\leqslant m\leqslant(\mathcal{N}-1)$. 这个计算结果表明，在组合系数函数系 $\{c_\zeta^*(\alpha);\zeta=0,1,\cdots,(\mathcal{L}-1)\}$ 中，当实数参数 $\alpha=u$ 取整数数值时，未必能够出现像 $\{p_\ell(\gamma,\alpha);\ell=0,1,\cdots,(\mathcal{L}-1)\}$ 的边界条件那样的情形，即这时候边界公理将不能被保持.

另一方面，如果表达式 $\mathcal{L}=y\mathcal{N}+m,y\in\mathbb{Z},0\leqslant m\leqslant(\mathcal{N}-1)$ 中 $m=0$，即 $\mathcal{L}=y\mathcal{N}$，也就是说，$\mathcal{L}$ 是 $\mathcal{N}$ 的整数倍数，那么，

$$c_\zeta^*(\alpha)=\frac{1}{\mathcal{L}}\frac{1-e^{(2\pi i)(\mathcal{N}/\mathcal{L})\zeta y}}{1-e^{(2\pi i)(\mathcal{N}/\mathcal{L})\zeta}}\frac{1-e^{(2\pi i/\mathcal{L})(\zeta-\alpha)\mathcal{N}}}{1-e^{(2\pi i/\mathcal{L})(\zeta-\alpha)}}$$

而且当 $\zeta=0,1,\cdots,(\mathcal{L}-1)$ 时，

$$c_\zeta^*(\alpha)=\begin{cases}\dfrac{y}{\mathcal{L}}\dfrac{1-e^{(2\pi i/\mathcal{L})(\zeta-\alpha)\mathcal{N}}}{1-e^{(2\pi i/\mathcal{L})(\zeta-\alpha)}}, & \mathrm{mod}(\mathcal{N}\zeta,\mathcal{L})=0\\0, & \mathrm{mod}(\mathcal{N}\zeta,\mathcal{L})\neq 0\end{cases}$$

因为，$\mathcal{L}=y\mathcal{N},y\in\mathbb{Z}$，所以，$y\geqslant 1$，从而，$\mathrm{mod}(\mathcal{N}\zeta,\mathcal{L})=0$ 相当于 ζ 是 $y\geqslant 1$ 的整数倍数，即 $\zeta=ky,k=0,1,2,\cdots$.

特别地，当 $y=1$，即 $\mathcal{L}=\mathcal{N}$ 时，$\zeta=k,k=0,1,\cdots,(\mathcal{L}-1)$，而且，$\{c_\zeta^*(\alpha)=p_\zeta(\gamma,\alpha);\zeta=0,1,\cdots,(\mathcal{L}-1)\}$；当 $y>1$ 时，$\mathcal{L}>\mathcal{N}$，当 $\zeta\neq ky,k=0,1,2,\cdots$ 或 $\mathrm{mod}(\mathcal{N}\zeta,\mathcal{L})\neq 0$ 时，$c_\zeta^*(\alpha)=0$；在 $0\leqslant\zeta=ky\leqslant(\mathcal{L}-1)$ 即 $\mathrm{mod}(\mathcal{N}\zeta,\mathcal{L})=0$ 的条件下，$k=0,1,2,\cdots,(\mathcal{N}-1)$，这时的 $c_\zeta^*(\alpha)$ 将具有如下的特殊表达形式:

$$\begin{aligned}c_\zeta^*(\alpha)&=\frac{y}{\mathcal{L}}\frac{1-e^{(2\pi i/\mathcal{L})(\zeta-\alpha)\mathcal{N}}}{1-e^{(2\pi i/\mathcal{L})(\zeta-\alpha)}}\\&=\frac{y}{(y\mathcal{N})}\frac{1-e^{(2\pi i/(y\mathcal{N}))(\zeta-\alpha)\mathcal{N}}}{1-e^{(2\pi i/(y\mathcal{N}))(\zeta-\alpha)}}\end{aligned}$$

$$
\begin{aligned}
&= \frac{1}{\mathcal{N}} \frac{1-e^{(2\pi i)(\zeta/y-\alpha/y)}}{1-e^{(2\pi i/\mathcal{N})(\zeta/y-\alpha/y)}} \\
&= \frac{1}{\mathcal{N}} \frac{1-e^{(2\pi i)(k-\alpha/y)}}{1-e^{(2\pi i/\mathcal{N})(k-\alpha/y)}} \\
&= \frac{1}{\mathcal{N}} \frac{1-e^{(2\pi i)(k-\beta)}}{1-e^{(2\pi i/\mathcal{N})(k-\beta)}}
\end{aligned}
$$

其中 $\beta=\alpha/y$，这说明，虽然可以把 $\mathcal{N}$ 项组合构造的双重组合线性调频小波算子 $\mathcal{Q}_*^{(\theta,\alpha)}=\mathcal{Q}^{(\theta,\alpha\mathcal{N}/\mathcal{L})}$ 写成 $\mathcal{L}$ 项组合的形式，但它本质上还是只有 $\mathcal{N}$ 个系数可能不为 0，其余系数恒为 0，同时，可能不为 0 的那些组合系数 $c_\zeta^*(\alpha)=c_{ky}^*(\alpha)$ 和组合项数为 $\mathcal{L}$ 的多项组合线性调频小波算子 $\mathcal{R}^{(\gamma,\alpha)}$ 的组合系数 $p_\ell(\gamma,\alpha)$ 实际上是一样的，只要把这里的项数 $\mathcal{L}$ 改写成 $\mathcal{N}$ 即可，其中 $\ell=k=0,1,2,\cdots,(\mathcal{N}-1)$.

关于双重组合线性调频小波算子族或者线性调频小波函数系的构造以及与多项组合线性调频小波算子族的关系的讨论，充分说明了组合类型线性调频小波函数系和线性调频小波算子构造方法的特性以及与经典线性调频小波函数系和小波算子在一些特殊条件下的一致性.

另一方面，多次重复使用多项组合线性调频小波算子族的构造方法得到的双重组合线性调频小波算子族，虽然在每次构造过程中产生的小波算子族或者相对应的组合系数函数系都完全满足连续性公理、周期性公理、边界性公理和可加性公理，但是，正如前述关于组合系数函数系 $\{c_\zeta^*(\alpha);\zeta=0,1,\cdots,(\mathcal{L}-1)\}$ 表达公式的详细讨论所表明的那样，如果回溯到前一次构造过程中，那么，这些组合系数函数系或者线性调频小波算子族完全可能不再满足周期性公理和边界性公理，这时可以确定的是连续性公理和可加性公理总是能够得到保持.

这样的结果似乎意味着只保留连续性公理和可加性公理的组合类型线性调频小波算子族构造或者小波函数系构造，将能够覆盖全部多次重复多项组合线性调频小波算子族构造方法所能构造产生的组合类型的线性调频小波算子族或者线性调频小波函数系. 这些问题的研究构成了后续的耦合线性调频小波理论.

9.3.4　耦合线性调频小波理论

本小节将研究耦合线性调频小波函数系和耦合线性调频小波算子族的构造方法和主要性质，这种类型的线性调频小波函数系和线性调频小波算子族的显著特点是，当构造过程中的参数 $\alpha\in\mathbb{R}$ 选择整数数值时，构造产生的线性调频小波算子族将不再保证必然返回到作为构造出发点的线性调频小波算子或者这个小波算子的整数次重复算子，这意味着作为构造过程出发点的线性调频小波算子或者小波算子的整数次幂算子相互之间发生耦合，在通常条件下已经无法再将它们各自清晰简洁地分离或者表达出来，正因为如此，才称这类线性调频小波算子是“耦合的”.

(α) 耦合线性调频小波函数构造方法

在经典线性调频小波函数系的多样性理论中，4×4 分块对角酉矩阵或者算子 $\mathscr{A}=\mathrm{Diag}(\mathscr{A}_0,\mathscr{A}_1,\mathscr{A}_2,\mathscr{A}_3)\in\mathscr{U}_4$ 和整数无穷序列 $\mathscr{Q}=\{\boldsymbol{q}_m;m\in\mathbb{Z}\}\in\mathbb{Z}^\infty$ 共同决定一般形式的经典线性调频小波函数系 $\mathscr{K}_{\mathscr{F}^\alpha_{(\mathscr{A},\mathscr{Q})}}(\omega,x)$，实数参数 $\alpha\in\mathbb{R}$.

按照如下方式定义函数序列 $\{\psi_m(x);m=0,1,2,\cdots\}$：

$$(\psi_{4n+h}(x);n=0,1,2,\cdots)=(\varphi_{4m+h}(x);m=0,1,2,\cdots)\mathscr{A}_\zeta$$

其中 $\zeta=0,1,2,3$，那么，一般形式的经典线性调频小波函数系 $\mathscr{K}_{\mathscr{F}^\alpha_{(\mathscr{A},\mathscr{Q})}}(\omega,x)$ 可以表示为

$$\begin{aligned}\mathscr{K}_{\mathscr{F}^\alpha_{(\mathscr{A},\mathscr{Q})}}(\omega,x)&=\sum_{m=0}^{\infty}\psi_m(\omega)\mu_m^\alpha(\mathscr{Q})\psi_m^*(x)\\&=\sum_{m=0}^{\infty}\exp[-2\pi\alpha i(m+4\boldsymbol{q}_m)/4]\psi_m(\omega)\psi_m^*(x)\end{aligned}$$

其中

$$\mu_m^\alpha(\mathscr{Q})=\exp\left(-2\pi i\alpha(m+4\boldsymbol{q}_m)/4\right),\quad m=0,1,2,\cdots$$

而且，一般形式的经典线性调频小波变换或者算子 $\mathscr{F}^\alpha_{(\mathscr{A},\mathscr{Q})}$ 可以表示为

$$\begin{aligned}(\mathscr{F}^\alpha_{(\mathscr{A},\mathscr{Q})}f)(\omega)&=\int_{-\infty}^{+\infty}f(x)\mathscr{K}_{\mathscr{F}^\alpha_{(\mathscr{A},\mathscr{Q})}}(\omega,x)dx\\&=\sum_{m=0}^{\infty}\mu_m^\alpha(\mathscr{Q})\psi_m(\omega)\int_{-\infty}^{+\infty}f(x)\psi_m^*(x)dx\end{aligned}$$

满足如下的特征方程:

$$\begin{aligned}\mathscr{F}^\alpha_{(\mathscr{A},\mathscr{Q})}[\psi_m(x)](\omega)&=\mu_m^\alpha(\mathscr{Q})\psi_m(\omega)\\\mu_m^\alpha(\mathscr{Q})&=\exp[-2\pi i\alpha(m+4\boldsymbol{q}_m)/4]\\m&=0,1,2,\cdots\end{aligned}$$

其中 $\mathscr{Q}=\{\boldsymbol{q}_m;m\in\mathbb{Z}\}\in\mathbb{Z}^\infty$ 是一个任意的整数序列. 这样，一般形式的经典线性调频小波函数 $\mathscr{K}_{\mathscr{F}^\alpha_{(\mathscr{A},\mathscr{Q})}}(\omega,x)$ 决定的小波算子 $\mathscr{F}^\alpha_{(\mathscr{A},\mathscr{Q})}$ 的特征值序列是

$$\{\mu_m^\alpha(\mathscr{Q})=\exp[-2\pi i\alpha(m+4\boldsymbol{q}_m)/4]=(-i)^{\alpha(m+4\boldsymbol{q}_m)};m=0,1,2,\cdots\}$$

而且，算子 $\mathscr{F}^\alpha_{(\mathscr{A},\mathscr{Q})}$ 的规范正交特征函数系是 $\{\psi_m(x);m=0,1,2,\cdots\}$.

假设 $\boldsymbol{\Theta} \geqslant 2$ 是一个任意的自然数，利用一般形式的经典线性调频小波变换算子 $\mathscr{F}^{\alpha}_{(\mathcal{A},\mathcal{B})}$ 构造一个算子 $\boldsymbol{\mathcal{R}} = \mathscr{F}^{4/\boldsymbol{\Theta}}_{(\mathcal{A},\mathcal{B})}$. 根据一般形式的经典线性调频小波变换算子 $\boldsymbol{\mathcal{R}} = \mathscr{F}^{4/\boldsymbol{\Theta}}_{(\mathcal{A},\mathcal{B})}$ 的性质以及算子整数幂次运算性质，可以得到如下的算子演算结果：

$$
\begin{aligned}
\boldsymbol{\mathcal{R}}^0 &= \boldsymbol{\mathcal{I}} \\
\boldsymbol{\mathcal{R}}^1 &= \boldsymbol{\mathcal{R}} = \mathscr{F}^{4/\boldsymbol{\Theta}}_{(\mathcal{A},\mathcal{B})} \\
&\vdots \\
\boldsymbol{\mathcal{R}}^{(\boldsymbol{\Theta}-1)} &= \mathscr{F}^{4(\boldsymbol{\Theta}-1)/\boldsymbol{\Theta}}_{(\mathcal{A},\mathcal{B})} \\
\boldsymbol{\mathcal{R}}^{\boldsymbol{\Theta}} &= \mathscr{F}^{(4\boldsymbol{\Theta})/\boldsymbol{\Theta}}_{(\mathcal{A},\mathcal{B})} = \mathscr{F}^{4}_{(\mathcal{A},\mathcal{B})} = \boldsymbol{\mathcal{I}}
\end{aligned}
$$

而且，对于任意的整数 $k \in \mathbb{Z}$，

$$
\boldsymbol{\mathcal{R}}^{k+\boldsymbol{\Theta}} = \boldsymbol{\mathcal{R}}^{k} = \mathscr{F}^{4k/\boldsymbol{\Theta}}_{(\mathcal{A},\mathcal{B})}
$$

其中 $\boldsymbol{\mathcal{I}}$ 是单位(恒等)算子.

设符号 $\boldsymbol{\Theta}$ 是自然数，$\Omega = (\Omega_0, \Omega_1, \cdots, \Omega_{(\boldsymbol{\Theta}-1)}) \in \mathbb{R}^{\boldsymbol{\Theta}}$ 是任意的 $\boldsymbol{\Theta}$ 维实数向量，下述定义公式中需要的组合系数函数系 $\{\boldsymbol{p}_\zeta(\Omega,\alpha), \zeta = 0,1,\cdots,(\boldsymbol{\Theta}-1)\}$ 定义为如下形式的实数参数 α 的 $\boldsymbol{\Theta}$ 个函数：

$$
\boldsymbol{p}_\zeta(\Omega,\alpha) = \frac{1}{\boldsymbol{\Theta}} \sum_{k=0}^{(\boldsymbol{\Theta}-1)} \exp\{(-2\pi i / \boldsymbol{\Theta})[\alpha(k+\Omega_k) - \zeta k]\}, \quad \zeta = 0,1,2,\cdots,(\boldsymbol{\Theta}-1)
$$

以 $\{\boldsymbol{p}_\zeta(\Omega,\alpha); \zeta = 0,1,\cdots,(\boldsymbol{\Theta}-1)\}$ 为组合系数函数系，定义耦合线性调频小波算子 $\boldsymbol{\mathcal{R}}^{(\Omega,\alpha)}$ 为如下的组合类型的线性算子：

$$
\begin{aligned}
\boldsymbol{\mathcal{R}}^{(\Omega,\alpha)} &= \sum_{\zeta=0}^{(\boldsymbol{\Theta}-1)} \boldsymbol{p}_\zeta(\Omega,\alpha) \boldsymbol{\mathcal{R}}^{\zeta} \\
&= \frac{1}{\boldsymbol{\Theta}} \sum_{\zeta=0}^{(\boldsymbol{\Theta}-1)} \sum_{k=0}^{(\boldsymbol{\Theta}-1)} \exp\{-2\pi i[\alpha(k+\Omega_k) - \zeta k] / \Theta\} \boldsymbol{\mathcal{R}}^{\zeta} \\
&= \frac{1}{\boldsymbol{\Theta}} \sum_{\zeta=0}^{(\boldsymbol{\Theta}-1)} \sum_{k=0}^{(\boldsymbol{\Theta}-1)} \exp\{-2\pi i[\alpha(k+\Omega_k) - \zeta k] / \Theta\} \mathscr{F}^{4\zeta/\boldsymbol{\Theta}}_{(\mathcal{A},\mathcal{B})}
\end{aligned}
$$

或者

$$
\begin{aligned}
(\boldsymbol{\mathcal{R}}^{(\Omega,\alpha)} f)(\omega) &= \sum_{\zeta=0}^{(\boldsymbol{\Theta}-1)} \boldsymbol{p}_\zeta(\Omega,\alpha) (\boldsymbol{\mathcal{R}}^{\zeta} f)(\omega) \\
&= \frac{1}{\boldsymbol{\Theta}} \sum_{\zeta=0}^{(\boldsymbol{\Theta}-1)} \sum_{k=0}^{(\boldsymbol{\Theta}-1)} \exp\{-2\pi i[\alpha(k+\Omega_k) - \zeta k] / \Theta\} \mathfrak{f}^{\zeta}(\omega)
\end{aligned}
$$

其中，$\zeta = 0,1,2,\cdots,(\Theta-1)$，

$$\begin{aligned}\mathfrak{f}^{\zeta}(\omega) &= (\boldsymbol{\mathcal{R}}^{\zeta} f)(\omega) = \int_{-\infty}^{+\infty} f(x)\mathscr{K}_{\boldsymbol{\mathcal{R}}^{\zeta}}(\omega,x)dx \\ &= \int_{-\infty}^{+\infty} f(x)\mathscr{K}_{\mathscr{F}_{(\mathcal{A},\mathcal{Q})}^{4\zeta/\Theta}}(\omega,x)dx\end{aligned}$$

此时，耦合线性调频小波函数系 $\mathscr{K}_{\boldsymbol{\mathcal{R}}^{(\Omega,\alpha)}}(\omega,x)$ 作为耦合线性调频小波算子 $\boldsymbol{\mathcal{R}}^{(\Omega,\alpha)}$ 的核函数，可以按照如下多项组合形式表示为一般形式经典线性调频小波函数 $\mathscr{K}_{\mathscr{F}_{(\mathcal{A},\mathcal{Q})}^{\alpha}}(\omega,x)$ 等间隔采样序列

$$\{\mathscr{K}_{\mathscr{F}_{(\mathcal{A},\mathcal{Q})}^{4\zeta/\Theta}}(\omega,x);\zeta = 0,1,2,\cdots,(\Theta-1)\}$$

的线性组合:

$$\begin{aligned}\mathscr{K}_{\boldsymbol{\mathcal{R}}^{(\Omega,\alpha)}}(\omega,x) &= \sum_{\zeta=0}^{(\boldsymbol{\Theta}-1)} \boldsymbol{p}_{\zeta}(\Omega,\alpha)\mathscr{K}_{\boldsymbol{\mathcal{R}}^{\zeta}}(\omega,x) \\ &= \frac{1}{\Theta}\sum_{\zeta=0}^{(\boldsymbol{\Theta}-1)}\sum_{k=0}^{(\boldsymbol{\Theta}-1)} \exp\{-2\pi i[\alpha(k+\Omega_k)-\zeta k]/\Theta\}\mathscr{K}_{\mathscr{F}_{(\mathcal{A},\mathcal{Q})}^{4\zeta/\Theta}}(\omega,x)\end{aligned}$$

容易验证这样定义的耦合线性调频小波算子族 $\{\boldsymbol{\mathcal{R}}^{(\Omega,\alpha)};\alpha\in\mathbb{R}\}$ 满足如下算子运算规则:

$$\begin{aligned}[\boldsymbol{\mathcal{R}}^{(\Omega,\alpha)}(\varsigma f+\upsilon g)](\omega) &= \varsigma(\boldsymbol{\mathcal{R}}^{(\Omega,\alpha)}f)(\omega)+\upsilon(\boldsymbol{\mathcal{R}}^{(\Omega,\alpha)}g)(\omega) \\ \lim_{f\to g}(\boldsymbol{\mathcal{R}}^{(\Omega,\alpha)}f)(\omega) &= (\boldsymbol{\mathcal{R}}^{(\Omega,\alpha)}g)(\omega) \\ \lim_{\alpha'\to\alpha}(\boldsymbol{\mathcal{R}}^{(\Omega,\alpha')}f)(\omega) &= (\boldsymbol{\mathcal{R}}^{(\Omega,\alpha)}f)(\omega) \\ (\boldsymbol{\mathcal{R}}^{(\Omega,\alpha+\tilde{\alpha})}f)(\omega) &= [\boldsymbol{\mathcal{R}}^{(\Omega,\tilde{\alpha})}(\boldsymbol{\mathcal{R}}^{(\Omega,\alpha)}f)](\omega) = [\boldsymbol{\mathcal{R}}^{(\Omega,\alpha)}(\boldsymbol{\mathcal{R}}^{(\Omega,\tilde{\alpha})}f)](\omega)\end{aligned}$$

实际上可以验证耦合线性调频小波算子 $\boldsymbol{\mathcal{R}}^{(\Omega,\alpha)}:\boldsymbol{\mathcal{L}}^2(\mathbb{R})\to\boldsymbol{\mathcal{L}}^2(\mathbb{R})$ 遵循如下几个公理:

❶ 连续性公理: 对全部实数参数 $\alpha\in\mathbb{R}$，算子 $\boldsymbol{\mathcal{R}}^{(\Omega,\alpha)}$ 是连续的;

❷ 可加性公理: $\boldsymbol{\mathcal{R}}^{(\Omega,\alpha)}\boldsymbol{\mathcal{R}}^{(\Omega,\beta)} = \boldsymbol{\mathcal{R}}^{(\Omega,\beta)}\boldsymbol{\mathcal{R}}^{(\Omega,\alpha)} = \boldsymbol{\mathcal{R}}^{(\Omega,\alpha+\beta)},(\alpha,\beta)\in\mathbb{R}\times\mathbb{R}$.

比如按照耦合线性调频小波算子定义得到

$$\begin{aligned}\boldsymbol{\mathcal{R}}^{(\Omega,\alpha)} &= \frac{1}{\Theta}\sum_{\zeta=0}^{(\boldsymbol{\Theta}-1)}\sum_{k=0}^{(\boldsymbol{\Theta}-1)} \exp\{-2\pi i[\alpha(k+\Omega_k)-\zeta k]/\Theta\}\mathscr{F}_{(\mathcal{A},\mathcal{Q})}^{4\zeta/\boldsymbol{\Theta}} \\ \boldsymbol{\mathcal{R}}^{(\Omega,\beta)} &= \frac{1}{\Theta}\sum_{\ell=0}^{(\boldsymbol{\Theta}-1)}\sum_{m=0}^{(\boldsymbol{\Theta}-1)} \exp\{-2\pi i[\beta(m+\Omega_m)-\ell m]/\Theta\}\mathscr{F}_{(\mathcal{A},\mathcal{Q})}^{4\ell/\boldsymbol{\Theta}} \\ &(\alpha,\beta)\in\mathbb{R}\times\mathbb{R}\end{aligned}$$

于是利用算子乘积运算规则可得如下演算:

$$\begin{aligned}\boldsymbol{\mathscr{R}}^{(\Omega,\alpha)}\boldsymbol{\mathscr{R}}^{(\Omega,\beta)} &= \sum_{\zeta=0}^{(\boldsymbol{\Theta}-1)} \boldsymbol{p}_\zeta(\Omega,\alpha)\mathscr{F}_{(\mathcal{A},\mathcal{Q})}^{4\zeta/\boldsymbol{\Theta}} \sum_{\ell=0}^{(\boldsymbol{\Theta}-1)} \boldsymbol{p}_\ell(\Omega,\beta)\mathscr{F}_{(\mathcal{A},\mathcal{Q})}^{4\ell/\boldsymbol{\Theta}} \\ &= \sum_{\zeta=0}^{(\boldsymbol{\Theta}-1)}\sum_{\ell=0}^{(\boldsymbol{\Theta}-1)} \boldsymbol{p}_\zeta(\Omega,\alpha)\boldsymbol{p}_\ell(\Omega,\beta)\mathscr{F}_{(\mathcal{A},\mathcal{Q})}^{4\zeta/\boldsymbol{\Theta}}\mathscr{F}_{(\mathcal{A},\mathcal{Q})}^{4\ell/\boldsymbol{\Theta}} \\ &= \sum_{\zeta=0}^{(\boldsymbol{\Theta}-1)}\sum_{\ell=0}^{(\boldsymbol{\Theta}-1)} \boldsymbol{p}_\zeta(\Omega,\alpha)\boldsymbol{p}_\ell(\Omega,\beta)\mathscr{F}_{(\mathcal{A},\mathcal{Q})}^{4(\zeta+\ell)/\boldsymbol{\Theta}} \\ &= \sum_{\xi=0}^{(\boldsymbol{\Theta}-1)} \sum_{\substack{0\leqslant\zeta,\ell\leqslant(\boldsymbol{\Theta}-1)\\ \zeta+\ell\equiv\xi \ \mathrm{mod}(\boldsymbol{\Theta})}} \boldsymbol{p}_\zeta(\Omega,\alpha)\boldsymbol{p}_\ell(\Omega,\beta)\mathscr{F}_{(\mathcal{A},\mathcal{Q})}^{4\xi/\boldsymbol{\Theta}} \\ &= \boldsymbol{\mathscr{R}}^{(\Omega,\beta)}\boldsymbol{\mathscr{R}}^{(\Omega,\alpha)}\end{aligned}$$

这个演算结果表明:

$$\boldsymbol{\mathscr{R}}^{(\Omega,\alpha)}\boldsymbol{\mathscr{R}}^{(\Omega,\beta)} = \boldsymbol{\mathscr{R}}^{(\Omega,\beta)}\boldsymbol{\mathscr{R}}^{(\Omega,\alpha)}$$

利用组合系数函数系 $\{\boldsymbol{p}_\zeta(\Omega,\alpha);\zeta=0,1,\cdots,(\boldsymbol{\Theta}-1)\}$ 的表达公式可得

$$\begin{aligned}&\sum_{\substack{0\leqslant\zeta,\ell\leqslant(\boldsymbol{\Theta}-1)\\ \zeta+\ell\equiv\xi \ \mathrm{mod}(\boldsymbol{\Theta})}} \boldsymbol{p}_\zeta(\Omega,\alpha)\boldsymbol{p}_\ell(\Omega,\beta) \\ &= \sum_{\substack{0\leqslant\zeta,\ell\leqslant(\boldsymbol{\Theta}-1)\\ \zeta+\ell\equiv\xi \ \mathrm{mod}(\boldsymbol{\Theta})}} \frac{1}{\Theta}\sum_{k=0}^{(\boldsymbol{\Theta}-1)} e^{(-2\pi i/\Theta)[\alpha(k+\Omega_k)-\zeta k]}\frac{1}{\Theta}\sum_{m=0}^{(\boldsymbol{\Theta}-1)} e^{(-2\pi i/\Theta)[\beta(m+\Omega_m)-\ell m]} \\ &= \Theta^{-2}\sum_{\substack{0\leqslant\zeta,\ell\leqslant(\boldsymbol{\Theta}-1)\\ \zeta+\ell\equiv\xi \ \mathrm{mod}(\boldsymbol{\Theta})}}\sum_{k=0}^{(\boldsymbol{\Theta}-1)}\sum_{m=0}^{(\boldsymbol{\Theta}-1)} e^{(-2\pi i/\Theta)[\alpha(k+\Omega_k)-\zeta k]}e^{(-2\pi i/\Theta)[\beta(m+\Omega_m)-\ell m]} \\ &= \Theta^{-2}\sum_{k=0}^{(\boldsymbol{\Theta}-1)}\sum_{m=0}^{(\boldsymbol{\Theta}-1)} e^{(-2\pi i/\Theta)[\alpha(k+\Omega_k)+\beta(m+\Omega_m)]}\sum_{\substack{0\leqslant\zeta,\ell\leqslant(\boldsymbol{\Theta}-1)\\ \zeta+\ell\equiv\xi \ \mathrm{mod}(\boldsymbol{\Theta})}} e^{(2\pi i/\Theta)(\zeta k+\ell m)}\end{aligned}$$

上述演算过程最后等式中的最后一个求和符号可以计算如下:

$$\begin{aligned}\sum_{\substack{0\leqslant\zeta,\ell\leqslant(\boldsymbol{\Theta}-1)\\ \zeta+\ell\equiv\xi \ \mathrm{mod}(\boldsymbol{\Theta})}} e^{(2\pi i/\Theta)(\zeta k+\ell m)} &= \sum_{\zeta=0}^{(\boldsymbol{\Theta}-1)} e^{(2\pi i/\Theta)(\zeta k+(\xi-\zeta)m)} \\ &= e^{(2\pi i/\Theta)\xi m}\sum_{\zeta=0}^{(\boldsymbol{\Theta}-1)} e^{(2\pi i/\Theta)\zeta(k-m)} \\ &= e^{(2\pi i/\Theta)\xi m}\Theta\delta(\mathrm{mod}(k-m,\Theta))\end{aligned}$$

把这个演算结果代入前一个计算公式最后得到重要结果:

$$\sum_{\substack{0\leqslant\zeta,\ell\leqslant(\boldsymbol{\Theta}-1)\\ \zeta+\ell\equiv\xi \ \mathrm{mod}(\boldsymbol{\Theta})}} \boldsymbol{p}_\zeta(\Omega,\alpha)\boldsymbol{p}_\ell(\Omega,\beta)$$

$$
\begin{aligned}
&= \Theta^{-2}\sum_{k=0}^{(\boldsymbol{\Theta}-1)}\sum_{m=0}^{(\boldsymbol{\Theta}-1)} e^{(-2\pi i/\Theta)[\alpha(k+\Omega_k)+\beta(m+\Omega_m)]} e^{(2\pi i/\Theta)\xi m}\Theta\delta(\mathrm{mod}(k-m,\Theta))\\
&= \frac{1}{\Theta}\sum_{m=0}^{(\boldsymbol{\Theta}-1)} e^{(-2\pi i/\Theta)[(\alpha+\beta)(m+\Omega_m)]} e^{(2\pi i/\Theta)\xi m}\\
&= \frac{1}{\Theta}\sum_{m=0}^{(\boldsymbol{\Theta}-1)} e^{(-2\pi i/\Theta)\left[(\alpha+\beta)(m+\Omega_m)-\xi m\right]}\\
&= \boldsymbol{p}_\xi(\Omega,\alpha+\beta)
\end{aligned}
$$

这样，最终得到耦合线性调频小波算子族 $\{\mathcal{R}^{(\Omega,\alpha)};\alpha\in\mathbb{R}\}$ 满足关于实数参数 $\alpha\in\mathbb{R}$ 的可加性公理:

$$
\begin{aligned}
\mathcal{R}^{(\Omega,\alpha)}\mathcal{R}^{(\Omega,\beta)} &= \sum_{\xi=0}^{(\boldsymbol{\Theta}-1)}\sum_{\substack{0\leqslant\zeta,\ell\leqslant(\boldsymbol{\Theta}-1)\\ \zeta+\ell\equiv\xi \ \mathrm{mod}(\boldsymbol{\Theta})}} \boldsymbol{p}_\zeta(\Omega,\alpha)\boldsymbol{p}_\ell(\Omega,\beta)\mathscr{F}_{(\mathcal{A},\mathcal{Q})}^{4\xi/\boldsymbol{\Theta}}\\
&= \sum_{\xi=0}^{(\boldsymbol{\Theta}-1)} \boldsymbol{p}_\xi(\Omega,\alpha+\beta)\mathscr{F}_{(\mathcal{A},\mathcal{Q})}^{4\xi/\boldsymbol{\Theta}}\\
&= \mathcal{R}^{(\Omega,\alpha+\beta)}
\end{aligned}
$$

从而得到如下的恒等式:

$$
\mathcal{R}^{(\Omega,\alpha)}\mathcal{R}^{(\Omega,\beta)} = \mathcal{R}^{(\Omega,\beta)}\mathcal{R}^{(\Omega,\alpha)} = \mathcal{R}^{(\Omega,\alpha+\beta)},\quad (\alpha,\beta)\in\mathbb{R}\times\mathbb{R}
$$

实际上，这同时证明了组合系数函数系 $\{\boldsymbol{p}_\zeta(\Omega,\alpha);\zeta=0,1,\cdots,(\boldsymbol{\Theta}-1)\}$ 满足序号 $\zeta=0,1,\cdots,(\boldsymbol{\Theta}-1)$ 和实数参数 $\alpha\in\mathbb{R}$ 的卷积-求和公式:

$$
\boldsymbol{p}_\xi(\Omega,\alpha+\beta) = \sum_{\substack{0\leqslant\zeta,\ell\leqslant(\boldsymbol{\Theta}-1)\\ \zeta+\ell\equiv\xi \ \mathrm{mod}(\boldsymbol{\Theta})}} \boldsymbol{p}_\zeta(\Omega,\alpha)\boldsymbol{p}_\ell(\Omega,\beta)
$$

其中 $\xi=0,1,\cdots,(\boldsymbol{\Theta}-1)$，而且 $(\alpha,\beta)\in\mathbb{R}\times\mathbb{R}$. 这个公式可以等价表示为

$$
\boldsymbol{p}_\xi(\Omega,\alpha+\beta) = \sum_{\zeta=0}^{(\boldsymbol{\Theta}-1)} \boldsymbol{p}_\zeta(\Omega,\alpha)\boldsymbol{p}_{\mathrm{mod}(\xi-\zeta)}(\Omega,\beta),\quad \xi=0,1,\cdots,(\boldsymbol{\Theta}-1)
$$

引入如下的 $\boldsymbol{\Theta}\times\boldsymbol{\Theta}$ 矩阵 $\mathbb{Q}^{(\Omega,\alpha)}$:

$$
\mathbb{Q}^{(\Omega,\alpha)} = \begin{pmatrix}
\boldsymbol{p}_0(\Omega,\alpha) & \boldsymbol{p}_{(\boldsymbol{\Theta}-1)}(\Omega,\alpha) & \cdots & \boldsymbol{p}_1(\Omega,\alpha)\\
\boldsymbol{p}_1(\Omega,\alpha) & \boldsymbol{p}_0(\Omega,\alpha) & \cdots & \boldsymbol{p}_2(\Omega,\alpha)\\
\vdots & \vdots & \ddots & \vdots\\
\boldsymbol{p}_{(\boldsymbol{\Theta}-1)}(\Omega,\alpha) & \boldsymbol{p}_{(\boldsymbol{\Theta}-2)}(\Omega,\alpha) & \cdots & \boldsymbol{p}_0(\Omega,\alpha)
\end{pmatrix},\quad \alpha\in\mathbb{R}
$$

那么，组合系数函数系 $\{\boldsymbol{p}_\zeta(\Omega,\alpha);\zeta=0,1,\cdots,(\boldsymbol{\Theta}-1)\}$ 的序号 ζ 和实数参数 α 的卷积-求和公式，或者耦合线性调频小波算子族 $\{\mathcal{R}^{(\Omega,\alpha)};\alpha\in\mathbb{R}\}$ 关于实数参数 α 的可加性公理，可以等价地用矩阵乘积形式表示为

$$\mathbb{Q}^{(\Omega,\alpha)}\mathbb{Q}^{(\Omega,\beta)}=\mathbb{Q}^{(\Omega,\beta)}\mathbb{Q}^{(\Omega,\alpha)}=\mathbb{Q}^{(\Omega,\alpha+\beta)}$$

利用上述这些结果容易证明，作为耦合线性调频小波算子核函数的耦合线性调频小波函数系 $\{\mathscr{K}_{\mathcal{R}^{(\Omega,\alpha)}}(\omega,x);\alpha\in\mathbb{R}\}$ 关于实数参数 α 满足如下卷积叠加运算规则:

$$\begin{aligned}\mathscr{K}_{\mathcal{R}^{(\Omega,\alpha+\beta)}}(\omega,x)&=\int_{-\infty}^{+\infty}\mathscr{K}_{\mathcal{R}^{(\Omega,\alpha)}}(\omega,z)\mathscr{K}_{\mathcal{R}^{(\Omega,\beta)}}(z,x)dz\\&=\int_{-\infty}^{+\infty}\mathscr{K}_{\mathcal{R}^{(\Omega,\beta)}}(\omega,z)\mathscr{K}_{\mathcal{R}^{(\Omega,\alpha)}}(z,x)dz\end{aligned}$$

或者形式化表示为

$$\mathscr{K}_{\mathcal{R}^{(\Omega,\alpha+\beta)}}(\omega,x)=(\mathscr{K}_{\mathcal{R}^{(\Omega,\alpha)}}*\mathscr{K}_{\mathcal{R}^{(\Omega,\beta)}})(\omega,x)=(\mathscr{K}_{\mathcal{R}^{(\Omega,\beta)}}*\mathscr{K}_{\mathcal{R}^{(\Omega,\alpha)}})(\omega,x)$$

现在说明名词“耦合线性调频小波算子”中“耦合”的含义.

首先，根据组合系数函数系 $\{\boldsymbol{p}_\zeta(\Omega,\alpha);\zeta=0,1,\cdots,(\boldsymbol{\Theta}-1)\}$ 的定义公式可得，当实数参数取值为整数数值，即 $\alpha=m\in\mathbb{Z}$ 时,

$$\boldsymbol{p}_\zeta(\Omega,m)\neq\delta(\mathrm{mod}(m-\zeta,\boldsymbol{\Theta})),\quad\zeta=0,1,\cdots,(\boldsymbol{\Theta}-1)$$

回顾多项组合线性调频小波函数系和双重组合线性调频小波函数系构造中组合系数函数系遵从的边界性公理的表现形式可知，构造耦合线性调频小波函数的组合系数函数系 $\{\boldsymbol{p}_\zeta(\Omega,\alpha);\zeta=0,1,\cdots,(\boldsymbol{\Theta}-1)\}$ 不再满足边界性公理.

其次，当实数参数 α 出现 $\boldsymbol{\Theta}$ 整数倍数的增量时，比如 $\alpha+\boldsymbol{\Theta}$,

$$\begin{aligned}\boldsymbol{p}_\zeta(\Omega,\alpha+\boldsymbol{\Theta})&=\frac{1}{\boldsymbol{\Theta}}\sum_{k=0}^{(\boldsymbol{\Theta}-1)}\exp\{(-2\pi i/\boldsymbol{\Theta})[(\alpha+\boldsymbol{\Theta})(k+\Omega_k)-\zeta k]\}\\&=\frac{1}{\boldsymbol{\Theta}}\sum_{k=0}^{(\boldsymbol{\Theta}-1)}e^{(-2\pi i/\boldsymbol{\Theta})[\alpha(k+\Omega_k)-\zeta k]}e^{-2\pi i\Omega_k}\\&\neq\boldsymbol{p}_\zeta(\Omega,\alpha)\end{aligned}$$

即构造耦合线性调频小波的组合系数函数 $\{\boldsymbol{p}_\zeta(\Omega,\alpha);\zeta=0,1,\cdots,(\boldsymbol{\Theta}-1)\}$ 不再满足周期性公理.

组合系数函数系 $\{\boldsymbol{p}_\zeta(\Omega,\alpha);\zeta=0,1,\cdots,(\boldsymbol{\Theta}-1)\}$ 不遵循边界性公理和周期性公理将导致耦合线性调频小波算子族 $\{\mathcal{R}^{(\Omega,\alpha)};\alpha\in\mathbb{R}\}$ 也不再遵循边界性公理和周期性公理，这意味着 $\mathcal{R}^{(\Omega,\Theta)}\neq\mathcal{I},\mathcal{R}^{(\Omega,m)}\neq\mathcal{R}^m,m\in\mathbb{Z}$，这说明耦合线性调频小波算子族 $\{\mathcal{R}^{(\Omega,\alpha)};\alpha\in\mathbb{R}\}$ 无法返回到 $\mathcal{R}$ 以及它的整数幂次算子 $\mathcal{R}^m,m\in\mathbb{Z}$. 也就是说，组合系数函数系 $\{\boldsymbol{p}_\zeta(\Omega,\alpha);\zeta=0,1,\cdots,(\boldsymbol{\Theta}-1)\}$ 的这些性质，决定了耦合线性调频小波算子族 $\{\mathcal{R}^{(\Omega,\alpha)};\alpha\in\mathbb{R}\}$ 无论实数参数 α 怎么选择都不会出现构造它的特殊状态的线性调频小波算子序列 $\mathcal{R}^m,m\in\mathbb{Z}$，除非 $\mathcal{R}^0=\mathcal{I}$，即单位算子. 这就是把这种构造方法得到的线性调频小波算子称为耦合线性调频小波算子的原因所在.

(β) 耦合线性调频小波算子特征性质

根据一般形式的经典线性调频小波算子 $\mathscr{F}^{\alpha}_{(\mathcal{A},\mathcal{Q})}$ 的特征方程:

$$\begin{aligned}\mathscr{F}^{\alpha}_{(\mathcal{A},\mathcal{Q})}[\psi_m(x)](\omega) &= \mu^{\alpha}_m(\mathcal{Q})\psi_m(\omega)\\ \mu^{\alpha}_m(\mathcal{Q}) &= \exp[-2\pi i\alpha(m+4\boldsymbol{q}_m)/4]\\ m &= 0,1,2,\cdots\end{aligned}$$

其中 $\mathcal{Q}=\{\boldsymbol{q}_m;m\in\mathbb{Z}\}\in\mathbb{Z}^\infty$ 是一个任意的整数序列, 对于任意的整数 $\ell\in\mathbb{Z}$, 可以得到算子 $\boldsymbol{\mathcal{R}}^{\ell}=\mathscr{F}^{4\ell/\boldsymbol{\Theta}}_{(\mathcal{A},\mathcal{Q})}$ 的特征方程:

$$\begin{aligned}\boldsymbol{\mathcal{R}}^{\ell}[\psi_m(x)](\omega) &= \mathscr{F}^{4\ell/\boldsymbol{\Theta}}_{(\mathcal{A},\mathcal{Q})}[\psi_m(x)](\omega)=\mu^{4\ell/\boldsymbol{\Theta}}_m(\mathcal{Q})\psi_m(\omega)=\kappa^{\ell}_m\psi_m(\omega)\\ \kappa^{\ell}_m &= \mu^{4\ell/\boldsymbol{\Theta}}_m(\mathcal{Q})=e^{-2\pi i\ell(m+4\boldsymbol{q}_m)/\Theta}=(-i)^{4\ell(m+4\boldsymbol{q}_m)/\Theta}\\ m &= 0,1,2,\cdots\end{aligned}$$

直接演算完备规范正交特征函数系 $\{\psi_m(x);m=0,1,2,3,\cdots\}$ 的耦合线性调频小波变换 $\boldsymbol{\mathcal{R}}^{(\Omega,\alpha)}[\psi_m(x)](\omega)$:

$$\begin{aligned}\boldsymbol{\mathcal{R}}^{(\Omega,\alpha)}[\psi_m(x)](\omega) &= \sum_{\zeta=0}^{(\boldsymbol{\Theta}-1)}\boldsymbol{p}_\zeta(\Omega,\alpha)\boldsymbol{\mathcal{R}}^{\zeta}[\psi_m(x)](\omega)\\ &= \left[\sum_{\zeta=0}^{(\boldsymbol{\Theta}-1)}\boldsymbol{p}_\zeta(\Omega,\alpha)\kappa^{\zeta}_m\right]\psi_m(\omega)\\ &= \kappa^{(\Omega,\alpha)}_m\psi_m(\omega),\quad m=0,1,2,\cdots\end{aligned}$$

其中

$$\begin{aligned}\kappa^{(\Omega,\alpha)}_m &= \sum_{\zeta=0}^{(\boldsymbol{\Theta}-1)}\boldsymbol{p}_\zeta(\Omega,\alpha)\kappa^{\zeta}_m\\ &= \frac{1}{\boldsymbol{\Theta}}\sum_{\zeta=0}^{(\boldsymbol{\Theta}-1)}\sum_{k=0}^{(\boldsymbol{\Theta}-1)}e^{(-2\pi i/\boldsymbol{\Theta})[\alpha(k+\Omega_k)-\zeta k]}e^{(-2\pi i/\boldsymbol{\Theta})\zeta(m+4\boldsymbol{q}_m)}\\ &= \frac{1}{\boldsymbol{\Theta}}\sum_{k=0}^{(\boldsymbol{\Theta}-1)}e^{(-2\pi i/\boldsymbol{\Theta})\alpha(k+\Omega_k)}\sum_{\zeta=0}^{(\boldsymbol{\Theta}-1)}e^{(-2\pi i/\boldsymbol{\Theta})\zeta[(m+4\boldsymbol{q}_m)-k]}\\ &= \sum_{k=0}^{(\boldsymbol{\Theta}-1)}e^{(-2\pi i/\boldsymbol{\Theta})\alpha(k+\Omega_k)}\delta(\mathrm{mod}((m+4\boldsymbol{q}_m)-k,\Theta))\\ &= e^{(-2\pi i/\boldsymbol{\Theta})\alpha[\mathrm{mod}(m+4\boldsymbol{q}_m,\Theta)+\Omega_{\mathrm{mod}(m+4\boldsymbol{q}_m,\Theta)}]}\end{aligned}$$

或者

$$\kappa^{(\Omega,\alpha)}_m=\exp\{(-2\pi i/\boldsymbol{\Theta})\alpha[\mathrm{mod}(m+4\boldsymbol{q}_m,\Theta)+\Omega_{\mathrm{mod}(m+4\boldsymbol{q}_m,\Theta)}]\}$$

其中 $m=0,1,2,\cdots$, 就是耦合线性调频小波算子 $\boldsymbol{\mathcal{R}}^{(\Omega,\alpha)}$ 的特征值序列, 小波算子 $\boldsymbol{\mathcal{R}}^{(\Omega,\alpha)}$ 的完备规范正交特征函数系恰好是 $\{\psi_m(x);m=0,1,2,3,\cdots\}$.

据此演算可以得到，耦合线性调频小波函数系 $\mathscr{K}_{\boldsymbol{\mathcal{R}}^{(\Omega,\alpha)}}(\omega,x)$ 能够表示为如下的“对角化”形式或者“二次型”形式:

$$\begin{aligned}\mathscr{K}_{\boldsymbol{\mathcal{R}}^{(\Omega,\alpha)}}(\omega,x)&=\left(\psi_0(\omega),\cdots,\psi_n(\omega),\cdots\right)\begin{pmatrix}\kappa_0^{(\Omega,\alpha)} & \cdots & 0 & \cdots\\ \vdots & \ddots & \vdots & \vdots\\ 0 & \cdots & \kappa_n^{(\Omega,\alpha)} & \cdots\\ \vdots & \cdots & \vdots & \ddots\end{pmatrix}\begin{pmatrix}\psi_0^*(x)\\ \vdots\\ \psi_n^*(x)\\ \vdots\end{pmatrix}\\ &=\sum_{m=0}^{\infty}\kappa_m^{(\Omega,\alpha)}\psi_m(\omega)\psi_m^*(x)\\ &=\sum_{m=0}^{\infty}e^{(-2\pi i/\boldsymbol{\Theta})\alpha[\mathrm{mod}(m+4q_m,\Theta)+\Omega_{\mathrm{mod}(m+4q_m,\Theta)}]}\psi_m(\omega)\psi_m^*(x)\end{aligned}$$

或者抽象地写成

$$\mathscr{K}_{\boldsymbol{\mathcal{R}}^{(\Omega,\alpha)}}(\omega,x)=[\mathscr{P}(\omega)]\mathfrak{P}^{(\Omega,\alpha)}[\mathscr{P}(x)]^*$$

其中

$$\begin{cases}[\mathscr{P}(\omega)]=(\psi_m(\omega);m=0,1,2,\cdots)\\ \mathfrak{P}^{(\Omega,\alpha)}=\mathrm{Diag}\left(\kappa_m^{(\Omega,\alpha)}=e^{(-2\pi i/\boldsymbol{\Theta})\alpha[\mathrm{mod}(m+4q_m,\Theta)+\Omega_{\mathrm{mod}(m+4q_m,\Theta)}]},m=0,1,2,\cdots\right)\\ [\mathscr{P}(x)]^*=(\psi_m^*(x);m=0,1,2,\cdots)^{\mathrm{T}}\end{cases}$$

利用耦合线性调频小波算子 $\boldsymbol{\mathcal{R}}^{(\Omega,\alpha)}$ 的特征值序列公式，容易验证:

$$\begin{aligned}\kappa_m^{(\Omega,\alpha+\Theta)}&=\kappa_m^{(\Omega,\alpha)}e^{(-2\pi i)[\mathrm{mod}(m+4q_m,\Theta)+\Omega_{\mathrm{mod}(m+4q_m,\Theta)}]}\\ &=\kappa_m^{(\Omega,\alpha)}e^{(-2\pi i)\Omega_{\mathrm{mod}(m+4q_m,\Theta)}}\neq\kappa_m^{(\Omega,\alpha)}\end{aligned}$$

而且

$$\begin{aligned}\kappa_{m+\Theta}^{(\Omega,\alpha)}&=e^{(-2\pi i/\boldsymbol{\Theta})\alpha[\mathrm{mod}(m+\Theta+4q_{m+\Theta},\Theta)+\Omega_{\mathrm{mod}(m+\Theta+4q_{m+\Theta},\Theta)}]}\\ &=e^{(-2\pi i/\boldsymbol{\Theta})\alpha[\mathrm{mod}(m+4q_{m+\Theta},\Theta)+\Omega_{\mathrm{mod}(m+4q_{m+\Theta},\Theta)}]}\neq\kappa_m^{(\Omega,\alpha)}\end{aligned}$$

其中 $m=0,1,2,\cdots$，而且，实数参数 $\alpha\in\mathbb{R}$，也就是说，耦合线性调频小波算子 $\boldsymbol{\mathcal{R}}^{(\Omega,\alpha)}$ 的特征值序列 $\{\kappa_m^{(\Omega,\alpha)};m=0,1,2,\cdots\}$ 关于实数参数 α 和特征值序列的序号或者下标 m 都不再具有 Θ 周期性质.

从上述演算过程可知，当整数序列 $\mathcal{Q}=\{q_m;m\in\mathbb{Z}\}\in\mathbb{Z}^\infty$ 以及自由的任意 Θ 维实数向量 $\Omega=(\Omega_0,\Omega_1,\cdots,\Omega_{(\boldsymbol{\Theta}-1)})\in\mathbb{R}^{\boldsymbol{\Theta}}$ 选择某些特殊取值时，耦合线性调频小波算子 $\boldsymbol{\mathcal{R}}^{(\Omega,\alpha)}$ 的特征值序列 $\{\kappa_m^{(\Omega,\alpha)};m=0,1,2,\cdots\}$ 也可能关于实数参数 α 或者特征值序列

的序号 m 再次具有 Θ 周期性质. 比如当实数向量 $\Omega=(\Omega_0,\Omega_1,\cdots,\Omega_{(\Theta-1)})\in\mathbb{R}^{\Theta}$ 只限制选择整数向量时, 小波算子 $\mathscr{R}^{(\Omega,\alpha)}$ 的特征值序列 $\{\kappa_m^{(\Omega,\alpha)};m=0,1,2,\cdots\}$ 关于实数参数 α 再次具有 Θ 周期性质, 不过, 即使在这种特殊条件下, 耦合线性调频小波算子 $\mathscr{R}^{(\Omega,\alpha)}$ 仍然不能保证可以重现一般形式的经典线性调频小波变换算子 $\mathscr{F}_{(\mathcal{A},\mathcal{Q})}^{\alpha}$ 的采样算子序列 $\{\mathscr{R}^k=\mathscr{F}_{(\mathcal{A},\mathcal{Q})}^{4k/\Theta};k=0,1,\cdots,(\Theta-1)\}$, 而恰恰是这个采样算子序列的线性组合构造产生了耦合线性调频小波算子 $\mathscr{R}^{(\Omega,\alpha)}$, 要想耦合线性调频小波算子 $\mathscr{R}^{(\Omega,\alpha)}$ 能够重现这个采样算子序列, 还应该施加更严格和特殊的限制, 比如一个充分条件是 $\Omega=(\Omega_0,\Omega_1,\cdots,\Omega_{(\Theta-1)})$ 的分量都是自然数 Θ 的整数倍数, 即

$$\Omega=(\Omega_0,\Omega_1,\cdots,\Omega_{(\Theta-1)})\in(\Theta\mathbb{Z})^{\Theta}$$

在这样极其苛刻的要求下, 耦合线性调频小波算子 $\mathscr{R}^{(\Omega,\alpha)}$ 返回到多项组合线性调频小波算子 $\mathscr{R}^{(\gamma,\alpha)}$, 这时, 可以完全重现一般形式的经典线性调频小波变换算子 $\mathscr{F}_{(\mathcal{A},\mathcal{Q})}^{\alpha}$ 的采样算子序列 $\{\mathscr{R}^k=\mathscr{F}_{(\mathcal{A},\mathcal{Q})}^{4k/\Theta};k=0,1,\cdots,(\Theta-1)\}$.

另一方面, 即使限制实数向量 Ω 取值 $\Omega=(\Omega_0,\Omega_1,\cdots,\Omega_{(\Theta-1)})\in(\Theta\mathbb{Z})^{\Theta}$, 仍然不能保证耦合线性调频小波算子 $\mathscr{R}^{(\Omega,\alpha)}$ 的特征值序列 $\{\kappa_m^{(\Omega,\alpha)};m=0,1,2,\cdots\}$ 关于特征值序列序号 m 具有 Θ 周期性质, 不过, 当整数序列 $\mathcal{Q}=\{q_m;m\in\mathbb{Z}\}\in\mathbb{Z}^{\infty}$ 关于序列序号 m 具有 Θ 周期性质, 即 $q_m=q_{m+\Theta},m\in\mathbb{Z}$ 时, 耦合线性调频小波算子 $\mathscr{R}^{(\Omega,\alpha)}$ 的特征值序列关于特征值序列序号 m 再次具有 Θ 周期性质.

(γ) 耦合线性调频小波算子族的覆盖性

从耦合线性调频小波算子族的构造形式容易证明, 自然数 Θ 的选择、实参数向量 $\Omega=(\Omega_0,\Omega_1,\cdots,\Omega_{(\Theta-1)})\in\mathbb{R}^{\Theta}$ 的选择以及整数序列 $\mathcal{Q}=\{q_m;m\in\mathbb{Z}\}\in\mathbb{Z}^{\infty}$ 的选择能够保证构造获得文献中出现的各种线性调频小波算子或者线性组合类型的“分数阶傅里叶变换算子”, 建议读者尝试完成这个实证性验证过程.

反过来, 此前文献中出现的各种构造方法都不可能完全实现耦合线性调频小波算子族, 比如前述多项组合线性调频小波算子构造方法以及双重组合线性调频小波算子的构造方法概莫能外. 即使允许任意多次重复使用多项组合或者双重组合线性调频小波算子构造方法, 只要是重复有限次数, 这种情况仍然得不到改观. 这些简单事实说明了耦合线性调频小波算子族的广泛性和通用性.

此外, 容易证明, 耦合线性调频小波算子族 $\{\mathscr{R}^{(\Omega,\alpha)};\alpha\in\mathbb{R}\}$ 具有如下算子极限

运算规则:

❶ 一致逼近: $\lim_{f\to g}(\mathcal{R}^{(\Omega,\alpha)}f)(\omega)=(\mathcal{R}^{(\Omega,\alpha)}g)(\omega)$ 是一致收敛或一致连续的;

❷ 范数逼近: $\lim_{\alpha'\to\alpha}(\mathcal{R}^{(\Omega,\alpha')}f)(\omega)=(\mathcal{R}^{(\Omega,\alpha)}f)(\omega)$ 是算子范数收敛的;

❸ 范数回归: $\lim_{\Theta\to+\infty}(\mathcal{R}^{(\Omega,\alpha\Theta/4)}f)(\omega)=(\mathscr{F}^{\alpha}_{(\mathcal{A},\mathcal{Q})}f)(\omega)$ 按照 $\mathcal{L}^2(\mathbb{R})$ 范数收敛;

❹ 算子回归: $\lim_{\Theta\to+\infty}\mathcal{R}^{(\Omega,\alpha\Theta/4)}=\mathscr{F}^{\alpha}_{(\mathcal{A},\mathcal{Q})}$ 按照算子序列弱收敛.

这些结果耦合线性调频小波算子族是非常广泛的. 如果可以自由地选择构造过程中需要的各项参数而且允许耦合项数选取无穷大, 那么, 这个小波算子族能够覆盖此前文献中出版的所有组合类型的线性调频小波算子和“分数阶傅里叶变换算子”, 而且还可以覆盖构造耦合线性调频小波算子族需要的一般形式的经典线性调频小波算子族及其采样算子族, 这其中自动地隐藏着经典傅里叶变换算子这种最特殊的情形. 从这个意义上说, 耦合线性调频小波算子族是傅里叶变换算子以及各种“分数阶傅里叶变换算子族”的推广形式.

9.3.5 耦合线性调频小波理论的评述

耦合线性调频小波算子理论直接体现为一般形式的线性调频小波理论、4 倍组合线性调频小波理论、多项组合线性调频小波理论和双重组合线性调频小波理论的推广形式, 继承了傅里叶变换算子、线性调频小波算子的优良性质, 自从 Namias(1980a, 1980b)建立“分数阶傅里叶变换(the fractional order fourier transform)算子”, 即“经典的线性调频小波算子”概念以来, 线性调频小波理论在量子力学、求解常(偏)微分方程、滤波理论、雷达信号分析处理、通信信号分离和处理、信息安全和光学图像信息安全等研究领域得到了广泛的应用, 特别是在密码学和光学图像信息安全研究中, 因为耦合线性调频小波算子族在可以作为信息加密密钥的各个参数或者参数向量给定之后自动构成一个算子群, 这为密码学和光学图像信息安全研究提供了提升密钥安全性和加密信息安全性的理论途径.

参 考 文 献

马晶, 谭立英, 冉启文. 1999a. 小波分析在光学信息处理中的应用. 物理学报, 48(7): 1223-1229

马晶, 谭立英, 冉启文. 1999b. 光学小波滤波理论初探. 中国激光, 26(4): 1-4

冉启文. 1995. 小波分析方法及其应用. 哈尔滨: 哈尔滨工业大学出版社

冉启文. 2001. 小波变换与分数傅里叶变换理论及应用. 哈尔滨: 哈尔滨工业大学出版社

冉启文, 谭立英. 2002. 小波分析与分数傅里叶变换及应用. 北京: 国防工业出版社

冉启文, 谭立英. 2004. 分数傅里叶光学导论. 北京: 科学出版社

沙学军, 史军, 张钦宇. 2013. 分数傅里叶变换原理及其在通信系统中的应用. 北京：人民邮电出版社

Akay O, Faye G, Bartels B. 1998. Unitary and Hermitian fractional operators and their relation to the fractional Fourier transform. IEEE Signal Processing Letters, 5(12): 312-314

Akay O, Faye G, Bartels B. 2001. Fractional convolution and correlation via operator methods and an application to detection of linear FM signals. IEEE Transactions on Signal Processing, 49(5): 979-993

Almeida L B. 1994. The fractional Fourier transforms and time-frequency representations. IEEE Transactions on Signal Processing, 42(11): 3084-3091

Bailey D H, Swarztrauber P N. 1991. The fractional Fourier transform and applications. SIAM Reviews, 33(3): 389-404

Bargmann J V. 1961. On a Hilbert space of analytic functions and an associated integral transform, Part I. Communications on Pure and Applied Mathematics, 14(3): 187-214

Bargmann J V. 1962a. On the representations of the rotation group. Reviews of Modern Physics, 34(4): 829-845

Bargmann J V. 1962b. Remarks on a Hilbert space of analytic functions. Proceedings of the National Academy of Sciences of the United States of America, 48(2): 199-204

Bargmann J V. 1967. On a Hilbert space of analytie functions and an associated integral transform, Part II, a family of related function spaces application to distribution theory. Communications on Pure & Applied Mathematics , 20(1): 1-101

Bernardo L M, Soares O D D. 1994. Fractional Fourier transform and optical systems. Optics Communications, 110: 517-522

Candan C, Kutay M A, Ozaktas H M. 2000. The discrete fractional Fourier transform. IEEE Transactions on Signal Processing, 48(5): 1329-1337

Cariolaro G, Erseghe T, Kraniauskas P, Laurenti N. 1998. A unified framework for the fractional Fourier transforms. IEEE Transactions on Signal Processing, 46(12): 3206-3219

Cariolaro G, Erseghe T, Kraniauskas P, Laurenti N. 2000. Multiplicity of fractional Fourier transforms and their relationships. IEEE Transactions on Signal Processing, 48(1): 227-241

Condon E U. 1937. Immersion of the Fourier transform in a continuous group of functional transformation. Proceedings of the National Academy of Sciences of the United States of America, 23(3): 158-164

Dickinson B W, Steiglitz K. 1982. Eigenvectors and functions of the discrete Fourier transform. IEEE Transactions on Acoustics, Speech, and Signal Processing, 30(1): 25-31

Erden M F. 1997. Repeated Filtering in Consecutive Fractional Fourier Domains. Ankara Bilkent University, Ph.D. Thesis

Erden M F, Kutay M A, Ozaktas H M. 1999. Repeated filtering in consecutive fractional Fourier domains and its application to signal restoration. IEEE Transactions on Signal Processing, 47(5): 1458-1462

Erseghe T, Kraniauskas P, Cariolaro G. 1999. Unified fractional Fourier transform and sampling theorem. IEEE Transactions on Signal Processing, 47(12): 3419-3423

Fan P Y, Xia X G. 2001. Two modified discrete chirp Fourier transform schemes. Science in China, Series F, Information Sciences, 44(5): 329-341

Feng S T, Han D R, Ding H P. 2004. Experimental determination of Hurst exponent of the self-affine fractal patterns with optical fractional Fourier transform. Science in China, Series G, Physics, Mechanics & Astronomy, 47(4): 485-491

Hua J W, Liu L R, Li G Q. 1997. Imaginary angle fractional Fourier transform and its optical implementation. Science in China, Series E, Technological Sciences, 40(4): 374-378

Kerr F H. 1991. A fractional power theory for Hankel transforms in $\mathcal{L}^2(\mathbb{R}^+)$. Journal of

Mathematical Analysis and Applications, 158(1): 114-123
Kerr F H. 1992. Fractional powers of Hankel transforms in the Zemanian spaces. Journal of Mathematical Analysis and Applications, 166(1): 65-83
Kober H. 1939. Wurzeln aus der Hankel, Fourier und aus anderen stetigen transformationen. The Quarterly Journal of Mathematics, 10(1): 45-59
Kutay M A, Ozaktas H M. 1998. Optimal image restoration with the fractional Fourier transform. Journal of the Optical Society of America A, 15(4), 825-833
Kutay M A, Ozaktas H M, Arikan O, Onural L. 1997. Optimal filtering in fractional Fourier domains. IEEE Transactions on Signal Processing, 45(5): 1129-1143
Liu S T, Jiang J X, Zhang Y, Zhang J D. 1997a. Generalized fractional Fourier transforms. Journal of Physics, A, Mathematical and General, 30(3): 973-981
Liu S T, Zhang J D, Zhang Y. 1997b. Properties of the fractionalization of a Fourier transform. Optical Communications, 133(1): 50-54
Lohmann A W. 1993. Image rotation, Wigner rotation, and the fractional Fourier transforms. Journal of the Optical Society of America A, 10(11): 2181-2186
Lohmann A W. 1995. A fake zoom lens for fractional Fourier experiments. Optics Communications, 115(5): 437-443
Martone M. 2001. A multicarrier system based on the fractional Fourier transform for time-frequency-selective channels. IEEE Transactions on communications, 49(6): 1011-1020
Mcbride A C, Kerr F H. 1987. On Namias's fractional Fourier transforms. IMA Journal of Applied Mathematics, 39(2): 159-175
Mei L, Sha X J, Ran Q W, Zhang N T. 2010. Research on the application of 4-weighted fractional Fourier transform in communication system. Science China, Series F, Information Sciences, 53(6): 1251-1260
Mendlovic D, Bitran Y, Dorsch R G, Lohmann A W. 1995. Optical fractional correlation: experimental results. Journal of the Optical Society of America A, 12(8): 1665-1670
Mendlovic D, Ozaktas H M. 1993. Fractional Fourier tranforms and their optical implementation (I). Journal of the Optical Society of America A, 10(9): 1875-1881
Mendlovic D, Ozaktas H M, Lohmann A W. 1994. Graded-index fiber, Wigner-distribution functions and the fractional Fourier transform. Applied Optics, 33(261): 6188-6193
Mendlovic D, Zalevsky Z, Dorsch R G, Bitran Y, Lohmann A W, Ozaktas H M. 1995. New signal representation based on the fractional Fourier transform: definitions. Journal of the Optical Society of America A, 12(11): 2424-2431
Namias V. 1980a. The fractional order Fourier transform and its application to quantum mechanics. IMA Journal of Applied Mathematics, 25(3): 241-265
Namias V. 1980b. Fractionalization of Hankel transform. IMA Journal of Applied Mathematics, 26(2): 187-197
Niu X M, Sun S H. 2001. Robust video watermarking based on discrete fractional Fourier transform. Chinese Journal of Electronics. 10(4): 28-34
Ozaktas H M, Mendlovic D. 1993a. Fourier tranforms of fractional order and their optical implementation. Optics Communications, 101(3-4): 163-169
Ozaktas H M, Mendlovic D. 1993b. Fractional Fourier tranforms and their optical implementation (II). Journal of the Optical Society of America A, 10(12): 2522-2531
Pei S C, Ding J J. 2000. Closed-form discrete fractional and affine Fourier transforms. IEEE Transactions on Signal Processing, 48(5): 1338-1353

Pei S C, Hsue W L. 2006. The multiple-parameter discrete fractional Fourier transform. IEEE Signal Processing Letters, 13(8): 206-208

Pei S C, Tseng C C, Yeh M H. 1999. A new discrete fractional Fourier transform based on constrained eigendecomposition of DFT matrix by Lagrange multiplier method. IEEE Transactions on Circuits and system-II: Analog and Digital Signal Processing, 46(9): 1240-1245

Pei S C, Yeh M H. 2001. The discrete fractional cosine and sine transforms. IEEE Transactions on Signal Processing, 49(6): 1198-1207

Pei S C, Yeh M H, Luo T L. 1999a. Fractional Fourier series expansion for finite signals and dual extension to discrete-time fractional Fourier transform. IEEE Transactions on Signal Processing, 47(10): 2883-2888

Pei S C, Yeh M H, Tseng C C. 1999b. Discrete fractional Fourier transform based on orthogonal projections. IEEE Transactions on Signal Processing, 47(5): 1335-1348

Qi L, Tao R, Zhou S Y, Wang Y. 2004. Detection and parameter estimation of multicomponent LFM signal based on the fractional Fourier transform. Science in China, Series F, Information Sciences, 47(2): 184-198

Ran Q W. 1999. Study on Algorithm of Wavelet Transform and Fractional Fourier Transform. Harbin Institute of technology, Ph.D. thesis, Harbin

Ran Q W. 2002. Study on Multifractional Fourier Transform Theory and Correlative Applications. Harbin Institute of technology, postdoctoral final report, Harbin

Ran Q W, Feng Y J. 2000. The descrete fractional Fourier transform and its simulation. Chinese Journal of Electronics, 9(1): 70-75

Ran Q W, Wang Q, Tan L Y, Ma J. 2003. Multifractional Fourier transform method and its applications to image encryption. Chinese Journal of Electronics, 12(1): 72-78

Ran Q W, Yang Z H, Ma J, Tan L Y, Liao H X, Liu Q F. 2013. Weighted adaptive threshold estimating method and its application to Satellite-to-Ground optical communications. Optics and Laser Technology, 45(1): 639-646

Ran Q W, Yuan L, Tan L Y, Ma J, Wang Q. 2004. High order generalized permutational fractional Fourier transforms. Chinese Physics, 13(2): 178-186

Ran Q W, Yuan L, Zhao T Y. 2015. Image encryption based on non-separable fractional Fourier transform and chaotic map. Optics Communications, 348: 43-49

Ran Q W, Yueng D S, Tseng E C C, Wang Q. 2005. Multifractional Fourier transform method based on the generalized permutation matrix group. IEEE Transactions on Signal Processing, 53(1): 83-98

Ran Q W, Zhang C R, Li H M. 1997. On definition of fractional Fourier transforms. China and Japan Joint Symposium on Applied Mathematics and its related Topics, Changchun, China, 1-8

Ran Q W, Zhao T Y, Yuan L, Wang J, Xu L. 2014. Vector power multiple-parameter fractional Fourier transform of image encryption algorithm. Optics and Lasers in Engineering, 62: 80-86

Ran Q W, Zhang H Y, Zhang J, Tan L Y, Ma J. 2009. Deficiencies of the cryptography based on multiple-parameter fractional Fourier transform. Optics Letters, 34(11): 1729-1731

Santhanam B, McClellan J H. 1996. The discrete rotational Fourier transform. IEEE Transactions on Signal Processing, 44(4): 994-998

Shih C C. 1995a. Optical interrelation of a complex-order Fourier transform. Optics Letters,

20(10): 1178-1180

Shih C C. 1995b. Fractionalization of Fourier transform. Optics Communications, 118(5-6): 495-498

Wei D Y, Ran Q W, Li Y M. 2011a. Reconstruction of band-limited signals from multichannel and periodic non-uniform samples in the linear canonical transform domain. Optics Communications, 284(19): 4307-4315

Wei D Y, Ran Q W, Li Y M. 2011b. Multichannel sampling expansion in the linear canonical transform domain and its application to super-resolution. Optics Communications, 284(23): 5424-5429

Wei D Y, Ran Q W, Li Y M. 2011c. Multichannel sampling and reconstruction of band-limited signals in the linear canonical transform domain. IET Signal Processing, 5(8): 717-727

Wei D Y, Ran Q W, Li Y M. 2012a. Sampling of fractional band-limited signals associated with fractional Fourier transform. Optik - International Journal for Light and Electron Optics, 123(2): 137-139

Wei D Y, Ran Q W, Li Y M. 2012b. New convolution theorem for the linear canonical transform and its translation invariance property. Optik - International Journal for Light and Electron Optics, 123(16): 1478-1481

Wei D Y, Ran Q W, Li Y M, Ma J, Tan L Y. 2011. Fractionalization of Odd time Odd frequency DFT matrix based on the eigenvectors of a novel nearly tridiagonal commuting matrix. IET Signal Processing, 5(2):150-156

Weyl H. 1927. Quantenmechanik und gruppentheorie[The theory of groups and quantum mechanics]. Zeitschrift für Physik, 46(1-2): 1-46

Wiener N. 1929. Hermitian polynomials and Fourier analysis. Journal of Mathematics and Physics, 8(1-4): 70-73

Wigner E P. 1932. On the quantum correction for thermodynamic equilibrium. Physical Review, 40(40): 749-759

Wolf K B. 1979. Construction and properties of canonical transforms. Integral transforms in science and engineering, Mathematical Concepts and Methods in Science and Engineering, 11: 381-416

Xia X G. 1996. On bandlimited signals with fractional Fourier transform. IEEE Signal Processing Letters, 3(3): 72-74

Xia X G. 2000. Discrete chirp-Fourier transform and its application to chirp rate estimation. IEEE Trans Signal Process, 48(11): 3122-3133

Yeung D S, Ran Q W, Tsang E C C, Teo K L. 2004. Complete way to fractionalize Fourier transform. Optics Communications, 230(1-3): 55-57

Yuan L, Ran Q W, Zhao T Y, Tan L Y. 2016. The weighted gyrator transform with its properties and applications. Optics Communications, 359: 53-60

Zhao D M. 2000. Collins formula in frequency-domain described by fractional Fourier transform or fractional Hankel transform. Optik - International Journal for Light and Electron Optics, 111(1): 9-12

Zhao D M, Ge F, Wang S M. 2002. Generalized diffraction integral formulae for misaligned optical systems described by fractional Fourier transforms. Optik - International Journal for Light and Electron Optics, 113(2): 63-66

Zhao T Y, Ran Q W, Chi Y Y. 2015. Image encryption based on nonlinear encryption system and public-key cryptography. Optics Communications, 338: 64-72

Zhao H, Ran Q W, Ma J, Tan L Y. 2009. On band-limited signals associated with linear canonical transform. IEEE Signal Processing Letters, 16(5): 343-345

Zhao H, Ran Q W, Tan L Y, Ma J. 2009. Reconstruction of band-limited signals in linear canonical transform domain from finite non-uniformly spaced samples. IEEE Signal Processing Letters, 16(12): 1047-1050

Zhao T Y, Ran Q W, Yuan L, Chi Y Y. 2015. Manipulative attack using the phase retrieval algorithm for double random phase encoding. Applied Optics, 54(23): 7115-7119

Zhao T Y, Ran Q W, Yuan L, Chi Y Y, Ma J. 2015. Image encryption using fingerprint as key based on phase retrieval algorithm and public key cryptography. Optics and Lasers in Engineering, 72: 12-17

Zhao T Y, Ran Q W, Yuan L, Chi Y Y, Ma J. 2016a. Optical image encryption using password key based on phase retrieval algorithm. Journal of Modern Optics, 63(8): 771-776

Zhao T Y, Ran Q W, Yuan L, Chi Y Y, Ma J. 2016b. Information verification cryptosystem using one-time keys based on double random phase encoding and public-key cryptography. Optics and Lasers in Engineering, 83: 48-58

Zhao T Y, Ran Q W, Yuan L, Chi Y Y, Ma J. 2016c. Security of image encryption scheme based on multi-parameter fractional Fourier transform. Optics Communications, 376: 47-51

Zhu B H. 2003. Optical Security and Pattern Recognition Based on the Fractional Fourier Transform. Ph.D. Thesis, Harbin Institute of Technology, Harbin

Zhu B H, Liu S T, Ran Q W. 2000. Optical image encryption based on multi-fractional Fourier transforms. Optics letters, 25(16): 1159-1161

第 10 章　量子小波理论

本章的主要研究内容是量子态小波和量子比特小波理论以及建立能够实现这些量子态和量子比特小波的量子计算线路和量子计算线路网络. 实现酉算子计算的复杂性理论, 在经典的计算理论和计算机理论研究领域中与在量子的计算理论和计算机理论研究领域中存在十分显著的差异, 甚至有时两者的计算实现效率会出现完全相反的状态. 因此, 量子比特小波理论和量子比特小波算子理论研究以及能够实现它们所需计算的量子计算线路和线路网络的建立是一个具有重大理论意义和潜在技术价值的、具有极大挑战性的科学研究问题.

10.1　量子小波导言

小波思想或者小波方法与量子力学的研究密切相关, 量子场论重正则化方法以及量子光学相干态和压缩态的研究显著推动了小波思想的产生和小波理论的形成, 甚至于 Grossmann 和 Morlet 等(1984, 1985, 1986)率先在 1984 年(文献显示可能最早是在 1978 年)就利用量子力学压缩态的思想建立了现代小波同时具有伸缩平移功能的最完美的表达形式, 在小波理论的后续研究过程中, 虽然出现了各种形式的小波表达方法和小波理论, 比如二进小波、正交小波、双正交小波、提升格式(第二代)小波等以时间-频率分析或者时间-尺度分析的形式出现的各种小波, 但时至今日, 这种伸缩平移小波思想仍然是各种小波理论和小波应用理论中最重要的科学思想. 另外, Condon(1937)和 Namias(1980)等为了简化量子力学问题的研究, 比如求解 “薛定谔(Schrödinger)方程” 等, 先后以 “分数阶傅里叶变换” (the fractional order Fourier transform)后来有文献称为 “傅里叶变换算子分数化” (fractionalization of Fourier transform)的形式建立了“线性频率调制小波理论”(liner frequency modulation wavelets theory or chirplet theory), 即线性调频小波理论. 这些研究成果充分体现了量子力学理论对时-频分析小波、时间-尺度分析小波以及线性调频小波理论的产生和完善所发挥的推动作用.

实际上, 随着量子力学基本理论的发展以及量子力学(测不准原理等)思想在信号处理和通信理论研究中应用的促进, 小波思想很早就以各种形式出现在量子系统量子态演进研究、量子力学量子态表示方法研究以及量子光学态等研究之中, 比如 Wigner(1932)和 Gabor(1946)提出的加窗傅里叶基或者相干态函数或信号表达方法,

Bargmann(1961, 1962a, 1962b, 1967)借助某些积分变换获得解析函数 Hilbert 空间函数的分解展开表达方法，Klauder 和 Sudarshan(1968)使用空频域具有平移参量的高斯窗傅里叶基函数建立任意量子光场的积分分解表达方法，此外，Dixmier(1969), Vilenkin(1968), Perelomov(1972), Duplo 和 Moore(1976)等的研究工作涉及相干态、量子光场和群表示理论的重正则化表示方法. 这些量子态形式小波理论的初步成果开创性地促进了小波理论与量子力学和量子光学研究之间的相互推动作用.

在不了解 20 年前 Calderón(1963, 1964, 1965, 1966)在调和分析研究领域建立的“单位算子正交分解 Calderón 恒等式”的前提下, Grossmann 等(1985, 1986)完善并利用 Grossmann 与 Morlet(1984), Morlet 等(1981, 1982a, 1982b, 1983)分析地震勘探地震道记录数据的特殊方法, 系统建立了哈代(Hardy)空间“分析小波”的数学理论, 将平方可积实数值函数(即 Hardy 函数)分解为由一个固定小波函数经过伸缩平移产生的适当的平方可积小波函数系构成的“线性(积分)组合”，当这种分析小波满足容许性条件时, 这样产生的“线性(积分)组合”决定的线性积分变换或者线性算子是保范自伴随的, 此时这个定义在 Hardy 空间上的线性算子是酉算子, 从而获得量子力学量子态形式的“单位算子正交分解恒等式”. 更重要的是, 可以由此得到 Hardy 空间一类显式分析小波, 它所能发挥的作用相当于平方可积函数空间中相干态或 Gabor 小波(加高斯函数窗的傅里叶基)的作用, 最后利用这种量子态小波的群论方法研究并获得非幺模 $(ax+b)$ 群不可约表达的平方可积系数. 所有这些研究成果为单粒子单方向直线运动提供了自然的量子力学表示法. 这正是现代小波概念以及专用英文名词“wavelet”第一次出现在研究文献中的表现形式. 回顾现代小波思想和方法产生的历史渊源、量子力学和量子光学背景以及量子力学表示方法, 把小波称为“量子态小波”或者“量子小波”是再自然不过的事情.

在 Fan 等(1987)发现并建立算子有序乘积积分方法之后，量子力学狄拉克符号体系方法得到进一步发展并被用于量子小波理论的研究中，Wünsche(1999)提出量子光学算子有序乘积积分方法，为出现在量子力学和量子光学中的许多复杂积分问题提供了简便的解决途径. 这些开创性工作为表示小波思想中最核心的伸缩平移运算导致的压缩积分问题的解决奠定了理论基础, Jia 和 Fan 发现并建立的纠缠压缩变换与量子力学的关联关系，为量子态小波理论的建立奠定了量子力学方法基础.

另一方面，在量子力学理论基础上，量子计算机和量子计算理论的出现促使计算和计算机的概念发生了深刻的变化，比如Chuang和Yamamoto(1995)建立的简单的量子计算机概念, Chuang等(1998), Jones等(1998)分别建立和实验性实现的量子算法以及量子搜索算法等. 在量子计算理论基础研究中，出现了各种高效量子计算算法，最著名的例子包括用于判定一个函数是否是偶的或平衡的Deutsch和Jozsa (1992)算法，整数素因子分解的Shor(1994)算法和在一个非结构化数据库中搜索一个项目的Grover等(1996, 1997a, 1997b, 1997c, 1998a, 1998b, 2001a, 2001b, 2001c）算法, Cerf N 等(1998, 2000a, 2000b), Rudolph和Grover(2003)中提出的算法等.

在 Fino 和 Alghazi(1977)建立的离散酉变换统一处理模式基础上, Loan(1992)建立了快速傅里叶变换的计算框架, Reck 等(1994)建立了离散酉算子的量子计算实现方法, Knill(1995)利用量子线路逼近酉算子, Barenco 等(1995, 1996)建立了近似量子傅里叶变换并研究了消相干的影响, Vedral 等(1996)建立实现基本代数运算的量子线路网络, Brassard 等(1998)建立和实现量子计数方法, Buhrman 等(1999)研究了多量子之间的通信复杂性, Aharonov 等(1997)建立实现混合量子态的量子线路, Zalka(1999)证明 Grover(1996)建立的量子搜索算法的最优性, Jozsa(1998)建立了量子傅里叶变换(QFT)即量子比特 FFT. 在量子计算机量子线路和量子线路网络的基础上, Fijany 和 Williams(1999)建立了实现量子比特小波快速算法的完全量子线路网络. 量子计算和量子酉变换研究的成果充分揭示了经典计算和量子计算在许多方面的差异, 除了计算能力存在天壤之别外, 更让人意外的是, 几种最典型的基本酉算子的计算实现效率, 两者出现了完全相反的状态. 比如置换算子类中的某些置换算子, 在实现快速量子比特小波变换的过程中, 其实现效率(时间开销和空间开销)远远不如它在经典计算中的表现, 甚至于其计算开销在实现过程中必须作为主要的或关键的难点, 只有采取完全有别于经典计算实现的具有极大挑战性的、有悖常理的思路和途径才有可能得到解决. 在完成各种计算任务的量子线路和量子线路网络的研究中, 这些基本酉算子发挥着至关重要的关键作用.

量子计算机和量子计算理论取得的这些开创性研究成果为量子小波变换, 特别是量子比特小波变换的建立和量子计算网络实现奠定了坚实的物理基础、算法理论基础和量子计算机实现的软硬件基础.

总之, 小波思想和小波理论的产生、发展和完善, 量子力学理论体系特别是量子力学狄拉克符号体系的发展, 量子力学狄拉克符号体系中算子有序乘积积分方法的产生和完善, 量子计算机理论和量子计算理论的出现和快速发展, 共同推动了早在 20 世纪中叶就已见的量子小波, 20 世纪 90 年代先后分别以量子态小波和量子比特小波的形式获得系统的理论研究和量子线路实现研究, 拓展和丰富了量子力学理论、量子计算机理论和量子计算理论. 另一方面, 在量子力学理论、量子计算机和量子计算理论基础上发展起来的量子态小波和量子比特小波理论和量子算法, 是量子力学思想和小波思想的完美融合, 从微观空间理论和微观计算理论的角度, 充分展现了小波理论的伸缩、平移和局部化思想在描述刻画研究对象、分析表达研究对象和深刻认识研究对象各个方面的巨大作用, 为量子力学、傅里叶光学、量子光学、量子场论、量子计算机和量子计算等理论探索开拓了新颖的研究途径和方法.

10.2　量子力学与量子态小波

在这里简短介绍出现在量子力学理论研究中的量子态小波.

10.2.1 量子态小波雏形

小波理论的思想很早就以非常隐秘的形式出现在量子系统量子态演化、量子力学量子态表示方法以及量子光学态等研究之中，在这里回顾早期量子态小波的典型实例，比如 Wigner(1932)和 Gabor(1946)提出的加高斯函数窗傅里叶基或者相干态函数信号表达方法，以及 Grossmann 等(1984, 1985, 1986)使用的压缩态小波.

(α) 量子力学相干态小波

Wigner 和 Gabor 先后分别提出并研究了利用带高斯函数窗的傅里叶基函数获得相干态函数或信号的展开表达方法，将任意平方可积复数值函数分解为在时间(空间)域和频域(傅里叶变换域)都具有平移参量的高斯窗傅里叶基函数系的积分(线性)组合形式，后来这种时(空)-频双域平移高斯窗傅里叶基函数系构成的分解基出现在 Bargmann 建立的解析函数 Hilbert 空间函数分解表达方法中，Helstrom(1966)以这个基函数系为信号基元将信号展开为积分变换表达式，在 Klauder 和 Sudarshan(1968)的量子光学理论中，将量子光场表述为这个基函数系的积分叠加形式.

定义如下形式的高斯函数:

$$\mathbf{g}(x)=\pi^{-0.25}e^{-0.5x^2}$$

容易验证这样的高斯函数的 $\mathcal{L}^2$ 模 $\|\mathbf{g}\|_{\mathcal{L}^2(\mathbb{R})}$ 正好是 1，即

$$\int_{-\infty}^{+\infty}\left|\mathbf{g}(x)\right|^2dx=\int_{-\infty}^{+\infty}\pi^{-0.5}e^{-x^2}dx=1$$

对于任意的两个实数 $(x_0,\omega_0)\in\mathbb{R}\times\mathbb{R}$，在时间(空间)域和频率域(傅里叶变换域)分别具有平移参量 x_0,ω_0 的高斯函数窗傅里叶基函数表示为

$$\mathbf{g}^{(x_0,\omega_0)}(x)=\mathbf{g}(x-x_0)e^{-0.5x_0\omega_0 i}e^{\omega_0 xi}$$

显然当 $(x_0,\omega_0)\in\mathbb{R}\times\mathbb{R}$ 时，$\mathbf{g}^{(x_0,\omega_0)}(x)$ 具有单位 $\mathcal{L}^2$ 模，即 $\|\mathbf{g}^{(x_0,\omega_0)}\|_{\mathcal{L}^2(\mathbb{R})}=1$.

在高斯函数窗傅里叶基函数系 $\{\mathbf{g}^{(x_0,\omega_0)}(x)=\mathbf{g}(x-x_0)e^{-0.5x_0\omega_0 i}e^{\omega_0 xi};(x_0,\omega_0)\in\mathbb{R}^2\}$ 基础上，对于任意的平方可积函数 $\psi(x)\in\mathcal{L}^2(\mathbb{R})$，其加高斯函数窗的窗口傅里叶变换被定义为如下的线性积分变换:

$$\Psi(x_0,\omega_0)=\int_{-\infty}^{+\infty}\psi(x)\overline{\mathbf{g}}^{(x_0,\omega_0)}(x)dx=e^{0.5x_0\omega_0 i}\int_{-\infty}^{+\infty}\psi(x)\mathbf{g}(x-x_0)e^{-i\omega_0 x}dx$$

其中 $\overline{\mathbf{g}}^{(x_0,\omega_0)}(x)$ 表示函数 $\mathbf{g}^{(x_0,\omega_0)}(x)$ 的复数共轭. 函数 $\psi(x)$ 的加高斯函数窗的窗口傅里叶变换 $\Psi(x_0,\omega_0)$ 的直观意义是，在中心为 $x=x_0$ 的高斯函数指定的窗口范围内，函数 $\psi(x)$ 的频率为 ω_0 的频率成分，表达了“局部频率”或者“某个时间段内频率”

的频率成分.

利用高斯函数的单位模性质、傅里叶变换的酉性及其逆变换公式容易得到并验证加高斯函数窗的窗口傅里叶变换的酉性和逆变换表达公式：对于任意的平方可积函数 $\psi(x)$，成立如下两个恒等式:

$$\int_{-\infty}^{+\infty} |\psi(x)|^2\,dx = \int_{-\infty}^{+\infty}\int_{-\infty}^{+\infty} |\Psi(x_0,\omega_0)|^2\,dx_0 d\omega_0$$

而且

$$\begin{aligned}\psi(x) &= \int_{-\infty}^{+\infty}\int_{-\infty}^{+\infty} \Psi(x_0,\omega_0)\mathbf{g}^{(x_0,\omega_0)}(x)dx_0 d\omega_0 \\ &= \int_{-\infty}^{+\infty}\int_{-\infty}^{+\infty} \Psi(x_0,\omega_0)\mathbf{g}(x-x_0)e^{-0.5x_0\omega_0 i}e^{\omega_0 xi}dx_0 d\omega_0\end{aligned}$$

其中第一个恒等式说明这个线性变换或算子是保范的或酉的算子，而第二个恒等式说明函数 $\psi(x)$ 可以从它的变换 $\Psi(x_0,\omega_0)$ 实现重建，这在本质上体现了单位算子的恒等分解:

$$\begin{aligned}\psi(x) &= \int_{-\infty}^{+\infty} \psi(y)dy\int_{-\infty}^{+\infty}\int_{-\infty}^{+\infty} \overline{\mathbf{g}}^{(x_0,\omega_0)}(y)\mathbf{g}^{(x_0,\omega_0)}(x)dx_0 d\omega_0 \\ &= \int_{-\infty}^{+\infty} \psi(y)\mathbf{E}(x,y)dy\end{aligned}$$

即

$$\mathbf{E}(x,y) = \int_{-\infty}^{+\infty}\int_{-\infty}^{+\infty} \overline{\mathbf{g}}^{(x_0,\omega_0)}(y)\mathbf{g}^{(x_0,\omega_0)}(x)dx_0 d\omega_0$$

表现为“单位矩阵”或“单位算子”的“矩阵元素”(脉冲型元素)，即“主对角线元素恒等于 1，其他元素恒等于 0”. 按照狄拉克符号的数学意义，$\mathbf{E}(x,y)$ 本质上就是单位算子的核函数，即用算子语言表达为单位算子，用积分变换核表达为狄拉克 $\delta(x-y)$ 函数型的核函数. 回顾第 2 章关于量子力学狄拉克符号的预备知识，这个恒等式的含义是，$\{\mathbf{g}^{(x_0,\omega_0)}(x) = \mathbf{g}(x-x_0)e^{-0.5x_0\omega_0 i}e^{\omega_0 xi}; (x_0,\omega_0)\in\mathbb{R}^2\}$ 即高斯函数窗傅里叶基函数系是规范正交函数系，而且是一个完全的正交系，描述其完全性关系的就是前述恒等式，从而，高斯函数窗傅里叶基函数系是函数空间 $\mathcal{L}^2(\mathbb{R})$ 的规范正交函数基.

在这个函数分解关系或恒等算子分解关系中，$\mathbf{g}^{(x_0,\omega_0)}(x) = \mathbf{g}(x-x_0)e^{-0.5x_0\omega_0 i}e^{\omega_0 xi}$ 作为基本单元体现为量子力学中的相干态，具有分析小波基的雏形，可以把它称为相干态小波. 前述分析表明，相干态小波函数系是能量有限量子态空间的规范正交基，从而，在一般意义下，量子态可以表达为这些特殊的相干态量子小波的线性积分叠加.

相干态量子小波表达方法兼具刻画时频(空频)平移和频率高低调整两个方面的理论和方法优越性，但表达的完美程度出现了瑕疵，即频率高低的调整不能直观准确地刻画“尺度伸缩”的小波核心思想，同时，相干态量子小波函数系没有理想的而且也没有能够高效计算实现的离散正交表达形式. 不过所谓瑕不掩瑜，即使这样，高斯函数窗傅里叶基函数系这个特殊的相干态量子小波函数系作为量子态空间的规范正交基在长达半个世纪的时间范围内一直被广泛应用于量子力学和信号分析处理等理论研究领域，而且，其丧失了规范正交性和完全性的近似离散形式也在大量数据处理和信号处理研究中得到普遍应用，只不过窗函数不只是高斯函数，还出现了许多其他选项，比如著名的三角形巴特利特(Bartlett)窗函数、汉宁(Hanning)窗函数等.

(β) 量子光学与压缩态小波

Grossmann 等(1984, 1985, 1986)在哈代空间中建立了压缩态量子小波的基本理论，将半轴频谱消失的函数，即哈代函数分解为压缩态量子小波的积分表达形式，建立压缩态量子小波必须满足的基本条件，即容许性条件，据此得到并论证这种分解算子的幺正性质或酉性，与 Calderón(1963, 1964, 1965, 1966)相隔多年之后，再次得到单位算子正交分解恒等式，结合一种改进的伽马函数研究并建立了哈代空间一个显式压缩态量子小波的表示和渐进性质，同时从群论的观点研究了非幺模伸缩平移 $(ax+b)$ 群不可约表示方法的平方可积系数. 这为单粒子单方向直线运动动力学提供了自然的量子力学表示法.

这里的哈代函数可以理解为平方可积实数值函数，也可以理解为半轴频谱消失复数值解析函数的实数部分，后一种理解十分有利于这种分析方法在各种场合的实际应用. 这样，哈代空间 $\mathcal{H}^2(\mathbb{R})$ 就是 $\mathcal{L}^2(\mathbb{R})$ 的一个闭子空间.

要求分析小波 $\psi(x)\in\mathcal{H}^2(\mathbb{R})$ 满足容许性条件:

$$\mathcal{C}_\psi = 2\pi \,||\,\psi\,||^{-2}\int_{-\infty}^{+\infty} e^s ds\int_{-\infty}^{+\infty} |\,\Psi(\omega)\Psi(e^s\omega)\,|^2\, d\omega < +\infty$$

或者演算化简为

$$\mathcal{C}_\psi = 2\pi\int_0^{+\infty}\omega^{-1}\,|\,\Psi(\omega)\,|^2\, d\omega < +\infty$$

其中

$$\left\|\psi\right\|^2 = \int_{-\infty}^{+\infty} |\,\psi(x)\,|^2\, dx < +\infty$$

而且

$$\Psi(\omega) = \frac{1}{\sqrt{2\pi}}\int_{-\infty}^{+\infty}\psi(x)e^{-i\omega x}dx$$

表示函数 $\psi(x)$ 的傅里叶变换.

现在回到哈代空间 $\mathcal{H}^2(\mathbb{R})$，对于其中任何函数 $h(x)\in\mathcal{H}^2(\mathbb{R})$，定义它的一个积

分变换如下:

$$(\mathcal{O}h)(s,\mu)=\frac{1}{\sqrt{\mathcal{C}_\psi}}\int_{-\infty}^{+\infty}h(x)e^{0.5s}\overline{\psi}(e^s x-\mu)dx$$

或者利用傅里叶变换的 Parseval 恒等式在频域等价表示为

$$(\mathcal{O}h)(s,\mu)=\frac{1}{\sqrt{\mathcal{C}_\psi}}\int_{0}^{+\infty}H(\omega)e^{-0.5s}\overline{\Psi}(e^{-s}\omega)e^{i(e^{-s}\mu)\omega}dx$$

其中

$$H(\omega)=\frac{1}{\sqrt{2\pi}}\int_{-\infty}^{+\infty}h(x)e^{-i\omega x}dx$$

是函数 $h(x)$ 的傅里叶变换，而且

$$\psi_{s,\mu}(x)=e^{0.5s}\psi(e^s x-\mu)$$

称为压缩态量子小波，$(\mathcal{O}h)(s,\mu)$ 称为函数 $h(x)$ 的压缩态量子小波变换.

可以证明，对于任意的哈代函数 $h(x)\in\mathcal{H}^2(\mathbb{R})$，成立如下两个恒等式:

$$\int_{-\infty}^{+\infty}|h(x)|^2\,dx=\int_{-\infty}^{+\infty}\int_{-\infty}^{+\infty}|(\mathcal{O}h)(s,\mu)|^2\,dsd\mu$$

和

$$h(x)=\frac{1}{\sqrt{\mathcal{C}_\psi}}\int_{-\infty}^{+\infty}\int_{-\infty}^{+\infty}(\mathcal{O}h)(s,\mu)e^{0.5s}\psi(e^s x-\mu)dsd\mu$$

其中第一个恒等式称为范数恒等式，说明压缩态量子小波变换是酉算子，变换过程是能量守恒的，它的更经常使用的形式是，对于哈代空间 $\mathcal{H}^2(\mathbb{R})$ 中的任何两个函数 $h(x),f(x)$，成立如下恒等式:

$$\int_{-\infty}^{+\infty}h(x)\overline{f}(x)dx=\int_{-\infty}^{+\infty}\int_{-\infty}^{+\infty}(\mathcal{O}h)(s,\mu)[\overline{(\mathcal{O}f)(s,\mu)}]dsd\mu$$

或者简单表示为如下的内积恒等式:

$$\left\langle h,f\right\rangle_{\mathcal{L}^2(\mathbb{R})}=\left\langle(\mathcal{O}h),(\mathcal{O}f)\right\rangle_{\mathcal{L}^2(\mathbb{R}^2)}$$

前述第二个恒等式称为重建公式，说明函数 $h(x)$ 可以从它的压缩态量子小波变换 $(\mathcal{O}h)(s,\mu)$ 实现重建，它是建立在内积恒等式的基础之上的，实际上，利用平方可积函数空间内积与哈代空间内积的关系以及狄拉克测度 $\delta_{x_0}=\delta(x-x_0)$ 可得

$$h(x)=\left\langle\delta_{x_0},h\right\rangle_{\mathcal{L}^2(\mathbb{R},dx)}=\frac{1}{2}\left\langle\delta_{x_0}^{(+)},h\right\rangle_{\mathcal{H}^2(\mathbb{R},dx)}=\frac{1}{2}\left\langle(\mathcal{O}\delta_{x_0}^{(+)}),(\mathcal{O}h)\right\rangle_{\mathcal{L}^2(\mathbb{R}^2,dsd\mu)}$$

根据 Hilbert 变换可知:

$$\delta_{x_0}^{(+)}(x)=\delta(x-x_0)+\frac{i}{\pi}\frac{P}{x-x_0}\,(\text{主部})$$

直接演算它的压缩态量子小波变换 $(\mathscr{C}\delta_{x_0}^{(+)})(s,\mu)$ 可得

$$\begin{aligned}(\mathscr{C}\delta_{x_0}^{(+)})(s,\mu)&=\frac{1}{\sqrt{\mathcal{C}_\psi}}\int_{-\infty}^{+\infty}\delta_{x_0}^{(+)}(x)e^{0.5s}\overline{\psi}(e^sx-\mu)dx\\&=\frac{2}{\sqrt{\mathcal{C}_\psi}}\int_{-\infty}^{+\infty}\delta(x-x_0)e^{0.5s}\overline{\psi}(e^sx-\mu)dx\\&=\frac{2}{\sqrt{\mathcal{C}_\psi}}e^{0.5s}\overline{\psi}(e^sx_0-\mu)\end{aligned}$$

将这个计算结果代入前述内积恒等式直接得出重建公式. 压缩态量子小波变换的逆变换公式, 即重建公式, 实际上是单位算子的另一种形式的恒等分解:

$$h(x)=\int_{-\infty}^{+\infty}h(z)dz\left[\frac{1}{\mathcal{C}_\psi}\int_{-\infty}^{+\infty}\int_{-\infty}^{+\infty}e^{0.5s}\overline{\psi}(e^sz-\mu)e^{0.5s}\psi(e^sx-\mu)dsd\mu\right]$$

为了简单明了地表示这个关系, 引入记号 $\mathbf{E}(x,z)$:

$$\mathbf{E}(x,z)=\frac{1}{\mathcal{C}_\psi}\int_{-\infty}^{+\infty}\int_{-\infty}^{+\infty}e^{0.5s}\overline{\psi}(e^sz-\mu)e^{0.5s}\psi(e^sx-\mu)dsd\mu$$

这样, 前述恒等式化简为

$$h(x)=\int_{-\infty}^{+\infty}\mathbf{E}(x,z)h(z)dz$$

其中 $\mathbf{E}(x,z)$ 直观上表现为"单位矩阵"或"单位算子"的"矩阵元素"(脉冲型元素), 即"主对角线元素恒等于 1, 其他元素恒等于 0". 按照狄拉克符号的数学意义, $\mathbf{E}(x,y)$ 本质上就是单位算子的核函数, 即用算子语言表达为单位算子, 用积分变换核表达为狄拉克 $\delta(x-y)$ 函数型的核函数. 回顾第 2 章关于量子力学狄拉克符号的预备知识, 这个恒等式的含义是, $\left\{\psi_{s,\mu}(x)=e^{0.5s}\psi(e^sx-\mu);(s,\mu)\in\mathbb{R}^2\right\}$ 即解析小波函数系是规范正交函数系, 而且是一个完全的正交系, 描述其完全性关系的就是前述恒等式, 从而, 解析小波函数系构成哈代函数空间的规范正交函数基.

在这个函数分解关系或恒等算子分解关系中, $\psi_{s,\mu}(x)=e^{0.5s}\psi(e^sx-\mu)$ 作为基本单元体现为量子光学的压缩态, 具有现代小波的基本形式, 当 $s\in(-\infty,+\infty)$ 时, $e^s\in(0,+\infty)$, 因此, 随着 $s\in(-\infty,+\infty)$ 的全部取值, e^sx 能够给出时间参量或者空间参量或者坐标(位置)参量等形式参量 x 的任意尺度伸缩, 这也正是把小波

$\psi_{s,\mu}(x)=e^{0.5s}\psi(e^s x-\mu)$ 称为压缩态量子小波的原因所在. 此外，当 $s\in(-\infty,+\infty)$ 确定之后，压缩态小波函数 $\psi_{s,\mu}(x)=e^{0.5s}\psi(e^s x-\mu)$ 的波形总是随着 s 的具体数值只在有限的时间或者空间内显著起伏波动，而在此之前和之后就几乎消失，为了实现对整个时间轴或者空间范围的刻画，空间、时间和坐标位置的平移参量 μ 是必不可少的. 这样，压缩态小波函数 $\psi_{s,\mu}(x)=e^{0.5s}\psi(e^s x-\mu)$ 具备了现代小波伸缩平移的全部特征，而只有体现现代小波伸缩思想的"尺度伸缩"采用了自然指数函数形式 e^s 而不是后来比较流行的线性函数形式，现代小波形式 $s^{-0.5}\psi(s^{-1}(x-\mu))$ 中的尺度伸缩参量就是 s. 然而，十分巧合同时也出人意料的是，现代小波理论中最有效的而且最重要的离散化形式，即正交小波和双正交小波理论，恰恰选择使用指数函数作为"尺度伸缩"的表现形式，只不过更特殊地被限制为 2^j，其中 j 的取值是全部整数，这在科学史上是非常神奇的.

正是"压缩态量子小波"点燃了现代小波理论科学思想和数学理论智慧竞技场的"奥运之火"，时至今日，这枚熊熊燃烧的"智慧奥运火炬"竟毫无衰竭熄灭之态.

10.2.2　现代量子态小波

在这里研究现代版本的量子态小波，给出量子态小波的狄拉克符号表示方法以及按照算子有序乘积积分方法得到的小波伸缩平移算子和体现为矩阵元素的量子态小波变换理论.

(α) 量子态小波

量子小波或者量子态小波按照狄拉克符号体系被定义为 Fock 空间满足母小波条件的态矢或转矢(按照线性代数或者泛函分析的术语，转矢表现为态矢的复数共轭转置或者态矢算子的伴随算子)，也就是说，以量子力学态矢或转矢表示的母小波称为量子小波或者量子态小波. 量子态小波是量子小波的现代形式，表现为满足容许性条件的母小波 $\psi(x)$ 量子态的伸缩平移态. 按照量子力学方法研究量子力学态矢的小波变换，称之为态矢的量子态小波变换.

根据量子力学狄拉克符号体系和算子有序乘积积分方法，在 Fock 空间中，利用玻色湮没算子 a 的真空湮没态矢 $\left|0\right\rangle$，将坐标算子本征态 $\left|x\right\rangle$ 表示为如下的展开形式:

$$\left|x\right\rangle=\pi^{-0.25}\exp(-0.5x^2+\sqrt{2}xa^\dagger-0.5a^{\dagger 2})\left|0\right\rangle$$

式中，$x\left|x\right\rangle=X\left|x\right\rangle$，$X=2^{-0.5}(a^\dagger+a)$，$\left|0\right\rangle$ 是由玻色湮没算符 a 湮没的真空状态，$a^\dagger$ 是玻色生成算子(即 a 的伴随算子)，且对易关系 $[a,a^\dagger]=aa^\dagger-a^\dagger a=1$ 是一个单位算子.

这就是按照幺正算子 $\pi^{-0.25}\exp(-0.5x^2+\sqrt{2}xa^\dagger-0.5a^{\dagger 2})$ 演化一个处于真空湮没态的量子系统所到达系统状态的态矢.

用 $\psi(x)$ 表示具有实变量 x 的母小波, 假设 $\psi(x)$ 的无穷积分为 0:

$$\int_{-\infty}^{+\infty}\psi(x)dx=0$$

称小波函数 $\psi(x)$ 满足"波动条件". 由母小波 $\psi(x)$ 经过伸缩和平移操作产生的小波族记为 $\psi_{(s,\mu)}(x)$, 其中 s 称为尺度参数, $s>0$, μ 称为平移参数, 具体表达形式是

$$\psi_{(s,\mu)}(x)=\frac{1}{\sqrt{s}}\psi\left(\frac{x-\mu}{s}\right)=s^{-0.5}\psi\left(s^{-1}(x-\mu)\right)$$

这样, 函数 $f(x)$ 关于 $\psi(x)$ 的小波变换被定义为

$$\begin{aligned}W_f(s,\mu)&=\frac{1}{\sqrt{s}}\int_{-\infty}^{+\infty}f(x)\psi^*\left(\frac{x-\mu}{s}\right)dx\\&=s^{-0.5}\int_{-\infty}^{+\infty}f(x)\psi^*(s^{-1}(x-\mu))dx\end{aligned}$$

小波变换 $W_f(s,\mu)$ 在量子力学狄拉克符号体系中可以改写为按照算子有序乘积积分的形式:

$$\begin{aligned}W_f(s,\mu)&=\frac{1}{\sqrt{s}}\int_{-\infty}^{+\infty}\left\langle\psi\middle|\frac{x-\mu}{s}\right\rangle\left\langle x\middle|f\right\rangle dx\\&=s^{-0.5}\int_{-\infty}^{+\infty}\left\langle\psi\middle|s^{-1}(x-\mu)\right\rangle\left\langle x\middle|f\right\rangle dx\end{aligned}$$

这样, $W_f(s,\mu)$ 被称为量子态小波变换, $\left\langle\psi\right|$ 是母小波的量子力学转矢, 称为量子态小波, $\left|f\right\rangle$ 是需要进行量子态小波分析的量子力学态矢, $\left\langle x\right|$ 是坐标算子本征态的转矢, 满足坐标算子特征方程 $X\left|x\right\rangle=x\left|x\right\rangle$.

按照算子正则序乘积积分方法, 将量子态小波变换的"伸缩平移算子"定义为如下的量子态伸缩平移算子 $U(s,\mu)$:

$$U(s,\mu)\equiv s^{-0.5}\int_{-\infty}^{+\infty}\left|s^{-1}(x-\mu)\right\rangle\left\langle x\right|dx$$

于是, 可以在量子力学狄拉克符号系统下将量子力学态矢 $\left|f\right\rangle$ 关于量子态小波 $\left\langle\psi\right|$ 的量子态小波变换改写如下:

$$W_f(s,\mu)=\left\langle\psi\middle|U(s,\mu)\middle|f\right\rangle$$

即量子态小波变换 $W_f(s,\mu)$ 就是当参数组 (s,μ) 取遍全部可能数值时, 量子态伸缩平移算子 $U(s,\mu)$ 矩阵表示方法中的所有矩阵元素 $\left\langle\psi\middle|U(s,\mu)\middle|f\right\rangle$, 形象的说法是, 在参数组 (s,μ) 给定时, 量子态小波变换 $W_f(s,\mu)$ 就是伸缩平移算子 $U(s,\mu)$ 由转矢 $\left\langle\psi\right|$ 和

态矢 $\left|f\right\rangle$ 刻画的“第 s 行第 μ 列矩阵元素”.

量子态小波变换 $W_f(s,\mu)$ 中出现的量子态伸缩平移算子 $U(s,\mu)$ 与量子光学压缩态问题的研究关系密切.

在量子态伸缩平移算子 $U(s,\mu)$ 的定义表达式中，$\left|s^{-1}(x-\mu)\right\rangle$ 是位置变量 x 经过平移得到 $(x-\mu)$ 之后按照因子 s^{-1} 进行伸缩产生的态矢，$\left\langle x\right|$ 是位置变量 x 对应的转矢. 在平移参数 μ 和尺度参数(伸缩参数) s 给定的前提下，$s^{-0.5}\left|s^{-1}(x-\mu)\right\rangle\left\langle x\right|$ 是随位置变量 x 而确定的算子. 当位置变量 x 取遍全部可能的数值 $(-\infty,+\infty)$ 时，利用算子有序乘积积分技术把这些算子进行积分最终获得“总算子”，即一维量子小波变换伸缩平移算子 $U(\mu,s)$. 例如，当 $\left|f\right\rangle=\left|p\right\rangle$ 是一个动量本征态时，可以得到下列演算:

$$
\begin{aligned}
U(s,\mu)\left|p\right\rangle &= \left[s^{-0.5}\int_{-\infty}^{\infty}dx\left|s^{-1}(x-\mu)\right\rangle\left\langle x\right|\right]\left|p\right\rangle \\
&= s^{-0.5}\int_{-\infty}^{\infty}dx\left|s^{-1}(x-\mu)\right\rangle\left\langle x\middle|p\right\rangle \\
&= (2\pi s)^{-0.5}\int_{-\infty}^{\infty}dx\left|s^{-1}(x-\mu)\right\rangle e^{ipx} \\
&= s^{0.5}e^{ip\mu}\times(2\pi)^{-0.5}\int_{-\infty}^{\infty}dx\left|x\right\rangle e^{ipsx} \\
&= s^{0.5}e^{ip\mu}\left|sp\right\rangle
\end{aligned}
$$

把所得量子态代入量子态小波变换定义公式中得到

$$
W_p(s,\mu)=\left\langle\psi\right|U(s,\mu)\left|p\right\rangle=s^{0.5}e^{ip\mu}\left\langle\psi\middle|sp\right\rangle=s^{0.5}e^{ip\mu}\psi^*(sp)
$$

这就是动量本征态 $\left|p\right\rangle$ 在量子态小波 $\left\langle\psi\right|$ 之下的量子小波变换.

为了揭示小波变换与量子态变换之间的内在联系，利用量子力学狄拉克符号系统和算子正则序乘积积分方法可以演算得到量子态伸缩平移算子 $U(s,\mu)$ 的正则序展开形式.

按正则序乘积形式，将由真空湮没态矢 $\left|0\right\rangle$ 构造的真空投影算子表示如下:

$$
\left|0\right\rangle\left\langle 0\right|=:\mathrm{e}^{-a^{\dagger}a}:
$$

利用坐标算子本征态 $\left|x\right\rangle$ 的表达式和算子正则序乘积积分方法可得如下结果:

$$
\begin{aligned}
U(s,\mu) &\equiv s^{-0.5}\int_{-\infty}^{+\infty}\left|s^{-1}(x-\mu)\right\rangle\left\langle x\right|dx \\
&= (\pi s)^{-1}\int_{-\infty}^{+\infty}dx\,\mathrm{e}^{0.5s^{-2}\left(x-\mu\right)^2+\sqrt{2}s^{-1}(x-\mu)a^{\dagger}-0.5a^{\dagger 2}}\left|0\right\rangle\left\langle 0\right|\mathrm{e}^{-0.5x^2+\sqrt{2}xa-0.5a^2} \\
&= (\pi s)^{-1}\int_{-\infty}^{+\infty}dx:\mathrm{e}^{-0.5x^2\left(1+s^{-2}\right)+s^{-2}x\mu+\sqrt{2}s^{-1}(x-\mu)a^{\dagger}+\sqrt{2}xa-0.5s^{-2}\mu^2-X^2}: \\
&= [2s(1+s^2)^{-1}]^{0.5}:\mathrm{e}^{0.5(s^{-1}\mu+\sqrt{2}a^{\dagger}+\sqrt{2}sa)^2(1+s^2)^{-1}-\sqrt{2}s^{-1}\mu a^{\dagger}-0.5s^{-2}\mu^2-X^2}:
\end{aligned}
$$

这就是按照算子正则序乘积方法得到的量子态伸缩平移算子 $U(s,\mu)$ 的一般表示形式. 为了得到 $U(s,\mu)$ 的简化表示, 令 $\lambda=\ln s$, 回顾双曲函数定义:

$$\operatorname{sech}\lambda=2s(s^2+1)^{-1},\quad \tanh\lambda=(s^2-1)(s^2+1)^{-1}$$

那么, 量子态伸缩平移算子 $U(s,\mu)$ 的表达形式还可以被化简为

$$U(s,\mu)=(\operatorname{sech}\lambda)^{0.5}\,\mathrm{e}^{-0.25\mu^2(1-\tanh\lambda)-0.5a^{\dagger 2}\tanh\lambda-\sqrt{0.5}a^\dagger\mu\operatorname{sech}\lambda}$$
$$:\mathrm{e}^{(\operatorname{sech}\lambda-1)a^\dagger a}:\mathrm{e}^{0.5a^2\tanh\lambda+\sqrt{0.5}a\mu\operatorname{sech}\lambda}$$

利用算子指数函数的正则序恒等式:

$$\mathrm{e}^{\xi a^\dagger a}=:\exp[(\mathrm{e}^\xi-1)a^\dagger a]:$$

得到量子态伸缩平移算子 $U(s,\mu)$ 的另一个简化表达式:

$$U(s,\mu)=\mathrm{e}^{-0.25\mu^2(1-\tanh\lambda)-0.5a^{\dagger 2}\tanh\lambda-\sqrt{0.5}a^\dagger\mu\operatorname{sech}\lambda}$$
$$\times\,\mathrm{e}^{(a^\dagger a+0.5)\ln\operatorname{sech}\lambda}\,\mathrm{e}^{0.5a^2\tanh\lambda+\sqrt{0.5}a\mu\operatorname{sech}\lambda}$$

这样, 如果 $\langle\psi|$ 是母小波的量子力学转矢, $U(s,\mu)$ 是量子态伸缩平移算子, 那么, 由母小波产生的量子态小波系就可以表示为转矢 $\langle\psi|U(s,\mu)$, 这是一族特殊的量子力学转矢; 如果 $|f\rangle$ 是需要进行量子态小波变换的任意量子态, 那么, 它的量子态小波变换 $W_f(s,\mu)$ 最终将可以表示为 $\langle\psi|U(s,\mu)|f\rangle$, 即量子态伸缩平移算子 $U(s,\mu)$ 由转矢 $\langle\psi|$ 和态矢 $|f\rangle$ 共同刻画的"第 s 行第 μ 列矩阵元素".

另外, 在量子力学狄拉克符号体系下, 母小波 $\langle\psi|$ 必须满足的"波动条件"具有清晰的概率幅和概率含义. 利用如下恒等式:

$$\frac{1}{\sqrt{2\pi}}\int_{-\infty}^{\infty}|x\rangle dx=|p=0\rangle$$

式中 $|p\rangle$ 是动量本征态, 可以将小波母函数需要满足的波动条件按照量子力学狄拉克符号表示为

$$\int_{-\infty}^{\infty}\psi(x)dx=0\mapsto\langle p=0|\psi\rangle=0$$

这个公式的量子力学解释是, 利用投影算子 $|p\rangle\langle p|$ 对量子态小波 $|\psi\rangle$ 进行一次测量得到数值 $p=0$ 的概率正好为 0.

为了简单起见, 按照玻色生成算子 $a^\dagger$ 函数方式, 不妨假设量子态小波 $|\psi\rangle$ 在 Fock 空间可以展开为如下级数(即玻色生成算子幂级数或者泰勒级数):

$$|\psi\rangle=\mathscr{G}(a^\dagger)|0\rangle=\sum_{n=0}^{\infty}g_n a^{\dagger n}|0\rangle$$

其中系数序列 g_n 的选择原则是保证量子态小波 $|\psi\rangle$ 满足波动条件.

回顾相干态的超完备关系:

$$\int \frac{d^2 z}{\pi} \left| z \right\rangle \left\langle z \right| = 1$$

式中右边是单位算子, 左边出现的$\left| z \right\rangle$是湮没算子 a 的本征值 z 对应的本征态, 其含义和具体表达式是

$$\left| z \right\rangle = \exp(0.5 \mid z \mid^2 + z a^\dagger) \left| 0 \right\rangle, \quad a \left| z \right\rangle = z \left| z \right\rangle$$

据此直接演算得到如下公式:

$$\left\langle p = 0 \middle| z \right\rangle = \pi^{-0.25} \exp(-0.5 \mid z \mid^2 + 0.5 z^2)$$

借用积分恒等式

$$\int \pi^{-1} d^2 z e^{\lambda |z|^2} z^{*n} z^k = (-1)^{k+1} k! \lambda^{-(k+1)} \delta_{n,k}$$

可以进一步得到如下的演算结果:

$$\begin{aligned}
\left\langle p = 0 \middle| \psi \right\rangle &= \left\langle p = 0 \right| \int \pi^{-1} d^2 z \left| z \right\rangle \left\langle z \right| \sum_{n=0}^{\infty} g_n a^{\dagger n} \left| 0 \right\rangle \\
&= \pi^{-0.25} \sum_{n=0}^{\infty} g_n \int \pi^{-1} d^2 z e^{-|z|^2} z^{*n} \sum_{m=0}^{\infty} \frac{(0.5 z^2)^m}{m!} \\
&= \pi^{-0.25} \sum_{n=0}^{\infty} g_{2n} = 0
\end{aligned}$$

这就是量子态小波$\left| \psi \right\rangle$波动条件按照玻色生成算子 $a^\dagger$ 函数幂级数展开系数序列的最终表达形式.

作为最简单的实例, 比如在量子态小波$\left| \psi \right\rangle$按照玻色生成算子 $a^\dagger$ 函数幂级数展开公式中, 直观选择系数序列为 $g_0 = 0.5, g_2 = -0.5$, 且 $g_n = 0, n \neq 0, 2, n \in \mathbb{Z}$, 那么, 容易得到如下量子态小波:

$$\left| \psi \right\rangle = 0.5(1 - a^{\dagger 2}) \left| 0 \right\rangle$$

这个量子小波对应的母小波函数可以计算如下:

$$\psi(x) = 0.5 \left\langle x \right| (1 - a^{\dagger 2}) \left| 0 \right\rangle = 0.5 \left\langle x \right| \left(\left| 0 \right\rangle - \sqrt{2} \left| 2 \right\rangle \right) = \pi^{-0.25} e^{-0.5 x^2} (1 - x^2)$$

这正好是下一小节将要研究的马尔小波, 可以直接演算验证它满足波动条件:

$$\int_{-\infty}^{\infty} e^{-0.5 x^2} (1 - x^2) dx = 0$$

注释: 在上述量子小波的母小波函数推导过程中, 使用了数态$\left| n \right\rangle$的波函数表达公式

$$\left\langle x \middle| n \right\rangle = \frac{1}{\sqrt{2^n n! \sqrt{\pi}}} e^{-0.5 x^2} H_n(x)$$

其中 $\mathrm{H}_n(x)$ 是第 n 个 Hermite 多项式，$n=0,1,2,\cdots$.

(β) 量子态小波：量子马尔小波

最简单的马尔小波形式取为如下的高斯函数二阶导函数的相反数:

$$\psi(x)=e^{-0.5x^2}(1-x^2)$$

容易验证它满足小波波动性条件

$$\int_{-\infty}^{\infty}e^{-0.5x^2}(1-x^2)dx=0$$

将坐标算子本征态 $\left|x\right\rangle$ 在 Fock 空间中表示为玻色湮没算子 a 的真空湮没态矢 $\left|0\right\rangle$ 的演化形式:

$$\left|x\right\rangle=\pi^{-0.25}\exp(-0.5x^2+\sqrt{2}xa^{\dagger}-0.5a^{\dagger 2})\left|0\right\rangle$$

利用常用积分公式:

$$\int_{-\infty}^{\infty}dxx^2e^{-vx^2}=0.5\sqrt{\pi}v^{-3/2}$$

可以演算得到马尔小波在 Fock 空间中的量子力学态矢 $\left|\psi\right\rangle$

$$\begin{aligned}\left|\psi\right\rangle&=\int_{-\infty}^{\infty}dx\left|x\right\rangle\left\langle x\middle|\psi\right\rangle\\&=\pi^{-0.25}\int_{-\infty}^{\infty}dxe^{-x^2}(1-x^2)e^{\sqrt{2}xa^{\dagger}-0.5a^{\dagger 2}}\left|0\right\rangle\\&=0.5\pi^{0.25}(1-a^{\dagger 2})\left|0\right\rangle\end{aligned}$$

在上式演算的初始位置利用了坐标算子 X 本征态 $\left|x\right\rangle$ 的完全性关系:

$$\int_{-\infty}^{\infty}dx\left|x\right\rangle\left\langle x\right|=1$$

前述表达式 $\left|\psi\right\rangle$ 就是量子态马尔小波，它是 Fock 空间中量子力学系统的一个特殊态矢. 关于马尔小波的提出以及时间-尺度表达和性质的研究，可以参考文献 Marr(1982), Marr 和 Hildreth(1980), Marr 和 Nishihala(1978), Marr 和 Poggio(1976, 1977, 1979)的相关论述.

利用数字态的如下表示公式:

$$\left\langle p\middle|n\right\rangle=\frac{(-i)^n}{\sqrt{2^n n!}}\pi^{-0.25}e^{-p^2}\mathrm{H}_n(p)$$

其中 $\mathrm{H}_n(p)$ 是 Hermite 多项式并且其零点值为

$$\mathrm{H}_{2n}(0)=(-1)^n\frac{(2n)!}{n!},\quad \mathrm{H}_{2n+1}(0)=0$$

在上述公式中，当 $p=0$ 而 n 分别取值 0 和 2 时，得到

$$\left\langle p=0\middle|0\right\rangle=\pi^{-0.25},\ \sqrt{2}\left\langle p=0\middle|2\right\rangle=0.5\pi^{-0.25}\mathrm{H}_2(0)=\pi^{-0.25}$$

因为

$$\frac{1}{\sqrt{2\pi}}\int_{-\infty}^{\infty}dx\left|x\right\rangle=\left|p=0\right\rangle$$

其中$\left|p\right\rangle$是动量本征态，于是利用数字态的前述公式可得

$$\left\langle p=0\middle|\psi\right\rangle=\left\langle p=0\right|(1-a^{\dagger 2})\left|0\right\rangle=0$$

这就是量子态马尔小波的波动性条件在量子力学中的表现形式. 这说明量子态马尔小波$\left|\psi\right\rangle$是一个合格的量子态小波. 这里示范性给出量子态或波函数$\left|f\right\rangle$在量子态马尔小波系$\left\langle\psi\right|U(s,\mu)$下的量子态小波变换$W_f(s,\mu)$，也就是计算在量子态马尔小波系下量子态伸缩平移算子或矩阵$U(s,\mu)$的元素$\left\langle\psi\right|U(s,\mu)\left|f\right\rangle$.

当量子力学态矢或量子光场态矢$\left|f\right\rangle$是真空态$\left|0\right\rangle$时，它的量子态马尔小波变换将体现为，量子态伸缩平移算子$U(s,\mu)$由量子态马尔小波转矢$\left\langle\psi\right|$和真空态矢$\left|0\right\rangle$共同刻画的如下矩阵元素:

$$\begin{aligned}\left\langle\psi\right|U(s,\mu)\left|0\right\rangle&=\zeta(\lambda,\mu)\left[\left(\left\langle 0\right|-\sqrt{2}\left\langle 2\right|\right)\mathrm{e}^{-0.5a^{\dagger 2}\tanh\lambda-\sqrt{0.5}a^{\dagger}\mu\,\mathrm{sech}\,\lambda}\left|0\right\rangle\right]\\&=\zeta(\lambda,\mu)(1+\tanh\lambda-0.5\mu^2\,\mathrm{sech}^2\,\lambda)\end{aligned}$$

其中，$\lambda=\ln s$，而且

$$\zeta(\lambda,\mu)=0.5\pi^{0.25}\sqrt{\mathrm{sech}\,\lambda}\,\mathrm{e}^{-0.25\mu^2(1-\tanh\lambda)}$$

这就是真空态的量子态马尔小波变换.

现在研究$\left|f\right\rangle$是非归一化相干态$\left|z\right\rangle$时的量子态马尔小波变换. 利用真空态和波色生成算子$a^{\dagger}$函数可以得到

$$\left|z\right\rangle=\exp[za^{\dagger}]\left|0\right\rangle$$

利用量子态伸缩平移算子$U(s,\mu)$的解析表达式直接演算得到

$$U(s,\mu)\left|z\right\rangle=\Omega(\lambda,\mu)\,\mathrm{e}^{-0.5a^{\dagger 2}\tanh\lambda-\sqrt{0.5}a^{\dagger}\mu\,\mathrm{sech}\,\lambda+a^{\dagger}z\,\mathrm{sech}\,\lambda}\left|0\right\rangle$$

式中,

$$\Omega(\lambda,\mu)\equiv\sqrt{\mathrm{sech}\,\lambda}\,\mathrm{e}^{-0.25\mu^2(1-\tanh\lambda)+0.5z^2\tanh\lambda+\sqrt{0.5}\mu z\,\mathrm{sech}\,\lambda}$$

利用带参数积分公式

$$\begin{aligned}&\int_{-\infty}^{\infty}d^2z:\pi^{-1}z^n\,\mathrm{e}^{\tau|z|^2+\xi z+\eta z^*+gz^{*2}}\\&=-\tau^{-(2n+1)}\,\mathrm{e}^{\tau^{-2}(g\xi^2-\tau\xi\eta)}\sum_{k=0}^{[0.5n]}\frac{n!}{k!(n-2k)!}(2\xi g-\tau\eta)^{n-2k}(g\tau^2)^k\end{aligned}$$

其中符号$\left\lfloor 0.5n \right\rfloor$表示对$(0.5n)$进行向下取整得到不超过$(0.5n)$的最大整数，结合超完全关系式:

$$\int_{-\infty}^{\infty} d^2z : \pi^{-1} e^{-|z|^2} \left|z\right\rangle\left\langle z\right| = 1$$

得到如下的正则序算子积分演算等式:

$$\begin{aligned} a^n\, \mathrm{e}^{ga^{\dagger 2}+ka^{\dagger}} &= \int_{-\infty}^{\infty} d^2z\pi^{-1} z^n e^{-|z|^2} \left|z\right\rangle\left\langle z\right| \mathrm{e}^{gz^{*2}+kz^*} \\ &= \int_{-\infty}^{\infty} d^2z : \pi^{-1} z^n : \mathrm{e}^{-|z|^2+za^{\dagger}+z^*(a+k)+gz^{*2}-a^{\dagger}a} : \\ &=: \mathrm{e}^{ga^{\dagger 2}+ka^{\dagger}} \sum_{\ell=0}^{\left\lfloor n/2 \right\rfloor} \frac{n!\,g^{\ell}}{\ell!(n-2\ell)!} (2ga^{\dagger}+a+k)^{n-2\ell} : \end{aligned}$$

利用这些重要公式并结合量子力学狄拉克符号体系，非归一化相干态$\left|z\right\rangle$的量子态马尔小波变换将体现为量子态伸缩平移算子$U(s,\mu)$由量子态马尔小波转矢$\left\langle \psi\right|$和量子态$U(s,\mu)\left|z\right\rangle$共同刻画的如下矩阵元素:

$$\begin{aligned} \left\langle \psi\right|U(s,\mu)\left|z\right\rangle &= \tilde{\Omega}(\lambda,\mu)\left\langle 0\right|(1-a^2)\,\mathrm{e}^{-0.5a^{\dagger 2}\tanh\lambda-\sqrt{0.5}a^{\dagger}\mu\,\mathrm{sech}\,\lambda+a^{\dagger}z\,\mathrm{sech}\,\lambda}\left|0\right\rangle \\ &= \tilde{\Omega}(\lambda,\mu)\left[1+\tanh\lambda-(z-\sqrt{0.5}\mu)^2\,\mathrm{sech}^2\,\lambda\right] \end{aligned}$$

其中

$$\tilde{\Omega}(\lambda,\mu) = 0.5\pi^{0.25}\sqrt{\mathrm{sech}\,\lambda}\,\mathrm{e}^{-0.25\mu^2(1-\tanh\lambda)+0.5z^2\tanh\lambda+\sqrt{0.5}\mu z\,\mathrm{sech}\,\lambda}$$

这就是非归一化相干态的量子态马尔小波变换.

(γ) 量子态小波: 纠缠量子小波

回顾双模伸缩算符利用纠缠态表示方法得到的自然表示形式:

$$U_2(s) = s^{-1}\int_{-\infty}^{\infty} d\mathbf{u}\left|s^{-1}\mathbf{u}\right\rangle\left\langle \mathbf{u}\right| = \exp[\lambda(a_1^{\dagger}a_2^{\dagger}-a_1a_2)]$$

其中$s=e^{\lambda}$，态矢$\left|\mathbf{u}\right\rangle$表示依据 EPR 量子纠缠态概念实现的纠缠态，即在双粒子系统中，两粒子的相对位置X_1-X_2和它们的动量P_1+P_2是可交换的，在这样的假设之下，这些算子将具有共同的本征态$\left|\mathbf{u}\right\rangle$，具体表示为$\mathbf{u}=\mathbf{u}_1+i\mathbf{u}_2$，满足如下特征方程:

$$\begin{cases} (X_1-X_2)\left|\mathbf{u}\right\rangle = \sqrt{2}\mathbf{u}_1\left|\mathbf{u}\right\rangle \\ (P_1+P_2)\left|\mathbf{u}\right\rangle = \sqrt{2}\mathbf{u}_2\left|\mathbf{u}\right\rangle \end{cases}$$

这里，湮没算子a_{ℓ}和生成算子$a_{\ell}^{\dagger}$与坐标算子X_{ℓ}和动量算子P_{ℓ}满足关系:

$$\begin{cases} X_\ell = \dfrac{1}{\sqrt{2}}(a_\ell + a_\ell^\dagger) \\ P_\ell = \dfrac{1}{\sqrt{2}i}(a_\ell - a_\ell^\dagger) \end{cases}$$

其中 $\ell = 1,2$. 在双模 Fock 空间中，本征态矢 $\left|\mathfrak{u}\right\rangle$ 可以显示形式表示为

$$\left|\mathfrak{u}\right\rangle = \exp\{-0.5\mid \mathfrak{u}\mid^2 + \mathfrak{u}a_1^\dagger - \mathfrak{u}^* a_2^\dagger + a_1^\dagger a_2^\dagger\}\left|00\right\rangle$$

可以证明，本征态矢系 $\left|\mathfrak{u}\right\rangle$ 是完全的规范正交系，即成立如下两个恒等式：

$$\int \frac{d^2\mathfrak{u}}{\pi}\left|\mathfrak{u}\right\rangle\left\langle\mathfrak{u}\right| = 1, \quad d^2\mathfrak{u} \equiv d\mathfrak{u}_1 d\mathfrak{u}_2$$
$$\left\langle\mathfrak{u}\middle|\mathfrak{u}'\right\rangle = \pi\delta(\mathfrak{u}_1 - \mathfrak{u}_1')\delta(\mathfrak{u}_2 - \mathfrak{u}_2')$$

利用这些结果和纠缠态表示方法，可以简洁地表达二维纠缠量子小波和二维纠缠量子小波变换，只不过它们不能表示成两个单粒子坐标本征态张量积的形式，充分体现了“纠缠量子小波”与量子小波张量积之间的本质差异.

首先，要求量子小波 $\Psi(\mathfrak{u}) = \left\langle\mathfrak{u}\middle|\Psi\right\rangle$ 满足如下形式的波动条件：

$$\int \frac{d^2\mathfrak{u}}{\pi}\Psi(\mathfrak{u}) = 0$$

按照如下形式建立态矢 $\left|\mathfrak{u}\right\rangle$ 的正则共轭态：

$$\left|\mathfrak{v}\right\rangle = \exp\{-0.5\mid \mathfrak{v}\mid^2 + \mathfrak{v}a_1^\dagger - \mathfrak{v}^* a_2^\dagger + a_1^\dagger a_2^\dagger\}\left|00\right\rangle$$

其中 $\mathfrak{v} = \mathfrak{v}_1 + i\mathfrak{v}_2$. 简单演算可知，这种形式表达的态矢 $\left|\mathfrak{v}\right\rangle$ 满足如下本征方程：

$$\begin{cases} (X_1 + X_2)\left|\mathfrak{v}\right\rangle = \sqrt{2}\mathfrak{v}_1\left|\mathfrak{v}\right\rangle \\ (P_1 - P_2)\left|\mathfrak{v}\right\rangle = \sqrt{2}\mathfrak{v}_2\left|\mathfrak{v}\right\rangle \end{cases}$$

容易验证下述典型的对易关系：

$$\begin{cases} [(X_1 - X_2),(P_1 - P_2)] = 2i \\ [(X_1 + X_2),(P_1 + P_2)] = 2i \end{cases}$$

和内积表达式：

$$\left\langle\mathfrak{v}\middle|\mathfrak{u}\right\rangle = 0.5\exp[0.5(\mathfrak{v}^*\mathfrak{u} - \mathfrak{v}\mathfrak{u}^*)]$$

因此得到 $\left|\mathfrak{u}\right\rangle$ 和 $\left|\mathfrak{v}\right\rangle$ 之间彼此互为共轭的关系. 由此可知，态矢系 $\left|\mathfrak{v}\right\rangle$ 也必然是完全的规范正交系，即成立如下两个等式：

$$\int \frac{d^2\mathfrak{v}}{\pi}\left|\mathfrak{v}\right\rangle\left\langle\mathfrak{v}\right| = 1$$

$$\left\langle\mathfrak{v}\middle|\mathfrak{v}'\right\rangle = \pi\delta(\mathfrak{v}_1 - \mathfrak{v}_1')\delta(\mathfrak{v}_2 - \mathfrak{v}_2')$$

因此可以得到如下二重积分结果:

$$\int \frac{d^2\mathfrak{u}}{\pi}\left|\mathfrak{u}\right\rangle = \exp(-a_1^\dagger a_2^\dagger)\left|00\right\rangle = \left|\mathfrak{v} = 0\right\rangle$$

这样, 量子小波 $\Psi(\mathfrak{u}) = \left\langle\mathfrak{u}\middle|\Psi\right\rangle$ 波动条件的量子力学表达形式可以表示为

$$\left\langle\mathfrak{v} = 0\middle|\Psi\right\rangle = 0$$

将量子小波 $\left|\Psi\right\rangle$ 按照玻色生成算子幂级数或者泰勒级数表示为如下形式的量子态级数:

$$\left|\Psi\right\rangle = \sum_{n,m=0}^{\infty}\mathcal{K}_{n,m}a_1^{\dagger n}a_2^{\dagger m}\left|00\right\rangle$$

然后利用二模相干态矢 $\left|z_1z_2\right\rangle$, 将量子小波波动条件转换为级数系数矩阵形式:

$$\begin{aligned}
\left\langle\mathfrak{v} = 0\middle|\Psi\right\rangle &= \left\langle\mathfrak{v} = 0\right|\iint\frac{d^2z_1d^2z_2}{\pi^2}\left|z_1z_2\right\rangle\left\langle z_1z_2\right|\sum_{n,m=0}^{\infty}\mathcal{K}_{n,m}a_1^{\dagger n}a_2^{\dagger m}\left|00\right\rangle \\
&= \sum_{n,m=0}^{\infty}\mathcal{K}_{n,m}\iint\frac{d^2z_1d^2z_2}{\pi^2}z_1^{*n}z_2^{*m}\exp[-|z_1|^2 - |z_2|^2 - z_1z_2] \\
&= \sum_{n,m=0}^{\infty}\mathcal{K}_{n,m}\int\frac{d^2z_2}{\pi}\exp[-|z_2|^2]z_2^n z_2^{*m}(-1)^n \\
&= \sum_{n=0}^{\infty}n!\mathcal{K}_{n,m}(-1)^n \\
&= 0
\end{aligned}$$

这是量子小波波动条件转换得到的系数矩阵 $\mathcal{K}_{n,m}$ 应该满足的“量子波动条件”或者“量子小波限制条件”. 作为最简单的实例, 比如选取 $\mathcal{K}_{0,0} = 0.5$, $\mathcal{K}_{1,1} = 0.5$ 而其他系数全等于 0, 那么, 由此决定的量子小波态矢可以具体表示为

$$\left|\Psi\right\rangle = 0.5(1 + a_1^\dagger a_2^\dagger)\left|00\right\rangle$$

这个量子力学态矢是一个合格的量子态小波, 其母函数满足小波波动条件.

利用双变量 Hermite 多项式生成函数公式:

$$\sum_{m,n=0}^{\infty}\frac{t^m t'^n}{m!n!}\mathrm{H}_{m,n}(\mathfrak{u},\mathfrak{u}^*) = \exp(-tt' + t\mathfrak{u} + t'\mathfrak{u}^*)$$

其中 $\mathrm{H}_{m,n}(\mathfrak{u},\mathfrak{u}^*)$ 是如下形式的双变量 Hermite 多项式:

$$\mathrm{H}_{m,n}(\mathbf{u},\mathbf{u}^*)=\sum_{l=0}^{\min(m,n)}\frac{m!n!}{l!(m-l)!(n-l)!}(-1)^l\mathbf{u}^{m-l}\mathbf{u}^{*n-l}$$
$$=\frac{\partial^{n+m}}{\partial t^m\partial t'^n}\exp(-tt'+t\mathbf{u}+t'\mathbf{u}^*)\Big|_{t,t'=0}$$

将本征态矢 $\left|\mathbf{u}\right\rangle$ 表示为双模数态级数展开形式:

$$\left|\mathbf{u}\right\rangle=e^{-0.5|\mathbf{u}|^2}\sum_{m,n=0}^{\infty}\mathrm{H}_{m,n}(\mathbf{u},\mathbf{u}^*)\frac{(-1)^n}{\sqrt{m!n!}}\left|mn\right\rangle$$

特别地

$$\left\langle\eta\middle|11\right\rangle=-e^{-0.5|\mathbf{u}|^2}\mathrm{H}_{1,1}^*(\mathbf{u},\mathbf{u}^*)=-e^{-0.5|\eta|^2}(\mathbf{u}\mathbf{u}^*-1)$$

这样根据上述公式，可以演算得到级数表达的量子态小波或者量子小波态矢 $\left|\Psi\right\rangle$ 的波函数:

$$\Psi(\mathbf{u})\equiv0.5\left\langle\mathbf{u}\middle|(1+a_1^\dagger a_2^\dagger)\middle|00\right\rangle$$
$$=0.5\left\langle\mathbf{u}\middle|(\left|00\right\rangle+\left|11\right\rangle)\right.$$
$$=e^{-0.5|\mathbf{u}|^2}(1-0.5\mid\mathbf{u}\mid^2)$$

容易看出，这是二维旋转对称的马尔小波，它满足波动条件:

$$\int_{-\infty}^{\infty}\frac{d^2\mathbf{u}}{\pi}\Psi(\mathbf{u})=0$$

经过这些必要的准备，现在可以将信号或函数或者波函数 $f(\mathbf{u})$ 在量子态小波 Ψ 下的纠缠量子小波变换 $W_f(s,\mu)$ 定义为

$$W_f(s,\mu)=\frac{1}{s}\int\frac{d^2\mathbf{u}}{\pi}f(\mathbf{u})\Psi^*\left(\frac{\mathbf{u}-\mu}{s}\right)$$

利用本征态矢 $\left|\mathbf{u}\right\rangle$ 表达式得到转矢 $\left\langle\mathbf{u}\right|$，按照量子力学狄拉克符号体系将上式改写为

$$W_f(s,\mu)=s^{-1}\int\frac{d^2\mathbf{u}}{\pi}\left\langle\Psi\middle|s^{-1}(\mathbf{u}-\mu)\right\rangle\left\langle\mathbf{u}\middle|f\right\rangle=\left\langle\Psi\middle|U_2(s,\mu)\middle|f\right\rangle$$

其中双模伸缩平移算子表示为

$$U_2(s,\mu)=s^{-1}\int\frac{d^2\mathbf{u}}{\pi}\left|s^{-1}(\mathbf{u}-\mu)\right\rangle\left\langle\mathbf{u}\right|,s=e^\lambda,\quad\lambda\in\mathbb{R}$$

利用算子有序乘积积分技术可得

$$
\begin{aligned}
U_2(s,\mu)=\frac{1}{s}\int\frac{d^2\mathbf{u}}{\pi}:\exp\{&-0.5\mid\mathbf{u}\mid^2(1+s^{-2})+s^{-1}(\mathbf{u}-\mu)a_1^\dagger-s^{-1}(\mathbf{u}^*-\mu^*)a_2^\dagger\\
&+0.5s^{-2}(\mathbf{u}\mu^*+\mu\mathbf{u}^*)+a_1^\dagger a_2^\dagger+\mathbf{u}^*a_1-\mathbf{u}a_2\\
&+a_1a_2-a_1^\dagger a_1-a_2^\dagger a_2-0.5s^{-2}\mid\mu\mid^2\}:
\end{aligned}
$$

通过如下演算完成全部积分:

$$
\begin{aligned}
U_2(s,\mu)&=\frac{2s}{1+s^2}:\exp\left\{\frac{2s^2}{1+s^2}\left[\left(\frac{1}{2s^2}\mu^*+\frac{a_1^\dagger}{s}-a_2\right)\left(\frac{1}{2s^2}\mu-\frac{a_2^\dagger}{s}+a_1\right)\right]\right.\\
&\quad\left.-\frac{\mu}{s}a_1^\dagger+\frac{\mu^*}{s}a_2^\dagger-\frac{1}{2s^2}\mid\mu\mid^2+a_1^\dagger a_2^\dagger+a_1a_2-a_1^\dagger a_1-a_2^\dagger a_2\right\}:\\
&=\frac{2s}{1+s^2}:\exp\left\{\frac{1}{1+s^2}\left[\mu^*\left(a_1-\frac{a_2^\dagger}{s}\right)+\mu\left(\frac{a_1^\dagger}{s}-a_2\right)\right]\right.\\
&\quad+\frac{2s^2}{1+s^2}\left(\frac{a_1^\dagger}{s}-a_2\right)\left(a_1-\frac{a_2^\dagger}{s}\right)\\
&\quad\left.-\frac{\mu}{s}a_1^\dagger+\frac{\mu^*}{s}a_2^\dagger-\frac{\mid\mu\mid^2}{2(1+s^2)}+a_1^\dagger a_2^\dagger+a_1a_2-a_1^\dagger a_1-a_2^\dagger a_2\right\}:
\end{aligned}
$$

最后利用 $s=e^\lambda$ 以及双曲函数将上式化简得到 $U_2(s,\mu)$ 的正则序表示:

$$
\begin{aligned}
U_2(s,\mu)=\operatorname{sech}\lambda:\exp\{&(a_1^\dagger a_2^\dagger-a_1a_2)\tanh\lambda+(\operatorname{sech}\lambda-1)(a_1^\dagger a_1+a_2^\dagger a_2)\\
&-0.5\mu a_1^\dagger\operatorname{sech}\lambda+0.5\mu^*a_2^\dagger\operatorname{sech}\lambda-0.5(1+s^2)^{-1}\mid s\mid^2\\
&+(1+s^2)^{-1}(\mu^*a_1-\mu a_2)\}:
\end{aligned}
$$

当 $\mu=0$ 时，$U_2(s,\mu)$ 退化为平常的正则序双模伸缩算子.

当母小波对应的量子力学态矢，即转矢 $\left\langle\Psi\right|$ 确定之后，对于任意的量子力学态向量，即态矢 $\left|f\right\rangle$，矩阵元素 $\left\langle\Psi\middle|U_2(s,\mu)\middle|f\right\rangle$ 就是波函数 $f(\mathbf{u})$ 关于量子纠缠小波 $\left\langle\Psi\right|$ 的量子小波变换. 当参数组 (s,μ) 取遍全部可能的数值时，就完成了光场态矢 $\left|f\right\rangle$ 的全部纠缠量子小波变换. 根据量子小波变换的幺正性质，各种量子光场态矢完全可以通过它的量子纠缠小波变换得到充分的分析和研究.

上述研究成果揭示了双粒子系统纠缠态与量子纠缠小波和量子纠缠小波变换之间的深刻联系，量子纠缠小波变换体现为矩阵元素 $\left\langle\Psi\middle|U_2(s,\mu)\middle|f\right\rangle$. 量子纠缠小波变换所依赖的伸缩平移算子 $U_2(s,\mu)$ 完全可以按照量子力学方法利用算子有序乘积积分技术获得解析显式表达公式. 量子纠缠小波必须满足的波动条件也可以采用量子力学狄拉克符号和算子有序乘积积分技术转化为“量子波动条件”或者“量子小波限制条件”.

另外，通过量子纠缠态能够构造产生按照正则序形式表达的压缩平移算子 $U_2(s,\mu)$，因为双模伸缩算子不能表示为两个单模伸缩算子的张量积，所以这里建立的量子纠缠小波绝不是两个量子小波的张量积.

(δ) 量子态小波：数态量子小波变换

在 Fock 空间中，利用玻色湮没算子 a 的真空湮没态矢 $\left|0\right\rangle$，将坐标算子本征态 $\left|x\right\rangle$ 表示为如下的展开表示：

$$\left|x\right\rangle = \pi^{-0.25}\exp(-0.5x^2+\sqrt{2}xa^\dagger-0.5a^{\dagger 2})\left|0\right\rangle$$

式中，$x\left|x\right\rangle = X\left|x\right\rangle$，$X=2^{-0.5}(a^\dagger+a)$，$\left|0\right\rangle$ 是由玻色湮没算符 a 湮没的真空状态，$a^\dagger$ 是玻色生成算子(即 a 的伴随算子)，且对易关系 $[a,a^\dagger]=aa^\dagger-a^\dagger a=1$ 是一个单位算子.

将满足"波动条件"的小波函数表示为 $\psi(x)$，小波 $\psi(x)$ 经过伸缩和平移操作产生的小波族记为 $\psi_{(s,\mu)}(x)$，其中 s 称为尺度参数，$s>0$，μ 称为平移参数，具体表达形式是

$$\psi_{(s,\mu)}(x)=\frac{1}{\sqrt{s}}\psi\left(\frac{x-\mu}{s}\right)=s^{-0.5}\psi(s^{-1}(x-\mu))$$

利用量子力学狄拉克符号体系，按照如下方式将函数 $f(x)$ 关于小波 $\psi(x)$ 的小波变换 $W_f(s,\mu)$ 定义并转换为量子力学量子态表达形式，即

$$\begin{aligned}W_f(s,\mu)&=\frac{1}{\sqrt{s}}\int_{-\infty}^{+\infty}f(x)\psi^*\left(\frac{x-\mu}{s}\right)dx\\&=s^{-0.5}\int_{-\infty}^{+\infty}f(x)\psi^*(s^{-1}(x-\mu))dx\end{aligned}$$

被转换为

$$\begin{aligned}W_f(s,\mu)&=\frac{1}{\sqrt{s}}\int_{-\infty}^{+\infty}\left\langle\psi\middle|\frac{x-\mu}{s}\right\rangle\left\langle x\middle|f\right\rangle dx\\&=s^{-0.5}\int_{-\infty}^{+\infty}\left\langle\psi\middle|s^{-1}(x-\mu)\right\rangle\left\langle x\middle|f\right\rangle dx\end{aligned}$$

$W_f(s,\mu)$ 被称为量子态小波变换，$\left\langle\psi\right|$ 是小波的量子力学转矢，即量子态小波，$\left|f\right\rangle$ 是需要进行量子态小波分析的量子力学态矢，$\left\langle x\right|$ 是坐标算子本征态的转矢，满足坐标算子特征方程 $X\left|x\right\rangle = x\left|x\right\rangle$.

将量子态小波"伸缩平移算子"定义为如下的量子态伸缩平移算子 $U(s,\mu)$：

$$U(s,\mu)\equiv s^{-0.5}\int_{-\infty}^{+\infty}\left|s^{-1}(x-\mu)\right\rangle\left\langle x\right|dx$$

那么，按照算子正则序乘积积分方法，可以在量子力学狄拉克符号系统下将量子力学态矢 $\left|f\right\rangle$ 关于量子态小波 $\left\langle\psi\right|$ 的量子态小波变换 $W_f(s,\mu)$ 改写如下：

$$W_f(s,\mu)=\left\langle\psi\right|U(s,\mu)\left|f\right\rangle$$

即量子态小波变换 $W_f(s,\mu)$ 就是当参数组 (s,μ) 取遍全部可能数值时，量子态伸缩平移算子 $U(s,\mu)$ 矩阵表示方法中的所有矩阵元素 $\left\langle\psi\right|U(s,\mu)\left|f\right\rangle$，形象的说法是，在参数组 (s,μ) 给定时，量子态小波变换 $W_f(s,\mu)$ 就是伸缩平移算子 $U(s,\mu)$ 由转矢 $\left\langle\psi\right|$ 和态矢 $\left|f\right\rangle$ 刻画的“第 s 行第 μ 列矩阵元素”.

量子态伸缩平移算子 $U(s,\mu)$ 的基本含义是，$\left|s^{-1}(x-\mu)\right\rangle$ 是位置变量 x 经过平移得到 $(x-\mu)$ 之后按照因子 s^{-1} 进行伸缩产生的态矢，$\left\langle x\right|$ 是位置变量 x 对应的转矢. 在平移参数 μ 和尺度参数 s 给定后，$s^{-0.5}\left|s^{-1}(x-\mu)\right\rangle\left\langle x\right|$ 是随位置变量 x 而确定的算子. 利用算子有序乘积积分技术，当位置变量 x 取遍 $(-\infty,+\infty)$ 中全部可能的数值时，把这些算子进行积分最终获得的“总算子”就是量子态伸缩平移算子 $U(s,\mu)$.

将由真空湮没态矢 $\left|0\right\rangle$ 构造的真空投影算子表示如下：

$$\left|0\right\rangle\left\langle 0\right|=:\mathrm{e}^{-a^{\dagger}a}:$$

再结合算子指数函数的正则序恒等式：

$$\mathrm{e}^{\xi a^{\dagger}a}=:\exp[(\mathrm{e}^{\xi}-1)a^{\dagger}a]:$$

利用坐标算子本征态 $\left|x\right\rangle$ 的表达式和算子正则序乘积积分方法，可得量子态伸缩平移算子 $U(s,\mu)$ 的如下演算和表达公式：

$$\begin{aligned}U(s,\mu)&\equiv s^{-0.5}\int_{-\infty}^{+\infty}\left|s^{-1}(x-\mu)\right\rangle\left\langle x\right|dx\\&=(\pi s)^{-1}\int_{-\infty}^{+\infty}dx\,\mathrm{e}^{0.5s^{-2}(x-\mu)^2+\sqrt{2}s^{-1}(x-\mu)a^{\dagger}-0.5a^{\dagger 2}}\left|0\right\rangle\left\langle 0\right|\mathrm{e}^{-0.5x^2+\sqrt{2}xa-0.5a^2}\end{aligned}$$

最后简化表示为

$$\begin{aligned}U(s,\mu)&=(\pi s)^{-1}\int_{-\infty}^{+\infty}dx:\mathrm{e}^{-0.5x^2(1+s^{-2})+s^{-2}x\mu+\sqrt{2}s^{-1}(x-\mu)a^{\dagger}+\sqrt{2}xa-0.5s^{-2}\mu^2-X^2}:\\&=\Omega\,\mathrm{e}^{-0.5a^{\dagger 2}\tanh\lambda-2^{-0.5}a^{\dagger}\mu\mathrm{sech}\lambda}\,\mathrm{e}^{a^{\dagger}a\ln\mathrm{sech}\lambda}\,\mathrm{e}^{0.5a^2\tanh\lambda+2^{-0.5}ae^{-\lambda}\mu\mathrm{sech}\lambda}\end{aligned}$$

其中

$$\begin{cases}\lambda=\ln s, & \mathrm{sech}\,\lambda=2s(s^2+1)^{-1}\\ \Omega=\sqrt{\mathrm{sech}\lambda}\,\mathrm{e}^{-0.25\mu^2(1-\tanh\lambda)}, & \tanh\lambda=(s^2-1)(s^2+1)^{-1}\end{cases}$$

这就是按照算子正则序乘积方法得到的量子态伸缩平移算子 $U(s,\mu)$ 的一般表示形式. 利用这样的演算结果, 量子力学态矢 $\left|f\right\rangle$ 关于量子态小波 $\left\langle\psi\right|$ 的量子态小波变换 $W_f(s,\mu)$ 最终体现为伸缩平移算子 $U(s,\mu)$ 由转矢 $\left\langle\psi\right|$ 和态矢 $\left|f\right\rangle$ 刻画的"第 s 行第 μ 列矩阵元素" $\left\langle\psi\middle|U(s,\mu)\middle|f\right\rangle$.

在这里计算量子光学态数态的量子态小波变换, 首先计算 $\left\langle m\middle|U(s,\mu)\middle|n\right\rangle$, 其中 $\left|n\right\rangle$ 是 Fock 空间的数态.

回顾相干态的超完备关系:

$$\int\frac{d^2z}{\pi}\left|z\right\rangle\left\langle z\right|=1$$

式中右边是单位算子, 左边出现的 $\left|z\right\rangle$ 是湮没算子 a 的本征值 z 对应的本征态, 其含义和具体表达式是

$$\left|z\right\rangle=\exp(0.5\,|\,z\,|^2+za^\dagger)\left|0\right\rangle,\quad a\left|z\right\rangle=z\left|z\right\rangle$$

其中 $\left|0\right\rangle$ 是由玻色湮没算子 a 湮没的真空状态, $a^\dagger$ 是玻色生成算子, 且对易关系 $[a,a^\dagger]=aa^\dagger-a^\dagger a=1$ 是一个单位算子, 真空投影算子是 $\left|0\right\rangle\left\langle 0\right|=:\exp(-a^\dagger a):$, 由此可以演算得到

$$\begin{aligned}&\int_{-\infty}^{\infty}\frac{d^2z}{\pi}z^n\exp[\zeta\,|\,z\,|^2+\xi z+\eta z^*+gz^{*2}]\\&=-\zeta^{-(2n+1)}\exp[\zeta^{-2}(g\xi^2-\zeta\xi\eta)]\sum_{k=0}^{\left[0.5n\right]}\frac{n!}{k!(n-2k)!}(2\xi g-\zeta\eta)^{n-2k}(g\zeta^2)^k\end{aligned}$$

其中符号 $\left[0.5n\right]$ 的含义是不超过 $0.5n$ 的最大整数.

利用算子有序乘积积分方法得到如下算子演算结果:

$$\begin{aligned}\exp(\xi a^2+\varsigma a)a^{\dagger n}&=\int_{-\infty}^{\infty}\frac{d^2z}{\pi}\exp(\xi z^2+\varsigma z)\left|z\right\rangle\left\langle z\right|z^{*n}\\&=\int_{-\infty}^{\infty}\frac{d^2z}{\pi}:\exp(-\,|\,z\,|^2+za^\dagger+z^*a-a^\dagger a+\xi z^2+\varsigma z)z^{*n}:\\&=\sum_{k=0}^{\left[0.5n\right]}\frac{n!\,\xi^k}{k!(n-2k)!}:(2\xi a+a^\dagger+\varsigma)^{n-2k}:\exp(\xi a^2+\varsigma a)\end{aligned}$$

而且

$$a^n\exp(\xi a^{\dagger2}+\varsigma a^\dagger)=\exp(\xi a^{\dagger2}+\varsigma a^\dagger)\sum_{k=0}^{\left[0.5n\right]}\frac{n!\,\xi^k}{k!(n-2k)!}:(2\xi a^\dagger+a+\varsigma)^{n-2k}:$$

在这些预备知识基础上, 可以演算得到矩阵元素 $\left\langle m\middle|U(s,\mu)\middle|n\right\rangle$ 的表达公式:

$$\begin{aligned}&\left\langle m\middle|U(s,\mu)\middle|n\right\rangle\\&=\Omega\left\langle m\middle|\mathrm{e}^{-0.5a^{\dagger2}\tanh\lambda-2^{-0.5}a^{\dagger}\mu\mathrm{sech}\lambda}\,\mathrm{e}^{a^{\dagger}a\ln\mathrm{sech}\lambda}\,\mathrm{e}^{0.5a^{2}\tanh\lambda+2^{-0.5}as^{-1}\mu\mathrm{sech}\lambda}\middle|n\right\rangle\\&=\Omega\left\langle 0\middle|\frac{a^{m}}{\sqrt{m!}}\mathrm{e}^{-0.5a^{\dagger2}\tanh\lambda-2^{-0.5}a^{\dagger}\mu\mathrm{sech}\lambda}\,\mathrm{e}^{a^{\dagger}a\ln\mathrm{sech}\lambda}\,\mathrm{e}^{0.5a^{2}\tanh\lambda+2^{-0.5}as^{-1}\mu\mathrm{sech}\lambda}\frac{a^{\dagger n}}{\sqrt{n!}}\middle|0\right\rangle\\&=\Omega\left\langle 0\middle|\sum_{k=0}^{\lfloor 0.5m\rfloor}\frac{\sqrt{m!}(-0.5\tanh\lambda)^{k}(a^{\dagger}-2^{-0.5}\mu\mathrm{sech}\lambda)^{m-2k}}{k!(m-2k)!}\mathrm{e}^{a^{\dagger}a\ln\mathrm{sech}\lambda}\right.\\&\quad\left.\times\sum_{\ell=0}^{\lfloor 0.5n\rfloor}\frac{\sqrt{n!}(0.5\tanh\lambda)^{\ell}(a^{\dagger}+2^{-0.5}s^{-1}\mu\mathrm{sech}\lambda)^{n-2\ell}}{\ell!(n-2\ell)!}\middle|0\right\rangle\end{aligned}$$

其中 $\lambda=\ln s,\Omega=\sqrt{\mathrm{sech}\lambda}\,\mathrm{e}^{-0.25\mu^{2}(1-\tanh\lambda)}$.

利用对易关系 $[a,a^{\dagger}]=aa^{\dagger}-a^{\dagger}a=1$ 和算子幂函数运算规则，可以得到如下两个算子恒等式:

$$a^{n}e^{\varsigma a^{\dagger}a}=e^{\varsigma a^{\dagger}a}(ae^{\varsigma})^{n}$$

以及

$$a^{m}a^{\dagger n}=\sum_{k=0}^{\min(m,n)}\frac{m!n!}{k!(m-k)!(n-k)!}:a^{\dagger(n-l)}a^{(m-l)}:$$

这样，最终将矩阵(狄拉克符号体系下的算子)元素 $\left\langle m\middle|U(s,\mu)\middle|n\right\rangle$ 的简化表达公式给出如下:

$$\left\langle m\middle|U(s,\mu)\middle|n\right\rangle=\Omega\sum_{k=0}^{\lfloor 0.5m\rfloor}\sum_{\ell=0}^{\lfloor 0.5n\rfloor}\sum_{\zeta=0}^{\min(m-2k,n-2\ell)}(-1)^{m+k-\zeta}\mathscr{U}(\lambda,\mu;m,n,k,\ell,\zeta)$$

$$\lambda=\ln s,\ (\lambda,\mu)\in\mathbb{R}\times\mathbb{R}$$

其中，$\zeta=0,1,\cdots,\min(m-2k,n-2\ell);k=0,1,\cdots,\lfloor 0.5m\rfloor;\ell=0,1,\cdots,\lfloor 0.5n\rfloor$,

$$\mathscr{U}(\lambda,\mu;m,n,k,\ell,\zeta)=\frac{\sqrt{m!n!}(0.5\tanh\lambda)^{k+\ell}(\mathrm{sech}\lambda)^{\zeta}(2^{-0.5}e^{-\lambda}\mu\mathrm{sech}\lambda)^{m+n-2k-2\ell-2\zeta}}{k!\ell!\zeta!(m-2k-\zeta)!(n-2\ell-\zeta)!}$$

现在选择最简单形式的量子态马尔小波，演算量子光学数态的量子态马尔小波变换. 将坐标算子本征态 $\left|x\right\rangle$ 在 Fock 空间中表示为玻色湮没算子 a 的真空湮没态矢 $\left|0\right\rangle$ 的演化形式

$$\left|x\right\rangle=\pi^{-0.25}\exp(-0.5x^{2}+\sqrt{2}xa^{\dagger}-0.5a^{\dagger2})\left|0\right\rangle$$

演算给出马尔小波在 Fock 空间中的量子力学态矢 $\left|\psi\right\rangle$

$$\begin{aligned}\left|\psi\right\rangle&=\int_{-\infty}^{\infty}dx\left|x\right\rangle\left\langle x\middle|\psi\right\rangle=\pi^{-0.25}\int_{-\infty}^{\infty}dxe^{-x^{2}}(1-x^{2})e^{\sqrt{2}xa^{\dagger}-0.5a^{\dagger2}}\left|0\right\rangle\\&=0.5\pi^{0.25}(1-a^{\dagger2})\left|0\right\rangle\end{aligned}$$

量子光学数态$\left|n\right\rangle$关于量子态马尔小波$\left\langle\psi\right|$的量子态小波变换$W_n(s,\mu)$体现为量子态伸缩平移算子$U(s,\mu)$的由转矢$\left\langle\psi\right|$和态矢$\left|n\right\rangle$共同刻画的“第s行第μ列矩阵元素”$\left\langle\psi\middle|U(s,\mu)\middle|n\right\rangle$，利用前述结果可以直接演算得到

$$\begin{aligned}\left\langle\psi\middle|U(s,\mu)\middle|n\right\rangle &= 0.5\pi^{0.25}\left\langle 0\middle|(1-a^2)U(s,\mu)\middle|n\right\rangle\\ &= 0.5\pi^{0.25}(\left\langle 0\right| - \sqrt{2}\left\langle 2\right|)U(s,\mu)\left|n\right\rangle\end{aligned}$$

继续演算可以化简这个矩阵元素的表达式为

$$\begin{aligned}\left\langle\psi\middle|U(s,\mu)\middle|n\right\rangle &= \mathcal{R}(\lambda,\mu)\sum_{\ell=0}^{\lceil 0.5n\rceil}\mathcal{L}(n;\lambda,\mu;\ell)\\ &\quad - \mathcal{R}(\lambda,\mu)\sum_{\ell=0}^{\lceil 0.5n\rceil}\sum_{k=0}^{1}\sum_{\zeta=0}^{\min(2-2k,n-2\ell)}(-1)^{2+k-\zeta}\mathcal{K}(n;\lambda,\mu;\ell,k,\zeta)\end{aligned}$$

其中，$\zeta=0,1,\cdots,\min(2-2k,n-2\ell);k=0,1;\ell=0,1,\cdots,\lceil 0.5n\rceil$，$\lambda=\ln s$，而且

$$\begin{aligned}\mathcal{R}(\lambda,\mu) &= 0.5\pi^{0.25}(\operatorname{sech}\lambda)^{0.5}e^{-0.25\mu^2(1-\tanh\lambda)}\\ \mathcal{L}(n;\lambda,\mu;\ell) &= \frac{\sqrt{n!}(0.5\tanh\lambda)^{\ell}(2^{-0.5}e^{-\lambda}\mu\operatorname{sech}\lambda)^{n-2\ell}}{\ell!(n-2\ell)!}\\ \mathcal{K}(n;\lambda,\mu;\ell,k,\zeta) &= \frac{2\sqrt{n!}(0.5\tanh\lambda)^{k+\ell}(\operatorname{sech}\lambda)^{\zeta}(2^{-0.5}e^{-\lambda}\mu\operatorname{sech}\lambda)^{n+2-2k-2\ell-2\zeta}}{k!\ell!\zeta!(2-2k-\zeta)!(n-2\ell-\zeta)!}\end{aligned}$$

这里，$(\lambda,\mu)\in\mathbb{R}\times\mathbb{R}$.

利用量子光学数态$\left|n\right\rangle$关于量子态马尔小波$\left\langle\psi\right|$的量子态小波变换$W_n(s,\mu)$对应的量子态伸缩平移算子$U(s,\mu)$的“第s行第μ列矩阵元素”$\left\langle\psi\middle|U(s,\mu)\middle|n\right\rangle$的这个表达公式，就可以轻松计算得到一些特殊数态的量子小波变换. 这里示例性地直接给出真空态和单光子态的量子态马尔小波变换结果.

当量子态数态$\left|n\right\rangle$是真空态$\left|0\right\rangle$时，它的量子态马尔小波变换$\left\langle\psi\middle|U(s,\mu)\middle|n\right\rangle$是如下的矩阵元素:

$$\left\langle\psi\middle|U(s,\mu)\middle|0\right\rangle = \mathcal{R}(\lambda,\mu)[1+\tanh\lambda-0.5(\mu e^{-\lambda}\operatorname{sech}\lambda)^2]$$

其中，$s=e^{\lambda},\mathcal{R}(\lambda,\mu)=0.5\pi^{0.25}(\operatorname{sech}\lambda)^{0.5}e^{-0.25\mu^2(1-\tanh\lambda)}$，$(\lambda,\mu)\in\mathbb{R}\times\mathbb{R}$.

当量子态数态$\left|n\right\rangle$是单光子态$\left|1\right\rangle$时，它的量子态马尔小波变换$\left\langle\psi\middle|U(s,\mu)\middle|n\right\rangle$是如下矩阵元素:

$$\left\langle\psi\middle|U(s,\mu)\middle|1\right\rangle = \mathcal{S}(\lambda,\mu)[1+\tanh\lambda+2\operatorname{sech}\lambda-(\mu e^{-\lambda}\operatorname{sech}\lambda)^2]$$

其中，$s=e^{\lambda},\mathcal{S}(\lambda,\mu)=2^{-1.5}\pi^{0.25}(e^{-\lambda}\mu)(\operatorname{sech}\lambda)^{1.5}e^{-0.25\mu^2(1-\tanh\lambda)}$，$(\lambda,\mu)\in\mathbb{R}\times\mathbb{R}$.

实际上，利用前述演算结果，在这里也可以顺便演算得到相干态 $\left|z\right\rangle$ 的量子态马尔小波变换 $\left\langle\psi\middle|U(s,\mu)\middle|z\right\rangle$ 对应的矩阵元素:

$$\left\langle\psi\middle|U(s,\mu)\middle|z\right\rangle = \mathfrak{F}(\lambda,\mu;z)\{1+\tanh\lambda-[(z-2^{-0.5}e^{-\lambda}\mu)\mathrm{sech}\lambda]^2\}$$

其中

$$\mathfrak{F}(\lambda,\mu;z) = 0.5\pi^{0.25}(\mathrm{sech}\lambda)^{0.5}e^{-0.25\mu^2(1-\tanh\lambda)+0.5z^2\tanh\lambda+2^{-0.5}ze^{-\lambda}\mathrm{sech}\lambda-0.5|z|^2}$$

而且 $\lambda=\ln s$，$(\lambda,\mu)\in\mathbb{R}\times\mathbb{R}$.

在相干态 $\left|z\right\rangle$ 的量子态马尔小波谱 $\left\langle\psi\middle|U(s,\mu)\middle|z\right\rangle$ 表达式中，因子项 $\mathfrak{F}(\lambda,\mu;z)$ 中出现了 $\exp(-0.5\,|\,z\,|^2)=\exp(-0.5\left\langle z\middle|a^\dagger a\middle|z\right\rangle)$，说明平均光子数 $|\,z\,|^2=\left\langle z\middle|a^\dagger a\middle|z\right\rangle$ 将以负指数幂的方式控制相干态 $\left|z\right\rangle$ 的量子态马尔小波谱 $\left\langle\psi\middle|U(s,\mu)\middle|z\right\rangle$ 的变化.

(ε) 量子态小波: 量子态混合小波

前述研究的量子态小波主要的特征是包含了伸缩和平移的时频小波或者时间(空间)-尺度小波，没有考虑量子态线性调频小波，在这里示范性研究这两种小波混合构成的量子态混合小波算子以及真空态的量子态混合小波变换. 线性调频小波选择为经典线性调频小波，而且，放弃位置描述而选择动量表述.

首先，根据量子力学狄拉克符号体系和算子有序乘积积分方法，在 Fock 空间中，利用玻色湮没算子 a 的真空湮没态矢 $\left|0\right\rangle$，将动量算子本征态 $\left|p\right\rangle$ 表示为如下的展开表示:

$$\left|p\right\rangle = \pi^{-0.25}\exp(-0.5p^2+2^{0.5}ipa^\dagger+0.5a^{\dagger 2})\left|0\right\rangle$$

在这个表达式中，$p\left|p\right\rangle=P\left|p\right\rangle$ 即 $\left|p\right\rangle$ 是动量算子 $P=2^{-0.5}i(a-a^\dagger)$ 的本征态，$\left|0\right\rangle$ 是由玻色湮没算子 a 湮没的真空态，$a^\dagger$ 是玻色生成算子(即 a 的伴随算子)，且对易关系 $[a,a^\dagger]=aa^\dagger-a^\dagger a=1$ 是一个单位算子.

同时坐标算子 $X=2^{-0.5}(a^\dagger+a)$ 的本征态 $\left|x\right\rangle$ 可以表示为如下的展开形式:

$$\left|x\right\rangle = \pi^{-0.25}\exp(-0.5x^2+\sqrt{2}xa^\dagger-0.5a^{\dagger 2})\left|0\right\rangle$$

其中 $x\left|x\right\rangle=X\left|x\right\rangle$.

其次，回顾如下定义的波函数 $f(x)$ 关于 $\psi(x)$ 的小波变换:

$$W_f(s,\mu)=s^{-0.5}\int_{-\infty}^{+\infty}\left\langle\psi\middle|s^{-1}(x-\mu)\right\rangle\left\langle x\middle|f\right\rangle dx=\left\langle\psi\middle|U(s,\mu)\middle|f\right\rangle$$

按照算子正则序乘积积分方法，量子态小波变换的伸缩平移算子 $U(s,\mu)$ 具有如下的

表达形式:

$$U(s,\mu)\equiv s^{-0.5}\int_{-\infty}^{+\infty}\left|s^{-1}(x-\mu)\right\rangle\left\langle x\right|dx$$

按照动量表达方法，量子态小波变换的伸缩平移算子 $U(s,\mu)$ 可以被重新表示如下:

$$U(s,\mu)=s^{-0.5}\int_{-\infty}^{+\infty}e^{i\mu p}\left|sp\right\rangle\left\langle p\right|dp$$

结合在 Fock 空间中动量算子本征态 $\left|p\right\rangle$ 的展开表达公式，伸缩平移算子 $U(s,\mu)$ 的动量表达形式可以被简化为

$$U(s,\mu)=s^{-0.5}\int_{-\infty}^{+\infty}\left|sp\right\rangle\left\langle p\right|dpe^{i\mu P}=e^{0.5\lambda(a^2-a^{\dagger 2})}e^{i\mu P},\quad s=e^{\lambda},\quad \lambda\in(-\infty,+\infty)$$

其中，$e^{0.5\lambda(a^2-a^{\dagger 2})}$ 是伸缩算子，而 $e^{i\mu P}$ 是平移算子.

这样，得到按照动量表达形式给出的波函数 $f(p)$ 的量子态小波变换:

$$\begin{aligned}W_f(s,\mu)&=s^{-0.5}\int_{-\infty}^{+\infty}e^{i\mu p}\psi^*(sp)f(p)dp\\&=s^{-0.5}\int_{-\infty}^{+\infty}e^{i\mu p}\left\langle\psi\middle|sp\right\rangle\left\langle p\middle|f\right\rangle dp\end{aligned}$$

另外，算子 $e^{0.5\pi ia^{\dagger}a}$ 对动量本征态的转矢 $\left\langle p\right|$ 进行演化的作用是

$$\begin{aligned}\left\langle p\right|e^{0.5\pi ia^{\dagger}a}&=\pi^{-0.25}\left\langle 0\right|\exp(-0.5p^2-2^{0.5}ipa+0.5a^2)e^{0.5\pi ia^{\dagger}a}\\&=\pi^{-0.25}\left\langle 0\right|\exp(-0.5p^2+2^{0.5}pa-0.5a^2)\\&=\left\langle x\right|_{x=p}\end{aligned}$$

现在考虑经典线性调频小波以及经典线性调频小波变换的量子态表达形式.

将波函数 $g(x)$ 的经典线性调频小波变换表示为

$$(\mathscr{F}^{\alpha}[g(x)])(p)=\int_{x\in\mathbb{R}}g(x)\mathscr{K}_{\mathscr{F}^{\alpha}}(p,x)dx=\mathscr{P}(p)$$

其中，这个积分变换的核函数或者经典线性调频小波函数可以表示为

$$\mathscr{K}_{\mathscr{F}^{\alpha}}(p,x)=\rho(\alpha)e^{0.5i\chi(\alpha,p,x)}$$

其中

$$\rho(\alpha)=(2\pi ie^{-0.5\pi i\alpha}\sin(0.5\pi\alpha))^{-0.5}$$

而且

$$\chi(\alpha,p,x)=\frac{(p^2+x^2)\cos(0.5\pi\alpha)-2px}{\sin(0.5\pi\alpha)}$$

按照经典线性调频小波 $\mathscr{K}_{\mathscr{F}^{\alpha}}(p,x)$ 的上述表示方法，当 $\alpha=1$ 时，经典线性调频小波变换就退化为经典傅里叶变换.

遵循量子力学狄拉克符号体系，按如下方式重新表达经典线性调频小波算子:

$$(\mathscr{F}^{\alpha}[g(x)])(p)=\int_{-\infty}^{+\infty}dx\left\langle p\middle|\mathscr{K}^{\alpha}\middle|x\right\rangle\left\langle x\middle|g\right\rangle=\mathscr{P}(p)$$

利用位置算子本征向量 $\left|x\right\rangle$ 系和动量算子本征向量 $\left|p\right\rangle$ 系的规范正交性和完全性关系公式:

$$\int_{-\infty}^{+\infty}dx\left|x\right\rangle\left\langle x\right|=1$$

而且

$$\int_{-\infty}^{+\infty}dp\left|p\right\rangle\left\langle p\right|=1$$

以及真空态投影算子的正规序表达公式 $\left|0\right\rangle\left\langle 0\right|=:\mathrm{e}^{-a^{\dagger}a}:$，根据位置算子本征向量 $\left|x\right\rangle$ 和动量算子本征向量 $\left|p\right\rangle$ 的展开表达式，演算并化简算子 $\mathscr{K}^{\alpha}$ 的表达公式:

$$\begin{aligned}\mathscr{K}^{\alpha}&=\int_{-\infty}^{+\infty}dp\int_{-\infty}^{+\infty}dx\left|p\right\rangle\mathscr{K}_{\mathscr{F}^{\alpha}}(p,x)\left\langle x\right|\\&=\pi^{-0.5}\rho(\alpha)\int_{-\infty}^{+\infty}dp\\&\quad\times\int_{-\infty}^{+\infty}dx e^{0.5i\chi(\alpha,p,x)}e^{-0.5p^{2}+2^{0.5}ipa^{\dagger}+0.5a^{\dagger 2}}:\mathrm{e}^{-a^{\dagger}a}:e^{-0.5x^{2}+\sqrt{2}xa-0.5a^{2}}\end{aligned}$$

而且

$$\mathscr{K}^{\alpha}=:\exp[(ie^{-0.5\pi i\alpha}-1)a^{\dagger}a]:=e^{0.5\pi i(1-\alpha)a^{\dagger}a}$$

按正则序乘积形式，得到经典线性调频小波算子 $\mathscr{K}_{\mathscr{F}^{\alpha}}(p,x)$ 的表达公式:

$$\mathscr{K}_{\mathscr{F}^{\alpha}}(p,x)=\left\langle p\middle|e^{0.5\pi i(1-\alpha)a^{\dagger}a}\middle|x\right\rangle$$

这样，经典线性调频小波变换按照量子力学狄拉克符号体系可以表示为

$$\begin{aligned}\mathscr{P}(p)&=(\mathscr{F}^{\alpha}[g(x)])(p)\\&=\int_{-\infty}^{+\infty}dx\left\langle p\middle|e^{0.5\pi i(1-\alpha)a^{\dagger}a}\middle|x\right\rangle\left\langle x\middle|g\right\rangle\\&=\left\langle p\middle|e^{0.5\pi i(1-\alpha)a^{\dagger}a}\middle|g\right\rangle\end{aligned}$$

最后，将任何波函数 $g(x)$ 的量子态经典线性调频小波变换 $\mathscr{P}(p)$ 按照量子态时频小波或者时间(空间)-尺度小波 $\psi(x)$ 再次进行量子小波变换，获得波函数 $g(x)$ 的混合量子态小波变换:

$$
\begin{aligned}
W_{\mathscr{R}}(s,\mu) &= W_{\mathscr{F}^{\alpha}[g]}(s,\mu) \\
&= s^{-0.5}\int_{-\infty}^{+\infty} e^{i\mu p}\left\langle \psi \middle| sp\right\rangle\left\langle p \middle| \mathscr{F}^{\alpha}[g]\right\rangle dp \\
&= s^{-0.5}\int_{-\infty}^{+\infty} e^{i\mu p}\psi^*(sp)\mathscr{R}(p)dp \\
&= s^{-0.5}\int_{-\infty}^{+\infty} e^{i\mu p}\psi^*(sp)\int_{-\infty}^{+\infty} dx\mathscr{K}_{\mathscr{F}^{\alpha}}(p,x)g(x)dp \\
&= s^{-0.5}\int_{-\infty}^{+\infty} e^{i\mu p}\left\langle \psi \middle| sp\right\rangle\int_{-\infty}^{+\infty} dx\left\langle p\middle| e^{0.5\pi i(1-\alpha)a^{\dagger}a}\middle| x\right\rangle\left\langle x \middle| g\right\rangle dp \\
&= s^{-0.5}\int_{-\infty}^{+\infty} e^{i\mu p}\left\langle \psi \middle| sp\right\rangle\left\langle p\middle| e^{0.5\pi i(1-\alpha)a^{\dagger}a}\middle| g\right\rangle dp \\
&= \left\langle \psi\middle| U(s,\mu)e^{0.5\pi i(1-\alpha)a^{\dagger}a}\middle| g\right\rangle
\end{aligned}
$$

这样，得到量子态经典线性调频小波-时频小波混合的量子小波算子按照狄拉克符号体系以及算子有序乘积积分方法给出的展开表达式为

$$
U(s,\mu)e^{0.5\pi i(1-\alpha)a^{\dagger}a} = s^{-0.5}\int_{-\infty}^{+\infty} e^{i\mu p}\left| sp\right\rangle\left\langle p\middle| e^{0.5\pi i(1-\alpha)a^{\dagger}a}\right| dp
$$

利用算子恒等式:

$$
e^{-0.5\pi i(1-\alpha)a^{\dagger}a}ae^{+0.5\pi i(1-\alpha)a^{\dagger}a} = ae^{0.5\pi i(1-\alpha)}
$$

以及动量算子本征态的展开表达式可以得到如下演算:

$$
\left\langle p\middle| e^{0.5\pi i(1-\alpha)a^{\dagger}a}\right. = \pi^{-0.25}\left\langle 0\middle| e^{-0.5p^2+2^{0.5}pae^{-0.5\pi i\alpha}-0.5a^2e^{-\pi i\alpha}}\right.
$$

现在，利用算子有序乘积积分方法演算量子态经典线性调频小波-时频小波混合量子小波算子的正规序展开表达式:

$$
\begin{aligned}
U(s,\mu)e^{0.5\pi i(1-\alpha)a^{\dagger}a} &= s^{-0.5}\int_{-\infty}^{+\infty} e^{i\mu p}\left| sp\right\rangle\left\langle p\middle| e^{0.5\pi i(1-\alpha)a^{\dagger}a}\right| dp \\
&= s^{0.5}\pi^{-0.5}\int_{-\infty}^{+\infty} dp e^{i\mu p}e^{-0.5s^2p^2+2^{0.5}ispa^{\dagger}+0.5a^{\dagger 2}} \\
&\quad\times\left|0\right\rangle\left\langle 0\middle| e^{-0.5p^2+2^{0.5}pae^{-0.5\pi i\alpha}-0.5a^2e^{-\pi i\alpha}}\right.
\end{aligned}
$$

为了简化公式的表达形式，引入两个演算过程中使用的临时算子函数:

$$
\begin{aligned}
\mathscr{M}(s,\mu;a,a^{\dagger};p) &= e^{-0.5(1+s^2)p^2+2^{0.5}ip(2^{-0.5}\mu+sa^{\dagger}-iae^{-0.5\pi i\alpha})+0.5a^{\dagger 2}-0.5a^2e^{-\pi i\alpha}-a^{\dagger}a} \\
\mathscr{N}(s,\mu;a,a^{\dagger}) &= e^{-(1+s^2)^{-1}(2^{-0.5}\mu+sa^{\dagger}-iae^{-0.5\pi i\alpha})^2+0.5a^{\dagger 2}-0.5a^2e^{-\pi i\alpha}-a^{\dagger}a}
\end{aligned}
$$

利用这些记号，可以继续演算并简化 $U(s,\mu)e^{0.5\pi i(1-\alpha)a^{\dagger}a}$ 的表达公式:

$$
\begin{aligned}
U(s,\mu)e^{0.5\pi i(1-\alpha)a^{\dagger}a} &= s^{-0.5}\int_{-\infty}^{+\infty} e^{i\mu p}\left| sp\right\rangle\left\langle p\middle| e^{0.5\pi i(1-\alpha)a^{\dagger}a}\right| dp \\
&= s^{0.5}\pi^{-0.5}\int_{-\infty}^{+\infty} dp : \mathscr{M}(s,\mu;a,a^{\dagger};p) : \\
&= (2s)^{0.5}(1+s^2)^{-0.5} : \mathscr{N}(s,\mu;a,a^{\dagger}) :
\end{aligned}
$$

$$= e^{+0.5a^{\dagger 2}-\sqrt{2}s(1+s^2)^{-1}\mu a^\dagger} : e^{(2s(1+s^2)^{-1}ie^{-0.5\pi i\alpha}-1)a^\dagger a} :$$
$$\times e^{-0.5(1+s^2)^{-1}(1-s^2)a^2e^{-\pi i\alpha}-0.5\mu^2(1+s^2)^{-1}}$$

这就是按照算子正则序乘积方法得到的量子态经典线性调频小波-时频小波混合量子小波算子的正规序展开表达式.

为了得到 $U(s,\mu)e^{0.5\pi i(1-\alpha)a^\dagger a}$ 的简化表示，令 $\lambda=\ln s$，回顾双曲函数定义:

$$\operatorname{sech}\lambda = 2s(s^2+1)^{-1},\ \ \tanh\lambda=(s^2-1)(s^2+1)^{-1}$$

得到如下的简洁表达式:

$$: e^{[2s(1+s^2)^{-1}ie^{-0.5\pi i\alpha}-1]a^\dagger a} := e^{[0.5\pi i(1-\alpha)+\operatorname{sech}\lambda]a^\dagger a}$$

从而得到 $U(s,\mu)e^{0.5\pi i(1-\alpha)a^\dagger a}$ 的如下正规序表达形式:

$$U(s,\mu)e^{0.5\pi i(1-\alpha)a^\dagger a} = \operatorname{sech}\lambda e^{-0.5\tanh\lambda e^{-\pi i\alpha}a^{\dagger 2}-2^{-0.5}\operatorname{sech}\lambda\mu a^\dagger} e^{[0.5\pi i(1-\alpha)+\operatorname{sech}\lambda]a^\dagger a}$$
$$\times e^{-0.5\tanh\lambda e^{-\pi i\alpha}a^2+2^{-0.5}\operatorname{sech}\lambda s^{-1}\mu a-0.25\mu^2(1-\tanh\lambda)}$$

根据量子态经典线性调频小波-时频小波混合量子小波算子的正规序展开表达式可以演算得到与此对应的量子态小波变换. 示范地，选择量子态马尔小波作为量子态时频小波，其相应的母小波就是马尔小波:

$$\psi(x)=e^{-0.5x^2}(1-x^2)$$

将坐标算子本征态 $\left|x\right\rangle$ 在 Fock 空间中表示为玻色湮没算子 a 的真空湮没态矢 $\left|0\right\rangle$ 的演化形式:

$$\left|x\right\rangle = \pi^{-0.25}\exp(-0.5x^2+\sqrt{2}xa^\dagger-0.5a^{\dagger 2})\left|0\right\rangle$$

演算得到马尔小波在 Fock 空间中的量子力学态矢 $\left|\psi\right\rangle$:

$$\left|\psi\right\rangle = \int_{-\infty}^{\infty}dx\left|x\right\rangle\left\langle x\middle|\psi\right\rangle = \pi^{-0.25}\int_{-\infty}^{\infty}dxe^{-x^2}(1-x^2)e^{\sqrt{2}xa^\dagger-0.5a^{\dagger 2}}\left|0\right\rangle$$
$$= 0.5\pi^{0.25}(1-a^{\dagger 2})\left|0\right\rangle$$

在这里以玻色湮没算子 a 的真空湮没态矢 $\left|0\right\rangle$ 为例，示范性地演算真空态 $\left|0\right\rangle$ 的量子态经典线性调频小波-时频小波混合量子小波变换 $\left\langle\psi\middle|U(s,\mu)e^{0.5\pi i(1-\alpha)a^\dagger a}\middle|0\right\rangle$.

为了计算方便，引入算子恒等式:

$$a^2e^{-\xi a^{\dagger 2}-\zeta a^\dagger} = e^{-\xi a^{\dagger 2}-\zeta a^\dagger}(a-2\xi a^\dagger-\zeta)^2$$

于是作为真空态 $\left|0\right\rangle$ 的量子态经典线性调频小波-时频小波混合量子小波变换的算子

矩阵元素 $\left\langle\psi\middle|U(s,\mu)e^{0.5\pi i(1-\alpha)a^{\dagger}a}\middle|0\right\rangle$ 可以演算如下:

$$\begin{aligned}\left\langle\psi\middle|U(s,\mu)e^{0.5\pi i(1-\alpha)a^{\dagger}a}\middle|0\right\rangle &= \mathscr{H}(\lambda,\mu)\left\langle 0\middle|(1-a^2)e^{-0.5\tanh\lambda e^{-\pi i\alpha}a^{\dagger 2}-2^{-0.5}\operatorname{sech}\lambda\mu a^{\dagger}}\middle|0\right\rangle\\ &= \mathscr{H}(\lambda,\mu)\left\langle 0\middle|[1-(a-\tanh\lambda e^{-\pi i\alpha}a^{\dagger}-2^{-0.5}\mu\operatorname{sech}\lambda)^2]\middle|0\right\rangle\\ &= \mathscr{H}(\lambda,\mu)[1+e^{-\pi i\alpha}\tanh\lambda-0.5(\mu\operatorname{sech}\lambda)^2]\end{aligned}$$

其中

$$\mathscr{H}(\lambda,\mu)=0.5\pi^{0.25}\operatorname{sech}\lambda e^{-0.25\mu^2(1-\tanh\lambda)}$$

这里，$\lambda=\ln s$，$(\lambda,\mu)\in\mathbb{R}\times\mathbb{R}$.

这些研究结果说明，量子态混合小波算子和量子态混合小波变换最终体现为双重线性算子的复合线性算子以及波函数先后分别经历量子态时频小波变换和量子态线性调频小波变换.

研究量子态小波以及时间-尺度小波、线性调频小波表示方法和相互关系的文献，可以参考范洪义(2013), Almeida(1994), Argüello(2009), Ashmead(2012), Bailey 和 Swarztrauber(1991), Bhandari 和 Marziliano(2010), Bohr(1936), Brennen, Rohde, Sanders 和 Singh(2015), Curtis 和 Reiner(1962), Daubechies(1988), Einstein, Podolsky 和 Rosen(1935), Fan 和 Hu(2009), Fan 和 Lu(2004), Fan, Lu 和 Xu(2006), Fan, Zaidi 和 Klauder(1987), Haar(1910), Hadamard(1893), Klappenecker(1999), Klappenecker 和 Roetteler(2003), Kribs(2003), Louisell(1990), Maslen 和 Rockmore(1995), Modisette 和 Nordlander 等(1996), Park S, Bae 和 Kwon(2007), Ran 和 Wang 等(2018), Regalia 和 Mitra(1989), Sasaoka 和 Yamamoto(2013), Serre(1977), Shi, Zhang 和 Liu(2012), Song 和 Fan(2010), Song, Fan 和 Yuan(2012), Song 和 He 等(2016), Tao 和 Deng 等(2008), Terraneo 和 Shepelyansky(2003), Van Dam, Hoyer 和 Tapp(1999), Vlasenko 和 Rao (1979), Walsh(1923), Wiener(1929), Yang 和 Xu 等(2014). 这些研究文献从量子力学、小波理论(包括线性调频小波)以及采样和算法等各个方面讨论了量子态小波及其应用.

10.3　量子计算与量子比特酉算子

在这里遵循量子计算机和量子比特计算理论研究量子比特酉算子的各种表达形式以及量子线路或者量子线路网络实现理论，为量子比特小波算子的有效表达和高效量子计算实现奠定一个基本的量子比特计算理论基础.

10.3.1　引言

因为量子力学要求量子计算机的运算是酉的，因此，能够实现酉算子计算的快速量子算法理论和方法是非常重要的.

在这里将建立一种能够计算实现表达形式为通用克罗内克矩阵(算子)乘积的量子比特酉算子的量子计算程序，以便获得包括计算沃尔什-阿达马(Walsh-Hadamard)变换(Walsh, 1923, Hadamard, 1893)和量子傅里叶变换等量子比特酉算子的量子计算网络，示范建立两个能够量子计算实现小波酉算子的量子计算网络，同时，研究非交换群傅里叶变换量子酉算子的量子计算方法. 采用一种稍微宽松的注释说明，可以显著简化量子计算实现这些量子比特酉算子的分析过程和量子计算实现网络. 最后为了量子计算实现亚循环群上的量子傅里叶酉算子，详细研究并建立能够高效量子计算实现这种量子比特酉算子的量子计算网络，作为这些计算方法和理论的应用，构建了能够快速实现量子纠错群上量子比特傅里叶酉算子的量子计算线路和网络.

有限傅里叶变换的量子计算实现，即量子傅里叶变换或者量子傅里叶算子毫无疑问是迄今为止量子计算研究获得的最重要的酉变换. 时至今日，它一直处于所有量子计算问题研究的核心位置. 所有主要的量子算法，包括 Shor 的著名因子分解算法和 Grover 搜索算法，都把它作为一个子程序. 所有已知的互不相关的量子计算成果都建立在使用有限傅里叶变换的量子算法基础上，相关文献可见 Bennett 等 (1997), Bernstein 和 Vazirani (1997), Berthiaume(1997), Berthiaume 和 Brassard(1992a, 1992b, 1994), Simon(1994)等. 除此之外，量子纠错的基本概念完全建立在有限傅里叶变换量子计算实现的基础上，比如参考文献 Boyer 等(1996), Calderbank 等(1996, 1997), Gottesman(1996), Steane(1996a, 1996b)等能够说明这些应用的真实情况. 要想完全领悟和彻底理解此前量子计算研究领域取得的所有这些成果，量子傅里叶变换无疑是其中最重要的单个程序块. 然而，这个看似简单的量子比特酉算子还远远没有得到充分的理解和最大限度的应用.

有限傅里叶变换通常不是指一个单一的变换而是一个变换族. 对于任意的正整数 n 以及任意的 n 维复向量空间 V_n，可以定义一个有限傅里叶变换为 F_n.

更一般地，给定 r 个正整数的序列 $\{n_m; m=1,2,\cdots,r\}$ 和 r 个复数域上的向量空间 $\{V_m; m=1,2,\cdots,r\}$，其中 V_m 是 n_m 维的，$m=1,2,\cdots,r$. 在这 r 个线性空间产生的张量积空间 $V_1\otimes\cdots\otimes V_r$ 上定义一个有限傅里叶变换，记为 $F_{n_1}\otimes\cdots\otimes F_{n_r}$.

此前，已经获得量子傅里叶变换的一些定义，但是只知道其中极少数几个存在高效的量子计算网络. 现在，对所有其素因子都小于 $\log^c(n)$ 的整数 n，这里 c 是某一个固定的常数，已经找到精确实现有限傅里叶变换算子 F_n 的高效量子线路网络. 这些研究成果可见参考文献 Cleve(1994), Coppersmith(1994, 2002), Dan 和 Lipton (1995), Deutsch(1989), Deutsch 和 Jozsa(1992), Grigoriev(1996a, 1996b), Kitaev(1995),

Shor(1994, 1995, 1996)等的相关论述.

任何有限傅里叶变换都可以用量子线路以任意精度进行有效逼近. 此前研究建立的量子线路或者线路网络的共同特点是, 这些量子比特酉算子都可以按照统一方式(比如量子逻辑门阵列)利用量子线路网络得到计算实现.

在这里将要研究的量子比特酉算子的计算理论和方法, 不违背此前已经取得的量子计算理论成果和量子计算算法, 从量子计算机和量子计算理论的角度来看, 这代表了一种新的研究方向和发展趋势, 而基本的研究对象是量子比特酉算子, 它们可以被认为是量子比特形式的或经典意义下的特殊酉算子. 按照这样的研究途径, 寻找一个能够实现给定酉算子的有效量子算法问题就退化为把已知酉算子 U 分解成少数“稀疏的”酉算子, 这样的稀疏酉算子应该是已知的而且是可高效量子计算实现的“通用酉算子”. 比如, 可以证明, 实现量子傅里叶变换的量子网络容易由其经典形式的数学刻画推导获得.

本节的研究目标是建立分解酉算子和转换为有效量子计算线路或者线路网络的理论方法, 用于寻找和构建能够量子计算实现任意已知酉算子 U 的量子线路或者线路网络.

可以证明, 如果 U 可以被表示为一个广义的克罗内克乘积(稍后会详细定义), 那么, 只要给定能够实现该表达式中出现的每个因子酉算子的高效量子计算网络, 就可以得到实现酉算子 U 的高效量子计算网络. 广义克罗内克乘积能够表达一些新的变换或者算子, 比如能够包含两类重要的正交小波变换或者正交小波算子, 即 Haar(1910)小波算子和 Daubechies(1988) D^4 小波算子, 因此, 可以设计实现这些量子比特小波算子的高效量子计算网络.

可以按照群论方法解释有限傅里叶变换, 并据此建立有限傅里叶变换族与有限交换群之间的一一对应关系. 为了进一步说明广义克罗内克乘积的作用, 可以利用克罗内克乘积方法再次推演和建立单一交换群量子傅里叶变换. 更有趣的是, 有限量子傅里叶变换可以推广到任意的有限非交换群, 而且这里将给出一个特别的解释, 这意味着可以由此建立一个实现这种非交换群傅里叶变换的量子计算网络. 此外, 利用一个不是十分严谨的解释, 能够计算得到最多相差一个相位因子的量子傅里叶变换. 在经典计算理论研究中, 一个众所周知的事实是, 把一个群上的有限傅里叶变换与其子群上的傅里叶变换联系起来的方法是非常有用的, 可以证明, 这个方法在量子计算理论研究中也是非常有用的, 而且, 借助于这个方法可以获得在量子计算机上计算实现四元素群傅里叶变换和一类亚循环群傅里叶变换的高效量子计算网络.

自从 Shor 证明利用一个简单的九位量子编码可以实现量子纠错以来, 出现了几类新的量子编码方法, 比如 Calderbank 等(1997), Calderbank 和 Shor(1996),

Gottesman(1996), Steane(1996a, 1996b)是这些研究成果的一些典型实例, 其中许多都是比较稳定的编码方法, 它们都是某个非交换群 E_n 的子群. 幸运的是, 利用广义克罗内克乘积能够得到量子计算实现这些非交换群傅里叶变换的高效量子计算线路和线路网络. 实际上, 此前 Beals(1997)已经发现并建立了能够量子计算实现对称群有限傅里叶变换的量子计算网络. 一个与此有关的颇具挑战性的开放性问题是, 这些研究成果能否被用于构造解决图像同构问题的具有多项式复杂度的量子计算线路或者量子计算网络.

10.3.2　广义克罗内克乘积

在这里使用的矩阵都是有限的. 矩阵由粗体大写字母表示, 矩阵元素由小写字母表示. 矩阵的元素、行和列的指标都从零开始编号, $\mathbf{A}$ 的第 (i,j) 个元素记为 a_{ij}. 如果一个方阵 $\mathbf{A}$ 是可逆的并且它的逆等于它的复共轭转置 $\mathbf{A}^*$, 那么该方阵为酉矩阵. 酉矩阵符号单个整数形式的下标表示矩阵的维数, 例如, $\mathbf{I}_q$ 表示 $q\times q$ 单位矩阵, $\mathbf{A}$ 的转置记为 $\mathbf{A}^{\mathrm{T}}$, 数 c 的复共轭表示为 $\overline{c}$.

(α) 矩阵克罗内克乘积

矩阵克罗内克乘积: 令 $\mathbf{A}$ 是一个 $p\times q$ 矩阵, $\mathbf{C}$ 是一个 $k\times l$ 矩阵, $\mathbf{A}$ 和 $\mathbf{C}$ 的左、右克罗内克乘积均是 $pk\times ql$ 矩阵, 分别定义为

$$\mathbf{A}\otimes_{\mathrm{L}}\mathbf{C}=\begin{bmatrix}\mathbf{A}c_{00} & \mathbf{A}c_{01} & \cdots & \mathbf{A}c_{0,l-1}\\ \mathbf{A}c_{10} & \mathbf{A}c_{11} & \cdots & \mathbf{A}c_{1,l-1}\\ \vdots & \vdots & \ddots & \vdots\\ \mathbf{A}c_{k-1,0} & \mathbf{A}c_{k-1,1} & \cdots & \mathbf{A}c_{k-1,l-1}\end{bmatrix}$$

而且

$$\mathbf{A}\otimes_{\mathrm{R}}\mathbf{C}=\begin{bmatrix}a_{00}\mathbf{C} & a_{01}\mathbf{C} & \cdots & a_{0,q-1}\mathbf{C}\\ a_{10}\mathbf{C} & a_{11}\mathbf{C} & \cdots & a_{1,q-1}\mathbf{C}\\ \vdots & \vdots & \ddots & \vdots\\ a_{p-1,0}\mathbf{C} & a_{p-1,1}\mathbf{C} & \cdots & a_{p-1,q-1}\mathbf{C}\end{bmatrix}$$

这里 $\mathbf{A}\otimes_{\mathrm{L}}\mathbf{C}$ 表示左克罗内克乘积, $\mathbf{A}\otimes_{\mathrm{R}}\mathbf{C}$ 表示右克罗内克乘积. 当一些性质同时满足这两个定义时, 使用符号 $\mathbf{A}\otimes\mathbf{C}$. 注意, 矩阵的克罗内克乘积是一个双矩阵算子, 它与张量积是不同的, 后者是代数结构类似模块的双算子. 克罗内克矩阵乘积理论存在多种不同的推广方式, 比如参考 Fino 和 Algazi(1977), Regalia 和 Mitra (1989)等文献, 在这里遵循 Fino 和 Algazi (1977)的方法和途径将克罗内克矩阵乘积推广到矩阵序列的克罗内克乘积, 为便于酉算子的分解和高效量子计算实现提供酉算子的

表达方法.

(β) 矩阵序列克罗内克乘积

矩阵序列右克罗内克乘积: 给定两个矩阵序列, 一个是由 k 个 $p\times q$ 矩阵组成的 k – 矩阵组 $\mathcal{A}=(\mathbf{A}^{(\zeta)})_{\zeta=0}^{k-1}$, 另一个是由 q 个 $k\times l$ 矩阵组成的 q -矩阵组 $\mathcal{C}=(\mathbf{C}^{(\xi)})_{\xi=0}^{q-1}$, 广义右克罗内克乘积或者矩阵序列右克罗内克乘积是 $pk\times ql$ 矩阵 $\mathbf{D}=\mathcal{A}\otimes_{\mathrm{R}}\mathcal{C}=(d_{ij})_{pk\times ql}$, 其中矩阵元素可以表示为

$$d_{ij}=d_{uk+v,xl+y}=a_{ux}^{v}c_{vy}^{x}$$

并且 $0\leqslant u<p,0\leqslant v<k,0\leqslant x<q,0\leqslant y<l$.

容易验证广义右克罗内克乘积可从标准的右克罗内克乘积得到, 对于出现在"**矩阵右克罗内克乘积**"中的每个子矩阵 $a_{ux}\mathbf{C}$, 利用如下形式的 $k\times l$ 子矩阵代替它即可:

$$\begin{bmatrix} a_{ux}^{0}c_{00}^{x} & a_{ux}^{0}c_{01}^{x} & \cdots & a_{ux}^{0}c_{0,l-1}^{x} \\ a_{ux}^{1}c_{10}^{x} & a_{ux}^{1}c_{11}^{x} & \cdots & a_{ux}^{1}c_{1,l-1}^{x} \\ \vdots & \vdots & \ddots & \vdots \\ a_{ux}^{k-1}c_{k-1,0}^{x} & a_{ux}^{k-1}c_{k-1,1}^{x} & \cdots & a_{ux}^{k-1}c_{k-1,l-1}^{x} \end{bmatrix}$$

类似地, 广义左克罗内克乘积或者"**矩阵序列左克罗内克乘积**"是 $pk\times ql$ 矩阵 $\mathbf{D}=\mathcal{A}\otimes_{\mathrm{L}}\mathcal{C}$, 其中第 (i,j) 元素为

$$d_{ij}=d_{up+v,xq+y}=a_{vy}^{u}c_{ux}^{y}$$

并且 $0\leqslant u<k,0\leqslant v<p,0\leqslant x<l,0\leqslant y<q$.

至于标准的克罗内克乘积, 令 $\mathbf{D}=\mathcal{A}\otimes\mathcal{C}$ 表示这两个定义中的任何一个. 如果矩阵 $\mathbf{A}^{(m)}=\mathbf{A}$ 都是相同的, 同样 $\mathbf{C}^{(m)}=\mathbf{C}$, 那么, 广义(左、右)克罗内克乘积 $\mathcal{A}\otimes\mathcal{C}$ 退化为标准克罗内克乘积 $\mathbf{A}\otimes\mathbf{C}$.

此外, $\mathcal{A}\otimes\mathbf{C}$ 表示一个是由 k 个 $p\times q$ 矩阵组成的 k -矩阵组 $\mathcal{A}=(\mathbf{A}^{(\zeta)})_{\zeta=0}^{k-1}$ 与另一个是由 q 个满足 $\mathbf{C}^{(\xi)}=\mathbf{C},\xi=0,1,\cdots,(q-1)$ 的 $k\times l$ 矩阵组成的 q -矩阵组 $\mathcal{C}=(\mathbf{C}^{(\xi)})_{\xi=0}^{q-1}$ 所定义的广义克罗内克乘积. 类似地, 也可以定义 $\mathbf{A}\otimes\mathcal{C}$.

例 1 假设 $\mathcal{A}=(\mathbf{A}^{(\zeta)})_{\zeta=0}^{k-1}=(\mathbf{A}^{(0)},\mathbf{A}^{(1)})$, 而且 $\mathcal{C}=(\mathbf{C}^{(\xi)})_{\xi=0}^{q-1}=(\mathbf{C}^{(0)})$, 其中

$$\mathbf{A}^{(0)}=\begin{bmatrix}1 & 1\\ 1 & -1\end{bmatrix},\quad \mathbf{A}^{(1)}=\begin{bmatrix}1 & 0\\ 0 & 1\end{bmatrix},\quad \mathbf{C}^{(0)}=\begin{bmatrix}1 & 1\\ 1 & -1\end{bmatrix}$$

那么, 按照定义可得如下数值演算结果:

$$\mathbf{D}_{\mathrm{R}} = \mathcal{A} \otimes_{\mathrm{R}} \mathcal{C} = (\mathbf{A}^{(\zeta)})_{\zeta=0}^{k-1} \otimes_{\mathrm{R}} (\mathbf{C}^{(\zeta)})_{\xi=0}^{q-1} = (\mathbf{A}^{(0)}, \mathbf{A}^{(1)}) \otimes_{\mathrm{R}} (\mathbf{C}^{(0)})$$

$$= \left(\begin{bmatrix} 1 & 1 \\ 1 & -1 \end{bmatrix}, \begin{bmatrix} 1 & 0 \\ 0 & 1 \end{bmatrix} \right) \otimes_{\mathrm{R}} \begin{bmatrix} 1 & 1 \\ 1 & -1 \end{bmatrix} = \begin{bmatrix} \boxed{\begin{matrix} 1\times 1 & 1\times 1 \\ 1\times 1 & 1\times(-1) \end{matrix}} & \boxed{\begin{matrix} 1\times 1 & 1\times 1 \\ 0\times 1 & 0\times(-1) \end{matrix}} \\ \boxed{\begin{matrix} 1\times 1 & 1\times 1 \\ 0\times 1 & 0\times(-1) \end{matrix}} & \boxed{\begin{matrix} (-1)\times 1 & (-1)\times 1 \\ 1\times 1 & 1\times(-1) \end{matrix}} \end{bmatrix}$$

$$= \begin{bmatrix} 1 & 1 & 1 & 1 \\ 1 & -1 & 0 & 0 \\ 1 & 1 & -1 & -1 \\ 0 & 0 & 1 & -1 \end{bmatrix}$$

而且

$$\mathbf{D}_{\mathrm{L}} = \mathcal{A} \otimes_{\mathrm{L}} \mathcal{C} = (\mathbf{A}^{(\zeta)})_{\zeta=0}^{k-1} \otimes_{\mathrm{L}} (\mathbf{C}^{(\zeta)})_{\xi=0}^{q-1} = (\mathbf{A}^{(0)}, \mathbf{A}^{(1)}) \otimes_{\mathrm{L}} (\mathbf{C}^{(0)})$$

$$= \left(\begin{bmatrix} 1 & 1 \\ 1 & -1 \end{bmatrix}, \begin{bmatrix} 1 & 0 \\ 0 & 1 \end{bmatrix} \right) \otimes_{\mathrm{L}} \begin{bmatrix} 1 & 1 \\ 1 & -1 \end{bmatrix} = \begin{bmatrix} \boxed{\begin{matrix} 1\times 1 & 1\times 1 \\ 1\times 1 & (-1)\times 1 \end{matrix}} & \boxed{\begin{matrix} 1\times 1 & 1\times 1 \\ 1\times 1 & (-1)\times 1 \end{matrix}} \\ \boxed{\begin{matrix} 1\times 1 & 0\times 1 \\ 0\times 1 & 1\times 1 \end{matrix}} & \boxed{\begin{matrix} 1\times(-1) & 0\times(-1) \\ 0\times(-1) & 1\times(-1) \end{matrix}} \end{bmatrix}$$

最后化简得到

$$\mathbf{D}_{\mathrm{L}} = \begin{bmatrix} 1 & 1 & 1 & 1 \\ 1 & -1 & 1 & -1 \\ 1 & 0 & -1 & 0 \\ 0 & 1 & 0 & -1 \end{bmatrix}$$

上述演算结果直观说明 $(\mathbf{A}^{\zeta})_{\zeta=0}^{k-1} \otimes_{\mathrm{R}} (\mathbf{C}^{\xi})_{\xi=0}^{q-1}$ 与 $(\mathbf{A}^{\zeta})_{\zeta=0}^{k-1} \otimes_{\mathrm{L}} (\mathbf{C}^{\xi})_{\xi=0}^{q-1}$ 这两种广义克罗内克乘积之间的差异，在一般情况下，两者并不相等，即

$$(\mathbf{A}^{\zeta})_{\zeta=0}^{k-1} \otimes_{\mathrm{R}} (\mathbf{C}^{\xi})_{\xi=0}^{q-1} \neq (\mathbf{A}^{\zeta})_{\zeta=0}^{k-1} \otimes_{\mathrm{L}} (\mathbf{C}^{\xi})_{\xi=0}^{q-1}$$

(γ) 完美交叠置换矩阵

为了分析广义克罗内克乘积，需要使用 $2^n \times 2^n$ 完美交叠置换矩阵 Π_{2^n} .

完美交叠算子 Π_{2^n} 的经典描述可以通过它对给定向量的影响而获得. 如果 Z 是一个 2^n-维列向量，将 Z 上下对分，并将上半部分和下半部分的元素逐个相间排列产生向量 $Y = \Pi_{2^n} Z$.

如果按矩阵元素进行描述，$\Pi_{2^n} = (\Pi_{ij})_{i,j=0,1,\cdots,2^n-1}$，其中记号 Π_{ij} 表示矩阵 Π_{2^n} 的全部元素，$i, j = 0,1,\cdots,2^n-1$，那么，矩阵元素的详细定义是

$$\Pi_{ij} = \begin{cases} 1, & j = 0.5i, 2 \big| i;\ j = 0.5(i-1) + 2^{n-1}, 2 \big| (i-1) \\ 0, & 其他 \end{cases}$$

按分块矩阵的方式，将 Π_{2^n} 分块为左右两个子矩阵，即 $\Pi_{2^n} = (\Pi^{(0)} \mid \Pi^{(1)})$，其中 $\Pi^{(0)}, \Pi^{(1)}$ 都是 $2^n \times 2^{n-1}$ 矩阵，假如 $\Pi^{(0)}$ 的行编号是 $i = 0,1,\cdots,(2^n - 1)$，那么，它的第 $i = 1,3,\cdots,(2^n - 1)$ 行共 2^{n-1} 个行向量都是 0 向量，即这些行的元素全都是 0；而它的第 $i = 0,2,\cdots,(2^n - 2)$ 行，共 2^{n-1} 个行向量，每个行向量唯一的非 0 元素都是 1，而且，这个非 0 元素所在的列序号正好是其行编号的一半，即在第 i 行，其中 $i = 0,2,\cdots,(2^n - 2)$，只有第 $0.5i$ 列位置上的元素等于 1，其余各位置上的元素都是 0. 具体写出如下：

$$\Pi^{(0)} = \begin{pmatrix} 1 & 0 & 0 & \cdots & \cdots & 0 \\ 0 & 0 & 0 & \cdots & \cdots & 0 \\ 0 & 1 & 0 & \cdots & \cdots & 0 \\ 0 & 0 & 0 & \cdots & \cdots & 0 \\ & & & \ddots & & \\ 0 & 0 & 0 & \cdots & 0 & 1 \\ 0 & 0 & 0 & \cdots & 0 & 0 \end{pmatrix}_{2^n \times 2^{n-1}}$$

此外，利用 $\Pi^{(0)}$ 可以直截了当地说明 $\Pi^{(1)}$：将 $\Pi^{(0)}$ 的第 $i = 0,1,\cdots,(2^n - 2)$ 行依次下移一行构成 $\Pi^{(1)}$ 的第 $i = 1,\cdots,(2^n - 1)$ 行，而将 $\Pi^{(0)}$ 的最后一行，其每个元素都是 0，即第 $(2^n - 1)$ 行这个 0 行向量，构成 $\Pi^{(1)}$ 的首行即第 $i = 0$ 行. 具体写出

$$\Pi^{(1)} = \begin{pmatrix} 0 & 0 & 0 & \cdots & \cdots & 0 \\ 1 & 0 & 0 & \cdots & \cdots & 0 \\ 0 & 0 & 0 & \cdots & \cdots & 0 \\ 0 & 1 & 0 & \cdots & \cdots & 0 \\ & & & \ddots & & \\ 0 & 0 & 0 & \cdots & 0 & 0 \\ 0 & 0 & 0 & \cdots & 0 & 1 \end{pmatrix}_{2^n \times 2^{n-1}}$$

利用 $2^n \times 2^n$ 循环下移置换矩阵 Θ_{2^n}：

$$\Theta_{2^n} = \begin{pmatrix} 0 & \cdots & 0 & 1 \\ 1 & \ddots & \vdots & \vdots \\ \vdots & \ddots & 0 & 0 \\ 0 & \cdots & 1 & 0 \end{pmatrix}$$

可以将 $\Pi^{(1)}$ 和 $\Pi^{(0)}$ 的关系表示如下：

$$\begin{pmatrix} 0 & 0 & 0 & \cdots & \cdots & 0 \\ 1 & 0 & 0 & \cdots & \cdots & 0 \\ 0 & 0 & 0 & \cdots & \cdots & 0 \\ 0 & 1 & 0 & \cdots & \cdots & 0 \\ & & & \ddots & & \\ 0 & 0 & 0 & \cdots & 0 & 0 \\ 0 & 0 & 0 & \cdots & 0 & 1 \end{pmatrix} = \begin{pmatrix} 0 & 0 & 0 & \cdots & \cdots & 0 & 1 \\ 1 & 0 & 0 & \cdots & \cdots & 0 & 0 \\ 0 & 1 & 0 & \cdots & \cdots & 0 & 0 \\ 0 & 0 & 1 & \cdots & \cdots & 0 & 0 \\ & & & \ddots & \ddots & & \\ 0 & 0 & 0 & \cdots & \cdots & 0 & 0 \\ 0 & 0 & 0 & \cdots & \cdots & 1 & 0 \end{pmatrix} \begin{pmatrix} 1 & 0 & 0 & \cdots & \cdots & 0 \\ 0 & 0 & 0 & \cdots & \cdots & 0 \\ 0 & 1 & 0 & \cdots & \cdots & 0 \\ 0 & 0 & 0 & \cdots & \cdots & 0 \\ & & & \ddots & & \\ 0 & 0 & 0 & \cdots & 0 & 1 \\ 0 & 0 & 0 & \cdots & 0 & 0 \end{pmatrix}$$

或者利用前述符号简单地表示为

$$\Pi^{(1)} = \Theta_{2^n} \Pi^{(0)}$$

这样，完美交叠算子 Π_{2^n} 的分块矩阵表示可以详细写出如下：

$$\Pi_{2^n} = (\Pi^{(0)} | \Pi^{(1)}) = \left(\begin{array}{cccccc|cccccc} 1 & 0 & 0 & \cdots & \cdots & 0 & 0 & 0 & 0 & \cdots & \cdots & 0 \\ 0 & 0 & 0 & \cdots & \cdots & 0 & 1 & 0 & 0 & \cdots & \cdots & 0 \\ 0 & 1 & 0 & \cdots & \cdots & 0 & 0 & 0 & 0 & \cdots & \cdots & 0 \\ 0 & 0 & 0 & \cdots & \cdots & 0 & 0 & 1 & 0 & \cdots & \cdots & 0 \\ & & & \ddots & & & & & & \ddots & & \\ 0 & 0 & 0 & \cdots & 0 & 1 & 0 & 0 & 0 & \cdots & 0 & 0 \\ 0 & 0 & 0 & \cdots & 0 & 0 & 0 & 0 & 0 & \cdots & 0 & 1 \end{array}\right)$$

从而，列向量之间的完美交叠置换线性变换关系 $Y = \Pi_{2^n} Z$ 可以表示为

$$Y = \begin{pmatrix} y_0 \\ y_1 \\ y_2 \\ y_3 \\ \vdots \\ y_{2^n-2} \\ y_{2^n-1} \end{pmatrix} = \left(\begin{array}{cccccc|cccccc} 1 & 0 & 0 & \cdots & \cdots & 0 & 0 & 0 & 0 & \cdots & \cdots & 0 \\ 0 & 0 & 0 & \cdots & \cdots & 0 & 1 & 0 & 0 & \cdots & \cdots & 0 \\ 0 & 1 & 0 & \cdots & \cdots & 0 & 0 & 0 & 0 & \cdots & \cdots & 0 \\ 0 & 0 & 0 & \cdots & \cdots & 0 & 0 & 1 & 0 & \cdots & \cdots & 0 \\ & & & \ddots & & & & & & \ddots & & \\ 0 & 0 & 0 & \cdots & 0 & 1 & 0 & 0 & 0 & \cdots & 0 & 0 \\ 0 & 0 & 0 & \cdots & 0 & 0 & 0 & 0 & 0 & \cdots & 0 & 1 \end{array}\right) \begin{pmatrix} z_0 \\ z_1 \\ z_2 \\ z_3 \\ \vdots \\ z_{2^n-2} \\ z_{2^n-1} \end{pmatrix} = \begin{pmatrix} z_0 \\ z_{2^{n-1}} \\ z_1 \\ z_{2^{n-1}+1} \\ \vdots \\ z_{2^{n-1}-1} \\ z_{2^n-1} \end{pmatrix}$$

另外，完美交叠算子 Π_{2^n} 的量子比特描述十分简单，具体可以表示为

$$\Pi_{2^n} : \left| a_{n-1} a_{n-2} \cdots a_1 a_0 \right\rangle \mapsto \left| a_0 a_{n-1} a_{n-2} \cdots a_1 \right\rangle$$

即在量子计算机中，Π_{2^n} 就是 n 量子比特移位算子，具体体现为右移位. $\Pi_{2^n}^{\mathrm{T}}$ (T 表示转置)实现比特左移位操作，即

$$\Pi_{2^n}^{\mathrm{T}} : \left| a_{n-1} a_{n-2} \cdots a_1 a_0 \right\rangle \mapsto \left| a_{n-2} \cdots a_1 a_0 a_{n-1} \right\rangle$$

(δ) 广义克罗内克乘积的性质

在广义克罗内克矩阵乘积的分析讨论过程中，经常需要使用形式为 $(mn \times mn)$ 的完美交叠置换矩阵，记为 Π_{mn}，是 $\Pi_{(m,n)}$ 的简略表达式，定义为

$$\pi_{rs} = \pi_{dn+e,d'm+e'} = \delta_{de'}\delta_{d'e}$$

式中 $0 \leqslant d,e' < m$，$0 \leqslant d',e < n$，δ_{xy} 表示克罗内克 δ-函数，即如果 $x \neq y$，则 $\delta_{xy} = 0$，否则，$\delta_{xy} = 1$. 显然 Π_{mn} 是酉矩阵而且满足 $\Pi_{mn}^{-1} = \Pi_{mn}^{\mathrm{T}} = \Pi_{nm}$.

给定两个矩阵列，由 $(p \times r)$ 矩阵组成的 k-元组 $\boldsymbol{\mathcal{A}} = (\mathbf{A}^{(\xi)})_{\xi=0}^{k-1}$ 和由 $(r \times q)$ 矩阵组成的 k-元组 $\boldsymbol{\mathcal{C}} = (\mathbf{C}^{(\xi)})_{\xi=0}^{k-1}$，令 $\mathcal{B} = \mathcal{AC}$ 表示 k-元组，其中第 ξ 个元素是 $(p \times q)$ 矩阵 $\mathbf{B}^{(\xi)} = \mathbf{A}^{(\xi)}\mathbf{C}^{(\xi)}$，$0 \leqslant \xi < k$，可以集中表示为

$$\mathcal{B} = \mathcal{AC} = (\mathbf{B}^{(\xi)})_{\xi=0}^{k-1} = (\mathbf{A}^{(\xi)}\mathbf{C}^{(\xi)})_{\xi=0}^{k-1}$$

在后续研究中，为了简单而且在不至于引起误解，克罗内克乘积有时被简称为克氏乘积，相应地，还有广义克氏乘积等.

对任意矩阵 k-元组 $\mathcal{A}$，令 $\mathrm{Diag}(\mathcal{A})$ 表示矩阵 $\mathbf{A}^{(0)},\cdots,\mathbf{A}^{(k-1)}$ 的直和 $\bigoplus_{\xi=0}^{k-1}\mathbf{A}^{(\xi)}$. 容易验证广义克氏乘积满足以下重要的对角化定理.

广义克氏乘积对角化定理 令 $\boldsymbol{\mathcal{A}} = (\mathbf{A}^{(\xi)})_{\xi=0}^{k-1}$ 是由 $(p \times q)$ 矩阵组成的 k-元组，$\boldsymbol{\mathcal{C}} = (\mathbf{C}^{(\xi)})_{\xi=0}^{q-1}$ 是由 $(k \times l)$ 矩阵组成的 q-元组，那么，

$$\mathcal{A} \otimes_{\mathrm{R}} \mathcal{C} = (\Pi_{pk}\mathrm{Diag}(\mathcal{A})\Pi_{kq}) \times \mathrm{Diag}(\mathcal{C})$$

$$\mathcal{A} \otimes_{\mathrm{L}} \mathcal{C} = \mathrm{Diag}(\mathcal{A}) \times (\Pi_{kq}\mathrm{Diag}(\mathcal{C})\Pi_{ql})$$

利用广义克氏乘积对角化定理可以得到如下重要推论:

令 $\boldsymbol{\mathcal{A}} = (\mathbf{A}^{(\xi)})_{\xi=0}^{k-1}$ 是由 $(p \times q)$ 矩阵组成的 k-元组，$\boldsymbol{\mathcal{C}} = (\mathbf{C}^{(\xi)})_{\xi=0}^{q-1}$ 是由 $(k \times l)$ 矩阵组成的 q-元组，那么，

$$\mathcal{A} \otimes_{\mathrm{R}} \mathcal{C} = \Pi_{pk}(\mathcal{A} \otimes_{\mathrm{L}} \mathcal{C})\Pi_{lq}$$

$$\mathcal{A} \otimes_{\mathrm{L}} \mathcal{C} = \Pi_{kp}(\mathcal{A} \otimes_{\mathrm{R}} \mathcal{C})\Pi_{ql}$$

在进一步的研究中，假设所涉及的矩阵都是方阵. 如果 $\boldsymbol{\mathcal{A}} = (\mathbf{A}^{(\xi)})_{\xi=0}^{k-1}$ 表示可逆矩阵的任意 k-元组，令 $\mathcal{A}^{-1}$ 表示一个矩阵的 k-元组，其中第 ξ 个矩阵等于 $\mathbf{A}^{(\xi)}$ 的逆 $(\mathbf{A}^{(\xi)})^{-1}$，$0 \leqslant \xi < k$. 利用这些记号，广义克氏乘积对角化定理还有如下形式的非常有用的推论:

令 $\mathcal{A}$，$\mathcal{C}$ 是 $(n \times n)$ 矩阵的 m-元组，$\mathcal{D}$，ε 是 $(m \times m)$ 矩阵的 n-元组，那么，成

立如下演算关系:

$$(\mathcal{A}\mathcal{C})\otimes(\mathcal{D}\varepsilon)=(\mathcal{A}\otimes\mathbf{I}_m)\times(\mathcal{C}\otimes\mathcal{D})\times(\mathbf{I}_n\otimes\varepsilon)$$

而且, 如果 m-元组 $\mathcal{A}$ 和 $\mathcal{C}$ 中的矩阵都是可逆的, 那么,

$$(\mathcal{A}\otimes_{\mathrm{R}}\mathcal{C})^{-1}=\Pi_{nm}(\mathcal{C}^{-1}\otimes_{\mathrm{R}}\mathcal{A}^{-1})\Pi_{mn}=\mathcal{C}^{-1}\otimes_{\mathrm{L}}\mathcal{A}^{-1}$$

$$(\mathcal{A}\otimes_{\mathrm{L}}\mathcal{C})^{-1}=\Pi_{mn}(\mathcal{C}^{-1}\otimes_{\mathrm{L}}\mathcal{A}^{-1})\Pi_{nm}=\mathcal{C}^{-1}\otimes_{\mathrm{R}}\mathcal{A}^{-1}$$

最后, 如果 m-元组 $\mathcal{A}$ 和 $\mathcal{C}$ 中的矩阵都是酉矩阵, 那么, $\mathcal{A}\otimes\mathcal{C}$ 也是酉矩阵.

10.3.3 广义克氏乘积的量子计算

在这里将研究能够高效计算任何给定广义克罗内克矩阵乘积的量子计算线路和量子计算网络的构造方法, 建立高效实现酉算子或者酉矩阵量子计算的量子线路和量子网络, 最后详细给出实现量子比特哈尔小波算子和 Daubechies $\mathbf{D}^4$ 小波算子高效量子计算的量子线路和量子网络.

(α) 酉算子的量子分解

在量子计算的量子门阵列模型基础上, 建立广义克氏乘积算子的量子因子分解和量子计算实现方法.

按照量子计算理论研究的惯例, 令算子 $\tau:\left|u,v\right\rangle\mapsto\left|u,v\oplus u\right\rangle$ 表示 2-比特"异或"运算, $\mathcal{U}$ 表示所有 1-比特酉运算构成的集合. 这样, 一个基本运算意味着一个 $\mathcal{U}$ 运算或一个 τ 运算. 任何有限的量子网络可以以任意精度被实现基本运算的量子门组成的量子网络 Q 近似, 从这个意义上说, 量子网络中的基本运算集合具有通用性和基本"功能模块"的意义. 在这里结合参考文献 Barenco 等(1995, 1996), Berthiaume (1997), Berthiaume 和 Brassard(1992a, 1992b, 1994), Deutsch(1989), Yao(1993)中的定义和主要结果, 详细讨论酉算子的量子分解. 这里罗列几个最经常使用的 1-比特酉算子或者酉运算:

$$\mathbf{X}=\begin{bmatrix}0&1\\1&0\end{bmatrix},\quad \mathbf{Y}=\begin{bmatrix}0&-1\\1&0\end{bmatrix},\quad \mathbf{Z}=\begin{bmatrix}1&0\\0&-1\end{bmatrix},\quad \mathbf{W}=\frac{1}{\sqrt{2}}\begin{bmatrix}1&1\\1&-1\end{bmatrix}$$

给定一个酉矩阵 $\mathbf{C}$, 当且仅当第 j 个寄存器等于 x 时, 令 $\Lambda((j,x),(k,\mathbf{C}))$ 表示把 $\mathbf{C}$ 作用在第 k 个寄存器的量子变换, 这类量子变换有时被称为受控量子变换或者条件量子变换.

给定酉矩阵序列或者酉矩阵的 n-元组 $\mathcal{C}=(\mathbf{C}^{(\xi)})_{\xi=0}^{n-1}$. 令 $\Lambda((j,\xi),(k,\mathbf{C}^{(\xi)}))_{\xi=0}^{n-1}$ 表示受控量子变换序列 $\Lambda((j,n-1),(k,\mathbf{C}^{(n-1)})),\cdots,\Lambda((j,0),(k,\mathbf{C}^{(0)}))$.

给定一个 k 次单位根 ω, 即 $\omega^k=1$, $\Phi(\omega)$ 表示酉算子 $\left|u\right\rangle\left|v\right\rangle\mapsto\omega^{uv}\left|u\right\rangle\left|v\right\rangle$. 如果第一个寄存器从 $\mathbb{Z}_n$ 中得到一个值, 第二个寄存器从 $\mathbb{Z}_m$ 中得到一个值, 那么, 酉

算子 $\Phi(\omega)=\Phi_{(n,m)}(\omega)$ 的量子计算实现最多需要 $\Theta(\lceil\log n\rceil\lceil\log m\rceil)$ 个基本运算或者量子门构成的量子计算网络. 更多的推论可以参考文献 Cleve(1994), Coppersmith (1994, 2002), Dan 和 Lipton(1995), Kitaev(1995), Shor(1994, 1995, 1996)的相关论述.

对于每一个自然数 $m>1$，将量子酉算子 $|k\rangle|0\rangle\mapsto|k \operatorname{div} m\rangle|k \bmod m\rangle$ 用符号 $\wp_m$ 表示，将“量子比特交换”酉算子 $|u\rangle|v\rangle\mapsto|v\rangle|u\rangle$ 用符号 $\mho$ 表示. 那么，可以按照如下方式利用 $\wp_m$ 及其逆算子 $\wp_m^{-1}$ 以及算子 $\mho$ 实现完美交叠算子 Π_{mn} 的量子计算:

$$\Pi_{mn}\equiv\wp_n^{-1}\mho\wp_m$$

(β) 广义克氏乘积量子分解

令 $\mathcal{C}$ 是 $(m\times m)$ 酉矩阵的一个 n -元组或者矩阵序列 $\boldsymbol{\mathcal{C}}=(\mathbf{C}^{(\xi)})_{\xi=0}^{n-1}$，那么容易证明，利用 $\wp_m$ 及其逆算子 $\wp_m^{-1}$ 以及受控量子变换序列:

$$\Lambda((1,\xi),(2,\mathbf{C}^{(\xi)}))_{\xi=0}^{n-1}=\Lambda((1,n-1),(2,\mathbf{C}^{(n-1)})),\cdots,\Lambda((1,0),(2,\mathbf{C}^{(0)}))$$

按照如下方式可以实现量子直和 $\operatorname{Diag}(\mathcal{C})=\bigoplus_{\xi=0}^{n-1}\mathbf{C}^{(\xi)}$:

$$\operatorname{Diag}(\mathcal{C})\equiv\wp_m^{-1}\Lambda((1,\xi),(2,\mathbf{C}^{(\xi)}))_{\xi=0}^{n-1}\wp_m$$

一般地，实现量子直和 $\operatorname{Diag}(\mathcal{C})=\bigoplus_{\xi=0}^{n-1}\mathbf{C}^{(\xi)}$ 的量子计算时间开销正比于量子计算每个条件 $\mathbf{C}^{(\xi)}$ 量子变换或者受控 $\mathbf{C}^{(\xi)}$ 量子变换的时间消耗总和. 不过，将量子并行计算方法引入之后，可以显著降低量子直和 $\operatorname{Diag}(\mathcal{C})=\bigoplus_{\xi=0}^{n-1}\mathbf{C}^{(\xi)}$ 的量子计算时间总开销.

令 $\mathcal{A}$ 是 $(n\times n)$ 酉矩阵的一个 m -元组 $\boldsymbol{\mathcal{A}}=(\mathbf{A}^{(\xi)})_{\xi=0}^{m-1}$，$\mathcal{C}$ 是 $(m\times m)$ 酉矩阵的一个 n -元组 $\boldsymbol{\mathcal{C}}=(\mathbf{C}^{(\xi)})_{\xi=0}^{n-1}$，利用对角化方法可以得到广义克氏乘积被分解为量子直和算子和量子完美交叠算子乘积的分解表达式:

$$\begin{aligned}\mathcal{A}\otimes_{\mathrm{R}}\mathcal{C}&\equiv\wp_m^{-1}\Lambda((2,\xi),(1,\mathbf{A}^{(\xi)}))_{\xi=0}^{m-1}\Lambda((1,\xi),(2,\mathbf{C}^{(\xi)}))_{\xi=0}^{n-1}\wp_m\\\mathcal{A}\otimes_{\mathrm{L}}\mathcal{C}&\equiv\wp_n^{-1}\Lambda((1,\xi),(2,\mathbf{A}^{(\xi)}))_{\xi=0}^{m-1}\Lambda((2,\xi),(1,\mathbf{C}^{(\xi)}))_{\xi=0}^{n-1}\wp_n\end{aligned}$$

显然，它们都可以用两个量子直和算子和两个量子完美交叠算子最后量子计算实现. 比如，广义右克氏乘积的量子计算实现可分为以下四个步骤：第一步，应用量子酉算子 $\wp_m$；第二步，对第二个寄存器应用受控量子酉算子序列 $\boldsymbol{\mathcal{C}}=(\mathbf{C}^{(\xi)})_{\xi=0}^{n-1}$；第三步，对第一个寄存器应用受控量子酉算子序列 $\boldsymbol{\mathcal{A}}=(\mathbf{A}^{(\xi)})_{\xi=0}^{m-1}$；最后一步即第四步，应用量子酉算子 $\wp_m^{-1}$. 类似地可以得到广义左克氏乘积的量子计算实现步骤.

例 2　假设 $\boldsymbol{\mathcal{A}}=(\mathbf{A}^{(\xi)})_{\xi=0}^{3}$ 是由 4 个 2×2 矩阵构成的矩阵序列或者 4-元组，而且，$\boldsymbol{\mathcal{C}}=(\mathbf{C}^{(\xi)})_{\xi=0}^{1}$ 是由 2 个 4×4 矩阵构成的矩阵序列或者 2-元组，那么，广义右克式矩阵乘积 $\mathcal{A}\otimes_{\mathrm{R}}\mathcal{C}$ 可以利用图 1 所示的量子计算网络实现量子计算.

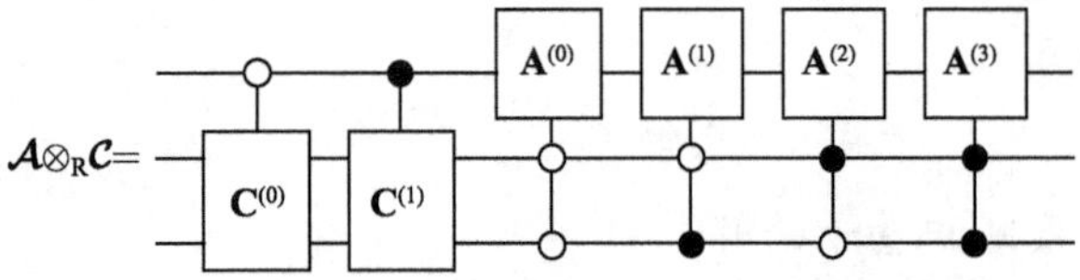

图 1　广义右克式矩阵乘积的量子计算实现网络

在图 1 中，实心黑点和空心圆圈分别表示受控比特：如果实心黑点的数值为 1，而且如果空心圆圈的数值是 0，那么，实施相应的量子算子，否则实施单位算子. 结合参考文献 Griffiths 和 Niu(1996)的方法，可以定义半经典的广义克式矩阵乘积变换.

(γ) 量子比特小波的量子分解

酉算子对角化方法提供了一种通用的途径，借此方法能够快速发现并构建通过量子计算实现高阶和超高阶酉矩阵(算子)的量子门阵列和量子计算网络. 这样，如果利用广义克氏乘积能够把任意阶酉矩阵 $\boldsymbol{\mathcal{U}}$ 分解成一些低阶的实现简单基本运算的酉算子的“矩阵乘积”，而且，这些简单的实现基本运算的酉算子存在高效量子计算门阵列或者高效量子计算网络，那么，借助上述方法就能够得到高效计算这个任意阶酉矩阵 $\boldsymbol{\mathcal{U}}$ 的量子计算门阵列或者量子计算网络.

在这里示范性地给出利用这种方法建立高效量子计算实现两个量子比特小波算子的例子.

例 3　量子比特哈尔小波算子的量子计算网络. 利用广义克氏乘积方法将量子比特哈尔算子 $\mathbf{H}_{2^n}$ 按照量子比特位数 n 递归模式定义如下:

$$\mathbf{H}_{2^{n+1}}=\Pi_{2,2^n}\times((\mathbf{H}_{2^n},\mathbf{I}_{2^n})\otimes_{\mathrm{R}}\mathbf{W}),\quad n=1,2,\cdots$$

其中初始状态是 2×2 的量子比特哈尔小波算子 $\mathbf{H}_2=\mathbf{W}$.

利用前述已经建立的广义右克式矩阵乘积算子 $\mathcal{A}\otimes_{\mathrm{R}}\mathcal{C}$ 的分解表达式:

$$\mathcal{A}\otimes_{\mathrm{R}}\mathcal{C}\equiv\wp_m^{-1}\Lambda((2,\xi),(1,\mathbf{A}^{(\xi)}))_{\xi=0}^{m-1}\Lambda((1,\xi),(2,\mathbf{C}^{(\xi)}))_{\xi=0}^{n-1}\wp_m$$

能够直接获得高效量子计算实现量子比特哈尔小波酉算子的量子计算门阵列和量子计算网络.

首先，定义一个能够高效量子计算实现的量子比特移位酉算子 $\mathbf{S}_{2^{n+1}}$：

$$\mathbf{S}_{2^{n+1}}:\left|b_n\cdots b_1b_0\right\rangle\mapsto\left|b_0b_n\cdots b_1\right\rangle$$

这是一个 $2^{n+1}\times 2^{n+1}$ 的酉矩阵或者 $(n+1)$ 量子比特的量子酉算子. 更重要的是，利用这个量子酉算子可以高效实现量子比特哈尔酉算子递归表达式中出现的量子酉算子 $\mathbf{H}_{2^{n+1}}$.

其次，以 $n=3$ 为例，示范建立能够高效量子计算实现量子比特哈尔小波酉算子的量子门阵列和量子计算线路，按示意图 2 表示如下.

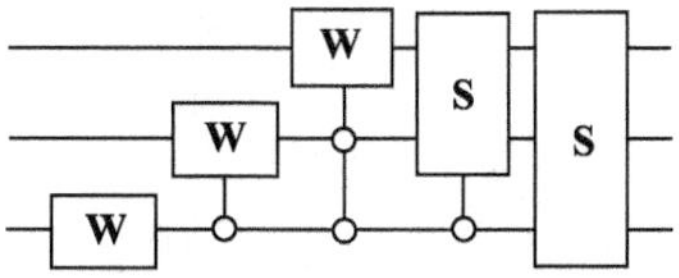

图 2　量子比特哈尔小波的量子计算实现线路网络

其中出现的量子计算基本酉算子应该是适当量子比特的量子酉算子.

再次，利用广义克式矩阵乘积方法的如下性质：

$$(\mathcal{AC})\otimes(\mathcal{D}\varepsilon)=(\mathcal{A}\otimes\mathbf{I}_m)\times(\mathcal{C}\otimes\mathcal{D})\times(\mathbf{I}_n\otimes\varepsilon)$$

容易证明，可以将量子比特哈尔小波酉算子序列 $\mathbf{H}_{2^n}$ 按照量子比特位数 n 进行递归表达的公式等价表示为如下的分解公式：

$$\mathbf{H}_{2^{n+1}}=\Pi_{2,2^n}\times((\mathbf{H}_{2^n},\mathbf{I}_{2^n})\otimes_{\mathrm{R}}\mathbf{I}_2)\times(\mathbf{I}_{2^n}\otimes_{\mathrm{R}}\mathbf{W})$$

其中，$2^{n+1}\times 2^{n+1}$ 的酉矩阵或者 $(n+1)$ 量子比特的量子酉算子 $(\mathbf{I}_{2^n}\otimes_{\mathrm{R}}\mathbf{W})$ 被称为量子比特哈尔小波酉算子的尺度矩阵或者尺度算子.

实际上，这个表达量子比特酉算子的方法是具有通用意义的. 比如，只要给出一个量子比特酉算子序列 $\{\mathbf{D}_{2^\ell};\ell\geqslant\xi\}$，令初始状态 $\mathbf{U}_{2^\xi}=\mathbf{D}_{2^\xi}$ 并按照如下递归模式定义量子比特酉算子序列：

$$\mathbf{U}_{2^{n+\xi}}=\Pi_{2,2^{n+\xi-1}}\times((\mathbf{U}_{2^{n+\xi-1}},\mathbf{I}_{2^{n+\xi-1}})\otimes_{\mathrm{R}}\mathbf{I}_2)\times\mathbf{D}_{2^{n+\xi}}$$

其中，$n=1,2,\cdots$. 在这种形式定义下，称量子比特酉算子序列 $\{\mathbf{U}_{2^{n+\xi}};n=1,2,\cdots\}$ 是量子比特小波酉算子，而且，量子比特酉算子序列 $\{\mathbf{D}_{2^\ell};\ell\geqslant\xi\}$ 称为这个量子比特小波酉算子序列的尺度矩阵序列或者尺度算子序列. 这样，只要存在能够高效量子计算实现尺度酉矩阵序列或者尺度酉算子序列的量子计算网络，那么，就可以仿照前述方法构建高效量子计算实现量子比特小波酉算子序列的量子门阵列或者量子计算网络.

例 4　量子比特 Daubechies　D^4 小波酉算子量子计算. 选择 Daubechies 4 号紧

支撑正交小波的滤波器系数(不是唯一的！)如下:

$$\begin{cases} c_0 = \dfrac{1}{4\sqrt{2}}(3+\sqrt{3}), c_2 = \dfrac{1}{4\sqrt{2}}(1-\sqrt{3}) \\ c_1 = \dfrac{1}{4\sqrt{2}}(3-\sqrt{3}), c_3 = \dfrac{1}{4\sqrt{2}}(1+\sqrt{3}) \end{cases}$$

令 $\mathbf{C}_0$ 和 $\mathbf{C}_1$ 表示两个 1-比特酉算子

$$\mathbf{C}_0 = 2\begin{pmatrix} c_3 & -c_2 \\ -c_2 & c_3 \end{pmatrix} = \frac{1}{2\sqrt{2}}\begin{pmatrix} 1+\sqrt{3} & -1+\sqrt{3} \\ -1+\sqrt{3} & 1+\sqrt{3} \end{pmatrix}$$

而且

$$\mathbf{C}_1 = \frac{1}{2}\begin{pmatrix} c_0/c_3 & 1 \\ 1 & c_1/c_2 \end{pmatrix} = \frac{1}{2}\begin{pmatrix} \sqrt{3} & 1 \\ 1 & -\sqrt{3} \end{pmatrix}$$

现在假设 $m \geqslant 4$ 是一个偶数, $(m\times m)$ 维的 Daubechies 4 号紧支撑正交小波算子的量子尺度酉矩阵用符号 $\mathbf{D}_m^4 = (d_{ij})_{m\times m}$ 表示, 并详细给出如下:

$$d_{ij} = \begin{cases} c_{j-i+\chi}, & \operatorname{mod}(i,2) = 0 \\ (-1)^j c_{2+i-j-\chi}, & \operatorname{mod}(i,2) = 1 \end{cases}$$

其中

$$\chi = \begin{cases} 4, & i \geqslant m-2, j < 2 \\ 0, & \text{其他} \end{cases}$$

而且, 为了表达方便, 当 $\zeta < 0$ 或者 $\zeta > 3$ 时, 令 $c_\zeta = 0$.

令 $\mathbf{P}_m = (p_{ij})_{m\times m}$ 表示一个 $(m\times m)$ 置换矩阵, 详细定义如下:

$$p_{ij} = \begin{cases} 1, & \operatorname{mod}(i,2) = 0, j = i \\ 1, & \operatorname{mod}(i,2) = 1, j = i + 2(\operatorname{mod} m) \\ 0, & \text{其他} \end{cases}$$

那么, $(m\times m)$ 维的 Daubechies 4 号小波算子的量子尺度酉矩阵 $\mathbf{D}_m^4 = (d_{ij})_{m\times m}$ 可以按照如下方式分解为包含两个广义克氏乘积的矩阵因子分解表达式:

$$\mathbf{D}_m^4 = (\mathbf{I}_{m/2} \otimes_{\mathrm{R}} \mathbf{C}_1) \times \mathbf{P}_m \times (\mathbf{I}_{m/2} \otimes_{\mathrm{R}} \mathbf{C}_0)$$

事实上, 如果 $n = \lceil \log m \rceil$ 表示不超过 $\log m$ 的最大整数, 那么, 尺度酉矩阵 $\mathbf{D}_m^4$ 矩阵因子分解表达式中的置换变换 $\mathbf{P}_m$ 的量子计算可以被 $O(n)$ 个基本量子运算组成的量子计算网络实现, 而另外两个因子 $(\mathbf{I}_{m/2} \otimes_{\mathrm{R}} \mathbf{C}_1)$ 和 $(\mathbf{I}_{m/2} \otimes_{\mathrm{R}} \mathbf{C}_0)$ 每一个都只需要一个基本量子运算即可得以实现. 因此, Daubechies 4 号小波算子的量子尺度酉

矩阵 $\mathbf{D}_m^4$ 可以用 $O(n)$ 个基本量子运算组成的量子计算网络得到高效量子计算实现. 利用量子尺度酉矩阵 $\mathbf{D}_m^4$ 的上述分解构建的量子计算实现方案比直接定义方式至少节省 m 个加法运算. 更多分析讨论可参考文献 Vedral 等(1996)的相关论述.

此外，值得注意的是，$(\mathbf{I}_{m/2} \otimes_{\mathrm{R}} \mathbf{C}_1) \times (\mathbf{I}_{m/2} \otimes_{\mathrm{R}} \mathbf{C}_0) = \mathbf{I}_{m/2} \otimes_{\mathrm{R}} \mathbf{W}$ 正好是可以被应用于实现量子比特哈尔小波酉算子的量子尺度酉矩阵.

10.3.4　群论方法与量子傅里叶算子

在这里采用群表示理论和方法研究量子傅里叶酉算子的表达方式和高效量子计算实现问题.

(α) *群表示法*

在这里用符号 G 表示一个有限群，乘法单位元是 e，G 的阶数是 η. 符号 $\mathbb{C}G$ 表示 G 的复数群代数，$\mathcal{B}_{\text{time}}$ 表示 $\mathbb{C}G$ 的标准基，即 $\{g_1,\cdots,g_\eta\}$，另外，G 的复数群代数 $\mathbb{C}G$ 上的自然内积表示为 $(u,v)=\sum_{g\in G} u(g)\overline{v}(g)$. 符号 $GL_d(\mathbb{C})$ 表示由 $(d\times d)$ 可逆复数矩阵构成的乘法群.

回顾有限群线性表示理论的一些基本事实. G 的一个复矩阵表示 ρ 是一个群同态 $\rho: G\to GL_d(\mathbb{C})$. 维数 $d=d_\rho$ 叫做表示 ρ 的阶数或者维数. 阶数同为 d 的两个表示 ρ_1 和 ρ_2 为等价的，如果存在一个可逆的矩阵 $\boldsymbol{A}\in GL_d(\mathbb{C})$ 使得对所有的 $g\in G$，满足等式关系 $\rho_2(g)=\boldsymbol{A}^{-1}\rho_1(g)\boldsymbol{A}$. 一个表示 $\rho: G\to GL_d(\mathbb{C})$ 被称为是不可约的，如果不存在 $\mathbb{C}^d$ 的非平凡子空间，使得对所有的 $g\in G$，在 $\rho(g)$ 下是不变子空间. 一个表示 $\rho: G\to GL_d(\mathbb{C})$ 被称为是酉的，如果所有的 $g\in G$，$\rho(g)$ 是酉的. 每一个表示都存在一个等价的酉表示. 群 G 只存在有限个不可约表示，记为 v，其个数等于 G 的不同共轭类的个数. 与群表示有关的内容可参考文献 Curtis 和 Reiner(1962), Serre (1997)的论述.

令 $\mathcal{R}=\{\rho^1,\cdots,\rho^\nu\}$ 表示 G 的不等价的、不可约的和酉的群表示的完全集合，d_ℓ 等于 ρ^ℓ 的阶数，$\ell=1,2,\cdots,\nu$. 对于任意的表示 $\rho\in\mathcal{R}$，向量 $\rho_{kl}\in\mathbb{C}G$ 被称为 $\mathcal{R}$ 的一个矩阵系数，其含义是，对于每一个 $g\in G$，由 $g\in G$ 的 (k,l) 元素所定义. $\mathcal{R}$ 的两个矩阵系数的内积是非零的，当且仅当它们是相等的. 对于每个矩阵系数 $\rho_{kl}\in\mathbb{C}G$，令 $b_{\rho,k,l}$ 表示规范化矩阵系数，并且令 $\mathcal{B}_{\text{freq}}=\{b_{\rho,k,l}\}$ 表示规范正交矩阵系数的集合. 容易证明，群表示 $\rho^\ell\in\mathcal{R}$ 的阶数 d_ℓ，$\ell=1,2,\cdots,\nu$，满足恒等关系式 $\sum_{\ell=1}^{\nu} d_\ell^2=\eta$，从而，$\mathcal{B}_{\text{freq}}=\{b_{\rho,k,l}\}$ 是向量空间 $\mathbb{C}G$ 的一个规范正交基.

(β) 有限群量子傅里叶变换

利用有限群表示方法和前述符号，作用在 $\mathbb{C}G$ 上的一个线性算子 F_G，被称为 $\mathcal{R}$ 上的关于 $\mathbb{C}G$ 的傅里叶变换(算子)，如果它把 $\mathbb{C}G$ 中的按照标准基 $\mathcal{B}_{\text{time}}$ 表达的向量 $v\in\mathbb{C}G$ 变换为或者映射为 $\mathbb{C}G$ 中按照“频率基” $\mathcal{B}_{\text{freq}}$ 表达的向量 $\mathcal{V}\in\mathbb{C}G$，即

$$F_G:^{\circ}\mathbb{C}G\to\mathbb{C}G$$
$$v\mapsto\mathcal{V}$$

向量 $\mathcal{V}\in\mathbb{C}G$ 的每一个元素，记为 $\mathcal{V}(\rho_{kl})$ 或 $\tilde{\rho}_{kl}$，被称为向量 v 在 $\mathcal{R}$ 上的一个傅里叶系数.

关于有限群傅里叶变换计算问题的研究，在经典计算理论或者经典计算机上计算实现傅里叶变换的研究取得了大量激动人心的成果，这些成果的综合评述可参考文献 Maslen 和 Rockmore(1995)的详细论述. 在这里将研究按照量子计算理论或者在量子计算机上计算实现有限群傅里叶变换的量子计算问题. 按照量子力学的基本要求，量子计算的运算必须遵循酉性原则，因此，这里定义的有限群傅里叶变换比经典计算理论研究中常用的定义要稍微严格一些.

现在研究实现傅里叶变换的量子计算门阵列和量子线路网络. 令 F_G 表示 $\mathcal{R}$ 上关于 $\mathbb{C}G$ 的一个傅里叶变换，$E_{\text{time}}:\mathcal{B}_{\text{time}}\to\mathbb{Z}_\eta$ 和 $E_{\text{freq}}:\mathcal{B}_{\text{freq}}\to\mathbb{Z}_\eta$ 是两个双射，令 $E:\mathcal{B}_{\text{time}}\cup\mathcal{B}_{\text{freq}}\to\mathbb{Z}_\eta$ 表示 E_{time} 和 E_{freq} 的共同延拓. 这个双射映射关系 E 被称为线性变换 F_G 的一个“编码”. 根据双射关系编码 E，傅里叶变换 F_G 可以看成 $GL_\eta(\mathbb{C})$ 中的一个矩阵 $\mathbf{F}_G$. 根据前述构造过程和性质可知，这个矩阵 $\mathbf{F}_G$ 是一个酉矩阵，因此，必然存在量子计算实现算子 $\mathbf{F}_G$ 的量子计算门阵列和量子计算线路网络，称之为基于编码 E 计算有限群傅里叶变换的量子线路网络.

给定单位复数的 k 项序列或者单位复数 k-元组 $(\varpi_\xi)_{\xi=1}^k=(\varpi_1,\varpi_2,\cdots,\varpi_k)$，按照如下方式定义酉对角矩阵:

$$\varpi=\text{Diag}(\varpi_\xi;\xi=1,2,\cdots,k)=\text{Diag}(\varpi_1,\varpi_2,\cdots,\varpi_k)\in GL_k(\mathbb{C})$$

设 F_G 是 $\mathcal{R}$ 上关于 $\mathbb{C}G$ 的傅里叶变换，E 是 F_G 的一个编码，$\mathbf{F}_G$ 是对应的傅里叶变换矩阵. 如果存在一个酉对角矩阵 $\varpi\in GL_\eta(\mathbb{C})$，量子酉算子 $\mathbf{F}_G^{\varpi}=\varpi\mathbf{F}_G$ 可以按照量子计算门阵列或者量子计算线路网络被量子计算实现，那么，称这样的量子线路为至多相差一个相位因子序列能够量子计算实现 F_G. 如果存在至多相差一个相位因子序列能够量子计算实现 F_G 的高效量子计算线路网络，那么，按照首先实现 $\mathbf{F}_G^{\varpi}=\varpi\mathbf{F}_G$，其次实现酉算子(酉变换) $\varpi^{-1}=\varpi^*$ 的过程即可建立精确计算 F_G 的高效量子计算线路网络.

注释: 上述定义依赖于集合 $\mathcal{R}$ 以及 $\mathcal{B}_{\text{time}}$ 和 $\mathcal{B}_{\text{freq}}$ 上的编码 E. 关于 $\mathbb{C}G$ 的一个傅里叶变换只依赖于 $\mathcal{R}$ 即可定义. 此外, 量子计算实现傅里叶变换的量子计算线路网络依赖于 $\mathcal{B}_{\text{time}}$ 和 $\mathcal{B}_{\text{freq}}$ 中基向量的编码 E 才得到定义和论述.

根据 $\mathcal{R}$ 和编码 E 定义的傅里叶变换 $\mathbf{F}_G$ 的量子计算时间用符号 $QT(G)(\mathcal{R},E)$ 表示, 其基本含义是, 能够量子计算实现 $\mathbf{F}_G$ 的量子计算线路网络所需基本量子运算的最小数量. 关于 $\mathbb{C}G$ 的一个傅里叶变换的量子计算时间记为 $QT(G)$, 基本含义是, 基于 $\mathcal{R}$ 和 E 的所有可能选择产生的 $QT(G)(\mathcal{R},E)$ 的最小值, 可以形式化表示为

$$QT(G)=\min\left\{QT(G)(\mathcal{R},E);\mathcal{R},E\right\}$$

10.3.5 循环群量子傅里叶算子

在研究有限傅里叶变换的量子计算过程中, 循环群量子傅里叶变换是其中最重要的也是最经常使用的形式. 这里将利用广义克式矩阵乘积方法及其量子计算实现的量子线路网络, 建立有限傅里叶变换量子计算实现的高效量子线路网络及其循环群表示理论.

(α) 量子傅里叶变换

在量子计算理论体系中, 对于任意正整数 n, 有限傅里叶变换 $\mathbf{F}_n$ 定义如下:

$$\mathbf{F}_n\left|x\right\rangle=\frac{1}{\sqrt{n}}\sum_{y=0}^{n-1}\omega_n^{xy}\left|y\right\rangle,\quad x=0,\cdots,(n-1)$$

其中 $\omega_n=\exp(2\pi i/n)$ 是 n 次单位根, $i=\sqrt{-1}$ 是满足 $i^2=-1$ 的虚数单位. 更一般形式的酉傅里叶变换 $\mathbf{F}_{nm}$ 可以根据 $\mathbf{F}_n$ 和 $\mathbf{F}_m$ 按照广义克式矩阵乘积定义为

$$\mathbf{F}_{nm}=\Pi_{nm}\times(\mathbf{F}_n\otimes_{\mathrm{L}}\mathbf{I}_m)\times((\mathbf{D}_{nm}^{s})_{s=0}^{m-1}\otimes_{\mathrm{L}}\mathbf{I}_m)\times(\mathbf{I}_n\otimes_{\mathrm{L}}\mathbf{F}_m)$$

其中, $s=0,1,\cdots,(m-1)$, $\omega=\omega_{nm}$, $\mathbf{D}_{nm}^{(s)}=\mathrm{Diag}(\omega^s)$.

酉傅里叶变换 $\mathbf{F}_{nm}$ 的上述广义克式矩阵乘积分解表达式提供了一种能够高效量子计算实现 $\mathbf{F}_{nm}$ 的量子计算线路网络, 除基本的量子计算运算, 只需要利用实现量子酉算子 $\mathbf{F}_n$、$\mathbf{F}_m$ 和 $\mathbf{D}_{nm}^{s}$ 的高效量子计算线路网络. 此外, $((\mathbf{D}_{nm}^{s})_{s=0}^{m-1}\otimes_{\mathrm{L}}\mathbf{I}_m)$ 的高效量子计算实现途径是此前研究过的 $\varpi=\mathrm{Diag}(\varpi_\xi;\xi=1,2,\cdots,k)\in GL_k(\mathbb{C})$ 这种类型的酉对角变换的直接应用. 当 $\mathbf{F}_m$ 的阶数 m 是 2 的正整数幂次 $m=2^\kappa$ 时, 量子计算实现 $\mathbf{F}_{2^\kappa}$ 需要的基本量子运算的数量规模是 $O(\kappa^2)$. 关于这些问题的更详细的讨论可以参考文献 Cleve(1994), Coppersmith(1994), Loan(1992)等的相关部分.

(β) 循环群量子傅里叶变换

这里说明有限傅里叶变换的著名的群表示理论. 令 $G=\mathbb{Z}_n$ 是一个 n 阶的循环群. 因为交换群的所有不可约表示都是一维的, 因此等价表示都是相等的. 这样, $\mathcal{R}=\{\zeta^0,\cdots,\zeta^{n-1}\}$, 即存在由如下公式给出的 n 个互不相同的表示:

$$\zeta^i(j)=[\overline{\omega}_n^{ij}],\quad j\in\mathbb{Z}_n$$

而且, 规范化矩阵系数集合是 $\mathcal{B}_{\text{freq}}=\{b_{\zeta^0,1,1},\cdots,b_{\zeta^{n-1},1,1}\}$, 其中对于所有的 $j\in\mathcal{B}_{\text{time}}$ 以及 $b_{\zeta^\ell,1,1}\in\mathcal{B}_{\text{freq}}$, $(b_{\zeta^\ell,1,1},j)=n^{-0.5}\overline{\omega}_n^{\ell j}$. 故当 $b_{\zeta^\ell,1,1}\in\mathcal{B}_{\text{freq}}$ 时, 成立如下公式:

$$b_{\zeta^\ell,1,1}=n^{-0.5}\sum\nolimits_{j\in\mathcal{B}_{\text{time}}}\overline{\omega}_n^{\ell j}j$$

基于这样一些准备, 那么, 通过选择由 $E_{\text{time}}(j)=j$ 和 $E_{\text{freq}}(b_{\zeta^\ell,1,1})=\ell$ 这两个映射决定的编码 E, 前述有限傅里叶变换定义公式构建的量子计算线路网络被认为是量子计算实现基于编码 E 的循环群 $\mathbb{Z}_n$ 上的量子傅里叶变换.

容易发现, 按照广义克式矩阵乘积方法定义一般酉的量子傅里叶变换的计算公式也可以遵循群论进行解释.

(γ) 直积群量子傅里叶变换

在这里研究的问题是, 在已经建立量子计算实现两个群代数 $\mathbb{C}G_1$ 和 $\mathbb{C}G_2$ 上量子傅里叶变换的量子计算线路网络的基础上, 直积群代数 $\mathbb{C}G=\mathbb{C}(G_1\times G_2)$ 上的量子傅里叶变换如何量子计算实现.

在经典计算理论中, 这个问题有非常简单的解决方法. 在这里研究利用量子计算的基本运算和量子计算线路构造这个问题的解决方案.

假设 G_1 和 G_2 是阶数分别为 η_1,η_2 的两个有限群, 首先在群代数 $\mathbb{C}G_1\times\mathbb{C}G_2$ 和群代数 $\mathbb{C}(G_1\times G_2)$ 之间建立一个特定的同构 φ. 用符号 $\mathcal{B}_{\text{time}}^{(\xi)}$ 表示群代数 $\mathbb{C}G_\xi$ 的标准基, 其中 $\xi=1,2$, 令 $\mathcal{B}_{\text{time}}=\{(g_1,g_2);g_\xi\in G_\xi,\xi=1,2\}$ 表示 $\mathbb{C}(G_1\times G_2)$ 的标准基. 用符号 $\mathbb{C}G_1\times\mathbb{C}G_2$ 表示 $\mathbb{C}G_1$ 和 $\mathbb{C}G_2$ 的张量积代数, 群代数 $\mathbb{C}G_1\times\mathbb{C}G_2$ 和群代数 $\mathbb{C}(G_1\times G_2)$ 之间同构关系 $\varphi:\mathbb{C}G_1\times\mathbb{C}G_2\to\mathbb{C}(G_1\times G_2)$ 定义为

$$\begin{gathered}\varphi:\ \mathbb{C}G_1\times\mathbb{C}G_2\to\mathbb{C}(G_1\times G_2)\\ \varphi(g_1\otimes g_2)=(g_1,g_2)\\ g_1\otimes g_2\in\mathcal{B}_{\text{time}}^{(1)}\otimes\mathcal{B}_{\text{time}}^{(2)}\end{gathered}$$

利用这些定义和符号, 可以将 $\mathcal{B}_{\text{time}}$ 表示为

$$\mathcal{B}_{\text{time}} = \varphi(\mathcal{B}_{\text{time}}^{(1)} \otimes \mathcal{B}_{\text{time}}^{(2)})$$

另外，用符号 $\mathcal{R}_\zeta$ 表示有限群 G_ζ 的不等价的、不可约的而且是酉的表示的完全集合，其中 $\zeta = 1,2$. 那么容易证明，如下表达的 $\mathcal{R} = \mathcal{R}_1 \otimes_{\text{R}} \mathcal{R}_2$:

$$\mathcal{R} = \mathcal{R}_1 \otimes_{\text{R}} \mathcal{R}_2 = \{\rho_1 \otimes_{\text{R}} \rho_2 : \rho_\zeta \in \mathcal{R}_\zeta, \zeta = 1,2\}$$

是直积有限群 $G = G_1 \times G_2$ 的不等价的、不可约的而且是酉的表示的完全集合.

令 $\mathcal{B}_{\text{freq}}^{(\zeta)}$ 表示 $\mathcal{R}_\zeta$ 的规范正交矩阵系数集合，$\zeta = 1,2$ ，$\mathcal{B}_{\text{freq}}$ 表示 $\mathcal{R}$ 的规范正交矩阵系数集合，$\mathcal{R}$ 的定义及表达公式如前述，于是可以进一步得到

$$\mathcal{B}_{\text{freq}} = \varphi(\mathcal{B}_{\text{time}}^{(1)} \otimes \mathcal{B}_{\text{time}}^{(2)})$$

利用上述建立的同构映射方法，可以把 $\mathbb{C}G_1 \times \mathbb{C}G_2$ 上的傅里叶变换计算问题简化为 $\mathbb{C}G_1$ 和 $\mathbb{C}G_2$ 上的傅里叶变换的计算问题.

实际上，如果令 F_ζ 是在 $\mathcal{R}_\zeta$ 上关于群代数 $\mathbb{C}G_\zeta$ 的傅里叶变换，其中 $\zeta = 1,2$ ，用如下公式定义 $\mathbb{C}(G_1 \times G_2)$ 上的线性变换 F_G' :

$$F_G'(g_1 \otimes g_2) = F_1(g_1) \otimes F_2(g_2)$$

那么，$F_G = \varphi F_G' \varphi^{-1}$ 是 $\mathcal{R} = \mathcal{R}_1 \otimes_{\text{R}} \mathcal{R}_2$ 上关于 $\mathbb{C}G = \mathbb{C}(G_1 \times G_2)$ 的傅里叶变换.

当然，这个结果只是表现为向量空间的抽象计算形式，未必可以直接据此建立量子计算实现在 $\mathcal{R} = \mathcal{R}_1 \otimes_{\text{R}} \mathcal{R}_2$ 上关于 $\mathbb{C}G = \mathbb{C}(G_1 \times G_2)$ 的傅里叶变换. 为了真正获得量子计算线路网络实现直积群量子傅里叶变换，还需要在上述过程中恰当选择所涉及变换的基.

令 E_ζ 是 F_ζ 的一个编码，$\mathbf{F}_\zeta$ 是 F_ζ 的相应矩阵表示形式，$\zeta = 1,2$. 在量子力学狄拉克符号体系下，线性变换 $\mathbf{F}_G'$ 可以表示如下:

$$|g_1\rangle|g_2\rangle \mapsto \left(\mathbf{F}_1|g_1\rangle\right)\left(\mathbf{F}_2|g_2\rangle\right)$$

对于所有 $g_1 \otimes g_2 \in \mathcal{B}_{\text{time}}^{(1)} \otimes \mathcal{B}_{\text{time}}^{(2)}$.

按照如下方式定义两个双射 $E_{\text{time}} : \mathcal{B}_{\text{time}} \to \mathbb{Z}_{\eta_1\eta_2}$ 和 $E_{\text{freq}} : \mathcal{B}_{\text{freq}} \to \mathbb{Z}_{\eta_1\eta_2}$:

$$E_{\text{time}}(\varphi(g_1 \otimes g_2)) = \eta_2 E_1(g_1) + E_2(g_2)$$
$$E_{\text{freq}}(\varphi(b_1 \otimes b_2)) = \eta_2 E_1(b_1) + E_2(b_2)$$

令 E 表示 E_{time} 和 E_{freq} 的扩展，根据编码 E 的定义，此前定义的线性变换 F_G 具有如下的矩阵表示:

$$\mathbf{F}_G = \mathbf{F}_1 \otimes_{\text{R}} \mathbf{F}_2$$

因此，为了量子计算实现 $\mathbf{F}_G$，可以通过在最高量子比特位上应用量子算子 $\mathbf{F}_1$ 而且

在最低量子比特位上应用 $\mathbf{F}_2$，从而实现计算 $\mathbf{F}_G$ 所需要的量子计算. 经过前述系列研究得到重要的直积群量子傅里叶变换计算定理.

直积群傅里叶变换量子计算定理：假设 G_1 和 G_2 是阶数分别为 η_1,η_2 的两个有限群，量子计算网络 $\mathbf{F}_1$ 和 $\mathbf{F}_2$ 能够分别计算实现基于编码 E_1 和 E_2 的关于群代数 $\mathbb{C}G_1$ 和 $\mathbb{C}G_2$ 的傅里叶变换，那么，如下形式给出的量子计算网络就能够量子计算实现前述建立的基于编码 E 关于直积群代数 $\mathbb{C}G=\mathbb{C}(G_1\times G_2)$ 的量子傅里叶变换:

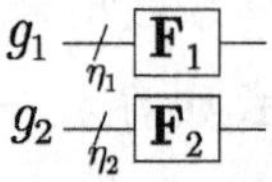

这个结果具有一些重要的应用，比如量子计算实现在文献 Hadamard(1893)和 Walsh(1923)中给出的 Walsh-Hadamard 量子酉算子. 对于任意正整数 n，定义 Walsh-Hadamard 量子酉算子:

$$\mathbf{W}_{2^n}\left|x\right\rangle=\frac{1}{\sqrt{2}}\sum_{y=0}^{2^n-1}(-1)^{\sum_{\zeta=0}^{n-1}x_\zeta y_\zeta}\left|y\right\rangle$$

其中 $x=0,\cdots,(2^n-1)$ 表示为 n 位二进制字符串 $x=x_{n-1}\cdots x_0$，$y=0,\cdots,(2^n-1)$ 表示为 n 位二进制字符串 $y=y_{n-1}\cdots y_0$.

利用标准的广义克式矩阵乘积方法，上述定义的 Walsh-Hadamard 量子酉算子可以按照如下方式实现量子计算:

$$\begin{cases}\mathbf{W}_2=\mathbf{W}\\ \mathbf{W}_{2^{n+1}}=\mathbf{W}\otimes_{\mathrm{R}}\mathbf{W}_{2^n}\\ n=1,2,\cdots\end{cases}$$

根据这个迭代式量子计算公式，利用广义克式矩阵乘积程序，可以直接获得在量子计算机上计算实现 Walsh-Hadamard 变换 $\mathbf{W}_{2^n}$ 的著名方法: 在 n 量子比特的每一个量子位上应用变换 $\mathbf{W}$.

容易验证，实际上，$\mathbf{W}$ 就是关于 2 阶循环群 $\mathbb{Z}_2$ 的傅里叶变换.

利用前述重要定理以及相关讨论立即得到一个众所周知的事实，即按照群论方法，Walsh-Hadamard 变换与交换群 $\mathbb{Z}_2^n$ 的傅里叶变换是一致的. 这种变换在量子算法理论研究中已经得到了十分广泛的应用. 几个典型的应用可以参考文献 Boyer 和 Brassard(1996), Deutsch 和 Jozsa(1992), Grover(1996), Simon(1994)等的相关研究成果.这个变换的显著优势之一是它的量子计算实现需要的基本量子运算个数是 $O(n)$ 个.

在这里容易提出一个非常直观的问题，即前述重要结果在一般意义下关于子群是否成立？这个问题留待以后回答.

在前述研究过程中, 为了严谨论述重要的定义和重要结果, 严格区分了同构但不相同的向量空间. 在后续研究中将使用简化形式进行讨论. 令 U 和 V 分别是 m 维和 n 维的任意两个内积空间, 分别有规范正交基 $\{u_1,\cdots,u_m\}$ 和 $\{v_1,\cdots,v_n\}$. 于是, 在由表达式 $\varphi(u_\zeta \otimes v_\xi)=(u_\zeta,v_\xi)$ 给出的自然同构 φ 下, 张量积空间 $U\otimes V$ 和由 $\{(u_\zeta,v_\xi):1\leqslant\zeta\leqslant m,1\leqslant\xi\leqslant n\}$ 张成的向量空间是同构的. 因此可以不区分地使用 $u_\zeta\otimes v_\xi$ 和 (u_ζ,v_ξ), 其中集合 $\{u_\zeta\otimes v_\xi:1\leqslant\zeta\leqslant m,1\leqslant\xi\leqslant n\}$ 是 $U\otimes V$ 的一个规范正交基.

10.3.6　群表示与量子傅里叶变换

前述研究表明, 直积群 $G=G_1\times G_2$ 量子傅里叶变换与 G_1 和 G_2 的量子傅里叶变换密切相关. 在经典计算机和计算理论研究中, 把一个群的傅里叶变换与它的子群傅里叶变换联系起来已经被证明是非常有用的. 在量子计算机和量子计算理论研究中借鉴这种方法的核心困难是群的表述方法需要精心选择.

(α) 子群的限制群表示方法

对于任意子群 $H\leqslant G$ 和 G 的任意表示 ρ, 令 $\rho\downarrow H$ 表示通过在 H 上限制 ρ 得到的子群 H 的表示. 子群表示 $\rho\downarrow H$ 显然是酉性的, 但未必是不可约的.

群表示完全集的子群适应: 令 $H\leqslant G$ 是一个子群, $\mathcal{R}$ 是 G 的群表示的完全集合. $\mathcal{R}$ 被称为是 H-适应的, 如果存在子群 H 的群表示的完全集合 $\mathcal{R}^H$, 使得在 $\mathcal{R}^H$ 中的受限群表示集合 $(\mathcal{R}\downarrow H)=\{\rho\downarrow H:\rho\in\mathcal{R}\}$ 是一个群表示矩阵直和的集合. 完全集合 $\mathcal{R}$ 被称为适应于一个子群链, 如果它对子群链中的每一个子群都是适应的.

对于任意有限群和它的任意子群, 总存在适应这个子群的群表示完全集.

令 $H\leqslant G$ 是一个子群, T 是 G 中的关于 H 的一个左截线. 令 $\mathcal{R}^H$ 是 H 的群表示完全集合, $\mathcal{R}$ 是 G 的群表示完全集合而且关于 $\mathcal{R}^H$ 是 H-适应的. 令 $\mathcal{B}^H_{\text{freq}}$ 和 $\mathcal{B}_{\text{freq}}$ 分别表示 H 和 G 的规范化矩阵系数集合, 令 $\rho\in\mathcal{R}$ 是一个阶数为 d 的群表示. 矩阵系数 $\rho_{kl}\in\mathbb{C}G$ 可以写成 $\mathcal{B}_{\text{time}}$ 的基的线性组合:

$$\rho_{k\ell}=\sum_{g\in G}\rho_{k\ell}(g)g=\sum_{t\in T}\sum_{h\in H}\sum_{\zeta=1}^{d}\rho_{k\zeta}(t)\rho_{\zeta\ell}(h)th=\sum_{t\in T}\sum_{\zeta=1}^{d}\rho_{k\zeta}(t)\left[\sum_{h\in H}\rho_{\zeta\ell}(h)th\right]$$

因为假设 $\mathcal{R}$ 是 H-适应的, ρ 是 $\mathcal{R}^H$ 中的群表示的矩阵直和, 所以, 要么对所有的 $h\in H$, 成立 $\rho_{\zeta\ell}(h)=0$, 要么存在阶数是 d' 的群表示 $\rho'\in\mathcal{R}^H$, 使得当 $1\leqslant\zeta',\ell'\leqslant d'$ 时, $\rho_{\zeta\ell}(h)=\rho'_{\zeta'\ell'}(h)$ 对所有 $h\in H$ 成立. 在前一种情况下, 令 $\rho'_{\zeta'\ell'}$ 和

$b_{\rho',\zeta',\ell'}$ 表示 $\mathbb{C}H$ 中的零向量，于是得到

$$\rho_{k\ell}=\sum_{t\in T}\sum_{\zeta=1}^{d}\rho_{k\zeta}(t)\left[\sum_{h\in H}\rho'_{\zeta'\ell'}(h)th\right]$$

从而

$$\begin{aligned}b_{\rho,k,\ell}&=\sum_{t\in T}\sum_{\zeta=1}^{d}b_{\rho,k,\zeta}(t)\left[\sum_{h\in H}\rho'_{\zeta'\ell'}(h)th\right]\\&=\sum_{t\in T}\sum_{\zeta=1}^{d}\sqrt{\frac{m}{d'}}b_{\rho,k,\zeta}(t)\left[\sum_{h\in H}b_{\rho',\zeta',\ell'}(h)th\right]\end{aligned}$$

一个傅里叶变换 F_G 本质上就是 $\mathbb{C}G$ 中基的变换，相当于从标准基到规范化矩阵系数基的变换. 令 F_H 是 $\mathcal{R}^H$ 上关于 $\mathbb{C}H$ 的傅里叶变换，为了得到一种计算 F_G 的 H-适应的方法，研究由如下形式的基张成的复向量空间:

$$T\otimes\mathcal{B}_{\text{time}}^{H}=\{t\otimes h:t\in T,h\in\mathcal{B}_{\text{time}}^{H}\}$$

在由 $\varphi(t\otimes h)=th$ 给出的自然映射 $\varphi:\left\langle T\otimes\mathcal{B}_{\text{time}}^{H}\right\rangle\to\left\langle\mathcal{B}_{\text{time}}^{H}\right\rangle$ 之下，这个复向量空间显然同构于 $\mathbb{C}G$，其中出现的符号，比如 $\left\langle\mathcal{B}_{\text{time}}^{H}\right\rangle$ 表示由 $\mathcal{B}_{\text{time}}^{H}$ 中的向量(或者基向量)张成的线性子空间，为了记号系统简单，此后在不至于引起混淆的条件下还将继续使用这样的记号. 这个复向量空间的另一个基是

$$\mathcal{B}_{\text{temp}}=T\otimes\mathcal{B}_{\text{freq}}^{H}=\{t\otimes b_{\rho',\zeta',\ell'}:t\in T,b_{\rho',\zeta',\ell'}\in\mathcal{B}_{\text{freq}}^{H}\}$$

利用上述自然同构映射 φ 可得如下表示公式:

$$b_{\rho,k,\ell}=\sum_{t\in T}\sum_{\zeta=1}^{d}\sqrt{\frac{m}{d'}}b_{\rho,k,\zeta}(t)\varphi(t\otimes b_{\rho',\zeta',\ell'})$$

令 $V:\left\langle\mathcal{B}_{\text{freq}}\right\rangle\to\left\langle\mathcal{B}_{\text{temp}}\right\rangle$ 表示如下变换:

$$V:b_{\rho,k,\ell}\mapsto\sum_{t\in T}\sum_{\zeta=1}^{d}\sqrt{\frac{m}{d'}}b_{\rho,k,\zeta}(t)t\otimes b_{\rho',\zeta',\ell'}$$

根据 V 的构造方法可以得到如下算子恒等式:

$$(I\otimes F_H)\circ\varphi^{-1}=V\circ F_G$$

这个算子恒等式的映射关系链可以按图 3 示意如下. 图中的符号比如 $\left\langle\mathcal{B}_{\text{time}}\right\rangle$，含义如前，其他的类似.

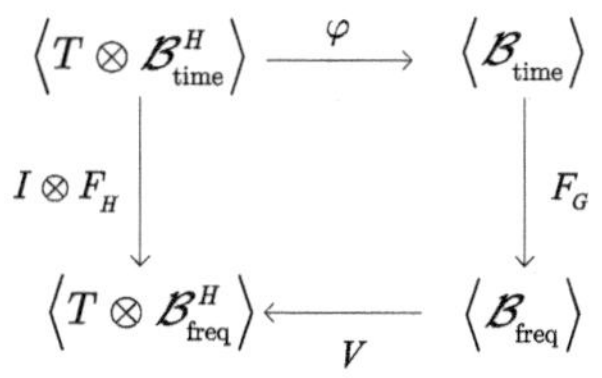

$$\begin{array}{ccc}
\left\langle T\otimes\mathcal{B}^{H}_{\text{time}}\right\rangle & \xrightarrow{\varphi} & \left\langle\mathcal{B}_{\text{time}}\right\rangle \\
\Big\downarrow I\otimes F_H & & \Big\downarrow F_G \\
\left\langle T\otimes\mathcal{B}^{H}_{\text{freq}}\right\rangle & \xleftarrow[V]{} & \left\langle\mathcal{B}_{\text{freq}}\right\rangle
\end{array}$$

图 3　算子恒等式的映射关系链

这里 φ 是同构，F_H 和 F_G 是酉算子，V 是可逆的. 定义 $U:\left\langle\mathcal{B}_{\text{temp}}\right\rangle\to\left\langle\mathcal{B}_{\text{freq}}\right\rangle$ 表示 V 的逆，含义如下：

$$U:\sum_{t\in T}\sum_{\zeta=1}^{d}\sqrt{\frac{m}{d'}}b_{\rho,k,\zeta}(t)t\otimes b_{\rho',\zeta',\ell'}\mapsto b_{\rho,k,\ell}$$

即变换算子 U 把由基 $\mathcal{B}_{\text{temp}}$ 张成或者表示的向量 $\tilde{v}\in\left\langle\mathcal{B}_{\text{temp}}\right\rangle$ 映射由基 $\mathcal{B}_{\text{freq}}$ 张成的其群表示 $\hat{v}\in\mathbb{C}G$. 因此，可以把傅里叶变换 F_G 分解为三个酉算子或者酉变换按照如下顺序的乘积：

$$F_G=U\circ\left(I\otimes F_H\right)\circ\varphi^{-1}$$

利用这些记号和结果，可以按照如下方式得到一个量子计算线路网络，以实现计算傅里叶变换的前述方法.

给定一个向量 $v\in\mathbb{C}G$，令 $v_t\in\mathbb{C}G$ 表示只在陪集 tH 上非零的向量，而在陪集 tH 上，对所有的 $h\in H$，v_t 的定义和计算公式是 $v_t(h)=v(th)$. 从初始的量子叠加态 $v=\sum_{g\in\mathcal{B}_{\text{time}}}v(g)\left|g\right\rangle$ 出发，最终需要计算叠加态 $\hat{v}=\sum_{b_\zeta\in\mathcal{B}_{\text{freq}}}\hat{v}(b_\zeta)\left|b_\zeta\right\rangle$. 量子程序由如下三个步骤组成. 第一步：利用逆同构映射 φ^{-1} 完成如下计算：

$$v=\sum_{g\in\mathcal{B}_{\text{time}}}v(g)\left|g\right\rangle\mapsto\sum_{t\in T}\sum_{h\in\mathcal{B}^{H}_{\text{time}}}v(th)\left|t\right\rangle\left|h\right\rangle=\sum_{t\in T}\left|t\right\rangle\left[\sum_{h\in\mathcal{B}^{H}_{\text{time}}}v_t(h)\left|h\right\rangle\right]$$

第二步：把关于 $\mathcal{R}^H$ 的量子傅里叶变换 $\mathbf{F}_H$ 作用在第二个寄存器从而得到

$$\sum_{t\in T}\left|t\right\rangle\left[\sum\nolimits_{b'_\zeta\in\mathcal{B}^{H}_{\text{freq}}}\widehat{v_t}(b'_\zeta)\left|b'_\zeta\right\rangle\right]=\sum_{t\in T}\sum_{b'_\zeta\in\mathcal{B}^{H}_{\text{freq}}}\hat{v}_t(b'_\zeta)\left|t\right\rangle\left|b'_\zeta\right\rangle=\tilde{v}$$

第三步：最后利用作为 $V:\left\langle\mathcal{B}_{\text{freq}}\right\rangle\to\left\langle\mathcal{B}_{\text{temp}}\right\rangle$ 的逆变换的 $U:\left\langle\mathcal{B}_{\text{temp}}\right\rangle\to\left\langle\mathcal{B}_{\text{freq}}\right\rangle$ 可以得到

$$\sum_{b_\zeta\in\mathcal{B}_{\text{freq}}}\hat{v}(b_\zeta)\left|b_\zeta\right\rangle=\hat{v}$$

值得注意的是，线性变换 $U:\left\langle\mathcal{B}_{\text{temp}}\right\rangle\to\left\langle\mathcal{B}_{\text{freq}}\right\rangle$ 是酉算子. 因为，按照傅里叶变

换 F_G 的如下分解表达式:

$$F_G = U \circ \left(I \otimes F_H\right) \circ \varphi^{-1}$$

其中 $(I \otimes F_H) \circ \varphi^{-1}$ 和 F_G 都是酉算子, 从而可知 U 必然是酉算子.

(β) 四元群及傅里叶变换

$4n$ 阶的四元群 Q_n 是如下定义的一个群:

$$Q_n = \{r, c; r^{2n} = c^4 = 1, cr = r^{2n-1}c, c^2 = r^n\}$$

这里只考虑 n 是偶数的情况. n 是奇数的情况留给读者补充完整.

当 n 是偶数时, Q_n 有一个完全集 $\mathcal{R}$, 其中包括如下的 4 个一维表示:

$$\rho^1 \equiv 1, \quad \rho^2(r) = \rho^2(-c) = 1$$

$$\rho^3(-r) = \rho^3(c) = 1, \quad \rho^4(-r) = \rho^4(-c) = 1$$

和 $n-1$ 个二维表示:

$$\sigma^\zeta(r) = \begin{bmatrix} \overline{\omega}^\zeta & 0 \\ 0 & \overline{\omega}^{-\zeta} \end{bmatrix}, \quad \sigma^\zeta(c) = \begin{bmatrix} 0 & (-1)^\zeta \\ 1 & 0 \end{bmatrix}, \quad \zeta = 1, 2, \cdots, (n-1)$$

其中 $\omega = \omega_{2n}$.

该群具有一个由 Q_n 的两个指标中的指标 r 生成的循环子群 H, 令 $T = \{e, c\}$ 是 Q_n 中 H 的一个左截线, 写成 $Q_n = TH$. 令 $\mathcal{R}^H$ 表示由循环群理论得到的 H 的一维群表示构成的完全集, $\mathcal{R}$ 的受限群表示集合是

$$\left(\mathcal{R} \downarrow H\right) = \left\{\zeta^0, \zeta^n\right\} \cup \left\{\zeta^\ell \oplus \zeta^{2n-\ell}; \ell = 1, 2, \cdots, (n-1)\right\}$$

所以, $\mathcal{R}$ 是 H-适合的. 符号 $\mathcal{B}_{\text{time}}$, $\mathcal{B}_{\text{freq}}$, $\mathcal{B}_{\text{time}}^H$ 和 $\mathcal{B}_{\text{freq}}^H$ 的含义如前, 可以回顾 10.3.4 小节的定义. 定义如下符号:

$$\mathcal{B}_{\text{temp}} = T \otimes \mathcal{B}_{\text{freq}}^H = \{t \otimes b_{\zeta^\ell,1,1} : t \in T, b_{\zeta^\ell,1,1} \in \mathcal{B}_{\text{freq}}^H\}$$

演绎获得适当子群傅里叶变换的关键部分是确定并量子计算实现前述研究过程中以逆变换形式出现的变换 U. 为此, 研究矩阵系数 $\sigma_{11}^\xi \in \mathbb{C}Q_n$, 利用如下表达式:

$$\sigma_{11}^\xi = \sum_{t \in T} \sum_{h \in H} \sigma_{11}^\xi(th) th = \sum_{x \in \mathbb{Z}_{2n}} \overline{\omega}^{\xi x} r^x$$

可以进一步演算得到如下结果:

$$b_{\sigma^\xi,1,1} = \frac{1}{\sqrt{2n}} \sum_{x \in \mathbb{Z}_{2n}} \overline{\omega}^{\xi x} r^x = \varphi(e \otimes \zeta^\xi)$$

其他各个傅里叶系数可以类似表示为基元 $\mathcal{B}_{\text{time}}$ 的线性组合:

$$\begin{cases} b_{\sigma^\ell,1,1} = \varphi(e \otimes \zeta^\ell), & b_{\rho^1,1,1} = \dfrac{1}{\sqrt{2}}(\varphi(e \otimes \zeta^0) + \varphi(c \otimes \zeta^0)) \\ b_{\sigma^\ell,1,2} = (-1)^\ell \varphi(c \otimes \zeta^{2n-\ell}), & b_{\rho^2,1,1} = \dfrac{1}{\sqrt{2}}(\varphi(e \otimes \zeta^0) - \varphi(c \otimes \zeta^0)) \\ b_{\sigma^\ell,2,1} = \varphi(c \otimes \zeta^\ell), & b_{\rho^3,1,1} = \dfrac{1}{\sqrt{2}}(\varphi(e \otimes \zeta^n) + \varphi(c \otimes \zeta^n)) \\ b_{\sigma^\ell,2,2} = \varphi(e \otimes \zeta^{2n-\ell}), & b_{\rho^4,1,1} = \dfrac{1}{\sqrt{2}}(\varphi(e \otimes \zeta^n) - \varphi(c \otimes \zeta^n)) \end{cases}$$

其中 $\ell = 1,\cdots,(n-1)$. 这组公式实际上完全定义和限定了满足如下分解关系

$$F_G = U \circ (I \otimes F_H) \circ \varphi^{-1}$$

所需要的变换 $U : \left\langle \mathcal{B}_{\text{temp}} \right\rangle \to \left\langle \mathcal{B}_{\text{freq}} \right\rangle$. 为获得计算傅里叶变换 F_G 的具体量子计算线路网络, 还必须建立适应这个变换所需要的基的编码. 根据如下定义的编码:

$$E_{\text{time}}^H(r^k) = k, \quad E_{\text{freq}}^H(\zeta^\xi) = \xi$$

按照循环群量子傅里叶变换定义给出的群代数 $\mathbb{C}H$ 上的傅里叶变换 F_H 具有矩阵表示 $\mathbf{F}_H$. 因此可以令 $\mathcal{B}_{\text{time}}$ 的编码由 $E_{\text{time}}(c^j r^k) = 2nj + k$ 给出, $\mathcal{B}_{\text{temp}}$ 的编码由 $E_{\text{temp}}(c^j \otimes \zeta^\ell) = 2nj + \ell$ 给出. 根据这个编码, 变换 $(I \otimes F_H) \circ \varphi^{-1}$ 具有矩阵表示 $\mathbf{I}_2 \otimes_{\text{R}} \mathbf{F}_H$.

关于 E_{temp} 的 U 变换的计算问题将转化为如下非常简单的公式:

$$\left|j\right\rangle\left|\ell\right\rangle \mapsto \begin{cases} 2^{-0.5}(\left|0\right\rangle + (-1)^j \left|1\right\rangle)\left|\ell\right\rangle, & \ell = 0\text{或}\ell = n \\ (-1)^j \left|j\right\rangle\left|\ell\right\rangle, & \ell > n, \quad \ell \equiv 1 \bmod (2) \\ \left|j\right\rangle\left|\ell\right\rangle, & \text{其他} \end{cases}$$

所以, 只要量子计算实现 $2n$ 阶循环群傅里叶变换 $\mathbf{F}{=}\mathbf{F}_{2n}$ 的量子计算线路网络给定, 就可以按照如图 4 的方式构造量子计算实现四元群 Q_n 上傅里叶变换的量子计算线路网络:

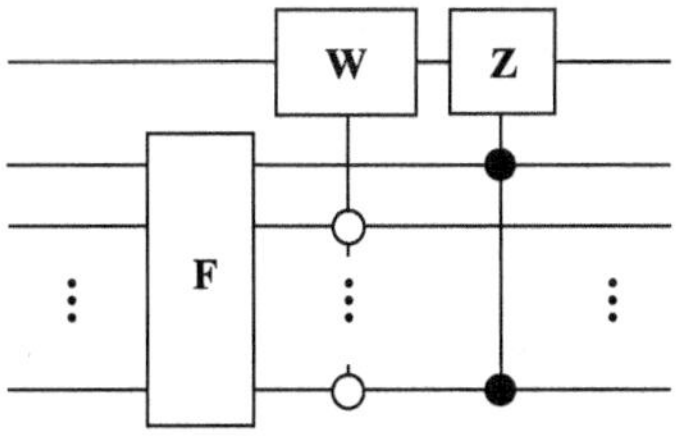

图 4　四元群量子傅里叶变换

值得注意的是, **Z** 和 **W** (以前已经被明确定义)只是对完全不同的量子比特位

进行操作, 因此, 它们是可以相互交换的. 假如把上述量子计算线路网络中的量子逻辑门 $\mathbf{Z}$ 移出, 那么, 就可以得到一个量子计算实现 $4n$ 阶二面角群和半二面角群傅里叶变换的量子计算线路网络. 其实可以证明这绝非巧合.

(γ) 亚循环群及傅里叶变换

这里将研究建立量子计算实现亚循环群傅里叶变换的量子计算线路网络.

一个群被称为是亚循环的, 如果它包含一个循环正规子群 H, 使得商群 G/H 也是循环的. 令 $G=\{b^j a^\xi; j=0,1,\cdots,(q-1),\xi=0,1,\cdots,(m-1)\}$ 是一个亚循环群, 群元素之间满足如下运算关系:

$$b^{-1}ab=a^r,\quad b^q=a^s,\quad a^m=1$$

而且, $(m,r)=1$ 即 m,r 互素, $m\big|s(r-1)$ 即 $s(r-1)$ 被 m 整除, q 是质数. 将 $(r-1)$ 与 m 的最大公因子表示为 d, 即 $d=(r-1,m)$, 那么, 该群有一个由 a 形成的指数为 q 的循环子群 H. 令 $T=\{b^j; j=0,1,\cdots,(q-1)\}$ 表示在 G 中关于 H 的一个左截线, 写成 $G=TH$. 令 $E_{\text{time}}:\mathcal{B}_{\text{time}}\to\mathbb{Z}_{qm}$ 是按照如下关系定义的 $\mathcal{B}_{\text{time}}$ 的编码:

$$b^j a^\xi \mapsto mj+\xi$$

通过后续详细的推演将证明, 按照示意图 5 的方式建立的量子计算线路网络, 在至多相差一个相位因子序列的条件下, 能够量子计算实现基于编码 E_{time} 的关于群代数 $\mathbb{C}G$ 的傅里叶变换, 其中 $\omega=\omega_{qd}^s$.

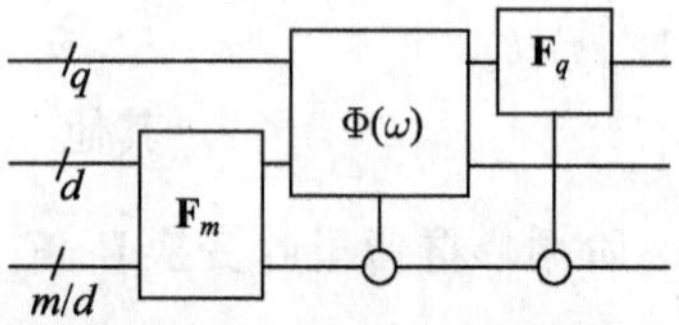

图 5 至多相差一个相位因子序列的量子傅里叶变换

注释: 在这个论述中所涉及的相位因子序列 $\Phi(\omega)$ 依赖于实际的群结构.

为了更清楚明了地说明上述结果, 先研究这个群的表示方法. 实际上, 这个群 G 具有 qd 个一维的群表示, $\{\rho^{\xi j};\xi=0,1,\cdots,(d-1),j=0,1,\cdots,(q-1)\}$, 具体表达形式如下:

$$\rho^{\xi j}(a)=\varpi_d^\xi,\quad \rho^{\xi j}(b)=\varpi_q^j\varpi_{qd}^{\xi s},\quad \xi=0,1,\cdots,(d-1),\ j=0,1,\cdots,(q-1)$$

令 $\mathcal{R}^H$ 表示此前已经多次出现过的 H 的群表示完全集. 对于每一个 $\zeta^\xi\in\mathcal{R}^H$, 定义一个诱导的群表示 $\overline{\zeta}^\xi:G\to GL_q(\mathbb{C})$, 详细定义是

$$a \mapsto \begin{bmatrix} \overline{\omega}_m^{\xi} & & \\ & \ddots & \\ & & \overline{\omega}_m^{\xi r^{q-1}} \end{bmatrix} \quad b \mapsto \begin{bmatrix} & & \overline{\omega}_m^{\xi s} \\ 1 & & \\ & \ddots & \\ & & 1 \end{bmatrix}$$

群 G 有一个 H-适应的群表示集合 $\mathcal{R}$，它包含了 qd 个一维表示和 $(m-d)/q$ 个 q 维群表示. $\mathcal{R}$ 中的 q 维群表示是全部诱导群表示. 更多研究内容可参考文献 Curtis 和 Reiner(1992)的相关论述.

矩阵系数 $\rho^{\xi j} \in \mathbb{C}G$ 可以写成基元 $\mathcal{B}_{\text{temp}} = T \otimes \mathcal{B}_{\text{freq}}^H$ 的一个线性组合:

$$\begin{aligned}
\rho^{\xi j} &= \sum_{g \in G} \rho^{\xi j}(g) g \\
&= \sum_{k \in \mathbb{Z}_q} \sum_{x \in \mathbb{Z}_m} \rho^{\xi j}(b^k a^x) b^k a^x \\
&= \sum_{k \in \mathbb{Z}_q} \rho^{\xi j}(b^k) \sum_{x \in \mathbb{Z}_m} \rho^{\xi j}(a^x) b^k a^x \\
&= \sum_{k \in \mathbb{Z}_q} \overline{\omega}_q^{jk} \left(\overline{\omega}_{qd}^{s\xi k} \sum_{x \in \mathbb{Z}_m} \overline{\omega}_m^{x\xi m/d} b^k a^x \right) \\
&= \sqrt{m} \sum_{k \in \mathbb{Z}_q} \overline{\omega}_q^{jk} (\overline{\omega}_{qd}^{s\xi k} \varphi(b^k \otimes b_{\zeta^{\xi m/d},1,1}))
\end{aligned}$$

因此, 前面已经多次出现过的变换 $U:\left\langle \mathcal{B}_{\text{temp}} \right\rangle \to \left\langle \mathcal{B}_{\text{freq}} \right\rangle$ 的逆可以表示为

$$U^{-1}: b_{\rho^{\xi j},1,1} \mapsto \frac{1}{\sqrt{q}} \sum_{k \in \mathbb{Z}_q} \overline{\omega}_q^{jk} (\overline{\omega}_{qd}^{s\xi k} b^k \otimes b_{\zeta^{\xi m/d},1,1})$$

这样, 一个诱导群表示的矩阵系数被称为一个诱导矩阵系数. 任意的诱导矩阵系数 $\overline{\zeta}_{k\ell}^{\xi} \in \mathbb{C}G$ 在 H 的一个陪集上是严格非零的. 例如, $\overline{\zeta}_{kl}^{\xi} = \overline{\zeta}_{31}^{\xi}$ 在陪集 b^2H 上是严格非零的. 在一般情况下, 矩阵系数 $\overline{\zeta}_{k\ell}^{\xi} \in \mathbb{C}G$ 可以写成基元 $\mathcal{B}_{\text{temp}}$ 的一个线性组合:

$$\begin{aligned}
\overline{\zeta}_{k\ell}^{\xi} &= \sum_{g \in G} \overline{\zeta}_{k\ell}^{\xi}(g) g = \sum_{t \in T} \sum_{h \in H} \overline{\zeta}_{k\ell}^{\xi}(th) th \\
&= \sum_{t \in T} \overline{\zeta}_{k\ell}^{\xi}(t) \sum_{h \in H} \overline{\zeta}_{\ell\ell}^{\xi}(h) th = \overline{\zeta}_{k\ell}^{\xi}(b^{k-\ell}) \sum_{h \in H} \overline{\zeta}_{\ell\ell}^{\xi}(h) b^{k-\ell} h \\
&= \overline{\zeta}_{k\ell}^{\xi}(b^{k-\ell}) \sum_{x \in \mathbb{Z}_m} \overline{\omega}_m^{\xi r^\ell x} b^{k-\ell} a^x \\
&= \sqrt{m} \chi \varphi(b^{k-\ell} \otimes b_{\zeta^{\xi r^\ell},1,1})
\end{aligned}$$

其中 $\chi = \overline{\zeta}_{k\ell}^{\xi}(b^{k-\ell})$ 是某一个 m 次单位根, 所以

$$U^{-1}: b_{\overline{\zeta}^{\xi},k,\ell} \mapsto \chi b^{k-\ell} \otimes b_{\zeta^{\xi r^{\ell}},1,1}$$

即在最多相差一个相位因子的条件下，$b_{\overline{\zeta}^{\xi},k,\ell} \in \mathcal{B}_{\text{freq}}$ 被 U^{-1} 映射到 $\mathcal{B}_{\text{time}}$ 中的某个基元. 为了找到 U 而不是 U^{-1} 的一个表达式，需要建立与诱导群表示和诱导矩阵系数相关的判断方法.

可约诱导群表示判定定理：诱导群表示 $\overline{\zeta}^{\xi}$ 可约，当且仅当，在 $1 \leqslant j \leqslant q-1$ 的范围内，存在一个 j，使得 $\xi r^{j} \equiv \xi (\operatorname{mod} m)$.

诱导矩阵系数的性质：令 $\overline{\zeta}^{\xi}_{k\ell}$ 是任意诱导矩阵系数，如果 $\overline{\zeta}^{\xi}$ 是不可约的，那么 ξr^{ℓ} 不是 m/d 的整倍数.

事实上，如果 $\xi r^{\ell} \equiv 0 (\operatorname{mod} m/d)$，那么，因为 $(r,m)=1$，$i \equiv 0 (\operatorname{mod} m/d)$，必然得到 $\xi d \equiv 0 (\operatorname{mod} m)$. 再由 d 整除 $r-1$，得到 $ir \equiv i (\operatorname{mod} m)$，由可约诱导群表示判定的充分必要条件可知，诱导群表示 $\overline{\zeta}^{\xi}$ 可约. 出现矛盾.

利用诱导矩阵系数的性质得到变换 $U: \langle \mathcal{B}_{\text{temp}} \rangle \to \langle \mathcal{B}_{\text{freq}} \rangle$ 的如下表达公式:

$$U(b^{k} \otimes b_{\zeta^{x},1,1}) = \begin{cases} \chi b_{\xi}, & \operatorname{mod}(x, m/d) \neq 0 \\ q^{-0.5} \omega_{qd}^{s\xi k} \sum\limits_{j \in \mathbb{Z}_q} \omega_{q}^{jk} b_{\rho^{\xi j},1,1}, & x = \xi (m/d), \xi \in \mathbb{N} \end{cases}$$

其中，χ 是一个 m 次单位根，$b_{\xi} \in \mathcal{B}_{\text{temp}}$，它们都依赖于 k 和 x 的数值.

实际上，把 $\mathcal{B}_{\text{temp}}$ 写成两个集合 $\mathcal{B}^{1}_{\text{temp}}$ 和 $\mathcal{B}^{2}_{\text{temp}}$ 的不相交的并集，其中 $\mathcal{B}^{1}_{\text{temp}}$ 可以表达如下:

$$\mathcal{B}^{1}_{\text{temp}} = T \otimes \{ b_{\zeta^{x},1,1} : x = \upsilon (m/d), \upsilon \in \mathbb{N} \}$$

相似地，将 $\mathcal{B}_{\text{freq}}$ 写成两个集合 $\mathcal{B}^{1}_{\text{freq}}$ 和 $\mathcal{B}^{2}_{\text{freq}}$ 的不相交的并集，$\mathcal{B}^{1}_{\text{freq}}$ 可表示为

$$\mathcal{B}^{1}_{\text{freq}} = \{ b_{\rho^{\xi j},1,1} : 0 \leqslant \xi < d, 0 \leqslant j < q \}$$

利用上述假设，通过简单的参数计数分析即可证明如下张成空间等式:

$$\left\langle U^{-1}(\mathcal{B}^{2}_{\text{freq}}) \right\rangle = \left\langle \mathcal{B}^{2}_{\text{temp}} \right\rangle$$

容易发现，对于具有 $q(m-d)$ 个元素的集合 $\mathcal{B}^{2}_{\text{freq}}$ 中的每个元 $b_{\overline{\zeta}^{\xi},k,l} \in \mathcal{B}^{2}_{\text{freq}}$，根据判断定理可知 $\zeta^{i} \in \mathcal{R}$ 必是不可约分的. 再由诱导矩阵系数性质知，ξr^{ℓ} 不是 m/d 的整倍数，因此 $U^{-1}(b_{\overline{\zeta}^{\xi},k,\ell}) \in \left\langle \mathcal{B}^{2}_{\text{temp}} \right\rangle$. 由于 $\mathcal{B}^{2}_{\text{freq}}$ 和 $\mathcal{B}^{2}_{\text{temp}}$ 有相同的基数，而且线性

变换 U 是酉变换，从而上述两个张成空间是相等的，即 $\left\langle U^{-1}(\mathcal{B}_{\text{freq}}^2)\right\rangle=\left\langle \mathcal{B}_{\text{temp}}^2\right\rangle$. 这样，在 ξr^ℓ 不是 m/d 的整倍数的条件下，利用线性变换 U 的逆变换表达式:

$$U^{-1}: b_{\overline{\zeta^\xi},k,\ell} \mapsto \chi b^{k-\ell} \otimes b_{\zeta^{\xi r^\ell},1,1}$$

直接得到变换 U 的第一个表达公式，即如果 $\mathrm{mod}(x,m/d)\neq 0$，那么，

$$U(b^k \otimes b_{\zeta^x,1,1}) = \chi b_\xi$$

除此之外，利用算子 U 的酉性还可以得到另一个张成空间恒等式:

$$\left\langle U^{-1}(\mathcal{B}_{\text{freq}}^1)\right\rangle=\left\langle \mathcal{B}_{\text{temp}}^1\right\rangle$$

实际上，酉算子 U^{-1} 在 $\mathcal{B}_{\text{freq}}^1$ 上的作用可以表示为

$$U^{-1}: b_{\rho^{\xi j},1,1} \mapsto \frac{1}{\sqrt{q}}\sum_{k\in\mathbb{Z}_q} \overline{\omega}_q^{jk}(\overline{\omega}_{qd}^{s\xi k} b^k \otimes b_{\zeta^{\xi m/d},1,1})$$

那么，这个酉算子 U^{-1} 的逆算子，即算子 U 在 $\mathcal{B}_{\text{freq}}^1$ 上的作用就可以表示为

$$U(b^k \otimes b_{\zeta^x,1,1}) = q^{-0.5}\omega_{qd}^{s\xi k}\sum_{j\in\mathbb{Z}_q}\omega_q^{jk} b_{\rho^{\xi j},1,1}$$

其中 $x=\xi(m/d),\xi\in\mathbb{N}$，即 x 是 (m/d) 的整数倍数. 这就是在第二个条件下，酉算子 U 的表达式.

令 $U_1:\left\langle \mathcal{B}_{\text{temp}}\right\rangle \to \left\langle \mathcal{B}_{\text{freq}}\right\rangle$ 表示一个像 U 那样作用在 $\mathcal{B}_{\text{temp}}^1$ 上的酉变换，它在 $\mathcal{B}_{\text{temp}}^2$ 上的定义是 $b^{k-\ell}\otimes b_{\zeta^{\xi r^\ell},1,1} \mapsto b_{\overline{\zeta^\xi},k,\ell}$. 这里的研究兴趣，仅仅只是在至多相差一个相位因子的条件下，建立能够量子计算实现关于群代数 $\mathbb{C}G$ 的傅里叶变换的量子计算线路网络. 利用前面建立的关于酉算子 U 的表达式，在这里可以直接实现算子 U_1. 作为一个推论可以证明，如下表达式给出的线性变换:

$$F_G = U_1 \circ (I\otimes F_m)\circ \varphi^{-1}$$

是 $\mathcal{R}$ 上关于群代数 $\mathbb{C}G$ 的傅里叶变换，至多相差一个相位因子，其中，$F_m=F_H$ 是在前面多次出现的关于群代数 $\mathbb{C}H$ 的傅里叶变换.

现在研究量子计算实现 F_G 的量子线路网络. 编码 $E_{\text{time}}:\mathcal{B}_{\text{time}}\to\mathbb{Z}_{qm}$ 如前述. 此外，$E_{\text{temp}}:\mathcal{B}_{\text{temp}}\to\mathbb{Z}_{qm}$ 表示由 $b^j\otimes\zeta^\xi\mapsto mj+\xi$ 给出的编码. 关于 E_{time} 和 E_{temp}，酉变换 $(I\otimes F_H)\circ\varphi^{-1}$ 可以由 $\mathbf{I}_q\otimes_{\mathrm{R}}\mathbf{F}_m$ 实现量子计算. 由一维群表示产生的矩阵系数编码 E_{freq} 直接表示为 $\rho^{\xi j}\mapsto jm+\xi(m/d)$.

关于编码 E_{temp} 和 E_{freq}，酉变换 U_1 可以表示为

$$\left|km+\xi(m/d)+x\right\rangle \mapsto \begin{cases}\left|km+\xi(m/d)+x\right\rangle, & 1\leqslant x<m/d\\ \omega_{qd}^{s\xi k}q^{-0.5}\sum\limits_{j\in\mathbb{Z}_q}\omega_q^{jk}\left|jm+\xi(m/d)+x\right\rangle, & x=0\end{cases}$$

其中，$k\in\mathbb{Z}_q$，$\lambda\in\mathbb{Z}_d$ 和 $x\in\mathbb{Z}_{m/d}$.

遵循广义克式矩阵(算子)乘积方法，可以将上式表示为

$$((\mathbf{F}_q\otimes_{\mathrm{R}}\mathbf{I}_d)\times\Phi_{qd}(\omega_{qd}^s),\mathbf{I}_{qd},\cdots,\mathbf{I}_{qd})\otimes_{\mathrm{R}}\mathbf{I}_{m/d}$$

所以，关于编码 E_{time} 和 E_{freq}，在至多相差一个相位因子序列的条件下，利用如下的量子计算线路网络，可以量子计算实现傅里叶变换 F_G：

$$\mathbf{F}_G^{\varpi}=(((\mathbf{F}_q\otimes_{\mathrm{R}}\mathbf{I}_d)\times\Phi_{qd}(\omega_{qd}^s),\mathbf{I}_{qd},\cdots,\mathbf{I}_{qd})\otimes_{\mathrm{R}}\mathbf{I}_{m/d})\otimes(\mathbf{I}_q\otimes_{\mathrm{R}}\mathbf{F}_m)$$

经过上面这样连续的系列讨论，最终证明了，利用前面示意图给出的量子计算线路网络，在至多相差一个相位因子序列的条件下，能够量子计算实现量子傅里叶变换.

10.3.7　量子纠错与量子傅里叶变换

在这里将研究正交群 $O(2^n)=\{\mathbf{A}\in GL_{2^n}(\mathbb{C}):\mathbf{AA}^{\mathrm{T}}=\mathbf{I}\}$ 的某些子群 E_n 上量子傅里叶变换计算实现需要的量子线路网络.

Gottesman(1996), Calderbank 和 Shor(1996), Calderbank 等(1997)，为了研究量子纠错编码的需要而各自独立建立相应的群论理论框架时分别引入并研究了这些子群 E_n.

对于所有 $\xi=1,\cdots,n$，定义

$$\begin{aligned}\mathbf{X}_\xi&=\mathbf{I}_{2^{\xi-1}}\otimes_{\mathrm{R}}\mathbf{X}\otimes_{\mathrm{R}}\mathbf{I}_{2^{n-\xi}}\\ \mathbf{Z}_\xi&=\mathbf{I}_{2^{\xi-1}}\otimes_{\mathrm{R}}\mathbf{Z}\otimes_{\mathrm{R}}\mathbf{I}_{2^{n-\xi}}\\ \mathbf{Y}_\xi&=\mathbf{I}_{2^{\xi-1}}\otimes_{\mathrm{R}}\mathbf{Y}\otimes_{\mathrm{R}}\mathbf{I}_{2^{n-\xi}}\end{aligned}$$

其中 $\mathbf{X}$，$\mathbf{Z}$ 和 $\mathbf{Y}$ 是最经常使用的 1-量子比特酉算子或者酉运算：

$$\mathbf{X}=\begin{bmatrix}0&1\\1&0\end{bmatrix},\ \mathbf{Y}=\begin{bmatrix}0&-1\\1&0\end{bmatrix},\ \mathbf{Z}=\begin{bmatrix}1&0\\0&-1\end{bmatrix}$$

群 E_n 是由 $3n$ 个酉矩阵生成的群，它的阶是 2×4^n，其中每一个元素的平方或者是 $\mathbf{I}$ 或者是 $-\mathbf{I}$，任意两个元素要么是交换的要么是反交换的. 当 n=0 时，

$E_n=\{[\pm1]\}$ 是一个 2 阶循环群，如果 $n=1$，那么，E_n 同构于 D_4．对于更大的 n，E_n 同构于 D_4^n/K_n，其中 K_n 是一个同构于 $\mathbb{Z}_2^{n-1}$ 的正规子群．给定 $a,c\in\mathbb{Z}_2^n$，表示为 $a=(a_1,\cdots,a_n)$ 和 $c=(c_1,\cdots,c_n)$，令 $\mathbf{X}(a)$ 和 $\mathbf{Z}(c)$ 分别表示 $\prod_{\xi=1}^{n}\mathbf{X}_\xi^{a_\xi}$ 和 $\prod_{\xi=1}^{n}\mathbf{Z}_\xi^{c_\xi}$，那么，$E_n$ 的每个元素 g 都可以唯一地写成以下形式:

$$g=(-\mathbf{I})^\lambda\mathbf{X}(a)\mathbf{Z}(c)$$

式中，$\lambda\in\mathbb{Z}_2,a,c\in\mathbb{Z}_2^n$．这样可以用 3-元组 (λ,a,c) 表示 g，而且，g 的上述表述公式可以按照广义右克式矩阵乘积方法改写为

$$g=(\lambda,a,c)=[(-\mathbf{I}_2)^\lambda\mathbf{X}^{a_1}\mathbf{Z}^{c_1}]\otimes_{\mathrm{R}}(\mathbf{X}^{a_2}\mathbf{Z}^{c_2})\otimes_{\mathrm{R}}\cdots\otimes_{\mathrm{R}}(\mathbf{X}^{a_n}\mathbf{Z}^{c_n})$$

对于 $n\geqslant1$，子群 $H\leqslant E_n$ 是指数为 4 的子群 $\{(\lambda,a,c)\in E_n:a_n=c_n=0\}$，且在 E_n 中 E_{n-1} 等同于 H．写出表达式 $E_n=TE_{n-1}$，其中 $T=\{\mathbf{X}_n^{a_n}\mathbf{Z}_n^{c_n}:a_n,c_n\in\mathbb{Z}_2\}$ 是 E_n 中 E_{n-1} 的一个左截线．群 E_n 有一个由 $1+2^{2n}$ 个不等价、不可约而且酉的群表示组成的完全集 $\mathcal{R}_{(n)}$，只有当 $n=0$ 时，有两个群表示，记为 ${}^{(0)}\rho$ 和 ${}^{(0)}\sigma$，其余的都是一维的．2^{2n} 个一维的群表示 $\{{}^{(n)}\rho^{xz};x,z\in\mathbb{Z}_2^n\}$ 可以按照如下公式给出:

$${}^{(n)}\rho^{xz}(g)={}^{(n)}\rho^{xz}((\lambda,a,c))=(-1)^{x\cdot a+z\cdot c}$$

最后一个群表示，${}^{(n)}\sigma$，维数是 2^n，是群自身．利用 $g\in E_n$ 的最后一个表达公式，对于群元素 $g=(\lambda,aa_n,cc_n)\in E_n$ 的第 $(kk_n,\ell\ell_n)$ 个分量，$a,c,k,\ell\in\mathbb{Z}_2^{n-1}$，可以按照递归公式表示如下:

$${}^{(n)}\sigma_{kk_n,\ell\ell_n}((\lambda,aa_n,cc_n))=(-1)^{\ell_n c_n}\delta_{d_n a_n}\,{}^{(n-1)}\sigma_{k\ell}((\lambda,a,c))$$

其中 $d_n=k_n\oplus\ell_n\in\mathbb{Z}_2$．所以，$\mathcal{R}_{(n)}$ 是关于 $\mathcal{R}_{(n-1)}$ 子群 E_{n-1}-适应的.

现在研究如何利用适应性群表示概念建立群代数 $\mathbb{C}E_n$ 上的傅里叶变换．令基 $\mathcal{B}_{\mathrm{time}}$、$\mathcal{B}_{\mathrm{freq}}$、$\mathcal{B}_{\mathrm{time}}^H$、$\mathcal{B}_{\mathrm{freq}}^H$ 和 $\mathcal{B}_{\mathrm{temp}}=T\otimes\mathcal{B}_{\mathrm{freq}}^H$ 的定义如 10.3.4 小节所述，而且自然同构 $\varphi:\left\langle T\otimes\mathcal{B}_{\mathrm{time}}^H\right\rangle\to\left\langle\mathcal{B}_{\mathrm{time}}\right\rangle$ 的定义如 10.3.6 小节所述.

$\mathcal{R}_{(n)}$ 的矩阵系数可以按照 $\mathcal{B}_{\mathrm{temp}}$ 中的基元素写成如下线性组合形式:

$$\begin{aligned}{}^{(n)}\rho^{xx_nzz_n}&=\sum_{\lambda\in\mathbb{Z}_2}\sum_{a,c\in\mathbb{Z}_2^n}{}^{(n)}\rho^{xx_nzz_n}((\lambda,a,c))(\lambda,a,c)\\&=\sum_{a_n\in\mathbb{Z}_2}\sum_{c_n\in\mathbb{Z}_2}(-1)^{a_nx_n+c_nz_n}\varphi(\mathbf{X}_n^{a_n}\mathbf{Z}_n^{c_n}\otimes{}^{(n-1)}\rho^{xz})\end{aligned}$$

$$\begin{aligned}
{}^{(n)}\sigma_{kk_n,\ell\ell_n} &= \sum_{\lambda\in\mathbb{Z}_2}\sum_{a,c\in\mathbb{Z}_2^n} {}^{(n)}\sigma_{kk_n,\ell\ell_n}((\lambda,a,c))(\lambda,a,c) \\
&= \sum_{c_n\in\mathbb{Z}_2}(-1)^{c_n\ell_n}\left(\sum_{\lambda\in\mathbb{Z}_2}\sum_{a,c\in\mathbb{Z}_2^{n-1}} {}^{(n-1)}\sigma_{k\ell}((\lambda,a,c))(\lambda,ad_n,cc_n)\right) \\
&= \sum_{c_n\in\mathbb{Z}_2}(-1)^{c_n\ell_n}\varphi(\mathbf{X}_n^{d_n}\mathbf{Z}_n^{c_n}\otimes {}^{(n-1)}\sigma_{k\ell})
\end{aligned}$$

式中，$x,z,k,\ell\in\mathbb{Z}_2^{n-1}$，$d_n=k_n\oplus\ell_n\in\mathbb{Z}_2$．所以，成立如下公式：

$$\begin{cases}
b_{{}^{(n)}\rho^{xx_nzz_n},1,1} = \dfrac{1}{2}\displaystyle\sum_{a_n\in\mathbb{Z}_2}\sum_{c_n\in\mathbb{Z}_2}(-1)^{a_nx_n+c_nz_n}\varphi(\mathbf{X}_n^{a_n}\mathbf{Z}_n^{c_n}\otimes b_{{}^{(n-1)}\rho^{xz},1,1}) \\
b_{{}^{(n)}\sigma,kk_n,\ell\ell_n} = \dfrac{1}{\sqrt{2}}\displaystyle\sum_{c_n\in\mathbb{Z}_2}(-1)^{c_n\ell_n}\varphi(\mathbf{X}_n^{a_n}\mathbf{Z}_n^{c_n}\otimes b_{{}^{(n-1)}\sigma,k,\ell})
\end{cases}$$

其中$k_n=a_n\oplus\ell_n\in\mathbb{Z}_2$．

这个公式似乎具有这样的表现形式，即一维群表示ρ包含两个$\mathbf{W}$变换，而且σ群表示只有单个$\mathbf{W}$变换．出乎意料的是，在适当的编码方式下，这居然是真实成立的．选择编码$E^{(n)}:E_n\to\mathbb{Z}_2^{2n+1},n\geqslant 0$，

$$\begin{aligned}
E_{\text{time}}^{(0)}((\lambda,\boldsymbol{\epsilon},\boldsymbol{\epsilon})) &= \lambda \\
E_{\text{time}}^{(n)}((\lambda,aa_n,cc_n)) &= E_{\text{time}}^{(n-1)}((\lambda,a,c))a_nc_n \\
E_{\text{temp}}^{(n)}(\mathbf{X}_n^{a_n}\mathbf{Z}_n^{c_n}\otimes {}^{(n-1)}\sigma_{k\ell}) &= E_{\text{freq}}^{(n-1)}({}^{(n-1)}\sigma_{k\ell})a_nc_n \\
E_{\text{freq}}^{(0)}({}^{(0)}\rho) &= 0 \\
E_{\text{freq}}^{(0)}({}^{(0)}\sigma) &= 1 \\
E_{\text{freq}}^{(n)}({}^{(n)}\rho^{xx_nzz_n}) &= E_{\text{freq}}^{(n-1)}({}^{(n-1)}\rho^{xz})x_nz_n \\
E_{\text{freq}}^{(n)}({}^{(n)}\sigma_{kk_n\ell\ell_n}) &= E_{\text{freq}}^{(n-1)}({}^{(n-1)}\sigma_{k\ell})a_n'\ell_n,\quad a_n'=k_n\oplus\ell_n
\end{aligned}$$

在上述表达式的右边，容易联想到按照标准字符串级联的二进制字符串编码图像．根据这个编码规则，当$n\geqslant 1$时，变换$U:\left\langle\mathcal{B}_{\text{temp}}\right\rangle\to\left\langle\mathcal{B}_{\text{freq}}\right\rangle$可以表示为

$$\left|\lambda sa_nc_n\right\rangle\mapsto\begin{cases}
\dfrac{1}{2}\displaystyle\sum_{x_n\in\mathbb{Z}_2}\sum_{z_n\in\mathbb{Z}_2}(-1)^{a_nx_n+c_nz_n}\left|\lambda sx_nz_n\right\rangle, & \lambda=0 \\
\dfrac{1}{\sqrt{2}}\displaystyle\sum_{\ell_n\in\mathbb{Z}_2}\left(-1\right)^{c_n\ell_n}\left|\lambda sa_n\ell_n\right\rangle, & \lambda=1
\end{cases}$$

其中$\lambda\in\mathbb{Z}_2,s\in\mathbb{Z}_2^{2n-2}$，$a_n,c_n\in\mathbb{Z}_2$．按照一个广义克式矩阵乘积方法，这个公式可以转换成如下量子计算线路网络模式：

$$(\mathbf{I}_2\otimes_{\mathrm{R}}(\mathbf{I}_{2^{2n-2}}\otimes_{\mathrm{R}}\mathbf{W},\mathbf{I}_{2^{2n-1}}))\otimes_{\mathrm{R}}\mathbf{W}$$

对于 $n \geqslant 1$，令 **E** 表示一个量子计算实现在 $\mathcal{R}_{(n-1)}$ 上基于上述编码规则的关于群代数 $\mathbb{C}E_{n-1}$ 的傅里叶变换的量子线路网络，那么，根据上面这个广义克式矩阵乘积公式可知，示意图 6 给出的量子计算线路网络能够计算实现在 $\mathcal{R}_{(n)}$ 上基于上述编码规则的关于群代数 $\mathbb{C}E_n$ 的傅里叶变换：

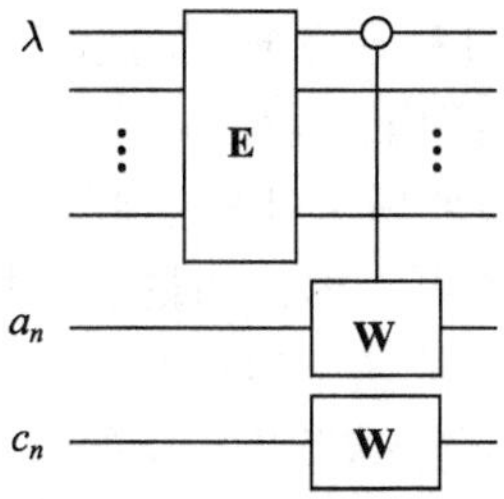

图 6　量子傅里叶变换的混合量子计算实现网络

当 $n=0$ 时，只由 **W** 变换组成的 1-量子比特线路网络即可完成傅里叶变换的量子计算. 因此，按照上述方式扩展这种递归定义的量子计算线路网络，可以得到主要结果，即示意图 7 所给出的量子计算线路网络可以量子计算实现关于群代数 $\mathbb{C}E_n$ 的一个傅里叶变换：

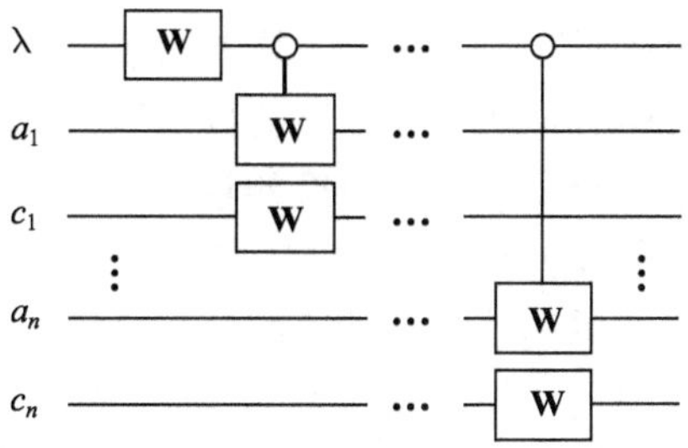

图 7　量子傅里叶变换的量子计算实现网络

10.3.8　酉算子的量子计算讨论

量子计算实现酉算子的有效量子算法问题，可以归结为一个纯粹的矩阵分解和表示问题. 令 $\mathcal{U}$ 是一个基本酉矩阵的集合，给定一个 $(n \times n)$ 维的酉矩阵 U，U 是否可以被分解成一些基本酉矩阵的乘积，使得酉矩阵乘积表达式中基本量子运算的数量可以表示为以 $\log(n)$ 为界的多项式？在早期量子计算研究中，只允许在这样的乘积表达式中出现基本的二进制矩阵运算：乘法和标准的克式矩阵乘积. 前述研究结果表明，即使把克式矩阵乘积替换为描述范围得到显著扩张的广义克式矩阵乘积表达方式，仍然可以遵循一般化的过程建立并获得量子计算实现酉算子的高效量子计算线路网络.

这种广义量子运算具有多方面的优势. 比如, 在搜索便于量子计算实现的酉矩阵有效分解时, 这种广义基本量子运算实质上提供了一种一般有效的理论方法, 作为具体实例, 回顾前述高效量子计算实现两个小波酉算子的量子计算线路网络的建立过程; 再比如, 这种广义基本量子运算理论为各种复杂酉算子提供了优美紧凑的严谨数学公式刻画; 另外, 这种广义基本量子运算理论能够直接构造得到量子计算实现酉算子的量子计算线路网络, 回顾高效量子计算实现有限交换群傅里叶变换算子的量子计算线路网络的建立过程具有典型的示范作用.

在具有通用意义的理论框架内, 其他酉算子的量子计算实现问题也可能得到适当的解决, 比如, 有限非交换群傅里叶变换酉算子的有效量子计算实现问题. 在这个问题的研究过程中, 建立了更为宽松的量子傅里叶变换酉算子的概念, 即在至多相差一个相位因子序列条件下的量子傅里叶变换酉算子的量子计算实现, 为此构造获得量子计算实现一类亚循环群傅里叶变换的量子计算线路网络, 即使不完全了解群的结构, 也可以得到高效的量子计算线路网络. 特别是, 如果这些酉算子计算结束之后还需要实现量子测量, 比如按照参考文献 Griffiths 和 Niu(1996)给出的测量, 那么, 这里研究的能够量子计算实现宽松量子傅里叶变换酉算子的高效量子计算线路网络, 其意义就显得尤为重要, 宽松量子傅里叶变换的定义就非常有用, 实例可以参考 Deutsch 和 Jozsa(1992), Simon(1994), Shor(1997) 以及 Boneh 和 Lipton(1995)各自建立的量子计算算法理论.

最后, 这种广义量子运算理论可以被直接用于构造简单高效的量子计算线路网络, 以实现用于量子纠错研究的一类群代数上的量子傅里叶变换. 比如参考文献 Calderbank 等(1997), Gottesman(1996)等给出的量子纠错方法. 回顾 Beals(1997)建立的对称群量子计算网络以及量子傅里叶变换的量子计算网络, 不禁自然想到一个非常具有挑战意义的问题, 在这些理论表达方法中出现的量子酉算子、量子傅里叶酉算子、计算实现量子酉算子的高效量子计算线路网络等, 有什么样的具有真实意义的本质上能够拓展科学视野的应用场景? 就像 Shor 量子算法中量子傅里叶变换被巧妙用于搜索循环群未知子群的阶数那样, 这个思想在经典计算机和计算理论研究领域的对应版本是未知的.

10.4　量子比特小波

量子比特小波是小波的量子比特表达形式, 本质上是量子比特量子态空间中的一个酉线性算子. 量子傅里叶变换即一个经典傅里叶变换的量子态形式, 在量子算法理论的发展过程中已被证实是一个强大的工具. 在经典计算理论中的另一类正交变换或者酉变换, 即小波变换, 它和傅里叶变换一样有用. 小波变换可用于揭示一个信号的多尺度结构, 可以用于量子图像处理和量子数据压缩等, 比如见参考文献 Ran 和 Wang 等(2018)的论述. 这里给出两个有代表性的量子小波, 即量子哈尔小波和 4 号量子 Daubechies 小波 $D^{(4)}$, 以及实现这些小波变换的完整、高效量子计算线路网络.

实现这些量子小波变换的基本方法是将它们在平凡规范正交基体系下对应的经典酉算子分解为便于量子网络实现的典型、简单酉矩阵的直和、直积和点积, 其中置换矩阵作为一类特殊的酉矩阵将发挥十分重要的作用. 令人惊讶的是, 经典计算便于实现的简单操作, 在算子计算机实施计算的过程中却并不总是容易量子实现的, 反之亦然. 特别是, 在经典计算中计算成本几乎可以被忽略的置换矩阵, 在量子计算中的实现成本显著增加以至于必须计入量子实现的时间开销和复杂度计量.

在这里将详细研究构造量子比特小波算子的特殊置换矩阵集合, 建立置换矩阵量子网络实现需要的有效量子线路, 设计能够实现量子比特小波的有效完整量子网络.

10.4.1　量子比特小波与量子线路

在过去几年中, 量子计算机和量子计算理论的研究取得了重大进展, 面貌已经焕然一新, 一些著名的重要量子算法已经得以建立, 此外, 典型的量子计算机已经在核磁共振和非线性光学技术基础上建立起来了, 相关内容的介绍可见参考文献 Chuang 和 Laflamme 等(1995), Chuang 等(1998), Chuang 和 Yamamoto(1995), Jones 等(1998)的论述. 虽然这些设备还远远不及通用计算机, 然而, 它们在实用量子计算的研制道路上奠定了重要的基础, 具有里程碑式的重大意义.

(α) 量子比特和量子算法

量子计算机是一种物理设备, 随着时间的推移, 它的自然演变可以被解释为执行一个有用的计算. 量子计算机的基本单元是量子比特, 物理上由一些简单的 2-状态的量子系统实现, 如电子的自旋状态. 在任何时刻, 一个经典比特必须是 0 或 1, 然而一个量子比特允许是一个同时有 0 和 1 的任意叠加态. 为了生成一个量子存储寄存器, 只考虑同步状态(可以是纠缠的)量子比特的元组.

量子存储寄存器的状态, 或任何其他孤立于量子系统的状态, 根据一些正交变换随时间演变. 因此, 如果量子存储寄存器的演化状态被解释为已经实现了一些计算, 这些计算必须可以被描述为酉算子. 如果量子存储寄存器包含 n 量子比特, 数学上, 这个算子可以表示成 $2^n \times 2^n$ 维酉矩阵.

现在已经建立了几个非常有名的量子算法, 其中最著名的例子有用于判定一个函数是否是偶的或平衡的 Deutsch 和 Jozsa(1992)算法, 分解复合整数的 Shor(1994)算法和在一个非结构化数据库中搜索一个项目的 Grover(1996)算法以及 Hoyer(1997)建立的广义克罗内克矩阵(序列)乘积高效量子计算算法. 然而, 这个领域快速增长, 每年都有新的量子算法被发现. 最近一些例子包括计算一个问题求解方案数量的

Brassard 等(1998)量子算法，在一个量子搜索中嵌套另一个量子搜索来解决 NP-完全问题的 Cerf 等(1998, 2000a, 2000b)算法以及分布式量子计算的 Buhrman 等(1999)算法，和雨果和孙吉贵(2005)的量子 Haar 小波算法及线路等. 事实上，利用酉变换描述量子算法对量子计算既是好消息也是坏消息. 好消息是，知道一台量子计算机必须执行一个正交变换，这使得关于量子计算机是否完成某项任务的判定理论得以证明. 例如, Zalka(1999)已经证明 Grover 算法是最优的. Aharonov 等(1997)已经证明涉及中间测量的量子算法不比一个直到正交演化阶段结束之后再进行所有测量的算法更有效. 这两个证明依赖于量子算法的正交性. 另一方面，坏消息是许多希望完成操作的计算本质上不是由酉算子描述的，例如，所需的计算可能是非线性的、不可逆的或非线性且不可逆的. 由于一个酉变换必须是线性的和可逆的，因此可能需要在量子计算机上具有极其突出创意的量子算法，才可能量子计算实现各种真正需要的酉算子的量子计算. 不可逆性可以通过引入额外的“多余”量子比特解决，只需要记忆每一个输出对应的输入即可. 但非线性算子的量子计算实现问题目前几乎束手无策.

(β) 量子小波算法

非常幸运的是，有些重要的酉算子，如傅里叶变换、Walsh-Hadamard 变换和各种小波变换都是用酉算子描述的，而且傅里叶变换和 Walsh-Hadamard 变换已经得到广泛研究. 大量事实表明，量子傅里叶变换在许多已知的量子算法中被公认为是最关键的，量子 Walsh-Hadamard 变换是 Shor 算法和 Grover 算法的重要组成部分. 小波变换像傅里叶变换一样有用，至少在经典计算机和经典计算理论研究中是这样，例如，小波变换特别适合显示信号和图像的多尺度结构，在量子图像处理、量子图像加密和量子数据压缩等研究中，小波变换也是最经常使用的重要工具和方法. 在量子计算机和量子计算理论研究中，建立能够量子计算实现小波酉算子的量子计算方法和构造量子计算线路网络具有非常重要的意义而且十分紧迫.

量子小波酉算子的量子计算实现是从一些特殊的酉算子开始的，接下来是建立小波酉算子量子计算实现的量子逻辑门阵列和量子计算线路网络，在量子计算实现过程中，需要把小波酉算子分解为规模更小的酉算子的直和、直积或点积，必要时还将利用广义克罗内克矩阵乘积方法，这些小规模酉算子对应于 1-量子比特和 2-量子比特的量子门. 正因为这样，才将这种能够表示为可以高效量子计算实现的小波酉算子称为量子比特小波，而这个具体的量子计算实现过程被称为量子比特小波变换.

除此之外，为了保证量子计算实现量子比特小波的量子计算线路网络在物理上是可实现的，必须要求量子计算线路网络需要的基本量子逻辑门数量以量子比特数 n 的多项式为其上界. 当然，寻找这样的量子计算分解公式和建立量子计算线路网络高效实现量子比特小波是非常困难的. 例如, 虽然有已知的代数算法能够分解一个任意的 $2^n\times 2^n$ 酉算子, 例如, 在 Reck 等(1994)建立的任意离散酉算子的实验性量子计算实现方法中, 分解过程需要指数级 $O(2^n)$ 规模的基本量子逻辑门阵列数量. 这样的分解在数学上是有效的, 但在物理上是不可实现的, 因为在设计量子计算实现这个量子算法的量子线路网络时需要太多的基本量子逻辑门. 实际上, Knill(1995)已经证明, 如果只使用对应所有 1-量子比特旋转和 XOR(异或)的量子门, 量子计算实现一个任意酉矩阵需要指数级数量的量子门. 因此获得酉算子的高效量子计算实现线路网络, 即要求它具有多项式时间和空间复杂度, 关键因素是研究和构建给定酉算子的特殊表达和结构.

为了获得简洁有效的量子线路, 最显著的例子是 Walsh-Hadamard 变换的量子计算实现问题. 在量子计算中, 当一个量子寄存器加载范围为 0 到 2^n-1 的所有整数时, 就需要这种变换进行物理实现. 在经典计算机上以及在经典计算理论研究中, 对一个长度为 2^n 的向量应用 Walsh-Hadamard 变换, 其计算复杂度是 $O(2^n)$. 然而, 如果利用 Walsh-Hadamard 算子的克罗内克矩阵乘积分解表达式, 那么, 它可以由 n 个相同的 1-量子比特门量子计算实现, 量子计算复杂度仅为 $O(1)$. 同样, 已经发现并构建获得高效量子计算线路网络, 在满足多项式时间复杂度和空间复杂度的条件下, 量子计算实现量子傅里叶变换酉算子. 然而, 建立小波酉算子的适当表达形式以及构造量子计算实现量子比特小波的量子计算线路网络更具挑战性.

(γ) 置换矩阵的量子计算

在经典计算机上和在经典计算理论中, 对于揭示和利用一个给定正交变换(酉算子)的特殊结构, 最关键的技术是置换矩阵的使用. 事实上, 在经典计算理论中, 已经出版大量的研究文献, 阐述如何利用置换矩阵获得酉变换的简单分解形式并设计高效的计算实现方法. 不过, 在经典计算中, 利用置换矩阵的理论前提是假设这里出现的置换矩阵都可以低成本快速实现. 事实上, 置换矩阵的经典计算是如此简单, 以至于在它们的实施成本研究中往往不包括复杂性分析. 这是因为任何置换矩阵都可以利用它对向量元素顺序的影响得到直接描述. 因此, 它可以通过重新排列向量的元素简单地实现, 这只涉及数据移动而不执行任何算术运算. 实际上, 在本书的后续研究中, 置换矩阵在小波变换涉及的酉算子的分解过程中也将发挥举足轻重的作用, 然而, 与在经典计算机上和经典计算理论中不同的是, 置换矩阵的量子计算实现成本在量子计算机上和量子计算理论中是显著的和不可忽视的. 为了得到量子比特小波的可行、高效量子计算线路网络, 需要考虑的主要问题恰恰是某些关键的置换矩阵的有效量子计算实现线路的设计和实施. 注意, 任何作用在 n 量子比特上的置换矩阵其数学描述由一个 $2^n\times 2^n$ 的酉算子表示. 因此, 通过使用通用技术分解任意置换矩阵是可能的，但这将导致一个指数规模的时间和空间复杂度. 然而，置换矩阵，由于其特殊结构，能够表示酉矩阵的一个非常特殊的子类，所以，获得置换矩阵的高效量子计算实现的关键是开发和利用这种特殊结构.

围绕量子比特小波酉算子的量子计算实现问题，为在量子计算实现量子比特小波酉算子和量子傅里叶酉算子过程中需要的置换矩阵建立高效量子计算线路网络，在这里针对这些置换矩阵建立三种量子计算实现的有效方法和技术，最终实现量子比特小波酉算子的量子计算.

在第一种技术中，所处理的置换矩阵类被称为量子比特置换矩阵，可以由它们对量子比特排序的作用直接进行描述. 这种量子描述与置换矩阵的经典描述非常类似. 可以证明，出现在量子小波和量子傅里叶变换(以及在许多其他经典计算中的线性变换一样)中的完美交叠置换矩阵类 Π_{2^n} 和比特翻转置换矩阵类 P_{2^n}，就是这类置换矩阵. 建立和实现一个新的量子逻辑门，记为量子交换门或 Π_4，可以用于直接导出能够实现量子比特置换矩阵的高效量子计算线路网络. 有趣的是，Π_{2^n} 和 P_{2^n} 的量子实现量子计算线路网络的创立过程将导致这两个置换矩阵获得以前在经典计算理论中未知的小规模酉算子因子分解.

第二种技术基于置换矩阵的量子算法描述. 下移置换矩阵类 Q_{2^n} 在量子比特小波酉算子量子实现中发挥重要作用，同时它也经常出现在许多经典计算中. 可以证明，Q_{2^n} 的量子描述可以由基本量子运算算子给出. 这种描述方法有助于得到 Q_{2^n} 酉算子的量子计算实现.

第三种技术依赖于发展置换矩阵的全新因子分解. 这种技术在绝大多数情况下是最具有挑战性的，甚至从经典计算的观点来说是违反直觉的！为了研究和阐述这种技术，再次考虑置换矩阵 Q_{2^n}，并证明它可以按照有限傅里叶变换酉算子重新进行因子分解，其中涉及的有限傅里叶变换都可以利用量子傅里叶变换量子线路网络得到量子实现. 更为意想不到的是，可以建立以前在经典计算中未知的 Q_{2^n} 的递归因子分解. 这种递归因子分解将产生 Q_{2^n} 的一个直观、有效的量子实现线路网络.

通过对有限个置换矩阵的分析，展现出量子计算与经典计算让人惊讶的关系. 在经典计算中很难实现的某些操作在量子计算上更容易实现，反之亦然. 比如，尽管 Π_{2^n} 和 P_{2^n} 的经典实现比 Q_{2^n} 更难，但他们的量子实现比 Q_{2^n} 更容易和更简单.

在小波酉算子给定的条件下，小波的作用可以根据小波包算法或金字塔算法得到体现. 按照量子力学方式实现这两种小波算法需要形如 $I_{2^{n-i}}\otimes\Pi_{2^i}$ 和 $\Pi_{2^i}\oplus I_{2^n-2^i}$ 算子的有效量子线路，其中 $\otimes$ 和 $\oplus$ 分别表示矩阵或者算子的克罗内克乘积和算子直和运算. 显然利用实现算子 Π_{2^i} 的量子线路可以有效量子实现这两种类型的算子演算. 作为示范实例, 考虑两个代表性小波酉算子, 即哈尔小波酉算子和 Daubechies 4 号小波酉算子 $D^{(4)}$. 前者, 需要建立满足多项式时间和空间复杂度的完整量子逻辑门级量子网络设计方案以实现量子哈尔小波酉算子; 后者, 建立 Daubechies 4 号小波酉算子 $D^{(4)}$ 的小波酉矩阵的三种因子分解从而直接获得三种不同的量子逻辑门级量子网络实现. 颇为意外的是, 在量子傅里叶变换量子网络实现的基础上, 有一种因子分解表达式可以转化为有效间接量子计算实现 Daubechies 4 号小波酉算子 $D^{(4)}$ 的小波包算法和金字塔算法的量子线路网络.

10.4.2　置换矩阵量子计算网络

置换矩阵或者置换酉算子的量子计算实现是获得高效量子计算线路网络实现量子傅里叶变换和量子比特小波酉算子的主要途径, 其中完美交叠算子 Π_{2^n} 和比特翻转算子 P_{2^n} 是这些置换矩阵中最重要的两个, 在量子比特小波和量子傅里叶变换以及许多涉及正交变换的量子计算线路网络设计中得到了最广泛的应用.

这里研究量子计算实现这两种基本置换矩阵的量子线路网络. 在量子计算中, 这两种置换矩阵可以直接通过它们对量子比特序列的影响进行描述, 而这种描述方式有利于获得实现完美交叠和比特翻转的高效量子网络. 颇为有趣的是, 完美交叠和比特翻转置换矩阵的这种量子网络实现居然提供了这两种置换矩阵(算子)在经典计算机和经典计算理论研究中从未出现过的因子分解表达形式.

(α) 量子比特交叠置换矩阵

在 10.3 节中已经出现过的完美交叠算子 Π_{2^n}, 既可以通过它对向量的影响获得经典描述, 也可以按照量子比特模式或者量子比特字符串的方式进行描述.

如果 $\mathscr{F}$ 是一个 2^n 维列向量, 把列向量 $\mathscr{F}$ 均分为上下两个部分, 并将上半部分和下半部分的元素逐个相间排列产生得到向量 $\mathscr{G} = \Pi_{2^n}\mathscr{F}$, 这个变换称为完美交叠置换, 用完美交叠置换矩阵 Π_{2^n} 表示.

按矩阵元素的方式, 可以将完美交叠置换矩阵用符号和矩阵元素进行描述, 比如 $\Pi_{2^n} = (\Pi_{ij})_{i,j=0,1,\cdots,2^n-1}$, 其中记号 Π_{ij}, $i,j = 0,1,\cdots,2^n-1$, 表示矩阵 Π_{2^n} 的全部元素, 定义如下:

$$\Pi_{ij} = \begin{cases} 1, & i = 0(\mathrm{mod}(2)), j = 0.5i \\ 1, & i = 1(\mathrm{mod}(2)), j = 0.5(i-1) + 2^{n-1} \\ 0, & \text{其他} \end{cases}$$

也可以按分块矩阵的方式说明完美交叠置换矩阵. 将 Π_{2^n} 均匀分块为左右两个子矩阵, 即 $\Pi_{2^n}=\left(\Pi^{(0)}\middle|\Pi^{(1)}\right)$, 其中 $\Pi^{(0)},\Pi^{(1)}$ 都是 $2^n\times 2^{n-1}$ 矩阵, 假如 $\Pi^{(0)}$ 的行编号是 $i=0,1,\cdots,(2^n-1)$, 那么, 它的第 $i=1,3,\cdots,(2^n-1)$ 行共 2^{n-1} 个行向量都是 0 向量, 即这些行的元素全都是 0; 而它的第 $i=0,2,\cdots,(2^n-2)$ 行, 共 2^{n-1} 个行向量, 每个行向量唯一的非 0 元素都是 1, 而且, 这个非 0 元素所在的列序号正好是其行编号的一半, 即在第 i 行, 其中 $i=0,2,\cdots,(2^n-2)$, 只有第 $0.5i$ 列位置上的元素等于 1, 其余各位置上的元素都是 0. 具体写出如下:

$$\Pi^{(0)}=\begin{pmatrix}1&0&0&\cdots&\cdots&0\\0&0&0&\cdots&\cdots&0\\0&1&0&\cdots&\cdots&0\\0&0&0&\cdots&\cdots&0\\&&&\ddots&&\\0&0&0&\cdots&0&1\\0&0&0&\cdots&0&0\end{pmatrix}_{2^n\times 2^{n-1}}$$

此外, 利用 $\Pi^{(0)}$ 可以直截了当地说明 $\Pi^{(1)}$: 将 $\Pi^{(0)}$ 的第 $i=0,1,\cdots,(2^n-2)$ 行依次下移一行构成 $\Pi^{(1)}$ 的第 $i=1,\cdots,(2^n-1)$ 行, 而将 $\Pi^{(0)}$ 的最后一行, 其每个元素都是 0, 即第 (2^n-1) 行这个 0 向量, 构成 $\Pi^{(1)}$ 的首行即第 $i=0$ 行. 具体写出:

$$\Pi^{(1)}=\begin{pmatrix}0&0&0&\cdots&\cdots&0\\1&0&0&\cdots&\cdots&0\\0&0&0&\cdots&\cdots&0\\0&1&0&\cdots&\cdots&0\\&&&\ddots&&\\0&0&0&\cdots&0&0\\0&0&0&\cdots&0&1\end{pmatrix}_{2^n\times 2^{n-1}}$$

或者利用 $2^n\times 2^n$ 循环下移置换矩阵 Θ_{2^n}:

$$\Theta_{2^n}=\begin{pmatrix}0&\cdots&0&1\\1&\ddots&\vdots&\vdots\\\vdots&\ddots&0&0\\0&\cdots&1&0\end{pmatrix}_{2^n\times 2^n}$$

将 $\Pi^{(1)}$ 和 $\Pi^{(0)}$ 的关系表示如下:

$$\begin{pmatrix} 0 & 0 & 0 & \cdots & \cdots & 0 \\ 1 & 0 & 0 & \cdots & \cdots & 0 \\ 0 & 0 & 0 & \cdots & \cdots & 0 \\ 0 & 1 & 0 & \cdots & \cdots & 0 \\ & & & \ddots & & \\ 0 & 0 & 0 & \cdots & 0 & 0 \\ 0 & 0 & 0 & \cdots & 0 & 1 \end{pmatrix} = \begin{pmatrix} 0 & 0 & 0 & \cdots & \cdots & 0 & 1 \\ 1 & 0 & 0 & \cdots & \cdots & 0 & 0 \\ 0 & 1 & 0 & \cdots & \cdots & 0 & 0 \\ 0 & 0 & 1 & \cdots & \cdots & 0 & 0 \\ & & & \ddots & \ddots & & \\ 0 & 0 & 0 & \cdots & \cdots & 0 & 0 \\ 0 & 0 & 0 & \cdots & \cdots & 1 & 0 \end{pmatrix} \begin{pmatrix} 1 & 0 & 0 & \cdots & \cdots & 0 \\ 0 & 0 & 0 & \cdots & \cdots & 0 \\ 0 & 1 & 0 & \cdots & \cdots & 0 \\ 0 & 0 & 0 & \cdots & \cdots & 0 \\ & & & \ddots & & \\ 0 & 0 & 0 & \cdots & 0 & 1 \\ 0 & 0 & 0 & \cdots & 0 & 0 \end{pmatrix}$$

或者利用记号简单地表示为

$$\Pi^{(1)} = \Theta_{2^n} \Pi^{(0)}$$

这样，完美交叠算子 Π_{2^n} 的分块表示可以详细给出如下：

$$\Pi_{2^n} = (\Pi^{(0)} | \Pi^{(1)}) = \left(\begin{array}{cccccc|cccccc} 1 & 0 & 0 & \cdots & \cdots & 0 & 0 & 0 & 0 & \cdots & \cdots & 0 \\ 0 & 0 & 0 & \cdots & \cdots & 0 & 1 & 0 & 0 & \cdots & \cdots & 0 \\ 0 & 1 & 0 & \cdots & \cdots & 0 & 0 & 0 & 0 & \cdots & \cdots & 0 \\ 0 & 0 & 0 & \cdots & \cdots & 0 & 0 & 1 & 0 & \cdots & \cdots & 0 \\ & & & \ddots & & & & & & \ddots & & \\ 0 & 0 & 0 & \cdots & 0 & 1 & 0 & 0 & 0 & \cdots & 0 & 0 \\ 0 & 0 & 0 & \cdots & 0 & 0 & 0 & 0 & 0 & \cdots & 0 & 1 \end{array}\right)$$

利用上述记号，列向量之间的完美交叠置换变换关系 $\mathscr{G} = \Pi_{2^n} \mathscr{F}$ 表示为

$$\mathscr{G} = \begin{pmatrix} g_0 \\ g_1 \\ g_2 \\ g_3 \\ \vdots \\ g_{2^n-2} \\ g_{2^n-1} \end{pmatrix} = \left(\begin{array}{cccccc|cccccc} 1 & 0 & 0 & \cdots & \cdots & 0 & 0 & 0 & 0 & \cdots & \cdots & 0 \\ 0 & 0 & 0 & \cdots & \cdots & 0 & 1 & 0 & 0 & \cdots & \cdots & 0 \\ 0 & 1 & 0 & \cdots & \cdots & 0 & 0 & 0 & 0 & \cdots & \cdots & 0 \\ 0 & 0 & 0 & \cdots & \cdots & 0 & 0 & 1 & 0 & \cdots & \cdots & 0 \\ & & & \ddots & & & & & & \ddots & & \\ 0 & 0 & 0 & \cdots & 0 & 1 & 0 & 0 & 0 & \cdots & 0 & 0 \\ 0 & 0 & 0 & \cdots & 0 & 0 & 0 & 0 & 0 & \cdots & 0 & 1 \end{array}\right) \begin{pmatrix} f_0 \\ f_1 \\ f_2 \\ f_3 \\ \vdots \\ f_{2^n-2} \\ f_{2^n-1} \end{pmatrix} = \begin{pmatrix} f_0 \\ f_{2^{n-1}} \\ f_1 \\ f_{2^{n-1}+1} \\ \vdots \\ f_{2^{n-1}-1} \\ f_{2^n-1} \end{pmatrix}$$

其中 $\mathscr{F} = (f_0, f_1, \cdots, f_{(2^n-1)})^{\mathrm{T}}$.

另外，完美交叠算子 Π_{2^n} 的量子描述十分简单，具体可以表示为

$$\Pi_{2^n} : |a_{n-1}a_{n-2}\cdots a_1 a_0\rangle \mapsto |a_0 a_{n-1} a_{n-2} \cdots a_1\rangle$$

即在量子计算中，Π_{2^n} 是对 n 量子比特进行右移位的算子. 注意，$\Pi_{2^n}^{\mathrm{T}}$ (T 表示转置) 实现比特左移操作，即

$$\Pi_{2^n}^{\mathrm{T}} : |a_{n-1}a_{n-2}\cdots a_1 a_0\rangle \mapsto |a_{n-2} \cdots a_1 a_0 a_{n-1}\rangle$$

(β) 量子比特翻转置换矩阵

比特翻转置换矩阵既可以通过它对向量的影响获得经典描述，也可以按照量子比特模式或者量子比特字符串的方式进行描述.

比特翻转置换矩阵 P_{2^n} 的经典描述可以通过它对给定向量的影响直接进行说明. 如果 $\mathscr{F}$ 和 $\mathscr{G}$ 都是 2^n 维列向量且满足关系 $\mathscr{G}=\mathrm{P}_{2^n}\mathscr{F}$. 令矩阵 $\mathrm{P}_{2^n}=(p_{ij})_{2^n\times 2^n}$，将矩阵行列号 $i,j=0,1,\cdots,2^n-1$ 都写成二进制形式:

$$i=(i_0i_1\cdots i_{n-1})_2,\ \ j=(j_0j_1\cdots j_{n-1})_2,\ \ i_\ell,j_\ell\in\{0,1\},\ell=0,1,\cdots,n-1$$

这样矩阵 P_{2^n} 的元素 p_{ij} 可以给出如下:

$$p_{ij}=\begin{cases}1, & \boxed{\begin{array}{l}i=(i_0i_1\cdots i_{n-1})_2,j=(i_{n-1}\cdots i_1i_0)_2\\ i_\ell\in\{0,1\},\ell=0,1,\cdots,(n-1)\end{array}}\\ 0, & \text{其他}\end{cases}$$

于是，向量关系 $\mathscr{G}=\mathrm{P}_{2^n}\mathscr{F}$ 可以详细说明：当 $i=0,1,\cdots,2^n-1$ 时，$\mathscr{G}_i=\mathscr{F}_j$，其中 j 是将 i 的 n 位二进制表示字符串 $(i_0i_1\cdots i_{n-1})_2$ 颠倒顺序得到 $(i_{n-1}\cdots i_1i_0)_2$ 对应的自然数，即 $j=(i_{n-1}\cdots i_1i_0)_2$，或者具体表示为

$$\mathscr{G}_{(i_0i_1\cdots i_{n-1})_2}=\mathscr{F}_{(i_{n-1}\cdots i_1i_0)_2},\ \ i_\ell\in\{0,1\},\ \ \ell=0,1,\cdots,n-1$$

利用各阶完美交叠置换矩阵 Π_{2^ℓ} 可以将比特翻转置换矩阵 P_{2^n} 分解如下:

$$\mathrm{P}_{2^n}=\Pi_{2^n}(I_2\otimes\Pi_{2^{n-1}})\cdots(I_{2^\ell}\otimes\Pi_{2^{n-\ell}})\cdots(I_{2^{n-3}}\otimes\Pi_8)(I_{2^{n-2}}\otimes\Pi_4)$$

这个把比特翻转置换矩阵分解为完美交叠置换矩阵乘积的表达公式，在关于快速有限傅里叶变换算法设计中发挥了十分重要的作用，比如 Loan(1992)在研究快速傅里叶变换计算理论时曾经利用了这个结果.

比特翻转置换矩阵 P_{2^n} 的量子描述十分简单，具体表示为

$$\mathrm{P}_{2^n}:\left|a_{n-1}a_{n-2}\cdots a_1a_0\right\rangle\mapsto\left|a_0a_1\cdots a_{n-2}a_{n-1}\right\rangle$$

其中 $\left|a_{n-1}a_{n-2}\cdots a_1a_0\right\rangle$ 是 n 量子比特态矢，$a_\ell\in\{0,1\},\ell=0,1,\cdots,n-1$. 即 P_{2^n} 是翻转 n 量子比特顺序的算子. 这个量子描述可以从 P_{2^n} 的上述公式分解表达式和置换矩阵类 Π_{2^ℓ} 的量子描述直接得到. 有趣的是要注意到矩阵 P_{2^n} 的经典计算刻画和量子计算刻画之间的简繁差异：利用经典计算术语，“比特翻转”是指颠倒向量元素位置序号二进制表示字符串的顺序；利用量子计算术语，矩阵 P_{2^n} 将描述量子态矢的量

子比特顺序颠倒.

容易发现, P_{2^n} 是对称的, 即 $\mathrm{P}_{2^n}=\mathrm{P}_{2^n}^{\mathrm{T}}$. 在矩阵或者算子 P_{2^n} 的量子描述中, 这很容易证明. 因为如果量子比特翻转两次就会恢复其原来的顺序, 这表明恒等式 $\mathrm{P}_{2^n}\mathrm{P}_{2^n}=\mathrm{I}_{2^n}$ 成立. 此外由于 P_{2^n} 是正交的, 即 $\mathrm{P}_{2^n}\mathrm{P}_{2^n}^{\mathrm{T}}=\mathrm{I}_{2^n}$, 从而 $\mathrm{P}_{2^n}=\mathrm{P}_{2^n}^{\mathrm{T}}$.

(γ) 量子比特翻转与量子傅里叶变换

在这里回顾量子傅里叶变换算法, 它不仅出现在量子比特小波酉算子的表达推导中, 而且, 它也可以更清晰地了解置换矩阵 Π_{2^n} 和 P_{2^n} 在量子计算实现量子傅里叶变换酉算子的量子线路网络构建中的作用, 而这种作用恰恰是希望置换矩阵 Π_{2^n} 和 P_{2^n} 在量子比特小波酉算子的量子计算线路网络构造过程中同样能够发挥的.

在 Loan(1992)建立的快速傅里叶变换计算理论中, 一个 2^n 维向量的经典有限傅里叶变换被按 Cooley-Tukey 方式分解表示为

$$F_{2^n}=A_nA_{n-1}\cdots A_1\mathrm{P}_{2^n}=\underline{F}_{2^n}\mathrm{P}_{2^n}$$

上式中的记号和定义详细罗列如下:

$$A_\ell=I_{2^{n-\ell}}\otimes B_{2^\ell},\quad \Omega_{2^{\ell-1}}=\mathrm{Diag}\{1,\omega_{2^\ell},\omega_{2^\ell}^2,\cdots,\omega_{2^\ell}^{2^{\ell-1}-1}\}$$

$$B_{2^\ell}=\frac{1}{\sqrt{2}}\begin{pmatrix}I_{2^{\ell-1}} & \Omega_{2^{\ell-1}}\\ I_{2^{\ell-1}} & -\Omega_{2^{\ell-1}}\end{pmatrix},\quad F_2=W=\frac{1}{\sqrt{2}}\begin{pmatrix}1 & 1\\ 1 & -1\end{pmatrix}$$

其中 $\Omega_{2^{\ell-1}}$ 是一个 $2^{\ell-1}\times 2^{\ell-1}$ 对角矩阵, $\omega_{2^\ell}=\exp(-2i\pi\times 2^{-\ell})$. 另外, 算子 $\underline{F}_{2^n}$ 的定义公式是

$$\underline{F}_{2^n}=A_nA_{n-1}\cdots A_1$$

它表示 Cooley-Tukey 形式的快速傅里叶变换的计算核(矩阵), P_{2^n} 表示在将该向量代入计算核之前需要在输入向量的元素上执行置换操作. 注意, 有限傅里叶变换分解表达式中的比特翻转置换矩阵 P_{2^n} 取决于 P_{2^n} 的因子分解表达式给出的因子 $(I_{2^\ell}\otimes\Pi_{2^{n-\ell}})$ 的累积乘积.

Gentleman-Sande 形式的有限傅里叶变换的因式分解可以利用 F_{2^n} 的对称性以及 Cooley-Tukey 因式分解的转置得到

$$F_{2^n}=\mathrm{P}_{2^n}A_1^{\mathrm{T}}\cdots A_{n-1}^{\mathrm{T}}A_n^{\mathrm{T}}=\mathrm{P}_{2^n}\underline{F}_{2^n}^{\mathrm{T}}$$

其中

$$\underline{F}_{2^n}^{\mathrm{T}}=(A_nA_{n-1}\cdots A_1)^{\mathrm{T}}=A_1^{\mathrm{T}}\cdots A_{n-1}^{\mathrm{T}}A_n^{\mathrm{T}}$$

表示 Gentleman-Sande 形式有限傅里叶变换的计算核，P_{2^n} 表示为了获得正确顺序的输出向量需要执行的置换.

Barenco 等(1996)在研究量子傅里叶变换的近似量子计算与量子态消相干之间关系的过程中，利用算子 B_{2^ℓ} 的如下矩阵因子分解，构建得到量子计算实现 $\underline{F}_{2^n}^{\mathrm{T}}$ 的量子路线网络:

$$B_{2^\ell}=\frac{1}{\sqrt{2}}\begin{pmatrix} I_{2^{\ell-1}} & \Omega_{2^{\ell-1}} \\ I_{2^{\ell-1}} & -\Omega_{2^{\ell-1}} \end{pmatrix}=\frac{1}{\sqrt{2}}\begin{pmatrix} I_{2^{\ell-1}} & I_{2^{\ell-1}} \\ I_{2^{\ell-1}} & -I_{2^{\ell-1}} \end{pmatrix}\begin{pmatrix} I_{2^{\ell-1}} & 0 \\ 0 & \Omega_{2^{\ell-1}} \end{pmatrix}$$

按照如下公式定义矩阵 C_{2^ℓ}：

$$C_{2^\ell}=\begin{pmatrix} I_{2^{\ell-1}} & 0 \\ 0 & \Omega_{2^{\ell-1}} \end{pmatrix}$$

那么，A_ℓ 和 B_{2^ℓ} 可以被改写成如下的矩阵因子分解形式:

$$\begin{aligned} B_{2^\ell} &= (W\otimes I_{2^{\ell-1}})C_{2^\ell} \\ A_\ell &= I_{2^{n-\ell}}\otimes B_{2^\ell}=(I_{2^{n-\ell}}\otimes W\otimes I_{2^{\ell-1}})(I_{2^{n-\ell}}\otimes C_{2^\ell}) \end{aligned}$$

Barenco 等(1996)把算子 C_{2^ℓ} 分解为一系列 2-量子比特门的连续乘积:

$$C_{2^\ell}=\theta_{n-1,n-\ell}\theta_{n-2,n-\ell}\cdots\theta_{n-\ell+1,n-\ell}$$

其中 $\theta_{j,k}$ 是一个作用在第 j 和第 k 量子比特上的 2-比特量子门.

在这些研究结果的基础上，可以按照如图 8 所示的方式建立能够量子计算实现傅里叶算子 $\underline{F}_{2^n}$ 的量子计算线路网络.

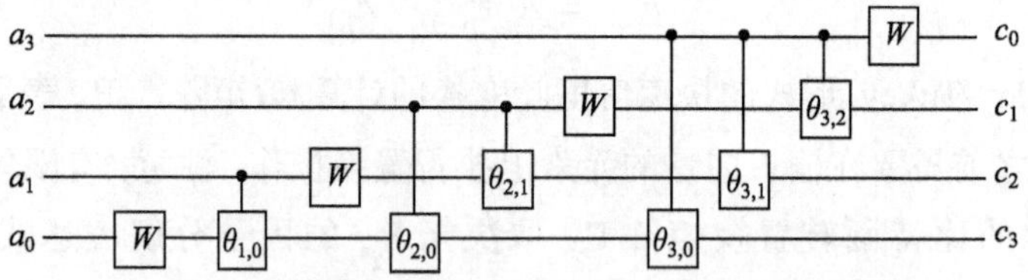

图 8　实现量子傅里叶变换的量子计算线路网络

事实上，Gentleman-Sande 形式的量子傅里叶变换酉算子的量子计算线路网络，也可以从这个示意图所给出的量子线路网络得到：首先翻转量子门的顺序创建算子块 A_ℓ (然后创建算子 A_ℓ^{T})，之后翻转代表算子 A_ℓ 的块的顺序. 因此，利用 Gentleman-Sande 建立的量子计算线路网络，能够以正确的顺序输入量子比特，而以相反的顺序得到输出量子比特.

在量子傅里叶变换酉算子的高效、正确量子计算实现过程中，输入量子比特和输出量子比特的顺序是至关重要的，特别是当量子傅里叶变换酉算子在量子计算线路网络中只是作为一个子模块被使用的时候，其输入比特和输出比特各自的顺序就更为重要. 如果量子傅里叶变换酉算子作为一个独立模块或在计算中作为最后输出模块被使用，那么利用 Gentleman-Sande 建立的量子计算线路网络会更有效，因为在这种情况下输出量子比特的顺序不会对最后的量子测量造成任何额外的问题. 如果量子傅里叶变换酉算子的量子计算实现线路网络被作为某个量子计算线路网络的第一阶段使用，那么利用 Cooley-Tukey 分解将更有效，因为它以相反的顺序制备输入量子比特.

注释：与在经典计算机上以及在经典计算理论研究中一样，在一个给定的量子计算问题中，可以选择单个的 Cooley-Tukey 量子傅里叶变换因子分解和 Gentleman-Sande 量子傅里叶变换因子分解或者它们的一个组合，以避免直接实现需要翻转量子比特顺序的置换矩阵 P_{2^n}，从而达到更高的量子计算效率. 可以证明，在避免使用暗含量子比特翻转的置换矩阵 P_{2^n} 的量子计算线路网络的构建过程中，利用 Cooley-Tukey 因式分解比 Gentleman-Sande 因式分解会导致更高的效率.

(δ) 比特置换量子门

如果一个置换矩阵可以通过它对量子比特顺序的影响进行描述，那么，就可以设计能够直接实现这个置换矩阵的量子计算线路网络. 将这类置换矩阵称为“量子比特置换矩阵”.

使用新的量子逻辑门，可以建立一系列能够量子计算实现量子置换矩阵的高效且可物理实现的量子计算线路网络，这样的量子逻辑门被称为“量子比特交换门”，用符号 Π_4 表示，使用线性代数的术语，Π_4 可以被表达为如下的矩阵：

$$\Pi_4=\begin{pmatrix}1&0&0&0\\0&0&1&0\\0&1&0&0\\0&0&0&1\end{pmatrix}$$

另外，如果使用量子计算理论的术语，那么，Π_4 被称为“量子比特交换算子”，可以简洁表达如下：

$$\Pi_4\left|a_1a_0\right\rangle\mapsto\left|a_0a_1\right\rangle$$

其中 $a_1,a_0\in\{0,1\}$. 量子比特交换门 Π_4，其定义如图 9(a)所示，它可以由三个 XOR 门实现，如图 9(b)所示.

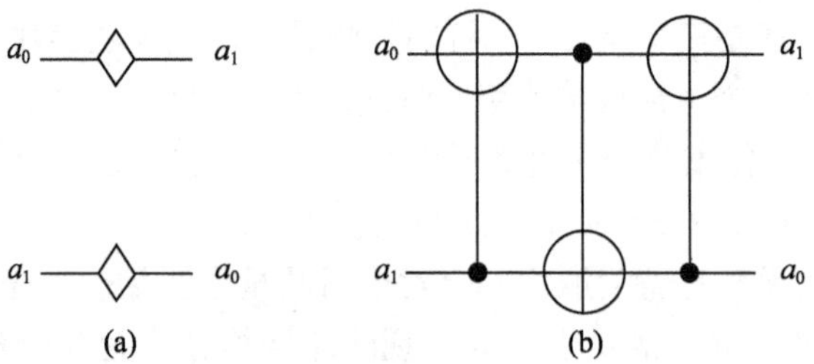

图 9 Π_4门

(a) Π_4门量子定义; (b) 三个 XOR(受控非)实现的 Π_4门

Π_4门在实际执行时具有两个十分显著的优势: ① Π_4门执行一个局部操作, 即交换相邻两个量子比特, 这个局部性有利于量子网络实现; ②利用 Π_4 可以由三个 XOR 门(或受控非门)实现这个基本事实, 可以完成包含 Π_4 的条件算子的量子计算机实现, 例如, 利用受控 k-非门实现形如 $\Pi_4 \oplus I_{2^n-4}$ 的算子.

利用 Π_4 门可以构造实现完美交叠置换矩阵 Π_{2^n} 的量子计算线路网络, 这里示范地给出实现 Π_{16} 的量子计算线路网络, 如图 10 所示.

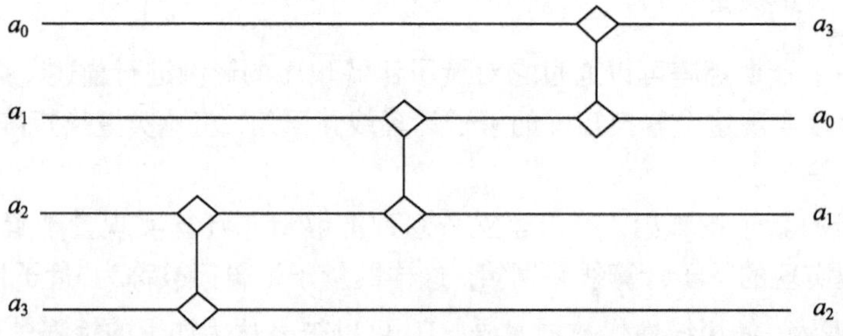

图 10 利用 Π_4 门实现完美交叠置换矩阵 Π_{2^n} 的量子计算线路网络

利用 Π_4 门实现 Π_{2^n} 的量子计算线路网络的想法直观简单, 即通过连续交换相邻的两个量子比特, 利用数量规模为 $O(n)$ 的 Π_4 门即可量子计算实现 Π_{2^n}, 因此实现 Π_{2^n} 的复杂度为 $O(n)$. 有些意外的是, 这个量子计算线路网络将导致 Π_{2^n} 按照因子 Π_4 的分解表达式:

$$
\begin{aligned}
\Pi_{2^n} = &(I_{2^{n-2}} \otimes \Pi_4)(I_{2^{n-3}} \otimes \Pi_4 \otimes I_2)\cdots \\
&\cdots(I_{2^{n-\ell}} \otimes \Pi_4 \otimes I_{2^{\ell-2}})\cdots \\
&\cdots(I_2 \otimes \Pi_4 \otimes I_{2^{n-3}})(\Pi_4 \otimes I_{2^{n-2}})
\end{aligned}
$$

在 Π_{2^n} 的经典计算理论实现方案中, Π_{2^n} 的这个分解表达式比以前其他任何计算实现方案的实现效率都低. 但是, 非常有趣的是, 这个量子因子分解是 Π_{2^n} 的高效量子计算实现，从某种意义上说，它是唯一的高效量子计算实现线路网络. 此外，根据示意图 10，可以直接导出计算实现 Π_{2^ℓ} 的如下递归因子分解表达式:

$$\Pi_{2^\ell} = (I_{2^{\ell-2}} \otimes \Pi_4)(I_{2^{\ell-1}} \otimes \Pi_2)$$

其中，$\ell = 3, 4, \cdots$. 即把 Π_4, Π_2 当作基本算子或者初始算子，那么，可以从 $I_{2^{\ell-2}}, I_{2^{\ell-1}}$ 递归产生 Π_{2^ℓ}，其中 ℓ 逐渐递增地取正整数即可.

利用 Π_4 门实现 P_{2^n} 的量子计算线路网络如图 11 所示.

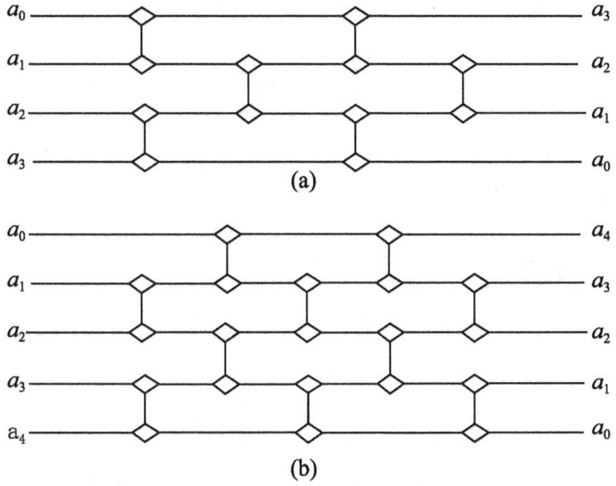

图 11　利用 Π_4 门实现 P_{2^n} 的量子线路网络

(a) n 是偶数; (b) n 是奇数

在这里基于一个简单直观的想法，利用 Π_4 门构造实现 P_{2^n} 的量子计算线路网络，即连续并行交换相邻两个量子比特，通过利用数量规模 $O(n^2)$ 的 Π_4 门即可量子计算实现量子置换矩阵 P_{2^n}，因此，实现 P_{2^n} 的复杂度为 $O(n)$. 这时候，利用 Π_4 门实现 P_{2^n} 的量子线路网络将得到只使用因子 Π_4 的量子置换矩阵 P_{2^n} 的如下因式分解表达公式:

$$P_{2^n} = \left\{(\underbrace{\Pi_4 \otimes \Pi_4 \otimes \cdots \otimes \Pi_4}_{0.5n})(I_2 \otimes \underbrace{\Pi_4 \otimes \cdots \otimes \Pi_4}_{0.5n-1} \otimes I_2)\right\}^{\frac{n}{2}}$$

其中 n 是偶数，或

$$P_{2^n} = \left[(I_2 \otimes \underbrace{\Pi_4 \otimes \cdots \otimes \Pi_4}_{0.5(n-1)})(\underbrace{\Pi_4 \otimes \cdots \Pi_4}_{0.5(n-1)} \otimes I_2)\right]^{\frac{(n-1)}{2}} (I_2 \otimes \underbrace{\Pi_4 \otimes \cdots \otimes \Pi_4}_{0.5(n-1)})$$

其中 n 是奇数.

注释: 在经典计算理论中, P_{2^n} 的这个因式分解比其他方案实现效率更低. 比如将比特翻转置换矩阵 P_{2^n} 分解为完美交叠置换矩阵 Π_{2^ℓ} 的表达式:

$$\mathrm{P}_{2^n}=\Pi_{2^n}(I_2\otimes\Pi_{2^{n-1}})\cdots(I_{2^\ell}\otimes\Pi_{2^{n-\ell}})\cdots(I_{2^{n-3}}\otimes\Pi_8)(I_{2^{n-2}}\otimes\Pi_4)$$

这个分解表达式就可以更有效地经典计算实现置换矩阵 P_{2^n}, 但是按照此公式以及 Π_{2^n} 只包含 Π_4 门的如下分解表达式:

$$\begin{aligned}\Pi_{2^n}&=(I_{2^{n-2}}\otimes\Pi_4)(I_{2^{n-3}}\otimes\Pi_4\otimes I_2)\cdots\\&\quad\times(I_{2^{n-\ell}}\otimes\Pi_4\otimes I_{2^{\ell-2}})\cdots\\&\quad\times(I_2\otimes\Pi_4\otimes I_{2^{n-3}})(\Pi_4\otimes I_{2^{n-2}})\end{aligned}$$

构建的量子计算实现 P_{2^n} 却需要 $O(n^2)$ 个 Π_4 门, 量子实现复杂度为 $O(n^2)$, 所以量子计算实现效率很低.

10.4.3 量子比特小波算法

为了建立能够高效量子计算实现小波酉算子的完整可行量子线路网络, 需要一些特殊的技巧和结构, 以实现形如 $\Pi_{2^\ell}\oplus I_{2^n-2^\ell}$ 和 $\mathrm{P}_{2^\ell}\oplus I_{2^n-2^\ell}$ 的条件酉算子, 其中 ℓ 是特定自然数. 量子计算实现这种条件酉算子的主要理论方法已经在 10.4.2 中以因子分解表达式的形式进行了充分准备, 除由 Π_4 构成的条件酉算子之外, 还需要使用类似于图 10 和图 11 给出的量子计算线路网络.

(α) 量子比特的金字塔算法和小波包算法

量子比特小波酉算子包括量子比特小波包酉算子和量子比特小波金字塔酉算子. 量子计算实现量子比特小波酉算子的关键步骤是建立这些正交小波酉算子的因式分解理论.

研究 2^ℓ 维-Daubechies 4 号正交小波的变换核, 记为 $D_{2^\ell}^{(4)}$. 在这种正交小波变换的正交小波包理论和正交金字塔理论中, 2^n 维小波包酉算子 $\mathscr{K}$ 和小波金字塔酉算子 $\mathscr{P}$ 可以按照克式矩阵乘积和矩阵直和形式被分解为如下表达公式:

$$\begin{aligned}\mathscr{K}&=(I_{2^{n-2}}\otimes D_4^{(4)})(I_{2^{n-3}}\otimes\Pi_8)\cdots(I_{2^{n-\ell}}\otimes D_{2^\ell}^{(4)})\\&\quad\times(I_{2^{n-\ell-1}}\otimes\Pi_{2^{\ell+1}})\cdots(I_2\otimes D_{2^{n-1}}^{(4)})\Pi_{2^n}D_{2^n}^{(4)}\end{aligned}$$

而且

$$\begin{aligned}\mathscr{P}&=(D_4^{(4)}\oplus I_{2^n-4})(\Pi_8\oplus I_{2^n-8})\cdots(D_{2^\ell}^{(4)}\oplus I_{2^n-2^\ell})\\&\quad\times(\Pi_{2^{\ell+1}}\oplus I_{2^n-2^{\ell+1}})\cdots(D_{2^{n-1}}^{(4)}\oplus I_{2^{n-1}})\Pi_{2^n}D_{2^n}^{(4)}\end{aligned}$$

利用小波包酉算子 $\mathscr{H}$ 和金字塔酉算子 $\mathscr{P}$ 的这些因式分解公式，可以分析它们的量子计算实现线路网络的可行性和量子计算效率.

假设存在而且已经构造获得实现小波酉算子 $D_{2^\ell}^{(4)}$ 的切实可行的有效量子算法，那么，可以利用 $D_{2^\ell}^{(4)}$ 的这个高效量子算法进一步直接构建量子计算实现克式矩阵乘积形式的酉算子 $(I_{2^{n-\ell}}\otimes D_{2^\ell}^{(4)})$ 的高效量子算法.

另外，利用 n 取值任意自然数的完美交叠酉算子 Π_{2^n} 的因式分解公式:

$$\begin{aligned}\Pi_{2^n}=&(I_{2^{n-2}}\otimes\Pi_4)(I_{2^{n-3}}\otimes\Pi_4\otimes I_2)\cdots\\&\times(I_{2^{n-\ell}}\otimes\Pi_4\otimes I_{2^{\ell-2}})\cdots\\&\times(I_2\otimes\Pi_4\otimes I_{2^{n-3}})(\Pi_4\otimes I_{2^{n-2}})\end{aligned}$$

可以构建得到量子计算实现克式酉算子 $(I_{2^{n-\ell}}\otimes\Pi_{2^\ell})$ 的高效量子线路网络.

但是，利用量子计算实现小波酉算子 $D_{2^\ell}^{(4)}$ 的有效量子算法，设计并获得实现矩阵直和型条件酉算子 $(D_{2^\ell}^{(4)}\oplus I_{2^n-2^\ell})$ 的有效量子计算算法并不容易. 在以后的论述中将详细研究一个这样的构造例子. 因此，在正交小波金字塔酉算子的量子算法中，核心困难是，如何利用实现小波酉算子 $D_{2^\ell}^{(4)}$ 的有效量子算法构建条件算子 $(D_{2^\ell}^{(4)}\oplus I_{2^n-2^\ell})$ 的可行、高效量子计算线路网络. 不过，量子金字塔算法所需的条件算子 $(\Pi_{2^\ell}\oplus I_{2^n-2^\ell})$，可以利用 n 为任意自然数的完美交叠酉算子 Π_{2^n} 的因式分解公式以及条件 Π_4 门的有效量子计算线路网络最终得到快速有效量子实现.

注释: 上述这些分析结果适合任何量子小波酉算子: ①量子小波包矩阵的任何物理可实现的、有效的因式分解算法能够直接自动转换为量子实现量子小波包酉算子的物理可实现的、有效的量子计算线路网络; ②量子小波金字塔矩阵的一种物理可实现的、有效的因式分解算法，因为其中涉及矩阵直和型条件酉算子，因而未必能自动转换得到实现与小波金字塔算法有直接关联的条件酉算子的量子计算网络线路. 不过值得欣慰的是，根据完美交叠置换酉算子的 Π_4 门及其与单位酉算子克氏乘积形式的因子分解公式:

$$\begin{aligned}\Pi_{2^n}=&(I_{2^{n-2}}\otimes\Pi_4)(I_{2^{n-3}}\otimes\Pi_4\otimes I_2)\cdots\\&\times(I_{2^{n-\ell}}\otimes\Pi_4\otimes I_{2^{\ell-2}})\cdots\\&\times(I_2\otimes\Pi_4\otimes I_{2^{n-3}})(\Pi_4\otimes I_{2^{n-2}})\end{aligned}$$

结合条件 Π_4 门的量子实现线路网络，能够具体构造得到条件算子 $(\Pi_{2^\ell}\oplus I_{2^n-2^\ell})$ 的高效量子计算线路网络.

(β) 哈尔小波因子分解与量子算法

哈尔变换或者哈尔小波酉算子, 先后被 Fino 和 Algazi(1977)以及 Hoyer(1997)按照经典计算理论和量子计算实现方式进行过深入的研究. 特别地, Hoyer(1997)根据广义克式矩阵乘积方法使用哈尔矩阵的递归定义并建立了正交哈尔矩阵 H_{2^n} 的量子计算因式分解公式:

$$\begin{aligned}\mathrm{H}_{2^n} &= (I_{2^{n-1}} \otimes W)\cdots(I_{2^{n-\ell}} \otimes W \oplus I_{2^n-2^{n-\ell+1}})\cdots(W \oplus I_{2^n-2}) \\ &\quad \times (\Pi_4 \oplus I_{2^n-4})\cdots(\Pi_{2^\ell} \oplus I_{2^n-2^\ell})\cdots(\Pi_{2^{n-1}} \oplus I_{2^{n-1}})\Pi_{2^n}\end{aligned}$$

利用酉算子 H_{2^n} 的这个因式分解公式构建获得量子计算实现量子哈尔小波的分块量子线路网络的示意图如图 12 所示.

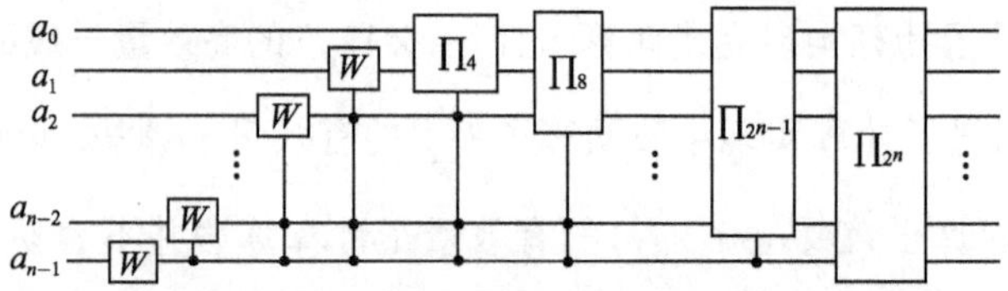

图 12　实现量子哈尔小波酉算子的分块量子线路网络

不过, 这些研究结果仅仅是部分解决了量子哈尔小波的量子实现和量子计算复杂性分析这两个问题. 为了更渗透地理解这个事实, 将正交矩阵 H_{2^n} 的因式分解进行重组, 得到如下两个因式分解形式表达的酉算子:

$$\begin{aligned}\mathrm{H}_{2^n}^{(1)} &= (I_{2^{n-1}} \otimes W)\cdots(I_{2^{n-\ell}} \otimes W \oplus I_{2^n-2^{n-\ell+1}})\cdots(W \oplus I_{2^n-2}) \\ \mathrm{H}_{2^n}^{(2)} &= (\Pi_4 \oplus I_{2^n-4})\cdots(\Pi_{2^\ell} \oplus I_{2^n-2^\ell})\cdots(\Pi_{2^{n-1}} \oplus I_{2^{n-1}})\Pi_{2^n}\end{aligned}$$

显然, 从上述分解表达形式可知, 利用 $O(n)$ 个条件 W 门, 哈尔小波算子 $\mathrm{H}_{2^n}^{(1)}$ 可以按照量子计算复杂度为 $O(n)$ 得到量子计算实现. 但是, 对于酉算子 $\mathrm{H}_{2^n}^{(2)}$, 只有在设计并构造得到量子计算实现酉算子 $(\Pi_{2^\ell} \oplus I_{2^n-2^\ell})$ 的物理可行、高效量子计算线路网络之后, 酉算子 $\mathrm{H}_{2^n}^{(2)}$ (从而按照因子分解表达的量子哈尔小波酉算子 H_{2^n})的量子计算实现物理可行性以及量子计算的算法复杂度才能够得到彻底的分析和完整的评估.

回顾前述获得的完美交叠置换矩阵因子分解表达公式:

$$\begin{aligned}\Pi_{2^n} &= (I_{2^{n-2}} \otimes \Pi_4)(I_{2^{n-3}} \otimes \Pi_4 \otimes I_2)\cdots \\ &\quad \times (I_{2^{n-\ell}} \otimes \Pi_4 \otimes I_{2^{\ell-2}})\cdots(I_2 \otimes \Pi_4 \otimes I_{2^{n-3}})(\Pi_4 \otimes I_{2^{n-2}})\end{aligned}$$

以及图 10 所示的因子分解公式和量子计算线路网络, 容易证明, 只需要 $O(\ell)$ 个条件 Π_4 门(或受控 k-非量子门)就可以在计算复杂度为 $O(\ell)$ 的要求下量子计算实现酉

算子 $(\Pi_{2^\ell} \oplus I_{2^n-2^\ell})$. 由此可以推演得到一个重要结论，即酉算子 $\mathrm{H}_{2^n}^{(2)}$，从而按照因子分解表达的量子哈尔小波酉算子 H_{2^n}，需要使用 $O(n^2)$ 个量子逻辑门按照 $O(n^2)$ 的量子计算复杂度才能得到量子计算实现.

这样，不仅具体构造得到了实现哈尔小波变换或酉算子 H_{2^n} 的第一个物理可行的量子计算线路网络，同时获得了这个量子小波算子 H_{2^n} 的量子计算实现的时间复杂度和空间(量子逻辑门)复杂度的第一个完整的分析和评估.

总之，利用前述因式分解算法和量子计算实现酉算子 H_{2^ℓ} 的量子线路网络，两个酉算子 $(I_{2^n-2^\ell} \otimes \mathrm{H}_{2^\ell})$ 和 $(\mathrm{H}_{2^\ell} \oplus I_{2^n-2^\ell})$ 都能够得到直接物理可行和有效的量子计算实现. 由此可以推论，利用这里建立的哈尔小波酉算子因式分解表达公式能够保证，量子小波包酉算子 $\mathscr{P}$ 和量子小波金字塔酉算子 $\mathscr{Q}$ 量子计算实现的物理可行性和量子计算有效性.

(γ) Daubechies 小波分解与量子算法

将 2^n 维 Daubechies 4 号正交小波表示为如下的酉矩阵:

$$D_{2^n}^{(4)} = \begin{pmatrix} c_0 & c_1 & c_2 & c_3 & & & & & & & \\ c_3 & -c_2 & c_1 & -c_0 & & & & & & & \\ & & c_0 & c_1 & c_2 & c_3 & & & & & \\ & & c_3 & -c_2 & c_1 & -c_0 & & & & & \\ \vdots & \vdots & & & & & \ddots & & & & \\ & & & & & & & c_0 & c_1 & c_2 & c_3 \\ & & & & & & & c_3 & -c_2 & c_1 & -c_0 \\ c_2 & c_3 & & & & & & & & c_0 & c_1 \\ c_1 & -c_0 & & & & & & & & c_3 & -c_2 \end{pmatrix}_{2^n \times 2^n}$$

其中的 Daubechies 4 号小波系数是

$$\begin{cases} c_0 = \dfrac{1}{4\sqrt{2}}(1+\sqrt{3}), & c_2 = \dfrac{1}{4\sqrt{2}}(3-\sqrt{3}) \\ c_1 = \dfrac{1}{4\sqrt{2}}(3+\sqrt{3}), & c_3 = \dfrac{1}{4\sqrt{2}}(1-\sqrt{3}) \end{cases}$$

在经典计算理论中，利用上述矩阵的稀疏结构，实现小波算子 $D_{2^n}^{(4)}$ 的最佳计算成本是 $O(2^n)$ 实现. 上述稀疏结构的矩阵 $D_{2^n}^{(4)}$ 不适合量子计算实现. 为了得到一个物理可行的有效量子计算实现，需要建立量子小波酉算子 $D_{2^n}^{(4)}$ 的一个合适的因式分

解. 容易证明, 酉算子 $D_{2^n}^{(4)}$ 可以典型地表示为如下的因式分解形式:

$$D_{2^n}^{(4)} = (I_{2^{n-1}} \otimes C_1) S_{2^n} (I_{2^{n-1}} \otimes C_0)$$

其中

$$C_0 = 2\begin{pmatrix} c_3 & -c_2 \\ -c_2 & c_3 \end{pmatrix} = \frac{1}{2\sqrt{2}}\begin{pmatrix} 1-\sqrt{3} & -3+\sqrt{3} \\ -3+\sqrt{3} & 1-\sqrt{3} \end{pmatrix}$$

而且

$$C_1 = \frac{1}{2}\begin{pmatrix} c_0/c_3 & 1 \\ 1 & c_1/c_2 \end{pmatrix} = \frac{1}{2}\begin{pmatrix} -(2+\sqrt{3}) & 1 \\ 1 & 2+\sqrt{3} \end{pmatrix}$$

此外, $S_{2^n} = (s_{k\ell})_{2^n \times 2^n}$ 是一个置换矩阵, 其经典描述由下式给出:

$$s_{k\ell} = \begin{cases} 1, & \ell = k, k = 0 \bmod (2) \\ 1, & \ell = k+2 \bmod (2^n) \\ 0, & \text{其余} \end{cases}$$

或者直接写成矩阵形式:

$$S_{2^n} = \begin{pmatrix} 1 & 0 & & & & & & & \\ & & 0 & 1 & & & & & \\ & & 1 & 0 & & & & & \\ & & & & 0 & 1 & & & \\ & & & & 1 & 0 & & & \\ & & & & & \ddots & \ddots & & \\ & & & & & & \ddots & 0 & 1 \\ & & & & & & & 1 & 0 \\ 0 & 1 & & & & & & 0 & 0 \end{pmatrix}_{2^n \times 2^n}$$

实际上, 置换矩阵 $S_{2^n} = (s_{k\ell})_{2^n \times 2^n}$ 的每一行和每一列都只有唯一一个数值等于 1 的非 0 元素, 其余元素都是 0. 具体地说, 在矩阵 $S_{2^n} = (s_{k\ell})_{2^n \times 2^n}$ 中, 编号为 $k = 0, 2, \cdots, (2^n - 2)$ 这些偶数行, 其唯一的数值等于 1 的非 0 元素处于主对角线上, 即 $s_{k,k} = 1$; 对于编号为 $k = 1, 3, \cdots, (2^n - 3)$ 这些奇数行, 其唯一的数值等于 1 的非 0 元素是 $s_{k,k+2} = 1$, 而当 $k = (2^n - 1)$ 时, 即 $S_{2^n} = (s_{k\ell})_{2^n \times 2^n}$ 的最后一行, 其唯一的数值等于 1 的非 0 元素是 $s_{k,1} = s_{(2^n-1),1} = 1$.

按照量子小波酉算子 $D_{2^n}^{(4)}$ 的前述因式分解，可以构造得到量子计算实现算子 $D_{2^n}^{(4)}$ 的量子线路网络，如图 13 所示.

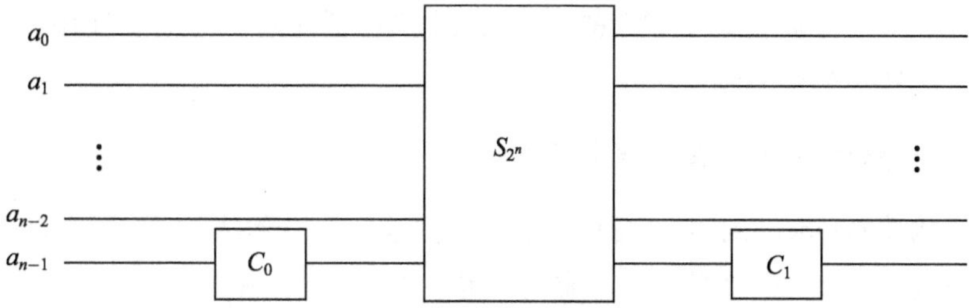

图 13　实现量子小波算子 $D_{2^n}^{(4)}$ 的量子线路网络

显然，按照前述分解表达式，量子计算实现量子比特小波酉算子 $D_{2^n}^{(4)}$ 的量子线路网络物理可行性和计算复杂度分析评估的关键问题，是置换矩阵 S_{2^n} 的量子计算实现问题.

置换矩阵 S_{2^n} 的量子算法描述可以给出如下:

$$S_{2^n}:\left|a_{n-1}a_{n-2}\cdots a_1a_0\right\rangle \mapsto \left|b_{n-1}b_{n-2}\cdots b_1b_0\right\rangle$$

其中

$$(b_{n-1}b_{n-2}\cdots b_1b_0)_2=\begin{cases}(a_{n-1}a_{n-2}\cdots a_1a_0)_2, & a_0=0\\ (a_{n-1}a_{n-2}\cdots a_1a_0)_2-2\bmod(2^n), & a_0=1\end{cases}$$

置换矩阵 S_{2^n} 的量子描述的直观解释是：当 $a_0=1$ 时，$b_0=a_0=1$，而且当 $a_{n-1},a_{n-2},\cdots$，a_1 这 $(n-1)$ 个比特中至少有一个不是 0 时，$(b_{n-1}b_{n-2}\cdots b_1)_2=(a_{n-1}a_{n-2}\cdots a_1)_2-1$；当 $a_{n-1},a_{n-2},\cdots,a_1$ 都是 0 时，$b_{n-1}=\cdots=b_1=1$；当 $a_0=0$ 时，$(b_{n-1}b_{n-2}\cdots b_1b_0)_2=(a_{n-1}a_{n-2}\cdots a_1a_0)_2$.

利用得到普遍认可的实现初等算术运算的量子线路网路，可以直接构建实现算子 S_{2^n} 的计算复杂度为 $O(n)$ 的量子线路网络. 这样，形如 $(I_{2^{n-\ell}}\otimes D_{2^\ell}^{(4)})$ 或 $(D_{2^\ell}^{(4)}\otimes I_{2^{n-\ell}})$ 的酉算子以及量子小波包酉算子都可以直接得到有效量子计算实现. 不过，这些成果还不能直接运用到形如 $(I_{2^n-2^\ell}\oplus D_{2^\ell}^{(4)})$ 或 $(D_{2^\ell}^{(4)}\oplus I_{2^n-2^\ell})$ 的酉算子以及量子小波金字塔酉算子的量子计算实现问题的研究中，这些酉算子的量子实现的物理可行性、有效性以及计算复杂度有待进一步分析评估.

10.4.4 Daubechies 小波的高效量子计算

在这里将研究 Daubechies 4 号正交小波矩阵 $D^{(4)}$ 由其他比特置换矩阵和量子傅里叶变换酉算子构成的因式分解表达式，并由此建立三个能够高效量子计算实现 Daubechies 4 号小波酉算子 $D^{(4)}$ 的量子线路网络，其中有一个需要使用著名的量子傅里叶变换计算网络.

(α) Daubechies 小波高效置换分解

为了构造Daubechies小波酉算子的高效置换矩阵分解表达式，首先将完美交叠比特置换矩阵 S_{2^n} 按照如下方式写成两个置换矩阵 Q_{2^n} 和 R_{2^n} 的乘积:

$$S_{2^n} = Q_{2^n} R_{2^n}$$

式中，Q_{2^n} 被称为下移置换矩阵，具体可以写成如下形式:

$$Q_{2^n} = \begin{pmatrix} 0 & 1 & & & & \\ 0 & 0 & 1 & & & \\ 0 & 0 & 0 & 1 & & \\ \vdots & \vdots & \vdots & & \ddots & \\ 0 & 0 & \cdots & 0 & 0 & 1 \\ 1 & 0 & \cdots & 0 & 0 & 0 \end{pmatrix}$$

此外，按照量子力学的惯例，R_{2^n} 被称为多比特 Pauli-**X** 量子门，可以用如下形式的矩阵进行刻画:

$$R_{2^n} = \begin{pmatrix} 0 & 1 & 0 & 0 & 0 & & \\ 1 & 0 & 0 & 0 & 0 & & \\ 0 & 0 & 0 & 1 & 0 & & \\ 0 & 0 & 1 & 0 & 0 & & \\ & \ddots & \ddots & \ddots & \ddots & & \\ & & & & & 0 & 1 \\ & & & & & 1 & 0 \end{pmatrix}$$

如果使用张量积方法和 Pauli-**X** 量子门，那么，矩阵 R_{2^n} 可以表示为

$$R_{2^n} = I_{2^{n-1}} \otimes N$$

其中，

$$N = \mathbf{X} = \begin{pmatrix} 0 & 1 \\ 1 & 0 \end{pmatrix}$$

就是量子力学中经常使用的 Pauli-**X** 量子门.

利用量子比特小波 $D_{2^n}^{(4)}$ 的已知因子分解表达公式:

$$D_{2^n}^{(4)} = (I_{2^{n-1}} \otimes C_1) S_{2^n} (I_{2^{n-1}} \otimes C_0)$$

结合这里给出的置换矩阵 R_{2^n} 和 S_{2^n} 分解表达公式, 得到量子比特小波酉算子 $D_{2^n}^{(4)}$ 的如下高效置换矩阵分解表达式:

$$\begin{aligned} D_{2^n}^{(4)} &= (I_{2^{n-1}} \otimes C_1) Q_{2^n} (I_{2^{n-1}} \otimes N)(I_{2^{n-1}} \otimes C_0) \\ &= (I_{2^{n-1}} \otimes C_1) Q_{2^n} (I_{2^{n-1}} \otimes C_0') \end{aligned}$$

其中,

$$C_0' = N \cdot C_0 = 2\begin{pmatrix} -c_2 & c_3 \\ c_3 & -c_2 \end{pmatrix} = \frac{1}{2\sqrt{2}}\begin{pmatrix} -3+\sqrt{3} & 1-\sqrt{3} \\ 1-\sqrt{3} & -3+\sqrt{3} \end{pmatrix}$$

利用量子比特小波酉算子 $D_{2^n}^{(4)}$ 的这个分解表达公式, 可以构建量子计算实现酉算子 $D_{2^n}^{(4)}$ 的分块量子线路网络, 如图 14 所示.

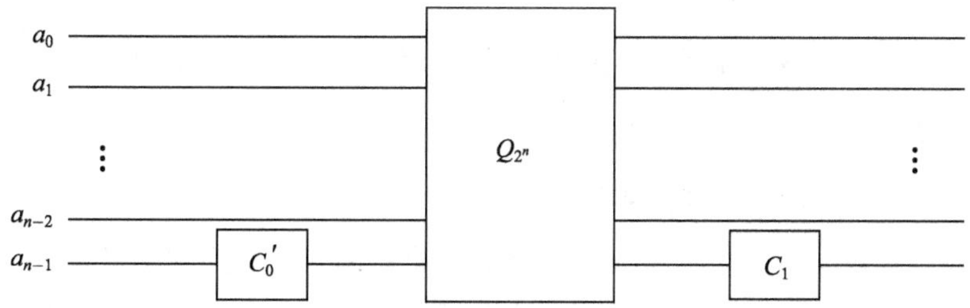

图 14　实现量子比特小波酉算子 $D_{2^n}^{(4)}$ 的分块量子计算网络

显然, 按照量子比特小波酉算子 $D_{2^n}^{(4)}$ 的前述分解表达公式, 算子 $D_{2^n}^{(4)}$ 的物理可行量子比特门阵列实现以及对应的时间复杂度和空间(量子门)复杂度分析的核心问题, 是量子计算实现置换矩阵 Q_{2^n} 的物理可行、计算高效的量子计算线路网络的构造问题. 为此在后续的研究中, 将构造和建立三种物理可行的高效量子计算实现置换矩阵 Q_{2^n} 的量子线路网络, 为量子比特小波酉矩阵 $D_{2^n}^{(4)}$ 的量子实现奠定量子力学和量子计算基础.

(β) 下移置换的量子算法

将置换矩阵 Q_{2^n} 作为一个量子算术运算算子进行描述, 根据这样的描述可以构造得到实现置换矩阵 Q_{2^n} 的第一个量子计算线路网络.

在这里观察得到置换矩阵 Q_{2^n} 的一种如下形式的量子算术运算描述:

$$Q_{2^n}:\left|a_{n-1}a_{n-2}\cdots a_1a_0\right\rangle \mapsto \left|b_{n-1}b_{n-2}\cdots b_1b_0\right\rangle$$

其中,

$$(b_{n-1}b_{n-2}\cdots b_1b_0)_2=(a_{n-1}a_{n-2}\cdots a_1a_0)_2-1\,\mathrm{mod}(2^n)$$

在这里把一个 n 位的二进制字符串, 比如 $a_{n-1}a_{n-2}\cdots a_1a_0$ 理解为 $(a_{n-1}a_{n-2}\cdots a_1a_0)_2$, 即一个 n 位的二进制形式的自然数:

$$(a_{n-1}a_{n-2}\cdots a_1a_0)_2=a_{n-1}\times 2^{n-1}+a_{n-2}\times 2^{n-2}+\cdots+a_1\times 2^1+a_0\times 2^0=\sum_{\xi=0}^{n-1}a_\xi\times 2^\xi$$

利用 Vedral 等(1996)提出的复杂度为 $O(n)$ 的量子算术运算线路网络, 从置换算子 Q_{2^n} 的这个量子描述即可构造能够量子计算实现 Q_{2^n} 的量子线路网络. 值得注意的是, 算子 Q_{2^n} 的这种算术运算描述比 S_{2^n} 更简单, 因为, 它不涉及条件量子算术运算操作(即相同的算术操作将被作用于所有量子比特), 因此它能够比 S_{2^n} 更容易按照量子网络线路完成量子计算. 置换算子 Q_{2^n} 和量子比特小波酉矩阵 $D_{2^n}^{(4)}$ 的这种量子算术算法, 可以直接扩展到形如 $(I_{2^{n-\ell}}\otimes D_{2^\ell}^{(4)})$ 或 $(D_{2^\ell}^{(4)}\otimes I_{2^{n-\ell}})$ 的酉算子以及量子比特小波包酉算子的量子计算实现.

但是, 形如 $(I_{2^n-2^\ell}\oplus D_{2^\ell}^{(4)})$ 或 $(D_{2^\ell}^{(4)}\oplus I_{2^n-2^\ell})$ 的酉算子以及量子比特小波金字塔算法量子计算实现的物理可实现性和计算有效性都还需要更深入的分析评估.

(γ) 下移置换的量子傅里叶变换分解算法

利用有限傅里叶变换的量子计算算法即量子傅里叶变换算法, 可以直接得到实现置换矩阵 Q_{2^n} 的一种物理可行的高效因式分解和量子计算网络.

因为置换矩阵 Q_{2^n} 的行向量是周期循环的, 即置换矩阵 Q_{2^n} 的全部行向量可以由它的任何一个行向量每次向右循环位移一列依次经过 (2^n-1) 次循环位移得到, 同时, 置换矩阵 Q_{2^n} 的列向量也是周期循环的, 即置换矩阵 Q_{2^n} 的全部列向量可以由它的任何一个列向量每次向下循环位移一行依次经过 (2^n-1) 次循环位移得到, 因此, $2^n\times 2^n$ 的有限傅里叶变换可以使置换矩阵 Q_{2^n} 对角化, 对角线上的元素正好是 Q_{2^n} 的特征值, 而且, 因为置换矩阵 Q_{2^n} 的全部行向量正好是 2^n 维向量空间的平凡规范正交基，因此，$2^n \times 2^n$ 的有限傅里叶变换矩阵 F_{2^n} 的全部列向量正好是置换矩阵 Q_{2^n} 的一组完全的规范正交特征向量系，同时，对应的特征值序列是 $\lambda_k = \omega_{2^n}^k, k = 0,1,\cdots,2^n-1$，其中 $\omega_{2^n} = \exp(-2\pi i \times 2^{-n})$.

这样，利用置换矩阵 Q_{2^n} 的矩阵形式特征方程:

$$Q_{2^n} F_{2^n} = F_{2^n} T_{2^n}$$

可以直接得到置换矩阵 Q_{2^n} 根据有限傅里叶变换矩阵 F_{2^n} 构成的因式分解:

$$Q_{2^n} = F_{2^n} T_{2^n} F_{2^n}^*$$

其中，$T_{2^n} = \mathrm{Diag}\{1, \omega_{2^n}, \omega_{2^n}^2, \cdots, \omega_{2^n}^{2^n-1}\}$ 是一个对角矩阵，矩阵右上角的"$*$"表示矩阵的复数共轭转置.

回顾 Loan(1992)所建立的快速傅里叶变换计算方法，其中将一个 2^n 维向量的经典有限傅里叶变换按 Cooley-Tukey 方式分解表示为

$$F_{2^n} = \underline{F}_{2^n} \mathrm{P}_{2^n}$$

利用酉算子 F_{2^n} 的这个高效 Cooley-Tukey 因式分解，可以将置换矩阵 Q_{2^n} 再次分解表达如下:

$$Q_{2^n} = \underline{F}_{2^n} P_{2^n} T_{2^n} P_{2^n} \underline{F}_{2^n}^*$$

容易证明，对角矩阵 T_{2^n} 有如下因式分解:

$$\begin{aligned} T_{2^n} = &(G(\omega_{2^n}^{2^{n-1}}) \otimes I_{2^{n-1}})(I_{2^1} \otimes G(\omega_{2^n}^{2^{n-2}}) \otimes I_{2^{n-2}}) \cdots \\ &\times (I_{2^{\ell-1}} \otimes G(\omega_{2^n}^{2^{n-\ell}}) \otimes I_{2^{n-\ell}}) \cdots \\ &\times (I_{2^{n-2}} \otimes G(\omega_{2^n}^{2^1}) \otimes I_{2^1})(I_{2^{n-1}} \otimes G(\omega_{2^n})) \end{aligned}$$

其中，

$$G\left(\omega_{2^n}^k\right) = \mathrm{Diag}\left(1, \omega_{2^n}^k\right) = \begin{pmatrix} 1 & 0 \\ 0 & \omega_{2^n}^k \end{pmatrix}, \quad k = 0,1,\cdots,n-1$$

利用对角矩阵 T_{2^n} 的这个因子分解公式，使用 n 个单量子比特 $G(\omega_{2^n}^k)$ 门即可直接建立实现算子 T_{2^n} 的高效量子计算线路网络，如图 15 所示.

将这些结果与实现置换算子 P_{2^n} 和量子傅里叶变换的物理可行的高效量子计算网络相结合，就得到量子计算实现量子比特小波酉矩阵 $D_{2^n}^{(4)}$ 的一个完整的物理可行、计算高效的量子逻辑门阵列线路网络.

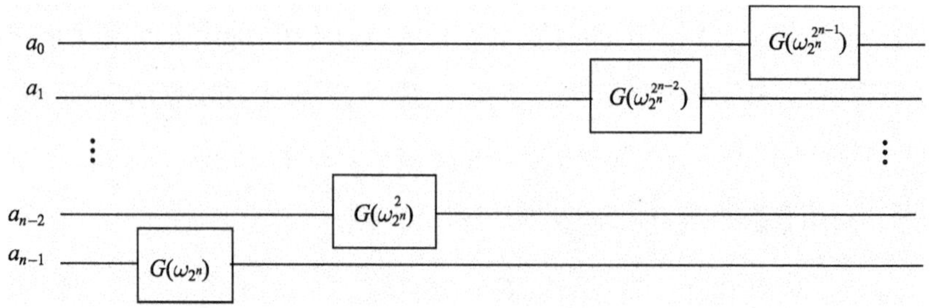

图 15 量子计算实现对角算子 T_{2^n} 的高效量子线路网络

容易证明，只需简单翻转图 15 中各个量子门的顺序，按照如下表达形式就可以得到实现酉算子 $P_{2^n}T_{2^n}P_{2^n}$ 的物理可行计算高效的量子逻辑门阵列线路网络:

$$\begin{aligned}P_{2^n}T_{2^n}P_{2^n}=&P_{2^n}(G(\omega_{2^n}^{2^{n-1}})\otimes I_{2^{n-1}})(I_{2^1}\otimes G(\omega_{2^n}^{2^{n-2}})\otimes I_{2^{n-2}})\cdots\\&\times(I_{2^{\ell-1}}\otimes G(\omega_{2^n}^{2^{n-\ell}})\otimes I_{2^{n-\ell}})\cdots\\&\times(I_{2^{n-2}}\otimes G(\omega_{2^n}^{2^1})\otimes I_{2^1})(I_{2^{n-1}}\otimes G(\omega_{2^n}))P_{2^n}\end{aligned}$$

这样，在不需要利用额外实现算子 P_{2^n} 的量子线路网络前提下，可以建立实现量子比特小波酉矩阵的更高效量子计算线路网络. 这个重要结论需要由以下三个酉矩阵恒等式给出的酉算子交换性才能够得到理论保证:

$$P_{2^n}(G(\omega_{2^n}^{2^{n-1}})\otimes I_{2^{n-1}})=(I_{2^{n-1}}\otimes G(\omega_{2^n}^{2^{n-1}}))P_{2^n}$$

$$P_{2^n}(I_{2^{n-\ell}}\otimes G(\omega_{2^n}^{2^{n-\ell}})\otimes I_{2^{\ell-1}})=(I_{2^{\ell-1}}\otimes G(\omega_{2^n}^{2^{n-\ell}})\otimes I_{2^{n-\ell}})P_{2^n}$$

$$P_{2^n}(I_{2^{n-1}}\otimes G(\omega_{2^n}))=(G(\omega_{2^n})\otimes I_{2^{n-1}})P_{2^n}$$

实际上，按照出现在这三个恒等式中的各个酉算子的物理意义，稍加解释即知这几个恒等式的成立几乎是不证自明的事实.

在第一个公式中，等式左侧的意义是，首先对最后一个量子比特(最高位)应用 $G(\omega_{2^n}^{2^{n-1}})$，然后在所有量子比特上应用 P_{2^n}，即翻转量子比特的顺序. 然而，这等价于先翻转比特顺序，即应用置换算子 P_{2^n}，之后在第一个量子比特(最低位)上应用 $G(\omega_{2^n}^{2^{n-1}})$，这就是第一个公式等式右边描述的运算. 显然，这两者应该具有相同的作用.

在第二个公式中，等式左边的量子计算含义是，先对第 $(n-\ell)$ 个量子比特应用 $G(\omega_{2^n}^{2^{n-\ell}})$，然后翻转量子比特顺序. 这显然等价于先翻转量子比特顺序，然后对第 ℓ 个量子比特应用 $G(\omega_{2^n}^{2^{n-\ell}})$，这正好就是这个等式右侧描述的量子运算.

最后，在第三个公式中，公式左侧表示对第一个量子比特(最低位)先应用 $G(\omega_{2^n})$，然后翻转量子比特顺序，这明显等价于先翻转量子比特的顺序，之后对最后一个量子比特(最高位)应用 $G(\omega_{2^n})$，此即等式右侧量子运算的含义.

在酉算子 $P_{2^n}T_{2^n}P_{2^n}$ 的前述因子分解表达式中，从左到右逐次应用这三个恒等式，并利用算子 P_{2^n} 的对称性以及显然的结果 $P_{2^n}P_{2^n}=I_{2^n}$，简单明了地构造性地得到酉算子 $P_{2^n}T_{2^n}P_{2^n}$ 的只包含量子逻辑门—— $G(\omega_{2^n}^{2^{n-\ell}})$ 门，其中 $\ell=0,1,\cdots,(n-1)$ 的因子分解表达公式为

$$\begin{aligned}P_{2^n}T_{2^n}P_{2^n}&=(I_{2^{n-1}}\otimes G(\omega_{2^n}^{2^{n-1}}))(I_{2^{n-2}}\otimes G(\omega_{2^n}^{2^{n-2}})\otimes I_{2^1})\cdots\\&\quad\times(I_{2^{n-\ell}}\otimes G(\omega_{2^n}^{2^{n-\ell}})\otimes I_{2^{\ell-1}})\cdots\\&\quad\times(I_{2^1}\otimes G(\omega_{2^n}^{2^1})\otimes I_{2^{n-2}})(G(\omega_{2^n})\otimes I_{2^{n-1}})\end{aligned}$$

根据这个重要公式可知，通过翻转图 15 中各个量子门的顺序即可得到量子计算实现 $P_{2^n}T_{2^n}P_{2^n}$ 的物理可行高效量子计算线路网络，如图 16 所示.

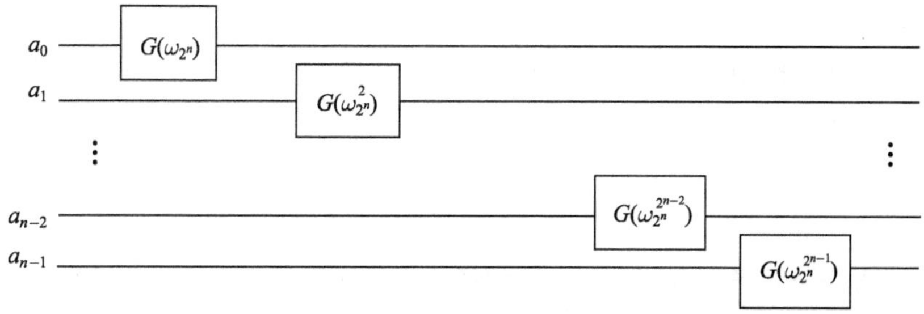

图 16　实现酉算子 $P_{2^n}T_{2^n}P_{2^n}$ 的量子门阵列高效量子计算线路网络

事实上，酉算子 P_{2^n} 的这个因式分解表达式是 Cooley-Tukey 因式分解的一个直接推论，它同时保证了在不利用额外实现算子 P_{2^n} 的量子计算网络前提下，可以直接利用置换矩阵 Q_{2^n} 的因子分解公式 $Q_{2^n}=F_{2^n}T_{2^n}F_{2^n}^*$ 构造能够量子计算实现置换矩阵 Q_{2^n} 的物理可行高效量子线路网络.

总之，在置换矩阵 Q_{2^n} 的因子分解公式 $Q_{2^n}=F_{2^n}T_{2^n}F_{2^n}^*$ 和酉算子 $P_{2^n}T_{2^n}P_{2^n}$ 的因子分解公式基础上，可以得到一个十分重要的结论，即量子计算实现置换矩阵 Q_{2^n} 以及量子比特小波酉算子 $D_{2^n}^{(4)}$ 的量子计算复杂度，与量子傅里叶变换是一样的：精确量子计算实现需要的复杂度为 $O(n^2)$，而 m 阶近似实现需要的复杂度为

$O(nm)$(对比 Barenco 等(1996)的结果).

利用实现置换矩阵 Q_{2^n} 和酉算子 $P_{2^n}T_{2^n}P_{2^n}$ 的量子网络，结合由量子比特小波酉算子 $D_{2^n}^{(4)}$ 的因子分解公式:

$$\begin{aligned} D_{2^n}^{(4)} &= (I_{2^{n-1}} \otimes C_1)Q_{2^n}(I_{2^{n-1}} \otimes N)(I_{2^{n-1}} \otimes C_0) \\ &= (I_{2^{n-1}} \otimes C_1)Q_{2^n}(I_{2^{n-1}} \otimes C_0') \end{aligned}$$

衍生构造得到的物理可行高效量子计算线路网络，可以直接构造获得物理可行高效量子计算实现酉算子 $(I_{2^{n-\ell}} \otimes D_{2^\ell}^{(4)})$ 和 $(D_{2^\ell}^{(4)} \oplus I_{2^n-2^\ell})$ 的量子线路网络. 这个结果说明，根据量子比特小波酉算子 $D_{2^n}^{(4)}$ 的这种量子算法，可以同时保证按照量子计算实现量子比特小波包算法和量子比特小波金字塔算法的物理可行性和量子计算有效性.

(δ) 下移置换的递归因式分解

在这里将利用完美交叠置换矩阵 Π_{2^n} 这个正交矩阵获得下移置换矩阵 Q_{2^n} 的一个相似变换，并据此构造置换矩阵 Q_{2^n} 的一个便于量子计算实现的直接且递归的因式分解表达公式.

根据下移置换矩阵 Q_{2^n} 和完美交叠置换矩阵 Π_{2^n} 的定义，容易得到如下的分块-反对角化表达公式:

$$\Pi_{2^n}^{\mathrm{T}} Q_{2^n} \Pi_{2^n} = \begin{pmatrix} 0 & I_{2^{n-1}} \\ Q_{2^{n-1}} & 0 \end{pmatrix}$$

按照酉算子的张量积、直和和乘积形式将上式转换为

$$\Pi_{2^n}^{\mathrm{T}} Q_{2^n} \Pi_{2^n} = \begin{pmatrix} 0 & I_{2^{n-1}} \\ I_{2^{n-1}} & 0 \end{pmatrix} \begin{pmatrix} Q_{2^{n-1}} & 0 \\ 0 & I_{2^{n-1}} \end{pmatrix} = (N \otimes I_{2^{n-1}})(Q_{2^{n-1}} \oplus I_{2^{n-1}})$$

其中,

$$N = \mathbf{X} = \begin{pmatrix} 0 & 1 \\ 1 & 0 \end{pmatrix}$$

是量子力学中经常使用的 Pauli-**X** 量子门(单量子比特非门).

这样，得到 Q_{2^n} 的第一个递归形式的因式分解表达式:

$$Q_{2^n} = \Pi_{2^n}(N \otimes I_{2^{n-1}})(Q_{2^{n-1}} \oplus I_{2^{n-1}})\Pi_{2^n}^{\mathrm{T}}$$

将其中的 n 替换为 $n-1$ 就得到 $Q_{2^{n-1}}$ 的一个类似因式分解，两者结合可得

$$Q_{2^n} = \Pi_{2^n}(N \otimes I_{2^{n-1}})\{[\Pi_{2^{n-1}}(N \otimes I_{2^{n-2}})(Q_{2^{n-2}} \oplus I_{2^{n-2}})\Pi_{2^{n-1}}^{\mathrm{T}}] \oplus I_{2^{n-1}}\}\Pi_{2^n}^{\mathrm{T}}$$

利用矩阵恒等式:

$$\Pi_{2^{n-1}} A \Pi_{2^{n-1}}^{\mathrm{T}} \oplus I_{2^{n-1}} = (I_2 \otimes \Pi_{2^{n-1}})(A \oplus I_{2^{n-1}})(I_2 \otimes \Pi_{2^{n-1}}^{\mathrm{T}})$$

其中 $A \in \mathbb{R}^{2^{n-1} \times 2^{n-1}}$ 任意的 $2^{n-1} \times 2^{n-1}$ 矩阵，进一步得到 Q_{2^n} 的简化表达式

$$\begin{aligned} Q_{2^n} &= \Pi_{2^n}(N \otimes I_{2^{n-1}})(I_2 \otimes \Pi_{2^{n-1}})(N \otimes I_{2^{n-2}}) \\ &\quad \times [(Q_{2^{n-2}} \oplus I_{2^{n-2}}) \oplus I_{2^{n-1}}](I_2 \otimes \Pi_{2^{n-1}}^{\mathrm{T}})\Pi_{2^n}^{\mathrm{T}} \end{aligned}$$

容易验证如下酉算子恒等式:

$$\begin{aligned} &(N \otimes I_{2^{n-2}})(Q_{2^{n-2}} \oplus I_{2^{n-2}}) \oplus I_{2^{n-1}} \\ &= (N \otimes I_{2^{n-2}} \oplus I_{2^{n-1}})(Q_{2^{n-2}} \oplus I_{2^{n-2}} \oplus I_{2^{n-1}}) \\ &= (N \otimes I_{2^{n-2}} \oplus I_{2^{n-1}})(Q_{2^{n-2}} \oplus I_{3.2^{n-2}}) \end{aligned}$$

利用这个公式，再次改写 Q_{2^n} 的表达式如下:

$$\begin{aligned} Q_{2^n} &= \Pi_{2^n}(N \otimes I_{2^{n-1}})(I_2 \otimes \Pi_{2^{n-1}}) \\ &\quad \times (N \otimes I_{2^{n-2}} \oplus I_{2^{n-1}})(Q_{2^{n-2}} \oplus I_{2^n - 2^{n-2}})(I_2 \otimes \Pi_{2^{n-1}}^{\mathrm{T}})\Pi_{2^n}^{\mathrm{T}} \end{aligned}$$

对所有 Q_{2^k}，按照 $k = (n-3), \cdots, 2, 1$ 的顺序重复上述过程，注意到 $Q_2 = N$，可得

$$\begin{aligned} Q_{2^n} &= \Pi_{2^n}(N \otimes I_{2^{n-1}})(I_2 \otimes \Pi_{2^{n-1}})(N \otimes I_{2^{n-2}} \oplus I_{2^{n-1}}) \cdots \\ &\quad \times (I_{2^{n-2}} \otimes \Pi_4)(N \otimes I_2 \oplus I_{2^n - 4})(N \oplus I_{2^n - 2})(I_{2^{n-2}} \otimes \Pi_4^{\mathrm{T}}) \cdots (I_2 \otimes \Pi_{2^{n-1}}^{\mathrm{T}})\Pi_{2^n}^{\mathrm{T}} \end{aligned}$$

为了便于使用需要将置换矩阵 Q_{2^n} 的这个因式分解进一步简化. 为此给出并证明如下关于算子组 $I_{2^k} \otimes \Pi_{2^{n-k}}$ 和算子组 $(N \otimes I_{2^{n-j}} \oplus I_{2^n - 2^{n-j+1}})$ 之间的交换性:

当 $k = n-2, \cdots, 2, 1, j = k, k-1, \cdots, 1$ 时，算子 $(N \otimes I_{2^{n-j}} \oplus I_{2^n - 2^{n-j+1}})$ 与算子 $I_{2^k} \otimes \Pi_{2^{n-k}}$ 的乘积是可交换的，即

$$(I_{2^k} \otimes \Pi_{2^{n-k}})(N \otimes I_{2^{n-j}} \oplus I_{2^n - 2^{n-j+1}}) = (N \otimes I_{2^{n-j}} \oplus I_{2^n - 2^{n-j+1}})(I_{2^k} \otimes \Pi_{2^{n-k}})$$

分两个步骤完成这个交换性的证明. 首先考虑 $j \geqslant 2$ 的情况：即在假设条件 $k = n-2, \cdots, 2, 1, j = k, k-1, \cdots, 2$ 成立时，能够得到如下交换乘积等式:

$$(I_{2^k} \otimes \Pi_{2^{n-k}})(N \otimes I_{2^{n-j}} \oplus I_{2^n - 2^{n-j+1}}) = (N \otimes I_{2^{n-j}} \oplus I_{2^n - 2^{n-j+1}})(I_{2^k} \otimes \Pi_{2^{n-k}})$$

因为张量积矩阵 $I_{2^k} \otimes \Pi_{2^{n-k}}$ 是一个分块对角矩阵，所以可得如下表达式:

$$I_{2^k} \otimes \Pi_{2^{n-k}} = I_2 \otimes \Pi_{2^{n-j}} \oplus I_{2^j - 2} \otimes \Pi_{2^{n-j}}$$

通过直接演算可以证明:

$$\begin{aligned} &(I_2 \otimes \Pi_{2^{n-j}} \oplus I_{2^j - 2} \otimes \Pi_{2^{n-j}})(N \otimes I_{2^{n-j}} \oplus I_{2^n - 2^{n-j+1}}) \\ &= N \otimes \Pi_{2^{n-j}} \oplus I_{2^j - 2} \otimes \Pi_{2^{n-j}} \end{aligned}$$

而且

$$(N \otimes I_{2^{n-j}} \oplus I_{2^n - 2^{n-j+1}})(I_2 \otimes \Pi_{2^{n-j}} \oplus I_{2^j-2} \otimes \Pi_{2^{n-j}})$$
$$= N \otimes \Pi_{2^{n-j}} \oplus I_{2^j-2} \otimes \Pi_{2^{n-j}}$$

到此证明的第一个步骤完成.

剩余的工作是证明形如 $I_{2^k} \otimes \Pi_{2^{n-k}}$ 的算子与算子 $N \otimes I_{2^{n-1}}$ 可交换. 直接按照定义可以验证如下公式:

$$I_{2^k} \otimes \Pi_{2^{n-k}} = I_2 \otimes (I_{2^{k-1}} \otimes \Pi_{2^{n-k}})$$

于是可得矩阵乘积演算关系:

$$\begin{aligned}[I_2 \otimes (I_{2^{k-1}} \otimes \Pi_{2^{n-k}})](N \otimes I_{2^{n-1}}) &= N \otimes I_{2^{k-1}} \otimes \Pi_{2^{n-k}} \\ &= (N \otimes I_{2^{n-1}})[I_2 \otimes (I_{2^{k-1}} \otimes \Pi_{2^{n-k}})]\end{aligned}$$

即 $(I_{2^k} \otimes \Pi_{2^{n-k}})(N \otimes I_{2^{n-1}}) = (N \otimes I_{2^{n-1}})(I_{2^k} \otimes \Pi_{2^{n-k}})$ 成立. 证明的第二个步骤完成.

利用这里建立并证明的矩阵乘积交换性质, 将置换矩阵 Q_{2^n} 的表达式改写为

$$\begin{aligned}Q_{2^n} = {}& \Pi_{2^n}(I_2 \otimes \Pi_{2^{n-1}})(I_4 \otimes \Pi_{2^{n-2}})\cdots(I_{2^{n-2}} \otimes \Pi_4)(N \otimes I_{2^{n-1}})(N \otimes I_{2^{n-2}} \oplus I_{2^{n-1}})\cdots \\ & \times(N \otimes I_2 \oplus I_{2^n-4})(N \oplus I_{2^n-2})(I_{2^{n-2}} \otimes \Pi_4^{\mathrm{T}})(I_{2^{n-3}} \otimes \Pi_8^{\mathrm{T}})\cdots(I_2 \otimes \Pi_{2^{n-1}}^{\mathrm{T}})\Pi_{2^n}^{\mathrm{T}}\end{aligned}$$

因为比特翻转置换矩阵 P_{2^n} 可以分解为各阶完美交叠置换矩阵 Π_{2^ℓ} 与单维矩阵张量积的连乘积形式:

$$P_{2^n} = \Pi_{2^n}(I_2 \otimes \Pi_{2^{n-1}})\cdots(I_{2^\ell} \otimes \Pi_{2^{n-\ell}})\cdots(I_{2^{n-3}} \otimes \Pi_8)(I_{2^{n-2}} \otimes \Pi_4)$$

这样可得置换矩阵 Q_{2^n} 的便于量子计算实现的一个分解表达式:

$$Q_{2^n} = P_{2^n}(N \otimes I_{2^{n-1}})(N \otimes I_{2^{n-2}} \oplus I_{2^{n-1}})\cdots(N \otimes I_2 \oplus I_{2^n-4})(N \oplus I_{2^n-2})P_{2^n}$$

回顾量子比特小波酉算子 $D_{2^n}^{(4)}$ 的如下高效置换矩阵分解表达式:

$$\begin{aligned}D_{2^n}^{(4)} &= (I_{2^{n-1}} \otimes C_1)Q_{2^n}(I_{2^{n-1}} \otimes N)(I_{2^{n-1}} \otimes C_0) \\ &= (I_{2^{n-1}} \otimes C_1)Q_{2^n}(I_{2^{n-1}} \otimes C_0')\end{aligned}$$

将置换矩阵 Q_{2^n} 的分解表达式代入上式右边, 得到量子比特小波酉算子 $D_{2^n}^{(4)}$ 的新的分解表达公式:

$$\begin{aligned}D_{2^n}^{(4)} = {}& (I_{2^{n-1}} \otimes C_1)P_{2^n}(N \otimes I_{2^{n-1}})(N \otimes I_{2^{n-2}} \oplus I_{2^{n-1}})\cdots \\ & \times(N \otimes I_2 \oplus I_{2^n-4})(N \oplus I_{2^n-2})P_{2^n}(I_{2^{n-1}} \otimes C_0')\end{aligned}$$

最后, 利用前面已经证明的三个关于酉算子乘积可交换性的恒等式, 得到量子比特小波酉算子 $D_{2^n}^{(4)}$ 的便于量子计算实现的因子分解公式:

$$\begin{aligned}D_{2^n}^{(4)} = {}& P_{2^n}(C_1 \otimes I_{2^{n-1}})(N \otimes I_{2^{n-1}})(N \otimes I_{2^{n-2}} \oplus I_{2^{n-1}})\cdots \\ & \times(N \otimes I_2 \oplus I_{2^n-4})(N \oplus I_{2^n-2})(C_0' \otimes I_{2^{n-1}})P_{2^n}\end{aligned}$$

据此因式分解公式可以构造得到量子计算实现量子比特 Daubechies 4 号小波酉算子 $D_{2^n}^{(4)}$ 的一个物理可行计算高效的量子计算线路网络，如图 17 所示.

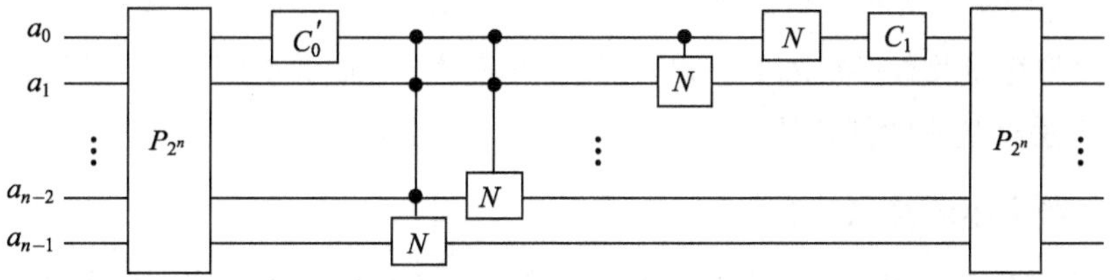

图 17　利用 Q_{2^n} 的递归因式分解构造的实现 $D_{2^n}^{(4)}$ 的量子网络

将图 11 所示的实现 P_{2^n} 的量子线路网络与利用 Q_{2^n} 的递归因式分解公式建立的实现 $D_{2^n}^{(4)}$ 的量子网络线路相结合，就得到实现量子比特 Daubechies 4 号小波 $D_{2^n}^{(4)}$ 的一个完整的具有最佳复杂度 $O(n)$ 的量子逻辑门阵列量子计算网络.

根据量子比特小波酉算子 $D_{2^n}^{(4)}$、量子比特翻转置换矩阵 P_{2^n} 的因子分解公式，可以构造得到实现量子酉算子 $(I_{2^{n-k}} \otimes D_{2^k}^{(4)})$ 的量子计算线路网络，其时间和空间复杂度是 $O(k)$. 结合量子比特小波酉算子 $D_{2^n}^{(4)}$ 的因式分解算法，可以确保量子比特小波包算法量子计算实现的物理可行性和计算有效性. 但是，对于量子酉算子 $(D_{2^k}^{(4)} \oplus I_{2^n-2^k})$ 以及量子小波金字塔算法的量子实现而言，这个量子计算的实现效率不高. 为了说明这个事情，只需要注意到，利用量子比特小波酉算子 $D_{2^n}^{(4)}$ 的因式分解公式，实现形如 $(D_{2^k}^{(4)} \oplus I_{2^n-2^k})$ 的酉算子需要引入条件算子 $(P_{2^k} \oplus I_{2^n-2^k})$ 的量子网络实现. 但这些条件算子不能利用量子比特翻转置换矩阵 P_{2^n} 的因子分解公式直接构造得到物理可行的高效量子计算线路网络. 一种备选的解决方案是，利用量子比特翻转置换矩阵 P_{2^n} 的如下因子分解公式:

$$P_{2^n} = \Pi_{2^n}(I_2 \otimes \Pi_{2^{n-1}})\cdots(I_{2^\ell} \otimes \Pi_{2^{n-\ell}})\cdots(I_{2^{n-3}} \otimes \Pi_8)(I_{2^{n-2}} \otimes \Pi_4)$$

以及条件算子 $(\Pi_{2^k} \oplus I_{2^n-2^k})$ 的量子计算线路网络，但是，这样一来，实现酉算子 $(P_{2^k} \oplus I_{2^n-2^k})$ 和 $(D_{2^k}^{(4)} \oplus I_{2^n-2^k})$ 的量子计算线路网络的时间和空间复杂度将达到 $O(k^2)$. 因此，虽然这里所建立的量子比特小波酉算子 $D_{2^n}^{(4)}$ 的因子分解公式对于量子计算实现量子比特小波酉算子 $D_{2^n}^{(4)}$ 以及量子比特小波包算法是最优的，但对量子实现量子比特小波金字塔算法而言，其实现效率却并不高.

值得强调的是，在经典计算方法中没有发现置换矩阵 Q_{2^n} 的这种递归因式分解. 在经典计算机上和经典计算理论中，实现置换矩阵 Π_{2^n}，特别是 P_{2^n} 的计算方法比 Q_{2^n} 要困难得多. 即从经典计算的角度来看，Q_{2^n} 的这样直接递归因式分解是反直觉的，因为它涉及置换矩阵 Π_{2^n} 和 P_{2^n} 的潜在使用，并因此决定了 Q_{2^n} 的这样经典计算实现方法将是非常低效的.

10.4.5　量子小波算法注释

前述研究工作建立了实现量子小波、量子比特小波包和小波金字塔算法的物理可行的高效量子计算线路网络. 利用小波包算法和小波金字塔算法的高效率因式分解表达式，得到了实现量子小波酉算子的一个有效量子线路，同时分析证明量子小波的小波包算法和小波金字塔算法量子计算实现的物理可行性和计算有效性.

在代表性的哈尔小波和 Daubechies 4 号小波 $D^{(4)}$ 的量子计算实现过程中，详细分析并构造得到了可行有效的完整的量子门阵列量子线路网络. 完整分析和获得了量子比特哈尔小波酉算子实现的时间复杂度和空间复杂度，构建了三种能够量子计算实现 Daubechies 4 号小波酉算子 $D^{(4)}$ 的完整量子门阵列阵列计算网络，特别地，严格证明了可以利用量子傅里叶变换量子线路高效实现 Daubechies 4 号量子比特小波酉算子 $D^{(4)}$.

面对一个实际计算问题，一个关键的问题是发掘量子计算并行性. 为此，简短分析前述量子算法的并行效率，讨论建立更有效并行量子计算实现量子小波酉算子的途径.

在实现量子小波的量子网络研究过程中，置换矩阵发挥了至关重要的作用，它们不仅出现在量子小波包算法和量子小波金字塔算法中，而且在量子小波矩阵的因式分解中也起着关键作用. 在经典计算方法中，置换矩阵的实现是容易的、低成本的. 但在量子计算机和在量子计算理论研究中，置换矩阵的量子网络实现是一个颇具挑战性的任务，甚至需要崭新的、非常规的以至于违反直觉(从经典计算角度)的巧妙技术，才可能获得具有实际显示意义的研究成果. 本书前述研究中建立的置换矩阵 Π_{2^n}、P_{2^n} 和 Q_{2^n} 的大多数因式分解，在经典计算理论中都没有发现类似的表达形式，当然在经典计算实现中，这样计算它们也不是有效的.

与经典计算相比，置换矩阵的量子计算实现过程，揭示了量子计算让人们惊喜的一些禀赋，某些很难在经典计算机上解决的计算问题，在量子计算方法中解决起来却容易得多，反之亦然！比如按照前述分析，置换矩阵 Π_{2^n} 和 P_{2^n} 的经典实现比置换矩阵 Q_{2^n} 更难，但它们的量子实现比 Q_{2^n} 更容易而且更有效.

在这里重点研究了量子计算实现量子比特小波酉算子需要的一些置换矩阵，

并建立了三种实现置换矩阵的物理可行计算高效的量子计算线路网络.

当然, 在研究其他酉算子的量子网络线路实现时, 在探索和利用这些算子的特殊结构推导获得它们的比如具有多项式时间复杂度和空间复杂度的紧凑高效因式分解过程中, 置换矩阵也发挥了至关重要的作用.

因此, 有足够理由相信, 深入系统研究置换矩阵有助于探索和洞悉能够解决计算问题的高效量子线路网络方法. 这些研究有可能最终会发现构建能够量子计算实现酉变换特别是一般量子比特小波酉算子的高效量子线路网络的新方法.

参考文献

范洪义. 2013. 量子力学表象与变换论: 狄拉克符号法进展. 合肥: 中国科学技术大学出版社

何雨果, 孙吉贵. 2005. 基于 Haar 小波的多尺度分析量子电路. 科学通报, 50(20): 2314-2316

Aharonov D, Kitaev A, Nisan N. 1997. Quantum circuits with mixed states. Proceedings of the 30th Annual ACM Symposium on Theory of Computation(STOC'97), 20-30

Almeida L B. 1994. The fractional Fourier transforms and time-frequency representations. IEEE Transactions on Signal Processing, 42(11): 3084-3091

Argüello F. 2009. Quantum wavelet transforms of any order. Quantum Information & Computation, 9(5): 414-422

Ashmead J. 2012. Morlet wavelets in quantum mechanics. Quanta, 1(1): 58-70

Bailey D H, Swarztrauber P N. 1991. The fractional Fourier transform and applications. SIAM Reviews, 33(3): 389-404

Barenco A, Bennett C H, Cleve R, Vincenzo D P, Margolus N, Shor P W, Sleator T, Smolin J, Weinfurter H. 1995. Elementary gates for quantum computation. Physical Review A: Atomic, Molecular, and Optical Physics, 52(5): 3457-3467

Barenco A, Ekert A, Suominen K A, Törmä P. 1996. Approximate quantum Fourier transform and decoherence. Physical Review A: Atomic, Molecular, and Optical Physics, 54(1): 139-146

Bargmann J V. 1961. On a Hilbert space of analytic functions and an associated integral transform Part I. Communications on Pure and Applied Mathematics, 14 (3): 187-214

Bargmann J V. 1962a. On the representations of the rotation group. Reviews of Modern Physics, 34(4): 829-845

Bargmann J V. 1962b. Remarks on a Hilbert space of analytic functions. Proceedings of the National Academy of Sciences of the United States of America, 48(2): 199-204

Bargmann J V. 1967. On a Hilbert space of analytie functions and an associated integral transform, Part II, a family of related function spaces application to distribution theory. Communications on Pure & Applied Mathematics , 20(1): 1-101

Beals R. 1997. Quantum computation of Fourier transforms over symmetric groups. Proceedings of the twenty-ninth annual ACM symposium on Theory of computing(STOC'97), 48-53

Beckman D, Chari A N, Devabhatuni S, Preskill J. 1996. Efficient networks for quantum factoring. Physical Review A: Atomic, Molecular, and Optical Physics, 54(2): 1034-1063

Bennett C H, Bernstein E, Brassard G, Vazirani U. 1997. Strengths and weaknesses of quantum computing. SIAM Journal on Computing, 26(5): 1510-1523

Bernstein E, Vazirani U. 1997. Quantum complexity theory. SIAM Journal on Computing, 26(5): 1411-1473

Berthiaume A. 1997. Quantum computation. Complexity Theory Retrospective II, 41(12):195-199

Berthiaume A, Brassard G. 1992a. The quantum challenge to structural complexity theory. Proceedings of the Seventh Annual Structure in Complexity Theory Conference, Boston, MA, USA, 132-137

Berthiaume A, Brassard G. 1992b. The quantum challenge to structural complexity theory. Proceedings of the Workshop on Physics and Computation, PhysComp'92, Dallas, Texas, IEEE Computer Society Press, 195-199

Berthiaume A, Brassard G. 1994. Oracle Quantum Computing. Journal of Modern Optics, 41(12): 2521-2535

Bhandari A, Marziliano P. 2010. Sampling and reconstruction of sparse signals in fractional Fourier domain. IEEE Signal Processing Letters, 17(3): 221-224

Bohr N. 1936. Can quantum-mechanical description of physical reality be considered complete? Physical Review, 48(10): 696-702

Boneh D, Lipton R J. 1995.Quantum cryptoanalysis of hidden linear functions (extended abstract)//Proo. Advances in Cryptology—Crypto'95, volume 963 of Lecture Notes on Computer Science: 424-437

Boyer M, Brassard G, Høyer P, Tapp A. 1996. Tight bounds on quantum searching. Proceedings of the 4th Workshop on Physics and Computation, 36-43

Brassard G, Høyer P, Tapp A. 1998. Quantum counting. Proceedings of the 25th International Colloquium on Automata, Languages, and Programming (ICALP), Lecture Notes in Computer Science, LNCS 1443: 820-831

Brennen G K, Rohde P, Sanders B C, Singh S. 2015. Multi-scale quantum simulation of quantum field theory using wavelets. Physical Review A: Atomic, Molecular, and Optical Physics and quantum information, 92(3): 032315-1~11

Buhrman H, van Dam W, Høyer P, Tapp A. 1999. Multiparty quantum communication complexity. Physical Review A: covering atomic, molecular, and optical physics and quantum information, 60(4): 2737-2741

Calderbank A R, Rains E M, Shor P W, Sloane N J A. 1997. Quantum error correction and orthogonal geometry. Physical Review Letters, 78(3): 405-408

Calderbank A R, Shor P W. 1996. Good quantum error-correcting codes exist. Physical Review A: Atomic, Molecular, and Optical Physics, 54: 1098-1106

Calderón A P. 1963. Intermediate spaces and interpolation. Studia mathematica, 1: 31-34

Calderón A P. 1964. Intermediate spaces and interpolation: the complex method. Studia mathematica, 24: 113-190

Calderón A P. 1965. Intermediate spaces and interpolation, the complex method. Matematika, 9(3): 56-129

Calderón A P. 1966. Spaces between $\mathcal{L}^1$ and $\mathcal{L}^\infty$ and the theorem of Marcinkiewicz. Studia Mathematica, 26, 273-299

Cerf N J, Grover L K, Williams C P. 1998. Nested quantum search and NP-complete problems. Cornell University Library: https://arxiv.org/abs/ quant-ph/9806078, KRL preprint MAP-225: 1-18

Cerf N J, Grover L K, Williams C P. 2000a. Nested quantum search and NP-hard problems. Applicable Algebra in Engineering, Communication and Computing, 10(4-5): 311-338

Cerf N J, Grover L K, Williams C P. 2000b. Nested quantum search and structured problems. Physical Review A: Atomic, Molecular and Optical Physics, 61(3): 167-169

Chuang I L, Laflamme R, Yamamoto Y. 1995. Decoherence and a simple quantum computer. International symposium on the foundations of quantum mechanics in the light of new technologies, Hoyoyama (Japan), CONF-9508175: 1-4 // Office of Scientific & Technical Information Technical Reports, Report Number: 116625, New Mexico (United States): Los Alamos National Laboratory, LA-UR-95-3253: 1-4

Chuang I L, Vandersypen L M K, Zhou X, Leung D W, Lloyd S. 1998. Experimental realization of a quantum algorithm. Nature, 393(6681): 143-146

Chuang I L, Yamamoto Y. 1995. Simple quantum computer. Physical Review A: Atomic, Molecular, and Optical Physics, 52(5): 3489-3496

Cleve R. 1994. A note on computing Fourier transformation by quantum programs. http://pages.cpsc.ucalgary.ca/~cleve/papers.html, 1-2

Condon E U. 1937. Immersion of the Fourier transform in a continuous group of functional transformation. Proceedings of the National Academy of Sciences of the United States of America, 23(3): 158-164

Coppersmith D. 1994. An approximate Fourier transform useful in quantum factoring. IBM Research Report, Mathematics, RC19642(07/12/94), IBM Research Division, T. J. Watson Research Center, Yorktown Heights, New York, 1-8

Coppersmith D. 2002. An approximate Fourier transform useful in quantum factoring. Physics, 119(2): 331-352

Curtis C W, Reiner I. 1962. Representation theory of finite groups and associative algebras. Pure and Applied Mathematics, 72(7): 929-945

Dan B, Lipton R J. 1995. Quantum cryptoanalysis of hidden linear functions. Proceedings of Advances in Cryptology-Crypto'95, Lecture Notes on Computer Science, 963(6): 424-437

Daubechies I. 1988. Orthonormal bases of compactly supported wavelets. Communications on Pure and Applied Mathematics, 41(7): 909-996

Deutsch D. 1989. Quantum computational networks. Proceedings of the Royal Society of London Series A: Mathematical Physical and Engineering Sciences, 425(1868): 73-90

Deutsch D, Jozsa R. 1992. Rapid solution of problems by quantum computation. Proceedings of the Royal Society of London Series A: Mathematical Physical and Engineering Sciences, 439(1907): 553-558

Dixmier J. 1969. Les C*-algebres et leurs representations. Paris: Gauthier-Villars

Duplo J M, Moore C C. 1976. On the regular representation of a nonunimodular locally compact group. Journal of Functional Analysis, 21(2): 209-243

Einstein A, Podolsky B, Rosen N. 1935. Can quantum-mechanical description of physical reality be considered complete? Physical Reviews, 47(10): 777-780

Fan H Y, Hu L Y. 2009. Optical transformation from chirplet to fractional Fourier transformation kernel. Journal of Modern Optics, 56(11): 1227-1229

Fan H Y, Lu J F. 2004. Quantum mechanics version of wavelet transform studied by virtue of IWOP technique. Communications in Theoretical Physics, 41(5): 681-684

Fan H Y, Lu H L, Xu X F. 2006. Application of bipartite entangled states to quantum mechanical version of complex wavelet transforms. Communications in Theoretical Physics, 45(4): 609-613

Fan H Y, Zaidi H R, Klauder J R. 1987. New approach for calculating the normally ordered form of squeeze operators. Physical Review D, 35(6): 1831-1834

Fijany A, Williams C P. 1999. Quantum wavelet transforms: fast algorithms and complete circuits.

Quantum computing and quantum communications, Lecture Notes in Computer Science, Springer, Berlin, 1509: 10-33

Fino B J, Algazi V R. 1977. A unified treatment of discrete fast unitary transforms. SIAM Journal on Computing, 6(4): 700-717

Gabor J D. 1946. Theory of communication. Journal of the Institution of Electrical Engineers(London) 93 (III): 429-457

Gottesman D. 1996. Class of quantum error-correcting codes saturating the quantum Hamming bound. Physical Review A: Atomic, Molecular, and Optical Physics, 54(3): 1862-1868

Griffiths R B, Niu C S. 1996. Semiclassical Fourier transform for quantum computation. Physical Review Letters, 76: 3228-3231

Grigoriev D. 1996a. Testing the shift-equivalence of polynomials using quantum machines. Journal of Mathematical Sciences, 82(1): 3184-3193

Grigoriev D. 1996b. Testing shift-equivalence of polynomials using quantum machines. Proceedings of the 1996 international symposium on Symbolic and algebraic computation (ISSAC'96), Zurich, Switzerland, New York, NY, USA, ACM Press, 49-54

Grossmann A, Morlet J. 1984. Decomposition of Hardy functions into square integrable wavelets of constant shape. SIAM Journal on Mathematical Analysis, 15(4): 723-736

Grossmann A, Morlet J, Paul T.1985. Transforms associated to square integrable group representations I: general results. Journal of Mathematical Physics, 26(10): 2473-2479

Grossmann A, Morlet J, Paul T. 1986. Transforms associated to square integrable group representations. II: examples. Annales de l'institut Henri Poincaré Physique théorique, 45(3): 293-309

Grover L K. 1996. A fast quantum mechanical algorithm for database search. Proceedings of the 28th Annual ACM Symposium on Theory of Computing(STOC'96), New York: ACM Press, 212-219

Grover L K. 1997a. Quantum mechanics helps in searching for a needle in a haystack. Physical Review Letters, 79(2): 325-328

Grover L K. 1997b. Quantum computers can search arbitrarily large databases by a single query. Physical Review Letters, 79(23): 4709-4712

Grover L K. 1997c. Quantum telecomputation. arXiv:quant-ph/9704012, Murray Hill, NJ: Bell Laboratories, 1-11

Grover L K. 1998a. A framework for fast quantum mechanical algorithms. Proceedings of the thirtieth annual ACM symposium on Theory of computing(STOC'98, Dallas, Texas, USA), 53-62

Grover L K. 1998b. Quantum computers can search rapidly by using almost any transformation. Physical Review Letters, 80(19): 4329-4332

Grover L K. 2001a. From Schrödinger's equation to the quantum search algorithm. arXiv:quant-ph/0109116, Murray Hill, NJ: Bell Laboratories, 1-16

Grover L K. 2001b. From Schrödinger's equation to the quantum search algorithm. PRAMANA-Journal of Physics, Indian Academy of Sciences, 56(2-3): 333-348

Grover L K. 2001c. From Schrödinger's equation to the quantum search algorithm. American Journal of Physics, American Association of Physics Teachers, 69(7): 769-777

Haar A. 1910. Zur theorie der orthogonalen funktionensysteme. Mathematische Annalen, 69(3): 331-371

Hadamard M J. 1893. Resolution dune question relative aux determinants. Bulletin des Sciences

Mathematiques, 17: 240-246

Helstrom C W. 1966. An expansion of a signal in Gaussian elementary signals. IEEE Transactions on Information Theory, 12(1): 81-82

Høyer P. 1997. Efficient quantum transforms. Los Alamos Preprint Archive, http://xxx.lanl.gov/archive/quant-ph/9702028, 1-29

Jaksch P, Papageorgiou A. 2003. Eigenvector approximation leading to exponential speedup of quantum eigenvalue calculation. Physical Review Letters, 91(25): 257902-1~4

Jones J A, Mosca M, Hansen R H. 1998. Implementation of a quantum search algorithm on a nuclear magnetic resonance quantum computer. Nature, 393(6683): 344-346

Jozsa R. 1998. Quantum algorithms and the Fourier transform. Proceedings of the Royal Society of London, Series A, Mathematical, Physical and Engineering Sciences, Quantum Coherence and Decoherence, 454(1969): 323-337

Kitaev A Y. 1995. Quantum measurements and the Abelian Stabilizer Problem. L. D. Landau Institute for Theoretical Physics, Moscow, arXiv:quant-ph/ 9511026, 1-22

Klappenecker A. 1999. Wavelets and wavelet packets on quantum computers. Proceedings of SPIE-the International Society for Optical Engineering, 3813: 703-713

Klappenecker A, Roetteler M. 2003. Engineering functional quantum algorithms. Physical Review A: Atomic, Molecular, and Optical Physics, 67(1): 010302-1~4

Klauder J R, Sudarshan E C. 1968. Fundamentals of Quantum Optics. New York: Benjamin

Knill E. 1995. Approximation by quantum circuits. Mathematics, 8(1): 5-7

Kribs D W. 2003. Quantum channels, wavelets, dilations and representations of On. Proceedings of the Edinburgh Mathematical Society, 46(2): 421-433

Loan C V. 1992. Computational Frameworks for the Fast Fourier Transform. Philadelphia: Society for Industrial and Applied Mathematics, Volume 10 of Frontiers in Applied Mathematics

Louisell W H. 1990. Quantum Statistical Properties of Radiation. New York: John Wiley &Sons

Maslen D K, Rockmore D N. 1995. Generalized FFTs - a survey of some recent results. Technical Report PCS-TRSG-281, Dartmouth College, Computer Science, Hanover, NH: Proceedings of DIMACS Workshop in Groups and Computation-II, DIMACS Series in Discrete Mathematics and Computer Science, 28: 183–237

Marr D. 1982. Vision: A Computational Investigation into the Human Representation and Processing of Visual Information. San Francisco: Freeman

Marr D, Hildreth E. 1980. Theory of edge detection. Proceedings of the Royal Society of London, Series B, Biological Sciences, 207(1167): 187-217

Marr D, Nishihara H K. 1978. Representation and recognition of the spatial organization of three-dimensional shapes. Proceedings of the Royal Society of London, Series B, Biological Sciences, 200(1140): 269-294

Marr D, Poggio T. 1976. Cooperative computation of stereo disparity. Science, American Association for the Advancement of Science, 194(4262): 283-287

Marr D, Poggio T. 1977. From understanding computation to understanding neural circuitry. Neurosciences Research Program Bulletin, 15(3): 470-488

Marr D, Poggio T. 1979. A computational theory of human stereo vision. Proceedings of the Royal Society of London. Series B, Biological Sciences, 204(1156): 301-328

Modisette J P, Nordlander P, Kinsey J L, Johnson B R. 1996. Wavelet bases in eigenvalue problems in quantum mechanics. Chemical Physics Letters, 250(5-6): 485-494

Morlet J. 1981. Sampling theory and wave propagation. Proceedings of 50th Annual International Meeting of the Society of Exploration Geophysicists, in Houston, 203-236

Morlet J. 1983. Sampling Theory and Wave Propagation. NATO ASI Series (Series F: Computer and System Sciences, Springer, Berlin, Heidelberg), Acoustic Signal-Image Processing and Recognition, 1: 233-261

Morlet J, Arens G, Fourgeauand E, Giard D. 1982a. Wave propagation and sampling theory, Part I, Complex signal and scattering in multilayered media. Geophysics, 47(2): 203-221

Morlet J, Arens G, Fourgeauand E, Giard D. 1982b. Wave propagation and sampling theory, Part II, Sampling theory and complex waves. Geophysics, 47(2): 222-236

Namias V. 1980. The fractional order Fourier transform and its application to quantum mechanics. IMA Journal of Applied Mathematics, 25(3): 241-265

Ohnishi H, Matsueda H, Zheng L. 2005. Quantum wavelet transform and matrix factorization. Proceedings of International Quantum Electronics Conference, QThC3-P17, San Jose, CA, USA: 1327-1328

Park S, Bae J, Kwon Y. 2007. Wavelet quantum search algorithm with partial information. Chaos, Solitons & Fractals, 32(4): 1371-1374

Perelomov A. M. 1972. Coherent states for arbitrary Lie group. Communi-cations in Mathematical Physics, 26(3): 222-236

Ran Q W, Wang L, Ma J, Tan L Y, Yu S Y. 2018. A quantum color image encryption scheme based on coupled hyper chaotic Lorenz system with three impulse injections. Quantum Information Processing, 17(8): 188-217

Reck M, Zeilinger A, Bernstein H J, Bertani P. 1994. Experimental realization of any discrete unitary operator. Physical Review Letters, 73(1): 58-61

Regalia P A, Mitra S K. 1989. Kronecker products, unitary matrices and signal processing applications. SIAM Review, 31(4): 586-613

Rudolph T, Grover L K. 2003. Quantum communication complexity of establishing a shared reference frame. Physical Review Letters, 91(21): 217905-1~4

Sasaoka K, Yamamoto T, Watanabe S. 2013. Wavelet analysis of quantum transient transport in a quantum dot. Applied Physics Letters, 102(23):1169-1172

Serre J P. 1977. Linear Representations of Finite Groups. Volume 42 of Graduate texts in mathematics, Berlin: Springer-Verlag

Shi J, Zhang N T, Liu X P. 2012. A novel fractional wavelet transform and its applications. Science China, Information Sciences, 55(6): 1270-1279

Shor P W. 1994. Algorithms for quantum computation: discrete logarithms and factoring. IEEE Symposium on Foundations of Computer Science, Santa Fe, NM, USA, 124-134

Shor P W. 1995. Scheme for reducing decoherence in quantum computer memory. Physical Review A: Atomic, Molecular, and Optical Physics, 52: 2493-2496

Shor P W. 1997. Polynomial-time algorithms for prime factorization and discrete logarithms on a quantum computer. SIAM Journal on Computing, 26(5): 1484-1509

Simon D R. 1994. On the power of quantum computation. Proceedings of the 35th Annual Symposium on Foundations of Computer Science, A, 356(1743): 116-123

Song J, Fan H Y. 2010. Wavelet-transform spectrum for quantum optical states. Chinese Physics Letters, 27(2): 113-116

Song J, Fan H Y, Yuan H C. 2012. Wavelet transform of quantum chemical states. International Journal of Quantum Chemistry, 112(11): 2343-2347

Song J, He R, Yuan H, Zhou J, Fan H Y. 2016. The joint wavelet-fractional Fourier transform. Chinese Physics Letters, 33(11): 18-21

Steane A. 1996a. Multiple particle interference and quantum error correction. Proceedings of the Royal Society of London, A 452: 2551-2577

Steane A. 1996b. Simple quantum error-correcting codes. Physical Review A: Atomic, Molecular, and Optical Physics, 54: 4741-4751

Tao R, Deng B, Zhang W Q, Wang Y. 2008. Sampling and sampling rate conversion of band limited signals in the fractional Fourier transform domain. IEEE Transactions on Signal Processing, 56(1): 158-171

Terraneo M, Shepelyansky D L. 2003. Imperfection effects for multiple applications of the quantum wavelet transform. Physical Review Letters, 90(25): 257902-1~4

Vedral V, Barenco A, Ekert A. 1996. Quantum networks for elementary arithmetic operations. Physical Review, A: Atomic, Molecular, and Optical Physics, 54(1): 147-153

Vilenkin N. 1968. Special functions and the theory of group representations. Providence, R. I.: American Mathematical Society

Vlasenko V, Rao K R. 1979. Unified matrix treatment of discrete transforms. IEEE Transaction on Computers, C-28(12): 934-938

Walsh J L. 1923. A closed set of normal orthogonal functions. American Journal of Mathematics, 45(1): 5-24

Wiener N. 1929. Hermitian polynomials and Fourier analysis. Journal of Mathematics and Physics, 8(1-4): 70-73

Wigner E P. 1932. On the quantum correction for thermodynamic equilibrium. Physical Review, 40(40): 749-759

Wünsche A. 1999. About integration within ordered products in quantum optics. Journal of Optics B: Quantum and Semiclassical Optics, 1(3): 11-21

Yang Y G, Xu P, Tian J, Zhang H. 2014. Analysis and improvement of the dynamic watermarking scheme for quantum images using quantum wavelet transform. Quantum Information Processing, 13(9): 1931-1936

Yao A C C. 1993. Quantum circuit complexity. Proceedings of IEEE 34th Annual Foundations of Computer Science, Palo Alto, CA, USA, 352–361

Zalka C. 1999. Grover's quantum searching algorithm is optimal. Physical Review A: atomic, molecular, and optical physics and quantum information, 60(4): 2746-2751

小波与量子小波　习题一

多分辨率分析与正交小波
(共 40 个习题)

习题 1.1　傅里叶级数及相关性质

1.1.1　在周期为 2π 的能量有限信号空间或平方可积函数空间 $\mathcal{L}^2(0,2\pi)$ 中，考虑傅里叶级数基函数 $\{\varepsilon_k(t)=(2\pi)^{-0.5}e^{ikt};k\in\mathbb{Z}\}$，它是 $\mathcal{L}^2(0,2\pi)$ 的规范正交基. 任意 2π 周期函数 $x(t)\in\mathcal{L}^2(0,2\pi)$，其傅里叶级数展开表达式是

$$x(t)=\sum_{k\in\mathbb{Z}}x_k\varepsilon_k(t)$$

证明系数序列 $\mathbf{x}=\{x_k;k\in\mathbb{Z}\}^{\mathrm{T}}\in\ell^2(\mathbb{Z})$ 可如下计算:

$$x_k=\int_0^{2\pi}x(t)\overline{\varepsilon}_k(t)dt=(2\pi)^{-0.5}\int_0^{2\pi}x(t)e^{-ikt}dt,\quad k\in\mathbb{Z}$$

满足

$$\int_0^{2\pi}\left|x(t)-\sum_{k\in\mathbb{Z}}x_k\varepsilon_k(t)\right|^2dt=0\Leftrightarrow\lim_{\substack{N\to+\infty\\M\to+\infty}}\int_0^{2\pi}\left|x(t)-\sum_{k=-N}^{M}x_k\varepsilon_k(t)\right|^2dt=0$$

而且

$$||x||^2_{\mathcal{L}^2(0,2\pi)}=\sum_{k\in\mathbb{Z}}|x_k|^2=||\mathbf{x}||^2_{\ell^2(\mathbb{Z})}$$

1.1.2　利用习题 1.1.1 的记号，定义线性变换 $\mathscr{F}:\mathcal{L}^2(0,2\pi)\to\ell^2(\mathbb{Z})$ 如下:

$$\mathscr{F}:\varepsilon_k(t)\mapsto\delta_k=\{\delta(n-k);n\in\mathbb{Z}\}^{\mathrm{T}},\quad k\in\mathbb{Z}$$

证明线性变换 $\mathscr{F}(x(t))=\mathbf{x}=\{x_k;k\in\mathbb{Z}\}^{\mathrm{T}}\in\ell^2(\mathbb{Z})$ 是一个酉的线性变换，即 Parseval 恒等式或 Plancherel 能量守恒定理或者内积恒等式成立:

$$\langle x,y\rangle_{\mathcal{L}^2(0,2\pi)}=\int_0^{2\pi}x(t)\overline{y}(t)dt=\sum_{k\in\mathbb{Z}}x_k\overline{y}_k=\langle\mathbf{x},\mathbf{y}\rangle_{\ell^2(\mathbb{Z})}$$

1.1.3　假设 $x(t),y(t),z(t)\in\mathcal{L}^2(0,2\pi)$ 是周期 2π 的能量有限信号或平方可积函

数, 如果它们满足如下定义的卷积关系:

$$z(t)=(x*y)(t)=\int_0^{2\pi}x(u)y(t-u)du$$

而且

$$\begin{cases}\mathscr{F}(x(t))=\mathbf{x}=\{x_k;k\in\mathbb{Z}\}^{\mathrm{T}}\in\ell^2(\mathbb{Z})\\ \mathscr{F}(y(t))=\mathbf{y}=\{y_k;k\in\mathbb{Z}\}^{\mathrm{T}}\in\ell^2(\mathbb{Z})\\ \mathscr{F}(z(t))=\mathbf{z}=\{z_k;k\in\mathbb{Z}\}^{\mathrm{T}}\in\ell^2(\mathbb{Z})\end{cases}$$

那么,

$$\mathscr{F}(z(t))=\mathbf{z}=\{z_k=\sqrt{2\pi}x_ky_k;k\in\mathbb{Z}\}^{\mathrm{T}}$$

这样希尔伯特空间 $\mathcal{L}^2(0,2\pi)$ 中的卷积算子在线性变换 $\mathscr{F}:\mathcal{L}^2(0,2\pi)\to\ell^2(\mathbb{Z})$, 即傅里叶级数变换 $\mathscr{F}:\varepsilon_k(t)\mapsto\delta_k=\{\delta(n-k);n\in\mathbb{Z}\}^{\mathrm{T}},k\in\mathbb{Z}$ 之下为一个对角算子.

习题 1.2　傅里叶变换及相关性质

在非周期能量有限信号空间或平方可积函数空间 $\mathcal{L}^2(\mathbb{R})$ 中, 考虑傅里叶变换基 $\{\varepsilon_\omega(t)=(2\pi)^{-0.5}e^{i\omega t};\omega\in\mathbb{R}\}$, 它是 $\mathcal{L}^2(\mathbb{R})$ 的规范正交基.

任意 $x(t)\in\mathcal{L}^2(\mathbb{R})$ 在平凡规范正交基 $\{\delta(t-\omega);\omega\in\mathbb{R}\}$ 下的“坐标”写成

$$x(\omega)=\int_{-\infty}^{+\infty}x(t)\delta(t-\omega)dt$$

它在这个平凡规范正交基下的表示为

$$x(t)=\int_{-\infty}^{+\infty}x(\omega)\delta(t-\omega)d\omega$$

定义 $\mathscr{F}:\mathcal{L}^2(\mathbb{R})\to\mathcal{L}^2(\mathbb{R})$, 将 $\mathcal{L}^2(\mathbb{R})$ 的平凡规范正交基 $\{\delta(t-\omega);\omega\in\mathbb{R}\}$ 变换为规范正交基 $\{\varepsilon_\omega(t)=(2\pi)^{-0.5}e^{i\omega t};\omega\in\mathbb{R}\}$, 满足如下关系:

$$\mathscr{F}:\delta(t-\omega)\to\varepsilon_\omega(t)=\frac{1}{\sqrt{2\pi}}e^{i\omega t},\quad\omega\in\mathbb{R}$$

于是 $x(t)$ 在傅里叶变换基 $\{\varepsilon_\omega(t)=(2\pi)^{-0.5}e^{i\omega t};\omega\in\mathbb{R}\}$ 之下的“坐标”为

$$\mathscr{F}(x)=X:X(\omega)=\frac{1}{\sqrt{2\pi}}\int_{-\infty}^{+\infty}x(t)e^{-i\omega t}dt$$

此即 $x(t)$ 的傅里叶变换 $X(\omega)$. 在傅里叶变换基 $\{\varepsilon_\omega(t)=(2\pi)^{-0.5}e^{i\omega t};\omega\in\mathbb{R}\}$ 之下, $x(t)$ 可以表示为

$$x(t)=(2\pi)^{-0.5}\int_{-\infty}^{+\infty}X(\omega)e^{i\omega t}d\omega$$

这正好是 $X(\omega)$ 的傅里叶逆变换 $x(t)$.

1.2.1 证明傅里叶变换是酉变换. 即任意 $x(t)\in\mathcal{L}^2(\mathbb{R})$，其傅里叶变换:

$$\mathscr{F}(x)=X:X(\omega)=\frac{1}{\sqrt{2\pi}}\int_{-\infty}^{+\infty}x(t)e^{-i\omega t}dt\in\mathcal{L}^2(\mathbb{R})$$

是一个酉变换，即任给 $x(t),y(t)\in\mathcal{L}^2(\mathbb{R})$, Parseval 恒等式或 Plancherel 能量守恒定理或者内积恒等式成立:

$$\left\langle x,y\right\rangle_{\mathcal{L}^2(\mathbb{R})}=\int_{-\infty}^{+\infty}x(t)\overline{y}(t)dt=\int_{-\infty}^{+\infty}X(\omega)\overline{Y}(\omega)d\omega=\left\langle X,Y\right\rangle_{\mathcal{L}^2(\mathbb{R})}$$

而且

$$||x||_{\mathcal{L}^2(\mathbb{R})}^2=\int_{-\infty}^{+\infty}|x(t)|^2dt=\int_{-\infty}^{+\infty}|X(\omega)|^2d\omega=||X||_{\mathcal{L}^2(\mathbb{R})}^2$$

1.2.2 证明傅里叶变换的卷积定理. 即假设 $x(t),y(t),z(t)\in\mathcal{L}^2(\mathbb{R})$ 是平方可积函数，它们满足如下定义的卷积关系:

$$z(t)=(x*y)(t)=\int_{-\infty}^{+\infty}x(u)y(t-u)du$$

那么,

$$\begin{cases}\mathscr{F}(x*y)=(2\pi)^{0.5}\mathscr{F}(x)\mathscr{F}(y)\\ \mathscr{F}(x\cdot y)=(2\pi)^{-0.5}\mathscr{F}(x)*\mathscr{F}(y)\end{cases}$$

这说明，当选择傅里叶变换基 $\{\varepsilon_\omega(t)=(2\pi)^{-0.5}e^{i\omega t};\omega\in\mathbb{R}\}$ 作为 $\mathcal{L}^2(\mathbb{R})$ 的规范正交基时，卷积运算作为一个线性变换是一个对角变换. 这个事实成立的原因是，傅里叶变换基是卷积算子(矩阵)的特征函数.

1.2.3 证明傅里叶变换具有尺度伸缩和平移性质. 傅里叶变换算子对函数的尺度伸缩和时间移动保持简洁的计算关系. 引入记号: 对于固定的 $(s,\mu)\in\mathbb{R}^2$

$$y(t)=x_{s,\mu}(t)=x\left(\frac{t-\mu}{s}\right)$$

那么，它的傅里叶变换 $\mathscr{F}(y)=Y$ 具有如下计算方法:

$$Y(\omega)=|s|X(s\omega)e^{-i\omega\mu}$$

其中 $X(\omega)$ 是 $x(t)$ 的傅里叶变换.

1.2.4 证明傅里叶算子的微分特性. 傅里叶变换算子还与导数运算之间保持如下特殊的运算关系: 对于正整数 n,

$$\begin{cases}\mathscr{F}(\partial^n x)=(i\omega)^n\mathscr{F}(x)\\ \partial^n[\mathscr{F}(x)]=\mathscr{F}[(it)^n x(t)]\end{cases}$$

习题 1.3 有限或离散傅里叶变换的性质

给定正整数 N，定义 $N\times N$ 的有限傅里叶变换矩阵(算子) $\mathscr{F}$:

$$\mathscr{F} = \frac{1}{\sqrt{N}}(e^{(-2\pi i/N)\times m\times n})_{0\leqslant m,n\leqslant N-1}$$

这个矩阵或者算子 $\mathscr{F}$ 有时也称为离散傅里叶变换算子或矩阵. 详细写成

$$\mathscr{F} = \frac{1}{\sqrt{N}}\begin{pmatrix} 1 & 1 & 1 & \cdots & 1 \\ 1 & e^{(-2\pi i/N)} & e^{(-2\pi i/N)\times 2} & \cdots & e^{(-2\pi i/N)\times(N-1)} \\ \vdots & \vdots & \vdots & \ddots & \vdots \\ 1 & e^{(-2\pi i/N)\times(N-1)} & e^{(-2\pi i/N)\times(N-1)\times 2} & \cdots & e^{(-2\pi i/N)\times(N-1)\times(N-1)} \end{pmatrix}_{N\times N}$$

引入记号:

$$c_{m,\ell} = \frac{1}{\sqrt{N}}e^{(-2\pi i/N)\times m\times\ell},\quad 0\leqslant m,\ell\leqslant N-1$$

那么, 有限傅里叶变换矩阵(算子) $\mathscr{F}$ 可以写成 $\mathscr{F} = (c_{m,\ell})_{0\leqslant m,\ell\leqslant N-1}$.

给定正整数 N，N 维列向量 $g = (g_0, g_1,\cdots, g_{N-1})^{\mathrm{T}}$ 的有限傅里叶变换定义为如下的 N 维列向量 $\tilde{g} = (\tilde{g}_0, \tilde{g}_1,\cdots,\tilde{g}_{N-1})^{\mathrm{T}}$：

$$\tilde{g}_m = \frac{1}{\sqrt{N}}\sum_{u=0}^{N-1}e^{(-2\pi i/N)\times m\times u}g_u,\quad m = 0,1,2,\cdots,(N-1)$$

或者按照矩阵-向量形式写成

$$\begin{pmatrix} \tilde{g}_0 \\ \tilde{g}_1 \\ \vdots \\ \tilde{g}_{N-1} \end{pmatrix} = \frac{1}{\sqrt{N}}\begin{pmatrix} 1 & 1 & \cdots & 1 \\ 1 & e^{(-2\pi i/N)} & \cdots & e^{(-2\pi i/N)\times(N-1)} \\ \vdots & \vdots & \ddots & \vdots \\ 1 & e^{(-2\pi i/N)\times(N-1)} & \cdots & e^{(-2\pi i/N)\times(N-1)\times(N-1)} \end{pmatrix}\begin{pmatrix} g_0 \\ g_1 \\ \vdots \\ g_{N-1} \end{pmatrix}$$

或者

$$\tilde{g} = \begin{pmatrix} \tilde{g}_0 \\ \vdots \\ \tilde{g}_{N-1} \end{pmatrix} = \mathscr{F}\begin{pmatrix} g_0 \\ \vdots \\ g_{N-1} \end{pmatrix} = \mathscr{F}g$$

1.3.1　给定正整数 N，证明 $N\times N$ 的有限傅里叶变换矩阵(算子) $\mathscr{F}$ 是对称的酉矩阵.

提示: 可以详细写出 $\mathscr{F}$ 的复数共轭转置矩阵 $\mathscr{F}^*$ 如下:

$$\begin{aligned}\mathscr{F}^* &= (d_{u,v})_{0\leqslant u,v\leqslant N-1} \\ &= \frac{1}{\sqrt{N}}\begin{pmatrix} 1 & 1 & 1 & \cdots & 1 \\ 1 & e^{(2\pi i/N)} & e^{(2\pi i/N)\times 2} & \cdots & e^{(2\pi i/N)\times(N-1)} \\ \vdots & \vdots & \vdots & \ddots & \vdots \\ 1 & e^{(2\pi i/N)\times(N-1)} & e^{(2\pi i/N)\times(N-1)\times 2} & \cdots & e^{(2\pi i/N)\times(N-1)\times(N-1)} \end{pmatrix}_{N\times N}\end{aligned}$$

其中

$$d_{u,v} = \frac{1}{\sqrt{N}} e^{(2\pi i/N)\times u\times v}, \quad 0 \leqslant u,v \leqslant (N-1)$$

演算可以得到如下的恒等式:

$$\begin{aligned}\sum_{u=0}^{N-1} c_{m,u} d_{u,v} &= \frac{1}{N}\sum_{u=0}^{N-1} e^{(-2\pi i/N)\times m\times u} e^{(2\pi i/N)\times u\times v} \\ &= \frac{1}{N}\sum_{u=0}^{N-1} e^{(-2\pi i/N)\times (m-v)\times u} \\ &= \delta(m-v), \quad 0 \leqslant m,v \leqslant (N-1)\end{aligned}$$

从而得到如下等式:

$$\mathscr{F}\mathscr{F}^* = \mathscr{F}^*\mathscr{F} = \mathrm{Diag}(1,1,\cdots,1)$$

这说明 $\mathscr{F}$ 从而 $\mathscr{F}^*$ 是酉矩阵.

1.3.2 给定两个同维序列或向量 $f=(f_0,f_1,\cdots,f_{N-1})^{\mathrm{T}}, g=(g_0,g_1,\cdots,g_{N-1})^{\mathrm{T}}$，将它们的卷积记为 $f*g=h=(h_0,h_1,\cdots,h_{N-1})^{\mathrm{T}}$，定义如下:

$$h_m = \sum_{\ell=0}^{N-1} f_\ell g_{\mathrm{mod}(m-\ell,N)}, \quad m=0,1,\cdots,N-1$$

注释: 卷积的定义也可以写成

$$h_m = \sum_{\substack{0\leqslant \ell,k\leqslant N-1 \\ \mathrm{mod}(k+\ell,N)=m}} f_k g_\ell, \quad m=0,1,2,\cdots,(N-1)$$

引入循环形式的正方形矩阵:

$$\boldsymbol{f} = (f_{\mathrm{mod}(\ell-k,N)})_{0\leqslant \ell,k\leqslant N-1} = \begin{pmatrix} f_0 & f_{N-1} & \cdots & f_1 \\ f_1 & f_0 & \cdots & f_2 \\ \vdots & \vdots & \ddots & \vdots \\ f_{N-1} & f_{N-2} & \cdots & f_0 \end{pmatrix}$$

证明卷积计算公式可以写成矩阵-向量形式:

$$h = \begin{pmatrix} h_0 \\ h_1 \\ \vdots \\ h_{N-1} \end{pmatrix} = \begin{pmatrix} f_0 & f_{N-1} & \cdots & f_1 \\ f_1 & f_0 & \cdots & f_2 \\ \vdots & \vdots & & \vdots \\ f_{N-1} & f_{N-2} & \cdots & f_0 \end{pmatrix} \begin{pmatrix} g_0 \\ g_1 \\ \vdots \\ g_{N-1} \end{pmatrix} = \boldsymbol{f}g$$

1.3.3 假设 N 维列向量 $g=(g_0,g_1,\cdots,g_{N-1})^{\mathrm{T}}$ 的有限傅里叶变换可以表示为 N 维列向量 $\tilde{g}=(\tilde{g}_0,\tilde{g}_1,\cdots,\tilde{g}_{N-1})^{\mathrm{T}}$，卷积运算 $f*g=h=h_0,h_1,\cdots,h_{N-1}^{\mathrm{T}}$ 的有限傅里叶变换向量记为 $\tilde{h}=(\tilde{h}_0,\tilde{h}_1,\cdots,\tilde{h}_{N-1})^{\mathrm{T}}$，证明卷积算子可以表示为如下对角形式:

$$\tilde{h}=\begin{pmatrix}\tilde{h}_0\\ \tilde{h}_1\\ \vdots\\ \tilde{h}_{N-1}\end{pmatrix}=\begin{pmatrix}\lambda_0 & 0 & \cdots & 0\\ 0 & \lambda_1 & \cdots & 0\\ \vdots & \vdots & & \vdots\\ 0 & 0 & \cdots & \lambda_{N-1}\end{pmatrix}\begin{pmatrix}\tilde{g}_0\\ \tilde{g}_1\\ \vdots\\ \tilde{g}_{N-1}\end{pmatrix}$$

其中

$$\lambda_m=\sum_{v=0}^{N-1}e^{(-2\pi i/N)\times m\times v}f_v,\quad m=0,1,2,\cdots,N-1$$

提示：直接计算两个同维向量有限卷积 $f*g=h=(h_0,h_1,\cdots,h_{N-1})^{\mathrm{T}}$ 的有限傅里叶变换向量 $\tilde{h}=(\tilde{h}_0,\tilde{h}_1,\cdots,\tilde{h}_{N-1})^{\mathrm{T}}$ 可得

$$\begin{aligned}\tilde{h}_m&=\frac{1}{\sqrt{N}}\sum_{u=0}^{N-1}e^{(-2\pi i/N)\times m\times u}h_u=\frac{1}{\sqrt{N}}\sum_{u=0}^{N-1}e^{(-2\pi i/N)\times m\times u}\sum_{\ell=0}^{N-1}g_\ell f_{\mathrm{mod}(u-\ell,N)}\\&=\frac{1}{\sqrt{N}}\sum_{\ell=0}^{N-1}g_\ell\sum_{u=0}^{N-1}e^{(-2\pi i/N)\times m\times u}f_{\mathrm{mod}(u-\ell,N)}\\&=\frac{1}{\sqrt{N}}\left[\sum_{\ell=0}^{N-1}e^{(-2\pi i/N)\times m\times\ell}g_\ell\right]\left[\sum_{v=0}^{N-1}e^{(-2\pi i/N)\times m\times v}f_v\right]\\&=\lambda_m\tilde{g}_m\end{aligned}$$

其中，$m=0,1,2,\cdots,(N-1)$.

习题 1.4　多分辨率分析的尺度空间和尺度函数

假设函数(信号)空间 $\mathcal{L}^2(\mathbb{R})$ 的闭线性子空间列 $\{V_j\,;j\in\mathbb{Z}\}$ 和函数 $\phi(x)$ 构成 $\mathcal{L}^2(\mathbb{R})$ 中的多分辨率分析(MRA)，即如下 5 个公理成立：

① 单调性：$V_j\subset V_{j+1}$，$\forall j\in\mathbb{Z}$；

② 唯一性：$\bigcap_{j\in\mathbb{Z}}V_j=\{0\}$；

③ 稠密性：$\overline{\left(\bigcup_{j\in\mathbb{Z}}V_j\right)}=\mathcal{L}^2(\mathbb{R})$；

④ 伸缩性：$f(x)\in V_j\Leftrightarrow f(2x)\in V_{j+1}$，$\forall j\in\mathbb{Z}$；

⑤ 结构性：$\{\phi(x-n)\,;n\in\mathbb{Z}\}$ 构成子空间 V_0 的规范正交基.

其中，函数 $\phi(x)$ 称为尺度函数，$\forall j\in\mathbb{Z}$，V_j 称为(第 j 级)尺度子空间.

1.4.1　证明 $\{\phi_{j,k}(x)=2^{j/2}\phi(2^jx-k)\,;k\in\mathbb{Z}\}$ 是 V_j 的规范正交基.

1.4.2　因为 $\phi(x)\in V_0\in V_1$ 而且 $\{\phi_{1,k}(x)=\sqrt{2}\phi(2x-k);k\in\mathbb{Z}\}$ 是 V_1 的规范正交基，因此，尺度函数 $\phi(x)$ 可以唯一表示成

$$\phi(x) = \sqrt{2}\sum_{n\in\mathbb{Z}} h_n \phi(2x-n)$$

其中 $h_n = \left\langle \phi(\cdot), \sqrt{2}\phi(2\cdot -n) \right\rangle = \sqrt{2}\int_{x\in\mathbb{R}} \phi(x)\overline{\phi}(2x-n)dx, n\in\mathbb{Z}$ 称为低通滤波器系数. 利用这些记号证明:

$$\phi(x-k) = \sqrt{2}\sum_{n\in\mathbb{Z}} h_{n-2k}\phi(2x-n), \quad k\in\mathbb{Z}$$

1.4.3　如果 $\phi(x-k) = \sqrt{2}\sum_{n\in\mathbb{Z}} h_{n-2k}\phi(2x-n), k\in\mathbb{Z}$，证明对于 $\forall j\in\mathbb{Z}$，

$$\phi_{j,k}(x) = \sum_{n\in\mathbb{Z}} h_{n-2k}\phi_{j+1,n}(x), \quad k\in\mathbb{Z}$$

其中

$$\begin{cases}\phi_{j,k}(x) = 2^{j/2}\phi(2^j x - k), & k\in\mathbb{Z}\\ \phi_{j+1,n}(x) = 2^{(j+1)/2}\phi(2^{j+1}x-n), & n\in\mathbb{Z}\\ h_{n-2k} = \left\langle \phi_{j,k}(\cdot), \phi_{j+1,n}(\cdot)\right\rangle, & k\in\mathbb{Z},\ n\in\mathbb{Z}\end{cases}$$

1.4.4　利用尺度方程

$$\phi(x) = \sqrt{2}\sum_{n\in\mathbb{Z}} h_n \phi(2x-n)$$

证明

$$\Phi(\omega) = \mathrm{H}(\omega/2)\Phi(\omega/2)$$

其中 $\Phi(\omega)$ 是尺度函数 $\phi(x)$ 的傅里叶变换，$\mathrm{H}(\omega)$ 是低通滤波器(周期 2π 的能量有限信号或平方可积函数)，它们的定义如下:

$$\begin{cases}\Phi(\omega) = (2\pi)^{-0.5}\int_{x\in\mathbb{R}} \phi(x)e^{-i\omega x}dx\\ \mathrm{H}(\omega) = 2^{-0.5}\sum_{n\in\mathbb{Z}} h_n e^{-i\omega n}\end{cases}$$

1.4.5　由尺度方程 $\phi_{j,k}(x) = \sum_{n\in\mathbb{Z}} h_{n-2k}\phi_{j+1,n}(x), k\in\mathbb{Z}$，其中 $\forall j\in\mathbb{Z}$，证明:

$$\Phi(2^{-j}\omega) = \mathrm{H}(2^{-(j+1)}\omega)\Phi(2^{-(j+1)}\omega)$$

1.4.6　(引理: 时间域整数平移规范正交函数系的频率域特征)证明: 函数 $\zeta(x)$ 的整数平移函数系 $\{\zeta(x-n);\ n\in\mathbb{Z}\}$ 构成函数空间 $\mathcal{L}^2(\mathbb{R})$ 的规范正交函数系的充分必要条件是

$$2\pi\sum_{m\in\mathbb{Z}} |Z(\omega+2m\pi)|^2 = 1$$

其中 $Z(\omega)$ 是函数 $\zeta(x)$ 的傅里叶变换:

$$Z(\omega) = (2\pi)^{-0.5}\int_{x\in\mathbb{R}} \zeta(x)e^{-i\omega x}dx$$

1.4.7　证明: 多分辨率分析中尺度函数 $\phi(x)$ 的傅里叶变换 $\Phi(\omega)$ 满足如下等式:

$$2\pi \sum_{m\in\mathbb{Z}} |\Phi(\omega+2m\pi)|^2 = 1$$

1.4.8　证明: 多分辨率分析的低通滤波器(它是周期 2π 的能量有限信号或平方可积函数) $\mathrm{H}(\omega)$ 满足如下恒等式:

$$|\mathrm{H}(\omega)|^2 + |\mathrm{H}(\omega+\pi)|^2 = 1, \quad \omega \in [0, 2\pi]$$

1.4.9　证明: 在多分辨率分析尺度方程 $\phi(x) = \sqrt{2}\sum_{n\in\mathbb{Z}} h_n \phi(2x-n)$ 中, 其低通滤波器系数序列 $\{h_n; n\in\mathbb{Z}\}$ 满足恒等式 $\sum_{n\in\mathbb{Z}} |h_n|^2 = 1$.

1.4.10　证明: 多分辨率分析尺度方程 $\phi(x) = \sqrt{2}\sum_{n\in\mathbb{Z}} h_n \phi(2x-n)$ 的低通滤波器系数序列 $\{h_n; n\in\mathbb{Z}\}$ 与它自己的偶数平移序列 $\{h_{n-2m}; n\in\mathbb{Z}\}$ (其中 $m\in\mathbb{Z}$)满足恒等式 $\sum_{n\in\mathbb{Z}} h_n \overline{h}_{n-2m} = \delta(m)$, 这里 $\delta(m)$ 是定义在全体整数上的克罗内克函数:

$$\delta(m) = \begin{cases} 1, & m = 0 \\ 0, & m \neq 0 \end{cases}$$

注释: 如果引入记号 $\mathbf{h}^{(m)} = \{h_{n-m}; n\in\mathbb{Z}\}^{\mathrm{T}}$ 表示由低通滤波器系数序列 $\{h_n; n\in\mathbb{Z}\}$ 向右移动 $m\in\mathbb{Z}$ 个位置产生的新序列所构成的无穷维列向量, 那么, 无穷维列向量系 $\{\mathbf{h}^{(2m)}; m\in\mathbb{Z}\}$ 是平方可和无穷维序列空间 $\ell^2(\mathbb{Z})$ 的规范正交系, 即

$$\left\langle \mathbf{h}^{(2m)}, \mathbf{h}^{(2k)} \right\rangle_{\ell^2(\mathbb{Z})} = \sum_{n\in\mathbb{Z}} h_{n-2m} \overline{h}_{n-2k} = \delta(m-k), \quad (m,k)\in\mathbb{Z}^2$$

其中, 平方可和无穷维序列空间 $\ell^2(\mathbb{Z})$ 的定义是

$$\ell^2(\mathbb{Z}) = \left\{ \mathbf{c} = \{c_n; n\in\mathbb{Z}\}^{\mathrm{T}}; \sum_{n\in\mathbb{Z}} |c_n|^2 < +\infty \right\}$$

定义 $\mathbf{H}$ 是无穷维列向量规范正交系 $\{\mathbf{h}^{(2m)}; m\in\mathbb{Z}\}$ 张成的 $\ell^2(\mathbb{Z})$ 的闭线性子空间:

$$\mathrm{H} = \mathrm{Closespan}\{\mathbf{h}^{(2m)}; m\in\mathbb{Z}\}$$

如果将尺度函数 $\phi(x-k) = \sqrt{2}\sum_{n\in\mathbb{Z}} h_{n-2k} \phi(2x-n)$ 与向量 $\mathbf{h}^{(2k)} = \{h_{n-2k}; n\in\mathbb{Z}\}^{\mathrm{T}}$ 相对应, 那么, 可以证明, 这实际上是建立了尺度子空间 V_0 与无穷维列向量子空间 H 之间的保持范数不变的线性映射关系.

习题 1.5　多分辨率分析小波空间和小波函数

假设函数(信号)空间 $\mathcal{L}^2(\mathbb{R})$ 的闭线性子空间列 $\{V_j; j\in\mathbb{Z}\}$ 和函数 $\phi(x)$ 构成 $\mathcal{L}^2(\mathbb{R})$ 中的多分辨率分析, 即如下 5 个公理成立:

① 单调性: $V_j \subset V_{j+1}$, $\forall j \in \mathbb{Z}$;

② 唯一性: $\bigcap_{j\in\mathbb{Z}} V_j = \{0\}$;

③ 稠密性: $\overline{\left(\bigcup_{j\in\mathbb{Z}} V_j\right)} = \mathcal{L}^2(\mathbb{R})$;

④ 伸缩性: $f(x) \in V_j \Leftrightarrow f(2x) \in V_{j+1}$, $\forall j \in \mathbb{Z}$;

⑤ 结构性: $\{\phi(x-n); n \in \mathbb{Z}\}$ 构成子空间 V_0 的规范正交基.

其中函数 $\phi(x)$ 称为尺度函数, $\forall j \in \mathbb{Z}$, V_j 称为(第 j 级)尺度子空间. 此外, 定义空间 $\mathcal{L}^2(\mathbb{R})$ 的闭线性子空间列 $\{W_j\,; j \in \mathbb{Z}\}$: 对 $\forall j \in \mathbb{Z}$, 子空间 W_j 满足: $W_j \perp V_j, V_{j+1} = W_j \oplus V_j$, 其中, W_j 称为(第 j 级)小波子空间.

1.5.1 验证小波子空间序列 $\{W_j; j \in \mathbb{Z}\}$ 是相互正交的:

$$W_j \perp W_\ell,\quad \forall j \neq \ell,\quad (j,\ell) \in \mathbb{Z}^2$$

即 $\forall (j,\ell) \in \mathbb{Z}^2, j \neq \ell$, 当 $u(x) \in W_j, v(x) \in W_\ell$ 时, $u(x)$ 与 $v(x)$ 正交:

$$\left\langle u(x), v(x)\right\rangle_{\mathcal{L}^2(\mathbb{R})} = \int_{x\in\mathbb{R}} u(x)\overline{v}(x)dx = 0$$

1.5.2 验证小波子空间序列 $\{W_j; j \in \mathbb{Z}\}$ 具有伸缩依赖关系:

$$u(x) \in W_j \Leftrightarrow u(2x) \in W_{j+1},\quad \forall j \in \mathbb{Z}$$

即如果 $u(x) \in W_j$, 那么, $u(2x) \in W_{j+1}$. 反之亦然. 这种伸缩依赖关系链还可以延长表示如下:

$$u(x) \in W_j \Leftrightarrow u(2x) \in W_{j+1} \Leftrightarrow \cdots \Leftrightarrow u(2^m x) \in W_{j+m},\quad \forall m \in \mathbb{Z}$$

1.5.3 验证尺度子空间列 $\{V_j; j \in \mathbb{Z}\}$ 和小波子空间序列 $\{W_j; j \in \mathbb{Z}\}$ 具有如下正交关系:

$$W_m \perp V_j,\ \forall (j,m) \in \mathbb{Z}^2,\ m \geqslant j$$

1.5.4 验证函数空间 $\mathcal{L}^2(\mathbb{R})$, 尺度子空间序列 $\{V_j; j \in \mathbb{Z}\}$ 和小波子空间序列 $\{W_j; j \in \mathbb{Z}\}$ 满足如下线性空间正交直和分解关系:

$$\begin{cases} \mathcal{L}^2(\mathbb{R}) = \bigoplus\limits_{m\in\mathbb{Z}} W_m \\ \mathcal{L}^2(\mathbb{R}) = V_j \oplus (\bigoplus\limits_{m\geqslant j} W_m) \\ V_{j+L+1} = W_{j+L} \oplus W_{j+L-1} \oplus \cdots \oplus W_j \oplus V_j (L \in \mathbb{N}) \\ V_{j+L+1} = \bigoplus\limits_{\ell=0}^{+\infty} W_{j+L-\ell} \end{cases}$$

1.5.5　证明：如果存在函数 $\psi(x)\in W_0$，保证 $\{\psi(x-n);n\in\mathbb{Z}\}$ 构成小波子空间 W_0 的规范正交基，那么，对于 $\forall j\in\mathbb{Z}$，$\{\psi_{j,k}(x)=2^{j/2}\psi(2^jx-k);k\in\mathbb{Z}\}$ 必构成小波子空间 W_j 的规范正交基.

1.5.6　证明：如果存在函数 $\psi(x)\in W_0$，保证 $\{\psi(x-n);n\in\mathbb{Z}\}$ 构成小波子空间 W_0 的规范正交基，那么，$\{\psi_{j,k}(x)=2^{j/2}\psi(2^jx-k);(j,k)\in\mathbb{Z}^2\}$ 必构成空间 $\mathcal{L}^2(\mathbb{R})$ 的规范正交基，即此函数 $\psi(x)$ 是正交小波函数.

1.5.7　任给函数 $w(x)\in W_0$，因 $W_0\subseteq V_1$ 而且 $\{\phi_{1,n}(x)=\sqrt{2}\phi(2x-n);n\in\mathbb{Z}\}$ 是 V_1 的规范正交基，所以，$w(x)$ 必然可以唯一地表示如下：

$$w(x)=\sqrt{2}\sum_{n\in\mathbb{Z}}w_n\phi(2x-n)$$

其中，在右边级数展开表达式中的系数序列 $\{w_n;n\in\mathbb{Z}\}$ 是平方可和无穷维序列：

$$\sum_{n\in\mathbb{Z}}|w_n|^2=\int_{x\in\mathbb{R}}|w(x)|^2dx<+\infty$$

因此，系数序列 $\{w_n;n\in\mathbb{Z}\}$ 决定的无穷维列向量 $\mathbf{w}=\{w_n;n\in\mathbb{Z}\}^{\mathrm{T}}\in\ell^2(\mathbb{Z})$. 这个习题的要求是证明 $\mathbf{w}\perp\mathbf{H}$，即对于任意的 $m\in\mathbb{Z}$，

$$\left\langle\mathbf{w},\mathbf{h}^{(2m)}\right\rangle_{\ell^2(\mathbb{Z})}=\sum_{n\in\mathbb{Z}}w_n\bar{h}_{n-2m}=0$$

1.5.8　这是习题 1.5.7 的继续. 证明：如果函数 $w(x)\in W_0$，那么，对于任意的整数 $k\in\mathbb{Z}$，必然成立 $w(x-k)\in W_0$. 此外，如果

$$w(x)=\sqrt{2}\sum_{n\in\mathbb{Z}}w_n\phi(2x-n)$$

那么

$$w(x-k)=\sqrt{2}\sum_{n\in\mathbb{Z}}w_{n-2k}\phi(2x-n)$$

同时，如果对任意 $k\in\mathbb{Z}$，引入记号 $\mathbf{w}^{(k)}=\{w_{n-k};n\in\mathbb{Z}\}^{\mathrm{T}}\in\ell^2(\mathbb{Z})$，那么，对于任意 $m\in\mathbb{Z}$，必然成立 $\mathbf{w}^{(2k)}\perp\mathbf{h}^{(2m)}$，即

$$\left\langle\mathbf{w}^{(2k)},\mathbf{h}^{(2m)}\right\rangle_{\ell^2(\mathbb{Z})}=\sum_{n\in\mathbb{Z}}w_{n-2k}\bar{h}_{n-2m}=0$$

注释：定义 $\mathbf{G}$ 是习题 1.5.7 和本习题中出现的全体无穷维列向量 $\mathbf{w}$ 及其双倍整数平移 $\mathbf{w}^{(2k)},k\in\mathbb{Z}$ 共同构成的集合，那么，容易证明 $\mathbf{G}$ 是线性空间 $\ell^2(\mathbb{Z})$ 的闭线性子空间，而且，$\mathbf{G}\perp\mathbf{H}$，$\ell^2(\mathbb{Z})=\mathbf{G}\oplus\mathbf{H}$.

1.5.9　这是习题 1.5.7 的继续. 利用小波子空间 W_0 中函数 $w(x)$ 的表示 $w(x)=\sqrt{2}\sum_{n\in\mathbb{Z}}w_n\phi(2x-n)$，证明 $(\mathscr{F}w)(\omega)=\mathrm{W}(\omega/2)\Phi(\omega/2)$，其中 $(\mathscr{F}w)(\omega)$ 是函数

$w(x)$ 的傅里叶变换，$\mathrm{W}(\omega)$ 是高通滤波器(它是周期 2π 的能量有限或平方可积函数)，它们的定义如下:

$$\begin{cases}(\mathscr{F}w)(\omega)=(2\pi)^{-0.5}\int_{x\in\mathbb{R}}w(x)e^{-i\omega x}dx\\ \mathrm{W}(\omega)=2^{-0.5}\sum_{n\in\mathbb{Z}}w_n e^{-i\omega n}\end{cases}$$

1.5.10　这是习题 1.5.7 的继续. 利用小波子空间 W_0 中函数 $w(x)$ 的表示:

$$w(x)=\sqrt{2}\sum_{n\in\mathbb{Z}}w_n\phi(2x-n)$$

对于 $\forall j\in\mathbb{Z}$，证明: $w_{j,k}(x)=\sum_{n\in\mathbb{Z}}w_{n-2k}\phi_{j+1,n}(x),w_{j,k}(x)\in W_j,k\in\mathbb{Z}$，而且

$$(\mathscr{F}w)(2^{-j}\omega)=\mathrm{W}(2^{-(j+1)}\omega)\Phi(2^{-(j+1)}\omega)$$

其中,

$$\begin{cases}w_{j,k}(x)=2^{j/2}w(2^jx-k), & k\in\mathbb{Z}\\ \phi_{j+1,n}(x)=2^{(j+1)/2}\phi(2^{j+1}x-n), & n\in\mathbb{Z}\\ w_{n-2k}=\left\langle w_{j,k}(\cdot),\phi_{j+1,n}(\cdot)\right\rangle, & k\in\mathbb{Z},n\in\mathbb{Z}\end{cases}$$

习题 1.6　多分辨率分析小波函数和尺度函数

假设函数(信号)空间 $\mathcal{L}^2(\mathbb{R})$ 的闭线性子空间列 $\{V_j;j\in\mathbb{Z}\}$ 和函数 $\phi(x)$ 构成 $\mathcal{L}^2(\mathbb{R})$ 中的多分辨率分析, 即如下 5 个公理成立:

① 单调性: $V_j\subset V_{j+1},\forall j\in\mathbb{Z}$;

② 唯一性: $\bigcap_{j\in\mathbb{Z}}V_j=\{0\}$;

③ 稠密性: $\overline{\left(\bigcup_{j\in\mathbb{Z}}V_j\right)}=\mathcal{L}^2(\mathbb{R})$;

④ 伸缩性: $f(x)\in V_j\Leftrightarrow f(2x)\in V_{j+1}$,$\forall j\in\mathbb{Z}$;

⑤ 结构性: $\{\phi(x-n);n\in\mathbb{Z}\}$ 构成子空间 V_0 的规范正交基.

其中函数 $\phi(x)$ 称为尺度函数，$\forall j\in\mathbb{Z}$，V_j 称为(第 j 级)尺度子空间. 此外，定义空间 $\mathcal{L}^2(\mathbb{R})$ 的闭线性子空间列 $\{W_j;j\in\mathbb{Z}\}$：对 $\forall j\in\mathbb{Z}$，子空间 W_j 满足: $W_j\perp V_j,V_{j+1}=W_j\oplus V_j$，其中，$W_j$ 称为(第 j 级)小波子空间.

假设函数 $\psi(x)\in W_0$，其整数平移函数系 $\{\psi(x-n);n\in\mathbb{Z}\}$ 构成小波子空间 W_0 的规范正交系，而且

$$\psi(x)=\sqrt{2}\sum_{n\in\mathbb{Z}}g_n\phi(2x-n)$$

其中 $g_n=\left\langle\psi(\cdot),\sqrt{2}\phi(2\cdot-n)\right\rangle=\sqrt{2}\int_{x\in\mathbb{R}}\psi(x)\overline{\phi}(2x-n)dx,\ n\in\mathbb{Z}$ 称为带通滤波器系数，称这个方程为小波方程. 此时 $\psi(x)$ 必是正交小波函数(习题 1.5.6).

1.6.1　由小波方程 $\psi(x)=\sqrt{2}\sum_{n\in\mathbb{Z}}g_n\phi(2x-n)$ 证明 $\Psi(\omega)=\mathrm{G}(\omega/2)\Phi(\omega/2)$，其中 $\Psi(\omega)$ 是小波函数 $\psi(x)$ 的傅里叶变换，$\mathrm{G}(\omega)$ 是带通滤波器(它是周期 2π 的能量有限或平方可积函数)，它们的定义如下：

$$\begin{cases}(\mathscr{F}\psi)(\omega)=\Psi(\omega)=(2\pi)^{-0.5}\int_{x\in\mathbb{R}}\psi(x)e^{-i\omega x}dx\\ \mathrm{G}(\omega)=2^{-0.5}\sum_{n\in\mathbb{Z}}g_ne^{-i\omega n}\end{cases}$$

1.6.2　由 $\psi(x)=\sqrt{2}\sum_{n\in\mathbb{Z}}g_n\phi(2x-n)$ 演算得到多尺度小波方程 ($\forall j\in\mathbb{Z}$)：

$$\psi_{j,k}(x)=\sum_{n\in\mathbb{Z}}g_{n-2k}\phi_{j+1,n}(x),\quad k\in\mathbb{Z}$$

并证明

$$\Psi(2^{-j}\omega)=\mathrm{G}(2^{-(j+1)}\omega)\Phi(2^{-(j+1)}\omega)$$

其中，

$$\begin{cases}\psi_{j,k}(x)=2^{j/2}\psi(2^jx-k), & k\in\mathbb{Z}\\ \phi_{j+1,n}(x)=2^{(j+1)/2}\phi(2^{j+1}x-n), & n\in\mathbb{Z}\end{cases}$$

1.6.3　证明多分辨率分析中小波函数 $\psi(x)$ 的傅里叶变换 $\Psi(\omega)$ 满足如下等式：

$$2\pi\sum_{m\in\mathbb{Z}}|\Psi(\omega+2m\pi)|^2=1$$

1.6.4　证明多分辨率分析的带通滤波器(它是周期 2π 的能量有限信号或平方可积函数) $\mathrm{G}(\omega)$ 满足如下恒等式：

$$|\mathrm{G}(\omega)|^2+|\mathrm{G}(\omega+\pi)|^2=1,\quad \omega\in[0,2\pi]$$

1.6.5　证明多分辨率分析小波方程 $\psi(x)=\sqrt{2}\sum_{n\in\mathbb{Z}}g_n\phi(2x-n)$ 的带通滤波器系数序列 $\{g_n;n\in\mathbb{Z}\}$ 满足恒等式 $\sum_{n\in\mathbb{Z}}|g_n|^2=1$.

1.6.6　证明多分辨率分析小波方程 $\psi(x)=\sqrt{2}\sum_{n\in\mathbb{Z}}g_n\phi(2x-n)$ 的带通滤波器系数序列 $\{g_n;n\in\mathbb{Z}\}$ 与它自己的双整数平移序列 $\{g_{n-2m};n\in\mathbb{Z}\}$ (其中 $m\in\mathbb{Z}$)满足恒等式 $\sum_{n\in\mathbb{Z}}g_n\overline{g}_{n-2m}=\delta(m)$，这里 $\delta(m)$ 是定义在全体整数上的克罗内克函数：

$$\delta(m)=\begin{cases}1, & m=0\\ 0, & m\neq 0\end{cases}$$

注释: 如果引入列向量记号 $\mathbf{g}^{(m)}=\{g_{n-m};n\in\mathbb{Z}\}^{\mathrm{T}}$ 表示由带通滤波器系数序列 $\{g_n;n\in\mathbb{Z}\}$ 向右移动 $m\in\mathbb{Z}$ 个位置产生的序列所构成的无穷维列向量, 那么, 无穷维列向量系 $\{\mathbf{g}^{(2m)};m\in\mathbb{Z}\}$ 是平方可和无穷维序列空间 $\ell^2(\mathbb{Z})$ 中的规范正交系, 即

$$\left\langle \mathbf{g}^{(2m)},\mathbf{g}^{(2k)}\right\rangle_{\ell^2(\mathbb{Z})}=\sum_{n\in\mathbb{Z}}g_{n-2m}\overline{g}_{n-2k}=\delta(m-k),\quad (m,k)\in\mathbb{Z}^2$$

另外, 无穷维列向量规范正交系 $\{\mathbf{g}^{(2m)};m\in\mathbb{Z}\}$ 张成的 $\ell^2(\mathbb{Z})$ 的闭线性子空间

$$\mathbf{G}=\mathrm{Closespan}\{\mathbf{g}^{(2m)};m\in\mathbb{Z}\}$$

正好就是习题 1.5.8 中的线性子空间 $\mathbf{G}$, 即无穷维列向量规范正交系 $\{\mathbf{g}^{(2m)};m\in\mathbb{Z}\}$ 是 $\mathbf{G}$ 的规范正交基, 而且, $\mathbf{G}\perp\mathbf{H}$, $\ell^2(\mathbb{Z})=\mathbf{G}\oplus\mathbf{H}$. 如果将多分辨率分析小波函数 $\psi(x-k)=\sqrt{2}\sum_{n\in\mathbb{Z}}g_{n-2k}\phi(2x-n)$ 与向量 $\mathbf{g}^{(2k)}=\{g_{n-2k};n\in\mathbb{Z}\}^{\mathrm{T}}$ 相对应, 那么容易证明, 这是小波子空间 W_0 与无穷维列向量子空间 $\mathbf{G}$ 之间的保持范数不变的线性映射关系, 这同时也是 $\ell^2(\mathbb{Z})=\mathbf{G}\oplus\mathbf{H}$ 与 $V_1=W_0\oplus V_0$ 之间的保持范数不变的线性映射关系.

1.6.7 证明多分辨率分析中小波函数 $\psi(x)$ 的傅里叶变换 $\Psi(\omega)$ 与尺度函数 $\phi(x)$ 的傅里叶变换 $\Phi(\omega)$ 满足如下等式:

$$\sum_{m\in\mathbb{Z}}\Psi(\omega+2m\pi)\Phi(\omega+2m\pi)=0$$

1.6.8 证明多分辨率分析带通滤波器系数序列 $\{g_n;n\in\mathbb{Z}\}$ 的双整数平移产生的无穷维列向量系 $\{\mathbf{g}^{(2m)};m\in\mathbb{Z}\}$ 与低通滤波器系数序列 $\{h_n;n\in\mathbb{Z}\}$ 的双整数平移产生的无穷维列向量系 $\{\mathbf{h}^{(2m)};m\in\mathbb{Z}\}$ 相互正交, 即任给 $(m,k)\in\mathbb{Z}^2$, $\mathbf{g}^{(2k)}\perp\mathbf{h}^{(2m)}$ 或

$$\left\langle \mathbf{g}^{(2k)},\mathbf{h}^{(2m)}\right\rangle_{\ell^2(\mathbb{Z})}=\sum_{n\in\mathbb{Z}}g_{n-2k}\overline{h}_{n-2m}=0$$

1.6.9 证明习题 1.4.4 中定义的低通滤波器 $\mathrm{H}(\omega)$ 和习题 1.6.1 中定义的带通滤波器 $\mathrm{G}(\omega)$ 满足如下“正交”关系:

$$\mathrm{H}(\omega)\overline{\mathrm{G}}(\omega)+\mathrm{H}(\omega+\pi)\overline{\mathrm{G}}(\omega+\pi)=0,\quad \omega\in[0,2\pi]$$

1.6.10 定义 2×2 矩阵

$$\mathbf{M}(\omega)=\begin{pmatrix}\mathrm{H}(\omega) & \mathrm{H}(\omega+\pi)\\ \mathrm{G}(\omega) & \mathrm{G}(\omega+\pi)\end{pmatrix}$$

证明这个矩阵 $\mathbf{M}(\omega)$ 是酉矩阵, 即矩阵 $\mathbf{M}(\omega)$ 满足如下等式:

$$\mathbf{M}(\omega)\mathbf{M}^*(\omega)=\mathbf{M}^*(\omega)\mathbf{M}(\omega)=\begin{pmatrix}1 & 0\\ 0 & 1\end{pmatrix}$$

其中矩阵 $\mathbf{M}^*(\omega)$ 表示矩阵 $\mathbf{M}(\omega)$ 的复数共轭转置:

$$\mathbf{M}^*(\omega)=\begin{pmatrix}\overline{\mathrm{H}}(\omega) & \overline{\mathrm{G}}(\omega)\\ \overline{\mathrm{H}}(\omega+\pi) & \overline{\mathrm{G}}(\omega+\pi)\end{pmatrix}$$

而且，$\overline{\mathrm{H}}(\omega),\overline{\mathrm{G}}(\omega)$ 分别表示 $\mathrm{H}(\omega),\mathrm{G}(\omega)$ 的复数共轭.

小波与量子小波　习题二

多分辨率分析正交小波与时频分析 (共 45 个习题)

习题 2.1　正交小波充分条件

假设函数(信号)空间 $\mathcal{L}^2(\mathbb{R})$ 的闭线性子空间列 $\{V_j\ ;\ j\in\mathbb{Z}\}$ 和函数 $\phi(x)$ 构成 $\mathcal{L}^2(\mathbb{R})$ 中的多分辨率分析, 即如下 5 个公理成立:

① 单调性: $V_j\subset V_{j+1}$, $\forall j\in\mathbb{Z}$;

② 唯一性: $\bigcap_{j\in\mathbb{Z}} V_j=\{0\}$;

③ 稠密性: $\overline{\left(\bigcup_{j\in\mathbb{Z}} V_j\right)}=\mathcal{L}^2(\mathbb{R})$;

④ 伸缩性: $f(x)\in V_j\Leftrightarrow f(2x)\in V_{j+1}$, $\forall j\in\mathbb{Z}$;

⑤ 结构性: $\{\phi(x-n);\ n\in\mathbb{Z}\}$ 构成子空间 V_0 的规范正交基.

其中函数 $\phi(x)$ 称为尺度函数, $\forall j\in\mathbb{Z}$, V_j 称为(第 j 级)尺度子空间. 此外, 定义空间 $\mathcal{L}^2(\mathbb{R})$ 的闭线性子空间列 $\{W_j;\ j\in\mathbb{Z}\}$: 对 $\forall j\in\mathbb{Z}$, 子空间 W_j 满足: $W_j\perp V_j, V_{j+1}=W_j\oplus V_j$, 其中, W_j 称为(第 j 级)小波子空间.

因为 $\phi(x)\in V_0\in V_1$, 而且 $\{\phi_{1,k}(x)=\sqrt{2}\phi(2x-k);k\in\mathbb{Z}\}$ 是 V_1 的规范正交基, 因此, 尺度函数 $\phi(x)$ 可以唯一表示成

$$\phi(x)=\sqrt{2}\sum_{n\in\mathbb{Z}} h_n\phi(2x-n)$$

其中 $h_n=\sqrt{2}\int_{x\in\mathbb{R}}\phi(x)\overline{\phi}(2x-n)dx, n\in\mathbb{Z}$ 称为低通滤波器系数, 定义如下符号:

$$\begin{cases}\Phi(\omega)=(2\pi)^{-0.5}\int_{x\in\mathbb{R}}\phi(x)e^{-i\omega x}dx\\ \mathrm{H}(\omega)=2^{-0.5}\sum_{n\in\mathbb{Z}} h_n e^{-i\omega n}\end{cases}$$

其中 $\mathrm{H}(\omega)$ 称为低通滤波器，根据习题 1.4.4 可知，其中尺度函数 $\phi(x)$ 的傅里叶变换 $\Phi(\omega)$ 可以表示如下：

$$\Phi(\omega)=\mathrm{H}(\omega/2)\Phi(\omega/2)$$

假设函数 $\psi(x)\in V_1$，而且

$$\psi(x)=\sqrt{2}\sum_{n\in\mathbb{Z}}g_n\phi(2x-n)$$

其中 $g_n=\sqrt{2}\int_{x\in\mathbb{R}}\psi(x)\overline{\phi}(2x-n)dx, n\in\mathbb{Z}$ 称为带通滤波器系数，满足：

$$\sum_{n\in\mathbb{Z}}|g_n|^2<+\infty$$

定义如下符号：

$$\begin{cases}\Psi(\omega)=(2\pi)^{-0.5}\int_{x\in\mathbb{R}}\psi(x)e^{-i\omega x}dx\\ \mathrm{G}(\omega)=2^{-0.5}\sum_{n\in\mathbb{Z}}g_ne^{-i\omega n}\end{cases}$$

其中 $\mathrm{G}(\omega)$ 称为带通滤波器，那么，函数 $\psi(x)$ 的傅里叶变换 $\Psi(\omega)$ 可以表示成

$$\Psi(\omega)=\mathrm{G}(\omega/2)\Phi(\omega/2)$$

定义 2×2 矩阵

$$\mathbf{M}(\omega)=\begin{pmatrix}\mathrm{H}(\omega) & \mathrm{H}(\omega+\pi)\\ \mathrm{G}(\omega) & \mathrm{G}(\omega+\pi)\end{pmatrix}$$

假设这个矩阵 $\mathbf{M}(\omega)$ 是酉矩阵，即矩阵 $\mathbf{M}(\omega)$ 满足如下等式：

$$\mathbf{M}(\omega)\mathbf{M}^*(\omega)=\mathbf{M}^*(\omega)\mathbf{M}(\omega)=\begin{pmatrix}1 & 0\\ 0 & 1\end{pmatrix}$$

其中矩阵 $\mathbf{M}^*(\omega)$ 表示矩阵 $\mathbf{M}(\omega)$ 的复数共轭转置：

$$\mathbf{M}^*(\omega)=\begin{pmatrix}\overline{\mathrm{H}}(\omega) & \overline{\mathrm{G}}(\omega)\\ \overline{\mathrm{H}}(\omega+\pi) & \overline{\mathrm{G}}(\omega+\pi)\end{pmatrix}$$

而且，$\overline{\mathrm{H}}(\omega),\overline{\mathrm{G}}(\omega)$ 分别表示 $\mathrm{H}(\omega),\mathrm{G}(\omega)$ 的复数共轭.

2.1.1　证明 $\mathrm{H}(\omega)$ 和 $\mathrm{G}(\omega)$ 都是周期 2π 的能量有限信号或平方可积函数，即

$$\begin{cases}\int_0^{2\pi}|\mathrm{H}(\omega)|^2d\omega<+\infty\\ \int_0^{2\pi}|\mathrm{G}(\omega)|^2d\omega<+\infty\end{cases}$$

而且满足如下三个恒等式：

$$\begin{cases}|\mathrm{H}(\omega)|^2+|\mathrm{H}(\omega+\pi)|^2=1, & \omega\in[0,2\pi]\\ |\mathrm{G}(\omega)|^2+|\mathrm{G}(\omega+\pi)|^2=1, & \omega\in[0,2\pi]\\ \mathrm{H}(\omega)\overline{\mathrm{G}}(\omega)+\mathrm{H}(\omega+\pi)\overline{\mathrm{G}}(\omega+\pi)=0, & \omega\in[0,2\pi]\end{cases}$$

2.1.2 证明: 对于任意的 $(m,k)\in\mathbb{Z}^2$, $\phi(x-k)\perp\psi(x-m)$, 即

$$\left\langle \phi(\cdot-k),\psi(\cdot-m)\right\rangle=\int_{x\in\mathbb{R}}\phi(x-k)\overline{\psi}(x-m)dx=0$$

2.1.3 证明: 函数 $\psi(x)\in W_0$, 而且, 对于任意的 $m\in\mathbb{Z}$, $\psi(x-m)\in W_0$.

2.1.4 证明: 函数 $\psi(x)$ 的整数平移函数系 $\{\psi(x-m);m\in\mathbb{Z}\}$ 是 W_0 的规范正交系, 即对于任意的 $(m,k)\in\mathbb{Z}^2$, 下式成立:

$$\begin{aligned}\left\langle \psi(\cdot-k),\psi(\cdot-m)\right\rangle&=\int_{x\in\mathbb{R}}\psi(x-k)\overline{\psi}(x-m)dx\\&=\delta(k-m)\end{aligned}$$

2.1.5 证明: 函数 $\psi(x)$ 的傅里叶变换 $\Psi(\omega)$ 满足如下恒等式:

$$2\pi\sum_{m\in\mathbb{Z}}|\Psi(\omega+2m\pi)|^2=1$$

2.1.6 证明: 对于任意的 $(m,k)\in\mathbb{Z}^2$,

$$\sum_{n\in\mathbb{Z}}g_{n-2k}\overline{g}_{n-2m}=\delta(k-m)$$

2.1.7 证明: 对于任意的 $(m,k)\in\mathbb{Z}^2$,

$$\sum_{n\in\mathbb{Z}}h_{n-2k}\overline{g}_{n-2m}=0$$

2.1.8 证明: 规范正交函数系 $\{\phi(x-m),\psi(x-m);m\in\mathbb{Z}\}$ 是线性子空间 V_1 中的完全规范正交系, 即如果 $v(x)\in V_1$, 而且, 对于任意的整数 $m\in\mathbb{Z}$, $v(x)\perp\phi(x-m)$, $v(x)\perp\psi(x-m)$, 那么, 必然成立 $v(x)=0$.

2.1.9 将规范正交整数平移函数系 $\{\psi(x-m);m\in\mathbb{Z}\}$ 张成的 V_1 的闭线性子空间记为 U_0, 证明 $U_0\perp V_0, V_1=U_0\oplus V_0$, 而且, $W_0=U_0$. 这说明, 规范正交整数平移函数系 $\{\psi(x-m);m\in\mathbb{Z}\}$ 是小波子空间 W_0 的规范正交基.

2.1.10 证明: 函数 $\psi(x)$ 是正交小波, 即 $\{\psi_{j,k}(x)=2^{j/2}\psi(2^jx-k),(j,k)\in\mathbb{Z}^2\}$ 是函数空间 $\mathcal{L}^2(\mathbb{R})$ 的规范正交基.

习题 2.2 正交小波充要条件

证明: 函数 $\psi(x)$ 是正交小波当且仅当矩阵 $\mathbf{M}(\omega)$ 是酉矩阵.

习题 2.3 正交镜像带通滤波器构造

如果按照如下方式构造(带通滤波器) $\mathrm{G}(\omega)$:

$$\mathrm{G}(\omega)=e^{-i\omega(2K+1)}\overline{\mathrm{H}}(\omega+\pi)$$

其中 K 是任意整数, 证明如下定义的矩阵 $\mathbf{M}(\omega)$:

$$\mathbf{M}(\omega)=\begin{pmatrix}\mathrm{H}(\omega) & \mathrm{H}(\omega+\pi)\\ \mathrm{G}(\omega) & \mathrm{G}(\omega+\pi)\end{pmatrix}$$

是酉矩阵, 即矩阵 $\mathbf{M}(\omega)$ 满足如下等式:

$$\mathbf{M}(\omega)\mathbf{M}^*(\omega)=\mathbf{M}^*(\omega)\mathbf{M}(\omega)=\begin{pmatrix}1 & 0\\ 0 & 1\end{pmatrix}$$

其中矩阵 $\mathbf{M}^*(\omega)$ 表示矩阵 $\mathbf{M}(\omega)$ 的复数共轭转置:

$$\mathbf{M}^*(\omega)=\begin{pmatrix}\overline{\mathrm{H}}(\omega) & \overline{\mathrm{G}}(\omega)\\ \overline{\mathrm{H}}(\omega+\pi) & \overline{\mathrm{G}}(\omega+\pi)\end{pmatrix}$$

而且, $\overline{\mathrm{H}}(\omega),\overline{\mathrm{G}}(\omega)$ 分别表示 $\mathrm{H}(\omega),\mathrm{G}(\omega)$ 的复数共轭.

习题 2.4　正交镜像滤波器组脉冲响应的关系

如果低通滤波器 $\mathrm{H}(\omega)$ 与带通滤波器 $\mathrm{G}(\omega)$ 之间具有如下形式的关系:

$$\mathrm{G}(\omega)=e^{-i\omega(2K+1)}\overline{\mathrm{H}}(\omega+\pi),\quad \omega\in[0,2\pi]$$

其中 K 是任意整数, 证明低通滤波器系数序列 $\{h_n,n\in\mathbb{Z}\}$ 和带通滤波器系数序列 $\{g_n,n\in\mathbb{Z}\}$ 之间满足如下关系:

$$\begin{aligned}g_n&=(-1)^{2K+1-n}\overline{h}_{2K+1-n}\\&=(-1)^{1-n}\overline{h}_{2K+1-n},\quad n\in\mathbb{Z}\end{aligned}$$

习题 2.5　正交小波频域构造

如果函数 $\psi(x)$ 的傅里叶变换 $\Psi(\omega)$ 具有如下形式:

$$\Psi(\omega)=e^{-i\omega(K+0.5)}\overline{\mathrm{H}}(0.5\omega+\pi)\Phi(0.5\omega)$$

证明 $\psi(x)$ 是函数空间 $\mathcal{L}^2(\mathbb{R})$ 上的正交小波函数.

习题 2.6　正交小波时域构造

如果函数 $\psi(x)$ 可以写成如下形式的函数项级数:

$$\psi(x)=\sqrt{2}\sum_{n\in\mathbb{Z}}(-1)^{1-n}\overline{h}_{2K+1-n}\phi(2x-n)$$

其中 K 是任意固定整数, 证明 $\psi(x)$ 是函数空间 $\mathcal{L}^2(\mathbb{R})$ 上的正交小波函数.

习题 2.7　带通滤波器构造

如果按照如下方式构造(带通滤波器) $\mathrm{G}(\omega)$:

$$\mathrm{G}(\omega)=e^{i\omega(2K+1)}\overline{\mathrm{H}}(\omega+\pi)$$

其中 K 是任意整数, 证明如下定义的矩阵 $\mathbf{M}(\omega)$:

$$\mathbf{M}(\omega)=\begin{pmatrix}\mathrm{H}(\omega) & \mathrm{H}(\omega+\pi)\\ \mathrm{G}(\omega) & \mathrm{G}(\omega+\pi)\end{pmatrix}$$

是酉矩阵, 即矩阵 $\mathbf{M}(\omega)$ 满足如下等式:

$$\mathbf{M}(\omega)\mathbf{M}^*(\omega)=\mathbf{M}^*(\omega)\mathbf{M}(\omega)=\begin{pmatrix}1 & 0\\ 0 & 1\end{pmatrix}$$

其中矩阵 $\mathbf{M}^*(\omega)$ 表示矩阵 $\mathbf{M}(\omega)$ 的复数共轭转置:

$$\mathbf{M}^*(\omega)=\begin{pmatrix}\overline{\mathrm{H}}(\omega) & \overline{\mathrm{G}}(\omega)\\ \overline{\mathrm{H}}(\omega+\pi) & \overline{\mathrm{G}}(\omega+\pi)\end{pmatrix}$$

而且, $\overline{\mathrm{H}}(\omega),\overline{\mathrm{G}}(\omega)$ 分别表示 $\mathrm{H}(\omega),\mathrm{G}(\omega)$ 的复数共轭.

习题 2.8 正交镜像滤波器组脉冲响应的关系

如果低通滤波器 $\mathrm{H}(\omega)$ 与带通滤波器 $\mathrm{G}(\omega)$ 之间具有如下形式的关系:

$$\mathrm{G}(\omega)=e^{i\omega(2K+1)}\overline{\mathrm{H}}(\omega+\pi),\quad \omega\in[0,2\pi]$$

其中 K 是任意整数, 证明低通滤波器系数序列 $\{h_n,n\in\mathbb{Z}\}$ 和带通滤波器系数序列 $\{g_n,n\in\mathbb{Z}\}$ 之间满足如下关系:

$$\begin{aligned}g_n&=(-1)^{2K+1+n}\overline{h}_{-(2K+1+n)}\\&=(-1)^{n+1}\overline{h}_{-(2K+1+n)},\quad n\in\mathbb{Z}\end{aligned}$$

习题 2.9 正交小波频域构造多样性

如果函数 $\psi(x)$ 的傅里叶变换 $\Psi(\omega)$ 具有如下形式:

$$\Psi(\omega)=e^{i\omega(K+0.5)}\overline{\mathrm{H}}(0.5\omega+\pi)\Phi(0.5\omega)$$

那么, $\psi(x)$ 是函数空间 $\mathcal{L}^2(\mathbb{R})$ 上的正交小波函数.

习题 2.10 正交小波时域构造多样性

如果函数 $\psi(x)$ 可以写成如下形式的函数项级数:

$$\psi(x)=\sqrt{2}\sum_{n\in\mathbb{Z}}(-1)^{n+1}\overline{h}_{-(2K+1+n)}\phi(2x-n)$$

其中 K 是任意固定整数, 那么, $\psi(x)$ 是函数空间 $\mathcal{L}^2(\mathbb{R})$ 上的正交小波函数.

注释: 综合习题 2.6 和习题 2.10 可知, 在已知多分辨率分析低通滤波器系数序列的条件下, 该序列奇数位移动、翻转并隔项乘以 (-1) 产生的序列都是合格的能够构造小波函数的带通滤波器系数序列, 其中低通滤波器系数序列移动的奇数位数决定了小波函数的整数平移位数, 而乘以 (-1) 的规则决定了小波波形关于水平轴的翻转. 简而言之, 习题 2.6 和习题 2.10 构造得到的全部小波是某个小波函数的整数平移或者波形关于水平轴的翻转.

习题 2.11　Shannon 多分辨率分析和 Shannon 小波

考虑函数 $f(x) \in \mathcal{L}^2(\mathbb{R})$，如果存在 $B > 0$，使其傅里叶变换 $(\mathscr{F}f)(\omega)$ 满足如下条件:

$$(\mathscr{F}f)(\omega) = (2\pi)^{-0.5}\int_{x\in\mathbb{R}} f(x)e^{-i\omega x}dx = 0, \quad |\omega| \geqslant B$$

则称 $f(x)$ 是 B 频率截断的. 当 $0 < \Delta \leqslant \pi/B$ 时，可以利用采样序列 $\{f(n\Delta); n \in \mathbb{Z}\}$ 按照如下公式重建函数 $f(x)$:

$$f(x) = \sum_{n\in\mathbb{Z}} f(n\Delta)\frac{\sin[(\pi/\Delta)(x-n\Delta)]}{[(\pi/\Delta)(x-n\Delta)]}$$

这个公式称为 Shannon 插值公式. 这就是 Shannon 采样定理.

特别地，在 Shannon 定理中，当 $B=\pi$ 时，可得

$$f(x) = \sum_{n\in\mathbb{Z}} f(n)\frac{\sin(x-n)\pi}{(x-n)\pi}$$

定义函数 $\varphi(x) = \sin(x\pi)/(x\pi)$，那么，上式可改写为

$$f(x) = \sum_{n\in\mathbb{Z}} f(n)\varphi(x-n)$$

这说明，任何 π 频率截断函数 $f(x)$ 都可以被整数平移函数系 $\{\varphi(x-n), n \in \mathbb{Z}\}$ 按照上述公式表示.

2.11.1　利用傅里叶变换的 Parseval 恒等式(即能量守恒定理)，证明整数平移函数系 $\{\varphi(x-n), n \in \mathbb{Z}\}$ 是函数线性空间 $\mathcal{L}^2(\mathbb{R})$ 的规范正交函数系，即对于任意的两个整数 $(n,\ell) \in \mathbb{Z}^2$,

$$\begin{aligned}\left\langle \varphi(\cdot-n), \varphi(\cdot-\ell)\right\rangle_{\mathcal{L}^2(\mathbb{R})} &= \int_{x\in\mathbb{R}} \varphi(x-n)\overline{\varphi}(x-\ell)\mathrm{d}x \\ &= \int_{x\in\mathbb{R}} |\Phi(\omega)|^2 e^{-i\omega(n-\ell)}\mathrm{d}\omega = \delta(n-\ell)\end{aligned}$$

提示: 函数 $\varphi(x) = \sin(x\pi)/(x\pi)$ 的傅里叶变换 $\Phi(\omega)$ 计算如下:

$$\Phi(\omega) = (2\pi)^{-0.5}\int_{x\in\mathbb{R}} \varphi(x)e^{-i\omega x}dx = \begin{cases}(2\pi)^{-0.5}, & |\omega| \leqslant \pi \\ 0, & |\omega| > \pi\end{cases}$$

2.11.2　引入记号:

$$V_0 = \{f(x); (\mathscr{F}f)(\omega) = 0, |\omega| > \pi\}$$

即函数空间 $\mathcal{L}^2(\mathbb{R})$ 中全部 π 频率截断函数 $f(x)$ 构成的集合. 证明: V_0 是函数空间 $\mathcal{L}^2(\mathbb{R})$ 的闭线性子空间，而且，整数平移函数系 $\{\varphi(x-n), n \in \mathbb{Z}\}$ 是 V_0 的规范正交基.

提示:

(1) 验证函数空间 $\mathcal{L}^2(\mathbb{R})$ 中任何两个 π 频率截断函数的线性组合仍然是 π 频率截断函数, 由此说明 V_0 是函数空间 $\mathcal{L}^2(\mathbb{R})$ 的线性子空间. 此外, π 频率截断函数序列的极限(如果存在的话)也必是 π 频率截断函数, 这说明 V_0 是 $\mathcal{L}^2(\mathbb{R})$ 的闭子空间.

(2) 因为整数平移函数系 $\{\varphi(x-n), n\in\mathbb{Z}\}$ 是函数线性空间 $\mathcal{L}^2(\mathbb{R})$ 的规范正交函数系, 所以, 它也是 V_0 的规范正交系, 这样, 要证明 $\{\varphi(x-n), n\in\mathbb{Z}\}$ 是 V_0 的规范正交基, 只需证明 V_0 中任何函数 $v(x)$ 都可以写成 $\{\varphi(x-n), n\in\mathbb{Z}\}$ 的线性组合:

$$v(x)=\sum_{n\in\mathbb{Z}} v_n\varphi(x-n)$$

而且其中的组合系数序列 $\{v_n, n\in\mathbb{Z}\}$ 满足 $\sum\limits_{n\in\mathbb{Z}}|v_n|^2<+\infty$.

2.11.3　引入记号: 对于任意的整数 $j\in\mathbb{Z}$,

$$V_j=\{f(x);(\mathscr{F}f)(\omega)=0,|\omega|>2^j\pi\}$$

即函数空间 $\mathcal{L}^2(\mathbb{R})$ 中全部 $2^j\pi$ 频率截断函数构成的集合. 证明: V_j 是函数空间 $\mathcal{L}^2(\mathbb{R})$ 的闭线性子空间, 而且, $f(x)\in V_0 \Leftrightarrow f(2^jx)\in V_j$, 即如果 $f(x)$ 是 π 频率截断函数, 那么, $f(2^jx)$ 就是 $2^j\pi$ 频率截断函数; 反之亦然.

2.11.4　证明函数空间 $\mathcal{L}^2(\mathbb{R})$ 的闭线性子空间序列 $\{V_j, j\in\mathbb{Z}\}$ 是嵌套递增子空间序列, 即 $V_j\subseteq V_{j+1}$, $j\in\mathbb{Z}$.

2.11.5　证明函数空间 $\mathcal{L}^2(\mathbb{R})$ 的闭线性子空间序列 $\{V_j, j\in\mathbb{Z}\neq\}$ 的公共部分是只包含 0 函数的平凡子空间 $\{0\}$, 即 $\cap\{V_j, j\in\mathbb{Z}\}=\bigcap\limits_{j\in\mathbb{Z}}V_j=\{0\}$.

提示: 利用 V_j 的定义可知, 如果 $v(x)\in\bigcap\limits_{j\in\mathbb{Z}}V_j$, 那么, 对于任意的整数 $j\in\mathbb{Z}$, $v(x)\in V_j$, 即 $v(x)$ 必然是任意频率截断的: 因此, 它的能量只能集中在 0 频率处或者它的傅里叶变换 $(\mathscr{F}v)(\omega)$ 只可能在 $\omega=0$ 处不为 0, 这就是说, $v(x)$ 只能是常数函数, 但 $v(x)\in V_j\in\mathcal{L}^2(\mathbb{R})$, 即 $\int_{x\in\mathbb{R}}|v(x)|^2dx<+\infty$, 因此, $v(x)=0$.

2.11.6　证明函数空间 $\mathcal{L}^2(\mathbb{R})$ 的闭线性子空间序列 $\{V_j, j\in\mathbb{Z}\}$ 在 $\mathcal{L}^2(\mathbb{R})$ 中是稠密的, 记号是 $\overline{(\cup\{V_j, j\in\mathbb{Z}\})}=\overline{\bigcup\limits_{j\in\mathbb{Z}}V_j}=\mathcal{L}^2(\mathbb{R})$, 换句话说, 对于任意的函数 $f(x)\in\mathcal{L}^2(\mathbb{R})$, 存在函数序列 $\{f_j(x), j\in\mathbb{Z}\}$, 满足 $f_j(x)\in V_j$, $j\in\mathbb{Z}$, 而且 $\lim\limits_{j\to+\infty}f_j(x)=f(x)$ 或者 $\lim\limits_{j\to+\infty}\int_{x\in\mathbb{R}}|f_j(x)-f(x)|^2dx=0$.

提示：对于任意函数 $f(x)\in\mathcal{L}^2(\mathbb{R})$，定义函数序列 $\{f_j(x), j\in\mathbb{Z}\}$，其傅里叶变换 $(\mathscr{F}f_j)(\omega)$ 为如下构造：对于任意的整数 $j\in\mathbb{Z}$，

$$(\mathscr{F}f_j)(\omega)=\begin{cases}(\mathscr{F}f)(\omega), & |\omega|\leqslant 2^j\pi\\ 0, & |\omega|>2^j\pi\end{cases}$$

这样，显然 $f_j(x)\in V_j, j\in\mathbb{Z}$，同时，利用傅里叶变换的 Parseval 恒等式(即能量守恒定理)可得

$$\begin{aligned}\lim_{j\to+\infty}\int_{x\in\mathbb{R}}|f_j(x)-f(x)|^2dx&=\lim_{j\to+\infty}\int_{x\in\mathbb{R}}|(\mathscr{F}f_j)(\omega)-(\mathscr{F}f)(\omega)|^2d\omega\\&=\lim_{j\to+\infty}\int_{|\omega|\leqslant 2^j\pi}|(\mathscr{F}f_j)(\omega)-(\mathscr{F}f)(\omega)|^2d\omega\\&\quad+\lim_{j\to+\infty}\int_{|\omega|>2^j\pi}|(\mathscr{F}f_j)(\omega)-(\mathscr{F}f)(\omega)|^2d\omega\\&=\lim_{j\to+\infty}\int_{|\omega|>2^j\pi}|(\mathscr{F}f)(\omega)|^2d\omega\\&=0\end{aligned}$$

其中因为 $\int_{x\in\mathbb{R}}|f(x)|^2dx<+\infty$，从而，$\int_{\omega\in\mathbb{R}}|(\mathscr{F}f)(\omega)|^2d\omega=\int_{x\in\mathbb{R}}|f(x)|^2dx<+\infty$，于是必有 $\lim_{j\to+\infty}\int_{|\omega|>2^j\pi}|(\mathscr{F}f)(\omega)|^2d\omega=0$.

2.11.7　总结：函数空间 $\mathcal{L}^2(\mathbb{R})$ 的闭线性子空间序列 $\{V_j, j\in\mathbb{Z}\}$ 满足如下 5 个公理要求：

① 单调性：$V_j\subset V_{j+1}, \forall j\in\mathbb{Z}$；

② 唯一性：$\bigcap_{j\in\mathbb{Z}}V_j=\{0\}$；

③ 稠密性：$\overline{\left(\bigcup_{j\in\mathbb{Z}}V_j\right)}=\mathcal{L}^2(\mathbb{R})$；

④ 伸缩性：$f(x)\in V_j\Leftrightarrow f(2x)\in V_{j+1}, \forall j\in\mathbb{Z}$；

⑤ 结构性：$\{\varphi(x-n); n\in\mathbb{Z}\}$ 构成子空间 V_0 的规范正交基.

其中尺度函数 $\varphi(x)=\sin(x\pi)/(x\pi)$ 是 sinc 函数. 因此，$(\{V_j, j\in\mathbb{Z}\},\varphi(x))$ 是函数空间 $\mathcal{L}^2(\mathbb{R})$ 上的一个多分辨率分析，称为 Shannon 多分辨率分析. 定义：

$$\varphi_{j,k}(x)=2^{j/2}\varphi(2^jx-k),\quad (j,k)\in\mathbb{Z}^2$$

证明 $\{\varphi_{j,k}(x)=2^{j/2}\varphi(2^jx-k), k\in\mathbb{Z}\}$ 是 V_j 的规范正交基.

提示：存在多种不同的证明方法.

(1) 利用公理④和⑤进行形式证明；

(2) 直接计算可得

$$\begin{aligned}\left\langle \varphi_{j,n}(x),\varphi_{j,\ell}(x)\right\rangle_{\mathcal{L}^2(\mathbb{R})} &= \left\langle 2^{j/2}\varphi(2^j\cdot -n),2^{j/2}\varphi(2^j\cdot -\ell)\right\rangle_{\mathcal{L}^2(\mathbb{R})}\\ &= 2^j\left\langle \varphi(2^j\cdot -n),\varphi(2^j\cdot -\ell)\right\rangle_{\mathcal{L}^2(\mathbb{R})}\end{aligned}$$

化简得到

$$\begin{aligned}\left\langle \varphi_{j,n}(x),\varphi_{j,\ell}(x)\right\rangle_{\mathcal{L}^2(\mathbb{R})} &= 2^j\int_{x\in\mathbb{R}}\frac{\sin\pi(2^jx-n)}{\pi(2^jx-n)}\frac{\sin\pi(2^jx-\ell)}{\pi(2^jx-\ell)}dx\\ &= \int_{x\in\mathbb{R}}\frac{\sin\pi(x-n)}{\pi(x-n)}\frac{\sin\pi(x-\ell)}{\pi(x-\ell)}dx\\ &= \left\langle \varphi(\cdot-n),\varphi(\cdot-\ell)\right\rangle_{\mathcal{L}^2(\mathbb{R})}\\ &= \int_{x\in\mathbb{R}}\varphi(x-n)\overline{\varphi}(x-\ell)dx\\ &= \int_{\omega\in\mathbb{R}}\left|\Phi(\omega)\right|^2 e^{-i\omega(n-\ell)}d\omega\\ &= \frac{1}{2\pi}\int_{-\pi}^{+\pi}e^{-i\omega(n-\ell)}d\omega\\ &= \delta(n-\ell)\end{aligned}$$

除此之外，对于任意 $f(x)\in V_j$，即 $f(x)$ 是 $2^j\pi$ 频率截断函数，那么，由 Shannon 采样定理可得：其中 $\Delta=2^{-j}$，

$$\begin{aligned}f(x) &= \sum_{n\in\mathbb{Z}}f(2^{-j}n)\frac{\sin\pi(2^jx-n)}{\pi(2^jx-n)}\\ &= \sum_{n\in\mathbb{Z}}2^{-j/2}f(2^{-j}n)\frac{2^{j/2}\sin\pi(2^jx-n)}{\pi(2^jx-n)}\\ &= \sum_{n\in\mathbb{Z}}[2^{-j/2}f(2^{-j}n)]\varphi_{j,n}(x)\end{aligned}$$

因为 $\left\langle \varphi_{j,n}(x),\varphi_{j,\ell}(x)\right\rangle=\delta(n-\ell),(n,\ell)\in\mathbb{Z}^2$，所以可得如下结果：

$$\sum_{n\in\mathbb{Z}}|2^{-j/2}f(2^{-j}n)|^2=\int_{x\in\mathbb{R}}|f(x)|^2dx<+\infty$$

这也说明 $\{\varphi_{j,k}(x)=2^{j/2}\varphi(2^jx-k),k\in\mathbb{Z}\}$ 是 V_j 的规范正交基.

2.11.8 定义空间 $\mathcal{L}^2(\mathbb{R})$ 的闭线性子空间列 $\{W_j;j\in\mathbb{Z}\}$：

$$W_j=\{g(x);\hat{g}(\omega)=0,|\omega|\leqslant 2^j\pi \text{ 或 } |\omega|\geqslant 2^{j+1}\pi\}，\quad 对\ \forall j\in\mathbb{Z},$$

证明对 $\forall j\in\mathbb{Z}$，$W_j=\{g(x);\hat{g}(\omega)=0,|\omega|\leqslant 2^j\pi$ 或 $|\omega|\geqslant 2^{j+1}\pi\}$ 是 $\mathcal{L}^2(\mathbb{R})$ 的闭线性子空间.

提示：对 $\forall j\in\mathbb{Z}$，验证函数空间 W_j 中任何两个函数的线性组合仍然是函数空间 W_j 中的函数，由此说明 W_j 是函数空间 $\mathcal{L}^2(\mathbb{R})$ 的线性子空间. 此外，函数空间 W_j 中函数序列的极限(如果存在的话)也必是函数空间 W_j 中的函数，这说明 W_j 是

$\mathcal{L}^2(\mathbb{R})$ 的闭子空间.

2.11.9　证明, 对 $(j,k)\in\mathbb{Z}^2, j\neq k$, $W_j\perp W_k$.

2.11.10　证明, 空间 $\mathcal{L}^2(\mathbb{R})$ 的闭线性子空间序列 $\{V_j, j\in\mathbb{Z}\}$ 和闭线性子空间列 $\{W_j, j\in\mathbb{Z}\}$ 满足如下关系:

$$W_j\perp V_k,\quad V_{j+1}=W_j\oplus V_j,\quad \forall j\in\mathbb{Z}$$

其中, V_j 称为(第 j 级) Shannon 尺度子空间, W_j 称为(第 $\delta(m)$ 级) Shannon 小波子空间.

提示: 对 $\forall j\in\mathbb{Z}$,

(1) 对于任意的 $w(x)\in W_j, v(x)\in V_j$ 根据子空间 W_j, V_j 的定义直接计算:

$$\begin{aligned}\left\langle w(x),v(x)\right\rangle &=\int_{x\in\mathbb{R}} w(x)\overline{v}(x)\mathrm{d}x\\ &=\int_{\omega\in\mathbb{R}}[(\mathscr{F}w)(\omega)][(\mathscr{F}v)(\omega)]^*\mathrm{d}\omega\\ &=\int_{-2^j\pi}^{+2^j\pi}[(\mathscr{F}w)(\omega)][(\mathscr{F}v)(\omega)]^*\mathrm{d}\omega\\ &=0\end{aligned}$$

这说明 $W_j\perp V_j$.

(2) 为了证明 $V_{j+1}=W_j\oplus V_j$, 只需要证明, 对于任意的 $p(x)\in V_{j+1}$ 和 $v(\omega)$, 能够找到 $w(x)\in W_j, v(x)\in V_j$, 保证 $w(x)\perp v(x)$, $p(\omega)=w(\omega)+v(\omega)$. 根据 V_{j+1}, W_j, V_j 的定义可知, $w(\omega)$ 和 $v(\omega)$ 可以按照其傅里叶变换构造如下:

$$(\mathscr{F}w)(\omega)=\begin{cases}(\mathscr{F}p)(\omega), & 2^j\pi\leqslant|\omega|\leqslant 2^{j+1}\pi\\ 0, & 0\leqslant|\omega|\leqslant 2^j\pi\\ 0, & \text{其他}\end{cases}$$

$$(\mathscr{F}v)(\omega)=\begin{cases}0, & 2^j\pi\leqslant|\omega|\leqslant 2^{j+1}\pi\\ (\mathscr{F}p)(\omega), & 0\leqslant|\omega|\leqslant 2^j\pi\\ 0, & \text{其他}\end{cases}$$

因 $p(x)\in V_{j+1}$, 故当 $|\omega|\geqslant 2^{j+1}\pi$ 时 $(\mathscr{F}p)(\omega)=0$ 且 $(\mathscr{F}p)(\omega)=(\mathscr{F}w)(\omega)+(\mathscr{F}v)(\omega)$, 从而, 由傅里叶变换的逆变换可得 $p(\omega)=w(\omega)+v(\omega)$. 另外, 由 $w(\omega)$ 和 $v(\omega)$ 的构造方法可知,

$$\left\langle w(x),v(x)\right\rangle=\left\langle(\mathscr{F}w)(\omega),(\mathscr{F}v)(\omega)\right\rangle=\int_{\omega\in\mathbb{R}}[(\mathscr{F}w)(\omega)][(\mathscr{F}v)(\omega)]^*d\omega=0$$

其中 $[(\mathscr{F}v)(\omega)]^*$ 表示 $(\mathscr{F}v)(\omega)$ 的复数共轭转置, 而且 $[(\mathscr{F}w)(\omega)][(\mathscr{F}v)(\omega)]^*=0$. 因此, $w(x)\perp v(x)$.

2.11.11　习题 2.11.1 和习题 2.11.2 已经证明，在 Shannon 多分辨率分析中，Shannon 尺度函数 $\varphi(x)=\sin(x\pi)/(x\pi)$ 的整数平移函数系 $\{\varphi(x-n),n\in\mathbb{Z}\}$ 是 $\mathcal{L}^2(\mathbb{R})$ 的闭线性子空间 V_0 的规范正交基. 由于 Shannon 尺度函数的频域形式或傅里叶变换 $\Phi(\omega)$ 是矩形函数:

$$\Phi(\omega)=(2\pi)^{-0.5}\int_{x\in\mathbb{R}}\varphi(x)e^{-i\omega x}dx=\begin{cases}(2\pi)^{-0.5}, & |\omega|\leqslant\pi\\0, & |\omega|>\pi\end{cases}$$

而且，函数系 $\{\varphi(x-n),n\in\mathbb{Z}\}$ 的傅里叶变换函数系是 $\{\Phi(\omega)e^{-i\omega n};n\in\mathbb{Z}\}$，它本质上是在频域提供了函数空间 $\mathcal{L}^2(-\pi,+\pi)$ (即在闭区间 $[-\pi,+\pi]$ 上的能量有限或平方可积函数空间)的规范正交傅里叶级数基 $\{(2\pi)^{-0.5}e^{-i\omega n};n\in\mathbb{Z}\}$，即在带宽是 2π 的频带 $[-\pi,+\pi]$ 上的傅里叶分析或频谱分析.

类似地，函数系 $\{\sqrt{2}\varphi(2x-n),n\in\mathbb{Z}\}$ 是闭线性子空间 V_1 的规范正交基. 它的傅里叶变换函数系是 $\{2^{-0.5}\Phi(0.5\omega)e^{-i(0.5\omega)n};n\in\mathbb{Z}\}$，它本质上是在频域提供了函数空间 $\mathcal{L}^2(-2\pi,+2\pi)$ (即在闭区间 $[-2\pi,+2\pi]$ 上的能量有限或平方可积函数空间)的规范正交傅里叶级数基 $\{(4\pi)^{-0.5}e^{-i(0.5\omega)n};n\in\mathbb{Z}\}$，即在带宽是 4π 的频带上的傅里叶分析或频谱分析.

根据线性子空间 W_0 的定义，它本质上是在频率域支撑在带宽为 2π 的频带:

$$\{\omega;\pi\leqslant|\omega|\leqslant2\pi\}=[\omega;-2\pi\leqslant\omega\leqslant-\pi]\cup[\omega;\pi\leqslant\omega\leqslant2\pi]$$

上的能量有限或平方可积函数构成的函数空间:

$$\mathcal{L}^2(\omega;\pi\leqslant|\omega|\leqslant2\pi)=\mathcal{L}^2([-2\pi,-\pi]\cup[\pi,2\pi])$$

如果由某个函数 $\psi(x)$ 产生的整数平移函数系 $\{\psi(x-n),n\in\mathbb{Z}\}$ 是闭线性子空间 W_0 的规范正交基，利用傅里叶变换的性质，函数系 $\{\psi(x-n),n\in\mathbb{Z}\}$ 的傅里叶变换函数系 $\{\Psi(\omega)e^{-i\omega n};n\in\mathbb{Z}\}$ 将构成子空间 $\mathcal{L}^2(\omega;\pi\leqslant|\omega|\leqslant2\pi)$ 的规范正交基. 显然，满足这些要求的最简单的函数 $\psi(x)$，其傅里叶变换 $\hat{\psi}(\omega)$ 应该能够把线性空间 $\mathcal{L}^2(-2\pi,+2\pi)$ 限制成其子空间 $\mathcal{L}^2([-2\pi,-\pi]\cup[\pi,2\pi])$，即把在闭区间 $[-2\pi,+2\pi]$ 上的能量有限或平方可积的函数限制变成闭区间 $[-2\pi,-\pi]\cup[\pi,2\pi]$ 上的能量有限或平方可积的函数，简洁地说，把函数的定义域 $[-2\pi,+2\pi]$ 的中心对称子区间 $[-\pi,+\pi]$ 抠除，使函数的有效定义域变成 $[-2\pi,-\pi]\cup[\pi,2\pi]$.

Shannon 尺度函数 $\varphi(x)$ 的频域形式或其傅里叶变换 $\Phi(\omega)$ 是矩形函数，因此，在频率域中，满足这些要求的最简单的函数应该是如下的“矩形”函数:

$$\Psi(\omega)=\Phi(0.5\omega)-\Phi(\omega)=\begin{cases}0, & 0\leqslant|\omega|<\pi\\(2\pi)^{-0.5}, & \pi\leqslant|\omega|<2\pi\\0, & 2\pi\leqslant|\omega|\end{cases}$$

这个习题的要求是，证明整数平移函数系$\{\psi(x-n), n\in\mathbb{Z}\}$是闭线性子空间$W_0$的规范正交基. 这样，对于$j\in\mathbb{Z}$，$\{\psi_{j,k}(x)=2^{j/2}\psi(2^j x-k); k\in\mathbb{Z}\}$构成子空间$W_j$的规范正交基，而且，$\{\psi_{j,k}(x)=2^{j/2}\psi(2^j x-k); (j,k)\in\mathbb{Z}^2\}$构成$\mathcal{L}^2(\mathbb{R})$的规范正交基，因此，$\psi(x)$是正交小波函数.

这样的小波$\psi(x)$称为 Shannon 小波，其时间形式可表示为

$$\psi(x)=2\varphi(2x)-\varphi(x)=\frac{\sin(2x\pi)-\sin(x\pi)}{x\pi}$$

这时，函数系$\{\Psi(\omega)e^{-i\omega n}; n\in\mathbb{Z}\}$提供了函数空间$\mathcal{L}^2([-2\pi,-\pi]\cup[\pi,2\pi])$(即在闭区间$[-2\pi,-\pi]\cup[\pi,2\pi]$上的能量有限或平方可积函数空间)的规范正交傅里叶级数基，即在带宽是2π的频带$[-2\pi,-\pi]\cup[\pi,2\pi]$上的傅里叶频谱分析.

2.11.12　利用尺度方程$\varphi(x)=\sqrt{2}\sum\limits_{n\in\mathbb{Z}}h_n\varphi(2x-n)$的频域形式:

$$\Phi(\omega)=\mathrm{H}(\omega/2)\Phi(\omega/2)$$

以及习题 2.11.1 的结果知，函数$\varphi(x)=\sin(x\pi)/(x\pi)$的傅里叶变换是

$$\Phi(\omega)=(2\pi)^{-0.5}\int_{x\in\mathbb{R}}\varphi(x)e^{-i\omega x}dx=\begin{cases}(2\pi)^{-0.5}, & |\omega|\leqslant\pi\\ 0, & |\omega|>\pi\end{cases}$$

将尺度方程的频域形式改写如下:

$$\Phi(2\omega)=\mathrm{H}(\omega)\Phi(\omega),\quad \omega\in[-\pi,+\pi]$$

可以直接得到低通滤波器: 当$\omega\in[-\pi,+\pi]$时,

$$\mathrm{H}(\omega)=2^{-0.5}\sum_{n\in\mathbb{Z}}h_n e^{-i\omega n}=\frac{\Phi(2\omega)}{\Phi(\omega)}=\begin{cases}1, & 0\leqslant|\omega|<0.5\pi\\ 0, & 0.5\pi\leqslant|\omega|\leqslant\pi\end{cases}$$

证明

$$|\mathrm{H}(\omega)|^2+|\mathrm{H}(\omega+\pi)|^2=1,\quad \omega\in[0,2\pi]$$

2.11.13　证明，定义2×2矩阵

$$\mathbf{M}(\omega)=\begin{pmatrix}\mathrm{H}(\omega) & \mathrm{H}(\omega+\pi)\\ \mathrm{G}(\omega) & \mathrm{G}(\omega+\pi)\end{pmatrix}$$

其中，$\mathrm{G}(\omega)=e^{-i\omega\alpha}\overline{\mathrm{H}}(\omega+\pi)$，而且，$\alpha$是任意实数，那么，矩阵$\mathbf{M}(\omega)$是酉矩阵，即矩阵$\mathbf{M}(\omega)$满足如下等式:

$$\mathbf{M}(\omega)\mathbf{M}^*(\omega)=\mathbf{M}^*(\omega)\mathbf{M}(\omega)=\begin{pmatrix}1 & 0\\ 0 & 1\end{pmatrix}$$

其中矩阵$\mathbf{M}^*(\omega)$表示矩阵$\mathbf{M}(\omega)$的复数共轭转置:

$$\mathbf{M}^*(\omega)=\begin{pmatrix}\overline{\mathrm{H}}(\omega) & \overline{\mathrm{G}}(\omega)\\ \overline{\mathrm{H}}(\omega+\pi) & \overline{\mathrm{G}}(\omega+\pi)\end{pmatrix}$$

而且，$\overline{\mathrm{H}}(\omega),\overline{\mathrm{G}}(\omega)$分别表示$\mathrm{H}(\omega),\mathrm{G}(\omega)$的复数共轭.

2.11.14 证明，如果函数$\psi(x)$的傅里叶变换$\Psi(\omega)$具有如下形式:

$$\Psi(\omega)=\mathrm{G}(0.5\omega)\Phi(0.5\omega)=e^{-0.5\alpha\omega i}\overline{\mathrm{H}}(0.5\omega+\pi)\Phi(0.5\omega)$$

那么，$\psi(x)$是函数空间$\mathcal{L}^2(\mathbb{R})$上的正交小波函数，$\alpha$是任意实数.

2.11.15 证明，如果函数$\psi(x)$的傅里叶变换$\Psi(\omega)$具有如下形式:

$$\Psi(\omega)=\mathrm{G}(0.5\omega)\Phi(0.5\omega)=e^{-0.5\alpha\omega i}\overline{\mathrm{H}}(0.5\omega+\pi)\Phi(0.5\omega)$$

那么，经过验算$\psi(x)$可以表示成如下形式:

$$\psi(x)=2\varphi(2(x-0.5\alpha))-\varphi(x-0.5\alpha)=\frac{\sin 2\pi(x-0.5\alpha)-\sin\pi(x-0.5\alpha)}{\pi(x-0.5\alpha)}$$

其中α是任意实数.

提示：将函数$\psi(x)$的傅里叶变换$\Psi(\omega)$改写为

$$\Psi(2\omega)=e^{-\alpha\omega i}\overline{\mathrm{H}}(\omega+\pi)\Phi(\omega)=e^{-\alpha\omega i}[\Phi(\omega)-\Phi(2\omega)]$$

这样，可以得到如下结果:

$$\Psi(\omega)=e^{-0.5\alpha\omega i}[\Phi(0.5\omega)-\Phi(\omega)]=e^{-0.5\alpha\omega i}\Phi(0.5\omega)-e^{-0.5\alpha\omega i}\Phi(\omega)$$

下面演算函数$2\varphi(2x-\alpha)=2\varphi(2(x-0.5\alpha))$的傅里叶变换:

$$\begin{aligned}(2\pi)^{-0.5}\int_{x\in\mathbb{R}}[2\varphi(2x-\alpha)]e^{-i\omega x}dx&=(2\pi)^{-0.5}\int_{x\in\mathbb{R}}\varphi(2x-\alpha)e^{-i\omega x}d(2x-\alpha)\\&\quad(t=2x-\alpha,x=0.5(t+\alpha))\\&=(2\pi)^{-0.5}\int_{t\in\mathbb{R}}\varphi(t)e^{-0.5(t+\alpha)\omega i}dt\\&=e^{-0.5\alpha\omega i}(2\pi)^{-0.5}\int_{t\in\mathbb{R}}\varphi(t)e^{-0.5\omega ti}dt\\&=e^{-0.5\alpha\omega i}\Phi(0.5\omega)\end{aligned}$$

下面演算函数$\varphi(x-0.5\alpha)$的傅里叶变换:

$$\begin{aligned}(2\pi)^{-0.5}\int_{x\in\mathbb{R}}[\varphi(x-0.5\alpha)]e^{-i\omega x}dx&=(2\pi)^{-0.5}\int_{x\in\mathbb{R}}\varphi(x-0.5\alpha)e^{-i\omega x}d(x-0.5\alpha)\\&\quad(t=x-\alpha/2,x=t+0.5\alpha)\\&=(2\pi)^{-0.5}\int_{t\in\mathbb{R}}\varphi(t)e^{-(t+0.5\alpha)\omega i}dt\\&=e^{-0.5\alpha\omega i}(2\pi)^{-0.5}\int_{t\in\mathbb{R}}\varphi(t)e^{-\omega ti}dt\\&=e^{-0.5\alpha\omega i}\Phi(\omega)\end{aligned}$$

于是得到

$$\begin{aligned}\psi(x) &= 2\varphi(2(x-\alpha/2)) - \varphi(x-\alpha/2) \\ &= \frac{2\sin 2\pi(x-\alpha/2)}{2\pi(x-\alpha/2)} - \frac{\sin\pi(x-\alpha/2)}{\pi(x-\alpha/2)} \\ &= \frac{\sin 2\pi(x-0.5\alpha) - \sin\pi(x-0.5\alpha)}{\pi(x-0.5\alpha)}\end{aligned}$$

注释: 在函数空间 $\mathcal{L}^2(\mathbb{R})$ 上的Shannon多分辨率分析中, 低通滤波器 $\mathrm{H}(\omega)$ 是闭区间 $[-\pi,+\pi]$ 内在支撑 $[-0.5\pi,+0.5\pi]$ 上恒等于 1 的周期 2π 函数, 即 $\mathrm{H}(\omega)$ 是理想低通滤波器, 这个特殊性决定了由 Shannon 多分辨率分析可以构造出许多不同的Shannon小波. 在习题2.11.15中的任意实数 α 的不同取值将产生不同的正交小波即Shannon 小波. 如果定义记号:

$$\psi^{(\alpha)}(x) = \frac{\sin 2\pi(x-0.5\alpha) - \sin\pi(x-0.5\alpha)}{\pi(x-0.5\alpha)}$$

那么,

$$\{\psi_{j,k}^{(0)}(x) = 2^{j/2}\psi^{(0)}(2^j x-k); (j,k)\in\mathbb{Z}^2\}$$

和

$$\{\psi_{j,k}^{(1)}(x) = 2^{j/2}\psi^{(1)}(2^j x-k); (j,k)\in\mathbb{Z}^2\}$$

将是线性空间 $\mathcal{L}^2(\mathbb{R})$ 的两个完全不同的规范正交基. 其实, 只要 $\alpha\neq 0$, 那么, 习题2.11.11中的小波和习题2.11.14中的小波将为线性空间 $\mathcal{L}^2(\mathbb{R})$ 提供完全不同的规范正交基.

习题 2.12　时频分析与测不准原理

考虑函数 $g(x)\in\mathcal{L}^2(\mathbb{R})$, 如果

$$0 < \int_{-\infty}^{+\infty} |xg(x)|^2 \mathrm{d}x < +\infty$$

则称 $g(x)$ 是一个窗函数. 定义 $g(x)$ 的中心 $E(g)$ 和半径 $\Delta(g)$ 如下:

$$E(g) = \int_{-\infty}^{+\infty} x|g(x)|^2 \mathrm{d}x / ||g||_{\mathcal{L}^2(\mathbb{R})}^2$$

$$\Delta(g) = \sqrt{\int_{-\infty}^{+\infty} (x-E(g))^2 |g(x)|^2 \mathrm{d}x / ||g||_{\mathcal{L}^2(\mathbb{R})}^2}$$

其中

$$||g||_{\mathcal{L}^2(\mathbb{R})}^2 = \int_{-\infty}^{+\infty} |g(x)|^2 \mathrm{d}x$$

称为 $g(x)$ 的 $\mathcal{L}^2(\mathbb{R})$ 范数, 或者欧氏长度. 数值 $2\Delta(g)$ 称为窗函数 $g(x)$ 的宽度或简称为窗宽.

函数空间 $\mathcal{L}^2(\mathbb{R})$ 中任意函数 $f(x)$ 的窗口傅里叶变换定义为

$$C_f(b,\omega)=(2\pi)^{-0.5}\int_{-\infty}^{+\infty}f(x)\overline{g}(x-b)\mathrm{e}^{-i\omega x}\mathrm{d}x$$

引入记号

$$c(b,\omega;x)=g(x-b)\mathrm{e}^{i\omega x}$$

这样，函数 $f(x)$ 的窗口傅里叶变换可以写成

$$C_f(b,\omega)=(2\pi)^{-0.5}\left\langle f,c(b,\omega;\cdot)\right\rangle_{\mathcal{L}^2(\mathbb{R})}=(2\pi)^{-0.5}\int_{-\infty}^{+\infty}f(x)\overline{c}(b,\omega;x)\mathrm{d}x$$

2.12.1　验证函数 $c(b,\omega;x)=g(x-b)\mathrm{e}^{i\omega x}$ 是一个窗函数，而且，它的中心和半径分别是 $E(c)=E(g)+b$ 和 $\Delta(c)=\Delta(g)$.

注释：这个计算结果表明，函数 $f(x)$ 的窗口傅里叶变换 $C_f(b,\omega)$ 给出的是信号 $f(x)$ 在时间窗

$$[E(c)-\Delta(c),E(c)+\Delta(c)]=[E(g)+b-\Delta(g),E(g)+b+\Delta(g)]$$

中的局部时间信息.

2.12.2　如果窗函数 $g(x)$ 的傅里叶变换 $\mathrm{G}(\eta)$ 满足窗函数条件，即

$$0<\int_{-\infty}^{+\infty}|\eta\mathrm{G}(\eta)|^2\mathrm{d}\eta<+\infty$$

计算验证函数 $c(b,\omega;x)=g(x-b)\mathrm{e}^{i\omega x}$ 的傅里叶变换 $\boldsymbol{\mathcal{C}}(b,\omega;\eta)$ 可以写成

$$\boldsymbol{\mathcal{C}}(b,\omega;\eta)=(2\pi)^{-0.5}\int_{-\infty}^{+\infty}[g(x-b)\mathrm{e}^{i\omega x}]\mathrm{e}^{-i\eta x}\mathrm{d}x=\mathrm{e}^{-ib(\eta-\omega)}\mathrm{G}(\eta-\omega)$$

同时，$\boldsymbol{\mathcal{C}}(b,\omega;\eta)$ 作为变量 η 的函数是窗函数，其中心和半径是

$$E(\boldsymbol{\mathcal{C}})=E(\mathrm{G})+\omega,\quad \Delta(\boldsymbol{\mathcal{C}})=\Delta(\mathrm{G})$$

注释：根据 Parseval 恒等式(能量守恒)，函数 $f(x)$ 的窗口傅里叶变换 $C_f(b,\omega)$ 可以写成如下的频率域形式：

$$\begin{aligned}C_f(b,\omega)&=(2\pi)^{-0.5}\left\langle f,c(b,\omega;\cdot)\right\rangle_{\mathcal{L}^2(\mathbb{R})}\\&=(2\pi)^{-0.5}\left\langle(\mathscr{F}f)(\eta),\boldsymbol{\mathcal{C}}(b,\omega;\eta)\right\rangle_{\mathcal{L}^2(\mathbb{R})}\\&=(2\pi)^{-0.5}\int_{-\infty}^{+\infty}(\mathscr{F}f)(\eta)[\boldsymbol{\mathcal{C}}(b,\omega;\eta)]^*\mathrm{d}\eta\end{aligned}$$

其中 $[\boldsymbol{\mathcal{C}}(b,\omega;\eta)]^*$ 表示 $\boldsymbol{\mathcal{C}}(b,\omega;\eta)$ 的复数共轭转置.

习题 2.12.2 的计算结果表明，在频率域中，$f(x)$ 的窗口傅里叶变换 $C_f(b,\omega)$ 给出了函数 $f(x)$ 在频率窗口：

$$[E(\boldsymbol{\mathcal{C}})-\Delta(\boldsymbol{\mathcal{C}}),E(\boldsymbol{\mathcal{C}})+\Delta(\boldsymbol{\mathcal{C}})]=[E(\mathrm{G})+\omega-\Delta(\mathrm{G}),E(\mathrm{G})+\omega+\Delta(\mathrm{G})]$$

中的局部频率信息.

2.12.3　综合习题 2.12.1 和习题 2.12.2 的分析可知，$f(x)$ 的窗口傅里叶变换 $C_f(b,\omega)$ 同时给出了函数 $f(x)$ 在如下矩形联合时-频窗：

$$[E(g)+b-\Delta(g),E(g)+b+\Delta(g)]\times[E(\mathrm{G})+\omega-\Delta(\mathrm{G}),E(\mathrm{G})+\omega+\Delta(\mathrm{G})]$$

中的联合时-频局部信息. 这个矩形联合时-频窗的面积是 $4\Delta(g)\Delta(\mathrm{G})$, 其数值的大小刻画了同时联合时-频局部化的能力, 这个面积的数值越小, 说明同时联合时-频局部化的能力就越强. 证明如下的 Heisenberg 测不准原理.

Heisenberg 测不准原理: 如果 $g(x)$ 及其傅里叶变换 $\mathrm{G}(\eta)$ 都是窗函数, 那么

$$\Delta(g)\Delta(\mathrm{G})\geqslant\frac{1}{2}$$

而且, 等号成立的充要条件是, 存在 4 个实数 a,b,c,α, 其中 $a>0,c\neq0$, 使得

$$g(x)=c\mathrm{e}^{i\alpha x}g_a(x-b)$$

其中

$$g_a(x)=\frac{1}{2\sqrt{\pi a}}\exp\left(-\frac{x^2}{4a}\right)$$

是 Gauss 函数, $a>0$ 是固定常数, 这个窗函数被称为“Gabor 窗”.

提示: 如果 $g(x)$ 及其傅里叶变换 $\mathrm{G}(\eta)$ 的中心分别是 t_0 与 ω_0, 那么函数

$$g_1(x)=\mathrm{e}^{-i\omega_0x}g(x+x_0)$$

是窗函数, $g_1(x)$ 及其傅里叶变换 $\mathrm{G}_1(\omega)$ 的中心都是 0, 半径分别是 $\Delta(g)$ 和 $\Delta(\mathrm{G})$, 这样, 在证明 Heisenberg 测不准原理时, 不妨假设窗函数及其傅里叶变换的中心都是零.

由窗函数的中心和半径的定义可知, $g(x)$ 和 $|g(x)|$ 将有相同的中心和半径, 因此, 在证明过程中可以假设 $g(x)\geqslant0$. 将 $g(x)$ 的导函数 $dg(x)/dx$ 的傅里叶变换记为 $u(\omega)$, 那么, 由傅里叶变换的性质可得

$$u(\omega)=(i\omega)\mathrm{G}(\omega)$$

于是, 利用著名的 Cauchy-Schwarz 不等式得

$$\begin{aligned}(\Delta(g)\Delta(\mathrm{G}))^2&=\left(\int_{-\infty}^{+\infty}x^2|g(x)|^2\mathrm{d}x\Big/||g||_2^2\right)\times\int_{-\infty}^{+\infty}\omega^2\mid\mathrm{G}(\omega)\mid^2\,\mathrm{d}\omega\Big/||\mathrm{G}||_2^2\\&=\int_{-\infty}^{+\infty}x^2|g(x)|^2\mathrm{d}x\int_{-\infty}^{+\infty}\omega^2|\mathrm{G}(\omega)|^2\mathrm{d}\omega\Big/(||g||_2^2||\mathrm{G}||_2^2)\\&=\int_{-\infty}^{+\infty}|xg(x)|^2\mathrm{d}x\int_{-\infty}^{+\infty}|(\omega i)\mathrm{G}(\omega)|^2\mathrm{d}\omega\Big/||g||_2^4\\&=\int_{-\infty}^{+\infty}|xg(x)|^2\mathrm{d}x\int_{-\infty}^{+\infty}|u(\omega)|^2\mathrm{d}\omega\Big/||g||_2^4\\&=\int_{-\infty}^{+\infty}|xg(x)|^2\mathrm{d}x\int_{-\infty}^{+\infty}|dg(x)/dx|^2\mathrm{d}x\Big/||g||_2^4\\&\geqslant\left|\int_{-\infty}^{+\infty}[xg(x)dg(x)/dx]dx\right|^2\Big/||g||_2^4\end{aligned}$$

化简得到

$$\begin{aligned}(\Delta(g)\Delta(\mathrm{G}))^2 &\geqslant \left|\int_{-\infty}^{+\infty}[xg(x)dg(x)/dx]dx\right|^2\Big/||g||_2^4\\ &= \left|\int_{-\infty}^{+\infty}xg(x)dg(x)\right|^2\Big/||g||_2^4\\ &= \left|0.5\int_{-\infty}^{+\infty}xd[g(x)]^2\right|^2\Big/||g||_2^4\\ &= 0.25\left|\int_{-\infty}^{+\infty}xd[g(x)]^2\right|^2\Big/||g||_2^4\\ &= 0.25\left|x[g(x)]^2\Big|_{-\infty}^{+\infty}-\int_{-\infty}^{+\infty}[g(x)]^2dx\right|^2\Big/||g||_2^4\\ &= 0.25\left|\int_{-\infty}^{+\infty}|g(x)|^2dx\right|^2\Big/||g||_2^4\\ &= 0.25\end{aligned}$$

所以

$$\Delta(g)\Delta(\mathrm{G}) \geqslant \frac{1}{2}$$

在上面推证过程中，不等式取等号的条件就是 Cauchy-Schwarz 不等式成为等式的条件，即 $xg(x)$ 与 $dg(x)/dx$ 线性相关，这时，存在实数 p,q，满足:

$$pxg(x)+qdg(x)/dx=0$$

最后，通过求解微分方程即可得出全部证明.

注释: Heisenberg 测不准原理说明了一个基本事实，即 Gabor 变换是矩形联合时-频窗面积最小的窗口傅里叶变换，这表达了 Gabor 变换的某种最优性.

习题 2.13　小波时频特性与测不准原理

考虑函数 $g(x)\in\mathcal{L}^2(\mathbb{R})$，如果

$$0<\int_{-\infty}^{+\infty}|xg(x)|^2\mathrm{d}x<+\infty$$

则称 $g(x)$ 是一个窗函数. 定义 $g(x)$ 的中心 $E(g)$ 和半径 $\Delta(g)$ 如下:

$$E(g)=\int_{-\infty}^{+\infty}x|g(x)|^2\mathrm{d}x\Big/||g||_{\mathcal{L}^2(\mathbb{R})}^2$$

$$\Delta(g)=\sqrt{\int_{-\infty}^{+\infty}(x-E(g))^2|g(x)|^2\mathrm{d}x/||g||_{\mathcal{L}^2(\mathbb{R})}^2}$$

其中

$$||\,g\,||_{\mathcal{L}^2(\mathbb{R})}^2=\int_{-\infty}^{+\infty}|g(x)|^2\mathrm{d}x$$

称为 $g(x)$ 的 $\mathcal{L}^2(\mathbb{R})$ 范数，或者欧氏长度. 数值 $2\Delta(g)$ 称为窗函数 $g(x)$ 的宽度或简称为窗宽.

假定小波函数 $\psi(x)$ 及其傅里叶变换 $\Psi(\omega)$ 都满足窗口函数的要求，它们的中心

和半径分别记为 $E(\psi)$ 和 $\Delta(\psi)$ 与 $E(\Psi)$ 和 $\Delta(\Psi)$.

2.13.1　证明，根据连续小波的定义，对任意的参数 (s,μ)，连续小波

$$\psi_{(s,\mu)}(x)=\frac{1}{\sqrt{|s|}}\psi\left(\frac{x-\mu}{s}\right)$$

及其傅里叶变换 $(\boldsymbol{\mathcal{F}}\psi_{(s,\mu)})(\omega)$:

$$\begin{aligned}(\boldsymbol{\mathcal{F}}\psi_{(s,\mu)})(\omega)&=(2\pi)^{-0.5}\int_{-\infty}^{+\infty}\frac{1}{\sqrt{|s|}}\psi\left(\frac{x-\mu}{s}\right)\mathrm{e}^{-i\omega x}\mathrm{d}x\\&=\sqrt{|s|}\mathrm{e}^{-i\mu\omega}\Psi(s\omega)\end{aligned}$$

都满足窗口函数的要求，而且，它们的中心和半径可以分别表示为

$$\begin{cases}E(\psi_{(s,\mu)})=\mu+sE(\psi)\\\Delta(\psi_{(s,\mu)})=|s|\Delta(\psi)\end{cases}\quad\text{和}\quad\begin{cases}E(\boldsymbol{\mathcal{F}}\psi_{(s,\mu)})=E(\Psi)/s\\\Delta(\boldsymbol{\mathcal{F}}\psi_{(s,\mu)})=\Delta(\Psi)/|s|\end{cases}$$

2.13.2　证明，根据连续小波变换的定义，对任意的参数 (s,μ)，函数或者信号 $f(x)$ 的小波变换可以写成

$$\begin{aligned}W_f(s,\mu)&=\mathcal{C}_\psi^{-0.5}\left\langle f,\psi_{(s,\mu)}\right\rangle\\&=\mathcal{C}_\psi^{-0.5}\int_{-\infty}^{+\infty}f(x)|s|^{-0.5}\psi^*(s^{-1}(x-\mu))dx\\&=\mathcal{C}_\psi^{-0.5}|s|^{-0.5}\int_{-\infty}^{+\infty}f(x)\psi^*\left(\frac{x-\mu}{s}\right)dx\\&=\mathcal{C}_\psi^{-0.5}|s|^{0.5}\int_{\omega\in\mathbb{R}}[(\mathscr{F}f)(\omega)][\Psi(s\omega)]^*\mathrm{e}^{i\mu\omega}\mathrm{d}\omega\end{aligned}$$

其中

$$\mathcal{C}_\psi=2\pi\int_{\mathbb{R}^*}|\omega|^{-1}|\Psi(\omega)|^2d\omega<+\infty$$

是容许性参数，并由此说明小波变换提取的是函数 $f(x)$ 在时间点 $x=\mu$ 附近以及在频率点 $\omega=E(\Psi)/s$ 附近本质上集中在矩形联合时-频窗

$$\begin{aligned}&[\mu+sE(\psi)-|s|\Delta(\psi),\mu+sE(\psi)+|s|\Delta(\psi)]\\&\times[E(\Psi)/s-\Delta(\Psi)/|s|,E(\Psi)/s+\Delta(\Psi)/|s|]\end{aligned}$$

中的联合时-频信息，而且，对应的矩形联合时-频窗面积是 $4\Delta(\psi)\Delta(\Psi)$，与变换参数 (s,μ) 毫无关系.

2.13.3　考虑二进小波 $\psi(x)$，即 $\psi(x)$ 的傅里叶变换 $\Psi(\omega)$ 满足稳定性条件

$$A\leqslant\sum_{j=-\infty}^{+\infty}|\Psi(2^j\omega)|^2\leqslant B$$

其中 A,B 都是有限正实数. 对于任意的整数 $j\in\mathbb{Z}$，引入记号:

$$\psi_{(2^{-j},\mu)}(x)=2^{j/2}\psi(2^j(x-\mu))$$

将函数 $f(x)$ 的二进小波变换记为 $W_f^j(\mu)$，定义如下:

$$\begin{aligned}W_f^{(j)}(\mu) &= W_f(2^{-j},\mu)\\ &= \mathcal{C}_\psi^{-0.5}\int_{-\infty}^{+\infty} f(x)\psi^*_{(2^{-j},\mu)}(x)dx\\ &= 2^{j/2}\mathcal{C}_\psi^{-0.5}\int_{-\infty}^{+\infty} f(x)\psi^*(2^j(x-\mu))dx\end{aligned}$$

其中

$$\mathcal{C}_\psi = 2\pi\int_{\mathbb{R}^*}|\omega|^{-1}|\Psi(\omega)|^2 d\omega < +\infty$$

验证二进小波变换的逆变换公式是

$$f(x)=\sum_{k=-\infty}^{+\infty}\int_{-\infty}^{+\infty} 2^k\mathcal{C}_\psi^{0.5}W_f^{(k)}(\mu)\tau_{(2^{-k},\mu)}(x)d\mu$$

其中，函数 $\tau(x)$ 满足

$$\sum_{j=-\infty}^{+\infty}\Psi(2^j\omega)\mathrm{T}(2^j\omega)=1$$

称为二进小波 $\psi(x)$ 的重构小波，其中 $\mathrm{T}(\omega)$ 是 $\tau(x)$ 的傅里叶变换.

提示：如果 $\psi(x)$ 是二进小波，那么，它的重构小波 $\tau(x)$ 必存在而且也是二进小波. 实际上，可以按照如下形式构造重构小波 $\tau(x)$，

$$\mathrm{T}(\omega)=\frac{\overline{\Psi}(\omega)}{\sum\limits_{j=-\infty}^{+\infty}|\Psi(2^j\omega)|^2}$$

这样需要验证 $\tau(x)\in\mathcal{L}^2(\mathbb{R})$，而且，重构小波 $\tau(x)$ 的傅里叶变换 $\mathrm{T}(\omega)$ 满足稳定性条件:

$$C\leqslant\sum_{j=-\infty}^{+\infty}|\mathrm{T}(2^j\omega)|^2\leqslant D$$

其中 C,D 都是有限正实数. 这样，二进小波变换的逆变换公式可以直接验证.

注释：二进小波的重构小波未必唯一.

2.13.4 证明，函数 $f(x)$ 的二进小波变换 $W_f^j(\mu)$ 可以写成

$$\begin{aligned}W_f^{(j)}(\mu) &= W_f(2^{-j},\mu)\\ &= \mathcal{C}_\psi^{-0.5}\int_{-\infty}^{+\infty} f(x)\psi^*_{(2^{-j},\mu)}(x)dx\\ &= 2^{j/2}\mathcal{C}_\psi^{-0.5}\int_{-\infty}^{+\infty} f(x)\psi^*(2^j(x-\mu))dx\\ &= \mathcal{C}_\psi^{-0.5}\int_{-\infty}^{+\infty}(\mathscr{F}f)(\omega)[2^{-j/2}\Psi(2^{-j}\omega)e^{-i\omega\mu}]^*d\omega\\ &= (2\pi)^{0.5}2^{-j/2}\mathcal{C}_\psi^{-0.5}\left\{(2\pi)^{-0.5}\int_{-\infty}^{+\infty}[(\mathscr{F}f)(\omega)\overline{\Psi}(2^{-j}\omega)]e^{i\omega\mu}d\omega\right\}\end{aligned}$$

其中

$$\mathcal{C}_\psi = 2\pi \int_{\mathbb{R}^*} |\omega|^{-1} |\Psi(\omega)|^2 d\omega < +\infty$$

是二进小波 $\psi(x)$ 的容许性参数，$\Psi(\omega)$ 是 $\psi(x)$ 的傅里叶变换．$W_f^j(\mu)$ 提取的是函数 $f(x)$ 在时间点 $x=\mu$ 附近以及在频率点 $\omega = 2^j E(\Psi)$ 附近本质上集中在矩形联合时-频窗

$$\begin{aligned}&[\mu + 2^{-j}(E(\psi) - \Delta(\psi)), \mu + 2^{-j}(E(\psi) + \Delta(\psi))]\\ &\times[2^j(E(\Psi) - \Delta(\Psi)), 2^j(E(\Psi) + \Delta(\Psi))]\end{aligned}$$

中的联合时-频信息，而且，对应的矩形联合时-频窗面积恒为 $4\Delta(\psi)\Delta(\Psi)$．

在频率域中，二进小波函数 $\psi_{(2^{-j},\mu)}(x)$ 对应的频带是

$$[2^j(E(\Psi) - \Delta(\Psi)), 2^j(E(\Psi) + \Delta(\Psi))]$$

验证如果二进小波函数 $\psi(x)$ 的傅里叶变换 $\Psi(\omega)$ 的中心和半径满足：

$$E(\Psi) = 3\Delta(\Psi)$$

那么，二进小波函数 $\psi(x)$ 的傅里叶变换 $\Psi(\omega)$ 提供了非负频率轴 $(0,+\infty)$ 的非重叠完全划分：

$$\begin{aligned}(0,+\infty) &= \bigcup_{j=-\infty}^{+\infty} [2^j(E(\Psi) - \Delta(\Psi)), 2^j(E(\Psi) + \Delta(\Psi))]\\ &= \bigcup_{j=-\infty}^{+\infty} [2^{j+1}\Delta(\Psi), 2^{j+2}\Delta(\Psi)]\\ &= \bigcup_{j=-\infty}^{+\infty} [2^{j+1}, 2^{j+2}]\Delta(\Psi)\end{aligned}$$

2.13.5　假设小波函数 $\psi(x)$ 是正交小波，即函数系：

$$\{\psi_{j,k}(x) = 2^{j/2}\psi(2^j x - k); (j,k) \in \mathbb{Z}\times\mathbb{Z}\}$$

生成函数空间 $\mathcal{L}^2(\mathbb{R})$ 的规范正交基，这个函数系称为 $\mathcal{L}^2(\mathbb{R})$ 的规范正交小波基．对于任意的 $(j,k)\in\mathbb{Z}\times\mathbb{Z}$，$\psi_{j,k}(x) = 2^{j/2}\psi(2^j x - k)$ 的傅里叶变换是

$$2^{-j/2}\Psi(2^{-j}\omega)e^{-i(2^{-j}\omega)k}$$

验证在频率域中，对于任意的 $(j,k)\in\mathbb{Z}\times\mathbb{Z}$，$2^{-j/2}\Psi(2^{-j}\omega)e^{-i(2^{-j}\omega)k}$ 作为窗函数的中心和半径分别是 $2^j E(\Psi)$ 和 $2^j\Delta(\Psi)$．

函数 $f(x)$ 的正交小波变换记为 $W_f(2^{-j}, 2^{-j}k)$：

$$\begin{aligned}W_f(2^{-j}, 2^{-j}k) &= \int_{\mathbb{R}} f(x)\overline{\psi}_{j,k}(x)dx = \int_{\mathbb{R}} f(x)\cdot 2^{j/2}\overline{\psi}(2^j x - k)dx\\ &= \int_{\mathbb{R}} (\mathscr{F} f)(\omega)\cdot 2^{-j/2}\Psi(2^{-j}\omega)e^{-i(2^{-j}\omega)k}d\omega\end{aligned}$$

验证 $W_f(2^{-j},2^{-j}k)$ 提取的是函数 $f(x)$ 在时间点 $\mu=2^{-j}k$ 附近以及在频率点 $\omega=2^jE(\Psi)$ 附近本质上集中在矩形联合时-频窗

$$\begin{aligned}&[2^{-j}(k+E(\psi)-\Delta(\psi)),2^{-j}(k+E(\psi)+\Delta(\psi))]\\&\times[2^j(E(\Psi)-\Delta(\Psi)),2^j(E(\Psi)+\Delta(\Psi))]\end{aligned}$$

中的联合时-频信息，而且，对应的矩形联合时-频窗面积恒为 $4\Delta(\psi)\Delta(\Psi)$.

在时间域中，$\{\psi_{j,k}(x)=2^{j/2}\psi(2^jx-k);k\in\mathbb{Z}\}$ 构成小波子空间 W_j，$\forall j\in\mathbb{Z}$ 的规范正交基:

$$W_j=\text{Closespan}\{\psi_{j,k}(x)=2^{j/2}\psi(2^jx-k);k\in\mathbb{Z}\}$$

它与频带 $[2^j(E(\Psi)-\Delta(\Psi)),2^j(E(\Psi)+\Delta(\Psi))]$ 是对应的. 对于函数空间 $\mathcal{L}^2(\mathbb{R})$ 的任何函数或信号 $f(x)$，其时频分析相当于 $f(x)$ 在小波子空间 W_j 上的正交投影 $f_j(x)$ 在时间域按照小波规范正交系 $\{\psi_{j,k}(x)=2^{j/2}\psi(2^jx-k);k\in\mathbb{Z}\}$ 的展开并同时在频率域按照规范正交系 $\{(\mathscr{F}\psi_{j,k})(\omega)=2^{-j/2}\Psi(2^{-j}\omega)e^{-i(2^{-j}\omega)k};k\in\mathbb{Z}\}$ 的级数展开分析，即

$$f_j(x)=\sum_{k=-\infty}^{+\infty}f_{j,k}\psi_{j,k}(x)=\sum_{k=-\infty}^{+\infty}f_{j,k}\cdot2^{j/2}\psi(2^jx-k)$$

其中

$$f_{j,k}=\int_{\mathbb{R}}f(x)\overline{\psi}_{j,k}(x)dx=\int_{\mathbb{R}}f_j(x)\overline{\psi}_{j,k}(x)dx,\quad(j,k)\in\mathbb{Z}\times\mathbb{Z}$$

而且

$$\begin{aligned}(\mathscr{F}f_j)(\omega)&=\sum_{k=-\infty}^{+\infty}f_{j,k}(\mathscr{F}\psi_{j,k})(\omega)\\&=\sum_{k=-\infty}^{+\infty}f_{j,k}\cdot2^{-j/2}\Psi(2^{-j}\omega)e^{-i(2^{-j}\omega)k}\\&=\left[\sum_{k=-\infty}^{+\infty}(2^{-j/2}f_{j,k})e^{-i(2^{-j}\omega)k}\right]\Psi(2^{-j}\omega)\end{aligned}$$

证明在 $f(x)$ 的时频分析中，对于任意的 $j=\mathbb{Z}$，时间域和频率域中级数展开系数 $f_{j,k},k\in\mathbb{Z}$ 可以如下计算:

$$\begin{aligned}f_{j,k}&=\int_{\mathbb{R}}f(x)\overline{\psi}_{j,k}(x)dx=W_f(2^{-j},2^{-j}k)\\&=\int_{\mathbb{R}}f_j(x)\overline{\psi}_{j,k}(x)dx\\&=\int_{\mathbb{R}}(\mathscr{F}f)(\omega)\cdot[(\mathscr{F}\psi_{j,k})(\omega)]^*d\omega\\&=\int_{\mathbb{R}}(\mathscr{F}f)(\omega)\cdot2^{-j/2}\overline{\Psi}(2^{-j}\omega)e^{i(2^{-j}\omega)k}d\omega\end{aligned}$$

2.13.6　假设小波函数 $\psi(x)$ 是正交小波，即函数系：

$$\{\psi_{j,k}(x)=2^{j/2}\psi(2^j x-k);(j,k)\in\mathbb{Z}\times\mathbb{Z}\}$$

生成函数空间 $\mathcal{L}^2(\mathbb{R})$ 的规范正交基，这个函数系称为 $\mathcal{L}^2(\mathbb{R})$ 的规范正交小波基. 对于任意的 $(j,k)\in\mathbb{Z}\times\mathbb{Z}$，$\psi_{j,k}(x)=2^{j/2}\psi(2^j x-k)$ 的傅里叶变换是

$$(\mathscr{F}\psi_{j,k})(\omega)=2^{-j/2}\Psi(2^{-j}\omega)e^{-i(2^{-j}\omega)k}$$

证明对于任何 $f(x)\in\mathcal{L}^2(\mathbb{R})$，它在时间域和频率域中具有如下的级数展开表达式：

$$\begin{aligned} f(x)&=\sum_{j=-\infty}^{+\infty}f_j(x)=\sum_{j=-\infty}^{+\infty}\sum_{k=-\infty}^{+\infty}f_{j,k}\psi_{j,k}(x)\\ &=\sum_{j=-\infty}^{+\infty}\sum_{k=-\infty}^{+\infty}2^{j/2}f_{j,k}\psi(2^j x-k)\end{aligned}$$

而且

$$\begin{aligned}(\mathscr{F}f)(\omega)&=\sum_{j=-\infty}^{+\infty}(\mathscr{F}f_j)(\omega)\\ &=\sum_{j=-\infty}^{+\infty}\sum_{k=-\infty}^{+\infty}f_{j,k}(\mathscr{F}\psi_{j,k})(\omega)\\ &=\sum_{j=-\infty}^{+\infty}\sum_{k=-\infty}^{+\infty}f_{j,k}\cdot 2^{-j/2}\Psi(2^{-j}\omega)e^{-i(2^{-j}\omega)k}\\ &=\sum_{j=-\infty}^{+\infty}2^{-j/2}\Psi(2^{-j}\omega)\left[\sum_{k=-\infty}^{+\infty}f_{j,k}e^{-i(2^{-j}\omega)k}\right]\end{aligned}$$

其中，级数展开系数 $f_{j,k},(j,k)\in\mathbb{Z}\times\mathbb{Z}$ 可以如下计算：

$$\begin{aligned} f_{j,k}&=\int_{\mathbb{R}}f(x)\overline{\psi}_{j,k}(x)dx=\int_{\mathbb{R}}f_j(x)\overline{\psi}_{j,k}(x)dx\\ &=W_f(2^{-j},2^{-j}k)\\ &=\int_{\mathbb{R}}(\mathscr{F}f)(\omega)\cdot[(\mathscr{F}\psi_{j,k})(\omega)]^*d\omega\\ &=\int_{\mathbb{R}}(\mathscr{F}f)(\omega)\cdot 2^{-j/2}\overline{\Psi}(2^{-j}\omega)e^{i(2^{-j}\omega)k}d\omega\end{aligned}$$

2.13.7　证明，假设 $\psi(x)\in\mathcal{L}^2(\mathbb{R})$ 是小波函数，那么，无论 $\varphi(x)$ 是二进小波还是正交小波，小波时频分析的矩形联合时-频窗面积恒为 $4\Delta(\psi)\Delta(\Psi)\geqslant 2$.

习题 2.14　小波、小波包与测不准原理的关系

用自己的语言阐述对测不准原理的认识和理解，阐述多分辨率分析小波理论和小波包理论对时频分析的推动作用.

小波与量子小波　习题三

小波+小波包+金字塔
(共 101 个习题)

习题 3.1　小波 Mallat 算法基础

假设函数(信号)空间 $\mathcal{L}^2(\mathbb{R})$ 的闭线性子空间列 $\{V_j; j\in\mathbb{Z}\}$ 和函数 $\phi(x)$ 构成 $\mathcal{L}^2(\mathbb{R})$ 中的多分辨率分析(MRA), 即如下 5 个公理成立:

① 单调性: $V_j \subset V_{j+1}, \forall j\in\mathbb{Z}$;

② 唯一性: $\bigcap\limits_{j\in\mathbb{Z}} V_j = \{0\}$;

③ 稠密性: $\overline{\left(\bigcup\limits_{j\in\mathbb{Z}} V_j\right)} = \mathcal{L}^2(\mathbb{R})$;

④ 伸缩性: $f(x)\in V_j \Leftrightarrow f(2x)\in V_{j+1}$, $\forall j\in\mathbb{Z}$;

⑤ 结构性: $\{\phi(x-n); n\in\mathbb{Z}\}$ 构成子空间 V_0 的标准正交基.

其中, $\forall j\in\mathbb{Z}$, V_j 称为(第 j 级)尺度子空间. 此外, 定义空间 $\mathcal{L}^2(\mathbb{R})$ 的闭线性子空间列 $\{W_j; j\in\mathbb{Z}\}$: 对 $\forall j\in\mathbb{Z}$, 子空间 W_j 满足: $W_j \perp V_j, V_{j+1} = W_j \oplus V_j$, 其中, W_j 称为(第 j 级)小波子空间.

容易验证, 子空间序列 $\{W_j; j\in\mathbb{Z}\}$ 相互正交, $W_j \perp W_\ell$, $\forall j\neq \ell,(j,\ell)\in\mathbb{Z}^2$, 而且, 具有伸缩依赖关系: 即 $\forall j\in\mathbb{Z}$, $u(x)\in W_j \Leftrightarrow u(2x)\in W_{j+1}$. 尺度子空间列 $\{V_j; j\in\mathbb{Z}\}$ 和小波子空间序列 $\{W_j; j\in\mathbb{Z}\}$ 具有如下正交关系:

$$W_m \perp V_j,\quad \forall (j,m)\in\mathbb{Z}^2,\ m\geqslant j$$

习题 1.5.4 的结果表明, 函数空间 $\mathcal{L}^2(\mathbb{R})$ 与尺度子空间列 $\{V_j; j\in\mathbb{Z}\}$、小波子空间序列 $\{W_j; j\in\mathbb{Z}\}$ 之间具有如下线性空间分解关系:

$$\begin{cases}\mathcal{L}^2(\mathbb{R})=\bigoplus\limits_{m\in\mathbb{Z}}W_m\\ \mathcal{L}^2(\mathbb{R})=V_j\oplus\left(\bigoplus\limits_{m\geqslant j}W_m\right)\\ V_{j+L+1}=W_{j+L}\oplus W_{j+L-1}\oplus\cdots\oplus W_j\oplus V_j(L\in\mathbb{N})\\ V_{j+L+1}=\bigoplus\limits_{\ell=0}^{+\infty}W_{j+L-\ell}\end{cases}$$

根据多分辨率分析理论知，尺度方程和小波方程及其频域形式如下:

$$\begin{cases}\phi(x)=\sqrt{2}\sum\limits_{n\in\mathbb{Z}}h_n\phi(2x-n)\\ \psi(x)=\sqrt{2}\sum\limits_{n\in\mathbb{Z}}g_n\phi(2x-n)\end{cases}\Leftrightarrow\begin{cases}\Phi(\omega)=\mathrm{H}(\omega/2)\Phi(\omega/2)\\ \Psi(\omega)=\mathrm{G}(\omega/2)\Phi(\omega/2)\end{cases}$$

其中，$\Phi(\omega),\Psi(\omega)$ 分别是 $\phi(x),\psi(x)$ 的傅里叶变换，而且，

$$\mathrm{H}(\omega)=2^{-0.5}\sum_{n\in\mathbb{Z}}h_ne^{-i\omega n},\quad \mathrm{G}(\omega)=2^{-0.5}\sum_{n\in\mathbb{Z}}g_ne^{-i\omega n}$$

或者等价地: 对于任意的整数 $j\in\mathbb{Z}$，

$$\begin{cases}\phi_{j,k}(x)=\sum\limits_{n\in\mathbb{Z}}h_{n-2k}\phi_{j+1,n}(x),\quad k\in\mathbb{Z}\\ \psi_{j,k}(x)=\sum\limits_{n\in\mathbb{Z}}g_{n-2k}\phi_{j+1,n}(x),\quad k\in\mathbb{Z}\end{cases}\Leftrightarrow\begin{cases}\Phi(2^{-j}\omega)=\mathrm{H}(2^{-(j+1)}\omega)\Phi(2^{-(j+1)}\omega)\\ \Psi(2^{-j}\omega)=\mathrm{G}(2^{-(j+1)}\omega)\Phi(2^{-(j+1)}\omega)\end{cases}$$

其中 $\{\phi_{j,k}(x)=2^{j/2}\phi(2^jx-k);k\in\mathbb{Z}\}$ 和 $\{\psi_{j,k}(x)=2^{j/2}\psi(2^jx-k);k\in\mathbb{Z}\}$ 是函数空间 $\mathcal{L}^2(\mathbb{R})$ 中相互正交的整数平移规范正交函数系，而且，它们分别构成 V_j 和 W_j 的规范正交基，两者共同组成 $V_{j+1}=W_j\oplus V_j$ 的规范正交基.

仿照习题 1.6.10 定义 2×2 矩阵

$$\mathbf{M}(\omega)=\begin{pmatrix}\mathrm{H}(\omega)&\mathrm{H}(\omega+\pi)\\ \mathrm{G}(\omega)&\mathrm{G}(\omega+\pi)\end{pmatrix}$$

那么，这个矩阵 $\mathbf{M}(\omega)$ 是酉矩阵，即矩阵 $\mathbf{M}(\omega)$ 满足如下等式:

$$\mathbf{M}(\omega)\mathbf{M}^*(\omega)=\mathbf{M}^*(\omega)\mathbf{M}(\omega)=\begin{pmatrix}1&0\\0&1\end{pmatrix}$$

其中矩阵 $\mathbf{M}^*(\omega)$ 表示矩阵 $\mathbf{M}(\omega)$ 的复数共轭转置:

$$\mathbf{M}^*(\omega)=\begin{pmatrix}\overline{\mathrm{H}}(\omega)&\overline{\mathrm{G}}(\omega)\\ \overline{\mathrm{H}}(\omega+\pi)&\overline{\mathrm{G}}(\omega+\pi)\end{pmatrix}$$

而且，$\overline{\mathrm{H}}(\omega),\overline{\mathrm{G}}(\omega)$ 分别表示 $\mathrm{H}(\omega),\mathrm{G}(\omega)$ 的复数共轭. 或者等价地，当 $\omega\in[0,2\pi]$ 时，

$$\begin{cases}|\mathrm{H}(\omega)|^2+|\mathrm{H}(\omega+\pi)|^2=1\\|\mathrm{G}(\omega)|^2+|\mathrm{G}(\omega+\pi)|^2=1\\\mathrm{H}(\omega)\overline{\mathrm{G}}(\omega)+\mathrm{H}(\omega+\pi)\overline{\mathrm{G}}(\omega+\pi)=0\end{cases}$$

或者等价地, 对于任意的 $(m,k)\in\mathbb{Z}^2$,

$$\begin{cases}\left\langle\mathbf{h}^{(2m)},\mathbf{h}^{(2k)}\right\rangle=\sum_{n\in\mathbb{Z}}h_{n-2m}\overline{h}_{n-2k}=\delta(m-k)\\\left\langle\mathbf{g}^{(2m)},\mathbf{g}^{(2k)}\right\rangle=\sum_{n\in\mathbb{Z}}g_{n-2m}\overline{g}_{n-2k}=\delta(m-k)\\\left\langle\mathbf{g}^{(2m)},\mathbf{h}^{(2k)}\right\rangle=\sum_{n\in\mathbb{Z}}g_{n-2m}\overline{h}_{n-2k}=0\end{cases}$$

其中, $\mathbf{h}^{(m)}=\{h_{n-m};n\in\mathbb{Z}\}^{\mathrm{T}}\in\ell^2(\mathbb{Z}),\mathbf{g}^{(m)}=\{g_{n-m};n\in\mathbb{Z}\}^{\mathrm{T}}\in\ell^2(\mathbb{Z}),m\in\mathbb{Z}$. 换句话说, $\{\mathbf{h}^{(2m)};m\in\mathbb{Z}\}$ 和 $\{\mathbf{g}^{(2m)};m\in\mathbb{Z}\}$ 是 $\ell^2(\mathbb{Z})$ 中相互正交的两个双整数平移平方可和无穷维规范正交向量系, 而且, 它们共同构成 $\ell^2(\mathbb{Z})$ 的规范正交基. 再或者, 等价地, 对于任意的 $(m,k)\in\mathbb{Z}^2$,

$$\begin{cases}\left\langle\phi(\cdot-k),\phi(\cdot-m)\right\rangle=\int_{x\in\mathbb{R}}\phi(x-k)\overline{\phi}(x-m)dx=\delta(k-m)\\\left\langle\psi(\cdot-k),\psi(\cdot-m)\right\rangle=\int_{x\in\mathbb{R}}\psi(x-k)\overline{\psi}(x-m)dx=\delta(k-m)\\\left\langle\phi(\cdot-k),\psi(\cdot-m)\right\rangle=\int_{x\in\mathbb{R}}\phi(x-k)\overline{\psi}(x-m)dx=0\end{cases}$$

即 $\{\phi(x-n);n\in\mathbb{Z}\}$ 和 $\{\psi(x-n);n\in\mathbb{Z}\}$ 是 $\mathcal{L}^2(\mathbb{R})$ 中相互正交的两个整数平移规范正交函数系, 而且, 它们共同构成 V_1 的规范正交基.

3.1.1 证明: 对于任意的函数 $f(x)\in\mathcal{L}^2(\mathbb{R})$, 假定 $f(x)$ 在 $\mathcal{L}^2(\mathbb{R})$ 的三个闭线性子空间 V_{j+1},V_j,W_j 上的正交投影分别是 $f_{j+1}^{(0)}(x)$, $f_j^{(0)}(x)$ 和 $f_j^{(1)}(x)$, 那么,

$$f_{j+1}^{(0)}(x)=f_j^{(0)}(x)+f_j^{(1)}(x),\quad f_j^{(0)}(x)\perp f_j^{(1)}(x)$$

而且, $f_j^{(0)}(x)$ 和 $f_j^{(1)}(x)$ 正好是 $f_{j+1}^{(0)}(x)$ 在子空间 V_j,W_j 上的正交投影.

3.1.2 证明: 对于任意的整数 $j\in\mathbb{Z}$, 成立如下的“勾股定理”:

$$\begin{cases}f_{j+1}^{(0)}(x)=f_j^{(0)}(x)+f_j^{(1)}(x)\\||f_{j+1}^{(0)}||^2=||f_j^{(0)}||^2+||f_j^{(1)}||^2\end{cases}$$

其中

$$\begin{cases}||f_{j+1}^{(0)}||^2=\int_{x\in\mathbb{R}}|f_{j+1}^{(0)}(x)|^2dx\\||f_j^{(0)}||^2=\int_{x\in\mathbb{R}}|f_j^{(0)}(x)|^2dx\\||f_j^{(1)}||^2=\int_{x\in\mathbb{R}}|f_j^{(1)}(x)|^2dx\end{cases}$$

3.1.3　证明: 对于任意的函数 $f(x)\in\mathcal{L}^2(\mathbb{R})$，假定 $f(x)$ 在 $\mathcal{L}^2(\mathbb{R})$ 的三个闭线性子空间 V_{j+1},V_j,W_j 上的正交投影分别是 $f_{j+1}^{(0)}(x)$，$f_j^{(0)}(x)$ 和 $f_j^{(1)}(x)$，那么，必存在 3 个平方可和无穷序列 $\{d_{j+1,n}^{(0)};n\in\mathbb{Z}\}$，$\{d_{j,k}^{(0)};k\in\mathbb{Z}\}$ 和 $\{d_{j,k}^{(1)};k\in\mathbb{Z}\}$，满足

$$\begin{cases} f_{j+1}^{(0)}(x)=\sum\limits_{n\in\mathbb{Z}} d_{j+1,n}^{(0)}\phi_{j+1,n}(x) \\ f_j^{(0)}(x)=\sum\limits_{k\in\mathbb{Z}} d_{j,k}^{(0)}\phi_{j,k}(x) \\ f_j^{(1)}(x)=\sum\limits_{k\in\mathbb{Z}} d_{j,k}^{(1)}\psi_{j,k}(x) \end{cases}$$

而且

$$\sum_{n\in\mathbb{Z}} d_{j+1,n}^{(0)}\phi_{j+1,n}(x)=\sum_{k\in\mathbb{Z}} d_{j,k}^{(0)}\phi_{j,k}(x)+\sum_{k\in\mathbb{Z}} d_{j,k}^{(1)}\psi_{j,k}(x)$$

其中

$$\begin{cases} d_{j+1,n}^{(0)}=\int_{x\in\mathbb{R}} f_{j+1}^{(0)}(x)\overline{\phi}_{j+1,k}(x)dx=\int_{x\in\mathbb{R}} f(x)\overline{\phi}_{j+1,k}(x)dx \\ d_{j,k}^{(0)}=\int_{x\in\mathbb{R}} f_j^{(0)}(x)\overline{\phi}_{j,k}(x)dx=\int_{x\in\mathbb{R}} f(x)\overline{\phi}_{j,k}(x)dx \\ d_{j,k}^{(1)}=\int_{x\in\mathbb{R}} f_j^{(1)}(x)\overline{\varphi}_{j,k}(x)dx=\int_{x\in\mathbb{R}} f(x)\overline{\varphi}_{j,k}(x)dx \end{cases}$$

3.1.4 (习题 3.1.3 续)　证明: 对于任意整数 $j\in\mathbb{Z}$，在函数分解关系:

$$\sum_{n\in\mathbb{Z}} d_{j+1,n}^{(0)}\phi_{j+1,n}(x)=\sum_{k\in\mathbb{Z}} d_{j,k}^{(0)}\phi_{j,k}(x)+\sum_{k\in\mathbb{Z}} d_{j,k}^{(1)}\psi_{j,k}(x)$$

中，如下等式成立:

$$\sum_{n\in\mathbb{Z}}|d_{j+1,n}^{(0)}|^2=\sum_{k\in\mathbb{Z}}|d_{j,k}^{(0)}|^2+\sum_{k\in\mathbb{Z}}|d_{j,k}^{(1)}|^2$$

3.1.5 (习题 3.1.3 续)　证明: 平方可和无穷序列 $\{d_{j+1,n}^{(0)};n\in\mathbb{Z}\}$，$\{d_{j,k}^{(0)};k\in\mathbb{Z}\}$ 和 $\{d_{j,k}^{(1)};k\in\mathbb{Z}\}$ 具有如下关系: 对于任意整数 $k\in\mathbb{Z}$，

$$\begin{cases} d_{j,k}^{(0)}=\sum\limits_{n\in\mathbb{Z}} \overline{h}_{n-2k} d_{j+1,n}^{(0)} \\ d_{j,k}^{(1)}=\sum\limits_{n\in\mathbb{Z}} \overline{g}_{n-2k} d_{j+1,n}^{(0)} \end{cases}$$

这组关系就是 Mallat 分解算法.

3.1.6 (习题 3.1.3 续)　证明: 平方可和无穷序列 $\{d_{j+1,n}^{(0)};n\in\mathbb{Z}\}$，$\{d_{j,k}^{(0)};k\in\mathbb{Z}\}$ 和 $\{d_{j,k}^{(1)};k\in\mathbb{Z}\}$ 具有如下关系: 对于任意整数 $k\in\mathbb{Z}$，

$$d_{j+1,n}^{(0)}=\sum_{k\in\mathbb{Z}}(h_{n-2k}d_{j,k}^{(0)}+g_{n-2k}d_{j,k}^{(1)})$$

这组关系就是 Mallat 合成算法.

习题 3.2　尺度方程和小波方程的逆

沿用习题 3.1 的符号. 根据习题 3.1 知, 对于任意的整数 $j \in \mathbb{Z}$,

$$\begin{cases}\phi_{j,k}(x) = \sum_{n\in\mathbb{Z}} h_{n-2k}\phi_{j+1,n}(x), & k\in\mathbb{Z}\\ \psi_{j,k}(x) = \sum_{n\in\mathbb{Z}} g_{n-2k}\phi_{j+1,n}(x), & k\in\mathbb{Z}\end{cases}$$

其中 $\{\phi_{j,k}(x) = 2^{j/2}\phi(2^j x - k); k\in\mathbb{Z}\}$ 和 $\{\psi_{j,k}(x) = 2^{j/2}\psi(2^j x - k); k\in\mathbb{Z}\}$ 是函数空间 $\mathcal{L}^2(\mathbb{R})$ 中相互正交的整数平移规范正交函数系, 而且, 它们分别构成 V_j 和 W_j 的规范正交基, 两者共同组成 $V_{j+1} = W_j \oplus V_j$ 的规范正交基. 证明: 对于任意的整数 $j\in\mathbb{Z}$, 如下关系成立:

$$\phi_{j+1,n}(x) = \sum_{k\in\mathbb{Z}} [\overline{h}_{n-2k}\phi_{j,k}(x) + \overline{g}_{n-2k}\psi_{j,k}(x)],\quad n\in\mathbb{Z}$$

习题 3.3　尺度子空间的两类规范正交基

沿用习题 3.2 的符号. 对任意整数 $j\in\mathbb{Z}$, 相互正交的整数平移规范正交函数系 $\{\phi_{j,k}(x); k\in\mathbb{Z}\}$ 和 $\{\psi_{j,k}(x); k\in\mathbb{Z}\}$ 共同组成 V_{j+1} 的规范正交基. 另外, 根据多分辨率分析理论, $\{\phi_{j+1,n}(x); n\in\mathbb{Z}\}$ 是子空间 V_{j+1} 的另一个规范正交基. 利用线性代数过渡矩阵方法, 写出子空间 V_{j+1} 的这两个规范正交基之间的过渡矩阵.

提示: 引入两个矩阵(离散算子)记号:

$$\boldsymbol{\mathcal{H}} = [h_{n,k} = h_{n-2k}; (n,k)\in\mathbb{Z}^2]_{\infty\times\frac{\infty}{2}} = [\mathbf{h}^{(2k)}; k\in\mathbb{Z}]_{\infty\times\frac{\infty}{2}}$$

$$\boldsymbol{\mathcal{G}} = [g_{n,k} = g_{n-2k}; (n,k)\in\mathbb{Z}^2]_{\infty\times\frac{\infty}{2}} = [\mathbf{g}^{(2k)}; k\in\mathbb{Z}]_{\infty\times\frac{\infty}{2}}$$

注释说明:

(1) $\boldsymbol{\mathcal{H}}$ 的列向量是 $\ell^2(\mathbb{Z})$ 的无穷维规范正交向量系 $\{\mathbf{h}^{(2k)}; k\in\mathbb{Z}\}$. 对于任意整数的 $k\in\mathbb{Z}$, $\boldsymbol{\mathcal{H}}$ 的第 k 列元素 $\mathbf{h}^{(2k)} = \{h_{n-2k}; n\in\mathbb{Z}\}^{\mathrm{T}}$ 是列向量 $\{h_n; n\in\mathbb{Z}\}^{\mathrm{T}}$ 向下移动 $2k$ 位得到的新列向量. 这样, 矩阵 $\boldsymbol{\mathcal{H}}$ 的构造方法是: $\boldsymbol{\mathcal{H}}$ 的第 0 列正好就是多分辨率分析低通滤波器系数序列构成的列向量 $\{h_n; n\in\mathbb{Z}\}^{\mathrm{T}}$; $\boldsymbol{\mathcal{H}}$ 的第 $k\geqslant 0$ 列就是多分辨率分析低通滤波器系数序列构成的列向量 $\{h_n; n\in\mathbb{Z}\}^{\mathrm{T}}$ 向下移动 $2k$ 行得到的新列向量 $\mathbf{h}^{(2k)} = \{h_{n-2k}; n\in\mathbb{Z}\}^{\mathrm{T}}$; $\boldsymbol{\mathcal{H}}$ 的第 $m\leqslant 0$ 列就是低通滤波器系数序列构成的列向量 $\{h_n; n\in\mathbb{Z}\}^{\mathrm{T}}$ 向上移动 $2\,|\,m\,|$ 行得到的新列向量 $\mathbf{h}^{(2m)} = \{h_{n-2m}; n\in\mathbb{Z}\}^{\mathrm{T}}$. 总之, 矩阵 $\boldsymbol{\mathcal{H}}$ 本质上由它的第 0 列 $\{h_n; n\in\mathbb{Z}\}^{\mathrm{T}}$ (即低通滤波器系数序列)构造而得, 每次往右移动一列, 只需要将当前列向下移动两行, 每次往左移动一列, 只需要将当前列

向上移动两行.

(2) 矩阵 $\mathcal{G}$ 的构造方法与矩阵 $\mathcal{H}$ 的构造方法完全相同, 唯一的差别是, $\mathcal{G}$ 的第 0 列是多分辨率分析带通滤波器系数序列构成的列向量 $\{g_n;n\in\mathbb{Z}\}^{\mathrm{T}}$.

为了直观起见, 可以将这两个 $\infty\times[0.5\infty]$ 矩阵按照列元素示意性表示如下:

$$\mathcal{H}=\begin{pmatrix} \vdots & \vdots & \vdots & \vdots & \vdots \\ \vdots & h_0 & h_{-2} & \vdots & \vdots \\ \vdots & h_{+1} & h_{-1} & \vdots & \vdots \\ \vdots & h_{+2} & h_0 & h_{-2} & \vdots \\ \vdots & \vdots & h_{+1} & h_{-1} & \vdots \\ \vdots & \vdots & h_{+2} & h_0 & \vdots \\ \vdots & \vdots & \vdots & \vdots & \vdots \end{pmatrix}_{\infty\times\frac{\infty}{2}},\quad \mathcal{G}=\begin{pmatrix} \vdots & \vdots & \vdots & \vdots & \vdots \\ \vdots & g_0 & g_{-2} & \vdots & \vdots \\ \vdots & g_{+1} & g_{-1} & \vdots & \vdots \\ \vdots & g_{+2} & g_0 & g_{-2} & \vdots \\ \vdots & \vdots & g_{+1} & g_{-1} & \vdots \\ \vdots & \vdots & g_{+2} & g_0 & \vdots \\ \vdots & \vdots & \vdots & \vdots & \vdots \end{pmatrix}_{\infty\times\frac{\infty}{2}}$$

而且, 它们的复数共轭转置矩阵 $\mathcal{H}^*,\mathcal{G}^*$ 都是 $[0.5\infty]\times\infty$ 矩阵, 可以按照行元素示意性表示为

$$\mathcal{H}^*=\begin{pmatrix} \cdots &&&&&&&&&&& \\ \cdots & \overline{h}_{-2} & \overline{h}_{-1} & \overline{h}_0 & \overline{h}_{+1} & \overline{h}_{+2} & \cdots &&&&& \\ && \cdots & \overline{h}_{-2} & \overline{h}_{-1} & \overline{h}_0 & \overline{h}_{+1} & \overline{h}_{+2} & \cdots &&& \\ &&&& \cdots & \overline{h}_{-2} & \overline{h}_{-1} & \overline{h}_0 & \overline{h}_{+1} & \overline{h}_{+2} & \cdots \\ &&&&&&&&&& \cdots \end{pmatrix}_{\frac{\infty}{2}\times\infty}$$

$$\mathcal{G}^*=\begin{pmatrix} \cdots &&&&&&&&&&& \\ \cdots & \overline{g}_{-2} & \overline{g}_{-1} & \overline{g}_0 & \overline{g}_{+1} & \overline{g}_{+2} & \cdots &&&&& \\ && \cdots & \overline{g}_{-2} & \overline{g}_{-1} & \overline{g}_0 & \overline{g}_{+1} & \overline{g}_{+2} & \cdots &&& \\ &&&& \cdots & \overline{g}_{-2} & \overline{g}_{-1} & \overline{g}_0 & \overline{g}_{+1} & \overline{g}_{+2} & \cdots \\ &&&&&&&&&& \cdots \end{pmatrix}_{\frac{\infty}{2}\times\infty}$$

利用这些记号定义一个 $\infty\times\infty$ 的分块为 1×2 的矩阵 $\mathcal{A}$:

$$\mathcal{A}=(\mathcal{H}|\mathcal{G})=\left(\begin{array}{ccccc|ccccc} \vdots & \vdots & \vdots & \vdots & \vdots & \vdots & \vdots & \vdots & \vdots & \vdots \\ \vdots & h_0 & h_{-2} & \vdots & \vdots & \vdots & g_0 & g_{-2} & \vdots & \vdots \\ \vdots & h_{+1} & h_{-1} & \vdots & \vdots & \vdots & g_{+1} & g_{-1} & \vdots & \vdots \\ \vdots & h_{+2} & h_0 & h_{-2} & \vdots & \vdots & g_{+2} & g_0 & g_{-2} & \vdots \\ \vdots & \vdots & h_{+1} & h_{-1} & \vdots & \vdots & \vdots & g_{+1} & g_{-1} & \vdots \\ \vdots & \vdots & h_{+2} & h_0 & \vdots & \vdots & \vdots & g_{+2} & g_0 & \vdots \\ \vdots & \vdots & \vdots & \vdots & \vdots & \vdots & \vdots & \vdots & \vdots & \vdots \end{array}\right)_{\infty\times\infty}$$

那么,

$$\begin{aligned}&(\cdots,\phi(x+1),\phi(x),\phi(x-1),\cdots|\cdots,\psi(x+1),\psi(x),\psi(x-1),\cdots)\\&=(\cdots,\sqrt{2}\phi(2x+1),\sqrt{2}\varphi(2x),\sqrt{2}\varphi(2x-1),\cdots)\boldsymbol{\mathcal{A}}\end{aligned}$$

或者

$$(\{\phi(x-k);k\in\mathbb{Z}\}\mid\{\psi(x-k);k\in\mathbb{Z}\})=\{\phi_{1,n}(x);n\in\mathbb{Z}\}\boldsymbol{\mathcal{A}}$$

或者，等价地

$$(\{\phi_{j,k}(x);k\in\mathbb{Z}\}|\{\psi_{j,k}(x);k\in\mathbb{Z}\})=\{\phi_{j+1,n}(x);n\in\mathbb{Z}\}\boldsymbol{\mathcal{A}}$$

即从 V_{j+1} 的规范正交基 $\{\phi_{j+1,n}(x);n\in\mathbb{Z}\}$ 过渡到基 $\{\phi_{j,k}(x),\psi_{j,k}(x);k\in\mathbb{Z}\}$ 的过渡矩阵就是 $\infty\times\infty$ 的矩阵 $\boldsymbol{\mathcal{A}}$.

反过来，

$$\{\phi_{1,n}(x);n\in\mathbb{Z}\}=(\{\phi(x-k);k\in\mathbb{Z}\}\mid\{\psi(x-k);k\in\mathbb{Z}\})\boldsymbol{\mathcal{A}}^{-1}$$

或者，等价地

$$\{\phi_{j+1,n}(x);n\in\mathbb{Z}\}=(\{\phi_{j,k}(x);k\in\mathbb{Z}\}\mid\{\psi_{j,k}(x);k\in\mathbb{Z}\})\boldsymbol{\mathcal{A}}^{-1}$$

即从 V_{j+1} 的规范正交基 $\{\phi_{j,k}(x),\psi_{j,k}(x);k\in\mathbb{Z}\}$ 过渡到基 $\{\phi_{j+1,n}(x);n\in\mathbb{Z}\}$ 的过渡矩阵就是 $\infty\times\infty$ 的矩阵 $\boldsymbol{\mathcal{A}}^{-1}$.

习题 3.4　函数正交投影坐标变换

沿用习题 3.1 和习题 3.3 的符号，那么，

$$\begin{aligned}f_{j+1}^{(0)}(x)&=\sum_{n\in\mathbb{Z}}d_{j+1,n}^{(0)}\phi_{j+1,n}(x)\\&=\sum_{k\in\mathbb{Z}}[d_{j,k}^{(0)}\phi_{j,k}(x)+d_{j,k}^{(1)}\psi_{j,k}(x)]\end{aligned}$$

所以，$\mathscr{D}_{j+1}^{(0)}=\{d_{j+1,n}^{(0)};n\in\mathbb{Z}\}^{\mathrm{T}}$ 是 $f_{j+1}^{(0)}(x)$ 在 V_{j+1} 的规范正交基 $\{\phi_{j+1,n}(x);n\in\mathbb{Z}\}$ 下的坐标，而 $\mathscr{D}_{j}^{(0)}=\{d_{j,k}^{(0)};k\in\mathbb{Z}\}^{\mathrm{T}}$ 和 $\mathscr{D}_{j}^{(1)}=\{d_{j,k}^{(1)};k\in\mathbb{Z}\}^{\mathrm{T}}$ 是 $f_{j+1}^{(0)}(x)$ 在 V_{j+1} 的另一个规范正交基 $\{\phi_{j,k}(x);k\in\mathbb{Z}\}$ 和 $\{\psi_{j,k}(x);k\in\mathbb{Z}\}$ 下的坐标. 利用线性代数坐标变换方法证明: 在 V_{j+1} 的前述两个规范正交基之下，$f_{j+1}^{(0)}(x)$ 的坐标向量之间满足如下坐标变换关系:

$$\left(\frac{\mathscr{D}_{j}^{(0)}}{\mathscr{D}_{j}^{(1)}}\right)=\boldsymbol{\mathcal{A}}^{-1}\mathscr{D}_{j+1}^{(0)}=\boldsymbol{\mathcal{A}}^{*}\mathscr{D}_{j+1}^{(0)}=\left(\frac{\boldsymbol{\mathcal{H}}^{*}}{\boldsymbol{\mathcal{G}}^{*}}\right)\mathscr{D}_{j+1}^{(0)}$$

其中，$\infty\times\infty$ 矩阵 $\boldsymbol{\mathcal{A}}$ 是酉矩阵，所以，$\boldsymbol{\mathcal{A}}^{-1}=\boldsymbol{\mathcal{A}}^{*}$. 容易验证，这就是小波分解的 Mallat 分解算法公式. 证明: 小波合成的 Mallat 合成算法公式可以表示为

$$\mathscr{D}_{j+1}^{(0)} = \mathcal{A}\left(\frac{\mathscr{D}_j^{(0)}}{\mathscr{D}_j^{(1)}}\right) = \left(\mathcal{H}\middle|\mathcal{G}\right)\left(\frac{\mathscr{D}_j^{(0)}}{\mathscr{D}_j^{(1)}}\right) = \mathcal{H}\mathscr{D}_j^{(0)} + \mathcal{G}\mathscr{D}_j^{(1)}$$

这就是分块矩阵形式的 Mallat 合成算法公式.

习题 3.5　尺度投影与小波投影的正交性

沿用习题 3.1~习题 3.4 的符号, 习题 3.4 的结果表明:

$$\mathscr{D}_{j+1}^{(0)} = \mathcal{A}\left(\frac{\mathscr{D}_j^{(0)}}{\mathscr{D}_j^{(1)}}\right) = \left(\mathcal{H}\middle|\mathcal{G}\right)\left(\frac{\mathscr{D}_j^{(0)}}{\mathscr{D}_j^{(1)}}\right) = \mathcal{H}\mathscr{D}_j^{(0)} + \mathcal{G}\mathscr{D}_j^{(1)}$$

证明: 在这个分块矩阵形式的 Mallat 合成算法公式中, 右边的两个向量是序列空间 $\ell^2(\mathbb{Z})$ 中相互正交的平方可和无穷维向量, 即

$$\begin{aligned}\left\langle \mathcal{H}\mathscr{D}_j^{(0)}, \mathcal{G}\mathscr{D}_j^{(1)} \right\rangle &= [\mathcal{G}\mathscr{D}_j^{(1)}]^*[\mathcal{H}\mathscr{D}_j^{(0)}] \\ &= [\mathscr{D}_j^{(1)}]^*[\mathcal{G}^*\mathcal{H}][\mathscr{D}_j^{(0)}] \\ &= 0\end{aligned}$$

其中 $[\mathcal{G}\mathscr{D}_j^{(1)}]^*$ 表示列向量 $[\mathcal{G}\mathscr{D}_j^{(1)}]$ 的复数共轭转置.

习题 3.6　小波分解勾股定理

沿用习题 3.1~习题 3.4 的符号, 证明: 在习题 3.4 的如下结果中:

$$\mathscr{D}_{j+1}^{(0)} = \mathcal{A}\left(\frac{\mathscr{D}_j^{(0)}}{\mathscr{D}_j^{(1)}}\right) = (\mathcal{H} \mid \mathcal{G})\left(\frac{\mathscr{D}_j^{(0)}}{\mathscr{D}_j^{(1)}}\right) = \mathcal{H}\mathscr{D}_j^{(0)} + \mathcal{G}\mathscr{D}_j^{(1)}$$

成立如下的“勾股定理”恒等式:

$$\| \mathscr{D}_{j+1}^{(0)} \|^2 = \| \mathcal{H}\mathscr{D}_j^{(0)} \|^2 + \| \mathcal{G}\mathscr{D}_j^{(1)} \|^2$$

其中, 根据无穷维序列向量空间 $\ell^2(\mathbb{Z})$ 中“欧氏范数(距离)”的定义, 三个向量 $\mathscr{D}_{j+1}^{(0)}, \mathcal{H}\mathscr{D}_j^{(0)}, \mathcal{G}\mathscr{D}_j^{(1)}$ 的欧氏长度可以表示为

$$\begin{cases} \| \mathscr{D}_{j+1}^{(0)} \|^2 = \sum_{n\in\mathbb{Z}} |d_{j+1,n}^{(0)}|^2 \\ \| \mathcal{H}\mathscr{D}_j^{(0)} \|^2 = \sum_{k\in\mathbb{Z}} |d_{j,k}^{(0)}|^2 \\ \| \mathcal{G}\mathscr{D}_j^{(1)} \|^2 = \sum_{k\in\mathbb{Z}} |d_{j,k}^{(1)}|^2 \end{cases}$$

习题 3.7　函数与正交投影坐标小波链

继续使用此前的符号.

3.7.1　证明: 对于任意的整数 $j \in \mathbb{Z}$ 和任意的自然数 $L \in \mathbb{N}$, 成立如下的子空

间分解关系(subspace cascade decomposation):

$$\begin{aligned}V_{j+1} &= W_j \oplus V_j \\ &= W_j \oplus W_{j-1} \oplus V_{j-1} \\ &= W_j \oplus W_{j-1} \oplus \cdots \oplus W_{j-L} \oplus V_{j-L}, \quad L \in \mathbb{N}\end{aligned}$$

3.7.2 证明如下的规范正交系都是 V_{j+1} 的规范正交基:

(1) $\{\phi_{j+1,n}(x); n \in \mathbb{Z}\}$;

(2) $\{\phi_{j,k}(x), \psi_{j,k}(x); k \in \mathbb{Z}\}$;

(3) $\{\phi_{j-L,k}(x), \psi_{j-\ell,k}(x); \ell = 0,1,2,\cdots,L, k \in \mathbb{Z}\}$, 其中 L 是自然数.

3.7.3 证明: 假定函数 $f(x) \in \mathcal{L}^2(\mathbb{R})$, 在 $\mathcal{L}^2(\mathbb{R})$ 的闭线性子空间列

$$V_{j+1}, W_j, W_{j-1}, \cdots, W_{j-L}, V_{j-L}$$

上 $f(x)$ 的正交投影分别是

$$f_{j+1}^{(0)}(x), f_j^{(1)}(x), f_{j-1}^{(1)}(x), \cdots, f_{j-L}^{(1)}(x), f_{j-L}^{(0)}(x)$$

那么,

$$f_{j+1}^{(0)}(x) = f_j^{(1)}(x) + f_{j-1}^{(1)}(x) + \cdots + f_{j-L}^{(1)}(x) + f_{j-L}^{(0)}(x)$$

而且, $\{f_j^{(1)}(x), f_{j-1}^{(1)}(x), \cdots, f_{j-L}^{(1)}(x), f_{j-L}^{(0)}(x)\}$ 是正交函数系, 它们正好是 $f_{j+1}^{(0)}(x)$ 在闭线性子空间列

$$W_j, W_{j-1}, \cdots, W_{j-L}, V_{j-L}$$

上的正交投影.

3.7.4 证明: 对于任意的整数 $j \in \mathbb{Z}$, $L \in \mathbb{N}$, 成立如下的“勾股定理”:

$$\begin{cases} f_{j+1}^{(0)}(x) = \sum\limits_{\ell=0}^{L} f_{j-\ell}^{(1)}(x) + f_{j-L}^{(0)}(x) \\ \| f_{j+1}^{(0)} \|^2 = \sum\limits_{\ell=0}^{L} \| f_{j-\ell}^{(1)} \|^2 + \| f_{j-L}^{(0)} \|^2 \end{cases}$$

3.7.5 证明: 假定函数 $f(x) \in \mathcal{L}^2(\mathbb{R})$, 在 $\mathcal{L}^2(\mathbb{R})$ 的闭线性子空间列

$$V_{j+1}, W_j, W_{j-1}, \cdots, W_{j-L}, V_{j-L}$$

上, $f(x)$ 的正交投影分别是

$$f_{j+1}^{(0)}(x), f_j^{(1)}(x), f_{j-1}^{(1)}(x), \cdots, f_{j-L}^{(1)}(x), f_{j-L}^{(0)}(x)$$

那么, 存在平方可和无穷序列 $\{d_{j+1,n}^{(0)}; n \in \mathbb{Z}\}$, $\{d_{j-\ell,k}^{(1)}; k \in \mathbb{Z}\}, \ell = 0,1,2,\cdots,L$ 和 $\{d_{j-L,k}^{(0)}; k \in \mathbb{Z}\}$, 满足

$$\begin{cases} f_{j+1}^{(0)}(x) = \sum_{n\in\mathbb{Z}} d_{j+1,n}^{(0)} \phi_{j+1,n}(x) \\ f_{j-L}^{(0)}(x) = \sum_{n\in\mathbb{Z}} d_{j-L,k}^{(0)} \phi_{j-L,k}(x) \\ f_{j-\ell}^{(1)}(x) = \sum_{n\in\mathbb{Z}} d_{j-\ell,k}^{(1)} \psi_{j-\ell,k}(x), \quad \ell = 0,1,2,\cdots,L \end{cases}$$

而且

$$\sum_{n\in\mathbb{Z}} d_{j+1,n}^{(0)} \phi_{j+1,n}(x) = \sum_{\ell=0}^{L}\sum_{k\in\mathbb{Z}} d_{j-\ell,k}^{(1)} \psi_{j-\ell,k}(x) + \sum_{k\in\mathbb{Z}} d_{j-L,k}^{(0)} \phi_{j-L,k}(x)$$

其中

$$\begin{cases} d_{j+1,n}^{(0)} = \int_{x\in\mathbb{R}} f_{j+1}^{(0)}(x)\overline{\phi}_{j+1,k}(x)dx = \int_{x\in\mathbb{R}} f(x)\overline{\phi}_{j+1,k}(x)dx \\ d_{j-L,k}^{(0)} = \int_{x\in\mathbb{R}} f_{j-L}^{(0)}(x)\overline{\phi}_{j-L,k}(x)dx = \int_{x\in\mathbb{R}} f(x)\overline{\phi}_{j-L,k}(x)dx \\ d_{j-\ell,k}^{(1)} = \int_{x\in\mathbb{R}} f_{j-\ell}^{(1)}(x)\overline{\psi}_{j-\ell,k}(x)dx = \int_{x\in\mathbb{R}} f(x)\overline{\psi}_{j-\ell,k}(x)dx, \quad \ell = 0,1,2,\cdots,L \end{cases}$$

3.7.6 (习题 3.7.5 续)　证明: 对于任意整数 $j\in\mathbb{Z}$, 在函数分解关系

$$\sum_{n\in\mathbb{Z}} d_{j+1,n}^{(0)} \phi_{j+1,n}(x) = \sum_{\ell=0}^{L}\sum_{k\in\mathbb{Z}} d_{j-\ell,k}^{(1)} \psi_{j-\ell,k}(x) + \sum_{k\in\mathbb{Z}} d_{j-L,k}^{(0)} \phi_{j-L,k}(x)$$

中, 如下等式成立:

$$\sum_{n\in\mathbb{Z}} | d_{j+1,n}^{(0)} |^2 = \sum_{\ell=0}^{L}\sum_{k\in\mathbb{Z}} | d_{j-\ell,k}^{(1)} |^2 + \sum_{k\in\mathbb{Z}} | d_{j-L,k}^{(0)} |^2$$

注释: 回顾习题 3.7.4.

3.7.7 (习题 3.7.5 续)　证明平方可和无穷序列 $\{d_{j-\ell,k}^{(1)}; k\in\mathbb{Z}\}, \ell = 0,1,2,\cdots,L$, $\{d_{j-L,k}^{(0)}; k\in\mathbb{Z}\}$ 和 $\{d_{j+1,n}^{(0)}; n\in\mathbb{Z}\}$ 具有如下关系: 当 $\ell = 0,1,2,\cdots,L$ 时,

$$\begin{cases} d_{j-\ell,k}^{(0)} = \sum_{n\in\mathbb{Z}} \overline{h}_{n-2k} d_{j+1-\ell,n}^{(0)}, \quad k\in\mathbb{Z} \\ d_{j-\ell,k}^{(1)} = \sum_{n\in\mathbb{Z}} \overline{g}_{n-2k} d_{j+1-\ell,n}^{(0)}, \quad k\in\mathbb{Z} \end{cases}$$

其中,

$$\begin{aligned} d_{j-\ell,k}^{(0)} &= \int_{x\in\mathbb{R}} f_{j-\ell}^{(0)}(x)\overline{\phi}_{j-\ell,k}(x)dx \\ &= \int_{x\in\mathbb{R}} f(x)\overline{\phi}_{j-\ell,k}(x)dx, \quad \ell = 0,1,2,\cdots,L \end{aligned}$$

这组关系就是迭代 Mallat 分解算法.

3.7.8 (习题 3.7.7 续)　证明平方可和无穷序列 $\{d_{j-\ell,k}^{(1)}; k\in\mathbb{Z}\}, \ell = 0,1,2,\cdots,L$, $\{d_{j-L,k}^{(0)}; k\in\mathbb{Z}\}$ 和 $\{d_{j+1,n}^{(0)}; n\in\mathbb{Z}\}$ 具有如下关系: 当 $\ell = 0,1,2,\cdots,L$ 时,

$$d_{j+1-\ell,n}^{(0)}=\sum_{k\in\mathbb{R}}(h_{n-2k}d_{j-\ell,k}^{(0)}+g_{n-2k}d_{j-\ell,k}^{(1)}),\quad n\in\mathbb{Z},\ \ell=L,(L-1),\cdots,2,1,0$$

这组关系就是迭代 Mallat 合成算法.

3.7.9 引入符号:

$$\begin{cases}\mathscr{D}_{j+1}^{(0)}=\{d_{j+1,n}^{(0)};n\in\mathbb{Z}\}^{\mathrm{T}}\\ \mathscr{D}_{j-\ell}^{(1)}=\{d_{j-\ell,k}^{(1)};k\in\mathbb{Z}\}^{\mathrm{T}},\quad \ell=0,1,2,\cdots,L\\ \mathscr{D}_{j-\ell}^{(0)}=\{d_{j-\ell,k}^{(0)};k\in\mathbb{Z}\}^{\mathrm{T}},\quad \ell=0,1,2,\cdots,L\end{cases}$$

那么, 迭代 Mallat 分解算法可以写成如下格式:

$$\left(\frac{\mathscr{D}_{j-\ell}^{(0)}}{\mathscr{D}_{j-\ell}^{(1)}}\right)=\boldsymbol{\mathcal{A}}_\ell^*\mathscr{D}_{j-\ell+1}^{(0)}=\left(\frac{\boldsymbol{\mathcal{H}}_\ell^*}{\boldsymbol{\mathcal{G}}_\ell^*}\right)\mathscr{D}_{j-\ell+1}^{(0)}=\left(\frac{\boldsymbol{\mathcal{H}}_\ell^*\mathscr{D}_{j-\ell+1}^{(0)}}{\boldsymbol{\mathcal{G}}_\ell^*\mathscr{D}_{j-\ell+1}^{(0)}}\right),\quad \ell=0,1,2,\cdots,L$$

其中, $\boldsymbol{\mathcal{A}}_\ell=(\boldsymbol{\mathcal{H}}_\ell\mid\boldsymbol{\mathcal{G}}_\ell)_{[2^{-\ell}\infty]\times[2^{-\ell}\infty]}$ 是 $[2^{-\ell}\infty]\times[2^{-\ell}\infty]$ 矩阵, 按照分块矩阵表示为 1×2 的分块形式, $\boldsymbol{\mathcal{H}}_\ell,\boldsymbol{\mathcal{G}}_\ell$ 都是 $[2^{-\ell}\infty]\times[2^{-(\ell+1)}\infty]$ 矩阵, 其构造方法与 $\ell=0$ 对应的 $\boldsymbol{\mathcal{H}}_\ell=\boldsymbol{\mathcal{H}}_0=\boldsymbol{\mathcal{H}}$, $\boldsymbol{\mathcal{G}}_\ell=\boldsymbol{\mathcal{G}}_0=\boldsymbol{\mathcal{G}}$ 的构造方法完全相同, 唯一的差异仅仅只是这些矩阵的尺寸将随着 $\ell=0,1,2,\cdots,L$ 的数值不同而发生变化.

另外, 多分辨率分析小波合成的迭代 Mallat 合成算法公式可以表示为

$$\mathscr{D}_{j-\ell+1}^{(0)}=\boldsymbol{\mathcal{A}}_\ell\left(\frac{\mathscr{D}_{j-\ell}^{(0)}}{\mathscr{D}_{j-\ell}^{(1)}}\right)=\left(\boldsymbol{\mathcal{H}}_\ell\,\middle|\,\boldsymbol{\mathcal{G}}_\ell\right)\left(\frac{\mathscr{D}_{j-\ell}^{(0)}}{\mathscr{D}_{j-\ell}^{(1)}}\right)=\boldsymbol{\mathcal{H}}_\ell\mathscr{D}_{j-\ell}^{(0)}+\boldsymbol{\mathcal{G}}_\ell\mathscr{D}_{j-\ell}^{(1)}$$

其中, $\ell=L,L-1,\cdots,2,1,0$.

3.7.10 (习题 3.7.9 续) 证明迭代 Mallat 分解算法可以按照分块矩阵形式集中写成如下格式:

$$\begin{pmatrix}\mathscr{D}_{j-L}^{(0)}\\ \hline \mathscr{D}_{j-L}^{(1)}\\ \hline \vdots\\ \hline \mathscr{D}_{j-1}^{(1)}\\ \hline \mathscr{D}_{j}^{(1)}\end{pmatrix}=\begin{pmatrix}\boldsymbol{\mathcal{H}}_L^*\boldsymbol{\mathcal{H}}_{(L-1)}^*\cdots\boldsymbol{\mathcal{H}}_0^*\\ \hline \boldsymbol{\mathcal{G}}_L^*\ \boldsymbol{\mathcal{H}}_{(L-1)}^*\cdots\boldsymbol{\mathcal{H}}_0^*\\ \hline \vdots\\ \hline \boldsymbol{\mathcal{G}}_1^*\boldsymbol{\mathcal{H}}_0^*\\ \hline \boldsymbol{\mathcal{G}}_0^*\end{pmatrix}\mathscr{D}_{j+1}^{(0)}$$

其中分块矩阵(列向量)只按照行进行分块, 被表示成 $(L+2)\times 1$ 的分块形式, 从上到下各个分块的行数规则是

$$\frac{\infty}{2^{L+1}},\frac{\infty}{2^{L+1}},\frac{\infty}{2^{L}},\frac{\infty}{2^{L-1}},\cdots,\frac{\infty}{2^{2}},\frac{\infty}{2^{1}}$$

3.7.11 (习题 3.7.10 续) 证明迭代 Mallat 合成算法可以按照分块矩阵形式集中写成如下格式:

$$\mathscr{D}_{j+1}^{(0)}=\left(\begin{array}{c}\mathcal{H}_L^*\mathcal{H}_{(L-1)}^*\cdots\mathcal{H}_0^*\\ \hline \mathcal{G}_L^*\ \mathcal{H}_{(L-1)}^*\cdots\mathcal{H}_0^*\\ \hline \vdots\\ \hline \mathcal{G}_1^*\mathcal{H}_0^*\\ \hline \mathcal{G}_0^*\end{array}\right)^*\left(\begin{array}{c}\mathscr{D}_{j-L}^{(0)}\\ \hline \mathscr{D}_{j-L}^{(1)}\\ \hline \vdots\\ \hline \mathscr{D}_{j-1}^{(1)}\\ \hline \mathscr{D}_{j}^{(1)}\end{array}\right)$$

或者改写为

$$\begin{aligned}\mathscr{D}_{j+1}^{(0)}&=\left(\mathcal{H}_0\cdots\mathcal{H}_{L-1}\mathcal{H}_L\middle|\mathcal{H}_0\cdots\mathcal{H}_{L-1}\mathcal{G}_L\middle|\cdots\middle|\mathcal{H}_0\mathcal{G}_1\middle|\mathcal{G}_0\right)\left(\begin{array}{c}\mathscr{D}_{j-L}^{(0)}\\ \hline \mathscr{D}_{j-L}^{(1)}\\ \hline \vdots\\ \hline \mathscr{D}_{j-1}^{(1)}\\ \hline \mathscr{D}_{j}^{(1)}\end{array}\right)\\&=\mathcal{H}_0\cdots\mathcal{H}_{L-1}\mathcal{H}_L\mathscr{D}_{j-L}^{(0)}+\mathcal{H}_0\cdots\mathcal{H}_{L-1}\mathcal{G}_L\mathscr{D}_{j-L}^{(1)}+\cdots+\mathcal{H}_0\mathcal{G}_1\mathscr{D}_{j-1}^{(1)}+\mathcal{G}_0\mathscr{D}_{j}^{(1)}\end{aligned}$$

3.7.12 (习题 3.7.10 和习题 3.7.11 续)　引入新符号:

$$\begin{aligned}\mathscr{R}_j^{(1)}&=\mathcal{G}_0\mathscr{D}_j^{(1)}\\ \mathscr{R}_{j-1}^{(1)}&=\mathcal{H}_0\mathcal{G}_1\mathscr{D}_{j-1}^{(1)}\\ &\vdots\\ \mathscr{R}_{j-L}^{(1)}&=\mathcal{H}_0\cdots\mathcal{H}_{L-1}\mathcal{G}_L\mathscr{D}_{j-L}^{(1)}\\ \mathscr{R}_{j-L}^{(0)}&=\mathcal{H}_0\cdots\mathcal{H}_{L-1}\mathcal{H}_L\mathscr{D}_{j-L}^{(0)}\end{aligned}$$

根据习题 3.7.11 的结果可知

$$\mathscr{D}_{j+1}^{(0)}=\mathscr{R}_j^{(1)}+\mathscr{R}_{j-1}^{(1)}+\cdots+\mathscr{R}_{j-L}^{(1)}+\mathscr{R}_{j-L}^{(0)}$$

证明: 由 $(L+2)$ 个向量组成的无穷维列向量组 $\{\mathscr{R}_j^{(1)},\mathscr{R}_{j-1}^{(1)},\cdots,\mathscr{R}_{j-L}^{(1)},\mathscr{R}_{j-L}^{(0)}\}$ 在无穷维序列向量空间 $\ell^2(\mathbb{Z})$ 中相互正交, 即

$$\left\langle\mathscr{R}_{j-\ell}^{(1)},\mathscr{R}_{j-r}^{(1)}\right\rangle=0,\quad\left\langle\mathscr{R}_{j-\ell}^{(1)},\mathscr{R}_{j-L}^{(0)}\right\rangle=0,\quad 0\leqslant\ell\neq r\leqslant L$$

3.7.13 (习题 3.7.12 续)　习题 3.7.12 的结果表明, 在无穷维序列空间 $\ell^2(\mathbb{Z})$ 中存在向量分解关系:

$$\mathscr{D}_{j+1}^{(0)}=\mathscr{R}_j^{(1)}+\mathscr{R}_{j-1}^{(1)}+\cdots+\mathscr{R}_{j-L}^{(1)}+\mathscr{R}_{j-L}^{(0)}$$

证明: 在无穷维序列空间 $\ell^2\left(\mathbb{Z}\right)$ 中, 存在如下的“勾股定理”恒等式:

$$\|\mathscr{D}_{j+1}^{(0)}\|^2=\|\mathscr{R}_j^{(1)}\|^2+\|\mathscr{R}_{j-1}^{(1)}\|^2+\cdots+\|\mathscr{R}_{j-L}^{(1)}\|^2+\|\mathscr{R}_{j-L}^{(0)}\|^2$$

而且, 根据无穷维序列空间 $\ell^2(\mathbb{Z})$ 中"欧氏范数(距离)"的定义, 这些向量的欧氏长度可以表示为

$$\begin{cases} \| \mathscr{D}_{j+1}^{(0)} \|^2 = \sum_{n\in\mathbb{Z}} | d_{j+1,n}^{(0)} |^2 \\ \| \mathscr{R}_{j-\ell}^{(1)} \|^2 = \sum_{k\in\mathbb{Z}} | d_{j-\ell,k}^{(1)} |^2, \quad \ell = 0,1,2,\cdots,L \\ \| \mathscr{R}_{j-L}^{(0)} \|^2 = \sum_{k\in\mathbb{Z}} | d_{j-L,k}^{(0)} |^2 \end{cases}$$

3.7.14　将 $(L+2)$ 个矩阵 $\mathcal{G}_0, \mathcal{H}_0\mathcal{G}_1, \cdots, \mathcal{H}_0\cdots\mathcal{H}_{L-1}\mathcal{G}_L, \mathcal{H}_0\cdots\mathcal{H}_{L-1}\mathcal{H}_L$ 全部按照列向量的形式重新约定写成如下格式:

$$\mathcal{G}^{(0)} = \mathcal{G}_0 = \mathcal{G} = [\mathbf{g}(0,2k) = \{g_{0,2k,m}; m\in\mathbb{Z}\}^{\mathrm{T}} = \mathbf{g}^{(2k)}; k\in\mathbb{Z}]_{\infty\times\frac{\infty}{2}}$$

$$\mathcal{G}^{(1)} = \mathcal{H}_0\mathcal{G}_1 = [\mathbf{g}(1,4k) = \{g_{1,4k,m}; m\in\mathbb{Z}\}^{\mathrm{T}}; k\in\mathbb{Z}]_{\infty\times\frac{\infty}{4}}$$

$$\mathcal{G}^{(2)} = \mathcal{H}_0\mathcal{H}_1\mathcal{G}_2 = [\mathbf{g}(2,8k) = \{g_{2,8k,m}; m\in\mathbb{Z}\}^{\mathrm{T}}; k\in\mathbb{Z}]_{\infty\times\frac{\infty}{8}}$$

$$\vdots$$

$$\mathcal{G}^{(\ell)} = \mathcal{H}_0\cdots\mathcal{H}_{\ell-1}\mathcal{G}_\ell = [\mathbf{g}(\ell,2^{\ell+1}k) = \{g_{\ell,2^{\ell+1}k,m}; m\in\mathbb{Z}\}^{\mathrm{T}}; k\in\mathbb{Z}]_{\infty\times\frac{\infty}{2^{\ell+1}}}$$

$$\vdots$$

$$\mathcal{G}^{(L)} = \mathcal{H}_0\cdots\mathcal{H}_{L-1}\mathcal{G}_L = [\mathbf{g}(L,2^{L+1}k) = \{g_{L,2^{L+1}k,m}; m\in\mathbb{Z}\}^{\mathrm{T}}; k\in\mathbb{Z}]_{\infty\times\frac{\infty}{2^{L+1}}}$$

$$\mathcal{H}^{(L)} = \mathcal{H}_0\cdots\mathcal{H}_{L-1}\mathcal{H}_L = [\mathbf{h}(L,2^{L+1}k) = \{h_{L,2^{L+1}k,m}; m\in\mathbb{Z}\}^{\mathrm{T}}; k\in\mathbb{Z}]_{\infty\times\frac{\infty}{2^{L+1}}}$$

证明矩阵 $\mathcal{G}^{(0)} = \mathcal{G}_0 = \mathcal{G}$, $\mathcal{G}^{(1)} = \mathcal{H}_0\mathcal{G}_1$, $\mathcal{G}^{(2)} = \mathcal{H}_0\mathcal{H}_1\mathcal{G}_2$, $\cdots$, $\mathcal{G}^{(\ell)} = \mathcal{H}_0\cdots\mathcal{H}_{\ell-1}\mathcal{G}_\ell, \cdots$, $\mathcal{G}^{(L)} = \mathcal{H}_0\cdots\mathcal{H}_{L-1}\mathcal{G}_L$, $\mathcal{H}^{(L)} = \mathcal{H}_0\cdots\mathcal{H}_{L-1}\mathcal{H}_L$ 的全部列向量构成的向量系:

$$\{\mathbf{g}(\ell,2^{\ell+1}k); k\in\mathbb{Z}, \ell=0,1,2,\cdots,L\} \cup \{\mathbf{h}(L,2^{L+1}k); k\in\mathbb{Z}\}$$

是无穷维序列空间 $\ell^2(\mathbb{Z})$ 的规范正交基.

3.7.15　引入子空间序列记号:

$$\begin{aligned} \mathscr{W}_{j-\ell} &= \text{Closespan}\{\mathbf{g}(\ell,2^{\ell+1}k); k\in\mathbb{Z}\}, \quad \ell=0,1,2,\cdots,L \\ \mathscr{V}_{j-L} &= \text{Closespan}\{\mathbf{h}(L,2^{L+1}k); k\in\mathbb{Z}\} \end{aligned}$$

证明 $\ell^2(\mathbb{Z})$ 的子空间序列 $\{\mathscr{V}_{j-L}, \mathscr{W}_{j-\ell}, \ell=0,1,2,\cdots,L\}$ 是相互正交的, 而且

$$\ell^2(\mathbb{Z}) = \mathscr{V}_{j-L} \oplus \left[\bigoplus_{\ell=0,1,2,\cdots,L} \mathscr{W}_{j-\ell}\right]$$

3.7.16　证明 $\mathscr{D}_{j+1}^{(0)}$ 在 $\ell^2(\mathbb{Z})$ 的子空间序列 $\mathscr{V}_{j-L}, \mathscr{W}_{j-\ell}, \ell=0,1,2,\cdots,L$ 上的正交

投影分别是$\mathscr{R}_{j-L}^{(0)},\mathscr{R}_{j}^{(1)},\mathscr{R}_{j-1}^{(1)},\cdots,\mathscr{R}_{j-L}^{(1)}$.

3.7.17 (习题 3.7.17 续)　证明: $\mathscr{D}_{j+1}^{(0)}$在子空间序列$\mathscr{V}_{j-L},\mathscr{W}_{j-\ell}$，$\ell=0,1,\cdots,L$上的正交投影$\mathscr{R}_{j-L}^{(0)},\mathscr{R}_{j}^{(1)},\mathscr{R}_{j-1}^{(1)},\cdots,\mathscr{R}_{j-L}^{(1)}$，在由习题 3.7.15 提供的各个子空间的规范正交基之下的坐标分别是

$$\mathscr{D}_{j-L}^{(0)}=\{d_{j-L,k}^{(0)};k\in\mathbb{Z}\}^{\mathrm{T}},\quad \mathscr{D}_{j-\ell}^{(1)}=\{d_{j-\ell,k}^{(1)};k\in\mathbb{Z}\}^{\mathrm{T}},\quad \ell=0,1,2,\cdots,L$$

3.7.18 (总结)　证明: $\mathscr{D}_{j+1}^{(0)}$在正交子空间序列$\mathscr{V}_{j-L},\mathscr{W}_{j-\ell},\ell=0,1,2,\cdots,L$上的正交投影$\mathscr{R}_{j-L}^{(0)},\mathscr{R}_{j}^{(1)},\mathscr{R}_{j-1}^{(1)},\cdots,\mathscr{R}_{j-L}^{(1)}$，实质是在无穷维序列空间$\ell^2(\mathbb{Z})$的平凡规范正交基之下各个正交投影的坐标表示，$\mathscr{D}_{j-L}^{(0)},\mathscr{D}_{j}^{(1)},\mathscr{D}_{j-1}^{(1)},\cdots,\mathscr{D}_{j-L}^{(1)}$是这些正交投影在无穷维序列空间$\ell^2(\mathbb{Z})$的新的规范正交基:

$$\{\mathbf{h}(L,2^{L+1}k);k\in\mathbb{Z}\}\cup\{\mathbf{g}(\ell,2^{\ell+1}k);k\in\mathbb{Z},\ell=0,1,2,\cdots,L\}$$

之下的坐标表示.

注释: 在无穷维序列空间$\ell^2(\mathbb{Z})$的平凡规范正交基$\{e_k;k\in\mathbb{Z}\}$中，对任意整数$k\in\mathbb{Z}$，e_k表示第k行元素等于 1 而且其他各行元素都是 0 的无穷维列向量.

习题 3.8　有限维空间小波 Mallat 算法基础

假设函数(信号)空间$\mathcal{L}^2(\mathbb{R})$的闭线性子空间列$\{V_j;\,j\in\mathbb{Z}\}$和函数$\phi(x)$构成$\mathcal{L}^2(\mathbb{R})$中的多分辨率分析，即如下 5 个公理成立:

① 单调性: $V_j\subset V_{j+1}$, $\forall j\in\mathbb{Z}$;

② 唯一性: $\bigcap_{j\in\mathbb{Z}}V_j=\{0\}$;

③ 稠密性: $\overline{\left(\bigcup_{j\in\mathbb{Z}}V_j\right)}=\mathcal{L}^2(\mathbb{R})$;

④ 伸缩性: $f(x)\in V_j\Leftrightarrow f(2x)\in V_{j+1}$, $\forall j\in\mathbb{Z}$;

⑤ 结构性: $\{\phi(x-n)\,;\,n\in\mathbb{Z}\}$构成子空间$V_0$的标准正交基.

其中，$\forall j\in\mathbb{Z}$，V_j称为(第j级)尺度子空间. 对$\forall j\in\mathbb{Z}$，子空间W_j是V_j在V_{j+1}中的正交补空间: $W_j\perp V_j,V_{j+1}=W_j\oplus V_j$，其中，$W_j$称为(第$j$级)小波子空间. 这样，小波子空间列$\{W_j;\,j\in\mathbb{Z}\}$相互正交，即$W_j\perp W_\ell,\forall j\neq\ell,(j,\ell)\in\mathbb{Z}^2$，而且，具有伸缩依赖关系：即$\forall j\in\mathbb{Z}$,　$u(x)\in W_j\Leftrightarrow u(2x)\in W_{j+1}$. 而且$W_m\perp V_j$, $\forall(j,m)\in\mathbb{Z}^2$, $m\geqslant j$. 于是，$\mathcal{L}^2(\mathbb{R})$与尺度子空间列$\{V_j;\,j\in\mathbb{Z}\}$和小波子空间序列$\{W_j;\,j\in\mathbb{Z}\}$之间有如下分解关系:

$$\begin{cases}\mathcal{L}^2(\mathbb{R})=\bigoplus\limits_{m\in\mathbb{Z}}W_m\\ \mathcal{L}^2(\mathbb{R})=V_j\oplus\left(\bigoplus\limits_{m\geqslant j}W_m\right)\\ V_{j+L+1}=W_{j+L}\oplus W_{j+L-1}\oplus\cdots\oplus W_j\oplus V_j,\quad L\in\mathbb{N}\\ V_{j+L+1}=\bigoplus\limits_{\ell=0}^{+\infty}W_{j+L-\ell}\end{cases}$$

根据多分辨率分析理论知，尺度方程和小波方程及其频域形式如下:

$$\begin{cases}\varphi(x)=\sqrt{2}\sum\limits_{n\in\mathbb{Z}}h_n\varphi(2x-n)\\ \psi(x)=\sqrt{2}\sum\limits_{n\in\mathbb{Z}}g_n\varphi(2x-n)\end{cases}\Leftrightarrow\begin{cases}\Phi(\omega)=\mathrm{H}(\omega/2)\Phi(\omega/2)\\ \Psi(\omega)=\mathrm{G}(\omega/2)\Phi(\omega/2)\end{cases}$$

在这个习题的后续内容中，假设这个多分辨率分析的低通滤波器和带通滤波器都是有限脉冲响应滤波器，即低通滤波器系数序列 $\{h_n;n\in\mathbb{Z}\}$ 以及带通滤波器系数序列 $\{g_n;n\in\mathbb{Z}\}$ 只有有限项非零. 设 $h_0h_{M-1}\neq 0$ 且当 $n<0$ 或 $n>(M-1)$ 时，$h=0$，其中 M 是偶数. 利用公式 $g_n=(-1)^{2K+1-n}\overline{h}_{2K+1-n},n\in\mathbb{Z}$ 确定对应的带通滤波器系数序列，选择整数 K 满足 $2K=M-2$ 或者 $K=0.5M-1$，在这样的选择之下，带通滤波器系数序列中可能不为 0 的项是

$$\begin{aligned}g_0&=(-1)\overline{h}_{M-1}\\ g_1&=(+1)\overline{h}_{M-2}\\ g_2&=(-1)\overline{h}_{M-3}\\ g_3&=(+1)\overline{h}_{M-4}\\ &\vdots\\ g_{M-2}&=(-1)\overline{h}_1\\ g_{M-1}&=(+1)\overline{h}_0\end{aligned}$$

除此之外，带通滤波器系数序列其余的项都是 0.

3.8.1 将低通和带通滤波器系数序列 $\{h_n;n\in\mathbb{Z}\}$ 和 $\{g_n;n\in\mathbb{Z}\}$ 周期化，共同的周期长度是 $N-2^{N_0}>M$，它们在一个周期内的取值分别构成如下的维数是 N 的列向量:

$$\begin{cases}\mathbf{h}=\{h_0,h_1,\cdots,h_{M-2},h_{M-1},h_M,\cdots,h_{N-1}\}^{\mathrm{T}}\\ \mathbf{g}=\{g_0,g_1,\cdots,g_{M-2},g_{M-1},g_M,\cdots,g_{N-1}\}^{\mathrm{T}}\end{cases}$$

其中 $h_M=\cdots=h_{N-1}=g_M=\cdots=g_{N-1}=0$. 定义如下符号: 对于整数 m，

$$\begin{cases}\mathbf{h}^{(m)}=\{h_{\mathrm{mod}(n-m,N)};n=0,1,2,\cdots,N-1\}^{\mathrm{T}}\\ \mathbf{g}^{(m)}=\{g_{\mathrm{mod}(n-m,N)};n=0,1,2,\cdots,N-1\}^{\mathrm{T}}\end{cases}$$

证明：当$0 \leqslant m,k \leqslant N-1$时，成立如下正交关系：

$$\begin{cases} \left\langle \mathbf{h}^{(2m)}, \mathbf{h}^{(2k)} \right\rangle = \sum_{n=0}^{N-1} h_{\mathrm{mod}(n-2m,N)} \overline{h}_{\mathrm{mod}(n-2k,N)} = \delta(m-k) \\ \left\langle \mathbf{g}^{(2m)}, \mathbf{g}^{(2k)} \right\rangle = \sum_{n=0}^{N-1} g_{\mathrm{mod}(n-2m,N)} \overline{g}_{\mathrm{mod}(n-2k,N)} = \delta(m-k) \\ \left\langle \mathbf{g}^{(2m)}, \mathbf{h}^{(2k)} \right\rangle = \sum_{n=0}^{N-1} g_{\mathrm{mod}(n-2m,N)} \overline{h}_{\mathrm{mod}(n-2k,N)} = 0 \end{cases}$$

3.8.2　引入两个维数是$N \times [0.5N]$的矩阵：

$$\begin{aligned} \boldsymbol{\mathcal{H}} &= [h_{n,k} = h_{\mathrm{mod}(n-2k,N)}; 0 \leqslant n \leqslant N-1, 0 \leqslant k \leqslant 0.5N-1]_{N \times \frac{N}{2}} \\ &= [\mathbf{h}^{(2k)}; 0 \leqslant k \leqslant 0.5N-1]_{N \times \frac{N}{2}} \\ &= [\mathbf{h}^{(0)} \mid \mathbf{h}^{(2)} \mid \mathbf{h}^{(4)} \mid \cdots \mid \mathbf{h}^{(N-2)}] \end{aligned}$$

$$\begin{aligned} \boldsymbol{\mathcal{G}} &= [g_{n,k} = g_{\mathrm{mod}(n-2k,N)}; 0 \leqslant n \leqslant N-1, 0 \leqslant k \leqslant 0.5N-1]_{N \times \frac{N}{2}} \\ &= [\mathbf{g}^{(2k)}; 0 \leqslant k \leqslant 0.5N-1]_{N \times \frac{N}{2}} = [\mathbf{g}^{(0)} \mid \mathbf{g}^{(2)} \mid \mathbf{g}^{(4)} \mid \cdots \mid \mathbf{g}^{(N-2)}] \end{aligned}$$

为了直观起见，可以将这两个$N \times [0.5N]$矩阵按照列元素示意性表示如下：

$$\boldsymbol{\mathcal{H}} = \begin{pmatrix} h_0 & 0 & & h_2 \\ h_1 & 0 & & h_3 \\ \vdots & h_0 & & \vdots \\ \vdots & h_1 & & \vdots \\ h_{M-1} & \vdots & \cdots & h_{M-1} \\ 0 & h_{M-1} & & 0 \\ \vdots & 0 & & \vdots \\ \vdots & \vdots & & 0 \\ \vdots & \vdots & & h_0 \\ 0 & 0 & & h_1 \end{pmatrix}_{N \times \frac{N}{2}}, \quad \boldsymbol{\mathcal{G}} = \begin{pmatrix} g_0 & 0 & & g_2 \\ g_1 & 0 & & g_3 \\ \vdots & g_0 & & \vdots \\ \vdots & g_1 & & \vdots \\ g_{M-1} & \vdots & \cdots & g_{M-1} \\ 0 & g_{M-1} & & 0 \\ \vdots & 0 & & \vdots \\ \vdots & \vdots & & 0 \\ \vdots & \vdots & & g_0 \\ 0 & 0 & & g_1 \end{pmatrix}_{N \times \frac{N}{2}}$$

而且，它们的复数共轭转置矩阵$\boldsymbol{\mathcal{H}}^*, \boldsymbol{\mathcal{G}}^*$都是$[0.5N] \times N$矩阵，可以按照行元素示意性表示为

$$\boldsymbol{\mathcal{H}}^* = \begin{pmatrix} \overline{h}_0 & \overline{h}_1 & \cdots & \cdots & \overline{h}_{M-1} & 0 & \cdots & \cdots & \cdots & 0 \\ 0 & 0 & \overline{h}_0 & \overline{h}_1 & \cdots & \overline{h}_{M-1} & 0 & \cdots & \cdots & 0 \\ \vdots & \vdots & & & & & \vdots & & & \vdots \\ \overline{h}_2 & \overline{h}_3 & \cdots & \cdots & \overline{h}_{M-1} & 0 & \cdots & 0 & \overline{h}_0 & \overline{h}_1 \end{pmatrix}_{\frac{N}{2} \times N}$$

$$\boldsymbol{\mathcal{G}}^{*}=\begin{pmatrix}\overline{g}_0 & \overline{g}_1 & \cdots & \cdots & \overline{g}_{M-1} & 0 & \cdots & \cdots & \cdots & 0\\ 0 & 0 & \overline{g}_0 & \overline{g}_1 & \cdots & \overline{g}_{M-1} & 0 & \cdots & \cdots & 0\\ \vdots & \vdots & & & & & \vdots & & & \vdots\\ \overline{g}_2 & \overline{g}_3 & \cdots & \cdots & \overline{g}_{M-1} & 0 & \cdots & 0 & \overline{g}_0 & \overline{g}_1\end{pmatrix}_{\frac{N}{2}\times N}$$

注释: 矩阵 $\boldsymbol{\mathcal{H}}$ 的列向量是 N 维规范正交向量系 $\{\mathbf{h}^{(2k)};0\leqslant k\leqslant 0.5N-1\}$. 对于整数的 $0\leqslant k\leqslant 0.5N-1$, $\boldsymbol{\mathcal{H}}$ 的第 k 列元素:

$$\mathbf{h}^{(2k)}=\{h_{n,k}=h_{\mathrm{mod}(n-2k,N)};0\leqslant n\leqslant N-1\}^{\mathrm{T}}$$

是列向量 $\mathbf{h}$ 向下移动 $2k$ 行得到的新列向量. 这样, 矩阵 $\boldsymbol{\mathcal{H}}$ 的构造方法是: $\boldsymbol{\mathcal{H}}$ 的第 0 列正好是列向量 $\mathbf{h}$; $\boldsymbol{\mathcal{H}}$ 的第 $0\leqslant k\leqslant 0.5N-1$ 列就是列向量 $\mathbf{h}$ 向下移动 $2k$ 行得到的新列向量 $\mathbf{h}^{(2k)}$. 总之, 矩阵 $\boldsymbol{\mathcal{H}}$ 本质上由它的第 0 列 $\mathbf{h}$ (即低通滤波器系数序列)构造而得, 每次往右移动一列, 只需要将当前列向下移动两行即可. 矩阵 $\boldsymbol{\mathcal{G}}$ 的构造方法与矩阵 $\boldsymbol{\mathcal{H}}$ 的构造方法完全相同, 只不过 $\boldsymbol{\mathcal{G}}$ 的第 0 列是列向量 $\mathbf{g}$.

利用这些记号定义一个 $N\times N$ 的分块为 1×2 的矩阵 $\boldsymbol{\mathcal{A}}$:

$$\boldsymbol{\mathcal{A}}=\left(\boldsymbol{\mathcal{H}}\middle|\boldsymbol{\mathcal{G}}\right)=\left(\begin{array}{cccc|cccc} h_0 & 0 & & h_2 & g_0 & 0 & & g_2\\ h_1 & 0 & & h_3 & g_1 & 0 & & g_3\\ \vdots & h_0 & & \vdots & \vdots & g_0 & & \vdots\\ \vdots & h_1 & & \vdots & \vdots & g_1 & & \vdots\\ h_{M-1} & \vdots & \cdots & h_{M-1} & g_{M-1} & \vdots & \cdots & g_{M-1}\\ 0 & h_{M-1} & & 0 & 0 & g_{M-1} & & 0\\ \vdots & 0 & & \vdots & \vdots & 0 & & \vdots\\ \vdots & \vdots & & 0 & \vdots & \vdots & & 0\\ \vdots & \vdots & & h_0 & \vdots & \vdots & & g_0\\ 0 & 0 & & h_1 & 0 & 0 & & g_1\end{array}\right)_{N\times N}$$

证明: $\boldsymbol{\mathcal{A}}=(\boldsymbol{\mathcal{H}}\,|\,\boldsymbol{\mathcal{G}})$ 是一个 $N\times N$ 的酉矩阵.

注释: $\boldsymbol{\mathcal{A}}=(\boldsymbol{\mathcal{H}}\,|\,\boldsymbol{\mathcal{G}})$ 的复数共轭矩阵是

$$\boldsymbol{\mathcal{A}}^{*}=\left(\frac{\boldsymbol{\mathcal{H}}^{*}}{\boldsymbol{\mathcal{G}}^{*}}\right)=\left(\begin{array}{cccccccccc}\overline{h}_0 & \overline{h}_1 & \cdots & \cdots & \overline{h}_{M-1} & 0 & \cdots & \cdots & \cdots & 0\\ 0 & 0 & \overline{h}_0 & \overline{h}_1 & \cdots & \overline{h}_{M-1} & 0 & \cdots & \cdots & 0\\ \vdots & \vdots & & & & & \vdots & & & \vdots\\ \overline{h}_2 & \overline{h}_3 & \cdots & \cdots & \overline{h}_{M-1} & 0 & \cdots & 0 & \overline{h}_0 & \overline{h}_1\\ \hline \overline{g}_0 & \overline{g}_1 & \cdots & \cdots & \overline{g}_{M-1} & 0 & \cdots & \cdots & \cdots & 0\\ 0 & 0 & \overline{g}_0 & \overline{g}_1 & \cdots & \overline{g}_{M-1} & 0 & \cdots & \cdots & 0\\ \vdots & \vdots & & & & & \vdots & & & \vdots\\ \overline{g}_2 & \overline{g}_3 & \cdots & \cdots & \overline{g}_{M-1} & 0 & \cdots & 0 & \overline{g}_0 & \overline{g}_1\end{array}\right)_{N\times N}$$

3.8.3　定义两个 $0.5N$ 维的线性子空间:

$$\mathbf{H} = \text{Closespan}\{\mathbf{h}^{(2k)}; 0 \leqslant k \leqslant 0.5N-1\}$$
$$\mathbf{G} = \text{Closespan}\{\mathbf{g}^{(2k)}; 0 \leqslant k \leqslant 0.5N-1\}$$

证明: N 维复数向量空间 $\mathbf{C}^N$ 可以分解为这两个相互正交的线性子空间的正交直和, $\mathbf{C}^N = \mathbf{H} \oplus \mathbf{G}$.

3.8.4　假设数字信号 $\mathscr{D}_{j+1}^{(0)} = \{d_{j+1,n}^{(0)}; n = 0,1,2,\cdots,N-1\}^{\mathrm{T}} \in \mathbf{C}^N$ ，定义它的小波分解是

$$\left(\frac{\mathscr{D}_j^{(0)}}{\mathscr{D}_j^{(1)}}\right) = \boldsymbol{\mathcal{A}}^* \mathscr{D}_{j+1}^{(0)} = \left(\frac{\boldsymbol{\mathcal{H}}^*}{\boldsymbol{\mathcal{G}}^*}\right) \mathscr{D}_{j+1}^{(0)}$$

其中

$$\begin{cases} \mathscr{D}_j^{(0)} = \{d_{j,k}^{(0)}; k = 0,1,\cdots,0.5N-1\}^{\mathrm{T}} \\ \mathscr{D}_j^{(1)} = \{d_{j,k}^{(1)}; k = 0,1,\cdots,0.5N-1\}^{\mathrm{T}} \end{cases}$$

这就是数字信号小波分解的 Mallat 分解算法公式. 证明成立如下恒等式:

$$\sum_{n=0}^{N-1} | d_{j+1,n}^{(0)} |^2 = \sum_{k=0}^{0.5N-1} | d_{j,k}^{(0)} |^2 + \sum_{k=0}^{0.5N-1} | d_{j,k}^{(1)} |^2$$

而且, 当 $k = 0,1,\cdots,0.5N-1$ 时,

$$\begin{cases} d_{j,k}^{(0)} = \sum\limits_{n=0}^{N-1} \overline{h}_{n-2k} d_{j+1,n}^{(0)} \\ d_{j,k}^{(1)} = \sum\limits_{n=0}^{N-1} \overline{g}_{n-2k} d_{j+1,n}^{(0)} \end{cases}$$

3.8.5　假设数字信号 $\mathscr{D}_{j+1}^{(0)} = \{d_{j+1,n}^{(0)}; n = 0,1,2,\cdots,N-1\}^{\mathrm{T}} \in \mathbf{C}^N$. 证明:

$$\begin{aligned} \mathscr{D}_{j+1}^{(0)} &= \boldsymbol{\mathcal{A}} \left(\frac{\mathscr{D}_j^{(0)}}{\mathscr{D}_j^{(1)}}\right) \\ &= (\boldsymbol{\mathcal{H}} \mid \boldsymbol{\mathcal{G}}) \left(\frac{\mathscr{D}_j^{(0)}}{\mathscr{D}_j^{(1)}}\right) \\ &= \boldsymbol{\mathcal{H}} \mathscr{D}_j^{(0)} + \boldsymbol{\mathcal{G}} \mathscr{D}_j^{(1)} \end{aligned}$$

其中

$$\left(\frac{\mathscr{D}_j^{(0)}}{\mathscr{D}_j^{(1)}}\right) = \boldsymbol{\mathcal{A}}^* \mathscr{D}_{j+1}^{(0)} = \left(\frac{\boldsymbol{\mathcal{H}}^*}{\boldsymbol{\mathcal{G}}^*}\right) \mathscr{D}_{j+1}^{(0)}$$

这就是数字信号小波合成的 Mallat 合成算法公式. 此外, 证明:

$$\left\langle \boldsymbol{\mathcal{H}}\mathscr{D}_j^{(0)}, \boldsymbol{\mathcal{G}}\mathscr{D}_j^{(1)} \right\rangle = [\boldsymbol{\mathcal{G}}\mathscr{D}_j^{(1)}]^*[\boldsymbol{\mathcal{H}}\mathscr{D}_j^{(0)}] = [\mathscr{D}_j^{(1)}]^*[\boldsymbol{\mathcal{G}}^*\boldsymbol{\mathcal{H}}][\mathscr{D}_j^{(0)}] = 0$$

其中 $[\boldsymbol{\mathcal{G}}\mathscr{D}_j^{(1)}]^*$ 表示 N 维复数列向量 $[\boldsymbol{\mathcal{G}}\mathscr{D}_j^{(1)}]$ 的复数共轭转置.

3.8.6 证明: 设数字信号 $\mathscr{D}_{j+1}^{(0)} = \{d_{j+1,n}^{(0)}; n = 0,1,2,\cdots,N-1\}^{\mathrm{T}} \in \mathrm{C}^N$, 如果

$$\left(\frac{\mathscr{D}_j^{(0)}}{\mathscr{D}_j^{(1)}}\right) = \boldsymbol{\mathcal{A}}^*\mathscr{D}_{j+1}^{(0)} = \left(\frac{\boldsymbol{\mathcal{H}}^*}{\boldsymbol{\mathcal{G}}^*}\right)\mathscr{D}_{j+1}^{(0)}$$

那么,

$$\begin{cases} \mathscr{D}_{j+1}^{(0)} = \boldsymbol{\mathcal{H}}\mathscr{D}_j^{(0)} + \boldsymbol{\mathcal{G}}\mathscr{D}_j^{(1)} \\ \| \mathscr{D}_{j+1}^{(0)} \|^2 = \| \boldsymbol{\mathcal{H}}\mathscr{D}_j^{(0)} \|^2 + \| \boldsymbol{\mathcal{G}}\mathscr{D}_j^{(1)} \|^2 \end{cases}$$

其中

$$\begin{cases} \| \mathscr{D}_{j+1}^{(0)} \|^2 = \sum\limits_{n=0}^{N-1} | d_{j+1,n}^{(0)} |^2 \\ \| \boldsymbol{\mathcal{H}}\mathscr{D}_j^{(0)} \|^2 = \sum\limits_{k=0}^{0.5N-1} | d_{j,k}^{(0)} |^2 \\ \| \boldsymbol{\mathcal{G}}\mathscr{D}_j^{(1)} \|^2 = \sum\limits_{k=0}^{0.5N-1} | d_{j,k}^{(1)} |^2 \end{cases}$$

这就是数字信号小波合成的“勾股定理”.

3.8.7 引入符号:

$$\begin{cases} \mathscr{D}_{j+1}^{(0)} = \{d_{j+1,n}^{(0)}; n = 0,1,\cdots,N-1\}^{\mathrm{T}} \\ \mathscr{D}_{j-\ell}^{(1)} = \{d_{j-\ell,k}^{(1)}; k = 0,1,\cdots,(2^{-(\ell+1)}N-1)\}^{\mathrm{T}}, \quad \ell = 0,1,2,\cdots,L \\ \mathscr{D}_{j-\ell}^{(0)} = \{d_{j-\ell,k}^{(0)}; k = 0,1,\cdots,(2^{-(\ell+1)}N-1)\}^{\mathrm{T}}, \quad \ell = 0,1,2,\cdots,L \end{cases}$$

那么, $(L+1)$ 个有限长数字信号 $\mathscr{D}_{j+1}^{(0)}, \mathscr{D}_j^{(0)}, \mathscr{D}_{j-1}^{(0)}, \cdots, \mathscr{D}_{j-L+1}^{(0)}$ 的 Mallat 分解算法可以表示为

$$\begin{aligned} \left(\frac{\mathscr{D}_{j-\ell}^{(0)}}{\mathscr{D}_{j-\ell}^{(1)}}\right) &= \boldsymbol{\mathcal{A}}_\ell^*\mathscr{D}_{j-\ell+1}^{(0)} \\ &= \left(\frac{\boldsymbol{\mathcal{H}}_\ell^*}{\boldsymbol{\mathcal{G}}_\ell^*}\right)\mathscr{D}_{j-\ell+1}^{(0)} \\ &= \left(\frac{\boldsymbol{\mathcal{H}}_\ell^*\mathscr{D}_{j-\ell+1}^{(0)}}{\boldsymbol{\mathcal{G}}_\ell^*\mathscr{D}_{j-\ell+1}^{(0)}}\right), \quad \ell = 0,1,2,\cdots,L \end{aligned}$$

其中，$\boldsymbol{\mathcal{A}}_\ell=(\boldsymbol{\mathcal{H}}_\ell\mid\boldsymbol{\mathcal{G}}_\ell)_{[2^{-\ell}N]\times[2^{-\ell}N]}$ 是 $[2^{-\ell}N]\times[2^{-\ell}N]$ 的酉矩阵，按照分块矩阵表示为 1×2 的分块形式，$\boldsymbol{\mathcal{H}}_\ell,\boldsymbol{\mathcal{G}}_\ell$ 都是 $[2^{-\ell}N]\times[2^{-(\ell+1)}N]$ 矩阵，其构造方法与 $\ell=0$ 对应的 $\boldsymbol{\mathcal{H}}_\ell=\boldsymbol{\mathcal{H}}_0=\boldsymbol{\mathcal{H}}$，$\boldsymbol{\mathcal{G}}_\ell=\boldsymbol{\mathcal{G}}_0=\boldsymbol{\mathcal{G}}$ 的构造方法完全相同，只是这些矩阵的尺寸将随着 $\ell=0,1,2,\cdots,L$ 的数值不同而发生变化.

此外证明成立如下恒等式:

$$\sum_{n=0}^{N-1}|d_{j+1,n}^{(0)}|^2=\sum_{\ell=0}^{L}\sum_{k=0}^{(2^{-(\ell+1)}N-1)}|d_{j-\ell,k}^{(1)}|^2+\sum_{k=0}^{(2^{-(L+1)}N-1)}|d_{j-\ell,k}^{(0)}|^2$$

而且，当 $\ell=0,1,2,\cdots,L$ 时，

$$\begin{cases}d_{j-\ell,k}^{(0)}=\displaystyle\sum_{n=0}^{(2^{-\ell}N-1)}\overline{h}_{n-2k}d_{j-\ell+1,n}^{(0)}, & k=0,1,\cdots,(2^{-(\ell+1)}N-1)\\ d_{j-\ell,k}^{(1)}=\displaystyle\sum_{n=0}^{(2^{-\ell}N-1)}\overline{g}_{n-2k}d_{j-\ell+1,n}^{(0)}, & k=0,1,\cdots,(2^{-(\ell+1)}N-1)\end{cases}$$

3.8.8　沿用习题 3.8.7 的符号，证明 $2(L+1)$ 个有限长数字信号 $\mathscr{D}_j^{(0)},\mathscr{D}_j^{(1)}$, $\mathscr{D}_{j-1}^{(0)},\mathscr{D}_{j-1}^{(1)},\cdots,\mathscr{D}_{j-L}^{(0)},\mathscr{D}_{j-L}^{(1)}$ 的 Mallat 合成算法可以表示为

$$\mathscr{D}_{j-\ell+1}^{(0)}=\boldsymbol{\mathcal{A}}_\ell\left(\frac{\mathscr{D}_{j-\ell}^{(0)}}{\mathscr{D}_{j-\ell}^{(1)}}\right)=(\boldsymbol{\mathcal{H}}_\ell\mid\boldsymbol{\mathcal{G}}_\ell)\left(\frac{\mathscr{D}_{j-\ell}^{(0)}}{\mathscr{D}_{j-\ell}^{(1)}}\right)=\boldsymbol{\mathcal{H}}_\ell\mathscr{D}_{j-\ell}^{(0)}+\boldsymbol{\mathcal{G}}_\ell\mathscr{D}_{j-\ell}^{(1)}$$

其中，当 $\ell=L,L-1,\cdots,2,1,0$ 时，

$$d_{j-\ell+1,n}^{(0)}=\sum_{k=0}^{(2^{-(\ell+1)}N-1)}(h_{n-2k}d_{j-\ell,k}^{(0)}+g_{n-2k}d_{j-\ell,k}^{(1)})$$

3.8.9　沿用习题 3.8.7 和习题 3.8.8 的符号，证明：$(L+3)$个有限长数字信号 $\mathscr{D}_{j+1}^{(0)},\mathscr{D}_j^{(1)},\mathscr{D}_{j-1}^{(1)},\cdots,\mathscr{D}_{j-L}^{(1)},\mathscr{D}_{j-L}^{(0)}$ 的小波分解 Mallat 算法可以合并表示为

$$\begin{pmatrix}\mathscr{D}_{j-L}^{(0)}\\ \hline \mathscr{D}_{j-L}^{(1)}\\ \hline \vdots\\ \hline \mathscr{D}_{j-1}^{(1)}\\ \hline \mathscr{D}_{j}^{(1)}\end{pmatrix}=\begin{pmatrix}\boldsymbol{\mathcal{H}}_L^*\boldsymbol{\mathcal{H}}_{(L-1)}^*\cdots\boldsymbol{\mathcal{H}}_0^*\\ \hline \boldsymbol{\mathcal{G}}_L^*\ \boldsymbol{\mathcal{H}}_{(L-1)}^*\cdots\boldsymbol{\mathcal{H}}_0^*\\ \hline \vdots\\ \hline \boldsymbol{\mathcal{G}}_1^*\boldsymbol{\mathcal{H}}_0^*\\ \hline \boldsymbol{\mathcal{G}}_0^*\end{pmatrix}\mathscr{D}_{j+1}^{(0)}$$

其中分块矩阵(列向量)只按照行进行分块，被表示成 $(L+2)\times1$ 的分块形式，从上到下各个分块的行数规则是

$$2^{-(L+1)}N,2^{-(L+1)}N,2^{-L}N,2^{-(L-1)}N,\cdots,2^{-2}N,2^{-1}N$$

即 $\mathscr{D}_{j-L}^{(0)}$ 是 $2^{-(L+1)}N$ 行列向量，$\mathscr{D}_{j-\ell}^{(1)}$ 的行数是 $2^{-(\ell+1)}N$，其中 $\ell=L,(L-1),\cdots,1,0$.

3.8.10　沿用习题 3.8.7~习题 3.8.9 的符号, 证明: $(L+3)$个有限长数字信号 $\mathscr{D}_{j+1}^{(0)},\mathscr{D}_{j}^{(1)},\mathscr{D}_{j-1}^{(1)},\cdots,\mathscr{D}_{j-L}^{(1)},\mathscr{D}_{j-L}^{(0)}$ 的小波合成 Mallat 算法可以合并表示为

$$\mathscr{D}_{j+1}^{(0)}=\left(\begin{array}{c}\mathcal{H}_L^*\mathcal{H}_{(L-1)}^*\cdots\mathcal{H}_0^*\\ \hline \mathcal{G}_L^*\ \mathcal{H}_{(L-1)}^*\cdots\mathcal{H}_0^*\\ \hline \vdots\\ \hline \mathcal{G}_1^*\mathcal{H}_0^*\\ \hline \mathcal{G}_0^*\end{array}\right)^*\left(\begin{array}{c}\mathscr{D}_{j-L}^{(0)}\\ \hline \mathscr{D}_{j-L}^{(1)}\\ \hline \vdots\\ \hline \mathscr{D}_{j-1}^{(1)}\\ \hline \mathscr{D}_{j}^{(1)}\end{array}\right)$$

$$=\left(\mathcal{H}_0\cdots\mathcal{H}_{L-1}\mathcal{H}_L\middle|\mathcal{H}_0\cdots\mathcal{H}_{L-1}\mathcal{G}_L\middle|\cdots\middle|\mathcal{H}_0\mathcal{G}_1\middle|\mathcal{G}_0\right)\left(\begin{array}{c}\mathscr{D}_{j-L}^{(0)}\\ \hline \mathscr{D}_{j-L}^{(1)}\\ \hline \vdots\\ \hline \mathscr{D}_{j-1}^{(1)}\\ \hline \mathscr{D}_{j}^{(1)}\end{array}\right)$$

或者表示为

$$\mathscr{D}_{j+1}^{(0)}=\mathcal{H}_0\cdots\mathcal{H}_{L-1}\mathcal{H}_L\mathscr{D}_{j-L}^{(0)}+\mathcal{H}_0\cdots\mathcal{H}_{L-1}\mathcal{G}_L\mathscr{D}_{j-L}^{(1)}+\cdots+\mathcal{H}_0\mathcal{G}_1\mathscr{D}_{j-1}^{(1)}+\mathcal{G}_0\mathscr{D}_{j}^{(1)}$$

即等式右边的 $(L+2)$ 个 N 维列向量的和等于原始数字信号列向量 $\mathscr{D}_{j+1}^{(0)}$.

3.8.11 (习题 3.8.10 续)　引入新符号

$$\begin{aligned}\mathscr{R}_{j}^{(1)}&=\mathcal{G}_0\mathscr{D}_{j}^{(1)}\\ \mathscr{R}_{j-1}^{(1)}&=\mathcal{H}_0\mathcal{G}_1\mathscr{D}_{j-1}^{(1)}\\ &\ \vdots\\ \mathscr{R}_{j-L}^{(1)}&=\mathcal{H}_0\cdots\mathcal{H}_{L-1}\mathcal{G}_L\mathscr{D}_{j-L}^{(1)}\\ \mathscr{R}_{j-L}^{(0)}&=\mathcal{H}_0\cdots\mathcal{H}_{L-1}\mathcal{H}_L\mathscr{D}_{j-L}^{(0)}\end{aligned}$$

习题 3.8.10 的结果表明:

$$\mathscr{D}_{j+1}^{(0)}=\mathscr{R}_{j}^{(1)}+\mathscr{R}_{j-1}^{(1)}+\cdots+\mathscr{R}_{j-L}^{(1)}+\mathscr{R}_{j-L}^{(0)}$$

证明: 由 $(L+2)$ 个向量组成的 N 维列向量组 $\{\mathscr{R}_{j}^{(1)},\mathscr{R}_{j-1}^{(1)},\cdots,\mathscr{R}_{j-L}^{(1)},\mathscr{R}_{j-L}^{(0)}\}$ 在 N 维复数向量空间 $\mathbf{C}^N$ 中相互正交, 即

$$\left\langle\mathscr{R}_{j-\ell}^{(1)},\mathscr{R}_{j-r}^{(1)}\right\rangle=0,\quad\left\langle\mathscr{R}_{j-\ell}^{(1)},\mathscr{R}_{j-L}^{(0)}\right\rangle=0,\quad 0\leqslant\ell\neq r\leqslant L$$

3.8.12 (习题 3.8.11 续)　证明: 在 N 维复数向量空间 $\mathbf{C}^N$ 中, 存在如下的“勾股定理”分解关系和恒等式:

$$\begin{cases}\mathscr{D}_{j+1}^{(0)}=\mathscr{R}_{j}^{(1)}+\mathscr{R}_{j-1}^{(1)}+\cdots+\mathscr{R}_{j-L}^{(1)}+\mathscr{R}_{j-L}^{(0)}\\ \|\mathscr{D}_{j+1}^{(0)}\|^2=\|\mathscr{R}_{j}^{(1)}\|^2+\|\mathscr{R}_{j-1}^{(1)}\|^2+\cdots+\|\mathscr{R}_{j-L}^{(1)}\|^2+\|\mathscr{R}_{j-L}^{(0)}\|^2\end{cases}$$

而且，根据 N 维复数向量空间 $\mathbf{C}^N$ 中“欧氏范数(距离)”的定义，这些向量的欧氏长度可以表示为

$$\begin{cases} \| \mathscr{D}_{j+1}^{(0)} \|^2 = \sum_{n=0}^{N-1} | d_{j+1,n}^{(0)} |^2 \\ \| \mathscr{R}_{j-\ell}^{(1)} \|^2 = \sum_{k=0}^{(2^{-(\ell+1)}N-1)} | d_{j-\ell,k}^{(1)} |^2, \quad \ell = 0,1,2,\cdots,L \\ \| \mathscr{R}_{j-L}^{(0)} \|^2 = \sum_{k=0}^{(2^{-(L+1)}N-1)} | d_{j-\ell,k}^{(0)} |^2 \end{cases}$$

3.8.13　将 $(L+2)$ 个矩阵 $\mathcal{G}_0, \mathcal{H}_0\mathcal{G}_1, \cdots, \mathcal{H}_0 \cdots \mathcal{H}_{L-1}\mathcal{G}_L, \mathcal{H}_0 \cdots \mathcal{H}_{L-1}\mathcal{H}_L$ 全部按照列向量的形式重新约定写成如下格式：

$$\begin{aligned} \mathcal{G}^{(0)} &= \mathcal{G}_0 = \mathcal{G} \\ &= [\mathbf{g}(0,2k) = \{g_{0,2k,m}; 0 \leqslant m \leqslant N-1\}^{\mathrm{T}} = \mathbf{g}^{(2k)}; 0 \leqslant k \leqslant [2^{-1}N]-1]_{N\times[2^{-1}N]} \\ \mathcal{G}^{(1)} &= \mathcal{H}_0\mathcal{G}_1 \\ &= [\mathbf{g}(1,4k) = \{g_{1,4k,m}; 0 \leqslant m \leqslant N-1\}^{\mathrm{T}}; 0 \leqslant k \leqslant [2^{-2}N]-1]_{N\times[2^{-2}N]} \\ \mathcal{G}^{(2)} &= \mathcal{H}_0\mathcal{H}_1\mathcal{G}_2 \\ &= [\mathbf{g}(2,8k) = \{g_{2,8k,m}; 0 \leqslant m \leqslant N-1\}^{\mathrm{T}}; 0 \leqslant k \leqslant [2^{-3}N]-1]_{N\times[2^{-3}N]} \\ &\vdots \\ \mathcal{G}^{(\ell)} &= \mathcal{H}_0 \cdots \mathcal{H}_{\ell-1}\mathcal{G}_\ell \\ &= [\mathbf{g}(\ell,2^{\ell+1}k) = \{g_{\ell,2^{\ell+1}k,m}; 0 \leqslant m \leqslant N-1\}^{\mathrm{T}}; 0 \leqslant k \leqslant [2^{-(\ell+1)}N]-1]_{N\times[2^{-(\ell+1)}N]} \\ &\vdots \\ \mathcal{G}^{(L)} &= \mathcal{H}_0 \cdots \mathcal{H}_{L-1}\mathcal{G}_L \\ &= [\mathbf{g}(L,2^{L+1}k) = \{g_{L,2^{L+1}k,m}; 0 \leqslant m \leqslant N-1\}^{\mathrm{T}}; 0 \leqslant k \leqslant [2^{-(L+1)}N]-1]_{N\times[2^{-(L+1)}N]} \\ \mathcal{H}^{(L)} &= \mathcal{H}_0 \cdots \mathcal{H}_{L-1}\mathcal{H}_L \\ &= [\mathbf{h}(L,2^{L+1}k) = \{h_{L,2^{L+1}k,m}; 0 \leqslant m \leqslant N-1\}^{\mathrm{T}}; 0 \leqslant k \leqslant [2^{-(L+1)}N]-1]_{N\times[2^{-(L+1)}N]} \end{aligned}$$

证明：$(L+2)$ 个矩阵 $\mathcal{G}^{(0)}, \mathcal{G}^{(1)}, \mathcal{G}^{(2)}, \cdots, \mathcal{G}^{(\ell)}, \cdots, \mathcal{G}^{(L)}, \mathcal{H}^{(L)}$ 的全部列向量系

$$\left[\bigcup_{\ell=0}^{L} \{\mathbf{g}(\ell,2^{\ell+1}k); 0 \leqslant k \leqslant [2^{-(\ell+1)}N]-1\}\right] \cup \{\mathbf{h}(L,2^{L+1}k); 0 \leqslant k \leqslant [2^{-(L+1)}N]-1\}$$

是 N 维复数向量空间 $\mathbf{C}^N$ 的规范正交基.

3.8.14　引入子空间序列记号：

$$\begin{aligned} \mathscr{W}_{j-\ell} &= \mathrm{Closespan}\{\mathbf{g}(\ell,2^{\ell+1}k); 0 \leqslant k \leqslant [2^{-(\ell+1)}N]-1\}, \quad \ell = 0,1,2,\cdots,L \\ \mathscr{V}_{j-L} &= \mathrm{Closespan}\{\mathbf{h}(L,2^{L+1}k); 0 \leqslant k \leqslant [2^{-(L+1)}N]-1\} \end{aligned}$$

证明: N 维复数向量空间 $\mathbf{C}^N$ 的子空间序列 $\{\mathscr{V}_{j-L},\mathscr{W}_{j-\ell},\ell=0,1,2,\cdots,L\}$ 是相互正交的, 而且

$$\mathbf{C}^N=\mathscr{V}_{j-L}\oplus\left[\bigoplus_{\ell=0,1,2,\cdots,L}\mathscr{W}_{j-\ell}\right]$$

3.8.15 证明: 在 $\mathbf{C}^N$ 的平凡规范正交基 $\{e_k;k=0,1,\cdots,N-1\}$ 之下, $\mathscr{D}_{j+1}^{(0)}$ 在子空间序列 $\mathscr{W}_{j-\ell},\ell=0,1,2,\cdots,L,\mathscr{V}_{j-L}$ 上的正交投影的坐标分别是

$$\mathscr{R}_j^{(1)},\mathscr{R}_{j-1}^{(1)},\cdots,\mathscr{R}_{j-L}^{(1)},\mathscr{R}_{j-L}^{(0)}$$

其中

$$\begin{aligned}
\mathscr{R}_j^{(1)}&=\mathcal{G}_0\mathscr{D}_j^{(1)}\\
\mathscr{R}_{j-1}^{(1)}&=\mathcal{H}_0\mathcal{G}_1\mathscr{D}_{j-1}^{(1)}\\
&\ \ \vdots\\
\mathscr{R}_{j-L}^{(1)}&=\mathcal{H}_0\cdots\mathcal{H}_{L-1}\mathcal{G}_L\mathscr{D}_{j-L}^{(1)}\\
\mathscr{R}_{j-L}^{(0)}&=\mathcal{H}_0\cdots\mathcal{H}_{L-1}\mathcal{H}_L\mathscr{D}_{j-L}^{(0)}
\end{aligned}$$

此外, 在向量空间 $\mathbf{C}^N$ 的新的规范正交基

$$\left[\bigcup_{\ell=0}^{L}\{\mathbf{g}(\ell,2^{\ell+1}k);0\leqslant k\leqslant[2^{-(\ell+1)}N]-1\}\right]\cup\{\mathbf{h}(L,2^{L+1}k);0\leqslant k\leqslant[2^{-(L+1)}N]-1\}$$

之下, $\mathscr{D}_{j+1}^{(0)}$ 在子空间序列 $\mathscr{W}_{j-\ell},\ell=0,1,2,\cdots,L,\mathscr{V}_{j-L}$ 上的正交投影的坐标分别是

$$\mathscr{D}_j^{(1)},\mathscr{D}_{j-1}^{(1)},\cdots,\mathscr{D}_{j-L}^{(1)},\mathscr{D}_{j-L}^{(0)}$$

其中

$$\begin{cases}\mathscr{D}_{j-\ell}^{(1)}=\{d_{j-\ell,k}^{(1)};k=0,1,\cdots,(2^{-(\ell+1)}N-1)\}^{\mathrm{T}},\quad \ell=0,1,2,\cdots,L\\ \mathscr{D}_{j-L}^{(0)}=\{d_{j-L,k}^{(0)};k=0,1,\cdots,(2^{-(L+1)}N-1)\}^{\mathrm{T}}\end{cases}$$

注释:

(1) 在向量空间 $\mathbf{C}^N$ 的平凡规范正交基 $\{e_k;k=0,1,\cdots,N-1\}$ 中, 对于任意的整数 $k=0,1,\cdots,N-1$, e_k 表示第 k 行元素等于 1 而且其他各行元素都是 0 的 N 维列向量.

(2) 在向量空间 $\mathbf{C}^N$ 的这个新规范正交基之下, 从形式上看,

$$\mathscr{D}_{j-L}^{(0)}=\{d_{j-L,k}^{(0)};k=0,1,\cdots,(2^{-(L+1)}N-1)\}^{\mathrm{T}}$$

的坐标分量只有 $2^{-(L+1)}N$, 但它本质上应该是 N 分量, 只不过, 其他分量都是 0. 这里所罗列出的分量 $d_{j-L,k}^{(0)};k=0,1,\cdots,(2^{-(L+1)}N-1)$ 是 $\mathscr{D}_{j+1}^{(0)}$ 在子空间

$$\mathscr{V}_{j-L}=\mathrm{Closespan}\{\mathbf{h}(L,2^{L+1}k);0\leqslant k\leqslant[2^{-(L+1)}N]-1\}$$

上正交投影相对于规范正交系 $\{\mathbf{h}(L,2^{L+1}k);0\leqslant k\leqslant[2^{-(L+1)}N]-1\}$ 的坐标，而这个正交投影在规范正交系 $\bigcup_{\ell=0}^{L}\{\mathbf{g}(\ell,2^{\ell+1}k);0\leqslant k\leqslant[2^{-(\ell+1)}N]-1\}$ 下的坐标全部都是 0.

(3) 在空间 $\mathbf{C}^N$ 的新规范正交基之下，从形式上看，当 $\ell=0,1,2,\cdots,L$ 时

$$\mathscr{D}_{j-\ell}^{(1)}=\{d_{j-\ell,k}^{(1)};k=0,1,\cdots,(2^{-(\ell+1)}N-1)\}^{\mathrm{T}}$$

的坐标分量只有 $2^{-(\ell+1)}N$，但它本质上应该是 N 分量，只不过，其他分量都是 0. 这里所罗列出的分量 $d_{j-\ell,k}^{(1)};k=0,1,\cdots,(2^{-(\ell+1)}N-1)$ 是 $\mathscr{D}_{j+1}^{(0)}$ 在子空间

$$\mathscr{W}_{j-\ell}=\mathrm{Closespan}\{\mathbf{g}(\ell,2^{\ell+1}k);0\leqslant k\leqslant[2^{-(\ell+1)}N]-1\}$$

上正交投影相对于规范正交系 $\{\mathbf{g}(\ell,2^{\ell+1}k);0\leqslant k\leqslant[2^{-(\ell+1)}N]-1\}$ 的坐标，而这个正交投影在 $\mathbf{C}^N$ 的新规范正交基的其他向量(坐标轴)上的坐标全部都是 0.

习题 3.9　多分辨率分析小波包理论

假设函数(信号)空间 $\mathcal{L}^2(\mathbb{R})$ 的闭线性子空间列 $\{V_j;j\in\mathbb{Z}\}$ 和函数 $\phi(x)$ 构成 $\mathcal{L}^2(\mathbb{R})$ 中的多分辨率分析，即如下 5 个公理成立:

① 单调性: $V_j\subset V_{j+1}$, $\forall j\in\mathbb{Z}$;

② 唯一性: $\bigcap_{j\in\mathbb{Z}}V_j=\{0\}$;

③ 稠密性: $\overline{\left(\bigcup_{j\in\mathbb{Z}}V_j\right)}=\mathcal{L}^2(\mathbb{R})$;

④ 伸缩性: $f(x)\in V_j\Leftrightarrow f(2x)\in V_{j+1}$, $\forall j\in\mathbb{Z}$;

⑤ 结构性: $\{\phi(x-n)\,;\,n\in\mathbb{Z}\}$ 构成子空间 V_0 的标准正交基.

其中，$\forall j\in\mathbb{Z}$，V_j 称为(第 j 级)尺度子空间. 此外，定义空间 $\mathcal{L}^2(\mathbb{R})$ 的闭线性子空间列 $\{W_j;j\in\mathbb{Z}\}$：对 $\forall j\in\mathbb{Z}$，子空间 W_j 满足：$W_j\perp V_j,V_{j+1}=W_j\oplus V_j$，其中，$W_j$ 称为(第 j 级)小波子空间. 空间序列 $\{W_j;j\in\mathbb{Z}\}$ 相互正交，$W_j\perp W_\ell$，$\forall j\neq\ell,(j,\ell)\in\mathbb{Z}^2$，且有伸缩关系：$u(x)\in W_j\Leftrightarrow u(2x)\in W_{j+1}$，其中 $j\in\mathbb{Z}$ 空间列 $\{V_j;j\in\mathbb{Z}\}$ 和空间列 $\{W_j;j\in\mathbb{Z}\}$ 具有如下正交关系:

$$W_m\perp V_j,\quad\forall(j,m)\in\mathbb{Z}^2,\quad m\geqslant j$$

这样，空间 $\mathcal{L}^2(\mathbb{R})$ 与空间列 $\{V_j;j\in\mathbb{Z}\}$、空间列 $\{W_j;j\in\mathbb{Z}\}$ 之间具有如下线性空间分解关系:

$$\mathcal{L}^2(\mathbb{R}) = \bigoplus_{m\in\mathbb{Z}} W_m$$
$$\mathcal{L}^2(\mathbb{R}) = V_j \oplus \left(\bigoplus_{m\geqslant j} W_m\right)$$
$$V_{j+1} = \bigoplus_{\ell=0}^{+\infty} W_{j-\ell}$$

而且

$$\begin{aligned} V_{j+1} &= W_j \oplus V_j \\ &= W_j \oplus W_{j-1} \oplus V_{j-1} \\ &= W_j \oplus W_{j-1} \oplus \cdots \oplus W_{j-L} \oplus V_{j-L}, \quad L \in \mathbb{N} \end{aligned}$$

多分辨率分析的尺度方程和小波方程:

$$\begin{cases} \phi(x) = \sqrt{2}\sum\limits_{n\in\mathbb{Z}} h_n \phi(2x-n) \\ \psi(x) = \sqrt{2}\sum\limits_{n\in\mathbb{Z}} g_n \phi(2x-n) \end{cases}$$

或者等价地: 对于任意的整数 $j \in \mathbb{Z}$,

$$\begin{cases} \phi_{j,k}(x) = \sum\limits_{n\in\mathbb{Z}} h_{n-2k}\phi_{j+1,n}(x), & k\in\mathbb{Z} \\ \psi_{j,k}(x) = \sum\limits_{n\in\mathbb{Z}} g_{n-2k}\phi_{j+1,n}(x), & k\in\mathbb{Z} \end{cases}$$

其中 $\{\phi_{j,k}(x) = 2^{j/2}\phi(2^j x - k); k\in\mathbb{Z}\}$ 和 $\{\psi_{j,k}(x) = 2^{j/2}\psi(2^j x - k); k\in\mathbb{Z}\}$ 是函数空间 $\mathcal{L}^2(\mathbb{R})$ 中相互正交的整数平移规范正交函数系, 而且, 它们分别构成 V_j 和 W_j 的规范正交基, 两者共同组成 $V_{j+1} = W_j \oplus V_j$ 的规范正交基.

定义符号

$$\mathrm{H}(\omega) = 2^{-0.5}\sum_{n\in\mathbb{Z}} h_n e^{-i\omega n}$$
$$\mathrm{G}(\omega) = 2^{-0.5}\sum_{n\in\mathbb{Z}} g_n e^{-i\omega n}$$

以及 2×2 矩阵

$$\mathbf{M}(\omega) = \begin{pmatrix} \mathrm{H}(\omega) & \mathrm{H}(\omega+\pi) \\ \mathrm{G}(\omega) & \mathrm{G}(\omega+\pi) \end{pmatrix}$$

那么, 这个矩阵 $\mathbf{M}(\omega)$ 是酉矩阵, 即矩阵 $\mathbf{M}(\omega)$ 满足如下等式:

$$\mathbf{M}(\omega)\mathbf{M}^*(\omega) = \mathbf{M}^*(\omega)\mathbf{M}(\omega) = \begin{pmatrix} 1 & 0 \\ 0 & 1 \end{pmatrix}$$

其中矩阵 $\mathbf{M}^*(\omega)$ 表示矩阵 $\mathbf{M}(\omega)$ 的复数共轭转置:

$$\mathbf{M}^*(\omega)=\begin{pmatrix}\overline{\mathrm{H}}(\omega) & \overline{\mathrm{G}}(\omega)\\ \overline{\mathrm{H}}(\omega+\pi) & \overline{\mathrm{G}}(\omega+\pi)\end{pmatrix}$$

而且，$\overline{\mathrm{H}}(\omega),\overline{\mathrm{G}}(\omega)$ 分别表示 $\mathrm{H}(\omega),\mathrm{G}(\omega)$ 的复数共轭.

或者等价地，当 $\omega\in[0,2\pi]$ 时，

$$\begin{cases}|\mathrm{H}(\omega)|^2+|\mathrm{H}(\omega+\pi)|^2=1\\ |\mathrm{G}(\omega)|^2+|\mathrm{G}(\omega+\pi)|^2=1\\ \mathrm{H}(\omega)\overline{\mathrm{G}}(\omega)+\mathrm{H}(\omega+\pi)\overline{\mathrm{G}}(\omega+\pi)=0\end{cases}$$

或者等价地，对于任意的 $(m,k)\in\mathbb{Z}^2$，

$$\begin{cases}\left\langle\mathbf{h}^{(2m)},\mathbf{h}^{(2k)}\right\rangle=\sum\limits_{n\in\mathbb{Z}}h_{n-2m}\overline{h}_{n-2k}=\delta(m-k)\\ \left\langle\mathbf{g}^{(2m)},\mathbf{g}^{(2k)}\right\rangle=\sum\limits_{n\in\mathbb{Z}}g_{n-2m}\overline{g}_{n-2k}=\delta(m-k)\\ \left\langle\mathbf{g}^{(2m)},\mathbf{h}^{(2k)}\right\rangle=\sum\limits_{n\in\mathbb{Z}}g_{n-2m}\overline{h}_{n-2k}=0\end{cases}$$

其中，$\mathbf{h}^{(m)}=\{h_{n-m};n\in\mathbb{Z}\}^{\mathrm{T}}\in\ell^2(\mathbb{Z}),\mathbf{g}^{(m)}=\{g_{n-m};n\in\mathbb{Z}\}^{\mathrm{T}}\in\ell^2(\mathbb{Z}),m\in\mathbb{Z}$. 换句话说，$\{\mathbf{h}^{(2m)};m\in\mathbb{Z}\}$ 和 $\{\mathbf{g}^{(2m)};m\in\mathbb{Z}\}$ 是 $\ell^2(\mathbb{Z})$ 中相互正交的两个双整数平移平方可和无穷维规范正交向量系，而且，它们共同构成 $\ell^2(\mathbb{Z})$ 的规范正交基.

再或者，等价地，对于任意的 $(m,k)\in\mathbb{Z}^2$，

$$\begin{cases}\left\langle\phi(\cdot-k),\phi(\cdot-m)\right\rangle=\int_{x\in\mathbb{R}}\phi(x-k)\overline{\phi}(x-m)dx=\delta(k-m)\\ \left\langle\psi(\cdot-k),\psi(\cdot-m)\right\rangle=\int_{x\in\mathbb{R}}\psi(x-k)\overline{\psi}(x-m)dx=\delta(k-m)\\ \left\langle\phi(\cdot-k),\psi(\cdot-m)\right\rangle=\int_{x\in\mathbb{R}}\phi(x-k)\overline{\psi}(x-m)dx=0\end{cases}$$

即 $\{\phi(x-n);n\in\mathbb{Z}\}$ 和 $\{\psi(x-n);n\in\mathbb{Z}\}$ 是 $\mathcal{L}^2(\mathbb{R})$ 中相互正交的两个整数平移规范正交函数系，而且，它们共同构成 V_1 的规范正交基.

3.9.1　子空间正交直和分解引理(定理). 设函数空间 $\mathcal{L}^2(\mathbb{R})$ 的子空间 $\mathcal{L}$ 存在由函数 $\zeta(x)$ 平移产生的规范正交基 $\{\sqrt{2}\zeta(2x-n);n\in\mathbb{Z}\}$，定义函数:

$$\begin{cases}\varsigma(x)=\sqrt{2}\sum\limits_{n\in\mathbb{Z}}h_n\zeta(2x-n)\\ \upsilon(x)=\sqrt{2}\sum\limits_{n\in\mathbb{Z}}g_n\zeta(2x-n)\end{cases}$$

那么，$\{\varsigma(x-n);n\in\mathbb{Z}\}$ 和 $\{\upsilon(x-n);n\in\mathbb{Z}\}$ 是 $\mathcal{L}^2(\mathbb{R})$ 中相互正交的两个整数平移规范正交函数系，而且，它们共同构成子空间 $\mathcal{L}$ 的规范正交基.

提示: 首先证明: 对于任意的 $(n,m)\in\mathbb{Z}^2$,

$$\begin{cases}\left\langle \varsigma(\cdot-n),\varsigma(\cdot-m)\right\rangle=\int_{x\in\mathbb{R}}\varsigma(x-n)\overline{\varsigma}(x-m)dx=\delta(n-m)\\ \left\langle \upsilon(\cdot-n),\upsilon(\cdot-m)\right\rangle=\int_{x\in\mathbb{R}}\upsilon(x-n)\overline{\upsilon}(x-m)dx=\delta(n-m)\\ \left\langle \varsigma(\cdot-n),\upsilon(\cdot-m)\right\rangle=\int_{x\in\mathbb{R}}\varsigma(x-n)\overline{\upsilon}(x-m)dx=0\end{cases}$$

根据定义可知:

$$\begin{cases}\varsigma(x)=\sqrt{2}\sum_{n\in\mathbb{Z}}h_n\zeta(2x-n)\\ \upsilon(x)=\sqrt{2}\sum_{n\in\mathbb{Z}}g_n\zeta(2x-n)\end{cases}\Leftrightarrow\begin{cases}\Xi(\omega)=\mathrm{H}(\omega/2)\mathrm{Z}(\omega/2)\\ \Upsilon(\omega)=\mathrm{G}(\omega/2)\mathrm{Z}(\omega/2)\end{cases}$$

其中, $\mathrm{Z}(\omega),\Xi(\omega),\Upsilon(\omega)$ 分别是 $\zeta(x),\varsigma(x),\upsilon(x)$ 的傅里叶变换, 于是

$$\begin{aligned}\left\langle \varsigma(\cdot-n),\varsigma(\cdot-m)\right\rangle&=\int_{x\in\mathbb{R}}\varsigma(x-n)\overline{\varsigma}(x-m)dx\\&=\int_{\omega\in\mathbb{R}}|\ \Xi(\omega)\ |^2\ e^{-i\omega(n-m)}d\omega\\&=\int_{\omega\in\mathbb{R}}|\ \mathrm{H}(\omega/2)\mathrm{Z}(\omega/2)\ |^2\ e^{-i\omega(n-m)}d\omega\\&=\sum_{k=-\infty}^{+\infty}\int_{4\pi k}^{4\pi(k+1)}|\ \mathrm{H}(\omega/2)\ |^2|\ \mathrm{Z}(\omega/2)\ |^2\ e^{-i\omega(n-m)}d\omega\\&=\int_0^{4\pi}|\ \mathrm{H}(\omega/2)\ |^2\ e^{-i\omega(n-m)}\sum_{k=-\infty}^{+\infty}|\ \mathrm{Z}(\omega/2+2k\pi)\ |^2d\omega\\&=\frac{1}{2\pi}\int_0^{4\pi}|\ \mathrm{H}(\omega/2)\ |^2\ e^{-i\omega(n-m)}d\omega\end{aligned}$$

化简得到

$$\begin{aligned}\left\langle \varsigma(\cdot-n),\varsigma(\cdot-m)\right\rangle&=\frac{1}{2\pi}\int_0^{4\pi}|\ \mathrm{H}(\omega/2)\ |^2\ e^{-i\omega(n-m)}d\omega\\&=\frac{1}{2\pi}\int_0^{2\pi}\left[|\ \mathrm{H}(\omega/2)\ |^2+|\ \mathrm{H}(\omega/2+\pi)\ |^2\right]e^{-i\omega(n-m)}d\omega\\&=\frac{1}{2\pi}\int_0^{2\pi}e^{-i\omega(n-m)}d\omega=\delta(n-m)\end{aligned}$$

而且

$$\begin{aligned}\left\langle \upsilon(\cdot-n),\upsilon(\cdot-m)\right\rangle&=\int_{x\in\mathbb{R}}\upsilon(x-n)\overline{\upsilon}(x-m)dx\\&=\int_{\omega\in\mathbb{R}}|\ \Upsilon(\omega)\ |^2\ e^{-i\omega(n-m)}d\omega\\&=\int_{\omega\in\mathbb{R}}|\ \mathrm{G}(\omega/2)\mathrm{Z}(\omega/2)\ |^2\ e^{-i\omega(n-m)}d\omega\\&=\sum_{k=-\infty}^{+\infty}\int_{4\pi k}^{4\pi(k+1)}|\ \mathrm{G}(\omega/2)\ |^2|\ \mathrm{Z}(\omega/2)\ |^2\ e^{-i\omega(n-m)}d\omega\\&=\int_0^{4\pi}|\ \mathrm{G}(\omega/2)\ |^2\ e^{-i\omega(n-m)}\sum_{k=-\infty}^{+\infty}|\ \mathrm{Z}(\omega/2+2k\pi)\ |^2d\omega\end{aligned}$$

$$
\begin{aligned}
&= \frac{1}{2\pi}\int_0^{4\pi} |\, \mathrm{G}(\omega/2)\,|^2\ e^{-i\omega(n-m)}\mathrm{d}\omega \\
&= \frac{1}{2\pi}\int_0^{2\pi} [|\, G(\omega/2)\,|^2 + |\, G(\omega/2+\pi)\,|^2] e^{-i\omega(n-m)}\mathrm{d}\omega \\
&= \frac{1}{2\pi}\int_0^{2\pi} e^{-i\omega(n-m)}\mathrm{d}\omega = \delta(n-m)
\end{aligned}
$$

同时

$$
\begin{aligned}
&\Big\langle \varsigma(\cdot-n), \upsilon(\cdot-m)\Big\rangle \\
&= \int_{x\in\mathbb{R}} \varsigma(x-k)\overline{\upsilon}(x-m)dx = \int_{\omega\in\mathbb{R}} [\Xi(\omega)][\Upsilon(\omega)]^* e^{-i\omega(n-m)}d\omega \\
&= \int_{\omega\in\mathbb{R}} [\mathrm{H}(\omega/2)][\mathrm{G}(\omega/2)]^*\ |\, \mathrm{Z}(\omega/2)\,|^2\ e^{-i\omega(n-m)}d\omega \\
&= \sum_{k=-\infty}^{+\infty} \int_{4\pi k}^{4\pi(k+1)} [\mathrm{H}(\omega/2)][\mathrm{G}(\omega/2)]^*\ |\, \mathrm{Z}(\omega/2)\,|^2\ e^{-i\omega(n-m)}d\omega \\
&= \int_0^{4\pi} [\mathrm{H}(\omega/2)][\mathrm{G}(\omega/2)]^* e^{-i\omega(n-m)} \sum_{k=-\infty}^{+\infty} |\, \mathrm{Z}(\omega/2+2k\pi)\,|^2 \mathrm{d}\omega \\
&= \frac{1}{2\pi}\int_0^{4\pi} [\mathrm{H}(\omega/2)][\mathrm{G}(\omega/2)]^* e^{-i\omega(n-m)}\mathrm{d}\omega \\
&= \frac{1}{2\pi}\int_0^{2\pi} \{[\mathrm{H}(\omega/2)][\mathrm{G}(\omega/2)]^* + [\mathrm{H}(\omega/2+\pi)][\mathrm{G}(\omega/2+\pi)]^*\} e^{-i\omega(n-m)}\mathrm{d}\omega \\
&= 0
\end{aligned}
$$

其中, 利用了如下恒等式:

$$
2\pi \sum_{k=-\infty}^{+\infty} |\, \mathrm{Z}(\omega/2+2k\pi)\,|^2 = 1
$$

事实上, 因 $\{\sqrt{2}\zeta(2x-n); n\in\mathbb{Z}\}$ 是空间 $\mathcal{L}^2(\mathbb{R})$ 的平移规范正交系, 即

$$
\Big\langle \sqrt{2}\zeta(2\cdot-n), \sqrt{2}\zeta(2\cdot-m)\Big\rangle = \int_{x\in\mathbb{R}} \sqrt{2}\zeta(2x-n)\sqrt{2}\overline{\zeta}(2x-n)dx = \delta(n-m)
$$

对于任意的 $(n,m)\in\mathbb{Z}^2$ 成立. 因此,

$$
\begin{aligned}
\Big\langle \sqrt{2}\zeta(2\cdot-n), \sqrt{2}\zeta(2\cdot-m)\Big\rangle &= \int_{x\in\mathbb{R}} \sqrt{2}\zeta(2x-n)\sqrt{2}\overline{\zeta}(2x-m)dx \\
&= \int_{\omega\in\mathbb{R}} \left|\frac{1}{\sqrt{2}}\mathrm{Z}(\omega/2)\right|^2 e^{-i(\omega/2)(n-m)}d\omega \\
&= \int_{\omega\in\mathbb{R}} |\, \mathrm{Z}(\omega)\,|^2\ e^{-i\omega(n-m)}d\omega \\
&= \sum_{k=-\infty}^{+\infty} \int_{2\pi k}^{2\pi(k+1)} |\, \mathrm{Z}(\omega)\,|^2\ e^{-i\omega(n-m)}d\omega \\
&= \int_0^{2\pi} e^{-i\omega(n-m)} \sum_{k=-\infty}^{+\infty} |\, \mathrm{Z}(\omega+2k\pi)\,|^2 \mathrm{d}\omega \\
&= \delta(n-m)
\end{aligned}
$$

对于任意的 $(n,m)\in\mathbb{Z}^2$ 都成立. 这样可以确认 $2\pi\sum_{k=-\infty}^{+\infty}|\mathrm{Z}(\omega+2k\pi)|^2=1$.

其次证明 $\{\varsigma(x-n),\upsilon(x-n);n\in\mathbb{Z}\}$ 是 $\boldsymbol{\mathcal{L}}$ 的完全规范正交函数系, 即对于任意 $\xi(x)\in\boldsymbol{\mathcal{L}}$, 如果 $\xi(x)\perp\{\varsigma(x-n);n\in\mathbb{Z}\}$ 而且 $\xi(x)\perp\{\upsilon(x-n);n\in\mathbb{Z}\}$, 那么 $\xi(x)=0$.

实际上, 因为 $\xi(x)\in\boldsymbol{\mathcal{L}}$, 所以存在 $\{\xi_n,n\in\mathbb{Z}\}$ 且 $\sum_{n\in\mathbb{Z}}|\xi_n|^2<+\infty$, 满足

$$\xi(x)=\sqrt{2}\sum_{n\in\mathbb{Z}}\xi_n\zeta(2x-n)\Leftrightarrow\Gamma(\omega)=\mathrm{K}(\omega/2)\mathrm{Z}(\omega/2)$$

其中 $\mathrm{K}(\omega)=\dfrac{1}{\sqrt{2}}\sum_{n\in\mathbb{Z}}\xi_n e^{-i\omega n}$ 是周期 2π 的平方可积或能量有限函数, $\Gamma(\omega)$ 是 $\xi(x)$ 的傅里叶变换. 对于任意的整数 $m\in\mathbb{Z}$, 容易推导获得如下等式:

$$\begin{aligned}0&=\left\langle\xi(\cdot),\upsilon(\cdot-m)\right\rangle\\&=\int_{x\in\mathbb{R}}\xi(x)\overline{\upsilon}(x-m)dx=\int_{\omega\in\mathbb{R}}[\Gamma(\omega)][\Upsilon(\omega)]^*e^{i\omega m}d\omega\\&=\int_{\omega\in\mathbb{R}}[\mathrm{K}(\omega/2)][\mathrm{G}(\omega/2)]^*\mid\mathrm{Z}(\omega/2)\mid^2 e^{i\omega m}d\omega\\&=\frac{1}{2\pi}\int_0^{2\pi}\{[\mathrm{K}(\omega/2)][\mathrm{G}(\omega/2)]^*+[\mathrm{K}(\omega/2+\pi)][\mathrm{G}(\omega/2+\pi)]^*\}e^{i\omega m}\mathrm{d}\omega\end{aligned}$$

而且

$$\begin{aligned}0&=\left\langle\xi(\cdot),\varsigma(\cdot-m)\right\rangle\\&=\int_{x\in\mathbb{R}}\xi(x)\overline{\varsigma}(x-m)dx=\int_{\omega\in\mathbb{R}}[\Gamma(\omega)][\Xi(\omega)]^*e^{i\omega m}d\omega\\&=\int_{\omega\in\mathbb{R}}[\mathrm{K}(\omega/2)][\mathrm{H}(\omega/2)]^*\mid\mathrm{Z}(\omega/2)\mid^2 e^{i\omega m}d\omega\\&=\frac{1}{2\pi}\int_0^{2\pi}\{[\mathrm{K}(\omega/2)][\mathrm{H}(\omega/2)]^*+[\mathrm{K}(\omega/2+\pi)][\mathrm{H}(\omega/2+\pi)]^*\}e^{i\omega m}\mathrm{d}\omega\end{aligned}$$

得到方程组:

$$\begin{cases}[\mathrm{K}(\omega/2)][\mathrm{H}(\omega/2)]^*+[\mathrm{K}(\omega/2+\pi)][\mathrm{H}(\omega/2+\pi)]^*=0\\ [\mathrm{K}(\omega/2)][\mathrm{G}(\omega/2)]^*+[\mathrm{K}(\omega/2+\pi)][\mathrm{G}(\omega/2+\pi)]^*=0\end{cases}$$

或者改写为

$$(\mathrm{K}(\omega/2),\mathrm{K}(\omega/2+\pi))\mathbf{M}^*(\omega)=(0,0)$$

因为

$$\mathbf{M}(\omega)\mathbf{M}^*(\omega)=\mathbf{M}^*(\omega)\mathbf{M}(\omega)=\begin{pmatrix}1&0\\0&1\end{pmatrix}$$

所以

$$\mathrm{K}(\omega/2)=0$$

从而

$$\xi(x)=0$$

这说明 $\{\varsigma(x-n),\upsilon(x-n);n\in\mathbb{Z}\}$ 是子空间 $\boldsymbol{\mathcal{L}}$ 完全规范正交函数系.

3.9.2　设函数空间 $\boldsymbol{\mathcal{L}}^2(\mathbb{R})$ 的子空间 $\boldsymbol{\mathcal{L}}$ 存在由函数 $\zeta(x)$ 平移产生的规范正交基 $\{\sqrt{2}\zeta(2x-n);n\in\mathbb{Z}\}$，定义函数:

$$\begin{cases}\varsigma(x)=\sqrt{2}\sum\limits_{n\in\mathbb{Z}}h_n\zeta(2x-n)\\ \upsilon(x)=\sqrt{2}\sum\limits_{n\in\mathbb{Z}}g_n\zeta(2x-n)\end{cases}$$

而且

$$\begin{cases}\boldsymbol{\mathcal{L}}_0=\text{Closespan}\{\varsigma(x-n);n\in\mathbb{Z}\}\\ \boldsymbol{\mathcal{L}}_1=\text{Closespan}\{\upsilon(x-n);n\in\mathbb{Z}\}\end{cases}$$

证明: $\boldsymbol{\mathcal{L}}_0\perp\boldsymbol{\mathcal{L}}_1,\boldsymbol{\mathcal{L}}=\boldsymbol{\mathcal{L}}_0\oplus\boldsymbol{\mathcal{L}}_1$.

提示: 直接利用习题 3.9.1 的结论即可.

3.9.3　设 $\boldsymbol{\mathcal{L}}$ 是函数空间 $\boldsymbol{\mathcal{L}}^2(\mathbb{R})$ 的线性子空间，而函数 $\zeta(x)\in\boldsymbol{\mathcal{L}}$ 的整数平移函数系 $\{\zeta_{j+1,k}(x)=2^{(j+1)/2}\zeta(2^{j+1}x-k);k\in\mathbb{Z}\}$ 是 $\boldsymbol{\mathcal{L}}$ 的规范正交基. 按照如下方式定义 $\boldsymbol{\mathcal{L}}$ 中的两个函数 $\varsigma(x),\upsilon(x)$:

$$\begin{cases}\varsigma_{j,k}(x)=2^{j/2}\varsigma(2^jx-k)=\sum\limits_{n\in\mathbb{Z}}h_{n-2k}\zeta_{j+1,n}(x),\quad k\in\mathbb{Z}\\ \upsilon_{j,k}(x)=2^{j/2}\upsilon(2^jx-k)=\sum\limits_{n\in\mathbb{Z}}g_{n-2k}\zeta_{j+1,n}(x),\quad k\in\mathbb{Z}\end{cases}$$

而且

$$\begin{cases}\boldsymbol{\mathcal{L}}_0=\text{Closespan}\{\varsigma_{j,k}(x);k\in\mathbb{Z}\}\\ \boldsymbol{\mathcal{L}}_1=\text{Closespan}\{\upsilon_{j,k}(x);k\in\mathbb{Z}\}\end{cases}$$

证明: $\{\varsigma_{j,k}(x)=2^{j/2}\varsigma(2^jx-k);k\in\mathbb{Z}\}$ 和 $\{\upsilon_{j,k}(x)=2^{j/2}\upsilon(2^jx-k);k\in\mathbb{Z}\}$ 是子空间 $\boldsymbol{\mathcal{L}}$ 中的相互正交的整数平移规范正交函数系，而且，$\boldsymbol{\mathcal{L}}_0\perp\boldsymbol{\mathcal{L}}_1,\boldsymbol{\mathcal{L}}=\boldsymbol{\mathcal{L}}_0\oplus\boldsymbol{\mathcal{L}}_1$.

提示: 仿照习题 3.9.1 的证明方法可以直接证明.

注释: 习题 3.9.1~习题 3.9.3 的结果表明，多分辨率分析中的低通滤波器系数序列 $\mathbf{h}=\{h_n;n\in\mathbb{Z}\}^{\mathrm{T}}\in\ell^2(\mathbb{Z})$ 和带通滤波器系数序列 $\mathbf{g}=\{g_n;n\in\mathbb{Z}\}^{\mathrm{T}}\in\ell^2(\mathbb{Z})$ 构成的系数向量组 $\{\mathbf{h},\mathbf{g}\}$ 能够按照由尺度方程和小波方程构成的格式将线性子空间分解成两个子空间的正交直和，前提条件是这个子空间存在由某个函数的整数平移函数系构成的规范正交基. 将这种方法重复迭代应用于多分辨率分析的尺度子空间和小波子空间，这就是小波包方法.

具体地说，如果与低通滤波器系数 $\mathbf{h}=\{h_n;n\in\mathbb{Z}\}^{\mathrm{T}}\in\ell^2(\mathbb{Z})$ 及带通滤波器系数

$\mathbf{g}=\{g_n;n\in\mathbb{Z}\}^{\mathrm{T}}\in\ell^2(\mathbb{Z})$ 进行线性组合的函数系是小波子空间 W_1 的规范正交基 $\{\sqrt{2}\psi(2x-n);n\in\mathbb{Z}\}$，那么，按上述方式处理的结果应该正好是 W_1 的正交直和分解，通过这种方式的处理，可以将 W_1 对应的频带分割得更精细，提高信号处理的频率分辨率. 用这种方法处理其他尺度上的小波子空间以及在这个过程产生的新的线性子空间，就是正交小波包分析的基本思想.

3.9.4 利用多分辨率分析中的尺度函数和小波函数，以及低通滤波器系数 $\mathbf{h}=\{h_n;n\in\mathbb{Z}\}^{\mathrm{T}}\in\ell^2(\mathbb{Z})$ 及带通滤波器系数 $\mathbf{g}=\{g_n;n\in\mathbb{Z}\}^{\mathrm{T}}\in\ell^2(\mathbb{Z})$，按照如下方式定义函数系 $\{\mu_m(x);\ m=0,1,2,\cdots\}$： $\mu_0(x)=\varphi(x),\mu_1(x)=\psi(x)$，而且

$$\begin{cases}\mu_{2m}(x)=\sqrt{2}\sum\limits_{n\in Z}h_n\mu_m(2x-n)\\ \mu_{2m+1}(x)=\sqrt{2}\sum\limits_{n\in Z}g_n\mu_m(2x-n)\end{cases}$$

称这个函数系 $\{\mu_m(x);\ m=0,1,2,\cdots\}$ 为小波包函数序列. 证明：对任意的非负整数 m，$\mu_{2m+\ell}(x)$ 的傅里叶变换 $\mathrm{N}_{2m+\ell}(\omega)$ 可以写成

$$\mathrm{N}_{2m+\ell}(\omega)=\mathrm{H}_\ell\left(\frac{\omega}{2}\right)\mathrm{N}_m\left(\frac{\omega}{2}\right),\quad \ell=0,1$$

其中

$$\begin{cases}\mathrm{H}_0(\omega)=2^{-0.5}\sum\limits_{n\in\mathbb{Z}}h_ne^{-i\omega n}\\ \mathrm{H}_1(\omega)=2^{-0.5}\sum\limits_{n\in\mathbb{Z}}g_ne^{-i\omega n}\end{cases}$$

提示：由函数系 $\{\mu_m(x);\ m=0,1,2,\cdots\}$ 的定义直接计算可得

$$\begin{cases}\mathrm{N}_0(\omega)=\mathrm{H}_0\left(\frac{\omega}{2}\right)\mathrm{N}_0\left(\frac{\omega}{2}\right)\\ \mathrm{N}_1(\omega)=\mathrm{H}_1\left(\frac{\omega}{2}\right)\mathrm{N}_0\left(\frac{\omega}{2}\right)\end{cases}$$

3.9.5 证明：对任意的非负整数 m，如果它的二进制表示如下：

$$m=\sum_{\ell=0}^{+\infty}\varepsilon_\ell\times 2^\ell$$

其中，$\varepsilon_\ell\in\{0,\ 1\}$，$\ell\geqslant 0$，那么，

$$\mathrm{N}_m(\omega)=\prod_{\ell=0}^{+\infty}\mathrm{H}_{\varepsilon_\ell}(2^{-(\ell+1)}\omega)$$

提示：利用归一化条件 $\mathrm{N}_0(0)=\hat{\phi}(0)=1$ 以及

$$\begin{cases}N_0(\omega)=\Phi(\omega)=\prod_{\ell=0}^{+\infty}H_0(2^{-(\ell+1)}\omega)\\ N_1(\omega)=\Psi(\omega)=H_1\left(\frac{\omega}{2}\right)\hat{\phi}\left(\frac{\omega}{2}\right)=H_1\left(\frac{\omega}{2}\right)\prod_{\ell=0}^{+\infty}H_0(2^{-(\ell+2)}\omega)\end{cases}$$

根据数学归纳法即可完成证明.

注释: 对任意的非负整数 m，如果它的二进制表示如下:

$$\begin{aligned}m&=\sum_{\ell=0}^{M}\varepsilon_\ell\times 2^\ell\\&=\varepsilon_M\times 2^M+\varepsilon_{M-1}\times 2^{M-1}+\cdots+\varepsilon_2\times 2^2+\varepsilon_1\times 2+\varepsilon_0\\&=(\varepsilon_M\varepsilon_{M-1}\cdots\varepsilon_2\varepsilon_1\varepsilon_0)_2\end{aligned}$$

其中，$\varepsilon_\ell\in\{0,\ 1\}$，$\ell=0,1,\cdots,M,\varepsilon_M\neq 0$. 那么,

$$\begin{aligned}N_m(\omega)&=\left[\prod_{\ell=0}^{M}H_{\varepsilon_\ell}(2^{-(\ell+1)}\omega)\right]N_0(2^{-(M+1)}\omega)\\&=\left[\prod_{\ell=0}^{M}H_{\varepsilon_\ell}(2^{-(\ell+1)}\omega)\right]\hat{\phi}(2^{-(M+1)}\omega)\end{aligned}$$

3.9.6　证明: 对任意非负整数 m，$\{\mu_m(x-n);n\in\mathbb{Z}\}$ 是规范正交函数系，即对于任意的两个整数 $(n,\ell)\in\mathbb{Z}^2$，

$$\left\langle\mu_m(\cdot-n),\ \mu_m(\cdot-\ell)\right\rangle=\delta(n-\ell)=\begin{cases}1, & n=\ell\\ 0, & n\neq\ell\end{cases}$$

提示:

$$\begin{aligned}&\left\langle\mu_m(\cdot-n),\ \mu_m(\cdot-\ell)\right\rangle\\&=\int_{x\in\mathbb{R}}\mu_m(x-n)\overline{\mu}_m(x-\ell)dx\\&=\int_{\omega\in\mathbb{R}}|\,N_m(\omega)\,|^2\,e^{-i(n-\ell)\omega}d\omega\\&=\int_{\omega\in\mathbb{R}}\left|H_{\mathrm{mod}(m,2)}\left(\frac{\omega}{2}\right)\right|^2\left|N_{[m/2]}\left(\frac{\omega}{2}\right)\right|^2e^{-i(n-\ell)\omega}d\omega\\&=\sum_{k=-\infty}^{+\infty}\int_{4\pi k}^{4\pi(k+1)}\left|H_{\mathrm{mod}(m,2)}\left(\frac{\omega}{2}\right)\right|^2\left|N_{[m/2]}\left(\frac{\omega}{2}\right)\right|^2e^{-i(n-\ell)\omega}d\omega\\&=\int_0^{4\pi}\left|H_{\mathrm{mod}(m,2)}\left(\frac{\omega}{2}\right)\right|^2\sum_{k=-\infty}^{+\infty}\left|N_{[m/2]}\left(\frac{\omega}{2}+2k\pi\right)\right|^2e^{-i(n-\ell)\omega}d\omega\\&=\frac{1}{2\pi}\int_0^{4\pi}\left|H_{\mathrm{mod}(m,2)}\left(\frac{\omega}{2}\right)\right|^2e^{-i(n-\ell)\omega}d\omega\end{aligned}$$

$$
\begin{aligned}
&= \frac{1}{2\pi}\int_0^{2\pi}\left[\left|\mathrm{H}_{\mathrm{mod}(m,2)}\left(\frac{\omega}{2}\right)\right|^2 + \left|\mathrm{H}_{\mathrm{mod}(m,2)}\left(\frac{\omega}{2}+\pi\right)\right|^2\right]e^{-i(n-\ell)\omega}\mathrm{d}\omega \\
&= \frac{1}{2\pi}\int_0^{2\pi} e^{-i(n-\ell)\omega}\mathrm{d}\omega \\
&= \delta(n-\ell)
\end{aligned}
$$

在上述推证过程中，利用了两个等式:

$$
|\,\mathrm{H}_{\mathrm{mod}(m,2)}(\omega/2)\,|^2 + |\,\mathrm{H}_{\mathrm{mod}(m,2)}(\omega/2+\pi)\,|^2 = 1
$$

和

$$
2\pi\sum_{k=-\infty}^{+\infty}|\,\mathrm{N}_{[m/2]}(\omega/2+2k\pi)\,|^2 = 1
$$

前者是多分辨率分析的必然结果，在用数学归纳法进行的证明中，后者由归纳假设并结合整数平移规范正交函数系的频域条件提供保证.

3.9.7 证明: 对任意非负整数 m，整数平移函数系 $\{\mu_{2m}(x-n);n\in\mathbb{Z}\}$ 与整数平移函数系 $\{\mu_{2m+1}(x-n);n\in\mathbb{Z}\}$ 是相互正交的，即对任意整数 $(n,\ell)\in\mathbb{Z}^2$，

$$
\left\langle \mu_{2m}(\cdot-n),\ \mu_{2m+1}(\cdot-\ell)\right\rangle = 0
$$

提示:

$$
\begin{aligned}
&\left\langle \mu_{2m}(\cdot-n),\ \mu_{2m+1}(\cdot-\ell)\right\rangle \\
&= \int_{x\in\mathbb{R}}\mu_{2m}(x-n)\overline{\mu}_{2m+1}(x-\ell)dx \\
&= \int_{\omega\in\mathbb{R}}\mathrm{H}_0\left(\frac{\omega}{2}\right)\overline{\mathrm{H}}_1\left(\frac{\omega}{2}\right)\left|\mathrm{N}_m\left(\frac{\omega}{2}\right)\right|^2 e^{-i(n-\ell)\omega}\mathrm{d}\omega \\
&= \sum_{k=-\infty}^{+\infty}\int_{4\pi k}^{4\pi(k+1)}\mathrm{H}_0\left(\frac{\omega}{2}\right)\overline{\mathrm{H}}_1\left(\frac{\omega}{2}\right)\left|\mathrm{N}_m\left(\frac{\omega}{2}\right)\right|^2 e^{-i(n-\ell)\omega}\mathrm{d}\omega \\
&= \int_0^{4\pi}\mathrm{H}_0\left(\frac{\omega}{2}\right)\overline{\mathrm{H}}_1\left(\frac{\omega}{2}\right)\sum_{k=-\infty}^{+\infty}\left|\mathrm{N}_m\left(\frac{\omega}{2}+2k\pi\right)\right|^2 e^{-i(n-\ell)\omega}\mathrm{d}\omega \\
&= \frac{1}{2\pi}\int_0^{2\pi}\left[\mathrm{H}_0\left(\frac{\omega}{2}\right)\overline{\mathrm{H}}_1\left(\frac{\omega}{2}\right)+\mathrm{H}_0\left(\frac{\omega}{2}+\pi\right)\overline{\mathrm{H}}_1\left(\frac{\omega}{2}+\pi\right)\right]e^{-i(n-\ell)\omega}\mathrm{d}\omega \\
&= 0
\end{aligned}
$$

在上述推证过程中，利用了两个等式:

$$
\mathrm{H}_0\left(\frac{\omega}{2}\right)\overline{\mathrm{H}}_1\left(\frac{\omega}{2}\right)+\mathrm{H}_0\left(\frac{\omega}{2}+\pi\right)\overline{\mathrm{H}}_1\left(\frac{\omega}{2}+\pi\right)=0
$$

和

$$2\pi\sum_{k=-\infty}^{+\infty}|\,\mathrm{N}_{[m/2]}(\omega/2+2k\pi)\,|^2=1$$

前者是多分辨率分析的必然结果，在用数学归纳法进行的证明中，后者由归纳假设并结合整数平移规范正交函数系的频域条件提供保证.

3.9.8　假设 $j\in\mathbb{Z}, m=0,1,2,\cdots$，引入函数子空间记号:

$$U_j^m=\mathrm{Closespan}\{\mu_{m,j,\ell}(x)=2^{j/2}\mu_m(2^jx-\ell);\ell\in\mathbb{Z}\}$$

称为尺度是 $a=2^{-j}$ 的第 m 级小波包子空间. 证明 $U_{j+1}^m=U_j^{2m}\oplus U_j^{2m+1}$.

提示: 先仿照习题 3.9.7 证明 $U_j^{2m}\perp U_j^{2m+1}$. 其次仿照习题 3.9.8 证明三个小波包子空间 $U_{j+1}^m, U_j^{2m}, U_j^{2m+1}$ 分别有规范正交基:

$$\{\mu_{m,j+1,n}(x)=2^{(j+1)/2}\mu_m(2^{j+1}x-n);n\in\mathbb{Z}\}$$

$$\{\mu_{2m,j,\ell}(x)=2^{j/2}\mu_{2m}(2^jx-\ell);\ell\in\mathbb{Z}\}$$

$$\{\mu_{2m+1,j,\ell}(x)=2^{j/2}\mu_{2m+1}(2^jx-\ell);\ell\in\mathbb{Z}\}$$

根据小波包函数系的定义和前述分析得到的结果可知，U_j^{2m} 和 U_j^{2m+1} 都是 U_{j+1}^m 的子空间，从而，$U_j^{2m}\oplus U_j^{2m+1}\subseteq U_{j+1}^m$，于是 $\{\mu_{2m,j,\ell}(x),\mu_{2m+1,j,\ell}(x);\ell\in\mathbb{Z}\}$ 是小波包子空间 U_{j+1}^m 的规范正交函数系. 最后，证明 $\{\mu_{2m,j,\ell}(x),\mu_{2m+1,j,\ell}(x);\ell\in\mathbb{Z}\}$ 是小波包子空间 U_{j+1}^m 的完全规范正交函数系，即任给 $\xi(x)\in U_{j+1}^m$，当

$$\left\langle\xi(\cdot),\mu_{2m,j,n}(\cdot)\right\rangle=\left\langle\xi(\cdot),\mu_{2m+1,j,n}(\cdot)\right\rangle=0,\quad n\in\mathbb{Z}$$

时，必可得 $\xi(x)=0$. 如是即可得到 $U_{j+1}^m=U_j^{2m}\oplus U_j^{2m+1}$.

实际上，由 $\xi(x)\in U_{j+1}^m$，存在 $\{\xi_n,n\in\mathbb{Z}\}$ 且 $\sum_{n\in\mathbb{Z}}|\,\xi_n\,|^2<+\infty$，满足

$$\begin{aligned}\xi(x)&=\sum_{n\in\mathbb{Z}}\xi_n\mu_{m,j+1,n}(x)\\&=2^{(j+1)/2}\sum_{n\in\mathbb{Z}}\xi_n\mu_m(2^{j+1}x-n)\end{aligned}$$

它的傅里叶变换 $\Gamma(\omega)$ 可以写成

$$\begin{aligned}\Gamma(\omega)&=2^{-j/2}\left[2^{-0.5}\sum_{n\in\mathbb{Z}}\xi_ne^{-i\times2^{-(j+1)}\omega\times n}\right]\mathrm{N}_m(2^{-(j+1)}\omega)\\&=\mathrm{K}(2^{-(j+1)}\omega)\times2^{-j/2}\mathrm{N}_m(2^{-(j+1)}\omega)\end{aligned}$$

其中 $\mathrm{K}(\omega)=2^{-0.5}\sum_{n\in\mathbb{Z}}\xi_ne^{-i\omega n}$ 是周期 2π 的平方可积或能量有限函数.

对于任意的整数 $n\in\mathbb{Z}$，容易推导获得如下等式:

$$\begin{aligned}0&=\left\langle\xi(\cdot),\mu_{2m,j,n}(\cdot)\right\rangle=\left\langle\xi(\cdot),2^{j/2}\mu_{2m}(2^j\cdot-n)\right\rangle\\&=\int_{x\in\mathbb{R}}\xi(x)2^{j/2}\overline{\mu}_{2m}(2^jx-n)dx\\&=\int_{\omega\in\mathbb{R}}[\Gamma(\omega)][2^{-j/2}\mathrm{N}_{2m}(2^{-j}\omega)e^{-i\times2^{-j}\omega\times n}]^*d\omega\\&=\int_{\omega\in\mathbb{R}}\mathrm{K}(2^{-(j+1)}\omega)\times2^{-j/2}\mathrm{N}_m(2^{-(j+1)}\omega)[2^{-j/2}\mathrm{N}_{2m}(2^{-j}\omega)e^{-i\times2^{-j}\omega\times n}]^*d\omega\\&=\int_{\omega\in\mathbb{R}}\mathrm{K}(\omega/2)\mathrm{N}_m(\omega/2)[\mathrm{N}_{2m}(\omega)]^*e^{i\omega n}d\omega\\&=\int_{\omega\in\mathbb{R}}[\mathrm{K}(\omega/2)][\mathrm{H}_0(\omega/2)]^*\mid\mathrm{N}_m(\omega/2)\mid^2e^{i\omega n}d\omega\\&=\sum_{k=-\infty}^{+\infty}\int_{4\pi k}^{4\pi(k+1)}[\mathrm{K}(\omega/2)][\mathrm{H}_0(\omega/2)]^*\mid\mathrm{N}_m(\omega/2)\mid^2e^{i\omega n}d\omega\end{aligned}$$

从而得到

$$\begin{aligned}0&=\int_0^{4\pi}[\mathrm{K}(\omega/2)][\mathrm{H}_0(\omega/2)]^*\sum_{k=-\infty}^{+\infty}\mid\mathrm{N}_m(\omega/2+2k\pi)\mid^2e^{i\omega n}d\omega\\&=\frac{1}{2\pi}\int_0^{2\pi}\{[\mathrm{K}(\omega/2)][\mathrm{H}_0(\omega/2)]^*+[\mathrm{K}(\omega/2+\pi)][\mathrm{H}_0(\omega/2+\pi)]^*\}e^{i\omega n}\mathrm{d}\omega\end{aligned}$$

类似可得

$$\begin{aligned}0&=\left\langle\xi(\cdot),\mu_{2m+1,j,n}(\cdot)\right\rangle\\&=\int_0^{4\pi}[\mathrm{K}(\omega/2)][\mathrm{H}_1(\omega/2)]^*\sum_{k=-\infty}^{+\infty}\mid\mathrm{N}_m(\omega/2+2k\pi)\mid^2e^{i\omega n}d\omega\\&=\frac{1}{2\pi}\int_0^{2\pi}\{[\mathrm{K}(\omega/2)][\mathrm{H}_1(\omega/2)]^*+[\mathrm{K}(\omega/2+\pi)][\mathrm{H}_1(\omega/2+\pi)]^*\}e^{i\omega n}\mathrm{d}\omega\end{aligned}$$

在这些推导过程中，因 $\{\mu_{m,j+1,n}(x)=2^{(j+1)/2}\mu_m(2^{j+1}x-n);n\in\mathbb{Z}\}$ 是规范正交系，从而，成立恒等式:

$$2\pi\sum_{k=-\infty}^{+\infty}\mid\mathrm{N}_m(\omega/2+2k\pi)\mid^2=1$$

此外，因 $\{e^{i\omega n}/\sqrt{2\pi},n\in\mathbb{Z}\}$ 是 $\mathcal{L}^2(0,2\pi)$ 的规范正交基，从而得到方程组:

$$\begin{cases}[\mathrm{K}(\omega/2)][\mathrm{H}_0(\omega/2)]^*+[\mathrm{K}(\omega/2+\pi)][\mathrm{H}_0(\omega/2+\pi)]^*=0\\[\mathrm{K}(\omega/2)][\mathrm{H}_1(\omega/2)]^*+[\mathrm{K}(\omega/2+\pi)][\mathrm{H}_1(\omega/2+\pi)]^*=0\end{cases}$$

或者改写为

$$(\mathrm{K}(\omega/2),\mathrm{K}(\omega/2+\pi))\mathbf{M}^*(\omega/2)=(0,0)$$

因为

$$\mathbf{M}(\omega)\mathbf{M}^*(\omega)=\mathbf{M}^*(\omega)\mathbf{M}(\omega)=\begin{pmatrix}1&0\\0&1\end{pmatrix}$$

所以

$$\mathrm{K}(\omega/2)=0$$

从而

$$\xi(x)=0$$

这说明 $\{\mu_{2m,j,\ell}(x),\mu_{2m+1,j,\ell}(x);\ell\in\mathbb{Z}\}$ 是小波包子空间 U_{j+1}^m 的完全规范正交函数系.

注释: 这些讨论说明小波包函数子空间 U_{j+1}^m 存在两个不同的整数平移规范正交函数基, 即 $\{\mu_{m,j+1,n}(x);n\in\mathbb{Z}\}$ 和 $\{\mu_{2m,j,\ell}(x),\mu_{2m+1,j,\ell}(x);\ell\in\mathbb{Z}\}$.

3.9.9 (习题 3.9.8 续)　证明: 小波包函数子空间 U_{j+1}^m 的两个不同整数平移规范正交函数基 $\{\mu_{m,j+1,n}(x);n\in\mathbb{Z}\}$ 和 $\{\mu_{2m,j,\ell}(x),\mu_{2m+1,j,\ell}(x);\ell\in\mathbb{Z}\}$ 之间存在如下的相互表达关系:

$$\begin{cases}\mu_{2m,j,\ell}(x)=\sum\limits_{n\in\mathbb{Z}}h_{n-2\ell}\mu_{m,j+1,n}(x), & \ell\in\mathbb{Z}\\ \mu_{2m+1,j,\ell}(x)=\sum\limits_{n\in\mathbb{Z}}g_{n-2\ell}\mu_{m,j+1,n}(x), & \ell\in\mathbb{Z}\end{cases}$$

而且

$$\mu_{m,j+1,n}(x)=\sum_{\ell\in\mathbb{Z}}[\overline{h}_{n-2\ell}\mu_{2m,j,\ell}(x)+\overline{g}_{n-2\ell}\mu_{2m+1,j,\ell}(x)],\quad n\in\mathbb{Z}$$

或者

$$\sqrt{2}\mu_m(2x-n)=\sum_{\ell\in\mathbb{Z}}[\overline{h}_{n-2\ell}\mu_{2m}(x-\ell)+\overline{g}_{n-2\ell}\mu_{2m+1}(x-\ell)],\quad n\in\mathbb{Z}$$

当 $m=0$ 时, 这个关系退化为尺度函数整数平移规范正交系与小波函数整数平移规范正交系之间的关系:

$$\sqrt{2}\phi(2x-n)=\sum_{\ell\in\mathbb{Z}}[\overline{h}_{n-2\ell}\phi(x-\ell)+\overline{g}_{n-2\ell}\psi(x-\ell)],\quad n\in\mathbb{Z}$$

3.9.10 (习题 3.9.9 续)　写出小波包函数子空间 U_{j+1}^m 的两个不同整数平移规范正交函数基 $\{\mu_{m,j+1,n}(x);n\in\mathbb{Z}\}$ 和 $\{\mu_{2m,j,\ell}(x),\mu_{2m+1,j,\ell}(x);\ell\in\mathbb{Z}\}$ 之间的过渡矩阵关系, 并写出相应的过渡矩阵.

提示和注释: 回顾习题 3.3 中的两个矩阵(离散算子)记号:

$$\mathcal{H}=[h_{n,k}=h_{n-2k};(n,k)\in\mathbb{Z}^2]_{\infty\times\frac{\infty}{2}}=[\mathbf{h}^{(2k)};k\in\mathbb{Z}]_{\infty\times\frac{\infty}{2}}$$
$$\mathcal{G}=[g_{n,k}=g_{n-2k};(n,k)\in\mathbb{Z}^2]_{\infty\times\frac{\infty}{2}}=[\mathbf{g}^{(2k)};k\in\mathbb{Z}]_{\infty\times\frac{\infty}{2}}$$

为了直观起见，可以将这两个 $\infty\times\dfrac{\infty}{2}$ 矩阵按照列元素示意性表示如下：

$$
\mathcal{H}=\begin{pmatrix}
\vdots & \vdots & \vdots & \vdots & \vdots \\
\vdots & h_0 & h_{-2} & \vdots & \vdots \\
\vdots & h_{+1} & h_{-1} & \vdots & \vdots \\
\vdots & h_{+2} & h_0 & h_{-2} & \vdots \\
\vdots & \vdots & h_{+1} & h_{-1} & \vdots \\
\vdots & \vdots & h_{+2} & h_{-1} & \vdots \\
\vdots & \vdots & \vdots & \vdots & \vdots
\end{pmatrix}_{\infty\times\frac{\infty}{2}},\quad
\mathcal{G}=\begin{pmatrix}
\vdots & \vdots & \vdots & \vdots & \vdots \\
\vdots & g_0 & g_{-2} & \vdots & \vdots \\
\vdots & g_{+1} & g_{-1} & \vdots & \vdots \\
\vdots & g_{+2} & g_0 & g_{-2} & \vdots \\
\vdots & \vdots & g_{+1} & g_{-1} & \vdots \\
\vdots & \vdots & g_{+2} & g_0 & \vdots \\
\vdots & \vdots & \vdots & \vdots & \vdots
\end{pmatrix}_{\infty\times\frac{\infty}{2}}
$$

而且，它们的复数共轭转置矩阵 $\mathcal{H}^*,\mathcal{G}^*$ 都是 $\dfrac{\infty}{2}\times\infty$ 矩阵，可以按照行元素示意性表示为

$$
\mathcal{H}^*=\begin{pmatrix}
\cdots & & & & & & & & & & \\
\cdots & \overline{h}_{-2} & \overline{h}_{-1} & \overline{h}_0 & \overline{h}_{+1} & \overline{h}_{+2} & \cdots & & & & \\
 & & \cdots & \overline{h}_{-2} & \overline{h}_{-1} & \overline{h}_0 & \overline{h}_{+1} & \overline{h}_{+2} & \cdots & & \\
 & & & & \cdots & \overline{h}_{-2} & \overline{h}_{-1} & \overline{h}_0 & \overline{h}_{+1} & \overline{h}_{+2} & \cdots \\
 & & & & & & & & & & \cdots
\end{pmatrix}_{\frac{\infty}{2}\times\infty}
$$

$$
\mathcal{G}^*=\begin{pmatrix}
\cdots & & & & & & & & & & \\
\cdots & \overline{g}_{-2} & \overline{g}_{-1} & \overline{g}_0 & \overline{g}_{+1} & \overline{g}_{+2} & \cdots & & & & \\
 & & \cdots & \overline{g}_{-2} & \overline{g}_{-1} & \overline{g}_0 & \overline{g}_{+1} & \overline{g}_{+2} & \cdots & & \\
 & & & & \cdots & \overline{g}_{-2} & \overline{g}_{-1} & \overline{g}_0 & \overline{g}_{+1} & \overline{g}_{+2} & \cdots \\
 & & & & & & & & & & \cdots
\end{pmatrix}_{\frac{\infty}{2}\times\infty}
$$

利用这些记号定义一个 $\infty\times\infty$ 的分块为 1×2 的矩阵 $\mathcal{A}$：

$$
\mathcal{A}=\left(\mathcal{H}\middle|\mathcal{G}\right)=\left(\begin{array}{ccccc|ccccc}
\vdots & \vdots & \vdots & \vdots & \vdots & \vdots & \vdots & \vdots & \vdots & \vdots \\
\vdots & h_0 & h_{-2} & \vdots & \vdots & \vdots & g_0 & g_{-2} & \vdots & \vdots \\
\vdots & h_{+1} & h_{-1} & \vdots & \vdots & \vdots & g_{+1} & g_{-1} & \vdots & \vdots \\
\vdots & h_{+2} & h_0 & h_{-2} & \vdots & \vdots & g_{+2} & g_0 & g_{-2} & \vdots \\
\vdots & \vdots & h_{+1} & h_{-1} & \vdots & \vdots & \vdots & g_{+1} & g_{-1} & \vdots \\
\vdots & \vdots & h_{+2} & h_0 & \vdots & \vdots & \vdots & g_{+2} & g_0 & \vdots \\
\vdots & \vdots & \vdots & \vdots & \vdots & \vdots & \vdots & \vdots & \vdots & \vdots
\end{array}\right)_{\infty\times\infty}
$$

同时

$$\mathcal{A}^*=\left(\frac{\mathcal{H}^*}{\mathcal{G}^*}\right)=\left(\begin{array}{cccccccccc}\cdots &&&&&&&&& \\ \cdots & \overline{h}_{-2} & \overline{h}_{-1} & \overline{h}_{0} & \overline{h}_{+1} & \overline{h}_{+2} & \cdots &&& \\ && \cdots & \overline{h}_{-2} & \overline{h}_{-1} & \overline{h}_{0} & \overline{h}_{+1} & \overline{h}_{+2} & \cdots & \\ &&&& \cdots & \overline{h}_{-2} & \overline{h}_{-1} & \overline{h}_{0} & \overline{h}_{+1} & \overline{h}_{+2} \ \cdots \\ &&&&&&&&& \cdots \\ \hline \cdots &&&&&&&&& \\ \cdots & \overline{g}_{-2} & \overline{g}_{-1} & \overline{g}_{0} & \overline{g}_{+1} & \overline{g}_{+2} & \cdots &&& \\ && \cdots & \overline{g}_{-2} & \overline{g}_{-1} & \overline{g}_{0} & \overline{g}_{+1} & \overline{g}_{+2} && \\ &&&& \cdots & \overline{g}_{-2} & \overline{g}_{-1} & \overline{g}_{0} & \overline{g}_{+1} & \overline{g}_{+2} \ \cdots \\ &&&&&&&&& \cdots \end{array}\right)_{\infty\times\infty}$$

那么，

$$(\mu_{2m,j,\ell}(x);\ell\in\mathbb{Z}|\ \mu_{2m+1,j,\ell}(x);\ell\in\mathbb{Z})=(\mu_{m,j+1,n}(x);n\in\mathbb{Z})\mathcal{A}$$

即从 V_{j+1} 的基 $\{\mu_{m,j+1,n}(x);n\in\mathbb{Z}\}$ 过渡到基 $\{\mu_{2m,j,\ell}(x),\mu_{2m+1,j,\ell}(x);\ell\in\mathbb{Z}\}$ 的过渡矩阵就是 $\infty\times\infty$ 的矩阵 $\mathcal{A}$.

反过来，

$$(\mu_{m,j+1,n}(x);n\in\mathbb{Z})=(\mu_{2m,j,\ell}(x);\ell\in\mathbb{Z}\ |\ \mu_{2m+1,j,\ell}(x);\ell\in\mathbb{Z})\mathcal{A}^*$$

即从 V_{j+1} 的基 $\{\mu_{2m,j,\ell}(x),\mu_{2m+1,j,\ell}(x);\ell\in\mathbb{Z}\}$ 过渡到基 $\{\mu_{m,j+1,n}(x);n\in\mathbb{Z}\}$ 的过渡矩阵就是 $\infty\times\infty$ 的矩阵 $\mathcal{A}^{-1}=\mathcal{A}^*$.

3.9.11 尺度子空间和小波子空间小波包分解的 Mallat 算法和金字塔算法. 重复使用子空间的正交直和分解关系 $U_{j+1}^m=U_j^{2m}\oplus U_j^{2m+1}$ 证明尺度子空间 V_{j+1} 具有如下正交小波包塔式直和分解:

$$\begin{aligned}U_{j+1}^0&=V_{j+1}=V_j\oplus W_j\\&=U_j^0\oplus U_j^1\\&=U_{j-1}^0\oplus U_{j-1}^1\oplus U_{j-1}^2\oplus U_{j-1}^3\\&\ \vdots\\&=U_{j-\ell}^0\oplus U_{j-\ell}^1\oplus\cdots\oplus U_{j-\ell}^{2^\ell}\oplus U_{j-\ell}^{2^\ell+1}\oplus\cdots\oplus U_{j-\ell}^{2^{\ell+1}-1}\end{aligned}$$

在最后的等式中，V_{j+1} 被分解为 $2^{\ell+1}$ 个相互正交的小波包子空间的正交直和，在构造这些小波包子空间的整数平移规范正交函数基时，只需要利用第 0 级小波包(尺度函数)，第 1 级小波包(小波函数)，第 2 级小波包，…，第 $(2^{\ell+1}-1)$ 级小波包，其中 $\ell=0,1,2,\cdots$，而且，当 $m=0,1,2,\cdots,(2^{\ell+1}-1)$ 时，小波包子空间 $U_{j-\ell}^m$ 的规范正交基

可以选择为 $\{2^{(j-\ell)/2}\mu_m(2^{j-\ell}x-n);n\in\mathbb{Z}\}$，此时，

$$U_{j-\ell}^m=\text{Closespan}\{2^{(j-\ell)/2}\mu_m(2^{j-\ell}x-n);n\in\mathbb{Z}\}$$

而且，小波子空间 W_j 具有如下正交小波包塔式直和分解：

$$\begin{aligned}W_j&=U_{j-1}^2\oplus U_{j-1}^3\\&=U_{j-2}^4\oplus U_{j-2}^5\oplus U_{j-2}^6\oplus U_{j-2}^7\\&\vdots\\&=U_{j-\ell}^{2^\ell}\oplus U_{j-\ell}^{2^\ell+1}\oplus\ \cdots\ \oplus U_{j-\ell}^{2^{\ell+1}-1}\end{aligned}$$

在最后的等式中，W_j 被分解为 2^ℓ 个相互正交的小波包子空间的正交直和，在构造这些小波包子空间的整数平移规范正交函数基时，只需利用第 2^ℓ 级小波包，第 $(2^\ell+1)$ 级小波包，…，第 $(2^{\ell+1}-1)$ 级小波包，其中 $\ell=0,1,2,\cdots$，而且，当 $m=0,1,2,\cdots,(2^\ell-1)$ 时，函数系 $\{2^{(j-\ell)/2}\mu_{2^\ell+m}(2^{j-\ell}x-n)\,;n\in\mathbb{Z}\}$ 是小波包子空间 $U_{j-\ell}^{2^\ell+m}$ 的规范正交基，而且

$$U_{j-\ell}^{2^\ell+m}=\text{Closespan}\{2^{(j-\ell)/2}\mu_{2^\ell+m}(2^{j-\ell}x-n)\,;n\in\mathbb{Z}\}$$

提示：利用在正交小波包直和分解关系 $U_{j+1}^m=U_j^{2m}\oplus U_j^{2m+1}$ 中 $j\in\mathbb{Z}$ 和非负整数 m 的任意性即可完成证明. 比如在 $U_{j+1}^0=U_{j-\ell}^0\oplus U_{j-\ell}^1\oplus\cdots\oplus U_{j-\ell}^{2^{\ell+1}-1}$ 中，对于任意的 $0\leqslant u<v\leqslant(2^{\ell+1}-1)$，当 $u+1=v$ 时，如果 u 是偶数 $u=2m$，那么，$v=2m+1$，且由 $U_{j-\ell+1}^m=U_{j-\ell}^{2m}\oplus U_{j-\ell}^{2m+1}$ 知 $U_{j-\ell}^{2m}\perp U_{j-\ell}^{2m+1}$；如果 v 是偶数 $v=2m$，那么，$u=2m-1=2(m-1)+1$，而且，$U_{j-\ell+1}^{m-1}=U_{j-\ell}^{2(m-1)}\oplus U_{j-\ell}^{2(m-1)+1}$ 以及 $U_{j-\ell+1}^m=U_{j-\ell}^{2m}\oplus U_{j-\ell}^{2m+1}$，利用归纳法假设知 $U_{j-\ell+1}^{m-1}\perp U_{j-\ell+1}^m$，从而从正交直和的正交关系 $(U_{j-\ell}^{2(m-1)}\oplus U_{j-\ell}^{2(m-1)+1})\perp(U_{j-\ell}^{2m}\oplus U_{j-\ell}^{2m+1})$ 得 $(U_{j-\ell}^u=U_{j-\ell}^{2(m-1)+1})\perp(U_{j-\ell}^v=U_{j-\ell}^{2m})$. 当 $v-u>1$ 时，仿照前述讨论分析方法，$U_{j-\ell}^u,U_{j-\ell}^v$ 分别包含在尺度级别 $a=2^{-(j-\ell+1)}$ 上两个不同且相互正交的小波包空间中，由归纳法假设仍然可得到 $U_{j-\ell}^u\perp U_{j-\ell}^v$.

此外，还可以利用小波包函数系的傅里叶变换表达式进行直接演算推证.

注释：在尺度空间 V_{j+1} 正交小波包子空间分解关系中，尺度从 $a=2^{-(j+1)}$ 逐次倍增直到 $a=2^{-(j-\ell)}$，在此过程中某个尺度级别上的全部小波包子空间未必每个都需要被分解为两个更小的子空间的正交直和，这样，在尺度级别 $a=2^{-(j-\ell)}$ 上的小波包子空间个数就会比 $2^{\ell+1}$ 少. 例如，分解关系 $U_{j+1}^0=U_j^0\oplus U_{j-1}^2\oplus U_{j-1}^3$ 给出了尺

度子空间 V_{j+1} 的另一种相互正交的子空间直和分解，这些更小的子空间并不具有相同的尺度级别，这里涉及尺度级别 $a=2^{-j}$ 和 $a=2^{-(j-1)}$.

3.9.12 (习题 3.9.11 续)　证明：在尺度子空间 V_{j+1} 的如下正交小波包塔式直和分解关系中：

$$\begin{aligned}V_{j+1}&=U_{j+1}^0\\&=U_j^0\oplus U_j^1\\&=U_{j-1}^0\oplus U_{j-1}^1\oplus U_{j-1}^2\oplus U_{j-1}^3\\&\ \vdots\\&=U_{j-\ell}^0\oplus U_{j-\ell}^1\oplus\cdots\oplus U_{j-\ell}^{2^\ell}\oplus U_{j-\ell}^{2^\ell+1}\oplus\cdots\oplus U_{j-\ell}^{2^{\ell+1}-1}\end{aligned}$$

对于任意的非负整数 $u<v$，任意选定 $U_{j-u}^{m_0}\in\{U_{j-u}^m,m=0,1,2,\cdots,(2^{u+1}-1)\}$，其中 $0\leqslant m_0\leqslant(2^{u+1}-1)$，同时，任意选定 $U_{j-v}^{n_0}\in\{U_{j-v}^n,n=0,1,2,\cdots,(2^{v+1}-1)\}$，其中 $0\leqslant n_0\leqslant(2^{v+1}-1)$，则当 $n_0\notin\{2^{v-u}m_0,2^{v-u}m_0+1,\cdots,2^{v-u}m_0+(2^{v-u}-1)\}$ 时，小波包空间 $U_{j-u}^{m_0}$ 与 $U_{j-v}^{n_0}$ 正交，当 $n_0\in\{2^{v-u}m_0,2^{v-u}m_0+1,\cdots,2^{v-u}m_0+(2^{v-u}-1)\}$ 时，$U_{j-v}^{n_0}\subseteq U_{j-u}^{m_0}$，即 $U_{j-v}^{n_0}$ 是 $U_{j-u}^{m_0}$ 的子空间.

提示：因为 $U_{j-u}^{m_0}$ 具有如下小波包正交直和分解关系：

$$U_{j-u}^{m_0}=U_{j-v}^{2^{v-u}m_0}\oplus U_{j-v}^{2^{v-u}m_0+1}\oplus\ \cdots\ \oplus U_{j-v}^{2^{v-u}m_0+(2^{v-u}-1)}$$

所以，当 $n_0\in\{2^{v-u}m_0,2^{v-u}m_0+1,\cdots,2^{v-u}m_0+(2^{v-u}-1)\}$ 时，$U_{j-v}^{n_0}$ 是 $U_{j-u}^{m_0}$ 的上述正交直和分解关系中的子空间之一，故 $U_{j-v}^{n_0}\subseteq U_{j-u}^{m_0}$；此外，由于

$$\bigcup_{m=0}^{(2^{u+1}-1)}\{2^{v-u}m,[2^{v-u}m+1],\cdots,[2^{v-u}m+(2^{v-u}-1)]\}=\{0,1,2,\cdots,(2^{v+1}-1)\}$$

所以，如果 $n_0\notin\{2^{v-u}m_0,2^{v-u}m_0+1,\cdots,2^{v-u}m_0+(2^{v-u}-1)\}$，那么，必有非负整数 $\tilde{m}_0$：$0\leqslant\tilde{m}_0\leqslant(2^{u+1}-1)$，$n_0\in\{2^{v-u}\tilde{m}_0,[2^{v-u}\tilde{m}_0+1],\cdots,[2^{v-u}\tilde{m}_0+(2^{v-u}-1)]\}$，此时，$U_{j-v}^{n_0}\subseteq U_{j-u}^{\tilde{m}_0}$. 因为，$U_{j-u}^{\tilde{m}_0}\perp U_{j-u}^{m_0}$，所以，$U_{j-v}^{n_0}\perp U_{j-u}^{m_0}$.

3.9.13　小波包子空间之间正交或者包含关系的判定准则. 在尺度子空间 V_{j+1} 的如下正交小波包塔式直和分解关系中：

$$\begin{aligned}V_{j+1}&=U_{j+1}^0\\&=U_j^0\oplus U_j^1\end{aligned}$$

$$
\begin{aligned}
&= U_{j-1}^{0} \oplus U_{j-1}^{1} \oplus U_{j-1}^{2} \oplus U_{j-1}^{3} \\
&\vdots \\
&= U_{j-\ell}^{0} \oplus U_{j-\ell}^{1} \oplus \cdots \oplus U_{j-\ell}^{2^{\ell}} \oplus U_{j-\ell}^{2^{\ell}+1} \oplus \cdots \oplus U_{j-\ell}^{2^{\ell+1}-1}
\end{aligned}
$$

对非负整数 $u<v$，称 $\{U_{j-v}^{2^{v-u}m_0}, U_{j-v}^{[2^{v-u}m_0+1]}, \cdots, U_{j-v}^{[2^{v-u}m_0+(2^{v-u}-1)]}\}$ 是尺度级别 $a=2^{-(j-u)}$ 上的小波包子空间 $U_{j-u}^{m_0}$ 在尺度级别 $a=2^{-(j-v)}$ 上的小波包子空间覆盖.

证明：在尺度级别 $a=2^{-(j-v)}$ 上，任取 $U_{j-v}^{n_0} \in \{U_{j-v}^{n}, n=0,1,2,\cdots,(2^{v+1}-1)\}$，如果 $U_{j-v}^{n_0}$ 在 $U_{j-u}^{m_0}$ 的小波包子空间覆盖范围内，则 $U_{j-v}^{n_0} \subseteq U_{j-u}^{m_0}$；否则，$U_{j-v}^{n_0} \perp U_{j-u}^{m_0}$.

提示：利用 $U_{j-u}^{m_0} = U_{j-v}^{2^{v-u}m_0} \oplus U_{j-v}^{2^{v-u}m_0+1} \oplus \cdots \oplus U_{j-v}^{2^{v-u}m_0+(2^{v-u}-1)}$，将尺度级别 $a=2^{-(j-v)}$ 上的小波包子空间全体 $\{U_{j-v}^{n}, n=0,1,2,\cdots,(2^{v+1}-1)\}$ 分为如下两类：

包含类：$\{U_{j-v}^{2^{v-u}m_0}, U_{j-v}^{[2^{v-u}m_0+1]}, \cdots, U_{j-v}^{[2^{v-u}m_0+(2^{v-u}-1)]}\}$

正交类：$\{U_{j-v}^{k}, k=0,1,\cdots,(2^{v-u}m_0-1),[2^{v-u}(m_0+1)],\cdots,(2^{v+1}-1)\}$

在包含类中的小波包空间都是 $U_{j-u}^{m_0}$ 的子空间；在正交类中的小波包空间都是与 $U_{j-u}^{m_0}$ 正交的小波包空间.

注释：在同一尺度级别上的小波包子空间相互正交.

3.9.14 沿用前述记号，证明：对于任何非负整数 ℓ，小波包整数平移函数系

$$\bigcup_{m=0}^{(2^{\ell+1}-1)} \{2^{(j-\ell)/2}\mu_m(2^{j-\ell}x-n); n\in\mathbb{Z}\}$$

是尺度子空间 V_{j+1} 的规范正交基，此外，小波包整数平移函数系

$$\bigcup_{m=0}^{(2^{\ell}-1)} \{2^{(j-\ell)/2}\mu_{2^{\ell}+m}(2^{j-\ell}x-n)\ ; n\in\mathbb{Z}\}$$

是小波子空间 W_j 的规范正交基.

3.9.15 (习题 3.9.11 和习题 3.9.12 的续) 沿用前述记号，证明：对于任何非负整数 ℓ 和小波包级别 m，小波包整数平移函数系

$$\bigcup_{k=0}^{(2^{\ell+1}-1)} \{2^{(j-\ell)/2}\mu_{2^{\ell+1}m+k}(2^{j-\ell}x-n); n\in\mathbb{Z}\}$$

是小波包子空间 U_{j+1}^{m} 的规范正交基，子空间分解关系是

$$U_{j+1}^{m} = U_{j-\ell}^{2^{\ell+1}m} \oplus U_{j-\ell}^{2^{\ell+1}m+1} \oplus \cdots \oplus U_{j-\ell}^{2^{\ell+1}m+(2^{\ell+1}-1)}$$

而且，当 $k=0,1,2,\cdots,(2^{\ell+1}-1)$ 时，

$$U_{j-\ell}^{2^{\ell+1}m+k}=\text{Closespan}\{2^{(j-\ell)/2}\mu_{2^{\ell+1}m+k}(2^{j-\ell}x-n);n\in\mathbb{Z}\}$$

提示: 参考习题 3.9.11 和习题 3.9.12 的证明方法即可完成证明.

3.9.16 (习题 3.9.13 续)　沿用前述记号, 证明: 在尺度子空间 V_{j+1} 的如下正交小波包塔式直和分解关系中: 其中 ℓ 是非负整数,

$$V_{j+1}=U_{j-\ell}^{0}\oplus U_{j-\ell}^{1}\oplus\cdots\oplus U_{j-\ell}^{2^{\ell}}\oplus U_{j-\ell}^{2^{\ell}+1}\oplus\cdots\oplus U_{j-\ell}^{2^{\ell+1}-1}$$

对于任意的非负整数 $u<v$, 任意选定 $U_{j-u}^{m_0}\in\{U_{j-u}^{m},m=0,1,2,\cdots,(2^{u+1}-1)\}$, 其中 $0\leqslant m_0\leqslant(2^{u+1}-1)$, 那么,

$$\begin{aligned}V_{j+1}=&U_{j-v}^{0}\oplus U_{j-v}^{1}\oplus\cdots\oplus U_{j-v}^{(2^{v-u}m_0-1)}\\&\oplus U_{j-u}^{m_0}\\&\oplus U_{j-v}^{[2^{v-u}(m_0+1)]}\oplus U_{j-v}^{[2^{v-u}(m_0+1)+1]}\oplus\cdots\oplus U_{j-v}^{(2^{v+1}-1)}\end{aligned}$$

提示: 习题 3.9.13 的结果表明

$$\begin{aligned}V_{j+1}=&U_{j-v}^{0}\oplus U_{j-v}^{1}\oplus\cdots\oplus U_{j-v}^{(2^{v-u}m_0-1)}\\&\oplus U_{j-v}^{2^{v-u}m_0}\oplus U_{j-v}^{[2^{v-u}m_0+1]}\oplus\cdots\oplus U_{j-v}^{[2^{v-u}m_0+(2^{v-u}-1)]}\\&\oplus U_{j-v}^{[2^{v-u}(m_0+1)]}\oplus U_{j-v}^{[2^{v-u}(m_0+1)+1]}\oplus\cdots\oplus U_{j-v}^{(2^{v+1}-1)}\end{aligned}$$

从而

$$\begin{aligned}V_{j+1}=&U_{j-v}^{0}\oplus U_{j-v}^{1}\oplus\cdots\oplus U_{j-v}^{(2^{v-u}m_0-1)}\oplus U_{j-u}^{m_0}\\&\oplus U_{j-v}^{[2^{v-u}(m_0+1)]}\oplus U_{j-v}^{[2^{v-u}(m_0+1)+1]}\oplus\cdots\oplus U_{j-v}^{(2^{v+1}-1)}\end{aligned}$$

3.9.17 (习题 3.9.16 续)　沿用前述记号, 证明在尺度子空间 V_{j+1} 的如下正交小波包塔式直和分解关系中: 其中 ℓ 是非负整数,

$$V_{j+1}=U_{j-\ell}^{0}\oplus U_{j-\ell}^{1}\oplus\cdots\oplus U_{j-\ell}^{2^{\ell}}\oplus U_{j-\ell}^{2^{\ell}+1}\oplus\cdots\oplus U_{j-\ell}^{2^{\ell+1}-1}$$

任给非负整数 $u<v$, 而且 m_0 满足 $0\leqslant m_0\leqslant(2^{u+1}-1)$, 那么, V_{j+1} 有如下的规范正交基:

$$\begin{aligned}&[\bigcup_{m=0}^{(2^{v-u}m_0-1)}\{2^{(j-v)/2}\mu_m(2^{j-v}x-n);n\in\mathbb{Z}\}]\\&\cup\{2^{(j-u)/2}\mu_{m_0}(2^{j-u}x-\ell);\ell\in\mathbb{Z}\}\\&\cup[\bigcup_{m=[2^{v-u}(m_0+1)]}^{(2^{v+1}-1)}\{2^{(j-v)/2}\mu_m(2^{j-v}x-n);n\in\mathbb{Z}\}]\end{aligned}$$

提示: 根据习题 3.9.16 和习题 3.9.11 的结果即可完成证明.

3.9.18　按照习题 3.9.17 的方式写出尺度空间 V_{j+1} 的涉及更多个不同尺度级别的小波包子空间分解形式对应的规范正交基.

注释: 利用习题 3.9.17 的方法, 可以写出尺度子空间 V_{j+1}、小波子空间 W_{j+1} 以及任意小波包子空间 U_{j+1}^{m} 的无穷无尽的新规范正交基.

习题 3.10　空间和函数的正交分解小波包

假设函数(信号)空间 $\mathcal{L}^2(\mathbb{R})$ 的闭线性子空间列 $\{V_j; j\in\mathbb{Z}\}$ 和函数 $\phi(x)$ 构成 $\mathcal{L}^2(\mathbb{R})$ 中的多分辨率分析, $\forall j\in\mathbb{Z}$, V_j 称为(第 j 级)尺度子空间. 满足 $W_j\perp V_j, V_{j+1}=W_j\oplus V_j$ 的子空间 W_j 称为(第 j 级)小波子空间.

利用多分辨率分析中的尺度函数和小波函数, 以及低通滤波器系数 $\mathbf{h}=\{h_n;n\in\mathbb{Z}\}^{\mathrm{T}}\in\ell^2(\mathbb{Z})$ 及带通滤波器系数 $\mathbf{g}=\{g_n;n\in\mathbb{Z}\}^{\mathrm{T}}\in\ell^2(\mathbb{Z})$, 按照如下方式定义函数系 $\{\mu_m(x);\ m=0,1,2,\cdots\}$: $\mu_0(x)=\varphi(x),\mu_1(x)=\psi(x)$, 而且

$$\begin{cases}\mu_{2m}(x)=\sqrt{2}\sum\limits_{n\in Z}h_n\mu_m(2x-n)\\ \mu_{2m+1}(x)=\sqrt{2}\sum\limits_{n\in Z}g_n\mu_m(2x-n)\end{cases}$$

这个函数系 $\{\mu_m(x);\ m=0,1,2,\cdots\}$ 即为小波包函数序列. 对任意的 $(m,k)\in\mathbb{Z}^2$,

$$\begin{cases}\left\langle\mathbf{h}^{(2m)},\mathbf{h}^{(2k)}\right\rangle=\sum\limits_{n\in\mathbb{Z}}h_{n-2m}\overline{h}_{n-2k}=\delta(m-k)\\ \left\langle\mathbf{g}^{(2m)},\mathbf{g}^{(2k)}\right\rangle=\sum\limits_{n\in\mathbb{Z}}g_{n-2m}\overline{g}_{n-2k}=\delta(m-k)\\ \left\langle\mathbf{g}^{(2m)},\mathbf{h}^{(2k)}\right\rangle=\sum\limits_{n\in\mathbb{Z}}g_{n-2m}\overline{h}_{n-2k}=0\end{cases}$$

其中, $\mathbf{h}^{(m)}=\{h_{n-m};n\in\mathbb{Z}\}^{\mathrm{T}}\in\ell^2(\mathbb{Z}),\mathbf{g}^{(m)}=\{g_{n-m};n\in\mathbb{Z}\}^{\mathrm{T}}\in\ell^2(\mathbb{Z}),m\in\mathbb{Z}$. 换句话说, $\{\mathbf{h}^{(2m)};m\in\mathbb{Z}\}$ 和 $\{\mathbf{g}^{(2m)};m\in\mathbb{Z}\}$ 是 $\ell^2(\mathbb{Z})$ 中相互正交的两个双整数平移平方可和无穷维规范正交向量系, 而且, 它们共同构成 $\ell^2(\mathbb{Z})$ 的规范正交基.

在尺度子空间 V_{j+1} 的正交小波包塔式直和分解

$$\begin{aligned}V_{j+1}&=U_{j+1}^{0}\\&=U_{j-\ell}^{0}\oplus U_{j-\ell}^{1}\oplus\cdots\oplus U_{j-\ell}^{2^\ell}\oplus U_{j-\ell}^{2^\ell+1}\oplus\cdots\oplus U_{j-\ell}^{2^{\ell+1}-1}\end{aligned}$$

中, $\ell=0,1,2,\cdots$. 当 $m=0,1,2,\cdots,(2^{\ell+1}-1)$ 时, 小波包子空间 $U_{j-\ell}^{m}$ 的规范正交基可以选择为 $\{2^{(j-\ell)/2}\mu_m(2^{j-\ell}x-n);n\in\mathbb{Z}\}$, 此时,

$$U_{j-\ell}^{m} = \text{Closespan}\{2^{(j-\ell)/2}\mu_m(2^{j-\ell}x-n); n\in\mathbb{Z}\}$$

在小波子空间 W_j 的正交小波包塔式直和分解

$$W_j = U_j^1 = U_{j-\ell}^{2^\ell} \oplus U_{j-\ell}^{2^\ell+1} \oplus \cdots \oplus U_{j-\ell}^{2^{\ell+1}-1}$$

中，$\ell = 0,1,2,\cdots$. 当 $m = 0,1,2,\cdots,(2^\ell-1)$ 时，小波包子空间 $U_{j-\ell}^{2^\ell+m}$ 的规范正交基是函数系 $\{2^{(j-\ell)/2}\mu_{2^\ell+m}(2^{j-\ell}x-n)\ ; n\in\mathbb{Z}\}$，而且

$$U_{j-\ell}^{2^\ell+m} = \text{Closespan}\{2^{(j-\ell)/2}\mu_{2^\ell+m}(2^{j-\ell}x-n)\ ; n\in\mathbb{Z}\}$$

在小波包子空间 U_{j+1}^m 的正交小波包塔式直和分解:

$$U_{j+1}^m = U_{j-\ell}^{2^{\ell+1}m} \oplus U_{j-\ell}^{2^{\ell+1}m+1} \oplus \cdots \oplus U_{j-\ell}^{2^{\ell+1}m+(2^{\ell+1}-1)}$$

中 $\ell = 0,1,2,\cdots$. 当 $k = 0,1,2,\cdots,(2^{\ell+1}-1)$ 时，如下的规范正交函数系:

$$\{2^{(j-\ell)/2}\mu_{2^{\ell+1}m+k}(2^{j-\ell}x-n); n\in\mathbb{Z}\}$$

是小波包子空间 $U_{j-\ell}^{2^{\ell+1}m+k}$ 的规范正交基，而且

$$U_{j-\ell}^{2^{\ell+1}m+k} = \text{Closespan}\{2^{(j-\ell)/2}\mu_{2^{\ell+1}m+k}(2^{j-\ell}x-n); n\in\mathbb{Z}\}$$

此外，对于任意非负整数 $u<v$，而且 m_0 满足 $0\leqslant m_0 \leqslant (2^{u+1}-1)$，那么，$V_{j+1}$ 有如下的规范正交基:

$$\begin{aligned}&\left[\bigcup_{m=0}^{(2^{v-u}m_0-1)}\{2^{(j-v)/2}\mu_m(2^{j-v}x-n); n\in\mathbb{Z}\}\right]\\ &\cup\{2^{(j-u)/2}\mu_{m_0}(2^{j-u}x-\ell); \ell\in\mathbb{Z}\}\\ &\cup\left[\bigcup_{m=[2^{v-u}(m_0+1)]}^{(2^{v+1}-1)}\{2^{(j-v)/2}\mu_m(2^{j-v}x-n); n\in\mathbb{Z}\}\right]\end{aligned}$$

3.10.1　证明对于任意的函数 $f(x)\in\mathcal{L}^2(\mathbb{R})$，假定 $f(x)$ 在 $\mathcal{L}^2(\mathbb{R})$ 的小波包子空间序列:

$$V_{j+1} = U_{j+1}^0,\quad V_{j-\ell} = U_{j-\ell}^0,\quad W_j = U_{j-\ell}^1, U_{j-\ell}^2, \cdots, U_{j-\ell}^{2^{\ell+1}-1}$$

上的正交投影分别是 $f_{j+1}^{(0)}(x), f_{j-\ell}^{(0)}(x), f_{j-\ell}^{(1)}(x), f_{j-\ell}^{(2)}(x), \cdots, f_{j-\ell}^{(2^{\ell+1}-1)}(x)$，那么，

$$f_{j+1}^{(0)}(x) = f_{j-\ell}^{(0)}(x) + f_{j-\ell}^{(1)}(x) + f_{j-\ell}^{(2)}(x) + \cdots + f_{j-\ell}^{(2^{\ell+1}-1)}(x)$$

而且函数系 $\{f_{j-\ell}^{(0)}(x), f_{j-\ell}^{(1)}(x), f_{j-\ell}^{(2)}(x), \cdots, f_{j-\ell}^{(2^{\ell+1}-1)}(x)\}$ 为正交函数系，此外，这个函数

系正好是 $f_{j+1}^{(0)}(x)$ 在正交小波包子空间序列 $U_{j-\ell}^{0},U_{j-\ell}^{1},U_{j-\ell}^{2},\cdots,U_{j-\ell}^{2^{\ell+1}-1}$ 上的正交投影. 其中 $\ell=0,1,2,\cdots$.

3.10.2 证明对于任意的整数 $j\in\mathbb{Z}$ 和非负整数 $\ell=0,1,2,\cdots$，成立如下的“勾股定理”：

$$\begin{cases} f_{j+1}^{(0)}(x)=\sum\limits_{m=0}^{(2^{\ell+1}-1)} f_{j-\ell}^{(m)}(x) \\ \|f_{j+1}^{(0)}\|^2=\sum\limits_{m=0}^{(2^{\ell+1}-1)} \|f_{j-\ell}^{(m)}\|^2 \end{cases}$$

其中

$$\begin{aligned} \|f_{j+1}^{(0)}\|^2 &= \int_{x\in\mathbb{R}} |f_{j+1}^{(0)}(x)|^2\, dx \\ \|f_{j-\ell}^{(m)}\|^2 &= \int_{x\in\mathbb{R}} |f_{j-\ell}^{(m)}(x)|^2\, dx, \quad m=0,1,2,\cdots,(2^{\ell+1}-1) \end{aligned}$$

3.10.3 证明对于任意的函数 $f(x)\in\mathcal{L}^2(\mathbb{R})$，假定 $f(x)$ 在 $\mathcal{L}^2(\mathbb{R})$ 的小波包子空间序列 $U_{j+1}^{0},U_{j-\ell}^{0},U_{j-\ell}^{1},U_{j-\ell}^{2},\cdots,U_{j-\ell}^{2^{\ell+1}-1}$ 上的正交投影分别是

$$f_{j+1}^{(0)}(x),f_{j-\ell}^{(0)}(x),f_{j-\ell}^{(1)}(x),f_{j-\ell}^{(2)}(x),\cdots,f_{j-\ell}^{(2^{\ell+1}-1)}(x)$$

那么，必存在 $(2^{\ell+1}+1)$ 个平方可和无穷序列 $\{d_{j-\ell,k}^{(m)};k\in\mathbb{Z}\},m=0,1,\cdots,(2^{\ell+1}-1)$ 和 $\{d_{j+1,n}^{(0)};n\in\mathbb{Z}\}$，满足:

$$\begin{aligned} f_{j+1}^{(0)}(x) &= \sum_{n\in\mathbb{Z}} d_{j+1,n}^{(0)}\mu_{0,j+1,n}(x) \\ f_{j-\ell}^{(m)}(x) &= \sum_{k\in\mathbb{Z}} d_{j-\ell,k}^{(m)}\mu_{m,j-\ell,k}(x), \quad m=0,1,\cdots,(2^{\ell+1}-1) \end{aligned}$$

而且

$$\sum_{n\in\mathbb{Z}} d_{j+1,n}^{(0)}\mu_{0,j+1,n}(x)=\sum_{m=0}^{(2^{\ell+1}-1)}\sum_{k\in\mathbb{Z}} d_{j-\ell,k}^{(m)}\mu_{m,j-\ell,k}(x)$$

其中

$$\begin{aligned} d_{j+1,n}^{(0)} &= \int_{x\in\mathbb{R}} f_{j+1}^{(0)}(x)\overline{\mu}_{0,j+1,n}(x)dx \\ &= \int_{x\in\mathbb{R}} f(x)\overline{\mu}_{0,j+1,n}(x)dx \end{aligned}$$

而且，对于 $m=0,1,\cdots,(2^{\ell+1}-1)$，

$$\begin{aligned} d_{j-\ell,k}^{(m)} &= \int_{x\in\mathbb{R}} f_{j-\ell}^{(m)}(x)\overline{\mu}_{m,j-\ell,k}(x)dx \\ &= \int_{x\in\mathbb{R}} f(x)\overline{\mu}_{m,j-\ell,k}(x)dx \end{aligned}$$

其中 ℓ 是任意的非负整数.

3.10.4 (习题 3.10.3 续)　证明对于任意整数 $j\in\mathbb{Z}$ 和非负整数 ℓ，在函数分解关系

$$\sum_{n\in\mathbb{Z}} d_{j+1,n}^{(0)}\mu_{0,j+1,n}(x)=\sum_{m=0}^{(2^{\ell+1}-1)}\sum_{k\in\mathbb{Z}} d_{j-\ell,k}^{(m)}\mu_{m,j-\ell,k}(x)$$

中，如下等式成立:

$$\sum_{n\in\mathbb{Z}}|\, d_{j+1,n}^{(0)}\,|^2=\sum_{m=0}^{(2^{\ell+1}-1)}\sum_{k\in\mathbb{Z}}|\, d_{j-\ell,k}^{(m)}\,|^2$$

3.10.5 (习题 3.10.3 续)　证明从平方可和无穷序列 $\{d_{j+1,n}^{(0)};n\in\mathbb{Z}\}$ 出发，利用如下的迭代 Mallat 分解计算方法:

$$\begin{cases} d_{J,k}^{(2m)}=\sum_{n\in\mathbb{Z}}\overline{h}_{n-2k}d_{J+1,n}^{(m)}, & k\in\mathbb{Z}\\ d_{J,k}^{(2m+1)}=\sum_{n\in\mathbb{Z}}\overline{g}_{n-2k}d_{J+1,n}^{(m)}, & k\in\mathbb{Z}\end{cases}$$

其中，$J=j,j-1,\cdots,j-\ell,\quad m=0,1,\cdots,(2^{\ell}-1)$，能够得到 $2^{\ell+1}$ 个平方可和无穷序列 $\{d_{j-\ell,k}^{(m)};k\in\mathbb{Z}\},m=0,1,\cdots,(2^{\ell+1}-1)$.

注释：$\{d_{j+1,n}^{(0)};n\in\mathbb{Z}\}$ 和 $\{d_{j-\ell,k}^{(m)};k\in\mathbb{Z}\},m=0,1,\cdots,(2^{\ell+1}-1)$ 之间的这组依赖关系称之为小波包金字塔分解算法.

3.10.6 (习题 3.10.3 续)　证明从 $2^{\ell+1}$ 个平方可和无穷序列 $\{d_{j-\ell,k}^{(m)};k\in\mathbb{Z}\}$，其中 $m=0,1,\cdots,(2^{\ell+1}-1)$ 出发，利用如下的迭代 Mallat 合成计算方法:

$$d_{J+1,n}^{(\tilde m)}=\sum_{k\in\mathbb{Z}}(h_{n-2k}d_{J,k}^{(2\tilde m)}+g_{n-2k}d_{J,k}^{(2\tilde m+1)}),\quad n\in\mathbb{Z}$$

其中 $\tilde m=0,1,\cdots,(2^{\ell}-1)$，$J=j-\ell,j-\ell+1,\cdots,j$，能够得到 $\{d_{j+1,n}^{(0)};n\in\mathbb{Z}\}$.

注释：$\{d_{j+1,n}^{(0)};n\in\mathbb{Z}\}$ 和 $\{d_{j-\ell,k}^{(m)};k\in\mathbb{Z}\},m=0,1,\cdots,(2^{\ell+1}-1)$ 之间的这组依赖关系称之为小波包金字塔合成算法.

习题 3.11　小波包方程的逆

沿用习题 3.10 的符号. 根据习题 3.10 知，对于任意的整数 $j\in\mathbb{Z}$，

$$\begin{cases}\mu_{2m,j,k}(x)=\sum_{n\in\mathbb{Z}}h_{n-2k}\mu_{m,j+1,n}(x), & k\in\mathbb{Z}\\ \mu_{2m+1,j,k}(x)=\sum_{n\in\mathbb{Z}}g_{n-2k}\mu_{m,j+1,n}(x), & k\in\mathbb{Z}\end{cases}$$

$\{\mu_{2m,j,k}(x)=2^{j/2}\mu_{2m}(2^jx-k);k\in\mathbb{Z}\}$ 和 $\{\mu_{2m+1,j,k}(x)=2^{j/2}\mu_{2m+1}(2^jx-k);k\in\mathbb{Z}\}$ 是函

数空间 $\mathcal{L}^2(\mathbb{R})$ 中相互正交的整数平移规范正交函数系，而且，它们分别构成 U_j^{2m} 和 U_j^{2m+1} 的规范正交基，两者共同组成 $U_{j+1}^m = U_j^{2m} \oplus U_j^{2m+1}$ 的规范正交基. 证明：对于任意的整数 $j \in \mathbb{Z}$，如下关系成立：

$$\mu_{m,j+1,n}(x) = \sum_{k\in\mathbb{Z}} [\overline{h}_{n-2k}\mu_{2m,j,k}(x) + \overline{g}_{n-2k}\mu_{2m+1,j,k}(x)], \quad n \in \mathbb{Z}$$

习题 3.12　规范正交基小波包链

沿用习题 3.11 的符号. 对于任意的整数 $j \in \mathbb{Z}$，相互正交的整数平移规范正交函数系 $\{\mu_{2m,j,k}(x);k \in \mathbb{Z}\}$ 和 $\{\mu_{2m+1,j,k}(x);k \in \mathbb{Z}\}$ 共同组成 U_{j+1}^m 的规范正交基. 另外，根据多分辨率分析理论，$\{\mu_{m,j+1,n}(x);n \in \mathbb{Z}\}$ 是子空间 U_{j+1}^m 的另一个规范正交基. 利用线性代数过渡矩阵方法，写出子空间 U_{j+1}^m 的这两个规范正交基之间的过渡矩阵.

提示：引入两个矩阵(离散算子)记号：

$$\mathcal{H} = [h_{n,k} = h_{n-2k};(n,k) \in \mathbb{Z}^2]_{\infty\times\frac{\infty}{2}} = [\mathbf{h}^{(2k)};k \in \mathbb{Z}]_{\infty\times\frac{\infty}{2}}$$

$$\mathcal{G} = [g_{n,k} = g_{n-2k};(n,k) \in \mathbb{Z}^2]_{\infty\times\frac{\infty}{2}} = [\mathbf{g}^{(2k)};k \in \mathbb{Z}]_{\infty\times\frac{\infty}{2}}$$

为了直观起见，可以将这两个 $\infty \times \dfrac{\infty}{2}$ 矩阵按照列元素示意性表示如下：

$$\mathcal{H} = \begin{pmatrix} \vdots & \vdots & \vdots & \vdots & \vdots \\ \vdots & h_0 & h_{-2} & \vdots & \vdots \\ \vdots & h_{+1} & h_{-1} & \vdots & \vdots \\ \vdots & h_{+2} & h_0 & h_{-2} & \vdots \\ \vdots & \vdots & h_{+1} & h_{-1} & \vdots \\ \vdots & \vdots & h_{+2} & h_0 & \vdots \\ \vdots & \vdots & \vdots & \vdots & \vdots \end{pmatrix}_{\infty\times\frac{\infty}{2}}, \quad \mathcal{G} = \begin{pmatrix} \vdots & \vdots & \vdots & \vdots & \vdots \\ \vdots & g_0 & g_{-2} & \vdots & \vdots \\ \vdots & g_{+1} & g_{-1} & \vdots & \vdots \\ \vdots & g_{+2} & g_0 & g_{-2} & \vdots \\ \vdots & \vdots & g_{+1} & g_{-1} & \vdots \\ \vdots & \vdots & g_{+2} & g_0 & \vdots \\ \vdots & \vdots & \vdots & \vdots & \vdots \end{pmatrix}_{\infty\times\frac{\infty}{2}}$$

而且，它们的复数共轭转置矩阵 $\mathcal{H}^*, \mathcal{G}^*$ 都是 $\dfrac{\infty}{2} \times \infty$ 矩阵，可以按照行元素示意性表示为

$$\mathcal{H}^* = \begin{pmatrix} \cdots & & & & & & & & & & \\ \cdots & \overline{h}_{-2} & \overline{h}_{-1} & \overline{h}_0 & \overline{h}_{+1} & \overline{h}_{+2} & \cdots & & & & \\ & & \cdots & \overline{h}_{-2} & \overline{h}_{-1} & \overline{h}_0 & \overline{h}_{+1} & \overline{h}_{+2} & \cdots & & \\ & & & \cdots & \overline{h}_{-2} & \overline{h}_{-1} & \overline{h}_0 & \overline{h}_{+1} & \overline{h}_{+2} & \cdots \\ & & & & & & & & & \cdots \end{pmatrix}_{\frac{\infty}{2}\times\infty}$$

$$\mathcal{G}^*=\begin{pmatrix}\cdots &&&&&&&&&&\\ \cdots & \bar{g}_{-2} & \bar{g}_{-1} & \bar{g}_0 & \bar{g}_{+1} & \bar{g}_{+2} & \cdots &&&&\\ && \cdots & \bar{g}_{-2} & \bar{g}_{-1} & \bar{g}_0 & \bar{g}_{+1} & \bar{g}_{+2} & \cdots &&\\ &&&& \cdots & \bar{g}_{-2} & \bar{g}_{-1} & \bar{g}_0 & \bar{g}_{+1} & \bar{g}_{+2} & \cdots\\ &&&&&&&&&& \cdots\end{pmatrix}_{\frac{\infty}{2}\times\infty}$$

利用这些记号定义一个$\infty\times\infty$的分块为1×2的矩阵$\mathcal{A}$：

$$\mathcal{A}=\left(\mathcal{H}\middle|\mathcal{G}\right)=\left(\begin{array}{ccccc|ccccc}\vdots&\vdots&\vdots&\vdots&\vdots&\vdots&\vdots&\vdots&\vdots&\vdots\\ \vdots&h_0&h_{-2}&\vdots&\vdots&\vdots&g_0&g_{-2}&\vdots&\vdots\\ \vdots&h_{+1}&h_{-1}&\vdots&\vdots&\vdots&g_{+1}&g_{-1}&\vdots&\vdots\\ \vdots&h_{+2}&h_0&h_{-2}&\vdots&\vdots&g_{+2}&g_0&g_{-2}&\vdots\\ \vdots&\vdots&h_{+1}&h_{-1}&\vdots&\vdots&\vdots&g_{+1}&g_{-1}&\vdots\\ \vdots&\vdots&h_{+2}&h_0&\vdots&\vdots&\vdots&g_{+2}&g_0&\vdots\\ \vdots&\vdots&\vdots&\vdots&\vdots&\vdots&\vdots&\vdots&\vdots&\vdots\end{array}\right)_{\infty\times\infty}$$

那么,

$$(\mu_{2m,j,k}(x);k\in\mathbb{Z}\mid\mu_{2m+1,j,k}(x);k\in\mathbb{Z})=(\mu_{m,j+1,n}(x);n\in\mathbb{Z})\mathcal{A}$$

即从U_{j+1}^m的规范正交基$\{\mu_{m,j+1,n}(x);n\in\mathbb{Z}\}$过渡到基$\{\mu_{2m,j,k}(x);k\in\mathbb{Z}\}$和$\{\mu_{2m+1,j,k}(x);k\in\mathbb{Z}\}$的过渡矩阵就是$\infty\times\infty$的矩阵$\mathcal{A}$.

反过来,

$$(\mu_{m,j+1,n}(x);n\in\mathbb{Z})=(\mu_{2m,j,k}(x);k\in\mathbb{Z}\mid\mu_{2m+1,j,k}(x);k\in\mathbb{Z})\mathcal{A}^{-1}$$

即从U_{j+1}^m的正交基$\{\mu_{2m,j,k}(x),\mu_{2m+1,j,k}(x);k\in\mathbb{Z}\}$过渡到基$\{\mu_{m,j+1,n}(x);n\in\mathbb{Z}\}$的过渡矩阵就是$\infty\times\infty$的矩阵$\mathcal{A}^{-1}$.

习题 3.13　函数投影坐标小波包链

沿用习题 3.10 和习题 3.12 的符号, 那么,

$$f_{j+1}^{(m)}(x)=\sum_{n\in\mathbb{Z}}d_{j+1,n}^{(m)}\mu_{m,j+1,n}(x)=\sum_{k\in\mathbb{Z}}d_{j,k}^{(2m)}\mu_{2m,j,k}(x)+\sum_{k\in\mathbb{Z}}d_{j,k}^{(2m+1)}\mu_{2m+1,j,k}(x)$$

所以, $\mathscr{D}_{j+1}^{(m)}=\{d_{j+1,n}^{(m)};n\in\mathbb{Z}\}^{\mathrm{T}}$是$f_{j+1}^{(m)}(x)$在$U_{j+1}^m$的规范正交基$\{\mu_{m,j+1,n}(x);n\in\mathbb{Z}\}$下的坐标, 而$\mathscr{D}_j^{(2m)}=\{d_{j,k}^{(2m)};k\in\mathbb{Z}\}^{\mathrm{T}}$和$\mathscr{D}_j^{(2m+1)}=\{d_{j,k}^{(2m+1)};k\in\mathbb{Z}\}^{\mathrm{T}}$是$f_{j+1}^{(m)}(x)$在$U_{j+1}^m$的另一个规范正交基$\{\mu_{2m,j,k}(x);k\in\mathbb{Z}\}$和$\{\mu_{2m+1,j,k}(x);k\in\mathbb{Z}\}$下的坐标. 利用线性代数坐标变换方法证明: 在$U_{j+1}^m$的前述两个规范正交基之下, $f_{j+1}^{(m)}(x)$的坐标向量之

间满足如下坐标变换关系:

$$\left(\frac{\mathscr{D}_j^{(2m)}}{\mathscr{D}_j^{(2m+1)}}\right)=\boldsymbol{\mathcal{A}}^{-1}\mathscr{D}_{j+1}^{(m)}=\boldsymbol{\mathcal{A}}^{*}\mathscr{D}_{j+1}^{(m)}=\left(\frac{\boldsymbol{\mathcal{H}}^{*}}{\boldsymbol{\mathcal{G}}^{*}}\right)\mathscr{D}_{j+1}^{(m)}$$

其中, $\infty\times\infty$ 矩阵 $\boldsymbol{\mathcal{A}}$ 是酉矩阵, 所以, $\boldsymbol{\mathcal{A}}^{-1}=\boldsymbol{\mathcal{A}}^{*}$. 容易验证, 这就是小波包变换金字塔算法的 Mallat 分解算法公式. 证明小波包合成的 Mallat 合成算法公式可以表示为

$$\mathscr{D}_{j+1}^{(m)}=\boldsymbol{\mathcal{A}}\left(\frac{\mathscr{D}_j^{(2m)}}{\mathscr{D}_j^{(2m+1)}}\right)=(\boldsymbol{\mathcal{H}}\mid\boldsymbol{\mathcal{G}})\left(\frac{\mathscr{D}_j^{(2m)}}{\mathscr{D}_j^{(2m+1)}}\right)=\boldsymbol{\mathcal{H}}\mathscr{D}_j^{(2m)}+\boldsymbol{\mathcal{G}}\mathscr{D}_j^{(2m+1)}$$

这就是分块矩阵形式的小波包变换金字塔算法的 Mallat 合成算法公式.

习题 3.14　小波包矩阵合成正交性

沿用习题 3.10~习题 3.13 的符号, 习题 3.13 的结果表明:

$$\mathscr{D}_{j+1}^{(m)}=\boldsymbol{\mathcal{A}}\left(\frac{\mathscr{D}_j^{(2m)}}{\mathscr{D}_j^{(2m+1)}}\right)=\left(\boldsymbol{\mathcal{H}}\middle|\boldsymbol{\mathcal{G}}\right)\left(\frac{\mathscr{D}_j^{(2m)}}{\mathscr{D}_j^{(2m+1)}}\right)=\boldsymbol{\mathcal{H}}\mathscr{D}_j^{(2m)}+\boldsymbol{\mathcal{G}}\mathscr{D}_j^{(2m+1)}$$

证明在这个分块矩阵形式的小波包变换金字塔算法的 Mallat 合成算法公式中, 右边的两个向量是序列空间 $\ell^2(\mathbb{Z})$ 中相互正交的平方可和无穷维向量, 即

$$\begin{aligned}\left\langle\boldsymbol{\mathcal{H}}\mathscr{D}_j^{(2m)},\boldsymbol{\mathcal{G}}\mathscr{D}_j^{(2m+1)}\right\rangle&=[\boldsymbol{\mathcal{G}}\mathscr{D}_j^{(2m+1)}]^{*}[\boldsymbol{\mathcal{H}}\mathscr{D}_j^{(2m)}]\\&=[\mathscr{D}_j^{(2m+1)}]^{*}[\boldsymbol{\mathcal{G}}^{*}\boldsymbol{\mathcal{H}}][\mathscr{D}_j^{(2m)}]=0\end{aligned}$$

其中 $[\boldsymbol{\mathcal{G}}\mathscr{D}_j^{(2m+1)}]^{*}$ 表示列向量 $[\boldsymbol{\mathcal{G}}\mathscr{D}_j^{(2m+1)}]$ 的复数共轭转置.

习题 3.15　小波包矩阵合成勾股定理

沿用习题 3.10~习题 3.14 的符号, 证明在习题 3.13 的结果中:

$$\begin{aligned}\mathscr{D}_{j+1}^{(m)}&=\boldsymbol{\mathcal{A}}\left(\frac{\mathscr{D}_j^{(2m)}}{\mathscr{D}_j^{(2m+1)}}\right)=(\boldsymbol{\mathcal{H}}\mid\boldsymbol{\mathcal{G}})\left(\frac{\mathscr{D}_j^{(2m)}}{\mathscr{D}_j^{(2m+1)}}\right)\\&=\boldsymbol{\mathcal{H}}\mathscr{D}_j^{(2m)}+\boldsymbol{\mathcal{G}}\mathscr{D}_j^{(2m+1)}\end{aligned}$$

成立如下的"勾股定理"恒等式:

$$\|\mathscr{D}_{j+1}^{(m)}\|^2=\|\boldsymbol{\mathcal{H}}\mathscr{D}_j^{(2m)}\|^2+\|\boldsymbol{\mathcal{G}}\mathscr{D}_j^{(2m+1)}\|^2$$

其中, 根据无穷维序列向量空间 $\ell^2(\mathbb{Z})$ 中"欧氏范数(距离)"的定义, 三个向量 $\mathscr{D}_{j+1}^{(m)},\boldsymbol{\mathcal{H}}\mathscr{D}_j^{(2m)},\boldsymbol{\mathcal{G}}\mathscr{D}_j^{(2m+1)}$ 的欧氏长度可以表示为

$$\|\mathscr{D}_{j+1}^{(m)}\|^2=\sum_{n\in\mathbb{Z}}|d_{j+1,n}^{(m)}|^2$$
$$\|\boldsymbol{\mathcal{H}}\mathscr{D}_{j}^{(2m)}\|^2=\sum_{k\in\mathbb{Z}}|d_{j,k}^{(2m)}|^2$$
$$\|\boldsymbol{\mathcal{G}}\mathscr{D}_{j}^{(2m+1)}\|^2=\sum_{k\in\mathbb{Z}}|d_{j,k}^{(2m+1)}|^2$$

习题 3.16 小波包金字塔

沿用习题 3.10~习题 3.15 的符号，小波包金字塔算法统一结构的相关习题.

假定 $f(x)$ 在 $\boldsymbol{\mathcal{L}}^2(\mathbb{R})$ 的小波包子空间序列

$$U_{j+1}^0,U_{j-\ell}^0,U_{j-\ell}^1,U_{j-\ell}^2,\cdots,U_{j-\ell}^{2^{\ell+1}-1}$$

上的正交投影分别是 $f_{j+1}^{(0)}(x),f_{j-\ell}^{(0)}(x),f_{j-\ell}^{(1)}(x),f_{j-\ell}^{(2)}(x),\cdots,f_{j-\ell}^{(2^{\ell+1}-1)}(x)$，此时，

$$f_{j+1}^{(0)}(x)=f_{j-\ell}^{(0)}(x)+f_{j-\ell}^{(1)}(x)+f_{j-\ell}^{(2)}(x)+\cdots+f_{j-\ell}^{(2^{\ell+1}-1)}(x)$$

而且 $\{f_{j-\ell}^{(0)}(x),f_{j-\ell}^{(1)}(x),f_{j-\ell}^{(2)}(x),\cdots,f_{j-\ell}^{(2^{\ell+1}-1)}(x)\}$ 是正交函数系，具有级数展开形式:

$$f_{j+1}^{(0)}(x)=\sum_{n\in\mathbb{Z}}d_{j+1,n}^{(0)}\mu_{0,j+1,n}(x)$$
$$f_{j-\ell}^{(m)}(x)=\sum_{k\in\mathbb{Z}}d_{j-\ell,k}^{(m)}\mu_{m,j-\ell,k}(x),\quad m=0,1,\cdots,(2^{\ell+1}-1)$$

满足关系

$$\sum_{n\in\mathbb{Z}}d_{j+1,n}^{(0)}\mu_{0,j+1,n}(x)=\sum_{m=0}^{(2^{\ell+1}-1)}\sum_{k\in\mathbb{Z}}d_{j-\ell,k}^{(m)}\mu_{m,j-\ell,k}(x)$$

其中

$$\begin{aligned}d_{j+1,n}^{(0)}&=\int_{x\in\mathbb{R}}f_{j+1}^{(0)}(x)\overline{\mu}_{0,j+1,n}(x)dx=\int_{x\in\mathbb{R}}f(x)\overline{\mu}_{0,j+1,n}(x)dx,\\d_{j-\ell,k}^{(m)}&=\int_{x\in\mathbb{R}}f_{j-\ell}^{(m)}(x)\overline{\mu}_{m,j-\ell,k}(x)dx=\int_{x\in\mathbb{R}}f(x)\overline{\mu}_{m,j-\ell,k}(x)dx,\\&m=0,1,\cdots,(2^{\ell+1}-2),(2^{\ell+1}-1)\end{aligned}$$

引入记号:

$$\mathscr{D}_{j+1}^{(0)}=\{d_{j+1,n}^{(0)};n\in\mathbb{Z}\}^{\mathrm{T}}$$
$$\mathscr{D}_{j-\ell}^{(m)}=\{d_{j-\ell,k}^{(m)};k\in\mathbb{Z}\}^{\mathrm{T}},\quad m=0,1,\cdots,(2^{\ell+1}-1),\quad \ell=0,1,2,\cdots$$

其中 ℓ 是任意的非负整数.

回顾两个 $\infty\times\dfrac{\infty}{2}$ 的矩阵记号:

$$\boldsymbol{\mathcal{H}}=[h_{n,k}=h_{n-2k};(n,k)\in\mathbb{Z}^2]_{\infty\times\frac{\infty}{2}}=[\mathrm{h}^{(2k)};k\in\mathbb{Z}]_{\infty\times\frac{\infty}{2}}$$

$$\boldsymbol{\mathcal{G}}=[g_{n,k}=g_{n-2k};(n,k)\in\mathbb{Z}^2]_{\infty\times\frac{\infty}{2}}=[\mathbf{g}^{(2k)};k\in\mathbb{Z}]_{\infty\times\frac{\infty}{2}}$$

为了直观起见，可以将这两个$\infty\times\dfrac{\infty}{2}$矩阵按照列元素示意性表示如下：

$$\boldsymbol{\mathcal{H}}=\begin{pmatrix}\vdots&\vdots&\vdots&\vdots&\vdots\\ \vdots&h_0&h_{-2}&\vdots&\vdots\\ \vdots&h_{+1}&h_{-1}&\vdots&\vdots\\ \vdots&h_{+2}&h_0&h_{-2}&\vdots\\ \vdots&\vdots&h_{+1}&h_{-1}&\vdots\\ \vdots&\vdots&h_{+2}&h_0&\vdots\\ \vdots&\vdots&\vdots&\vdots&\vdots\end{pmatrix}_{\infty\times\frac{\infty}{2}},\quad \boldsymbol{\mathcal{G}}=\begin{pmatrix}\vdots&\vdots&\vdots&\vdots&\vdots\\ \vdots&g_0&g_{-2}&\vdots&\vdots\\ \vdots&g_{+1}&g_{-1}&\vdots&\vdots\\ \vdots&g_{+2}&g_0&g_{-2}&\vdots\\ \vdots&\vdots&g_{+1}&g_{-1}&\vdots\\ \vdots&\vdots&g_{+2}&g_0&\vdots\\ \vdots&\vdots&\vdots&\vdots&\vdots\end{pmatrix}_{\infty\times\frac{\infty}{2}}$$

而且，它们的复数共轭转置矩阵$\boldsymbol{\mathcal{H}}^*,\boldsymbol{\mathcal{G}}^*$都是$\dfrac{\infty}{2}\times\infty$矩阵，可以按照行元素示意性表示为

$$\boldsymbol{\mathcal{H}}^*=\begin{pmatrix}\cdots\\ \cdots\ \overline{h}_{-2}\ \ \overline{h}_{-1}\ \ \overline{h}_0\ \ \overline{h}_{+1}\ \ \overline{h}_{+2}\ \ \cdots\\ \qquad\cdots\ \ \overline{h}_{-2}\ \ \overline{h}_{-1}\ \ \overline{h}_0\ \ \overline{h}_{+1}\ \ \overline{h}_{+2}\ \ \cdots\\ \qquad\qquad\cdots\ \ \overline{h}_{-2}\ \ \overline{h}_{-1}\ \ \overline{h}_0\ \ \overline{h}_{+1}\ \ \overline{h}_{+2}\ \ \cdots\\ \qquad\qquad\qquad\qquad\qquad\qquad\cdots\end{pmatrix}_{\frac{\infty}{2}\times\infty}$$

$$\boldsymbol{\mathcal{G}}^*=\begin{pmatrix}\cdots\\ \cdots\ \overline{g}_{-2}\ \ \overline{g}_{-1}\ \ \overline{g}_0\ \ \overline{g}_{+1}\ \ \overline{g}_{+2}\ \ \cdots\\ \qquad\cdots\ \ \overline{g}_{-2}\ \ \overline{g}_{-1}\ \ \overline{g}_0\ \ \overline{g}_{+1}\ \ \overline{g}_{+2}\ \ \cdots\\ \qquad\qquad\cdots\ \ \overline{g}_{-2}\ \ \overline{g}_{-1}\ \ \overline{g}_0\ \ \overline{g}_{+1}\ \ \overline{g}_{+2}\ \ \cdots\\ \qquad\qquad\qquad\qquad\qquad\qquad\cdots\end{pmatrix}_{\frac{\infty}{2}\times\infty}$$

利用这些记号定义一个$\infty\times\infty$的分块为1×2的矩阵$\boldsymbol{\mathcal{A}}$：

$$\boldsymbol{\mathcal{A}}=(\boldsymbol{\mathcal{H}}|\boldsymbol{\mathcal{G}})=\left(\begin{array}{ccccc|ccccc}\vdots&\vdots&\vdots&\vdots&\vdots&\vdots&\vdots&\vdots&\vdots&\vdots\\ \vdots&h_0&h_{-2}&\vdots&\vdots&\vdots&g_0&g_{-2}&\vdots&\vdots\\ \vdots&h_{+1}&h_{-1}&\vdots&\vdots&\vdots&g_{+1}&g_{-1}&\vdots&\vdots\\ \vdots&h_{+2}&h_0&h_{-2}&\vdots&\vdots&g_{+2}&g_0&g_{-2}&\vdots\\ \vdots&\vdots&h_{+1}&h_{-1}&\vdots&\vdots&\vdots&g_{+1}&g_{-1}&\vdots\\ \vdots&\vdots&h_{+2}&h_0&\vdots&\vdots&\vdots&g_{+2}&g_0&\vdots\\ \vdots&\vdots&\vdots&\vdots&\vdots&\vdots&\vdots&\vdots&\vdots&\vdots\end{array}\right)_{\infty\times\infty}$$

它的复数共轭转置矩阵是

$$\boldsymbol{\mathcal{A}}^*=\left(\frac{\boldsymbol{\mathcal{H}}^*}{\boldsymbol{\mathcal{G}}^*}\right)=\left(\begin{array}{ccccccccc}\cdots&&&&&&&&\\ \cdots&\overline{h}_{-2}&\overline{h}_{-1}&\overline{h}_0&\overline{h}_{+1}&\overline{h}_{+2}&\cdots&&\\ &&\cdots&\overline{h}_{-2}&\overline{h}_{-1}&\overline{h}_0&\overline{h}_{+1}&\overline{h}_{+2}&\cdots\\ &&&\cdots&\overline{h}_{-2}&\overline{h}_{-1}&\overline{h}_0&\overline{h}_{+1}&\overline{h}_{+2}\ \cdots\\ &&&&&&&&\cdots\\ \hline \cdots&&&&&&&&\\ \cdots&\overline{g}_{-2}&\overline{g}_{-1}&\overline{g}_0&\overline{g}_{+1}&\overline{g}_{+2}&\cdots&&\\ &&\cdots&\overline{g}_{-2}&\overline{g}_{-1}&\overline{g}_0&\overline{g}_{+1}&\overline{g}_{+2}&\cdots\\ &&&\cdots&\overline{g}_{-2}&\overline{g}_{-1}&\overline{g}_0&\overline{g}_{+1}&\overline{g}_{+2}\ \cdots\\ &&&&&&&&\cdots\end{array}\right)_{\infty\times\infty}$$

这样，对于任意的整数 j 和非负整数 m，有如下的小波包变换关系公式:

$$\begin{cases}\left(\dfrac{\mathscr{D}_j^{(2m)}}{\mathscr{D}_j^{(2m+1)}}\right)=\boldsymbol{\mathcal{A}}^{-1}\mathscr{D}_{j+1}^{(m)}=\boldsymbol{\mathcal{A}}^*\mathscr{D}_{j+1}^{(m)}=\left(\dfrac{\boldsymbol{\mathcal{H}}^*}{\boldsymbol{\mathcal{G}}^*}\right)\mathscr{D}_{j+1}^{(m)}=\left(\dfrac{\boldsymbol{\mathcal{H}}^*\mathscr{D}_{j+1}^{(m)}}{\boldsymbol{\mathcal{G}}^*\mathscr{D}_{j+1}^{(m)}}\right)\\ \mathscr{D}_{j+1}^{(m)}=\boldsymbol{\mathcal{A}}\left(\dfrac{\mathscr{D}_j^{(2m)}}{\mathscr{D}_j^{(2m+1)}}\right)=(\boldsymbol{\mathcal{H}}\mid\boldsymbol{\mathcal{G}})\left(\dfrac{\mathscr{D}_j^{(2m)}}{\mathscr{D}_j^{(2m+1)}}\right)=\boldsymbol{\mathcal{H}}\mathscr{D}_j^{(2m)}+\boldsymbol{\mathcal{G}}\mathscr{D}_j^{(2m+1)}\end{cases}$$

3.16.1　对于任意非负整数 ℓ，引入两个 $[2^{-\ell}\infty]\times[2^{-(\ell+1)}\infty]$ 矩阵 $\boldsymbol{\mathcal{H}}_0^{(\ell)},\boldsymbol{\mathcal{H}}_1^{(\ell)}$，它们分别与 $\boldsymbol{\mathcal{H}},\boldsymbol{\mathcal{G}}$ 的构造方法相同，比如当 $\ell=0$ 时，$\boldsymbol{\mathcal{H}}_0^{(0)}=\boldsymbol{\mathcal{H}},\boldsymbol{\mathcal{H}}_1^{(0)}=\boldsymbol{\mathcal{G}}$，当 $\ell=1$ 时，$\boldsymbol{\mathcal{H}}_0^{(\ell)}=\boldsymbol{\mathcal{H}}_0^{(1)},\boldsymbol{\mathcal{H}}_1^{(\ell)}=\boldsymbol{\mathcal{H}}_1^{(1)}$ 都是 $[2^{-1}\infty]\times[2^{-2}\infty]$ 矩阵．利用这些矩阵记号定义 $[2^{-\ell}\infty]\times[2^{-\ell}\infty]$ 矩阵 $\boldsymbol{\mathcal{A}}_{(\ell)}=(\boldsymbol{\mathcal{H}}_0^{(\ell)}\mid\boldsymbol{\mathcal{H}}_1^{(\ell)})$，比如当 $\ell=0$ 时，

$$\boldsymbol{\mathcal{A}}_{(\ell)}=(\boldsymbol{\mathcal{H}}_0^{(\ell)}\mid\boldsymbol{\mathcal{H}}_1^{(\ell)})=\boldsymbol{\mathcal{A}}_{(0)}=(\boldsymbol{\mathcal{H}}_0^{(0)}\mid\boldsymbol{\mathcal{H}}_1^{(0)})=(\boldsymbol{\mathcal{H}}\mid\boldsymbol{\mathcal{G}})$$

或者按照列向量详细撰写如下:

$$\boldsymbol{\mathcal{A}}_{(\ell)}=\boldsymbol{\mathcal{A}}_{(0)}=\left(\begin{array}{ccccc|ccccc}\vdots&\vdots&\vdots&\vdots&\vdots&\vdots&\vdots&\vdots&\vdots&\vdots\\ \vdots&h_0&h_{-2}&\vdots&\vdots&\vdots&g_0&g_{-2}&\vdots&\vdots\\ \vdots&h_{+1}&h_{-1}&\vdots&\vdots&\vdots&g_{+1}&g_{-1}&\vdots&\vdots\\ \vdots&h_{+2}&h_0&h_{-2}&\vdots&\vdots&g_{+2}&g_0&g_{-2}&\vdots\\ \vdots&\vdots&h_{+1}&h_{-1}&\vdots&\vdots&\vdots&g_{+1}&g_{-1}&\vdots\\ \vdots&\vdots&h_{+2}&h_0&\vdots&\vdots&\vdots&g_{+2}&g_0&\vdots\\ \vdots&\vdots&\vdots&\vdots&\vdots&\vdots&\vdots&\vdots&\vdots&\vdots\end{array}\right)_{\infty\times\infty}$$

它的复数共轭转置矩阵是

$$\mathcal{A}_{(\ell)}^* = \mathcal{A}_{(0)}^* = \mathcal{A}^* = \left(\frac{\mathcal{H}^*}{\mathcal{G}^*}\right)$$

证明: $[2^{-\ell}\infty]\times[2^{-\ell}\infty]$ 矩阵 $\mathcal{A}_{(\ell)} = (\mathcal{H}_0^{(\ell)} \mid \mathcal{H}_1^{(\ell)})$ 是酉矩阵.

3.16.2 证明对任意固定非负整数 ℓ, 小波包分解金字塔算法可以表示为

$$\left(\frac{\mathscr{D}_{j-\ell}^{(2m)}}{\mathscr{D}_{j-\ell}^{(2m+1)}}\right) = \mathcal{A}_\ell^* \mathscr{D}_{j-\ell+1}^{(m)} = \left(\frac{[\mathcal{H}_0^{(\ell)}]^*}{[\mathcal{H}_1^{(\ell)}]^*}\right)\mathscr{D}_{j-\ell+1}^{(m)} = \left(\frac{[\mathcal{H}_0^{(\ell)}]^*\mathscr{D}_{j-\ell+1}^{(m)}}{[\mathcal{H}_1^{(\ell)}]^*\mathscr{D}_{j-\ell+1}^{(m)}}\right)$$

$$m = 0,1,2,\cdots,(2^\ell - 1)$$

按照分块矩阵表示为 1×2 的矩阵 $\mathcal{A}_{(\ell)} = (\mathcal{H}_0^{(\ell)} \mid \mathcal{H}_1^{(\ell)})$ 是 $[2^{-\ell}\infty]\times[2^{-\ell}\infty]$ 矩阵. 这个算法的作用是把尺度级别 $s = 2^{-(j-\ell+1)}$ 的全部 2^ℓ 个小波包系数向量每个分解为两个尺度级别 $s = 2^{-(j-\ell)}$ 上的小波包系数向量, 从而得到尺度级别 $s = 2^{-(j-\ell)}$ 上的 $2^{\ell+1}$ 个小波包系数向量, 即尺度级别倍增, 小波包系数向量的个数也倍增.

3.16.3 证明: 对任意固定非负整数 ℓ, 小波包合成金字塔算法可以表示为

$$\mathscr{D}_{j-\ell+1}^{(m)} = \mathcal{A}_\ell\left(\frac{\mathscr{D}_{j-\ell}^{(2m)}}{\mathscr{D}_{j-\ell}^{(2m+1)}}\right) = (\mathcal{H}_0^{(\ell)} \mid \mathcal{H}_1^{(\ell)})\left(\frac{\mathscr{D}_{j-\ell}^{(2m)}}{\mathscr{D}_{j-\ell}^{(2m+1)}}\right) = \mathcal{H}_0^{(\ell)}\mathscr{D}_{j-\ell}^{(2m)} + \mathcal{H}_1^{(\ell)}\mathscr{D}_{j-\ell}^{(2m+1)}$$

$$m = 0,1,2,\cdots,(2^\ell - 1)$$

这个小波包合成金字塔算法的作用是, 将尺度级别 $s = 2^{-(j-\ell)}$ 上的 $2^{\ell+1}$ 个小波包系数向量合并得到尺度级别 $s = 2^{-(j-\ell+1)}$ 的 2^ℓ 个小波包系数向量, 即尺度级别减半, 小波包系数向量个数也减半.

3.16.4 证明: 当 $\ell = 0,1,\cdots,L$ 时, 小波包分解金字塔算法可以表示为

$$\left(\begin{array}{c}\mathscr{D}_{j-L}^{(0)}\\ \hline \mathscr{D}_{j-L}^{(1)}\\ \hline \vdots\\ \hline \mathscr{D}_{j-L}^{(2^{(L+1)}-2)}\\ \hline \mathscr{D}_{j-L}^{(2^{(L+1)}-1)}\end{array}\right) = \left(\begin{array}{c}[\mathcal{H}_0^{(0)}\cdots\mathcal{H}_0^{(L-1)}\mathcal{H}_0^{(L)}]^*\\ \hline [\mathcal{H}_0^{(0)}\cdots\mathcal{H}_0^{(L-1)}\mathcal{H}_1^{(L)}]^*\\ \hline \vdots\\ \hline [\mathcal{H}_1^{(0)}\cdots\mathcal{H}_1^{(L-1)}\mathcal{H}_0^{(L)}]^*\\ \hline [\mathcal{H}_1^{(0)}\cdots\mathcal{H}_1^{(L-1)}\mathcal{H}_1^{(L)}]^*\end{array}\right)\mathscr{D}_{j+1}^{(0)}$$

提示: 利用习题 3.16.2 的结果, 将 $\ell = 0,1,\cdots,L$ 的结果集中表示可得

$$\left(\begin{array}{c}\mathscr{D}_{j-L}^{(0)}\\ \hline \mathscr{D}_{j-L}^{(1)}\\ \hline \vdots\\ \hline \mathscr{D}_{j-L}^{(2^{(L+1)}-2)}\\ \hline \mathscr{D}_{j-L}^{(2^{(L+1)}-1)}\end{array}\right)=\left(\begin{array}{c}[\mathcal{H}_0^{(L)}]^*[\mathcal{H}_0^{(L-1)}]^*\cdots[\mathcal{H}_0^{(0)}]^*\\ \hline [\mathcal{H}_1^{(L)}]^*[\mathcal{H}_0^{(L-1)}]^*\cdots[\mathcal{H}_0^{(0)}]^*\\ \hline \vdots\\ \hline [\mathcal{H}_0^{(L)}]^*[\mathcal{H}_1^{(L-1)}]^*\cdots[\mathcal{H}_1^{(0)}]^*\\ \hline [\mathcal{H}_1^{(L)}]^*[\mathcal{H}_1^{(L-1)}]^*\cdots[\mathcal{H}_1^{(0)}]^*\end{array}\right)\mathscr{D}_{j+1}^{(0)}$$

对于 $\ell=L$ 时的 2^{L+1} 个小波包系数向量 $\mathscr{D}_{j-L}^{(m)},m=0,1,2,\cdots,(2^{(L+1)}-1)$，将标志小波包级别的 m 写成 $(L+1)$ 位的二进制形式:

$$\begin{aligned}m&=\sum_{\ell=0}^{L}\varepsilon_\ell\times 2^\ell\\&=(\varepsilon_L\varepsilon_{L-1}\cdots\varepsilon_2\varepsilon_1\varepsilon_0)_2\\&=\varepsilon_L\times 2^L+\varepsilon_{L-1}\times 2^{L-1}+\cdots+\varepsilon_2\times 2^2+\varepsilon_1\times 2+\varepsilon_0\end{aligned}$$

其中，$\varepsilon_\ell\in\{0,\ 1\}$，$\ell=0,1,\cdots,L$. 那么，当 $m=0,1,2,\cdots,(2^{(L+1)}-1)$ 时，

$$\mathscr{D}_{j-L}^{(m)}=[\mathcal{H}_{\varepsilon_0}^{(L)}][\mathcal{H}_{\varepsilon_1}^{(L-1)}]^*\cdots[\mathcal{H}_{\varepsilon_{L-1}}^{(1)}]^*[\mathcal{H}_{\varepsilon_L}^{(0)}]^*\mathscr{D}_{j+1}^{(0)}=[\mathcal{H}_{\varepsilon_L}^{(0)}\mathcal{H}_{\varepsilon_{L-1}}^{(1)}\cdots\mathcal{H}_{\varepsilon_1}^{(L-1)}\mathcal{H}_{\varepsilon_0}^{(L)}]^*\mathscr{D}_{j+1}^{(0)}$$

集中用分块矩阵形式写成 $2^{L+1}\times 1$ 分块的表达式:

$$\left(\begin{array}{c}\mathscr{D}_{j-L}^{(0)}\\ \hline \mathscr{D}_{j-L}^{(1)}\\ \hline \vdots\\ \hline \mathscr{D}_{j-L}^{(2^{(L+1)}-2)}\\ \hline \mathscr{D}_{j-L}^{(2^{(L+1)}-1)}\end{array}\right)=\left(\begin{array}{c}\mathscr{D}_{j-L}^{(00\cdots00)_2}\\ \hline \mathscr{D}_{j-L}^{(00\cdots01)_2}\\ \hline \vdots\\ \hline \mathscr{D}_{j-L}^{(11\cdots10)_2}\\ \hline \mathscr{D}_{j-L}^{(11\cdots11)_2}\end{array}\right)=\left(\begin{array}{c}\left[\mathcal{H}_0^{(0)}\cdots\mathcal{H}_0^{(L-1)}\mathcal{H}_0^{(L)}\right]^*\\ \hline \left[\mathcal{H}_0^{(0)}\cdots\mathcal{H}_0^{(L-1)}\mathcal{H}_1^{(L)}\right]^*\\ \hline \vdots\\ \hline \left[\mathcal{H}_1^{(0)}\cdots\mathcal{H}_1^{(L-1)}\mathcal{H}_0^{(L)}\right]^*\\ \hline \left[\mathcal{H}_1^{(0)}\cdots\mathcal{H}_1^{(L-1)}\mathcal{H}_1^{(L)}\right]^*\end{array}\right)\mathscr{D}_{j+1}^{(0)}$$

其中分块列向量和分块矩阵都只按照行进行分块，向量和矩阵都被分为 2^{L+1} 个小分块，每个小分块的行数都是示意性的 $2^{-(L+1)}\infty$.

另外，矩阵 $\mathcal{H}_{\varepsilon_{L-\ell}}^{(\ell)}$ 的行数和列数分别是 $[2^{-\ell}\infty]\times[2^{-(\ell+1)}\infty],\ell=0,1,2,\cdots,L$. 因此，$\mathcal{H}_{\varepsilon_L}^{(0)}\mathcal{H}_{\varepsilon_{L-1}}^{(1)}\cdots\mathcal{H}_{\varepsilon_1}^{(L-1)}\mathcal{H}_{\varepsilon_0}^{(L)}$ 是 $\infty\times[2^{-(L+1)}\infty]$ 矩阵.

3.16.5　证明从 2^{L+1} 个小波包系数向量 $\mathscr{D}_{j-L}^{(m)},m=0,1,2,\cdots,(2^{(L+1)}-1)$ 合成得到 $\mathscr{D}_{j+1}^{(0)}$ 的小波包合成金字塔算法可以表示为

$$\mathscr{D}_{j+1}^{(0)} = \sum_{m=(\varepsilon_L\varepsilon_{L-1}\cdots\varepsilon_1\varepsilon_0)_2=0}^{(2^{(L+1)}-1)} \boldsymbol{\mathcal{H}}_{\varepsilon_L}^{(0)}\boldsymbol{\mathcal{H}}_{\varepsilon_{L-1}}^{(1)}\cdots\boldsymbol{\mathcal{H}}_{\varepsilon_1}^{(L-1)}\boldsymbol{\mathcal{H}}_{\varepsilon_0}^{(L)}\mathscr{D}_{j-L}^{(m)}$$

其中

$$m=(\varepsilon_L\varepsilon_{L-1}\cdots\varepsilon_2\varepsilon_1\varepsilon_0)_2=\varepsilon_L\times 2^L+\varepsilon_{L-1}\times 2^{L-1}+\cdots+\varepsilon_1\times 2+\varepsilon_0$$

是非负整数 m 的 $(L+1)$ 位二进制表示，其取值范围是 $m=0,1,2,\cdots,(2^{(L+1)}-1)$.

提示：根据习题 3.16.4 的结果易得

$$\mathscr{D}_{j+1}^{(0)}=\left(\begin{array}{c}[\boldsymbol{\mathcal{H}}_0^{(0)}\cdots\boldsymbol{\mathcal{H}}_0^{(L-1)}\boldsymbol{\mathcal{H}}_0^{(L)}]^*\\ \hline [\boldsymbol{\mathcal{H}}_0^{(0)}\cdots\boldsymbol{\mathcal{H}}_0^{(L-1)}\boldsymbol{\mathcal{H}}_1^{(L)}]^*\\ \hline \vdots\\ \hline [\boldsymbol{\mathcal{H}}_1^{(0)}\cdots\boldsymbol{\mathcal{H}}_1^{(L-1)}\boldsymbol{\mathcal{H}}_0^{(L)}]^*\\ \hline [\boldsymbol{\mathcal{H}}_1^{(0)}\cdots\boldsymbol{\mathcal{H}}_1^{(L-1)}\boldsymbol{\mathcal{H}}_1^{(L)}]^*\end{array}\right)^*\left(\begin{array}{c}\mathscr{D}_{j-L}^{(0)}\\ \hline \mathscr{D}_{j-L}^{(1)}\\ \hline \vdots\\ \hline \mathscr{D}_{j-L}^{(2^{(L+1)}-2)}\\ \hline \mathscr{D}_{j-L}^{(2^{(L+1)}-1)}\end{array}\right)$$

引入矩阵记号：对于 $m=0,1,2,\cdots,(2^{(L+1)}-1)$，如果它的 $(L+1)$ 位二进制表示是

$$m=(\varepsilon_L\varepsilon_{L-1}\cdots\varepsilon_2\varepsilon_1\varepsilon_0)_2=\varepsilon_L\times 2^L+\varepsilon_{L-1}\times 2^{L-1}+\cdots+\varepsilon_1\times 2+\varepsilon_0$$

定义 $\infty\times[2^{-(L+1)}\infty]$ 矩阵 $\boldsymbol{\mathcal{R}}_m$ 如下：

$$\boldsymbol{\mathcal{R}}_m=\boldsymbol{\mathcal{R}}_{(\varepsilon_L\varepsilon_{L-1}\cdots\varepsilon_2\varepsilon_1\varepsilon_0)_2}=\boldsymbol{\mathcal{H}}_{\varepsilon_L}^{(0)}\boldsymbol{\mathcal{H}}_{\varepsilon_{L-1}}^{(1)}\cdots\boldsymbol{\mathcal{H}}_{\varepsilon_1}^{(L-1)}\boldsymbol{\mathcal{H}}_{\varepsilon_0}^{(L)}=\left[\prod_{\ell=L}^{0}\boldsymbol{\mathcal{H}}_{\varepsilon_\ell}^{(L-\ell)}\right]$$

这样，小波包合成金字塔算法可以改写为

$$\mathscr{D}_{j+1}^{(0)}=(\boldsymbol{\mathcal{R}}_0\,|\,\boldsymbol{\mathcal{R}}_1\,|\cdots|\,\boldsymbol{\mathcal{R}}_{(2^{(L+1)}-2)}\,|\,\boldsymbol{\mathcal{R}}_{(2^{(L+1)}-1)})\left(\begin{array}{c}\mathscr{D}_{j-L}^{(0)}\\ \hline \mathscr{D}_{j-L}^{(1)}\\ \hline \vdots\\ \hline \mathscr{D}_{j-L}^{(2^{(L+1)}-2)}\\ \hline \mathscr{D}_{j-L}^{(2^{(L+1)}-1)}\end{array}\right)$$

或者按照分块矩阵乘法写成

$$\mathscr{D}_{j+1}^{(0)}=[\boldsymbol{\mathcal{R}}_0]\mathscr{D}_{j-L}^{(0)}+[\boldsymbol{\mathcal{R}}_1]\mathscr{D}_{j-L}^{(1)}+\cdots+[\boldsymbol{\mathcal{R}}_{(2^{(L+1)}-1)}]\mathscr{D}_{j-L}^{(2^{(L+1)}-1)}$$

或者写成更紧凑的求和符号形式

$$\mathscr{D}_{j+1}^{(0)} = \sum_{m=(\varepsilon_L\varepsilon_{L-1}\cdots\varepsilon_1\varepsilon_0)_2=0}^{(2^{(L+1)}-1)} \boldsymbol{\mathcal{H}}_{\varepsilon_L}^{(0)}\boldsymbol{\mathcal{H}}_{\varepsilon_{L-1}}^{(1)}\cdots\boldsymbol{\mathcal{H}}_{\varepsilon_1}^{(L-1)}\boldsymbol{\mathcal{H}}_{\varepsilon_0}^{(L)}\mathscr{D}_{j-L}^{(m)}$$

$$= \sum_{\substack{(\varepsilon_L\varepsilon_{L-1}\cdots\varepsilon_1\varepsilon_0)_2\\ \varepsilon_k\in\{0,1\},k=0,1,\cdots,L}} \boldsymbol{\mathcal{R}}_{(\varepsilon_L\varepsilon_{L-1}\cdots\varepsilon_2\varepsilon_1\varepsilon_0)_2}\mathscr{D}_{j-L}^{(\varepsilon_L\varepsilon_{L-1}\cdots\varepsilon_1\varepsilon_0)_2}$$
$$= \sum_{m=0}^{(2^{(L+1)}-1)} \boldsymbol{\mathcal{R}}_m\mathscr{D}_{j-L}^{(m)}$$

3.16.6　证明: 从 2^{L+1} 个小波包系数向量 $\mathscr{D}_{j-L}^{(m)}, m=0,1,2,\cdots,(2^{(L+1)}-1)$ 合成得到 $\mathscr{D}_{j+1}^{(0)}$ 的小波包合成金字塔算法可以表示为

$$\mathscr{D}_{j+1}^{(0)} = \mathscr{R}_{j-L}^{(0)} + \mathscr{R}_{j-L}^{(1)} + \cdots + \mathscr{R}_{j-L}^{(2^{(L+1)}-2)} + \mathscr{R}_{j-L}^{(2^{(L+1)}-1)}$$

对于 $m=(\varepsilon_L\varepsilon_{L-1}\cdots\varepsilon_2\varepsilon_1\varepsilon_0)_2=0,1,2,\cdots,(2^{(L+1)}-1)$,

$$\begin{aligned}\mathscr{R}_{j-L}^{(m)} &= \boldsymbol{\mathcal{H}}_{\varepsilon_L}^{(0)}\boldsymbol{\mathcal{H}}_{\varepsilon_{L-1}}^{(1)}\cdots\boldsymbol{\mathcal{H}}_{\varepsilon_1}^{(L-1)}\boldsymbol{\mathcal{H}}_{\varepsilon_0}^{(L)}\mathscr{D}_{j-L}^{(\varepsilon_L\varepsilon_{L-1}\cdots\varepsilon_2\varepsilon_1\varepsilon_0)_2}\\ &= \boldsymbol{\mathcal{R}}_{(\varepsilon_L\varepsilon_{L-1}\cdots\varepsilon_2\varepsilon_1\varepsilon_0)_2}\mathscr{D}_{j-L}^{(\varepsilon_L\varepsilon_{L-1}\cdots\varepsilon_2\varepsilon_1\varepsilon_0)_2}\\ &= \boldsymbol{\mathcal{R}}_m\mathscr{D}_{j-L}^{(m)}\end{aligned}$$

或者更详细地写成

$$\begin{aligned}\mathscr{D}_{j-L}^{(00\cdots00)_2} &= \boldsymbol{\mathcal{H}}_0^{(0)}\boldsymbol{\mathcal{H}}_0^{(1)}\cdots\boldsymbol{\mathcal{H}}_0^{(L-1)}\boldsymbol{\mathcal{H}}_0^{(L)}\mathscr{D}_{j-L}^{(00\cdots00)_2} = \boldsymbol{\mathcal{R}}_0\mathscr{D}_{j-L}^{(0)}\\ \mathscr{D}_{j-L}^{(00\cdots01)_2} &= \boldsymbol{\mathcal{H}}_0^{(0)}\boldsymbol{\mathcal{H}}_0^{(1)}\cdots\boldsymbol{\mathcal{H}}_0^{(L-1)}\boldsymbol{\mathcal{H}}_0^{(L)}\mathscr{D}_{j-L}^{(00\cdots01)_2} = \boldsymbol{\mathcal{R}}_1\mathscr{D}_{j-L}^{(1)}\\ &\ \ \vdots\\ \mathscr{D}_{j-L}^{(11\cdots00)_2} &= \boldsymbol{\mathcal{H}}_1^{(0)}\boldsymbol{\mathcal{H}}_1^{(1)}\cdots\boldsymbol{\mathcal{H}}_1^{(L-1)}\boldsymbol{\mathcal{H}}_0^{(L)}\mathscr{D}_{j-L}^{(11\cdots10)_2} = \boldsymbol{\mathcal{R}}_{(2^{(L+1)}-2)}\mathscr{D}_{j-L}^{(2^{(L+1)}-2)}\\ \mathscr{D}_{j-L}^{(11\cdots11)_2} &= \boldsymbol{\mathcal{H}}_1^{(0)}\boldsymbol{\mathcal{H}}_1^{(1)}\cdots\boldsymbol{\mathcal{H}}_1^{(L-1)}\boldsymbol{\mathcal{H}}_1^{(L)}\mathscr{D}_{j-L}^{(11\cdots10)_2} = \boldsymbol{\mathcal{R}}_{(2^{(L+1)}-2)}\mathscr{D}_{j-L}^{(2^{(L+1)}-2)}\end{aligned}$$

3.16.7　证明在从 2^{L+1} 个小波包系数向量 $\mathscr{D}_{j-L}^{(m)}, m=0,1,2,\cdots,(2^{(L+1)}-1)$ 合成得到 $\mathscr{D}_{j+1}^{(0)}$ 的小波包合成金字塔算法如下表示中:

$$\begin{aligned}\mathscr{D}_{j+1}^{(0)} &= \sum_{m=0}^{(2^{(L+1)}-1)} \boldsymbol{\mathcal{R}}_m\mathscr{D}_{j-L}^{(m)}\\ &= \sum_{m=(\varepsilon_L\varepsilon_{L-1}\cdots\varepsilon_1\varepsilon_0)_2=0}^{(2^{(L+1)}-1)} \mathscr{R}_{j-L}^{(\varepsilon_L\varepsilon_{L-1}\cdots\varepsilon_1\varepsilon_0)_2}\\ &= \sum_{\substack{(\varepsilon_L\varepsilon_{L-1}\cdots\varepsilon_1\varepsilon_0)_2\\ \varepsilon_k\in\{0,1\},k=0,1,\cdots,L}} \boldsymbol{\mathcal{R}}_{(\varepsilon_L\varepsilon_{L-1}\cdots\varepsilon_1\varepsilon_0)_2}\mathscr{D}_{j-L}^{(\varepsilon_L\varepsilon_{L-1}\cdots\varepsilon_1\varepsilon_0)_2}\end{aligned}$$

包含 2^{L+1} 个向量的无穷维列向量组:

$$\{\mathscr{R}_{j-L}^{(0)}, \mathscr{R}_{j-L}^{(1)}, \cdots, \mathscr{R}_{j-L}^{(2^{(L+1)}-2)}, \mathscr{R}_{j-L}^{(2^{(L+1)}-1)}\} = \{\mathscr{R}_{j-L}^{(\varepsilon_L\varepsilon_{L-1}\cdots\varepsilon_1\varepsilon_0)_2}; \varepsilon_k\in\{0,1\}, 0\leqslant k\leqslant L\}$$

在无穷维序列向量空间 $\ell^2\left(\mathbb{Z}\right)$ 中是相互正交的，即

$$\left\langle \mathscr{R}_{j-L}^{(m)}, \mathscr{R}_{j-L}^{(\ell)} \right\rangle = 0, \quad 0 \leqslant \ell \neq m \leqslant (2^{(L+1)}-1)$$

提示：按 $(L+1)$ 位二进制表示法，$m=(\varepsilon_L\varepsilon_{L-1}\cdots\varepsilon_1\varepsilon_0)_2, \ell=(\delta_L\delta_{L-1}\cdots\delta_1\delta_0)_2$，则

$$\begin{aligned}
&\left\langle \mathscr{R}_{j-L}^{(m)}, \mathscr{R}_{j-L}^{(\ell)} \right\rangle \\
&= [\mathscr{R}_{j-L}^{(\ell)}]^*[\mathscr{R}_{j-L}^{(m)}] \\
&= \left[\prod_{u=0}^{L}[\boldsymbol{\mathcal{H}}_{\delta_{L-u}}^{(u)}]\mathscr{D}_{j-L}^{(\delta_L\delta_{L-1}\cdots\delta_1\delta_0)_2}\right]^*\left[\prod_{u=0}^{L}[\boldsymbol{\mathcal{H}}_{\varepsilon_{L-u}}^{(u)}]\mathscr{D}_{j-L}^{(\varepsilon_L\varepsilon_{L-1}\cdots\varepsilon_1\varepsilon_0)_2}\right] \\
&= [\mathscr{D}_{j-L}^{(\delta_L\delta_{L-1}\cdots\delta_1\delta_0)_2}]^*\prod_{v=0}^{L}[\boldsymbol{\mathcal{H}}_{\delta_v}^{(L-v)}]^*\prod_{u=0}^{L}[\boldsymbol{\mathcal{H}}_{\varepsilon_{L-u}}^{(u)}][\mathscr{D}_{j-L}^{(\varepsilon_L\varepsilon_{L-1}\cdots\varepsilon_1\varepsilon_0)_2}] \\
&= 0
\end{aligned}$$

因为，对于 $v=0,1,\cdots,L$,

$$[\boldsymbol{\mathcal{H}}_{\delta_{L-v}}^{(v)}]^*[\boldsymbol{\mathcal{H}}_{\varepsilon_{L-v}}^{(v)}] = \begin{cases}\boldsymbol{\mathcal{I}}[2^{-(v+1)}\infty], & \delta_{L-v}=\varepsilon_{L-v} \\ \boldsymbol{\mathcal{O}}[2^{-(v+1)}\infty], & \delta_{L-v}\neq\varepsilon_{L-v}\end{cases}$$

其中,

$\boldsymbol{\mathcal{I}}[2^{-(v+1)}\infty]$ 表示 $[2^{-(v+1)}\infty]\times[2^{-(v+1)}\infty]$ 的单位矩阵

$\boldsymbol{\mathcal{O}}[2^{-(v+1)}\infty]$ 表示 $[2^{-(v+1)}\infty]\times[2^{-(v+1)}\infty]$ 的零矩阵

因为 $0\leqslant\ell\neq m\leqslant(2^{(L+1)}-1)$，所以至少存在一个 $v:0\leqslant v\leqslant L$，使 $\delta_{L-v}\neq\varepsilon_{L-v}$，这样，$[\boldsymbol{\mathcal{H}}_{\delta_{L-v}}^{(v)}]^*[\boldsymbol{\mathcal{H}}_{\varepsilon_{L-v}}^{(v)}]=\boldsymbol{\mathcal{O}}[2^{-(v+1)}\infty]$.

3.16.8 证明在从 2^{L+1} 个小波包系数向量 $\mathscr{D}_{j-L}^{(m)}, m=0,1,2,\cdots,(2^{(L+1)}-1)$ 合成得到 $\mathscr{D}_{j+1}^{(0)}$ 的小波包合成金字塔算法如下表示中:

$$\mathscr{D}_{j+1}^{(0)} = \sum_{m=0}^{(2^{(L+1)}-1)}\boldsymbol{\mathcal{R}}_m\mathscr{D}_{j-L}^{(m)} = \sum_{m=(\varepsilon_L\varepsilon_{L-1}\cdots\varepsilon_1\varepsilon_0)_2=0}^{(2^{(L+1)}-1)}\mathscr{R}_{j-L}^{(\varepsilon_L\varepsilon_{L-1}\cdots\varepsilon_1\varepsilon_0)_2} = \sum_{m=0}^{(2^{(L+1)}-1)}\mathscr{R}_{j-L}^{(m)}$$

成立如下的“勾股定理”恒等式:

$$\|\mathscr{D}_{j+1}^{(0)}\|^2 = \sum_{m=0}^{(2^{(L+1)}-1)}\|\mathscr{R}_{j-L}^{(m)}\|^2$$

而且，根据无穷维序列空间 $\ell^2\left(\mathbb{Z}\right)$ 中“欧氏范数(距离)”的定义，这些向量的欧氏长度可以表示为

$$\|\mathscr{D}_{j+1}^{(0)}\|^2=\sum_{n\in\mathbb{Z}}|d_{j+1,n}^{(0)}|^2, \quad \|\mathscr{R}_{j-L}^{(m)}\|^2=\sum_{k\in\mathbb{Z}}|d_{j-L,k}^{(m)}|^2, \quad m=0,1,2,\cdots,(2^{(L+1)}-1)$$

提示：按 $(L+1)$ 位二进制表示法，$m=(\varepsilon_L\varepsilon_{L-1}\cdots\varepsilon_1\varepsilon_0)_2$，则

$$\begin{aligned}
&\left\langle \mathscr{R}_{j-L}^{(m)},\mathscr{R}_{j-L}^{(m)}\right\rangle \\
&=[\mathscr{R}_{j-L}^{(m)}]^*[\mathscr{R}_{j-L}^{(m)}] \\
&=\left[\prod_{u=0}^{L}[\boldsymbol{\mathcal{H}}_{\varepsilon_{L-u}}^{(u)}]\mathscr{D}_{j-L}^{(\varepsilon_L\varepsilon_{L-1}\cdots\varepsilon_1\varepsilon_0)_2}\right]^*\left[\prod_{u=0}^{L}[\boldsymbol{\mathcal{H}}_{\varepsilon_{L-u}}^{(u)}]\mathscr{D}_{j-L}^{(\varepsilon_L\varepsilon_{L-1}\cdots\varepsilon_1\varepsilon_0)_2}\right] \\
&=[\mathscr{D}_{j-L}^{(\varepsilon_L\varepsilon_{L-1}\cdots\varepsilon_1\varepsilon_0)_2}]^*\prod_{v=0}^{L}[\boldsymbol{\mathcal{H}}_{\varepsilon_v}^{(L-v)}]^*\prod_{u=0}^{L}[\boldsymbol{\mathcal{H}}_{\varepsilon_{L-u}}^{(u)}][\mathscr{D}_{j-L}^{(\varepsilon_L\varepsilon_{L-1}\cdots\varepsilon_1\varepsilon_0)_2}] \\
&=[\mathscr{D}_{j-L}^{(\varepsilon_L\varepsilon_{L-1}\cdots\varepsilon_1\varepsilon_0)_2}]^*[\mathscr{D}_{j-L}^{(\varepsilon_L\varepsilon_{L-1}\cdots\varepsilon_1\varepsilon_0)_2}] \\
&=[\mathscr{D}_{j-L}^{(m)}]^*[\mathscr{D}_{j-L}^{(m)}] \\
&=\sum_{k\in\mathbb{Z}}|d_{j-L,k}^{(m)}|^2
\end{aligned}$$

其中，对于 $v=0,1,\cdots,L$，$[\boldsymbol{\mathcal{H}}_{\varepsilon_{L-v}}^{(v)}]^*[\boldsymbol{\mathcal{H}}_{\varepsilon_{L-v}}^{(v)}]=\boldsymbol{\mathcal{I}}[2^{-(v+1)}\infty]$.

3.16.9　证明：对于 $m=0,1,2,\cdots,(2^{(L+1)}-1)$，按 $(L+1)$ 位二进制表示如下：

$$m=(\varepsilon_L\varepsilon_{L-1}\cdots\varepsilon_2\varepsilon_1\varepsilon_0)_2=\varepsilon_L\times 2^L+\varepsilon_{L-1}\times 2^{L-1}+\cdots+\varepsilon_1\times 2+\varepsilon_0$$

如果将下述定义的 $\infty\times[2^{-(L+1)}\infty]$ 矩阵 $\boldsymbol{\mathcal{R}}_m$：

$$\boldsymbol{\mathcal{R}}_m=\boldsymbol{\mathcal{R}}_{(\varepsilon_L\varepsilon_{L-1}\cdots\varepsilon_2\varepsilon_1\varepsilon_0)_2}=\boldsymbol{\mathcal{H}}_{\varepsilon_L}^{(0)}\boldsymbol{\mathcal{H}}_{\varepsilon_{L-1}}^{(1)}\cdots\boldsymbol{\mathcal{H}}_{\varepsilon_1}^{(L-1)}\boldsymbol{\mathcal{H}}_{\varepsilon_0}^{(L)}=\left[\prod_{\ell=L}^{0}\boldsymbol{\mathcal{H}}_{\varepsilon_\ell}^{(L-\ell)}\right]$$

按照列向量方式重新撰写为

$$\boldsymbol{\mathcal{R}}_m=[\mathbf{r}(m,k)\in\ell^2(\mathbb{Z});k\in\mathbb{Z}]_{\infty\times\frac{\infty}{2^{L+1}}}$$

那么，$\boldsymbol{\mathcal{R}}_m=[\mathbf{r}(m,k)\in\ell^2(\mathbb{Z});k\in\mathbb{Z}]_{\infty\times[2^{-(L+1)}\infty]}$，$m=0,1,2,\cdots,(2^{(L+1)}-1)$ 的全部列向量构成的向量系

$$\{\mathbf{r}(m,k)\in\ell^2(\mathbb{Z});k\in\mathbb{Z};m=0,1,2,\cdots,(2^{L+1}-1)\}=\bigcup_{m=0}^{(2^{L+1}-1)}\{\mathbf{r}(m,k)\in\ell^2(\mathbb{Z});k\in\mathbb{Z}\}$$

是无穷维序列空间 $\ell^2(\mathbb{Z})$ 的规范正交基.

提示：当 $m=0,1,2,\cdots,(2^{(L+1)}-1)$ 时，$\{\mathbf{r}(m,k)\in\ell^2(\mathbb{Z});k\in\mathbb{Z}\}$ 是规范正交系；当 $n=0,1,2,\cdots,(2^{(L+1)}-1)$，而且，$n\neq m$ 时，

$$\{\mathbf{r}(m,k)\in\ell^2(\mathbb{Z});k\in\mathbb{Z}\}\perp\{\mathbf{r}(n,k)\in\ell^2(\mathbb{Z});k\in\mathbb{Z}\}$$

另外，$\{\mathbf{r}(m,k)\in\ell^2(\mathbb{Z});k\in\mathbb{Z};0\leqslant m\leqslant(2^{L+1}-1)\}$ 是完全规范正交系.

3.16.10　定义子空间序列记号如下：

$$\mathscr{U}_m = \text{Closespan}\{\mathbf{r}(m,k) \in \ell^2(\mathbb{Z}); k \in \mathbb{Z}\}, \quad m = 0,1,2,\cdots,(2^{L+1}-1)$$

证明: $\{\mathscr{U}_m; m = 0,1,2,\cdots,(2^{L+1}-1)\}$ 是 $\ell^2(\mathbb{Z})$ 中的相互正交的子空间序列, 而且

$$\ell^2(\mathbb{Z}) = \left[\bigoplus_{m=0,1,2,\cdots,(2^{L+1}-1)} \mathscr{U}_m\right]$$

3.16.11 证明: $\mathscr{D}_{j+1}^{(0)}$ 在 $\ell^2(\mathbb{Z})$ 的子空间序列 $\{\mathscr{U}_m; m = 0,1,2,\cdots,(2^{L+1}-1)\}$ 上的正交投影分别是 $\mathscr{R}_{j-L}^{(0)}, \mathscr{R}_{j-L}^{(1)}, \cdots, \mathscr{R}_{j-L}^{(2^{(L+1)}-2)}, \mathscr{R}_{j-L}^{(2^{(L+1)}-1)}$.

3.16.12 证明: $\mathscr{D}_{j+1}^{(0)}$ 在子空间序列 $\{\mathscr{U}_m; m = 0,1,2,\cdots,(2^{L+1}-1)\}$ 上的正交投影 $\mathscr{R}_{j-L}^{(0)}, \mathscr{R}_{j-L}^{(1)}, \cdots, \mathscr{R}_{j-L}^{(2^{(L+1)}-2)}, \mathscr{R}_{j-L}^{(2^{(L+1)}-1)}$, 在序列空间 $\ell^2(\mathbb{Z})$ 的如下新规范正交基:

$$\bigcup_{m=0}^{(2^{L+1}-1)} \{\mathbf{r}(m,k) \in \ell^2(\mathbb{Z}); k \in \mathbb{Z}\}$$

之下的坐标分别是

$$\mathscr{D}_{j-L}^{(m)} = \{d_{j-L,k}^{(m)}; k \in \mathbb{Z}\}^{\mathrm{T}}, \quad m = 0,1,2,\cdots,(2^{(L+1)}-1)$$

习题 3.17 有限维空间小波包金字塔

假设函数(信号)空间 $\mathcal{L}^2(\mathbb{R})$ 的闭线性子空间列 $\{V_j; j \in \mathbb{Z}\}$ 和函数 $\phi(x)$ 构成 $\mathcal{L}^2(\mathbb{R})$ 中的多分辨率分析. 其中, $\forall j \in \mathbb{Z}$, V_j 称为(第 j 级)尺度子空间. 对 $\forall j \in \mathbb{Z}$, 子空间 W_j 是 V_j 在 V_{j+1} 中的正交补空间: $W_j \perp V_j, V_{j+1} = W_j \oplus V_j$, 其中, W_j 称为(第 j 级)小波子空间.

这个多分辨率分析的低通滤波器系数是 $\mathbf{h}_0 = \{h_{0,n} = h_n; n \in \mathbb{Z}\}^{\mathrm{T}} \in \ell^2(\mathbb{Z})$ 及带通滤波器系数是 $\mathbf{h}_1 = \{h_{1,n} = g_n; n \in \mathbb{Z}\}^{\mathrm{T}} \in \ell^2(\mathbb{Z})$, 小波包函数序列如下定义:

$$\mu_{2m+\ell,j,k}(x) = \sum_{n\in\mathbb{Z}} h_{\ell,n-2k}\mu_{m,j+1,n}(x), \quad k \in \mathbb{Z}, \quad \ell = 0,1, \quad m = 0,1,2,\cdots$$

其中

$$\begin{cases} \mu_{m,j+1,n}(x) = 2^{(j+1)/2}\mu_m(2^{j+1}x - n), & n \in \mathbb{Z}, \quad m = 0,1,2,\cdots \\ \mu_{2m+\ell,j,k}(x) = 2^{j/2}\mu_{2m+\ell}(2^j x - k), & k \in \mathbb{Z}, \quad \ell = 0,1, \quad m = 0,1,2,\cdots \end{cases}$$

此外, 假设低通和带通滤波器系数序列 $\mathbf{h}_0$ 和 $\mathbf{h}_1$ 只有有限项非零. 设 $h_{0,0}h_{0,M-1} \neq 0$ 且当 $n < 0$ 或 $n > (M-1)$ 时, $h_{0,n} = 0$, M 是偶数. 由 $h_{1,n} = (-1)^{2K+1-n}\overline{h}_{0,2K+1-n}$, $n \in \mathbb{Z}$ 确定对应的带通滤波器系数序列 $\mathbf{h}_1$, 选择整数 K 满足 $2K = M-2$ 或者 $K = 0.5M - 1$, 在这样的选择之下, 带通滤波器系数序列中可能不为 0 的项是

$$\begin{aligned} h_{1,0} &= (-1)\overline{h}_{0,M-1} \\ h_{1,1} &= (+1)\overline{h}_{0,M-2} \\ h_{1,2} &= (-1)\overline{h}_{0,M-3} \\ h_{1,3} &= (+1)\overline{h}_{0,M-4} \\ &\vdots \\ h_{1,M-2} &= (-1)\overline{h}_{0,1} \\ h_{1,M-1} &= (+1)\overline{h}_{0,0} \end{aligned}$$

除此之外，带通滤波器系数序列其余的项都是 0.

3.17.1　将低通和带通滤波器系数序列 $\mathbf{h}_0$ 和 $\mathbf{h}_1$ 周期化，共同的周期长度是 $N = 2^{N_0} > M$，它们在一个周期内的取值分别构成如下的维数是 N 的列向量：

$$\mathbf{h}_\ell = \{h_{\ell,0}, h_{\ell,1}, \cdots, h_{\ell,M-2}, h_{\ell,M-1}, h_{\ell,M}, \cdots, h_{\ell,N-1}\}^{\mathrm{T}}, \quad \ell = 0,1$$

其中 $h_{\ell,M} = \cdots = h_{\ell,N-1} = 0, \ell = 0,1$. 定义如下符号：对于整数 m，

$$\mathbf{h}_\ell^{(m)} = \{h_{\ell,\mathrm{mod}(n-m,N)}; n = 0,1,2,\cdots,N-1\}^{\mathrm{T}}, \quad \ell = 0,1$$

证明：当 $0 \leqslant m,k \leqslant N-1$ 时，成立如下正交关系：

$$\begin{cases} \left\langle \mathbf{h}_\ell^{(2m)}, \mathbf{h}_\ell^{(2k)} \right\rangle = \sum\limits_{n=0}^{N-1} h_{\ell,\mathrm{mod}(n-2m,N)} \overline{h}_{\ell,\mathrm{mod}(n-2k,N)} = \delta(m-k), \quad \ell = 0,1 \\ \left\langle \mathbf{h}_0^{(2m)}, \mathbf{h}_1^{(2k)} \right\rangle = \sum\limits_{n=0}^{N-1} h_{0,\mathrm{mod}(n-2m,N)} \overline{h}_{1,\mathrm{mod}(n-2k,N)} = 0 \end{cases}$$

3.17.2　引入两个维数是 $N\times[0.5N]$ 的矩阵：

$$\begin{aligned} \boldsymbol{\mathcal{H}}_\ell &= [h_{\ell,n,k} = h_{\ell,\mathrm{mod}(n-2k,N)}; 0 \leqslant n \leqslant N-1, 0 \leqslant k \leqslant 0.5N-1]_{N\times[0.5N]} \\ &= [\mathbf{h}_\ell^{(0)} \mid \mathbf{h}_\ell^{(2)} \mid \mathbf{h}_\ell^{(4)} \mid \cdots \mid \mathbf{h}_\ell^{(N-2)}], \quad \ell = 0,1 \end{aligned}$$

为了直观起见，可以将这两个 $N\times[0.5N]$ 矩阵按照列元素示意性表示如下：

$$\boldsymbol{\mathcal{H}}_0 = \begin{pmatrix} h_0 & 0 & & h_2 \\ h_1 & 0 & & h_3 \\ \vdots & h_0 & & \vdots \\ \vdots & h_1 & & \vdots \\ h_{M-1} & \vdots & \cdots & h_{M-1} \\ 0 & h_{M-1} & & 0 \\ \vdots & 0 & & \vdots \\ \vdots & \vdots & & 0 \\ \vdots & \vdots & & h_0 \\ 0 & 0 & & h_1 \end{pmatrix}_{N\times[0.5N]}, \quad \boldsymbol{\mathcal{H}}_1 = \begin{pmatrix} g_0 & 0 & & g_2 \\ g_1 & 0 & & g_3 \\ \vdots & g_0 & & \vdots \\ \vdots & g_1 & & \vdots \\ g_{M-1} & \vdots & \cdots & g_{M-1} \\ 0 & g_{M-1} & & 0 \\ \vdots & 0 & & \vdots \\ \vdots & \vdots & & 0 \\ \vdots & \vdots & & g_0 \\ 0 & 0 & & g_1 \end{pmatrix}_{N\times[0.5N]}$$

而且，它们的复数共轭转置矩阵 $\mathcal{H}_0^*,\mathcal{H}_1^*$ 都是 $[0.5N]\times N$ 矩阵，可以按照行元素示意性表示为

$$\mathcal{H}_0^*=\begin{pmatrix}\bar{h}_0 & \bar{h}_1 & \cdots & \cdots & \bar{h}_{M-1} & 0 & \cdots & \cdots & \cdots & 0\\ 0 & 0 & \bar{h}_0 & \bar{h}_1 & \cdots & \bar{h}_{M-1} & 0 & \cdots & \cdots & 0\\ \vdots & \vdots & & & & & \vdots & & & \vdots\\ \bar{h}_2 & \bar{h}_3 & \cdots & \cdots & \bar{h}_{M-1} & 0 & \cdots & 0 & \bar{h}_0 & \bar{h}_1\end{pmatrix}_{\frac{N}{2}\times N}$$

$$\mathcal{H}_1^*=\begin{pmatrix}\bar{g}_0 & \bar{g}_1 & \cdots & \cdots & \bar{g}_{M-1} & 0 & \cdots & \cdots & \cdots & 0\\ 0 & 0 & \bar{g}_0 & \bar{g}_1 & \cdots & \bar{g}_{M-1} & 0 & \cdots & \cdots & 0\\ \vdots & \vdots & & & & & \vdots & & & \vdots\\ \bar{g}_2 & \bar{g}_3 & \cdots & \cdots & \bar{g}_{M-1} & 0 & \cdots & 0 & \bar{g}_0 & \bar{g}_1\end{pmatrix}_{\frac{N}{2}\times N}$$

利用这些记号定义一个 $N\times N$ 的分块为 1×2 的矩阵 $\mathcal{A}$

$$\mathcal{A}=(\mathcal{H}_0\big|\mathcal{H}_1)=\left(\begin{array}{cccc|cccc}h_0 & 0 & & h_2 & g_0 & 0 & & g_2\\ h_1 & 0 & & h_3 & g_1 & 0 & & g_3\\ \vdots & h_0 & & \vdots & \vdots & g_0 & & \vdots\\ \vdots & h_1 & & \vdots & \vdots & g_1 & & \vdots\\ h_{M-1} & \vdots & \cdots & h_{M-1} & g_{M-1} & \vdots & \cdots & g_{M-1}\\ 0 & h_{M-1} & & 0 & 0 & g_{M-1} & & 0\\ \vdots & 0 & & \vdots & \vdots & 0 & & \vdots\\ \vdots & \vdots & & 0 & \vdots & \vdots & & 0\\ \vdots & \vdots & & h_0 & \vdots & \vdots & & g_0\\ 0 & 0 & & h_1 & 0 & 0 & & g_1\end{array}\right)_{N\times N}$$

证明：$\mathcal{A}=(\mathcal{H}_0\big|\mathcal{H}_1)$ 是一个 $N\times N$ 的酉矩阵.

注释：$\mathcal{A}=(\mathcal{H}_0\big|\mathcal{H}_1)$ 的复数共轭矩阵是

$$\mathcal{A}^*=\left(\frac{\mathcal{H}_0^*}{\mathcal{H}_1^*}\right)=\left(\begin{array}{cccccccccc}\bar{h}_0 & \bar{h}_1 & \cdots & \cdots & \bar{h}_{M-1} & 0 & \cdots & \cdots & \cdots & 0\\ 0 & 0 & \bar{h}_0 & \bar{h}_1 & \cdots & \bar{h}_{M-1} & 0 & \cdots & \cdots & 0\\ \vdots & \vdots & & & & & \vdots & & & \vdots\\ \bar{h}_2 & \bar{h}_3 & \cdots & \cdots & \bar{h}_{M-1} & 0 & \cdots & 0 & \bar{h}_0 & \bar{h}_1\\ \hline \bar{g}_0 & \bar{g}_1 & \cdots & \cdots & \bar{g}_{M-1} & 0 & \cdots & \cdots & \cdots & 0\\ 0 & 0 & \bar{g}_0 & \bar{g}_1 & \cdots & \bar{g}_{M-1} & 0 & \cdots & \cdots & 0\\ \vdots & \vdots & & & & & \vdots & & & \vdots\\ \bar{g}_2 & \bar{g}_3 & \cdots & \cdots & \bar{g}_{M-1} & 0 & \cdots & 0 & \bar{g}_0 & \bar{g}_1\end{array}\right)_{N\times N}$$

利用习题 3.17.1 的结果即可直接验证:

$$\boldsymbol{\mathcal{A}}^*\boldsymbol{\mathcal{A}}=\left(\frac{\boldsymbol{\mathcal{H}}_0^*}{\boldsymbol{\mathcal{H}}_1^*}\right)(\boldsymbol{\mathcal{H}}_0\big|\boldsymbol{\mathcal{H}}_1)=\begin{pmatrix}\boldsymbol{\mathcal{H}}_0^*\boldsymbol{\mathcal{H}}_0 & \boldsymbol{\mathcal{H}}_0^*\boldsymbol{\mathcal{H}}_1\\ \boldsymbol{\mathcal{H}}_1^*\boldsymbol{\mathcal{H}}_0 & \boldsymbol{\mathcal{H}}_1^*\boldsymbol{\mathcal{H}}_1\end{pmatrix}_{N\times N}=\boldsymbol{\mathcal{I}}$$

3.17.3　引入两个 $0.5N$ 维的线性子空间:

$$\mathrm{H}_\ell=\mathrm{Closespan}\{\mathbf{h}_\ell^{(2k)};0\leqslant k\leqslant 0.5N-1\},\quad \ell=0,1$$

证明: N 维复数向量空间 $\mathbf{C}^N$ 可以分解为这两个相互正交的线性子空间的正交直和, $\mathbf{C}^N=\mathrm{H}_0\oplus\mathrm{H}_1$.

3.17.4　对于任意的整数 j 和非负整数 m, 引入三个列向量:

$$\begin{cases}\mathscr{D}_{j+1}^{(m)}=\{d_{j+1,n}^{(m)};n=0,1,2,\cdots,N-1\}^{\mathrm{T}}\in\mathbf{C}^N\\ \mathscr{D}_j^{(2m)}=\{d_{j,k}^{(2m)};k=0,1,2,\cdots,(0.5N-1)\}^{\mathrm{T}}\in\mathbf{C}^{0.5N}\\ \mathscr{D}_j^{(2m+1)}=\{d_{j,k}^{(2m+1)};k=0,1,2,\cdots,(0.5N-1)\}^{\mathrm{T}}\in\mathbf{C}^{0.5N}\end{cases}$$

证明: 根据习题 3.16 的符号约定, 存在如下有限维向量小波包变换的 Mallat 分解和 Mallat 合成关系公式:

$$\begin{cases}\mathscr{D}_{j+1}^{(m)}=\boldsymbol{\mathcal{A}}\left(\dfrac{\mathscr{D}_j^{(2m)}}{\mathscr{D}_j^{(2m+1)}}\right)=(\boldsymbol{\mathcal{H}}_0\big|\boldsymbol{\mathcal{H}}_1)\left(\dfrac{\mathscr{D}_j^{(2m)}}{\mathscr{D}_j^{(2m+1)}}\right)=\boldsymbol{\mathcal{H}}_0\mathscr{D}_j^{(2m)}+\boldsymbol{\mathcal{H}}_1\mathscr{D}_j^{(2m+1)}\\ \left(\dfrac{\mathscr{D}_j^{(2m)}}{\mathscr{D}_j^{(2m+1)}}\right)=\boldsymbol{\mathcal{A}}^{-1}\mathscr{D}_{j+1}^{(m)}=\boldsymbol{\mathcal{A}}^*\mathscr{D}_{j+1}^{(m)}=\left(\dfrac{\boldsymbol{\mathcal{H}}_0^*}{\boldsymbol{\mathcal{H}}_1^*}\right)\mathscr{D}_{j+1}^{(m)}=\left(\dfrac{\boldsymbol{\mathcal{H}}_0^*\mathscr{D}_{j+1}^{(m)}}{\boldsymbol{\mathcal{H}}_1^*\mathscr{D}_{j+1}^{(m)}}\right)\end{cases}$$

提示: 考虑有限个小波包函数之间的关系

$$\mu_{2m+\ell,j,k}(x)=\sum_{n=0}^{N-1}h_{\ell,\mathrm{mod}(n-2k,N)}\mu_{m,j+1,n}(x),\quad \ell=0,1$$
$$k=0,1,2,\cdots,(0.5N-1),\quad m=0,1,2,\cdots$$

其中

$$\begin{cases}\mu_{m,j+1,n}(x)=2^{(j+1)/2}\mu_m(2^{j+1}x-n),\quad n=0,1,2,\cdots,(N-1)\\ \mu_{2m+\ell,j,k}(x)=2^{j/2}\mu_{2m+\ell}(2^jx-k),\qquad k=0,1,2,\cdots,(0.5N-1)\end{cases}$$

定义有限维小波包子空间:

$$\begin{cases}\mathscr{U}_{j+1}^m=\mathrm{Closespan}\{\mu_{m,j+1,n}(x);n=0,1,2,\cdots,(N-1)\}\\ \mathscr{U}_{j+1}^{2m+\ell}=\mathrm{Closespan}\{\mu_{2m+\ell,j,k}(x);k=0,1,2,\cdots,(0.5N-1)\},\quad \ell=0,1\end{cases}$$

容易直接验证 $\mathscr{U}_{j+1}^m=\mathscr{U}_{j+1}^{2m}\oplus\mathscr{U}_{j+1}^{2m+1}$. 对于 $\boldsymbol{\mathcal{L}}^2\{\mathbb{R}\}$ 中任何函数或者信号 $f(x)$, 如果

它在 $\mathscr{U}_{j+1}^{m},\mathscr{U}_{j+1}^{2m},\mathscr{U}_{j+1}^{2m+1}$ 上的正交投影分别是 $f_{j+1}^{(m)}(x),f_{j}^{(2m)}(x),f_{j}^{(2m+1)}(x)$，那么,

$$\begin{cases} f_{j+1}^{(m)}(x)=\sum\limits_{n=0}^{N-1}d_{j+1,n}^{(m)}\mu_{m,j+1,n}(x) \\ f_{j}^{(2m)}(x)=\sum\limits_{k=0}^{0.5N-1}d_{j,k}^{(2m)}\mu_{2m,j,k}(x) \\ f_{j}^{(2m+1)}(x)=\sum\limits_{k=0}^{0.5N-1}d_{j,k}^{(2m+1)}\mu_{2m+1,j,k}(x) \end{cases}$$

满足关系

$$\sum_{n=0}^{N-1}d_{j+1,n}^{(m)}\mu_{m,j+1,n}(x)=\sum_{k=0}^{0.5N-1}d_{j,k}^{(2m)}\mu_{2m,j,k}(x)+\sum_{k=0}^{0.5N-1}d_{j,k}^{(2m+1)}\mu_{2m+1,j,k}(x)$$

其中

$$d_{j+1,n}^{(m)}=\int_{x\in\mathbb{R}}f_{j+1}^{(m)}(x)\overline{\mu}_{m,j+1,n}(x)dx=\int_{x\in\mathbb{R}}f(x)\overline{\mu}_{m,j+1,n}(x)dx$$
$$n=0,1,2,\cdots,(N-1)$$

而且,

$$d_{j,k}^{(2m+\ell)}=\int_{x\in\mathbb{R}}f_{j}^{(2m+\ell)}(x)\overline{\mu}_{2m+\ell,j,k}(x)(x)dx=\int_{x\in\mathbb{R}}f(x)\overline{\mu}_{2m+\ell,j,k}(x)dx$$
$$\ell=0,1,\quad k=0,1,2,\cdots,(0.5N-1)$$

这样，对于 $k=0,1,2,\cdots,(0.5N-1)$，存在如下 Mallat 分解关系:

$$\begin{cases} d_{j,k}^{(2m)}=\sum\limits_{n=0}^{N-1}\overline{h}_{\bmod(n-2k,N)}d_{j+1,n}^{(m)} \\ d_{j,k}^{(2m+1)}=\sum\limits_{n=0}^{N-1}\overline{g}_{\bmod(n-2k,N)}d_{j+1,n}^{(m)} \end{cases}$$

而且，对于 $n=0,1,2,\cdots,(N-1)$，存在如下 Mallat 合成关系:

$$d_{j+1,n}^{(m)}=\sum_{k=0}^{0.5N-1}h_{\bmod(n-2k,N)}d_{j,k}^{(2m)}+\sum_{k=0}^{0.5N-1}g_{\bmod(n-2k,N)}d_{j,k}^{(2m+1)}$$

最后，利用矩阵-向量关系的分块形式即可得到所欲证明.

3.17.5 对于任意非负整数 ℓ，引入两个 $[2^{-\ell}N]\times[2^{-(\ell+1)}N]$ 矩阵 $\boldsymbol{\mathcal{H}}_0^{(\ell)},\boldsymbol{\mathcal{H}}_1^{(\ell)}$，它们分别与 $\boldsymbol{\mathcal{H}}_0,\boldsymbol{\mathcal{H}}_1$ 的构造方法相同，比如当 $\ell=0$ 时，$\boldsymbol{\mathcal{H}}_0^{(0)}=\boldsymbol{\mathcal{H}}_0,\boldsymbol{\mathcal{H}}_1^{(0)}=\boldsymbol{\mathcal{H}}_1$，当 $\ell=1$ 时，$\boldsymbol{\mathcal{H}}_0^{(\ell)}=\boldsymbol{\mathcal{H}}_0^{(1)},\boldsymbol{\mathcal{H}}_1^{(\ell)}=\boldsymbol{\mathcal{H}}_1^{(1)}$ 都是 $[2^{-1}N]\times[2^{-2}N]$ 矩阵. 利用这些矩阵记号定义 $[2^{-\ell}N]\times[2^{-\ell}N]$ 矩阵 $\boldsymbol{\mathcal{A}}_{(\ell)}=(\boldsymbol{\mathcal{H}}_0^{(\ell)}\mid\boldsymbol{\mathcal{H}}_1^{(\ell)})$，比如当 $\ell=0$ 时,

$$\boldsymbol{\mathcal{A}}_{(\ell)}=(\boldsymbol{\mathcal{H}}_0^{(\ell)}\mid\boldsymbol{\mathcal{H}}_1^{(\ell)})=\boldsymbol{\mathcal{A}}=(\boldsymbol{\mathcal{H}}_0\mid\boldsymbol{\mathcal{H}}_1)$$

证明: $[2^{-1}N]\times[2^{-2}N]$ 矩阵 $\boldsymbol{\mathcal{A}}_{(\ell)}=(\boldsymbol{\mathcal{H}}_0^{(\ell)}\mid\boldsymbol{\mathcal{H}}_1^{(\ell)})$ 是酉矩阵.

3.17.6 证明: 对任意固定非负整数 ℓ，小波包分解金字塔算法可以表示为

$$\left(\frac{\mathscr{D}_{j-\ell}^{(2m)}}{\mathscr{D}_{j-\ell}^{(2m+1)}}\right)=\boldsymbol{\mathcal{A}}_{\ell}^{*}\mathscr{D}_{j-\ell+1}^{(m)}=\left(\frac{[\boldsymbol{\mathcal{H}}_0^{(\ell)}]^*}{[\boldsymbol{\mathcal{H}}_1^{(\ell)}]^*}\right)\mathscr{D}_{j-\ell+1}^{(m)}=\left(\frac{[\boldsymbol{\mathcal{H}}_0^{(\ell)}]^*\mathscr{D}_{j-\ell+1}^{(m)}}{[\boldsymbol{\mathcal{H}}_1^{(\ell)}]^*\mathscr{D}_{j-\ell+1}^{(m)}}\right)$$
$$m=0,1,2,\cdots,(2^{\ell}-1)$$

按照分块矩阵表示为 1×2 的矩阵 $\boldsymbol{\mathcal{A}}_{(\ell)}=(\boldsymbol{\mathcal{H}}_0^{(\ell)}\mid\boldsymbol{\mathcal{H}}_1^{(\ell)})$ 是 $[2^{-\ell}N]\times[2^{-\ell}N]$ 矩阵. 这个算法的作用是把尺度级别 $a=2^{-(j-\ell+1)}$ 的全部 2^{ℓ} 个小波包系数向量每个分解为两个尺度级别 $a=2^{-(j-\ell)}$ 上的小波包系数向量, 从而得到尺度级别 $a=2^{-(j-\ell)}$ 上的 $2^{\ell+1}$ 个小波包系数向量. 即尺度级别倍增, 小波包系数向量的个数也倍增.

3.17.7　证明: 对任意固定非负整数 ℓ, 小波包合成金字塔算法可以表示为

$$\mathscr{D}_{j-\ell+1}^{(m)}=\boldsymbol{\mathcal{A}}_{\ell}\left(\frac{\mathscr{D}_{j-\ell}^{(2m)}}{\mathscr{D}_{j-\ell}^{(2m+1)}}\right)=(\boldsymbol{\mathcal{H}}_0^{(\ell)}\mid\boldsymbol{\mathcal{H}}_1^{(\ell)})\left(\frac{\mathscr{D}_{j-\ell}^{(2m)}}{\mathscr{D}_{j-\ell}^{(2m+1)}}\right)=\boldsymbol{\mathcal{H}}_0^{(\ell)}\mathscr{D}_{j-\ell}^{(2m)}+\boldsymbol{\mathcal{H}}_1^{(\ell)}\mathscr{D}_{j-\ell}^{(2m+1)}$$
$$m=0,1,2,\cdots,(2^{\ell}-1)$$

这个小波包合成金字塔算法的作用是, 将尺度级别 $a=2^{-(j-\ell)}$ 上的 $2^{\ell+1}$ 个小波包系数向量合并得到尺度级别 $a=2^{-(j-\ell+1)}$ 的 2^{ℓ} 个小波包系数向量. 即尺度级别减半, 小波包系数向量个数也减半.

3.17.8　证明: 当 $\ell=0,1,\cdots,L$ 时, 小波包分解金字塔算法可以表示为

$$\begin{pmatrix}\mathscr{D}_{j-L}^{(0)}\\ \hline \mathscr{D}_{j-L}^{(1)}\\ \hline \vdots\\ \hline \mathscr{D}_{j-L}^{(2^{(L+1)}-2)}\\ \hline \mathscr{D}_{j-L}^{(2^{(L+1)}-1)}\end{pmatrix}=\begin{pmatrix}[\boldsymbol{\mathcal{H}}_0^{(0)}\cdots\boldsymbol{\mathcal{H}}_0^{(L-1)}\boldsymbol{\mathcal{H}}_0^{(L)}]^*\\ \hline [\boldsymbol{\mathcal{H}}_0^{(0)}\cdots\boldsymbol{\mathcal{H}}_0^{(L-1)}\boldsymbol{\mathcal{H}}_1^{(L)}]^*\\ \hline \vdots\\ \hline [\boldsymbol{\mathcal{H}}_1^{(0)}\cdots\boldsymbol{\mathcal{H}}_1^{(L-1)}\boldsymbol{\mathcal{H}}_0^{(L)}]^*\\ \hline [\boldsymbol{\mathcal{H}}_1^{(0)}\cdots\boldsymbol{\mathcal{H}}_1^{(L-1)}\boldsymbol{\mathcal{H}}_1^{(L)}]^*\end{pmatrix}\mathscr{D}_{j+1}^{(0)}$$

提示: 利用习题 3.17.6 的结果, 将 $\ell=0,1,\cdots,L$ 的结果集中表示可得

$$\begin{pmatrix}\mathscr{D}_{j-L}^{(0)}\\ \hline \mathscr{D}_{j-L}^{(1)}\\ \hline \vdots\\ \hline \mathscr{D}_{j-L}^{(2^{(L+1)}-2)}\\ \hline \mathscr{D}_{j-L}^{(2^{(L+1)}-1)}\end{pmatrix}=\begin{pmatrix}[\boldsymbol{\mathcal{H}}_0^{(L)}]^*[\boldsymbol{\mathcal{H}}_0^{(L-1)}]^*\cdots[\boldsymbol{\mathcal{H}}_0^{(0)}]^*\\ \hline [\boldsymbol{\mathcal{H}}_1^{(L)}]^*[\boldsymbol{\mathcal{H}}_0^{(L-1)}]^*\cdots[\boldsymbol{\mathcal{H}}_0^{(0)}]^*\\ \hline \vdots\\ \hline [\boldsymbol{\mathcal{H}}_0^{(L)}]^*[\boldsymbol{\mathcal{H}}_1^{(L-1)}]^*\cdots[\boldsymbol{\mathcal{H}}_1^{(0)}]^*\\ \hline [\boldsymbol{\mathcal{H}}_1^{(L)}]^*[\boldsymbol{\mathcal{H}}_1^{(L-1)}]^*\cdots[\boldsymbol{\mathcal{H}}_1^{(0)}]^*\end{pmatrix}\mathscr{D}_{j+1}^{(0)}$$

对于 $\ell=L$ 时的 2^{L+1} 个小波包系数向量 $\mathscr{D}_{j-L}^{(m)}, m=0,1,2,\cdots,(2^{(L+1)}-1)$, 将标志小波包级别的 m 写成 $(L+1)$ 位的二进制形式:

$$\begin{aligned} m &= \sum_{\ell=0}^{L} \varepsilon_\ell \times 2^\ell = (\varepsilon_L \varepsilon_{L-1} \cdots \varepsilon_2 \varepsilon_1 \varepsilon_0)_2 \\ &= \varepsilon_L \times 2^L + \varepsilon_{L-1} \times 2^{L-1} + \cdots + \varepsilon_2 \times 2^2 + \varepsilon_1 \times 2 + \varepsilon_0 \end{aligned}$$

其中，$\varepsilon_\ell \in \{0,\ 1\}$，$\ell = 0,1,\cdots,L$. 那么，当 $m = 0,1,2,\cdots,(2^{(L+1)}-1)$ 时，

$$\mathscr{D}_{j-L}^{(m)} = [\boldsymbol{\mathcal{H}}_{\varepsilon_0}^{(L)}]^* [\boldsymbol{\mathcal{H}}_{\varepsilon_1}^{(L-1)}]^* \cdots [\boldsymbol{\mathcal{H}}_{\varepsilon_{L-1}}^{(1)}]^* [\boldsymbol{\mathcal{H}}_{\varepsilon_L}^{(0)}]^* \mathscr{D}_{j+1}^{(0)} = [\boldsymbol{\mathcal{H}}_{\varepsilon_L}^{(0)} \boldsymbol{\mathcal{H}}_{\varepsilon_{L-1}}^{(1)} \cdots \boldsymbol{\mathcal{H}}_{\varepsilon_1}^{(L-1)} \boldsymbol{\mathcal{H}}_{\varepsilon_0}^{(L)}]^* \mathscr{D}_{j+1}^{(0)}$$

集中用分块矩阵形式写成 $2^{L+1} \times 1$ 分块的表达式:

$$\begin{pmatrix} \mathscr{D}_{j-L}^{(0)} \\ \hline \mathscr{D}_{j-L}^{(1)} \\ \hline \vdots \\ \hline \mathscr{D}_{j-L}^{(2^{(L+1)}-2)} \\ \hline \mathscr{D}_{j-L}^{(2^{(L+1)}-1)} \end{pmatrix} = \begin{pmatrix} \mathscr{D}_{j-L}^{(00\cdots00)_2} \\ \hline \mathscr{D}_{j-L}^{(00\cdots01)_2} \\ \hline \vdots \\ \hline \mathscr{D}_{j-L}^{(11\cdots10)_2} \\ \hline \mathscr{D}_{j-L}^{(11\cdots11)_2} \end{pmatrix} = \begin{pmatrix} [\boldsymbol{\mathcal{H}}_0^{(0)} \cdots \boldsymbol{\mathcal{H}}_0^{(L-1)} \boldsymbol{\mathcal{H}}_0^{(L)}]^* \\ \hline [\boldsymbol{\mathcal{H}}_0^{(0)} \cdots \boldsymbol{\mathcal{H}}_0^{(L-1)} \boldsymbol{\mathcal{H}}_1^{(L)}]^* \\ \hline \vdots \\ \hline [\boldsymbol{\mathcal{H}}_1^{(0)} \cdots \boldsymbol{\mathcal{H}}_1^{(L-1)} \boldsymbol{\mathcal{H}}_0^{(L)}]^* \\ \hline [\boldsymbol{\mathcal{H}}_1^{(0)} \cdots \boldsymbol{\mathcal{H}}_1^{(L-1)} \boldsymbol{\mathcal{H}}_1^{(L)}]^* \end{pmatrix} \mathscr{D}_{j+1}^{(0)}$$

其中分块列向量和分块矩阵都只按照行进行分块，向量和矩阵都被分为 2^{L+1} 个小分块，每个小分块的行数都是 $2^{-(L+1)}N$.

另外，矩阵 $\boldsymbol{\mathcal{H}}_{\varepsilon_{L-\ell}}^{(\ell)}$ 的行数和列数分别是 $[2^{-\ell}N] \times [2^{-(\ell+1)}N], \ell = 0,1,2,\cdots,L$. 因此，$\boldsymbol{\mathcal{H}}_{\varepsilon_L}^{(0)} \boldsymbol{\mathcal{H}}_{\varepsilon_{L-1}}^{(1)} \cdots \boldsymbol{\mathcal{H}}_{\varepsilon_1}^{(L-1)} \boldsymbol{\mathcal{H}}_{\varepsilon_0}^{(L)}$ 是 $N \times [2^{-(L+1)}N]$ 矩阵.

3.17.9 证明：从 2^{L+1} 个小波包系数向量 $\mathscr{D}_{j-L}^{(m)}, m = 0,1,2,\cdots,(2^{(L+1)}-1)$ 合成得到 $\mathscr{D}_{j+1}^{(0)}$ 的小波包合成金字塔算法可以表示为

$$\mathscr{D}_{j+1}^{(0)} = \sum_{m=(\varepsilon_L \varepsilon_{L-1} \cdots \varepsilon_1 \varepsilon_0)_2 = 0}^{(2^{(L+1)}-1)} \boldsymbol{\mathcal{H}}_{\varepsilon_L}^{(0)} \boldsymbol{\mathcal{H}}_{\varepsilon_{L-1}}^{(1)} \cdots \boldsymbol{\mathcal{H}}_{\varepsilon_1}^{(L-1)} \boldsymbol{\mathcal{H}}_{\varepsilon_0}^{(L)} \mathscr{D}_{j-L}^{(m)}$$

其中

$$m = (\varepsilon_L \varepsilon_{L-1} \cdots \varepsilon_2 \varepsilon_1 \varepsilon_0)_2 = \varepsilon_L \times 2^L + \varepsilon_{L-1} \times 2^{L-1} + \cdots + \varepsilon_1 \times 2 + \varepsilon_0$$

是非负整数 m 的 $(L+1)$ 位二进制表示，其取值范围是 $m = 0,1,2,\cdots,(2^{(L+1)}-1)$.

提示：根据习题 3.17.8 的结果易得

$$\mathscr{D}_{j+1}^{(0)} = \begin{pmatrix} [\boldsymbol{\mathcal{H}}_0^{(0)} \cdots \boldsymbol{\mathcal{H}}_0^{(L-1)} \boldsymbol{\mathcal{H}}_0^{(L)}]^* \\ \hline [\boldsymbol{\mathcal{H}}_0^{(0)} \cdots \boldsymbol{\mathcal{H}}_0^{(L-1)} \boldsymbol{\mathcal{H}}_1^{(L)}]^* \\ \hline \vdots \\ \hline [\boldsymbol{\mathcal{H}}_1^{(0)} \cdots \boldsymbol{\mathcal{H}}_1^{(L-1)} \boldsymbol{\mathcal{H}}_0^{(L)}]^* \\ \hline [\boldsymbol{\mathcal{H}}_1^{(0)} \cdots \boldsymbol{\mathcal{H}}_1^{(L-1)} \boldsymbol{\mathcal{H}}_1^{(L)}]^* \end{pmatrix}^* \begin{pmatrix} \mathscr{D}_{j-L}^{(0)} \\ \hline \mathscr{D}_{j-L}^{(1)} \\ \hline \vdots \\ \hline \mathscr{D}_{j-L}^{(2^{(L+1)}-2)} \\ \hline \mathscr{D}_{j-L}^{(2^{(L+1)}-1)} \end{pmatrix}$$

引入矩阵记号：对于 $m = 0,1,2,\cdots,(2^{(L+1)}-1)$，如果它的 $(L+1)$ 位二进制表示是

$$\begin{aligned} m &= (\varepsilon_L \varepsilon_{L-1} \cdots \varepsilon_2 \varepsilon_1 \varepsilon_0)_2 \\ &= \varepsilon_L \times 2^L + \varepsilon_{L-1} \times 2^{L-1} + \cdots + \varepsilon_1 \times 2 + \varepsilon_0 \end{aligned}$$

定义 $N \times [2^{-(L+1)}N]$ 矩阵 $\boldsymbol{\mathcal{R}}_m$ 如下：

$$\begin{aligned} \boldsymbol{\mathcal{R}}_m &= \boldsymbol{\mathcal{R}}_{(\varepsilon_L \varepsilon_{L-1} \cdots \varepsilon_2 \varepsilon_1 \varepsilon_0)_2} \\ &= \boldsymbol{\mathcal{H}}_{\varepsilon_L}^{(0)} \boldsymbol{\mathcal{H}}_{\varepsilon_{L-1}}^{(1)} \cdots \boldsymbol{\mathcal{H}}_{\varepsilon_1}^{(L-1)} \boldsymbol{\mathcal{H}}_{\varepsilon_0}^{(L)} = \left[\prod_{\ell=L}^{0} \boldsymbol{\mathcal{H}}_{\varepsilon_\ell}^{(L-\ell)} \right] \end{aligned}$$

这样，小波包合成金字塔算法可以改写为

$$\begin{aligned} \mathscr{D}_{j+1}^{(0)} &= (\boldsymbol{\mathcal{R}}_0 \mid \boldsymbol{\mathcal{R}}_1 \mid \cdots \mid \boldsymbol{\mathcal{R}}_{(2^{(L+1)}-2)} \mid \boldsymbol{\mathcal{R}}_{(2^{(L+1)}-1)}) \left(\begin{array}{c} \mathscr{D}_{j-L}^{(0)} \\ \hline \mathscr{D}_{j-L}^{(1)} \\ \hline \vdots \\ \hline \mathscr{D}_{j-L}^{(2^{(L+1)}-2)} \\ \hline \mathscr{D}_{j-L}^{(2^{(L+1)}-1)} \end{array} \right) \\ &= [\boldsymbol{\mathcal{R}}_0] \mathscr{D}_{j-L}^{(0)} + [\boldsymbol{\mathcal{R}}_1] \mathscr{D}_{j-L}^{(1)} + \cdots + [\boldsymbol{\mathcal{R}}_{(2^{(L+1)}-1)}] \mathscr{D}_{j-L}^{(2^{(L+1)}-1)} \end{aligned}$$

或者写成更紧凑的形式：

$$\begin{aligned} \mathscr{D}_{j+1}^{(0)} &= \sum_{m=(\varepsilon_L \varepsilon_{L-1} \cdots \varepsilon_1 \varepsilon_0)_2 = 0}^{(2^{(L+1)}-1)} \boldsymbol{\mathcal{H}}_{\varepsilon_L}^{(0)} \boldsymbol{\mathcal{H}}_{\varepsilon_{L-1}}^{(1)} \cdots \boldsymbol{\mathcal{H}}_{\varepsilon_1}^{(L-1)} \boldsymbol{\mathcal{H}}_{\varepsilon_0}^{(L)} \mathscr{D}_{j-L}^{(m)} \\ &= \sum_{\substack{(\varepsilon_L \varepsilon_{L-1} \cdots \varepsilon_1 \varepsilon_0)_2 \\ \varepsilon_k \in \{0,1\}, k=0,1,\cdots,L}} \boldsymbol{\mathcal{R}}_{(\varepsilon_L \varepsilon_{L-1} \cdots \varepsilon_2 \varepsilon_1 \varepsilon_0)_2} \mathscr{D}_{j-L}^{(\varepsilon_L \varepsilon_{L-1} \cdots \varepsilon_1 \varepsilon_0)_2} \\ &= \sum_{m=0}^{(2^{(L+1)}-1)} \boldsymbol{\mathcal{R}}_m \mathscr{D}_{j-L}^{(m)} \end{aligned}$$

3.17.10　证明：从 2^{L+1} 个小波包系数向量 $\mathscr{D}_{j-L}^{(m)}, m = 0,1,2,\cdots,(2^{(L+1)}-1)$ 合成得到 $\mathscr{D}_{j+1}^{(0)}$ 的小波包合成金字塔算法可以表示为

$$\mathscr{D}_{j+1}^{(0)} = \mathscr{R}_{j-L}^{(0)} + \mathscr{R}_{j-L}^{(1)} + \cdots + \mathscr{R}_{j-L}^{(2^{(L+1)}-2)} + \mathscr{R}_{j-L}^{(2^{(L+1)}-1)}$$

其中 $m = (\varepsilon_L \varepsilon_{L-1} \cdots \varepsilon_2 \varepsilon_1 \varepsilon_0)_2 = 0,1,2,\cdots,(2^{(L+1)}-1)$ 而且

$$\begin{aligned} \mathscr{R}_{j-L}^{(m)} &= \boldsymbol{\mathcal{H}}_{\varepsilon_L}^{(0)} \boldsymbol{\mathcal{H}}_{\varepsilon_{L-1}}^{(1)} \cdots \boldsymbol{\mathcal{H}}_{\varepsilon_1}^{(L-1)} \boldsymbol{\mathcal{H}}_{\varepsilon_0}^{(L)} \mathscr{D}_{j-L}^{(\varepsilon_L \varepsilon_{L-1} \cdots \varepsilon_2 \varepsilon_1 \varepsilon_0)_2} \\ &= \boldsymbol{\mathcal{R}}_{(\varepsilon_L \varepsilon_{L-1} \cdots \varepsilon_2 \varepsilon_1 \varepsilon_0)_2} \mathscr{D}_{j-L}^{(\varepsilon_L \varepsilon_{L-1} \cdots \varepsilon_2 \varepsilon_1 \varepsilon_0)_2} \\ &= \boldsymbol{\mathcal{R}}_m \mathscr{D}_{j-L}^{(m)} \end{aligned}$$

或者更详细地写成

$$\begin{aligned}
\mathscr{R}_{j-L}^{(00\cdots00)_2} &= \boldsymbol{\mathcal{H}}_0^{(0)}\boldsymbol{\mathcal{H}}_0^{(1)}\cdots\boldsymbol{\mathcal{H}}_0^{(L-1)}\boldsymbol{\mathcal{H}}_0^{(L)}\mathscr{D}_{j-L}^{(00\cdots00)_2} = \boldsymbol{\mathcal{R}}_0\mathscr{D}_{j-L}^{(0)}\\
\mathscr{R}_{j-L}^{(00\cdots01)_2} &= \boldsymbol{\mathcal{H}}_0^{(0)}\boldsymbol{\mathcal{H}}_0^{(1)}\cdots\boldsymbol{\mathcal{H}}_0^{(L-1)}\boldsymbol{\mathcal{H}}_1^{(L)}\mathscr{D}_{j-L}^{(00\cdots01)_2} = \boldsymbol{\mathcal{R}}_1\mathscr{D}_{j-L}^{(1)}\\
&\vdots\\
\mathscr{R}_{j-L}^{(11\cdots10)_2} &= \boldsymbol{\mathcal{H}}_1^{(0)}\boldsymbol{\mathcal{H}}_1^{(1)}\cdots\boldsymbol{\mathcal{H}}_1^{(L-1)}\boldsymbol{\mathcal{H}}_0^{(L)}\mathscr{D}_{j-L}^{(11\cdots10)_2} = \boldsymbol{\mathcal{R}}_{(2^{(L+1)}-2)}\mathscr{D}_{j-L}^{(2^{(L+1)}-2)}\\
\mathscr{R}_{j-L}^{(11\cdots11)_2} &= \boldsymbol{\mathcal{H}}_1^{(0)}\boldsymbol{\mathcal{H}}_1^{(1)}\cdots\boldsymbol{\mathcal{H}}_1^{(L-1)}\boldsymbol{\mathcal{H}}_1^{(L)}\mathscr{D}_{j-L}^{(11\cdots11)_2} = \boldsymbol{\mathcal{R}}_{(2^{(L+1)}-1)}\mathscr{D}_{j-L}^{(2^{(L+1)}-1)}
\end{aligned}$$

3.17.11 证明：在从 2^{L+1} 个小波包系数向量 $\mathscr{D}_{j-L}^{(m)}, m=0,1,2,\cdots,(2^{(L+1)}-1)$ 合成得到 $\mathscr{D}_{j+1}^{(0)}$ 的小波包合成金字塔算法如下表示中：

$$\begin{aligned}
\mathscr{D}_{j+1}^{(0)} &= \sum_{m=0}^{(2^{(L+1)}-1)} \boldsymbol{\mathcal{R}}_m\mathscr{D}_{j-L}^{(m)}\\
&= \sum_{m=(\varepsilon_L\varepsilon_{L-1}\cdots\varepsilon_1\varepsilon_0)_2=0}^{(2^{(L+1)}-1)} \mathscr{R}_{j-L}^{(\varepsilon_L\varepsilon_{L-1}\cdots\varepsilon_1\varepsilon_0)_2}\\
&= \sum_{\substack{(\varepsilon_L\varepsilon_{L-1}\cdots\varepsilon_1\varepsilon_0)_2\\ \varepsilon_k\in\{0,1\},k=0,1,\cdots L}} \boldsymbol{\mathcal{R}}_{(\varepsilon_L\varepsilon_{L-1}\cdots\varepsilon_1\varepsilon_0)_2}\mathscr{D}_{j-L}^{(\varepsilon_L\varepsilon_{L-1}\cdots\varepsilon_1\varepsilon_0)_2}
\end{aligned}$$

包含 2^{L+1} 个向量的无穷维列向量组：

$$\{\mathscr{R}_{j-L}^{(0)},\mathscr{R}_{j-L}^{(1)},\cdots,\mathscr{R}_{j-L}^{(2^{(L+1)}-2)},\mathscr{R}_{j-L}^{(2^{(L+1)}-1)}\} = \{\mathscr{R}_{j-L}^{(\varepsilon_L\varepsilon_{L-1}\cdots\varepsilon_1\varepsilon_0)_2};\varepsilon_k\in\{0,1\},0\leqslant k\leqslant L\}$$

在无穷维序列向量空间 $\ell^2(\mathbb{Z})$ 中是相互正交的，即

$$\left\langle \mathscr{R}_{j-L}^{(m)},\mathscr{R}_{j-L}^{(\ell)}\right\rangle = 0,\quad 0\leqslant \ell\neq m\leqslant(2^{(L+1)}-1)$$

提示：按 $(L+1)$ 位二进制表示法，$m=(\varepsilon_L\varepsilon_{L-1}\cdots\varepsilon_1\varepsilon_0)_2,\ell=(\delta_L\delta_{L-1}\cdots\delta_1\delta_0)_2$，则

$$\begin{aligned}
&\left\langle \mathscr{R}_{j-L}^{(m)},\mathscr{R}_{j-L}^{(\ell)}\right\rangle\\
&= [\mathscr{R}_{j-L}^{(\ell)}]^*[\mathscr{R}_{j-L}^{(m)}]\\
&= \left[\prod_{u=0}^{L}[\boldsymbol{\mathcal{H}}_{\delta_{L-u}}^{(u)}]\mathscr{D}_{j-L}^{(\delta_L\delta_{L-1}\cdots\delta_1\delta_0)_2}\right]^*\left[\prod_{u=0}^{L}[\boldsymbol{\mathcal{H}}_{\varepsilon_{L-u}}^{(u)}]\mathscr{D}_{j-L}^{(\varepsilon_L\varepsilon_{L-1}\cdots\varepsilon_1\varepsilon_0)_2}\right]\\
&= [\mathscr{D}_{j-L}^{(\delta_L\delta_{L-1}\cdots\delta_1\delta_0)_2}]^*\prod_{v=0}^{L}[\boldsymbol{\mathcal{H}}_{\delta_v}^{(L-v)}]^*\prod_{u=0}^{L}[\boldsymbol{\mathcal{H}}_{\varepsilon_{L-u}}^{(u)}][\mathscr{D}_{j-L}^{(\varepsilon_L\varepsilon_{L-1}\cdots\varepsilon_1\varepsilon_0)_2}]\\
&= 0
\end{aligned}$$

其中因为，对于 $v=0,1,\cdots,L$,

$$[\boldsymbol{\mathcal{H}}_{\delta_{L-v}}^{(v)}]^*[\boldsymbol{\mathcal{H}}_{\varepsilon_{L-v}}^{(v)}] = \begin{cases}\boldsymbol{\mathcal{I}}[2^{-(v+1)}N], & \delta_{L-v}=\varepsilon_{L-v}\\ \boldsymbol{\mathcal{O}}[2^{-(v+1)}N], & \delta_{L-v}\neq\varepsilon_{L-v}\end{cases}$$

其中，$\boldsymbol{\mathcal{I}}[2^{-(v+1)}N]$ 表示 $[2^{-(v+1)}N]\times[2^{-(v+1)}N]$ 的单位矩阵，$\boldsymbol{\mathcal{O}}[2^{-(v+1)}N]$ 表示 $[2^{-(v+1)}N]\times[2^{-(v+1)}N]$的零矩阵.

因为 $0\leqslant \ell\neq m\leqslant(2^{(L+1)}-1)$，所以至少存在一个 $v:0\leqslant v\leqslant L$，使 $\delta_{L-v}\neq\varepsilon_{L-v}$，这样，$[\boldsymbol{\mathcal{H}}_{\delta_{L-v}}^{(v)}]^*[\boldsymbol{\mathcal{H}}_{\varepsilon_{L-v}}^{(v)}]=\boldsymbol{\mathcal{O}}[2^{-(v+1)}N]$.

3.17.12　证明：在从 2^{L+1} 个小波包系数向量 $\mathscr{D}_{j-L}^{(m)},m=0,1,2,\cdots,(2^{(L+1)}-1)$ 合成得到 $\mathscr{D}_{j+1}^{(0)}$ 的小波包合成金字塔算法如下表示中：

$$\mathscr{D}_{j+1}^{(0)}=\sum_{m=0}^{(2^{(L+1)}-1)}\boldsymbol{\mathcal{R}}_m\mathscr{D}_{j-L}^{(m)}=\sum_{m=(\varepsilon_L\varepsilon_{L-1}\cdots\varepsilon_1\varepsilon_0)_2=0}^{(2^{(L+1)}-1)}\mathscr{R}_{j-L}^{(\varepsilon_L\varepsilon_{L-1}\cdots\varepsilon_1\varepsilon_0)_2}=\sum_{m=0}^{(2^{(L+1)}-1)}\mathscr{R}_{j-L}^{(m)}$$

成立如下的"勾股定理"恒等式：

$$\left\|\mathscr{D}_{j+1}^{(0)}\right\|^2=\sum_{m=0}^{(2^{(L+1)}-1)}\left\|\mathscr{R}_{j-L}^{(m)}\right\|^2$$

而且，根据无穷维序列空间 $\ell^2(\mathbb{Z})$ 中"欧氏范数(距离)"的定义，这些向量的欧氏长度可以表示为

$$\left\|\mathscr{D}_{j+1}^{(0)}\right\|^2=\sum_{n\in\mathbb{Z}}\left|d_{j+1,n}^{(0)}\right|^2,\quad \left\|\mathscr{R}_{j-L}^{(m)}\right\|^2=\sum_{k\in\mathbb{Z}}\left|d_{j-L,k}^{(m)}\right|^2,\quad m=0,1,2,\cdots,(2^{(L+1)}-1)$$

提示：按 $(L+1)$ 位二进制表示法，$m=(\varepsilon_L\varepsilon_{L-1}\cdots\varepsilon_1\varepsilon_0)_2$ 则

$$\begin{aligned}
&\left\langle\mathscr{R}_{j-L}^{(m)},\mathscr{R}_{j-L}^{(m)}\right\rangle\\
&=[\mathscr{R}_{j-L}^{(m)}]^*[\mathscr{R}_{j-L}^{(m)}]\\
&=\left[\prod_{u=0}^{L}[\boldsymbol{\mathcal{H}}_{\varepsilon_{L-u}}^{(u)}]\mathscr{D}_{j-L}^{(\varepsilon_L\varepsilon_{L-1}\cdots\varepsilon_1\varepsilon_0)_2}\right]^*\left[\prod_{u=0}^{L}[\boldsymbol{\mathcal{H}}_{\varepsilon_{L-u}}^{(u)}]\mathscr{D}_{j-L}^{(\varepsilon_L\varepsilon_{L-1}\cdots\varepsilon_1\varepsilon_0)_2}\right]\\
&=[\mathscr{D}_{j-L}^{(\varepsilon_L\varepsilon_{L-1}\cdots\varepsilon_1\varepsilon_0)_2}]^*\prod_{v=0}^{L}[\boldsymbol{\mathcal{H}}_{\varepsilon_v}^{(L-v)}]^*\prod_{u=0}^{L}[\boldsymbol{\mathcal{H}}_{\varepsilon_{L-u}}^{(u)}][\mathscr{D}_{j-L}^{(\varepsilon_L\varepsilon_{L-1}\cdots\varepsilon_1\varepsilon_0)_2}]\\
&=[\mathscr{D}_{j-L}^{(\varepsilon_L\varepsilon_{L-1}\cdots\varepsilon_1\varepsilon_0)_2}]^*[\mathscr{D}_{j-L}^{(\varepsilon_L\varepsilon_{L-1}\cdots\varepsilon_1\varepsilon_0)_2}]\\
&=[\mathscr{D}_{j-L}^{(m)}]^*[\mathscr{D}_{j-L}^{(m)}]\\
&=\sum_{k\in\mathbb{Z}}|\,d_{j-L,k}^{(m)}\,|^2
\end{aligned}$$

其中，对于 $v=0,1,\cdots,L$，$[\boldsymbol{\mathcal{H}}_{\varepsilon_{L-v}}^{(v)}]^*[\boldsymbol{\mathcal{H}}_{\varepsilon_{L-v}}^{(v)}]=\boldsymbol{\mathcal{I}}[2^{-(v+1)}N]$.

3.17.13　证明：对于 $m=0,1,2,\cdots,[2^{(L+1)}-1]$，按 $(L+1)$ 位二进制表示如下：

$$m=(\varepsilon_L\varepsilon_{L-1}\cdots\varepsilon_2\varepsilon_1\varepsilon_0)_2=\varepsilon_L\times2^L+\varepsilon_{L-1}\times2^{L-1}+\cdots+\varepsilon_1\times2+\varepsilon_0$$

如果将下述定义的 $N\times[2^{-(L+1)}N]$ 矩阵 $\boldsymbol{\mathcal{R}}_m$：

$$\mathcal{R}_m = \mathcal{R}_{(\varepsilon_L\varepsilon_{L-1}\cdots\varepsilon_2\varepsilon_1\varepsilon_0)_2} = \mathcal{H}_{\varepsilon_L}^{(0)}\mathcal{H}_{\varepsilon_{L-1}}^{(1)}\cdots\mathcal{H}_{\varepsilon_1}^{(L-1)}\mathcal{H}_{\varepsilon_0}^{(L)} = \left[\prod_{\ell=L}^{0}\mathcal{H}_{\varepsilon_\ell}^{(L-\ell)}\right]$$

按照列向量方式重新撰写为

$$\mathcal{R}_m = [\mathbf{r}(m,k); k=0,1,\cdots,[2^{-(L+1)}N-1]]_{N\times[2^{-(L+1)}N]}$$

那么，$\mathcal{R}_m = [\mathbf{r}(m,k); k=0,1,\cdots,[2^{-(L+1)}N-1]]_{N\times[2^{-(L+1)}N]}, m=0,1,\cdots,[2^{(L+1)}-1]$ 的全部列向量构成的向量系

$$\begin{aligned}&\{\mathbf{r}(m,k); k=0,1,\cdots,[2^{-(L+1)}N-1], m=0,1,\cdots,(2^{L+1}-1)\}\\ &= \bigcup_{m=0}^{(2^{L+1}-1)}\left\{\mathbf{r}(m,k); k=0,1,\cdots,\left(\frac{N}{2^{(L+1)}}-1\right)\right\}\end{aligned}$$

是 N 维序列空间 $\mathbb{C}^N$ 的规范正交基.

提示：当 $m=0,1,2,\cdots,[2^{(L+1)}-1]$，$\{\mathbf{r}(m,k); k=0,1,\cdots,[2^{-(L+1)}N-1]\}$ 是规范正交系；当 $n=0,1,2,\cdots,[2^{(L+1)}-1]$，而且，$n\neq m$，那么，

$$\{\mathbf{r}(m,k); k=0,1,\cdots,[2^{-(L+1)}N-1]\}\perp\{\mathbf{r}(N,k); k=0,1,\cdots,[2^{-(L+1)}N-1]\}$$

另外，$\{\mathbf{r}(m,k); k=0,1,\cdots,[2^{-(L+1)}N-1]; 0\leqslant m\leqslant(2^{L+1}-1)\}$ 是完全规范正交系.

3.17.14 定义子空间序列记号如下：

$$\mathscr{U}_L^m = \text{Closespan}\{\mathbf{r}(m,k); k=0,1,\cdots,[2^{-(L+1)}N-1]\},\quad m=0,1,2,\cdots,(2^{L+1}-1)$$

证明：$\{\mathscr{U}_L^m; m=0,1,2,\cdots,(2^{L+1}-1)\}$ 是 N 维序列空间 $\mathbb{C}^N$ 的相互正交的子空间序列，而且，$\mathbb{C}^N = \left[\bigoplus_{m=0}^{(2^{L+1}-1)}\mathscr{U}_L^m\right]$.

3.17.15 证明：$\mathscr{D}_{j+1}^{(0)}$ 在 $\mathbb{C}^N$ 的子空间序列 $\{\mathscr{U}_L^m; m=0,1,2,\cdots,(2^{L+1}-1)\}$ 上的正交投影分别是 $\mathscr{R}_{j-L}^{(0)},\mathscr{R}_{j-L}^{(1)},\cdots,\mathscr{R}_{j-L}^{[2^{(L+1)}-2]},\mathscr{R}_{j-L}^{[2^{(L+1)}-1]}$.

3.17.16 证明：$\mathscr{D}_{j+1}^{(0)}$ 在子空间序列 $\{\mathscr{U}_L^m; m=0,1,2,\cdots,(2^{L+1}-1)\}$ 上的正交投影 $\mathscr{R}_{j-L}^{(0)},\mathscr{R}_{j-L}^{(1)},\cdots,\mathscr{R}_{j-L}^{[2^{(L+1)}-2]},\mathscr{R}_{j-L}^{[2^{(L+1)}-1]}$，在序列空间 $\mathbb{C}^N$ 的如下新规范正交基：

$$\bigcup_{m=0}^{(2^{L+1}-1)}\{\mathbf{r}(m,k); k=0,1,\cdots,(2^{-(L+1)}N-1)\}$$

之下的坐标分别是

$$\mathscr{D}_{j-L}^{(m)} = \{d_{j-L,k}^{(m)}; k=0,1,\cdots,(2^{-(L+1)}N-1)\}^{\mathrm{T}},\quad m=0,1,2,\cdots,(2^{(L+1)}-1)$$

此时，$\mathscr{D}_{j+1}^{(0)}$ 的坐标是

$$\{d_{j-L,k}^{(m)};k=0,1,\cdots,[2^{-(L+1)}N-1],m=0,1,2,\cdots,(2^{(L+1)}-1)\}^{\mathrm{T}}$$

或者表示为

$$\{[\mathscr{D}_{j-L}^{(m)}]^{\mathrm{T}},m=0,1,2,\cdots,[2^{(L+1)}-1]\}^{\mathrm{T}}$$

注释:

(1) 在向量空间 $\mathbb{C}^N$ 的平凡规范正交基 $\{e_k;k=0,1,\cdots,N-1\}$ 中，对于任意的整数 $k=0,1,\cdots,N-1$，e_k 表示第 k 行元素等于 1 而且其他各行元素都是 0 的 N 维列向量. 作为原始数据出现的 $\mathscr{D}_{j+1}^{(0)}$ 实际是在向量空间 $\mathbb{C}^N$ 的平凡规范正交基 $\{e_k;k=0,1,\cdots,N-1\}$ 之下给出的.

(2) 在向量空间 $\mathbb{C}^N$ 的这个新规范正交基:

$$\bigcup_{m=0}^{(2^{L+1}-1)}\{\mathbf{r}(m,k);k=0,1,\cdots,(2^{-(L+1)}N-1)\}$$

之下，从形式上看，对于 $m=0,1,2,\cdots,(2^{(L+1)}-1)$，

$$\mathscr{D}_{j-L}^{(m)}=\{d_{j-L,k}^{(m)};k=0,1,\cdots,(2^{-(L+1)}N-1)\}^{\mathrm{T}}$$

的坐标分量只有 $2^{-(L+1)}N$，但它本质上应该是 N 分量，只不过，其他分量都是 0. 这里所罗列出的分量 $d_{j-L,k}^{(m)};k=0,1,\cdots,(2^{-(L+1)}N-1)$ 是 $\mathscr{D}_{j+1}^{(0)}$ 在子空间

$$\mathscr{U}_L^m=\text{Closespan}\{\mathbf{r}(m,k);k=0,1,\cdots,(2^{-(L+1)}N-1)\}$$

上正交投影相对于规范正交系 $\{\mathbf{r}(m,k);k=0,1,\cdots,(2^{-(L+1)}N-1)\}$ 的坐标，而这个正交投影在规范正交系:

$$\bigcup_{n=0,n\neq m}^{(2^{L+1}-1)}\{\mathbf{r}(n,k);k=0,1,\cdots,(2^{-(L+1)}N-1)\}$$

下的坐标全部都是 0.

小波与量子小波　习题四

图像小波+图像小波包+图像金字塔
（共 110 个习题）

习题 4.1　二维多分辨率分析构造

设函数(信号)空间 $\mathcal{L}^2(\mathbb{R})$ 的闭线性子空间列 $\{V_j\ ;j\in\mathbb{Z}\}$ 和函数 $\varphi(x)$ 构成 $\mathcal{L}^2(\mathbb{R})$ 中的多分辨率分析，即如下 5 个公理成立：

① 单调性：$V_j\subset V_{j+1}$，$\forall j\in\mathbb{Z}$；

② 唯一性：$\bigcap\limits_{j\in\mathbb{Z}} V_j=\{0\}$；

③ 稠密性：$\overline{\left(\bigcup\limits_{j\in\mathbb{Z}} V_j\right)}=\mathcal{L}^2(\mathbb{R})$；

④ 伸缩性：$f(x)\in V_j\Leftrightarrow f(2x)\in V_{j+1}$，$\forall j\in\mathbb{Z}$；

⑤ 结构性：$\{\varphi(x-n);n\in\mathbb{Z}\}$ 构成子空间 V_0 的规范正交基.

其中 $\varphi(x)$ 称为尺度函数，$\forall j\in\mathbb{Z}$，V_j 称为(第 j 级)尺度子空间. 此外，定义空间 $\mathcal{L}^2(\mathbb{R})$ 的闭线性子空间列 $\{W_j\ ;j\in\mathbb{Z}\}$：对 $\forall j\in\mathbb{Z}$，子空间 W_j 满足 $W_j\perp V_j, V_{j+1}=W_j\oplus V_j$，其中，$W_j$ 称为(第 j 级)小波子空间. 容易验证，子空间序列 $\{W_j\ ;j\in\mathbb{Z}\}$ 相互正交，$W_j\perp W_\ell$，$\forall j\neq\ell,(j,\ell)\in\mathbb{Z}^2$，而且，具有伸缩依赖关系，即 $\forall j\in\mathbb{Z}$，$u(x)\in W_j\Leftrightarrow u(2x)\in W_{j+1}$. 尺度子空间列 $\{V_j\ ;j\in\mathbb{Z}\}$ 和小波子空间序列 $\{W_j\ ;j\in\mathbb{Z}\}$ 具有如下正交关系：

$$W_m\perp V_j,\quad \forall(j,m)\in\mathbb{Z}^2,\quad m\geqslant j$$

根据多分辨率分析理论知，尺度方程和小波方程如下：

$$\begin{cases}\varphi(x)=\sqrt{2}\sum\limits_{n\in\mathbb{Z}}h_n\varphi(2x-n)\\ \psi(x)=\sqrt{2}\sum\limits_{n\in\mathbb{Z}}g_n\varphi(2x-n)\end{cases}$$

或者等价地：对于任意的整数 $j\in\mathbb{Z}$，

$$\begin{cases}\varphi_{j,k}(x)=\sum_{n\in\mathbb{Z}}h_{n-2k}\varphi_{j+1,n}(x), & k\in\mathbb{Z}\\ \psi_{j,k}(x)=\sum_{n\in\mathbb{Z}}g_{n-2k}\varphi_{j+1,n}(x), & k\in\mathbb{Z}\end{cases}$$

其中 $\{\varphi_{j,k}(x)=2^{j/2}\varphi(2^jx-k);k\in\mathbb{Z}\}$ 和 $\{\psi_{j,k}(x)=2^{j/2}\psi(2^jx-k);k\in\mathbb{Z}\}$ 是函数空间 $\mathcal{L}^2(\mathbb{R})$ 中相互正交的整数平移规范正交函数系，而且，它们分别构成 V_j 和 W_j 的规范正交基，两者共同组成 $V_{j+1}=W_j\oplus V_j$ 的规范正交基.

定义低通和带通滤波器如下：

$$\mathrm{H}(\omega)=2^{-0.5}\sum_{n\in\mathbb{Z}}h_ne^{-i\omega n},\quad \mathrm{G}(\omega)=2^{-0.5}\sum_{n\in\mathbb{Z}}g_ne^{-i\omega n}$$

以及 2×2 矩阵：

$$\mathbf{M}(\omega)=\begin{pmatrix}\mathrm{H}(\omega) & \mathrm{H}(\omega+\pi)\\ \mathrm{G}(\omega) & \mathrm{G}(\omega+\pi)\end{pmatrix}$$

那么，这个矩阵 $\mathbf{M}(\omega)$ 是酉矩阵，即矩阵 $\mathbf{M}(\omega)$ 满足如下等式：

$$\mathbf{M}(\omega)\mathbf{M}^*(\omega)=\mathbf{M}^*(\omega)\mathbf{M}(\omega)=\begin{pmatrix}1 & 0\\ 0 & 1\end{pmatrix}$$

其中矩阵 $\mathbf{M}^*(\omega)$ 表示矩阵 $\mathbf{M}(\omega)$ 的复数共轭转置：

$$\mathbf{M}^*(\omega)=\begin{pmatrix}\overline{\mathrm{H}}(\omega) & \overline{\mathrm{G}}(\omega)\\ \overline{\mathrm{H}}(\omega+\pi) & \overline{\mathrm{G}}(\omega+\pi)\end{pmatrix}$$

而且，$\overline{\mathrm{H}}(\omega),\overline{\mathrm{G}}(\omega)$ 分别表示 $\mathrm{H}(\omega),\mathrm{G}(\omega)$ 的复数共轭.

或者等价地，当 $\omega\in[0,2\pi]$ 时，

$$\begin{cases}|\mathrm{H}(\omega)|^2+|\mathrm{H}(\omega+\pi)|^2=1\\ |\mathrm{G}(\omega)|^2+|\mathrm{G}(\omega+\pi)|^2=1\\ \mathrm{H}(\omega)\overline{\mathrm{G}}(\omega)+\mathrm{H}(\omega+\pi)\overline{\mathrm{G}}(\omega+\pi)=0\end{cases}$$

或者等价地，对于任意的 $(m,k)\in\mathbb{Z}^2$，

$$\begin{cases}\left\langle \mathbf{h}_0^{(2m)}, \mathbf{h}_0^{(2k)} \right\rangle = \sum\limits_{n\in\mathbb{Z}} h_{n-2m}\overline{h}_{n-2k} = \delta(m-k) \\ \left\langle \mathbf{h}_1^{(2m)}, \mathbf{h}_1^{(2k)} \right\rangle = \sum\limits_{n\in\mathbb{Z}} g_{n-2m}\overline{g}_{n-2k} = \delta(m-k) \\ \left\langle \mathbf{h}_1^{(2m)}, \mathbf{h}_0^{(2k)} \right\rangle = \sum\limits_{n\in\mathbb{Z}} g_{n-2m}\overline{h}_{n-2k} = 0 \end{cases}$$

其中，$\mathbf{h}_0^{(m)} = \{h_{n-m}; n\in\mathbb{Z}\}^{\mathrm{T}} \in \ell^2(\mathbb{Z}), \mathbf{h}_1^{(m)} = \{g_{n-m}; n\in\mathbb{Z}\}^{\mathrm{T}} \in \ell^2(\mathbb{Z}), m\in\mathbb{Z}$. 换言之，$\{\mathbf{h}_0^{(2m)}; m\in\mathbb{Z}\}$ 和 $\{\mathbf{h}_1^{(2m)}; m\in\mathbb{Z}\}$ 是 $\ell^2(\mathbb{Z})$ 中相互正交的两个双整数平移平方可和无穷维规范正交向量系，而且，它们共同构成 $\ell^2(\mathbb{Z})$ 的规范正交基.

接下来构造二维多分辨率分析. 为此，首先定义二维尺度函数:

$$Q^{(0)}(x,y) = \varphi(x)\varphi(y)$$

和二元能量有限或平方可积函数空间 $\mathcal{L}^2(\mathbb{R}^2)$ 的闭子空间序列:

$$\mathbb{Q}_j^{(0)} = V_j \otimes V_j,\ \ j\in\mathbb{Z}$$

证明: $(\{\mathbb{Q}_j^{(0)}; j\in\mathbb{Z}\}, Q^{(0)}(x,y))$ 构成 $\mathcal{L}^2(\mathbb{R}^2)$ 的多分辨率分析，即满足:

① 单调性: $\mathbb{Q}_j^{(0)} \subset \mathbb{Q}_{j+1}^{(0)},\ \forall j\in\mathbb{Z}$;

② 唯一性: $\bigcap\limits_{j\in\mathbb{Z}} \mathbb{Q}_j^{(0)} = \{0\}$;

③ 稠密性: $\overline{\left(\bigcup\limits_{j\in\mathbb{Z}} \mathbb{Q}_j^{(0)}\right)} = \mathcal{L}^2(\mathbb{R}^2)$;

④ 伸缩性: $f(x,y)\in\mathbb{Q}_j^{(0)} \Leftrightarrow f(2x,2y)\in\mathbb{Q}_{j+1}^{(0)},\ \forall j\in\mathbb{Z}$;

⑤ 结构性: $\{Q^{(0)}(x-m,y-n);(m,n)\in\mathbb{Z}^2\}$ 是子空间 $\mathbb{Q}_0^{(0)}$ 的规范正交基.

习题 4.2　图像尺度子空间的规范正交基

沿用 $\mathcal{L}^2(\mathbb{R}^2)$ 的多分辨率分析 $(\{\mathbb{Q}_j^{(0)}; j\in\mathbb{Z}\}, Q^{(0)}(x,y))$，证明: 二维整数平移函数系 $\{Q_{j;m,n}^{(0)}(x,y) = 2^j Q^{(0)}(2^j x-m, 2^j y-n); (m,n)\in\mathbb{Z}^2\}$ 是 $\mathcal{L}^2(\mathbb{R}^2)$ 中的规范正交函数系，而且它是第 j 级尺度空间 $\mathbb{Q}_j^{(0)}$ 的规范正交基:

$$\mathbb{Q}_j^{(0)} = \mathrm{Closespan}\{Q_{j;m,n}^{(0)}(x,y) = 2^j Q^{(0)}(2^j x-m, 2^j y-n); (m,n)\in\mathbb{Z}^2\}$$

习题 4.3　图像小波子空间构造

定义二元函数子空间

$$\mathbb{Q}_j^{(0)} = (V_j \otimes V_j), \quad \mathbb{Q}_j^{(1)} = (V_j \otimes W_j)$$
$$\mathbb{Q}_j^{(2)} = (W_j \otimes V_j), \quad \mathbb{Q}_j^{(3)} = (W_j \otimes W_j)$$

这样定义的三个二元函数子空间序列 $\{\mathbb{Q}_j^{(\ell)}; j \in \mathbb{Z}\}, \ell = 1,2,3$ 称为二元函数正交小波子空间序列，而 $\mathbb{Q}_j^{(\ell)}, \ell = 1,2,3$ 称为第 j 级小波空间. 证明：对于 $\forall j \in \mathbb{Z}$，

$$\mathbb{Q}_{j+1}^{(0)} = \mathbb{Q}_j^{(0)} \oplus \mathbb{Q}_j^{(1)} \oplus \mathbb{Q}_j^{(2)} \oplus \mathbb{Q}_j^{(3)}$$

习题 4.4 图像小波子空间列的正交性

证明：函数空间序列 $\{\mathbb{Q}_j^{(\ell)}; \ell = 0,1,2,3, j \in \mathbb{Z}\}$ 具有如下性质：

① 相互正交：$\mathbb{Q}_j^{(\ell)} \perp \mathbb{Q}_{\tilde{j}}^{(\tilde{\ell})}, (j,\ell) \neq (\tilde{j},\tilde{\ell}), 1 \leqslant \ell, \tilde{\ell} \leqslant 3, (j,\tilde{j}) \in \mathbb{Z}^2$；

② 条件正交：$\mathbb{Q}_j^{(\ell)} \perp \mathbb{Q}_{\tilde{j}}^{(0)}, \ell = 1,2,3, j \geqslant \tilde{j}, (j,\tilde{j}) \in \mathbb{Z}^2$；

③ 条件包含：$\mathbb{Q}_j^{(\ell)} \subset \mathbb{Q}_{\tilde{j}}^{(0)}, \ell = 1,2,3, j < \tilde{j}, (j,\tilde{j}) \in \mathbb{Z}^2$；

④ 伸缩关系：$g(x,y) \in \mathbb{Q}_j^{(\ell)} \Leftrightarrow g(2x,2y) \in \mathbb{Q}_{j+1}^{(\ell)}, \ell = 1,2,3, \forall j \in \mathbb{Z}$；

⑤ 结构性：定义如下三个二元函数：

$$\begin{cases} Q^{(1)}(x,y) = \varphi(x)\psi(y) \\ Q^{(2)}(x,y) = \psi(x)\varphi(y) \\ Q^{(3)}(x,y) = \psi(x)\psi(y) \end{cases}$$

它们的整数平移函数系 $\{Q_0^{(\ell)}(x-m,y-n); (m,n) \in \mathbb{Z}^2\}, \ell = 1,2,3$ 是规范正交二元函数系且相互正交，分别构成第 0 级小波子空间 $\mathbb{Q}_0^{(\ell)}, \ell = 1,2,3$ 的规范正交二元函数基：

$$\mathbb{Q}_0^{(\ell)} = \text{Closespan}\{Q_0^{(\ell)}(x-m,y-n); (m,n) \in \mathbb{Z}^2\}, \quad \ell = 1,2,3$$

这时，二维正交小波函数共有三个，即 $Q^{(1)}(x,y), Q^{(2)}(x,y), Q^{(3)}(x,y)$.

习题 4.5 图像尺度方程和图像小波方程

对任意的 $(m,n) \in \mathbb{Z}^2$，引入序列记号：

$$\begin{cases} h^{(0)}(m,n) = h_m h_n, & h^{(1)}(m,n) = h_m g_n \\ h^{(2)}(m,n) = g_m h_n, & h^{(3)}(m,n) = g_m g_n \end{cases}$$

其中，$g_n = (-1)^{2K+1-n}\overline{h}_{2K+1-n}, n \in \mathbb{Z}$，$K \in \mathbb{Z}$. 证明：二元尺度函数和二元小波函数满足如下的尺度方程和小波方程：

$$\begin{cases} Q^{(0)}(x,y) = \sum\limits_{(m,n)\in\mathbb{Z}\times\mathbb{Z}} h^{(0)}(m,n)Q^{(0)}_{1;m,n}(x,y) \\ Q^{(1)}(x,y) = \sum\limits_{(m,n)\in\mathbb{Z}\times\mathbb{Z}} h^{(1)}(m,n)Q^{(0)}_{1;m,n}(x,y) \\ Q^{(2)}(x,y) = \sum\limits_{(m,n)\in\mathbb{Z}\times\mathbb{Z}} h^{(2)}(m,n)Q^{(0)}_{1;m,n}(x,y) \\ Q^{(3)}(x,y) = \sum\limits_{(m,n)\in\mathbb{Z}\times\mathbb{Z}} h^{(3)}(m,n)Q^{(0)}_{1;m,n}(x,y) \end{cases}$$

或者综合表示为

$$Q^{(\ell)}(x,y) = \sum_{(m,n)\in\mathbb{Z}\times\mathbb{Z}} h^{(\ell)}(m,n)Q^{(0)}_{1;m,n}(x,y),\quad \ell = 0,1,2,3$$

其中

$$Q^{(\ell)}_{j;m,n}(x,y) = 2^j Q^{(\ell)}(2^j x - m, 2^j y - n),\quad (m,n,j)\in\mathbb{Z}^3,\quad \ell = 0,1,2,3$$

习题 4.6 图像尺度函数和图像小波函数正交性

证明: 对于任意的 $j\in\mathbb{Z}$, 二元整数平移函数系:

$$\{Q^{(\ell)}_{j;m,n}(x,y) = 2^j Q^{(\ell)}(2^j x - m, 2^j y - n);(m,n)\in\mathbb{Z}^3, \ell = 0,1,2,3\}$$

是规范正交函数系, 而且满足如下张成关系:

$$\mathbb{Q}^{(\ell)}_j = \text{Closespan}\{Q^{(\ell)}_{j;m,n}(x,y);(m,n)\in\mathbb{Z}^2\},\quad \ell = 0,1,2,3$$

习题 4.7 图像尺度子空间的正交直和分解

证明对于任意的 $j,J\in\mathbb{Z}$, 二元函数尺度子空间 $\mathbb{Q}^{(0)}_{j+1}$ 具有如下正交直和子空间分解关系:

$$\mathbb{Q}^{(0)}_{j+1} = \left\{\bigoplus_{u=0}^{J}[\mathbb{Q}^{(1)}_{j-u}\oplus\mathbb{Q}^{(2)}_{j-u}\oplus\mathbb{Q}^{(3)}_{j-u}]\right\}\oplus\mathbb{Q}^{(0)}_{j-J},\quad j\in\mathbb{Z},\quad J\in\mathbb{N}$$

其中, 子空间族

$$\{\mathbb{Q}^{(1)}_{j-u},\mathbb{Q}^{(2)}_{j-u},\mathbb{Q}^{(3)}_{j-u};u = 0,1,2,\cdots,J\}\cup\{\mathbb{Q}^{(0)}_{j-J}\}$$

是相互正交的子空间族.

习题 4.8 图像尺度子空间的规范正交基

证明对于任意的 $j,J\in\mathbb{Z}$, 二元函数尺度子空间 $\mathbb{Q}^{(0)}_{j+1}$ 具有如下规范正交基:

$$\{Q^{(0)}_{j-J;m,n}(x,y), Q^{(\ell)}_{j-u;m,n}(x,y);(m,n)\in\mathbb{Z}^2, u = 0,1,\cdots,J,\ell = 1,2,3\}$$

习题 4.9　图像尺度子空间的完全小波子空间分解

证明对于任意的 $j\in\mathbb{Z}$，二元函数尺度子空间 $\mathbb{Q}_{j+1}^{(0)}$ 具有如下只包含小波子空间的正交直和分解关系:

$$\mathbb{Q}_{j+1}^{(0)} = \bigoplus_{u=0}^{+\infty}[\mathbb{Q}_{j-u}^{(1)} \oplus \mathbb{Q}_{j-u}^{(2)} \oplus \mathbb{Q}_{j-u}^{(3)}],\quad j\in\mathbb{Z}$$

习题 4.10　图像尺度子空间的小波规范正交基

证明对于任意的 $j\in\mathbb{Z}$，二元函数尺度子空间 $\mathbb{Q}_{j+1}^{(0)}$ 具有如下规范正交基:

$$\{Q_{j-u;m,n}^{(\ell)}(x,y);(m,n)\in\mathbb{Z}^2,u\in\mathbb{N},\ell=1,2,3\}$$

习题 4.11　图像空间的混合正交直和分解

证明对于任意的 $j\in\mathbb{Z}$，二元函数空间 $\mathcal{L}^2(\mathbb{R}^2)$ 具有如下“半无穷”的小波子空间和尺度子空间混合的正交直和分解关系:

$$\mathcal{L}^2(\mathbb{R}^2) = \left\{\bigoplus_{u=0}^{+\infty}[\mathbb{Q}_{j+u}^{(1)} \oplus \mathbb{Q}_{j+u}^{(2)} \oplus \mathbb{Q}_{j+u}^{(3)}]\right\} \oplus \mathbb{Q}_j^{(0)}$$

其中，子空间族

$$\{\mathbb{Q}_{j+u}^{(1)},\mathbb{Q}_{j+u}^{(2)},\mathbb{Q}_{j+u}^{(3)};u=0,1,2,\cdots\}\cup\{\mathbb{Q}_j^{(0)}\}$$

是相互正交的.

习题 4.12　图像空间的混合规范正交基

证明对于任意的 $j\in\mathbb{Z}$，空间 $\mathcal{L}^2(\mathbb{R}^2)$ 具有如下规范正交基:

$$\{Q_{j;m,n}^{(0)}(x,y),Q_{j+u;m,n}^{(\ell)}(x,y);(m,n)\in\mathbb{Z}^2,u\in\mathbb{N},\ell=1,2,3\}$$

习题 4.13　图像空间的正交小波子空间分解

证明二元函数 $\mathcal{L}^2(\mathbb{R}^2)$ 具有如下只包含小波子空间的正交直和分解关系:

$$\mathcal{L}^2(\mathbb{R}^2) = \bigoplus_{u=-\infty}^{+\infty}[\mathbb{Q}_u^{(1)} \oplus \mathbb{Q}_u^{(2)} \oplus \mathbb{Q}_u^{(3)}]$$

习题 4.14　图像空间的正交小波规范正交基

证明二元函数 $\mathcal{L}^2(\mathbb{R}^2)$ 具有如下只包含小波尺度伸缩和整数平移产生的规范正交基:

$$\{Q_{u;m,n}^{(\ell)}(x,y);(m,n)\in\mathbb{Z}^2,u\in\mathbb{Z},\ell=1,2,3\}$$

这个规范正交基就是 $\mathcal{L}^2(\mathbb{R}^2)$ 的二元正交小波基.

习题 4.15 图像小波包理论

利用空间 $\mathcal{L}^2(\mathbb{R}^2)$ 的多分辨率分析 $(\{\mathbb{Q}_j^{(0)}; j\in\mathbb{Z}\}, Q^{(0)}(x,y))$，定义二维小波包函数系 $\{Q^{(p)}(x,y), p=0,1,2,3,\cdots\}$ 如下：当 $(v,w,j)\in\mathbb{Z}^3$ 时，

$$\begin{cases}Q_{j;v,w}^{(4p+0)}(x,y)=\displaystyle\sum_{(m,n)\in\mathbb{Z}\times\mathbb{Z}}h^{(0)}(m-2v,n-2w)Q_{j+1;m,n}^{(p)}(x,y)\\ Q_{j;v,w}^{(4p+1)}(x,y)=\displaystyle\sum_{(m,n)\in\mathbb{Z}\times\mathbb{Z}}h^{(1)}(m-2v,n-2w)Q_{j+1;m,n}^{(p)}(x,y)\\ Q_{j;v,w}^{(4p+2)}(x,y)=\displaystyle\sum_{(m,n)\in\mathbb{Z}\times\mathbb{Z}}h^{(2)}(m-2v,n-2w)Q_{j+1;m,n}^{(p)}(x,y)\\ Q_{j;v,w}^{(4p+3)}(x,y)=\displaystyle\sum_{(m,n)\in\mathbb{Z}\times\mathbb{Z}}h^{(3)}(m-2v,n-2w)Q_{j+1;m,n}^{(p)}(x,y)\end{cases}$$

或者综合表示为

$$Q_{j;v,w}^{(4p+\ell)}(x,y)=\sum_{(m,n)\in\mathbb{Z}\times\mathbb{Z}}h^{(\ell)}(m-2v,n-2w)Q_{j+1;m,n}^{(p)}(x,y)$$
$$(v,w)\in\mathbb{Z}^2,\quad \ell=0,1,2,3,\quad p=0,1,2,\cdots$$

其中

$$Q_{j;m,n}^{(p)}(x,y)=2^jQ^{(p)}(2^jx-m,2^jy-n),\quad p=0,1,2,3,\cdots$$

4.15.1 证明：$\{Q_{j;m,n}^{(p)}(x,y)=2^jQ^{(p)}(2^jx-m,2^jy-n);(m,n)\in\mathbb{Z}^2\}$ 是二维小波包函数产生的规范正交系，其中 $p=0,1,2,3,\cdots$

4.15.2 证明：$\{Q_{j;m,n}^{(4p+\ell)}(x,y);(m,n)\in\mathbb{Z}^2\},\ell=0,1,2,3$ 是 4 个相互正交的规范正交函数系，其中 $p=0,1,2,3,\cdots$

4.15.3 定义子空间符号 $\mathbb{Q}_j^{(p)}$： $j\in\mathbb{Z},p=1,2,3,\cdots$

$$\mathbb{Q}_j^{(p)}=\text{Closespan}\{Q_{j;m,n}^{(p)}(x,y);(m,n)\in\mathbb{Z}^2\}$$

证明：$\{Q_{j;m,n}^{(p)}(x,y);(m,n)\in\mathbb{Z}^2\}$ 是小波包子空间 $\mathbb{Q}_j^{(p)}$ 的规范正交基.

4.15.4 证明：对于任意给定的 $j\in\mathbb{Z},p=1,2,3,\cdots$，小波包子空间 $\mathbb{Q}_{j+1}^{(p)}$ 具有如下的正交直和子空间分解关系：

$$\mathbb{Q}_{j+1}^{(p)}=\mathbb{Q}_j^{(4p+0)}+\mathbb{Q}_j^{(4p+1)}+\mathbb{Q}_j^{(4p+2)}+\mathbb{Q}_j^{(4p+3)}$$

4.15.5 证明：对于任意给定的自然数 $p=1,2,3,\cdots$ 和整数 $j\in\mathbb{Z}$，子空间 $\mathbb{Q}_{j+1}^{(p)}$ 和 $\mathbb{Q}_j^{(p)}$ 之间具有伸缩依赖关系：

$$g(x,y)\in \mathbb{Q}_j^{(p)} \Leftrightarrow g(2x,2y)\in \mathbb{Q}_{j+1}^{(p)}$$

4.15.6　证明对于任意给定的自然数 $p=1,2,3,\cdots$ 和整数 $j\in\mathbb{Z}$，子空间 $\mathbb{Q}_{j+1}^{(p)}$ 和 $\mathbb{Q}_j^{(p)}$ 之间是相互正交的.

4.15.7　证明对于任意给定的非负整数 $p,q=0,1,2,3,\cdots,\forall(j,k)\in\mathbb{Z}^2$，在两个子空间 $\mathbb{Q}_j^{(p)},\mathbb{Q}_k^{(q)}$ 之间，它们或者相互正交或者其中一个被另一个所包含.

4.15.8　证明对于任意给定的整数 $j\in\mathbb{Z},J\in\mathbb{N}$，尺度子空间 $\mathbb{Q}_{j+1}^{(0)}$ 存在如下的小波包子空间塔式再分解关系:

$$\begin{aligned}\mathbb{Q}_{j+1}^{(0)} &= \mathbb{Q}_{j-J}^{(0)}\oplus\left\{\bigoplus_{u=0}^{J}[\mathbb{Q}_{j-u}^{(1)}\oplus\mathbb{Q}_{j-u}^{(2)}\oplus\mathbb{Q}_{j-u}^{(3)}]\right\}\\ &= \mathbb{Q}_j^{(0)}\oplus\mathbb{Q}_j^{(1)}\oplus\mathbb{Q}_j^{(2)}\oplus\mathbb{Q}_j^{(3)}\\ &= \mathbb{Q}_{j-1}^{(0)}\oplus\mathbb{Q}_{j-1}^{(1)}\oplus\mathbb{Q}_{j-1}^{(2)}\oplus\mathbb{Q}_{j-1}^{(3)}\oplus\cdots\oplus\mathbb{Q}_{j-1}^{(14)}\oplus\mathbb{Q}_{j-1}^{(15)}\end{aligned}$$

一般地，可以表示为

$$\mathbb{Q}_{j+1}^{(0)}=\bigoplus_{p=0}^{(4^{J+1}-1)}\mathbb{Q}_{j-J}^{(p)}$$

其中 4^{J+1} 个子空间构成的子空间族 $\{\mathbb{Q}_{j-J}^{(p)};p=0,1,2,\cdots,(4^{J+1}-1)\}$ 中的任意两个不同的子空间是相互正交的.

4.15.9　证明：对于任意给定的整数 $j\in\mathbb{Z},J\in\mathbb{N}$，尺度子空间 $\mathbb{Q}_{j+1}^{(0)}$ 存在如下的小波包函数规范正交基:

$$\{Q_{j-J;m,n}^{(p)}(x,y);(m,n)\in\mathbb{Z}^2,p=0,1,2,\cdots,(4^{J+1}-1)\}$$

4.15.10　证明：对于任意给定的 $j\in\mathbb{Z},J\in\mathbb{N},p\in\mathbb{N}$，小波包子空间 $\mathbb{Q}_{j+1}^{(p)}$ 存在如下的小波包子空间塔式再分解关系:

$$\begin{aligned}\mathbb{Q}_{j+1}^{(p)} &= \mathbb{Q}_j^{(4p+0)}\oplus\mathbb{Q}_j^{(4p+1)}\oplus\mathbb{Q}_j^{(4p+2)}\oplus\mathbb{Q}_j^{(4p+3)}\\ &= \mathbb{Q}_{j-1}^{(4^2p+0)}\oplus\mathbb{Q}_{j-1}^{(4^2p+1)}\oplus\cdots\oplus\mathbb{Q}_{j-1}^{(4^2p+14)}\oplus\mathbb{Q}_{j-1}^{(4^2p+15)}\\ &\ \ \vdots\\ &= \bigoplus_{q=0}^{(4^{J+1}-1)}\mathbb{Q}_{j-J}^{(4^{J+1}p+q)}=\bigoplus_{q=4^{J+1}p}^{[4^{J+1}p+(4^{J+1}-1)]}\mathbb{Q}_{j-J}^{(q)}\end{aligned}$$

其中 $\{\mathbb{Q}_{j-J}^{(q)};q=4^{J+1}p,4^{J+1}p+1,\cdots,4^{J+1}p+(4^{J+1}-1)\}$ 是由 4^{J+1} 个小波包子空间构成的子空间族，其中任意两个不同的子空间之间是相互正交的.

4.15.11　证明：对于任意给定的 $j\in\mathbb{Z},J\in\mathbb{N},p\in\mathbb{N}$，小波包子空间 $\mathbb{Q}_{j+1}^{(p)}$ 存在

如下的小波包函数规范正交基:

$$\{Q_{j-J;m,n}^{(q)}(x,y);(m,n)\in\mathbb{Z}^2,q=4^{J+1}p,4^{J+1}p+1,\cdots,4^{J+1}p+(4^{J+1}-1)\}$$

4.15.12　设 $J(j,\ell)$ 是非负整数，其中 $j\in\mathbb{Z},\ell=1,2,3$. 证明：二元函数空间或者物理图像空间 $\mathcal{L}^2(\mathbb{R}^2)$ 存在如下的小波包子空间再分解关系:

$$\mathcal{L}^2(\mathbb{R}^2)=\bigoplus_{j=-\infty}^{+\infty}\bigoplus_{\ell=1}^{3}\bigoplus_{\zeta=0}^{(4^{J(j,\ell)}-1)}\mathbb{Q}_{j-J(j,\ell)}^{(4^{J(j,\ell)}+\zeta)}$$

而且，小波包子空间族:

$$\{\mathbb{Q}_{j-J(j,\ell)}^{(4^{J(j,\ell)}+\zeta)};\zeta=0,1,2,\cdots,(4^{J(j,\ell)}-1),\ell=1,2,3,j\in\mathbb{Z}\}$$

之中任意两个不同的子空间是相互正交的.

4.15.13　设 $J(j,\ell)$ 是非负整数，其中 $j\in\mathbb{Z},\ell=1,2,3$. 证明：二元函数空间或者物理图像空间 $\mathcal{L}^2(\mathbb{R}^2)$ 存在如下的小波包函数规范正交基:

$$\{Q_{j-J(j,\ell),m,n}^{(4^{J(j,\ell)}+\zeta)}(x,y);(m,n)\in\mathbb{Z}^2,\zeta=0,1,2,\cdots,(4^{J(j,\ell)}-1),\ell=1,2,3,j\in\mathbb{Z}\}$$

而且，当 $\zeta=0,1,2,\cdots,(4^{J(j,\ell)}-1),\ell=1,2,3,j\in\mathbb{Z}$ 时,

$$\mathbb{Q}_{j-J(j,\ell)}^{(4^{J(j,\ell)}+\zeta)}=\text{Closespan}\{Q_{j-J(j,\ell),m,n}^{(4^{J(j,\ell)}+\zeta)}(x,y);(m,n)\in\mathbb{Z}^2\}$$

注释：习题4.15.13和习题4.15.12共同说明，物理图像空间 $\mathcal{L}^2(\mathbb{R}^2)$ 可以按照二维小波包函数系提供的小波包子空间和规范正交函数系进行各种分解，同时获得大量的由小波包函数系构成的规范正交基. 这为物理图像处理、数字图像处理和有限数字图像处理提供了巨大的分析方法库.

习题 4.16　图像正交投影及勾股定理

物理图像 $f(x,y)$ 被理解为二元函数 $f(x,y)$，它是能量有限或平方可积的二元函数，将它在空间 $\mathcal{L}^2(\mathbb{R}^2)$ 的任意尺度函数子空间或者小波函数子空间 $\mathbb{Q}_j^{(\ell)}$ 上的正交投影记为 $f_j^{(\ell)}(x,y)$，$j\in\mathbb{Z},\ell=0,1,2,3$. 证明：它可以写成如下的正交级数:

$$f_j^{(\ell)}(x,y)=\sum_{(m,n)\in\mathbb{Z}\times\mathbb{Z}}d_{j;m,n}^{(\ell)}Q_{j;m,n}^{(\ell)}(x,y),\ j\in\mathbb{Z},\ \ell=0,1,2,3$$

其中，$\{d_{j;m,n}^{(\ell)};(m,n)\in\mathbb{Z}^2\}\in\ell^2(\mathbb{Z}^2)$，$\ell=0,1,2,3$ 是图像 $f(x,y)$ 的 4 个投影系数矩阵，形象地说，$\{d_{j;m,n}^{(\ell)};(m,n)\in\mathbb{Z}\times\mathbb{Z}],\ell=0,1,2,3$ 是 4 个无穷维矩阵，无论是上下或左右都按照整数的方式延伸到无穷远，其计算公式是

$$\begin{aligned}d_{j;m,n}^{(\ell)} &= \int_{(x,y)\in\mathbb{R}^2} f_j^{(\ell)}(x,y)\overline{Q}_{j;m,n}^{(\ell)}(x,y)\mathrm{d}x\mathrm{d}y\\ &= \int_{(x,y)\in\mathbb{R}^2} f(x,y)\overline{Q}_{j;m,n}^{(\ell)}(x,y)\mathrm{d}x\mathrm{d}y\end{aligned}$$

其中，$j\in\mathbb{Z},\ell=0,1,2,3,(m,n)\in\mathbb{Z}^2$，同时，证明如下恒等式成立：

$$\| f_j^{(\ell)} \|^2 = \sum_{(m,n)\in\mathbb{Z}\times\mathbb{Z}} | d_{j;m,n}^{(\ell)} |^2,\quad j\in\mathbb{Z},\quad \ell=0,1,2,3$$

而且

$$\| f \|^2 = \sum_{j\in\mathbb{Z}}\sum_{\ell=0}^{3}\| f_j^{(\ell)} \|^2 = \sum_{j\in\mathbb{Z}}\sum_{\ell=0}^{3}\sum_{(m,n)\in\mathbb{Z}\times\mathbb{Z}} | d_{j;m,n}^{(\ell)} |^2$$

习题 4.17　图像小波链正交投影

将物理图像 $f(x,y)$ 在空间 $\mathcal{L}^2(\mathbb{R}^2)$ 的任意子空间 $\mathbb{Q}_j^{(\ell)}$ 上的正交投影记为 $f_j^{(\ell)}(x,y)$，$j\in\mathbb{Z},\ell=0,1,2,3$. 证明：对于任意的 $j\in\mathbb{Z},J\in\mathbb{N}$，$f_{j+1}^{(0)}(x,y)$ 在子空间 $\mathbb{Q}_{j-u}^{(\ell)}$ 上的正交投影正好是 $f_{j-u}^{(\ell)}(x,y)$，$u=0,1,2,\cdots,J,\ell=0,1,2,3$，而且，

$$f_{j+1}^{(0)}(x,y) = f_{j-J}^{(0)}(x,y) + \sum_{u=0}^{J}\sum_{\ell=1}^{3} f_{j-u}^{(\ell)}(x,y)$$

习题 4.18　图像小波链勾股定理

将物理图像 $f(x,y)$ 在空间 $\mathcal{L}^2(\mathbb{R}^2)$ 的任意子空间 $\mathbb{Q}_j^{(\ell)}$ 上的正交投影记为 $f_j^{(\ell)}(x,y)$，$j\in\mathbb{Z},\ell=0,1,2,3$. 证明：对于任意的 $j\in\mathbb{Z},J\in\mathbb{N}$，

$$\| f_{j+1}^{(0)} \|^2 = \| f_{j-J}^{(0)} \|^2 + \sum_{u=0}^{J}\sum_{\ell=1}^{3}\| f_{j-u}^{(\ell)} \|^2$$

习题 4.19　图像小波链投影正交级数

将物理图像 $f(x,y)$ 在空间 $\mathcal{L}^2(\mathbb{R}^2)$ 的任意子空间 $\mathbb{Q}_j^{(\ell)}$ 上的正交投影记为 $f_j^{(\ell)}(x,y)$，$j\in\mathbb{Z},\ell=0,1,2,3$. 证明：对于任意的 $j\in\mathbb{Z},J\in\mathbb{N}$，$f_{j+1}^{(0)}(x,y)$ 具有如下正交级数展开公式：

$$f_{j+1}^{(0)}(x,y) = \sum_{(m,n)\in\mathbb{Z}\times\mathbb{Z}} d_{j-J;m,n}^{(0)} Q_{j-J;m,n}^{(0)}(x,y) + \sum_{u=0}^{J}\sum_{\ell=1}^{3}\sum_{(m,n)\in\mathbb{Z}\times\mathbb{Z}} d_{j-u;m,n}^{(\ell)} Q_{j-u;m,n}^{(\ell)}(x,y)$$

而且，具有如下能量再分解关系：

$$\left\| f_{j+1}^{(0)} \right\|^2 = \sum_{(m,n)\in\mathbb{Z}\times\mathbb{Z}} \left| d_{j-J;m,n}^{(0)} \right|^2 + \sum_{u=0}^{J}\sum_{\ell=1}^{3}\sum_{(m,n)\in\mathbb{Z}\times\mathbb{Z}} \left| d_{j-u;m,n}^{(\ell)} \right|^2$$

习题 4.20　图像小波链投影勾股定理

设物理图像 $f(x,y)$ 在空间 $\mathcal{L}^2(\mathbb{R}^2)$ 的任意子空间 $\mathbb{Q}_j^{(\ell)}$ 上的正交投影是 $f_j^{(\ell)}(x,y)$，$j\in\mathbb{Z},\ell=0,1,2,3$. 证明：对于任意的 $j\in\mathbb{Z}$，$f_{j+1}^{(0)}(x,y)$ 具有如下正交级数展开公式：

$$\begin{aligned}f_{j+1}^{(0)}(x,y)&=\sum_{u=0}^{+\infty}\sum_{\ell=1}^{3}f_{j-u}^{(\ell)}(x,y)\\&=\sum_{u=0}^{+\infty}\sum_{\ell=1}^{3}\sum_{(m,n)\in\mathbb{Z}\times\mathbb{Z}}d_{j-u;m,n}^{(\ell)}Q_{j-u;m,n}^{(\ell)}(x,y)\end{aligned}$$

而且，具有如下能量分解和再分解关系：

$$\begin{aligned}\|f_{j+1}^{(0)}\|^2&=\sum_{u=0}^{+\infty}\sum_{\ell=1}^{3}\|f_{j-u}^{(\ell)}\|^2\\&=\sum_{u=0}^{+\infty}\sum_{\ell=1}^{3}\sum_{(m,n)\in\mathbb{Z}\times\mathbb{Z}}|d_{j-u;m,n}^{(\ell)}|^2\end{aligned}$$

习题 4.21　图像小波投影坐标变换

设物理图像 $f(x,y)$ 在空间 $\mathcal{L}^2(\mathbb{R}^2)$ 的子空间 $\mathbb{Q}_j^{(\ell)}$ 上的正交投影是 $f_j^{(\ell)}(x,y)$ $\ell=0,1,2,3$，而且，在子空间 $\mathbb{Q}_{j+1}^{(0)}$ 上的正交投影是 $f_{j+1}^{(0)}(x,y)$，那么，

$$\begin{aligned}f_{j+1}^{(0)}(x,y)&=\sum_{(m,n)\in\mathbb{Z}\times\mathbb{Z}}d_{j+1;m,n}^{(0)}Q_{j+1;m,n}^{(0)}(x,y)\\f_j^{(\ell)}(x,y)&=\sum_{(v,w)\in\mathbb{Z}\times\mathbb{Z}}d_{j;v,w}^{(\ell)}Q_{j;v,w}^{(\ell)}(x,y),\quad\ell=0,1,2,3\end{aligned}$$

而且

$$\sum_{(m,n)\in\mathbb{Z}\times\mathbb{Z}}d_{j+1;m,n}^{(0)}Q_{j+1;m,n}^{(0)}(x,y)=\sum_{\ell=0}^{3}\sum_{(v,w)\in\mathbb{Z}\times\mathbb{Z}}d_{j;v,w}^{(\ell)}Q_{j;v,w}^{(\ell)}(x,y)$$

如果二维尺度函数方程和小波函数方程是

$$\begin{cases}Q^{(0)}(x,y)=\sum_{(m,n)\in\mathbb{Z}\times\mathbb{Z}}h^{(0)}(m,n)Q_{1;m,n}^{(0)}(x,y)\\Q^{(1)}(x,y)=\sum_{(m,n)\in\mathbb{Z}\times\mathbb{Z}}h^{(1)}(m,n)Q_{1;m,n}^{(0)}(x,y)\\Q^{(2)}(x,y)=\sum_{(m,n)\in\mathbb{Z}\times\mathbb{Z}}h^{(2)}(m,n)Q_{1;m,n}^{(0)}(x,y)\\Q^{(3)}(x,y)=\sum_{(m,n)\in\mathbb{Z}\times\mathbb{Z}}h^{(3)}(m,n)Q_{1;m,n}^{(0)}(x,y)\end{cases}$$

或者

$$Q^{(\ell)}(x,y)=\sum_{(m,n)\in\mathbb{Z}\times\mathbb{Z}}h^{(\ell)}(m,n)Q^{(0)}_{1;m,n}(x,y),\quad \ell=0,1,2,3$$

4.21.1　证明：上述正交级数展开式中的矩阵 $\{d^{(0)}_{j+1;m,n};(m,n)\in\mathbb{Z}\times\mathbb{Z}\}$ 和 $\{d^{(\ell)}_{j;m,n};(m,n)\in\mathbb{Z}\times\mathbb{Z}\},\ell=0,1,2,3$ 之间具有如下计算关系：对于 $(v,w)\in\mathbb{Z}^2$

$$\begin{cases}d^{(0)}_{j;v,w}=\sum\limits_{(m,n)\in\mathbb{Z}^2}\overline{h}^{(0)}(m-2v,n-2w)d^{(0)}_{j+1;m,n}\\ d^{(1)}_{j;v,w}=\sum\limits_{(m,n)\in\mathbb{Z}^2}\overline{h}^{(1)}(m-2v,n-2w)d^{(0)}_{j+1;m,n}\\ d^{(2)}_{j;v,w}=\sum\limits_{(m,n)\in\mathbb{Z}^2}\overline{h}^{(2)}(m-2v,n-2w)d^{(0)}_{j+1;m,n}\\ d^{(3)}_{j;v,w}=\sum\limits_{(m,n)\in\mathbb{Z}^2}\overline{h}^{(3)}(m-2v,n-2w)d^{(0)}_{j+1;m,n}\end{cases}$$

或者改写成

$$d^{(\ell)}_{j;v,w}=\sum_{(m,n)\in\mathbb{Z}^2}\overline{h}^{(\ell)}(m-2v,n-2w)d^{(0)}_{j+1;m,n}$$
$$\ell=0,1,2,3,\quad (v,w)\in\mathbb{Z}^2$$

这就是小波分解的 Mallat 算法公式.

4.21.2　证明：上述正交级数展开式中的矩阵 $\{d^{(0)}_{j+1;m,n};(m,n)\in\mathbb{Z}\times\mathbb{Z}\}$ 和 $\{d^{(\ell)}_{j;m,n};(m,n)\in\mathbb{Z}\times\mathbb{Z}\},\ell=0,1,2,3$ 之间具有如下计算关系：

$$d^{(0)}_{j+1;m,n}=\sum_{\ell=0}^{3}\sum_{(v,w)\in\mathbb{Z}^2}h^{(\ell)}(m-2v,n-2w)d^{(\ell)}_{j;v,w},\quad (m,n)\in\mathbb{Z}^2$$

或者详细写成

$$\begin{aligned}d^{(0)}_{j+1;m,n}=&\sum_{(v,w)\in\mathbb{Z}^2}h^{(0)}(m-2v,n-2w)d^{(0)}_{j;v,w}\\ &+\sum_{(v,w)\in\mathbb{Z}^2}h^{(1)}(m-2v,n-2w)d^{(1)}_{j;v,w}\\ &+\sum_{(v,w)\in\mathbb{Z}^2}h^{(2)}(m-2v,n-2w)d^{(2)}_{j;v,w}\\ &+\sum_{(v,w)\in\mathbb{Z}^2}h^{(3)}(m-2v,n-2w)d^{(3)}_{j;v,w}\end{aligned}$$

这就是小波合成的 Mallat 算法公式.

习题 4.22　图像小波投影及其正交性

沿用习题 4.21 的符号并定义新的符号:

$$\mathscr{D}_{j+1}^{(0)} = \{d_{j+1,m,n}^{(0)};(m,n) \in \mathbb{Z}^2\}$$
$$\mathscr{D}_j^{(\ell)} = \{d_{j,v,w}^{(\ell)};(v,w) \in \mathbb{Z}^2\},\quad \ell = 0,1,2,3$$

以及两个 $\infty \times \frac{\infty}{2}$ 的矩阵记号:

$$\mathcal{H}_0 = [h_{m,v} = h_{m-2v};(m,v) \in \mathbb{Z}^2]_{\infty\times\frac{\infty}{2}} = [\mathbf{h}_0^{(2v)};v \in \mathbb{Z}]_{\infty\times\frac{\infty}{2}}$$
$$\mathcal{H}_1 = [g_{m,v} = g_{m-2v};(m,v) \in \mathbb{Z}^2]_{\infty\times\frac{\infty}{2}} = [\mathbf{h}_1^{(2v)};v \in \mathbb{Z}]_{\infty\times\frac{\infty}{2}}$$

其中 $\{h_n;n \in \mathbb{Z}\}^{\mathrm{T}} \in \ell^2(\mathbb{Z}),\{g_n;n \in \mathbb{Z}\}^{\mathrm{T}} \in \ell^2(\mathbb{Z})$ 是一维多分辨率分析的低通和带通滤波器系数序列. 直观起见, 将这两个 $\infty \times \frac{\infty}{2}$ 矩阵按照列元素示意性表示如下:

$$\mathcal{H}_0 = \begin{pmatrix} \vdots & \vdots & \vdots & \vdots & \vdots \\ \vdots & h_0 & h_{-2} & \vdots & \vdots \\ \vdots & h_{+1} & h_{-1} & \vdots & \vdots \\ \vdots & h_{+2} & h_0 & h_{-2} & \vdots \\ \vdots & \vdots & h_{+1} & h_{-1} & \vdots \\ \vdots & \vdots & h_{+2} & h_0 & \vdots \\ \vdots & \vdots & \vdots & \vdots & \vdots \end{pmatrix}_{\infty\times\frac{\infty}{2}}, \quad \mathcal{H}_1 = \begin{pmatrix} \vdots & \vdots & \vdots & \vdots & \vdots \\ \vdots & g_0 & g_{-2} & \vdots & \vdots \\ \vdots & g_{+1} & g_{-1} & \vdots & \vdots \\ \vdots & g_{+2} & g_0 & g_{-2} & \vdots \\ \vdots & \vdots & g_{+1} & g_{-1} & \vdots \\ \vdots & \vdots & g_{+2} & g_0 & \vdots \\ \vdots & \vdots & \vdots & \vdots & \vdots \end{pmatrix}_{\infty\times\frac{\infty}{2}}$$

而且, 它们的复数共轭转置矩阵 $\mathcal{H}_0^*,\mathcal{H}_1^*$ 都是 $\frac{\infty}{2} \times \infty$ 矩阵, 可以按照行元素示意性表示为

$$\mathcal{H}_0^* = \begin{pmatrix} \cdots & & & & & & & & & \\ \cdots & \overline{h}_{-2} & \overline{h}_{-1} & \overline{h}_0 & \overline{h}_{+1} & \overline{h}_{+2} & \cdots & & & \\ & & \cdots & \overline{h}_{-2} & \overline{h}_{-1} & \overline{h}_0 & \overline{h}_{+1} & \overline{h}_{+2} & \cdots & \\ & & & & \cdots & \overline{h}_{-2} & \overline{h}_{-1} & \overline{h}_0 & \overline{h}_{+1} & \overline{h}_{+2} & \cdots \\ & & & & & & & & & & \cdots \end{pmatrix}_{\frac{\infty}{2}\times\infty}$$

$$\mathcal{H}_1^* = \begin{pmatrix} \cdots & & & & & & & & & \\ \cdots & \overline{g}_{-2} & \overline{g}_{-1} & \overline{g}_0 & \overline{g}_{+1} & \overline{g}_{+2} & \cdots & & & \\ & & \cdots & \overline{g}_{-2} & \overline{g}_{-1} & \overline{g}_0 & \overline{g}_{+1} & \overline{g}_{+2} & \cdots & \\ & & & & \cdots & \overline{g}_{-2} & \overline{g}_{-1} & \overline{g}_0 & \overline{g}_{+1} & \overline{g}_{+2} & \cdots \\ & & & & & & & & & & \cdots \end{pmatrix}_{\frac{\infty}{2}\times\infty}$$

利用这些记号定义一个$\infty\times\infty$的分块为1×2的矩阵$\boldsymbol{\mathcal{A}}$:

$$\boldsymbol{\mathcal{A}}=(\boldsymbol{\mathcal{H}}_0\mid\boldsymbol{\mathcal{H}}_1)=\left(\begin{array}{ccccc|ccccc}\vdots&\vdots&\vdots&\vdots&\vdots&\vdots&\vdots&\vdots&\vdots&\vdots\\ \vdots&h_0&h_{-2}&\vdots&\vdots&\vdots&g_0&g_{-2}&\vdots&\vdots\\ \vdots&h_{+1}&h_{-1}&\vdots&\vdots&\vdots&g_{+1}&g_{-1}&\vdots&\vdots\\ \vdots&h_{+2}&h_0&h_{-2}&\vdots&\vdots&g_{+2}&g_0&g_{-2}&\vdots\\ \vdots&\vdots&h_{+1}&h_{-1}&\vdots&\vdots&\vdots&g_{+1}&g_{-1}&\vdots\\ \vdots&\vdots&h_{+2}&h_0&\vdots&\vdots&\vdots&g_{+2}&g_0&\vdots\\ \vdots&\vdots&\vdots&\vdots&\vdots&\vdots&\vdots&\vdots&\vdots&\vdots\end{array}\right)_{\infty\times\infty}$$

它的复数共轭转置矩阵是

$$\boldsymbol{\mathcal{A}}^*=\left(\frac{\boldsymbol{\mathcal{H}}_0^*}{\boldsymbol{\mathcal{H}}_1^*}\right)=\left(\begin{array}{cccccccccc}\cdots&&&&&&&&&\\ \cdots&\overline{h}_{-2}&\overline{h}_{-1}&\overline{h}_0&\overline{h}_{+1}&\overline{h}_{+2}&\cdots&&&\\ &\cdots&\overline{h}_{-2}&\overline{h}_{-1}&\overline{h}_0&\overline{h}_{+1}&\overline{h}_{+2}&\cdots&&\\ &&\cdots&\overline{h}_{-2}&\overline{h}_{-1}&\overline{h}_0&\overline{h}_{+1}&\overline{h}_{+2}&\cdots&\\ &&&&&&&&&\cdots\\ \hline \cdots&&&&&&&&&\\ \cdots&\overline{g}_{-2}&\overline{g}_{-1}&\overline{g}_0&\overline{g}_{+1}&\overline{g}_{+2}&\cdots&&&\\ &\cdots&\overline{g}_{-2}&\overline{g}_{-1}&\overline{g}_0&\overline{g}_{+1}&\overline{g}_{+2}&\cdots&&\\ &&\cdots&\overline{g}_{-2}&\overline{g}_{-1}&\overline{g}_0&\overline{g}_{+1}&\overline{g}_{+2}&\cdots&\\ &&&&&&&&&\cdots\end{array}\right)_{\infty\times\infty}$$

4.22.1　证明无穷维矩阵$\mathscr{D}_j^{(\ell)},\ell=0,1,2,3$可以由$\mathscr{D}_{j+1}^{(0)}$直接表示为

$$\begin{aligned}\left(\begin{array}{c|c}\mathscr{D}_j^{(0)}&\mathscr{D}_j^{(1)}\\ \hline \mathscr{D}_j^{(2)}&\mathscr{D}_j^{(3)}\end{array}\right)&=\boldsymbol{\mathcal{A}}^*\mathscr{D}_{j+1}^{(0)}\overline{\boldsymbol{\mathcal{A}}}\\ &=\left(\frac{\boldsymbol{\mathcal{H}}_0^*}{\boldsymbol{\mathcal{H}}_1^*}\right)\mathscr{D}_{j+1}^{(0)}(\overline{\boldsymbol{\mathcal{H}}_0}\mid\overline{\boldsymbol{\mathcal{H}}_1})\\ &=\left(\begin{array}{c|c}\boldsymbol{\mathcal{H}}_0^*\mathscr{D}_{j+1}^{(0)}\overline{\boldsymbol{\mathcal{H}}_0}&\boldsymbol{\mathcal{H}}_0^*\mathscr{D}_{j+1}^{(0)}\overline{\boldsymbol{\mathcal{H}}_1}\\ \hline \boldsymbol{\mathcal{H}}_1^*\mathscr{D}_{j+1}^{(0)}\overline{\boldsymbol{\mathcal{H}}_0}&\boldsymbol{\mathcal{H}}_1^*\mathscr{D}_{j+1}^{(0)}\overline{\boldsymbol{\mathcal{H}}_1}\end{array}\right)\end{aligned}$$

注释: 直观地，$\mathscr{D}_{j+1}^{(0)}$是一个$\infty\times\infty$的数字图像$\{d_{j+1;m,n}^{(0)};(m,n)\in\mathbb{Z}\times\mathbb{Z}\}$，而另外四个矩阵$\mathscr{D}_j^{(0)},\mathscr{D}_j^{(1)},\mathscr{D}_j^{(2)},\mathscr{D}_j^{(3)}$是$[0.5\infty]\times[0.5\infty]$的数字图像，即纵横方向的数字分辨率皆减半的矩阵$\{d_{j;v,w}^{(\ell)}(x,y);(v,w)\in\mathbb{Z}^2\}$，$\ell=0,1,2,3$.

4.22.2　证明用$\mathscr{D}_j^{(\ell)},\ell=0,1,2,3$表示$\mathscr{D}_{j+1}^{(0)}$的公式是

$$\begin{aligned}\mathscr{D}_{j+1}^{(0)} &= \boldsymbol{\mathcal{A}}\left(\frac{\mathscr{D}_j^{(0)} \mid \mathscr{D}_j^{(1)}}{\mathscr{D}_j^{(2)} \mid \mathscr{D}_j^{(3)}}\right)\boldsymbol{\mathcal{A}}^{\mathrm{T}}\\ &= (\boldsymbol{\mathcal{H}}_0 \mid \boldsymbol{\mathcal{H}}_1)\left(\frac{\mathscr{D}_j^{(0)} \mid \mathscr{D}_j^{(1)}}{\mathscr{D}_j^{(2)} \mid \mathscr{D}_j^{(3)}}\right)\left(\frac{\boldsymbol{\mathcal{H}}_0^{\mathrm{T}}}{\boldsymbol{\mathcal{H}}_1^{\mathrm{T}}}\right)\\ &= \boldsymbol{\mathcal{H}}_0\mathscr{D}_j^{(0)}\boldsymbol{\mathcal{H}}_0^{\mathrm{T}} + \boldsymbol{\mathcal{H}}_0\mathscr{D}_j^{(1)}\boldsymbol{\mathcal{H}}_1^{\mathrm{T}} + \boldsymbol{\mathcal{H}}_1\mathscr{D}_j^{(2)}\boldsymbol{\mathcal{H}}_0^{\mathrm{T}} + \boldsymbol{\mathcal{H}}_1\mathscr{D}_j^{(3)}\boldsymbol{\mathcal{H}}_1^{\mathrm{T}}\end{aligned}$$

其中 $\boldsymbol{\mathcal{A}}^{\mathrm{T}}$ 表示无穷维矩阵 $\boldsymbol{\mathcal{A}}$ 的转置矩阵. 上下两个公式分别是图像 Mallat 算法的分解形式和合成形式.

4.22.3 证明 $\mathscr{D}_{j+1}^{(0)}$ 具有如下能量分解关系:

$$\begin{aligned}\| \mathscr{D}_{j+1}^{(0)} \|^2 &= \| \boldsymbol{\mathcal{H}}_0\mathscr{D}_j^{(0)}\boldsymbol{\mathcal{H}}_0^{\mathrm{T}} \|^2 + \| \boldsymbol{\mathcal{H}}_0\mathscr{D}_j^{(1)}\boldsymbol{\mathcal{H}}_1^{\mathrm{T}} \|^2\\ &\quad + \| \boldsymbol{\mathcal{H}}_1\mathscr{D}_j^{(2)}\boldsymbol{\mathcal{H}}_0^{\mathrm{T}} \|^2 + \| \boldsymbol{\mathcal{H}}_1\mathscr{D}_j^{(3)}\boldsymbol{\mathcal{H}}_1^{\mathrm{T}} \|^2\\ &= \sum_{\ell=0}^{3} \| \mathscr{D}_j^{(\ell)} \|^2\end{aligned}$$

其中

$$\begin{aligned}\| \mathscr{D}_{j+1}^{(0)} \|^2 &= \sum_{(m,n)\in\mathbb{Z}\times\mathbb{Z}} | d_{j+1;m,n}^{(0)} |^2\\ &= \sum_{\ell=0}^{3} \sum_{(v,w)\in\mathbb{Z}\times\mathbb{Z}} | d_{j;v,w}^{(\ell)} |^2\\ &= \sum_{\ell=0}^{3} \| \mathscr{D}_j^{(\ell)} \|^2\end{aligned}$$

而且

$$\begin{cases}\| \mathscr{D}_j^{(0)} \|^2 = \| \boldsymbol{\mathcal{H}}_0\mathscr{D}_j^{(0)}\boldsymbol{\mathcal{H}}_0^{\mathrm{T}} \|^2 = \displaystyle\sum_{(v,w)\in\mathbb{Z}\times\mathbb{Z}} | d_{j;v,w}^{(0)} |^2\\ \| \mathscr{D}_j^{(1)} \|^2 = \| \boldsymbol{\mathcal{H}}_0\mathscr{D}_j^{(1)}\boldsymbol{\mathcal{H}}_1^{\mathrm{T}} \|^2 = \displaystyle\sum_{(v,w)\in\mathbb{Z}\times\mathbb{Z}} | d_{j;v,w}^{(1)} |^2\\ \| \mathscr{D}_j^{(2)} \|^2 = \| \boldsymbol{\mathcal{H}}_1\mathscr{D}_j^{(2)}\boldsymbol{\mathcal{H}}_0^{\mathrm{T}} \|^2 = \displaystyle\sum_{(v,w)\in\mathbb{Z}\times\mathbb{Z}} | d_{j;v,w}^{(2)} |^2\\ \| \mathscr{D}_j^{(3)} \|^2 = \| \boldsymbol{\mathcal{H}}_1\mathscr{D}_j^{(3)}\boldsymbol{\mathcal{H}}_1^{\mathrm{T}} \|^2 = \displaystyle\sum_{(v,w)\in\mathbb{Z}\times\mathbb{Z}} | d_{j;v,w}^{(3)} |^2\end{cases}$$

习题 4.23 图像小波包投影及其正交级数表示

考虑二元函数空间 $\boldsymbol{\mathcal{L}}^2(\mathbb{R}^2)$ 上的任意物理图像 $f(x,y)$，将它在二元函数尺度子空间或者二元函数小波子空间或者二元函数小波包子空间 $\mathbb{Q}_j^{(\ell)}$ 上的正交投影记为 $f_j^{(\ell)}(x,y)$，其中 $j\in\mathbb{Z}, \ell=0,1,2,3,\cdots$

$$\mathbb{Q}_j^{(\ell)} = \mathrm{Closespan}\{Q_{j;m,n}^{(\ell)}(x,y);(m,n)\in\mathbb{Z}^2\}$$

证明：$f_j^{(\ell)}(x,y)$ 将具有如下正交级数表示：

$$f_j^{(\ell)}(x,y)=\sum_{(m,n)\in\mathbb{Z}\times\mathbb{Z}} d_{j;m,n}^{(\ell)}Q_{j;m,n}^{(\ell)}(x,y),\ j\in\mathbb{Z},\ \ \ell\in\mathbb{N}$$

其中

$$\begin{aligned}d_{j;m,n}^{(\ell)}&=\int_{(x,y)\in\mathbb{R}^2} f_j^{(\ell)}(x,y)\overline{Q}_{j;m,n}^{(\ell)}(x,y)\mathrm{d}x\mathrm{d}y\\&=\int_{(x,y)\in\mathbb{R}^2} f(x,y)\overline{Q}_{j;m,n}^{(\ell)}(x,y)\mathrm{d}x\mathrm{d}y\end{aligned}$$

称为图像 $f(x,y)$ 在小波包基函数 $Q_{j;m,n}^{(\ell)}(x,y)$ 下尺度级别为 $a=2^{-j}$ 的小波包变换系数，$j\in\mathbb{Z},\ell=0,1,2,3,\cdots$.

习题 4.24　图像小波包分解及其正交性

设 $f(x,y)$ 是 $\mathcal{L}^2(\mathbb{R}^2)$ 上的任意图像，将它在二元函数小波包子空间 $\mathbb{Q}_j^{(\ell)}$ 上的正交投影记为 $f_j^{(\ell)}(x,y)$，其中 $j\in\mathbb{Z},\ell=0,1,2,3,\cdots$，

$$\mathbb{Q}_j^{(\ell)}=\text{Closespan}\{Q_{j;m,n}^{(\ell)}(x,y);(m,n)\in\mathbb{Z}^2\}$$

证明：这些正交投影之间存在如下正交小波包分解关系：其中 $j\in\mathbb{Z},u\in\mathbb{N}$，

$$\begin{aligned}f_{j+1}^{(0)}(x,y)&=\sum_{\ell=0}^{4^{u+1}-1} f_{j-u}^{(\ell)}(x,y)\\&=\sum_{\ell=0}^{4^{u+1}-1}\sum_{(m,n)\in\mathbb{Z}\times\mathbb{Z}} d_{j-u;m,n}^{(\ell)}Q_{j-u;m,n}^{(\ell)}(x,y)\end{aligned}$$

同时，它们之间还存在能量分解和再分解关系：其中 $j\in\mathbb{Z},u\in\mathbb{N}$，

$$\| f_{j+1}^{(0)}\|^2=\sum_{\ell=0}^{4^{u+1}-1}\| f_{j-u}^{(\ell)}\|^2=\sum_{\ell=0}^{4^{u+1}-1}\sum_{(m,n)\in\mathbb{Z}\times\mathbb{Z}}| d_{j-u;m,n}^{(\ell)}|^2$$

注释：这是一种广义的勾股定理.

习题 4.25　图像小波包分解与合成算法

设 $f(x,y)$ 是 $\mathcal{L}^2(\mathbb{R}^2)$ 上的任意图像，将它在二元函数小波包子空间 $\mathbb{Q}_j^{(\ell)}$ 上的正交投影记为 $f_j^{(\ell)}(x,y)$，其中 $j\in\mathbb{Z},\ell=0,1,2,3,\cdots$，

$$\mathbb{Q}_j^{(\ell)}=\text{Closespan}\{Q_{j;m,n}^{(\ell)}(x,y);(m,n)\in\mathbb{Z}^2\}$$

4.25.1　证明：对于任意的 $j\in\mathbb{Z},p\in\mathbb{N}$，这些正交投影之间存在如下小波包分解关系：

$$f_{j+1}^{(p)}(x,y)=\sum_{\ell=0}^{3}f_{j}^{(4p+\ell)}(x,y)$$

4.25.2　证明对于任意的 $j\in\mathbb{Z},p\in\mathbb{N}$，这些正交投影之间存在如下小波包级数展开关系:

$$\sum_{(m,n)\in\mathbb{Z}\times\mathbb{Z}}d_{j+1;m,n}^{(p)}Q_{j+1;m,n}^{(p)}(x,y)=\sum_{\ell=0}^{3}\sum_{(m,n)\in\mathbb{Z}\times\mathbb{Z}}d_{j;m,n}^{(4p+\ell)}Q_{j;m,n}^{(4p+\ell)}(x,y)$$

4.25.3　证明对任意 $j\in\mathbb{Z},p\in\mathbb{N}$，在如下小波包级数展开关系中:

$$\sum_{(m,n)\in\mathbb{Z}\times\mathbb{Z}}d_{j+1;m,n}^{(p)}Q_{j+1;m,n}^{(p)}(x,y)=\sum_{\ell=0}^{3}\sum_{(m,n)\in\mathbb{Z}\times\mathbb{Z}}d_{j;m,n}^{(4p+\ell)}Q_{j;m,n}^{(4p+\ell)}(x,y)$$

等式两边的级数系数之间具有如下依赖关系:

$$\begin{aligned}
d_{j;v,w}^{(4p+0)}&=\sum_{(m,n)\in\mathbb{Z}^2}\overline{h}^{(0)}(m-2v,n-2w)d_{j+1;m,n}^{(p)}\\
d_{j;v,w}^{(4p+1)}&=\sum_{(m,n)\in\mathbb{Z}^2}\overline{h}^{(1)}(m-2v,n-2w)d_{j+1;m,n}^{(p)}\\
d_{j;v,w}^{(4p+2)}&=\sum_{(m,n)\in\mathbb{Z}^2}\overline{h}^{(2)}(m-2v,n-2w)d_{j+1;m,n}^{(p)}\\
d_{j;v,w}^{(4p+3)}&=\sum_{(m,n)\in\mathbb{Z}^2}\overline{h}^{(3)}(m-2v,n-2w)d_{j+1;m,n}^{(p)}\\
&\qquad\qquad (v,w)\in\mathbb{Z}^2,p\in\mathbb{N}
\end{aligned}$$

或者改写成: 对于 $(v,w)\in\mathbb{Z}^2,p\in\mathbb{N}$,

$$d_{j;v,w}^{(4p+\ell)}=\sum_{(m,n)\in\mathbb{Z}^2}\overline{h}^{(\ell)}(m-2v,n-2w)d_{j+1;m,n}^{(p)},\quad \ell=0,1,2,3$$

4.25.4　对任意 $j\in\mathbb{Z},p\in\mathbb{N}$，将如下小波包级数展开关系中

$$\sum_{(m,n)\in\mathbb{Z}\times\mathbb{Z}}d_{j+1;m,n}^{(p)}Q_{j+1;m,n}^{(p)}(x,y)=\sum_{\ell=0}^{3}\sum_{(m,n)\in\mathbb{Z}\times\mathbb{Z}}d_{j;m,n}^{(4p+\ell)}Q_{j;m,n}^{(4p+\ell)}(x,y)$$

等式两边的级数系数分别集中表示为矩阵:

$$\begin{aligned}
\mathscr{D}_{j+1}^{(p)}&=\{d_{j+1;m,n}^{(p)};(m,n)\in\mathbb{Z}\times\mathbb{Z}\}\\
\mathscr{D}_{j}^{(4p+\ell)}&=\{d_{j;m,n}^{(4p+\ell)};(m,n)\in\mathbb{Z}\times\mathbb{Z}\},\quad \ell=0,1,2,3
\end{aligned}$$

证明: 这些矩阵满足如下关系:

$$\left(\begin{array}{c|c}\mathscr{D}_j^{(4p+0)} & \mathscr{D}_j^{(4p+1)} \\ \hline \mathscr{D}_j^{(4p+2)} & \mathscr{D}_j^{(4p+3)}\end{array}\right) = \boldsymbol{\mathcal{A}}^* \mathscr{D}_{j+1}^{(p)} \overline{\boldsymbol{\mathcal{A}}} = \left(\begin{array}{c}\boldsymbol{\mathcal{H}}_0^* \\ \hline \boldsymbol{\mathcal{H}}_1^*\end{array}\right) \mathscr{D}_{j+1}^{(p)} (\overline{\boldsymbol{\mathcal{H}}_0} \mid \overline{\boldsymbol{\mathcal{H}}_1})$$
$$= \left(\begin{array}{c|c}\boldsymbol{\mathcal{H}}_0^* \mathscr{D}_{j+1}^{(p)} \overline{\boldsymbol{\mathcal{H}}_0} & \boldsymbol{\mathcal{H}}_0^* \mathscr{D}_{j+1}^{(p)} \overline{\boldsymbol{\mathcal{H}}_1} \\ \hline \boldsymbol{\mathcal{H}}_1^* \mathscr{D}_{j+1}^{(p)} \overline{\boldsymbol{\mathcal{H}}_0} & \boldsymbol{\mathcal{H}}_1^* \mathscr{D}_{j+1}^{(p)} \overline{\boldsymbol{\mathcal{H}}_1}\end{array}\right)$$

在这里，$\boldsymbol{\mathcal{A}} = (\boldsymbol{\mathcal{H}}_0 \mid \boldsymbol{\mathcal{H}}_1)$ 而且

$$\boldsymbol{\mathcal{H}}_0 = [h_{m,v} = h_{m-2v}; (m,v) \in \mathbb{Z}^2]_{\infty \times \frac{\infty}{2}} = [\mathbf{h}_0^{(2v)}; v \in \mathbb{Z}]_{\infty \times \frac{\infty}{2}}$$
$$\boldsymbol{\mathcal{H}}_1 = [g_{m,v} = g_{m-2v}; (m,v) \in \mathbb{Z}^2]_{\infty \times \frac{\infty}{2}} = [\mathbf{h}_1^{(2v)}; v \in \mathbb{Z}]_{\infty \times \frac{\infty}{2}}$$

其中 $\{h_n; n \in \mathbb{Z}\}^{\mathrm{T}} \in \ell^2(\mathbb{Z}), \{g_n; n \in \mathbb{Z}\}^{\mathrm{T}} \in \ell^2(\mathbb{Z})$ 是一维多分辨率分析的低通和带通滤波器系数序列.

4.25.5　证明: 对任意 $j \in \mathbb{Z}, p \in \mathbb{N}$，在如下小波包级数展开关系中:

$$\sum_{(m,n)\in\mathbb{Z}\times\mathbb{Z}} d_{j+1;m,n}^{(p)} Q_{j+1;m,n}^{(p)}(x,y) = \sum_{\ell=0}^{3} \sum_{(m,n)\in\mathbb{Z}\times\mathbb{Z}} d_{j;m,n}^{(4p+\ell)} Q_{j;m,n}^{(4p+\ell)}(x,y)$$

等式两边的级数系数之间具有如下依赖关系:

$$d_{j+1;m,n}^{(p)} = \sum_{\ell=0}^{3} \sum_{(v,w)\in\mathbb{Z}^2} h^{(\ell)}(m-2v, n-2w) d_{j;v,w}^{(4p+\ell)}, \quad (m,n) \in \mathbb{Z}^2, \quad p \in \mathbb{N}$$

或者详细写成

$$\begin{aligned} d_{j+1;m,n}^{(p)} = & \sum_{(v,w)\in\mathbb{Z}^2} h^{(0)}(m-2v, n-2w) d_{j;v,w}^{(4p+0)} \\ & + \sum_{(v,w)\in\mathbb{Z}^2} h^{(1)}(m-2v, n-2w) d_{j;v,w}^{(4p+1)} \\ & + \sum_{(v,w)\in\mathbb{Z}^2} h^{(2)}(m-2v, n-2w) d_{j;v,w}^{(4p+2)} \\ & + \sum_{(v,w)\in\mathbb{Z}^2} h^{(3)}(m-2v, n-2w) d_{j;v,w}^{(4p+3)} \end{aligned}$$

4.25.6　对任意 $j \in \mathbb{Z}, p \in \mathbb{N}$，将如下小波包级数展开关系中:

$$\sum_{(m,n)\in\mathbb{Z}\times\mathbb{Z}} d_{j+1;m,n}^{(p)} Q_{j+1;m,n}^{(p)}(x,y) = \sum_{\ell=0}^{3} \sum_{(m,n)\in\mathbb{Z}\times\mathbb{Z}} d_{j;m,n}^{(4p+\ell)} Q_{j;m,n}^{(4p+\ell)}(x,y)$$

等式两边的级数系数分别集中表示为矩阵:

$$\begin{aligned} \mathscr{D}_{j+1}^{(p)} &= \{d_{j+1;m,n}^{(p)}; (m,n) \in \mathbb{Z}\times\mathbb{Z}\} \\ \mathscr{D}_{j}^{(4p+\ell)} &= \{d_{j;m,n}^{(4p+\ell)}; (m,n) \in \mathbb{Z}\times\mathbb{Z}\}, \quad \ell = 0,1,2,3 \end{aligned}$$

证明: 这些矩阵满足如下关系:

$$\begin{aligned}
\mathscr{D}_{j+1}^{(p)} &= \boldsymbol{\mathcal{A}}\left(\frac{\mathscr{D}_j^{(4p+0)} \mid \mathscr{D}_j^{(4p+1)}}{\mathscr{D}_j^{(4p+2)} \mid \mathscr{D}_j^{(4p+3)}}\right)\boldsymbol{\mathcal{A}}^{\mathrm{T}} \\
&= (\boldsymbol{\mathcal{H}}_0 \mid \boldsymbol{\mathcal{H}}_1)\left(\frac{\mathscr{D}_j^{(4p+0)} \mid \mathscr{D}_j^{(4p+1)}}{\mathscr{D}_j^{(4p+2)} \mid \mathscr{D}_j^{(4p+3)}}\right)\left(\frac{\boldsymbol{\mathcal{H}}_0^{\mathrm{T}}}{\boldsymbol{\mathcal{H}}_1^{\mathrm{T}}}\right) \\
&= \boldsymbol{\mathcal{H}}_0\mathscr{D}_j^{(4p+0)}\boldsymbol{\mathcal{H}}_0^{\mathrm{T}} + \boldsymbol{\mathcal{H}}_0\mathscr{D}_j^{(4p+1)}\boldsymbol{\mathcal{H}}_1^{\mathrm{T}} \\
&\quad + \boldsymbol{\mathcal{H}}_1\mathscr{D}_j^{(4p+2)}\boldsymbol{\mathcal{H}}_0^{\mathrm{T}} + \boldsymbol{\mathcal{H}}_1\mathscr{D}_j^{(4p+3)}\boldsymbol{\mathcal{H}}_1^{\mathrm{T}}
\end{aligned}$$

在这里，$\boldsymbol{\mathcal{A}} = (\boldsymbol{\mathcal{H}}_0 \mid \boldsymbol{\mathcal{H}}_1)$ 而且

$$\begin{aligned}
\boldsymbol{\mathcal{H}}_0 &= [h_{m,v} = h_{m-2v}; (m,v) \in \mathbb{Z}^2]_{\infty\times\frac{\infty}{2}} = [\mathbf{h}_0^{(2v)}; v \in \mathbb{Z}]_{\infty\times\frac{\infty}{2}} \\
\boldsymbol{\mathcal{H}}_1 &= [g_{m,v} = g_{m-2v}; (m,v) \in \mathbb{Z}^2]_{\infty\times\frac{\infty}{2}} = [\mathbf{h}_1^{(2v)}; v \in \mathbb{Z}]_{\infty\times\frac{\infty}{2}}
\end{aligned}$$

其中 $\{h_n; n \in \mathbb{Z}\}^{\mathrm{T}} \in \ell^2(\mathbb{Z}), \{g_n; n \in \mathbb{Z}\}^{\mathrm{T}} \in \ell^2(\mathbb{Z})$ 是一维多分辨率分析的低通和带通滤波器系数序列.

习题 4.26 图像尺度方程和小波方程的逆

在二维多分辨率分析中，二维尺度函数方程和二维小波函数方程：当 $(v,w) \in \mathbb{Z}^2$ 时，

$$\begin{cases}
Q_{j;v,w}^{(0)}(x,y) = \sum\limits_{(m,n)\in\mathbb{Z}\times\mathbb{Z}} h^{(0)}\left(m-2v, n-2w\right) Q_{j+1;m,n}^{(0)}(x,y) \\
Q_{j;v,w}^{(1)}(x,y) = \sum\limits_{(m,n)\in\mathbb{Z}\times\mathbb{Z}} h^{(1)}\left(m-2v, n-2w\right) Q_{j+1;m,n}^{(0)}(x,y) \\
Q_{j;v,w}^{(2)}(x,y) = \sum\limits_{(m,n)\in\mathbb{Z}\times\mathbb{Z}} h^{(2)}\left(m-2v, n-2w\right) Q_{j+1;m,n}^{(0)}(x,y) \\
Q_{j;v,w}^{(3)}(x,y) = \sum\limits_{(m,n)\in\mathbb{Z}\times\mathbb{Z}} h^{(3)}\left(m-2v, n-2w\right) Q_{j+1;m,n}^{(0)}(x,y)
\end{cases}$$

证明可以反过来表示为：当 $(m,n) \in \mathbb{Z}^2$ 时，

$$\begin{aligned}
Q_{j+1;m,n}^{(0)}(x,y) = &\sum_{(v,w)\in\mathbb{Z}\times\mathbb{Z}} \overline{h}^{(0)}(m-2v, n-2w) Q_{j;v,w}^{(0)}(x,y) \\
&+ \sum_{(v,w)\in\mathbb{Z}\times\mathbb{Z}} \overline{h}^{(1)}(m-2v, n-2w) Q_{j;v,w}^{(1)}(x,y) \\
&+ \sum_{(v,w)\in\mathbb{Z}\times\mathbb{Z}} \overline{h}^{(2)}(m-2v, n-2w) Q_{j;v,w}^{(2)}(x,y) \\
&+ \sum_{(v,w)\in\mathbb{Z}\times\mathbb{Z}} \overline{h}^{(3)}(m-2v, n-2w) Q_{j;v,w}^{(3)}(x,y)
\end{aligned}$$

习题 4.27 超级数字图像的小波分解

在二维多分辨率分析中，利用尺度函数和小波函数构造矩阵：

$$\begin{aligned}\mathcal{Q}_{j+1}^{(0)}&=\{Q_{j+1;m,n}^{(0)}(x,y);(m,n)\in\mathbb{Z}^2\}\\ \mathcal{Q}_j^{(\ell)}&=\{Q_{j;v,w}^{(\ell)}(x,y);(v,w)\in\mathbb{Z}^2\},\quad \ell=0,1,2,3\end{aligned}$$

这些矩阵的元素是尺度函数或者小波函数，这样的矩阵称为“超级数字图像”．证明：这些超级数字图像之间具有如下小波分解关系：

$$\begin{aligned}\left(\frac{\mathcal{Q}_j^{(0)}\mid\mathcal{Q}_j^{(1)}}{\mathcal{Q}_j^{(2)}\mid\mathcal{Q}_j^{(3)}}\right)&=\mathcal{A}^{\mathrm{T}}\mathcal{Q}_{j+1}^{(0)}\mathcal{A}=\left(\frac{\mathcal{H}_0^{\mathrm{T}}}{\mathcal{H}_0^{\mathrm{T}}}\right)\mathcal{Q}_{j+1}^{(0)}(\mathcal{H}_0\mid\mathcal{H}_1)\\ &=\left(\frac{\mathcal{H}_0^{\mathrm{T}}\mathcal{Q}_{j+1}^{(0)}\mathcal{H}_0\mid\mathcal{H}_0^{\mathrm{T}}\mathcal{Q}_{j+1}^{(0)}\mathcal{H}_1}{\mathcal{H}_0^{\mathrm{T}}\mathcal{Q}_{j+1}^{(0)}\mathcal{H}_0\mid\mathcal{H}_0^{\mathrm{T}}\mathcal{Q}_{j+1}^{(0)}\mathcal{H}_1}\right)\end{aligned}$$

在这里，$\mathcal{A}=(\mathcal{H}_0\mid\mathcal{H}_1)$，而且

$$\begin{aligned}\mathcal{H}_0&=[h_{m,v}=h_{m-2v};(m,v)\in\mathbb{Z}^2]_{\infty\times\frac{\infty}{2}}=[\mathbf{h}_0^{(2v)};v\in\mathbb{Z}]_{\infty\times\frac{\infty}{2}}\\ \mathcal{H}_1&=[g_{m,v}=g_{m-2v};(m,v)\in\mathbb{Z}^2]_{\infty\times\frac{\infty}{2}}=[\mathbf{h}_1^{(2v)};v\in\mathbb{Z}]_{\infty\times\frac{\infty}{2}}\end{aligned}$$

其中 $\{h_n;n\in\mathbb{Z}\}^{\mathrm{T}}\in\ell^2(\mathbb{Z}),\{g_n;n\in\mathbb{Z}\}^{\mathrm{T}}\in\ell^2(\mathbb{Z})$ 是一维多分辨率分析的低通和带通滤波器系数序列.

习题 4.28　超级数字图像的小波合成

在二维多分辨率分析中，利用尺度函数和小波函数构造矩阵：

$$\begin{aligned}\mathcal{Q}_{j+1}^{(0)}&=\{Q_{j+1;m,n}^{(0)}(x,y);(m,n)\in\mathbb{Z}^2\}\\ \mathcal{Q}_j^{(\ell)}&=\{Q_{j;v,w}^{(\ell)}(x,y);(v,w)\in\mathbb{Z}^2\},\quad \ell=0,1,2,3\end{aligned}$$

这些矩阵的元素是尺度函数或者小波函数，这样的矩阵称为“超级数字图像”．证明：这些超级数字图像之间具有如下小波合成关系：

$$\begin{aligned}\mathcal{Q}_{j+1}^{(0)}&=\overline{\mathcal{A}}\left(\frac{\mathcal{Q}_j^{(0)}\mid\mathcal{Q}_j^{(1)}}{\mathcal{Q}_j^{(2)}\mid\mathcal{Q}_j^{(3)}}\right)\mathcal{A}^*\\ &=(\bar{\mathcal{H}}_0\mid\bar{\mathcal{H}}_1)\left(\frac{\mathcal{Q}_j^{(0)}\mid\mathcal{Q}_j^{(1)}}{\mathcal{Q}_j^{(2)}\mid\mathcal{Q}_j^{(3)}}\right)\left(\frac{\mathcal{H}_0^*}{\mathcal{H}_1^*}\right)\\ &=\bar{\mathcal{H}}_0\mathcal{Q}_j^{(0)}\mathcal{H}_0^*+\bar{\mathcal{H}}_0\mathcal{Q}_j^{(1)}\mathcal{H}_1^*+\bar{\mathcal{H}}_1\mathcal{Q}_j^{(2)}\mathcal{H}_0^*+\bar{\mathcal{H}}_1\mathcal{Q}_j^{(3)}\mathcal{H}_1^*\end{aligned}$$

在这里，$\mathcal{A}=(\mathcal{H}_0\mid\mathcal{H}_1)$，而且

$$\begin{aligned}\mathcal{H}_0&=[h_{m,v}=h_{m-2v};(m,v)\in\mathbb{Z}^2]_{\infty\times\frac{\infty}{2}}=[\mathbf{h}_0^{(2v)};v\in\mathbb{Z}]_{\infty\times\frac{\infty}{2}}\\ \mathcal{H}_1&=[g_{m,v}=g_{m-2v};(m,v)\in\mathbb{Z}^2]_{\infty\times\frac{\infty}{2}}=[\mathbf{h}_1^{(2v)};v\in\mathbb{Z}]_{\infty\times\frac{\infty}{2}}\end{aligned}$$

其中 $\{h_n;n\in\mathbb{Z}\}^{\mathrm{T}}\in\ell^2(\mathbb{Z}),\{g_n;n\in\mathbb{Z}\}^{\mathrm{T}}\in\ell^2(\mathbb{Z})$ 是一维多分辨率分析的低通和带通滤波器系数序列.

习题 4.29　超级数字图像的小波包分解与合成

在二维多分辨率分析中，利用二维小波包函数构造超级小波包数字图像

$$\mathscr{Q}_j^{(\ell)}=\{Q_{j;v,w}^{(\ell)}(x,y);(v,w)\in\mathbb{Z}^2\},\ \ j\in\mathbb{Z},\ \ \ell=0,1,2,\cdots$$

另外，利用一维多分辨率分析的低通和带通滤波器系数序列 $\{h_n;n\in\mathbb{Z}\}^{\mathrm{T}}\in\ell^2(\mathbb{Z})$，$\{g_n;n\in\mathbb{Z}\}^{\mathrm{T}}\in\ell^2(\mathbb{Z})$ 定义矩阵

$$\begin{aligned}\boldsymbol{\mathcal{H}}_0&=[h_{m,v}=h_{m-2v};(m,v)\in\mathbb{Z}^2]_{\infty\times\frac{\infty}{2}}=[\mathbf{h}_0^{(2v)};v\in\mathbb{Z}]_{\infty\times\frac{\infty}{2}}\\ \boldsymbol{\mathcal{H}}_1&=[g_{m,v}=g_{m-2v};(m,v)\in\mathbb{Z}^2]_{\infty\times\frac{\infty}{2}}=[\mathbf{h}_1^{(2v)};v\in\mathbb{Z}]_{\infty\times\frac{\infty}{2}}\end{aligned}$$

以及 $\boldsymbol{\mathcal{A}}=(\boldsymbol{\mathcal{H}}_0\mid\boldsymbol{\mathcal{H}}_1)$.

4.29.1　证明：对任意 $j\in\mathbb{Z},p\in\mathbb{N}$，超级小波包数字图像之间存在类似数字图像的小波包分解关系：

$$\begin{aligned}\left(\begin{array}{c|c}\mathscr{Q}_j^{(4p+0)}&\mathscr{Q}_j^{(4p+1)}\\ \hline \mathscr{Q}_j^{(4p+2)}&\mathscr{Q}_j^{(4p+3)}\end{array}\right)&=\boldsymbol{\mathcal{A}}^{\mathrm{T}}\mathscr{Q}_{j+1}^{(p)}\boldsymbol{\mathcal{A}}\\ &=\left(\begin{array}{c}\boldsymbol{\mathcal{H}}_0^{\mathrm{T}}\\ \hline \boldsymbol{\mathcal{H}}_0^{\mathrm{T}}\end{array}\right)\mathscr{Q}_{j+1}^{(p)}\left(\boldsymbol{\mathcal{H}}_0\mid\boldsymbol{\mathcal{H}}_1\right)\\ &=\left(\begin{array}{c|c}\boldsymbol{\mathcal{H}}_0^{\mathrm{T}}\mathscr{Q}_{j+1}^{(p)}\boldsymbol{\mathcal{H}}_0&\boldsymbol{\mathcal{H}}_0^{\mathrm{T}}\mathscr{Q}_{j+1}^{(p)}\boldsymbol{\mathcal{H}}_1\\ \hline \boldsymbol{\mathcal{H}}_0^{\mathrm{T}}\mathscr{Q}_{j+1}^{(p)}\boldsymbol{\mathcal{H}}_0&\boldsymbol{\mathcal{H}}_0^{\mathrm{T}}\mathscr{Q}_{j+1}^{(p)}\boldsymbol{\mathcal{H}}_1\end{array}\right)\end{aligned}$$

4.29.2　证明：对任意 $j\in\mathbb{Z},p\in\mathbb{N}$，超级小波包数字图像之间存在类似数字图像的小波包合成关系：

$$\begin{aligned}\mathscr{Q}_{j+1}^{(p)}&=\overline{\boldsymbol{\mathcal{A}}}\left(\begin{array}{c|c}\mathscr{Q}_j^{(4p+0)}&\mathscr{Q}_j^{(4p+1)}\\ \hline \mathscr{Q}_j^{(4p+2)}&\mathscr{Q}_j^{(4p+3)}\end{array}\right)\boldsymbol{\mathcal{A}}^*\\ &=(\bar{\boldsymbol{\mathcal{H}}}_0\mid\bar{\boldsymbol{\mathcal{H}}}_1)\left(\begin{array}{c|c}\mathscr{Q}_j^{(4p+0)}&\mathscr{Q}_j^{(4p+1)}\\ \hline \mathscr{Q}_j^{(4p+2)}&\mathscr{Q}_j^{(4p+3)}\end{array}\right)\left(\begin{array}{c}\boldsymbol{\mathcal{H}}_0^*\\ \hline \boldsymbol{\mathcal{H}}_1^*\end{array}\right)\\ &=\bar{\boldsymbol{\mathcal{H}}}_0\mathscr{Q}_j^{(4p+0)}\boldsymbol{\mathcal{H}}_0^*+\bar{\boldsymbol{\mathcal{H}}}_0\mathscr{Q}_j^{(4p+1)}\boldsymbol{\mathcal{H}}_1^*+\bar{\boldsymbol{\mathcal{H}}}_1\mathscr{Q}_j^{(4p+2)}\boldsymbol{\mathcal{H}}_0^*+\bar{\boldsymbol{\mathcal{H}}}_1\mathscr{Q}_j^{(4p+3)}\boldsymbol{\mathcal{H}}_1^*\end{aligned}$$

习题 4.30　有限数字图像的小波分解与合成

定义有限数字图像 $\mathscr{D}_{j+1}^{(0)}=\{d_{j+1,m,n}^{(0)};(m,n)\in\mathbb{B}\times\mathbb{B}\}$ 为 $N\times N$ 复数矩阵全体构成

的线性空间 $\mathbb{C}^{N\times N}=\{\mathbb{A}=(a_{r,s}\in\mathbb{C})_{N\times N};(r,s)\in\mathbb{B}\times\mathbb{B}\}$ 中的一个点或者向量或者矩阵，其中 $\mathbb{B}=\{0,1,2,\cdots,N-1\}$，假设 $N=2^{\Delta}$，Δ 是一个自然数.

假定一维多分辨率分析低通和带通滤波器系数序列 $\mathbf{h}_0=\{h_{0,n}=h_n;n\in\mathbb{Z}\}^{\mathrm{T}}$ 和 $\mathbf{h}_1=\{h_{1,n}=g_n;n\in\mathbb{Z}\}^{\mathrm{T}}$ 只有有限项非零. 设 $h_{0,0}h_{0,M-1}\neq 0$ 且当 $n<0$ 或 $n>(M-1)$ 时，$h_{0,n}=0$，M 是偶数. 由 $h_{1,n}=(-1)^{2K+1-n}\overline{h}_{0,2K+1-n}$，$n\in\mathbb{Z}$ 确定对应的带通滤波器系数序列 $\mathbf{h}_1$，选择整数 K 满足 $2K=M-2$ 或者 $K=0.5M-1$，在这样的选择之下，带通滤波器系数序列中可能不为 0 的项是

$$
\begin{aligned}
h_{1,0}&=(-1)\overline{h}_{0,M-1}\\
h_{1,1}&=(+1)\overline{h}_{0,M-2}\\
h_{1,2}&=(-1)\overline{h}_{0,M-3}\\
h_{1,3}&=(+1)\overline{h}_{0,M-4}\\
&\ \ \vdots\\
h_{1,M-2}&=(-1)\overline{h}_{0,1}\\
h_{1,M-1}&=(+1)\overline{h}_{0,0}
\end{aligned}
$$

除此之外，带通滤波器系数序列其余的项都是 0.

将序列 $\mathbf{h}_0$ 和 $\mathbf{h}_1$ 周期化，共同的周期长度是 $N=2^{\Delta}>M$，它们在一个周期内的取值分别构成如下的维数是 N 的列向量：

$$\mathbf{h}_\ell=\{h_{\ell,0},h_{\ell,1},\cdots,h_{\ell,M-2},h_{\ell,M-1},h_{\ell,M},\cdots,h_{\ell,N-1}\}^{\mathrm{T}},\quad \ell=0,1$$

其中 $h_{\ell,M}=\cdots=h_{\ell,N-1}=0,\ell=0,1$. 定义如下符号：对于整数 k，

$$\mathbf{h}_\ell^{(k)}=\{h_{\ell,\mathrm{mod}(n-k,N)};n=0,1,2,\cdots,N-1\}^{\mathrm{T}},\quad \ell=0,1$$

对于 $\ell=(\zeta_1\zeta_0)_2\in\{0,1,2,3\}$，引入记号：

$$
\begin{aligned}
h^{(\ell)}(m-2v,n-2w)&=h^{(\zeta_1\zeta_0)_2}(m-2v,n-2w)\\
&=h_{\zeta_1,\mathrm{mod}(m-2v,N)}h_{\zeta_0,\mathrm{mod}(n-2w,N)}\\
m,n&=0,1,\cdots,(N-1)\\
v,w&=0,1,2,\cdots,(0.5N-1)
\end{aligned}
$$

或者等价地 $m,n=0,1,\cdots,(N-1),v,w=0,1,2,\cdots,(0.5N-1)$，

$$
\begin{aligned}
h^{(0)}(m-2v,n-2w)&=h_{0,\mathrm{mod}(m-2v,N)}h_{0,\mathrm{mod}(n-2w,N)}\\
h^{(1)}(m-2v,n-2w)&=h_{0,\mathrm{mod}(m-2v,N)}h_{1,\mathrm{mod}(n-2w,N)}\\
h^{(2)}(m-2v,n-2w)&=h_{1,\mathrm{mod}(m-2v,N)}h_{0,\mathrm{mod}(n-2w,N)}\\
h^{(3)}(m-2v,n-2w)&=h_{1,\mathrm{mod}(m-2v,N)}h_{1,\mathrm{mod}(n-2w,N)}
\end{aligned}
$$

引入两个维数是 $N\times[0.5N]$ 的矩阵：

$$\begin{aligned}\mathcal{H}_\ell &= [h_{\ell,n,k} = h_{\ell,\mathrm{mod}(n-2k,N)};0\leqslant n\leqslant N-1,0\leqslant k\leqslant 0.5N-1]_{N\times\frac{N}{2}}\\ &= [\mathbf{h}_\ell^{(2k)};0\leqslant k\leqslant 0.5N-1]_{N\times\frac{N}{2}}\\ &= [\mathbf{h}_\ell^{(0)}\mid \mathbf{h}_\ell^{(2)}\mid \mathbf{h}_\ell^{(4)}\mid\cdots\mid \mathbf{h}_\ell^{(N-2)}]\\ &= [h_{\ell,\mathrm{mod}(m-2k,N)};m=0,1,\cdots,(N-1),k=0,1,\cdots,(0.5N-1)]_{N\times\frac{N}{2}},\quad \ell=0,1\end{aligned}$$

同时定义维数是 $N\times N$ 的矩阵 $\mathcal{A}=(\mathcal{H}_0\mid\mathcal{H}_1)$.

4.30.1 证明: 当 $0\leqslant m,k\leqslant N-1$ 时, 成立如下规范正交关系:

$$\begin{cases}\left\langle \mathbf{h}_\ell^{(2m)},\mathbf{h}_\ell^{(2k)}\right\rangle = \sum\limits_{n=0}^{N-1} h_{\ell,\mathrm{mod}(n-2m,N)}\overline{h}_{\ell,\mathrm{mod}(n-2k,N)} = \delta(m-k),\quad \ell=0,1\\ \left\langle \mathbf{h}_0^{(2m)},\mathbf{h}_1^{(2k)}\right\rangle = \sum\limits_{n=0}^{N-1} h_{0,\mathrm{mod}(n-2m,N)}\overline{h}_{1,\mathrm{mod}(n-2k,N)} = 0\end{cases}$$

从而, $\{\mathbf{h}_\ell^{(2k)};k=0,1,2,\cdots,(0.5N-1),\ell=0,1,\}$ 是 $\mathbb{C}^N$ 的规范正交基.

4.30.2 证明: $\mathcal{A}=(\mathcal{H}_0\mid\mathcal{H}_1)$ 是一个 $N\times N$ 的酉矩阵.

4.30.3 引入如下有限数字图像记号:

$$\begin{aligned}\mathscr{D}_{j+1}^{(0)} &= \{d_{j+1,m,n}^{(0)};0\leqslant m,n\leqslant (N-1)\}\in\mathbb{C}^{N\times N}\\ \mathscr{D}_j^{(\ell)} &= \{d_{j,v,w}^{(\ell)};0\leqslant v,w\leqslant (0.5N-1)\}\in\mathbb{C}^{(0.5N)\times(0.5N)}\\ &\ell=0,1,2,3\end{aligned}$$

从 $\{d_{j+1,m,n}^{(0)};0\leqslant m,n\leqslant (N-1)\}$ 到 $\{d_{j,v,w}^{(\ell)};0\leqslant v,w\leqslant (0.5N-1)\},\ell=0,1,2,3$ 的二维小波分解定义为

$$\begin{cases}d_{j;v,w}^{(0)} = \sum\limits_{n=0}^{N-1}\sum\limits_{m=0}^{N-1}\overline{h}^{(0)}(m-2v,n-2w)d_{j+1;m,n}^{(0)}\\ d_{j;v,w}^{(1)} = \sum\limits_{n=0}^{N-1}\sum\limits_{m=0}^{N-1}\overline{h}^{(1)}(m-2v,n-2w)d_{j+1;m,n}^{(0)}\\ d_{j;v,w}^{(2)} = \sum\limits_{n=0}^{N-1}\sum\limits_{m=0}^{N-1}\overline{h}^{(2)}(m-2v,n-2w)d_{j+1;m,n}^{(0)}\\ d_{j;v,w}^{(3)} = \sum\limits_{n=0}^{N-1}\sum\limits_{m=0}^{N-1}\overline{h}^{(3)}(m-2v,n-2w)d_{j+1;m,n}^{(0)}\end{cases}$$

其中, $v,w=0,1,\cdots,(0.5N-1)$, 或者集中写成

$$d_{j;v,w}^{(\ell)} = \sum_{n=0}^{N-1}\sum_{m=0}^{N-1}\overline{h}^{(\ell)}(m-2v,n-2w)d_{j+1;m,n}^{(0)},\quad \ell=0,1,2,3$$

证明: 上述有限数字图像小波分解可以等价地表示成

$$\left(\begin{array}{c|c}\mathscr{D}_j^{(0)} & \mathscr{D}_j^{(1)}\\ \hline \mathscr{D}_j^{(2)} & \mathscr{D}_j^{(3)}\end{array}\right)=\boldsymbol{\mathcal{A}}^*\mathscr{D}_{j+1}^{(0)}\overline{\boldsymbol{\mathcal{A}}}$$

$$=\left(\begin{array}{c}\boldsymbol{\mathcal{H}}_0^*\\ \hline \boldsymbol{\mathcal{H}}_1^*\end{array}\right)\mathscr{D}_{j+1}^{(0)}(\overline{\boldsymbol{\mathcal{H}}_0}\mid\overline{\boldsymbol{\mathcal{H}}_1})$$

$$=\left(\begin{array}{c|c}\boldsymbol{\mathcal{H}}_0^*\mathscr{D}_{j+1}^{(0)}\overline{\boldsymbol{\mathcal{H}}_0} & \boldsymbol{\mathcal{H}}_0^*\mathscr{D}_{j+1}^{(0)}\overline{\boldsymbol{\mathcal{H}}_1}\\ \hline \boldsymbol{\mathcal{H}}_1^*\mathscr{D}_{j+1}^{(0)}\overline{\boldsymbol{\mathcal{H}}_0} & \boldsymbol{\mathcal{H}}_1^*\mathscr{D}_{j+1}^{(0)}\overline{\boldsymbol{\mathcal{H}}_1}\end{array}\right)$$

4.30.4　引入如下有限数字图像记号:

$$\mathscr{D}_{j+1}^{(0)}=\{d_{j+1,m,n}^{(0)};0\leqslant m,n\leqslant(N-1)\}\in\mathbb{C}^{N\times N}$$
$$\mathscr{D}_{j}^{(\ell)}=\{d_{j,v,w}^{(\ell)};0\leqslant v,w\leqslant(0.5N-1)\}\in\mathbb{C}^{(0.5N)\times(0.5N)},\quad \ell=0,1,2,3$$

从 $\{d_{j+1,m,n}^{(0)};0\leqslant m,n\leqslant(N-1)\}$ 到 $\{d_{j,v,w}^{(\ell)};0\leqslant v,w\leqslant(0.5N-1)\},\ell=0,1,2,3$ 的二维小波分解定义为

$$\begin{aligned}
d_{j;v,w}^{(0)}&=\sum_{n=0}^{N-1}\sum_{m=0}^{N-1}\overline{h}^{(0)}(m-2v,n-2w)d_{j+1;m,n}^{(0)}\\
d_{j;v,w}^{(1)}&=\sum_{n=0}^{N-1}\sum_{m=0}^{N-1}\overline{h}^{(1)}(m-2v,n-2w)d_{j+1;m,n}^{(0)}\\
d_{j;v,w}^{(2)}&=\sum_{n=0}^{N-1}\sum_{m=0}^{N-1}\overline{h}^{(2)}(m-2v,n-2w)d_{j+1;m,n}^{(0)}\\
d_{j;v,w}^{(3)}&=\sum_{n=0}^{N-1}\sum_{m=0}^{N-1}\overline{h}^{(3)}(m-2v,n-2w)d_{j+1;m,n}^{(0)}\\
v,w&=0,1,\cdots,(0.5N-1)
\end{aligned}$$

证明: 数字图像小波分解的逆, 即将 $\{d_{j,v,w}^{(\ell)};0\leqslant v,w\leqslant(0.5N-1)\},\ell=0,1,2,3.$ 合并得到 $\{d_{j+1,m,n}^{(0)};0\leqslant m,n\leqslant(N-1)\}$ 的公式是

$$\begin{aligned}
d_{j+1;m,n}^{(0)}=&\sum_{w=0}^{0.5N-1}\sum_{v=0}^{0.5N-1}h^{(0)}(m-2v,n-2w)d_{j;v,w}^{(0)}\\
&+\sum_{w=0}^{0.5N-1}\sum_{v=0}^{0.5N-1}h^{(1)}(m-2v,n-2w)d_{j;v,w}^{(1)}\\
&+\sum_{w=0}^{0.5N-1}\sum_{v=0}^{0.5N-1}h^{(2)}(m-2v,n-2w)d_{j;v,w}^{(2)}\\
&+\sum_{w=0}^{0.5N-1}\sum_{v=0}^{0.5N-1}h^{(3)}(m-2v,n-2w)d_{j;v,w}^{(3)},\quad m,n=0,1,\cdots,(N-1)
\end{aligned}$$

或者等价地,

$$d_{j+1;m,n}^{(0)}=\sum_{\ell=0}^{3}\sum_{w=0}^{0.5N-1}\sum_{v=0}^{0.5N-1}h^{(\ell)}(m-2v,n-2w)d_{j;v,w}^{(\ell)},\quad m,n=0,1,\cdots,(N-1)$$

这就是有限数字图像小波合成算法公式.

4.30.5 引入如下有限数字图像记号:

$$\begin{aligned}&\mathscr{D}_{j+1}^{(0)}=\{d_{j+1,m,n}^{(0)};0\leqslant m,n\leqslant(N-1)\}\in\mathbb{C}^{N\times N}\\&\mathscr{D}_{j}^{(\ell)}=\{d_{j,v,w}^{(\ell)};0\leqslant v,w\leqslant(0.5N-1)\}\in\mathbb{C}^{(0.5N)\times(0.5N)},\quad \ell=0,1,2,3\end{aligned}$$

从 $\{d_{j+1,m,n}^{(0)};0\leqslant m,n\leqslant(N-1)\}$ 到 $\{d_{j,v,w}^{(\ell)};0\leqslant v,w\leqslant(0.5N-1)\},\ell=0,1,2,3$ 的二维小波分解定义为

$$\begin{cases}d_{j;v,w}^{(0)}=\sum\limits_{n=0}^{N-1}\sum\limits_{m=0}^{N-1}\overline{h}^{(0)}(m-2v,n-2w)d_{j+1;m,n}^{(0)}\\d_{j;v,w}^{(1)}=\sum\limits_{n=0}^{N-1}\sum\limits_{m=0}^{N-1}\overline{h}^{(1)}(m-2v,n-2w)d_{j+1;m,n}^{(0)}\\d_{j;v,w}^{(2)}=\sum\limits_{n=0}^{N-1}\sum\limits_{m=0}^{N-1}\overline{h}^{(2)}(m-2v,n-2w)d_{j+1;m,n}^{(0)}\\d_{j;v,w}^{(3)}=\sum\limits_{n=0}^{N-1}\sum\limits_{m=0}^{N-1}\overline{h}^{(3)}(m-2v,n-2w)d_{j+1;m,n}^{(0)}\end{cases}$$
$$v,w=0,1,\cdots,(0.5N-1)$$

证明: 有限数字图像小波分解的逆, 即合并 $\mathscr{D}_{j}^{(\ell)}\in\mathbb{C}^{(0.5N)\times(0.5N)},\ell=0,1,2,3$ 计算 $\mathscr{D}_{j+1}^{(0)}\in\mathbb{C}^{N\times N}$ 的公式是

$$\begin{aligned}\mathscr{D}_{j+1}^{(0)}&=\boldsymbol{\mathcal{A}}\left(\frac{\mathscr{D}_{j}^{(0)}\mid\mathscr{D}_{j}^{(1)}}{\mathscr{D}_{j}^{(2)}\mid\mathscr{D}_{j}^{(3)}}\right)\boldsymbol{\mathcal{A}}^{\mathrm{T}}=(\boldsymbol{\mathcal{H}}_0\mid\boldsymbol{\mathcal{H}}_1)\left(\frac{\mathscr{D}_{j}^{(0)}\mid\mathscr{D}_{j}^{(1)}}{\mathscr{D}_{j}^{(2)}\mid\mathscr{D}_{j}^{(3)}}\right)\left(\frac{\boldsymbol{\mathcal{H}}_0^{\mathrm{T}}}{\boldsymbol{\mathcal{H}}_1^{\mathrm{T}}}\right)\\&=\boldsymbol{\mathcal{H}}_0\mathscr{D}_{j}^{(0)}\boldsymbol{\mathcal{H}}_0^{\mathrm{T}}+\boldsymbol{\mathcal{H}}_0\mathscr{D}_{j}^{(1)}\boldsymbol{\mathcal{H}}_1^{\mathrm{T}}+\boldsymbol{\mathcal{H}}_1\mathscr{D}_{j}^{(2)}\boldsymbol{\mathcal{H}}_0^{\mathrm{T}}+\boldsymbol{\mathcal{H}}_1\mathscr{D}_{j}^{(3)}\boldsymbol{\mathcal{H}}_1^{\mathrm{T}}\end{aligned}$$

这就是有限数字图像小波合成算法公式的矩阵形式.

习题 4.31 超级数字图像小波链

在二元函数空间 $\boldsymbol{\mathcal{L}}^2(\mathbb{R}^2)$ 的多分辨率分析 $(\{\mathbb{Q}_j^{(0)};j\in\mathbb{Z}\},Q^{(0)}(x,y))$ 中, 二维尺度函数方程和二维小波函数方程是: 当 $(v,w)\in\mathbb{Z}^2,j\in\mathbb{Z},u\in\mathbf{N}$ 时,

$$\begin{cases}Q_{j-u;v,w}^{(0)}(x,y)=\sum\limits_{(m,n)\in\mathbb{Z}\times\mathbb{Z}}h^{(0)}(m-2v,n-2w)Q_{j+1-u;m,n}^{(0)}(x,y)\\Q_{j-u;v,w}^{(1)}(x,y)=\sum\limits_{(m,n)\in\mathbb{Z}\times\mathbb{Z}}h^{(1)}(m-2v,n-2w)Q_{j+1-u;m,n}^{(0)}(x,y)\\Q_{j-u;v,w}^{(2)}(x,y)=\sum\limits_{(m,n)\in\mathbb{Z}\times\mathbb{Z}}h^{(2)}(m-2v,n-2w)Q_{j+1-u;m,n}^{(0)}(x,y)\\Q_{j-u;v,w}^{(3)}(x,y)=\sum\limits_{(m,n)\in\mathbb{Z}\times\mathbb{Z}}h^{(3)}(m-2v,n-2w)Q_{j+1-u;m,n}^{(0)}(x,y)\end{cases}$$

或者等价地表示为: 当 $(v,w)\in\mathbb{Z}^2, j\in\mathbb{Z}, u\in\mathbb{N}$ 时,

$$Q_{j-u;v,w}^{(\ell)}(x,y)=\sum_{(m,n)\in\mathbb{Z}\times\mathbb{Z}}h^{(\ell)}(m-2v,n-2w)Q_{j+1-u;m,n}^{(0)}(x,y)$$
$$(v,w)\in\mathbb{Z}^2,\quad \ell=0,1,2,3$$

其中

$$Q_{j-u;v,w}^{(\ell)}(x,y)=2^{j-u}Q^{(\ell)}(2^{j-u}x-v,2^{j-u}y-w),\quad \ell=0,1,2,3$$

引入记号,

$$\begin{aligned}\mathcal{Q}_{j+1-u}^{(0)}&=\{Q_{j+1-u;m,n}^{(0)}(x,y);(m,n)\in\mathbb{Z}^2\}\\ \mathcal{Q}_{j-u}^{(\ell)}&=\{Q_{j-u;v,w}^{(\ell)}(x,y);(v,w)\in\mathbb{Z}^2\},\quad \ell=0,1,2,3\end{aligned}$$

证明: 元素是函数的矩阵 $\mathcal{Q}_{j+1-u}^{(0)}$ 与 $\mathcal{Q}_{j-u}^{(\ell)},\ell=0,1,2,3$ 之间存在如下关系:

$$\left(\begin{array}{c|c}\mathcal{Q}_{j-u}^{(0)}&\mathcal{Q}_{j-u}^{(1)}\\ \hline \mathcal{Q}_{j-u}^{(2)}&\mathcal{Q}_{j-u}^{(3)}\end{array}\right)=\mathcal{A}^{\mathrm{T}}\mathcal{Q}_{j+1-u}^{(0)}\mathcal{A}=\left(\begin{array}{c|c}\mathcal{H}_0^{\mathrm{T}}\mathcal{Q}_{j+1-u}^{(0)}\mathcal{H}_0&\mathcal{H}_0^{\mathrm{T}}\mathcal{Q}_{j+1-u}^{(0)}\mathcal{H}_1\\ \hline \mathcal{H}_0^{\mathrm{T}}\mathcal{Q}_{j+1-u}^{(0)}\mathcal{H}_0&\mathcal{H}_0^{\mathrm{T}}\mathcal{Q}_{j+1-u}^{(0)}\mathcal{H}_1\end{array}\right)$$

或者反过来表示成

$$\mathcal{Q}_{j+1-u}^{(0)}=\overline{\mathcal{A}}\left(\begin{array}{c|c}\mathcal{Q}_{j-u}^{(0)}&\mathcal{Q}_{j-u}^{(1)}\\ \hline \mathcal{Q}_{j-u}^{(2)}&\mathcal{Q}_{j-u}^{(3)}\end{array}\right)\mathcal{A}^*=(\bar{\mathcal{H}}_0\mid\bar{\mathcal{H}}_1)\left(\begin{array}{c|c}\mathcal{Q}_{j-u}^{(0)}&\mathcal{Q}_{j-u}^{(1)}\\ \hline \mathcal{Q}_{j-u}^{(2)}&\mathcal{Q}_{j-u}^{(3)}\end{array}\right)\left(\begin{array}{c}\mathcal{H}_0^*\\ \hline \mathcal{H}_1^*\end{array}\right)$$

这些关系本质上是与二维尺度函数方程和二维小波函数方程等价的.

习题 4.32　图像小波矩阵链

在二元函数空间 $\mathcal{L}^2(\mathbb{R}^2)$ 的多分辨率分析 $(\{\mathbb{Q}_j^{(0)};j\in\mathbb{Z}\},Q^{(0)}(x,y))$ 中, 二维尺度函数方程和二维小波函数方程是: 当 $(v,w)\in\mathbb{Z}^2, j\in\mathbb{Z}, u\in\mathbb{N}$ 时,

$$\begin{cases}Q_{j-u;v,w}^{(0)}(x,y)=\sum\limits_{(m,n)\in\mathbb{Z}\times\mathbb{Z}}h^{(0)}(m-2v,n-2w)Q_{j+1-u;m,n}^{(0)}(x,y)\\ Q_{j-u;v,w}^{(1)}(x,y)=\sum\limits_{(m,n)\in\mathbb{Z}\times\mathbb{Z}}h^{(1)}(m-2v,n-2w)Q_{j+1-u;m,n}^{(0)}(x,y)\\ Q_{j-u;v,w}^{(2)}(x,y)=\sum\limits_{(m,n)\in\mathbb{Z}\times\mathbb{Z}}h^{(2)}(m-2v,n-2w)Q_{j+1-u;m,n}^{(0)}(x,y)\\ Q_{j-u;v,w}^{(3)}(x,y)=\sum\limits_{(m,n)\in\mathbb{Z}\times\mathbb{Z}}h^{(3)}(m-2v,n-2w)Q_{j+1-u;m,n}^{(0)}(x,y)\end{cases}$$

或者等价地表示为: 当 $(v,w)\in\mathbb{Z}^2, j\in\mathbb{Z}, u\in\mathbb{N}$ 时,

$$Q_{j-u;v,w}^{(\ell)}(x,y)=\sum_{(m,n)\in\mathbb{Z}\times\mathbb{Z}}h^{(\ell)}(m-2v,n-2w)Q_{j+1-u;m,n}^{(0)}(x,y)$$
$$(v,w)\in\mathbb{Z}^2,\quad \ell=0,1,2,3$$

其中

$$Q_{j-u;v,w}^{(\ell)}(x,y)=2^{j-u}Q^{(\ell)}(2^{j-u}x-v,2^{j-u}y-w),\quad \ell=0,1,2,3$$

将图像 $f(x,y)$ 在空间 $\mathcal{L}^2(\mathbb{R}^2)$ 的任意子空间 $\mathbb{Q}_j^{(\ell)}$ 上的正交投影记为 $f_j^{(\ell)}(x,y)$，$j\in\mathbb{Z},\ell=0,1,2,3$，并按照 $\mathbb{Q}_j^{(\ell)}$ 的规范正交基 $\{Q_{j;m,n}^{(\ell)}(x,y);(m,n)\in\mathbb{Z}\times\mathbb{Z}\}$ 写成如下的正交级数:

$$f_j^{(\ell)}(x,y)=\sum_{(m,n)\in\mathbb{Z}\times\mathbb{Z}} d_{j;m,n}^{(\ell)}Q_{j;m,n}^{(\ell)}(x,y),\ \ j\in\mathbb{Z},\ \ell=0,1,2,3$$

将正交级数中的系数序列写成矩阵形式:

$$\mathscr{D}_j^{(\ell)}=\{d_{j;m,n}^{(\ell)}(x,y);(m,n)\in\mathbb{Z}\times\mathbb{Z}\},\quad j\in\mathbb{Z},\ \ell=0,1,2,3$$

其中

$$\begin{aligned}d_{j;m,n}^{(\ell)}&=\int_{(x,y)\in\mathbb{R}^2}f_j^{(\ell)}(x,y)\overline{Q}_{j;m,n}^{(\ell)}(x,y)\mathrm{d}x\mathrm{d}y\\&=\int_{(x,y)\in\mathbb{R}^2}f(x,y)\overline{Q}_{j;m,n}^{(\ell)}(x,y)\mathrm{d}x\mathrm{d}y\end{aligned}$$

引入矩阵序列符号: $\boldsymbol{\mathcal{A}}_{(u)}=(\boldsymbol{\mathcal{H}}_0^{(u)}\mid\boldsymbol{\mathcal{H}}_1^{(u)})_{[2^{-u}\infty]\times[2^{-u}\infty]}$ 是 $[2^{-u}\infty]\times[2^{-u}\infty]$ 矩阵，按照分块矩阵表示为 1×2 的分块形式，$\boldsymbol{\mathcal{H}}_0^{(u)},\boldsymbol{\mathcal{H}}_1^{(u)}$ 都是 $[2^{-u}\infty]\times[2^{-(u+1)}\infty]$ 矩阵，其构造方法与 $u=0$ 对应的 $\boldsymbol{\mathcal{H}}_0^{(u)}=\boldsymbol{\mathcal{H}}_0^{(0)}=\boldsymbol{\mathcal{H}}_0,\boldsymbol{\mathcal{H}}_1^{(u)}=\boldsymbol{\mathcal{H}}_1^{(0)}=\boldsymbol{\mathcal{H}}_1$ 的构造方法完全相同，这样，比如当 $u=0$ 时，

$$\boldsymbol{\mathcal{A}}_{(u)}=(\boldsymbol{\mathcal{H}}_0^{(u)}\mid\boldsymbol{\mathcal{H}}_1^{(u)})_{[2^{-u}\infty]\times[2^{-u}\infty]}=(\boldsymbol{\mathcal{H}}_0^{(0)}\mid\boldsymbol{\mathcal{H}}_1^{(0)})_{\infty\times\infty}=(\boldsymbol{\mathcal{H}}\mid\boldsymbol{\mathcal{G}})_{\infty\times\infty}$$

它们之间唯一的差异仅仅只是这些矩阵的尺寸将随着 $u=0,1,2,\cdots,J$ 的数值逐渐增加而在纵横方向逐次减半.

4.32.1　证明: 图像 $f(x,y)$ 在二元函数子空间 $\mathbb{Q}_j^{(\ell)}$ 上的正交投影 $f_j^{(\ell)}(x,y)$，$j\in\mathbb{Z},\ell=0,1,2,3$ 之间，存在如下分解关系:

$$f_{j+1}^{(0)}(x,y)=f_{j-J}^{(0)}(x,y)+\sum_{u=0}^{J}\sum_{\ell=1}^{3}f_{j-u}^{(\ell)}(x,y),\ \ j\in\mathbb{Z},\ J\in\mathbb{N}$$

4.32.2　证明: 图像 $f(x,y)$ 在二元函数子空间 $\mathbb{Q}_j^{(\ell)}$ 上的正交投影 $f_j^{(\ell)}(x,y)$，$j\in\mathbb{Z},\ell=0,1,2,3$ 的能量之间，存在如下分解关系:

$$\|f_{j+1}^{(0)}\|^2=\|f_{j-J}^{(0)}\|^2+\sum_{u=0}^{J}\sum_{\ell=1}^{3}\|f_{j-u}^{(\ell)}\|^2,\ \ j\in\mathbb{Z},\ J\in\mathbb{N}$$

4.32.3　证明: 如果将图像 $f(x,y)$ 在二元函数子空间 $\mathbb{Q}_j^{(\ell)}$ 上的正交投影 $f_j^{(\ell)}(x,y)$ 按照 $\mathbb{Q}_j^{(\ell)}$ 的规范正交基 $\{Q_{j;m,n}^{(\ell)}(x,y);(m,n)\in\mathbb{Z}\times\mathbb{Z}\}$ 写成正交级数，$j\in\mathbb{Z},\ell=0,1,2,3$，那么这些正交级数之间存在如下分解关系:

$$\sum_{(m,n)\in\mathbb{Z}\times\mathbb{Z}} d_{j+1;m,n}^{(0)} Q_{j+1;m,n}^{(0)}(x,y) = \sum_{(v,w)\in\mathbb{Z}\times\mathbb{Z}} d_{j-J;v,w}^{(0)} Q_{j-J;v,w}^{(0)}(x,y) + \sum_{u=0}^{J}\sum_{\ell=1}^{3}\sum_{(v,w)\in\mathbb{Z}\times\mathbb{Z}} d_{j-u;v,w}^{(\ell)} Q_{j-u;v,w}^{(\ell)}(x,y),\quad j\in\mathbb{Z},\quad J\in\mathbb{N}$$

4.32.4　证明: 矩阵序列 $\mathcal{A}_{(u)} = (\mathcal{H}_0^{(u)} \mid \mathcal{H}_1^{(u)})_{[2^{-u}\infty]\times[2^{-u}\infty]}$ 中的每个矩阵都是酉矩阵.

提示: 由定义直接计算可得

$$\begin{aligned}
\mathcal{A}_{(u)}\mathcal{A}_{(u)}^{*} &= (\mathcal{H}_0^{(u)} \mid \mathcal{H}_1^{(u)})\left(\frac{[\mathcal{H}_0^{(u)}]^*}{[\mathcal{H}_1^{(u)}]^*}\right) \\
&= \mathcal{H}_0^{(u)}[\mathcal{H}_0^{(u)}]^* + \mathcal{H}_1^{(u)}[\mathcal{H}_1^{(u)}]^* \\
\mathcal{A}_{(u)}^{*}\mathcal{A}_{(u)} &= \left(\frac{[\mathcal{H}_0^{(u)}]^*}{[\mathcal{H}_1^{(u)}]^*}\right)(\mathcal{H}_0^{(u)} \mid \mathcal{H}_1^{(u)}) \\
&= \left(\frac{[\mathcal{H}_0^{(u)}]^*\mathcal{H}_0^{(u)} \mid [\mathcal{H}_0^{(u)}]^*\mathcal{H}_1^{(u)}}{[\mathcal{H}_1^{(u)}]^*\mathcal{H}_0^{(u)} \mid [\mathcal{H}_1^{(u)}]^*\mathcal{H}_1^{(u)}}\right) = \left(\frac{\mathcal{I} \mid \mathcal{O}}{\mathcal{O} \mid \mathcal{I}}\right)
\end{aligned}$$

其中 $\mathcal{I},\mathcal{O}$ 分别是 $[2^{-(u+1)}\infty]\times[2^{-(u+1)}\infty]$ 的单位矩阵和零矩阵, $\mathcal{H}_0^{(u)}[\mathcal{H}_0^{(u)}]^*$ 和 $\mathcal{H}_1^{(u)}[\mathcal{H}_1^{(u)}]^*$ 都是 $[2^{-u}\infty]\times[2^{-u}\infty]$ 的矩阵, 而且, 它们的和是 $[2^{-u}\infty]\times[2^{-u}\infty]$ 的单位矩阵 $\mathcal{H}_0^{(u)}[\mathcal{H}_0^{(u)}]^* + \mathcal{H}_1^{(u)}[\mathcal{H}_1^{(u)}]^* = \mathcal{I}$.

4.32.5　证明: $\mathscr{D}_{j+1-u}^{(0)},\mathscr{D}_{j-u}^{(\ell)},\ell=0,1,2,3,j\in\mathbb{Z},u\in\mathbb{N}$ 这些数字矩阵之间存在如下的小波分解关系:

$$\begin{aligned}
\left(\frac{\mathscr{D}_{j-u}^{(0)} \mid \mathscr{D}_{j-u}^{(1)}}{\mathscr{D}_{j-u}^{(2)} \mid \mathscr{D}_{j-u}^{(3)}}\right) &= \mathcal{A}_{(u)}^{*}\mathscr{D}_{j+1-u}^{(0)}\overline{\mathcal{A}_{(u)}} \\
&= \left(\frac{[\mathcal{H}_0^{(u)}]^*}{[\mathcal{H}_1^{(u)}]^*}\right)\mathscr{D}_{j+1-u}^{(0)}(\overline{\mathcal{H}_0^{(u)}} \mid \overline{\mathcal{H}_1^{(u)}}) \\
&= \left(\frac{[\mathcal{H}_0^{(u)}]^*\mathscr{D}_{j+1-u}^{(0)}\overline{\mathcal{H}_0^{(u)}} \mid [\mathcal{H}_0^{(u)}]^*\mathscr{D}_{j+1-u}^{(0)}\overline{\mathcal{H}_1^{(u)}}}{[\mathcal{H}_1^{(u)}]^*\mathscr{D}_{j+1-u}^{(0)}\overline{\mathcal{H}_0^{(u)}} \mid [\mathcal{H}_1^{(u)}]^*\mathscr{D}_{j+1-u}^{(0)}\overline{\mathcal{H}_1^{(u)}}}\right)
\end{aligned}$$

4.32.6　证明: $\mathscr{D}_{j+1-u}^{(0)},\mathscr{D}_{j-u}^{(\ell)},\ell=0,1,2,3,j\in\mathbb{Z},u\in\mathbb{N}$ 这些数字矩阵之间存在如下的小波合成关系:

$$\begin{aligned}
\mathscr{D}_{j+1-u}^{(0)} &= \mathcal{A}_{(u)}\left(\frac{\mathscr{D}_{j-u}^{(0)} \mid \mathscr{D}_{j-u}^{(1)}}{\mathscr{D}_{j-u}^{(2)} \mid \mathscr{D}_{j-u}^{(3)}}\right)\mathcal{A}_{(u)}^{\mathrm{T}} \\
&= (\mathcal{H}_0^{(u)} \mid \mathcal{H}_1^{(u)})\left(\frac{\mathscr{D}_{j-u}^{(0)} \mid \mathscr{D}_{j-u}^{(1)}}{\mathscr{D}_{j-u}^{(2)} \mid \mathscr{D}_{j-u}^{(3)}}\right)\left(\frac{[\mathcal{H}_0^{(u)}]^{\mathrm{T}}}{[\mathcal{H}_1^{(u)}]^{\mathrm{T}}}\right)
\end{aligned}$$

或者写成

$$\begin{aligned}\mathscr{D}_{j+1-u}^{(0)} &= \mathcal{H}_0^{(u)}\mathscr{D}_{j-u}^{(0)}[\mathcal{H}_0^{(u)}]^{\mathrm{T}} + \mathcal{H}_0^{(u)}\mathscr{D}_{j-u}^{(1)}[\mathcal{H}_1^{(u)}]^{\mathrm{T}} \\ &\quad + \mathcal{H}_1^{(u)}\mathscr{D}_{j-u}^{(2)}[\mathcal{H}_0^{(u)}]^{\mathrm{T}} + \mathcal{H}_1^{(u)}\mathscr{D}_{j-u}^{(3)}[\mathcal{H}_1^{(u)}]^{\mathrm{T}}\end{aligned}$$

4.32.7　证明：在 $\mathscr{D}_{j+1}^{(0)}$ 分解成 $\mathscr{D}_{j-J}^{(0)},\mathscr{D}_{j-u}^{(\ell)},\ell=1,2,3,j\in\mathbb{Z},u=0,1,2,\cdots,J$ 这 $(3J+4)$ 个数字矩阵时，它们之间存在如下小波分解关系：

$$\begin{aligned}\mathscr{D}_{j-u}^{(\ell)} &= \mathscr{D}_{j-u}^{(\varepsilon_1\varepsilon_0)_2} \\ &= [\mathcal{H}_{\varepsilon_1}^{(u)}]^*[\mathcal{H}_0^{(u-1)}]^*\cdots[\mathcal{H}_0^{(0)}]^*\mathscr{D}_{j+1}^{(0)}[\bar{\mathcal{H}}_0^{(0)}]\cdots[\bar{\mathcal{H}}_0^{(u-1)}][\bar{\mathcal{H}}_0^{(u)}] \\ &= \begin{cases}[\mathcal{H}_0^{(u)}]^*[\mathcal{H}_0^{(u-1)}]^*\cdots[\mathcal{H}_0^{(0)}]^*\mathscr{D}_{j+1}^{(0)}[\bar{\mathcal{H}}_0^{(0)}]\cdots[\bar{\mathcal{H}}_0^{(u-1)}][\bar{\mathcal{H}}_0^{(u)}], & (\varepsilon_1\varepsilon_0)_2=(00)_2=0 \\ [\mathcal{H}_0^{(u)}]^*[\mathcal{H}_0^{(u-1)}]^*\cdots[\mathcal{H}_0^{(0)}]^*\mathscr{D}_{j+1}^{(0)}[\bar{\mathcal{H}}_0^{(0)}]\cdots[\bar{\mathcal{H}}_0^{(u-1)}][\bar{\mathcal{H}}_1^{(u)}], & (\varepsilon_1\varepsilon_0)_2=(01)_2=1 \\ [\mathcal{H}_1^{(u)}]^*[\mathcal{H}_0^{(u-1)}]^*\cdots[\mathcal{H}_0^{(0)}]^*\mathscr{D}_{j+1}^{(0)}[\bar{\mathcal{H}}_0^{(0)}]\cdots[\bar{\mathcal{H}}_0^{(u-1)}][\bar{\mathcal{H}}_0^{(u)}], & (\varepsilon_1\varepsilon_0)_2=(10)_2=2 \\ [\mathcal{H}_1^{(u)}]^*[\mathcal{H}_0^{(u-1)}]^*\cdots[\mathcal{H}_0^{(0)}]^*\mathscr{D}_{j+1}^{(0)}[\bar{\mathcal{H}}_0^{(0)}]\cdots[\bar{\mathcal{H}}_0^{(u-1)}][\bar{\mathcal{H}}_1^{(u)}], & (\varepsilon_1\varepsilon_0)_2=(11)_2=3\end{cases} \\ u &= 0,1,2,\cdots,J\end{aligned}$$

其中 $\ell=\varepsilon_1\times2+\varepsilon_0=(\varepsilon_1\varepsilon_0)_2\in\{0,1,2,3\}$ 是整数 0,1,2,3 的 2 位二进制数表示.

注释：设 $\ell=(\varepsilon_1\varepsilon_0)_2$ 是 ℓ 按照 2 位的二进制表示. 当 $u=0,1,2,\cdots,(J-1)$ 时，

$$\begin{aligned}\mathscr{D}_{j-u}^{(\ell)} &= \mathscr{D}_{j-u}^{(\varepsilon_1\varepsilon_0)_2} \\ &= [\mathcal{H}_{\varepsilon_1}^{(u)}]^*[\mathcal{H}_0^{(u-1)}]^*\cdots[\mathcal{H}_0^{(0)}]^*\mathscr{D}_{j+1}^{(0)}[\bar{\mathcal{H}}_0^{(0)}]\cdots[\bar{\mathcal{H}}_0^{(u-1)}][\bar{\mathcal{H}}_0^{(u)}] \\ &= \begin{cases}[\mathcal{H}_0^{(u)}]^*[\mathcal{H}_0^{(u-1)}]^*\cdots[\mathcal{H}_0^{(0)}]^*\mathscr{D}_{j+1}^{(0)}[\bar{\mathcal{H}}_0^{(0)}]\cdots[\bar{\mathcal{H}}_0^{(u-1)}][\bar{\mathcal{H}}_0^{(u)}], & (\varepsilon_1\varepsilon_0)_2=(00)_2=0 \\ [\mathcal{H}_0^{(u)}]^*[\mathcal{H}_0^{(u-1)}]^*\cdots[\mathcal{H}_0^{(0)}]^*\mathscr{D}_{j+1}^{(0)}[\bar{\mathcal{H}}_0^{(0)}]\cdots[\bar{\mathcal{H}}_0^{(u-1)}][\bar{\mathcal{H}}_1^{(u)}], & (\varepsilon_1\varepsilon_0)_2=(01)_2=1 \\ [\mathcal{H}_1^{(u)}]^*[\mathcal{H}_0^{(u-1)}]^*\cdots[\mathcal{H}_0^{(0)}]^*\mathscr{D}_{j+1}^{(0)}[\bar{\mathcal{H}}_0^{(0)}]\cdots[\bar{\mathcal{H}}_0^{(u-1)}][\bar{\mathcal{H}}_0^{(u)}], & (\varepsilon_1\varepsilon_0)_2=(10)_2=2 \\ [\mathcal{H}_1^{(u)}]^*[\mathcal{H}_0^{(u-1)}]^*\cdots[\mathcal{H}_0^{(0)}]^*\mathscr{D}_{j+1}^{(0)}[\bar{\mathcal{H}}_0^{(0)}]\cdots[\bar{\mathcal{H}}_0^{(u-1)}][\bar{\mathcal{H}}_1^{(u)}], & (\varepsilon_1\varepsilon_0)_2=(11)_2=3\end{cases}\end{aligned}$$

在这个分解过程中，每次分解产生的 4 个矩阵中的第一个进入下一次分解，不会被保留，其余 3 个将被保留不再参与分解过程. 注意，在 $u=J$ 时，

$$\begin{aligned}\mathscr{D}_{j-J}^{(\ell)} &= \mathscr{D}_{j-J}^{(\varepsilon_1\varepsilon_0)_2} \\ &= [\mathcal{H}_{\varepsilon_1}^{(J)}]^*[\mathcal{H}_0^{(J-1)}]^*\cdots[\mathcal{H}_0^{(0)}]^*\mathscr{D}_{j+1}^{(0)}[\bar{\mathcal{H}}_0^{(0)}]\cdots[\bar{\mathcal{H}}_0^{(J-1)}][\bar{\mathcal{H}}_0^{(J)}] \\ &= \begin{cases}[\mathcal{H}_0^{(J)}]^*[\mathcal{H}_0^{(J-1)}]^*\cdots[\mathcal{H}_0^{(0)}]^*\mathscr{D}_{j+1}^{(0)}[\bar{\mathcal{H}}_0^{(0)}]\cdots[\bar{\mathcal{H}}_0^{(J-1)}][\bar{\mathcal{H}}_0^{(J)}], & (\varepsilon_1\varepsilon_0)_2=(00)_2=0 \\ [\mathcal{H}_0^{(J)}]^*[\mathcal{H}_0^{(J-1)}]^*\cdots[\mathcal{H}_0^{(0)}]^*\mathscr{D}_{j+1}^{(0)}[\bar{\mathcal{H}}_0^{(0)}]\cdots[\bar{\mathcal{H}}_0^{(J-1)}][\bar{\mathcal{H}}_1^{(J)}], & (\varepsilon_1\varepsilon_0)_2=(01)_2=1 \\ [\mathcal{H}_1^{(J)}]^*[\mathcal{H}_0^{(J-1)}]^*\cdots[\mathcal{H}_0^{(0)}]^*\mathscr{D}_{j+1}^{(0)}[\bar{\mathcal{H}}_0^{(0)}]\cdots[\bar{\mathcal{H}}_0^{(J-1)}][\bar{\mathcal{H}}_0^{(J)}], & (\varepsilon_1\varepsilon_0)_2=(10)_2=2 \\ [\mathcal{H}_1^{(J)}]^*[\mathcal{H}_0^{(J-1)}]^*\cdots[\mathcal{H}_0^{(0)}]^*\mathscr{D}_{j+1}^{(0)}[\bar{\mathcal{H}}_0^{(0)}]\cdots[\bar{\mathcal{H}}_0^{(J-1)}][\bar{\mathcal{H}}_1^{(J)}], & (\varepsilon_1\varepsilon_0)_2=(11)_2=3\end{cases}\end{aligned}$$

将产生得到 4 个子矩阵，全都需要保留.

实际上，设 $\ell=\varepsilon_1\times2+\varepsilon_0=(\varepsilon_1\varepsilon_0)_2$ 是 ℓ 按照 2 位的二进制表示，利用逐步小波分解关系：

$$\left(\begin{array}{c|c}\mathscr{D}_{j-u}^{(0)} & \mathscr{D}_{j-u}^{(1)}\\ \hline \mathscr{D}_{j-u}^{(2)} & \mathscr{D}_{j-u}^{(3)}\end{array}\right)=\left(\begin{array}{c|c}\mathscr{D}_{j-u}^{(00)_2} & \mathscr{D}_{j-u}^{(01)_2}\\ \hline \mathscr{D}_{j-u}^{(10)_2} & \mathscr{D}_{j-u}^{(11)_2}\end{array}\right)$$
$$=\boldsymbol{\mathcal{A}}_{(u)}^*\mathscr{D}_{j+1-u}^{(0)}\overline{\boldsymbol{\mathcal{A}}_{(u)}}$$
$$=\left(\begin{array}{c}[\boldsymbol{\mathcal{H}}_0^{(u)}]^*\\ \hline [\boldsymbol{\mathcal{H}}_1^{(u)}]^*\end{array}\right)\mathscr{D}_{j+1-u}^{(0)}(\overline{\boldsymbol{\mathcal{H}}_0^{(u)}}\mid\overline{\boldsymbol{\mathcal{H}}_1^{(u)}})$$
$$=\left(\begin{array}{c|c}[\boldsymbol{\mathcal{H}}_0^{(u)}]^*\mathscr{D}_{j+1-u}^{(0)}\overline{\boldsymbol{\mathcal{H}}_0^{(u)}} & [\boldsymbol{\mathcal{H}}_0^{(u)}]^*\mathscr{D}_{j+1-u}^{(0)}\overline{\boldsymbol{\mathcal{H}}_1^{(u)}}\\ \hline [\boldsymbol{\mathcal{H}}_1^{(u)}]^*\mathscr{D}_{j+1-u}^{(0)}\overline{\boldsymbol{\mathcal{H}}_0^{(u)}} & [\boldsymbol{\mathcal{H}}_1^{(u)}]^*\mathscr{D}_{j+1-u}^{(0)}\overline{\boldsymbol{\mathcal{H}}_1^{(u)}}\end{array}\right),\quad u=0,1,2,\cdots,J$$

或者

$$\mathscr{D}_{j-u}^{(\ell)}=\mathscr{D}_{j-u}^{(\varepsilon_1\varepsilon_0)_2}=\begin{cases}[\boldsymbol{\mathcal{H}}_0^{(u)}]^*\mathscr{D}_{j+1-u}^{(0)}[\bar{\boldsymbol{\mathcal{H}}}_0^{(u)}], & (\varepsilon_1\varepsilon_0)_2=(00)_2=0\\ [\boldsymbol{\mathcal{H}}_0^{(u)}]^*\mathscr{D}_{j+1-u}^{(0)}[\bar{\boldsymbol{\mathcal{H}}}_1^{(u)}], & (\varepsilon_1\varepsilon_0)_2=(01)_2=1\\ [\boldsymbol{\mathcal{H}}_1^{(u)}]^*\mathscr{D}_{j+1-u}^{(0)}[\bar{\boldsymbol{\mathcal{H}}}_0^{(u)}], & (\varepsilon_1\varepsilon_0)_2=(10)_2=2\\ [\boldsymbol{\mathcal{H}}_1^{(u)}]^*\mathscr{D}_{j+1-u}^{(0)}[\bar{\boldsymbol{\mathcal{H}}}_1^{(u)}], & (\varepsilon_1\varepsilon_0)_2=(11)_2=3\end{cases}$$

随着 $u=0,1,2,\cdots,J$ 逐次迭代可得到需要的结果. 比如，当 $J=0$ 时，

$$\mathscr{D}_{j}^{(\ell)}=\mathscr{D}_{j}^{(\varepsilon_1\varepsilon_0)_2}=\begin{cases}[\boldsymbol{\mathcal{H}}_0^{(0)}]^*\mathscr{D}_{j+1}^{(0)}[\bar{\boldsymbol{\mathcal{H}}}_0^{(0)}], & (\varepsilon_1\varepsilon_0)_2=(00)_2=0\\ [\boldsymbol{\mathcal{H}}_0^{(0)}]^*\mathscr{D}_{j+1}^{(0)}[\bar{\boldsymbol{\mathcal{H}}}_1^{(0)}], & (\varepsilon_1\varepsilon_0)_2=(01)_2=1\\ [\boldsymbol{\mathcal{H}}_1^{(0)}]^*\mathscr{D}_{j+1}^{(0)}[\bar{\boldsymbol{\mathcal{H}}}_0^{(0)}], & (\varepsilon_1\varepsilon_0)_2=(10)_2=2\\ [\boldsymbol{\mathcal{H}}_1^{(0)}]^*\mathscr{D}_{j+1}^{(0)}[\bar{\boldsymbol{\mathcal{H}}}_1^{(0)}], & (\varepsilon_1\varepsilon_0)_2=(11)_2=3\end{cases}$$

这是 4 个尺寸为 $[2^{-1}\infty]\times[2^{-1}\infty]$ 的数字图像. 当 $J=1$ 时，

$$\mathscr{D}_{j-1}^{(\ell)}=\mathscr{D}_{j-1}^{(\varepsilon_1\varepsilon_0)_2}=\begin{cases}[\boldsymbol{\mathcal{H}}_0^{(1)}]^*[\boldsymbol{\mathcal{H}}_0^{(0)}]^*\mathscr{D}_{j+1}^{(0)}[\bar{\boldsymbol{\mathcal{H}}}_0^{(0)}][\bar{\boldsymbol{\mathcal{H}}}_0^{(1)}], & (\varepsilon_1\varepsilon_0)_2=(00)_2=0\\ [\boldsymbol{\mathcal{H}}_0^{(1)}]^*[\boldsymbol{\mathcal{H}}_0^{(0)}]^*\mathscr{D}_{j+1}^{(0)}[\bar{\boldsymbol{\mathcal{H}}}_0^{(0)}][\bar{\boldsymbol{\mathcal{H}}}_1^{(1)}], & (\varepsilon_1\varepsilon_0)_2=(01)_2=1\\ [\boldsymbol{\mathcal{H}}_1^{(1)}]^*[\boldsymbol{\mathcal{H}}_0^{(0)}]^*\mathscr{D}_{j+1}^{(0)}[\bar{\boldsymbol{\mathcal{H}}}_0^{(0)}][\bar{\boldsymbol{\mathcal{H}}}_0^{(1)}], & (\varepsilon_1\varepsilon_0)_2=(10)_2=2\\ [\boldsymbol{\mathcal{H}}_1^{(1)}]^*[\boldsymbol{\mathcal{H}}_0^{(0)}]^*\mathscr{D}_{j+1}^{(0)}[\bar{\boldsymbol{\mathcal{H}}}_0^{(0)}][\bar{\boldsymbol{\mathcal{H}}}_1^{(1)}], & (\varepsilon_1\varepsilon_0)_2=(11)_2=3\end{cases}$$

这是 4 个尺寸为 $[2^{-2}\infty]\times[2^{-2}\infty]$ 的数字图像，如此等等.

4.32.8　证明：从 $\mathscr{D}_{j-J}^{(0)},\mathscr{D}_{j-u}^{(\ell)},\ell=1,2,3,j\in\mathbb{Z},u=0,1,2,\cdots,J$ 合成得到 $\mathscr{D}_{j+1}^{(0)}$ 的累积小波合成关系是：$\ell=\varepsilon_1\times2+\varepsilon_0=(\varepsilon_1\varepsilon_0)_2\in\{0,1,2,3\}$，

$$\mathscr{D}_{j+1}^{(0)} = \sum_{(\varepsilon_1\varepsilon_0)_2\in\{0,1,2,3\}} \mathcal{H}_{\varepsilon_1}^{(0)}\mathscr{D}_j^{(\varepsilon_1\varepsilon_0)_2}[\mathcal{H}_{\varepsilon_9}^{(0)}]^{\mathrm{T}}$$

可以改写为

$$\begin{aligned}
\mathscr{D}_{j+1}^{(0)} &= \mathcal{H}_0^{(0)}\mathscr{D}_j^{(00)_2}[\mathcal{H}_0^{(0)}]^{\mathrm{T}} + \sum_{(\varepsilon_1\varepsilon_0)_2\in\{1,2,3\}} \mathcal{H}_{\varepsilon_1}^{(0)}\mathscr{D}_j^{(\varepsilon_1\varepsilon_0)_2}[\mathcal{H}_{\varepsilon_9}^{(0)}]^{\mathrm{T}} \\
&= \sum_{(\varepsilon_1\varepsilon_0)_2\in\{0,1,2,3]} \mathcal{H}_0^{(0)}\mathcal{H}_{\varepsilon_1}^{(1)}\mathscr{D}_{j-1}^{(\varepsilon_1\varepsilon_0)_2}[\mathcal{H}_{\varepsilon_9}^{(1)}]^{\mathrm{T}}[\mathcal{H}_0^{(0)}]^{\mathrm{T}} + \sum_{(\varepsilon_1\varepsilon_0)_2\in\{1,2,3]} \mathcal{H}_{\varepsilon_1}^{(0)}\mathscr{D}_j^{(\varepsilon_1\varepsilon_0)_2}[\mathcal{H}_{\varepsilon_9}^{(0)}]^{\mathrm{T}} \\
&= \mathcal{H}_0^{(0)}\mathcal{H}_0^{(1)}\mathscr{D}_{j-1}^{(\varepsilon_1\varepsilon_0)_2}[\mathcal{H}_0^{(1)}]^{\mathrm{T}}[\mathcal{H}_0^{(0)}]^{\mathrm{T}} \\
&\quad + \sum_{(\varepsilon_1\varepsilon_0)_2\in\{1,2,3\}} \mathcal{H}_0^{(0)}\mathcal{H}_{\varepsilon_1}^{(1)}\mathscr{D}_{j-1}^{(\varepsilon_1\varepsilon_0)_2}[\mathcal{H}_{\varepsilon_9}^{(1)}]^{\mathrm{T}}[\mathcal{H}_0^{(0)}]^{\mathrm{T}} + \sum_{(\varepsilon_1\varepsilon_0)_2\in\{1,2,3\}} \mathcal{H}_{\varepsilon_1}^{(0)}\mathscr{D}_j^{(\varepsilon_1\varepsilon_0)_2}[\mathcal{H}_{\varepsilon_9}^{(0)}]^{\mathrm{T}} \\
&\ \vdots \\
&= \mathcal{H}_0^{(0)}\mathcal{H}_0^{(1)}\cdots\mathcal{H}_0^{(J)}\mathscr{D}_{j-J}^{(00)_2}[\mathcal{H}_0^{(J)}]^{\mathrm{T}}\cdots[\mathcal{H}_0^{(1)}]^{\mathrm{T}}[\mathcal{H}_0^{(0)}]^{\mathrm{T}} \\
&\quad + \sum_{u=0}^{J}\sum_{(\varepsilon_1\varepsilon_0)_2\in\{1,2,3\}} \mathcal{H}_0^{(0)}\mathcal{H}_0^{(1)}\cdots\mathcal{H}_0^{(u-1)}\mathcal{H}_{\varepsilon_1}^{(u)}\mathscr{D}_{j-u}^{(\varepsilon_1\varepsilon_0)_2}[\mathcal{H}_{\varepsilon_9}^{(u)}]^{\mathrm{T}}[\mathcal{H}_0^{(u-1)}]^{\mathrm{T}}\cdots[\mathcal{H}_0^{(1)}]^{\mathrm{T}}[\mathcal{H}_0^{(0)}]^{\mathrm{T}}
\end{aligned}$$

或者一般地写为

$$\begin{aligned}
\mathscr{D}_{j+1}^{(0)} = &\left[\prod_{\zeta=0}^{J}\mathcal{H}_0^{(\zeta)}\right]\mathscr{D}_{j-J}^{(00)_2}\left[\prod_{\zeta=0}^{J}\mathcal{H}_0^{(\zeta)}\right]^{\mathrm{T}} \\
&+\sum_{u=0}^{J}\sum_{(\varepsilon_1\varepsilon_0)_2\in\{1,2,3\}}\left(\left[\prod_{\zeta=0}^{(u-1)}\mathcal{H}_0^{(\zeta)}\right]\left[\mathcal{H}_{\varepsilon_1}^{(u)}\mathscr{D}_{j-u}^{(\varepsilon_1\varepsilon_0)_2}[\mathcal{H}_{\varepsilon_9}^{(u)}]^{T}\right]\left[\prod_{\zeta=0}^{(u-1)}\mathcal{H}_0^{(\zeta)}\right]^{\mathrm{T}}\right)
\end{aligned}$$

提示: 设 $\ell=\varepsilon_1\times 2+\varepsilon_0=(\varepsilon_1\varepsilon_0)_2$ 是 ℓ 按照 2 位的二进制表示, 当 $u=J,\cdots,1,0$ 时, 逐步迭代即可得到所欲证明的公式. 比如, 根据如下的图像单步小波合成算法公式: $\ell=\varepsilon_1\times 2+\varepsilon_0=(\varepsilon_1\varepsilon_0)_2$

$$\begin{aligned}
\mathscr{D}_{j+1-u}^{(00)_2} &= \mathcal{A}_{(u)}\left(\begin{array}{c|c}\mathscr{D}_{j-u}^{(00)_2} & \mathscr{D}_{j-u}^{(01)_2}\\ \hline \mathscr{D}_{j-u}^{(10)_2} & \mathscr{D}_{j-u}^{(11)_2}\end{array}\right)\mathcal{A}_{(u)}^{\mathrm{T}} = (\mathcal{H}_0^{(u)}\mid\mathcal{H}_1^{(u)})\left(\begin{array}{c|c}\mathscr{D}_{j-u}^{(00)_2} & \mathscr{D}_{j-u}^{(01)_2}\\ \hline \mathscr{D}_{j-u}^{(10)_2} & \mathscr{D}_{j-u}^{(11)_2}\end{array}\right)\left(\begin{array}{c}[\mathcal{H}_0^{(u)}]^{\mathrm{T}}\\ \hline [\mathcal{H}_1^{(u)}]^{\mathrm{T}}\end{array}\right) \\
&= \mathcal{H}_0^{(u)}\mathscr{D}_{j-u}^{(00)_2}[\mathcal{H}_0^{(u)}]^{\mathrm{T}} + \mathcal{H}_0^{(u)}\mathscr{D}_{j-u}^{(01)_2}[\mathcal{H}_1^{(u)}]^{\mathrm{T}} \\
&\quad + \mathcal{H}_1^{(u)}\mathscr{D}_{j-u}^{(10)_2}[\mathcal{H}_0^{(u)}]^{\mathrm{T}} + \mathcal{H}_1^{(u)}\mathscr{D}_{j-u}^{(11)_2}[\mathcal{H}_1^{(u)}]^{\mathrm{T}}
\end{aligned}$$

或者

$$\mathscr{D}_{j+1-u}^{(0)} = \mathcal{H}_0^{(u)}\mathscr{D}_{j-u}^{(00)_2}[\mathcal{H}_0^{(u)}]^{\mathrm{T}} + \sum_{(\varepsilon_1\varepsilon_0)_2\in\{1,2,3\}} \mathcal{H}_{\varepsilon_1}^{(u)}\mathscr{D}_{j-u}^{(\varepsilon_1\varepsilon_0)_2}[\mathcal{H}_{\varepsilon_9}^{(u)}]^{\mathrm{T}}$$

可以得到(这时 $u=0$)

$$\begin{aligned}\mathscr{D}_{j+1}^{(0)}&=\boldsymbol{\mathcal{H}}_0^{(0)}\mathscr{D}_j^{(00)_2}[\boldsymbol{\mathcal{H}}_0^{(0)}]^{\mathrm{T}}+\boldsymbol{\mathcal{H}}_0^{(0)}\mathscr{D}_j^{(01)_2}[\boldsymbol{\mathcal{H}}_1^{(0)}]^{\mathrm{T}}\\&\quad+\boldsymbol{\mathcal{H}}_1^{(0)}\mathscr{D}_j^{(10)_2}[\boldsymbol{\mathcal{H}}_0^{(0)}]^{\mathrm{T}}+\boldsymbol{\mathcal{H}}_1^{(0)}\mathscr{D}_j^{(11)_2}[\boldsymbol{\mathcal{H}}_1^{(0)}]^{\mathrm{T}}\\&=\boldsymbol{\mathcal{H}}_0^{(0)}\mathscr{D}_j^{(00)_2}[\boldsymbol{\mathcal{H}}_0^{(0)}]^{\mathrm{T}}+\sum_{(\varepsilon_1\varepsilon_0)_2\in\{1,2,3\}}\boldsymbol{\mathcal{H}}_{\varepsilon_1}^{(0)}\mathscr{D}_j^{(\varepsilon_1\varepsilon_0)_2}[\boldsymbol{\mathcal{H}}_{\varepsilon_9}^{(0)}]^{\mathrm{T}}\end{aligned}$$

因为(这时 $u=1$)

$$\begin{aligned}\mathscr{D}_j^{(00)_2}&=\boldsymbol{\mathcal{H}}_0^{(1)}\mathscr{D}_{j-1}^{(00)_2}[\boldsymbol{\mathcal{H}}_0^{(1)}]^{\mathrm{T}}+\boldsymbol{\mathcal{H}}_0^{(1)}\mathscr{D}_{j-1}^{(01)_2}[\boldsymbol{\mathcal{H}}_1^{(1)}]^{\mathrm{T}}\\&\quad+\boldsymbol{\mathcal{H}}_1^{(1)}\mathscr{D}_{j-1}^{(10)_2}[\boldsymbol{\mathcal{H}}_0^{(1)}]^{\mathrm{T}}+\boldsymbol{\mathcal{H}}_1^{(1)}\mathscr{D}_{j-1}^{(11)_2}[\boldsymbol{\mathcal{H}}_1^{(1)}]^{\mathrm{T}}\\&=\sum_{(\varepsilon_1\varepsilon_0)_2\in\{0,1,2,3\}}\boldsymbol{\mathcal{H}}_{\varepsilon_1}^{(1)}\mathscr{D}_{j-1}^{(\varepsilon_1\varepsilon_0)_2}[\boldsymbol{\mathcal{H}}_{\varepsilon_9}^{(1)}]^{\mathrm{T}}\\&=\boldsymbol{\mathcal{H}}_0^{(1)}\mathscr{D}_{j-1}^{(00)_2}[\boldsymbol{\mathcal{H}}_0^{(1)}]^{\mathrm{T}}+\sum_{(\varepsilon_1\varepsilon_0)_2\in\{1,2,3\}}\boldsymbol{\mathcal{H}}_{\varepsilon_1}^{(1)}\mathscr{D}_{j-1}^{(\varepsilon_1\varepsilon_0)_2}[\boldsymbol{\mathcal{H}}_{\varepsilon_9}^{(1)}]^{\mathrm{T}}\end{aligned}$$

将它代入前一个公式最后等式的第一项 $\boldsymbol{\mathcal{H}}_0^{(0)}\mathscr{D}_j^{(00)_2}[\boldsymbol{\mathcal{H}}_0^{(0)}]^{\mathrm{T}}$，于是得到累积两步的合成结果:

$$\begin{aligned}\mathscr{D}_{j+1}^{(0)}&=\boldsymbol{\mathcal{H}}_0^{(0)}\mathscr{D}_j^{(00)_2}[\boldsymbol{\mathcal{H}}_0^{(0)}]^{\mathrm{T}}+\sum_{(\varepsilon_1\varepsilon_0)_2\in\{1,2,3\}}\boldsymbol{\mathcal{H}}_{\varepsilon_1}^{(0)}\mathscr{D}_j^{(\varepsilon_1\varepsilon_0)_2}[\boldsymbol{\mathcal{H}}_{\varepsilon_9}^{(0)}]^{\mathrm{T}}\\&=\boldsymbol{\mathcal{H}}_0^{(0)}\left\{\boldsymbol{\mathcal{H}}_0^{(1)}\mathscr{D}_{j-1}^{(00)_2}[\boldsymbol{\mathcal{H}}_0^{(1)}]^{\mathrm{T}}+\sum_{(\varepsilon_1\varepsilon_0)_2\in\{1,2,3\}}\boldsymbol{\mathcal{H}}_{\varepsilon_1}^{(1)}\mathscr{D}_{j-1}^{(\varepsilon_1\varepsilon_0)_2}[\boldsymbol{\mathcal{H}}_{\varepsilon_9}^{(1)}]^{\mathrm{T}}\right\}[\boldsymbol{\mathcal{H}}_0^{(0)}]^{\mathrm{T}}\\&\quad+\sum_{(\varepsilon_1\varepsilon_0)_2\in\{1,2,3\}}\boldsymbol{\mathcal{H}}_{\varepsilon_1}^{(0)}\mathscr{D}_j^{(\varepsilon_1\varepsilon_0)_2}[\boldsymbol{\mathcal{H}}_{\varepsilon_9}^{(0)}]^{\mathrm{T}}\\&=\sum_{(\varepsilon_1\varepsilon_0)_2\in\{1,2,3\}}\boldsymbol{\mathcal{H}}_{\varepsilon_1}^{(0)}\mathscr{D}_j^{(\varepsilon_1\varepsilon_0)_2}[\boldsymbol{\mathcal{H}}_{\varepsilon_9}^{(0)}]^{\mathrm{T}}\\&\quad+\sum_{(\varepsilon_1\varepsilon_0)_2\in\{1,2,3\}}\boldsymbol{\mathcal{H}}_0^{(0)}\boldsymbol{\mathcal{H}}_{\varepsilon_1}^{(1)}\mathscr{D}_{j-1}^{(\varepsilon_1\varepsilon_0)_2}[\boldsymbol{\mathcal{H}}_{\varepsilon_9}^{(1)}]^{\mathrm{T}}[\boldsymbol{\mathcal{H}}_0^{(0)}]^{\mathrm{T}}\\&\quad+\boldsymbol{\mathcal{H}}_0^{(0)}\boldsymbol{\mathcal{H}}_0^{(1)}\mathscr{D}_{j-1}^{(00)_2}[\boldsymbol{\mathcal{H}}_0^{(1)}]^{\mathrm{T}}[\boldsymbol{\mathcal{H}}_0^{(0)}]^{\mathrm{T}}\end{aligned}$$

如此等等.

4.32.9　设 $\ell=\varepsilon_1\times 2+\varepsilon_0=(\varepsilon_1\varepsilon_0)_2\in\{0,1,2,3\}$ 是 ℓ 按照 2 位的二进制表示, 利用矩阵序列 $\mathscr{D}_{j-J}^{(0)},\mathscr{D}_{j-u}^{(\ell)},\ell=1,2,3,j\in\mathbb{Z},u=0,1,2,\cdots,J$ ，定义与 $\mathscr{D}_{j+1}^{(0)}$ 尺寸相同的矩阵:

$$\begin{aligned}\mathscr{R}_j^{(\varepsilon_1\varepsilon_0)_2}&=[\boldsymbol{\mathcal{H}}_{\varepsilon_1}^{(0)}\mathscr{D}_j^{(\varepsilon_1\varepsilon_0)_2}[\boldsymbol{\mathcal{H}}_{\varepsilon_9}^{(0)}]^{\mathrm{T}}]\\\mathscr{R}_{j-1}^{(\varepsilon_1\varepsilon_0)_2}&=\boldsymbol{\mathcal{H}}_0^{(0)}[\boldsymbol{\mathcal{H}}_{\varepsilon_1}^{(1)}\mathscr{D}_{j-1}^{(\varepsilon_1\varepsilon_0)_2}[\boldsymbol{\mathcal{H}}_{\varepsilon_9}^{(1)}]^{\mathrm{T}}][\boldsymbol{\mathcal{H}}_0^{(0)}]^{\mathrm{T}}\\&\;\vdots\\\mathscr{R}_{j-J+1}^{(\varepsilon_1\varepsilon_0)_2}&=\boldsymbol{\mathcal{H}}_0^{(0)}\boldsymbol{\mathcal{H}}_0^{(1)}\cdots[\boldsymbol{\mathcal{H}}_{\varepsilon_1}^{(J-1)}\mathscr{D}_{j-J+1}^{(\varepsilon_1\varepsilon_0)_2}[\boldsymbol{\mathcal{H}}_{\varepsilon_0}^{(J-1)}]^{\mathrm{T}}]\cdots[\boldsymbol{\mathcal{H}}_0^{(1)}]^{\mathrm{T}}[\boldsymbol{\mathcal{H}}_0^{(0)}]^{\mathrm{T}}\\\mathscr{R}_{j-J}^{(\varepsilon_1\varepsilon_0)_2}&=[\boldsymbol{\mathcal{H}}_0^{(0)}\boldsymbol{\mathcal{H}}_0^{(1)}\cdots\boldsymbol{\mathcal{H}}_0^{(J-1)}][\boldsymbol{\mathcal{H}}_{\varepsilon_1}^{(J)}\mathscr{D}_{j-J}^{(\varepsilon_1\varepsilon_0)_2}[\boldsymbol{\mathcal{H}}_{\varepsilon_0}^{(J)}]^{\mathrm{T}}][[\boldsymbol{\mathcal{H}}_0^{(J-1)}]^{\mathrm{T}}\cdots[\boldsymbol{\mathcal{H}}_0^{(1)}]^{\mathrm{T}}[\boldsymbol{\mathcal{H}}_0^{(0)}]^{\mathrm{T}}]\\\mathscr{R}_{j-J}^{(00)_2}&=[\boldsymbol{\mathcal{H}}_0^{(0)}\boldsymbol{\mathcal{H}}_0^{(1)}\cdots\boldsymbol{\mathcal{H}}_0^{(J-1)}\boldsymbol{\mathcal{H}}_0^{(J)}]\mathscr{D}_{j-J}^{(00)_2}[[\boldsymbol{\mathcal{H}}_0^{(J)}]^{\mathrm{T}}[\boldsymbol{\mathcal{H}}_0^{(J-1)}]^{\mathrm{T}}\cdots[\boldsymbol{\mathcal{H}}_0^{(1)}]^{\mathrm{T}}[\boldsymbol{\mathcal{H}}_0^{(0)}]^{\mathrm{T}}]\end{aligned}$$

或者改写成紧凑形式

$$\mathscr{R}_{j-u}^{(\varepsilon_1\varepsilon_0)_2} = \left[\prod_{\zeta=0}^{(u-1)} \boldsymbol{\mathcal{H}}_0^{(\zeta)}\right][\boldsymbol{\mathcal{H}}_{\varepsilon_1}^{(u)} \mathscr{D}_{j-u}^{(\varepsilon_1\varepsilon_0)_2} [\boldsymbol{\mathcal{H}}_{\varepsilon_9}^{(u)}]^{\mathrm{T}}]\left[\prod_{\zeta=0}^{(u-1)} \boldsymbol{\mathcal{H}}_0^{(\zeta)}\right]^{\mathrm{T}}$$

$$\mathscr{R}_{j-J}^{(00)_2} = \left[\prod_{\zeta=0}^{J} \boldsymbol{\mathcal{H}}_0^{(\zeta)}\right] \mathscr{D}_{j-J}^{(00)_2} \left[\prod_{\zeta=0}^{J} \boldsymbol{\mathcal{H}}_0^{(\zeta)}\right]^{\mathrm{T}}$$

$$u = 0,1,2,\cdots,J, \quad (\varepsilon_1\varepsilon_0)_2 \in \{1,2,3\}$$

证明: $\mathscr{D}_{j+1}^{(0)}$ 具有如下尺寸相同的相互正交的矩阵和分解表示:

$$\mathscr{D}_{j+1}^{(0)} = \mathscr{R}_{j-J}^{(00)_2} + \sum_{u=0}^{J} \sum_{(\varepsilon_1\varepsilon_0)_2 \in \{1,2,3\}} \mathscr{R}_{j-u}^{(\varepsilon_1\varepsilon_0)_2}$$

其中与 $\mathscr{D}_{j+1}^{(0)}$ 有相同数字分辨率的数字图像族是正交图像族:

$$\left\{\mathscr{R}_{j-J}^{(00)_2}, \mathscr{R}_{j-u}^{(\varepsilon_1\varepsilon_0)_2}; u = 0,1,\cdots,J, (\varepsilon_1\varepsilon_0)_2 \in \{1,2,3\}\right\}$$

即当 $0 \leqslant u,v \leqslant J, (\varepsilon_1\varepsilon_0)_2 \in \{1,2,3\}, (\xi_1\xi_0)_2 \in \{1,2,3\}$ 时,

$$\left\langle \mathscr{R}_{j-u}^{(\varepsilon_1\varepsilon_0)_2}, \mathscr{R}_{j-v}^{(\xi_1\xi_0)_2} \right\rangle = \| \mathscr{R}_{j-u}^{(\varepsilon_1\varepsilon_0)_2} \|^2 \ \delta(u-v)\delta(\varepsilon_1 - \xi_1)\delta(\varepsilon_0 - \xi_0)$$

$$\left\langle \mathscr{R}_{j-u}^{(\varepsilon_1\varepsilon_0)_2}, \mathscr{R}_{j-J}^{(00)_2} \right\rangle = 0$$

而且

$$\| \mathscr{D}_{j+1}^{(0)} \|^2 = \| \mathscr{R}_{j-J}^{(00)_2} \|^2 + \sum_{u=0}^{J} \sum_{(\varepsilon_1\varepsilon_0)_2 \in \{1,2,3\}} \| \mathscr{R}_{j-u}^{(\varepsilon_1\varepsilon_0)_2} \|^2$$

这就是数字图像正交小波分解的“图像勾股定理”. 这个勾股定理和物理图像正交投影的勾股定理:

$$\boxed{\| f_{j+1}^{(0)} \|^2 = \| f_{j-J}^{(0)} \|^2 + \sum_{u=0}^{J} \sum_{\ell=1}^{3} \| f_{j-u}^{(\ell)} \|^2}$$

本质上是一致的, 而且, 当 $u = 0,1,\cdots,J, (\varepsilon_1\varepsilon_0)_2 \in \{1,2,3\}$ 时,

$$\| \mathscr{R}_{j-J}^{(00)_2} \|^2 = \sum_{(m,n)\in\mathbb{Z}\times\mathbb{Z}} | d_{j-J;m,n}^{(00)_2} |^2, \quad \| \mathscr{R}_{j-u}^{(\varepsilon_1\varepsilon_0)_2} \|^2 = \sum_{(m,n)\in\mathbb{Z}\times\mathbb{Z}} | d_{j-u;m,n}^{(\varepsilon_1\varepsilon_0)_2} |^2$$

习题 4.33 有限数字图像小波链

考虑有限数字图像 $\mathscr{D}_{j+1}^{(0)} = \{d_{j+1,m,n}^{(0)}; (m,n) \in \mathbb{B}\times\mathbb{B}\}$ 为 $N\times N$ 复数矩阵全体构成的线性空间 $\mathbb{C}^{N\times N} = \{\mathbb{A} = (a_{r,s} \in \mathbb{C})_{N\times N}; (r,s) \in \mathbb{B}\times\mathbb{B}\}$ 中的一个点或者向量或者矩阵, 其中 $\mathbb{B} = \{0,1,2,\cdots,N-1\}$, 假设 $N = 2^{\Delta}$, Δ 是自然数.

设 $\mathbf{h}_0=\{h_{0,n}=h_n;n\in\mathbb{Z}\}^{\mathrm{T}}$ 和 $\mathbf{h}_1=\{h_{1,n}=g_n;n\in\mathbb{Z}\}^{\mathrm{T}}$ 作为多分辨率分析滤波器系数序列只有有限项非零. 设 $h_{0,0}h_{0,M-1}\neq 0$ 且当 $n<0$ 或 $n>(M-1)$ 时，$h_{0,n}=0$，M 是偶数. 由 $h_{1,n}=(-1)^{M-1-n}\overline{h}_{M-1-n},n\in\mathbb{Z}$ 定义的带通滤波器系数序列 $\mathbf{h}_1$ 也满足同样要求. 将序列 $\mathbf{h}_0$ 和 $\mathbf{h}_1$ 按照周期长度 $N=2^{\Delta}>M$ 进行周期化，它们在同一个周期内的取值分别构成 N 维列向量:

$$\mathbf{h}_\ell=\{h_{\ell,0},h_{\ell,1},\cdots,h_{\ell,M-2},h_{\ell,M-1},h_{\ell,M},\cdots,h_{\ell,N-1}\}^{\mathrm{T}},\quad \ell=0,1$$

其中 $h_{\ell,M}=\cdots=h_{\ell,N-1}=0,\ell=0,1$. 定义如下符号: 对于整数 k，

$$\mathbf{h}_\ell^{(k)}=\{h_{\ell,\mathrm{mod}(n-k,N)};n=0,1,2,\cdots,N-1\}^{\mathrm{T}},\quad \ell=0,1$$

对于 $\ell=(\zeta_1\zeta_0)_2\in\{0,1,2,3\}$，引入记号:

$$\begin{aligned}h^{(\ell)}(m-2v,n-2w)&=h^{(\zeta_1\zeta_0)_2}(m-2v,n-2w)\\&=h_{\zeta_1,\mathrm{mod}(m-2v,N)}h_{\zeta_0,\mathrm{mod}(n-2w,N)}\\m,n&=0,1,\cdots,(N-1)\\v,w&=0,1,2,\cdots,(0.5N-1)\end{aligned}$$

或者等价地，当 $m,n=0,1,\cdots,(N-1),v,w=0,1,2,\cdots,(0.5N-1)$ 时，

$$\begin{aligned}h^{(0)}(m-2v,n-2w)&=h_{0,\mathrm{mod}(m-2v,N)}h_{0,\mathrm{mod}(n-2w,N)}\\h^{(1)}(m-2v,n-2w)&=h_{0,\mathrm{mod}(m-2v,N)}h_{1,\mathrm{mod}(n-2w,N)}\\h^{(2)}(m-2v,n-2w)&=h_{1,\mathrm{mod}(m-2v,N)}h_{0,\mathrm{mod}(n-2w,N)}\\h^{(3)}(m-2v,n-2w)&=h_{1,\mathrm{mod}(m-2v,N)}h_{1,\mathrm{mod}(n-2w,N)}\end{aligned}$$

引入两个维数是 $N\times[0.5N]$ 的矩阵:

$$\begin{aligned}\boldsymbol{\mathcal{H}}_\ell&=[h_{\ell,n,k}=h_{\ell,\mathrm{mod}(n-2k,N)};0\leqslant n\leqslant N-1,0\leqslant k\leqslant 0.5N-1]_{N\times\frac{N}{2}}\\&=[\mathbf{h}_\ell^{(2k)};0\leqslant k\leqslant 0.5N-1]_{N\times\frac{N}{2}}\\&=[\mathbf{h}_\ell^{(0)}\mid\mathbf{h}_\ell^{(2)}\mid\mathbf{h}_\ell^{(4)}\mid\cdots\mid\mathbf{h}_\ell^{(N-2)}]\\&=[h_{\ell,\mathrm{mod}(m-2k,N)};m=0,1,\cdots,(N-1),k=0,1,\cdots,(0.5N-1)]_{N\times\frac{N}{2}},\quad \ell=0,1\end{aligned}$$

同时定义维数是 $N\times N$ 的矩阵 $\boldsymbol{\mathcal{A}}=(\boldsymbol{\mathcal{H}}_0\mid\boldsymbol{\mathcal{H}}_1)$.

对于任意非负整数 u，引入两个 $[2^{-u}N]\times[2^{-(u+1)}N]$ 矩阵 $\boldsymbol{\mathcal{H}}_0^{(u)},\boldsymbol{\mathcal{H}}_1^{(u)}$，它们分别与 $\boldsymbol{\mathcal{H}}_0,\boldsymbol{\mathcal{H}}_1$ 的构造方法相同，比如 $u=0$ 时，$\boldsymbol{\mathcal{H}}_0^{(0)}=\boldsymbol{\mathcal{H}}_0,\boldsymbol{\mathcal{H}}_1^{(0)}=\boldsymbol{\mathcal{H}}_1$，当 $u=1$ 时，

$$\begin{aligned}\boldsymbol{\mathcal{H}}_\ell^{(u)} &= \boldsymbol{\mathcal{H}}_\ell^{(1)} \\ &= [h_{\ell,\mathrm{mod}(m-2k,N)}; m=0,1,\cdots,(0.5N-1), k=0,1,\cdots,(0.25N-1)]_{(0.5N)\times(0.25N)}\end{aligned}$$

都是 $[2^{-1}N]\times[2^{-2}N]$ 矩阵. 利用这些矩阵记号定义 $[2^{-u}N]\times[2^{-u}N]$ 矩阵 $\boldsymbol{\mathcal{A}}_{(u)}=(\boldsymbol{\mathcal{H}}_0^{(u)} \mid \boldsymbol{\mathcal{H}}_1^{(u)})$，比如当 $u=0$ 时,

$$\boldsymbol{\mathcal{A}}_{(u)}=(\boldsymbol{\mathcal{H}}_0^{(u)} \mid \boldsymbol{\mathcal{H}}_1^{(u)})=\boldsymbol{\mathcal{A}}=(\boldsymbol{\mathcal{H}}_0 \mid \boldsymbol{\mathcal{H}}_1)$$

容易证明 $[2^{-u}N]\times[2^{-u}N]$ 的矩阵 $\boldsymbol{\mathcal{A}}_{(u)}=(\boldsymbol{\mathcal{H}}_0^{(u)} \mid \boldsymbol{\mathcal{H}}_1^{(u)})$ 是酉矩阵.

这里原始数字图像 $\mathscr{D}_{j+1}^{(0)}=\{d_{j+1,m,n}^{(0)};0\leqslant m,n\leqslant(N-1)\}$ 是 $N\times N$ 的有限数字图像, 其小波分解子图像的尺寸将是输入图像纵横方向尺寸均减半, 比如, 从 $\mathscr{D}_{j+1}^{(0)}$ 分解一次得到 $\mathscr{D}_{j}^{(\ell)}=\{d_{j,v,w}^{(\ell)};0\leqslant v,w\leqslant(0.5N-1)\},\ell=0,1,2,3$，这 4 个子图像的尺寸都是 $[0.5N]\times[0.5N]$，进一步将 $\mathscr{D}_{j}^{(0)}$ 进行分解，将得到的 4 个子图像是 $\mathscr{D}_{j-1}^{(\ell)}=\{d_{j-1,v,w}^{(\ell)};0\leqslant v,w\leqslant(0.25N-1)\},\ell=0,1,2,3$，它们的尺寸在纵横方向都是 $\mathscr{D}_{j}^{(0)}$ 的尺寸减半而为 $[0.25N]\times[0.25N]$，如此等等，$\mathscr{D}_{j-u}^{(\ell)},\ell=0,1,2,3$ 将是尺寸为 $[2^{-(u+1)}N]\times[2^{-(u+1)}N]$ 的 4 个子图像.

有限数字图像的二维小波分解被定义为: 从 $\{d_{j+1,m,n}^{(0)};0\leqslant m,n\leqslant(N-1)\}$ 到 $\{d_{j,v,w}^{(\ell)};0\leqslant v,w\leqslant(0.5N-1)\},\ell=0,1,2,3$ 的小波分解表示为

$$\begin{cases} d_{j;v,w}^{(0)} = \displaystyle\sum_{n=0}^{N-1}\sum_{m=0}^{N-1}\overline{h}^{(0)}(m-2v,n-2w)d_{j+1;m,n}^{(0)} \\ d_{j;v,w}^{(1)} = \displaystyle\sum_{n=0}^{N-1}\sum_{m=0}^{N-1}\overline{h}^{(1)}(m-2v,n-2w)d_{j+1;m,n}^{(0)} \\ d_{j;v,w}^{(2)} = \displaystyle\sum_{n=0}^{N-1}\sum_{m=0}^{N-1}\overline{h}^{(2)}(m-2v,n-2w)d_{j+1;m,n}^{(0)} \\ d_{j;v,w}^{(3)} = \displaystyle\sum_{n=0}^{N-1}\sum_{m=0}^{N-1}\overline{h}^{(3)}(m-2v,n-2w)d_{j+1;m,n}^{(0)} \end{cases}$$

或者写成紧凑形式: 对于 $v,w=0,1,\cdots,(0.5N-1)$,

$$d_{j;v,w}^{(\ell)} = \sum_{n=0}^{N-1}\sum_{m=0}^{N-1}\overline{h}^{(\ell)}(m-2v,n-2w)d_{j+1;m,n}^{(0)},\quad \ell=0,1,2,3$$

随着分解次数的增加, 求和运算的总数将按照有限数字图像小波分解子图像的尺寸变化规律而改变. 比如, 在利用 $\mathscr{D}_{j+1-u}^{(0)}$ 计算 $\mathscr{D}_{j-u}^{(\ell)},\ell=0,1,2,3$ 时, 计算公式右边代

数和的项数由 $m,n=0,1,2,\cdots,(2^{-u}N-1)$ 决定，即为 $[2^{-u}N]\times[2^{-u}N]$.

4.33.1　证明：$N\times N$ 的有限数字图像 $\mathscr{D}_{j+1}^{(0)}$ 与其 4 个小波分解子图像 $\mathscr{D}_{j}^{(\ell)},\ell=0,1,2,3$ 之间的计算关系可以写成如下的矩阵变换关系：

$$\left(\frac{\mathscr{D}_{j}^{(0)}\mid\mathscr{D}_{j}^{(1)}}{\mathscr{D}_{j}^{(2)}\mid\mathscr{D}_{j}^{(3)}}\right)=\boldsymbol{\mathcal{A}}^{*}\mathscr{D}_{j+1}^{(0)}\overline{\boldsymbol{\mathcal{A}}}=\left(\frac{\boldsymbol{\mathcal{H}}_0^{*}}{\boldsymbol{\mathcal{H}}_1^{*}}\right)\mathscr{D}_{j+1}^{(0)}(\overline{\boldsymbol{\mathcal{H}}_0}\mid\overline{\boldsymbol{\mathcal{H}}_1})=\left(\frac{\boldsymbol{\mathcal{H}}_0^{*}\mathscr{D}_{j+1}^{(0)}\overline{\boldsymbol{\mathcal{H}}_0}\mid\boldsymbol{\mathcal{H}}_0^{*}\mathscr{D}_{j+1}^{(0)}\overline{\boldsymbol{\mathcal{H}}_1}}{\boldsymbol{\mathcal{H}}_1^{*}\mathscr{D}_{j+1}^{(0)}\overline{\boldsymbol{\mathcal{H}}_0}\mid\boldsymbol{\mathcal{H}}_1^{*}\mathscr{D}_{j+1}^{(0)}\overline{\boldsymbol{\mathcal{H}}_1}}\right)$$

4.33.2　证明：$[2^{-u}N]\times[2^{-u}N]$ 的有限数字图像 $\mathscr{D}_{j+1-u}^{(0)}$ 与其 4 个小波分解子图像 $\mathscr{D}_{j-u}^{(\ell)},\ell=0,1,2,3$ 之间的计算关系可以写成如下的矩阵变换关系：

$$\left(\frac{\mathscr{D}_{j-u}^{(0)}\mid\mathscr{D}_{j-u}^{(1)}}{\mathscr{D}_{j-u}^{(2)}\mid\mathscr{D}_{j-u}^{(3)}}\right)=\boldsymbol{\mathcal{A}}_{(u)}^{*}\mathscr{D}_{j+1-u}^{(0)}\overline{\boldsymbol{\mathcal{A}}_{(u)}}=\left(\frac{[\boldsymbol{\mathcal{H}}_0^{(u)}]^{*}\mathscr{D}_{j+1-u}^{(0)}\overline{\boldsymbol{\mathcal{H}}_0^{(u)}}\mid[\boldsymbol{\mathcal{H}}_0^{(u)}]^{*}\mathscr{D}_{j+1-u}^{(0)}\overline{\boldsymbol{\mathcal{H}}_1^{(u)}}}{[\boldsymbol{\mathcal{H}}_1^{(u)}]^{*}\mathscr{D}_{j+1-u}^{(0)}\overline{\boldsymbol{\mathcal{H}}_0^{(u)}}\mid[\boldsymbol{\mathcal{H}}_1^{(u)}]^{*}\mathscr{D}_{j+1-u}^{(0)}\overline{\boldsymbol{\mathcal{H}}_1^{(u)}}}\right)$$

如果 $\ell=\varepsilon_1\times2+\varepsilon_0=(\varepsilon_1\varepsilon_0)_2\in\{0,1,2,3\}$ 是 ℓ 按照 2 位的二进制表示，那么，有限数字图像小波分解算法公式还表示为

$$\begin{aligned}\left(\frac{\mathscr{D}_{j-u}^{(0)}\mid\mathscr{D}_{j-u}^{(1)}}{\mathscr{D}_{j-u}^{(2)}\mid\mathscr{D}_{j-u}^{(3)}}\right)&=\left(\frac{\mathscr{D}_{j-u}^{((00)_2)}\mid\mathscr{D}_{j-u}^{((01)_2)}}{\mathscr{D}_{j-u}^{((10)_2)}\mid\mathscr{D}_{j-u}^{((11)_2)}}\right)\\&=\boldsymbol{\mathcal{A}}_{(u)}^{*}\mathscr{D}_{j+1-u}^{(0)}\overline{\boldsymbol{\mathcal{A}}_{(u)}}\\&=\left(\frac{[\boldsymbol{\mathcal{H}}_0^{(u)}]^{*}}{[\boldsymbol{\mathcal{H}}_1^{(u)}]^{*}}\right)\mathscr{D}_{j+1-u}^{(0)}\left(\overline{\boldsymbol{\mathcal{H}}_0^{(u)}}\middle|\overline{\boldsymbol{\mathcal{H}}_1^{(u)}}\right)\\&=\left(\frac{[\boldsymbol{\mathcal{H}}_0^{(u)}]^{*}\mathscr{D}_{j+1-u}^{(0)}\overline{\boldsymbol{\mathcal{H}}_0^{(u)}}\mid[\boldsymbol{\mathcal{H}}_0^{(u)}]^{*}\mathscr{D}_{j+1-u}^{(0)}\overline{\boldsymbol{\mathcal{H}}_1^{(u)}}}{[\boldsymbol{\mathcal{H}}_1^{(u)}]^{*}\mathscr{D}_{j+1-u}^{(0)}\overline{\boldsymbol{\mathcal{H}}_0^{(u)}}\mid[\boldsymbol{\mathcal{H}}_1^{(u)}]^{*}\mathscr{D}_{j+1-u}^{(0)}\overline{\boldsymbol{\mathcal{H}}_1^{(u)}}}\right)\end{aligned}$$

或者更紧凑地写成

$$\begin{aligned}\mathscr{D}_{j-u}^{(\ell)}&=\mathscr{D}_{j-u}^{((\varepsilon_1\varepsilon_0)_2)}=[\boldsymbol{\mathcal{H}}_{\varepsilon_1}^{(u)}]^{*}\mathscr{D}_{j+1-u}^{(0)}\overline{\boldsymbol{\mathcal{H}}_{\varepsilon_0}^{(u)}}\\&=\begin{cases}[\boldsymbol{\mathcal{H}}_0^{(u)}]^{*}\mathscr{D}_{j+1-u}^{(0)}[\overline{\boldsymbol{\mathcal{H}}}_0^{(u)}] & (\varepsilon_1\varepsilon_0)_2=(00)_2=0\\ [\boldsymbol{\mathcal{H}}_0^{(u)}]^{*}\mathscr{D}_{j+1-u}^{(0)}[\overline{\boldsymbol{\mathcal{H}}}_1^{(u)}] & (\varepsilon_1\varepsilon_0)_2=(01)_2=1\\ [\boldsymbol{\mathcal{H}}_1^{(u)}]^{*}\mathscr{D}_{j+1-u}^{(0)}[\overline{\boldsymbol{\mathcal{H}}}_0^{(u)}] & (\varepsilon_1\varepsilon_0)_2=(10)_2=2\\ [\boldsymbol{\mathcal{H}}_1^{(u)}]^{*}\mathscr{D}_{j+1-u}^{(0)}[\overline{\boldsymbol{\mathcal{H}}}_1^{(u)}] & (\varepsilon_1\varepsilon_0)_2=(11)_2=3\end{cases}\\ \ell&=\varepsilon_1\times2+\varepsilon_0=(\varepsilon_1\varepsilon_0)_2\end{aligned}$$

4.33.3　证明：$N\times N$ 图像 $\mathscr{D}_{j+1}^{(0)}$ 与 $\mathscr{D}_{j-J}^{(\ell)},\ell=0,1,2,3$ 这 4 个小波分解子图像之间具有如下计算关系：如果 $\ell=\varepsilon_1\times2+\varepsilon_0=(\varepsilon_1\varepsilon_0)_2\in\{0,1,2,3\}$ 是 ℓ 按照 2 位的二进制表示，那么，

$$\mathscr{D}_{j-J}^{(\ell)} = \mathscr{D}_{j-J}^{(\varepsilon_1\varepsilon_0)_2} = [\boldsymbol{\mathcal{H}}_{\varepsilon_1}^{(J)}]^*[\boldsymbol{\mathcal{H}}_0^{(J-1)}]^* \cdots [\boldsymbol{\mathcal{H}}_0^{(0)}]^* \mathscr{D}_{j+1}^{(0)} [\bar{\boldsymbol{\mathcal{H}}}_0^{(0)}] \cdots [\bar{\boldsymbol{\mathcal{H}}}_0^{(J-1)}][\bar{\boldsymbol{\mathcal{H}}}_0^{(J)}]$$
$$= \begin{cases} [\boldsymbol{\mathcal{H}}_0^{(J)}]^*[\boldsymbol{\mathcal{H}}_0^{(J-1)}]^* \cdots [\boldsymbol{\mathcal{H}}_0^{(0)}]^* \mathscr{D}_{j+1}^{(0)} [\bar{\boldsymbol{\mathcal{H}}}_0^{(0)}] \cdots [\bar{\boldsymbol{\mathcal{H}}}_0^{(J-1)}][\bar{\boldsymbol{\mathcal{H}}}_0^{(J)}] & (\varepsilon_1\varepsilon_0)_2 = (00)_2 = 0 \\ [\boldsymbol{\mathcal{H}}_0^{(J)}]^*[\boldsymbol{\mathcal{H}}_0^{(J-1)}]^* \cdots [\boldsymbol{\mathcal{H}}_0^{(0)}]^* \mathscr{D}_{j+1}^{(0)} [\bar{\boldsymbol{\mathcal{H}}}_0^{(0)}] \cdots [\bar{\boldsymbol{\mathcal{H}}}_0^{(J-1)}][\bar{\boldsymbol{\mathcal{H}}}_1^{(J)}] & (\varepsilon_1\varepsilon_0)_2 = (01)_2 = 1 \\ [\boldsymbol{\mathcal{H}}_1^{(J)}]^*[\boldsymbol{\mathcal{H}}_0^{(J-1)}]^* \cdots [\boldsymbol{\mathcal{H}}_0^{(0)}]^* \mathscr{D}_{j+1}^{(0)} [\bar{\boldsymbol{\mathcal{H}}}_0^{(0)}] \cdots [\bar{\boldsymbol{\mathcal{H}}}_0^{(J-1)}][\bar{\boldsymbol{\mathcal{H}}}_0^{(J)}] & (\varepsilon_1\varepsilon_0)_2 = (10)_2 = 2 \\ [\boldsymbol{\mathcal{H}}_1^{(J)}]^*[\boldsymbol{\mathcal{H}}_0^{(J-1)}]^* \cdots [\boldsymbol{\mathcal{H}}_0^{(0)}]^* \mathscr{D}_{j+1}^{(0)} [\bar{\boldsymbol{\mathcal{H}}}_0^{(0)}] \cdots [\bar{\boldsymbol{\mathcal{H}}}_0^{(J-1)}][\bar{\boldsymbol{\mathcal{H}}}_1^{(J)}] & (\varepsilon_1\varepsilon_0)_2 = (11)_2 = 3 \end{cases}$$

这是 4 个尺寸为 $[2^{-(J+1)}N]\times[2^{-(J+1)}N]$ 的数字图像.

4.33.4 证明：假如 $N\times N$ 图像 $\mathscr{D}_{j+1}^{(0)}$ 被逐次分解成 $\mathscr{D}_{j-u}^{(\ell)}$，$\ell=0,1,2,3$, $u=0,1,2,\cdots,J$. 那么，$\mathscr{D}_{j+1}^{(0)}$ 与它的这些小波分解子图像之间具有如下的能量分解关系:

$$\| \mathscr{D}_{j+1}^{(0)} \|^2 = \| \mathscr{D}_{j-J}^{(0)} \|^2 + \sum_{u=0}^{J}\sum_{\ell=1}^{3} \| \mathscr{D}_{j-u}^{(\ell)} \|^2$$

4.33.5 证明: 矩阵序列 $\boldsymbol{\mathcal{A}}_{(u)} = (\boldsymbol{\mathcal{H}}_0^{(u)} \mid \boldsymbol{\mathcal{H}}_1^{(u)})_{[2^{-u}N]\times[2^{-u}N]}$ 中的每个矩阵都是酉矩阵.

提示: 由定义直接计算可得

$$\begin{aligned} \boldsymbol{\mathcal{A}}_{(u)}\boldsymbol{\mathcal{A}}_{(u)}^* &= (\boldsymbol{\mathcal{H}}_0^{(u)} \mid \boldsymbol{\mathcal{H}}_1^{(u)})\left(\frac{[\boldsymbol{\mathcal{H}}_0^{(u)}]^*}{[\boldsymbol{\mathcal{H}}_1^{(u)}]^*}\right) = \boldsymbol{\mathcal{H}}_0^{(u)}[\boldsymbol{\mathcal{H}}_0^{(u)}]^* + \boldsymbol{\mathcal{H}}_1^{(u)}[\boldsymbol{\mathcal{H}}_1^{(u)}]^* = \boldsymbol{\mathcal{A}}_{(u)}^*\boldsymbol{\mathcal{A}}_{(u)} \\ &= \left(\frac{[\boldsymbol{\mathcal{H}}_0^{(u)}]^*}{[\boldsymbol{\mathcal{H}}_1^{(u)}]^*}\right)(\boldsymbol{\mathcal{H}}_0^{(u)} \mid \boldsymbol{\mathcal{H}}_1^{(u)}) \\ &= \left(\frac{[\boldsymbol{\mathcal{H}}_0^{(u)}]^*\boldsymbol{\mathcal{H}}_0^{(u)} \mid [\boldsymbol{\mathcal{H}}_0^{(u)}]^*\boldsymbol{\mathcal{H}}_1^{(u)}}{[\boldsymbol{\mathcal{H}}_1^{(u)}]^*\boldsymbol{\mathcal{H}}_0^{(u)} \mid [\boldsymbol{\mathcal{H}}_1^{(u)}]^*\boldsymbol{\mathcal{H}}_1^{(u)}}\right) = \left(\frac{\boldsymbol{\mathcal{I}} \mid \boldsymbol{\mathcal{O}}}{\boldsymbol{\mathcal{O}} \mid \boldsymbol{\mathcal{I}}}\right) \end{aligned}$$

其中 $\boldsymbol{\mathcal{I}},\boldsymbol{\mathcal{O}}$ 分别是 $[2^{-(u+1)}N]\times[2^{-(u+1)}N]$ 的单位矩阵和零矩阵，$\boldsymbol{\mathcal{H}}_0^{(u)}[\boldsymbol{\mathcal{H}}_0^{(u)}]^*$ 和 $\boldsymbol{\mathcal{H}}_1^{(u)}[\boldsymbol{\mathcal{H}}_1^{(u)}]^*$ 都是 $[2^{-u}N]\times[2^{-u}N]$ 的矩阵，而且，它们的和是 $[2^{-u}N]\times[2^{-u}N]$ 的单位矩阵 $\boldsymbol{\mathcal{H}}_0^{(u)}[\boldsymbol{\mathcal{H}}_0^{(u)}]^* + \boldsymbol{\mathcal{H}}_1^{(u)}[\boldsymbol{\mathcal{H}}_1^{(u)}]^* = \boldsymbol{\mathcal{I}}$.

4.33.6 证明：有限数字图像小波分解的逆，即用 $\mathscr{D}_j^{(\ell)} \in \mathbb{C}^{(0.5N)\times(0.5N)}$，$\ell=0,1,2,3$ 这 4 个小波分解子图像计算原始图像 $\mathscr{D}_{j+1}^{(0)} \in \mathbb{C}^{N\times N}$ 的公式是

$$\begin{aligned} \mathscr{D}_{j+1}^{(0)} &= \boldsymbol{\mathcal{A}}\left(\frac{\mathscr{D}_j^{(0)} \mid \mathscr{D}_j^{(1)}}{\mathscr{D}_j^{(2)} \mid \mathscr{D}_j^{(3)}}\right)\boldsymbol{\mathcal{A}}^{\mathrm{T}} \\ &= (\boldsymbol{\mathcal{H}}_0 \mid \boldsymbol{\mathcal{H}}_1)\left(\frac{\mathscr{D}_j^{(0)} \mid \mathscr{D}_j^{(1)}}{\mathscr{D}_j^{(2)} \mid \mathscr{D}_j^{(3)}}\right)\left(\frac{\boldsymbol{\mathcal{H}}_0^{\mathrm{T}}}{\boldsymbol{\mathcal{H}}_1^{\mathrm{T}}}\right) \end{aligned}$$

这就是有限数字图像小波合成算法公式的矩阵形式.

4.33.7　证明: 利用有限数字图像的小波分解子图像 $\mathscr{D}_{j-u}^{(\ell)}$, $\ell=0,1,2,3$ 计算原始图像 $\mathscr{D}_{j+1-u}^{(0)}$ 的公式是

$$\begin{aligned} d_{j+1-u;m,n}^{(0)} = & \sum_{w=0}^{(2^{-(u+1)}N-1)} \sum_{v=0}^{(2^{-(u+1)}N-1)} h^{(0)}(m-2v,n-2w) d_{j-u;v,w}^{(0)} \\ & + \sum_{w=0}^{(2^{-(u+1)}N-1)} \sum_{v=0}^{(2^{-(u+1)}N-1)} h^{(1)}(m-2v,n-2w) d_{j-u;v,w}^{(1)} \\ & + \sum_{w=0}^{(2^{-(u+1)}N-1)} \sum_{v=0}^{(2^{-(u+1)}N-1)} h^{(2)}(m-2v,n-2w) d_{j-u;v,w}^{(2)} \\ & + \sum_{w=0}^{(2^{-(u+1)}N-1)} \sum_{v=0}^{(2^{-(u+1)}N-1)} h^{(3)}(m-2v,n-2w) d_{j-u;v,w}^{(3)}, \quad (m,n)\in\mathbb{Z}^2 \end{aligned}$$

或者写成

$$d_{j+1-u;m,n}^{(0)} = \sum_{\ell=0}^{3} \sum_{w=0}^{(2^{-(u+1)}N-1)} \sum_{v=0}^{(2^{-(u+1)}N-1)} h^{(\ell)}(m-2v,n-2w) d_{j-u;v,w}^{(\ell)}$$

4.33.8　证明: 利用有限数字图像的小波分解子图像 $\mathscr{D}_{j-u}^{(\ell)}$, $\ell=0,1,2,3$ 计算原始图像 $\mathscr{D}_{j+1-u}^{(0)}$ 的公式是: 如果 $\ell=\varepsilon_1\times 2+\varepsilon_0=(\varepsilon_1\varepsilon_0)_2\in\{0,1,2,3\}$ 是 ℓ 按照 2 位的二进制表示, 那么,

$$\begin{aligned} \mathscr{D}_{j+1-u}^{(00)_2} &= \boldsymbol{\mathcal{A}}_{(u)} \left(\begin{array}{c|c} \mathscr{D}_{j-u}^{(00)_2} & \mathscr{D}_{j-u}^{(01)_2} \\ \hline \mathscr{D}_{j-u}^{(10)_2} & \mathscr{D}_{j-u}^{(11)_2} \end{array} \right) \boldsymbol{\mathcal{A}}_{(u)}^{\mathrm{T}} \\ &= (\boldsymbol{\mathcal{H}}_0^{(u)} \mid \boldsymbol{\mathcal{H}}_1^{(u)}) \left(\begin{array}{c|c} \mathscr{D}_{j-u}^{(00)_2} & \mathscr{D}_{j-u}^{(01)_2} \\ \hline \mathscr{D}_{j-u}^{(10)_2} & \mathscr{D}_{j-u}^{(11)_2} \end{array} \right) \left(\begin{array}{c} [\boldsymbol{\mathcal{H}}_0^{(u)}]^{\mathrm{T}} \\ \hline [\boldsymbol{\mathcal{H}}_1^{(u)}]^{\mathrm{T}} \end{array} \right) \\ &= \boldsymbol{\mathcal{H}}_0^{(u)} \mathscr{D}_{j-u}^{(00)_2} [\boldsymbol{\mathcal{H}}_0^{(u)}]^{\mathrm{T}} + \boldsymbol{\mathcal{H}}_0^{(u)} \mathscr{D}_{j-u}^{(01)_2} [\boldsymbol{\mathcal{H}}_1^{(u)}]^{\mathrm{T}} \\ &\quad + \boldsymbol{\mathcal{H}}_1^{(u)} \mathscr{D}_{j-u}^{(10)_2} [\boldsymbol{\mathcal{H}}_0^{(u)}]^{\mathrm{T}} + \boldsymbol{\mathcal{H}}_1^{(u)} \mathscr{D}_{j-u}^{(11)_2} [\boldsymbol{\mathcal{H}}_1^{(u)}]^{\mathrm{T}} \end{aligned}$$

或者等价地写成

$$\begin{aligned} \mathscr{D}_{j+1-u}^{(0)} &= \boldsymbol{\mathcal{H}}_0^{(u)} \mathscr{D}_{j-u}^{(00)_2} [\boldsymbol{\mathcal{H}}_0^{(u)}]^{\mathrm{T}} + \sum_{(\varepsilon_1\varepsilon_0)_2\in\{1,2,3\}} \boldsymbol{\mathcal{H}}_{\varepsilon_1}^{(u)} \mathscr{D}_{j-u}^{(\varepsilon_1\varepsilon_0)_2} [\boldsymbol{\mathcal{H}}_{\varepsilon_0}^{(u)}]^{\mathrm{T}} \\ &= \sum_{(\varepsilon_1\varepsilon_0)_2\in\{0,1,2,3\}} \boldsymbol{\mathcal{H}}_{\varepsilon_1}^{(u)} \mathscr{D}_{j-u}^{(\varepsilon_1\varepsilon_0)_2} [\boldsymbol{\mathcal{H}}_{\varepsilon_0}^{(u)}]^{\mathrm{T}} \end{aligned}$$

4.33.9　证明: 利用小波分解子图像 $\mathscr{D}_{j-u}^{(\ell)}, \ell=1,2,3, u=0,1,2,\cdots,J$ 和 $\mathscr{D}_{j-J}^{(0)}$ 计算原始图像 $\mathscr{D}_{j+1}^{(0)}$ 的公式是: 如果 $\ell=\varepsilon_1\times 2+\varepsilon_0=(\varepsilon_1\varepsilon_0)_2\in\{0,1,2,3\}$ 是 ℓ 按照 2 位的二进制表示, 那么,

$$
\begin{aligned}
\mathscr{D}_{j+1}^{(0)} &= \sum_{(\varepsilon_1\varepsilon_0)_2\in\{0,1,2,3\}} \boldsymbol{\mathcal{H}}_{\varepsilon_1}^{(0)}\mathscr{D}_j^{(\varepsilon_1\varepsilon_0)_2}[\boldsymbol{\mathcal{H}}_{\varepsilon_0}^{(0)}]^{\mathrm{T}} \\
&= \boldsymbol{\mathcal{H}}_0^{(0)}\mathscr{D}_j^{(00)_2}[\boldsymbol{\mathcal{H}}_0^{(0)}]^{\mathrm{T}} + \sum_{(\varepsilon_1\varepsilon_0)_2\in\{1,2,3\}} \boldsymbol{\mathcal{H}}_{\varepsilon_1}^{(0)}\mathscr{D}_j^{(\varepsilon_1\varepsilon_0)_2}[\boldsymbol{\mathcal{H}}_{\varepsilon_0}^{(0)}]^{\mathrm{T}} \\
&= \sum_{(\varepsilon_1\varepsilon_0)_2\in\{0,1,2,3\}} \boldsymbol{\mathcal{H}}_0^{(0)}\boldsymbol{\mathcal{H}}_{\varepsilon_1}^{(1)}\mathscr{D}_{j-1}^{(\varepsilon_1\varepsilon_0)_2}[\boldsymbol{\mathcal{H}}_{\varepsilon_0}^{(1)}]^{\mathrm{T}}[\boldsymbol{\mathcal{H}}_0^{(0)}]^{\mathrm{T}} + \sum_{(\varepsilon_1\varepsilon_0)_2\in\{1,2,3\}} \boldsymbol{\mathcal{H}}_{\varepsilon_1}^{(0)}\mathscr{D}_j^{(\varepsilon_1\varepsilon_0)_2}[\boldsymbol{\mathcal{H}}_{\varepsilon_0}^{(0)}]^{\mathrm{T}} \\
&= \boldsymbol{\mathcal{H}}_0^{(0)}\boldsymbol{\mathcal{H}}_0^{(1)}\mathscr{D}_{j-1}^{(\varepsilon_1\varepsilon_0)_2}[\boldsymbol{\mathcal{H}}_0^{(1)}]^{\mathrm{T}}[\boldsymbol{\mathcal{H}}_0^{(0)}]^{\mathrm{T}} \\
&\quad + \sum_{(\varepsilon_1\varepsilon_0)_2\in\{1,2,3\}} \boldsymbol{\mathcal{H}}_0^{(0)}\boldsymbol{\mathcal{H}}_{\varepsilon_1}^{(1)}\mathscr{D}_{j-1}^{(\varepsilon_1\varepsilon_0)_2}[\boldsymbol{\mathcal{H}}_{\varepsilon_0}^{(1)}]^{\mathrm{T}}[\boldsymbol{\mathcal{H}}_0^{(0)}]^{\mathrm{T}} + \sum_{(\varepsilon_1\varepsilon_0)_2\in\{1,2,3\}} \boldsymbol{\mathcal{H}}_{\varepsilon_1}^{(0)}\mathscr{D}_j^{(\varepsilon_1\varepsilon_0)_2}[\boldsymbol{\mathcal{H}}_{\varepsilon_0}^{(0)}]^{\mathrm{T}} \\
&= \cdots \\
&= \boldsymbol{\mathcal{H}}_0^{(0)}\boldsymbol{\mathcal{H}}_0^{(1)}\cdots\boldsymbol{\mathcal{H}}_0^{(J)}\mathscr{D}_{j-J}^{(00)_2}[\boldsymbol{\mathcal{H}}_0^{(J)}]^{\mathrm{T}}\cdots[\boldsymbol{\mathcal{H}}_0^{(1)}]^{\mathrm{T}}[\boldsymbol{\mathcal{H}}_0^{(0)}]^{\mathrm{T}} \\
&\quad + \sum_{u=0}^{J}\sum_{(\varepsilon_1\varepsilon_0)_2\in\{1,2,3\}} \boldsymbol{\mathcal{H}}_0^{(0)}\boldsymbol{\mathcal{H}}_0^{(1)}\cdots\boldsymbol{\mathcal{H}}_0^{(u-1)}\boldsymbol{\mathcal{H}}_{\varepsilon_1}^{(u)}\mathscr{D}_{j-u}^{(\varepsilon_1\varepsilon_0)_2}[\boldsymbol{\mathcal{H}}_{\varepsilon_0}^{(u)}]^{\mathrm{T}}[\boldsymbol{\mathcal{H}}_0^{(u-1)}]^{\mathrm{T}}\cdots[\boldsymbol{\mathcal{H}}_0^{(1)}]^{\mathrm{T}}[\boldsymbol{\mathcal{H}}_0^{(0)}]^{\mathrm{T}}
\end{aligned}
$$

或者改写为

$$
\begin{aligned}
\mathscr{D}_{j+1}^{(0)} &= \boldsymbol{\mathcal{H}}_0^{(0)}\boldsymbol{\mathcal{H}}_0^{(1)}\cdots\boldsymbol{\mathcal{H}}_0^{(J)}\mathscr{D}_{j-J}^{(00)_2}[\boldsymbol{\mathcal{H}}_0^{(J)}]^{\mathrm{T}}\cdots[\boldsymbol{\mathcal{H}}_0^{(1)}]^{\mathrm{T}}[\boldsymbol{\mathcal{H}}_0^{(0)}]^{\mathrm{T}} \\
&\quad + \sum_{u=0}^{J}\sum_{(\varepsilon_1\varepsilon_0)_2\in\{1,2,3\}} \left(\prod_{\zeta=0}^{(u-1)}\boldsymbol{\mathcal{H}}_0^{(\zeta)}\left[\boldsymbol{\mathcal{H}}_{\varepsilon_1}^{(u)}\mathscr{D}_{j-u}^{(\varepsilon_1\varepsilon_0)_2}[\boldsymbol{\mathcal{H}}_{\varepsilon_0}^{(u)}]^{\mathrm{T}}\right]\prod_{\zeta=u-1}^{0}[\boldsymbol{\mathcal{H}}_0^{(\zeta)}]^{\mathrm{T}}\right) \\
&= \left[\prod_{\zeta=0}^{J}\boldsymbol{\mathcal{H}}_0^{(\zeta)}\right]\mathscr{D}_{j-J}^{(00)_2}\left[\prod_{\zeta=0}^{J}\boldsymbol{\mathcal{H}}_0^{(\zeta)}\right]^{\mathrm{T}} \\
&\quad + \sum_{u=0}^{J}\sum_{(\varepsilon_1\varepsilon_0)_2\in\{1,2,3\}} \left(\left[\prod_{\zeta=0}^{(u-1)}\boldsymbol{\mathcal{H}}_0^{(\zeta)}\right]\left[\boldsymbol{\mathcal{H}}_{\varepsilon_1}^{(u)}\mathscr{D}_{j-u}^{(\varepsilon_1\varepsilon_0)_2}[\boldsymbol{\mathcal{H}}_{\varepsilon_0}^{(u)}]^{\mathrm{T}}\right]\left[\prod_{\zeta=0}^{(u-1)}\boldsymbol{\mathcal{H}}_0^{(\zeta)}\right]^{\mathrm{T}}\right)
\end{aligned}
$$

4.33.10 证明：在利用分解子图像 $\mathscr{D}_{j-u}^{(\ell)}, \ell = 1,2,3, u = 0,1,2,\cdots,J$ 和 $\mathscr{D}_{j-J}^{(0)}$ 计算原始图像 $\mathscr{D}_{j+1}^{(0)}$ 的过程中，如果 $\ell = \varepsilon_1 \times 2 + \varepsilon_0 = (\varepsilon_1\varepsilon_0)_2 \in \{0,1,2,3\}$ 是 ℓ 按照 2 位的二进制表示，定义 $N \times N$ 数字图像记号:

$$
\begin{aligned}
\mathscr{R}_j^{(\varepsilon_1\varepsilon_0)_2} &= \boldsymbol{\mathcal{H}}_{\varepsilon_1}^{(0)}\mathscr{D}_j^{(\varepsilon_1\varepsilon_0)_2}[\boldsymbol{\mathcal{H}}_{\varepsilon_0}^{(0)}]^{\mathrm{T}} \\
\mathscr{R}_{j-1}^{(\varepsilon_1\varepsilon_0)_2} &= \boldsymbol{\mathcal{H}}_0^{(0)}\boldsymbol{\mathcal{H}}_{\varepsilon_1}^{(1)}\mathscr{D}_{j-1}^{(\varepsilon_1\varepsilon_0)_2}[\boldsymbol{\mathcal{H}}_{\varepsilon_0}^{(1)}]^{\mathrm{T}}[\boldsymbol{\mathcal{H}}_0^{(0)}]^{\mathrm{T}} \\
&\ \ \vdots \\
\mathscr{R}_{j-L}^{(\varepsilon_1\varepsilon_0)_2} &= \boldsymbol{\mathcal{H}}_0^{(0)}\boldsymbol{\mathcal{H}}_0^{(1)}\cdots\boldsymbol{\mathcal{H}}_0^{(J-1)}\boldsymbol{\mathcal{H}}_{\varepsilon_1}^{(J)}\mathscr{D}_{j-u}^{(\varepsilon_1\varepsilon_0)_2}[\boldsymbol{\mathcal{H}}_{\varepsilon_0}^{(J)}]^{\mathrm{T}}[\boldsymbol{\mathcal{H}}_0^{(J-1)}]^{\mathrm{T}}\cdots[\boldsymbol{\mathcal{H}}_0^{(1)}]^{\mathrm{T}}[\boldsymbol{\mathcal{H}}_0^{(0)}]^{\mathrm{T}}
\end{aligned}
$$

那么，

$$\mathscr{D}_{j+1}^{(0)}=\mathscr{R}_{j-L}^{(00)_2}+\sum_{u=0}^{J}\sum_{(\varepsilon_1\varepsilon_0)_2\in\{1,2,3\}}\mathscr{R}_{j-u}^{(\varepsilon_1\varepsilon_0)_2}$$

4.33.11　证明: 在利用分解子图像 $\mathscr{D}_{j-u}^{(\ell)},\ell=1,2,3,u=0,1,2,\cdots,J$ 和 $\mathscr{D}_{j-J}^{(0)}$ 计算原始图像 $\mathscr{D}_{j+1}^{(0)}$ 的过程中, 如果 $\ell=\varepsilon_1\times 2+\varepsilon_0=(\varepsilon_1\varepsilon_0)_2\in\{0,1,2,3\}$ 是 ℓ 按照 2 位的二进制表示, 定义 $N\times N$ 数字图像记号:

$$\begin{aligned}
\mathscr{R}_{j}^{(\varepsilon_1\varepsilon_0)_2}&=\boldsymbol{\mathcal{H}}_{\varepsilon_1}^{(0)}\mathscr{D}_{j}^{(\varepsilon_1\varepsilon_0)_2}[\boldsymbol{\mathcal{H}}_{\varepsilon_0}^{(0)}]^{\mathrm{T}}\\
\mathscr{R}_{j-1}^{(\varepsilon_1\varepsilon_0)_2}&=\boldsymbol{\mathcal{H}}_{0}^{(0)}\boldsymbol{\mathcal{H}}_{\varepsilon_1}^{(1)}\mathscr{D}_{j-1}^{(\varepsilon_1\varepsilon_0)_2}[\boldsymbol{\mathcal{H}}_{\varepsilon_0}^{(1)}]^{\mathrm{T}}[\boldsymbol{\mathcal{H}}_{0}^{(0)}]^{\mathrm{T}}\\
&\ \ \vdots\\
\mathscr{R}_{j-L}^{(\varepsilon_1\varepsilon_0)_2}&=\boldsymbol{\mathcal{H}}_{0}^{(0)}\boldsymbol{\mathcal{H}}_{0}^{(1)}\cdots\boldsymbol{\mathcal{H}}_{0}^{(J-1)}\boldsymbol{\mathcal{H}}_{\varepsilon_1}^{(J)}\mathscr{D}_{j-u}^{(\varepsilon_1\varepsilon_0)_2}[\boldsymbol{\mathcal{H}}_{\varepsilon_0}^{(J)}]^{\mathrm{T}}[\boldsymbol{\mathcal{H}}_{0}^{(J-1)}]^{\mathrm{T}}\cdots[\boldsymbol{\mathcal{H}}_{0}^{(1)}]^{\mathrm{T}}[\boldsymbol{\mathcal{H}}_{0}^{(0)}]^{\mathrm{T}}
\end{aligned}$$

那么,

$$\|\mathscr{D}_{j+1}^{(0)}\|^2=\|\mathscr{R}_{j-L}^{(00)_2}\|^2+\sum_{u=0}^{J}\sum_{(\varepsilon_1\varepsilon_0)_2\in\{1,2,3\}}\|\mathscr{R}_{j-u}^{(\varepsilon_1\varepsilon_0)_2}\|^2$$

4.33.12　证明: 在利用分解子图像 $\mathscr{D}_{j-u}^{(\ell)},\ell=1,2,3,u=0,1,2,\cdots,J$ 和 $\mathscr{D}_{j-J}^{(0)}$ 计算原始图像 $\mathscr{D}_{j+1}^{(0)}$ 的过程中, 如果 $\ell=\varepsilon_1\times 2+\varepsilon_0=(\varepsilon_1\varepsilon_0)_2\in\{0,1,2,3\}$ 是 ℓ 按照 2 位的二进制表示, 定义 $N\times N$ 数字图像记号:

$$\begin{aligned}
\mathscr{R}_{j}^{(\varepsilon_1\varepsilon_0)_2}&=\boldsymbol{\mathcal{H}}_{\varepsilon_1}^{(0)}\mathscr{D}_{j}^{(\varepsilon_1\varepsilon_0)_2}[\boldsymbol{\mathcal{H}}_{\varepsilon_0}^{(0)}]^{\mathrm{T}}\\
\mathscr{R}_{j-1}^{(\varepsilon_1\varepsilon_0)_2}&=\boldsymbol{\mathcal{H}}_{0}^{(0)}\boldsymbol{\mathcal{H}}_{\varepsilon_1}^{(1)}\mathscr{D}_{j-1}^{(\varepsilon_1\varepsilon_0)_2}[\boldsymbol{\mathcal{H}}_{\varepsilon_0}^{(1)}]^{\mathrm{T}}[\boldsymbol{\mathcal{H}}_{0}^{(0)}]^{\mathrm{T}}\\
&\ \ \vdots\\
\mathscr{R}_{j-L}^{(\varepsilon_1\varepsilon_0)_2}&=\boldsymbol{\mathcal{H}}_{0}^{(0)}\boldsymbol{\mathcal{H}}_{0}^{(1)}\cdots\boldsymbol{\mathcal{H}}_{0}^{(J-1)}\boldsymbol{\mathcal{H}}_{\varepsilon_1}^{(J)}\mathscr{D}_{j-u}^{(\varepsilon_1\varepsilon_0)_2}[\boldsymbol{\mathcal{H}}_{\varepsilon_0}^{(J)}]^{\mathrm{T}}[\boldsymbol{\mathcal{H}}_{0}^{(J-1)}]^{\mathrm{T}}\cdots[\boldsymbol{\mathcal{H}}_{0}^{(1)}]^{\mathrm{T}}[\boldsymbol{\mathcal{H}}_{0}^{(0)}]^{\mathrm{T}}
\end{aligned}$$

那么,

$$\|\mathscr{R}_{j-u}^{(\varepsilon_1\varepsilon_0)_2}\|^2=\|\mathscr{D}_{j-u}^{(\varepsilon_1\varepsilon_0)_2}\|^2$$

其中, $\ell=\varepsilon_1\times 2+\varepsilon_0=(\varepsilon_1\varepsilon_0)_2\in\{0,1,2,3\},u=0,1,2,\cdots,J.$

习题 4.34　图像小波包金字塔

在二元函数空间 $\boldsymbol{\mathcal{L}}^2(\mathbb{R}^2)$ 的多分辨率分析 $(\{\mathbb{Q}_j^{(0)};j\in\mathbb{Z}\},Q^{(0)}(x,y))$ 中, 二维小波包函数系 $\{Q^{(p)}(x,y),p=0,1,2,3,\cdots\}$ 的定义是: 当 $(v,w)\in\mathbb{Z}^2$ 时,

$$\begin{cases} Q_{j;v,w}^{(4p+0)}(x,y) = \sum_{(m,n)\in\mathbb{Z}\times\mathbb{Z}} h^{(0)}(m-2v,n-2w)Q_{j+1;m,n}^{(p)}(x,y) \\ Q_{j;v,w}^{(4p+1)}(x,y) = \sum_{(m,n)\in\mathbb{Z}\times\mathbb{Z}} h^{(1)}(m-2v,n-2w)Q_{j+1;m,n}^{(p)}(x,y) \\ Q_{j;v,w}^{(4p+2)}(x,y) = \sum_{(m,n)\in\mathbb{Z}\times\mathbb{Z}} h^{(2)}(m-2v,n-2w)Q_{j+1;m,n}^{(p)}(x,y) \\ Q_{j;v,w}^{(4p+3)}(x,y) = \sum_{(m,n)\in\mathbb{Z}\times\mathbb{Z}} h^{(3)}(m-2v,n-2w)Q_{j+1;m,n}^{(p)}(x,y) \end{cases}$$

或者综合表示为：$(v,w)\in\mathbb{Z}^2, \ell=0,1,2,3, p=0,1,2,\cdots$

$$Q_{j;v,w}^{(4p+\ell)}(x,y) = \sum_{(m,n)\in\mathbb{Z}\times\mathbb{Z}} h^{(\ell)}(m-2v,n-2w)Q_{j+1;m,n}^{(p)}(x,y)$$

其中带有上下标的函数缩写记号的含义是

$$Q_{j;m,n}^{(p)}(x,y) = 2^j Q^{(p)}(2^j x-m, 2^j y-n),\quad j\in\mathbb{Z},\ p=0,1,2,3,\cdots$$

回顾“超级小波包数字图像”记号，其中 $j\in\mathbb{Z}, p=0,1,2,\cdots$,

$$\mathcal{Q}_j^{(p)} = \{Q_{j;v,w}^{(p)}(x,y);(v,w)\in\mathbb{Z}^2\}$$

以及两个 $\infty\times\dfrac{\infty}{2}$ 的矩阵记号：

$$\boldsymbol{\mathcal{H}}_0 = [h_{0,m,v}=h_{m-2v};(m,v)\in\mathbb{Z}^2]_{\infty\times\frac{\infty}{2}} = [\mathbf{h}_0^{(2v)};v\in\mathbb{Z}]_{\infty\times\frac{\infty}{2}}$$

$$\boldsymbol{\mathcal{H}}_1 = [h_{1,m,v}=g_{m-2v};(m,v)\in\mathbb{Z}^2]_{\infty\times\frac{\infty}{2}} = [\mathbf{h}_1^{(2v)};v\in\mathbb{Z}]_{\infty\times\frac{\infty}{2}}$$

其中 $\{h_m;m\in\mathbb{Z}\}$ 和 $\{g_m;m\in\mathbb{Z}\}$ 是已知的一维多分辨率分析的低通和带通滤波器系数序列. 为直观起见，将这两个 $\infty\times[0.5\infty]$ 矩阵按照列元素示意性表示如下：

$$\boldsymbol{\mathcal{H}}_0 = \begin{pmatrix} \vdots & \vdots & \vdots & \vdots & \vdots \\ \vdots & h_0 & h_{-2} & \vdots & \vdots \\ \vdots & h_{+1} & h_{-1} & \vdots & \vdots \\ \vdots & h_{+2} & h_0 & h_{-2} & \vdots \\ \vdots & \vdots & h_{+1} & h_{-1} & \vdots \\ \vdots & \vdots & h_{+2} & h_0 & \vdots \\ \vdots & \vdots & \vdots & \vdots & \vdots \end{pmatrix}_{\infty\times\frac{\infty}{2}},\quad \boldsymbol{\mathcal{H}}_1 = \begin{pmatrix} \vdots & \vdots & \vdots & \vdots & \vdots \\ \vdots & g_0 & g_{-2} & \vdots & \vdots \\ \vdots & g_{+1} & g_{-1} & \vdots & \vdots \\ \vdots & g_{+2} & g_0 & g_{-2} & \vdots \\ \vdots & \vdots & g_{+1} & g_{-1} & \vdots \\ \vdots & \vdots & g_{+2} & g_0 & \vdots \\ \vdots & \vdots & \vdots & \vdots & \vdots \end{pmatrix}_{\infty\times\frac{\infty}{2}}$$

按照分块为 1×2 方式定义一个 $\infty\times\infty$ 的矩阵 $\boldsymbol{\mathcal{A}}=(\boldsymbol{\mathcal{H}}_0 \mid \boldsymbol{\mathcal{H}}_1)$.

引入矩阵序列符号：$\boldsymbol{\mathcal{A}}_{(u)} = (\boldsymbol{\mathcal{H}}_0^{(u)} \mid \boldsymbol{\mathcal{H}}_1^{(u)})_{[2^{-u}\infty]\times[2^{-u}\infty]}$ 是 $[2^{-u}\infty]\times[2^{-u}\infty]$ 矩阵，按照分块矩阵表示为 1×2 的分块形式，$\boldsymbol{\mathcal{H}}_0^{(u)},\boldsymbol{\mathcal{H}}_1^{(u)}$ 都是 $[2^{-u}\infty]\times[2^{-(u+1)}\infty]$ 矩阵，其构

造方法与 $u=0$ 对应的 $\mathcal{H}_0^{(u)}=\mathcal{H}_0^{(0)}=\mathcal{H}_0,\mathcal{H}_1^{(u)}=\mathcal{H}_1^{(0)}=\mathcal{H}_1$ 的构造方法完全相同，这样，比如当 $u=0$ 时，

$$\begin{aligned}\mathcal{A}_{(u)}&=(\mathcal{H}_0^{(u)}\mid\mathcal{H}_1^{(u)})_{[2^{-u}\infty]\times[2^{-u}\infty]}\\&=(\mathcal{H}_0^{(0)}\mid\mathcal{H}_1^{(0)})_{\infty\times\infty}=(\mathcal{H}\mid\mathcal{G})_{\infty\times\infty}\end{aligned}$$

它们之间唯一的差异仅仅只是这些矩阵的尺寸将随着 $u=0,1,2,\cdots,J$ 的数值逐渐增加而在纵横方向逐次减半.

4.34.1　证明：二维小波包函数系的定义可以等价表示为

$$\begin{aligned}\left(\begin{array}{c|c}\mathcal{Q}_j^{(4p+0)}&\mathcal{Q}_j^{(4p+1)}\\\hline\mathcal{Q}_j^{(4p+2)}&\mathcal{Q}_j^{(4p+3)}\end{array}\right)&=\mathcal{A}^{\mathrm{T}}\mathcal{Q}_{j+1}^{(p)}\mathcal{A}\\&=\left(\begin{array}{c}\mathcal{H}_0^{\mathrm{T}}\\\hline\mathcal{H}_0^{\mathrm{T}}\end{array}\right)\mathcal{Q}_{j+1}^{(p)}(\mathcal{H}_0\mid\mathcal{H}_1)\\&=\left(\begin{array}{c|c}\mathcal{H}_0^{\mathrm{T}}\mathcal{Q}_{j+1}^{(p)}\mathcal{H}_0&\mathcal{H}_0^{\mathrm{T}}\mathcal{Q}_{j+1}^{(p)}\mathcal{H}_1\\\hline\mathcal{H}_0^{\mathrm{T}}\mathcal{Q}_{j+1}^{(p)}\mathcal{H}_0&\mathcal{H}_0^{\mathrm{T}}\mathcal{Q}_{j+1}^{(p)}\mathcal{H}_1\end{array}\right)\end{aligned}$$

4.34.2　证明：根据二维小波包函数系的定义，对于任意的非负整数 u,p 成立如下矩阵方程：

$$\begin{aligned}\left(\begin{array}{c|c}\mathcal{Q}_{j-u}^{(4p+0)}&\mathcal{Q}_{j-u}^{(4p+1)}\\\hline\mathcal{Q}_{j-u}^{(4p+2)}&\mathcal{Q}_{j-u}^{(4p+3)}\end{array}\right)&=\mathcal{A}_{(u)}^{\mathrm{T}}\mathcal{Q}_{j+1-u}^{(p)}\mathcal{A}_{(u)}\\&=\left(\begin{array}{c}[\mathcal{H}_0^{(u)}]^{\mathrm{T}}\\\hline[\mathcal{H}_1^{(u)}]^{\mathrm{T}}\end{array}\right)\mathcal{Q}_{j+1-u}^{(p)}(\mathcal{H}_0^{(u)}\mid\mathcal{H}_1^{(u)})\\&=\left(\begin{array}{c|c}[\mathcal{H}_0^{(u)}]^{\mathrm{T}}\mathcal{Q}_{j+1-u}^{(p)}\mathcal{H}_0^{(u)}&[\mathcal{H}_0^{(u)}]^{\mathrm{T}}\mathcal{Q}_{j+1-u}^{(p)}\mathcal{H}_1^{(u)}\\\hline[\mathcal{H}_1^{(u)}]^{\mathrm{T}}\mathcal{Q}_{j+1-u}^{(p)}\mathcal{H}_0^{(u)}&[\mathcal{H}_1^{(u)}]^{\mathrm{T}}\mathcal{Q}_{j+1-u}^{(p)}\mathcal{H}_1^{(u)}\end{array}\right)\end{aligned}$$

而且，设 $\ell=\varepsilon_1\times2+\varepsilon_0=(\varepsilon_1\varepsilon_0)_2\in\{0,1,2,3\}$ 是 ℓ 按照 2 位的二进制表示的，则

$$\begin{aligned}\left(\begin{array}{c|c}\mathcal{Q}_{j-u}^{(4p+(00)_2)}&\mathcal{Q}_{j-u}^{(4p+(01)_2)}\\\hline\mathcal{Q}_{j-u}^{(4p+(10)_2)}&\mathcal{Q}_{j-u}^{(4p+(11)_2)}\end{array}\right)&=\mathcal{A}_{(u)}^{\mathrm{T}}\mathcal{Q}_{j+1-u}^{(p)}\mathcal{A}_{(u)}\\&=\left(\begin{array}{c}[\mathcal{H}_0^{(u)}]^{\mathrm{T}}\\\hline[\mathcal{H}_1^{(u)}]^{\mathrm{T}}\end{array}\right)\mathcal{Q}_{j+1-u}^{(p)}(\mathcal{H}_0^{(u)}\mid\mathcal{H}_1^{(u)})\\&=\left(\begin{array}{c|c}[\mathcal{H}_0^{(u)}]^{\mathrm{T}}\mathcal{Q}_{j+1-u}^{(p)}\mathcal{H}_0^{(u)}&[\mathcal{H}_0^{(u)}]^{\mathrm{T}}\mathcal{Q}_{j+1-u}^{(p)}\mathcal{H}_1^{(u)}\\\hline[\mathcal{H}_1^{(u)}]^{\mathrm{T}}\mathcal{Q}_{j+1-u}^{(p)}\mathcal{H}_0^{(u)}&[\mathcal{H}_1^{(u)}]^{\mathrm{T}}\mathcal{Q}_{j+1-u}^{(p)}\mathcal{H}_1^{(u)}\end{array}\right)\end{aligned}$$

或者紧凑表达为

$$\mathscr{Q}_{j-u}^{(4p+\ell)}=\mathscr{Q}_{j-u}^{(4p+(\varepsilon_1\varepsilon_0)_2)}=[\boldsymbol{\mathcal{H}}_{\varepsilon_1}^{(u)}]^{\mathrm{T}}\mathscr{Q}_{j+1-u}^{(p)}\boldsymbol{\mathcal{H}}_{\varepsilon_0}^{(u)},\quad \ell=(\varepsilon_1\varepsilon_0)_2\in\{0,1,2,3\}$$

4.34.3 根据二维小波包函数系的定义，利用对于任意的非负整数 u,p 成立如下矩阵方程:

$$\mathscr{Q}_{j-u}^{(4p+\ell)}=\mathscr{Q}_{j-u}^{(4p+(\varepsilon_1\varepsilon_0)_2)}=[\boldsymbol{\mathcal{H}}_{\varepsilon_1}^{(u)}]^{\mathrm{T}}\mathscr{Q}_{j+1-u}^{(p)}\boldsymbol{\mathcal{H}}_{\varepsilon_0}^{(u)},\quad \ell=(\varepsilon_1\varepsilon_0)_2\in\{0,1,2,3\}$$

证明从 $\mathscr{Q}_{j+1}^{(0)}$ 开始到 $\mathscr{Q}_{j-J}^{(m)}$，m 的取值范围将是 $m=0,1,2,\cdots,(4^{(J+1)}-1)$，如果将 m 按照 $2(J+1)$ 位的二进制方式表示为

$$\begin{aligned}
m&=\varepsilon_1\times 2^{2J+1}+\varepsilon_0\times 2^{2J}+\xi_1\times 2^{2J-1}+\xi_0\times 2^{2J-2}+\cdots+\varsigma_1\times 2^1+\varsigma_0\\
&=(\varsigma_1\varsigma_0\cdots\varepsilon_1\varepsilon_0\xi_1\xi_0)_2\in\{0,1,2,\cdots,(4^{(J+1)}-1)\}\\
&=(\varepsilon_1\times 2^{2J+1}+\xi_1\times 2^{2J-1}+\cdots+\varsigma_1\times 2^1)+(\varepsilon_0\times 2^{2J}+\xi_0\times 2^{2J-2}+\cdots+\varsigma_0)\\
&=2\times(\varepsilon_1\times 2^{2J}+\xi_1\times 2^{2J-2}+\cdots+\varsigma_1)+(\varepsilon_0\times 2^{2J}+\xi_0\times 2^{2J-2}+\cdots+\varsigma_0)\\
&=2\times(\varepsilon_1\times 4^{J}+\xi_1\times 4^{J-1}+\cdots+\varsigma_1)+(\varepsilon_0\times 4^{J}+\xi_0\times 4^{J-1}+\cdots+\varsigma_0)\\
&=2\times(\varepsilon_1\xi_1\cdots\varsigma_1)_4+(\varepsilon_0\xi_0\cdots\varsigma_0)_4
\end{aligned}$$

这时，从 $\mathscr{Q}_{j+1}^{(0)}$ 计算 $\mathscr{Q}_{j-J}^{(m)}$ 的 $4^{(J+1)}$ 个分解公式是

$$\mathscr{Q}_{j-J}^{(\varepsilon_1\varepsilon_0\xi_1\xi_0\cdots\varsigma_1\varsigma_0)_2}=[\boldsymbol{\mathcal{H}}_{\varepsilon_1}^{(0)}\boldsymbol{\mathcal{H}}_{\xi_1}^{(1)}\cdots\boldsymbol{\mathcal{H}}_{\varsigma_1}^{(J)}]^{\mathrm{T}}\mathscr{Q}_{j+1}^{(0)}[\boldsymbol{\mathcal{H}}_{\varepsilon_0}^{(0)}\boldsymbol{\mathcal{H}}_{\xi_0}^{(1)}\cdots\boldsymbol{\mathcal{H}}_{\varsigma_0}^{(J)}]$$

其中，$(\varepsilon_1\varepsilon_0\xi_1\xi_0\cdots\varsigma_1\varsigma_0)_2\in\{0,1,2,\cdots,(4^{(J+1)}-1)\}$，这 $4^{(J+1)}$ 个超级小波包数字子图像的数字分辨率都是 $[2^{-(J+1)}\infty]\times[2^{-(J+1)}\infty]$.

提示: 利用公式

$$\mathscr{Q}_{j-u}^{(4p+\ell)}=\mathscr{Q}_{j-u}^{(4p+(\varepsilon_1\varepsilon_0)_2)}=[\boldsymbol{\mathcal{H}}_{\varepsilon_1}^{(u)}]^{\mathrm{T}}\mathscr{Q}_{j+1-u}^{(p)}\boldsymbol{\mathcal{H}}_{\varepsilon_0}^{(u)},\quad \ell=(\varepsilon_1\varepsilon_0)_2\in\{0,1,2,3\}$$

当 $u=0,1,2,\cdots,J$ 时，最终将得到累积形式的分解计算公式. 比如当 $u=0$ 时，相匹配地，$p=0$，

$$\left(\begin{array}{c|c}\mathscr{Q}_{j}^{(00)_2} & \mathscr{Q}_{j}^{(01)_2}\\\hline \mathscr{Q}_{j}^{(10)_2} & \mathscr{Q}_{j}^{(11)_2}\end{array}\right)=\left(\begin{array}{c}[\boldsymbol{\mathcal{H}}_0^{(0)}]^{\mathrm{T}}\\\hline [\boldsymbol{\mathcal{H}}_1^{(0)}]^{\mathrm{T}}\end{array}\right)\mathscr{Q}_{j+1}^{(0)}(\boldsymbol{\mathcal{H}}_0^{(0)}\mid\boldsymbol{\mathcal{H}}_1^{(0)})$$

或者等价的 4 个等式:

$$\mathscr{Q}_{j}^{(\varepsilon_1\varepsilon_0)_2}=[\boldsymbol{\mathcal{H}}_{\varepsilon_1}^{(0)}]^{\mathrm{T}}\mathscr{Q}_{j+1}^{(0)}\boldsymbol{\mathcal{H}}_{\varepsilon_0}^{(0)},\quad(\varepsilon_1\varepsilon_0)_2\in\{0,1,2,3=4-1\}$$

当 $u=1$ 时，相匹配地，$p=(\varepsilon_1\varepsilon_0)_2\in\{0,1,2,3\}$，

$$\left(\begin{array}{c|c}\mathscr{Q}_{j-1}^{(4(\varepsilon_1\varepsilon_0)_2+(00)_2)} & \mathscr{Q}_{j-1}^{(4(\varepsilon_1\varepsilon_0)_2+(01)_2)}\\\hline \mathscr{Q}_{j-1}^{(4(\varepsilon_1\varepsilon_0)_2+(10)_2)} & \mathscr{Q}_{j-1}^{(4(\varepsilon_1\varepsilon_0)_2+(11)_2)}\end{array}\right)=\left(\begin{array}{c}[\boldsymbol{\mathcal{H}}_0^{(1)}]^{\mathrm{T}}\\\hline [\boldsymbol{\mathcal{H}}_1^{(1)}]^{\mathrm{T}}\end{array}\right)\mathscr{Q}_{j}^{(\varepsilon_1\varepsilon_0)_2}(\boldsymbol{\mathcal{H}}_0^{(1)}\mid\boldsymbol{\mathcal{H}}_1^{(1)})$$

或者等价地

$$\mathscr{Q}_{j-1}^{(4(\varepsilon_1\varepsilon_0)_2+(\xi_1\xi_0)_2)} = [\boldsymbol{\mathcal{H}}_{\xi_1}^{(1)}]^{\mathrm{T}} \mathscr{Q}_{j}^{(\varepsilon_1\varepsilon_0)_2} \boldsymbol{\mathcal{H}}_{\xi_0}^{(1)}, \quad (\xi_1\xi_0)_2 \in \{0,1,2,3\}$$

再次化简得到 16 个等式:

$$\mathscr{Q}_{j-1}^{(4(\varepsilon_1\varepsilon_0)_2+(\xi_1\xi_0)_2)} = [\boldsymbol{\mathcal{H}}_{\xi_1}^{(1)}]^{\mathrm{T}} [\boldsymbol{\mathcal{H}}_{\varepsilon_1}^{(0)}]^{\mathrm{T}} \mathscr{Q}_{j+1}^{(0)} \boldsymbol{\mathcal{H}}_{\varepsilon_0}^{(0)} \boldsymbol{\mathcal{H}}_{\xi_0}^{(1)}$$
$$(\xi_1\xi_0)_2 \in \{0,1,2,3\}, \quad (\varepsilon_1\varepsilon_0)_2 \in \{0,1,2,3\}$$

因为

$$\begin{aligned}
4(\varepsilon_1\varepsilon_0)_2 + (\xi_1\xi_0)_2 &= 4\times(\varepsilon_1\times 2+\varepsilon_0) + \xi_1\times 2 + \xi_0 \\
&= \varepsilon_1\times 2^3 + \varepsilon_0\times 2^2 + \xi_1\times 2 + \xi_0 \\
&= (\varepsilon_1\varepsilon_0\xi_1\xi_0)_2 \in \{0,1,2,\cdots,15 = 4^2-1\} \\
&= \varepsilon_1\times 2^3 + \xi_1\times 2 + \varepsilon_0\times 2^2 + \xi_0 \\
&= 2\times(\varepsilon_1\times 4+\xi_1) + (\varepsilon_0\times 4+\xi_0) \\
&= 2(\varepsilon_1\xi_1)_4 + (\varepsilon_0\xi_0)_4
\end{aligned}$$

因此, 还可以得到另外一种形式的 16 等式:

$$\mathscr{Q}_{j-1}^{(\varepsilon_1\varepsilon_0\xi_1\xi_0)_2} = [\boldsymbol{\mathcal{H}}_{\varepsilon_1}^{(0)} \boldsymbol{\mathcal{H}}_{\xi_1}^{(1)}]^{\mathrm{T}} \mathscr{Q}_{j+1}^{(0)} \boldsymbol{\mathcal{H}}_{\varepsilon_0}^{(0)} \boldsymbol{\mathcal{H}}_{\xi_0}^{(1)}$$
$$(\varepsilon_1\varepsilon_0\xi_1\xi_0)_2 \in \{0,1,2,\cdots,15 = 4^2-1\}$$

当 $u=2$ 时, 相匹配地, $p=(\varepsilon_1\varepsilon_0\xi_1\xi_0)_2 \in \{0,1,2,\cdots,15=4^2-1\}$,

$$\mathscr{Q}_{j-2}^{4(4(\varepsilon_1\varepsilon_0)_2+(\xi_1\xi_0)_2)+(\delta_1\delta_0)_2} = [\boldsymbol{\mathcal{H}}_{\delta_1}^{(2)}]^{\mathrm{T}} \mathscr{Q}_{j-1}^{(4(\varepsilon_1\varepsilon_0)_2+(\xi_1\xi_0)_2)} \boldsymbol{\mathcal{H}}_{\delta_0}^{(2)}, \quad (\delta_1\delta_0)_2 \in \{0,1,2,3\}$$
$$(\varepsilon_1\varepsilon_0\xi_1\xi_0)_2 \in \{0,1,2,\cdots,15 = 4^2-1\}$$

这样的等式共有 64 个. 代入 $u=1$ 时的分解公式可以得到

$$\mathscr{Q}_{j-2}^{4(4(\varepsilon_1\varepsilon_0)_2+(\xi_1\xi_0)_2)+(\delta_1\delta_0)_2} = [\boldsymbol{\mathcal{H}}_{\varepsilon_1}^{(0)} \boldsymbol{\mathcal{H}}_{\xi_1}^{(1)} \boldsymbol{\mathcal{H}}_{\delta_1}^{(2)}]^{\mathrm{T}} \mathscr{Q}_{j+1}^{(0)} [\boldsymbol{\mathcal{H}}_{\varepsilon_0}^{(0)} \boldsymbol{\mathcal{H}}_{\xi_0}^{(1)} \boldsymbol{\mathcal{H}}_{\delta_0}^{(2)}]$$
$$(\varepsilon_1\varepsilon_0\xi_1\xi_0\delta_1\delta_0)_2 \in \{0,1,2,\cdots,63 = 4^3-1\}$$

综合这些讨论可知, 当 $u=0,1,2,\cdots,J$ 逐渐增加最终到达 $u=J$ 时, 上述这样的等式将会有 $4^{(J+1)}$ 个, 设 $m=0,1,2,\cdots,(4^{(J+1)}-1)$, 将 m 按照 $2(J+1)$ 位的二进制方式表示为

$$\begin{aligned}
m &= \varepsilon_1\times 2^{2J+1} + \varepsilon_0\times 2^{2J} + \xi_1\times 2^{2J-1} + \xi_0\times 2^{2J-2} + \cdots + \varsigma_1\times 2^1 + \varsigma_0 \\
&= (\varepsilon_1\varepsilon_0\xi_1\xi_0\cdots\varsigma_1\varsigma_0)_2 \in \{0,1,2,\cdots,(4^{(J+1)}-1)\} \\
&= 4^J(\varepsilon_1\varepsilon_0)_2 + 4^{J-1}(\xi_1\xi_0)_2 + \cdots + (\varsigma_1\varsigma_0)_2 \\
&= (\varepsilon_1\times 2^{2J+1} + \xi_1\times 2^{2J-1} + \cdots + \varsigma_1\times 2^1) + (\varepsilon_0\times 2^{2J} + \xi_0\times 2^{2J-2} + \cdots + \varsigma_0) \\
&= 2\times(\varepsilon_1\times 2^{2J} + \xi_1\times 2^{2J-2} + \cdots + \varsigma_1) + (\varepsilon_0\times 2^{2J} + \xi_0\times 2^{2J-2} + \cdots + \varsigma_0) \\
&= 2\times(\varepsilon_1\times 4^J + \xi_1\times 4^{J-1} + \cdots + \varsigma_1) + (\varepsilon_0\times 4^J + \xi_0\times 4^{J-1} + \cdots + \varsigma_0) \\
&= 2\times(\varepsilon_1\xi_1\cdots\varsigma_1)_4 + (\varepsilon_0\xi_0\cdots\varsigma_0)_4
\end{aligned}$$

这时，相应的 $4^{(J+1)}$ 个分解公式是

$$\mathcal{Q}_{j-J}^{(\varepsilon_1\varepsilon_0\xi_1\xi_0\cdots\varsigma_1\varsigma_0)_2} = [\boldsymbol{\mathcal{H}}_{\varepsilon_1}^{(0)}\boldsymbol{\mathcal{H}}_{\xi_1}^{(1)}\cdots\boldsymbol{\mathcal{H}}_{\varsigma_1}^{(J)}]^{\mathrm{T}}\mathcal{Q}_{j+1}^{(0)}[\boldsymbol{\mathcal{H}}_{\varepsilon_0}^{(0)}\boldsymbol{\mathcal{H}}_{\xi_0}^{(1)}\cdots\boldsymbol{\mathcal{H}}_{\varsigma_0}^{(J)}]$$
$$(\varepsilon_1\varepsilon_0\xi_1\xi_0\cdots\varsigma_1\varsigma_0)_2 \in \{0,1,2,\cdots,(4^{(J+1)}-1)\}$$

这 $4^{(J+1)}$ 个超级小波包数字子图像的数字分辨率都是 $[2^{-(J+1)}\infty]\times[2^{-(J+1)}\infty]$.

这样，随着 $u=0,1,2,\cdots,J$ 的数值逐步增加，超级小波包数字图像 $\mathcal{Q}_{j+1}^{(0)}$ 被分别分解成 4 个, 16 个, 64 个, …, $4^{(J+1)}$ 个超级小波包数字子图像. 这就是超级小波包数字图像金字塔分解.

注释: 在上述最后的分解公式中，超级数字图像左右两边分别与适当的矩阵进行乘积的这种结构很容易猜想: $(\varepsilon_1\xi_1\cdots\varsigma_1)_2,(\varepsilon_0\xi_0\cdots\varsigma_0)_2$ 是两个 $(J+1)$ 位的二进制整数，取值范围都是 $0,1,2,\cdots,K=(2^{(J+1)}-1)$，可以考虑按照分块矩阵方法定义新的矩阵 $\mathscr{H}^{(J)}$:

$$\mathscr{H}^{(J)} = [\mathscr{H}_0^{(J)}\mathscr{H}_1^{(J)}\mathscr{H}_2^{(J)}\cdots\mathscr{H}_K^{(J)}]_{\infty\times\infty}$$

其中当 $(\varepsilon_0\xi_0\cdots\varsigma_0)_2\in\{0,1,2,\cdots,K\}$ 时,

$$\mathscr{H}_{(\varepsilon_0\xi_0\cdots\varsigma_0)_2}^{(J)} = [\boldsymbol{\mathcal{H}}_{\varepsilon_0}^{(0)}\boldsymbol{\mathcal{H}}_{\xi_0}^{(1)}\cdots\boldsymbol{\mathcal{H}}_{\varsigma_0}^{(J)}]_{\infty\times[2^{-(J+1)}\infty]}$$

这样，超级小波包数字图像金字塔分解最终得到如下 $2^{(J+1)}\times 2^{(J+1)}$ 的分块矩阵，其中每个分块都是 $[2^{-(J+1)}\infty]\times[2^{-(J+1)}\infty]$ 的超级小波包数字子图像:

$$[\mathscr{H}^{(J)}]^{\mathrm{T}}\mathcal{Q}_{j+1}^{(0)}[\mathscr{H}^{(J)}] = (\mathscr{K}_{m,n} = [\mathscr{H}_m^{(J)}]^{\mathrm{T}}\mathcal{Q}_{j+1}^{(0)}[\mathscr{H}_n^{(J)}]; 0\leqslant m,n\leqslant K)_{K\times K}$$

或者

$$[\mathscr{H}^{(J)}]^{\mathrm{T}}\mathcal{Q}_{j+1}^{(0)}[\mathscr{H}^{(J)}] = \begin{pmatrix}[\mathscr{H}_0^{(J)}]^{\mathrm{T}}\\ [\mathscr{H}_1^{(J)}]^{\mathrm{T}}\\ \vdots\\ [\mathscr{H}_K^{(J)}]^{\mathrm{T}}\end{pmatrix}\mathcal{Q}_{j+1}^{(0)}([\mathscr{H}_0^{(J)}][\mathscr{H}_1^{(J)}]\cdots[\mathscr{H}_K^{(J)}])$$

这个猜想能够证实吗?

4.34.4 证明: 矩阵序列 $\boldsymbol{\mathcal{A}}_{(u)}=(\boldsymbol{\mathcal{H}}_0^{(u)}\mid\boldsymbol{\mathcal{H}}_1^{(u)})$ 每个都是酉矩阵，每个矩阵的尺寸相应为 $[2^{-u}\infty]\times[2^{-u}\infty]$.

4.34.5 证明: 根据二维小波包函数系的定义，可以得到等价表示为

$$Q_{j+1;m,n}^{(0)}(x,y) = \sum_{\ell=0}^{3}\sum_{(v,w)\in\mathbb{Z}^2}\overline{h}^{(\ell)}(m-2v,n-2w)Q_{j;v,w}^{(\ell)}(x,y)$$

或者详细写成

$$\begin{aligned}Q_{j+1;m,n}^{(0)}(x,y)=&\sum_{(v,w)\in\mathbb{Z}^2}\overline{h}^{(0)}(m-2v,n-2w)Q_{j;v,w}^{(0)}(x,y)\\&+\sum_{(v,w)\in\mathbb{Z}^2}\overline{h}^{(1)}(m-2v,n-2w)Q_{j;v,w}^{(1)}(x,y)\\&+\sum_{(v,w)\in\mathbb{Z}^2}\overline{h}^{(2)}(m-2v,n-2w)Q_{j;v,w}^{(2)}(x,y)\\&+\sum_{(v,w)\in\mathbb{Z}^2}\overline{h}^{(3)}\Big(m-2v,n-2w\Big)Q_{j;v,w}^{(3)}(x,y)\end{aligned}$$

4.34.6　证明: 根据二维小波包函数系的定义, 对于任何非负整数 $p=0,1,2,\cdots$, 如下等式成立:

$$Q_{j+1;m,n}^{(p)}(x,y)=\sum_{\ell=0}^{3}\sum_{(v,w)\in\mathbb{Z}^2}\overline{h}^{(\ell)}(m-2v,n-2w)Q_{j;v,w}^{(4p+\ell)}(x,y)$$

或者详细写成

$$\begin{aligned}Q_{j+1;m,n}^{(p)}(x,y)=&\sum_{(v,w)\in\mathbb{Z}^2}\overline{h}^{(0)}(m-2v,n-2w)Q_{j;v,w}^{(4p+0)}(x,y)\\&+\sum_{(v,w)\in\mathbb{Z}^2}\overline{h}^{(1)}(m-2v,n-2w)Q_{j;v,w}^{(4p+1)}(x,y)\\&+\sum_{(v,w)\in\mathbb{Z}^2}\overline{h}^{(2)}(m-2v,n-2w)Q_{j;v,w}^{(4p+2)}(x,y)\\&+\sum_{(v,w)\in\mathbb{Z}^2}\overline{h}^{(3)}(m-2v,n-2w)Q_{j;v,w}^{(4p+3)}(x,y)\end{aligned}$$

4.34.7　证明: 根据二维小波包函数系的定义, 对于任何非负整数 $p=0,1,2,\cdots$, 如下等式成立:

$$\begin{aligned}\mathcal{Q}_{j+1}^{(p)}&=\overline{\mathcal{A}}\left(\frac{\mathcal{Q}_j^{(4p+0)}\mid\mathcal{Q}_j^{(4p+1)}}{\mathcal{Q}_j^{(4p+2)}\mid\mathcal{Q}_j^{(4p+3)}}\right)\mathcal{A}^*=(\bar{\mathcal{H}}_0\mid\bar{\mathcal{H}}_1)\left(\frac{\mathcal{Q}_j^{(4p+0)}\mid\mathcal{Q}_j^{(4p+1)}}{\mathcal{Q}_j^{(4p+2)}\mid\mathcal{Q}_j^{(4p+3)}}\right)\left(\frac{\mathcal{H}_0^*}{\mathcal{H}_1^*}\right)\\&=\bar{\mathcal{H}}_0\mathcal{Q}_j^{(4p+0)}\mathcal{H}_0^*+\bar{\mathcal{H}}_0\mathcal{Q}_j^{(4p+1)}\mathcal{H}_1^*+\bar{\mathcal{H}}_1\mathcal{Q}_j^{(4p+2)}\mathcal{H}_0^*+\bar{\mathcal{H}}_1\mathcal{Q}_j^{(4p+3)}\mathcal{H}_1^*\end{aligned}$$

4.34.8　证明: 根据二维小波包函数系的定义, 对于任何非负整数 $u,p=0,1,2,\cdots$, 如下等式成立:

$$\begin{aligned}\mathcal{Q}_{j+1-u}^{(p)}&=\overline{\mathcal{A}_{(u)}}\left(\frac{\mathcal{Q}_{j-u}^{(4p+0)}\mid\mathcal{Q}_{j-u}^{(4p+1)}}{\mathcal{Q}_{j-u}^{(4p+2)}\mid\mathcal{Q}_{j-u}^{(4p+3)}}\right)\mathcal{A}_{(u)}^*\\&=\bar{\mathcal{H}}_0^{(u)}\mathcal{Q}_{j-u}^{(4p+0)}[\mathcal{H}_0^{(u)}]^*+\bar{\mathcal{H}}_0^{(u)}\mathcal{Q}_{j-u}^{(4p+1)}[\mathcal{H}_1^{(u)}]^*\\&\quad+\bar{\mathcal{H}}_1^{(u)}\mathcal{Q}_{j-u}^{(4p+2)}[\mathcal{H}_0^{(u)}]^*+\bar{\mathcal{H}}_1^{(u)}\mathcal{Q}_{j-u}^{(4p+3)}[\mathcal{H}_1^{(u)}]^*\end{aligned}$$

4.34.9　证明: 设 $\ell=\varepsilon_1\times2+\varepsilon_0=(\varepsilon_1\varepsilon_0)_2\in\{0,1,2,3\}$ 是 ℓ 按照 2 位的二进制表示, 对于任何非负整数 $p=0,1,2,\cdots$, 如下等式成立:

$$\mathscr{Q}_{j+1}^{(p)} = \sum_{(\varepsilon_1\varepsilon_0)_2 \in \{0,1,2,3\}} \bar{\boldsymbol{\mathcal{H}}}_{\varepsilon_1} \mathscr{Q}_j^{(4p+(\varepsilon_1\varepsilon_0)_2)} \boldsymbol{\mathcal{H}}_{\varepsilon_0}^*$$

4.34.10 证明: 设 $\ell = \varepsilon_1 \times 2 + \varepsilon_0 = (\varepsilon_1\varepsilon_0)_2 \in \{0,1,2,3\}$ 是 ℓ 按照 2 位的二进制表示, 对于任何非负整数 $u, p = 0,1,2,\cdots$, 如下等式成立:

$$\mathscr{Q}_{j+1-u}^{(p)} = \sum_{(\varepsilon_1\varepsilon_0)_2 \in \{0,1,2,3\}} \bar{\boldsymbol{\mathcal{H}}}_{\varepsilon_1}^{(u)} \mathscr{Q}_{j-u}^{(4p+(\varepsilon_1\varepsilon_0)_2)} [\boldsymbol{\mathcal{H}}_{\varepsilon_0}^{(u)}]^*$$

4.34.11 证明: 设 $\ell = \varepsilon_1 \times 2 + \varepsilon_0 = (\varepsilon_1\varepsilon_0)_2 \in \{0,1,2,3\}$ 是 ℓ 按照 2 位的二进制表示, 如下等式成立:

$$\begin{aligned}
\mathscr{Q}_{j+1}^{(0)} &= \sum_{(\varepsilon_1\varepsilon_0)_2 \in \{0,1,2,3\}} \bar{\boldsymbol{\mathcal{H}}}_{\varepsilon_1}^{(0)} \mathscr{Q}_j^{(\varepsilon_1\varepsilon_0)_2} [\boldsymbol{\mathcal{H}}_{\varepsilon_0}^{(0)}]^* \\
\mathscr{Q}_j^{(\varepsilon_1\varepsilon_0)_2} &= \sum_{(\xi_1\xi_0)_2 \in \{0,1,2,3\}} \bar{\boldsymbol{\mathcal{H}}}_{\xi_1}^{(1)} \mathscr{Q}_{j-1}^{(4(\varepsilon_1\varepsilon_0)_2+(\xi_1\xi_0)_2)} [\boldsymbol{\mathcal{H}}_{\xi_0}^{(1)}]^*, \quad (\varepsilon_1\varepsilon_0)_2 \in \{0,1,2,3\} \\
\mathscr{Q}_{j-1}^{(m)} &= \sum_{(\delta_1\delta_0)_2 \in \{0,1,2,3\}} \bar{\boldsymbol{\mathcal{H}}}_{\delta_1}^{(2)} \mathscr{Q}_{j-2}^{(4m+(\delta_1\delta_0)_2)} [\boldsymbol{\mathcal{H}}_{\delta_0}^{(2)}]^*, \qquad m \in \{0,1,2,\cdots,15\} \\
m &= 4(\varepsilon_1\varepsilon_0)_2 + (\xi_1\xi_0)_2
\end{aligned}$$

因此, 可以得到累积重建公式:

$$\begin{aligned}
\mathscr{Q}_{j+1}^{(0)} &= \sum_{(\varepsilon_1\varepsilon_0)_2 \in \{0,1,2,3\}} \bar{\boldsymbol{\mathcal{H}}}_{\varepsilon_1}^{(0)} \mathscr{Q}_j^{(\varepsilon_1\varepsilon_0)_2} [\boldsymbol{\mathcal{H}}_{\varepsilon_0}^{(0)}]^* \\
&= \sum_{(\varepsilon_1\varepsilon_0\xi_1\xi_0)_2 \in \{0,1,2,\cdots,15\}} \bar{\boldsymbol{\mathcal{H}}}_{\varepsilon_1}^{(0)} \bar{\boldsymbol{\mathcal{H}}}_{\xi_1}^{(1)} \mathscr{Q}_{j-1}^{(\varepsilon_1\varepsilon_0\xi_1\xi_0)_2} [\boldsymbol{\mathcal{H}}_{\xi_0}^{(1)}]^* [\boldsymbol{\mathcal{H}}_{\varepsilon_0}^{(0)}]^* \\
&= \sum_{(\varepsilon_1\varepsilon_0\xi_1\xi_0\delta_1\delta_0)_2 \in \{0,1,2,\cdots,63\}} \bar{\boldsymbol{\mathcal{H}}}_{\varepsilon_1}^{(0)} \bar{\boldsymbol{\mathcal{H}}}_{\xi_1}^{(1)} \bar{\boldsymbol{\mathcal{H}}}_{\delta_1}^{(2)} \mathscr{Q}_{j-2}^{(\varepsilon_1\varepsilon_0\xi_1\xi_0\delta_1\delta_0)_2} [\boldsymbol{\mathcal{H}}_{\delta_0}^{(2)}]^* [\boldsymbol{\mathcal{H}}_{\xi_0}^{(1)}]^* [\boldsymbol{\mathcal{H}}_{\varepsilon_0}^{(0)}]^*
\end{aligned}$$

4.34.12 设 $\ell = \varepsilon_1 \times 2 + \varepsilon_0 = (\varepsilon_1\varepsilon_0)_2 \in \{0,1,2,3\}$ 是 ℓ 按照 2 位的二进制表示, 对于任意的非负整数 J, 令 $m = 0,1,2,\cdots,(4^{(J+1)}-1)$, 将 m 按照 $2(J+1)$ 位的二进制方式表示为

$$\begin{aligned}
m &= \varepsilon_1 \times 2^{2J+1} + \varepsilon_0 \times 2^{2J} + \xi_1 \times 2^{2J-1} \\
&\quad + \xi_0 \times 2^{2J-2} + \cdots + \varsigma_1 \times 2^1 + \varsigma_0 \\
&= (\varepsilon_1 \times 2^{2J+1} + \xi_1 \times 2^{2J-1} + \cdots + \varsigma_1 \times 2^1) \\
&\quad + (\varepsilon_0 \times 2^{2J} + \xi_0 \times 2^{2J-2} + \cdots + \varsigma_0) \\
&= 2 \times (\varepsilon_1 \times 2^{2J} + \xi_1 \times 2^{2J-2} + \cdots + \varsigma_1) \\
&\quad + (\varepsilon_0 \times 2^{2J} + \xi_0 \times 2^{2J-2} + \cdots + \varsigma_0) \\
&= 2 \times (\varepsilon_1 \times 4^J + \xi_1 \times 4^{J-1} + \cdots + \varsigma_1) \\
&\quad + (\varepsilon_0 \times 4^J + \xi_0 \times 4^{J-1} + \cdots + \varsigma_0) \\
&= 2 \times (\varepsilon_1\xi_1 \cdots \varsigma_1)_4 + (\varepsilon_0\xi_0 \cdots \varsigma_0)_4
\end{aligned}$$

定义数字分辨率为 $\infty\times\infty$ 的超级小波包数字图像记号:

$$\begin{aligned}\mathscr{R}^{(m)} &= \mathscr{R}^{(\varepsilon_1\varepsilon_0\xi_1\xi_0\cdots\varsigma_1\varsigma_0)_2}\\ &= [\bar{\boldsymbol{\mathcal{H}}}_{\varepsilon_1}^{(0)}][\bar{\boldsymbol{\mathcal{H}}}_{\xi_1}^{(1)}]\cdots[\bar{\boldsymbol{\mathcal{H}}}_{\varsigma_1}^{(J)}]\mathscr{Q}_{j-J}^{(\varepsilon_1\varepsilon_0\xi_1\xi_0\cdots\varsigma_1\varsigma_0)_2}[\boldsymbol{\mathcal{H}}_{\varsigma_0}^{(J)}]^*\cdots[\boldsymbol{\mathcal{H}}_{\xi_0}^{(1)}]^*[\boldsymbol{\mathcal{H}}_{\varepsilon_0}^{(0)}]^*\end{aligned}$$

这样的超级小波包数字图像共有 $4^{(J+1)}$ 个.

证明: 超级小波包数字图像 $\mathscr{Q}_{j+1}^{(0)}$ 的重建公式可以写成

$$\begin{aligned}\mathscr{D}_{j+1}^{(0)} &= \sum_{m=0}^{(4^{(J+1)}-1)}\mathscr{R}^{(m)}\\ &= \sum_{m=(\varepsilon_1\varepsilon_0\xi_1\xi_0\cdots\varsigma_1\varsigma_0)_2\in\{0,1,2,\ldots,(4^{(J+1)}-1)\}}\mathscr{R}^{(\varepsilon_1\varepsilon_0\xi_1\xi_0\cdots\varsigma_1\varsigma_0)_2}\\ &= \sum_{m=0}^{(4^{(J+1)}-1)}[\bar{\boldsymbol{\mathcal{H}}}_{\varepsilon_1}^{(0)}][\bar{\boldsymbol{\mathcal{H}}}_{\xi_1}^{(1)}]\cdots[\bar{\boldsymbol{\mathcal{H}}}_{\varsigma_1}^{(J)}]\mathscr{Q}_{j-J}^{(\varepsilon_1\varepsilon_0\xi_1\xi_0\cdots\varsigma_1\varsigma_0)_2}[\boldsymbol{\mathcal{H}}_{\varsigma_0}^{(J)}]^*\cdots[\boldsymbol{\mathcal{H}}_{\xi_0}^{(1)}]^*[\boldsymbol{\mathcal{H}}_{\varepsilon_0}^{(0)}]^*\end{aligned}$$

这就是超级小波包数字图像金字塔算法理论.

注释: 无论关于超级小波包数字图像金字塔分解的猜想是否成立, 容易证明超级小波包数字图像的金字塔重建公式总可以写成

$$\begin{aligned}\mathscr{Q}_{j+1}^{(0)} &= [\overline{\mathscr{H}}^{(J)}]\mathscr{K}[\mathscr{H}^{(J)}]^*\\ &= ([\overline{\mathscr{H}}_0^{(J)}][\overline{\mathscr{H}}_1^{(J)}]\cdots[\overline{\mathscr{H}}_{(2^{(J+1)}-1)}^{(J)}])\mathscr{K}\begin{pmatrix}[\mathscr{H}_0^{(J)}]^*\\ [\mathscr{H}_1^{(J)}]^*\\ \vdots\\ [\mathscr{H}_{(2^{(J+1)}-1)}^{(J)}]^*\end{pmatrix}\\ &= \sum_{n=0}^{(2^{(J+1)}-1)}\sum_{m=0}^{(2^{(J+1)}-1)}[\overline{\mathscr{H}}_m^{(J)}]\mathscr{K}_{m,n}[\mathscr{H}_1^{(J)}]^*\end{aligned}$$

其中的记号参看习题 4.34.3 中注释的定义.

4.34.13 在二维多分辨率分析理论体系下, 将物理图像(即二元函数) $f(x,y)$ 在空间 $\boldsymbol{\mathcal{L}}^2(\mathbb{R}^2)$ 的任意小波包子空间 $\mathbb{Q}_j^{(\ell)}$ 上的正交投影记为 $f_j^{(\ell)}(x,y)$, 并按照 $\mathbb{Q}_j^{(\ell)}$ 的规范正交基 $\{Q_{j;m,n}^{(\ell)}(x,y);(m,n)\in\mathbb{Z}\times\mathbb{Z}\}$ 写成如下的正交级数:

$$f_j^{(\ell)}(x,y) = \sum_{(m,n)\in\mathbb{Z}\times\mathbb{Z}} d_{j;m,n}^{(\ell)}Q_{j;m,n}^{(\ell)}(x,y)$$

把该正交函数级数中的系数写成矩阵形式:

$$\mathscr{D}_j^{(\ell)} = \{d_{j;m,n}^{(\ell)};(m,n)\in\mathbb{Z}\times\mathbb{Z}\}$$

其中，$j\in\mathbb{Z},\ell=0,1,2,\cdots$，而且，当 $(m,n)\in\mathbb{Z}\times\mathbb{Z}$ 时，

$$\begin{aligned}d_{j;m,n}^{(\ell)}&=\int_{(x,y)\in\mathbb{R}^2}f_j^{(\ell)}(x,y)\overline{Q}_{j;m,n}^{(\ell)}(x,y)\mathrm{d}x\mathrm{d}y\\&=\int_{(x,y)\in\mathbb{R}^2}f(x,y)\overline{Q}_{j;m,n}^{(\ell)}(x,y)\mathrm{d}x\mathrm{d}y\end{aligned}$$

证明：对于任意的非负整数 $u,p\in\mathbb{N},j\in\mathbb{Z}$，$\mathscr{D}_{j-u}^{(4p+\ell)},\ell=0,1,2,3$ 与 $\mathscr{D}_{j+1-u}^{(p)}$ 之间存在如下的二维小波包分解关系：

$$\begin{cases}d_{j;v,w}^{(4p+0)}=\sum\limits_{(m,n)\in\mathbb{Z}^2}\overline{h}^{(0)}(m-2v,n-2w)d_{j+1;m,n}^{(p)}\\d_{j;v,w}^{(4p+1)}=\sum\limits_{(m,n)\in\mathbb{Z}^2}\overline{h}^{(1)}(m-2v,n-2w)d_{j+1;m,n}^{(p)}\\d_{j;v,w}^{(4p+2)}=\sum\limits_{(m,n)\in\mathbb{Z}^2}\overline{h}^{(2)}(m-2v,n-2w)d_{j+1;m,n}^{(p)}\\d_{j;v,w}^{(4p+3)}=\sum\limits_{(m,n)\in\mathbb{Z}^2}\overline{h}^{(3)}(m-2v,n-2w)d_{j+1;m,n}^{(p)}\end{cases}$$

其中，$(v,w)\in\mathbb{Z}^2,p\in\mathbb{N}$，或者改写成

$$d_{j;v,w}^{(4p+\ell)}=\sum_{(m,n)\in\mathbb{Z}^2}\overline{h}^{(\ell)}(m-2v,n-2w)d_{j+1;m,n}^{(p)},\quad\ell=0,1,2,3$$

4.34.14 在二维多分辨率分析理论体系下，将物理图像(即二元函数) $f(x,y)$ 在空间 $\mathcal{L}^2(\mathbb{R}^2)$ 的任意小波包子空间 $\mathbb{Q}_j^{(\ell)}$ 上的正交投影记为 $f_j^{(\ell)}(x,y)$，并按照 $\mathbb{Q}_j^{(\ell)}$ 的规范正交基 $\{Q_{j;m,n}^{(\ell)}(x,y);(m,n)\in\mathbb{Z}\times\mathbb{Z}\}$ 写成如下的正交级数：

$$f_j^{(\ell)}(x,y)=\sum_{(m,n)\in\mathbb{Z}\times\mathbb{Z}}d_{j;m,n}^{(\ell)}Q_{j;m,n}^{(\ell)}(x,y)$$

把该正交函数级数中的系数写成矩阵形式：

$$\mathscr{D}_j^{(\ell)}=\{d_{j;m,n}^{(\ell)};(m,n)\in\mathbb{Z}\times\mathbb{Z}\}$$

其中，$j\in\mathbb{Z},\ell=0,1,2,\cdots$，而且，当 $(m,n)\in\mathbb{Z}\times\mathbb{Z}$ 时，

$$\begin{aligned}d_{j;m,n}^{(\ell)}&=\int_{(x,y)\in\mathbb{R}^2}f_j^{(\ell)}(x,y)\overline{Q}_{j;m,n}^{(\ell)}(x,y)\mathrm{d}x\mathrm{d}y\\&=\int_{(x,y)\in\mathbb{R}^2}f(x,y)\overline{Q}_{j;m,n}^{(\ell)}(x,y)\mathrm{d}x\mathrm{d}y\end{aligned}$$

证明：对于任意的非负整数 $u,p\in\mathbb{N},j\in\mathbb{Z}$，$\mathscr{D}_{j-u}^{(4p+\ell)},\ell=0,1,2,3$ 与 $\mathscr{D}_{j+1-u}^{(p)}$ 之间存在如下的二维小波包分解关系：

$$\left(\begin{array}{c|c}\mathscr{D}_{j-u}^{(4p+0)} & \mathscr{D}_{j-u}^{(4p+1)} \\ \hline \mathscr{D}_{j-u}^{(4p+2)} & \mathscr{D}_{j-u}^{(4p+3)}\end{array}\right) = \boldsymbol{\mathcal{A}}_{(u)}^{*}\mathscr{D}_{j+1-u}^{(p)}\overline{\boldsymbol{\mathcal{A}}_{(u)}}$$
$$= \left(\begin{array}{c|c}[\boldsymbol{\mathcal{H}}_0^{(u)}]^*\mathscr{D}_{j+1-u}^{(p)}\overline{\boldsymbol{\mathcal{H}}_0^{(u)}} & [\boldsymbol{\mathcal{H}}_0^{(u)}]^*\mathscr{D}_{j+1-u}^{(p)}\overline{\boldsymbol{\mathcal{H}}_1^{(u)}} \\ \hline [\boldsymbol{\mathcal{H}}_1^{(u)}]^*\mathscr{D}_{j+1-u}^{(p)}\overline{\boldsymbol{\mathcal{H}}_0^{(u)}} & [\boldsymbol{\mathcal{H}}_1^{(u)}]^*\mathscr{D}_{j+1-u}^{(p)}\overline{\boldsymbol{\mathcal{H}}_1^{(u)}}\end{array}\right)$$

4.34.15　在二维多分辨率分析理论体系下，将物理图像(即二元函数) $f(x,y)$ 在空间 $\boldsymbol{\mathcal{L}}^2(\mathbb{R}^2)$ 的任意小波包子空间 $\mathbb{Q}_j^{(\ell)}$ 上的正交投影记为 $f_j^{(\ell)}(x,y)$，并按照 $\mathbb{Q}_j^{(\ell)}$ 的规范正交基 $\{Q_{j;m,n}^{(\ell)}(x,y);(m,n)\in\mathbb{Z}\times\mathbb{Z}\}$ 写成如下的正交级数:

$$f_j^{(\ell)}(x,y) = \sum_{(m,n)\in\mathbb{Z}\times\mathbb{Z}} d_{j;m,n}^{(\ell)} Q_{j;m,n}^{(\ell)}(x,y)$$

把该正交函数级数中的系数写成矩阵形式

$$\mathscr{D}_j^{(\ell)} = \{d_{j;m,n}^{(\ell)};(m,n)\in\mathbb{Z}\times\mathbb{Z}\}$$

其中，$j\in\mathbb{Z},\ell=0,1,2,\cdots$，而且，当 $(m,n)\in\mathbb{Z}\times\mathbb{Z}$ 时,

$$\begin{aligned} d_{j;m,n}^{(\ell)} &= \int_{(x,y)\in\mathbb{R}^2} f_j^{(\ell)}(x,y)\overline{Q}_{j;m,n}^{(\ell)}(x,y)\mathrm{d}x\mathrm{d}y \\ &= \int_{(x,y)\in\mathbb{R}^2} f(x,y)\overline{Q}_{j;m,n}^{(\ell)}(x,y)\mathrm{d}x\mathrm{d}y \end{aligned}$$

证明: 对于任意的非负整数 $u,p\in\mathbb{N},j\in\mathbb{Z}$，$\mathscr{D}_{j-u}^{(4p+\ell)},\ell=0,1,2,3$ 与 $\mathscr{D}_{j+1-u}^{(p)}$ 之间存在如下的二维小波包分解关系:

$$\mathscr{D}_{j-u}^{(4p+(\varepsilon_1\varepsilon_0)_2)} = [\boldsymbol{\mathcal{H}}_{\varepsilon_1}^{(u)}]^*\mathscr{D}_{j+1-u}^{(p)}\overline{\boldsymbol{\mathcal{H}}_{\varepsilon_0}^{(u)}},\quad (\varepsilon_1\varepsilon_0)_2\in\{0,1,2,3\}$$

4.34.16　在二维多分辨率分析理论体系下，将物理图像(即二元函数) $f(x,y)$ 在空间 $\boldsymbol{\mathcal{L}}^2(\mathbb{R}^2)$ 的任意小波包子空间 $\mathbb{Q}_j^{(\ell)}$ 上的正交投影记为 $f_j^{(\ell)}(x,y)$，并按照 $\mathbb{Q}_j^{(\ell)}$ 的规范正交基 $\{Q_{j;m,n}^{(\ell)}(x,y);(m,n)\in\mathbb{Z}\times\mathbb{Z}\}$ 写成如下的正交级数:

$$f_j^{(\ell)}(x,y) = \sum_{(m,n)\in\mathbb{Z}\times\mathbb{Z}} d_{j;m,n}^{(\ell)} Q_{j;m,n}^{(\ell)}(x,y)$$

把该正交函数级数中的系数写成矩阵形式:

$$\mathscr{D}_j^{(\ell)} = \{d_{j;m,n}^{(\ell)};(m,n)\in\mathbb{Z}\times\mathbb{Z}\}$$

其中，$j\in\mathbb{Z},\ell=0,1,2,\cdots$，而且，当 $(m,n)\in\mathbb{Z}\times\mathbb{Z}$ 时,

$$\begin{aligned} d_{j;m,n}^{(\ell)} &= \int_{(x,y)\in\mathbb{R}^2} f_j^{(\ell)}(x,y)\overline{Q}_{j;m,n}^{(\ell)}(x,y)\mathrm{d}x\mathrm{d}y \\ &= \int_{(x,y)\in\mathbb{R}^2} f(x,y)\overline{Q}_{j;m,n}^{(\ell)}(x,y)\mathrm{d}x\mathrm{d}y \end{aligned}$$

证明：对于任意的非负整数 $J\in\mathbb{N}, j\in\mathbb{Z}$, 将 $m=0,1,2,\cdots,(4^{J+1}-1)$ 按照 $2(J+1)$ 位的二进制方式表示为

$$\begin{aligned}m&=\varepsilon_1\times 2^{2J+1}+\varepsilon_0\times 2^{2J}+\xi_1\times 2^{2J-1}+\xi_0\times 2^{2J-2}+\cdots+\varsigma_1\times 2^1+\varsigma_0\\&=(\varsigma_1\varsigma_0\cdots\varepsilon_1\varepsilon_0\xi_1\xi_0)_2\in\{0,1,2,\cdots,(4^{(J+1)}-1)\}\\&=(\varepsilon_1\times 2^{2J+1}+\xi_1\times 2^{2J-1}+\cdots+\varsigma_1\times 2^1)+(\varepsilon_0\times 2^{2J}+\xi_0\times 2^{2J-2}+\cdots+\varsigma_0)\\&=2\times(\varepsilon_1\times 2^{2J}+\xi_1\times 2^{2J-2}+\cdots+\varsigma_1)+(\varepsilon_0\times 2^{2J}+\xi_0\times 2^{2J-2}+\cdots+\varsigma_0)\\&=2\times(\varepsilon_1\times 4^{J}+\xi_1\times 4^{J-1}+\cdots+\varsigma_1)+(\varepsilon_0\times 4^{J}+\xi_0\times 4^{J-1}+\cdots+\varsigma_0)\\&=2\times(\varepsilon_1\xi_1\cdots\varsigma_1)_4+(\varepsilon_0\xi_0\cdots\varsigma_0)_4\end{aligned}$$

那么，$\mathscr{D}_{j-J}^{(m)}$ 与 $\mathscr{D}_{j+1}^{(0)}$ 之间存在如下的二维小波包完全分解关系：

$$\mathscr{D}_{j-J}^{(\varepsilon_1\varepsilon_0\xi_1\xi_0\cdots\varsigma_1\varsigma_0)_2}=[\boldsymbol{\mathcal{H}}_{\varepsilon_1}^{(0)}\boldsymbol{\mathcal{H}}_{\xi_1}^{(1)}\cdots\boldsymbol{\mathcal{H}}_{\varsigma_1}^{(J)}]^*\mathscr{D}_{j+1}^{(0)}[\bar{\boldsymbol{\mathcal{H}}}_{\varepsilon_0}^{(0)}\bar{\boldsymbol{\mathcal{H}}}_{\xi_0}^{(1)}\cdots\bar{\boldsymbol{\mathcal{H}}}_{\varsigma_0}^{(J)}]$$

其中 $m=(\varepsilon_1\varepsilon_0\xi_1\xi_0\cdots\varsigma_1\varsigma_0)_2\in\{0,1,2,\cdots,(4^{(J+1)}-1)\}$，这 $4^{(J+1)}$ 个数字子图像的数字分辨率都是 $[2^{-(J+1)}\infty]\times[2^{-(J+1)}\infty]$.

4.34.17　在二维多分辨率分析理论体系下，将物理图像(即二元函数) $f(x,y)$ 在空间 $\boldsymbol{\mathcal{L}}^2(\mathbb{R}^2)$ 的任意小波包子空间 $\mathbb{Q}_j^{(\ell)}$ 上的正交投影记为 $f_j^{(\ell)}(x,y)$，并按照 $\mathbb{Q}_j^{(\ell)}$ 的规范正交基 $\{Q_{j;m,n}^{(\ell)}(x,y);(m,n)\in\mathbb{Z}\times\mathbb{Z}\}$ 写成如下的正交级数：

$$f_j^{(\ell)}(x,y)=\sum_{(m,n)\in\mathbb{Z}\times\mathbb{Z}}d_{j;m,n}^{(\ell)}Q_{j;m,n}^{(\ell)}(x,y)$$

把该正交函数级数中的系数写成矩阵形式：

$$\mathscr{D}_j^{(\ell)}=\{d_{j;m,n}^{(\ell)};(m,n)\in\mathbb{Z}\times\mathbb{Z}\}$$

其中，$j\in\mathbb{Z},\ell=0,1,2,\cdots$，而且，当 $(m,n)\in\mathbb{Z}\times\mathbb{Z}$ 时，

$$\begin{aligned}d_{j;m,n}^{(\ell)}&=\int_{(x,y)\in\mathbb{R}^2}f_j^{(\ell)}(x,y)\overline{Q}_{j;m,n}^{(\ell)}(x,y)\mathrm{d}x\mathrm{d}y\\&=\int_{(x,y)\in\mathbb{R}^2}f(x,y)\overline{Q}_{j;m,n}^{(\ell)}(x,y)\mathrm{d}x\mathrm{d}y\end{aligned}$$

证明：对于任意的非负整数 $p\in\mathbb{N}, j\in\mathbb{Z}$，$\mathscr{D}_j^{(4p+\ell)},\ell=0,1,2,3$ 与 $\mathscr{D}_{j+1}^{(p)}$ 之间存在如下的二维小波包合成关系：

$$d_{j+1;m,n}^{(p)}=\sum_{\ell=0}^{3}\sum_{(v,w)\in\mathbb{Z}^2}h^{(\ell)}(m-2v,n-2w)d_{j;v,w}^{(4p+\ell)},\quad (m,n)\in\mathbb{Z}^2,\quad p\in\mathbb{N}$$

或者详细写成

$$\begin{aligned} d_{j+1;m,n}^{(p)} &= \sum_{(v,w)\in\mathbb{Z}^2} h^{(0)}(m-2v,n-2w)d_{j;v,w}^{(4p+0)} \\ &+ \sum_{(v,w)\in\mathbb{Z}^2} h^{(1)}(m-2v,n-2w)d_{j;v,w}^{(4p+1)} \\ &+ \sum_{(v,w)\in\mathbb{Z}^2} h^{(2)}(m-2v,n-2w)d_{j;v,w}^{(4p+2)} \\ &+ \sum_{(v,w)\in\mathbb{Z}^2} h^{(3)}(m-2v,n-2w)d_{j;v,w}^{(4p+3)} \end{aligned}$$

4.34.18　在二维多分辨率分析理论体系下，将物理图像(即二元函数) $f(x,y)$ 在空间 $\mathcal{L}^2(\mathbb{R}^2)$ 的任意小波包子空间 $\mathbb{Q}_j^{(\ell)}$ 上的正交投影记为 $f_j^{(\ell)}(x,y)$，并按照 $\mathbb{Q}_j^{(\ell)}$ 的规范正交基 $\{Q_{j;m,n}^{(\ell)}(x,y);(m,n)\in\mathbb{Z}\times\mathbb{Z}\}$ 写成如下的正交级数:

$$f_j^{(\ell)}(x,y) = \sum_{(m,n)\in\mathbb{Z}\times\mathbb{Z}} d_{j;m,n}^{(\ell)} Q_{j;m,n}^{(\ell)}(x,y)$$

把该正交函数级数中的系数写成矩阵形式

$$\mathscr{D}_j^{(\ell)} = \{d_{j;m,n}^{(\ell)};(m,n)\in\mathbb{Z}\times\mathbb{Z}\}$$

其中，$j\in\mathbb{Z},\ell=0,1,2,\cdots$，而且，当 $(m,n)\in\mathbb{Z}\times\mathbb{Z}$ 时，

$$\begin{aligned} d_{j;m,n}^{(\ell)} &= \int_{(x,y)\in\mathbb{R}^2} f_j^{(\ell)}(x,y)\overline{Q}_{j;m,n}^{(\ell)}(x,y)\mathrm{d}x\mathrm{d}y \\ &= \int_{(x,y)\in\mathbb{R}^2} f(x,y)\overline{Q}_{j;m,n}^{(\ell)}(x,y)\mathrm{d}x\mathrm{d}y \end{aligned}$$

证明: 对于任意的非负整数 $u,p\in\mathbb{N},j\in\mathbb{Z}$，$\mathscr{D}_{j-u}^{(4p+\ell)},\ell=0,1,2,3$ 与 $\mathscr{D}_{j+1-u}^{(p)}$ 之间存在如下的二维小波包合成关系:

$$\begin{aligned} \mathscr{D}_{j+1-u}^{(p)} &= \boldsymbol{\mathcal{A}}_{(u)} \left(\begin{array}{c|c} \mathscr{D}_{j-u}^{(4p+0)} & \mathscr{D}_{j-u}^{(4p+1)} \\ \hline \mathscr{D}_{j-u}^{(4p+2)} & \mathscr{D}_{j-u}^{(4p+3)} \end{array}\right) \boldsymbol{\mathcal{A}}_{(u)}^{\mathrm{T}} \\ &= (\boldsymbol{\mathcal{H}}_0^{(u)} \mid \boldsymbol{\mathcal{H}}_1^{(u)}) \left(\begin{array}{c|c} \mathscr{D}_{j-u}^{(4p+0)} & \mathscr{D}_{j-u}^{(4p+1)} \\ \hline \mathscr{D}_{j-u}^{(4p+2)} & \mathscr{D}_{j-u}^{(4p+3)} \end{array}\right) \left(\begin{array}{c} [\boldsymbol{\mathcal{H}}_0^{(u)}]^{\mathrm{T}} \\ \hline [\boldsymbol{\mathcal{H}}_1^{(u)}]^{\mathrm{T}} \end{array}\right) \\ &= \sum_{(\varepsilon_1\varepsilon_0)_2\in\{0,1,2,3\}} \boldsymbol{\mathcal{H}}_{\varepsilon_1}^{(u)} \mathscr{D}_{j-u}^{(4p+(\varepsilon_1\varepsilon_0)_2)} [\boldsymbol{\mathcal{H}}_{\varepsilon_0}^{(u)}]^{\mathrm{T}} \end{aligned}$$

4.34.19　在二维多分辨率分析理论体系下，将物理图像(即二元函数) $f(x,y)$ 在空间 $\mathcal{L}^2(\mathbb{R}^2)$ 的任意小波包子空间 $\mathbb{Q}_j^{(\ell)}$ 上的正交投影记为 $f_j^{(\ell)}(x,y)$，并按照 $\mathbb{Q}_j^{(\ell)}$ 的规范正交基 $\{Q_{j;m,n}^{(\ell)}(x,y);(m,n)\in\mathbb{Z}\times\mathbb{Z}\}$ 写成如下的正交级数:

$$f_j^{(\ell)}(x,y) = \sum_{(m,n)\in\mathbb{Z}\times\mathbb{Z}} d_{j;m,n}^{(\ell)} Q_{j;m,n}^{(\ell)}(x,y)$$

把该正交函数级数中的系数写成矩阵形式:

$$\mathscr{D}_j^{(\ell)} = \{d_{j;m,n}^{(\ell)};(m,n) \in \mathbb{Z}\times\mathbb{Z}\}$$

其中，$j\in\mathbb{Z},\ell=0,1,2,\cdots$，而且，当 $(m,n)\in\mathbb{Z}\times\mathbb{Z}$ 时，

$$\begin{aligned} d_{j;m,n}^{(\ell)} &= \int_{(x,y)\in\mathbb{R}^2} f_j^{(\ell)}(x,y)\overline{Q}_{j;m,n}^{(\ell)}(x,y)\mathrm{d}x\mathrm{d}y \\ &= \int_{(x,y)\in\mathbb{R}^2} f(x,y)\overline{Q}_{j;m,n}^{(\ell)}(x,y)\mathrm{d}x\mathrm{d}y \end{aligned}$$

证明：对于任意的非负整数 $J\in\mathbb{N}, j\in\mathbb{Z}$, 将 $m=0,1,2,\cdots,(4^{J+1}-1)$ 按照 $2(J+1)$ 位的二进制方式表示为

$$\begin{aligned} m &= \varepsilon_1\times 2^{2J+1}+\varepsilon_0\times 2^{2J}+\xi_1\times 2^{2J-1}+\xi_0\times 2^{2J-2}+\cdots+\varsigma_1\times 2^1+\varsigma_0 \\ &= (\varsigma_1\varsigma_0\cdots\varepsilon_1\varepsilon_0\xi_1\xi_0)_2 \in\{0,1,2,\cdots,(4^{(J+1)}-1)\} \\ &= (\varepsilon_1\times 2^{2J+1}+\xi_1\times 2^{2J-1}+\cdots+\varsigma_1\times 2^1)+(\varepsilon_0\times 2^{2J}+\xi_0\times 2^{2J-2}+\cdots+\varsigma_0) \\ &= 2\times(\varepsilon_1\times 2^{2J}+\xi_1\times 2^{2J-2}+\cdots+\varsigma_1)+(\varepsilon_0\times 2^{2J}+\xi_0\times 2^{2J-2}+\cdots+\varsigma_0) \\ &= 2\times(\varepsilon_1\times 4^{J}+\xi_1\times 4^{J-1}+\cdots+\varsigma_1)+(\varepsilon_0\times 4^{J}+\xi_0\times 4^{J-1}+\cdots+\varsigma_0) \\ &= 2\times(\varepsilon_1\xi_1\cdots\varsigma_1)_4+(\varepsilon_0\xi_0\cdots\varsigma_0)_4 \end{aligned}$$

那么，$\mathscr{D}_{j-J}^{(m)}, m=0,1,2,\cdots,(4^{J+1}-1)$ 与 $\mathscr{D}_{j+1}^{(0)}$ 之间存在如下的二维小波包合成关系:

$$\mathscr{D}_{j+1}^{(0)} = \sum_{m=0}^{(4^{(J+1)}-1)} [\boldsymbol{\mathcal{H}}_{\varepsilon_1}^{(0)}][\boldsymbol{\mathcal{H}}_{\xi_1}^{(1)}]\cdots[\boldsymbol{\mathcal{H}}_{\varsigma_1}^{(J)}]\mathscr{D}_{j-J}^{(\varepsilon_1\varepsilon_0\xi_1\xi_0\cdots\varsigma_1\varsigma_0)_2}[\boldsymbol{\mathcal{H}}_{\varsigma_0}^{(J)}]^{\mathrm{T}}\cdots[\boldsymbol{\mathcal{H}}_{\xi_0}^{(1)}]^{\mathrm{T}}[\boldsymbol{\mathcal{H}}_{\varepsilon_0}^{(0)}]^{\mathrm{T}}$$

4.34.20 在二维多分辨率分析理论体系下，将物理图像(即二元函数) $f(x,y)$ 在空间 $\boldsymbol{\mathcal{L}}^2(\mathbb{R}^2)$ 的任意小波包子空间 $\mathbb{Q}_j^{(\ell)}$ 上的正交投影记为 $f_j^{(\ell)}(x,y)$，并按照 $\mathbb{Q}_j^{(\ell)}$ 的规范正交基 $\{Q_{j;m,n}^{(\ell)}(x,y);(m,n)\in\mathbb{Z}\times\mathbb{Z}\}$ 写成如下的正交级数:

$$f_j^{(\ell)}(x,y) = \sum_{(m,n)\in\mathbb{Z}\times\mathbb{Z}} d_{j;m,n}^{(\ell)} Q_{j;m,n}^{(\ell)}(x,y)$$

把该正交函数级数中的系数写成矩阵形式:

$$\mathscr{D}_j^{(\ell)} = \{d_{j;m,n}^{(\ell)};(m,n) \in \mathbb{Z}\times\mathbb{Z}\}$$

其中，$j\in\mathbb{Z},\ell=0,1,2,\cdots$，而且，当 $(m,n)\in\mathbb{Z}\times\mathbb{Z}$ 时，

$$\begin{aligned} d_{j;m,n}^{(\ell)} &= \int_{(x,y)\in\mathbb{R}^2} f_j^{(\ell)}(x,y)\overline{Q}_{j;m,n}^{(\ell)}(x,y)\mathrm{d}x\mathrm{d}y \\ &= \int_{(x,y)\in\mathbb{R}^2} f(x,y)\overline{Q}_{j;m,n}^{(\ell)}(x,y)\mathrm{d}x\mathrm{d}y \end{aligned}$$

证明：对于任意的非负整数 $J\in\mathbb{N}, j\in\mathbb{Z}$, 将 $m=0,1,2,\cdots,(4^{J+1}-1)$ 按照 $2(J+1)$ 位的二进制方式表示为

$$\begin{aligned}m&=\varepsilon_1\times2^{2J+1}+\varepsilon_0\times2^{2J}+\xi_1\times2^{2J-1}\\&\quad+\xi_0\times2^{2J-2}+\cdots+\varsigma_1\times2^1+\varsigma_0\\&=(\varsigma_1\varsigma_0\cdots\varepsilon_1\varepsilon_0\xi_1\xi_0)_2\in\{0,1,2,\cdots,(4^{(J+1)}-1)\}\\&=(\varepsilon_1\times2^{2J+1}+\xi_1\times2^{2J-1}+\cdots+\varsigma_1\times2^1)\\&\quad+(\varepsilon_0\times2^{2J}+\xi_0\times2^{2J-2}+\cdots+\varsigma_0)\\&=2\times(\varepsilon_1\times2^{2J}+\xi_1\times2^{2J-2}+\cdots+\varsigma_1)\\&\quad+(\varepsilon_0\times2^{2J}+\xi_0\times2^{2J-2}+\cdots+\varsigma_0)\\&=2\times(\varepsilon_1\times4^{J}+\xi_1\times4^{J-1}+\cdots+\varsigma_1)\\&\quad+(\varepsilon_0\times4^{J}+\xi_0\times4^{J-1}+\cdots+\varsigma_0)\\&=2\times(\varepsilon_1\xi_1\cdots\varsigma_1)_4+(\varepsilon_0\xi_0\cdots\varsigma_0)_4\end{aligned}$$

并定义数字分辨率为 $\infty\times\infty$ 的数字图像记号:

$$\begin{aligned}\mathscr{R}^{(m)}&=\mathscr{R}^{(\varepsilon_1\varepsilon_0\xi_1\xi_0\cdots\varsigma_1\varsigma_0)_2}\\&=[\boldsymbol{\mathcal{H}}_{\varepsilon_1}^{(0)}][\boldsymbol{\mathcal{H}}_{\xi_1}^{(1)}]\cdots[\boldsymbol{\mathcal{H}}_{\varsigma_1}^{(J)}]\mathscr{D}_{j-J}^{(\varepsilon_1\varepsilon_0\xi_1\xi_0\cdots\varsigma_1\varsigma_0)_2}[\boldsymbol{\mathcal{H}}_{\varsigma_0}^{(J)}]^{\mathrm{T}}\cdots[\boldsymbol{\mathcal{H}}_{\xi_0}^{(1)}]^{\mathrm{T}}[\boldsymbol{\mathcal{H}}_{\varepsilon_0}^{(0)}]^{\mathrm{T}}\end{aligned}$$

其中 $m=(\varepsilon_1\varepsilon_0\xi_1\xi_0\cdots\varsigma_1\varsigma_0)_2\in\{0,1,2,\cdots,(4^{(J+1)}-1)\}$.

证明: $\mathscr{R}^{(m)}=\mathscr{R}^{(\varepsilon_1\varepsilon_0\xi_1\xi_0\cdots\varsigma_1\varsigma_0)_2},m=0,1,2,\cdots,(4^{J+1}-1)$ 与 $\mathscr{D}_{j+1}^{(0)}$ 之间存在如下的二维小波包合成关系:

$$\begin{aligned}\mathscr{D}_{j+1}^{(0)}&=\sum_{m=0}^{(4^{(J+1)}-1)}\mathscr{R}^{(m)}\\&=\sum_{m=(\varepsilon_1\varepsilon_0\xi_1\xi_0\cdots\varsigma_1\varsigma_0)_2\in\{0,1,2,\cdots,(4^{(J+1)}-1)\}}\mathscr{R}^{(\varepsilon_1\varepsilon_0\xi_1\xi_0\cdots\varsigma_1\varsigma_0)_2}\\&=\sum_{m=0}^{(4^{(J+1)}-1)}[\boldsymbol{\mathcal{H}}_{\varepsilon_1}^{(0)}][\boldsymbol{\mathcal{H}}_{\xi_1}^{(1)}]\cdots[\boldsymbol{\mathcal{H}}_{\varsigma_1}^{(J)}]\mathscr{D}_{j-J}^{(\varepsilon_1\varepsilon_0\xi_1\xi_0\cdots\varsigma_1\varsigma_0)_2}[\boldsymbol{\mathcal{H}}_{\varsigma_0}^{(J)}]^{\mathrm{T}}\cdots[\boldsymbol{\mathcal{H}}_{\xi_0}^{(1)}]^{\mathrm{T}}[\boldsymbol{\mathcal{H}}_{\varepsilon_0}^{(0)}]^{\mathrm{T}}\end{aligned}$$

4.34.21　在二维多分辨率分析理论体系下，将物理图像(即二元函数) $f(x,y)$ 在空间 $\boldsymbol{\mathcal{L}}^2(\mathbb{R}^2)$ 的任意小波包子空间 $\mathbb{Q}_j^{(\ell)}$ 上的正交投影记为 $f_j^{(\ell)}(x,y)$，并按照 $\mathbb{Q}_j^{(\ell)}$ 的规范正交基 $\{Q_{j;m,n}^{(\ell)}(x,y);(m,n)\in\mathbb{Z}\times\mathbb{Z}\}$ 写成如下的正交级数:

$$f_j^{(\ell)}(x,y)=\sum_{(m,n)\in\mathbb{Z}\times\mathbb{Z}}d_{j;m,n}^{(\ell)}Q_{j;m,n}^{(\ell)}(x,y)$$

把该正交函数级数中的系数写成矩阵形式:

$$\mathscr{D}_j^{(\ell)}=\{d_{j;m,n}^{(\ell)};(m,n)\in\mathbb{Z}\times\mathbb{Z}\}$$

其中，$j\in\mathbb{Z},\ell=0,1,2,\cdots$，而且，当 $(m,n)\in\mathbb{Z}\times\mathbb{Z}$ 时,

$$d_{j;m,n}^{(\ell)}=\int_{(x,y)\in\mathbb{R}^2}f_j^{(\ell)}(x,y)\overline{Q}_{j;m,n}^{(\ell)}(x,y)\mathrm{d}x\mathrm{d}y=\int_{(x,y)\in\mathbb{R}^2}f(x,y)\overline{Q}_{j;m,n}^{(\ell)}(x,y)\mathrm{d}x\mathrm{d}y$$

证明：对于任意的非负整数 $J\in\mathbb{N}, j\in\mathbb{Z}$, 将 $m=0,1,2,\cdots,(4^{J+1}-1)$ 按照 $2(J+1)$ 位的二进制方式表示为

$$\begin{aligned}m&=\varepsilon_1\times2^{2J+1}+\varepsilon_0\times2^{2J}+\xi_1\times2^{2J-1}+\xi_0\times2^{2J-2}+\cdots+\varsigma_1\times2^1+\varsigma_0\\&=(\varepsilon_1\times2^{2J+1}+\xi_1\times2^{2J-1}+\cdots+\varsigma_1\times2^1)+(\varepsilon_0\times2^{2J}+\xi_0\times2^{2J-2}+\cdots+\varsigma_0)\\&=2\times(\varepsilon_1\times2^{2J}+\xi_1\times2^{2J-2}+\cdots+\varsigma_1)+(\varepsilon_0\times2^{2J}+\xi_0\times2^{2J-2}+\cdots+\varsigma_0)\\&=2\times(\varepsilon_1\times4^{J}+\xi_1\times4^{J-1}+\cdots+\varsigma_1)+(\varepsilon_0\times4^{J}+\xi_0\times4^{J-1}+\cdots+\varsigma_0)\\&=2\times(\varepsilon_1\xi_1\cdots\varsigma_1)_4+(\varepsilon_0\xi_0\cdots\varsigma_0)_4\end{aligned}$$

并定义数字分辨率为 $\infty\times\infty$ 的数字图像记号:

$$\begin{aligned}\mathscr{R}^{(m)}&=\mathscr{R}^{(\varepsilon_1\varepsilon_0\xi_1\xi_0\cdots\varsigma_1\varsigma_0)_2}\\&=[\boldsymbol{\mathcal{H}}_{\varepsilon_1}^{(0)}][\boldsymbol{\mathcal{H}}_{\xi_1}^{(1)}]\cdots[\boldsymbol{\mathcal{H}}_{\varsigma_1}^{(J)}]\mathscr{D}_{j-J}^{(\varepsilon_1\varepsilon_0\xi_1\xi_0\cdots\varsigma_1\varsigma_0)_2}[\boldsymbol{\mathcal{H}}_{\varsigma_0}^{(J)}]^{\mathrm{T}}\cdots[\boldsymbol{\mathcal{H}}_{\xi_0}^{(1)}]^{\mathrm{T}}[\boldsymbol{\mathcal{H}}_{\varepsilon_0}^{(0)}]^{\mathrm{T}}\end{aligned}$$

其中 $m=(\varepsilon_1\varepsilon_0\xi_1\xi_0\cdots\varsigma_1\varsigma_0)_2\in\{0,1,2,\cdots,(4^{(J+1)}-1)\}$.

证明: $\{\mathscr{R}^{(m)}=\mathscr{R}^{(\varepsilon_1\varepsilon_0\xi_1\xi_0\cdots\varsigma_1\varsigma_0)_2};m=0,1,2,\cdots,(4^{J+1}-1)\}$ 是相互正交的数字图像族.

4.34.22 在二维多分辨率分析理论体系下，将物理图像(即二元函数) $f(x,y)$ 在空间 $\boldsymbol{\mathcal{L}}^2(\mathbb{R}^2)$ 的任意小波包子空间 $\mathbb{Q}_j^{(\ell)}$ 上的正交投影记为 $f_j^{(\ell)}(x,y)$，并按照 $\mathbb{Q}_j^{(\ell)}$ 的规范正交基 $\{Q_{j;m,n}^{(\ell)}(x,y);(m,n)\in\mathbb{Z}\times\mathbb{Z}\}$ 写成如下的正交级数:

$$f_j^{(\ell)}(x,y)=\sum_{(m,n)\in\mathbb{Z}\times\mathbb{Z}}d_{j;m,n}^{(\ell)}Q_{j;m,n}^{(\ell)}(x,y)$$

把该正交函数级数中的系数写成矩阵形式:

$$\mathscr{D}_j^{(\ell)}=\{d_{j;m,n}^{(\ell)};(m,n)\in\mathbb{Z}\times\mathbb{Z}\}$$

其中，$j\in\mathbb{Z},\ell=0,1,2,\cdots$，而且，当 $(m,n)\in\mathbb{Z}\times\mathbb{Z}$ 时,

$$d_{j;m,n}^{(\ell)}=\int_{(x,y)\in\mathbb{R}^2}f_j^{(\ell)}\left(x,y\right)\overline{Q}_{j;m,n}^{(\ell)}(x,y)\mathrm{d}x\mathrm{d}y=\int_{(x,y)\in\mathbb{R}^2}f(x,y)\overline{Q}_{j;m,n}^{(\ell)}(x,y)\mathrm{d}x\mathrm{d}y$$

证明：对于任意的非负整数 $J\in\mathbb{N}, j\in\mathbb{Z}$, 将 $m=0,1,2,\cdots,(4^{J+1}-1)$ 按照 $2(J+1)$ 位的二进制方式表示为

$$\begin{aligned}m&=\varepsilon_1\times2^{2J+1}+\varepsilon_0\times2^{2J}+\xi_1\times2^{2J-1}+\xi_0\times2^{2J-2}+\cdots+\varsigma_1\times2^1+\varsigma_0\\&=(\varepsilon_1\times2^{2J+1}+\xi_1\times2^{2J-1}+\cdots+\varsigma_1\times2^1)+(\varepsilon_0\times2^{2J}+\xi_0\times2^{2J-2}+\cdots+\varsigma_0)\\&=2\times(\varepsilon_1\times2^{2J}+\xi_1\times2^{2J-2}+\cdots+\varsigma_1)+(\varepsilon_0\times2^{2J}+\xi_0\times2^{2J-2}+\cdots+\varsigma_0)\\&=2\times(\varepsilon_1\times4^{J}+\xi_1\times4^{J-1}+\cdots+\varsigma_1)+(\varepsilon_0\times4^{J}+\xi_0\times4^{J-1}+\cdots+\varsigma_0)\\&=2\times(\varepsilon_1\xi_1\cdots\varsigma_1)_4+(\varepsilon_0\xi_0\cdots\varsigma_0)_4\end{aligned}$$

并定义数字分辨率为 $\infty\times\infty$ 的数字图像记号:

$$\begin{aligned}\mathscr{R}^{(m)} &= \mathscr{R}^{(\varepsilon_1\varepsilon_0\xi_1\xi_0\cdots\varsigma_1\varsigma_0)_2}\\ &=[\boldsymbol{\mathcal{H}}_{\varepsilon_1}^{(0)}][\boldsymbol{\mathcal{H}}_{\xi_1}^{(1)}]\cdots[\boldsymbol{\mathcal{H}}_{\varsigma_1}^{(J)}]\mathscr{D}_{j-J}^{(\varepsilon_1\varepsilon_0\xi_1\xi_0\cdots\varsigma_1\varsigma_0)_2}[\boldsymbol{\mathcal{H}}_{\varsigma_0}^{(J)}]^{\mathrm{T}}\cdots[\boldsymbol{\mathcal{H}}_{\xi_0}^{(1)}]^{\mathrm{T}}[\boldsymbol{\mathcal{H}}_{\varepsilon_0}^{(0)}]^{\mathrm{T}}\end{aligned}$$

其中 $m=(\varepsilon_1\varepsilon_0\xi_1\xi_0\cdots\varsigma_1\varsigma_0)_2\in\{0,1,2,\cdots,(4^{(J+1)}-1)\}$.

证明: $\mathscr{R}^{(m)}=\mathscr{R}^{(\varepsilon_1\varepsilon_0\xi_1\xi_0\cdots\varsigma_1\varsigma_0)_2}, m=0,1,2,\cdots,(4^{J+1}-1)$ 与 $\mathscr{D}_{j+1}^{(0)}$ 之间存在如下的能量分解关系:

$$\begin{aligned}\|\mathscr{D}_{j+1}^{(0)}\|^2 &= \sum_{m=0}^{(4^{(J+1)}-1)}\|\mathscr{R}^{(m)}\|^2\\ &= \sum_{m=(\varepsilon_1\varepsilon_0\xi_1\xi_0\cdots\varsigma_1\varsigma_0)_2\in\{0,1,2,\cdots,(4^{(J+1)}-1)\}}\|\mathscr{R}^{(\varepsilon_1\varepsilon_0\xi_1\xi_0\cdots\varsigma_1\varsigma_0)_2}\|^2\end{aligned}$$

4.34.23　在二维多分辨率分析理论体系下, 将物理图像(即二元函数) $f(x,y)$ 在空间 $\mathcal{L}^2(\mathbb{R}^2)$ 的任意小波包子空间 $\mathbb{Q}_j^{(\ell)}$ 上的正交投影记为 $f_j^{(\ell)}(x,y)$, 并按照 $\mathbb{Q}_j^{(\ell)}$ 的规范正交基 $\{Q_{j;m,n}^{(\ell)}(x,y);(m,n)\in\mathbb{Z}\times\mathbb{Z}\}$ 写成如下的正交级数:

$$f_j^{(\ell)}(x,y)=\sum_{(m,n)\in\mathbb{Z}\times\mathbb{Z}}d_{j;m,n}^{(\ell)}Q_{j;m,n}^{(\ell)}(x,y)$$

把该正交函数级数中的系数写成矩阵形式:

$$\mathscr{D}_j^{(\ell)}=\{d_{j;m,n}^{(\ell)};(m,n)\in\mathbb{Z}\times\mathbb{Z}\}$$

其中, $j\in\mathbb{Z},\ell=0,1,2,\cdots$, 而且, 当 $(m,n)\in\mathbb{Z}\times\mathbb{Z}$ 时,

$$\begin{aligned}d_{j;m,n}^{(\ell)} &= \int_{(x,y)\in\mathbb{R}^2}f_j^{(\ell)}(x,y)\overline{Q}_{j;m,n}^{(\ell)}(x,y)\mathrm{d}x\mathrm{d}y\\ &= \int_{(x,y)\in\mathbb{R}^2}f(x,y)\overline{Q}_{j;m,n}^{(\ell)}(x,y)\mathrm{d}x\mathrm{d}y\end{aligned}$$

证明: 对于任意的非负整数 $J\in\mathbb{N}, j\in\mathbb{Z}$, 将 $m=0,1,2,\cdots,(4^{J+1}-1)$ 按照 $2(J+1)$ 位的二进制方式表示为

$$\begin{aligned}m &= \varepsilon_1\times2^{2J+1}+\varepsilon_0\times2^{2J}+\xi_1\times2^{2J-1}+\xi_0\times2^{2J-2}+\cdots+\varsigma_1\times2^1+\varsigma_0\\ &=(\varepsilon_1\times2^{2J+1}+\xi_1\times2^{2J-1}+\cdots+\varsigma_1\times2^1)+(\varepsilon_0\times2^{2J}+\xi_0\times2^{2J-2}+\cdots+\varsigma_0)\\ &=2\times(\varepsilon_1\times2^{2J}+\xi_1\times2^{2J-2}+\cdots+\varsigma_1)+(\varepsilon_0\times2^{2J}+\xi_0\times2^{2J-2}+\cdots+\varsigma_0)\\ &=2\times(\varepsilon_1\times4^J+\xi_1\times4^{J-1}+\cdots+\varsigma_1)+(\varepsilon_0\times4^J+\xi_0\times4^{J-1}+\cdots+\varsigma_0)\\ &=2\times(\varepsilon_1\xi_1\cdots\varsigma_1)_4+(\varepsilon_0\xi_0\cdots\varsigma_0)_4\end{aligned}$$

并定义数字分辨率为 $\infty\times\infty$ 的数字图像记号:

$$\begin{aligned}\mathscr{R}^{(m)} &= \mathscr{R}^{(\varepsilon_1\varepsilon_0\xi_1\xi_0\cdots\varsigma_1\varsigma_0)_2} \\ &= [\boldsymbol{\mathcal{H}}_{\varepsilon_1}^{(0)}][\boldsymbol{\mathcal{H}}_{\xi_1}^{(1)}]\cdots[\boldsymbol{\mathcal{H}}_{\varsigma_1}^{(J)}]\mathscr{D}_{j-J}^{(\varepsilon_1\varepsilon_0\xi_1\xi_0\cdots\varsigma_1\varsigma_0)_2}[\boldsymbol{\mathcal{H}}_{\varsigma_0}^{(J)}]^{\mathrm{T}}\cdots[\boldsymbol{\mathcal{H}}_{\xi_0}^{(1)}]^{\mathrm{T}}[\boldsymbol{\mathcal{H}}_{\varepsilon_0}^{(0)}]^{\mathrm{T}}\end{aligned}$$

其中 $m=(\varepsilon_1\varepsilon_0\xi_1\xi_0\cdots\varsigma_1\varsigma_0)_2\in\{0,1,2,\cdots,(4^{(J+1)}-1)\}$.

证明：当 $m=0,1,2,\cdots,(4^{J+1}-1)$ 时，$\mathscr{R}^{(m)}=\mathscr{R}^{(\varepsilon_1\varepsilon_0\xi_1\xi_0\cdots\varsigma_1\varsigma_0)_2}$ 与 $\mathscr{D}_{j-J}^{(\varepsilon_1\varepsilon_0\xi_1\xi_0\cdots\varsigma_1\varsigma_0)_2}$ 之间存在能量恒等关系：

$$||\mathscr{R}^{(m)}||^2=||\mathscr{R}^{(\varepsilon_1\varepsilon_0\xi_1\xi_0\cdots\varsigma_1\varsigma_0)_2}||^2=||\mathscr{D}_{j-J}^{(\varepsilon_1\varepsilon_0\xi_1\xi_0\cdots\varsigma_1\varsigma_0)_2}||^2$$

习题 4.35　有限数字图像小波包金字塔

有限数字图像 $\mathscr{D}_{j+1}^{(0)}=\{d_{j+1,m,n}^{(0)};0\leqslant m,n\leqslant N-1\}$ 是 $N\times N$ 复数矩阵，其中 $N=2^{\Delta}$，Δ 是自然数.

设 $\mathbf{h}_0=\{h_{0,n}=h_n;n\in\mathbb{Z}\}^{\mathrm{T}}$ 和 $\mathbf{h}_1=\{h_{1,n}=g_n;n\in\mathbb{Z}\}^{\mathrm{T}}$ 作为多分辨率分析滤波器系数序列只有有限项非零. 设 $h_{0,0}h_{0,M-1}\neq 0$ 且当 $n<0$ 或 $n>(M-1)$ 时，$h_{0,n}=0$，M 是偶数. 由 $h_{1,n}=(-1)^{M-1-n}\overline{h}_{M-1-n},n\in\mathbb{Z}$ 定义的带通滤波器系数序列 $\mathbf{h}_1$ 也满足同样要求. 将序列 $\mathbf{h}_0$ 和 $\mathbf{h}_1$ 按照周期长度 $N=2^{\Delta}>M$ 进行周期化，它们在同一个周期内的取值分别构成 N 维列向量：

$$\mathbf{h}_\ell=\{h_{\ell,0},h_{\ell,1},\cdots,h_{\ell,M-2},h_{\ell,M-1},h_{\ell,M},\cdots,h_{\ell,N-1}\}^{\mathrm{T}},\ \ \ell=0,1$$

其中 $h_{\ell,M}=\cdots=h_{\ell,N-1}=0,\ell=0,1$. 定义如下符号：对于整数 k，

$$\mathbf{h}_\ell^{(k)}=\{h_{\ell,\mathrm{mod}(n-k,N)};n=0,1,2,\cdots,N-1\}^{\mathrm{T}},\ \ \ell=0,1$$

对于 $\ell=(\zeta_1\zeta_0)_2\in\{0,1,2,3\}$，引入记号：

$$\begin{aligned}h^{(\ell)}(m-2v,n-2w)&=h^{(\zeta_1\zeta_0)_2}(m-2v,n-2w)\\&=h_{\zeta_1,\mathrm{mod}(m-2v,N)}h_{\zeta_0,\mathrm{mod}(n-2w,N)}\\m,n&=0,1,\cdots,(N-1)\\v,w&=0,1,2,\cdots,(0.5N-1)\end{aligned}$$

或者等价地，当 $m,n=0,1,\cdots,(N-1),v,w=0,1,2,\cdots,(0.5N-1)$ 时，

$$\begin{aligned}h^{(0)}(m-2v,n-2w)&=h_{0,\mathrm{mod}(m-2v,N)}h_{0,\mathrm{mod}(n-2w,N)}\\h^{(1)}(m-2v,n-2w)&=h_{0,\mathrm{mod}(m-2v,N)}h_{1,\mathrm{mod}(n-2w,N)}\\h^{(2)}(m-2v,n-2w)&=h_{1,\mathrm{mod}(m-2v,N)}h_{0,\mathrm{mod}(n-2w,N)}\\h^{(3)}(m-2v,n-2w)&=h_{1,\mathrm{mod}(m-2v,N)}h_{1,\mathrm{mod}(n-2w,N)}\end{aligned}$$

引入两个维数是$N\times[0.5N]$的矩阵:

$$\begin{aligned}\mathcal{H}_\ell &= [h_{\ell,n,k}=h_{\ell,\mathrm{mod}(n-2k,N)};0\leqslant n\leqslant N-1,0\leqslant k\leqslant 0.5N-1]_{N\times\frac{N}{2}}\\&=[\mathbf{h}_\ell^{(2k)};0\leqslant k\leqslant 0.5N-1]_{N\times\frac{N}{2}}\\&=[\mathbf{h}_\ell^{(0)}\mid\mathbf{h}_\ell^{(2)}\mid\mathbf{h}_\ell^{(4)}\mid\cdots\mid\mathbf{h}_\ell^{(N-2)}]\\&=[h_{\ell,\mathrm{mod}(m-2k,N)};m=0,1,\cdots,(N-1),k=0,1,\cdots,(0.5N-1)]_{N\times\frac{N}{2}},\quad \ell=0,1\end{aligned}$$

同时定义维数是$N\times N$的矩阵$\mathcal{A}=(\mathcal{H}_0\mid\mathcal{H}_1)$.

对于任意非负整数u，引入两个$[2^{-u}N]\times[2^{-(u+1)}N]$矩阵$\mathcal{H}_0^{(u)},\mathcal{H}_1^{(u)}$，它们分别与$\mathcal{H}_0,\mathcal{H}_1$的构造方法相同，比如$u=0$时，$\mathcal{H}_0^{(0)}=\mathcal{H}_0,\mathcal{H}_1^{(0)}=\mathcal{H}_1$，当$u=1$时，

$$\begin{aligned}\mathcal{H}_\ell^{(u)}&=\mathcal{H}_\ell^{(1)}\\&=[h_{\ell,\mathrm{mod}(m-2k,N)};m=0,1,\cdots,(0.5N-1),k=0,1,\cdots,(0.25N-1)]_{(0.5N)\times(0.25N)}\end{aligned}$$

都是$[2^{-1}N]\times[2^{-2}N]$矩阵. 利用这些矩阵记号定义$[2^{-u}N]\times[2^{-u}N]$矩阵$\mathcal{A}_{(u)}=(\mathcal{H}_0^{(u)}\mid\mathcal{H}_1^{(u)})$，比如当$u=0$时，$\mathcal{A}_{(u)}=(\mathcal{H}_0^{(u)}\mid\mathcal{H}_1^{(u)})=\mathcal{A}=(\mathcal{H}_0\mid\mathcal{H}_1)$.

数字图像$\mathscr{D}_{j+1}^{(0)}=\{d_{j+1,m,n}^{(0)};0\leqslant m,n\leqslant(N-1)\}$的小波包分解：$u$是非负整数，在尺度级别$s=2^{-(j-u)}$时，$\mathscr{D}_{j+1}^{(0)}$被分解为$4^{(u+1)}$个尺寸是$[2^{-(u+1)}N]\times[2^{-(u+1)}N]$的子图$\mathscr{D}_{j-u}^{(p)}=\{d_{j-u,v,w}^{(p)};0\leqslant v,w\leqslant(2^{-(u+1)}N-1)\},p=0,1,2,\cdots,(4^{(u+1)}-1)$，迭代计算公式是：当$q=0,1,2,\cdots,(4^u-1)$时，$0\leqslant v,w\leqslant(2^{-(u+1)}N-1)$，

$$\begin{cases}d_{j;v,w}^{(4q+0)}=\sum\limits_{n=0}^{2^{-u}N-1}\sum\limits_{m=0}^{2^{-u}N-1}\overline{h}^{(0)}(m-2v,n-2w)d_{j+1-u;m,n}^{(q)}\\d_{j;v,w}^{(4q+1)}=\sum\limits_{n=0}^{2^{-u}N-1}\sum\limits_{m=0}^{2^{-u}N-1}\overline{h}^{(1)}(m-2v,n-2w)d_{j+1-u;m,n}^{(q)}\\d_{j;v,w}^{(4q+2)}=\sum\limits_{n=0}^{2^{-u}N-1}\sum\limits_{m=0}^{2^{-u}N-1}\overline{h}^{(2)}(m-2v,n-2w)d_{j+1-u;m,n}^{(q)}\\d_{j;v,w}^{(4q+3)}=\sum\limits_{n=0}^{2^{-u}N-1}\sum\limits_{m=0}^{2^{-u}N-1}\overline{h}^{(3)}(m-2v,n-2w)d_{j+1-u;m,n}^{(q)}\end{cases}$$

或者写成紧凑形式：当$q=0,1,2,\cdots,(4^u-1)$时，$0\leqslant v,w\leqslant(2^{-(u+1)}N-1)$

$$d_{j;v,w}^{(4q+\ell)}=\sum_{n=0}^{2^{-u}N-1}\sum_{m=0}^{2^{-u}N-1}\overline{h}^{(\ell)}(m-2v,n-2w)d_{j+1-u;m,n}^{(q)},\quad \ell=0,1,2,3$$

4.35.1　证明：若u是非负整数，则数字图像$\mathscr{D}_{j+1}^{(0)}$的二维小波包分解可以等价

地表示为：当 $p=0,1,2,\cdots,(4^u-1)$ 时，

$$\left(\frac{\mathscr{D}_{j-u}^{(4p+0)}\mid\mathscr{D}_{j-u}^{(4p+1)}}{\mathscr{D}_{j-u}^{(4p+2)}\mid\mathscr{D}_{j-u}^{(4p+3)}}\right)=\boldsymbol{\mathcal{A}}_{(u)}^{*}\mathscr{D}_{j+1-u}^{(p)}\overline{\boldsymbol{\mathcal{A}}_{(u)}}=\left(\frac{[\boldsymbol{\mathcal{H}}_0^{(u)}]^*}{[\boldsymbol{\mathcal{H}}_1^{(u)}]^*}\right)\mathscr{D}_{j+1-u}^{(p)}(\overline{\boldsymbol{\mathcal{H}}_0^{(u)}}\mid\overline{\boldsymbol{\mathcal{H}}_1^{(u)}})$$

$$=\left(\frac{[\boldsymbol{\mathcal{H}}_0^{(u)}]^*\mathscr{D}_{j+1-u}^{(p)}\overline{\boldsymbol{\mathcal{H}}_0^{(u)}}\mid[\boldsymbol{\mathcal{H}}_0^{(u)}]^*\mathscr{D}_{j+1-u}^{(p)}\overline{\boldsymbol{\mathcal{H}}_1^{(u)}}}{[\boldsymbol{\mathcal{H}}_1^{(u)}]^*\mathscr{D}_{j+1-u}^{(p)}\overline{\boldsymbol{\mathcal{H}}_0^{(u)}}\mid[\boldsymbol{\mathcal{H}}_1^{(u)}]^*\mathscr{D}_{j+1-u}^{(p)}\overline{\boldsymbol{\mathcal{H}}_1^{(u)}}}\right)$$

4.35.2 证明：当 $u=0,1,2,\cdots,J$ 逐渐增加最终到达 $u=J$ 时，数字图像 $\mathscr{D}_{j+1}^{(0)}$ 的二维小波包分解将产生 $4^{(J+1)}$ 个 $[2^{-(J+1)}N]\times[2^{-(J+1)}N]$ 分解子图像：

$$\mathscr{D}_{j-J}^{(p)}=\{d_{j-J,v,w}^{(p)};0\leqslant v,w\leqslant[2^{-(J+1)}N-1]\},\quad p=0,1,2,\cdots,[4^{(J+1)}-1]$$

另外，将 $p=0,1,2,\cdots,[4^{(J+1)}-1]$ 按照 $2(J+1)$ 位的二进制方式表示为

$$\begin{aligned}p&=\varepsilon_1\times2^{2J+1}+\varepsilon_0\times2^{2J}+\xi_1\times2^{2J-1}+\xi_0\times2^{2J-2}+\cdots+\varsigma_1\times2^1+\varsigma_0\\&=(\varepsilon_1\varepsilon_0\xi_1\xi_0\cdots\varsigma_1\varsigma_0)_2\in\{0,1,2,\cdots,[4^{(J+1)}-1]\}\\&=(\varepsilon_1\times2^{2J+1}+\xi_1\times2^{2J-1}+\cdots+\varsigma_1\times2^1)+(\varepsilon_0\times2^{2J}+\xi_0\times2^{2J-2}+\cdots+\varsigma_0)\\&=2\times(\varepsilon_1\times2^{2J}+\xi_1\times2^{2J-2}+\cdots+\varsigma_1)+(\varepsilon_0\times2^{2J}+\xi_0\times2^{2J-2}+\cdots+\varsigma_0)\\&=2\times(\varepsilon_1\times4^{J}+\xi_1\times4^{J-1}+\cdots+\varsigma_1)+(\varepsilon_0\times4^{J}+\xi_0\times4^{J-1}+\cdots+\varsigma_0)\\&=2\times(\varepsilon_1\xi_1\cdots\varsigma_1)_4+(\varepsilon_0\xi_0\cdots\varsigma_0)_4\end{aligned}$$

那么，$\mathscr{D}_{j-J}^{(p)},p=0,1,2,\cdots,[4^{(J+1)}-1]$ 可以表示为

$$\mathscr{D}_{j-J}^{(p)}=\mathscr{D}_{j-J}^{(\varepsilon_1\varepsilon_0\xi_1\xi_0\cdots\varsigma_1\varsigma_0)_2}=[\boldsymbol{\mathcal{H}}_{\varepsilon_1}^{(0)}\boldsymbol{\mathcal{H}}_{\xi_1}^{(1)}\cdots\boldsymbol{\mathcal{H}}_{\varsigma_1}^{(J)}]^*\mathscr{D}_{j+1}^{(0)}[\overline{\boldsymbol{\mathcal{H}}}_{\varepsilon_0}^{(0)}\overline{\boldsymbol{\mathcal{H}}}_{\xi_0}^{(1)}\cdots\overline{\boldsymbol{\mathcal{H}}}_{\varsigma_0}^{(J)}]$$

4.35.3 证明：当 $u=0,1,2,\cdots,J$ 逐渐增加最终到达 $u=J$ 时，数字图像 $\mathscr{D}_{j+1}^{(0)}$ 的二维小波包分解将产生 $4^{(J+1)}$ 个 $[2^{-(J+1)}N]\times[2^{-(J+1)}N]$ 分解子图像：

$$\mathscr{D}_{j-J}^{(p)}=\{d_{j-J,v,w}^{(p)};0\leqslant v,w\leqslant[2^{-(J+1)}N-1]\},\quad p=0,1,2,\cdots,[4^{(J+1)}-1]$$

另外，将 $p=0,1,2,\cdots,[4^{(J+1)}-1]$ 按照 $2(J+1)$ 位的二进制方式表示为

$$\begin{aligned}p&=\varepsilon_1\times2^{2J+1}+\varepsilon_0\times2^{2J}+\xi_1\times2^{2J-1}+\xi_0\times2^{2J-2}+\cdots+\varsigma_1\times2^1+\varsigma_0\\&=(\varepsilon_1\times2^{2J+1}+\xi_1\times2^{2J-1}+\cdots+\varsigma_1\times2^1)+(\varepsilon_0\times2^{2J}+\xi_0\times2^{2J-2}+\cdots+\varsigma_0)\\&=2\times(\varepsilon_1\times2^{2J}+\xi_1\times2^{2J-2}+\cdots+\varsigma_1)+(\varepsilon_0\times2^{2J}+\xi_0\times2^{2J-2}+\cdots+\varsigma_0)\\&=2\times(\varepsilon_1\times4^{J}+\xi_1\times4^{J-1}+\cdots+\varsigma_1)+(\varepsilon_0\times4^{J}+\xi_0\times4^{J-1}+\cdots+\varsigma_0)\\&=2\times(\varepsilon_1\xi_1\cdots\varsigma_1)_4+(\varepsilon_0\xi_0\cdots\varsigma_0)_4\end{aligned}$$

那么，数字图像 $\mathscr{D}_{j+1}^{(0)}$ 与其小波包分解子图像 $\mathscr{D}_{j-J}^{(p)},p=0,1,2,\cdots,[4^{(J+1)}-1]$ 之间保持能量守恒：

$$\|\mathscr{D}_{j+1}^{(0)}\|^2=\sum_{p=(\varepsilon_1\varepsilon_0\xi_1\xi_0\cdots\varsigma_1\varsigma_0)_2\in\{0,1,2,\cdots,[4^{(J+1)}-1]\}}\|\mathscr{D}_{j-J}^{(\varepsilon_1\varepsilon_0\xi_1\xi_0\cdots\varsigma_1\varsigma_0)_2}\|^2=\sum_{p=0}^{[4^{(J+1)}-1]}\|\mathscr{D}_{j-J}^{(p)}\|^2$$

4.35.4　证明: $[2^{-u}N]\times[2^{-u}N]$ 的矩阵 $\mathcal{A}_{(u)}=(\mathcal{H}_0^{(u)}\mid\mathcal{H}_1^{(u)})$ 是酉矩阵, 其中 u 是非负整数.

4.35.5　证明: 若 u 是非负整数, 则数字图像 $\mathscr{D}_{j+1}^{(0)}$ 的小波包分解子图像族 $\{\mathscr{D}_{j+1-u}^{(p)};p=0,1,2,\cdots,(4^u-1)\}$ 与子图像族 $\{\mathscr{D}_{j-u}^{(m)};m=0,1,2,\cdots,[4^{(u+1)}-1]\}$ 之间具有数字图像小波包合成的矩阵型关系:

$$\begin{aligned}\mathscr{D}_{j+1-u}^{(p)}&=\mathcal{A}_{(u)}\left(\begin{array}{c|c}\mathscr{D}_{j-u}^{(4p+0)}&\mathscr{D}_{j-u}^{(4p+1)}\\\hline\mathscr{D}_{j-u}^{(4p+2)}&\mathscr{D}_{j-u}^{(4p+3)}\end{array}\right)\mathcal{A}_{(u)}^{\mathrm{T}}\\&=\mathcal{H}_0^{(u)}\mathscr{D}_{j-u}^{(4p+0)}[\mathcal{H}_0^{(u)}]^{\mathrm{T}}+\mathcal{H}_0^{(u)}\mathscr{D}_{j-u}^{(4p+1)}[\mathcal{H}_1^{(u)}]^{\mathrm{T}}\\&\quad+\mathcal{H}_1^{(u)}\mathscr{D}_{j-u}^{(4p+2)}[\mathcal{H}_0^{(u)}]^{\mathrm{T}}+\mathcal{H}_1^{(u)}\mathscr{D}_{j-u}^{(4p+3)}[\mathcal{H}_1^{(u)}]^{\mathrm{T}},\quad p=0,1,2,\cdots,(4^u-1)\end{aligned}$$

4.35.6　证明: 若 u 是非负整数, 则数字图像 $\mathscr{D}_{j+1}^{(0)}$ 的小波包分解子图像族 $\{\mathscr{D}_{j+1-u}^{(p)};p=0,1,2,\cdots,(4^u-1)\}$ 与子图像族 $\{\mathscr{D}_{j-u}^{(m)};m=0,1,2,\cdots,[4^{(u+1)}-1]\}$ 之间具有数字图像小波包合成关系:

$$\begin{aligned}\mathscr{D}_{j+1-u}^{(p)}&=\mathcal{A}_{(u)}\left(\begin{array}{c|c}\mathscr{D}_{j-u}^{(4p+0)}&\mathscr{D}_{j-u}^{(4p+1)}\\\hline\mathscr{D}_{j-u}^{(4p+2)}&\mathscr{D}_{j-u}^{(4p+3)}\end{array}\right)\mathcal{A}_{(u)}^{\mathrm{T}}\\&=(\mathcal{H}_0^{(u)}\mid\mathcal{H}_1^{(u)})\left(\begin{array}{c|c}\mathscr{D}_{j-u}^{(4p+0)}&\mathscr{D}_{j-u}^{(4p+1)}\\\hline\mathscr{D}_{j-u}^{(4p+2)}&\mathscr{D}_{j-u}^{(4p+3)}\end{array}\right)\left(\begin{array}{c}[\mathcal{H}_0^{(u)}]^{\mathrm{T}}\\\hline[\mathcal{H}_1^{(u)}]^{\mathrm{T}}\end{array}\right)\\&=\sum_{(\varepsilon_1\varepsilon_0)_2\in\{0,1,2,3\}}\mathcal{H}_{\varepsilon_1}^{(u)}\mathscr{D}_{j-u}^{[4p+(\varepsilon_1\varepsilon_0)_2]}[\mathcal{H}_{\varepsilon_0}^{(u)}]^{\mathrm{T}},\quad p=0,1,2,\cdots,(4^u-1)\end{aligned}$$

4.35.7　证明: 若 J 是非负整数, 则数字图像 $\mathscr{D}_{j+1}^{(0)}$ 可以由它的小波包分解子图像族 $\{\mathscr{D}_{j-J}^{(m)};m=0,1,2,\cdots,[4^{(J+1)}-1]\}$ 实现完全重构.

若将 $m=0,1,2,\cdots,[4^{(J+1)}-1]$ 按照 $2(J+1)$ 位的二进制方式表示为

$$\begin{aligned}m&=\varepsilon_1\times2^{2J+1}+\varepsilon_0\times2^{2J}+\xi_1\times2^{2J-1}+\xi_0\times2^{2J-2}+\cdots+\varsigma_1\times2^1+\varsigma_0\\&=(\varepsilon_1\times2^{2J+1}+\xi_1\times2^{2J-1}+\cdots+\varsigma_1\times2^1)+(\varepsilon_0\times2^{2J}+\xi_0\times2^{2J-2}+\cdots+\varsigma_0)\\&=2\times(\varepsilon_1\times2^{2J}+\xi_1\times2^{2J-2}+\cdots+\varsigma_1)+(\varepsilon_0\times2^{2J}+\xi_0\times2^{2J-2}+\cdots+\varsigma_0)\\&=2\times(\varepsilon_1\times4^J+\xi_1\times4^{J-1}+\cdots+\varsigma_1)+(\varepsilon_0\times4^J+\xi_0\times4^{J-1}+\cdots+\varsigma_0)\\&=2\times(\varepsilon_1\xi_1\cdots\varsigma_1)_4+(\varepsilon_0\xi_0\cdots\varsigma_0)_4\end{aligned}$$

定义数字分辨率为 $N\times N$ 的数字图像记号:

$$\begin{aligned}\mathscr{R}^{(m)} &= \mathscr{R}^{(\varepsilon_1\varepsilon_0\xi_1\xi_0\cdots\varsigma_1\varsigma_0)_2}\\ &= [\boldsymbol{\mathcal{H}}_{\varepsilon_1}^{(0)}][\boldsymbol{\mathcal{H}}_{\xi_1}^{(1)}]\cdots[\boldsymbol{\mathcal{H}}_{\varsigma_1}^{(J)}]\mathscr{D}_{j-J}^{(\varepsilon_1\varepsilon_0\xi_1\xi_0\cdots\varsigma_1\varsigma_0)_2}[\boldsymbol{\mathcal{H}}_{\varsigma_0}^{(J)}]^{\mathrm{T}}\cdots[\boldsymbol{\mathcal{H}}_{\xi_0}^{(1)}]^{\mathrm{T}}[\boldsymbol{\mathcal{H}}_{\varepsilon_0}^{(0)}]^{\mathrm{T}}\end{aligned}$$

其中 $m=(\varepsilon_1\varepsilon_0\xi_1\xi_0\cdots\varsigma_1\varsigma_0)_2\in\{0,1,2,\cdots,[4^{(J+1)}-1]\}$，这样的数字图像共有 $4^{(J+1)}$ 个. 那么，数字图像 $\mathscr{D}_{j+1}^{(0)}$ 的完整重建公式可以写成

$$\begin{aligned}\mathscr{D}_{j+1}^{(0)} &= \sum_{m=0}^{[4^{(J+1)}-1]}\mathscr{R}^{(m)}\\ &= \sum_{m=(\varepsilon_1\varepsilon_0\xi_1\xi_0\cdots\varsigma_1\varsigma_0)_2\in\{0,1,2,\cdots,[4^{(J+1)}-1]\}}\mathscr{R}^{(\varepsilon_1\varepsilon_0\xi_1\xi_0\cdots\varsigma_1\varsigma_0)_2}\\ &= \sum_{m=0}^{[4^{(J+1)}-1]}[\boldsymbol{\mathcal{H}}_{\varepsilon_1}^{(0)}][\boldsymbol{\mathcal{H}}_{\xi_1}^{(1)}]\cdots[\boldsymbol{\mathcal{H}}_{\varsigma_1}^{(J)}]\mathscr{D}_{j-J}^{(\varepsilon_1\varepsilon_0\xi_1\xi_0\cdots\varsigma_1\varsigma_0)_2}[\boldsymbol{\mathcal{H}}_{\varsigma_0}^{(J)}]^{\mathrm{T}}\cdots[\boldsymbol{\mathcal{H}}_{\xi_0}^{(1)}]^{\mathrm{T}}[\boldsymbol{\mathcal{H}}_{\varepsilon_0}^{(0)}]^{\mathrm{T}}\end{aligned}$$

4.35.8　若 J 是非负整数，子图像族 $\{\mathscr{D}_{j-J}^{(m)};m=0,1,2,\cdots,[4^{(J+1)}-1]\}$ 是数字图像 $\mathscr{D}_{j+1}^{(0)}$ 的小波包分解子图像族. 若将 $m=0,1,2,\cdots,[4^{(J+1)}-1]$ 按照 $2(J+1)$ 位的二进制方式表示为

$$\begin{aligned}m &= \varepsilon_1\times2^{2J+1}+\varepsilon_0\times2^{2J}+\xi_1\times2^{2J-1}+\xi_0\times2^{2J-2}+\cdots+\varsigma_1\times2^1+\varsigma_0\\ &= (\varepsilon_1\varepsilon_0\xi_1\xi_0\cdots\varsigma_1\varsigma_0)_2\in\{0,1,2,\cdots,[4^{(J+1)}-1]\}\\ &= (\varepsilon_1\times2^{2J+1}+\xi_1\times2^{2J-1}+\cdots+\varsigma_1\times2^1)+(\varepsilon_0\times2^{2J}+\xi_0\times2^{2J-2}+\cdots+\varsigma_0)\\ &= 2\times(\varepsilon_1\times2^{2J}+\xi_1\times2^{2J-2}+\cdots+\varsigma_1)+(\varepsilon_0\times2^{2J}+\xi_0\times2^{2J-2}+\cdots+\varsigma_0)\\ &= 2\times(\varepsilon_1\times4^J+\xi_1\times4^{J-1}+\cdots+\varsigma_1)+(\varepsilon_0\times4^J+\xi_0\times4^{J-1}+\cdots+\varsigma_0)\\ &= 2\times(\varepsilon_1\xi_1\cdots\varsigma_1)_4+(\varepsilon_0\xi_0\cdots\varsigma_0)_4\end{aligned}$$

并定义数字分辨率为 $N\times N$ 的数字图像记号:

$$\begin{aligned}\mathscr{R}^{(m)} &= \mathscr{R}^{(\varepsilon_1\varepsilon_0\xi_1\xi_0\cdots\varsigma_1\varsigma_0)_2}\\ &= [\boldsymbol{\mathcal{H}}_{\varepsilon_1}^{(0)}][\boldsymbol{\mathcal{H}}_{\xi_1}^{(1)}]\cdots[\boldsymbol{\mathcal{H}}_{\varsigma_1}^{(J)}]\mathscr{D}_{j-J}^{(\varepsilon_1\varepsilon_0\xi_1\xi_0\cdots\varsigma_1\varsigma_0)_2}[\boldsymbol{\mathcal{H}}_{\varsigma_0}^{(J)}]^{\mathrm{T}}\cdots[\boldsymbol{\mathcal{H}}_{\xi_0}^{(1)}]^{\mathrm{T}}[\boldsymbol{\mathcal{H}}_{\varepsilon_0}^{(0)}]^{\mathrm{T}}\end{aligned}$$

其中 $m=(\varepsilon_1\varepsilon_0\xi_1\xi_0\cdots\varsigma_1\varsigma_0)_2\in\{0,1,2,\cdots,[4^{(J+1)}-1]\}$.

证明: 当 $m=(\varepsilon_1\varepsilon_0\xi_1\xi_0\cdots\varsigma_1\varsigma_0)_2\in\{0,1,2,\cdots,[4^{(J+1)}-1]\}$ 时，数字分辨率为 $N\times N$ 的数字图像 $\mathscr{R}^{(\varepsilon_1\varepsilon_0\xi_1\xi_0\cdots\varsigma_1\varsigma_0)_2}$ 与数字分辨率为 $[2^{-(J+1)}N]\times[2^{-(J+1)}N]$ 的数字子图像 $\mathscr{D}_{j-J}^{(\varepsilon_1\varepsilon_0\xi_1\xi_0\cdots\varsigma_1\varsigma_0)_2}$ 之间满足下述的能量守恒规律:

$$\begin{aligned}\|\mathscr{R}^{(m)}\|^2 &= \|\mathscr{R}^{(\varepsilon_1\varepsilon_0\xi_1\xi_0\cdots\varsigma_1\varsigma_0)_2}\|^2\\ &= \|\mathscr{D}_{j-J}^{(\varepsilon_1\varepsilon_0\xi_1\xi_0\cdots\varsigma_1\varsigma_0)_2}\|^2\end{aligned}$$

4.35.9　若 J 是非负整数，子图像族 $\{\mathscr{D}_{j-J}^{(m)};m=0,1,2,\cdots,[4^{(J+1)}-1]\}$ 是数字图

像 $\mathscr{D}_{j+1}^{(0)}$ 的小波包分解子图像族. 若将 $m=0,1,2,\cdots,[4^{(J+1)}-1]$ 按照 $2(J+1)$ 位的二进制方式表示为

$$\begin{aligned}m&=\varepsilon_1\times 2^{2J+1}+\varepsilon_0\times 2^{2J}+\xi_1\times 2^{2J-1}+\xi_0\times 2^{2J-2}+\cdots+\varsigma_1\times 2^1+\varsigma_0\\&=(\varepsilon_1\varepsilon_0\xi_1\xi_0\cdots\varsigma_1\varsigma_0)_2\in\{0,1,2,\cdots,[4^{(J+1)}-1]\}\\&=(\varepsilon_1\times 2^{2J+1}+\xi_1\times 2^{2J-1}+\cdots+\varsigma_1\times 2^1)+(\varepsilon_0\times 2^{2J}+\xi_0\times 2^{2J-2}+\cdots+\varsigma_0)\\&=2\times(\varepsilon_1\times 2^{2J}+\xi_1\times 2^{2J-2}+\cdots+\varsigma_1)+(\varepsilon_0\times 2^{2J}+\xi_0\times 2^{2J-2}+\cdots+\varsigma_0)\\&=2\times(\varepsilon_1\times 4^{J}+\xi_1\times 4^{J-1}+\cdots+\varsigma_1)+(\varepsilon_0\times 4^{J}+\xi_0\times 4^{J-1}+\cdots+\varsigma_0)\\&=2\times(\varepsilon_1\xi_1\cdots\varsigma_1)_4+(\varepsilon_0\xi_0\cdots\varsigma_0)_4\end{aligned}$$

并定义数字分辨率为 $N\times N$ 的数字图像记号

$$\begin{aligned}\mathscr{R}^{(m)}&=\mathscr{R}^{(\varepsilon_1\varepsilon_0\xi_1\xi_0\cdots\varsigma_1\varsigma_0)_2}\\&=[\boldsymbol{\mathcal{H}}_{\varepsilon_1}^{(0)}][\boldsymbol{\mathcal{H}}_{\xi_1}^{(1)}]\cdots[\boldsymbol{\mathcal{H}}_{\varsigma_1}^{(J)}]\mathscr{D}_{j-J}^{(\varepsilon_1\varepsilon_0\xi_1\xi_0\cdots\varsigma_1\varsigma_0)_2}[\boldsymbol{\mathcal{H}}_{\varsigma_0}^{(J)}]^{\mathrm{T}}\cdots[\boldsymbol{\mathcal{H}}_{\xi_0}^{(1)}]^{\mathrm{T}}[\boldsymbol{\mathcal{H}}_{\varepsilon_0}^{(0)}]^{\mathrm{T}}\end{aligned}$$

其中 $m=(\varepsilon_1\varepsilon_0\xi_1\xi_0\cdots\varsigma_1\varsigma_0)_2\in\{0,1,2,\cdots,[4^{(J+1)}-1]\}$.

证明: 数字分辨率为 $N\times N$ 的数字图像族 $\{\mathscr{R}^{(m)};m=0,1,2,\cdots,[4^{(J+1)}-1]\}$ 是正交数字图像族, 即

$$\left\langle\mathscr{R}^{(m)},\mathscr{R}^{(n)}\right\rangle=\|\mathscr{R}^{(m)}\|^2\ \delta(m-n),\quad m,n=0,1,2,\cdots,[4^{(J+1)}-1]$$

4.35.10　若 J 是非负整数, 子图像族 $\{\mathscr{D}_{j-J}^{(m)};m=0,1,2,\cdots,[4^{(J+1)}-1]\}$ 是数字图像 $\mathscr{D}_{j+1}^{(0)}$ 的小波包分解子图像族. 若将 $m=0,1,2,\cdots,[4^{(J+1)}-1]$ 按照 $2(J+1)$ 位的二进制方式表示为

$$\begin{aligned}m&=\varepsilon_1\times 2^{2J+1}+\varepsilon_0\times 2^{2J}+\xi_1\times 2^{2J-1}+\xi_0\times 2^{2J-2}+\cdots+\varsigma_1\times 2^1+\varsigma_0\\&=(\varepsilon_1\varepsilon_0\xi_1\xi_0\cdots\varsigma_1\varsigma_0)_2\in\{0,1,2,\cdots,[4^{(J+1)}-1]\}\\&=(\varepsilon_1\times 2^{2J+1}+\xi_1\times 2^{2J-1}+\cdots+\varsigma_1\times 2^1)+(\varepsilon_0\times 2^{2J}+\xi_0\times 2^{2J-2}+\cdots+\varsigma_0)\\&=2\times(\varepsilon_1\times 2^{2J}+\xi_1\times 2^{2J-2}+\cdots+\varsigma_1)+(\varepsilon_0\times 2^{2J}+\xi_0\times 2^{2J-2}+\cdots+\varsigma_0)\\&=2\times(\varepsilon_1\times 4^{J}+\xi_1\times 4^{J-1}+\cdots+\varsigma_1)+(\varepsilon_0\times 4^{J}+\xi_0\times 4^{J-1}+\cdots+\varsigma_0)\\&=2\times(\varepsilon_1\xi_1\cdots\varsigma_1)_4+(\varepsilon_0\xi_0\cdots\varsigma_0)_4\end{aligned}$$

并定义数字分辨率为 $N\times N$ 的数字图像记号:

$$\begin{aligned}\mathscr{R}^{(m)}&=\mathscr{R}^{(\varepsilon_1\varepsilon_0\xi_1\xi_0\cdots\varsigma_1\varsigma_0)_2}\\&=[\boldsymbol{\mathcal{H}}_{\varepsilon_1}^{(0)}][\boldsymbol{\mathcal{H}}_{\xi_1}^{(1)}]\cdots[\boldsymbol{\mathcal{H}}_{\varsigma_1}^{(J)}]\mathscr{D}_{j-J}^{(\varepsilon_1\varepsilon_0\xi_1\xi_0\cdots\varsigma_1\varsigma_0)_2}[\boldsymbol{\mathcal{H}}_{\varsigma_0}^{(J)}]^{\mathrm{T}}\cdots[\boldsymbol{\mathcal{H}}_{\xi_0}^{(1)}]^{\mathrm{T}}[\boldsymbol{\mathcal{H}}_{\varepsilon_0}^{(0)}]^{\mathrm{T}}\end{aligned}$$

其中 $m=(\varepsilon_1\varepsilon_0\xi_1\xi_0\cdots\varsigma_1\varsigma_0)_2\in\{0,1,2,\cdots,[4^{(J+1)}-1]\}$.

证明: 数字分辨率为 $N\times N$ 的数字图像 $\{\mathscr{R}^{(m)};m=0,1,2,\cdots,[4^{(J+1)}-1]\}$, 数字

分辨率为 $[2^{-(J+1)}N]\times[2^{-(J+1)}N]$ 的数字图像族 $\{\mathscr{D}_{j-J}^{(m)};m=0,1,2,\cdots,[4^{(J+1)}-1]\}$ 以及原始数字图像 $\mathscr{D}_{j+1}^{(0)}$ 之间满足能量守恒关系:

$$\begin{aligned}||\mathscr{D}_{j+1}^{(0)}||^2&=\sum_{(\varepsilon_1\varepsilon_0\xi_1\xi_0\cdots\varsigma_1\varsigma_0)_2\in\{0,1,2,\cdots,[4^{(J+1)}-1]\}}||\mathscr{D}_{j-J}^{(\varepsilon_1\varepsilon_0\xi_1\xi_0\cdots\varsigma_1\varsigma_0)_2}||^2\\&=\sum_{(\varepsilon_1\varepsilon_0\xi_1\xi_0\cdots\varsigma_1\varsigma_0)_2\in\{0,1,2,\cdots,[4^{(J+1)}-1]\}}||\mathscr{R}^{(\varepsilon_1\varepsilon_0\xi_1\xi_0\cdots\varsigma_1\varsigma_0)_2}||^2\end{aligned}$$